農業情報學

高光鉉 著

명지사

서 문

지구 위 모든 사람들의 건강과 삶을 지키기 위해 인간과 자연의 관계를 끊임없이 모색하고 있는 인류의 최초 산업, 농림수산업은 그 특성상 과거 현재는 물론 미래에도 영원히 세계 경제의 주축입니다. 또, 농림수산업은 모든 생명체들의 목숨과 같은 생명환경(生命環境)을 파괴시키는 인공환경(人工環境)에서 벗어나 자연환경(自然環境)으로 되돌아가려는 복고혁명(復古革命)의 필수 중심 산업입니다. 그동안 인류와 지구는 번성(繁盛)에 번영(繁榮)을 거듭한 후, 기적과 같은 속도로 확산·발전된 정보통신기술을 통해 농림수산업을 포함한 모든 영역에서 거리와 시간의 개념이 사라진 무경계공동체(無境界共同體; 地球村; Global Village)로 탈바꿈하게 되었고, 이를 통해 자유경쟁의 보편성(普遍性)과 풍요(豐饒)의 시대를 탄생시켰습니다.

반면, 지구와 인류라는 자연환경은 인위적(人爲的) 인공환경의 남발(濫發)로 에너지가 낭비되고, 낭비된 에너지는 파괴(破壞)와 죽음의 에너지로 분류되는 엔트로피(Entropy)로 변화된 후, 서서히 그리고 급속히 마치 열역학 제 2의 법칙을 증명이나 하듯 지구와 인류를 파멸시키고 있습니다. 인공환경은 인류의 생명과 건강을 책임지고 있는 농림수산 분야에서 특별히 더, 매우 크고 무서운 존재로 작용하고 있는 상태가 오늘의 현실입니다. 인공환경에 의해 생산된 물질들은 인위적 생산 활동을 통해 갖게 된 잘못된 프로토콜(Protocol)과 환경오염(環境汚染)으로 변이(變異)를 발생시켰고, 이는 인류의 생명과 먹을거리를 오염, 기형, 멸종, 소멸시키거나 형태와 기능의 파괴, 비정상적 죽음 등을 유발시키고 있습니다.

그러나, 우리가 알고 있는 우주와 지구 그리고 인류는 엄청나게 큰 복원의 힘 즉, 자연정화능력(自然淨化)을 갖고 있습니다. 복원의 힘은 잘못되어져 가고 있는 우주와 지구의 파괴적 괴도를 바로잡아 새로운 생명의 괴도가 되도록 끊임없이 반복 수정을 실행하고 있으며, 이는 전 세계 모든 인류들의 힘 합친 노력으로 앞으로도 멸망하지 않고 영원히 발전해 나갈 수 있다는 것을 의미합니다. 현재 인류와 지구는 자연정화능력과 함께 인간이 할 수 있는 모든 방법(IT, BT, ET, NT, CT, ST 등)을 총 동원하여 지금까지의 잘못을 바로 잡으려 노력하고 있습니다.

우리는 이를 지구와 인류가 자연으로부터 받은 최대의 유산 즉, 자연치유능력(自然治癒能力)이라 합니다. 자연치유능력 속에는 인류의 뼈아픈 반성과 함께 복원의 노력, 이를 위한 지식(Knowledge)이 포함되어 있으며, 자연과 환경에 종속적인 농림수산업의 경우 그 능력이 더더욱 뛰어나 매우 빠른 속도로 인공환경에서 자연환경으로 되돌아가게 될 것입니다. 필자는 이것을 정보혁명 다음에 도래할 복고혁명이고 복고사회라 정의함과 동시에 이미 복고사회에 진입한 상태라고 주장합니다.

정보혁명과 복고혁명 시대의 농림수산업의 성공적 추진을 위해서는 미래예측능력이 필수인데, 이를 위해서는 인류의 문화와 역사 DB, 분야별 정보의 기본개념, 정보통신기기의 폭넓은 활용능력, 끊임없이 추구하는 새로운 아이디어, 생명과 환경기술, e-비즈니스, 디지털 경제공간의 연계와 소통, 환경의 복원과 보존, 에너지 스마트그리드(SmartGrid) 등 수없이 많은 과제들의 성공적 수행이 수반(隨伴)되어야 함과 동시에 역사, 환경, 생명, 철학, 정보, 디지털, 표준화, 통신, 마케팅, 시스템, 에너지 등의 키워드들을 잘 이해하고 응용하기 위한 학습과 실천을 게을리 하지 말아야 합니다.

농림수산 분야를 대표하여 "농업정보학"이라 이름 지어진 이 책은 정보혁명과 복고혁명 시대를 위해 "컴퓨터와 정보과학" 분야 기본이론을 학습하고 실습하기 위해 꼭 필요한 기본내용들만 모아 정리해 놓은 대학교재입니다. 다소 부족한 부분이 발생될 경우, 문제점과 함께 과제학습의 주제로 제시될 수 있도록 한 후, 독자들 각자의 학습제목과 목표로 남겨 놓거나, 훗날을 도모하기 위해 매년 수정·보완될 수 있도록 최선을 다하고자 합니다. 주로 농림수산인 및 유관분야 대학생과 비전문 IT분야 독자들을 대상으로 기존에 출판되었던 e-Business 농업을 위한 정보기술총론, 농업과 정보기술, 농업정보학 2012 등의 내용과 최근의 실제적 사례 등을 종합하여 집필하였습니다. 혹시 잘못 기술되어졌을 부분에 대한 보정(補正)과 IT 및 관련분야의 확장과 발전 속도에 따르기 위해 매년 새로운 내용으로 신간(新刊)합니다. 독자들의 지적과 조언을 기대합니다.

2013년 3월

고 광 현

農 業 情 報 學

서문

제1장
우주의 변화와 복고시대

1. 우주와 인류의 시작

1) 우주의 시작

인간은 무엇인가? 어디에서 왔는가? 어느 방향으로 가고 있는가? 라는 질문에 대해 우리 인류는 끊임없이 연구했고 그 결과 "인간은 지구라는 행성에 맨 마지막으로 왔고 자연의 힘을 응용하기 위해 두뇌를 이용한 최초의 동물 이였다." 라고 결론 짖고 있다. 천지창조(天地創造)는 시간이 초월된 절대적 시점인 태초(太初; Beginning)에 매우 작고 약한 수없이 많은 에너지들이 칠흑(漆黑)과 같은 어둠의 음기(陰氣)로 모이고 또 모여 수축의 수축을 거듭하던 카오스(Chaos)가 지금으로부터 약 140억 년 전 어떤 한계에 이르러 대폭발이 일어난 후 계속 팽창하고 있어 우주(宇宙; Cosmos)가 창조되었으며 계속 진행하고 있다는 우주개벽론(宇宙開闢論)의 빅뱅(Big Bang)에서 시작된다.

시간과 공간을 총칭함과 동시에 이 세상에 존재하는 모든 것이 우주(宇宙; Cosmos; Universe)이다. 그리스어 Kosmos(질서), 동양적 의미로는 宇宙(시공간의 총체), 천문학적으로는 모든 물질과 복사가 존재할 수 있는 등으로 정의 된다. 구분하거나 정의할 수 없을 정도로 넓은 우주는 생성된 이래로 팽창해 왔으며 또 팽창해 가고 있다. 우주는 작게는 원자에서 크게는 초은하단에 이르기까지 모든 것을 포함하고 있으며, 이들은 모두 어떤 특정한 규칙과 법칙에 의해 운영된다. 오늘날 우리가 알고 있는 우주동작의 기본 이론은 일반 상대성 이론과 양자 물리학이며 이는 "우주의 크기는?", "우주의 나이는?", "우주의 과거와 미래는?", "우주의 움직임은?" 등과 같은 질문에 대답을 위한 우주론의 기본이 된다. 우주 안에 있는 어떤 것은 그것보다 한 단계 더 큰 우주의 부분집합이 되며 또, 지구에 가장 가까이 인접해 있다고 알려져 있는 어떤 별과 은하계의 어떤 별들의 경우 실제론 일반적 표현 방법으로 표현하기 어렵거나, 상상하기 어려울 만큼 멀리 떨어져 있으므로 이에 대한 설명과 표현을 위해서는 수학적 모형이 사용된다.

우주론을 연구하는 과학자들은 우주는 무한하거나 아니면 반대로 유한할 것이라고 가정하고 있으며, 이로 인해 우주는 중심과 경계가 없을 것이라는 결론을 유추할 수 있게 한다. 우주론에 의해 알려진 확실한 사실은 140억 년 전 대폭발로 우주가 생성된 이래 지금까지 우주는 계속 팽창하고 있다는 것과 대폭발이 남긴 흔적을 연구한 결과 우주는 결코 무한하지 않다는 것이 증명되어 어떤 별의 경우 약 100억 광년(光年; Light Year; 빛이 진공 속에서 1년 동안 진행한 거리; 약 30만km/sec; 9조4600억km/년) 떨어진 거리에 존재한다고 주장하고 있다.

대폭발은 어떤 하나의 물체가 어떤 물체를 물체의 밖으로 튀어 나가게 하는 일반적인 폭발의 개념이 아니라 물체 자체가 팽창하는 것을 의미한다. 시간, 공간, 에너지, 물질 등은 모두 대폭발이라는 사건을 통해 존재하게 된 것으로 추정되며, 이는 공간의 연속적 팽창과 빛의 일정한 속력이 결합한 형태이므로 거대한 타임머신이 될 수 있다는 가정이 성립되어 시간과 공간이 존재한다고 정의할 수 있다. 폭발과 팽창은 우주공간 속에 존재하는 별들과 은하의 위치와 거리를 계산하여 추정할 수 있으며, 팽창속도는 시간의 흐름에 따라 거리가 어떻게 변해 왔는지를 계산하고 비교하여 알 수 있다고 한다. 그 결과 우주의 팽창 속도는 점점 증가하고 있고, 중력에 반하는 척력에 의해 물질을 멀리 그리고 더 멀리 밀어내고 있다는 것을 알 수 있었다 한다. 이와 같은 팽창의 힘을 암흑 에너지라고 하며 암흑에너지의 성질이 무엇인지 분명하진 않으나 동양적 개념으로는 음(陰)의 성질을 갖는 에너지라 한다. 학자들에 의하면 우주가 영원히 지속된다고 가정 하더라도 은하와 별들은 결코 영원히 존재하지 않을 것이라고 주장한다. 언제가 될 지 알 수 없으나 은하와 또 다른 별들이 계속된 우주의 팽창으로 인해 거의 무한에 가까울 정도로 멀어지게 됨에 따라 우주가 극도로 냉각되거나 대폭발의 반대 개념으로 우주의 모든 것들이 다시 한 개의 점으로 되돌아가 버릴 것이라 예측하는 주장도 있다. 이는 어느 누구도 알 수 없고 또 확실한 예측도 할 수 없지만 분명한 것은 우주 운명을 결정지을 결정의 주체는 암흑에너지라는 것이다. 최근 중력에 반대되는 힘을 가진 암흑에너지의 실체가 확인되어 점점 구체화되고 있다고 한다.

2) 태양계의 탄생

태양의 중력이 영향을 미칠 수 있는 제한된 범위의 공간을 태양계(太陽系; Solar System)라 한다. 학자들에 의하면 태양계는 약 46억 년 전 티끌과 기체로 구성된 거대한 구름 덩어리로부터 생성되었다고 하며, 거대한 구형의 구름(성운; Solar Nebula)은 태양 보다 몇 배나 더 큰 질량을 보유하고 있었을 것이라고 추산하고 있다. 수백만 년의 세월이 흐름에 따라 공 모양이던 성운은 납작한 원반 형태의 회전체로 변화되었고, 회전체의 중앙부가 고온의 고밀도 상태로 만들어짐에 따라 태양이 생성되었고, 태양을 제외한 나머지 물질들에 의해 태양계의 구성원들이 생성되었다고 한다. 태양계에는 태양, 수성, 금성, 지구, 화성, 소행성대(Asteroid Belt; 화성과 목성 사이에 존재하는 소행성(小行星; Asteroid; 태양을 중심으로 공전하는 천체 중 행성(Planet)보다 작고 유성체(Meteoroid)보다 큰 천체로 혜성은 제외)), 목성, 토성, 천왕성, 해왕성, 명왕성이 순서대로 태양을 중심으로 공전하고 있으며, 대부분 자기 주위에 위성을 거느리고 있다.

태양(太陽; Sun)은 지구에서 가장 가까운 항성이며, 46억년 역사와 함께 별들 중 유일하게 표면의 모양을 관측할 수 있는 항성(恒星; Fixed Star)이다. 항성이란 태양과 같이 핵융합을 통해 스스로 빛을 내는 고온의 천체를 말하는 것으로 은하 내에는 약 1000억 개 정도의 항성이, 우주 안에는 은하계와 같이 고립된 외부 은하가 약 1000억 개 가량 있을 것이라 한다. 태양은 화산, 온천, 원자력 등 조석력(潮汐力)을 제외한 수력, 풍력, 나무, 석유, 석탄 등 인류가 사용하고 있는 대부분의 에너지를 공급한다. 지구로부터 평균 1억 4960만km에 위치하고 있고 지구가 근일점(近日點; 1월초)을 지날 때 약 250만km(평균거리의 1.7%) 가까워지고 반대로 원일점(遠日點; 7월초)을 지날 때는 250만km 더 멀어진다. 지름은 지구에 약 109배(139만km), 부피는 130만 배, 질량은 약 33만 배(2×1033g) 이고, 평균 밀도(지구; 1cm^3/5.52g)는 약 1/4(1cm^3/1.41g)이다. 태양의 밀도가 지구보다 적은 이유는 엄청난 고온의 플라스마(전리기체)로 구성된 거대한 공 모양의 기체 덩어리이기 때문이다. 질량은 태양계에 속한 모든 행성의 질량을 합한 것의 약 750배이며, 3개의 층으로 구성되어 있다. 온도와 압력이 극단적으로 높은 중심핵에 존재하는 수소원자핵(양성자)이 6억ton/sec의 속도로 헬륨 원자핵으로 전환되는 핵융합 반응이 일어난다. 이 과정에서 생성되는 엄청난 양의 에너지는 점진적으로 태양의 외각으로 이동해 태양의 표면을 빠져나가고, 빠져나간 에너지는 태양계의 여러 방향으로 전파되어 전달된다.

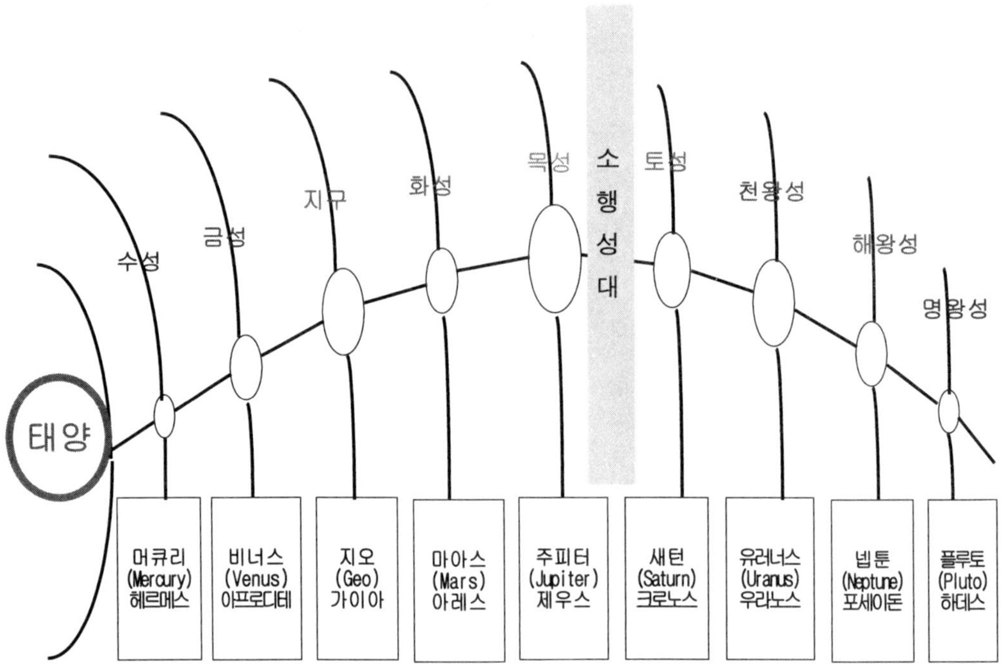

※ 9번째 명왕성 2006년 76년 만에 행성 지위 상실

3) 지구와 달

지구는 태양으로부터 세 번째에 위치한 행성으로 태양계에 있는 암석형 행성 중 가장 크고 지금부터 약 45억6000만 년 전에 형성된 것으로 알려져 있다. 지주 표면에 물과 산소가 풍부한 대기를 갖고 있고, 자전으로 인해 극지방에 비해 적도 지방이 약 21km 정도 나와 있으며 철, 니켈 등의 광물질 들이 4,700°C의 온도와 지름 7,000km의 중심핵(내핵과 외핵)과 핵을 둘러싸고 있는 맨틀(Mantle; 지구의 지각과 핵 사이 약 3~2,900km) 그리고 몇 개의 대륙판과 해양판으로 구분되는 지각으로 구성되어 있다. 평균 시속 10만8000km의 속도로 시계 반대방향으로 타원을 그리며 공전하고 있으므로 지표에 도달하는 태양 에너지는 1월이 7월보다 약 7% 정도 더 많다. 지구의 공전 면을 황도면이라 하고, 지구의 자전축은 황도면과 수직인 선에 대해 약 23.5° 기울어진 상태이며 공전의 방향과 같이 시계 반대방향으로 자전한다. 지구의 타원 궤도에 대한 이심률(360° 정원에서 벗어나는

정도)은 대략 약 10만년 주기로 변하고 자전축의 경사각은 약 4만2천년 주기로 변화 한다고 한다. 지구 자전축의 기울기로 인해 계절의 변화가 생겨나며, 자전축이 가리키는 방향은 천구의 북극성이 위치한 곳이다. 이 자전축의 방향은 항상 고정되어 있지 않으며 이로 인해 팽이와 같은 물체를 돌릴 때 중심축이 흔들리는 것과 같은 현상이 발생하여 지구의 자전축도 약 2만6천년을 주기로 천구상 자전축의 방향이 변하게 되는데 이를 세차운동이라 한다. 이는 달과 태양의 중력으로 인해 발생되는 현상으로 천구상의 남극, 적도, 춘분점 등의 위치도 같이 변화시켜 적경(赤經; Right Ascension; 천구상의 천체의 위치를 나타내는 좌표; 적도좌표에서 춘분점을 지나는 시간권과 천체를 지나는 시간권이 이루는 각)과 적위(赤緯; Declination; 천구상의 천체의 위치를 나타내는 좌표; 시간권에 따라 천구의 적도면에서 천체까지의 각; 적도 북반구와 남반구로 구분하여 0°~±90°)로 표시되는 여러 별들의 위치도 변화시킨다. 천문학자들은 이들의 위치 표시를 위해 약 50년마다 천구의 기준 좌표를 다시 정의한다고 하며 현재는 2000년 1월 1일의 춘분점 위치를 천구 좌표의 기준점으로 사용한다. 이심률, 경사각, 세차운동 등의 주기는 빙하기, 대륙과 바다의 형태변화 등 오랜 세월 동안 또는 앞으로 다가올 지구 변화의 원인이라 할 수 있다.

지구는 액체 상태의 외핵이 자전과 대류작용으로 인해 회전하면서 지구자기장(地球磁氣場; Terrestrial Magnetism)을 발생시킨다. 이 자기장은 마치 지구 중심에 거대한 막대자석이 존재하는 것과 같은 효과를 발생시키고 있으며, 지구의 자전축과 일치하지는 않으나 약간 기울어져 있다. 자기장에 존재하는 2개의 자극(磁極; Magnetic Pole; N+; S○) 역시 시간에 따라 조금씩 변한다고 하며 현재는 캐나다의 북쪽에 자기 북극(N+)이 있고 남극대륙 동북쪽에 자기 남극(S○)이 있다. 또, 자기장은 우주 공간에서 지구로 유입되는 고(高)에너지 하전 입자들을 막아 주는 보호막(Van Allen Belt; 자기극 축에 고리형태로 둘러싸고 있는 고에너지의 입자군(粒子群); 방사능대; 미국의 물리학자 밴앨런의 인공위성 실험에 의해) 역할을 하며 10만~100만 년을 주기로 자극이 역전한다고 한다.

지구는 탄생 초기 화산활동의 결과로 추정되는 대기권(大氣圈; Atmosphere; 약 1,000km; 대류권, 오존층, 성층권, 중간권, 열권)으로 둘러싸여 보호되고 있으며, 산소는 녹색 식물들에 의해 만들어지고 있다. 중력으로 인해 지표면(대류권; 對流圈; Troposphere; 10~15km; 대류와 기상현상)에서는 밀도가 높고 고도가 높아짐에 따라 밀도와 대기압은 점진적으로 감소한다. 대류권의 대류현상으로 인해 온도, 습도, 태풍, 강수 등의 기상변화가 발생하며, 이는 적도지방과 극지방의 태양에너지 밀도의 차이에서 기인된다. 태양에너지의 밀도 차이는 대기압의 차이를 만들어 바람이 생성되며, 이 바람은 해류를 발생시키고, 해류의 발생은 온도와 습도가 서로 다른 공기를 만들어 내고, 공기 덩어리는 바람에 의해 이동하고, 지구 표면 전체에 걸쳐 열에너지의 순환이 일어나고, 지구의 자전으로 생겨나는 코리올리의 힘(Coriolis' Force; 지상 낙하 물체의 방향은 북반구는 오른쪽 남반구는 왼쪽; 태풍 소용돌이의 방향은 북반구는 시계반대 남반구는 시계방향)에 의해 대기권의 순환이 이루어진다.

약 45억 년 전 거대한 소행성이 지구와 충돌하는 과정에서 생겨났다고 추정되는 달은 탄생 후 약 7억5000만년 동안 수많은 운석의 충돌과 약 35억 년 전부터 약 2억 년간의 화산활동 등으로 완성되었다고 하며, 지구 질량에 1.2%, 태양계 위성들 중 5번째로 큰 위성으로 지질학적 활동이 정지된 별이다. 달은 지구 주위를 타원 궤도로 약 27.3일 주기로 공전하고 있으므로 지구 근지점이 원지점보다 약 10% 정도 더 가까우며 공전 속도와 같은 주기로 자전(동주기 자전; Synchronous Rotation)한다. 동주기 자전으로 인해 지구에서 보이는 달의 면은 항상 같은 면이며, 칭동(秤動; Libration; 타원궤도로 인한 공전속도가 변하는 경도(經度)칭동, 자전축이 공전궤도면에 수직이 아니므로 발생하는 위도(緯度)칭동, 지구 자전에 의한 관측위치 변화 칭동 등)과 궤도 이심률로 인해 달 뒷면의 일부를 조금 볼 수 있다. 달은 지구의 공전으로 약 29.53일마다 태양에 대해 동일한 위치에 다시 오게 되는 반복 주기를 갖는다. 지구는 달의 중력에 매우 많은 영향을 받는다. 특히 달을 향하고 있는 지구면의 바닷물이 중력에 의해 달 쪽으로 끌려가고 지구의 관성력은 바닷물의 수면을 원래 위치로 유지시키려 하지만 달의 중력이 더 크므로 달을 향한 바닷물의 수면은 달 쪽을 향해 불룩해지게 된다. 이때 달을 등지고 있는 지구 반대쪽의 바닷물에 작용하는 관성력은 달의 중력보다 더 강하게 작용하므로 바닷물은 반대쪽으로 불룩하게 솟아오르게 된다. 한편, 지구가 자전함으로 인해 불룩해진 바닷물은 지표면을 따라 이동하게 되므로 해수면 높낮이의 변화가 지구의 자전주기와 달의 위치에 따라 밀물과 썰물의 형태로 변화하게 되는데, 이를 조석이라 한다. 실제 해수면의 조석 차이는 해안선의 지형과 지구상 경위도 달의 위치에 따라 그 편차가 매우 크다.

*** 우주 탄생 : 140억년 전**

*** 지구 생성 : 45억년 전**

*** 선캄브리아기(Precambrian Eon)**

- 38억5천만년 : 시생대(始生代; Archaeozoic Era), 단세포 생물 출현.
- 35억년 : 원핵식물 남조류(藍藻類; blue-green algae) 출현.
- 26억년 : 원생대(原生代; Proterozoic Era), 다세포 생물 출현.
- 14억년 : 진핵세포(eucaryotic cell) 생물 녹조류(綠藻類; green algae) 출현.

*** 5억 8천만년 전 : 고생대(古生代; Paleozoic Era) 시작**

- 캄브리아기(Cambrian Period) : 5억8천만~5억년, 조개류 출현.
- 오르도비스기(Ordovician Period) : 5억~4억3천만년, 어류 출현.
- 실루리아기(Silurian Period) : 4억 3천만~3억9천5백만년, 육상식물 출현.
- 데본기(Devonian Period) : 3억9천5백만~3억4천5백만년, 암모나이트, 양서류 출현.
- 석탄기(石炭紀; Carboniferous Period) : 3억4천5백만~2억8천만년, 파충류·양치식물 출현.
- 페름기(Permian Period) : 2억7천만~2억3천만년, 해양생물 대량 멸종.

*** 2억 5천만년 전 : 중생대(中生代; Mesozoic era) 시작**

- 트라이아스기(Triassic Period) : 2억3천만~1억8천만년, 공룡 출현.
- 쥐라기(Jurassic Period) : 1억8천~1억3천5백만년, 조류, 포유류 출현.
- 백악기(白堊紀; Cretaceous period) : 1억3천5백만~6천5백만년, 생명체의 대량 멸종.

*** 6천5백만년 전 : 3기 신생대(新生代; Tertiary Cenozoic Era) 시작**

- 팔레오세(Paleocene; 효신세; 曉新世) : 6500백만~5500백만년
- 에오세(Eocene; 시신세; 始新世) : 5500백만~3370만년
- 올리고세(Oligocene; 점신세; 漸新世) : 3370만~2380만년

- 마이오세(Miocene; 중신세; 中新世) : 2380만~530만년
- 플라이오세(Pliocene; 선신세; 鮮新世) : 530만~180만년

*** 200만년 전 : 4기 신생대(新生代; Quaternary Cenozoic Era) 시작**

- 홍적세(洪積世; Pleistocene Epoch) : 200만~1만년
  - 40만년 : 호모 에렉투스 출현
  - 20만년 : 호모 사피엔스(네안데르탈) 출현
  - 3만년 : 호모 사피엔스 사피엔스(크로마뇽) 출현
- 충적세(沖積世; Alluvial Epoch; 현세; Holocene) : 1만~현재

Tip 뱀주인자리(Ophiuchus)

2011년 1월15일 미네아 폴리스 대학 천문학 교수 파르케 쿤켈의 제안(지구의 위치 이동과 함께 자전축 변화)으로 고대 바빌로니아에서 결정되어 지난 3천년동안 변하지 않았던 기존의 12개 별자리에 새로운 별자리 "뱀주인자리(Ophiuchus)"가 추가됐다고 영국의 일간지 데일리메일이 보도했다. "뱀주인자리"는 뱀을 들고 있는 형상의 별자리로 "땅꾼자리"라고도 하며, 오리온자리 반대편에 위치하여 여름 저녁 하늘에서 주로 볼 수 있다. "뱀주인자리"에 태어난 사람들은 장수를 누릴 가능성이 크며 높은 이상을 가지고 있다고 알려지고 있다.

염소자리(Capricornus; 1.20~2.16)
물병자리(Aquarius; 2.17~3.11)
물고기자리(Pisces; 3.12~4.18)
양자리(Aries; 4.19~5.13)
황소자리(Taurus; 5.14~6.21)
쌍둥이자리(Gemini; 6.22~7.20)
게자리(Cancer; 7.21~8.10)
사자자리(Leo; 8.11~9.16)
처녀자리(Virgo; 9.17~10.30)
천칭자리(Libra; 10.31~11.23)
전갈자리(Scorpion; 11.24~11.29)
뱀주인자리(Ophiuchus; 11.30~12.17)
사수자리(Sagittarius; 12.18~1.19)

4) 생명의 기원

스스로를 복제하고 시간이 지나면 진화할 수 있는 능력을 가진 살아 있는 유기체 즉, 생명은 유기분자를 포함하고 있는 지구의 바다가 생성된 후 만들어졌다고 알려져 있다. 유기분자들은 번개 등과 같이 지구 대기권에서 화학반응으로 발생된 순간적 고(高)에너지로 만들어진 분자들에 의해 유전자로 발전되었다고 한다. 유전자들은 돌연변이와 자연선택의 원리로 생존력과 자기 복제기능이 매우 뛰어난 변이를 통해 자기복제분자를 만들어 내게 되었고 이들은 세균으로 진화하여 지구상 모든 생명들의 선조가 되었다고 한다.

무한한 우주공간 내에서 너무 작아 잘 구분도 되지 않는 작은 불덩어리인 지구는 수백만 년 동안 불타고 난 후 생명 없는 얇은 바위 층으로 뒤덮이게 되었고, 뒤이어 바위 표면에 불타면서 증발되었던 엄청난 양의 수증기가 비로 변해 쏟아져 내려 단단한 바위 표면을 조각냈고 빗물은 그 조각들을 골짜기로 밀어냈다. 오랜 시간이 지난 후 태양이 지구를 비추었으며 수없이 많이 만들어졌던 물웅덩이는 서로 합쳐지고 차츰 커져 갔으며 마침내 큰 바다를 이루었다. 태양에너지로 인해 바닷물 속에는 유기세포가 만들어지고 있었으며 이 유기세포들은 수백만 년 동안 바다의 밖과 속에서 진화되었다. 진흙 속에 뿌리내려 식물이 되었고, 다리가 생겨났으며 바다 밑바닥과 땅위를 기어 다녔고 아주 천천히 그리고 오랫동안 각종 생명체로 진화하였다.

태양에너지를 통해 식물들은 점점 커져 크고 작은 나무들이 되었고 벌과 새들은 씨앗을 전파하였으며 동물들은 식물들 덕분에 생존할 수 있었다. 계속 진행되고 있는 우주의 팽창으로 인해 푸른 초원으로 뒤덮여 파충류 전성시대였던 지구는 서서히 기후의 변화가 시작되었으며 이로 인해 지구상 대부분의 파충류가 없어져 백만 년 동안의 파충류 제국 이후 새끼를 어미의 젖으로 키우는 포유류(哺乳類)가 여러 종류로 구분되어 나타났으며 지구는 서서히 이들에게 점유되기 시작하였다. 이들 중 오늘날의 침팬지와 비슷한 형태의 동물은 먹이를 잡는데 앞발을 사용하였고, 뒷발만으로 몸의 균형을 유지할 수 있어 걸어 다녔으며 두뇌가 매우 우수하여 사냥에 능숙했고, 환경 적응능력이 뛰어났으며 안전을 위해 무리지어 살며 의사소통을 위해 큰 소리를 내는 방법을 사용하는 인류의 시조도 포함되어 있었다.

· Sahelanthropus Tchadensis(사헬란트로푸스 차덴시스; 700~600만년)
· Orrorin Tugenensis(오로린 튜게넨시스; 600~580만년)
· Ardipithecus Ramidus(아르디피데쿠스 라미두스; 440만년)
· Australopithecus Anamensis(오스트랄로피테쿠스 아나멘시스; 420~390만년)
· Australopithecus Afarensis(오스트랄로피테쿠스 아파렌시스; 380~300만년)
· Kenyanthropus Platyops(케냔트로푸스 플라티옵스; 400만년)
· Australopithecus Africanus(오스트랄로피테쿠스 아프리카누스; 300~250만년)
· Australopithecus Garhi(오스트랄로피테쿠스 가르히; 250만년)
· Homo Habilis(호모 하빌리스; 240~170만년)
· Homo Georgicus(호모 제오르기쿠스; 190~180만년)
· Homo Erectus(호모 에렉투스; 180~10만년)
· Homo Heidelbergensis(호모 하이델베르겐시스; 60~20만년)
· Homo Neanderthalensis(호모 네안데르탈렌시스; 20~3만년)
· Homo Floresiensis(호모 플로레시엔시스; 2~1만년)
· Homo Sapiens (호모 사피엔스; 20만~현재)

초기의 인간은 시간에 대한 개념은 없었으나 계절의 순서와 구분은 명확하게 알고 있었고 환경 변화에 매우 잘 적응하였다. 시간이 흘러 지구와 태양의 관계에 따라 지구는 서서히 그리고 계속 변화에 변화를 거듭하였으며 지금까지도 계속 새로운 질서를 창조해 내고 있다. 매우 오랜 기간 동안 눈이 계속 내렸으며 온 세상은 얼음으로 변해버렸다. 식물들은 죽었고, 동물들은 태양이 비치는 곳을 찾아 이동했다. 인류의 선조들도 새끼들을 이끌고 그 뒤를 따랐으나 다른 동물들과 같이 빠르게 이동할 수 없었으므로 두뇌를 이용하여 대안을 찾아내게 되었고 이에 인류의 두뇌는 계속 발달하였으며 지금도 계속되고 있다, 이로 인해 네 번이나 반복된 무서운 빙하시대 속에서도 가장 영리한 인류의 선조인 인간만 생존하였다. 함정을 이용하여 동물을 잡아 가죽과 고기를 이용해 먹고 입었으며, 따뜻한 동굴을 거처로 삼아 얼어 죽지 않았고, 자연적으로 발생된 불타는 나무에서 불씨를 가져와 불을 사용하여 익혀먹기 시작하였다. 추위와 굶주림에 대항해 밤이고 낮이고 싸워야 했으므로 돌을 갈아 도끼와 망치, 진흙으로 접시와 항아리를 만들어 도구로 사용하였다. 태양과의 관계 변화 때마다 지구를 괴롭혔던 빙하시대는 인류의 선조로 하여금 두뇌를 사용하게 만드는 환경을 제공하였다. 인간은 태양을 숭배하였고 이로 인해 우주를 이해하게 되었다. 태양은 빅뱅 이후로부터 오늘까지 그리고 영원한 미래까지 가장 위대한 절대자가 될 것이라는 믿음이 생겨났다.

5) 인류의 지식기반 활동

넓고 황량한 유럽과 아프리카 대륙에 살았던 인류의 선조들은 많은 것들을 학습하는 속도 그리고 축적·가공하는 속도가 매우 빨라 야만스러운 생활을 버리고 자신들만의 문화와 문명을 각각 발전시켜가기 시작했다. 미지의 남쪽 땅 아프리카와 이집트 지역에서 바다 건너 산을 넘어온 용감한 한 여행자가 유럽 대륙에 살고 있는 야만인들을 발견했고 이들에게 문명과 문화를 전달했다. 여행자의 고향인 이집트 지역은 이미 나일 강 유역 골짜기에 높은 문명과 문화를 창조해 놓고 있었으며 지중해 동남쪽 해안에 인류 최초의 학교를 세워 운영했고, 관개농업, 나중에 그리스인들이 모방하여 만든 오늘날의 교회당에 해당하는 사원, 달력 등을 발명하여 사용했으며 이 발명품들은 오늘날까지도 거의 변함없이 사용되고 있다. 이집트인들의 여러 가지 문화 중 가장 크고 중요한 가치는 후세를 위한 언어 보존방법 즉, 문자의 발명 이였다. 오늘날 우리들은 신문, 책, 잡지, 인터넷 콘텐츠 등에 익숙해져 있어 세상사에 관해 언제나 읽고 쓸 수 있다는 것을 대수롭지 않게 받아들이고 있지만 그 시절 사람들에 의한 문자의 발명과 사용은 모든 발명 가운데서도 가장 중요하고 매우 엄청난 것이었다. 문자로 만들어진 문서가 없었다면 우리 인류의 후손들은 진화하지 못했을 것이다. BC 1세기 무렵 이집트로 간 로마인들은 골짜기 여기저기에 널려 있는 이상한 작은 그림들을 발견하였으나 사원과 궁전의 벽, 파피루스 갈대로 만든 얇은 종이에 표현된 괴상한 그림들이 무엇을 의미하는지 알아보려하지 않았다. 당시 이 그림들의 신성한 뜻을 알고 있는 이집트 사람들은 아무도 없었으므로 그 누구도 판독할 수 없었고 이로 인해 이집트는 1,700여 년 동안 신비의 땅으로 남아 있었다. 하지만 1789년 프랑스의 보나파르트 장군이 영국 식민지였던 인도로 쳐들어갈 준비를 하기 위해 동아프리카로 건너왔으나 나일 강을 건너지 못해 인도로의 출정이 무산됨으로써 우연히 고대 이집트의 상형문자를 해독하게 되었는데 그는 나일 강 어귀에 있는 로제타 강에

진을 치고 따분함을 달래보려고 나일 삼각주 주변을 산책하던 중 바위에 빽빽이 그려진 작은 그림들과 그리스어가 포함된 세 가지 비문을 발견할 수 있었다. 이를 20년이 지난 1802년 프랑스의 상폴리옹이 저 유명한 로제타석의 이집트 문자와 그리스어를 비교하기 시작하여 1823년 14개의 작은 문자의 뜻을 판독하였다. 이로 인해 오늘날 나일 골짜기의 이야기는 미시시피 강 이야기보다 더 잘 알려지게 되었고 우리 인류는 4천 년의 역사 기록을 얻을 수 있게 되었다.

인류는 태초로부터 정보를 창출했고 또 축적(Knowledge Based; Data Base)하였다. 축적의 결과는 다양한 모습으로 후세에게 가르침과 함께 규범과 규칙을 제시하고 있다. 자연적이며 집단적 형태와 평민적이고 민족적인 내용으로 후세에 전해지고 있는 설화(說話), 신(神; 神格)의 상태, 동작, 성질, 기원, 유래 등이 유추되어 전승적(傳承的) 형태로 후세에 전해지는 신화(神話; Myth; 그리스어의 Mythos에서 유래; Logos의 상대적 개념), 신격(神格)이 아닌 인간의 본질과 인간의 행위가 후세에 전해지는 전설(傳說), 전설에 흥미와 해학을 추가시킨 민담(民譚) 등등의 모습으로 나타나고 있으며, 이들은 현재 자연, 문화, 인간의 사상과 행동 등에 대해 규범적 규제력을 갖는다. 이는 인류의 역사라는 DB를 만들어 냈으며, 인류의 역사 DB는 무한(無限)하고 절대(絶對)적인 것을 신(神)이라 하고, 이를 인간의 정신문화의 양식과 가치의 중심으로 삼는 종교(宗敎; Religion)와 대상이 일정하지 않은 인생, 세계, 현상, 사상 등에 대해 알아보고 정의하고자 학문(學文)의 모습으로 나타난 철학(哲學; Philosophy) 등을 새롭게 탄생시켰다.

과거, 현재, 미래의 근본은 변하지 않는다. 다만 형태와 속도 그리고 크기의 차이만 있을 뿐이다. 즉, 정보는 과거, 현재, 미래 모두에서 시시각각 항상 만들어지고 있으며, 만들어진 정보는 교환되거나 전달되어 새로운 가치의 발생과 함께 지속적으로 축적되어 오고 있다. 우리 인류는 이를 역사(歷史)라 부르며 이를 참고하고, 규범으로 삼으며, 영원히 변증법(辨證法)적으로 발전시켜 가고 있다. 지속적으로 새로운 문화가 만들어지고 또 새롭게 변화되고 있다. 이것을 오늘의 우리들은 프로토콜(Protocol), 프로시저(Procedure), 가치체계(價値體系; Value System) 등등의 개념으로 사용하고 있다.

2. 농업혁명과 인류사회

1) 인류역사의 시작과 정보축적

인류들의 지나온 모습과 행한 행동 그리고 대자연과 우주 변화에 대한 사실이 신화, 설화, 종교, 문화 등 여러 가지 다양한 형태의 기록으로 정보화 된 것을 역사라 하고, 이는 인류의 자기인식을 목적으로 하고 있다. 역사는 과거에 일어났던 인류의 행위들을 대상으로 하지만 시대를 달리하는 후손들은 잘 알 수 없으므로 사료(史料; Data Base; Knowledge Base)를 매개로 하는 추정으로 만 알 수 있게 된다. 고문서, 대중가요, 구비전설(口碑傳說), 구전문학(口碑文學), 언어, 문자, 건축물, 기후변화, 우주의 변화 등 전해 내려오는 모든 것이 역사이다. 우리 인류는 철학적으로 또, 종교적으로 번성하였다. 두뇌는 점점 발달되어 갔고 대자연에 순응하는 방법 또한 발달되어 갔다. 즉, 농업혁명(정보혁명)이 시작되었다. 인간은 점진적으로 지구상의 모든 것을 장악하게 되었고 풍요로워지기 시작했으며, 이로 인해 인간의 수는 폭발적으로 증가하기 시작하였으며, 사냥과 채취 경제는 재배와 사육의 경제로 발전하였다. 본 서의 저자는 이를 "최초의 정보혁명"이라 정의한다. 반면 미래에 대한 불확실성, 죽음에 대한 두려움, 영원히 누리고 싶은 욕망, 삶의 의미와 가치 등에 대해 고민하기 시작했고, 그 결과 동양과 서양을 구분하지 않고 많은 신화와 설화들이 만들어지게 되었고, 이는 여러 가지 형태의 종교로 승화되어 각양각색의 철학과 사상으로 정리되었다.

2) 우리민족 중심의 동양문화사

2-1) 중국과 일본의 역사왜곡

우리민족 고유의 역사서는 환국, 배달, 고조선 시대를 거치면서 수천 년 동안 무수한 전란, 화재, 정치적 모순, 외적 침입 등으로 대부분 소멸되었다. 고려 때는 유가(儒家)와 불가(佛家) 사상(思想)에 어울리지 않는다고 생각되었던 역사서들이 대거 소각되었다. 특히 고려 중기 김부식(金富軾; 1075~1151; 고려 시대의 정치가)의 대대적인 역사자료 수거와 소각 이였다. 이를 두고 후에 신채호(申采浩; 1880~1936; 丹齋; 사학자; 독립운동가; 역사학자; 언론인)선생 같은 학자들은 한민족사의 허리가 잘려나간 결정적 이유 중의 하나라고 정의하였다. 조선시대에 와서도 조정에 의해 역사서 파괴는 계속되었고, 임진왜란, 병자호란에 이어 한일합방 이후 일제의 조선역사 말살 작전으로 완벽하게 소멸되었으나, 천우신조(天佑神助)로 환단고기(桓檀古記), 단기고사(檀奇古史), 규원사화(揆園史話), 제왕연대력(帝王年代歷) 등 몇 종의 역사서만 겨우 전해지고 있다. 환단고기(桓檀古記)는 우리민족의 활동무대가 한반도와 대륙 이였다는 사실 즉, 우리민족의 영토가 오늘의 한반도뿐 아니라 만주, 보하이만(요동반도와 산둥반도에 걸쳐있는 발해만), 현재 중국의 동쪽 해안 전체가 우리 것 이였음을 주장하는 대륙사관(大陸史觀)의 역사적 사실을 확인해주고 있는 우리민족에게 있어 매우 중요한 역사서이다.

반면, 우리는 고려 중기와 조선시대에 생겨난 사대주의(事大主義), 세조와 예종에 의한 조선 판 분서갱유(焚書坑儒), 정치권력의 잘못된 이해관계 등의 역사적 범죄와 일제강점기 때 일제가 만들어낸 반도적 성격론(半島的 性格論), 대륙과 해양의 세력변화에 따라 타율적으로 변화될 수밖에 없게 만드는 식민사학적 반도사관(半島史觀) 등에 의한 강단(講壇)사학에 아직까지도 사로잡혀 있다. 한 예로 한반도에서는 단군나라 시절(BC 24C) 제작된 청동기가 출토되지 않았고, 청동기 문명의 흔적 또한 없다는데, 중국 내몽골 자치구 요하 상류에서는 청동기문명과 신석기시대 후기문명(BC 25~20C)의 유적이 발굴되었다 한다. 또, 중국의 황제족, 염족, 황족, 하화족 등은 모두 황하와 중하류의 중원(中原)을 무대로 삼았었다고 중국 스스로가 인정하고 이미 알려져 있는 상태인데, 중국에서 황하문명보다 500여 년 이상 앞선 요하문명의 유적이 발굴되자, 중국은 요하문명도 중국 문명의 일부이고 황하문명에 영향을 끼쳤다고 억지 주장을 하고 있다. 더더욱, 중국은 요하에서 활약한 것으로 보이는 치우를 황제, 염제와 더불어 중국의 조상이라며 중화3조당(中華三祖堂)을 지어 역사를 철저히 왜곡하고 있다. 역사적 사실은 요하 상류에서 발굴된 청동기는 고인돌과 함께 황하가 아닌 만주와 한반도로 전파되었다. 즉, 오늘의 중국인은 황하를 중심으로 무대를 넓혀갔고 한민족인 고구려 족은 요하에서 시작해 만주와 한반도로 이동하며 지배했고, 그들 중 일부는 오늘의 일본으로 건너갔다 한다. 또, 청나라를 세운 한민족의 한 갈래인 여진족은 중원을 넘어 오늘의 중국을 점령하고 티베트와 위구르까지 지배했다. 역사적으로 매우 안타까운 것은 고구려 족과 청나라가 중국인들에게 나라를 넘겨줌으로써 중국사로 편입될 이유와 명분을 주게 되었다는 것이다.

중국은 사기(史記), 한서(漢書) 등 중국25사(中國二十五史), 유교경전, 도교경전 등 매우 많은 책들이 전해지고 있고, 일본은 일본서기, 고사기, 만엽집, 풍토기 등과 같은 신도의 경전이나 고대역사서들이 전해지고 있다. 우리나라의 경우 잦은 병란과 조선 판 분서갱유(焚書坑儒) 같은 역사적 잘못으로 인해 삼국사기 이전의 역사서와 경전은 거의 찾아볼 수 없는 상태이다.

일본의 경우 이미 100여 년 전 일본의 역사적 활동무대 속에 만주와 조선을 삽입하는 만선사관(滿鮮史觀)을 만들었고, 이를 이용하여 조선을 식민지로 하고 만주를 중국에서 분리하여 만주국을 세운바 있다. 지금 이 순간까지도 일본은 만주사관에 의한 역사왜곡을 계속하고 있으며 앞으로도 계속할 것이라 믿어진다.

중국은 자기들 역사 기록이 없던 때의 역사를 억지로 만들어 내는 단대공정(斷代工程)을 시행하여 하나라, 은나라, 3황5제 등의 시대를 중국 역사에 삽입하고, 티베트와 고구려(만주)를 중국 역사에 삽입하는 서남공정(西南工正)과 동북공정(東北工程)의 시행을 완료한 후, 중국사의 시작을 완전히 개조하는 탐원공정(探源工程)도 진행하고 있다. 환단고기는 이러한 역사적 과정을 밝히고 일본과 중국의 역사왜곡을 바로잡으며 우리민족의 뿌리와 역사를 국제사회에 널리 알리는 기둥이 되는 역사서이다.

※ 하상주단대공정(夏商周斷代工程) : 2차 대전 이후 정치, 경제, 문화, 역사 등 모든 영역에 대해 5년 단위로 추진하는 장기적 국가 전략계획; 구체적 연대가 판명되지 않은 중국의 고대 왕조 하, 상, 주의 설립과 멸망 연대를

인위적으로 조작하는 작업.

※ 탐원공정(探源工程) : 일본에 이어 세계 제 2위 GDP로 점점 팽창하고 있는 중국의 몸체를 곧게 세우기 위해 뿌리를 찾는다는 뜻의 국가차원의 역사왜곡 프로젝트.

2-2) 중국의 분서갱유(焚書坑儒)와 조선의 세조

중국을 통일한 진시황제는 자신의 정치적 목적(영원한 권력과 불로장수)을 위해 훌륭하고 똑똑한 자들의 출현을 막겠다는 욕심으로 모든 서책들을 불태우고, 지식인들을 매장하는 분서갱유(焚書坑儒)라는 매우 악질적 범죄를 저질렀으며, 이로 인해 오늘날 중국의 역사적 뿌리는 불확실하게 되었다. 우리나라의 경우도 예외는 아니다. 조선의 제 7대 임금 세조(수양대군)와 제 8대 임금 예종도 조선시대판 분서갱유라는 나쁜 짓을 자행하였다. 세조실록에 의하면, 세조 3년 5월 26일(1457.6.17) 팔도관찰사(도지사)에게 "고조선비사, 대변설, 조대기, 주남일사기, 지공기, 표훈, 삼성밀기, 삼성기, 도증기, 지리성모하사량훈, 수찬기소, 동천록, 마슬록, 통천록, 호중록, 지화록, 도선한도참기 등의 서적은 개인적으로 소장할 수 없는 것들이니, 만약 갖고 있는 자가 있으면 진상하도록 하라!" 라는 수거명령에 의해 모두 수거하였고, 세조의 아들 예종 1년 9월 18일(1469.10.22.) 주남일사기, 지공기, 표훈천사, 삼성밀기, 도증기, 지리성모하사량훈, 수찬기소, 곤중록, 지화록, 명경수, 천문지리, 음양 관련 서적들을 금서로 지정한 후, "책을 바치는 자는 2품계를 높여주고 상 받기를 원하는 자나 공·사 노비에게는 면포 50필을 준다! 만약 숨기고 바치지 않는 자는 다른 사람이 고발할 수 있도록 하고, 고발한 자에게는 위와 같이 상을 주고 숨긴 자는 참형에 처한다!" 라고 하여 조선시대 판 분서갱유 정책을 강력히 추진하였다 한다.

이는 아마도 종교적 이유에서 시작된 범죄였을 것이라 짐작되는데, 고려는 불교, 조선은 유교, 고조선은 선교(仙敎; 도교사상) 중심국가 이었으므로 조선의 유교 확산과 성리학(주자학) 이외의 모든 가치는 무조건 사문난적(斯文亂賊; 유교와 성리학을 어지럽히는 도적)으로 매도하는 국가 정책과 사회풍토에 따라 고조선의 역사와 종교에 관련된 모든 서적들을 없애야만 했음이라 미루어 짐작된다. 이와 같은 강도 높은 탄압의 결과로 조선에는 유교가 민간인들의 일상적인 삶에까지

깊숙이 침투할 수 있었던 반면, 고조선의 역사는 점진적으로 멀어져 갈 수밖에 없었다고 판단된다.

더더욱 원통한 것은 일본이 침략하여 제국주의자·군·경 등을 동원하여 그나마 남아있던 우리의 역사서적(약 20여만 권)들을 강제 수거하고 불살라 버렸다. 따라서 우리나라 고대사의 참모습을 바로알고 재정의 하려면 현재 공인(公認)되었다고 알려져 있는 사료(史料)들 모두를 재검토하여 문제가 발견되면 다시 연구해야한다고 판단된다. 고려→조선→일제→정부수립 이후 현재까지 각 시대별로 권력의 비위를 맞추었거나, 최소한 건드려지지 않았다는 이유만으로 공인되었다고 의심되는 이 땅의 모든 역사에 대해.

2-3) 우리민족의 역사 단군조선(檀君朝鮮) 고조선(古朝鮮)

- 환단고기(계연수/고동영/한뿌리 2010) 중심으로 -

옛날 기록의 인용(引用)은 일연(一然)의 삼국유사(三國遺事) 부터이나 지금은 옛날 기록을 볼 수 없으므로 삼성기(三聖紀), 단군세기(檀君世紀), 북부여기(北夫餘紀), 태백일사(太白逸史)를 묶어 환단고기(桓檀古記)라 한다. 평안북도 선천 출신 계연수가 1911년 이기(李沂)의 감수와 함께 묘향산 단굴암에서 필사 후, 제자 이유립(李裕岦)에게 다음 경신년(1980)에 세상에 공개하라 하고, 만주에서 독립운동 중 1920년 사망한 것으로 전해지고 있다.

○ 계연수(桂延壽; ~1920) : 호(號)는 운초(雲樵), 평북 선천 출신 애국 사학자, 해학(海鶴) 이기(李沂)의 문인, 상해 임시정부 국무령 이상용(李相龍) 선생의 참획군정(參劃軍政) 책임자, 1911년 5월(神市開天; 광무(光武)15년; 辛亥年 廣開節) 환단고기(桓檀古記) 범례(凡例) 집필, 묘향산 단군굴에서 환단고기 편찬, 삼성기 상·하(三聖紀 上·下), 단군세기(檀君世紀), 북부여기(北夫餘紀), 태백일사(太白逸史)를 하나로 묶어 환단고기라 하고, 이 책을 서울 단군교당에 보내 다음 경신년(庚申年; 1980)이 되거든 세상에 내놓으라는 당부를 했다고 전해진다.

○ 삼성기(三聖紀) : 환인천제(桓因天帝)가 7세에 걸쳐 3,301년 또는 63,182년 간 다스렸던 환국과 환웅천황(桓雄天皇)이 1565년 간 다스렸던 배달국

(倍達國)의 역사서. 안함로(安含老)와 원동중(元董仲)이 지은 두 종류, 계연수 집안에 소장되어 있던 안함로의 삼성기를 상편, 태천의 진사 백관묵(白寬默)이 소장했던 원동중의 삼성기를 하편으로 하여 우리민족의 기원부터 시작하여 단군조선의 건국과 그 역사 서술.

○ 단군세기(檀君世記) : 단군이 47세에 걸쳐 2000년간 다스린 고조선 역사, 고려 말 수문하시중(守門下侍中)을 지낸 이암(李嵒)이 1363년 관직 은퇴 후 저술, 계연수가 백관묵으로 부터 얻었다고 알려지고 있으며, 47대 1,096년에 걸친 단군조선의 역사, 왕들의 이름, 재위기간, 치적 등이 서술되어 있다.

○ 북부여기(北夫餘紀) : 북부여에 6명의 왕이 있었고 고구려의 전신이었다. 휴애거사(休崖居士) 범장(范樟)이 저술, 본래 단군세기 합편으로 전해지고 있었으며, 삭주의 이형식의 집에서 얻었다고 한다. 단군세기 합편의 단군세기는 백관묵 소장본과 한 글자의 차이도 없이 일치했다 한다. 또, 북부여기는 단군세기를 저술한 이암의 현손 이맥(李陌)이 편찬하였고, 계연수의 스승인 이기가 소장했다 한다. 우주의 생성을 주로 다룬 삼신오제본기(三神五帝本紀), 환국의 역사를 적은 환국본기(桓國本紀), 환웅의 치세를 서술한 신시본기(神市本紀), 단군왕검이 나누었다는 진한(진조선)・마한(막조선)・번한(번조선) 중 마한과 번한의 역사가 수록되어 있는 삼한관경본기(三韓管境本紀), 천부경(天符經)과 삼일신고(三一神攷) 등 단군의 역사와 경전교리에 관한 소도경전본훈(蘇塗經典本訓), 고구려・발해・고려의 대외관계사 중심의 고구려본기, 대진국본기, 고려국본기 등으로 구성되어 있다.

○ 태백일사(太白逸史) : 환단고기를 구성하는 4권의 책 가운데 가장 분량이 많은 책으로 환국, 배달국, 삼한, 고구려, 발해, 고려의 역사서.

○ 일연(一然; 1206~89; 高麗 熙宗 2~忠烈王 15), 속성은 김씨, 이름은 견명(見明), 자(字)는 회연(晦然), 호(號) 무극(無極)・목암(睦庵), 경주 장산군(章山郡; 지금의 경산시) 출신, 9세 때 해양(海陽; 지금의 光州) 무량사(無量寺)에서 취학(就學), 14세 때 설악산 진전사(陳田寺)로 출가 대웅장로

(大雄長老)에게 구족계, 1227년(고종 14) 선불장(選佛場)에서 상상과(上上科) 급제 이후 포산(包山; 경주 근처 현풍현 비슬산)의 보당암(寶幢庵)·무주암(無住庵)·묘문암(妙門庵) 등지에 거처, 1237년 삼중대사(三重大師), 1246년 선사(禪師)가 되다. 당시는 최이(崔怡) 정권의 시기로 대몽항쟁기, 1249년 최이의 무인정권과 밀접한 유대가 있던 정안(鄭晏)의 초청으로 남해(南海) 정림사(定林社)에 거처, 이는 일시적으로 최이에게 반발한 정안이 수선사(修禪社) 계통의 승려를 기피하여 가지산문(迦智山門)의 일연을 초청한 것인데, 이로 인해 가지산문의 승려들이 최씨 정권과 연결되어 1251년 완성된 대장경 조판 중 남해분사(南海分司) 작업에 참가, 1259년 대선사(大禪師), 1261년 원종의 명에 따라 강화도에 초청되어 선월사(禪月社)에 거처, 이때 지눌(知訥)의 법맥 계승, 이는 그가 가지산문에서 사굴산문(闍堀山門)으로 법맥을 바꾼 것이 아니라 원종을 옹위한 정치세력이 불교계를 통솔하기 위해 일연을 이전의 수선사 계통의 승려를 대신한 계승자로 부각시키기 위한 것, 중앙정계와 관련을 맺은 이후, 이를 배경으로 가지산문의 재건노력, 1268년 왕명에 의해 운해사(雲海社)에서 대장낙성회(大藏落成會) 주관, 1274년 비슬산 인홍사(仁弘社) 중수후 왕의 사액에 따라 인흥사(仁興社)로 개명, 같은 해 비슬산 용천사(湧泉寺)를 불일사(佛日社)로 개명, 1277년(충렬왕 3)부터 충렬왕의 명에 따라 운문사(雲門寺)에 거취, 이곳에서 삼국유사(三國遺事) 집필, 1281년 충렬왕이 동정군(東征軍) 격려를 위해 경주 방문 중 부름 받은 인연으로 다음 해에 개경 광명사(廣明寺)에 거취, 1283년 3월 국존(國尊)으로 책봉, 원경충조(圓經沖照)라는 호(號)를 하사 받았으나 노모 봉양을 위해 고향으로 환향, 1284년 인각사(麟角寺)에서 2회에 걸쳐 구산문도회(九山門徒會) 개최, 이는 가지산문이 일연을 중심으로 고려 불교계의 전 교권을 장악하였다는 것을 의미, 1289년 7월 왕에게 올리는 글을 남기고 입적(入寂). 12세기 이후 고려 선종계에 임제선(臨濟禪)의 영향으로 간화선(看話禪)에 심취, 남해 정림사 초청으로 머물게 되면서 이미 임제종 계통의 간화선을 적극 수용하여 정리하는 단계에 있던 수선사의 선풍(禪風)에 의해 더욱 세련된 간화선에 심취했으나, 특정 신앙이나 종파에 얽매이지 않고 다양한 불교신앙을 표방하는 저술을 찬술, 선교(禪敎)를 막론하고 많은 불교 서적 편수, 선종 계통이 주를 이루는 사전(事典)의 성격을 지닌 저작이 다수, 중편조동오위(重編曹洞五位)에는 초기 성리학적 분위기와 맥이 닿는 내용 서술,

삼국유사(三國遺事) 찬술을 위해 1278년에 이미 역대 연표를 작성 73~6세에 운문사에서 삼국유사 찬술, 저서로 어록(語錄) 2권, 게송잡저(偈頌雜著) 3권, 삼국유사 5권, 중편조동오위 2권, 조파도(祖派圖) 2권, 조정사원(祖庭事苑) 30권, 선문염송사원(禪門頌事苑) 30권, 대장수지록(大藏須知錄) 3권, 제승법(수諸乘法數) 7권 등이 있으며 시호(謚號)는 보각(普覺).

○ 안함노(安含老; ~640) : 신라 진평왕 22년에 왕명으로 중국에 들어가 학문을 닦았던 도승, 김씨, 시부이찬(詩賦伊湌)의 자손, 물위를 걷고 공중을 날아다니는 등 이적(異蹟)을 행하는 선승(禪僧), 행적(行蹟)으로 보아 신교(神敎)의 선맥(仙脈)을 이어받은 것으로 짐작, 선덕왕 9년 만선도장(萬善道場)에서 62세로 타계(他界).

○ 행촌(杏村; 1297~1364) : 이암(李嵒)의 호. 17세 과거 급제, 임금이 재능을 인정 부인(符人)으로 삼고 비성(祕省) 관직 제수, 좌정승을 거쳐 공민왕 8년 수문하시중(守門下侍中), 이명(李茗)·범장(范樟)과 더불어 천보산(天寶山) 태소암(太素庵)에서 환단(桓檀)의 내력이 적힌 진결(眞訣) 취득, 벼슬을 버린 후 강화도 홍행촌에 살면서 스스로 홍행촌 늙은이(紅杏村叟)가 되어 행촌삼서(杏村三書; 단군세기(檀君世紀), 농상집요(農桑集要), 태백진훈(太白眞訓)) 저술, 공민왕 13년 68세로 타계.

○ 범장(范樟) : 호(號)는 복애(伏崖), 자(字)는 여명보(汝明甫), 일명 범세동(范世東), 금성(錦城) 사람으로 고려 공민왕 때 관직 간의대부(諫議大夫), 고려 멸망 후 만수산(萬壽山)에 은둔(隱遁), 북부여기(北夫餘紀), 동방연원록(東方淵源錄) 집필.

○ 이맥(李陌) : 호(號)는 일십당(一十堂), 행촌(杏村) 이암(李嵒)의 현손(玄孫), 연산 때 문과에 급제 돈령부사(敦寧府事), 강직한 성격으로 바른말하다 연산 10년 괴산으로 유배 후 수 많은 책 탐독과 함께 노인들로부터 들은 구전지식(口傳知識) 기록정리, 중종 15년 찬수관(撰修官)이 되면서 내각에 있는 많은 비장서(秘藏書; 세조, 예종, 성종 때 금서(禁書)로 지정하여 거둬들인 책들로 추정) 탐독, 이맥(李陌) 자신만 접할 수 있었던 내각의 여러 사료들을 근거로 태백일사(太白逸史) 집필.

○ 이기(李沂; 1848~1909) : 호(號)는 해학(海鶴), 유형원, 정약용 등 실학자들의 학통 전수, 전봉준의 동학군을 이끌고 서울로 진격, 일본에 건너가 일본 왕과 정계 요인들에게 일본의 침략을 규탄하는 서면항의, 을사조약 체결 후 귀국하여 한성사범학교에서 교직, 민중계몽과 항일운동에 전력, 나인영 등 동지들과 함께 조국을 왜적에게 팔아먹은 매국노 을사오적신(乙巳五賊臣; 외부대신 박제순(朴齊純), 내부대신 이지용(李址鎔), 군부대신 이근택(李根澤), 학부대신 이완용(李完用), 농상부대신 권중현(權重顯))의 암살결행 실패, 진도로 유배 후 민중계몽운동에 종사, 해학유서(海鶴遺書) 집필.

2-4) 환인천제(桓因天帝)

삼성기전 상편(三聖記全 上篇)에 이르기를 아주 오랜 옛날 형체가 없어도 보며, 하는 것이 없어도 만들며, 말하지 않고도 행할 수 있는 유일신(唯一神)이 사백력(斯白力) 하늘에서 밝은 빛으로 만물을 생성(生成) 한 후, 동녀동남(童女童男) 800명을 흑수(黑水)와 백산(白山) 땅에 내려 보내 환인(桓因), 단인(檀因), 천제환씨(天帝桓氏), 안파견(安巴堅)으로 하여금 환국(桓國)을 세우고 감군(監群)이 되어 하늘에 살면서 돌을 쳐 불을 만들어 음식을 익혀먹는 법을 가르쳤다. 7세를 내려왔으나 그 햇수는 알 수 없다. 또, 삼성기전 하편(三聖記全 下篇)에 이르기를 인류의 조상 나반(那般)과 아만(阿曼)이 아이사타(阿耳斯它)에서 만나 꿈의 계시로 혼례를 치루고 얻은 자손 모두가 구환(九桓)의 족속이다. 환인이 천산(天山)에 살면서 환국 즉, 파내류국(波奈留國)을 세운 후 무병장수(無病長壽), 제천(祭天), 교화(敎化) 등이 이루어졌으며, 환국은 천해의 동쪽 땅 남북 5만 리, 동서 2만 리에 비리국(卑離國), 양운국(養雲國), 구막한국(寇莫汗國), 구다천국(勾茶川國), 일군국(一群國), 우루국(虞婁國), 필나국(畢那國), 객현한국(客賢汗國), 구모액국(勾牟額國), 매구여국(賣勾餘國), 직구다국(稷臼多國), 사납아국(斯納阿國), 선비국(鮮椑國), 시위국(豕韋國), 통고사국(通古斯國), 수밀이국(須密爾國) 총 12개 나라로 구성되었으며, 7세 동안의 역년이 3,301년 또는 63,182년 이라고 하나 어느 것이 옳은지 알 수 없다 한다.

2-5) 환웅천황(桓雄天皇)

환인의 뒤를 이어 환웅씨가 백산과 흑수 사이 천평에 자정과 여정을 파고 청구에 정지를 만들었다. 천부인을 가지고 오사를 주관하였으며, 역법(曆法) 만들고, 세상이 하늘의 이치에 맞도록 재세교화(在世理化) 되고 사람들에게 널리 유익하게(弘益人間) 하였다. 나라의 이름을 배달(倍達)이라 하고 신시(神市)에 도읍을 정하여 광명개천(光明開天) 하였다. 스무하루 동안 제천(祭天)하고 괘(卦)를 지어 미래를 예측하고 상(象)을 통해 신을 움직였다. 웅씨(熊氏)의 딸을 황후로 삼고 혼인(婚姻)하는 법을 만든 후, 짐승의 가죽으로 폐백(幣帛)하게 하였고, 밭 갈고, 씨 뿌리고, 서로 교역(交易)하게 하였다. 아홉 족속(구역) 모두가 세금을 바쳤고, 땅 위에 모든 신이라 칭하고 대대로 제사 지내기를 끊이지 않았다. 신시 말년에 치우천왕이 청구(青邱; 동방을 나타내는 색(青); 동방의 세계)의 땅을 넓히고 18세를 이은 역년이 1,565년이나 되었다 한다.

삼성기전 하편(三聖記全 下篇)에 이르기를 환국 말년에 안파견은 오가들의 뜻을 따라 제견(諸畎) 또는 반고가한(盤固可汗)에 재물과 보화, 십간십이지(十干十二支)의 신장(神將)들을 거느리고 공공(共工), 유소(有巢), 유묘(有苗), 유수(有燧)와 함께 삼위산 납림동굴에 이르러 나라를 세우고 임금이 되었다. 환웅으로 하여금 인간을 널리 유익하게(弘益人間) 하는 뜻을 이루도록 하게 하자, 환인이 천부인과 3천의 무리를 주며 하늘을 열어 가르침을 세우고 세상을 이치로 교화하여 자손만대에 모범이 되는 큰 법을 세우라 하였으므로 태백산(太白山) 신단수(神壇樹) 아래에 신시(神市)를 세운 후, 풍백(風伯)·우사(雨師)·운사(雲師)를 거느리고 곡(穀)·명(命)·병(病)·형(刑)·선(善)·악(惡) 등 인간의 360여 가지 일을 맡아 세상을 다스리고 교화하였다. 어느 날 곰과 호랑이가 찾아와 사람이 되고자 간청하므로, 쑥과 마늘을 주고 어두운 동굴 속에서 수도하면 사람이 될 수 있다 하였는바, 호랑이는 참지 못해 뛰어나오고 곰은 참아내어 여자가 되었다. 환웅은 그 웅녀(熊女)와 혼인하여 단군을 낳았다. 이는 원시 부족사회에서의 최고 지도자(군장; 君長)의 계보를 하늘과 연결하여 신성케 하려는 제정일치(祭政一致)의 사상이며, 웅녀는 몽골족 계통의 특유한 곰 숭배사상의 하나라고 생각된다. 환웅천황이 천경과 신고를 가르쳐 백성들을 크게 깨우쳤으며, 뒤이어 치우천황이 토지를 개간하고 구리와 쇠를 제련하여 군사와 산업을 일으켰다. 구환 모두가 삼신을 한 뿌리의 조상으로 삼았으며 소도(蘇塗)를 관리하고 관경(管境)을 지키고 형벌을 다스렸으며 화백을 이루어 지혜와 생업에 함께 힘쓰며 살았고 모두 삼한의 다스림 안에 있었다. 이후로 천제의 아들 단군왕검(檀君王儉)이 통치하였다. 밀기(密記)에 의하면 환웅은 삼신의 가르침과 전계를 베풀었고, 갈고환웅은 염제신농의 나라와 국경을 정하였고, 자오를 바꿔놓았다. 사마천의 사기에 의하면 "모든 제후들이 와서 복종하고 자오지환웅(치우천황)은 구야를 통해 광석을 캐고 병기를 만들었다. 치우는 "천둥과 함께 큰비를 내려 산하를 바꾼다는 뜻으로 천하에 치우를 이기는 자가 없었다."한다. 태백일사 소도경전본훈 편에 이르기를 환웅이 신지 혁덕에게 명하여 천부경(天符經)을 사슴의 발자국을 보고 만든 문자인 녹도문(鹿圖文)으로 적게 하여 갑골문에 앞서 한자의 근원이 된 문자를 개발하였다 한다.

2-6) 단군왕검(檀君王儉)

단군신화(檀君神話)가 아니고 단군역사(檀君歷史)이다. 환웅의 시대에 환웅의 근처에 곰족(熊族)과 범족(虎族)이 신단수에 내려와 신계(神戒)의 백성이 되게 해 달라고 빌었다. 환웅이 이를 듣고 가르칠만하다 라고 생각하여 인내력과 의지력을 측정해보기 위한 과제(課題)로 신령스러운 쑥 한 줌과 마늘 스무 개를 주며 이르기를 이를 먹고 100일 동안 햇빛을 보지 아니하면 환웅사람의 모습을 얻어 환웅의 사람이 될 수 있다고 하였다. 곰족과 범족은 이를 받아먹고 스무하루(三七日)를 조심하였으나, 곰은 참고 견디며 계명을 지켜 환웅의 조건과 기준을 통과하여 환웅사람의 모습을 얻은 반면, 범은 방만하여 계명을 지키지 못해 환웅사람의 형상을 얻지 못하였다. 이후 곰족의 여인(모계사회의 우두머리)은 혼인해 주는 자가 없어 늘 신단수 아래서 아기 배기를 기도하여 청하니 환웅이 아내로 삼아 환웅의 사람이 된 곰족 여인을 잉태시키고 아들 왕검(王檢)을 낳았다. 이때의 구환은 모두 삼한의 다스림 안에 있었으며, 환웅의 아들은 구환을 통치하게 되었는데, 이를 단군왕검(檀君王儉)이라 한다. 고기(古記)에 이르기를 왕검의 아버지는 단웅(檀雄)이며 어머니는 웅씨(熊氏) 왕녀이다. 신묘년(辛卯年) 5월2일 인시(寅時)에 신단수(神檀樹) 아래서 태어났다. 14살이 되던 갑진년에 웅씨 왕이 비왕(裨王)으로 삼아 국사를 대신 맡아보게 하였고, 무진년 당요(唐堯)때 단국부터 아사달의 단목이 있는 곳에 이르기까지 온 나라 사람들이 하느님의 아들로 모셨다. 이때 구환이 하나로 통일되고 단군의 신령스러운 교화가 온 세상에 널리 퍼졌다. 비왕이 된지 24

년, 임금이 된지 93년, 나이는 130살 이였다 한다.

○ 사백력(斯白力) : "새벽녘"이란 뜻의 순 우리말의 향찰표기(鄕札表記; 한자의 음(音) 훈(訓)에 의한 신라 시대의 우리말 표기법)일 것으로 추정.

○ 흑수(黑水) : 흑룡강, 러시아의 아무르강(흑수와 백산 땅하면 지금의 만주 일대를 뜻함).

○ 백산(白山) : 백두산의 옛 이름, 밝은산, 밝산, 백산 우리말 음을 빌어 한자로 표현, 백두산(白頭山)은 밝고 신령스러운 산 중에 으뜸가는 머리 산.

○ 감군(監群) : 환국본기(桓國本紀)에 감군을 인(仁)이라 표현한 것으로 보아 단순히 무리를 다스린다는 뜻이 아니라 백성을 인자한 덕으로 보살피는 임무를 지닌 신성한 직분이라고 짐작됨.

○ 안파견(安巴堅) : 아버지라는 뜻, 천제환인씨(天帝桓因氏) 또는 거발환(居發桓), 삼신오제보기에 환인이라는 분이 있어 사람들이 그를 사랑하며 임금으로 추대하였는데, 안파견 또는 거발환이라 하였다. 안파견은 하늘을 이어 아버지를 세운다는 이름이며 거발환은 하늘과 땅과 사람을 하나로 묶어 부르는 이름이다.

○ 천평(天坪) : 환웅천황(桓雄天皇)이 개천한 신시의 들, 백두산 북쪽에 있는 주거환경이 빼어난 곳으로 짐작.

○ 청구(靑丘) : 만주·중국 동해안·한반도 등을 포함한 옛 우리 강토 전체를 청구로 보는가 하면, 중국 동해안 산동반도·요서·요동·한반도 중 한 곳을 지목하는 경우도 있다.

○ 정지(井地) : 정전법(井田法)에 의한 정전제(井田制)를 실시했다는 뜻, 상고시대의 이상적 토지제도, 토지를 개간하여 농사를 지을 때 자연의 이치와 조화를 지혜롭게 터득 활용, 홍수나 한해를 방지하기 위해 밭에 이랑을 만들고 두둑을 높이며 이랑 사이로 흐르는 물은 밭도랑을 거쳐 개울로 빠

져나가게 하였다. 또 우물을 파되 식수로 사용할 뿐만 아니라 날씨가 가물 때 이 물로 한해를 막았으며 밭에 길을 만들어 편리하게 사용하였다. 밭이랑이 900개 이면 1리(一里; 약 400m), 900이랑 되는 정방형 토지를 정(井)자 모양으로 9등분하여 주위의 8필지는 8가구가 경작하고, 가운데 남은 1필지는 공동으로 경작하여 나라에 바치는 제도이다. 이를 지금의 평수로 계산한다면 한 가구당 대략 5천 평 정도라고 짐작된다. 이는 8가구가 하나의 단위가 되어 유사시 향토방위나 자연재해 대비, 물을 다스리는 방법을 몰라 큰 피해를 입었던 중국은 단군왕검이 보낸 부루 태자를 통해 오행치수법(五行治水法)을 배웠고 치수법을 배운 하우(夏禹)는 치수를 잘한 공로로 순(舜) 임금에 이어 임금이 되었다. 치수법의 근본은 정전제이다. 고조선의 정전제는 하우를 통해 중국에 전수되었다.

○ 천부인(天符印) : 거울, 청동방울(또는 북), 검 이라는 주장도 있고, 천・지・인을 나타내는 원・방・각이라는 주장도 있다. 원・방・각은 파랑・노랑・빨강 등 우리 고유의 삼태극 색깔로도 표시된다. 모든 만상의 가장 기초적이고 기본적인 기하학적 도형이라 이해하기도 한다.

○ 오사(五事) : 곡식, 임금의 명령, 병(의료), 형벌, 선악을 주관 하는 일을 의미하며 오가(五加; 우가(牛加)・마가(馬加)・구가(拘加)・저가(猪加)・양가(羊加); 가(加)는 집안 家; 종족의 이름을 짐승으로 표시)가 각각 나누어 맡았다.

○ 구역(九域) : 구주(九州)・구환(九桓), 우리 겨레가 사는 모든 지역을 이르는 말, 구역에 아홉 족속(九夷)이 살았다 한다.

○ 치우천황(蚩尤天皇) : 배달나라 제 14세 자오지 환웅(慈烏支 桓雄)이다. 109년간 재위했으며, 수는 151세이다. 동양에서는 최초로 청동무기와 투구를 만들어 쓰니, 당시 서토(西土) 사람들은 쇠 이마에 구리 머리를 가진 분이라고 했다. 치신득도(治身得道) 하여 큰 안개와 비바람과 신(神)을 부릴 수 있었다 한다. 황제(黃帝; 중국 건국신화에 나오는 제왕)는 청동무기로 무장한 치우천황과 싸우다 너무 혼이 나서 일생동안 높은 베개 한번 베어 보지 못했다고 한다.

○ 아사달(阿斯達) : 임금이 계신 곳을 뜻하는 순 우리말. 우리말에 아사, 아시는 처음 또는 새롭다는 뜻, 달은 양달・응달과 같은 땅이라는 뜻. 아사달은 처음 땅, 으뜸가는 땅, 새로운 땅이라는 의미를 지닌 것으로 아사달이나 평양은 한 곳이 아니라 임금이 도읍한 곳마다 붙였던 보통 명사이다.

○ 팔조(八條) : ①사람을 죽인 자는 죽이고 ②사람을 상하게 한 자의 죄 값은 곡식(穀食) ③도둑질한 남자는 그 집의 노예(奴隷), 여자는 노비(奴婢) ④소도(蘇塗; 각 고을에 방울과 북을 단 큰 나무를 세우고 천신(天神)에게 제사를 드리던 곳; 솟대)를 부순 자는 금고(禁錮; 수형자에게 노역은 시키지 않는 형벌)에 처하고 ⑤예의를 잃은 자는 군에 복무케 하고 ⑥부지런히 일하지 않은 자는 부역(賦役)에 보내고 ⑦요사스럽고 음탕한 짓을 하는 자는 태형(笞刑)에 처하고 ⑧사기를 친 자는 훈방.

○ 다물(多勿) : 고구려 시조 고주몽의 연호. 땅을 도로 물린다는 우리말에서 연유되었다. 옛 조상의 땅을 도로 찾는다는 뜻이다. 이것이 고구려의 건국이념이며 으뜸가는 국시라고 할 수 있다.

○ 아이사타(阿耳斯它) : 이곳이 어디인지 명확치 않다. 우리 겨레가 처음으로 자리 잡은 곳이 천해(天海)인 바이칼 호 동쪽 이였다면, 아이사타는 그 곳에 있었을 것이라 생각된다. 아이사타는 아사달과 비슷하므로 아사달이 처음 땅, 으뜸가는 곳이라는 옛 말이므로 아이사타가 나반(那般; 인류최초의 남자)과 아만(阿曼; 인류최초의 여자)이 처음 만난 땅이라는 점에서 아이사타와 아사달은 같은 뜻이라 생각된다.

○ 천산(天山) : 천산천맥 동쪽에 있는 한 높은 산

○ 파내류산(波奈留山) : 우리 민족이 인류의 기원이라 주장하는 학자들에 의하면, 우리 민족의 시원지(始原地)를 알타이 산맥의 북동쪽 바이칼 호 부근으로 추정하고, 신생대 이후 4번의 빙하기 중, 약 2만 년 전 4번째 빙하기에는 지구의 1/5 가량이 얼음으로 덮여 있었으므로 인류의 이동이 거의 없었다가, 어떤 이유로 약 1만 2천 년 전 지구의 온도가 갑자기 상승하여 얼음이 녹아내려 해수면(海水面)의 높이가 약 100m 가량 높아졌다

한다. 바다의 수위가 높아지고 대륙이 이동하여 현재와 같은 5대양(대서양, 인도양, 태평양, 북극해, 남극해) 6대륙(아프리카, 유럽, 아시아, 오세아니아, 북아메리카, 남아메리카)이 형성되었으며, 한반도의 황해도와 붙어있던 중국과 떨어지게 되었다고 한다. 지구의 온도가 상승하자 북반구 추운지방에 살던 순록들과 함께 인류(우랄알타이어 계열)도 바이칼 호 부근으로 몰려들었다고 하며, 조상이 나반과 아만인 우랄알타이어 계열의 민족들은 파내류산을 중심으로 하는 지역에 환국을 세웠다. 환국의 후손들은 유라시아의 전 대륙으로 퍼져 지중해와 홍해를 건너 아프리카로, 북반구의 베링해협을 건너 북미대륙으로 이동했다고 한다. 바이칼 호 부근의 북쪽은 앙고라 고원, 남쪽은 몽골고원, 서쪽은 샤안산맥, 동쪽은 야블로노비 산맥으로 둘러싸인 넓은 분지이므로 물이 많아 동식물의 서식조건이 매우 좋은 곳이다. 삼성기전 하편의 내용에서 환국의 역년(3,301년 또는 63,182 중 어느 것이 옳은지 알 수가 없다)에서 만약, 환국의 역년을 63,182년으로 본다면 환국의 인류 기원설은 논리적 가능성이 열려있는 주장이라 할 수 있는 반면, 환국의 역년을 3,301년으로 본다면, 천해의 동쪽 땅을 파내류국(환국)이라하고 땅의 넓이를 "남북 5만 리, 동서 2만여 리"라는 내용에 따라 만주의 흥안령산맥(興安嶺山脈)을 시작으로 만주와 한반도 그리고 중국의 동북쪽에 펼쳐졌던 나라라고 생각해 볼 때, 파내류산은 흥안산맥을 지칭한다고 할 수 있다고 한다.

○ 천해(天海) : 북해(北海), 바이칼 호.

○ 삼위산(三危山) : 중국 감숙성 돈황현에 있는 산.

○ 백두산(太白山) : 백두산의 또 다른 이름. 장백산이라고도 한다.

○ 반고(盤固) : 서이(西夷), 견이(畎夷) 등 삼위산 근방에 살던 우리민족 시조의 한 갈래.

○ 납림동굴(拉林洞屈) : 삼위산 근방에는 천불동(千佛洞) 등 480여 개의 굴 중 어느 곳인지 정확히 알 수 없다 한다.

○ 제견(諸畎) : 반고가한(盤固可汗)이라고도 하며, 환웅과 함께 환국을 떠난 반고가 삼위산 근방에서 퍼뜨린 우리민족, 서이, 견이 등 한(漢)족 이외의 거의 모든 족속을 지칭한다고 한다.

○ 신시(神市) : 환웅이 태백산에서 처음 개천한 곳, 또 신시에서 환웅천황이 개천했다고 하면서 개천절은 단군왕검이 고조선을 세운 날을 기념하고 있다. 환웅천황은 개천(開天), 단군왕검은 개국(開國)했다고 해야 옳다는 주장에 전적으로 동의한다.

○ 천경(天經) : 천부경(天符經), 조화경(造化經).

○ 신고(神誥) : 삼일신고(三一神誥).

○ 삼신(三神) : 주체는 오직 하나뿐인 하느님이시며 신이 각각 셋이 있는 것이 아니다. 하느님은 한 분이지만 세 가지 일을 하기 때문에 삼신이 되는 것이라고 하였다. 하느님이 하시는 세 가지 일은 이렇다. 만물을 이치에 맞도록 창조하고, 이치에 맞도록 자라게 하며, 이치에 맞도록 다스려 운행하게 한다.

○ 소도(蘇塗) : 하느님께 제사하던 제천단이 있는 성역. 나라의 경조사나 중대한 일이 있을 때마다 이곳에서 제천. 주위에 많은 나무를 심고 아무나 드나들 수 없으며 대문에는 큰 나무를 세워 방울과 북을 달았다. 옆에는 경당(扃堂)을 세워 미혼 젊은이들에게 충·효·신·용·인의 다섯 가지 계율을 지키게 했으며, 글짓기·활쏘기·말 타기·음악·주먹치기·칼 쓰기 등 여섯 가지 재주를 가르쳤다. 죄인이 혹 이곳에 들어오면 잡아갈 수 없다. 제천행사에는 여러 놀이들이 행하여 졌는데, 그 중에는 천부경과 삼일신고를 외며 손을 잡고 둥글게 돌아가는 환무가 있어 임금과 백성이 하나가 되는 계기가 되기도 하였다. 지금도 시골에서 마을 어귀에 세우는 '솟대'는 여기서 이어진 풍속이다. 솟대는 마을의 재액을 막고 복을 받아들인다는 의미에서 긴 나무를 세워 그 위에 나무로 새 모양을 만들어 얹는다.

○ 화백(和白) : 화백제도가 삼국시대 훨씬 이전의 고조선과 배달국에서 시작

되었음을 짐작하게 한다.

○ 전계(佺戒) : 참전계경(參佺戒經)의 가르침.

○ 염제신농(炎帝神農) : 염제신농의 아버지가 소전(少典)인데, 소전은 곰 족 熊氏에서 나뉘어졌다 한다. 배달나라 제 8세 임금 안부련이 소전에게 군병의 감독을 명하여 강수(姜水)에 가서 근무하는 중, 염제신농씨는 강수의 온갖 풀의 맛을 보고 의약의 체계를 세워 동양의학의 시조가 되었다.

○ 구야(九冶) : 아홉 개의 야금소(冶金所), 치우천황은 아홉 개의 군대 조직에게 각각 하나의 야금소를 만들게 하고 광석을 캐어 동양에서는 처음으로 청동무기를 만들었다.

○ 헌후(軒候) : 황제(黃帝) 헌원(軒轅)을 말한다. 헌후라는 기록으로 보아 헌원은 천자가 아니라 제후라는 뜻이다.

○ 탁록(涿鹿) : 중국 하북성 탁록현, 황제 헌원이 치우천황과 싸웠던 유명한 전쟁터, 탁록전투는 동양사에서 가장 오래된 전사 기록이다. 사기(史記), 오제본기(五帝本紀)에도 이 전투에 관한 기록이 있다.

○ 헌원(軒轅) : 황제(黃帝)의 이름, 한(漢)족들은 황제 헌원을 중국 역사의 첫머리에 두고 있으나 헌원이 한족의 시조라는 근거는 어디에도 없는데 중국 사람들은 헌원을 중국의 시조로 착각하고 있다고 한다. 아득한 상고시대에 중국이라는 나라나 중국인이라는 종족 자체가 없었다 한다. 헌원은 소전(少典)의 자손이고, 소전은 배달겨레 고시씨(高矢氏)의 후손이라 한다. 따라서 헌원은 배달겨레이며 동이족이다. 헌원 자신도 자기는 백민(白民; 희고 환한 백성)에서 난 동이겨레라고 하였다고 한다.

○ 오잠(吳潛) : 고려 충렬왕 때 간신(奸臣). 충렬왕 때 문과에 급제, 왕의 총애를 미끼로 전국의 명기를 불러들여 임금이 노래와 춤을 즐기게 하고, 임금의 부자 사이를 이간시키고, 어진 신하를 모함하였다. 충렬왕 10년(1323)에 고려의 국호를 없애고 원나라와 똑같이 다스릴 것을 원나라 임

금께 청하기도 하였다.

○ 유청신(柳淸臣) : 고려 충렬왕 때 간신(奸臣), 어려서 몽고어를 배워 여러 차례 원나라를 다녀오는 등 외교의 솜씨가 뛰어나 임금의 총애, 충숙왕 때 임금 따라 원나라에 가서 심양광 고를 고려의 임금 자리에 앉히려는 음모를 꾸미는 등 역적 행위를 하다가 발각되자 귀국하지 못하고 원나라에서 죽었다.

○ 남생(男生) : 고구려 연개소문 맏아들, 막리지 자리를 아우 남건에게 빼앗기자 당나라로 망명, 이적과 손잡고 당나라 군사를 이끌고 고구려에 쳐들어와 고구려를 멸망시키는데 결정적인 도움을 준 반역자.

○ 발기(發岐) : 고구려 신대왕의 아들, 고국천왕의 동생, 고국천왕이 대 이을 아들 없이 죽자 아우 연우와 서로 왕위 쟁탈전에 패하고 요동으로 도망, 공손탁 군사로 고구려를 치다 패하여 자살, 발기로 인해 고구려 조정이 크게 분열.

○ 강도(江都) : 강화도, 고려 때 몽고의 병란을 피하여 임시수도, 강화도의 옛 이름은 갑비고차(甲比古次)이며 고구려 때에는 혈구(穴口).

○ 오성(五星) : 세성(歲星; 목성), 형혹(熒惑; 화성), 태백(太白; 금성), 진성(辰星; 수성), 진성(鎭星; 토성) 천구 즉, 지구의 동, 남, 서, 북, 중앙에 각각 존재.

○ 누성(婁星) : 이십팔수(二十八宿)의 열여섯째 별자리에 있는 별들.

○ 단웅(檀雄) : 배달나라 제 18세 거불단 환웅(BC 2380~2333)

○ 당요(唐堯) : 요(堯) 임금.

○ 오가(五加) : 우가(牛加)·마가(馬加)·구가(拘加)·저가(猪加)·양가(羊加), 가(加; 家; 종족 이름).

○ 조선(朝鮮) : 환국(桓國), 배달(倍達)에 이어 우리나라에서 세 번째로 일어난 나라의 이름, 흔히 한자를 우리말로 옮겨 "아침이 빛나는" 뜻이라 하나, 조선이라는 나라 이름이 생길 때에는 오늘과 같은 뜻의 한자는 없었다 한다. 단재 신채호는 조선의 어원은 숙신(肅愼)이라 했다. 실제로 만주원류고(滿洲源流考)에는 숙신의 옛 이름은 주신(珠申)이라 하며, 주신은 다스리는 지경 안의 땅을 의미하는 만주어라 했다. 때문에 주신이 조선으로 불려 졌으며 그것은 한자와는 아무런 관계가 없다고 했다 한다.

○ 우수주(牛首州) : 규원사화 단군기에 자세한 설명이 있는데, 지금의 만주 길림성 소밀성이며 속말강(涑沫江) 남족이 그 땅이며 소밀·속말은 '소머리'라는 뜻에서 비롯된 것이라 한다. 지금도 소머리(牛首)를 한자로 옮겨 사용하는 이름들이 있다. 이를테면 연해주에서 만주와 러시아 국경을 이루고 있는 우수리 강이나 블라디보스토크 북쪽에 있는 우수리스크도 그것이다. 소머리는 옛 제천의식에서 빼놓을 수 없는 중요한 제물이므로 옛 사람들은 거룩한 땅, 신령스러운 강이라는 뜻에서 이 이름을 쓰게 된 것이라 한다. 지금은 돼지머리를 놓고 제사 지내는데, 이는 세월이 지나면서 소머리가 돼지머리로 바뀐 것이라 한다.

○ 혈구(穴口) : 강화도의 옛 이름.

○ 삼랑성(三郎城) : 강화도 남쪽 정족산에 있는 옛 성. 단군왕검의 명을 받들어 마리산에 참성단을 쌓을 때 함께 쌓은 성, 규원사화에는 단군왕검의 세 아들이 쌓았다고 하였다. 옛날에는 성에 누각이 있었으나 지금은 정문만 남아있다. 동문과 남문은 복원되어 옛 모습을 보여주고 있다.

○ 마리산(摩離山) : 강화도 남쪽 끝에 있는 산, 강화읍에서 남쪽으로 20km, 삼랑성에서 서쪽으로 7km 지점, 해발 468m, 단군왕검의 제천단인 참성단이 있어 옛날에는 두익(頭嶽; 머리산), 머리산이 마리산으로 변했다 한다.

○ 참성단(塹城壇) : 단군기원 51년(BC 2283) 배달의 신하를 시켜 쌓은 제천단, 조선 인조 17년(1639)과 숙종 26년(1700)에 수축, 해마다 열리는 전국체육대회 성화 채화.

○ 부루(扶婁) : 고조선 제 2세 단군(BC 2240~2183).

○ 삼한(三韓) : 진한(眞韓; 辰韓), 번한(番韓; 弁韓), 마한(馬韓; 莫韓), 고조선은 땅은 넓고 백성이 많아 나라를 셋으로 나누어 다스렸는데, 진한은 임금이 직접 다스리고 번한과 마한에는 각각 왕을 두어 다스렸다 한다.

○ 어아노래(於阿之歌) : 제천행사 같은 큰 행사 때 오늘날의 국가와 같은 노래, 고구려 광개토대왕이 병사를 출진시킬 때 이 노래를 부르게 하여 군사들의 사기를 돋우기도 했다. 우리 민요에는 아직도 어아둥둥, 어야디야 같이 별 의미 없이 반복되는 노랫말들이 많이 남아있다.

○ 참계전(參佺戒) : 우리 겨레의 고유한 경전 중의 하나.

○ 구정(邱井) : 토지를 백성들에게 골고루 나누어주는 고대사회의 균전제, 균전제는 정전제(井田制)에서 비롯되었다 한다.

○ 구정도(邱井圖) : 정전법에 의해 토지를 구획한 지도.

○ 부루단지(扶婁壇地) : 가을에 햇곡식을 단지(항아리)에 담아 사람 손이 닿지 않는 곳에 두고 집안의 안녕을 비는 질항아리.

○ 삼육대례(三六大禮) : 임금이 제천시 절하던 예법. 첫 번째는 세 번, 두 번째는 여섯 번, 세 번째는 아홉 번 머리를 조아린다.

○ 진서(眞書) : 배달나라 때 만든 녹도문(鹿圖文). 환웅천황이 나라를 세우면서 신지(神誌) 혁덕(赫德)에게 글자를 만들라고 하였고, 혁덕은 사슴발자국을 보고 글자를 만들었다 한다.

※ 진서(상형문자(象形文字), 신전(神篆), 갑골문자(甲骨文字))

○ 가림토(加臨土) : 가림다문(加臨多文). 가림토는 한자가 아니라 순수한 우리말이었으며, 세종대왕 때 집대성된 한글의 전신이라 짐작된다. 조선왕조실록에 한글의 모양은 옛 전자(篆字)를 모방 했다라고 기록되어있다. 환단

고기 소도경전 본훈에 이르기를 단군시대에 신전(神篆)이 있었고, 백산・흑수・청구・구려 등지에서 널리 쓰였다 한다. 또, 환웅이 신지 혁덕에게 명하여 천부경을 녹도문(鹿圖文; 사슴 발자국을 보고 만든 글자로 갑골문에 앞서 한자의 근원이 된 문자)으로 적게 했다는 내용이 있는데, 녹도문은 표의(表意)문자일 가능성이 높다. 또, 단군세기는 세 번째 단군 가륵(嘉勒) 2년 삼랑을 보륵에게 명하여 정음(正音) 38자로 된 지금의 한글과 아주 비슷한 가림토(加臨土) 문자를 만들었다 하고 또, 삼랑을 보륵이 정음 38자의 가림다(加臨多) 문자를 만들었다고 기록하고 있다. 가림토 문자나 한글은 옛 신전이며 한자보다 훨씬 신령스러운 글자라는 주장에 전적으로 동의한다. 또, 한글의 자음은 원(O), 방(□), 각(△)에서 비롯되었고 천・지・인이 그 구성 모체라 한다. 자음은 O・□・△을 그대로 쓰거나 변형되었으며 모음에도 천(|), 지(—), 인(·)이 포함되어 있다고 주장하기도 한다. 이론적으로 초・중・종성의 조합으로 만들 수 있는 글자의 수는 11,172(19×21×28)자 이다. 이 중 우리말의 음절구조 제약으로 11,172자 모두 사용되지 않고 있으며 현대 우리말에서 사용되는 글자의 수는 외래어를 포함하여 약 2,000여 자 정도로 추정된다. 현존하는 말의 종류는 약 3000여 종이나 되는 반면, 표현할 수 있는 문자는 약 50여 종류 정도라고 알려져 있는데, 한글은 이 모든 말과 문자를 모두 표현할 수 있는 유일한 문자이다. 한글을 국제 발음기호로 정하자는 주장도 있다.

※전자(篆字) : 한자 서체의 하나. 예서(隸書) 이후 여러 종류의 서체가 만들어지기 전부터 존재했던 가장 오래된 서체, 대전(大篆)과 소전(小篆)으로 구분, 대전은 주(周)나라 때 사용, 소전은 진(秦)나라 시황제(始皇帝)때 이사(李斯)가 대전(大篆)을 간략화한 것이라고 알려지며, 일반적으로 전서(篆書)라 하면 소전(小篆)을 뜻한다.

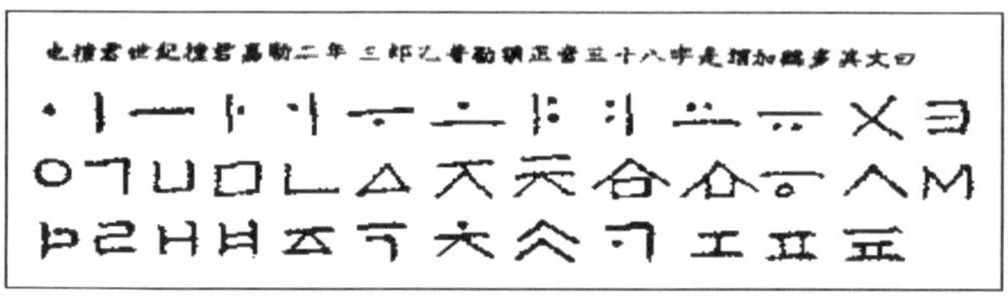

○ 배달유기(倍達留記) : 기록상 우리나라 최초의 역사책.

○ 약수(弱水) : 합려산(合黎山) 근처에서 고비사막으로 흐르는 강.

○ 인삼(人蔘) : 우리 역사상 인삼에 대한 최초의 기록. 산삼을 영초(靈草; 신령스러운 풀)라 했다. 규원사화에 제28세 단군 해모 임금 때 졸본후가 영초를 바쳤다는 기록과 제 40세 단군 달음 임금 때 개마후가 인삼을 바쳤다는 기록이 있다 한다.

○ 원공패전(圓孔貝錢) : 우리 역사상 화폐에 관한 최초의 기록.

○ 황충(蝗虫) : 농민들이 가장 무서워하는 메뚜기 과에 곤충(蝗群=누리).

○ 환화(桓花) : 무궁화, 근수(槿樹), 환(桓) 겨레의 꽃.

○ 백아강(白牙岡) : 마한(馬韓)의 수도.

○ 소밀랑(蘇密浪) : 진한(辰韓) 즉, 고조선(古朝鮮)의 수도.

○ 안덕향(安德鄕) : 번한(番韓)의 수도.

○ 오훈(五訓) : 첫째 성실하고 신실하여 속이지 말아야 한다, 둘째 경건하고 근면하여 게으르지 말아야 한다, 셋째 효도하고 순종하여 어기지 말아야 한다, 넷째 염치 있고 의리 있고 음란하지 말아야 한다, 다섯째 공경하고 화목하며 다투지 말아야 한다.

○ 제 6세 달문(達門) : 3,624 부락, 360 추장.

○ 삼족오(三足烏) : 세 발 달린 새, 고구려 고군벽화에서 볼 수 있는 새, 태양 속에 살며 태양을 지고 매일 하늘로 난다는 길조이다. 고대 동북아시아의 새들 중에는 까마귀가 가장 많았으며 해가 뜨고 질 때와 사람이나 짐승이 죽었을 때 유난히 많이 울어대므로 이승과 저승을 오가는 사자라고 인식 또, 태양 속에 있는 흑점이 옛 사람들에게는 까마귀로 인식되었을 가능성이 있으며 이를 무덤 속에 그려 넣어 태양과 더불어 죽은 자의 생명

이 영원하기를 기원했다 한다.

○ 신원목(伸寃木) : 백성들이 억울한 사정을 호소하도록 설치한 나무.

○ 유위자(有爲子) : 묘향산에 은둔, 자부선생(紫府先生)의 학문 수학, 천문과 지리와 인도를 모두 깨친 고조선 2천년 역사에 대학자.

○ 홍익인간(弘益人間) : 사람을 널리 유익하게 함.

○ 작청(作廳) : 상고시대 공산품 생산 공장.

○ 천부경(天符經) : 하늘과 땅과 사람의 생성원리가 담겨져 있는 우리민족의 교유 경문. 조화경(造化經)이라고도 하며, 환국(桓國)에서부터 구전 되다가 환웅천황이 배달나라를 세우면서 녹도문(鹿圖文)으로 옮겨졌으며, 후에 신라의 최치원이 신지의 비석을 보고 한자로 옮겨 오늘에 이르고 있다.

○ 삼일신고(三一神誥) : 배달겨레의 고유한 경전 중의 하나. 교화경(敎化經)이라고도 하며, 환국으로부터 내려오던 것을 환웅천황이 나라를 세우면서 글로 옮기고 펴내어 오늘에 이르고 있다.

○ 탕왕(湯王) : 은(殷)나라 시조.

○ 천지화랑(天指花郞) : 고조선시대의 화랑, 신라 화랑제도는 고조선 천지화랑에서 비롯되었다.

○ 제14세 고불(古弗) : 1억 8천만 명, 우리민족의 역사에서 가장 오래된 호구조사 기록.

○ 삼성사(三聖祠) : 환인 · 환웅 · 단군을 모신 사당.

○ 도리가(兜里歌) : 삼국사기나 삼국유사에 나오는 도솔가(兜率歌)의 뿌리인 듯하다. 도솔가는 민족의 안녕과 환희를 노래하기 위하여 지은 것이며 가

악(歌樂)의 시초라 한다.

○ 두 개의 해가 함께 뜨다 : 제 9세 단군 원년과 제 45세 단군 48년에도 이런 기록이 있다. 미국의 한 천문학자(우주연구소 케빈 팡 박사)는 중국 고서 죽서기년(竹書紀年)에도 나오는 이 같은 기록(현재의 합서성 부근에 해가 두 번 떠올랐다)에 대해, 동이 트면서 개기일식이 시작되면 밝아오는 여명이 일식에 의해 어두워졌다가 다시 밝아지므로 해가 두 번(두개의 해) 뜨는 것처럼 보였을 것이라 주장.

○ 언파불합(彦波弗哈) : 임승국(林承國; 재야사학자) 교수에 의하면 언파불합은 일본의 초대왕 신무(神武)의 아버지라 했다. 이는 한·일 관계사에서 매우 중요한 기록이다. 신무왕 아버지의 이름은 히고나미사다게우가야후기아에즈노미고도(彦波瀲武 鸕鷀草葺不合尊) 이다. 그는 그의 이모 다마요리히메(玉依姬)를 아내로 맞아 네 아들을 두었는데, 그 넷째 아들 가무야마도이와레히고(神日本磐餘彦)가 신무왕이라고 일본서기가 전한다 한다. 신무왕은 서기전 667년에 즉위하였다.

○ 웅습(熊襲) : 일본 큐슈 남쪽에 살던 족속. 웅족(熊族)의 한 갈래로 추정, 제 36세 임금 때 큐슈를 포함한 3개 섬(三島) 모두를 평정했다 한다.

○ 해모수(解慕漱) : 북부여의 시조. 고구려국본기에 고리군왕(槀離郡王) 고진(高辰)은 해모수의 둘째 아들이며 옥저후(沃沮侯) 불리지(弗離支)는 고진의 손자, 불리지가 서쪽 압록을 지나다가 하백(河伯)의 딸 유화(柳花)를 만나 장가들어 고주몽(高朱蒙)을 낳았다 한다.

○ 북부여(北夫餘) : 해모수(解慕漱)가 고조선에 이어 세운 나라로 (BC 239~58) 6대를 이었다.

3) 그리스와 로마 중심의 서양문화사

3-1) 서양문화사

○ 고대 그리이스

- 왕정 → 귀족정 → 금권정 → 참주정 → 민주정
- 아테네 직접민주정, 추첨제, 참정권 없음(여자, 외국인, 노예)
- 식민활동 경제(상공업, 무역, 화폐경제 발달)
- 합리적 문화, 철학·신전 건축 발달

○ 고대 헬레니즘

- 알렉산더의 동방원정 → 동서문화 융합, 전제군주정
- 개인주의, 세계 시민주의, 자연과학의 발달
- 관능과 격정의 사실적 표현(비너스, 라오콘 상)

○ 고대 로마

- 왕정 → 귀족공화정 → 민주공화정 → 제정
- 호민관, 12표법, 리키니우스법, 호르텐시우스법
- 포에니전쟁 후 자영농 몰락 → 라티푼디움(노예이용) 유행
- 노예제 발달, 인구 도시 집중, 속주와 무역발달, 빈부격차, 사치유행
- 제정말기 → 콜로나투스(부자유 소작인 이용) 유행
- 이민족 침입 → 도시, 상공업 쇠퇴
- 지방분권화, 크리스트교 공인

○ 중세 프랑크 왕국

- 게르만 침입 → 서로마 멸망(476)
- 이슬람 침입 격퇴, 피핀의 교황령, 카롤루스대제의 서로마 황제 대관
- 베르됭, 메르센 조약(독일, 이탈리아, 프랑스의 기원)

○ **중세 봉건제도**

- 쌍무적 계약관계(평등관계)
- 장원제도 : 자급자족적 자연경제
- 농　　노 : 영주재판권에 예속, 공납·잡세 부담, 가족·재산소유 가능
- 크리스트교의 발달 : 수도원 개혁운동, 교황권 강화(카노사의 굴욕, 서임권 투쟁)
- 기사문학, 성당건축, 대학, 스콜라 철학

○ **중세 십자군**

- 농업, 상공업 발달에 따른 유럽의 팽창운동
- 교황권 실추, 봉건제후 몰락 → 중앙집권국가 형성
- 교통로 개척 → 원거리 무역 발달
- 동방 문화와 접촉 → 르네상스 자극

○ **중세 봉건사회의 진화**

- 농노 지위 향상 : 화폐 지대, 인구감소(흑사병), 도시로 도망, 농민반란
- 도시발달 : 자치도시, 길드형성(규제)
- 원거리 무역발달 : 이탈리아 도시, 한자동맹, 내륙 상업권
- 중앙 집권 국가 성립 : 관료제, 상비군 마련, 국왕과 시민의 제휴, 신분제 의회 성립
- 교황권 쇠퇴 : 아비뇽 유수, 교회 대분열

○ **르네상스**

- 르네상스 : 인간과 자연의 재발견 → 근대문화의 출발점
- 신항로 개척 : 가격혁명, 상업혁명, 상업자본 형성 → 시민성장
- 종교개혁 : 루터(95개조 반박문), 칼뱅(이윤추구 인정)
- 영국 국교회 : 카톨릭 교리+신교 교리

○ **절대왕정**

- 귀족·시민 세력의 균형 → 왕권 절대화

- 봉건국가와 근대국가의 과도기
- 봉건적 요소 → 신분제, 귀족특권, 농민 공납 잔존
- 근대적 요소 → 중앙집권, 관료제, 시민성장
- 동유럽 절대왕정 : 농노제 유지, 시민세력 미약
- 왕권신수설, 사회계약설, 중상주의(국가통제), 바로크(베르사이유 궁전)
- 계몽사상 → 시민혁명의 기반
- 중농주의, 고전경제학, 로코코 양식(상수시 궁전)

○ **시민혁명**

- 영국혁명 : 입헌전통, 시민계급 성장, 권리청원, 청교도 혁명, 왕정복고, 명예혁명, 권리장전, 입헌군주제, 내각책임제
- 미국 독립혁명 : 영국의 중상주의 정책(7년 전쟁 후), 차 조례, 보스톤 차사건, 독립선언발표, 아메리카 합중국 건설
- 프랑스 혁명 : 재정위기, 삼부회, 국민의회, 입법의회, 나폴레옹

○ **민족주의 와 자유주의**

- 정통주의, 보수·반동주의 붕괴, 영국의 자유주의적 개혁(선거법 개정, 곡물법과 항해조례 폐지), 프랑스 7월 혁명과 2월 혁명, 민족주의, 독일과 이탈리아의 통일, 미국 남북전쟁, 러시아 남하정책(크림전쟁, 러·투 전쟁)

○ **제국주의**

- 독점 자본주의(잉여자본 투자), 민족주의 강화, 식민지 쟁탈전 격화
- 아프리카 분할, 영국의 종단 정책, 프랑스의 횡단 정책

○ **제 1차 세계대전**

- 3국 동맹, 발칸문제(범슬라브주의와 범게르만주의의 대립), 모로코 사건
- 동맹국 : 독일, 오스트리아, 투르크, 불가리아
- 연합국 : 세르비아, 러시아, 프랑스, 영국, 일본, 이탈리아, 미국
- 파리강화 회의, 평화유지 노력, 민주주의 발달(보통선거, 여성참정권)

○ **경제대공황**

- 자유방임주의 모순 → 수정 자본주의
- 전체주의 확대 → 대외침략 → 제 2차 세계 대전
- 복지정책 확대

○ **제 2차 세계대전**

- 전체주의와 민주주의의 국가의 대립
- 3국 방공 협정(독일, 이태리, 일본)
- 독일의 폴란드 침공 → 미・일의 전쟁참여로 세계대전
- 제 2차 세계대전 후 자유진영과 공산진영 대립

3-2) 그리스와 로마 신화

그리스 민족 고유의 신화를 중심으로 선주민족(先住民族)과 이웃 민족의 신화를 종합하여 오랜 시간 동안 발전되어 왔다. 오늘날 일반적으로 알려져 있는 내용은 신화의 발전과정 중 맨 마지막 단계에 속하는 것이며 이전 단계의 내용은 옛 시인, 문인, 고대미술 유품 등을 통해 유추할 수 있다. 모든 민족의 신화가 그렇듯이 그리스 신화도 많은 초자연적 요소를 가지고 있으며 그 내용 또한 어렵고 복잡하며 또 다른 표현으로 "이야기"라는 뜻의 미토스(Mythos)라고도 한다. 그리스 신화는 신들에 관한 내용뿐만 아니라 인사, 자연, 문화 등 모든 분야에 걸친 사람들의 관심사를 포함하고 있으며 어떤 의미나 내용을 암시하는 형태이다. 또, 신들이나 초자연적 요소는 미화과정과 함께 인간화되어 아름다움으로 묘사된다. 한편, 로마인들은 이 세상의 모든 땅과 물질에 내재하고 있는 비인격적인 신이 존재하고 루멘이라 불리는 신령의 힘이 있다고 생각하고, 이들은 때때로 사람에게 해를 끼치기도 한다고 생각하고 있었다. 역사에 의해 그리스 문화를 알게 되면서 로마 고유의 신들도 인간과 같은 형태의 인격을 갖춘 신들로 그 성격을 바꾸어 인격신으로 변해 서로 비슷한 성격을 지닌 로마의 신과 그리스의 신이 짝을 이루게 되었고 그 결과, 앞뒤로 향한 두 개의 머리를 가진 모습으로 표현되는 야누스를 유일하게 제외하고 유피테르와 제우스, 유노와 헤라, 넵투누스와 포세이돈, 미네르바와 아테나, 마르스와 아레스, 비너스와 아프로디테, 디아나와 아르테미스, 불카누

스와 헤파이스토스, 베스타와 헤스티아, 메르쿠리우스와 헤르메스, 케레스와 데메테르 등과 같이 신으로 간주하게 되었다.

○ 카오스(Chaos) : 그리스의 우주개벽설(Kosmogonia)에 따르면 만물 발생 이전의 원초상태로 모든 것이 카오스에서 창조되었다 한다. 혼돈(混沌)이라고 번역되기도 하며, 이는 입을 벌리다(Chainein)가 명사화되어 캄캄하고 비어 있는 공간이란 의미로 해석. 헤시오도스의 신통기(神統記)는 카오스에서 암흑과 밤이 생겼다고 주장하며, 고대 로마의 시인 오비디우스(BC 43~AD 17)는 만물의 모든 가능성을 숨겨져 있던 종자(Semina)들의 혼합으로 보고 있다. 이들로 인해 이오니아 자연철학의 우주론(Kosmologia)으로 발전되었다.

○ 가이아(Gail; Geo) : 땅을 만물의 어머니로 인격화한 신. 천지창조와 신들의 계보에 대해 서술한 헤시오도스의 신통기(神統記; Theogony)에 의하면 카오스(무한한 공간)가 생기고, 뒤이어 가이아(가슴이 넓은 땅)와 에로스(영혼을 부드럽게 하는 사랑)가 나타났다고 한다. 가이아는 스스로 땅에 산맥의 신 오레(Ore)를 만들고, 바다의 신 폰토스(Pontus)와 하늘의 신 우라노스(Uranus)를 낳았다. 가이아는 우라노스와 관계하여 크로노스를 포함하여 12명의 티탄(Titan; 神族)과 둥근 눈의 거인 키클로페스 삼형제와 손이 백 개 달린 거인 헤카톤케이르 삼형제를 낳았다.

○ 제우스(Zeus; 유피테르; Jupiter) : 신들의 왕. 티탄족 아버지 크로노스와 레아 사이에서 태어나 티탄족을 무찌르고 올림포스 산에 신들의 새 시대를 열어 하늘과 날씨를 맡았다. 무기는 번개. 상징은 독수리. 바람기가 많은 신.

○ 헤라(Hera; 유노; Juno) : 제우스의 누나이며 아내. 결혼의 여신. 달과 밀접한 관계가 있으며 질투심이 매우 강한 신.

○ 포세이돈(Poseidon; 넵투누스; Neptune) : 제우스의 동생이자 신들 사이

에 서열 2위. 바다를 지배한다. 말과 관계가 깊어 말을 창조하고 경마를 시작했다. 말의 수호신으로 그를 위한 제사에는 경마 경기가 벌어진다.

○ 하데스(Hades; 플루톤; Pluto) : 제우스의 동생. 죽은 자의 나라, 지하세계의 지배자. 제우스의 딸 페르세포네의 남편. 지하의 부(富)를 인간에게 가져다 준다하여 플루톤(富者)이라 하였다.

○ 아프로디테(Aphrodite; 베누스; Venus) : 사랑, 아름다움, 풍요로움, 자손을 얻게 해주는 여신으로 메소포타미아 시대부터 사랑받던 미와 사랑과 생식의 그리스 여신.

○ 아레스(Ares; 마르스; Mars) : 전쟁의 신. 사나운 성격과 거대한 체구에도 불구하고 전쟁에 자주 지기도 하며 아프로디테의 연인이었다.

○ 아테나(Athena; 미네르바; Minerva) : 물의 신. 제우스와 오케아노스의 딸 메티스 사이에서 태어났다. 아테네의 수호신이며 전쟁의 여신이기도 하다. 올빼미가 상징. 전차 등 많은 무기도 발명하였고, 처녀이지만 다산(多産)과 풍요를 관장하는 여신.

○ 헤파이스토스(Hephaistos; 불카누스; Vulcan) : 대장장이 신. 못생긴 얼굴, 태어날 때부터 절름발이 불구자, 미의 여신인 아프로디테를 아내로 두어 아내와 전쟁의 신 아레스의 밀회로 인해 속 썩고 있다.

○ 디오니소스(Dionysus; 바코스; Bacchus) : 제우스와 세멜레의 아들. 어머니 세멜레는 헤라의 질투로 불에 타 죽는다. 대지의 풍요와 포도 재배를 맡고 있는 술의 신. 뒷날 지옥에서 어머니를 데려와 올림포스의 신 자리에 앉힌다.

○ 아폴론(Apollon; Apollo) : 제우스와 레토 사이에서 태어난 아들. 태양의 신. 아르테미스 여신과 쌍둥이 남매. 예언, 시, 음악, 의학의 신. 악기 연주

에 능하다.

○ 아르테미스(Artemis; 디아나; Diana) : 아폴로의 쌍둥이 여동생. 활의 명수. 처녀의 수호신으로 순결의 상징. 출산과 어린이 성장을 지켜준다. 아폴론은 태양의 신. 아르테미스는 달의 신이다.

○ 데메테르(Demeter; Ceres) : 크로노스와 레아의 딸로 제우스의 누이. 곡식의 여신. 인류에게 많은 혜택을 베푼 신. 제우스와의 사이에서 딸 페르세포네를 낳았다. 하데스에게 납치된 딸을 찾아 지하세계로 떠나 대지의 곡식이 여물지 않자 제우스는 하데스에게 페르세포네를 돌려주도록 명령했다.

○ 페르세포네(Persephone; Proserpina) : 제우스와 데메테르의 딸. 코레(Core, 처녀)라 부른다. 하데스의 납치에서 풀려나 올림포스로 돌아오지만 지하세계에서 석류알을 먹어 1년 중 넉 달을 지하에서 보내야 했다. 그녀가 지하에 있는 기간이 겨울이 되었다. 어머니 데메테르와 '수확과 결실의 두 여신'으로 숭배되었다.

○ 헤르메스(Hermes; 메르쿠리우스; Mercury) : 제우스와 거인 아틀라스의 딸 마이사 사이에 태어난 아들. 신들의 의사를 전달하는 전령 신. 죽은 이를 저승으로 안내하는 '영혼의 인도자'라는 뜻의 사이코포모스란 별명. 넓은 차양의 모자, 날개 달린 신을 신고 지팡이를 들고 다닌다. 하프와 피리를 만들었고 서정시를 고안해 냈다고도 한다.

○ 헤스티아(Hestia; Vesta) : 제우스의 누나. 올림포스 신들 중 가장 나이가 많다. 가정생활의 여신. 은혜의 여신. 태양의 신 아폴론과 바다의 신 포세이돈의 청혼을 받았으나 영원히 처녀로 살겠다고 맹세하며 두 신의 싸움을 막았다.

4) 문화와 종교의 성립과 데이터베이스

인류의 역사와 함께 시작된 전통과 역사는 계속 후세로 또 후세로 진화하며 축적(Data Base)되었고 문화와 종교로 발전되어졌고, 모든 인류는 축적되어진 데이터베이스를 저마다의 가치기준으로 삼아 오늘에 이르고 있으며, 이제부터 영원토록 진화·진행 될 것이다.

4-1) 힌두교(Hinduism)

오늘날 인도의 종교를 대표하게 되었으므로 인도교라고도 한다. 힌두(Hindu)는 인더스 강의 또 다른 이름인 신두(Sindhu)에서 유래하였으며, BC 2500년경의 인더스 문명에서 시작되었다고 할 수 있으나 브라만교 이후에 구체화되었다 한다. 브라만교는 베다에 근거하여 희생제를 중심으로 신전이나 신상 없이 자연신을 숭배하는 데 반해 힌두교는 신전과 신상이 예배의 대상이 되고 인격신 이라는 점이 다르다 할 수 있다. 특징적 사상으로 윤회(輪廻), 업(業), 해탈(解脫)의 길, 도덕적 행위, 경건한 신앙으로 요약할 수 있으며 생활기를 중요시하여 브라만(사제), 크샤트리아(무사), 바이샤(농민 등의 서민), 수드라(노예)로 분류되는 사성제도인 카스트(혈통의 순수성 보존을 위한 사회적 제도)에 따르는 의무를 강조하고 있다.

○ 베다 : BC 1500년경 전쟁에 능한 유목민인 게르만족의 조상인 아리아 인들이 힌두쿠시(Hindoo kush) 산맥을 넘어 인도를 침입 정복한 후 처음 만든 성전을 "베다"라고 한다. 베다는 알다(知)라는 뜻이며 리그베다, 사마베다, 야주르베다, 아타르바베다 등이 만들어졌고 우파니샤드(문헌이나 사색을 통해 이루어진 심오한 의의)는 BC 500년경 성립되었다. 아리아 인에게 노예계급으로 흡수당한 원주민(문다족, 드라비다족)의 수준 높은 문화는 자연숭배사상으로 발전되었고 나중에 힌두교의 성립에 많은 영향을 끼쳤다. BC 1200년경 다신교 리그베다가 중심이 되어 하늘(天), 비(雨), 바람(風), 우뢰(雷) 등 자연을 법률신과 창조신으로 숭배하게 되었고, 저마다 필요에 따라 새로운 신을 만들었으므로 3,333신이나 되었다 한다. 인간 자신의 현실적 소망을 비는 기도의 신이라는 존재를 활용한 것이다. 아

리아인들은 인도의 동쪽으로 이동, 갠지즈강과 야무나강 중간 지점에서 농경, 목축, 상공업이 발달시킴에 따라 인도의 세습계급제도 사성제도(四姓制度; 승려계급 브라만, 귀족계급 크샤트리아, 서민계급 바이샤, 천민계급 슈드라)를 생성시켰다.

○ 브라만교(Brahmanism) : 인도 및 동양의 대부분 종교에 바탕이 되거나 많은 영향을 미친 종교로 베다시기(BC 1000년 ~ BC 600백년)에 형성된 종교라 하여 베다교 또는 베다브라만교라 한다. 말, 소, 양, 염소 등 살아있는 생물체와 쌀, 밀 등의 곡물을 제물로 신에게 바치는 종교적 의례 행위가 특징이며 강, 산, 불, 천둥, 번개 등 자연현상의 배후에서 어떠한 지배력을 행사하는 주체를 대상으로 하여 이를 인격적 주체로 설정한 후 이를 숭배하는 종교이다. BC 1500년 경 중앙아시아의 아리아인들이 인도의 북서부로 침입하여 원주민인 드라비다족을 노예화하여 남부로 몰아낸 후 갠지스강 유역에 정착하며 생성된 종교로 이때부터 카스트제도가 생겨나기 시작하였다고 알려지고 있다. 태양신(Surya), 어둠과 축복의 신(Pushan), 선의 신(Mitra), 공기의 신(Indra) 등 삼라만상(森羅萬象)의 존재를 신격화하고 있으며 학습기(學習期), 가주기(家住期), 임서기(林棲期), 유랑기(流浪期)의 4단계로 구분되는 생활기를 주장하고 지키는 특징과 함께 장수와 다산을 바라는 종교이며 나중에 민간신앙을 받아들여 인도의 모든 국민들에게 널리 퍼져 힌두교로 발전하였다.

○ 자이나교(Jainism) : 비정통 브라만교에서 파생된 출가주의(出家主義) 종교로 석가와 같은 시대에 있던 마하비라(Mahavira)에 의해 정립되었으며, 최고의 성취를 이루어 완성된 자를 지나(Jina; 승자)라 하며, 그 이름에 따라 지나교 또는 자이나교라 한다. 인도 전역에 걸쳐 180만 정도의 신도가 있으며 상호부조적(相互扶助的)인 성격이 강하여 상인과 금융업자가 대부분을 이루고 있어 인도 내 경제적 영향력이 막강하다.

4-2) 불교(佛教)

브라만과 힌두교 문화 그리고 비 브라만적 문화의 환경 속에서 BC 563년 북인도 카필라 왕국(지금의 네팔)의 왕 슈도다나와 마야부인 사이에서 태어난 석가모니가 35세 때 보리수 아래에서 진리(Dharma)를 깨우친 사람(Buddha)이 된 후 입적할 때(80세)까지 여러 지역에 다양한 계층의 사람들에게 설교한 내용을 따르는 종교이다. 불교는 탄생에서 지금까지 약 2,500여 년 동안 아시아의 여러 나라에서 원시, 부파, 소승, 대승 등으로 다양하게 발전되었다. 이로 인해 교리, 의식, 형태 등이 지방과 시대에 따라 매우 큰 차이를 보이고 있어 한마디로 불교에 대한 설명은 불가능하다. 당시 석가모니는 인도의 계급제도인 사성제도에 대해 인간은 평등하다는 인간존중사상과 자타불이라는 자비사상을 널리 전파하였고 이는 불교가 널리 퍼지는 계기로 작용하였다. 불교는 브라만교와 힌두교의 모순을 바로잡고 인간생활의 실제적 문제해결을 위한 석가모니 가르침의 종교이므로 이는 사람들 저마다 갖고 있는 정치, 경제, 사회적 조건이 최대로 고려되는 관용의 종교라 할 수 있다. 우리나라의 불교는 삼국시대에 전파되었다. 고구려 소수림왕 2년, 백제 침류왕 1년, 신라 법흥왕 14년에 각각 공인되었으며 신라의 경우 법흥왕 이전에 이미 불교가 전해져 있었던 것으로 알려지고 있다.

4-3) 기독교(基督教)

유대교에서 파생된 종교로 그리스도교라고도 한다. 전 세계 약 22~23억 명의 신도를 자랑하며 예수의 가르침을 따르는 유일신 종교이다. 기독교는 예수를 구세주(그리스도)로 믿는 전 세계의 모든 교파들을 대표하여 불리는 이름이다. 예수가 구약성서에 예언된 구세주임과 동시에 성부(聖父), 성자(聖子), 성령(聖靈)이 하나의 하나님이라는 삼위일체(三位一體) 사상과 함께 신·구약 성서를 교리로 한다. AD 30년경 예수가 십자가에서 처형된 이후부터 313년 로마제국이 밀라노 칙령으로 기독교를 국교로 공인하기 전까지 많은 박해를 받았으며 오랜 시간의 역사를 통해 변화에 변화를 거듭해 조금씩 서로 다른 교리를 주장하는 전 세계적 수많은 종파로 나뉘었다. 이 역시 유대교, 이슬람교와 함께 아브라함계 종교라 불린다.

○ 유태교(猶太敎) : BC 19세기경 고대 메소포타미아 남부에서 노아의 12대 손으로 태어난 아브라함을 민족의 시조로 하는 사람들(유태인)의 종교로 초대 왕 사울이 가나안에 고대 히브리 왕국을 건설한 후 다윗 왕 시대에 이르러 오늘의 예루살렘을 수도로 하였다. 북이스라엘 왕국과 남유대 왕국으로 분열된 이후 북이스라엘은 BC 8세기 아시리아에게 멸망하고 남유대는 BC 6세기 바빌로니아에 멸망하였다. 유대의 핵심 인물들은 바빌론으로 끌려갔고 바빌론이 멸망한 뒤 유대 땅으로 되돌아와 성전을 재건하고 유대민족의 명맥을 지키며 모세의 10계명을 받드는 유태인들의 종교이다. 유태교도들은 예수를 죽인 민족이라는 이유로 기독교와 갈등하고 있으며, 로마 가톨릭에서 직업으로 인정하지 않던 금융업 등을 통해 부를 축적하였다. 구약성서 내용의 대부분이 그들의 역사이며 제 2차 세계대전 당시 나치 독일의 대학살(Holocaust)로 6백만 명 정도가 희생되었고 현재 전 세계 134개국에 1천4백만 정도가 살고 있다. 기독교, 이슬람교와 함께 아브라함계 종교라 불린다.

4-4) 회교(回敎)

이슬람교(Islam)라 불리며 기독교, 불교와 함께 세계 3대 종교의 하나이다. 사우디아라비아 북서부 히자즈(Hejaz) 지방의 메카(Mecca) 계곡에서 대천사(大天使) 가브리엘을 통해 알라의 가르침이 무함마드에게만 유일하게 계시되었으며, 아브라함계 종교인 유대교와 기독교 그리고 기타 유태계의 여러 종교를 하나로 완성시킨 유일신 종교임을 자처한다. 메카는 아담과 이브가 만년에 살았던 곳이며 아브라함이 그의 후처(後妻) 하갈과 큰아들 이스마엘을 살게 하였던 곳이라고도 한다. 메카 계곡의 가장 낮은 곳에는 잠잠 우물과 아브라함이 건립했다고 전해지는 카바 신전이 있다. 무함마드에게만 유일하게 전달된 알라의 계시를 무함마드가 죽은 뒤 신도들이 수집·정리한 것이 코란이며 이슬람교의 경전이다. 지(知), 언(言), 행(行)과 함께 이슬람교도의 5가지 의무인 오주(五柱)를 열심히 실행하는 것을 교리로 한다.

5) 농업혁명

인류는 수렵채취 시대에서 삼림을 불태워 농사짓는 화전농업(이동경작; Shifting Cultivation)과 목축을 통한 동물의 사육시대로 발전하여 고대문명의 인간으로 바뀌어 갔다. 수렵채취 시대에는 생각할 수 없었던 많은 양의 식량이 확보됨에 따라 인구도 점점 증가하였다. 신석기시대 초기의 촌락은 씨족단위 공동체였으며, 씨족들이 합쳐 부족이 생기고 부족들이 자라 도시로 발전하였고, 도시를 중심으로 국가가 형성되고 문명이 발생하였다. 인류는 기원전 1만년에 수메르 인들의 원시적 밭농사에서 물 부족, 식물 병, 연작 장해 등에 대한 대비책을 만들었고, 기원전 3~4천년에는 중국과 중동지역 일대에서 제한된 의미의 윤작(Crop Rotation), 혼작(Mixed Cropping), 간작(Inter Cropping), 휴경(Fallow), 유기물 비료 등의 방법을 사용하는 등 점점 문명으로 발전하였다. 문명의 발생은 1인당 식량 생산량을 점점 증가시켜 1인당 식량 소비량을 크게 앞지르게 되었고 비 생산자집단과 함께 인류 최초의 계급이 형성되게 하였는데, 이 시기에 우리가 잘 알고 있는 세계 4대 문명(나일강유역의 이집트 문명, 티그리스와 유프라테스 두 강 사이의 땅이라는 뜻의 메소포타미아 문명, 인더스 강 유역의 인더스 문명, 중국 황하강유역의 황하 문명)이 시작되었다 하여 이 시기를 인류 최초의 혁명이라 불리는 농업혁명(農業革命; Agricultural Revolution; 신석기혁명; 제 1의 물결)의 시대라 한다. 신석기시대의 농업사회를 지칭하는 신석기혁명(新石器革命; The Neolithic Revolution)은 Man Makes Himself(1936; Gordon V. Childe; 영국)라는 책에서 처음 주장된 개념으로 수렵과 채집에만 의존하던 인류가 재배, 사육 등의 방법을 통해 먹을거리를 해결하게 되었으므로 가히 혁명이라 표현할 수 있을 정도의 획기적 사건이라는 의미이고, 제 1의 물결은 제 3의 물결(The Third Wave; Alvin Toffler; 1980; 미국)이라는 책에서 우리 인류의 문화가 농업혁명(제 1의 물결), 산업혁명(제 2의 물결), 정보혁명(제 3의 물결)의 순서로 진화될 것이라고 주장한데서 비롯되었다.

농업혁명 이후 고대문명의 인간들은 대자연의 지배자가 아니고 대자연의 순응자(順應者)가 되어 인간을 양육해 주고 있는 대자연을 보호해야 함에도 강과 산과 평야의 삼림을 수없이 베어내고, 불태우고, 가축사육을 위해 초원을 사막화시켰으며, 경작을 위해 개간된 농토는 침식되어 하류에 모여졌고 이들은 강의 흐름을 막거나 바꾸었다. 그 결과 인간이 만든 문명에 의해 만들어진 고대문명을 인간들 스스로가 약탈하여 쇠망했거나 아니면 새로운 땅으로 이동하였다. 이는 농경이 시작된 이래 현재까지 계속되고 또 반복되어 오는 과정이며 인간과 자연의 아름다웠던 관계를 대립의 관계로 탈바꿈하게 만들었다. 문명의 흥망은 인간의 경제행위와 생태계의 부양능력 사이의 조화 혹은 모순에 있었는데, 이는 늘어나는 인구를 부양하기 위한 불가피한 선택과 행위의 결과이다. 또, 농업과 농민의 가치는 서양의 역사 속에는 농민이 가장 비천한 계급의 인간(노예, 농노 등)으로 묘사되고 있었고 이는 때마다 제국(帝國)이나 문명의 몰락 원인으로 작용하였다. 반면 동양역사에서 농민은 그 반대로 농자천하지대본(農者天下之大本)의 사상으로 정신적 주체역할과 함께 고대 한국(부상국;扶桑國), 중국, 베트남, 일본 등 동아시아 문화권에서 농민의 자존심을 상징하기기도 하였다. 우리 민족의 조상이라고 판단되는 동북간방(東北艮方)의 전설적 제왕(삼황)의 하나였던 복희씨도 농민이었던 것으로 보이며 이는 삼국유사(三國遺事), 고려사(高麗史), 해동역사(海東繹史) 등의 문헌을 통해 유추할 수 있다.

또, 다른 농업혁명의 의미로 산업혁명 직전의 농업경제와 경영적 개념의 농업혁명을 지칭하기도 한다. 다시 말해 개방경지제(開放耕地制) 이후 16세기를 전후하여 발생된 인클로저 운동(자본 축적의 시작, 본원적 축적이라고도 하며 토지와 농민의 분리운동), 농업기술의 진보, 농업경영의 근대화를 총칭하여 농업혁명의 시대라 할 수 있다. 소규모 농업인들은 사라지고 그 대신 엄청난 면적의 농지보유가 가능해진 부유한 차지농업자본가(借地農業資本家)의 손으로 농업경영의 주도권이 옮겨졌고 이로 인해 식부면적의 증가, 작물재배 방식의 개량, 사료작물의 재배, 윤작(輪作), 시비(施肥) 등이 가능하게 되어 휴경지가 사라지고 겨울철 농토 이용기술이 발달하기 시작하였다. 이 같은 현상의 결과는 지주, 차지농업자본가, 농업노동자로 구분되는 삼분제(三分制)의 성립을 통해 농업자본주의를 확립시키게 되었고 이를 두고 또 다른 의미의 인류 역사상 최초의 혁명이라 부른다. 18세기를 전후하여 인류의 수가 급격하게 증가하였고 이로 인해 곡물과 육류의 수요가 급등하여 가격이 폭등하고 농업이윤이 증가하게 되어 모든 나라는 국가의 경영목표를 식량증산에 맞추게 되었으며 이로 인해 인류는 더욱더 농업혁명에 박차를 가하게 되었다.

프랑스어(Renaissance)와 이탈리아어(Rinascimento)로 "학문과 예술의 재생과 부활"이라는 의미의 문예부흥(文藝復興, Renaissance) 운동인 르네상스는 14~16세기 중세에서 근세로 넘어오는 과정 즉, 로마제국의 몰락(5세기경) 이후부터 르네상스까지의 시기를 인간성이 말살된 야만의 암흑시대로 규정하고 고대문화의 부흥을 통해 이를 극복하려는 노력으로 이탈리아에서 시작되었으며, 고대 그리스와 로마의 문화를 중심으로 철학, 사상, 문학, 미술, 건축, 음악 등 다양한 분야의 문화를 새롭게 부흥시켜 새로운 문화를 창출하려는 운동이다. 르네상스는 점차 프랑스, 독일, 영국 등 북유럽의 여러 지역으로 전파되었고 각자 저마다 특별한 문화를 창출해 냈으며 근대 유럽문화에 기반이 되었다. 이후 르네상스는 카롤링거 왕조의 르네상스, 오토 왕조의 르네상스, 12세기의 르네상스, 상업의 르네상스, 로마법의 르네상스 등으로 불리며 다른 시대에도 당시 인문주의자들에 의해 그 개념이 확산되어 갔으며 인간들의 지식과 이를 이용한 "새로운 창조력"의 성장을 실천하는 운동으로 발전하였다.

이탈리아는 그리스와 고대 로마로부터 축적된 역사와 문화의 혜택, 이슬람과 비잔틴 문화와의 지리적 혜택, 상업의 부활(11~12세기), 십자군 운동의 참여 등을 통해 많은 자치도시가 생겨나게 되었고, 도시의 사람들은 농업과 농촌을 지배하며 점점 발전하여 도시국가의 형태가 생성되었으며 13세기에 이르러서는 봉건귀족층과 토지소유자계층들이 농촌에서 도시로 이주하여 도시의 상업적인 경제활동과 정치에 참여하였으며 시민문화의 기반을 형성하였다. 15세기 초 황제군(皇帝軍)에 의해 로마가 약탈당하면서 이탈리아의 르네상스는 쇠퇴하기 시작한 반면, 16세기부터는 이탈리아의 영향을 받은 프랑스, 영국, 독일 등 여러 나라가 각자의 독자적인 르네상스를 발전시키기 시작했고 이는 나중에 종교개혁과 함께 산업혁명과 직결되는 결과를 갖게 되었다.

- 문명의 발전과정 -

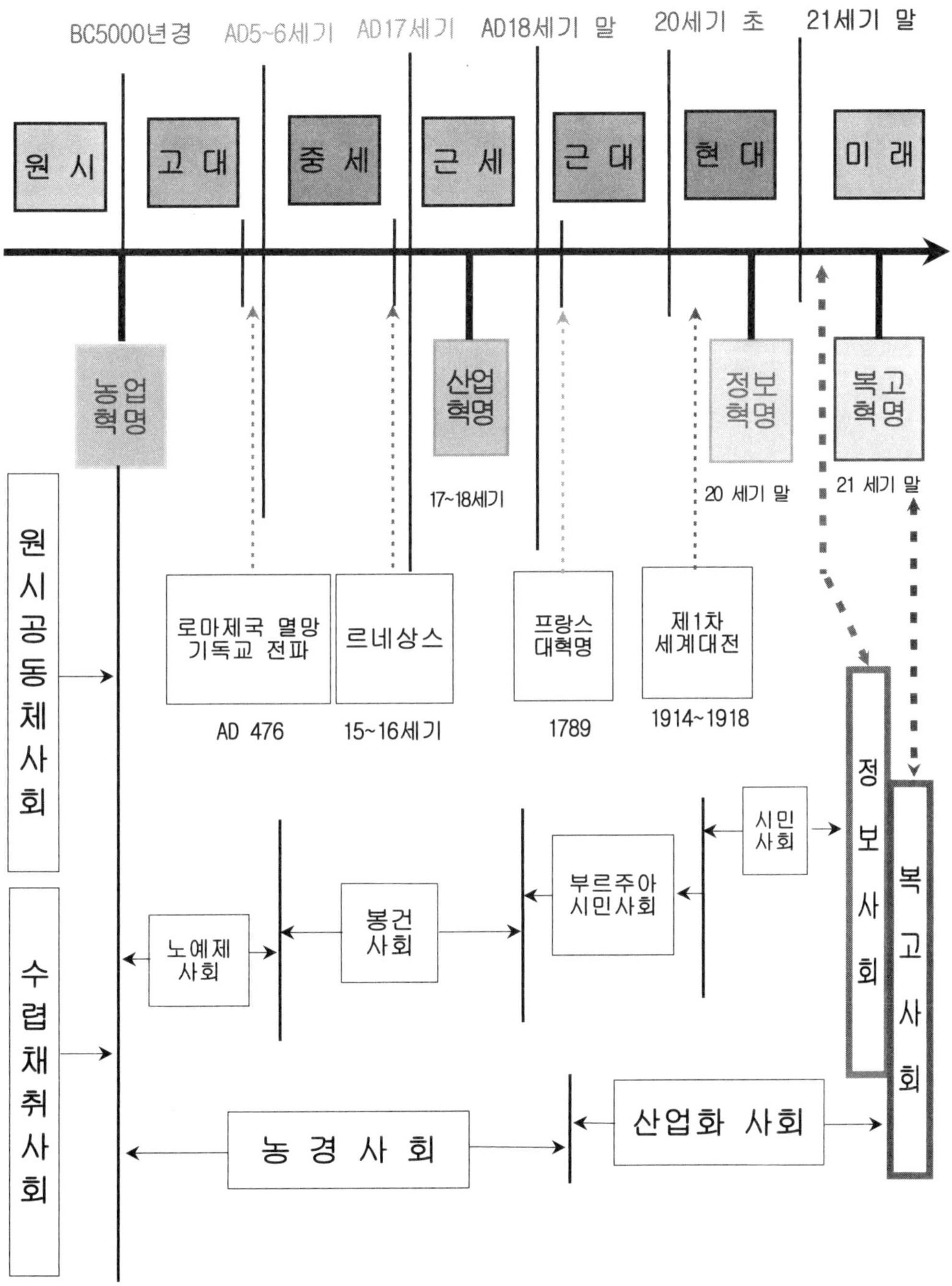
BC5000년경
AD5~6세기
AD17세기
AD18세기 말
20세기 초
21세기 말
원 시
고 대
중 세
근 세
근 대
현 대
미 래
농업 혁명
산업 혁명
17~18세기
정보 혁명
20 세기 말
복고 혁명
21 세기 말
원시공동체사회
수렵채취사회
로마제국 멸망 기독교 전파
AD 476
르네상스
15~16세기
프랑스 대혁명
1789
제1차 세계대전
1914~1918
시민 사회
부르주아 시민사회
봉건 사회
노예제 사회
산업화 사회
농 경 사 회
정 보 사 회
복 고 사 회

- 인류역사의 진행과 정보축적 -

BC140억년; 천지개벽; 우주탄생		
BC46억년; 태양계와 지구 탄생		
BC40억년 생명의 기원		
국 사	구 분	세 계 사
BC(Before Christ) 구석기 시대	300만년	
	100	오스트랄로피테쿠스
	70	
	50	호모에렉투스; 불의 사용
	20	호모사피엔스
	8	
	4	호모사피엔스; 빙하기 시작
	3	
	1.5	인류 최초의 농사짓기
환인(桓仁) 제1세 천제(天帝) - 형체 없이도 보고, 하는 것이 없이도 만들고, 말하지 않고도 행할 수 있는 유일신이 사백력 하늘에서 밝은 빛으로 만물 생성 - 동녀동남 800명 흑수와 백산 땅에 내려 보내 환인으로 하여금 환국 건설 - 인류의 조상 나반과 아만이 아이사타에서 혼례 후 구환의 조상 탄생 - 환인이 천산에 살면서 환국 건국 후 무병장수, 제천, 교화 - 천해의 동쪽 땅 남북 5만 리, 동서 2만 리에 12개 나라 구성 - 7세 동안의 역년 3301 또는 63182년	BC 7197	신석기 시대 (농경과 목축)
제2세 혁 서(赫 胥)		
제3세 고시리(古是利)		
제4세 주우양(朱于襄)		
제5세 석제임(釋提壬)		
제6세 구을리(邱乙利)		
제7세 지위리(智爲利) - 환웅을 태백산, 반고를 삼위산에 보내 건국		
환웅(桓雄) 제1세 천황(天皇) - 환인의 뒤를 이어 환웅이 무리 3천을 거느리고 태백산 신단수 아래 신시에서 임금 추대. - 배달나라 건국, 역법을 만들고 소도를 곳곳에 세워 제천. - 신지 혁덕에 의해 녹도문을 만들고 백성들에게 천부경과 삼일신고 교육	3897	
제2세 거불리(居佛理)	3803	
제3세 우야고(右耶古)	3717	
제4세 모사라(慕士羅)	3618	
제5세 태우의(太虞義) - 늙지 않고 오래 사는 법 교육 - 복희씨에 의해 팔괘를 만들고 환역을 제작	3511	
제6세 다의발(多義發)	3418	
제7세 거 련(居 蓮)	3320	
제8세 안부련(安夫連) - 소전이 강수에서 군사 감독 - 신농씨에 의해 처음으로 의약 개발	3239	
제9세 양운(養雲)	3166	
제10세 갈고(葛古) - 공상 동쪽을 배달나라에 예속	3070	
제11세 거야발(居耶發)	2970	
제12세 주무신(州武愼)	2878	
제13세 사와라(斯瓦羅)	2773	
제14세 자오지(慈烏支) - 도읍을 청구로 이전 - 갈로산 광석으로 창, 투구 등 청동병기 제작 - 유망의 나라 평정 - 탁록전투에서 헌원에게 승리 - 자부선생 삼황내문 임금께 진상, 칠정운천도 제작	2706	청동기 시대 (메소포타미아; 이집트; 인더스; 중국 문명)
제15세 치액특(蚩額特)	2579	
제16세 축다리(祝多利)	2508	
제17세 혁다세(赫多世)	2452	
제18세 거불단(居弗檀) 왕검이 세상을 수습하여 하나로 통일	2380	

단군(檀君) 제1세 왕검(王儉) - 온 백성들의 추대로 임금 추대 - 조선(朝鮮) 건국과 아사달에 도읍 - 삼한(진한·마한·번한)으로 나누어 통치 - 팔조 제정 및 백성교육	2333	
- 마리산에 참성단, 정족산에 삼랑성을 축조	2283	
- 마리산 참성단에서 하늘에 제사	2280	
- 태자 부루가 도산에서 순임금이 보낸 하우에게 오행치수법 전수함	2267	
제2세 부루(扶婁) - '어아' 노래 보급	2240	
- 도량형의 관청 표준화	2238	
- 토지대장 제작, 정전법 시행	2231	
- 칠회력과 구정도 제작	2229	
- 밭에 벼를 심어 경작(직파법)	2221	
- 일식(日蝕) 현상 인지	2183	
제3세 가륵(嘉勒) - 소도를 세우고 삼윤구서 교육	2182	
- 을보륵 박자가 가림토문자 제작	2181	
- 고설이 '배달유기' 편찬	2180	
- 색정이 흉노의 조상이 됨	2277	
제4세 오사구(烏斯丘) - 오사달을 몽고리 왕에 봉함	2137	
- 원공패전 제작사용	2133	
- 살수 상류에 조선소 건립	2131	
제5세 구을(丘乙) - 태백산에 단을 쌓고 하늘에 제사	2099	
- 최초로 갑자(甲子)로 역서(曆書) 제작	2096	
- 송양에서 병사, 대박산에 장사	2084	
제6세 달문(達門) - 3624부락, 360추장	2083	
제7세 한율(翰栗)		
제8세 우서한(于西翰)	2047	
- 세법(20분의1)제정, 둔전병제 실시	1993	
제9세 아술(阿述)	1985	
- 우착의 반란으로 3년간 상춘으로 피신	1984	
제10세 노을(魯乙)	1950	
- 신원목을 세워 백성들의 억울함 청취	1946	
제11세 도해(道奚) - 12명산에 국선 소도 설치, 종교개혁	1891	
- 각 고장의 산물을 모아 전시	1864	
- 국민개병제 실시	1854	
- 송화 강가에 각종 기계와 기구 제작소 - 살생 금지, 사형 폐지	1846	
제12세 아한(阿漢)	1834	
- 요하 왼쪽에 순추관경비	1833	
제13세 흘달(屹達)	1782	
- 지방분권제 실시 - 빈·기의 땅 점령 후 관청 설립	1767	
- 소도를 많이 세워 천지화랑 배출	1763	
- 오성이 누성 별자리로 모임	1733	
제14세 고불(古弗)	1721	
- 크게 가뭄이 듦	1716	
- 1억 8천만 명, 가장 오래된 호구조사 기록	1666	
제15세 벌음(代音) - 세법(80분의1)제정, 은나라와 화친	1661	
- 대 홍수	1660	
- 약수에서 금·철·원유 채취	1652	
- 태백산에 역대 임금과 제후들 공적 비 건립	1638	
제16세 위나(尉那)	1610	
- 모든 제후들을 영고탑에 모이게 하여 제천	1583	
제17세 여을(余乙)	1552	철기시대 시작
제18세 동엄(冬奄)	1484	
제19세 구모소(緱牟蘇)	1435	
제20세 고홀(固忽)	1380	
- 영고탑을 보수, 별궁 건립	1345	
- 구환의 지도 제작	1341	
제21세 소태(蘇台)	1337	
- 은나라 침공, 대패하여 화친 요청	1291	
제22세 색불루(索弗婁) - 녹산 보수와 관제 개혁	1285	

- 은나라의 도읍 정복		
- 팔조법금(八條法禁) 제정	1282	
- 빈·기를 점령 후 여 나라 건국	1266	
- 신독의 난으로 영고탑으로 피난	1250	
제23세 아홀(阿忽)	1237	
- 은나라의 성책을 쳐부수고 회대의 땅 평정	1236	
제24세 연나(延那)	1161	
- 소도를 증설하고 하늘에 제천	1160	
제25세 솔나(率那)	1150	주나라(중국) 건국
- 임금이 상소도에서 옛 의법 강론	1104	
제26세 추로(鄒魯)	1062	
제27세 두밀(豆密) - 천해의 범람.	997	
- 심한 가뭄 후 집중호우	990	
제28세 해모(奚牟)		
제29세 마휴(摩休)	943	
- 여름에 지진발생	936	
제30세 나휴(奈休) - 엄독홀에서 병사 사열 후 제후들과 제천	909	
제31세 등올(登屼)	874	
제32세 추밀(鄒密) - 3월에 일식(日蝕)	837	
- 크게 흉년이 듦	835	
제33세 감물(甘勿)	819	
제34세 오루문(奧婁門)	795	
- 두 해가 함께 뜸	786	
제35세 사벌(沙伐)	772	춘추시대(중국) 시작
- 대홍수 발생	748	로마 건국
- 언파불합 장군에 의해 웅습 평정	723	
- 연나라·제나라에게 대승	707	
제36세 매륵(買勒)	704	
- 배반명에 의해 삼도를 모두 평정	667	
- 연나라·제나라에게 대승	653	
제37세 마물(麻勿)	646	
	600	석가모니 탄생(인도)
제38세 다물(多勿)	590	
제39세 두홀(豆忽)	545	페르시아(이란) 오리엔트(이집트+메소포타미아)통일
제40세 달음(達音)	509	
제41세 음차(音次)	491	
제42세 을우지(乙于支)	471	
제43세 물리(勿理)	461	
- 우화충의 난	426	
제44세 구물(丘勿) - 나라의 이름을 대부여로 - 삼한을 삼조선 으로 - 해성을 개축하여 평양	425	
- 삼신 영고제를 지내면서 임금이 삼육대례	424	
제45세 여루(余婁)	396	전국시대(중국) 시작
- 변방에 연나라 침입 격퇴	380	
- 연·제나라 침입 격퇴	365	
- 연나라 상곡을 친 후 성읍 설치	350	
- 크게 가뭄이 들어 대사령을 내림	342	
제46세 보을(普乙)	341	알렉산드로스 동방원정(~BC 324)
- 도성에 큰 화재로 해성으로 이궁	304	
제47세 고열가(古列加)	295	
- 백악산에 단군왕검의 사당 건립	282	
- 해모수가 난을 일으킴	239	마우리아 왕조(인도) 성립
- 임금이 제위를 버리고 산에 들어감 - 단군조선 멸망 - 해모수(解慕漱)에의해 북부여(北夫餘) 건국	238	
	221	진나라(중국) 통일
	202	한나라(전한) 건국(~AD8)
북부여 모수리(慕漱離)	193	
북부여 고해사(高奚斯)	168	
북부여 고우루(高于婁)	119	
고구려(高句麗) 건국 동명성왕(東明聖王) 졸본(卒本; 五女山城)에 도읍	37	
AD(Anno Domini)	AD4	예수크리스트 탄생
	8	왕망의 신나라 건국(~23)

3국 시대 시작	25	후한 성립
	45	쿠샨 왕조(인도) 성립
	280	진나라(중국) 통일
	313	기독교(로마) 공인
	316	5호 16국(중국) 시대(~439)
	320	굽타왕조(인도) 성립
백제; 근초고왕 즉위(~375)	346	
고구려; 고국원왕(331~371)→소수림왕(~384)	371	
고구려; 불교 전래; 태학설립	372	
백제; 불교 전래	375	게르만족 대이동 시작
	384	
	395	로마; 기독교 국교승인(392); 동서로 분열
고구려; 광개토대왕(391~413); 신라; 왜구 토벌	400	
고구려; 장수왕(413~491) 평양 천도	427	
	439	중국; 남북조 시대 성립
신라; 이차돈 순교; 불교 공인	527	
신라; 진흥왕 즉위(~576)	540	
백제; 일본에 불교 전파	552	
	570	무하마드 탄생
	589	수나라(중국) 통일(~618)
살수대첩; 고구려; 수나라 침입 물리침	612	이슬람 창시(610); 당나라(중국)건국(~907)
	618	
	622	무함마드; 메카 → 메디나
고구려; 당나라 격퇴(안시성)	645	
백제 멸망	660	
고구려 멸망	668	
신라; 삼국통일	676	
신라; 신문왕 즉위(~692)	681	
발해 건국	698	
신라; 불국사 재건(김대성)	751	
	771	서유럽 통일 (프랑크왕국; 카롤루스 대제)
신라; 청해진 설치(장보고)	828	러시아 건국(862)
후백제 건국(견훤)	900	
후고구려 건국(궁예)	901	
	907	당 나라(중국)멸망
고려 건국(왕건)	918	
발해 멸망	926	
후삼국 통일(고려)	936	
고려; 과거제 실시(광종)	958	
	960	송나라(중국) 건국(~1127); 양세법
고려; 전시과 실시	976	송나라 나침반; 화약발명(1000)
	1096	십자군(로마) 전쟁(~1270)
이자겸의 난	1126	영국; 옥스퍼드대학 설립(1133)
	1127	북송 멸망; 남송 시작(중국)
고려; 무신정변; 무신정권(~1270)	1170	
	1192	가마쿠라 막부 성립(일본)
	1206	칭기즈칸; 몽고 통일
몽고의 1차 침입	1231	
고려; 몽고의 침입; 강화도 천도	1232	
세계최초 금속활자; 상정고금예문 간행	1234	
고려대장경(~1251)	1236	
개경환도; 무신정권 붕괴; 삼별초 대몽항쟁	1270	
	1271	원나라 성립
고려; 삼국유사 간행(일연)	1285	
	1299	오스만 제국성립; 마르코 폴로 동방견문록
	1338	영국↔프랑스 백년전쟁(~1453)
공민왕 즉위(~1374)	1351	유럽; 흑사병창궐(1347)
고려; 문익점; 원나라에서 목화씨 수입	1363	
	1368	원 멸망(중국); 명 건국(~1644)
위화도 회군	1388	구텐베르크 금속활자(1450) 콜럼버스 신대륙발견(1492)
고려; 과전법 실시	1391	
고려 멸망; 조선 건국	1392	
세종 즉위(~1450)	1418	
측우기 제작	1441	
훈민정음반포	1446	
계유정란	1453	비잔틴(동로마)제국 멸망
경국대전 성립	1485	
연산군 즉위(1494)	1492	콜럼버스; 아메리카항로 발견
무오사화(1498)	1517	루터의 종교개혁; 에스파냐 필리핀 점령(1565)
	1582	로마교황 그레고리우스 태양력 제정

임진왜란; 이순신 한산도 대첩	1592	도요도미 히데요시 일본통일(1590)
	1600	영국; 동인도 회사 설립
	1603	일본; 도쿠가와 막부 성립
경기도에 대동법 실시	1608	갈릴레이 지동설 주장(1632)
정두원; 명나라에서 천리경; 자명종; 화포수입	1631	
	1642	청교도(영국) 혁명(~1649)
	1643	루이14세(프랑스) 즉위(~1715)
	1644	청나라 건국(~1911)
소현세자; 청에서 과학서적; 천주교서적 수입	1645	
	1666	만유인력의 법칙(영국; 뉴턴)
영조 즉위(~1776)	1724	
탕평책 실시	1725	
균역법 실시	1750	
	1764	하그리브스; 제니방적기(영국) 성립
	1765	와트; 증기기관(영국) 성립
정조 즉위(~1800); 규장각 설치	1776	미국 독립선언
순조 즉위	1800	나폴레옹 1세 즉위(1804)
천주교 조선교구 설치(1831)	1840	아편전쟁(~1842)
최제우; 동학 창시	1860	베이징 조약
	1861	남북전쟁; 미국(~1865)
	1862	청나라(중국); 양무운동
고종 즉위; 흥선대원군 집권	1863	
동학창시자 최제우 처형	1864	
천주교 탄압; 병인양요	1866	
	1868	메이지 유신(일본)
신미양요	1871	독일제국 재건통일
흥선대원군 실각; 고종친정	1873	
일본과 강화도 조약체결	1876	
고종 즉위; 흥선대원군 집권	1863	
동학창시자 최제우 처형	1864	
천주교 탄압; 병인양요	1866	
	1868	메이지 유신(일본)
신미양요	1871	독일제국 재건통일
흥선대원군 실각; 고종친정	1873	
일본과 강화도 조약체결	1876	
일본으로 수신사 파견	1880	중국해군 창설
조사 시찰단과 영선사 파견	1881	독일; 오스트리아; 이탈리아 삼국동맹 성립(1882) 청・프랑스전쟁 발발(1884)
임오군란; 미국과 통상조약 체결	1882	
한성순보 발간	1883	
갑신정변	1884	
영국군 거문도 불법정령	1885	
육영공원 설립	1886	
함경도에 방곡령 실시	1889	메이지헌법 공포(일본)
동학농민운동; 갑오개혁	1894	청・일 전쟁(~1895)
을미사변; 을미개혁	1895	청・일 시모노세키 조약
아관파천; 독립협회결성	1896	제 1회 올림픽
대한제국(고종) 성립	1897	
경인선 철도 개통(1900)	1898	청; 변법자강 운동
	1899	헤이그 평화회의
	1902	영・일 동맹
한·일 의정서 체결	1904	러↔일 전쟁(~1905)
을사 보호조약	1905	
순종 즉위; 국채보상운동; 군대해산;	1907	삼국협상 성립
장인환과 전명운; 미국 외교관 스티븐스 처단	1908	
안중근; 이토히로부미 처단	1909	
국권 피탈	1910	
105인 사건	1911	신해혁명; 청나라 멸망(중국)
	1914	제1차 세계대전(~1918)
	1917	러시아 혁명
3・1운동	1919	베르사이유조약; 5·4운동(중국)
조선 물산장려회 성립	1920	국제연맹 창립
조선민립대학 기성회 조직	1922	소련 성립
6・10만세 운동	1926	
신간회 결성	1927	
광주학생항일 운동	1929	세계 대공황
신간회 해체	1931	일본의 만주 침략
이봉창과 윤봉길 의거	1932	
베를린 올림픽 손기정 금; 남승룡 동 메달; 일장기	1933	독일의 히틀러 집권
말소사건(1936)	1937	중·일 전쟁
한글 교육 금지	1938	독일; 오스트리아 합병

징용령 시행	1939	제 2차 세계대전 발발(~1945)
한국광복군 창설	1940	
대한민국 임시정부 일본에 선전 포고	1941	태평양전쟁 발발
조선 어학회회원 투옥사건	1942	독일; 소련 침공
조선인을 향한 일본의 징병제	1943	카이로; 테헤란 회담
	1944	노르망디 상륙작전
8·15 광복; 군정청; 조선인민공화국	1945	연합군에게 일본의 무조건항복
여운형; 김규식; 좌우합작 운동	1946	파리 평화회의
유엔; 인구비례에 의한 남북한 총선거 결의	1947	인도 독립선언; 미국 마셜플랜
남북협상(김구; 김규식); 5·10 총선거; 대한민국 제1공화국; 조선민주주의인민공화국; 소련군 철수; 여수·순천 사건	1948	이스라엘 공화국 성립; 세계인권 선언
미군철수; 백범 김구 암살; 국회프락치 사건	1949	NATO 결성; 중화인민공화국 수립
애치슨 선언; 6·25전쟁(~1953); 2대국회의원선거	1950	
집권연장용 위한 발췌개헌(대통령 직선제)	1952	수소폭탄 실험(미국) 성공
휴전협정; 반공포로석방	1953	
평생집권용 사사오입개헌(임기제한 철폐)	1954	
	1955	바르샤바 조약기구 성립
3대 대통령 선거	1956	헝가리; 폴란드; 반소시위
천리마운동(1958)	1957	소련; 세계최초 인공위성(스프트니크) 발사
3·15 부정선거; 4·19혁명; 제2공화국	1960	베트남전 발발(1964)
5·16 군사정변	1961	
제3공화국	1963	
베트남파병(1964); 한·일 협정	1965	
	1966	문화 대혁명 시작(중국)
3선 개헌 날치기; 경인고속도로	1969	아폴로 11호 달 착륙
제4공화국; 경부고속국도; 새마을운동	1970	
7·4 남북공동성명; 유신헌법	1972	닉슨(미국) 중국방문
영부인 육영수 피격; 지하철 1호선 개통	1974	
YH사건	1975	베트남 전쟁 종식
수출 100억 달러 달성	1977	실용주의 노선채택(중국)
10·26 박정희 대통령 피격; 12·12반란	1979	소련; 아프카니스탄 침공
광주 민주화운동; 제5공화국	1980	
남북한; 고향 및 예술방문단 상호 방문	1985	개혁·개방노선채택(소련)
민주항쟁; 6·29선언; 헌법개정	1987	
서울 올림픽 개최; 노태우 정부	1988	
제3회 세계 청년학생 축전 개최	1989	베를린 장벽 붕괴(동서독)
3당 합당(노태우; 김영삼; 김종필)	1990	독일 통일
남북기본합의서채택; 유엔 동시가입	1991	걸프전 발발;
	1992	소련 연방해체; 독립국가연합 탄생
김영삼 정부	1993	
김일성 사망; 북·미 제네바 회담	1994	UR 타결(1993); WTO 출범
IMF에 구제금융 요청	1997	
김대중 정부; 장거리 미사일; 김정일 취임	1998	유럽11개국 유로화 채택
남북정상회담(6·15 남북공동선언)	2000	9·11 테러(2001); 미국; 아프카니스탄 공격
한·일 월드컵 개최	2002	유럽 12개국 유로화 사용
노무현 정부	2003	사스(SARS)의 창궐
노무현 대통령 탄핵소추안 국회통과	2004	슈퍼EU 출범(15→25개국)
반기문 유엔사무총장; 북한 핵실험	2006	독일월드컵
이명박 정부	2008	베이징 올림픽
노무현 대통령 국민장 김대중 대통령 국장 4대강 유역개발계획 확정	2009	미국의 경제위기, 자동차 3사 도산
무역액 1조 달러 돌파 한미FTA 비준 북한 김정일 사망	2011	일본 동북부 해안 지진(해일) 유럽 금융위기
대한민국 제18대 박근혜 대통령 취임	2013	버락 오바마 미국 대통령 2기 행정부 출범

3. 산업혁명과 국제사회

1) 산업혁명

농업혁명과 르네상스의 영향을 받아 농업중심사회에서 공업중심사회로 중심 이동이 이루어진 산업혁명(産業革命; Industrial Revolution)은 18세기 영국에서 시작되어 유럽, 미국, 러시아 등으로 확산되었고, 20세기 후반에 와서는 동남아시아, 아프리카, 라틴아메리카 등으로 확대되었으며 이 시간까지 계속 진행되어오고 있다. 산업혁명은 공업화 즉, "물질적 재화의 생산을 위해 무생물적 자원을 최적의 상태로 이용하려 하는 경제 시스템"이라 정의할 수 있으며 이는 점진적이고 연속적인 기술혁신의 과정이 수반되어야 하므로 앞으로도 영원히 지속될 것이다. 세계 최초로 공업화가 촉진된 영국은 16세기 중엽 생물적자원의 하나인 목재자원 고갈로 연료 에너지의 위기를 맞게 되었고 이 위기를 극복하기 위한 기술혁신의 결과가 무생물적 자원인 석탄이용의 조직화(1540~1640년)였다. 석탄에 대한 수요를 충족시키기 위해서는 갱내의 배수와 공기공급, 석탄의 수송과 가공, 철광석의 용해 등의 여러 가지 기술적 과제의 해결이 문제점으로 대두되게 되었으며, 이런 문제들의 해결을 위한 사회적, 기술적 노력이 공업화의 시작으로 이어졌다. 그 결과 세이버리의 펌프, 뉴커먼의 대기압기관, 와트의 증기기관 등이 발명되었고 이는 농업사회의 기본 동력인 수력, 풍력, 축력, 인력을 대체하는 동력혁명(動力革命)과 도로의 신설과 확장, 운하의 건설 등 혁명적 사회간접자본 투자를 통해 산업혁명의 사회적, 기술적인 기초를 완성시켰다. 산업혁명은 17세기 말 영국이 동인도무역을 통해 들여온 캘리코 면직물(인도)이 유럽 전역에서 의류의 소재혁명(素材革命)을 주도함에 따라 면공업(綿工業)에서 시작되었다. 자본과 기술을 가진 자가 원주민, 이주노동자들의 값싼 열대노동력(熱帶勞動力)을 이용하여 기업적으로 단일경작(單一耕作)을 하는 플랜테이션(Plantation)과 노예노동에 의해 면화를 재배하였고 이를 원료로 하여 "인도산 캘리코 면직물과 경쟁할 수 있는 면제품 제조"라는 과제의 완성을 추진하였다. 면공업의 급속한 발전은 이와 관련된 모든 산업의 발전을 촉진시켰고 이로 인해 석탄과 철의 생산이 급속하게 증가되었고,

기술과 생산력을 합쳐 스티븐슨의 증기기관차를 통해 철도의 출현이라는 획기적 결과가 생겨났으며 산업혁명은 절정을 맞이하게 되었다. 1825년 스톡턴~달링턴, 1830년 맨체스터~리버풀 철도의 개통을 시작으로 철도망은 영국의 전역으로 급격하게 확대되었고 산업자본을 순환시키는 대동맥이 되어 매우 빠르게 전 세계로 뻗어나갔다. 산업혁명의 영향을 받아 세계경제는 선진적이고 자립적인 공업국과 이에 종속된 식민지적 또는 반 식민지적 후진국으로 재편되게 되었고, 후진 농업국들은 선진 공업국에 원료를 공급하고 그들의 공업제품을 수입하는 형태의 국제분업으로 탈바꿈하였으며 이로 인해 국가 간 주종관계는 심화되게 되었으므로 이때부터 전 세계에 세계적 자본주의가 완성되기 시작하였다 할 수 있다. 자본주의로 인해 공장의 생산경쟁으로 몰락하거나 빈곤해 가는 가내공업, 잉여 인력에 의한 공장노동자들의 궁핍화 등 산업혁명의 여러 가지 문제점이 발생하기 시작했고, 마르크스의 자본론에 의한 사회주의 등으로 인해 자본가와 노동자의 대립은 격화되었으며 러다이트운동(Luddite Movement; 1811~1817년 영국 직물공업지대의 기계 파괴운동), 단결금지법(團結禁止法; 1799년 제정; 1824년 폐지) 폐지 이후의 빈번한 스트라이크(Strike; 동맹파업), 노동조합 결성의 전국화 등 사회 각 계층 사이에 여러 가지 문제점이 나타났으며 크고 작은 많은 슬픈 사건과 역사를 만들어 냈다. 이 문제는 현재까지도 전 세계의 모든 나라에서 저마다의 모습으로 해결해야 할 숙제로 남아있다.

○ 마르크스(Marx Karl; 1818~1883) : 독일의 경제, 정치, 철학자. 헤겔 좌파 사상의 영향으로 공상적 사회주의와 고전 경제학의 비판과 함께 과학적 사회주의 창시. 반정부 기관지 라인 신문 주필역임, 신문 폐간과 함께 파리로 망명, 1848년 엥겔스와 함께 "공산당 선언"과 1867년 자본론(資本論; 1867년 마르크스에 의해 간행된 제 1권 경제학 이론서, 자본주의 사회의 문제점과 모순에 대한 비판과 함께 대안으로 사회주의 주장. 1885년 엥겔스에 의해 제 2권, 1894년에 제 3권 출간) 집필. 프롤레타리아의 역할과 문제점을 주장하고 노동자와 농민의 해방을 목표로 계급투쟁의 이론수립. 국제 공산주의 조직 "인터내셔널" 창립.

○ 명치유신(明治維新) : 일본의 강호시대(江戶時代; 에도시대)에 덕천가강(德

川家康; 도쿠가와이에야스)이 정이대장군(征夷大將軍)이 되면서 만들어진 조직(幕府; 막부)에 의해 통치되던 일본의 봉건시대의 정치제도가 명치왕(明治王)시대에 와서 천황 직접 통치체제로 환원시키고 왕정복고(王政復古)와 함께 근대 자본주의 체제로 전환된 개혁시대의 격동기(激動期; 18C~19C)를 의미하는 것으로 이는 일본의 정치, 경제, 사회, 문화의 구조가 크게 바뀌어 지는 역사적 결과를 가져오게 되었다. 일본은 1853년 미국의 동인도함대 사령관 페리(Perry Matthew Calbraith) 제독이 개국(開國) 요구 국서(國書)를 일본에 진달 한 것을 계기로 유신(維新)의 개념이 시작되었다. 당시 일본의 막부들은 천황의 칙허(勅許) 없이 막부(幕府)들의 독단적 결정으로 미·일 화친조약(1854), 미국, 영국, 러시아, 네덜란드, 프랑스와의 통상조약(1858) 등을 체결하였는바, 이에 대한 반 막부 세력의 반발과 천황의 권위복원 세력에 의해 300년 전통의 막부가 무너지고 메이지 천황정부가 만들어졌다. 천황정부는 학제, 징병, 지조개정(地租改正; 조세개정) 등의 개혁과 함께 국민의 실정은 무시한 채 구미(歐美) 국가들을 표본으로 부국강병(富國强兵)만을 내세우는 새로운 시대를 열었다. 그 결과 일본은 수많은 마찰과 함께 제국주의(帝國主義; 일본의 정치·경제적 지배권을 다른 민족과 국가의 영토로 확대시키려는 야욕), 근대적 통일국가, 자본주의 성립, 입헌정치, 문화적 근대화 등이 추진되었으며, 이를 발판으로 하는 군국주의(軍國主義)가 아시아 여러 나라에 대해 강압적 침략을 일으켰다. 대표적 사건으로 청일전쟁(1894), 명성황후시해(1895.10.8), 러일전쟁과 한국침략(1904) 등을 들 수 있으며 중일전쟁(1937) 및 진주만(眞珠灣) 폭격에 의한 태평양전쟁(1941)과 함께하는 제 2차 세계대전(독일, 이탈리아)을 일으켰고, 그 결과 1945년 히로시마와 나가사키에 인류 역사상 최초의 원자폭탄(原子爆彈)이 투하되었다. 이로 인해 제 2차 세계대전은 종식되었으나 이데올로기(Ideologue)에 의한 자본주의 진영(미국)과 사회주의 진영(소련, 현재의 러시아) 간의 정치, 외교, 이념, 군사 등의 패권투쟁(霸權鬪爭)에서 비롯된 냉전시대(冷戰時代)가 시작되었다.

○ 1·2차 세계대전과 대공황 : 1929년 대공황(大恐慌; Depression of 1929) 또는 1929년 슬럼프(Slump of 1929)라고도 한다. 1920년경 겉으

로 경제적 번영을 누리고 있는 것처럼 보여 지고 있던 미국은 내용적으로는 만성적 과잉생산(過剩生産), 실업문제 등으로 경제의 괴로움을 격고 있었다. 때를 같이하여 미국은 제 1차 세계대전(第一次世界大戰, 팽창주의 또는 식민주의와 비슷한 의미로 침략에 의한 영토 확장사상을 중심으로 독점자본주의(獨占資本主義)에 대응하는 정치·경제적 구조를 총칭하는 제국주의(帝國主義)를 배경으로 연합국(영국, 프랑스, 러시아 등)인 협상국과 동맹국(독일, 오스트리아)으로 양분되어 이루어진 전쟁으로 1914년 7월 오스트리아의 세르비아 침공으로부터 시작되어 1918년 11월 독일의 항복으로 끝나기 까지 4년간 계속되었던 세계전쟁)이후 전쟁으로 인해 상품경제(商品經濟)가 약화된 유럽의 열강들과 동맹을 맺게 되었고, 이는 미국의 공산품과 농산품에 대한 수요를 유럽의 여러 나라에서 크게 증가시키는 계기로 작용하였다. 이 여파로 미국은 농업, 제조업, 금융업 등에서 기업과 개인들 모두 경쟁적으로 투자를 증대시켰고, 이에 따라 미국 주식의 가치는 급격히 증가했다. 실업이 거의 존재하지 않았으므로 대부분 사람들의 주머니는 돈으로 가득 차 있는 것처럼 보였다. 더 많은 주식을 판매하기 위해 증권회사들은 주식 매수금액의 극히 일부만을 "위탁 증거금"으로 받고 나머지 금액은 빌려 주었다. 주식의 가치는 계속해서 너무나도 빠르게 상승에 상승을 거듭하였으므로 주식 매입 직후 주식은 구매가격의 2~3배가 되었고, 이런 현상은 지속되어 미국의 경제는 거대한 신용팽창 거품현상으로 변화되었다. 반면, 종전 후 2~3년이 지나면서 전쟁으로 인해 상처입은 유럽 여러 나라의 산업경제는 빠르게 회복되기 시작하였고, 농업인들에 의한 농업생산성 또한 급격하게 향상되기 시작하였으나, 거품에 거품을 더해 생산을 촉진한 미국상품에 대한 수요는 반대로 수직 급락하기 시작하였다. 1928년 불경기가 본격화되었을 무렵 많은 미국인들은 이를 단기적인 현상이라고 오판하였고 1929년 10월 24일 월스트리트의 주가현황판은 대공황(大恐慌)을 나타내었다. 신용의 팽창은 천문학적인데 반해, 실질화폐는 거의 없어지다시피 하였으므로 개인과 법인들의 재산은 24시간 만에 모두 눈앞에서 어디론가 바람과 같이 사라져 버렸다. 월스트리트에서 시작된 파문은 곧 미국 전체와 유럽을 비롯해 국가 또는 기업 간 그 동안의 거래로 인해 자동으로 관련되어진 세계 여러 나라로 퍼져나가 전 세계가 빠져들었다. 대부분의 은행은 파산했고, 농산물 가격은 붕괴했으며, 공장은 문을 닫고, 국제간의 무역은 실종되었으며 약 3년 간 세계의 모든 자본주의 국가들이 여기에 말려들어 1939년까지 이어졌다. 미국은 뉴딜정책 등 불황 극복정책과 함께 제 2차 세계대전(第二次世界大戰, 1939년 9월 1일 독일의 폴란드 침입에 의한 영국과 프랑스의 참전, 1941년 소련 참전, 태평양전쟁 이후 1945년 8월 15일 일본의 항복에 이르는 반(反)파시즘(Fascism)전쟁)으로 경기가 회복되었다 할 수 있다.

2) 국제사회

2-1) 보호무역 주의

국가의 산업과 자본을 보호 육성하여 자국의 이익만을 추구하기 위해 국가권력이 국제간 수출과 수입에 각종 수단을 통한 보호정책을 제도화하는 것을 보호무역주의(保護貿易主義; Protectionism; Protective Trade)이라 한다. 주로 관세장벽이 이용되나, 수입할당제 등 여러 가지 다양한 방법으로 국제간 무역에 관여하여 국내 산업을 보호할 목적으로 시행하는 무역정책 이다. 18세기부터 본격적으로 시작되어 19세기에 절정을 이루게 된다. 보호무역의 원관념은 자국의 특정분야 또는 산업이 거래 상대국보다 낙후되거나 뒤떨어진 상태에서 동일 조건의 무역이 이루어질 경우, 자국의 산업이 붕괴될 것을 우려하여 자국의 산업능력이 외국과 비교하여 최소한 같거나 커질 때까지 보호, 육성, 발전시키려는 제도이지만 국제간 정치・경제적 상황에 따라 응용되거나 악용되는 경우가 많다. 보호무역은 초기의 산업자본 축적을 위해 국내 시장을 확보한 뒤, 국외 시장의 개척을 목적으로 하는 보호무역주의로 외국제 완제품의 수입 제한, 외국원료 수입 장려, 국내원료 수출 금지, 국산품 수출 장려 등의 내용들을 수출장려제도와 보호관세제도로 구분하여 법으로 정해 실행하는 중상주의(重商主義; Mercantilism)로부터 시작되었다고 할 수 있으며, 그 결과는 자본의 원시적 축적의 중요한 수단으로 작용되었다. 최근에 들어서는 자원의 고갈로 자원내셔널리즘(Nationalism; 資源民族主義; 자원은 보유하고 있는 나라의 것; 아시아, 아프리카, 중남미 등에서 자국 보유

자원의 주권주장) 사상에 의해 보호주의 개념이 바뀌어가고 있으며, 이로 인해 자원보유국으로부터 수입되는 특화된 상품에 대한 견제방법으로 관세 및 비관세 장벽을 다양한 형태로 만들어 통제하는 새로운 보호무역의 모습으로 변해가고 있다.

2-2) 신자유주의

제 1차 세계대전 이후 전 세계 대부분의 나라들은 자국의 산업보호와 무역수지를 위해 보호무역주의로 무장 한 후 전투적으로 경쟁하게 되었다. 보호무역주의는 존 케인스(John Maynard Keynes; 1883~1946)의 경제이론의 응용을 통해 경제대공황을 겪게 된 원인을 해결하려는 방법 중 하나이다. 그 결과 미국을 포함한 주요 선진국들은 케인스 이론에 따라 정부가 시장에 적극 개입하여 소득평준화, 완전고용 등의 정책을 통해 복지국가를 구현한다는 수정자본주의를 실시하게 되었다. 시간이 흐르고 국제환경이 변함에 따라 1970년대 이후, 또다시 세계경제에 불황이 시작되면서 수정자본주의에 대한 변화는 불가피해 졌다. 즉, 스태그플레이션(불황과 물가인상; Stagnation & Inflation)의 장기화는 케인스 이론의 모순에 따른 결과라고 평가되면서 대안으로 나타난 것이 신자유주의(新自由主義; Neoliberalism) 이론이다. 신자유주의는 자율시장, 규제완화, 각종 재산권 등에 매우 높은 가치를 부여하는 경제사상이다. 국가권력이 일정수준 이상 시장에 개입하는 것이 결과적으로는 경제의 효율성과 형평성을 악화시킨다고 인식하고 소극적 통화정책과 국제금융의 자유화, 생산성향상을 위한 공공복지제도의 축소 등을 통해 경제성장의 안전성을 확보한다는 이론이다. 신자유주의는 자유무역과 국제적 분업을 위해 국가 간 시장개방의 중요성을 강조하고 있으며, 이로 인해 현재 많은 나라들이 세계화, 자유화, GATT, WTO, FTA 등을 추진하고 있다. 이는 자유방임경제를 통해 비능률을 지양하고 국가 경쟁력이 강화된다는 순기능이 있는 반면, 불황, 실업, 빈부격차, 선・후진 국가 간 갈등, 형태를 달리하는 경제전쟁 등의 역기능이 발생되고 있으며, 현재 이로 인한 피해가 전 세계적으로 매우 심각하다. 세계경제를 파국으로 몰아넣어 수많은 나라 수많은 사람에게 피해를 입힌 대표적 사건이 미국의 서브프라임 모기지 론(Subprime Mortgage Loan) 사태이다.

○ 금본위제도(金本位制度; Gold Standard) : 순금(24K) 1Kg=5300만원이라고

정의하는 것과 같이 화폐단위의 가치와 순금 일정량의 가치가 등가관계(等價關係)를 유지하도록 하여 통화의 가치를 순금가치와 연계(連繫)시키는 화폐제도로, 19세기 영국을 중심으로 시작 된 제도로 금화금본위제와 금핵본위제로 구분한다. 금화금본위제는 금화가 실제로 유통되고, 화폐단위와 금과의 등가관계는 금화의 자유주조(自由鑄造)와 자유용해(鎔解)를 인정해 주무로서 화폐의 가치를 유지시키는 제도로 세계 제 1차 대전 직전까지 활발하게 활용되었다. 반면, 금핵본위제는 시장에는 은행권과 같이 사용하기 편리한 화폐를 유통시키고 통화의 가치와 등가관계 만큼의 순금은 중앙은행 등에 보관시키는 제도이다. 태환(兌換)할 경우 금지금(金地金; 금괴)과 금환(金換)으로 구분된다. 금지금본위제는 화폐단위와 순금과의 등가관계를 금지금 또는 금괴의 태환(매입, 매도)에 의해 유지되게 하는 방법이고, 금환본위제는 국제금융의 중심 역할을 하는 금환을 관련국들의 중앙은행 등이 매매함으로써 해당 국가들의 화폐단위와 순금과의 등가관계가 유지되도록 하는 제도로 제 2차 세계대전 이후 많은 나라에서 미국의 달러환(Dollar)을 순금 대신 사용하였다. 1971년 8월부터 달러와 순금의 교환을 중단하게 됨으로 더 이상 사용하지 않는 제도가 되었다.

○ 태환지폐(兌換紙幣; Convertible Paper Money) : 나중에 중앙은행(정부)이 금화를 주조하지 않고 일정한 용량의 금으로 태환해 주겠다는 약속 하에 발행된 지폐.

○ 불환지폐(不換紙幣; Inconvertible Paper Money) : 중앙은행(정부) 태환 보증 없이 발행한 지폐로, 현재 전 세계 대부분의 나라가 금화의 유통을 금지하고 금본위제도를 실시하지 않으므로 불환지폐이다. 정부가 발행하는 불환지폐는 국가 재정이 부족할 경우 가장 손쉬운 정부자금 조달의 방법이므로 물가폭등, 화폐가치와 국가신용도 하락 등과 같은 문제점 발생의 우려가 매우 크다.

○ 신용화폐(信用貨幣; Credit Money) : 은행 또는 중앙은행(정부)의 신용으로 발행된 화폐를 의미하는 것으로 은행권, 어음, 수표 등의 형태를 취한다. 금화와 달리 화폐자체에 가치는 없지만 거래관계에서 지불의 수단과 기능을 담당하므로 신용화폐라 한다.

Tip 정보와 경제의 공통점

정보는 전달되어지거나 수집되어질 때 새로운 가치를 창조하게 된다. 이는 경제활동의 경우와도 같다. 신용통화(信用通貨; Credit Currency)의 여수신(與受信) 관계를 가장 단순한 관계로 살펴보면 대략 12~13배의 새로운 가치가 창조됨을 알 수 있다. 신용(信用), 빚, 거품(Bubble) 등은 모두 같은 의미이다.

한국은행이 대한은행에 본원통화 8,000억 원 발행 본원통화(本源通貨; Monetary Base; 중앙은행이 시중은행들에게 공급하는 돈)

(대한은행)8,000억 고광현에게 대출 지급준비금 20억(400억*5%).	(고광현)대한은행에 현금보유 400억(5%) 이미자에게 7600억 물품대금 지급. (이미자)주거래은행 서울은행에 입금.
(서울은행)지급준비금380억(7600*5%) 혜은이에게 7220억(7600-380) 대출	(혜은이)설운도에게 7220억 용역비 지급. (설운도)주거래은행 부산은행에 입금.
(부산은행)지급준비금361억(7220*5%) 김제동에게 6859억(7220-361) 대출	(김제동)주현미에게 6859억 재료비 지급 (주현미)주거래은행 광주은행에 입금.
(광주은행)지급준비금343억(6859*5%) 혜은이에게 6516(6859-343)억 대출	(혜은이)송대관에게 6552억 출연료 지급 (송대관)주거래은행 외환은행에 입금.
(외환은행)지급준비금328억(6516*5%) 혜은이에게 6190(6516-326)억 대출	

본원통화가 모두 소진될 때까지 계속 진행시킨다면,
총 대출 = 약 9조6,0960억 원, 지급준비금+현금보유= 8,000억 원
신용창조 총액 = 약 10조4,096억 원(단순계산 시 본원통화의 12~13배)

○ 자유무역 : 대부분의 국가에서 자국의 산업보호와 국제수지개선(國際收支改善)을 위해 국가가 무역에 관한 모든 분야를 통제하고 있는 보호무역의 개념과

정반대인 자유무역(自由貿易; Free Trade)의 원관념은 국가 간의 모든 무역활동에 대해 국가가 통제하지 않는 무역이다. 1786년 영국과 프랑스 사이에 저율관세, 원칙적 자유무역을 주제로 체결된 이든조약(Eden Treaty)에서 부터라 할 수 있는데 이는 한 나라의 일방적 이익 또는 계급적(階級的) 이익만을 위한 것 이였으므로 오늘날의 자유무역 개념과는 차이가 크다. 수입에 대한 비관세장벽(非關稅障壁)을 철폐하고 호혜평등(互惠平等)의 원칙과 상대적 경쟁을 통한 국제무역으로 그 개념이 바뀌어 진 오늘의 자유무역은 미국을 제외한 많은 나라에서 19세기 후반부터 본격화되어 20세기에 들어 절정의 시기를 맞게 되며 GATT, UR, WTO의 순서로 국경 없는 무한경쟁시대로 돌입하는 새로운 국제무역환경의 기반을 조성하는 결정적 사상이 되었다.

○ GATT / UR / WTO : 국제무역과 물자교류를 증진시키기 위해 관세장벽 제거 등의 목적으로 1947년 제네바에서 최초 23개국이 회원국 간 관세율 인하와 최혜국대우, 기존의 특혜관세제도 인정, 수출입 제한의 원칙적 폐지, 수출보조금 지급금지 등이 합의된 관세와 무역에 관한 일반협정(GATT; General Agreement on Tariffs and Trade)이며, GATT의 제 8차 다자간 무역협상을 UR(Uruguay Round of Multinational Trade Negotiation; 우루과이라운드)라 한다. UR은 GATT 체제 밖에 있던 농산물과 섬유류 교역, GATT 체제의 정비, GATT 체제의 강화 등을 주된 목적으로 하고 있다. 1986년 9월 우루과이에서의 첫 회의를 시작으로 1993년 12월 타결, 1995년 발효되고 이로 인해, WTO(World Trade Organization; 世界貿易機構)가 만들어졌다. WTO는 GATT를 대신하여 세계무역질서를 확립하고 회원국들의 UR협정 이행을 감독하는 국제기구로 약 151개국의 회원국이 있으며 국가 간 경제무역 분쟁에 대한 판결, 그 판결의 강제집행, 국가 간 분쟁 조정 등의 역할을 수행하고 있다. WTO는 자연발생적으로 전 세계가 정보화사회(情報化社會; Information Oriented Society)로 발전하는 계기를 만드는 부가적 역할을 담당하게 되었으며, 그 결과 세계화(世界化; Globalization)가 이루어져 국경 없는 무한경쟁시대로 돌입하는 새로운 국제무역환경의 기반이 조성되게 되었다.

○ FTA : 특정 국가 간에 배타적인 무역특혜를 서로 부여하는 협정(FTA; Free

Trade Agreement)을 뜻하는 것으로 느슨한 모습의 지역 경제통합 형태이다. 인접한 국가나 일정 지역을 중심으로 이루어지므로 지역무역협정(Regional Trade Agreement)이라고도 한다. 다자주의원칙을 존중하는 것을 기본으로 모든 가맹국에 대해 최혜국대우(Most○Favoured○Nation Treatment)를 보장하는 세계무역기구(WTO)와 다르게 FTA는 양자주의와 지역주의를 기본으로 하는 특혜무역체제이다. FTA 회원국 사이의 거래에는 무관세 또는 낮은 관세를 적용하고 비회원국과의 거래에서는 WTO에서 사용하는 관세를 적용하며, FTA 회원국 사이의 거래에서는 자유로운 교역이 허용되어 상품의 수출입이 자유롭다. 비회원국과의 거래에서는 WTO에서 허용하는 제한조치를 그대로 적용한다.

Tip 서브프라임 모기지 론(Subprime Mortgage Loan) 사태

단계 1. 2000년대 초반을 지나치면서 미국의 모기지 업체들이 부동산 호황기를 이용해 빚 갚을 능력이 없는 비우량 고객에게 주택담보대출을 통해 주택을 구매하게 하여 새로운 금융수요와 부동산경기를 창조 하였으나, 시간이 지남에 따라 부동산 경기가 하락 순환기에 접어들게 되자 비우량고객들의 동시 다발적 대량 연체자가 발생으로 인해 미국의 서열 제 2위의 서브프라임 모기지 금융회사인 뉴센추리 파이낸스(NEW CENTURY FINANCE)가 2007년 3월 부도를 내게 되는 것으로부터 시작된다.

단계 2. 대부분의 미국 사람들은 금융회사로 부터 주택담보 대출(Mortgage loan)로 주택을 구입하고 → 구입한 주택을 담보로 하여 → 구입한 주택자금의 원금과 이자를 거의 평생 갚아나간다 → 대출 빚을 다 갚을 무렵이면 은퇴 → 또 다시 집을 담보로 대출 받아 → 노후의 경제생활을 한 후 → 생을 마친 뒤, 금융회사에 주택을 양도한다. 금융회사는 고객의 신용도, 현재의 부채 규모, 담보능력 등에 따라 신용평가회사(FICO; Fair Issac Company)에서 우량(Prime), 보통(Alternative A), 비우량(Sub Prime) 3개 등급으로 분류한 결과에 따라 대출여부와 조건을 결정한다.

단계 3. 2002년 경 미국의 모기지 금융회사들은 비우량 고객들에게 주택구입자금을 빌려 줄 수 있게 하는 변칙 모기지 주택구입 상품들을 앞 다퉈 출시하였다. 초기 1~2년간은 시중금리보다 많이 낮은 2~3%의 금리를 적용하고, 2~4년이 지난 후 부터는 7~8% 이상의 고금리가 적용되도록 대출상품이 설계되었다. 금융회사들은 대부분이 서민인 비우량 고객들에게 이 대출상품을 팔면서 2~4년 지나면 주택가격이 오를 것이니 오른 값에 주택을 되팔아 원리금을 상환하면 큰 이익이 보장 된다고 유혹했으며, 대출상품 위험성에 대한 전문가들 경고는 정치권의 기대이득에 가려져 철저히 무시되었다.

단계 4. 모기지 금융회사들이 보유한 서류(모기지 주택자금 채권)들은 여러 종류의 파생 금융상품으로 변화 발전되어 전 세계로 퍼져나갔다. 또, 모기지 금융회사들은 서류를 담보로 또 다른 상위계열의 은행이나 금융회사로부터 대출을 받아 자금조성을 한 후 조성된 자금으로 계속 여신(대출)을 발생시키므로 차입(Leverage) 규모를 키워 나갔다. 또, 모기지 금융회사들에게 대출해준 또 다른 금융회사들은 신용과 위험도가 서로 다른 우량채권과 불량 채권을 마구 섞어 담보로 제공하는 파생상품 증권을 만들었고, 불량 채권과 우량 채권을 합치면 위험이 분산되어 안전하다. 라고 주장하며 미국이라는 국가 신용도까지 함께 포장하였고 이 파생상품은 미국은 물론 전 세계로 팔려나갔다. 빚을 갚지 못해 파산하는 비우량 고객들의 동시 다발적 확산은 2007년 중순경부터 급격히 증가 되었으며, 이로 인해 미국의 투자은행 서열 제 5위인 베어스턴스(Bear Stearns)가 제이피모건(JP Morgan Chase) 은행에 헐값으로 넘어가는 사태가 벌어졌다.

· MBS(Mortgage Backed Security; 모기지 주택저당 담보부 증권)
· MBB(Mortgage Backed Bond; 모기지 주택저당 담보부 채권)
· CDO(Collateralized Debt Obligation; 부채 담보부 증권)
· CBO(Collateralized Bond Obligation; 채권 담보부 증권)

단계 5. 2007년 말 CBO, CDO 등 파생금융상품에 의한 금융회사들의 부실이 미국은 물론 세계 경제에 악영향을 주기 시작 할 무렵 미국의 관련 금융회사들은 부실을 감추고 새로운 파생금융상품으로 이익을 창출하고자 SIV를 만들고 부실자산을 은닉 하여 계속해서 문제를 키워갔다.

- SIV(Structured Investment Vehicle; 구조화투자전문회사) : 금융회사들이 스스로 설립한 투자전문 특수 자(子)회사, SIV는 모(母)회사의 우량자산을 담보로 자산담보부 기업어음(ABCP)을 발행하여 단기자금을 조달한 후, 이 자금을 고수익 장기채권에 투자하여 고수익을 올리려는 기법이 사용되는 페이퍼 컴퍼니(Paper Company)이다. SIV의 자금조달 기간은 단기인 반면, 장기투자 이므로 지속적으로 계속 ABCP가 발행되지 않으면 유동성 위험이 뒤따라온다는 구조적 문제점이 항상 도사리고 있다는 매우 위험한 단점이 있다. 또, SIV는 회계처리 시 대차대조표에 계상되지 않는 장부외거래(帳簿外去來)가 가능해 부실을 숨길 수 있다는 무서운 문제점도 존재한다. 만약, SIV에서 부실이 발생하여 그 위험이 커진다면 모(母)회사도 부도가 나 망하게 된다.
- ABCP(Asset Backed Commercial Paper; 자산담보부 기업어음) : 매출채권, 리스채권, 회사채 등의 자산을 담보로 SPC가 발행하는 기업어음(CP).
- SPC(Special Purpose Company; 유동화전문회사) : 금융회사가 보유한 부실채권 매각을 위해 만든 특수목적 회사. 목적이 달성되면 자동으로 없어지는 페이퍼 컴패니(Paper Company).
- CP(Commercial Paper; 기업어음) : 자금조달을 목적으로 발행하는 단기 무담보 어음.

단계 6. 2008년에 접어들면서 서브프라임 모기지 론에 의한 경제적 파국은 정도가 더 심해지며 확대되었다. 미국의 국가 신용등급(AAA)과 같은 신용도를 자랑하던 미국의 채권보증회사 엠박(AMBAC; American Municipal Bond Assurance Corporation)의 신용등급이 하향 조정되고, 주가는 폭락하였으며 금융권의 신뢰가 추락하여 신용경색(Credit Crunch)과 함께 세계 경제의 위기로 확산되기 시작하였고, 그 결과 세계 최대 사모펀드의 핵심자회사 칼라일 캐피털(Carlisle Capital)의 부도와 함께 세계 5위 투자은행 베어스턴스(Bear Stearns)를 JP모건이 1주당 2달러에 인수하는 말로 할 수 없는 대사건이 벌어지게 되었다.

· 채권보증회사 : 채권 발행자의 부도 발생 시 발행된 채권에 대한 원리금의 지급을 보증해주는 일종의 보험회사. 채권 등 금융시장 관련 분야만 보증하면 모노라인(Monoline), 부동산 등의 위험까지 함께 보증하면 멀티라인(Multiline)으로 구분.
· CDS(Credit Default Swap; 신용부도 스와프) : 기업이나 금융회사가 부도나면 원금을 보장 받을 수 있도록 한 보험 성격의 파생금융 상품, 자본시장이 신용위험에 대해 수수료를 받고 대신 위험을 부담하는 보험사 역할, JP모건이 1997년 개발해 전 세계를 상대로 판매했다. 만들어질 당시에는 경기가 호황 이였으므로 부도 등의 위험에 거의 노출되지 않아 수수료만 받아 챙기게 되는 결과로 떼돈을 벌었으나 경기가 불황으로 반전되면서 부도의 연쇄충격 도미노현상으로 천문학적 손실 발생.
· JP모건(J.P. Morgan Chase & Co.) : 2000년 체이스맨해튼 은행이 J.P.모건(J.P. Morgan & Co.)을 인수하여 만들어졌다. 아메리카 은행, 씨티그룹, 웰스파고와 함께 미국의 4대 금융기관에 속한다.
· 사모펀드(Private Equity Fund) & 뮤추얼펀드(Mutual Fund) : 고수익기업 투자펀드, 투자신탁업법에서는 100인 이하의 투자자, 증권투자회사법(뮤추얼펀드)에서는 49인 이하의 투자자를 대상으로 자금을 조성하는 금융상품, 조성된 자금은 비공개로 운영된다. 주로 자산가치가 저평가된 기업에 대한 자본참여로 기업의 가치를 높인 후 해당기업의 주식을 되팔아 이익을 취한다. ≠공모펀드(Public Offering).
· 상업은행(Commercial Bank) : 예금은행, 단기자금 전문 취급은행을 뜻한다. 당좌예금계정, 유가증권(수표·어음) 취급, 신용공여(信用供與) 활동 등을 통한 예금통화 창조 은행.
· 투자은행(Investment Bank) : 주식·채권의 인수·판매, 담보대부 등을 통해 각종산업에 장기자금 투자, 고 위험과 수익의 파생금융상품

취급, 기업의 인수합병(M&A) 등의 역할을 담당하는 은행.

단계 7. 2008년 7월 미국 정부가 망한다면 망할까? 그 이전에는 절대 망하지 않는 다고 할 정도로 튼튼하다던 미국의 양대 국책 모기지 회사 패니메이와 프레디맥의 부도위기 발생, 세계 각국은 이 두 회사 채권에 대한 미국 국채 수준의 안정성을 믿고 대량 보유하고 있었으므로 이들의 위기는 매우 심각했으며, 때를 같이하여 유럽 금융기관들의 숨겨진 부실들이 수면 위로 드러나기 시작하였으므로 지구촌의 위기로 발전.

- 패니메이(Fannie Mae Company)와 프레디맥(Freddie Mac Company) : 미국을 대표하는 모기지 대출 전문 금융회사, 미국 정부의 지원으로 세워진 연방주택담보대출공사(Federal Home Loan Mortgage Corporation). 미국 은행들이 모기지 대출을 해주면 이 채권을 사들여 다시 돈을 융통해주는 역할 담당. 미국 주택시장의 최후의 보루 같은 두 회사가 부도나면 미국 모기지 시장은 물론 주택 신규 거래가 없어져 집값 폭락 등 공황상태 발생 가능성, 두 회사의 존립은 미국의 안보 차원이라는 인식 확산, 도덕적 해이(Moral Hazard), 미국 정부가 구제금융 2000억 달러 투입.

단계 8. 2008년 9월 15일 미국 투자은행 리먼브러더스 파산, 미국 역사상 최대 규모의 기업 파산, 파산 당시 자산 규모 6,390억 달러, 부동산으로부터 발생된 위험이 금융파산. 전 세계는 금융위기, 신용경색, 실물위기, 동조화, 파산 등 경제공황(Economic Crisis, Economic Panic)의 원인 제공.

- 리먼 브러더스 홀딩스(Lehman Brothers Holdings) : 1850년 설립된 미국의 국제 금융 회사. 투자은행, 증권&채권 판매, 투자관리, 사모투자, 프라이빗 뱅킹(Private Banking; 자산관리) 등에 관여하고 있고 미국 국채 시장의 주된 자금 공급원이다.
- 신용위기 : 아무도 믿지 않는 것, 경제 활동에서 신용위기는 시스템의 위기, 중앙은행들이 아무리 돈을 풀어도 돌지 않고, 세계 금융기관 간 돈을 빌리는 기준금리인 리보(LIBOR; 런던은행 간 금리)는 2%대에서 5%대로

급등, 세계 각국은 금융 시스템 회생을 위해 유동성의 무차별적 제공.

- 구제금융 : 국가, 기업, 개인 등이 다른 사람으로부터 돈을 빌려야 하는 경우, 97년 외환위기 때 우리와 IMF, 리먼브러더스 파산 이후 아이슬란드, 헝가리, 파키스탄, 라트비아 등의 나라들이 줄줄이 IMF에 구제금융 신청, 미국은 자국의 금융기관을 살리기 위해 사상 최대로 7000억 달러의 구제금융, 영국은 은행들의 국유화, 점점 심화되는 CDS부실로 세계 최대 보험사 AIG에 1500억 달러, 최대 금융기관 씨티에 구제금융 투입, 금융 분야에서 실물분야로 급격히 위기 확산.
- 동조화(Coupling) : 펀드 투자와 관련하여 미국 경제가 나빠지면 중국·인도 등의 경제도 같이 나빠지는 것과 같은 현상을 동조화(≠ 비동조화, Decoupling), 미국에서 서브프라임모기지 부실이 발생되었지만 중국·인도·러시아 등 경제 신흥국가들은 풍부한 지하자원·값싼 노동력·효율적인 생산력 등 선진국과는 별개의 성장엔진을 달고 글로벌 경제를 지탱할 것으로 기대했으나, 미국에서 시작된 금융위기가 점점 심각해져 전 세계가 동반 침체에 빠져들면서 디커플링의 기대는 꿈이 되었고, 신용경색이 심화되고 자금이 부족해진 외국 투자자들은 신흥국가에 투자한 자금의 회수 시작, 선진국 소비가 둔화로 원자재 가격 급락, 그 결과 중국·러시아 등 경제신흥국들의 증권시장이 고점 대비 60% 이상 폭락하므로 세계 경제가 한 몸처럼 움직이는 현상.
- 헤지펀드(Hedge Fund) : 전 세계 경제위기의 동조화를 유발한 주요 세력 중 하나가 주식·채권·외환 등 대상을 가리지 않고 투자해 절대 고수익을 추구하는 헤지펀드, 투자자 다수를 공개모집하는 공모펀드와 달리 소수의 거액 투자자들로부터 자금을 모집하는 사모방식, 세계 여러 나라를 돌며 특정 주가나 외환이 지나치게 고평가 혹은 저평가 되어있다고 판단되면 신속한 투자로 신속한 이익 실현, 때로는 공매도(Short Stock Selling; 주식을 빌려 비싸게 판 뒤 나중 주가가 떨어지면 싸게 사서 되갚아 차익을 얻는 투자기법)로 시장 교란.
- 경기후퇴(Recession) : 최고 호황기부터 최저 침체기에 이르기까지의 과정, 전기 대비 국민총생산(Gross National Product) 또는 국내총생산(Gross Domestic Product)이 2분기 연속 마이너스면 경기후퇴.

4. 정보혁명과 정보사회

흔히 우리들의 삶을 위해서는 「의· 식· 주」 3가지가 반드시 필수적이라고 말하고 있다. 그러나 이 같은 설명은 원래부터 잘못된 원시(原始) 오차(Error)이다. 정보가 과거, 현재, 미래의 모든 삶에서 「의·식·주」를 해결하기 위한 필수적 도구라는 것을 이해하지 못한 표현이었다. 우리들의 삶에는 "정보·의·식·주 4가지가 필수적이다." 라고 설명하는 것이 옳은 표현이다.

정보는 현대 사회에만 존재하는 것이 아니고 과거 원시시대부터 자연에서 먹을 것을 채취하거나, 동물사냥을 하거나, 부족끼리의 영토전쟁을 하거나, 종족 보전을 위한 배우자의 선택 등 원시시대의 모든 삶이 실제적으로 정보와 직결되어 있었다. 먹을 수 있는 식물이 자라고 있는 장소에 관한 정보, 사냥에 필요한 동물들에 관한 정보, 출어(出漁)나 겨울 준비에 필요한 정보 등, 비록 그것이 경험과 관습에 바탕을 둔 것이었다 하더라도, 모든 생활이 정보로부터 시작되었다. 만약 이 같은 정보가 없었다면 냉엄한 자연 속에서 원시시대의 삶은 불가능했었을 것이다. 이처럼 정보는 어느 시대에나 중요한 역할을 하고 있었다. 그러면 왜, 우리 인류가 함께 지구촌을 이루며 살아가는 현대 사회를 특별히 고도의 정보화 사회라고 하는 것인가.

고도의 정보화 사회라는 의미는 정보가 우리 사회 속에서 매우 중요하고 없어서는 안 될 위치를 차지하고 있다는 뜻이고, 지구촌이라는 뜻은 정보화 사회가 이루어짐에 따라 사람들이 모여 사는 거대한 지구가 작은 마을과 같이 단일 교류권 속에 존재하게 되었다는 것으로 설명되고 있다.

인류 문명은 원시사회, 농경사회, 공업화사회를 거치면서 환경변화에 따른 적응과 개발을 통하여 끊임없이 발전하였고 자동화를 비롯한 다양한 형태의 생산기술이 개발되면서 육체적 생산 활동의 비중보다 정신적 생산 활동의 비중이 점점 더 커지게 되었다. 이로 인해 오늘날 우리 인간은 지적 노동력에 의한 생산성을 매우 중요하게 여기는 지식산업 시대에 살게 되었다.

지식산업 시대의 특징은 보다 많은 정보를 수집하고 그 수집된 정보를 처리·가공하여 교환할 수 있어야 한다는 것인데, 지금의 사회는 정보과학, 전자 공학, 컴퓨터 공학 등의 발달로 인해 그것이 가능하게 된 정보화 사회로 발전하였다. 따라서 이러한 사회 속을 살아가기 위해서는 정보에 대한 이해와 정보 취급에 따른 수집, 처리, 가공, 축적 등의 지식과 기술을 학습하고 몸에 익히는 것이 필수적 필요충분조건이다.

1) 정보혁명

일반적으로 많은 사람들 사이에서 컴퓨터가 올바르게 이해되고 있지 않은 주된 요인은 컴퓨터의 본질을 정확하게 이해하지 못하는 데서 비롯된다. 많은 사람들은 '컴퓨터'라는 명칭을 수치 계산만 하는 복잡한 탁상 계산기 정도로 이해하거나 어떤 일이라도 처리할 수 있는 전지전능한 기계로 이해하는 등 그릇된 선입관을 가지고 있다. 그렇지만 컴퓨터의 본질은 단순히 계산만 하는 장치가 아니고 보다 광범위하게 모든 데이터와 정보를 처리하는 자동 데이터처리 장치 또는 자동 정보처리 장치라고 할 수 있다. 전자계산기란 컴퓨터를 번역한 용어인데 계산기라고 번역하다 보니까 잘 모르는 사람들에게 '이것이 계산만 하는 장치구나.' 하는 식으로 잘못 이해되고 있는 것 같다. 이런 이유로 전자계산기라고 부르지 않고 컴퓨터 또는 EDPS(Electronic Data Processing System; 전기전자식 데이터처리 장치)라는 원어를 그대로 쓰는 경우가 많으며 여기서부터 데이터처리 또는 정보처리라는 새로운 용어가 시작되었다. 이것은 오늘날 우리가 쓰고 있는 장치나 기계는 모두 원료를 가공 처리해서 제품을 만들어 내는 기능을 가지고 있는 것과 같다. 방직 공장에서 실을 원료로 옷감을 만들어 내고, 제철 공장에서 철광석을 재료로 하여 다양한 종류의 철판이나 철근 등을 생산하고 있는 것과 같이 컴퓨터도 무엇인가를 생산해 내고 있다. 특이한 것은 컴퓨터가 이제까지의 기계나 장치에서 볼 수 없었던 새로운 기능을 수행하고 있다는 것이다. 컴퓨터에 들어가는 원료는 눈에 보이는 물질이 아니며, 또 거기서 생산 가공 처리되어 나오는 제품도 눈에 보이는 물질이 아니고 데이터라는 원료가 들어가서 가공, 처리된 다음 새로운 데이터 또는 보다 부가가치가 높은 내용을 가진 정보로 가공되어 나온다는 점이다. 이런 순환과정에서 눈에 보이는 물질 대신에 보이지 않는 정보나 방법, 지식 같은 것이 중요한 역할을 담당하고 있으며, 이 같은 방법이나 지식은 오늘날 컴퓨터의 보급이 일반화되고 사회의 모든 분야를 유기적으로 결합하여 순환의 역할을 담당하는 통신망의 구축과 함께 어우러져 사람들이 원하는 정보를 신속하고 정확하게 주고받을 수 있는 우리 사회에 새로운 혁명으로 다가왔는데, 이러한 혁명을 주도하는 요소는 컴퓨터 기술과 통신기술의 종합적 결정체인 종합 정보통신이다. 전기·전자 통신기술의 급격한 발전으로 정보통신 산업은 정보화 사회의 핵심 산업이 되고 있다. 이로 인해 미래의 사회는 정보를 기반으로 하는 사회로, 정보 또는 지식의 가치가 사회의 중심 자원이 되는 사회로, 고도의 지식을 창출하는 사회로 변화되고 있는 이 새로운 혁명을 정보혁명(情報革命; Information Revolution)이라 부르고 있으며, 앞으로 인간의 두뇌 노동마저 컴퓨터가 대행하게 될 것이므로 고도의 신 창조적 사회가 도래할 것이다.

2) 정보의 기본속성

○ 정보의 주기(Cycle) : 정보는 누군가에게 전달되고 나면 전달자는 전달받은 사람에게 판단이나 행동의 결과를 보고해 줄 것을 재촉하게 되며, 그 결과가 또 다른 새로운 정보가 되어 전달자에게 전해진다. 상품 광고의 예를 들어보자. 어떤 사람이 광고를 보거나 듣거나 받았다(정보의 수신). 그 사람은 그 상품에 관한 정보를 얻고 일련의 생각(비교, 판단)을 한 뒤 해당 상품을 구매하거나 또는 광고의 내용을 무시하거나, 망각하거나, 잠재의식 속에 남아 있게(행동, 결과) 될 것이며, 그 다음 사람에게는 어떤 새로운 가치(느낌, 광고의 내용을 무시하게 된 이유, 구매 의욕이 생긴 이유, 물품의 사용 소감, 불만 등….)가 생겨나게 되는데 이것이 바로 새로운 정보의 창출이며 새로이 창출된 정보가 다시 광고 제공자에게 전달될 때 정보의 주기(Cycle)가 형성된다.

○ 정보의 신속성(Rapidity) : 정보가 전달되어지기 위해서는 일정한 시간이 필요하다. 정보가 얼마나 빨리 전달되는가의 정도 즉, 빨리 전달되면 될수록 그 정보의 가치는 높아진다. 아무리 좋은 내용의 정보라 할지라도 빠르게 전달되지 않으면 아무런 가치가 없다. 과거 인류의 역사에 있어서 정보 전달의 수단으로 구전(口傳)을 가장 중요하게 사용하여 왔으며 정보

를 좀 더 빨리 전달하기 위해 북소리, 연기, 동물의 이용 등도 중요한 정보의 전달 수단으로서 사용되어지던 시대도 있었다.

○ 정보의 신뢰성(Reliability) : 정보는 생산되는 과정이나 전달되는 과정에서 변형되거나 왜곡(歪曲)되는 경우가 있다. 전달 속도가 아무리 빨라도 내용이 정확하지 않으면 그 정보의 가치는 없으며, 정보의 내용이 정확한 정도에 따라 그 가치는 높아진다.

○ 정보의 처리(Processing) : 정보는 전달되거나 수집되고 난 뒤, 반드시 처리 과정(오류 보정, 비교, 판단, 가공)을 거치게 된다. 아무리 빠르고 정확하게 수집하여도 올바르게 처리되지 않으면 아무런 가치가 없게 된다.

○ 정보의 축적(Data Base; Knowledge Base) : 수집, 처리, 가공 등의 작업이 완료된 정보는 새로운 정보를 생산하거나, 비교, 판단, 의사 결정, 서비스 제공 등의 자료로 활용될 수 있도록 단순한 자료(Data)의 형태 또는 추론(推論)할 수 있는 지식기반(知識基盤)의 형태로 축적된다.

Information Cycle

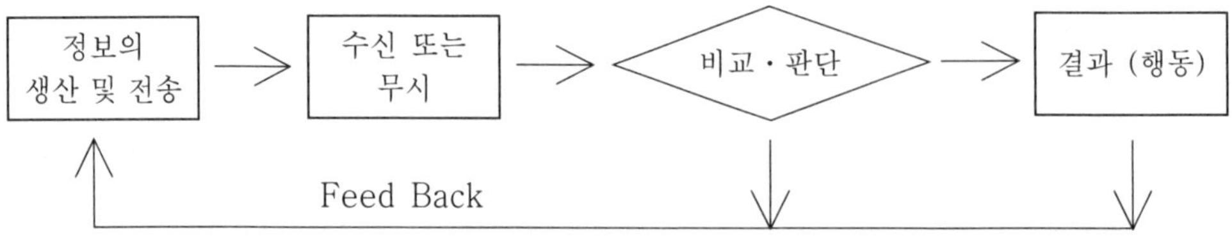

3) 고도의 정보화 사회

지금까지 설명된 정보의 기본적인 성격에 비추어 현대를 왜 「고도의 지식 또는 정보화 사회」라 부르게 되었는지에 대해 정리해 보면, 사회의 구조가 복잡하고 다양하게 전문화됨에 따라 정보의 사이클이 복잡하게 발생되거나 취급되는 정보의 양도 폭발적으로 증가했으며, 전기·전자적 기술이 발달함에 따라 정보의 전달 속도가 매우 빨라졌으므로 신문, 텔레비전, 라디오 등의 매스미디어의 발달에 의해 신속 정확한 대량의 정보 전달이 가능해졌고, 컴퓨터와 정보처리기기들이 발달하여 정보처리의 새로운 기술들이 개발되었으며 이로 인해 대량의 정보를 신속 정확하게 처리할 수 있게 되었다.

이처럼 통신 기술과 정보처리 기술이 발달함에 따라 우리들은 매일 대량의 정보 속에서 생활할 수밖에 없게 되었으며, 신문이나 텔레비전과 라디오로부터 전 세계의 모든 정보가 실시간(Real Time)으로 계속해서 지속적으로 전해진다. 신문에 끼워 넣어 주는 광고와 우편으로 발송되어 오는 우편 광고물, 일기예보, 비행기와 기차의 좌석현황 등 수없이 많다. 우리들은 매일 하루도 빠지지 않고 이 같은 대량의 정보들로부터 자신에게 필요한 정보를 골라내어 취사선택(取捨選擇)하는 작업과 선택된 정보에 따라 행동하는 것을 반복하고 있다. 아침에 잠자리에서 눈을 뜨자마자 펼쳐드는 신문이나 텔레비전을 통해 수 천, 수만 리 떨어진 세계 여러 나라의 움직임을 실시간(實時間)으로 알 수 있고 또 직접 참여할 수도 있다. 이로 인해 지구촌이라는 신종어(新種語)가 생겨났으며 이들의 소식이나 정보를 빨리 알지 못하거나 참여하지 못하면 국가 간의 경쟁, 기업과 기업 간 혹은 개인 간의 경쟁 또는 일상생활의 경쟁에서 당장 낙오되고 말 것이다. 따라서 현대를 정보가 일상생활 전부를 차지하고 있는 시대라 할 수 있으므로 이를 고도의 정보화 사회라 한다.

4) 지식인과 지식기반사회

정보사회(情報社會; Information Society)란 사회발전단계설(社會發展段階說; 사회는 단계적으로 발전한다는 학설)을 근거로 하는 문명사적규정(文明史的規定; 인류 문명의 발달과정을 기술한 역사)으로 미국의 사회학자 리스먼(David Riesman)의 주장과 같이 탈공업사회(脫工業社會; Post Industrial Society)라고 불리기도 한다. 인류사회는 농업혁명을 거쳐 농업사회로, 산업혁명을 거쳐 산업사회로, 정보혁명(情報革命; Information Revolution)을 거쳐 정보사회로 단계적 발전을 의미한다. 또, 인류문명은 사람의 손 → 기계 → 공업 → 물질 중심의 문명에서 인간의 지적 창조력 → 정보산업 → 무형 중심의 정보가 가치의 주체가 되는 문명으로의 전환을 의미한다. 세계 여러 나라들에서 공업화의 발달이 농림과 어업 등 제 1차 산업의 축소를 가져와 농어촌에서 도시로 인구를 이동시켰고, 이로 인해 도시의 광역화(廣域化)와 다층화(多層化)가 이루어졌으며 이는 정보화 사회를 필요충분조건으로 요구하게 되었다. 정보혁명은 기술혁신(技術革新)에 의한 산업구조의 변화, 국제화 된 시장의 확대, 고차대중소비경제(高次大衆消費經濟)의 발전과정에서 정치, 경제, 사회, 문화 등 모든 분야에서 생산되는 정보(대용량, 신속성, 신뢰성, 정확성 등)의 요구 정도와 빈도가 매우 높아질 수밖에 없다는 사회적 필연성의 결과이며 또, 반도체에 의한 3C 혁명으로 연산(Computation), 제어(Control), 통신(Communication) 기술의 폭발적 발전에서 시작되었다.

노동을 통해 가치가 창조된다는 마르크스의 논리가 사라지고 지식에 의해서 가치가 창조된다는 새로운 논리인 지식가치설이 생겨나고 있다. 200여 년 전 프랑스에서 세계 최초의 백과사전이 만들어진 이래 오늘날 백과사전 속의 지식은 이미 죽은 지식으로 여겨지기 시작했다. 각 개개인들이 스스로 가치를 창출할 수 있는 능력이 있어야 하며 만약 그렇지 않으면 고용되는 것이 불가능해지는 평생고용시대의 종말이 올 것이다. 이로 인해 새로운 천년에서의 지식은 곧 "돈"이다, 라는 개념과 함께 "끊임없이 개선·개발하고 혁신하여 부가가치를 높일 수 있는 능력"이 곧 지식이라고 정의하기에 이르렀으며, 이 같은 분위기 속에 최근 경제협력개발기구(OECD)에서는 지식과 지식인(知識人)의 개념을 새롭게 정의하였다.

⇒ Know What (내가 할 일이 무엇인지 아는 것)
⇒ Know How (어떻게 하는 것이 최고인가를 아는 것)
⇒ Know Where (필요한 정보와 자료가 어디에 있는지를 아는 것)
⇒ Know Who (누가 전문가와 해결사인지 구분하고 의뢰 할 줄 아는 것)

새로운 천년이 진행되고 있는 오늘날 사농공상(士農工商)의 문화 속에서 선비, 대학교수, 박사 등이 알고 있는 것만이 지식이라는 우리나라의 지식 개념은 과거의 패러다임이면서 허위의식이 되어버렸다. 또 과거의 경우 인류라는 개념은 똑바로 서서 걸어 다닐 수 있다는 뜻의 직립인(Homo Erecters)과 생각할 수 있는 능력을 갖고 있다는 뜻의 지성인(Homo Sapiens)이었으나 다가올 천년을 장식할 인류는 새로운 개념의 지식인 호모날리지언(Homo Knowledgian)이다. 따라서 학력은 그리 중요하지 않게 되었으며, 오로지 "새롭게 정의된 지식을 바탕으로 새로운 가치를 창출할 수 있는 사람"과 "현재 또는 미래를 위해 필요한 지식을 적극적으로 저장, 가공, 활용, 공유하려는 정신 자세와 습관을 기본 능력으로 갖춘 사람" 만을 오늘날의 지식인이라 정의하게 되었고, 바로 이 같은 지식인상이 새로운 천년을 살아가기 위한 필수조건이 되었다. 지식인은 기본 능력과 이론적 지식뿐만 아니라 지속적인 정보수집과 훈련을 통해 문제 해결에 필요한 Know How를 갖춰 나가는 즉, "전문화되고 지식 고도화 과정에 있는 현재 진행형"의 인간을 의미하며 다음과 같은 특징이 있다.

⇒ 새로운 인간관계를 중요시하고 자연스럽고 지적인 대화를 유도한다.
⇒ 결과에 대한 귀납적 추리 능력과 문득 떠오르는 생각을 메모 관리한다.
⇒ 정보의 원천을 이해하고 필요한 정보를 신속하게 효과적으로 검색한다.
⇒ 소관 정보에 대한 상호관계 설정과 축적, 정보 기술 응용능력 배양 한다.
⇒ 상황에 대한 주제 파악이 빠르고, 외국어 응용능력이 매우 뛰어나다.
⇒ 합·논리적 도전, 시행착오에 대한 논리적 통합과 분석 능력이 뛰어나다.
⇒ 학벌이 지식수준이다! 지식인은 아무나 될 수 없다! 는 사상을 부정한다.

일반적으로 지식이라 표현되는 것은 책 속에 있는 형식지(形式知), 경험을 통해 머릿속에 체계화된 암묵지(暗默知), 사물에 대한 사물지(事物知), 어떤 사상에 대한 지식(思識知), 문제 해결방법에 대한 방법지(方法知) 등으로 구분될 수 있는데, 이들 중 암묵지와 방법지가 매우 중요시 되는데, 이것은 오늘날 지식인의 조건 중에 하나이다. 어떤 농업인이 특정 농업분야에 대해 타에 추종을 불허하는 폭넓고 깊은 지식은 있으나 농업 생산능력이 부족하다면 그는 농업인(지식인)이 아니고 단지 특정 농업분야에 관심이 많은 단순한 학습자 또는 애호가일 뿐이다. 따라서 지식인은 정신자세(Mind Set), 습관(Habit Set), 기본능력(Skill Set)이 삼위일체(三位一體)가 되는 지식의 고도화 과정과 평생학습(平生學習)과 욕(慾)을 다스릴 줄 아는 능력을 배양해야 한다.

지식인의 정신 자세

⇒ 주어진 시간의 활용 극대화
⇒ 정확한 통찰력과 빠른 결단력
⇒ 조직과 타인을 배려하는 마음
⇒ 반대이론과 외부 의견의 적극적 검토와 수용
⇒ 성실성과 책임감
⇒ 긍정적사고와 도전정신
⇒ 늘 새로워지고 발전하려는 노력

지식인의 습관

⇒ 수시로 메모하는 습관
⇒ 끊임없이 자기 계발을 위한 훈련과 학습
⇒ 나 이외의 사람들과의 관계(Network) 형성
⇒ 시간의 효율적 활용과 약속의 정확성
⇒ 효과적 의사전달 수단의 숙지
⇒ 효과적인 문제해결
⇒ 정보수집과 정리 습관
⇒ 항상 계속되는 계획수립과 시행

지식인의 기본 능력

⇒ 논리적 사고 능력
⇒ 다양한 언어구사 능력
⇒ 부호화 능력과 외국어 능력
⇒ 추상화 범주화 능력
⇒ 관찰 및 전달 능력, 창의력
⇒ 지식의 원천 인식 및 활용 능력

지식인과 교육받은 사람

"자본주의 이후의 사회"라는 글에서 지식근로자(Knowledge Worker)라는 용어로 처음 지식인 개념을 도입했던 현대 미래학의 대부 피터 드러커는 산업혁명기 이후부터 "지식이 가져다주는 의미의 변화"에 대해 1750년~100년간은 지식이 작업도구·공정 등 제품에 적용되던 산업혁명기, 1880년~2차 대전 까지는 지식이 작업에 적용되던 생산성 혁명기, 2차 대전~현재는 지식이 자본이나 노동과 같이 생산수단의 하나로 취급되는 경영혁명기(Management Revolution), 지금부터는 점점 더 지속적으로 지식사회가 커지면서 지식과 지식 근로자가 자본이나 노동을 압도하는 생산수단이 될 것이라고 주장했다.

따라서 앞으로 지식인(Knowledge Worker)과 교육받은 사람(Educated Person)은 크게 구별되어 전통적 의미의 "교육받은 사람"은 "전혀 교육을 받지 못한 사람"으로 취급 받게 될 것이며 그저 단순한 특정 분야와 특정 학문에 대한 애호가 정도로 무시당하게 될 것이다. 또 "육체노동자"의 생산성을 높이려는 것이 지금까지의 경영이었다면 새로운 천년에서의 경영은 "지식 작업"의 생산성을 높이려는 것이며, 이를 위해서 새로운 천년의 모든 분야 경영자는 "교육받은 사람"의 모습이 아닌 "지식인의 모습"이 되어야 할 것이다.

지식기반사회의 특징과 전망

⇒ 가정생활에 가사 업무와 관리 업무가 대부분 자동화되어 가족 간의 대화 시간이 많아지고 부부간의 전담 영역이 없어져 핵가족 형태의 환경이 구축 될 것이며,

⇒ 직장으로의 출퇴근하는 일이 약 90% 이상 없어지고 재택(在宅) 근무가 가능해져 전자상거래 등을 통한 새로운 유통방법의 정착으로 대부분의 교통문제가 해결되며,

⇒ 농촌과 기업의 생산 및 경제 활동의 전부가 자동화되어 생산성과 효율이 높아져 국가와 기업 및 종업원의 이익이 극대화될 것이고,

⇒ 육체적 노동비율은 감소하고 수입(收入)은 증가하며 여가 시간이 많아짐에 따라 보다 창조적이고 예술적이며 낭만적인 일에 전념할 수 있게 될 것이다.

⇒ 사회복지 시스템, 의료서비스 시스템, 재해 예측 및 방지 시스템 등의 구축으로 국민을 위한 복지 중심 사회가 만들어질 것이며,

⇒ 산업계, 학계, 교육계, 언론계, 연구소 간의 초고속 정보통신망의 구축으로 교육개혁과 함께 원격지(遠隔地) 강의, 사이버 대학 등이 활성화 될 것이다.

지식인의 훈련과 노력

⇒ 많이 배운 사람만이 지식인이라는 단순한 생각을 탈피하고, 누구나 지식을 창출할 수 있다는 신념을 갖도록 하여,

⇒ 누구나 어떤 분야에 있든 자기만의 노하우가 있으므로 자신과 자신의 일을 잘 살펴보고 특화된 지식을 찾아야 할 것이며,

⇒ 지식은 휘발성이 강하다는 특징이 있으므로 경험과 아이디어는 반드시 기록하는 것이 지식 창출의 첫 걸음이라고 생각하고 실천한다.

⇒ 기존의 정보나 새롭게 얻은 지식은 자기 기준에 따라 세분화시켜 분류 저장하고 통합하여 관리한다.

⇒ 내가 소유하고 있는 지식을 여러 분야의 사람과 교류하고 공유시켜 더욱 더 유용한 지식으로 변화시킬 수 있도록 한다. 창출된 지식은 공유와 교류 과정을 통해 진화되기 때문이다.

⇒ 분명한 목표를 갖고 지식을 창출하거나 얻도록 하며, 창출한 지식은 계속 진화시킨다. 지식의 생성 주기가 계속 짧아지고 있기 때문이다.

⇒ 정서가 풍부하고 문화적이며, 자신에게 엄격한 사람이 되도록 평소에 훈련하고 노력한다.

5. 에너지혁명과 복고사회

1) 복고혁명과 환경

지구와 인류라는 자연환경(自然環境)은 인위적 인공환경(人工環境)으로 인해 파괴되고, 인류는 인위적인 생명 연장의 결과 속에서 대부분 원인모를 병마에 시달려 고통 받다 사라져간다. 인공환경은 에너지 낭비를 가져오고 낭비된 에너지는 에너지 보존법칙에 의해 파괴 에너지로 변형되어 서서히, 그리고 최근에는 급속히 지구와 인류를 파멸시켜가고 있다. 과거에는 보기 드물었던 기상이변, 인공환경의 산물(원형을 변형시킨 모든 인공물질)들의 잘못된 프로토콜과 이로 인한 생명체의 형태변화, 동식물의 멸종, 원인모를 희귀종의 출현, AIDS, 각종 암 등 불치 또는 난치병들의 창궐, 원인모를 돌연사 … 인류는 이를 해결하기 위해 점점 더 많은 에너지를 낭비하고, 낭비된 에너지는 파괴 에너지로 변형되어 인류에게 되돌아온다. 이에 대해, 복고(復古; 과거의 모양, 정치, 사상, 제도, 풍습 등으로 되돌아가는 것), 복원(復原; 원래의 위치나 상태 또는 모습대로 복구하는 일), 환원(還元; 본디의 상태로 다시 되돌림), 소생(蘇生/甦生) 또는 회생(回生; 거의 죽어 가다가 다시 살아남), 환생(還生; 다시 살아남) 등의 일반적 개념을 복고주의(復古主義)라 하며 앞으로의 지구와 인류는 본능적으로 복고주의가 혁명적으로 발전할 것이며 여기에 정보혁명(情報革命)이 더해진 모습을 복고혁명(復古革命)이라 한다. 아이러니(Irony)하게도 복고사회는 무조건 과거로 되돌아가는 것이 아니고 "6T" 즉, BT(Biology Technology; 생명공학), ET(Environment Technology; 환경공학), IT(Information Technology; 정보통신), NT(Nano Technology; 나노기술), ST(Space Technology; 우주항공), CT(Culture Technology; 문화·지식) 들의 분야로 만들어진 정보혁명이 복고의 필요성을 만족시키는 과정에서 모두 사용되거나 점점 더 발전하게 된다. 다시 말해 정보화 사회의 장점과 현대 사회의 문제점들과 단점들이 결합되어 변증법(辨證法)적으로 발전되어가는 형태를 복고혁명적 사회를 복고사회라 하며 이는 앞으로 도래할 사회의 필연적 모습이다.

지구상의 모든 생물(生物; 생명과 생식능력의 물체; Living Organism), 무생물(無生物; 생물을 제외한 모든 자연물; Inanimate Object)을 총칭하여 자연환경(自然環境; Natural Environment) 또는 줄여서 환경이라 하며, 인간의 활동은 반드시 자연환경에 영향을 주거나 영향을 받는다. 자연환경의 반대 개념을 인공환경(人工環境; Artificial Environment)이라 하며, 이는 인간의 여러 가지 목적을 위해 인위적(人爲的)으로 자연환경을 변화시킨 것을 의미한다. 대표적인 예를 들면 경작지, 농장, 도로, 항만, 터널, 운하, 동계교배(同系交配)와 이계교배(異系交配) 등 교배(交配, Mating)에 의한 신품종 등과 같이 자연환경을 영구 또는 반영구적으로 변경시키는 모든 행위의 산물이 여기에 해당된다. 자연환경에서 인공은 거짓, 허구 등의 의미를 갖는다. 인공(人工)은 인위(人爲)에 의해서만 가능하므로 즉, 인간만이 할 수 있으므로 인위(거짓 僞; 人+爲=僞)는 거짓이다. 오늘날 인간들의 무분별하고 무책임한 거짓과 허구들의 집합체인 인공환경이 지구 전체를 감싸고 있으면서 대기오염(大氣汚染; Air Pollution), 수질오염(水質汚染; Water Pollution), 토양오염(土壤汚染; Soil Pollution), 방사능오염(放射能汚染; Radioactive Contamination) 등 지구의 파괴를 진행시켜 인공환경을 만든 인간을 질병, 멸종, 변종, 온난화, 기상이변, 전쟁 등의 위험으로 위협하고 있다.

○ 수질오염 : 자연수역(自然水域)의 물 상태가 폐물질(廢物質)의 유입을 받아 발생되는 물의 상태변화를 수질오염(水質汚染; Water Pollution)이라 정의하며, 물을 물의 형태로 이용할 수 없는 모든 경우를 의미한다. 수질오염의 가장 큰 원인은 농촌의 비료와 농약이 포함된 생활하수(60%)이고 두 번째 큰 원인으로 공장폐수(40%)이다. 수질오염은 유기적 또는 비유기적인 형태로 구분되는데, 인간을 비롯해 가축으로부터 나오는 폐물질과 석유화학 공업 등에서 발생하는 폐물질을 유기적형태의 물질이라 하고, 동력발전소 등에서 나오는 이산화물(Dioxide), 산업 과정에서 나타나는 플라스틱 합성수지 등을 비유기적 물질이라 한다.

○ 토양오염 : 대기오염 물질의 토양침투, 수질오염, 유해폐기물, 농약, 화학비료 등의 무차별한 투기로 인해 카드뮴, 수은, 납, 아연, 비소, 육가크롬 등 무수히 많은 중금속이 토양에 스며들고 뒤이어 농작물을 오염시키고, 지하수와 하천수를 오염시키는 현상을 토양오염(土壤汚染; Soil Pollution)

이라 한다. 여러 가지 형태의 토양오염 중 지구 전체에 매우 큰 규모로 문제가 되는 것은 산성비(酸性; Acid Rain; pH 5.6이하)에 의한 토양의 산성화이다. 토양에 침투된 산성비는 토양 속의 칼슘, 마그네슘, 나트륨 등의 금속이온과 결합하여 중화되게 되는데, 이런 현상이 토양의 하층 암반과의 연결을 막아버리는 역할을 하여 금속이온의 계속적 보급을 차단하게 되므로 지구 표면상의 수목은 영양부족 현상과 함께 병충해가 발생하게 된다. 즉, 토양 속의 산성비가 금속이온과의 반응과정에서 발생되는 알루미늄이온에 의해 식물의 모근(毛根)을 파괴하여 태양에너지와의 광합성을 방해하며 아울러 수목들의 활성을 도와주는 미생물들까지 파괴시키기 때문이라 한다.

○ 대기오염 : 생물체를 구성하고 있는 여러 가지 원소들 중 6종류의 원소(탄소, 산소, 질소, 수소, 인, 황)가 약 95%를 차지하고 있다고 하며 모든 생물들은 이 원소들을 정해진 규칙 즉, 프로토콜(Protocol)에 의해 효율적으로 순환시켜 생명체를 유지해오고 있다고 한다. 지구가 탄생한 이래 최근 약 2세기 동안 인위적으로 만들어진 인공환경으로 인해 6종류의 원소 물질들이 변화하게 되었는데 이를 대기오염(大氣汚染; Air Pollution)이라 한다. 1860년부터 지금까지 사용된 화석연료로 인해 약 2,000억 톤의 탄소를 대기 속으로 방출하였다 한다. 그 결과 대기 속의 이산화탄소는 35% 이상 증가하게 되었으며, 우리 모두 이미 잘 알고 있는 바와 같이 이산화탄소는 지구 온난화의 주범이다.

19세기 후반부터 관측되고 있는 지구의 여러 가지 변화현상을 지구온난화(地球溫暖化; Global Warming)라 하며 온난화의 주된 원인은 인간의 인공환경 지향적 문화가 석유, 석탄 등의 화석연료(化石燃料)의 사용을 극단적으로 증가시켰고 또, 식량의 무기화와 자원화를 위한 숲의 파괴로 만들어진 온실가스로 인한 온실효과에 있다. 온실기체는 이산화탄소가 대표적이며 인류의 인위적 활동의 증가로 발생량이 계속 증가하고 있고 이산화탄소와 함께 메탄가스, 수증기, 프레온가스 등의 기체와 육지의 숲과 바다 속의 산호가 급속하게 사라지는 현상으로 인해 대기 중의 이산화탄소를 자연계가 흡수・정화하지 못하는 등의 원인에 의해 발생된다고 한다. 미항공우주국(NASA; National Aeronautics and Space Administration)의 2000년 발표에 의하면 그린란드(북아메리카 북동부 대서양과 북극해 사이에 있는 덴마크 자치령)의 빙하가 지구온난화로 녹아내려 지난 100년 동안 해수면이 약 23cm 상승한 이래, 매년 빙하의 두께가 2m 정도 얇아지고 있어 매년 500억 톤 이상의 물이 바다로 흘러 해수면이 0.13mm씩 상승하고 있다고 한다. 또, 국제협의체(IPCC)에 의하면 19세기 후반에서 20세기 초반까지 지구의 연평균 기온은 0.6° 정도 상승했고 온난화의 원인이 자연활동이었던 반면, 20세기 후반부터 발생된 온난화는 인류의 활동이 원인이라 한다. 또, 1990~2100년까지 지구의 온도가 1.4°~5.8°까지 상승될 가능성과 함께 이에 따른 해수면 상승과 강수량 변화를 예측하고 있으며, 만약 그 예측이 적중한다면 대규모의 홍수, 가뭄, 질병, 기상이변 등이 발생하여 지구의 존폐문제로 발전될 것이라는 우려가 있다 한다.

○ 이산화탄소(二酸化炭素; Carbon Dioxide) : 탄소나 그 화합물의 연소 또는 생물이 호흡과 발효(醱酵)에서 발생되는 무색, 무취의 기체이다. 생물은 산소를 받아들여 유기물이 분해되는 과정에서 필요한 에너지를 얻으며 이산화탄소가 만들어진다. 산소와 반대로 연소를 방해하므로 소화기에 응용되거나, 물에 녹아 탄산이 되므로 탄산음료 제조에 사용되며 압력을 주거나 해제하면 액체→고체(드라이아이스)→기체로 변화된다.

○ 메탄가스(Methane Gas) : 탄화수소(에탄, 프로판, 부탄 등)의 한 종류이며 이산화탄소와 같이 각종 유기물질의 분해 또는 동식물이 부패하면서 미생물에 의해 만들어지므로 바이오가스라 부르기도 한다. 천연가스(LNG)의 주성분이기도 하며 생산비용이 적어 경제적 장점도 있으므로 석유와 같이 매장량에 한계가 있는 화석에너지를 대체할 수 있으나, 온실가스 문제로 사용량의 제약이 따른다.

○ 프레온가스(Freon Gas) : 인위적 화학변화에 의해 만들어진 할로알칸(Haloalkane)이라 불리는 물질들 중 가정용 냉장고에 사용하고 있던 암모니아를 대체하기 위해 1930년 처음 개발한 클로로플루오로카본(CFC; Chlorofluorocarbon)을 미국의 뒤퐁사가 상품화 하여 붙인 이름이 프레온

가스이다. 색과 냄새가 없고, 인체에 무해하며 매우 안정하여 폭발성도 없고 불에 타지도 않는다. 화학적으로 안정한 성질 때문에 과거 냉장고, 에어컨 등의 냉매로 이용되었으며 이외에도 용제나 발포제, 스프레이나 소화기의 분무제 등으로 사용되었다. 프레온가스는 안정한 성질로 인해 공기와 혼합되면 분해되지 않는 특징이 있으므로 성층권까지 올라간 후 자외선에 의해 분해된다. 자외선에 의해 분해되는 과정에서 염소원자를 발생시키고 염소원자의 강력한 환원능력으로 성층권에 있는 오존(Ozone)과 반응하여 오존을 산소로 되돌리는 현상이 사용된 프레온가스의 양만큼 연속적으로 발생됨에 따라 성층권에 있는 오존층이 파괴된다. 이를 이유로 1985년의 빈 조약, 1987년 몬트리올 의정서에 의해 프레온가스의 제조와 판매가 금지되었고, 같은 할로알칸 계열의 HCFC(HydroChloroFluoroCarbon) 또는 HFC(HydroFluoroCarbon)를 사용하게 되었으나, 이 역시 이산화탄소에 비해 수백~만 배에 이르는 수준의 온실효과를 초래하는 온실기체라는 사실이 밝혀져 규제되고 있고, 현재는 R600 등이 사용되고 있다.

○ 교토의정서(京都議定書; Kyoto Protocol)와 탄소 배출권 : 기후변화에 관한 국제연합규약의 교토의정서(Kyoto Protocol to the United Nations Framework Convention on Climate Change)가 공식명칭이며, 1997년 12월 11일 일본의 국립교토국제회관에서 개최된 제 3차 당사국총회에서 기후변화협약 수정안으로 채택되어 2005년 2월 16일 발효되었다. 이 의정서를 인준한 국가는 이산화탄소를 포함한 여섯 종류의 온실가스의 배출량을 감축해야 하며 2008~2012년의 기간 중 선진국 전체의 온실가스 배출량을 1990년 보다 5.2% 이하로 감축할 것을 목표로 하고 있다. 이를 이행하지 않는 해당 국가에 대해서는 비관세 장벽이 적용된다. 우리나라의 경우 2002년 11월 이 조약에 비준하였으며 2008년부터 의정서의 이행의무를 준수한다. 나라별로 온실가스의 배출양이 정해져 있으며 만약, 정해진 양보다 적게 배출한다면 국가 간 배출할 수 있는 권리를 거래를 통해 양도 양수 할 수 있다. 의무 이행기간은 2008~2012년까지 이며, 우리나라의 온실가스 배출 가능양은 1990년 대비 평균 5.2% 감축된 양을 총량으로 한다. 이에 따라 국내 모든 산업들 중 이산화탄소 배출량이 많은

산업들은 이산화탄소 배출 자체를 줄이거나 배출량이 적은 국가의 조림지 소유업체로부터 탄소배출 권리를 사야 한다.

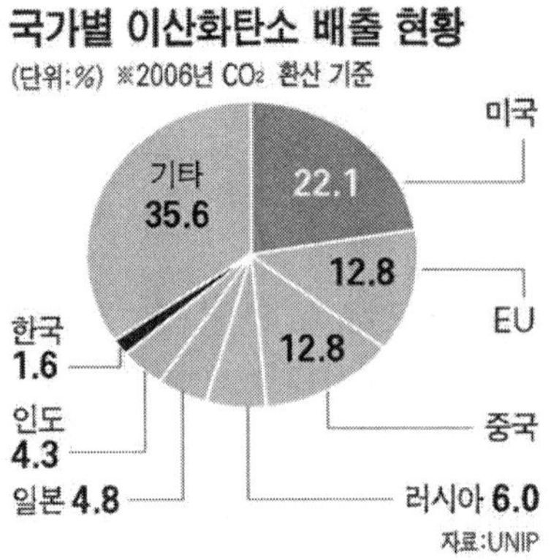

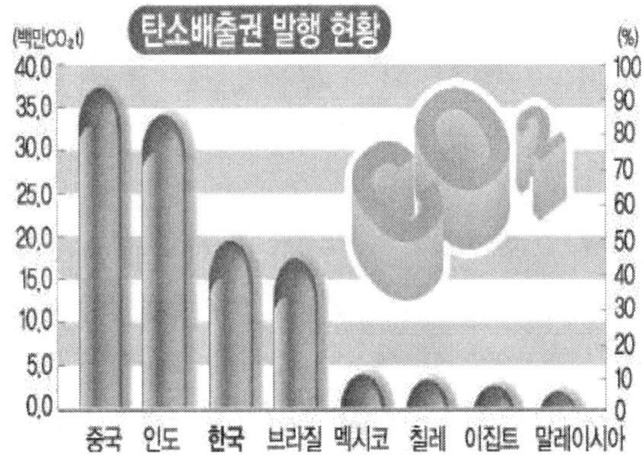

2) 농업과 복고사회

농업의 경우 더더욱 그러하다. 자연환경은 최대한 보호하고 인공환경은 최소한의 이용이 되도록 노력하여야 한다. 농업은 자연을 이용하여 영위하는 생업이지만 환경을 유지하고 자연과 공생하는 농업의 모습에서 자신의 세계관을 실현시켜야 한다. 인공환경에 의한 일반 농업은 경제 원리에 입각한 공업적 기술이 중심이 되어 있는 것에 비해 환경을 생각하는 농업은 자연환경의 생태를 중시하는 관련 기술을 채용한다.

경제원리가 중심이 되어 있는 기술이란 노동생산성을 높이는 기술개발로 발전시킨 기술체계를 말한다. 단위당 수량을 높이기 위해서 확립된 기술체계로서 유기합성농약, 화학비료, 제초제 등의 사용을 대표적으로 꼽을 수 있다. 이에 비해 생태적 기술이란 병이나 벌레, 잡초에 대해서 그 발생을 억제시키거나 기피할 수 있는 기술체계이다. 화학적인 방법보다는 물리적인 방법을 사용하며, 자연 자재를 주로 활용하고, 식물체 또는 동물의 생리를 이용하는 작부방식과 사양방식으로 체계화시키는 것이다. 따라서 농업의 경우, 농약이나 화학비료를 덜 쓰는 것이 환경농업(環境農業)이라고 말하는 것은 결과만을 본 것으로 그 의의를 축소시켰다 할 수 있으며, 그보다 농업은 그 자체 환경산업이므로 어떤 원리로 농사를 짓는 것이

환경에 친화적인가에 중점이 두어져야 할 것이다. 오늘날 자연을 고려하지 않고 인공환경에 의한 생산 중심적 농업으로 자연과 농업의 관계가 순환되지 못하고 단절되어 버려 심각한 환경오염을 초래하기에 이르렀다. 환경이 고려된 농업은 농업인의 주체적 참여가 중요하다. 즉 관련 기술에 있어 농업인이 소외되지 않고 주인이 되는 것이므로 농업인은 분야별 산업의 새로운 가치관과 세계관이 중요하다. 다시 말해 농사짓는 사람의 경우 부분적인 기술만을 받아들여 농사짓는 것이 아니라 총체적인 관점을 갖고 농사를 지어야 한다. 즉, 농업과 환경과의 관계를 이해하고 이에 대한 접근이 필요하다는 의미이다.

우주의 움직임과 근본원리에 대해서, 생명의 근원에 대해서, 바람이 불어오는 것에 대해서, 이슬이 내리는 것에 대해서, 안개가 내려앉는 것에 대해서, 서리가 내리는 것에 대해서, 별에 대해서, 모두 알아야 한다. 흙에 대해서, 흙 속에 사는 미생물에 대해서, 씨앗에 대해서, 작물의 생리에 대해서, 그리고 천적에 대해서, 가축에 대해서, 알아야 할 것이 너무 많다. 이렇게 많은 내용을 우리 선조들은 소상히도 알고 농사짓는 전문가(우리 민족의 얼; 臬; 말뚝 얼)들이었다. 그런데 요즈음 농업인들은 이런 것들에 대해 종합적으로 모르고도 농사를 짓는다. 분화된 기술 그리고 종자회사, 농약회사, 비료회사, 농림수산 분야와 관련된 자재회사 등에서 제시하는 자료에 너무 의존하는 경향마저 있다. 관련분야에 종사하거나 종사하려는 젊은이들이 이와 같은 관계 즉, 자연과 분야별 관계를 모른 채 단지 생산기술만 배우려 한다면 본인들이 꿈에 그리던 생산과 유통의 결과를 만들어내기 어려울 것이다. 농업의 경우, 특히 유기자연농업과 같은 환경농업을 하고자 하는 사람들은 종합적인 공부와 관찰, 그리고 경험이 필요하다. 이를 위해서는 옛 농서를 읽고, 오랜 농사경험을 가진 독농가들을 찾아 농장에서 보고 그 경험을 배우는데 힘을 써야 한다.

앞에서 설명된 바와 같이 우리 인류는 신석기시대의 농업혁명을 시작으로 산업혁명과 정보혁명으로 발전하면서 물질에 보다 많은 가치를 부여하는 유물주의(唯物主義)적 삶으로 변화하였고, 그 결과 수없이 많은 문제점과 모순들이 동반하여 발전하였는바, 이들 중 가장 크고 무서운 문제는 인공환경(人工環境)의 산물(원형을 변형시킨 모든 인공물질)들의 잘못된 프로토콜과 이로 인한 생명체의 파괴적 변화와 인공환경에서 오는 환경오염(環境汚染)이다. 환경오염과 각종 생명체의 파괴적 변화는 인류에게 주어진 생명과 삶을 완성시켜주는 먹을거리를 변화시켰다. 먹을거리의 오염, 소멸, 멸종, 형태와 기능변화, 독성물질의 생성과 부작용 등의 변화가 우리의 생명을 위협하고 있다. 한 예로, 우리 민족의 훌륭한 조상들은 먹을거리를 식약삼요(食藥三要; 음식과 약이 갖춰야 하는 세 가지)라는 논리적 이론을 통해 강조하고, 오늘날까지 우리 후손들에게 전하여 가르치고 있다. 먹을거리와 약의 근본 요소를 3가지로 분류하고 먹을거리를 약과 같이 취급하였다. 즉, 먹을거리의 역할을 생명력(生命力), 섬근질(纖筋質), 영양분(營養分)으로 분류함과 동시에 "먹을거리와 약은 서로 다른 것이 아니므로 둘이 아니다." 라고 가르치고 있다. 기운(氣)보다 맛이 후한 것을 음식(飮食)이라 하고, 맛보다 기운이 후한 것을 약(藥)이라고 하며, 이 두 가지 모두 입으로 취한 후 몸을 위해 사용한다는 점에서 근본적으로 같다. 약(藥)의 반대는 독(毒)이며, 화(禍)와 복(福)은 모두 먹을거리와 같이 입으로 들고 난다하여 먹을거리의 중요성을 우리에게 강조하여 가르치고 있는 것이다. 또, 먹을거리는 생명과 직결되는 수단이지만 생명은 생명일 뿐 수단이 될 수 없기 때문에 '인간은 먹기 위해 산다.'라고 잘라말 할 수 있다. 결과적으로 먹을거리는 오염, 변형, 새로운 독성물질의 발생, 인공환경에 의한 맹독물질의 인위적 포함 등의 이유로 식사(食事)는 식사(食死)로 변해가고 있으며, 경제적으로 풍요로운 인류의 집단은 먹어서 식사(食死)하고 풍요롭지 못한 집단의 인류는 못 먹어서 식사(食死)할 수밖에 없는 시대가 되었다.

온 인류와 지구가 조물주(造物主)로부터 받은 또 하나의 훌륭한 능력이 자연치유력(自然治癒力; 생명체가 파괴 또는 질병에 걸리면 스스로 회복되는 힘)이다. 자연치유력은 인간과 인류의 반성과 복원을 위한 노력을 포함한다. 특히, 인간은 잘못된 것을 발견하거나 깨달으면 고치려는 욕구와 능력이 매우 뛰어나므로 우주개벽으로부터 현재까지 발전해 왔다. 이제 우리 인류는 그동안의 발전과정에서 잘못된 점을 바로잡으려 할 것이다. 인간이 할 수 있는 모든 방법(6T)을 총동원하여 인공환경에서 자연환경으로 되돌아가려 할 것이다. 공기와 땅 그리고 물은 정화되고 해독 될 것이며, 생명체의 모든 품종은 원종(原種)으로 되돌아 갈 것이다. 매우 많은 시간과 돈, 수많은 인류의 희생과 노력이 혁명적(革命的)으로 뒤따르게 될 것이다. 즉, 최소의 소비로 최대의 효과를, 무차별 대량 생산에서 최적의 생산을, 유물론(唯物論; Materialism)과 관념론(觀念論; Idealism)의 효과적 조화, 생명과 물질의 순환주기(循環週期; Life Cycle)의 최대화 등으로 인해 우리 인류와 지구는 삶의 방법과 모습이 새롭게 변화해 갈 것이다. 이것이 복고혁명(復古革命)

이고 복고사회(復古社會)이다.

3) 엔트로피

역학(力學)은 어떤 상태에 있는 한 계(系; System)의 모든 에너지가 일로 전환될 수 있는 반면, 열역학(熱力學)은 한 계가 갖는 에너지의 일부만 일로 전환될 수 있다는 것으로 구분하여 설명된다. 물체 A가 물체 B와 평형상태(A와 B가 같은 온도의 상태)에 있고, B가 C와 평형상태에 있으면, A는 C와 평형상태에 있는 것이라고 할 수 있는데 이를 열역학 제 0의 법칙(온도측정 등)이라고 하고, 한 계의 내부 에너지는 그 계에 더해진 열의 양에서 그 계가 행한 일의 양을 뺀 양과 같다고 할 때, 이를 열역학 제 1의 법칙이라고 한다. 즉, 에너지는 창조되거나 소멸될 수 없고 형태만 바뀐다는 의미이다. 예를 들면, 효율이 95%인 내연기관의 경우 "5% 소멸" 된 것이 아니고 "사용할 수 없는 형태의 에너지로 5% 만큼 변화" 되었다고 표현한다. 또, 비가역적(非可逆的; 다시 원래의 상태로 돌아갈 수 없는 성격을 가진 것)인 현상이 발생하지 않는다는 법칙을 열역학 제 2의 법칙이라 하는데 이는 엔트로피(Entropy)가 증가하여 무질서의 밀도가 낮은 상태에서 높은 상태로 방향 이동하는 것을 의미하는 것으로 뜨거운 물에서 차가운 물로 에너지가 이동하는 현상을 좋은 예로 들 수 있다. 따라서 엔트로피는 한 계가 자발적 변화를 겪게 될 용량에 대한 척도임과 동시에 무질서도에 대한 척도이므로 닫힌 한 계의 엔트로피는 감소될 수 없고 계속 증가하게 된다. 열역학 제 3법칙은 열역학적인 계가 최저의 에너지 상태에 있는 온도 즉, 절대 0도(絶對零度; Absolute Zero; Celsius Scale −273.15°; Fahrenheit Scale −459.67°)에 도달하면 엔트로피도 0이 된다는 이론이다. 엔트로피는 "모든 과학에 있어 제 1법칙이고, 열역학 제 2법칙"이다. 우주 속 모든 것은 일정한 구조와 가치로부터 시작되어 무질서한 혼돈과 낭비의 상태로 진행되며 이 방향을 거꾸로 되돌리는 것은 불가능하다는 이론이다. 우주의 에너지 총량은 일정하며(제 1법칙), 엔트로피 총량은 지속적으로 증가한다(제 2법칙). 즉, 에너지를 창조하거나 파괴하는 것은 불가능하다는 뜻이다. 우주의 에너지 총량은 태초부터 정해져 있었고 우주의 종말이 올 때까지 그것은 변하지 않는다. 즉 제 1법칙은 에너지 보존 법칙으로 에너지는 결코 창조되거나 파괴될 수 없으며, 한 가지 형태에서 다른 형태로 변화만 한다. 자동차의 경우를 예로 들어 설명하면 "휘발유 에너지 = 엔진이 한 일 + 발생한 열 + 배가가스 에너지"가 된다. 인간, 초고층 빌딩, 자동차, 풀 한 포기 등과 같이 이 세상에 존재하는 모든 유물(唯物)은 에너지가 하나의 상태에서 다른 상태로 옮겨져 변환된 모습으로 존재한다. 즉, 초고층 빌딩이 세워지거나 풀 한 포기가 자란다면 이들은 다른 곳에서 온 에너지가 모여져 만들어진 것이다. 초고층 빌딩이 허물어지고 풀 한포기가 죽어도 이들에게 투입되었던 에너지는 사라지지 않고 어딘가로 옮겨짐과 동시에 에너지의 일부분이 손실되는데 이를 엔트로피(Entropy)라고 한다. 시간이 흘러감에 따라 엔트로피가 증가하는데 이는 유용한 에너지가 점점 줄어든다는 것을 의미한다. 자연계에서 무슨 일이 일어난다는 것은 일정량의 에너지가 무용한 에너지 즉, 쓰레기(오염)로 변환된다는 의미이다. 생명체 성장에 따라 부분적으로 보일 수 있는 엔트로피 감소도 우주 전체 입장에서 보면 엔트로피의 증가이다. 모든 생명체들은 주변 환경에서 자유 에너지를 흡수하여 엔트로피 과정의 반대방향으로 움직여갈 수 있으며 자유 에너지의 원천은 태양이다. 광합성으로 살아가는 식물은 태양에 직접 의존하는 것이고, 식물이나 다른 동물을 잡아먹는 동물은 간접적으로 의존하고 있으므로 모든 생명체는 주변 환경의 질서를 파괴하여 자기 몸에 흡수하지 않으면 살아가지 못한다. 즉, 모든 생명체는 평형을 향해 진행한다. 생명체와 열역학 제 2법칙 이론이 잘 맞지 않는 것 같이 보이는 이유는 닫힌계와 열린계의 차이에서 비롯된다. 닫힌계는 주변 환경과 에너지는 교환하지만 물질은 교환하지는 않고 열린계인 생명체는 물질도 교환한다. 생명체는 살아 있는 동안 절대로 평형상태(죽음)에 도달할 수 없으므로 항상 주변 에너지를 빨아들여 평형상태로 가지 않으려(본능) 하는데, 이를 "정상상태"라 한다. 반대로 물질과 에너지가 생명체를 통해 흘러가던 것이 정지되면 이를 죽었다고 하고 "정상상태"가 "평형상태"로 변한다.

잘 알려진 먹이사슬 풀, 메뚜기, 개구리, 무지개송어, 인간으로 구성된 관계를 살펴보면 먹이사슬 각 단계마다 엔트로피(에너지 손실)가 발생된다. 먹이를 잡아먹는 과정에서 에너지의 약 80~90%는 단순 손실과 함께 열로 변해 주변 환경으로 빠져나가고 잡아먹은 에너지의 10~20%만 포식자의 살로 변한 후 다음 단계 포식자의 에너지원이 된다. 이와 같은 논리로 계산하면 사람 하나가 1년을 살기 위해 무지개송어 300마리, 무지개송어들은 개구리 9만 마리, 개구리들은 메뚜기

2,700만 마리, 메뚜기들은 1,000톤의 풀이 필요하다는 계산이 성립된다. 이는 생명체 활동으로 유용한 에너지의 총량이 줄어든다(엔트로피)는 것을 보여주는 좋은 예이며 우리 인류 미래에게 매우 무서운 결과를 예측하게 한다. 200만년 걸려 세계인구 10억, 100년 걸려 20억, 30년 걸려 30억, 15년 걸려 40억, 현재 70억, 학자들은 현재의 인구 증가율로 계산하면 2015년 80억, 2055년에 160억이 될 것이라 전망한다. 어림잡아 계산해도 지수함수 형태의 천문학적 분량의 에너지 수요와 이에 따르는 재생 불가능한 에너지(엔트로피)의 발생(오염) 문제가 지구촌 전체를 위협하고 있다.

4) 화석연료와 지구환경

전 세계에서 생산되는 대부분의 농산물에 사용되는 비료와 농약, 건설자재, 의약품, 의류, 교통, 생산동력, 냉난방, 전력 등 우리 생활주변 모두에 사용되고 있는 에너지는 화석연료(化石燃料; Fossil Fuel)이다. 전 세계 최고의 에너지 국가인 미국이 “대표 없이 과세 없다(No Taxation without Representative; 미국의 독립운동을 촉발시킨 보스턴 차 사건; 프랑스와 7년간의 전쟁 후 미국(영국 식민지)의 조세저항)”를 외치고 독립한지 200년(1973) 후 국제유가는 배럴당 \$3 → \$12가 되었고, 이후 \$24(‘01), \$70(’07), \$147(‘08), \$114(’09), \$114(‘12)의 분포를 보이고 있으며, 국제유가 폭등에 따라 국제 곡물가격도 동반 상승하였다. 식량관련 국제기구에 의하면, 세계 70억 인구의 약 40%가 하루 \$2 이하의 돈으로 생명을 유지하고 있다고 하는데, 식량으로 사용되는 곡물들의 가격상승으로 빈곤에 빈곤이 겹치는 결과를 초래했으며, 이는 전 세계 약 30억 이상의 생명이 굶어 죽을 수도 있다는 공포와 함께 매우 위험한 현실에 처해 있다고 한다. 유엔 식량농업기구(FAO)에 의하면 2008년을 전후하여 콩과 보리는 2배, 밀은 3배, 쌀은 4배가 올랐고 이로 인해 전 세계 약 10억 명 이상이 굶주리고 있다고 밝힌바 있다.

미국 석유지질학자 M. 킹 허버트가 주장한 허버트 종형곡선(鐘形曲線; Bell Curve)에 따르면 총 매장 원유의 50%가 채취되기 전까지는 생산량이 종형모양을 따라 증가하다가 50%를 초과하면 다시 종형곡선을 따라 감소한다고 한다.

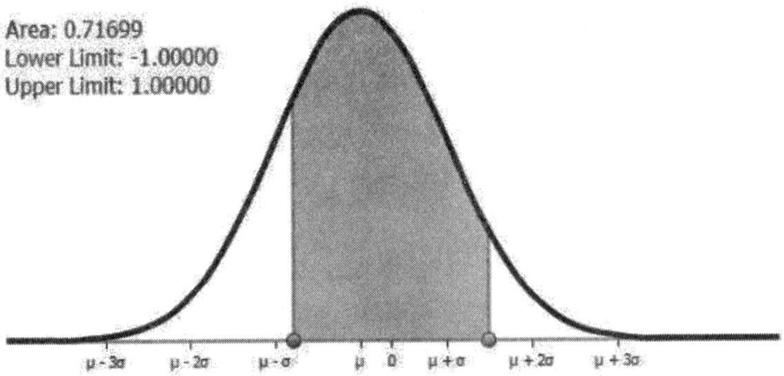

즉, 원유 생산량 곡선의 윗부분이 전체 원유 매장량의 중간점을 나타내고 있으므로 그래프의 정점 이후 원유 생산량은 증가했던 속도만큼 빠르게 하락한다는 주장이 사실로 증명되고 있으나, 이와는 관계없이 원유 총수요의 폭발적 증가로 지난 수십 년간 지구상의 모든 인류가 새로 개발하고 생산한 원유가 1배럴이라 가정하면 소비는 3.5배럴 즉, 1:3.5의 원유가 소비되고 있으며 이는 앞으로 도 지속될 것이다. 전 세계는 값싸고 풍부한 원유와 자동차의 결합, 경제 엔진을 인위적으로 활성화하기 위한 비정상적 소비확대, 경제성장은 지상의 낙원을 창조할 것이라는 잘못된 기대와 믿음으로 형성된 지구촌(地球村; Globalization)개념의 완성, 거품활동(産業化; Industrialization)의 지속적 증가 등이 화석에너지의 총생산량을 극단적으로 끌어올려 소비에 소비를 더한 결과 국제 유가는 수직 상승하였고, 전 세계는 현재 식량, 사료, 연료, 의약품 등등 모든 상품의 가격이 동반 상승하고 있다. 앞으로 더 이상의 화석연료 즉, 원유는 없다.

전 세계 원유 매장량을 예측해 보기 위해 미국의 경우만을 예로 살펴보면, 원유가 매장되었다고 추정되는 모든 곳의 원유를 전부 합해도 2030년까지 하루 평균 200만 배럴 정도 밖에 생산하지 못하며 이는 현재 미국의 원유 소비량에 약 10% 정도에도 못 미치는 양이라 한다. 또, 중국의 석탄, 캐나다의 타르샌드(油砂; Tar Sand; Oil Sand), 베네수엘라의 중유(重油; Heavy Oil), 미국의 셰일가스(Shale Gas) 등의 경우를 생각해 볼 수 있는데 이들을 우리가 일상적으로 사용가능한 에너지로 바꾸려면 많은 비용이 소요된다는 단점과 함께 원유나 천연가스보다 훨씬 더 많은 양의 이산화탄소가 배출된다는 문제가 있다고 알려져 있다. 원자력의 경우는 더더욱 심각한 상태로 방사능과 폐기물은 우리 지구상의 모든 생명체와 환경을 극단적으로 파괴할 준비를 완벽하게 마친 상태에서 항상 대기하고 있는 형국이다. 2011년 일본의 쓰나미로 인해 발생된 후쿠시마 원전사고는 전 세계 모든 나라들에게 원전의 공포를 완벽하게 보여주는 지구촌의 매우 큰 사건 이였으며, 이로 인한 충격이 전 세계 대부분의 나라들에게 있어 새로운 원전의 건설 계획을 포기하게 만드는 계기로 작용하였다.

이상과 같은 이유로 인해 산업혁명은 엔트로피(Entropy)를 극단적으로 증가시키는 화석에너지의 소비혁명이라는 표현과 설명이 가능해 졌다. 전 세계 대부분의 과학자들은 지구촌 모두가 석탄, 석유, 천연가스를 끝없이 태워 대기권에 엄청난 양의 엔트로피(이산화탄소)를 방출하고 있으므로 태양의 복사열을 지구에 가두어두는 지구온실을 만들고 있고, 이로 인해 지구는 필연적으로 최후를 맞이할 것이라 예측하고 있다. 대기 속 이산화탄소의 증가는 지구를 거대한 비닐 또는 유리로 포장한 형태를 만들게 되므로 지구에서 만들어진 열에너지와 태양으로부터 받은 열에너지를 대기권 밖으로 방출시키지 못하게 하는 직접적 원인이 된다. 이로 인해 지구의 온도는 점점 높아지게 되므로 극지방의 얼음과 눈이 녹아 해수면을 높이고, 눈과 얼음에 의한 빛 에너지 반사기능이 상실되는 되돌림 순환현상(Feedback Loop)이 이루어져 지구의 온도가 지속적으로 상승하게 된다. 과학자들에 의하면 21세기 말 지구의 평균기온이 약 3°c 이상 상승될 것이며 이는 지구를 300만 년 전의 선신세(Pliocene)로 되돌려 놓는 것과 같다고 주장하고 있다.

과학자들은 지구의 온도가 1.5°c~3.5°c 정도의 경미한 변화라도 발생한다면 100년 이내에 거의 대부분의 동식물들은 멸종할 수 있다고 주장하고 있고, 지구는 지난 4억5천만 년 동안 다섯 차례 생물학적 멸종을 경험했다고 하며, 그때마다 생물학적 다양성을 회복하기까지 거의 1천만 년 이상의 시간이 소요되었다고 한다. 최근의 연구들에 의하면 현재 상태로의 환경오염 상태라면 2050년경 북극의 여름 얼음 층이 지금보다 75% 이상 감소할 수밖에 없으며, 이에 따라 지구상의 모든 열대우림에 존재하고 있는 유기물보다 더 많이 존재하고 있다고 알려져 있는 시베리아의 영구 동토 층 아래 유기물이 표면으로 들어나게 될 것이고, 이들이 분해되면서 발생되는 이산화탄소 발생량은 계산할 수 없을 정도로 엄청난 양이 될 것이므로 지구의 온도 상승은 현재 추측되는 것보다 훨씬 더 클 것이라고 예측하고 있다.

역사의 교훈을 살펴보면, 거대도시 환경 속에서 계속 불어나는 거대한 인구의 급격한 증가는 잉카제국과 고대 로마를 멸망시켰다. 로마제국의 경우만을 예로 들면, 초창기 로마는 대부분의 땅이 삼림(森林)으로 무성했으나 시간이 지나고 인구가 늘어나면서 무차별로 벌목 하여 삼림은 작물과 가축용 목초지 생산을 위한 재배공간으로 변해 갔다. 숲이 없어지자 땅은 풍수(風水)에 노출되어 지속적으로 황폐해 져갔고, 상류계급의 부유층 들은 호화생활을 유지하기 위해 자기들 각자의 노예와 군대의 수를 점점 더 큰 규모로 증가시켰고 노예와 군대를 유지하기 위해 지중해 일대의 농경지 면적의 확장이 경쟁적으로 이루어졌다. 계속 새로운 땅을 정복하여 농지를 식민지화한 결과 로마제국 말기에는 국가 총생산의 90% 이상을 농업이 차지하게 되었고, 계속해서 생산성을 높이기 위해 이미 황폐해진 땅을 계속 혹사시켰고, 급기야 북아프리카와 지중해 지역 토양 속 에너지(地力)가 완전히 고갈되는 상황에 이르게 되자 대부분의 로마인(노예, 농민 등)들은 농경지를 버리고 떠나버렸다. 생산성은 떨어졌고 이미 늘어날 대로 늘어난 국민들의 대부분은 먹을 것을 찾아 흩어지게 되었으며, 중앙정부의 기능과 위상은 무너졌고, 틈을 노리고 있던 외세 침략에 붕괴되었다. 결국 로마제국은 대자연의 힘에 의해 멸망되었으며, 이 역사의 교훈은 전 세계의 모든 인류들이 심각하고 무섭게 받아들여 하루빨리 지구환경에 대한 대책을 세워야 할 것이다.

또, 육류 생산과 환경파괴 문제를 살펴보기 위해 소고기만을 생산한다고 가정할 때, 600g의 스테이크용 소고기의 생산을 위해서는 사료곡물은 약 5.5kg 정도가 소요되는 것으로 알려져 있는데, 이는 곡물의 약 11%만 소고기로 변화되었고 나머지 곡물은 사라져 버렸다는 의미이다. 학자들에 의하면 현재 전 세계에서 생산되는 곡물의 1/3은 인간의 식량용이 아니라 가축 식량용이라고 한다. 이는 먹이사슬 맨 위 꼭지 점에 있는 소수의 사람들 육류섭취를 위해 다수의 사람들이 영양실조와 기아 그리고 죽음에 직면하게 되는 원인으로 작용한다고 주장하고 있다.

곡물의 생산량을 극대화시키기 위해서는 화석연료를 기반으로 하는 비료, 살충제, 제초제 등을 대량으로 사용하고 또, 농장과 이에 따르는 각종 시설들의 운영과 생산된 곡물을 운송하기 위해서도 화석연료를 대량으로 소비할 수밖에 없다. 가축들로부터 얻는 이익의 극대화를 위해 성장촉진제, 사료 첨가제, 항생제, 살충제, 소독제 등등을 대량으로 사용할 수밖에 없으므로 화석연료, 화공약품 등 또 다른 에너지가 극단적으로 사용되고 있다. 학자들에 의하면 전 세계 온실가스 배출량의 18%가 가축 사육에서 발생하며, 이는 전 세계 교통수단이 배출하는 양보다 많아 가축사육이 기후변화에 커다란 영향을 미치는 요인이라 설명하고 있으며, 가축(주로 소)의 배설물은 인해 인간이 경제활동을 통해 배출하는 이산화탄소의 9%, 메탄가스의 37%, 아산화질소의 65%를 배출하고 있으며 이들 중 아산화질소로 인한 지구온난화 효과는 이산화탄소의 약 300배에 달한다고 알려져 있다. 다시 소고기 생산의 경우를 생각해보면, 600g의 비프스테이크를 먹는 순간 눈앞에서 없어진 후 소화되어 인간의 활동대사 에너지와 배설물의 형태로 변해 지구환경으로 되돌아간다. 결론적으로 우리가 생산하는 재화는 엔트로피의 증가를 수반하지 않고는 생산될 수 없다. 결국 지구상의 모든 생산은 더 많은 대자연 또는 물리학적 질서를 빨아드린 후 무질서의 상태로 변화시켜 버리므로 극단적으로 표현하여 시간이 가면 갈수록 지구는 종말을 향해 전진한다고 할 수 있다.

5) 신재생에너지와 스마트그리드

지구 즉, 대자연에 항상 영원히 존재하고 있는 에너지(태양, 바람, 물, 바이오매스, 지열, 파도 등)를 신재생에너지(New & Renewable Energy)라 정의한다. 태양은 매일 지구의 모든 곳에 빛에너지를 공급하고 있으며, 이로 인해 바람도 불고 있다. 땅 밑 모든 곳에 매우 뜨거운 지열이 존재하며, 해안에는 끊임없이 파도와 조수가 밀려오고 밀려 나가고, 물 또한 높은 곳에서 낮은 곳으로 끊임없이 흐른다. 지상의 모든 곳에서 작물의 잔해와 삼림 폐기물이 생산되고 있으며, 쓰레기 또한 일상적으로 배출되고 있어 재생가능 에너지는 매우 충분한 양으로 우리 주변에 항상 폭넓게 존재한다. 한 예로 땅 속에서 얻을 수 있는 에너지를 지열 에너지라고 하는데 이는 엄청난 양의 녹색에너지이다. 지구의 내부 온도는 약 4000°c 이상으로 알려져 있으며 지속적으로 지구의 표층으로 흘러나오고 있다. 미국의 경우 땅속 약 3Km에 존재하는 지열 에너지의 열량은 미국의 전체 에너지 소비수요를 3만년 동안 충족시킬 수 있는 열량이라고 한다. 또, 연료작물과 삼림폐기물, 도시쓰레기 등을 이용하는 바이오매스는 성장하는 녹색 에너지 분야의 마지막 영역 이며, 세계 바이오에너지협회에 의하면 2050년이 되면 전 세계 에너지 수요 전부를 충족할 수 있을 정도의 잠재력이 있다고 주장 한다.

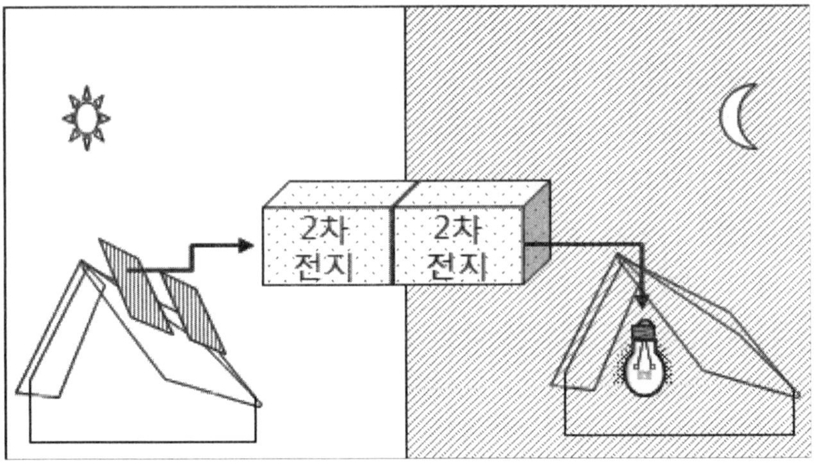

또, 태양광 및 풍력 에너지 분야의 상업적 성장은 과거 개인용 컴퓨터와 인터넷의 비약적 성장을 따라잡아 단기간 동안 폭발적적으로 성장하게 될 것이다. 통계에 의하면 최초의 PC(개인용 컴퓨터)가 일반에게 알려진 1970년부터 2008년까지 PC의 수는 10억 대를 넘었고, 인터넷 사용자의 수도 20억 명을 넘었었다. 현재 태양광 및 풍력 에너지 설비의 수만을 참고로 살펴보면 2년마다 두 배씩 증가하고 있다. 앞으로 30년 동안 주택, 사무실, 농림수산지구, 산업지구, 기술지구 등에 존재하는 모든 건물은 본래 건물 용도에 발전(發電)과 축전(蓄電)의 기능이 더하여 질 것이며 이로 인해 새로운 건설경기가 활성화되고 수많은 새로운 사업체와 일자리가 창출할 될 것이다. 또, 각종 금융기관들은 재생가능 에너지의 생산과 축적 시설을 설치하는 개인이나 기업에 에너지 절약을 통해 발생되는 이익에 따른 투자자금 회수기간을 평균 약 20~30년 정도가 되도록 유도하여 장기저리 대출을 발생시킬 수 있는 새로운 금융상품도 출시될 것으로 기대된다.

전 세계 수많은 과학자들은 오래전부터 수소에 대한 연구를 진행하여 왔다. 수소는 우주에서 가장 가볍고 풍족한 성분으로 탄소 원자가 전혀 포함되어 있지 않다. 수소는 지구의 모든 곳에 존재하지만 우리 주변에 자유로이 떠다니며 존재하지 않고 다른 에너지 자원에 포함되어 있다. 수소는 석탄과 석유, 천연가스에서 추출할 수 있지만 물(水)에서도 추출할 수 있다. 물을 전기분해하면, 즉, 양극과 음극으로 이루어진 두 개의 전극을 전도성을 높이기 위해 전해질 속에 존재시켜 양극에 직류 전기를 인가하면 음극에서는 수소가 기체가 발생되고 양극에서는 산소가 기체로 발생되어 나온다. 이때 발생되는 가장 큰 문제는 물의 전기분해 과정에 사용되는 전력 생산에 대한 경제성 여부이다. 수소가 생산되기 위해서는 반드시 별도의 에너지를 필요로 하기 때문이다. 지붕 위 태양광전지판에 햇볕이 내리쬐면 전력이 생산되고, 이 전력의 대부분은 해당 건물에 에너지를 공급한다. 그렇지만 만약 당장 필요한 에너지 이상으로 많은 전력이 생산되면 잉여 에너지는 수소를 생산한다. 잉여에너지를 이용하여 물을 전기분해하고 이때 발생된 수소를 압축하여 저장한다. 저장된 수소는 태양이 비치지 않을 때 다시 연료전지를 이용해 전력으로 전환하여 필용한 전기에너지를 생산할 수 있게 된다.

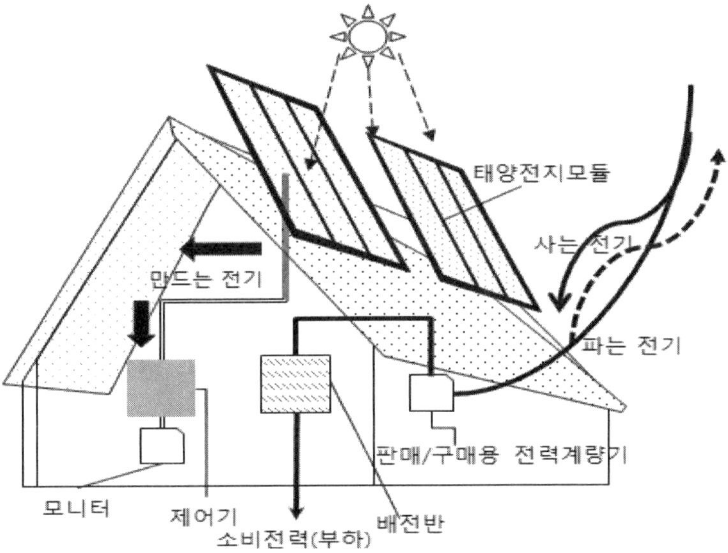

가정용 태양광 발전 시스템

IBM, 시스코, 지멘스, GE 등과 같은 IT관련 기업들 모두는 이미 에너지 인터넷이라 불리는 스마트그리드(Smart Grid)를 건설하기 위한 연구와 투자에 전력을 다하고 있다. 스마트그리드는 기존의 전력 네트워크가 정보와 에너지를 공유하는 네트워크로 발전될 것이며, 에너지를 직접 생산하는 수백만 명이 현재의 인터넷과 같은 형태와 방법으로 잉여 에너지를 공유할 수 있도록 네트워킹 될 것이다. 이러한 지능형 에너지 네트워크는 사실상 삶의 모든 분야를 수용하게 되므로 가정, 사무실, 공장, 차량 등 모든 유물(唯物)들은 항상 지속적으로 세상의 모두와 소통하며 정보와 에너지를 공유할 것이다. 또, 스마트 네트워크는 기상변화와 연계되어 전력의 흐름과 실내 온도를 기상상태 또는 소비자들 요구에 맞춰 지속적으로 조정하게 될 것이고, 가전 기기들의 전력 사용량도 조절할 것이다. 만약 그리드 내 에너지 사용량이 최고조에 다다르거나, 과부하(過負荷) 상태에 이르면 각종 응용 소프트웨어를 이용해 이를 조절하게 될 것이다. 하루 24시간 시간대별로 그리드 내의 전기요금이 달라지고 이로 인해 모든 건물의 디지털 미터기와 제어기가 설치되어 자동 또는 임의로 전력사용을 줄이거나 늘릴 수 있게 된다. 인터넷이 수천 개의 새로운 사업과 수백만 개의 새로운 일자리를 만들어 냈던 것과는 비교할 수 없을 만큼 스마트그리드는 복고사회에서 새로운 경제 중추가 될 것이다. 왜냐하면, 현재와 미래에 있어 인터넷을 사용하지 않는 사람은 있지만 전기를 사용하지 않는 사람은 있을 수 없기 때문이다. 학자들의 예측을 종합하여 보면, 2030년 무렵에는 전기 자동차와 수소 연료전지 자동차를 위한 충전소가 전 세계 거의 모든 곳에 설치되고 에너지를 주고받는 분산형 에너지 인프라를 형성하게 될 것이라 생각된다. 자동차는 하루 평균 96%의 시간 동안 주차상태이므로 주차시간 동안 양방향 에너지 그리드에 접속해 에너지를 거래할 수 있게 될 것으로 예측된다.

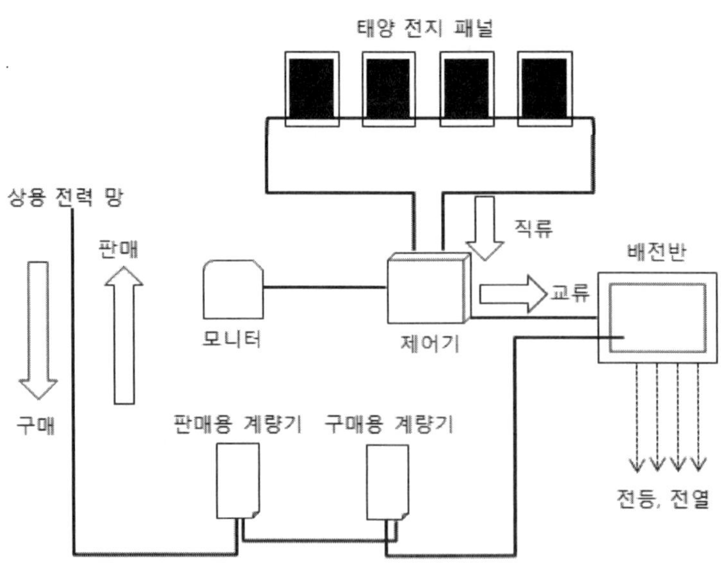

태양광 발전 시스템

복고사회에서 대부분의 에너지는 재생가능 에너지로 대체될 것이며, 지구상의 모든 건축물들은 본래의 기능에 더하여 재생가능 에너지를 생산하는 미니 발전소의 기능이 필수적으로 수반될 것이고 수소의 생산 및 저장 기술을 통해 지구상의 모든 건물(지하, 자동차 등)에 불규칙적으로 생산되는 에너지에 대한 보존시설이 필수적으로 구축된다. 네트워크와 인터넷 기술이 적용된 에너지 스마트그리드(Smart Grid)를 통해 인터넷과 동일한 원리로 작동되는 에너지 공유 인터그리드(Intergrid)가 구축되며, 모든 교통수단에 필요한 에너지가 연료전지로 교체되고 에너지 스마트그리드(Smart Grid)를 통해 연료용 에너지를 매매(賣買) 할 수 있게 될 것이다.

제2장
아날로그와 디지털

1. 아날로그와 디지털

무엇이 시간(時間)이고 무엇이 수(數)인가? 한마디로 우주(宇宙)의 끝없는 흐름이 시간이다. 즉, "우주가 공전(公轉)과 자전(自轉)을 하며 끝없이 흐르고 있다"는 것은 아날로그(Analog)이고, "우주가 흐르는 과정의 어느 한 순간과 순간의 사이"를 구분하여 시각(時刻)이라는 개념과 이름을 부여하는 것은 디지털(Digital)이며 이를 계량화하여 표현하고자 하는 표현방법이 수(數)이다. 따라서 시간과 수의 최대값은 존재하지 않으며 우리가 현재 알고 있고, 또 현재 살아가고 있는 이 세상은 영원하다.

1) 우주의 활동과 시간

현재 우리가 사용하고 있는 시간의 개념을 좀 더 구체적으로 알아보면, 우주 속 태양계의 움직임을 기초로 하고 있다. 즉, 태양에 대한 지구의 자전현상인 평균태양시(平均太陽時, 평균 태양일의 24분의 1, 일상생활에 사용되는 시간, 平時)의 초(秒)와 초(秒) 사이의 간격을 물리적 시간이라 정의하여 사용하고 있으며, 지구의 자전 속도에는 연주변동(年周變動), 영년변동(永年變動), 불규칙변동(不規則變動)이 존재하므로 초의 길이를 정확하게 확정지을 수 없다고 판단하여 1960년 국제도량형총회는 지구의 자전 대신 공전에 기초한 초를 시간의 단위로 정하였고, 이를 역표초(曆表秒)라 한다. 초(秒)는 객관적으로 정한 물리량의 기본단위로 CGS 단위계(길이=Cm, 질량=g, 시간=s를 기본단위로 정한 단위계)와 MKS 단위계(길이=M, 질량=Kg, 시간=S를 기본단위로 정한 단위계)를 사용하고, 실용단위로 분(分=60秒)과 시간(時間=60分)을 이용한다. 고전물리학(古典物理學; 뉴턴의 역학과 맥스웰의 전자기학이 기본인 물리학; 20세기의 양자역학이나 상대성이론과 같은 현대 물리학과 구별되는 물리학)에서 시간은 3차원 공간에서 일어나는 물리현상을 기술하기 위한 공간좌표와 독립적으로 사용된 매개변수이다. 이는 물리현상을 시간의 흐름과 함께 추적하여 원인과 결과 사이의 인과관계를 명백하게 하는 역할을 한다. 정확히 반복하여 발생되는 것에 대하여 물리법칙으로 보증되는 것을 자연현상이라 하며, 자연현상이 되풀이되는 주기를 규정함으로 인해 물리적 시간이 정해진다. 이론적으로 초의 길이는 일정불변하고 이상적이지만, 현실적으로 순간순간을 표시할 때는 정확도가 일정하지 않아 1950년 무렵부터 분자나 원자가 흡수 또는 방출하는 에너지의 일정한 진동주기를 이용한 연구를 통해 정밀도가 높은 세슘원자시계(Cesium原子時計; 세슘 원자가 91억 9263만 1770회 진동하는 간격을 1초로 정의)를 개발하였고 1967년 국제도량형총회는 세슘원자시계의 원자초(역표초)를 채택하게 되었다. 반면, 심리적 시간과 생리적 시간은 물리적 시간과 달리 생리조건이나 경험의 질과 양에 의해 좌우되는 주관적 시간이다. 같은 길이의 물리적 시간일지라도 유년기의 생리적 변화는 장년기와 노년기의 변화보다 그 정도가 매우 빠르며 반대로 장년기를 지나면 세월의 흐름이 빠르게 느껴지고, 크고 작은 경험이 쌓이면 시간이 길게 느껴지는 등 심리 및 생리적 시간은 보편적이고 물리적인 시간에 대하여 주관성이 강한 개인적인 시간이라 할 수 있다.

우주공간에 존재하는 각각의 원소들이 자연계를 이루며 움직이는 여러 가지 활동의 한 순간을 시간이라는 개념으로 활용하는 것을 력(曆)이라 하며, 이는 일정한 주기를 갖고 있다. 태양력(太陽曆; Solar Calendar)은 지구가 태양을 한 바퀴 도는 지구의 공전주기, 태음력(太陰曆; Lunar Calendar)은 달이 지구를 한 바퀴 도는 달의 공전주기, 절월력(節月曆)은 태양력과 태음력의 관계와 천구(天球; Celestial Sphere) 내 태양의 위치를 기준으로 정해진다. 이는 인류가 지구상에 생존하기 시작하면서 현재까지 시간과 공간을 표현하고 계산하는 유일한 방법이며 유물론(唯物論; Materialism)과 유심론(唯心論; Spiritualism)의 근원이다.

1-1) 태양력

천구에 속해 있는 태양의 움직임과 주기를 중심으로 계산되어지는 시간이므로 계절의 변화를 쉽게 느낄 수 있으며, 오늘날 대부분의 국가에서 일반적으로 사용되고 있는 시간 계산방식이다. 매우 짧은 시간이지만 실제 태양주기와 비교하면 오차가 발생하게 되므로 윤일(閏日; Intercalary Day)을 적용하여 보정해가며 사용한다. 대표적 시간계산 방법의 역사를 살펴보면 기원전 46년 1월 1일부터 사용되었던 율리우스력(Julian Calendar)이 있으며 이는 매 3년마다 윤일을 넣어 2월은 평년 29일 윤년 30일, 1, 3, 5, 7, 9, 11월은 31일, 나머지 월은 30일로 하는 시간계산 방법이다. 이후, 율리우스의 조카 아우구스투스 카이사르(B.C.63~A.D.14)의 황제 제위시절 율리우스의 이름에 의한 7월(July)은 31일까지인 반면, 아우구스투스 이름이 붙은 8월(August)은 30일이므로 이를 31, 9월과 11월은 30일, 10월과 12월은 31일로 정하고, 2월은 평년 28일, 윤년 29일로 개편・제정된 것을 오늘까지 사용하고 있다. 또, 1년을 365일로 하고 윤일을 4년마다 1일씩 삽입하여 1년=365.25일이 되게 만들었으나 이는 실제 태양년 (1년=365.2422196일)과 율리우스력(1년=365.25일)과 차이(365.25-365.2422=0.0078, 약 11분14초)가 발생하여 매 128년마다 1일의 오차가 발생한다. 325년의 콘스탄티누스 대제의 재위(306~337) 시절 니케아공의회(Nicaea公議會; 소아시아(아시아 대륙의 서쪽 끝; 흑해; 마르마라해; 에게해; 지중해와 연결된 반도; 터어키)의 니케아에서 열린 가톨릭 최초의 종교 회의; 아리우스파를 이단으로 배척; 아타나시우스파의 니체노신경과 삼위일체설; 교회법; 성화상(聖畫像)숭배 등)가 열리던 시절에는 3월 21일이 춘분점(春分點; Vernal Equinox Point, 태양빛의 중심이 적도 남쪽에서 북쪽으로 이동할 때 발생되는 적도와 황도의 교점이다. 반면, 1582년 로마 교황 그레고리13세 재위(1572~1585년) 시절에는 3월 11일이 춘분점 이였으므로 율리우스력의 오차를 확인할 수 있다. 율리우스력은 전 유럽에 보급되어 16세기 말까지 사용되다 1582년의 춘분점을 3월 21일로 고정시키기 위해 10월 4일 다음날을 10월 15일로 정하여 10일간의 오차를 없앤 후, 매년도 값이 100으로 나누어지지 않고 4로 나누어지는 년도 값 96회, 100으로 나누어지고 400으로 나누어지는 년도 값 1회를 윤년으로 정의해 400년간 총 97회의 윤년을 설정하였다. 따라서 400년간 1년의 평균 시간은 365.2425일이 되므로 365.2425-365.2422=0.0003일=26초의 오차가 실제 태양년과의 사이에 발생되며, 이는 3300년 마다 1일의 오차가 발생하는 결과가 된다. 그레고리력과 실제 태양년과의 오차를 효과적으로 보정하기 위해 윤년인 4000, 8000, 12000년 등은 평년으로 하는 방법이 모색되고 있으며, 율리우스력은 현재 전 세계가 공통으로 사용하고 있는 시간계산 방법이다. 우리나라의 경우 조선 효종 때부터 태음태양력인 시헌력(時憲曆)을 사용하였으나, 고종 32년(1895년; 조선 개국 504년) 고종황제 조칙으로 음력 11월 17일을 개국 505년(1896년) 태양력 1월 1일로 개력한 후, 현재까지 사용하고 있다. 아울러 단군기원은 1948년 9월 25일 연호에 관한 법률 제 4호로 제정 공포되어 사용하였고, 1961년 12월 2일에 국가재건 최고회의에서 연호에 관한 법률 제 775호에 의해 단군기원 4295년 1월 1일을 서력기원 1962년 1월 1일로 정의하여 서기와 단기를 공용하고 있다.

2-5 아날로그와 디지털

1-2) 태음력

현재 우리가 사용하는 음력을 뜻하며, 이는 달의 삭망(朔望; 달의 위상 변화)을 기준으로 시간을 계산하는 방법으로 삭(朔)은 **"태양–달–지구"**의 순서로 일직선이 되는 시간으로 합삭(合朔; 달의 위상=그믐; 달과 태양의 시황경이 일치로 달이 전혀 보이지 않는 상태)이라고 하며, 망(望)은 **"태양–지구–달"**의 순서로 일직선이 되는 시간을 의미한다. 태음력으로 달이 합삭 된 후 지구를 한 바퀴 돌아 다시 합삭 되기까지의 시간(약 29.53059)으로 1년(29.53059일×12=354.36708)은 실제 태양년 365.2422일보다 약 10.9일 정도 적은 상태의 오차를 발생시키므로 오랜 세월이 지나면 태음력의 시간(날짜)과 실제 계절의 오차가 점점 커져 한여름에 눈이 오거나 한겨울에 장마가 지는 등 논리적 모순이 발생하게 된다. 윤달을 삽입하여 1년을 13개월로 시간과 계절을 맞추는 보정방식을 사용하며 태음태양력이라 지칭한다. 윤달은 24절기의 12중기에 의해서 결정되며, 수치 적분 등의 방법을 통해 천구상의 태양계 원소(별)들의 위치를 계산하여 정확한 합삭 시각을 알아낸다.

1-3) 표준시 자오선과 24절기

지구는 적도의 둘레(40,074.148km=6,378Km(반지름)*2π)를 시계 반대방향으로 1,669.756km/h(27.829km/s) 속도로 회전하고 있다. 따라서 1시간에 지구의 경도선은 15°(경도선 1°이동=4분)씩 이동하므로 세계 여러 나라들은 15° 단위의 경도선을 각각의 국가별 표준시 자오선으로 채택하여 세계 표준시와 시간의 차이를 계산하여 사용하고 있다. 우리나라도 1908년 4월 1일부터 표준시 자오선(동경 127°30′)을 정하여 표준시를 사용하기 시작했으며, 1961년 8월 10일부터 현재까지 동경135°를 표준시 자오선으로 채택하여 세계 표준시보다 9시간 빠른 한국 표준시를 사용하고 있다.

지구의 계절 변화는 태양의 운동에 의해 결정되므로 달의 운동과는 직접적 관계가 적어 계절의 변화가 일치되지 않는 경우가 발생하므로 태양의 움직임을 24절기로 표시하여 주는 태음태양력을 사용한다. 24절기는 태양의 황도(黃道, 태양빛의 중심이동 경로)를 춘분점으로부터 동쪽으로 15° 간격으로 24개의 점을 정하고 정해진

점의 위치를 절기(節氣) 또는 계절(季節)이라 한다. 즉, 태양의 중심 빛이 이 각각의 점을 통과하는 시기를 춘분, 청명, 곡우, 입하 등의 순서로 구분한다. 각 절기 사이의 간격은 약 15°이며, 24절기의 양력 날짜는 거의 고정되어 있고, 12개의 음력 월과 대응시키기 위한 12개의 절기(節氣)와 윤달 결정을 위한 12개의 중기(中氣)로 구분한다. 태음력 1년은 태양력의 1년보다 약 10.875일 적으므로 몇 년이 경과한 후부터 태음력, 태양력, 계절의 변화가 서로 맞지 않게 된다.

절 기	의 미	일 자	황도
1.입춘(立春)	봄의 시작	3~5일	315°
2.우수(雨水)	봄비의 시작	18~20일	330°
3.경칩(驚蟄)	동면(冬眠)에서 깨어남	5~7일	345°
4.춘분(春分)	태양이 춘분점, 밤·낮의 길이 동일	20~22일	0°
5.청명(淸明)	맑은 황하(黃河)와 봄 날씨의 시작	4~6일	15°
6.곡우(穀雨)	봄비가 곡식을 기름지게	19~21일	30°
7.입하(立夏)	여름의 시작	5~7일	45°
8.소만(小滿)	여름 기운과 식물의 성장	20~22일	60°
9.망종(芒種)	까끄라기가 있는 곡식의 파종	5~7일	75°
10.하지(夏至)	태양이 북회귀선(북위 23° 27′)	21~24일	90°
11.소서(小暑)	더위의 시작	6~8일	105°
12.대서(大暑)	더위가 절정에	22~24일	120°
13.입추(立秋)	가을의 시작	7~9일	135°
14.처서(處暑)	더위의 소멸 시작	23~24일	150°
15.백로(白露)	가을의 기운과 이슬	7~9일	165°
16.추분(秋分)	태양이 추분점, 밤·낮의 길이 동일	22~24일	180°
17.한로(寒露)	찬 이슬의 시작	8~9일	195°
18.상강(霜降)	찬 서리의 시작	23~25일	210°
19.입동(立冬)	겨울의 시작	7~8일	225°
20.소설(小雪)	눈의 시작	22~23일	240°
21.대설(大雪)	눈 내림의 절정	6~8일	255°
22.동지(冬至)	태양이 남회귀선(남위23° 27′)	21~23일	270°
23.소한(小寒)	추위의 시작	5~7일	285°
24.대한(大寒)	추위의 절정	20~21일	300°

24절기는 15일 간격이므로 대개 한 달에 절기와 중기가 각 하나씩 존재하지만 어느 경우, 절기만 있고 중기가 없을 때가 발생하는데, 이를 무중월(無中月)이라 하여 윤달이라 칭하고, 전월의 이름 앞에 윤달이라는 의미로 "윤"자를 붙여 윤4월, 윤5월 등으로 표시한다. 윤달의 결정은 시헌력(時憲曆)에 따라 11월을 동짓

달로 고정시킨 후 1년에 무중월이 두 번 있으면 처음 것을 윤달로, 항상 동지는 11월에, 하지는 5월 존재시킨다. 또, 태음력으로 1년이 12개의 달로 구성된 경우는 무중월이라 해도 윤달로 간주하지 않으며, 태양력과 태음력의 오차를 보정하기 위해 19년 동안 윤달을 7번 지정하는 무중치윤법(無中置閏法, 19년7윤법; 태양력(19년×365.2422=6,939.60), 태음력(228+7개월)×29.53=6,939.68)을 사용하지만 항상 오차는 존재한다.

2) 수의 개념과 의미

대부분의 많은 사람들은 아직도 수에 대해서 터무니없이 잘못된 착각을 하고 있다. 어떤 종류의 수, 특히 양의 정수 1, 2, 3, … 은 "실제로" 존재하지만(자연수), 음수는 상상적인 수에 지나지 않는다는 착각과 "0은 아무것도 없는 상태이기 때문에 음수가 아무것도 없는 것보다 더 작다고 하는 것은 틀렸다." 라는 착각 등이다. 양수와 음수의 구별은 좌와 우의 구별과 같이 서로 같은 처지에 있으므로 같은 자격이다. 인류가 2천년 이상 수의 성질을 연구한 끝에 겨우 도달한 결론은 수의 세계는 독특한 규칙에 따라서 펼쳐지는 것으로 자연수에서 0은 단순히 "없다"라는 의미이지만 정수에서 0은 양수와 음수의 경계점이 되는 중요한 역할을 한다는 것이다. 수의 세계는 기호와 약속의 세계이며 실험이나 관찰의 대상이 되는 물리적 현실과 혼동해서 생각하면 논리에 맞지 않는다고 느낄 수 있다. 수는 결코 사물의 일부도 사물의 어떤 특별한 성질도 아니므로 사물의 물리적인 성질과는 아무런 상관이 없음에도 사물과 관련지어지는 아주 편리한 기호이다. 예를 들어 슈퍼마켓에서 구입하는 물건마다 즉, 과자봉지, 생선꾸러미, 휴지통, … 등등에 붙어 있는 숫자(가격표 또는 코드)는 누가 무엇을 사건 컴퓨터가 계산을 위한 동작만 하면 되는 편리한 숫자로 한낱 기호에 지나지 않는다.

또, 기호(수)를 써서 가・감・승・제 등의 조작(연산)을 할 수 있는데 조작은 수 사이에서만 이루어지는 것이지 물건들 끼리 더하거나 빼는 것이 아니다. 물건값을 셈하는 가게주인은 과일이나 생선, 과자 등을 더하거나 빼거나 하는 것이 아니라, 이것들과 관련지어진 수에 관해서만 셈을 하고 있는 것이다. 수는 보지도 만지지도 못하는 "환상의 세계"에 존재하는 한낱 약속된 기호에 지나지 않지만 연산이라는 바탕 위에 서로 굳게 뭉쳐있다. 즉, 수는 현실세계에 못지않은 생동하는 독자의 세계를 이루고 있다고 생각할 수 있다. 그림자와 같은 기호에 지나지 않으면서도 동시에 독자적 생명을 지닌 존재, 환상과 현실의 세계를 넘나드는 "마술사"의 양면성을 지닌 야누스적인 존재가 곧 수이다. 따라서 물건의 개수를 세거나 순서대로 정렬할 때 "1, 2, 3, 4, ……, N"으로 표현하며, 이를 자연수 또는 양의 정수라 하고 자연수의 최소값은 1, 최대값은 존재하지 않는다.

또, 수 1, 2, 3, ……, N 은 "무(無)"로부터 만들어지므로 "무의 세계"를 공집합(∅)이라 하며 공집합은 "0"이라 한다. 따라서 ∅은 아무것도 없는 상태이므로 아무렇게나 이름(∅ = 0) 지어 불러도 상관없다. 0(=∅)만으로 된 집합{0}을 만들고 이 집합을 "1"이라 하고, 0과 1만으로 된 집합 {0, 1}을 만들고 이 집합을 "2"라 한다. 이 같은 과정을 계속 되풀이 하여 생기는 집합 "3", "4" ……, N에 고유의 이름을 붙이면 "∅, {0}, {0, 1}, {0, 1, 2}, …… N", "0, 1, 2, 3, ……, N" 과 같은 자연수가 차례로 탄생하며 이를 "순서수(順序數)"라 한다.

동서양 모두 공통적으로 한해가 새롭게 시작되는 1월 1일을 매우 중요하게 생각했고 또 숫자를 가지고 미래를 점치거나 There is one above(위에 1이 있다, 모든 것의 위에 신이 있다.)라 표현하는 것은 모두 수에 특별한 의미를 두고 있다고 볼 수 있다. 또, "모든 것은 수"라고 하던 피타고라스 시대의 사람들은 1은 선, 빛, 질서, 행복을 상징하는 신의 숫자, 2는 1의 반대인 악, 어둠, 무질서, 불행 등을 나타내는 악마의 숫자일 것이라 생각하였다.

이러한 이유에서인지는 모르지만 서양에서는 2월 2일을 1월 1일의 정반대 의미를 지녔다고 생각하여 지옥의 귀신 부르트에게 바치는 날이 되었으며 매우 불길한 날로 여기고 있다. 반면 3은 1과 2를 더하여 통합하는 수이기 때문에 완전무결하여 흠이 없는 수라 생각한다. "정(正, 1)·반(反, 2)·합(合, 3)"의 변증법, "동물·식물·광물"로 구성된 자연계, "마음·영혼·육체"로 구성된 인간, "신의 세계·인간의 세계·죽음의 세계"로 된 3계(三界), "3위 1체설", "상·중·하", "머리에서 3개의 광선이 발산되는 하늘의 쥬피터·3개의 날이 붙은 창을 든 바다의 넵튠·대가리가 3개인 개를 가진 지옥의 악마 부르트" 등과 같이 생각하고 표현하는 것들이 3에 해당된다.

또, 우리나라의 경우 4는 죽음을 뜻하는 "사(死)"와 통한다는 이유로 4를 싫어해 각종 번호에 4를 잘 사용하지 않는 반면 1, 2, 3, 4에서 1 + 2 + 3 + 4 =

10 이라는 완전한 수(완전수와는 뜻이 다름)가 만들어진다는 생각으로 고대 그리스 시대에는 4를 성스러운 수로 생각했다. 또 "1은 위치를 나타내는 점이고 점은 위치를 갖는 1이다.", "직선은 두 점으로 만들어지고 평면은 세 점으로 만들어진다.", "네 점은 사면체를 만든다."등 도형으로 보는 생각들이 4이다.

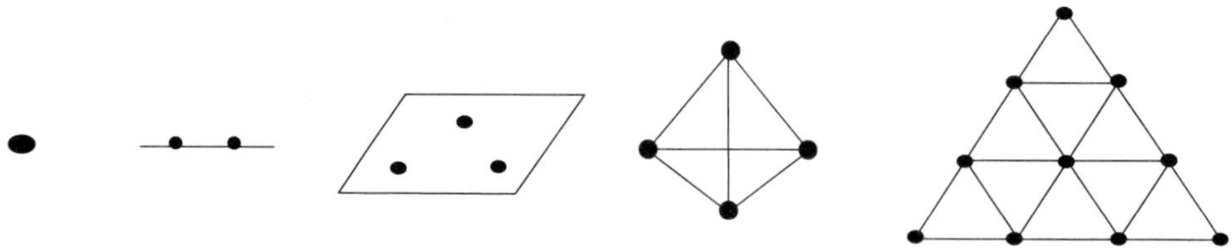

1은 점　　2는 직선　　3은 평면　　4는 입체　　10은 완전한 수 정삼각형구성

2-1) 동양의 수와 서양의 수

동양에서 십진법의 기준이 되는 수는 서양과 똑같이 일(一,10^0). 가장 큰 수는 대수(大數, 10^{72}), 가장 작은 수는 청정(淸淨, 10^{-21}) 이며, 서양에서 가장 큰 수인 요타(Y)는 10^{24}으로 불교철학의 자(秭)에 해당한다. 물리학자들이 볼 수 있는 우주의 크기는 10^{28}㎝로 서양 과학에는 이 수를 표시하는 단위가 없으나 동양 과학에서는 양(壤)으로 표현할 수 있다.

또, 항하사(恒河沙)부터는 특정한 수가 아니라 아주 많은 상태를 말한다. 항하사는 "갠지스(Ganges, 恒河), 강의 무수한 모래" 만큼 많다는 의미로 수학의 숫자로 계산하면 10^{52}이 된다고 한다. 도무지 이해할 수 없는 현상을 말하는 불가사의(不可思議)는 10^{64}로 표기된다고 하며 이는 우리가 볼 수 있는 우주 속 입자의 수와 비슷하다. 과학자들의 계산 결과 중성자, 양자, 전자는 10^{80}개, 광자는 10^{90}개로 우리가 볼 수 있는 우주 안에 있다고 하며 무량수(無量數)는 서양 수학에서 말하는 무한대(∞)이다. 무량수는 불가사의(不可思議)의 일억 배로 인간의 머리로는 상상할 수 없는 엄청나게 큰 수를 의미한다. 반대로 적은 수의 대표적인 표현인 나노(10^{-9})는 동양과학의 십진법으로는 티끌 진(塵)이며 양자, 중성자의 크기는 10^{-13}㎝로 모호(模湖)에 해당한다. '손가락을 튕기는 순간'이라는 뜻의 탄지(彈指)는 현대 과학으로 잴 수 있는 가장 작은 수라고 하며 불교에서 청정(淸淨)은 부처님만이 느낄 수 있는 경지라고 한다.

우주의 밀도를 계산하여보면 10^{-29}그램(g)이라 하는데 이는 거의 빈 공간과 같은 개념이라 할 수 있는 수치이며 이를 진공상태 측정 단위인 토르(Torr)로 환산하면 신기하게도 청정에 해당하는 10^{-21} 토르가 되어 거의 같은 개념이 된다고 한다. 동양의 십진법이 서양보다 큰 이유는 우주의 시작을 보는 관점이 다르기 때문이라고 한다. 아울러 1654년 "제임스 어셔" 신부가 성경을 토대로 하나님이 만드신 우주의 시작을 계산한 결과, 기원전 4004년 10월26일에 세계가 생겼다고 주장한바 있고, 불교와 힌두교에서 우주는 영원히 존재하는 것이라 여기고 있으며 현대 과학에서는 우주의 시작을 빅뱅의 순간인 약 1백40억 년 전으로 추정하고 있다.

- 서양의 수 표현 -

크 기	명 칭			십진표현
10^{24}	요타(yotta)	Y	자	1,000,000,000,000,000,000,000,000
10^{21}	제타(zetta)	Z	십해	1,000,000,000,000,000,000,000
10^{18}	엑사(exa)	E	백경	1,000,000,000,000,000,000
10^{15}	페타(peta)	P	천조	1,000,000,000,000,000
10^{12}	테라(tera)	T	조	1,000,000,000,000
10^{9}	기가(giga)	G	십억	1,000,000,000
10^{6}	메가(mega)	M	백만	1,000,000
10^{3}	킬로(kilo)	k	천	1,000
10^{2}	헥토(hecto)	h	백	100
10^{1}	데카(deca)	da	십	10
10^{0}	-	-	일	1
10^{-1}	데시(deci)	d	십분의 일	0.1
10^{-2}	센티(centi)	c	백분의 일	0.01
10^{-3}	밀리(milli)	m	천분의 일	0.001
10^{-6}	마이크로(micro)	µ	백만분의 일	0.000001
10^{-9}	나노(nano)	n	십억분의 일	0.000000001
10^{-12}	피코(pico)	p	일조분의 일	0.000000000001
10^{-15}	펨토(femto)	f	천조분의 일	0.000000000000001
10^{-18}	아토(atto)	a	백경분의 일	0.000000000000000001
10^{-21}	젭토(zepto)	z	십해분의 일	0.000000000000000000001
10^{-24}	욕토(yocto)	y	일자분의 일	0.000000000000000000000001

- 동양의 수 표현 -

명 칭	크 기	명 칭	크 기
일 一	10^0	일 一	10^0
십 十	10^1	분 分, 할 割	10^{-1}
백 百	10^2	리 厘, 푼 釐	10^{-2}
천 千	10^3	모 毛	10^{-3}
만 萬	10^4	사 絲	10^{-4}
억 億	10^8	홀 忽	10^{-5}
조 兆	10^{12}	미 微	10^{-6}
경 京	10^{16}	섬 纖	10^{-7}
해 垓	10^{20}	사 沙	10^{-8}
자 秭	10^{24}	진 塵	10^{-9}
양 壤	10^{28}	애 埃	10^{-10}
구 溝	10^{32}	묘 渺	10^{-11}
간 澗	10^{36}	막 漠	10^{-12}
정 正	10^{40}	모호 模湖	10^{-13}
재 載	10^{44}	준순 浚巡	10^{-14}
극 極	10^{48}	수유 須臾	10^{-15}
항하사 恒河沙	10^{52}	순식 瞬息	10^{-16}
아승기 阿僧祇	10^{56}	탄지 彈指	10^{-17}
나유타 那由他	10^{60}	찰나 刹那	10^{-18}
불가사의 不可思議	10^{64}	육덕 六德	10^{-19}
무량수 無量數	10^{68}	허공 虛空	10^{-20}
대수 大數	10^{72}	청정 淸淨	10^{-21}

2-2) 기수법과 명수법

수를 나타내는 방법에는 "명수법(命數法)"과 "기수법(記數法)"이 있으며, 명수법은 수를 말로 나타내는 것이고 기수법은 수를 기호로 나타내는 것을 말한다. 예를 들어 하나, 둘, 셋 …, 또는 일, 이, 삼 … , 또는 one, two, three … 등의 표현이며, 세계 여러 나라의 말이 다르듯이 명수법도 나라마다 다르다. 반면 기수법은 지금의 방식(아라비아 숫자 : 인도 또는 아라비아 식)이 사용되기 전까지는 나라와 관계없이 몇 가지 원리에 의해 표현되었다.

2-3) 덧셈의 원리에 의한 기수법

기수법 중 가장 원시적인 것은 "가법적 기수법(加法的 記數法)"이라 하며 로마의 기수법이 대표적이다. 이는 기본 숫자를 더하는 형식으로 예를 들어 234는 "CCXXXIV"으로 100이 둘, 10이 셋, 1이 넷 있다는 뜻이다.

I 1	X 10	XX 20	XXX 30	C 100
II 2	XI 11	XXI 21	XXXX 40	CC 200
III 3	XII 12	XXII 22	(= XL 40)	CCC 300
IIII 4	XIII 13	XXIII 23	L 50	CCCC 400
(= IV 4)	XIV 14	XXIV 24	LI 51	(= CD 400)
V 5	XV 15	XXV 25	LII 52	D 500
VI 6	XVI 16	XXVI 26	-	DC 600
VII 7	XVII 17	XXVII 27	-	DCC 700
VIII 8	XVIII 18	XXVIII 28	LX 60	DCCC 800
IX 9	XIX 19	XXIX 29	LXX 70	DCCCC 900
			LXXX 80	(= CM 900)
			LXXXX 90	
			(= XC 90)	

2-4) 곱셈의 원리에 의한 기수법

곱셈의 원리에 의한 기수법(승법적 기수법)의 대표적인 예로 한숫자(漢數字)가 있으며 이는 기본 숫자로 一, 十, 百, 千, … 으로 표현된다.

1	2	3	4	5	6	7	8	9	10	100	1000	10000
一	二	三	四	五	六	七	八	九	十	百	千	萬

서로 인접해 있는 다른 수를 나타낼 때는 이들 기본 숫자의 몇 곱이라는 형식으로 표현한다. 예를 들어 234를 한 숫자로 나타내면 "二百三十四"가 되는데 이는 百의 2곱과 十의 3곱과 一의 4곱이라는 뜻으로 二 × 百(+)三 × 十(+)四에서 곱셈 기호 ×를 생략한 것과 같다.

2-5) 10진 기수법

우리는 어려서부터 0, 1, 2, 3, 4, 5, 6, 7, 8, 9 라는 열 개의 숫자만 가지고 수를 나타낼 수 있도록 훈련되어 왔다. 그래서 아무리 크거나 작은 수일지라도 이 열개의 숫자로 모든 수를 아무 불편 없이 나타낼 수 있으며 또, 십, 백, 천, 만 …(十(拾), 百, 千, 萬 …)과 같이 열 단위씩 새로운 글자를 쓰고 있다. 이와 같은 형태로 수를 나타내는 방법은 "10"이란 수를 기본으로 하고 있어 이를 "10진법"이라 부르며 현재 전 세계가 공통적으로 사용하고 있는 아라비아 숫자도 10진법이다. 이는 사람의 손가락이 열개이므로 대부분의 민족들이 10진법을 사용하게 된 것이 아닌가? (필자생각)라고 생각된다.

전 세계 모든 나라에서 아라비아 숫자를 공통적으로 사용할 수 있게 된 주된 이유는 아라비아 기수법을 제외한 다른 모든 기수법에서는 자리올림 현상으로 자리가 하나씩 올라갈 때마다 새로운 숫자를 만들어야하지만, 아라비아 숫자를 사용하면 아무리 크거나 아무리 작은 수일지라도 0, 1, 2, …, 9, 10개의 숫자만으로 쉽게 나타낼 수 있기 때문이다. 즉, 아라비아 숫자에 의한 기수법은 자리(위치)에 따라 숫자의 내용과 크기가 달라지는 "10진 위치적 기수법"이라는 특징을 갖고 있기 때문이다. 또, 세 자리씩 한 묶음으로 표시하여 콤마(,)로 구분하면 매우 쉽게 그 수의 크기를 알 수 있다.

2-6) 음양 사상에 의한 2진과 10진 기수법

이 세상의 모든 것을 음(陰)과 양(陽)으로 구분하여 어떤 의미를 부여하는 것이 음양에 의한 2진법이며 이 음양에 의한 2진법의 좋은 예가 우리나라 태극기이다. 옛날에는 괘(卦)를 얻기 위해 50개의 나뭇가지를 이용하였는데 이를 역(易)

이라 하며, 태극기의 검은 막대는 팔괘(八卦)라 부르며 역의 원리에 의한다.

일건천(一乾天) ☰	**팔곤지(八坤地) ☷**
이태택(二兌澤) ☱	칠간산(七艮山) ☶
삼이화(三離火) ☲	**육감수(六坎水) ☵**
사진뢰(四震雷) ☳	오손풍(五巽風) ☴

위의 "팔괘(八卦)" "**−**"(양, 1), "**--**"(음, 0)을 오늘날의 이진 값으로 바꾸면 111, 011, 101, 001, 110, 010, 100, 000으로 8종류가 된다. 또, 1~10까지의 10진수를 음양 사상으로 설명하면

0 : 공(空), 허(虛)
1 : 태극(太極), 무극(無極)
2 : 음양(陰陽), 천지(天地)
3 : 천지인(天地人)
4 : 사방(四方, 東西南北), 사계절(四季節, 春夏秋冬)
5 : 사방(四方)의 중심(中心)에 사람(四方 + 人)
6 : 사방(四方)과 상하(上下), 공간(空間)
7 : 사방(四方)과 상하(上下)의 중심(中心)에 사람(空間 + 人)
8 : 팔방(八方 : 四方+間方), 동지(冬至), 하지(夏至), 춘분(春分), 추분(秋分), 입춘(立春), 입하(立夏), 입추(立秋), 입하(立夏)
9 : 아홉 개 행성(九代行星), 수(水星), 금(金星), 지(地球), 화(火星), 목(木星), 토(土星), 천(天王星), 해(海王星), 명(冥王星)
10 : 완전수(完全數)

로 설명될 수 있다.

음양 사상이란 태양과 달, 남자와 여자, 홀수와 짝수, …와 같이 세상의 모든 것을 음과 양으로 분류해서 생각하는 방법으로 라이프니쯔에 의해 발명된 2진법

과 같으며 오늘날 컴퓨터와 각종 통신장비, 그리고 모든 전자제품들의 구성과 동작의 기본원리로 사용된다.

2-7) 실수의 분류

- 유리수와 무리수 -

자연수 또는 양의 정수 전체의 집합 **1, 2, 3, 4, 5, ……** 에서 최소값으로는 1이 존재하나 최대값은 존재하지 않는다. 자연수에 음의 부호 '-'를 붙인 수를 **-1, -2, -3, -4, -5, ……**로 음의 정수라 하고, '음의 정수, 0, 양의 정수' 모두를 정수라 한다.

정수 $m(m \neq 0)$, n에 대하여 $\frac{n}{m}$의 꼴로 나타낼 수 있는 수를 유리수라 하며 0.2, 0.06, 1.5 등의 소수는

$$0.2 = \frac{2}{10} = \frac{1}{5}, \quad 0.06 = \frac{6}{100} = \frac{3}{50}, \quad 1.5 = \frac{15}{10} = \frac{3}{2}$$

과 같이 나타낼 수 있으므로 유리수이다.

또, 정수가 아닌 유리수를 소수로 나타낼 때

$$\frac{1}{2} = 0.5, \quad \frac{5}{4} = 1.25, \quad \frac{5}{8} = 0.625 \qquad \cdots\cdots①$$

$$\frac{4}{3} = 1.333\cdots, \quad \frac{4}{33} = 0.121212\cdots \qquad \cdots\cdots②$$

①과 같이 소수점 아래의 숫자가 유한개인 소수로 되는 경우와 ②와 같이 소수점 아래의 숫자가 무한히 계속되는 경우가 있다. 소수점 아래 0이 아닌 숫자가 유한개인 소수를 유한소수, 무한히 계속되는 소수를 무한소수라 하며, ②와 같이 소수점 아래의 어떤 자리에서부터 일정한 숫자의 배열이 한없이 되풀이 되는 무한소수를 순환소수라고 한다. 또, 수에는 두 개의 정수 m, $n(m \neq 0)$을 써서 $\frac{n}{m}$의 형태로 나타낼 수 없는 수, 즉 유리수가 아닌 수가 있다. $\sqrt{2}$와 π를 소수로

타나낼 경우 $\sqrt{2}$ = 1.414213⋯ , π = 3.141592⋯ 와 같이 순환하지 않는 무한소수가 된다. 이 같이 순환하지 않는 무한소수로 나타내어지는 수를 무리수라 하며, 유리수와 무리수를 합하여 실수라 한다.

- **실수**
  - **유리수**
    - **정수**
      - **양의 정수** : 1, 2, 3,
      - **영** : 0
      - **음의 정수** : -1, -2, -3, ⋯
    - **정수 아닌 유리수**
      - **유한소수** : 1.25, $-\frac{1}{2}$, $\frac{1}{5}$, ⋯
      - **순환소수** : $\frac{1}{3}$, $-\frac{1}{7}$, 0.5, ⋯
  - **무리수(비순환 무한소수)** : $\sqrt{2}$, $-\sqrt{3}$, π, sin 10° , ⋯

- 실수의 연속성 -

실수는 직선 위의 한 점과 일대일로 대응시킬 수 있으며, 한 직선 상에 존재하는 점에 수를 대응시킨 직선을 수직선이라 하며 수직선 위에서 임의의 서로 다른 두 유리수 사이에는 무수히 많은 유리수가 존재하는데 이 같은 논리를 유리수의 조밀성이라 한다.

두 개의 유리수 1, 2의 산술평균 $\frac{1+2}{2}$ = $\frac{3}{2}$은 유리수이고,

또 두 수 1, $\frac{3}{2}$의 산술평균 $\frac{1+\frac{3}{2}}{2}$ = $\frac{5}{4}$도 유리수이며,

두 수 1, $\frac{5}{4}$의 산술평균 $\frac{9}{8}$도 유리수이다.

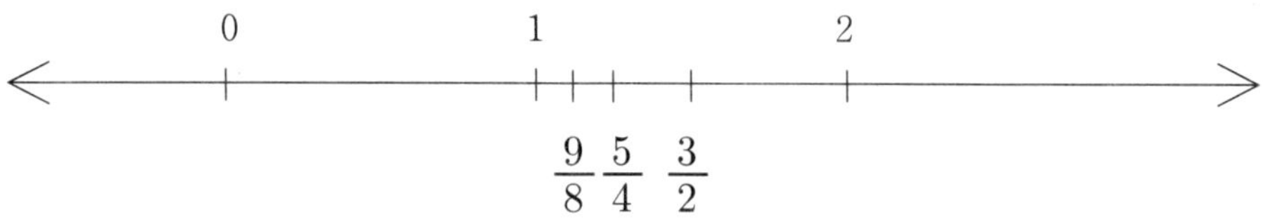

또 임의의 두 유리수에는 대응하지 않는 점들이 있는 데, 이들 점에 대응하는 수가 무리수이다. 예로 아래 그림처럼 한 변의 길이가 1인 정사각형 대각선의 길이 ($\sqrt{2}$)가 수직선 위의 두 유리수 1과 2 사이에 있으므로 수직선 위에는 유리수와 무리수에 대응되지 않는 점은 하나도 없다. 이 같이 수직선 위에서 유리수와 무리수에 대응하는 모든 점들에 대한 실수의 집합적 논리를 실수의 연속성이라 한다.

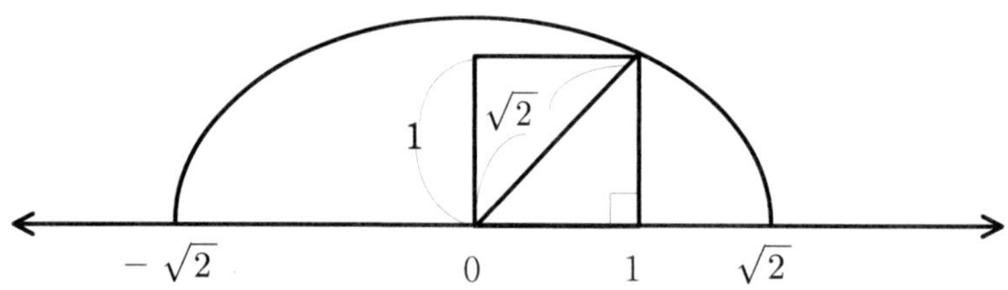

- 약수와 배수 -

42를 5로 나누면 몫=8이고, 나머지=2이다. 4개의 정수 42, 5, 8, 2 사이는

$$\begin{array}{ccccccc} 42 & = & 5 & \times & 8 & + & 2 \\ (\text{피제수}) & = & (\text{제수}) & \times & (\text{몫}) & + & (\text{나머지}) \end{array}$$

이다. 또, 42를 6으로 나누면 몫은 7이고 나머지는 0이다. 3개의 정수 42, 6, 7 사이는 $42 = 6 \times 7$ 이다. 따라서 정수 a를 정수 $b(\neq 0)$로 나눌 때, 나머지가 0이면 'a는 b로 나누어떨어진다.' 라고 한다. 또, 정수 a가 정수 b로 나누어떨어지면 $a = b \times$ (정수) (단, $b \neq 0$) 이다. 이때, a를 b의 배수, b를 a의 약수라 한다.

- 특정한 수의 배수 -

5, 10, 15, 20, 25, 30, ······

2, 4, 6, 8, 10, 12, …… 의 경우, 일(1)의 자리의 수가

5의 배수이면 그 수는 5의 배수.

2의 배수이면 그 수는 2의 배수.

가 되며 어떤 수가 어떤 수의 배수인가를 빨리 그리고 쉽게 판단할 수 있는 방법의 하나가 된다.

- 2의 배수 : 마지막 수가 짝수인 수
- 3의 배수 : 각 자리수의 합이 3의 배수인 수

$$a\,b\,c\,d\,e = 10000a + 1000b + 100c + 10d + e$$
$$= (9999a + 999b + 99c + 9d) + (a + b + c + d + e)$$

가 되므로

$a + b + c + d + e$가 3의 배수이면 $a\,b\,c\,d\,e$는 3의 배수

$a + b + c + d + e$가 9의 배수이면 $a\,b\,c\,d\,e$는 9의 배수

- 9의 배수 : 각 자리수의 합이 9의 배수인 수
- 4의 배수 : 마지막 두 자리 수가 4의 배수인 수
- 25의 배수 : 마지막 두 자리 수가 25의 배수인 수

$$a\,b\,c\,d\,e = a\,b\,c \times 100 + d\,e$$
$$= a\,b\,c \times 25 \times 4 + d\,e$$

$d\,e$가 4의 배수이면 $a\,b\,c\,d\,e$는 4의 배수

$d\,e$가 25의 배수이면 $a\,b\,c\,d\,e$는 25의 배수

- 5의 배수 : 마지막 수가 0 또는 5인 수
- 6의 배수 : 2의 배수이고 동시에 3의 배수인 수
- 8의 배수 : 마지막 세 자리 수가 8의 배수인 수
- 125의 배수 : 마지막 세 자리 수가 125의 배수인 수

$$a\,b\,c\,d\,e = a\,b \times 1000 + c\,d\,e$$
$$= a\,b \times 125 \times 8 + c\,d\,e$$

$c\,d\,e$가 8의 배수이면 $a\,b\,c\,d\,e$는 8의 배수

$c\,d\,e$가 125의 배수이면 $a\,b\,c\,d\,e$는 125의 배수

- 11의 배수 : 주어진 수의 각 자리수를 따로따로 생각할 때 홀수 번째의 각 자리수의 합에서 짝수 번째의 각 자리수의 합을 뺀 것이 11의 배수인 수

a b c d e = a(9999+ 1) + b(1001-1) + c(99+ 1) + d(11-1) + e

= $\underline{9999a + 1001b + 99c + 11d}$ + a - b + c - d + e

$\underline{9999a + 1001b + 99c + 11d}$ 가 11의 배수이므로

홀수 번째의 각 자리수의 합에서 짝수 번째의 각 자리수의 합을 뺀 값 (a - b + c - d + e)이 11의 배수이면 a b c d e는 11의 배수

예제) 123◇5가 3의 배수이다.

해설) 1+2+3+◇+5 = 11+◇가 3의 배수가 되도록 ◇를 채우면

◇는 0 ≦ ◇ ≦ 9인 정수이므로 ◇ = 1, 4, 7

예제) (1) 123x5, (2) 34y052가 각각 11의 배수가 되도록 x, y의 값을 정하면

해설) (1) 1-2+3-x+5 = 7-x가 11의 배수가 되려면,

x는 0 ≦ x ≦ 9인 정수이므로 x = 7

(2) -3+4-y+0-5+2 = -y-2가 11의 배수가 되려면,

y는 0 ≦ y ≦ 9인 정수이므로 y = 9

- 연속한 정수의 곱 -

(-1) × 0, 0 × 1, 1 × 2, 2 × 3, 3 × 4, 4 × 5, …

등은 어느 것이나 짝수가 들어 있으므로 그 결과는 2의 배수이다. 또, 연속한 3개 정수의 곱

(-1) × 0 × 1, 0 × 1 × 2, 1 × 2 × 3, 2 × 3 × 4, …

등은 어느 것이나 세 수 중에 2의 배수도 있고 3의 배수도 있으므로 그 결과는 2 및 3의 배수이다. 연속한 몇 개의 정수의 곱에는 다음과 같은 성질이 있다.

- 연속한 두 정수의 곱은 ⇨ 2의 배수이다.
- 연속한 세 정수의 곱은 ⇨ 2 및 3의 배수이다.
- 연속한 네 정수의 곱은 ⇨ 2, 3 및 4의 배수이다.
- 연속한 다섯 정수의 곱은 ⇨ 2, 3, 4 및 5의 배수이다.

- 소수와 합성수 -

2, 3, 5, 7의 양의 약수는 1과 그 자신 두 개 뿐이다. 이와 같이 1보다 큰 자연수 중에서 1과 그 자신만을 양의 약수로 가지는 자연수를 소수라 한다. 또, 4와 9의 양의 약수 개수는 각각 세 개이고, 6과 8의 양의 약수 개수는 각각 네 개다. 이와 같이 1과 그 자신 이외의 수를 양의 약수로 가지는 자연수를 비소수 또는 합성수라고 한다.

또, $60 = 5 \times 12$ 에서 5와 12는 60의 인수이다. 특히, 5처럼 소수인 인수를 소인수라 하며, $60 = 5 \times 3 \times 2^2$과 같이 합성수를 소수들만의 곱으로 나타내는 것을 소인수분해라고 한다.

- 2, 3, 5, 7의 양의 약수는 1과 그 자신 두 개 뿐이다.
- 4와 9의 양의 약수의 개수는 각각 세 개이고
- 6과 8의 양의 약수의 개수는 각각 네 개이다.
- 소수, 합성수는 1보다 큰 자연수 중에서 정의되므로 1은 소수도 합성수도 아니다.
- 1에는 양의 약수 1개, 소수에는 양의 약수 2개, 합성수에는 양의 약수가 3개 이상 존재한다.

- 나머지에 따른 정수의 분류 -

모든 정수를 2로 나누면 나머지는 0 또는 1이다. 2로 나눌 때 나머지가 0, 1이 되는 정수의 집합을 각각 A, B 라고 하면

$A = \{\cdots, -6, -4, -2, 0, 2, 4, 6, \cdots\} = \{2n \mid n\text{은 정수}\}$

$B = \{\cdots, -5, -3, -1, 1, 3, 5, \cdots\} = \{2n+1 \mid n\text{은 정수}\}$이고,

$A \cup B = \{n \mid n\text{은 정수}\}$, $A \cap B = \varnothing$이므로 모든 정수는 두 집합 A, B로 완전히 분류된다.

n이 임의의 정수일 때, 모든 정수를

- 2로 나눈 나머지에 따라 분류하면 ⇨ $2n$, $2n+1$
- 3으로 나눈 나머지에 따라 분류하면 ⇨ $3n$, $3n+1$, $3n+2$
- 4로 나눈 나머지에 따라 분류하면 ⇨ $4n$, $4n+1$, $4n+2$, $4n+3$

- 최소공배수 -

공통의 배수, 즉 공배수의 좋은 예로 우리나라와 중국에서 연도나 사람의 나이를 말할 때 갑자생(甲子生), 무술년(戊戌年)과 같이 사용하는 "십간십이지(十干十二支)"를 들 수 있다.

십간(十干)	갑(甲)	을(乙)	병(丙)	정(丁)	무(戊)	기(己)	경(庚)	신(辛)	임(壬)	계(癸)

십이지(十二支)	자(子) 쥐	축(丑) 소	인(寅) 범	묘(卯) 토끼	진(辰) 용	사(巳) 뱀	오(午) 말	미(未) 양	신(申) 원숭이	유(酉) 닭	술(戌) 개	해(亥) 돼지

십간은 10년 만에 한번, 십이지는 12년 만에 한번 되돌아오게 되어 있는데, "갑자(甲子)"의 해가 한번 지난 다음에 다시 돌아오려면 "갑(甲)"은 10년에 1번 돌아오기 때문에 10의 배수이고, "자(子)"는 12년에 1번 돌아오므로 12의 배수가 된다. 따라서 "갑자(甲子)"는 10과 12 공통의 배수가 되는 해마다 돌아온다. 십간(十干)과 십이지(十二支)를 나열하여 보면

십간	10	20	30	40	50	60	70	80	90	100	110	120	130
십이지	12	24	36	48	60	72	84	96	108	120	132	144	156

이 중에서 공통의 수를 찾으면 제일 먼저 60부터 시작된다. 60은 10과 12의 공통의 배수 중에서 가장 작은 배수이므로 10과 12의 최소공배수라 한다. 만 60세를 환갑 또는 회갑이라 부르는 이유가 여기에 있다. 그 다음에 "갑자"의 해가 찾아오는 것은 120년째, 다음에는 180년째, 240, … 이 되므로 10과 12의 공배수는 60, 120, 180, 240, … 과 같이 60의 배수가 된다. 이러한 규칙이 있기 때문에 이를 이용하여 공배수를 구하기 위해서는 먼저 최소공배수를 찾으면 된다.

- 최대공약수 -

공배수 중에서는 가장 작은 최소공배수가 중요하지만 공통의 약수 즉, 공약수에서 최소의 것은 언제나 1이므로 최소공배수와는 반대로 가장 큰 최대공약수를 찾는 것이 중요하다.

21, 48 두 정수의 최대공약수를 찾기 위해서 다음의 방법으로 생각해보면

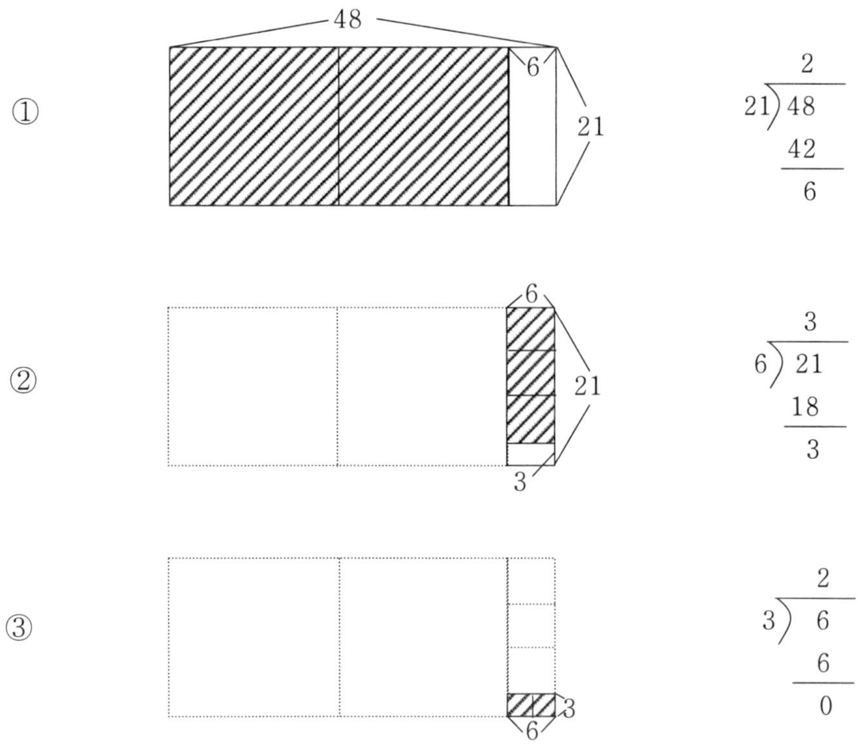

우선 위 그림 ①처럼 가로가 48, 세로가 21인 직사각형을 생각하여 이 직사각형으로부터 가능한 한 제일 큰 정사각형을 잘라낸다. 그림 ②에서처럼 한 변의 길이가 21인 정사각형 2개를 잘라 내면 세로가 21, 가로가 6인 직사각형이 남게 된다. 또 처음과 같이 정사각형을 잘라 낸다. 이렇게 계속 반복하면 마침내 그림 ③과 같이 한 변이 3인 정사각형 2개를 잘라내게 되는데 이 3이 6, 21, 48의 공약수가 된다. 3보다 큰 정수는 6과 21의 공약수가 아니며, 또 21과 48의 공약수도 아니다. 따라서 3보다 큰 정수 중에는 21과 48의 공약수가 존재하지 않는 것

이다. 즉, 서로 나누어 가면서 마침내 나누어떨어지지 않게 될 때의 수가 최대공약수이며, 이와 같이 두 정수로 서로 나누어 가는 계산법을 "호제법"(互除法, 서로 나누는 방법)이라고 부른다.

이상의 내용을 간단히 하기 위해 정수 a, b의 최대공약수를 (a, b)의 형태로 표현하면 (21, 48) = 3 이다.

가로 48, 세로 21인 직사각형의 가로, 세로를 각각 2배하면 96과 42가 되지만, 정사각형을 잘라내는 방법은 여전히 같으므로 결국 마지막에 잘라내는 정사각형의 변도 2배가 되기 때문에 3의 2배인 6이어야 한다. 따라서 (42, 96) = 2(21, 48) = 2 × 3 = 6 = (ac, bc) = c(a, b)가 된다. 이로 인해 두 수의 최대공약수는 두 수를 임의의 공약수로 나눈 몫끼리의 최대공약수에 그 공약수를 곱한 것과 같음을 알 수 있다.

따라서 최대공약수를 이용해서 최소공배수를 구하기 위해서는 둘 사이의 다음 관계를 알면 된다.

<u>**두 수의 최대공약수와 최소공배수의 곱은 이 두 수의 곱과 같다.**</u> … ①

a, b의 최대공약수와 최소공배수가 각각 G, L일 때 G × L = a × b 이므로 L = $\frac{a \times b}{G}$ 로 정리될 수 있다. 즉, 최대공약수 G를 알면 최소공배수는 간단히 구할 수 있다.

예를 들어 두 수 21, 48의 최대공약수는 3이기 때문에 최소공배수 L은 L = $\frac{21 \times 48}{3}$ = 336 이다.

이것은 소인수분해(소수끼리의 곱)를 사용하는 방법과 내용이 같다.

$$21 = 3 \times 7$$
$$48 = 3 \times 2 \times 2 \times 2 \times 2$$
$$3 \times 7 \times 2 \times 2 \times 2 \times 2 = 336$$

즉, 21과 48을 각각 소인수분해하여 공통인 소인수와 공통이 아닌 소인수를 모두 곱해서, 이 두 수의 최소공배수를 구하는 것과 같다.

(a, n) = 1(a와 n의 최대공약수가 1, 이것은 a와 n이 "서로 소")이고, ab가 n으로 나누어떨어질 때 b는 n으로 나누어떨어진다. … ②

이는 세 수 ab, bn, n의 최대공약수(ab, bn, n)를 생각해 보면 증명할 수 있다. 처음의 두 수 ab, bn의 최대공약수는 (ab, bn)=b(a, n)=b · 1=b 이므로 (ab, bn, n)은 b와 n의 최대공약수 즉, (ab, bn, n)=(b, n)가 된다.

- 음수 -

인도 사람들은 음수를 "부채(빚)"라 하였고 중국 사람은 빨갛게 물들여 계산에 쓰이는 막대로 음수를 표현하였다. 지금도 예산이 마이너스가 되었다는 것을 "적자(赤字)"라고 표현하는데 이는 여기서 유래된 것인 반면, 유럽에서는 음수의 개념이 아주 늦게 시작되었으며 데카르트(R. Descartes, 1596-1650)가 0과 함께 음수를 직선위에 나타내면서부터 본격화되었다.

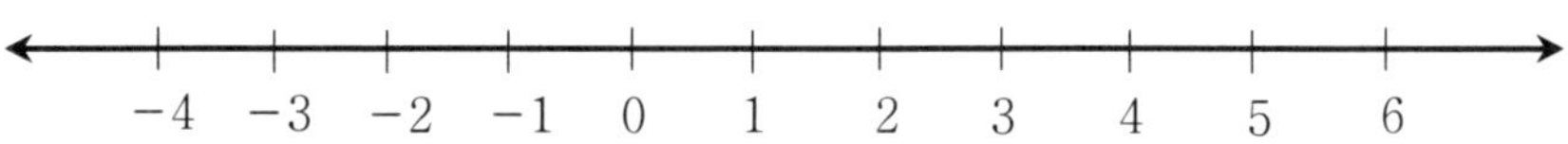

음수란 "0보다 작은 수"라고 설명하는 것이 일반적인 설명이다. 16세기경 유럽의 수학자들도 음수는 0보다 작은 수라고 하면서도 실제로 존재하지 않는 "가짜 수" 라고 잘못 생각하고 있었다. 여기서 주의할 것은 음수가 "0보다 작은 수" 라고 할 때 "0"은 아무것도 없다는 뜻이 아니라 0을 기준으로 사용하기 위해 위치적 의미로 "가리킨다." 라고 생각하여야 한다.

실제로 온도계의 경우를 생각해 보면 음수가 있기 때문에 큰 수를 사용하지 않아도 된다. 물이 얼 때의 온도를 0℃로 하여 그보다 낮은 온도를 마이너스(-)로 나타내고 있다. 그밖에 바다(수면) 위쪽의 높이를 +, 그 아래쪽을 - 로 나타낸다든지 출발 지점을 0으로 하여 동쪽 방향을 + 라고 할 때 서쪽 방향은 - 로 나타내어진다든지 하는 경우이다.

- 음수의 곱셈 -

음수 × 음수가 양수가 되는 것을 음수는 “아니다”로 양수는 “그렇다”로 치환하면 이 계산 법칙을 이해하기 쉽다. 우리말에 “아닌 게 아니라 그렇다”라는 표현이 있는데 이것이 바로 “음수 × 음수 = 양수”를 설명하기에 가장 알맞은 표현이다.

또, 1은 2-1, 3-2, 4-3, … , 2는 3-1, 4-2, 5-3, … 와 같이 표현할 수 있으므로 이것들을

1 = (2, 1) = (3, 2) = (4, 3) = ……
2 = (3, 1) = (4, 2) = (5, 3) = …… 와 같이 나타낼 수 있다.

따라서 모든 정수의 형태를 (a, b) ………①로 정의하여 a>b 이면 ①은 양수이고, a<b 이면 ①은 음수이다.

그러므로 두 정수의 덧셈 (a, b) (c, d) = (a+c, b+d) ……②가 된다.
예를 들어 (1, 2) (2, 1) = (1+2, 2+1) = (3, 3) 즉, -1 + 1 = 0이 되어 일반적인 계산과 일치한다.

또, 곱셈은 (a, b) × (c, d) = (a × c + b × d, a × d + b × c)……③에 의해 (3, 1) × (5, 2) = (17, 11)가 된다. 따라서 (-1) × (-1)을 ③과 같이 계산하면 = (1, 2) × (1, 2) = (1 × 1 + 2 × 2, 1 × 2 + 2 × 1) = (5, 4) = 1이 된다.
즉, 양수끼리의 곱셈을 음수가 섞인 수(정수)의 곱셈으로 생각해보면
음수 × 음수 = 양수가 된다는 것을 알 수 있다.

- 음수의 나눗셈 -

곱셈의 법칙에서 유도된 것이 나눗셈의 법칙이다.
(+3) × (+2) = (+6)에 의해서 (+6) ÷ (+2) = (+3),

$(+3) \times (-2) = (-6)$에 의해서 $(-6) \div (-2) = (+3)$,

$(-3) \times (+2) = (-6)$에 의해서 $(-6) \div (+2) = (-3)$,

$(-3) \times (-2) = (+6)$에 의해서 $(+6) \div (-2) = (-3)$

을 유도할 수 있다. 다시 말해

(양수) ÷ (양수) = (양수)

(음수) ÷ (음수) = (양수)

(음수) ÷ (양수) = (음수)

(양수) ÷ (음수) = (음수) 가 된다.

즉, 곱셈과 같이 양수를 양수로 나누면 부호가 바뀌지 않고 음수로 나눌 때는 바뀐다. 다시 말해 $a \div b = c$와 $a = b \times c$는 같은 뜻이기 때문에 나눗셈에서 이 법칙은 곱셈의 경우를 바꾸어 나타낸 것에 지나지 않는다.

또, (+)와 (-)를 사용하는 곱셈 법칙은

① 절대 값을 곱한다.

② (+)와 (+) 또는 (-)와 (-)의 경우 그 절대 값의 곱에 (+)를 붙이고, (-)와 (+) 또는 (+)와 (-)의 경우는 (-)를 붙인다.

다시 말해 (+)의 수를 곱한다는 것은 부호를 바꾸지 않는다는 것이고 반대로 (-)의 수를 곱한다는 것은 부호를 바꾸는 결과이다. 특히 직선상에 수의 자리를 정하여 만든 수직선을 가지고 생각해 보면 어느 수에 (-)를 곱하는 것은 점의 위치를 0을 중심으로 해서 180° 회전한 것과 같은 결과가 된다.

예를 들어 $(+3) \times (-1) = (-3)$, $(-4) \times (-1) = (+4)$의 경우 점 3을 180° 회전하면 -3이 되고, 점 -4를 180° 회전하면 4가 된다.

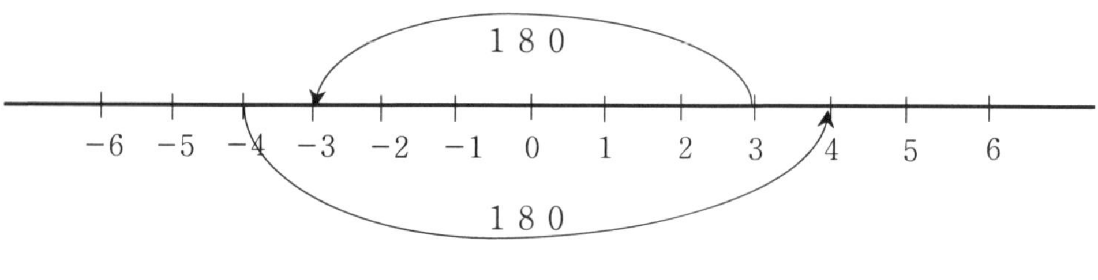

2-27 아날로그와 디지털

(+1)을 곱하는 경우는 점의 위치를 바꾸지 않는다는 결과이므로

(+3) × (+1) = (+3), (-4) × (+1) = (-4)가 성립하며 이 법칙을 이용하면

(+5) × (+2)는 5의 위치를 회전시키지 않고 그대로 점의 위치를 2배 늘인다는 뜻이고, (+5)×(-2)=(+5)×(-1)×(+2)이기 때문에 (+5)는 0을 중심으로 180° 회전시킨 후 다시 점의 위치를 2배 늘인 것이라 생각할 수 있다.

이 때문에 수학은 다른 과학과 크게 다르다고 할 수 있다. 과학에서는 자연, 경제현상 등의 결과가 어디엔가 이미 존재하고 있지만 수학에서는 **"수학현상"**이라는 것이 존재하지 않으며 우리 머릿속의 생각일 뿐이다. 그래서 수학에서는 기본 약속인 **"정의"**라는 말을 사용하고 있으며 1+1=2가 되는 것도 정의이다. 정의는 모든 사람이 무의식적으로 생각하고 있는 것을 나타내는 경우도 있고 마이너스 수의 곱셈 규칙처럼 일부 사람들이 경험하고 있는 사실을 근거로 해서 만들어지는 약속도 있다. 쓸모가 있는 약속은 받아들여지고 그렇지 않을 때는 인정하지 않는다. 이것이 오늘날 정보화 사회를 이루는 근간이 되었다.

- 절대 값 -

수학에서는 곱셈에 관한 법칙(약속)을

같은 부호를 가진 두 수의 곱은 각 절대값의 곱에 양(+)의 부호를 붙인다. … ①
다른 부호를 가진 두 수의 곱은 각 절대값의 곱에 음(-)의 부호를 붙인다. … ②
수직선상의 어떤 점과 원점과의 거리를 나타내는 수 ………………………………… ③

라고 정의하고 있다.

즉, 절대 값이란 |3| = 3, |-3| = 3, |0| = 0과 같이 주어진 수에서 부호를 제거한 수임을 알 수 있다.

이해를 돕기 위해 돈의 수입과 지출로 표현하면 "200원만 빌려 주세요"를 "+200원만 빌려 주세요" 반대로 "-200원 빌려 드립니다."라고 하지 않고 그냥 "200원"이라고 표현하는 것과 같다.

- 지수와 로그 -

임의의 실수 a, b와 양의 정수 m, n에 대하여

1. $a^m a^n = a^{m+n}$

2. $(a^m)^n = a^{mn}$

3. $(ab)^n = a^n b^n$

4. $a^m \div a^n = \begin{cases} a^{m-n} & (m > n \text{ 일때}) \\ 1 & (m = n \text{ 일때}) \\ \dfrac{1}{a^{n-m}} & (m < n \text{ 일때}) \end{cases}$ (단, $a \neq 0$)

(i) $m = 0$일 때 $a^m a^n = a^{m+n}$ 이 성립하면

$$a^0 a^n = a^{0+n} = a^n$$

위의 식의 양변을 a^n으로 나누면 $a^0 = 1$

(ii) $m = -n$일 때 $a^m a^n = a^{m+n}$이 성립하면

$$a^{-n} a^n = a^{-n+n} = a^0$$

위의 식의 양변을 a^n으로 나누면 $a^{-n} = \dfrac{1}{a^n}$

∴ $a \neq 0$ 이고, n이 양의 정수일 때 $a^0 = 1$, $a^{-n} = \dfrac{1}{a^n}$

예제) 다음 식을 간단히 하여라.

(1) $10^3 10^2$ (2) $(10^3)^2$ (3) $(8^2 9^3)^5$

해설) (1) $10^3 10^2 = 10^{3+2} = 10^5$

(2) $(10^3)^2 = 10^{3 \times 2} = 10^6$

(3) $(8^2 9^3)^5 = \{(2^3)^2 (3^2)^3\}^5 = \{(2 \times 3)^6\}^5 = 6^{30}$

예제) 다음 식을 간단히 하여라.

(1) $\frac{12^3}{2^9}$ (2) $10^9 \div 10^3$ (3) $10^5 \div 10^7$

해설) (1) $\frac{12^3}{2^9} = \frac{12^3}{(2^3)^3} = \left(\frac{12}{2^3}\right)^3 = \left(\frac{12}{8}\right)^3 = \left(\frac{3}{2}\right)^3 = \frac{27}{8}$

(2) $10^9 \div 10^3 = 10^{9-3} = 10^6$

(3) $10^5 \div 10^7 = \frac{1}{10^{7-5}} = \frac{1}{10^2} = \frac{1}{100}$

예제) 다음 값을 구하여라.

(1) 3^0 (2) $(-10)^0$ (3) 5^{-2} (4) $(-2)^{-3}$

해설) (1) $3^0 = 1$

(2) $(-10)^0 = 1$

(3) $5^{-2} = \frac{1}{5^2} = \frac{1}{25}$

(4) $(-2)^{-3} = \frac{1}{(-2)^3} = -\frac{1}{8}$

예제) 다음 식을 간단히 하여라.

(1) $a^5 a^{-3}$ (2) $(a^5)^{-3}$ (3) $a^5 \div a^{-3}$

해설) (1) $a^5 a^{-3} = a^{5+(-3)} = a^2$

(2) $(a^5)^{-3} = a^{5 \times (-3)} = a^{-15}$

(3) $a^5 \div a^{-3} = a^{5-(-3)} = a^8$

예제) 다음 식을 간단히 하여라.

$2^3 \times (3^{-3})^2 \div (2^2)^3 \times (3^{-2})^{-4}$

해설) $2^3 \times (3^{-3})^2 \div (2^2)^3 \times (3^{-2})^{-4} = 2^3 \times 3^{-6} \div 2^6 \times 3^8$

$= 2^3 \times 3^{-6} \times 2^{-6} \times 3^8$

$= 2^3 \times 2^{-6} \times 3^{-6} \times 3^8$

$= 2^{3-6} \times 3^{-6+8}$

$$= 2^{-3} \times 3^{2}$$

$$= \frac{9}{8}$$

$3^x = 9,\ 3^x = 10$ 에서 x의 값을 구했을 때 $3^x = 9$를 만족시키는 x의 값은 $3^x = 9,\ 3^x = 3^2,\ x = 2$ 와 같이 쉽게 구할 수 있지만 $3^x = 10$을 만족시키는 x의 값은 유리수의 범위에서는 구할 수 없다. 이 경우 기호 log(Logarithm)를 사용한다.

즉, $3^x = 10$일 때, $3^x = 10$을 만족시키는 x를 $x = log_3 10$으로 나타내고, x는 3을 밑으로 하는 10의 로그라 한다.

또, a가 1이 아닌 양수이고 b가 양수일 때,

$a^x = b,\ x = log_a b\ (a > 0,\ a \neq 1,\ b > 0)$ 가 된다.

- 지수와 로그의 관계 -

a를 밑수로 하는 b의 로그 즉, $log_a b$가 성립되려면,

- a는 1이 아닌 양수($a > 0,\ a \neq 1$) 이므로
  $log_{-2}3,\ log_0 6,\ \log_1 5$ 등은 성립되지 않는다.
- b는 양수($b > 0$)

따라서 $\log_2(-3),\ \log_{10}(-0.1),\ log_5 0$ 등은 성립되지 않는다.

예제) 다음 등식을 $x = log_a b$의 형태로 하면

(1) $2^5 = 32$　　(2) $9^{\frac{1}{2}} = 3$　　(3) $10^{-2} = 0.01$

해설) (1) $5 = log_2 32$　　(2) $\frac{1}{2} = log_9 3$　　(3) $-2 = log_{10} 0.01$

예제) 다음 등식을 $a^x = b$의 형태로 하면

(1) $log_3 9 = 2$　(2) $log_8 2 = \frac{1}{3}$　(3) $\log_{10}\frac{1}{1000} = -3$

해설) (1) $3^2 = 9$　(2) $8^{\frac{1}{3}} = 2$　(3) $10^{-3} = \frac{1}{1000}$

예제) 다음 값이 정의되기 위한 x 값의 범위를 구하면

(1) $log_{(x-1)}4$　(2) $log_2(x+2)$　(3) $log_{(x+1)}(-2x^2+3x+2)$

해설) $log_a b$에 대하여 $a > 0$, $a \neq 1$, $b > 0$이어야 하므로

(1) $x-1 > 0$, $x-1 \neq 1$ 에서 $x > 1$, $x \neq 2$

(2) $x+2 > 0$ 에서 $x > -2$

(3) 밑수 $x+1 > 0$, $x+1 \neq 1$와 진수 $-2x^2+3x+2 > 0$이 공통이므로

x 의 범위는 $-\frac{1}{2} < x < 0$, $0 < x < 2$

- 로그의 기본 성질 -

$a > 0$, $a \neq 1$ 이고 $x > 0$, $y > 0$일 때
1. $log_a a = 1$, $log_a 1 = 0$
2. $log_a xy = log_a x + log_a y$
3. $\log_a \frac{x}{y} = log_a x - log_a y$
4. $log_a x^n = n log_a x$ (n은 실수)

1. $a^1 = a$ 이므로 $log_a a = 1$, $a^0 = 1$ 이므로 $log_a 1 = 0$

$\therefore$ $log_2 2 = 1$, $log_{10} 10 = 1$, $log_2 1 = 0$, $log_{10} 1 = 0$

2. $log_a x = m$, $log_a y = n$이라 하면 $a^m = x$, $a^n = y$

$\therefore xy = a^m a^n = a^{m+n}$, $xy = a^{m+n}$

이것을 로그로 표현하면 $log_a xy = m + n$

$\therefore \ log_a xy = log_a x + log_a y$

3. $log_a x = m, log_a y = n$이라 하면 $a^m = x,\ a^n = y$

$\therefore \ \frac{x}{y} = \frac{a^m}{a^n} = a^{m-n} \quad , \quad \frac{x}{y} = a^{m-n}$

이것을 로그로 표현하면 $\log_a \frac{x}{y} = m - n$

$\therefore \ \log_a \frac{x}{y} = log_a x - log_a y$

4. $log_a x = m$이라 하면 $x = a^m \quad \therefore \ x^n = (a^m)^n = a^{mn} \ , \quad x^n = a^{mn}$

이것을 로그로 표현하면 $log_a x^n = mn = nm = nlog_a x \quad \therefore \ log_a x^n = nlog_a x$

예제) 다음 식의 값을 간단히 하면

(1) $log_{10}25 + log_{10}2 - log_{10}5$

(2) $\log_3 \sqrt{2} + \frac{1}{2}\log_3 \frac{1}{3} - \frac{3}{2}\log_3 \sqrt[3]{6}$

해설) (1) $log_{10}A + log_{10}B - log_{10}C = log_{10}\frac{AB}{C}$ 이므로

$$log_{10}25 + log_{10}2 - log_{10}5 = \log_{10}\frac{25 \times 2}{5} = log_{10}10 = 1$$

(2) $\log_3 \sqrt{2} = \log_3 2^{\frac{1}{2}} = \frac{1}{2}\log_3 2,\ \log_3 \frac{1}{3} = \log_3 3^{-1} = -\log_3 3 = -1$

$$\log_3 \sqrt[3]{6} = \frac{1}{3}\log_3(2 \times 3) = \frac{1}{3}(log_3 2 + log_3 3) = \frac{1}{3}(log_3 2 + 1)$$

그러므로 $\log_3 \sqrt{2} + \frac{1}{2}\log_3 \frac{1}{3} - \frac{3}{2}\log_3 \sqrt[3]{6}$

$$= \frac{1}{2}log_3 2 + \frac{1}{2} \times (-1) - \frac{3}{2} \times \frac{1}{3}(log_3 2 + 1)$$

$$= \frac{1}{2}log_3 2 - \frac{1}{2} - \frac{1}{2}log_3 2 - \frac{1}{2} = -1$$

- 밑수 변환 공식 -

$a > 0,\ a \neq 1$이고 $b > 0$일 때
1. $log_a b = \dfrac{log_c b}{log_c a} \quad (c > 0,\ c \neq 1)$
2. $log_a b = \dfrac{1}{log_b a} \quad (b \neq 1)$

$log_a b = m$이라 하면 $b = a^m$,

양변에 c를 밑수로 log를 취하면 $log_c a^m = log_c b$

$\therefore\ m log_c a = log_c b$ 이고 $a \neq 1$ 이므로 $log_c a \neq 0$

$\therefore\ m = \dfrac{log_c b}{log_c a}$, $log_a b = \dfrac{log_c b}{log_c a}$ ($c = b$이면 $log_a b = \dfrac{log_b b}{log_b a} = \dfrac{1}{log_b a}$)

예제) 다음 식을 간단히 하여라.

(1) $\log_2 3 \cdot \log_3 5 \cdot \log_5 8$ (2) $3\log_{10}\sqrt[3]{10000}$

(3) $2\log_2\sqrt{6} - \log_2\dfrac{3}{4}$ (4) $2^{\log_2 10 + \log_2 12 - \log_2 40}$

해설) $log_a b = \dfrac{log_c b}{log_c a} \quad (c > 0,\ c \neq 1)$ 가 되므로

(1) $log_2 3 \cdot log_3 5 \cdot log_5 8 = \dfrac{log_{10}3}{log_{10}2} \cdot \dfrac{log_{10}5}{log_{10}3} \cdot \dfrac{3log_{10}2}{log_{10}5} = 3$

(2) $3\log_{10}\sqrt[3]{10000} = 3 \cdot \dfrac{1}{3}\log_{10}10^4 = 4\log_{10}10 = 4$

(3) $2\log_2\sqrt{6} - \log_2\dfrac{3}{4} = 2 \cdot \dfrac{1}{2}\log_2(2 \cdot 3) - (\log_2 3 - \log_2 2^2)$

$= \log_2 2 + \log_2 3 - \log_2 3 + 2\log_2 2$

$= 1 + 2 = 3$

(4) $2^{\log_2 10 + \log_2 12 - \log_2 40}$

$$= \log_2 10 + \log_2 12 - \log_2 40 = \log_2 \frac{10 \cdot 12}{40} = \log_2 3$$

$$\therefore\ 2^{\log_2 10 + \log_2 12 - \log_2 40} = 2^{\log_2 3} = 3$$

또, 10진법을 표현하는 10진수에서 10을 밑수로 하는 로그를 상용로그라 하며 밑수 10을 생략하여 표시($log_{10}x \leftrightarrow logx$)할 수 있으나 $log_2 10$, $log_3 5$ 등 상용로그가 아닌 것은 밑수를 생략할 수 없다.

$$log100 = log_{10}100 = log_{10}10^2 = 2$$
$$log1000 = log_{10}1000 = log_{10}10^3 = 3$$
$$log0.01 = log_{10}0.01 = log_{10}10^{-2} = -2$$

예제) 컴퓨터를 이용하여 다음 식에서 x의 값을 구하여라.

(1) $log3.1 = x$ (2) $log8.15 = x$

(3) $logx = 0.3729$ (4) $logx = 0.8904$

해설) (1) $log3.1 = 0.4914$ (2) $log8.15 = 0.9112$

(3) $log2.36 = 0.3729$ (4) $log7.77 = 0.8904$

- 제곱근 -

$x^2 = a$ ($a \geqq 0$)와 같이 어떤 수 x를 제곱하여 음이 아닌 수 a가 될 때, x를 a의 제곱근이라 한다.

즉, 제곱해서 a ($a \geqq 0$)가 되는 수는 a의 제곱근이다.

예제) (1) 9, (2) 5의 제곱근을 구하면

해설) (1) $3^2 = 9$, $(-3)^2 = 9$ 이므로 9의 제곱근은 3과 -3

(2) $(\sqrt{5})^2 = 5$, $(-\sqrt{5})^2 = 5$ 이므로 5의 제곱근은 $\sqrt{5}$와 $-\sqrt{5}$

※ a가 양수일 때 a의 제곱근에는 양수와 음수 2개 존재한다.

즉, a의 제곱근 => $\pm\sqrt{a}$, 제곱근 a => $\sqrt{a}$

따라서 9의 제곱근은 3과 -3이고, 제곱근 9 즉, $\sqrt{9}$는 3뿐이다.

※ 제곱해서 0이 되는 수는 0뿐이므로 0의 제곱근은 0이다.

※ a의 n제곱근에서 n이 짝수일 때 양수 a의 n제곱근 중 실수인 것은 양과 음이 있다. 양인 것을 $^{n}\sqrt{a}$, 음인 것을 $-^{n}\sqrt{a}$로 나타내며, 음수 a의 n제곱근 중 실수인 것은 없다. 또 n이 홀수일 때 실수 a의 n제곱근 중 실수인 것은 오직 하나뿐이다.

예제) $\sqrt{3^2}$, $\sqrt{(-3)^2}$을 계산하면

해설) 3^2=9이므로 $\sqrt{3^2} = \sqrt{9} = 3$, 또 $(-3)^2$=9이므로 $\sqrt{(-3)^2} = \sqrt{9} = 3$이다.

a ≧ 0일 때 $\sqrt{a^2}$ = a , a < 0일 때 $\sqrt{a^2}$ = -a

따라서 a가 실수일 때 a의 값에 관계없이 $\sqrt{a^2}$ = ∣a∣ 가 성립된다.

즉, $\sqrt{a^2}$=∣a∣ 는 a가 0과 같거나 클 때, 0보다 작을 때로 구분된다.

또, $2^3 = 8$에서 2를 8의 세제곱근이라 하고, $^{3}\sqrt{8}$로 표현하고

또 $(-2)^3 = -8$에서의 -2를 -8의 세제곱근이라 하고, $^{3}\sqrt{-8}$이라 하며

$^{3}\sqrt{8} = 2$, $^{3}\sqrt{-8} = -2$ 이므로 $^{3}\sqrt{a^3} = a$ 이다.

4의 제곱근과 $\sqrt{4}$의 경우 제곱해서 4가 되는 수를 x라고 하면,

$x^2 = 4$에서 $x = \pm 2$이므로 양수 2를 $\sqrt{4}$, 음수 -2를 $-\sqrt{4}$ 로 나타낸다.

따라서 8의 세제곱근과 $^{3}\sqrt{8}$ 세제곱하여 8이 되는 수를 x라고 하면

$x^3 = 8$에서 $x^3 - 2^3 = 0$, $(x-2)(x^2+2x+4) = 0$

$\therefore x = 2,\ -1+\sqrt{3}i,\ -1-\sqrt{3}i$

∴ 8의 세제곱근은 2, $-1+\sqrt{3}i$, $-1-\sqrt{3}i$ 가 되며 실수 2= $^{3}\sqrt{8}$ 이다.

Tip a의 n 제곱근

- **n 이 짝수 일 때 :** 양수 a의 n 제곱근 중 실수인 것은 양, 음 2개가 존재하는데 양인 것을 $\sqrt[n]{a}$, 음인 것을 $-\sqrt[n]{a}$로 나타내며 음수 a의 n 제곱근 중 실수인 것은 없다.
- **n 이 홀수 일 때 :** 실수 a의 n 제곱근 중 실수인 것은 오직 하나 뿐이며 $\sqrt[n]{a}$ 로 나타낸다.

$\sqrt[n]{a}$는 "n 제곱근 a"라 읽으며, $\sqrt[n]{\ }$를 "n 제곱근 호"라 하고, $\sqrt[2]{a}$에서 2를 생략하여 $\sqrt{a}$ 로 표현하며 "제곱근 a" 라 읽는다.

특히, 0 의 n 제곱근은 0 뿐이다. 즉, $\sqrt[n]{0} = 0$ 이다.

2. 아날로그의 표준화와 규격화

사람과 모든 만물들 사이에 주고받을 수 있는 모든 형태의 의사표시를 정보라 하며, 음성, 문자, 기호, 언어, 색깔, 느낌, 영상 등 여러 가지 형태와 방법(Multimedia)이 있다. 정보표현의 방법은 사전 약속에 의해 약속(Protocol)된 의미대로 표현하여 의사 전달을 하는 것으로, 같은 표현도 약속한 내용에 따라 다른 의미로 전달될 수 있으며 인간의 언어, 동물의 울음, 식물의 모습, 야구 선수의 수화, 우편물의 송·수신인 표시와 우편번호, 교통신호, 봉화 등 정보의 표현과 약속은 우리 생활의 전부를 차지하고 있다.

정보의 표현을 위한 약속은 신학적이고 철학적인 의미와 매우 기초적인 논리에서부터 시작된다고 할 수 있다. 우주 속과 우주 밖, 하늘과 땅, 살아 있는 것과 죽은 것, 여자와 남자 등 2가지 현상에 의해 이 세상 모든 것의 의미가 결정되고 모든 이론과 논리는 여기서부터 시작된다. 2가지 논리로 표현되는 상태를 하나는 0으로, 다른 하나는 1이라 표현하기로 약속하여 '있다, 존재한다, 살아있다'라는 현상은 1과 같은 의미 '없다, 죽었다, 소멸되었다'는 0과 같은 의미로 사용하기로 하여 0과 1 두 개의 숫자만으로 이루어진 대수적 표현 방법과 수의 체계를 2진법 체계(Binary Number System)라 한다.

이 같이 0과 1로 표현할 수 있는 기본 단위를 bit(Binary Digit)라고 하며, 이는 모든 정보 표현의 최소 단위이며 오늘날 대부분의 기계에서 사용되는 기본적 디지털(Digital)값이다.

1) 비트와 바이트

1-1) 비트(bit)

Binary Digit의 합성어로 2진수 표현방법의 가짓수 중 한 개(0 or 1), 보수(Complement), 4분의 4박자 리듬 중 1박자(♩), 마우스의 클릭(Click), 시계의 초침동작 등 어떤 사물이나 동작의 최소 단위를 의미하지만, 가장 일반적으로 사용되는 비트의 개념은 컴퓨터, 정보통신기기, 가전제품 등에서 사용되는 정보와 신호 표현의 최소 단위이다. 이 세상에 존재하는 모든 수와 사물을 그릇에 넣는 경우를 생각해보면 한 개의 그릇에 한 개만한 크기로 한 개(bit)밖에 넣을 수 없다. 만약 한 개 이상 넣으려면 한 개의 그릇(Carry 올림 현상)을 더 필요로 할 때 이를 2진수라 한다. 따라서 2진수는 0 또는 1의 경우만 존재하게 되므로 2진수 1자리로는 2종류밖에 구별할 수 없으며 n자리로는 2n(=2∏n) 가지를 구별할 수 있다. 예를 들어 2진수 세 자리에 나타낼 수 있는 표현방법의 가지 수는 2∏3=2^3=8 가지이다.

1-2) 바이트(BYTE)

IBM, UNIVAC, CDC, FACOM 등 비표준화 된 대용량 계산기시대가 가고 1971년 인텔(Intel, 1968, 실리콘밸리)에서 일본의 계산기 회사 비지컴(Busicom)과 함께 세계 최초로 개발된 마이크로프로세서(Microprocessor; 산술논리연산기, 레지스터, 프로그램 카운터, 명령디코더, 제어회로 등을 1개의 작은 실리콘 칩에 모아놓은 비메모리형 반도체, 주기억장치에 존재하는 명령의 해석과 실행) 4004의 출현을 시작으로 표준화와 호환성을 추구하며 급속하게 발전하는 프로세서 응용의 표준과 호환성을 위해 1967년 제정 후 1986년 최종 개정된 ASCII(American Standard Code for Information Interchange)로부터 시작된 영문자 정보표현의 최소 단위이다. 이때부터 바이트는 전 세계에서 컴퓨터가 처리하는 정보의 기본단위로 사용되게 되었으며 캐릭터(Character)라고도 하며 2∏8=2^8=256 가지를 표현할 수 있다.

2) 수가 담길 그릇의 크기

우리 인간의 손가락과 발가락이 각각 10개씩인 이유로 일상생활에서 사용하고 있는 수의 체계(Number System)가 10진법(Decimal Number System)인지는 모르겠으나, 우리 인간은 0에서 9까지 10개의 숫자를 사용하여 모든 수를 표시하고 이에 따르는 의미 부여에 익숙해 있다.

10진수로 498이라는 의미는 $(4 \times 100) + (9 \times 10) + (8 \times 1)$
즉, $4 \times 10^2 + 9 \times 10^1 + 8 \times 10^0$ 의 형태로 전개된다.

이와 같이 10진수의 각 자리를 10의 거듭 제곱으로 표현했을 때 10을 기수(Radix)라 하며 또 10진법이라는 것은 10을 기수로 하는 표기법을 의미한다.

진법은 최소 단위인 2부터 시작하여 필요한 형태로 자유롭게 표현될 수 있다. 즉, R진법으로 표시되는 어떤 수 N은 다음과 같이 표현된다.

$$N = A_{n-1} \text{.........} A_1\ A_o,\ A_{-1} \text{.....} A_{-m}\ (\text{단, } O \leq A_i < R\ )$$
$$= A_{n-1}\ R_{n-1} + \text{....} + A_1\ R^1 + A_0\ R^0 + A_{-1}\ R^{-1} + \text{....}\ A_{-m}\ R^{-m}$$

(N = 주어진 수,　R = 임의의 수의 기수)

오늘날 모든 정보의 표현과 정보통신기기에서는 10진법(Decimal Number), 2진법(Binary Number), 8진법(Octal Number), 16진법(Hexadecimal Number) 등이 주로 사용된다.

10진법은 10을 기수(Radix)로 하여 0부터 9까지 10개의 숫자를 사용하고, 2진법은 2를 기수로 하여 0, 1 2개의 숫자를 사용하며, 8진법은 8을 기수로 하여 0부터 7까지 8개 숫자를 사용한다. 또한 16진법은 16을 기수로 하여 0~9, A, B, C, D, E, F까지 16개의 숫자를 사용한다.

- 수의 체계 -

10진법	2진법	8진법	16진법
0	0	0	0
1	1	1	1
2	10	2	2
3	11	3	3
4	100	4	4
5	101	5	5
6	110	6	6
7	111	7	7
8	1000	10	8
9	1001	11	9
10	1010	12	A
11	1011	13	B
12	1100	14	C
13	1101	15	D
14	1110	16	E
15	1111	17	F

2-1) 정수 변환(Integer Conversion)

① **2, 8, 16진수의 10진수 변환** : 2, 8, 16진수 각 자리에 해당되는 수치와 지수를 곱하여 이것을 모두 더하면 10진수로 변환된 수치를 얻을 수 있다.

$$(101011)_2 = (1\times2^5) + (0\times2^4) + (1\times2^3) + (0\times2^2) + (1\times2^1) + (1\times2^0)$$
$$= 32 + 0 + 8 + 0 + 2 + 1 = 43_{10}$$
$$(6305)_8 = (6\times8^3) + (3\times8^2) + (0\times8^1) + (5\times8^0)$$
$$= 3072 + 192 + 0 + 5 = 3269_{10}$$
$$(A3E6)_{16} = (10\times16^3) + (3\times16^2) + (14\times16^1) + (6\times16^0)$$
$$= 40960 + 768 + 224 + 6 = 41958_{10}$$

② **10진수를 2진수로 변환** : 10진수 X를 Radix(2)로 나누어 나머지 값을 얻고 몫 값은 다시 2로 나누어 나머지 값을 취한다. 이 과정을 반복하여 몫 값이 0이 될 때까지 반복한 후 역순으로 정리한다.

83_{10}을 2진수로 변환

83 ÷ 2 = 41 나머지 1
41 ÷ 2 = 20 나머지 1
20 ÷ 2 = 10 나머지 0
10 ÷ 2 = 5 나머지 0
5 ÷ 2 = 2 나머지 1
2 ÷ 2 = 1 나머지 0
1 ÷ 2 = 0 나머지 1

역순으로 정리하면 1010011_2

③ **10진수를 8진수로 변환** : 10진수 X를 Radix(8)로 나누어 나머지 값을 얻고 몫 값은 다시 8로 나누어 나머지 값을 취한다. 이 과정을 반복하여 몫 값이 0이 될 때까지 반복한 후 역순으로 정리한다.

789_{10}을 8진수로 변환

789 ÷ 8 = 98 나머지 5

$98 \div 8 = 12$ 나머지 2

$12 \div 8 = 1$ 나머지 4

$1 \div 8 = 0$ 나머지 1

역순으로 정리하면 1425_8

④ **10진수를 16진수로 변환** : 10진수 X를 Radix(16)로 나누어 나머지 값을 얻고, 몫 값은 다시 16으로 나누어 나머지 값을 취한다. 이 과정을 반복하여 몫 값이 0이 될 때까지 반복한 후 역순으로 정리한다.

1999_{10}을 16진수로 변환 $1999 \div 16 = 124$ 나머지 F(15)

$124 \div 16 = 7$ 나머지 C(12)

$7 \div 16 = 0$ 나머지 7

역순으로 정리하면 $7CF_{16}$

2-2) 소수점 이하의 값 변환(Fraction Conversion)

① **2, 8, 16진수의 10진수 변환** : 소수점 이하의 값 Y의 각 자리 값에 Radix-1, Radix-2, Radix-3, Radix-4, Radix-5, …을 각각 차례로 곱하고 모두 더한 값이 10진수이다.

0.1011_2를 10진수로 변환하면

$$= 1\times2^{-1} + 0\times2^{-2} + 1\times2^{-3} + 1\times2^{-4}$$

$$= 1\times2^{-1} + 0 + 1\times2^{-3} + 1\times2^{-4}$$

$$= 1\times\frac{1}{2} + 0 + 1\times\frac{1}{8} + 1\times\frac{1}{16}$$

$$= 0.5 + 0 + 0.125 + 0.0625$$

= 0.6875 가 된다.

0.4067_8을 10진수로 변환하면

$$= 4\times8^{-1} + 0\times8^{-2} + 6\times8^{-3} + 7\times8^{-4}$$

$= 4\times8^{-1} + 0 + 6\times8^{-3} + 7\times8^{-4}$

$= 4\times\frac{1}{8} + 0 + 6\times\frac{1}{512} + 7\times\frac{1}{4096}$

$= 0.5 + 0 + 0.01171875 + 0.001708984375$

= 0.513427734375 가 된다.

$0.ABC_{16}$을 10진수로 변환하면

$= 10\times16^{-1} + 11\times16^{-2} + 12\times16^{-3}$

$= 10\times16^{-1} + 11\times16^{-2} + 12\times16^{-3}$

$= 10\times\frac{1}{16} + 11\times\frac{1}{256} + 12\times\frac{1}{4096}$

$= 0.625 + 0.04296875 + 0.0029296875$

= 0.6708984375 가 된다.

② **10진수를 2진수로 변환 :** 10진수 X를 Radix(2)로 곱하여 몫과 나머지 값을 얻고, 나머지 값을 다시 2로 곱하여 몫과 나머지 값을 취한다. 이 과정을 반복하여 나머지 값이 0이 될 때까지 반복한 후 계산 순서대로 정리한다. 이 때 2진 체계의 특성에 따라 무한 Loop에 빠지게 되는 오차(순환소수)가 발생하는 경우가 있다.

0.675_{10}를 2진수로

$0.675 \times 2 = 1.35$
$0.35 \times 2 = 0.7$
$0.7 \times 2 = 1.4$
$0.4 \times 2 = 0.8$
$0.8 \times 2 = 1.6$
$0.6 \times 2 = 1.2$
$0.2 \times 2 = 0.4$
$0.4 \times 2 = 0.8$

계산 순서대로 정리하면 = 약 0.10101100........가 된다.

③ **10진수를 8진수로 변환 :** 10진수 X를 Radix(8)로 곱하여 몫과 나머지 값을 얻고, 나머지 값을 다시 8로 곱하여 몫과 나머지 값을 취한다. 이 과정

을 반복하여 나머지 값이 0이 될 때까지 반복한 후 계산 순서대로 정리한다. 이때도 역시 2진 체계의 특성에 따라 무한 Loop에 빠지게 되는 오차(순환소수)가 발생하는 경우가 있다.

0.675_{10}를 8진수로 0.675 × 8 = 5.4
0.4 × 8 = 3.2
0.2 × 8 = 1.6
0.6 × 8 = 4.8
0.8 × 8 = 6.4
0.4 × 8 = 3.2
0.2 × 8 = 1.6

계산 순서대로 정리하면 = 약 0.5314631 … 가 된다.

④ **10진수를 16진수로 변환** : 10진수 X를 Radix(16)로 곱하여 몫과 나머지 값을 얻고, 나머지 값을 다시 16으로 곱하여 몫과 나머지 값을 취한다. 이 과정을 반복하여 나머지 값이 0이 될 때까지 반복한 후 계산 순서대로 정리한다. 이때도 역시 2진 체계의 특성에 따라 무한 Loop에 빠지게 되는 오차(순환 소수)가 발생하는 경우가 있다.

0.675_{10}를 16진수로 0.675 × 16 = 10.8
0.8 × 16 = 12.8
0.8 × 16 = 12.8

계산 순서대로 정리하면 = 약 ACC16 …가 된다.

⑤ **2, 8, 16 진법간의 변환** : 2, 8, 16진법간의 관계는 최대값을 표현할 그릇의 크기가 각각 1개씩 차이가 있다. 때문에 8진수의 최대값인 7을 2진수로 표현하려면 3칸의 표현 공간(3bit)이 필요하고, 16진수의 경우는 4칸(4bit)이 필요하므로 아래 표와 같이 16진수의 형태로 자릿수를 맞춘 뒤 소수점 이상은 소수점을 기준으로 왼쪽 방향으로, 소수점 이하는 소수점을 기준으로 오른쪽 방향으로 2진수를 3개(8진수) 또는 4개(16진수)씩 끊거나 묶으면 손쉽게 변환할 수 있다.

- 각 진법 간의 Binary 표현 -

10진법	2진법	8진법	16진법
0	0	000	0000
1	1	001	0001
2	10	010	0010
3	11	011	0011
4	100	100	0100
5	101	101	0101
6	110	110	0110
7	111	111	0111
8	1000		1000
9	1001		1001
10	1010		1010(A)
11	1011	표현 못함	1011(B)
12	1100		1100(C)
13	1101		1101(D)
14	1110		1110(E)
15	1111		1111(F)

12345789_{10}	→16진법	0001001000110100010101100111110001001.0000
12345677_{10}	→ 8진법	00101001110010111011111111.000
0.45789_{10}	→16진법	0000.0100010101111110001001
0.45677_{10}	→ 8진법	000.1000101101111111

3) 아날로그와 디지털의 상호변환

아날로그가 갖고 있는 본질 즉, 양(量)과 약속된 의미는 바뀌지 않고 일정하게 표준화된 방법에 따라 그릇(매체)의 크기와 형태만 바꾸는 전자적 처리과정을 ADC(Analogue Digital Conversion) 또는 DAC(Digital Analog Converter)라고 한다. 아날로그를 디지털로 변환하는 주된 이유는 자유분방한 형태의 아날로그를 표준화와 규격화를 통해 일반화시키기 위함이다. 입력되는 전압을 디지털신호로 변환하는 방법과 입력되는 기계적 변위(變位; Displacement; 위치 변화량)를 디지털 신호로 변환하는 방식이 있으며 전파의 경우를 예로 들어보면 아날로그는 파장의 길이가 길어 멀리갈 수 있으며, 이론적으로 어떤 범위 속에서 서로 다른 값들이 무한대로 존재할 수 있어 관용(寬容)적인 반면, 잡음으로 인한 심한 왜곡(歪曲)으로 표준화나 규격화가 불가능하다. 이에 반해 디지털은 아날로그와 정반대의 특성이므로 어떤 범위 속에 존재하는 값은 반드시 사전약속에 의해 정해진 값만 존재하므로 잡음과 왜곡이 거의 없어 표준화와 규격화가 가능하나 멀리가지 못하며 관용이 허용되지 않으므로 비자연적이다. 따라서 정보사회가 요구하는 유비쿼터스(Ubiquitous), 인터넷 등의 키워드를 만족시키기 위해서는 디지털과 아날로그의 장점이 모두 사용되어져야 하는데 대표적인 사례가 모뎀(MODEM; MOdulator and DEModulator), 콤팩트디스크 플레이어(Compact Disk Player)와 스피커(Speaker) 등이다.

① **표본화(Sampling)** : 아날로그 신호 속에서 사전에 약속된 일정한 구간마다 표본이 되는 신호를 선택하는 것을 표본화라고 한다.

② **양자화(Quantization)** : 표본화에서 선택된 신호의 Y축 값을 양자화라 하는데, 이는 표본화된 신호를 몇 개의 bit로 표현할 것인지 결정하게 된다. 예를 들어 표본화된 신호를 8bit로 표현하면 2^8=256 종류의 소리로 16bit로 표현하면 2^{16}=65,536 종류로 구분할 수 있다.

③ **부호화(Coding)** : 신호의 저장 공간 최적화를 위해 신호(표본화→양자화)를 암호화하는 것을 부호화라 한다.

- 아날로그와 디지털의 상호변환 -

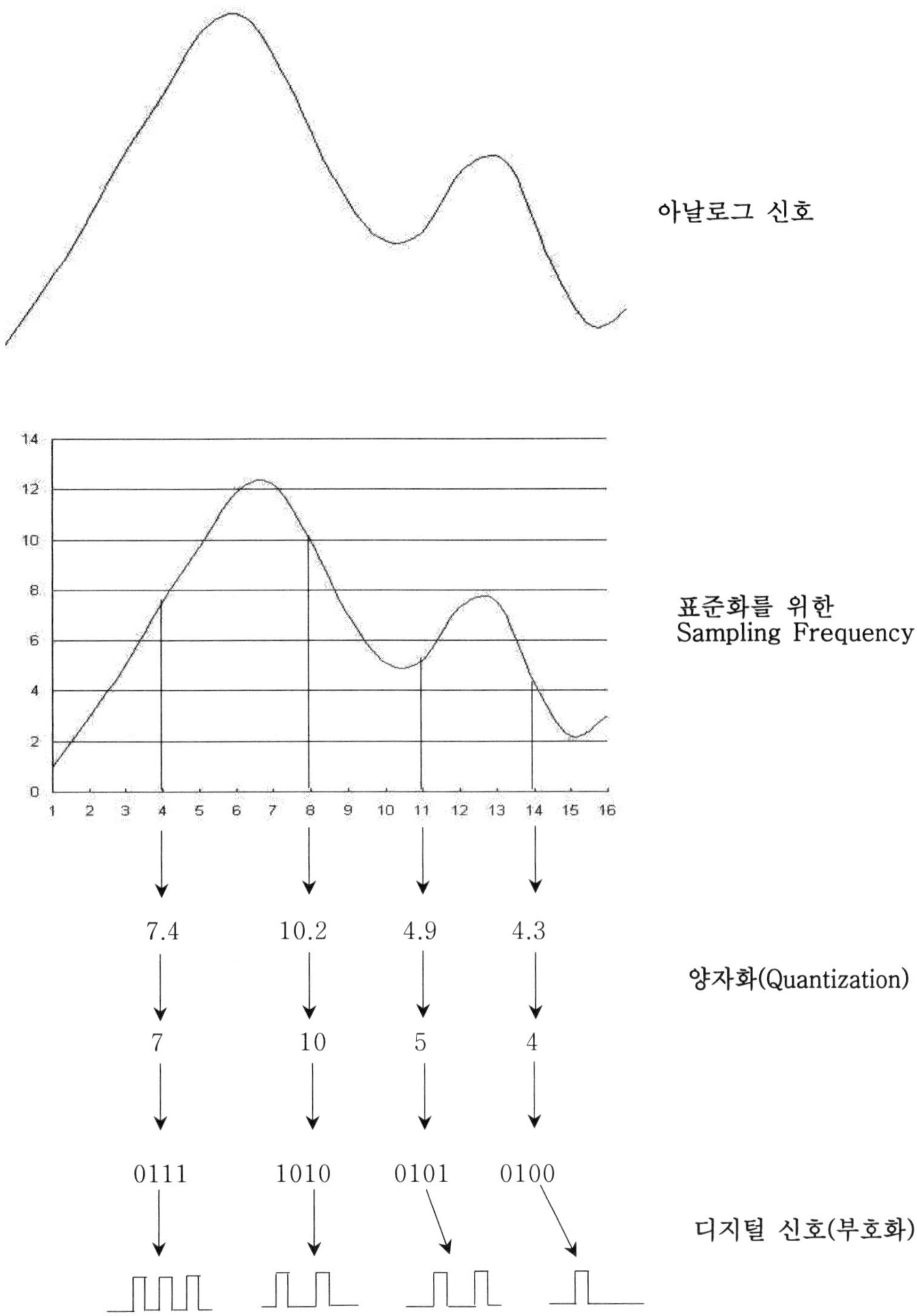

2-47 아날로그와 디지털

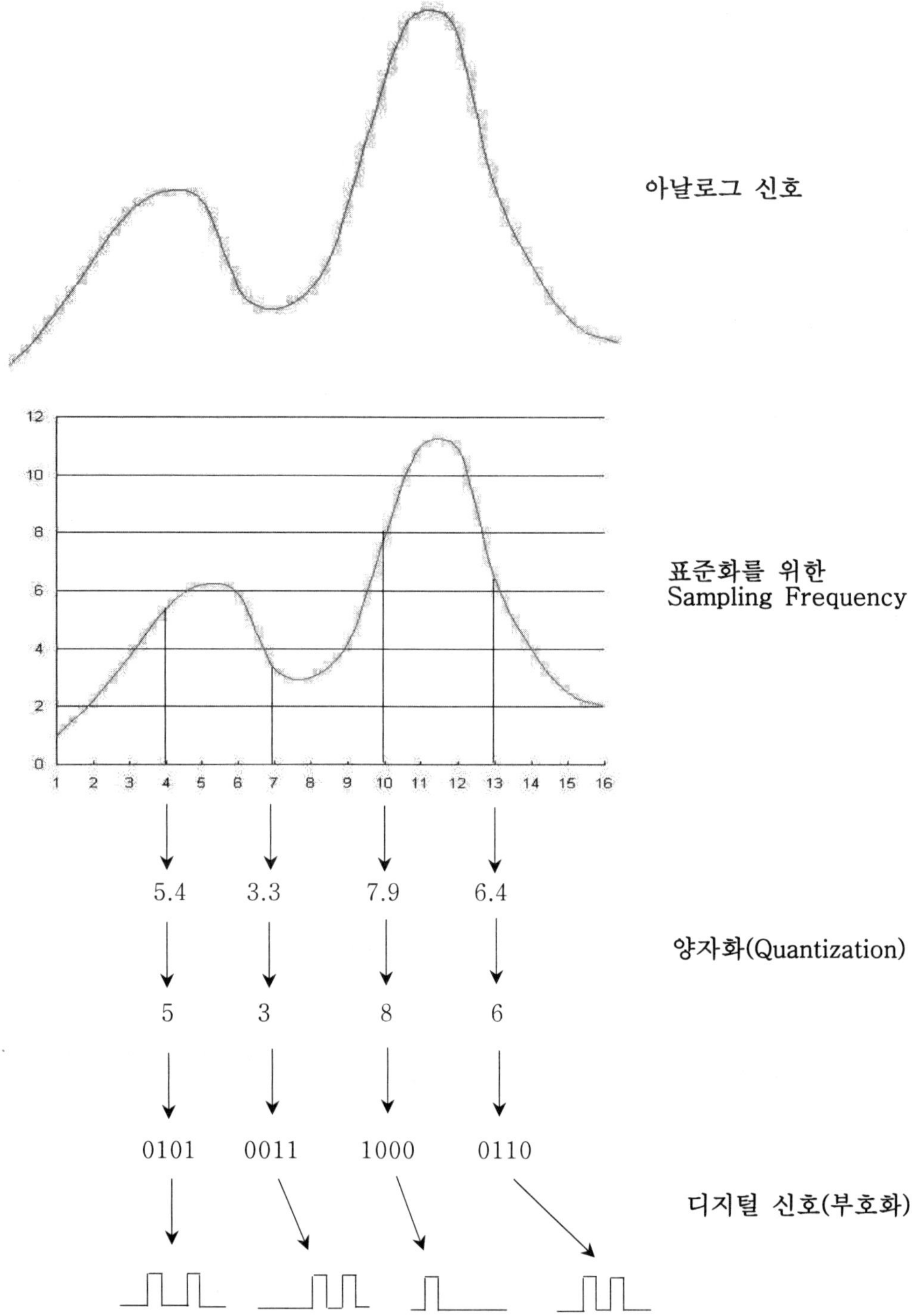

2-48 아날로그와 디지털

4) 아날로그 데이터의 디지털 표현

우리 인간이 생각하는 정보, 수의 크기, 사물이나 어떤 현상의 표현 등은 추상적이고 초현실적이므로 매우 크거나 너무 다양하여 측정할 수 없으며 표현할 수 있는 방법 또한 한계는 없다. 그러나 아무리 성능이 좋은 컴퓨터나 정보통신기기라 할지라도 기계임이 분명한 만큼 성능과 능력에 어쩔 수 없는 제약 조건과 한계가 있다. 따라서 컴퓨터 내부의 정보 표현방식과 연산에도 제한조건과 한계가 있으므로 컴퓨터와 정보통신기기를 효과적으로 이용하기 위해서는 반드시 컴퓨터와 정보통신기기 내부에서의 정보 표현방법과 연산 및 그 한계를 알고 있어야 한다.

- 수치 데이터의 내부적 표현
  - 정수의 표현 — 고정소수점
    - 2의 보수
    - 1의 보수
    - 부호 절대치
  - 10진수의 표현
    - Packed Decimal
    - Unpacked Decimal
  - 실수의 표현 — 부동(浮動) 소수점(Floating Point)

4-1) 고정 소수점의 표현(Fixed Point Representation)

고정 소수점의 표현은 단위 기억장소(컴퓨터 또는 정보통신기기에 사용되는 Register 또는 Memory 내의 1개의 Address) 내에 소수점의 위치가 가장 오른쪽 bit(LSB : Least Significant Bit)의 바로 다음에 있다고 가정하는 것으로 소수점이 없는 정수형 상수와 변수(기억장치와 용량의 유한성 때문에 컴퓨터 또는 정보통신기기에서만 적용되는)의 표현법이다.

MSB	32bit Register 또는 Memory 내의 1 Address	LSB

고정 소수점 수치는 부호를 가진 정수로 Half Word 형식과 Full Word 형식이 있으나 이것은 컴퓨터를 제작하는 회사별로 서로 다를 수 있으며 16bit, 32bit, 64bit, 128bit 컴퓨터 등과 같이 컴퓨터의 기초 설계방식과 성능에 따라 Half Word와 Full Word 크기가 달라질 수 있다. 그렇지만 대개의 경우 그 크기의 차이가 2배씩이다. 이 경우 맨 좌측 bit인 MSB(Most Significant Bit)는 부호 bit(Sign bit)로서 양수(+)일 때는 0, 음수(-)일 때는 1로 표시된다. 이 표현방식은 이해가 쉽고 연산 회로의 구성과 처리가 쉽지만, 표현 가능한 수치의 범위가 좁기 때문에 매우 작은 단위 기억장치(정수 범위)를 필요로 하는 경우에 제한적으로 사용된다. 표현하고자 하는 값의 크기가 매우 크거나 작을 경우 표현이 불가능(물리적 제한)하다는 단점이 있다. 또, 양수를 표현하는 경우는 문제가 없지만 음수의 경우 제작 회사에 따라 유효 수치의 크기와 연산 회로 구성의 편이성과 독창성으로 인해 다음의 세 가지 표현 방법을 사용한다.

① **부호화 절대값(Signed Magnitude) 표현방법** : 부호화 절대값은 부호를 MSB에 표현하고 그 이외의 bit는 표현하고자 하는 수의 크기를 절대값으로 표현하는 방법이다. 이 경우 음수로의 변환은 부호 bit만을 0에서 1로 바꾸어 주면 되므로 매우 편리한 반면, 연산 명령 수행 시(덧셈, 뺄셈 등) 두 값의 부호와 크기를 고려하여 연산을 해야 하므로 하드웨어(컴퓨터의 제작)의 비용이 높아질 수 있다.

다음은 8bit Register에 127에 대한 부호화 절대값의 표현 예이다.

0111 1111 (+127)
1111 1111 (-127) $2^7-1=127 \sim -(2^7-1)= -127$
0000 0000 (+0)
1000 0000 (-0) 양수(+0)와 음수(-0) 두 개가 동시에 존재한다.

② **부호와 1의 보수(Signed-1's Complement) 표현방법** : 부호와 1의 보수 표현법은 어떤 양수 값에 해당하는 2진수의 내용을 0은 1로, 1은 0으로 바꾸는 방식으로 연산 시(時) 가산기만으로 가능하다. 일반 산술식에서 음

수의 음수가 양수가 되듯이 1의 보수 표현도 마찬가지로 이 관계가 적용된다.

다음은 8bit Register에 127에 대한 부호와 1의 보수의 표현 예이다.

0111 1111 (+127)
1000 0000 (-127) $2^7-1=127$ ~ $-(2^7-1)=-127$
0000 0000 (+0)
1111 1111 (-0) 양수(+0)와 음수(-0) 두 개가 동시에 존재한다.

③ **부호와 2의 보수(Signed-2's Complement) 표현방법** : 부호와 2의 보수 표현법은 주어진 수를 1의 보수형식으로 고쳐 놓고 1을 더해주면 된다. MSB는 모든 양의 정수에서는 0이고, 음의 정수는 1이라는 점에서 부호 bit가 실제 값을 의미할 수 있어 매우 경제적이며, 0의 표현도 하나밖에 없어 연산의 속도가 앞의 두 가지 방법 보다 빠르므로 컴퓨터와 정보통신 기기에서 가장 많이 사용하는 표현법이다. 연산 명령 수행 시(時) 가산기 만으로 연산이 가능하므로 하드웨어(컴퓨터 제작) 비용이 낮아질 수 있고 -0을 실제 유효 수치의 값으로 활용할 수 있어 유효 수치의 범위를 크게 할 수 있으므로 효과적이다.

다음은 8bit Register에 127에 대한 부호와 2의 보수의 표현 예이다.

0111 1111 (+127)
1000 0000 (-128) $2^7-1=127$ ~ $-2^7=-128$
(유효 수치를 한 개 더 크게 하는 효과가 있음)
0000 0000 (+0)
**** **** (*) 양수(+0)는 있으나 음수(-0)는 없다.

- 8bit Register에 정수를 표현하는 경우 -

Decimal	Signed magnitude	Signed-1's Complement	Signed-2's Complement
+3	0000 0011	0000 0011	0000 0011
+2	0000 0010	0000 0010	0000 0010
+1	0000 0001	0000 0001	0000 0001
+0	0000 0000	0000 0000	0000 0000
-0	1000 0000	1111 1111	**표현 못함**
-1	1000 0001	1111 1110	1111 1111
-2	1000 0010	1111 1101	1111 1110
-3	1000 0011	1111 1100	1111 1101

다음은 부호와 2의 보수(Signed-2's Complement)를 이용한 연산의 예이다.

컴퓨터와 정보통신기기에서 2의 보수를 이용하는 가장 큰 이유는 하드웨어의 설계와 연산 동작 회로의 설계와 구현이 간단하고 편리하기 때문이다.

8bit Register로 하는 감산 동작의 예를 들면 다음과 같다.

$98_{10}(01100010_2)$ - $39_{10}(00100111_2)$ = $59_{10}(00111011_2)$의 과정을 설명하면 $39_{10}(00100111_2)$을 2의 보수로 만든다. $61_{10}(01011001_2)$

```
   0 1 1 1 1 1 1 1₂
 - 0 0 1 0 0 1 1 1₂
 --------------------
   0 1 0 1 1 0 0 0₂
 +               1₂   (39₁₀를 1의 보수로 만든 뒤 1을 더한다.)
 --------------------
   0 1 0 1 1 0 0 1₂
```

$61_{10}(01011001_2)$ + $98_{10}(01100010_2)$ = $59_{10}(111011_2)$

```
   0   1 0 1 1 0 0 1₂
 + 0   1 1 0 0 0 1 0₂
 -------------------------
   0 1 0 1 1 1 0 1 1₂
```

자리올림 현상(Carry)은 Register 내에 들어갈 자리가 없으므로 무시한다.

④ **곱셈과 나눗셈** : 컴퓨터와 정보통신기기에서 곱셈(*)은 곱하는 수를 곱하여지는 수만큼 반복해서 더하여 결과 값을 얻고 나눗셈(/)은 반대로 나누어지는 수에서 나누는 수만큼 반복하여 뺄셈을 하면서 반복되는 횟수를 몫으로 하여 나머지가 있을 때까지 계속한다.

컴퓨터와 정보통신기기는 전기·전자적으로 동작하는 기계이므로 매우 빠른 속도(Mega 또는 Giga/Sec)로 반복 연산(Loop)이 가능하며 인간과 달리 싫증이나 지루함이 없어 똑같은 동작의 반복 수행이 가능하다. 2진 연산을 하므로 곱하여지는 수의 맨 우측 자리 오른쪽에 0을 하나씩 더 추가함으로써 2, 4, 8, 16, 32, … 등으로 곱하는 결과가 되고, 제일 오른쪽 자리를 하나씩 계속 삭제(밀어내기) 함으로써 2, 4, 8, 16, 32 … 등으로 나누는 결과가 된다. 즉, 곱셈의 경우에는 덧셈과 함께 왼쪽으로 자리 이동(좌우 Shift)시키는 것을 반복하고 나눗셈의 경우는 뺄셈과 함께 오른쪽으로 자리 이동시키는 것을 반복하여 수행하게 된다. 따라서 대부분의 컴퓨터와 정보통신기기의 2진 연산은 모두 덧셈만(Complement Adder)으로 처리하도록 설계되어 있다.

4-2) 부동(浮動) 소수점의 표현(Floating Point Representation)

매우 크거나 매우 적은 수(실수 : Real 값)를 표현하기 위해 사용되는 방법으로 부동 소수점 표현방식이 사용된다. 부동 소수점이라는 뜻은 Register와 같은 단위 기억 장소 내에서 소수점의 위치가 부평초(浮萍草)가 물에 떠다니듯 좌·우측으로 움직인다는 의미이다. 즉, 소수점이 좌측으로 움직이면 매우 적은 수를, 우측으로 움직이면 매우 큰 수를 표현할 수 있다는 기본 이론에서 시작된다. 부동 소수점은 유효 숫자를 표시하는 가수부(Mantissa)와 소수점의 위치를 결정하는 지수부(Exponent)로 구분하여 표현하는 방식이므로 소수점의 위치가 고정되어 있지 않아 유동(流動) 소수점 또는 변위(變位) 소수점이라고도 한다.

컴퓨터와 정보통신기기 내에서 일반적인 대수적 표현방법에 따라 가수부와 지수부로 구분하여 표현할 경우 같은 값을 갖는 수의 표현형태가 여러 개 있을 수 있고 또, 유효 자리수를 최대로 할 수 없어 하드웨어의 구성이 매우 복잡하고 연산 시간도 많이 소요되게 되는 단점이 있다. 이와 같은 문제를 해결하기 위해 생각해 낸 방식이 정규화(Normalize)이다. 가수 부분에 소수점은 실제로 Register 내에 존재시키지 않고 Register 내 가수 부분의 값을 소수점 이하로 간주하며 부호 bit 이외의 첫 번째 bit가 0이 아닌 1이 되게 만든 것을 정규화(Normalize)시킨다고 한다. 즉, 정규화란 유효 자리수를 최대로 하기 위해서 가수 부분 영역의 정수 부분(소수점 이상)을 0으로 하고 소수점 이하 첫 번째 자리에 0이 아닌 유효 숫자가 오도록 하는 방법이다. 따라서 소수점이 가수 부분 맨 좌측에 있다고 간주되는 경우를 정규화 된 소수점(Normalize Fraction), 맨 우측에 존재한다고 간주되는 경우를 정규화 된 정수(Normalize Integer)라 한다.

부호 bit	가수부	부호 bit	지수부

부동 소수점 표현방식을 이용하여 컴퓨터와 정보통신기기의 정밀도를 높이는 데는 어쩔 수 없는 Hardware적 한계가 있다. 최근에 생산되는 컴퓨터와 정보통신기기들은 32bit, 64bit, 128bit 등으로 배 정도씩 커져가는 등 단위 기억장치와 Register의 크기가 대용량화 추세에 있으므로 정밀도를 위한 유효 수치의 크기는 거의 무한대로 표현할 수 있으나, 이론적으로 거의 무한에 가까운 아주 크거나 작은 수는 표현할 수 없다. 부동 소수점 표현방식의 이해를 돕기 위해 과거 1960, 70년대 인기 최고의 컴퓨터였던 IBM 360, 370 시스템을 예로 들어 설명하면, IBM 360, 370 시스템의 부동 소수점 표현을 위한 단위 기억장소의 크기는 32bit 또는 64bit를 사용하였으며 MSB(맨 좌측 0번째 bit)는 부호 bit, 1~7번째 bit까지는 지수, 나머지(8~31 또는 8~64bit) bit는 가수를 나타낸다.

가수는 부호화 절대값 방식으로 표시하고 정규화를 위해 여덟 번째 bit에 항상 0이 아닌 1이 오도록 하고 있으며, 지수는 2^7=128을 둘로 나누어 지수부의 부호를 표시하는 방법으로 일명 Excess-64 Code기법이라고도 한다.

부호 1 bit	지수부 7 bit	가수부 24 또는 56 bit

이 방법은 지수부에 있는 부호 bit를 제거(이용)하여 지수 부분의 유효 수치 크기를 증가시키는 방법으로 지수부의 첫 번째 bit인 부호 bit를 이용하여 '부호 bit + 64'가 되게 하는 것으로 64에서 127까지 오름차순으로 +1, +2, +3, +4, ~ +64의 지수 값을 표현하고, 63에서 0까지 내림차순으로 -1, -2, -3, -4, ~ -64의 지수 값을 표현한다. 다시 말해 지수부의 표현 범위는 -64 ~ +63(Binary 표현)까지 이므로 지수의 부호 비트가 0이면 -, 1이면 +가 되므로 보수에 의한 부호 표현방식과는 정반대의 표현법이다.

-64 → -64 + (64) = 0 이므로 지수값은 0000000
0 → 0 + (64) = 64 이므로 지수값은 1000000
+63 → +63 + (64) = 127 이므로 지수값은 1111111

5) 문자 데이터의 디지털 표현

5-1) 10진수의 표현

컴퓨터와 정보통신기기들은 10진수에 익숙하고 일상 생활화된 인간에게 편이를 제공하고자 기계 내·외부에서의 10진수 연산과 표현을 위해 Unpacked Decimal Format과 Packed Decimal Format이라는 2가지 방법을 사용하고 있다.

① **Unpack Decimal Format** : Unpack 형식은 한 Byte 내에 10진수 한 자리를 표현하며 한 개의 Byte를 4bit씩 나누어 왼쪽 4bit를 Zone이라 하고 오른쪽 4bit를 Digit라 한다.
단위 데이터를 나타내는 Byte들 중 맨 우측 Byte의 Zone bit(4bit)에 단위 데이터의 부호를 나타내는 방법으로 양수 값은 16진수로 C(1100_2), 음수 값은 D(1101_2)로 표현하고 부호를 가지지 않는 데이터는 F(1111_2)로 나타낸다. 부호가 없는 데이터는 모두 양수로 취급되며 모든 Byte의 Zone은 항상 F(1111_2)로 표현된다.

10진수 +2749를 Unpack Decimal Format으로 표현하면

Zone	Digit	Zone	Digit	Zone	Digit	Zone	Digit
1111	0010	1111	0111	1111	0100	1100	1001
F	2	F	7	F	4	C(+)	9

② Packed Decimal Format : 10진수를 표현할 때 필요한 수의 종류는 0에서 9까지의 10개이므로 10진수 한자리는 4bit(2^4=16)만 가지면 충분히 표현 가능하다. 따라서 숫자 부분만을 사용하는 10진수 연산에서 Unpack 형식을 사용하게 되면 처리시간이 많이 소요되고 기억장치의 기억 장소도 낭비하는 문제점이 발생한다. 이와 같은 문제를 해결하기 위해 1Byte(8bit)에 두 자리의 10진수를 기억시키는 방법을 생각하게 된 것이다. 이와 같이 1Byte에 10진수 두 자리를 기억시키는 방식을 Packed Decimal Format이라고 하며 주로 10진수 연산에 사용된다.

Packed Decimal Format에서 단위 데이터를 나타내는 Byte들 중 맨 우측 Byte의 맨 우측 4bit에 부호를 나타내며, Unpacked Decimal Format 방식과 마찬가지로 양수 값은 16진수로 C(1100_2), 음수 값은 D(1101_2)로 표현하고 부호를 가지지 않는 데이터의 부호는 양수로 취급된다.

10진수 +2749를 Packed Decimal Format으로 표현

0	2	7	4	9	C(+)
0000	0010	0111	0100	1001	1100

5-2) 문자(영문자) 데이터의 표현

우리들이 일상생활에 사용되는 정보의 형태 중 수치 정보를 제외한 모든 정보(화상정보, 음성정보, 문자정보)를 문자정보라 할 수 있다. 문자 데이터의 종류는 한글, 한자, 영문자, 화상과 음성정보를 위한 제어문자, 특수문자 등이 있으며 이와 같은 문자

정보를 컴퓨터나 정보통신기기를 통해 사용하려면 2진화된 bit형태로 부호화(Encoding)하고, 우리들이 쉽게 알 수 있는 익숙한 형태의 정보(문자, 그림, 소리 등)로 해석(Decoding)할 수 있어야 하며 그것은 사전 약속에 의해 가능하며 그 약속은 표준화에 의해 실현되고 있다. 컴퓨터 정보통신기술 발달과 시대의 흐름에 따라 그 약속과 표준화는 변화할 수 밖에 없으며 계속 지속적으로 발전해 가고 있으므로 여기서는 현재 가장 많이 사용되고 있는 문자정보 표현 방식에 대한 기초 이론만을 설명한다.

① **2진화 10진 코드(BCD Code)** : 컴퓨터와 정보통신기기 내에서 문자 데이터를 취급하려면 수치 데이터의 기본 단위인 4bit로는 부족하므로 2bit를 추가하여 6bit에 표현하는 2진화 10진 코드(BCD: Binary Coded Decimal Interchange Code)를 만들었으며, 좌측 2bit를 Zone, 우측 4bit를 Digit라 부른다. 64종류(2^6=64)의 문자를 표현하고 동작하게 약속되어 있으므로 영문자 대문자 26개, 특수문자 20여 개, 숫자 10개 등을 부호화할 수 있었지만 정보표현의 다양화, 통신기기의 발달 등으로 필요한 코드의 요구가 증가하기 시작하면서 쓰이지 않게 되었으나 문자정보 표현방법의 기초가 되어 EBCDIC Code, ASCII Code 등을 탄생시켰다.

② **확장 2진화 10진 코드(EBCDIC Code)** : 확장 2진화 10진 코드(EBCDIC : Extended Binary Coded Decimal Interchange Code)는 미국의 IBM사가 BCD Code를 확장시켜 8bit에 문자정보를 표현한 것으로 IBM 계열의 모든 컴퓨터는 이 Code를 사용하고 있다. 4bit 2개를 1조로 하여 8bit에 한 글자를 표현하는 방법으로 이를 BYTE라 부른다. 1BYTE(8bit)에는 256개(2^8=256)의 문자정보의 표현 약속을 부여할 수 있으므로 영문 대・소문자, 통신기능 제어문자 등 충분히(한글, 한자 제외) 사용할 만큼 여유가 있다. 0~3bit Zone bit로 서로 다른 문자를 식별하는데 사용되는 식별자이며, 4~7bit는 숫자 bit로 4bit 2진 값으로 Code화 시켰다.

③ **미국 표준 코드(ASCII Code)** : 미국 표준 Code로 국제 표준화 기구(ISO : International Standardization Organization)에서 개발되고 미국 국립 표준 연구소(ANSI: American National Standard Institute)에 의해 제정되었다. ASCII(American National Standard Code for Information Interchange)

Code는 Data 송·수신 과정에서 발생하는 오류(Error) 검색을 위해 한 bit의 Parity bit를 추가하여 만든 Code이다. 마이크로프로세서(Microprocessor) 기술이 컴퓨터와 정보통신기기들에 사용되기 시작하던 1970년대 초·중반에 IBM, UNIVAC, CDC 등과 같은 중대형 컴퓨터에 대응할 수 있는 미니컴퓨터, 워크스테이션, 개인용 컴퓨터 등이 출현되었고 선풍적 인기(성능 대비 가격, 중대형 컴퓨터의 독점적 횡포에 대한 대응 등)를 독차지하게 되었으며, ASCII Code는 이때 주로 사용되기 시작하였고 오늘날에는 거의 모든 컴퓨터와 정보통신기기에서 표준화되어 사용되고 있다. ASCII Code는 7개의 bit에 한 문자를 표시하는데 3bit의 Zone와 4bit의 Digit로 구성되어 있어 128(2^7=128) 가지의 문자를 표현할 수 있으며, 특히 ASCII Code의 bit 번호는 EBCDIC Code와는 반대로 부여되어 있다. 또한 이 Code는 줄 바꿈 동작명령(Line Feed) 또는 시작 위치로 되돌아가기 동작명령(Carriage Return)과 같은 제어와 송·수신 명령(ESC: Escape Sequence) 등이 포함되어 있다.

- ASCⅡ Code Table -

Parity 0	Zone 1	Zone 2	Zone 3	Digit 4	Digit 5	Digit 6	Digit 7

bit	D7	0	0	0	0	1	1	1	1
D4 Z3 Z2 Z1	D6	0	0	1	1	0	0	1	1
	D5	0	1	0	1	0	1	0	1
0000		NUL	DLE	SP	0	@	P	'	p
0001		SOH	DCI	!	1	A	Q	a	q
0010		STY	DC2	"	2	B	R	b	r
0011		ETX	DC3	#	3	C	S	c	s
0100		EOT	DC4	$	4	D	T	d	t
0101		ENQ	NAK	%	5	E	U	e	u
0110		ACK	SYN	&	6	F	V	f	v
0111		BEL	ETB	'	7	G	W	g	w
1000		BS	CAN	(	8	H	X	h	x
1001		HT	EM	)	9	I	Y	i	y
1010		LF	SUB	*	:	J	Z	j	z
1011		VT	ESC	+	;	K	[	k	{
1100		FF	FS	,	<	L	\	l	|
1101		CR	GS	–	=	M	]	m	}
1110		SO	RS	.	>	N	∧	n	¬
1111		SI	US	/	?	O	–	o	DEL

5-3) 우리말과 한자의 표현

우리글인 한글의 정보처리와 이를 위한 정보 표현방법은 매우 복잡하고 어려우며 경우의 수가 거의 무한대에 가까울 정도로 많다. 그 이유는 한글의 문법 구조가 통일되어 있지 않고 언어의 형태가 타 언어에 비해 복잡하며 다양한 활용(活用)을 하기 때문이다. 특히 한글은 소리글자이면서 한자의 영향을 받아 생성된 언어이므로 복합어(複合語), 파생어(派生語), 동의어(同意語), 동음이의어(同音異意語), 동형이의어(同形異意語) 등의 문제로 인해 더욱 더 그러하다. 한글은 다른 언어와 달리 최소단위가 자/소이므로 자/소들을 문법적 규칙에 의해 조합시키면 한 개의 음절을 만들 수 있게 되며, 이 음절 하나하나가 발음 단위, 의미 단위, 처리 단위가 된다. 또, 영문자를 포함한 라틴 계열의 문자는 하나의 문자를 표현할 때의 크기가 일정하지만 한글은 2개 이상의 자/소를 모아 일정한 크기의 문자로 표현하여야 한다. 때문에 영문자를 표현할 때는 입력 값, 출력 값, 컴퓨터내부 처리 단위와 송・수신 단위가 모두 같으므로 글자 표현을 위한 Code 생성이 쉽고 한 글자를 표현하는데 필요한 단위 기억장소도 1Byte(8bit)만 가지면 충분하기 때문에 ISO에서 제작한 ASCII Code가 BYTE(부호bit+7bit, 2^7=128종류의 문자 표현) 단위이다. 그러나 한글은 자/소단위로 풀어서 입력하고 출력할 때는 음절단위로 모아서 표현해야 하기 때문에 자소단위와 음절단위로 구분하여 글자 Code를 만들어야 입출력 및 처리가 가능할 수밖에 없다. 따라서 한글 Code를 어떻게 만드느냐에 따라 한글의 표현과 처리방법이 달라진다.

① **N BYTE 한글 Code** : N BYTE 한글 Code는 한글 정보처리의 초기인 6, 70년대 고속 인쇄 등을 위한 Line Printer에서 한글을 인쇄하기 위해 사용하던 Code로 ASCII Code 또는 EBCDIC Code의 남은 자리(미 지정 영역)에 자/소를 배정하여 사용하던 방법이다. 기억장치(Memory)의 값이 고가(高價)이던 시절 한글 한 글자를 표현하기 위해서는 영어의 경우보다 2배에서 5배까지의 기억 장소를 필요로 하게 되는 낭비적인 방법이었다.

② **3 BYTE 한글 Code** : N BYTE의 한글은 한 음절의 길이가 같지 않기 때문에 자/소 단위로 수정이 어려워 음절단위의 처리가 어렵고 조합 논리가

복잡하며, 자료처리 시 가, 나, 다 순으로 SORT(분류)가 어렵다. 이런 단점을 보완하기 위해 복자음과 복모음을 하나의 Code로 하고 한글 한 글자를 초성, 중성, 종성으로 나누어 3 BYTE로 표현하는 방법으로 받침이 없는 글자의 받침 부분은 공백(△)이다.

'환경과 우리의 삶'을 3 BYTE 형태로 표현한 예

S0	ㅎ	ㅘ	ㄴ	ㄱ	ㅕ	ㅇ	ㄱ	ㅘ	△	ㅇ	ㅜ	ㄹ	ㅣ	ㅇ	ㅢ	△	ㅅ	ㅏ	ㄻ	S1

※ S0, S1 : 한글의 시작과 끝을 알리는 제어문자

또, 풀어 쓰인 한글을 다시 모아쓰기 형태로 인쇄하는 방법은 자/소를 세 줄에 모아놓고 세 번 인쇄한다. 즉, 처음 한 줄을 인쇄하고, 두 번째 줄은 줄을 바꾸지 않고(CR : Carriage Return) 인쇄하며, 세 번째 줄은 줄을 바꾸고(LF : Line Feed) 인쇄한다. 글자모양이 좋지 않고 모아쓰기를 하려면 별도의 작업(Sub Program 또는 Sub Routine)이 필요하며 이로 인해 자원과 처리시간의 낭비가 있다.

'환경과 삶'을 3 BYTE 형태로 인쇄한 예

ㅎ		ㄱ		ㄱ			ㅅ		CR
ㅗ	ㅏ		ㅕ	ㅗ	ㅏ			ㅏ	LF+CR
ㄴ		ㅇ					ㄹㅁ		

③ **2 BYTE 완성형 한글 Code :** 완성형 한글 Code는 ASCII Code와 같이 한 글자에 한 개의 Code를 부여하는 방법으로 글자와 기호, 한자 등을 2 BYTE로 구성된 Code 표를 만들어 놓고 사용빈도에 따라 글자마다 Code 값을 부여하는 방법이다. 지금의 2 BYTE 완성형 한글 Code는 1987년 정부에 의해 한국 표준으로 정해진 것이며 한글 2,350자, 한자 4,880자, 각종 기호, 외국 문자 등을 Code 표 내의 영역별로 나누어 사용하도록 되어 있다. 글자마다 글자의 모양을 정의하는 글자체(Font)로 문자를 만들 수 있기 때문에 같은 글자를 여러 종류의 형태(Font)로 만들어 글자의 모

양을 예쁘고 특색 있게 쓸 수 있는 장점이 있어, 한글 Word Processor, Editor 등을 개발하고 사용하는데 매우 효과적이다. 완성형 한글 Code는 국제 표준화된 단위 기억장소 크기(BYTE)에 맞추기 위해 한글의 사용빈도에 따라 주로 많이 사용되는 글자만을 선별하여 만들어졌기 때문에(Code화) 글자 수에 제한이 있어 표현할 수 없는 글자가 있다는 단점이 있다.

④ **2 BYTE 조합형 한글 Code** : N BYTE 한글 Code는 음절 단위로 처리해야 할 경우(Editor, Word Processor 등) 그 처리방법이 어렵고, 너무 많은 기억용량이 요구되므로 연속된 2 BYTE(16bit)를 5bit씩 나누어 초성, 중성, 종성을 표현하는 방법이다. 첫 번째 bit가 1이면 2 BYTE 한글, 0이면 영문임을 의미한다. 여기서 초성, 중성, 종성에 각각 5bit씩 할당하였으므로 각각의 자/소 수는 32(2^5=32) 가지가 있고 각각 32종류까지의 자/소를 정의할 수 있다. 조합형 한글은 표현할 수 없는 글자가 없으므로 입력방법으로는 좋으나 인쇄할 때 다시 모아써야 하는 불편과 초성, 중성, 종성별로 한글 폰트(Font)를 사용하게 됨에 따라 글자 모양이 예쁘지 않다는 단점이 있다. 앞으로 완성형과 조합형 한글 Code는 국제 표준화 기구에서 추진 중인 UCS(Universal Multiple Octet Coded Character Set)와 UNICODE(다국어 문자지원 Code)의 형태로 발전될 전망이므로 세계 어느 곳에서 어떤 종류의 정보통신기기를 사용하든지 우리 한글의 표현과 인식은 자유로워질 것이다.

0	1 BYTE	7 2 BYTE	15
1,0	초성(5 bit)	중성(5 bit)	종성(5 bit)

- 각종단위와 그리스문자의 표현 -

구 분	기 호	이 름	의 미
기억용량	KB	킬로바이트(kilobyte)	2^{10} = 1024byte ⇒ 약 10^{3}byte
	MB	메가바이트(megabyte)	10^{3}Kbyte(10^{6}byte)
	GB	기가바이트(gigabyte)	10^{3}Mbyte(10^{9}byte)
	TB	테라바이트(terabyte)	10^{3}Gbyte(10^{12}byte)
	Kb	킬로비트(kilobit)	2^{10} = 1024bit ⇒ 약 10^{3}bit
	Mb	메가비트(megabit)	10^{3}Kbit(10^{6}bit)
	Gb	기가비트(gigabit)	10^{3}Mbit(10^{9}bit)
	Tb	테라비트(terabit)	10^{3}Gbit(10^{12}bit)
처리속도	KIPS	킵스	초당 연산 1000회 수행
	MIPS	밉스	초당 연산 100만회 수행
	flop	플롭	부동 소수점 연산 1회 (floating-point operation)
	MFLOPS	메가플롭스	초당 부동 소수점 연산 100만회 수행
	LIPS	립스	초당 논리 연산 1회 수행
도 량 형	m	미터(meter)	
	g	그램(gram)	
	s, sec	초(second)	
	ι	리터(litter)	
	cc	시시(cubic centimeter)	= 1/1000ι
전기전자	V	볼트(Volt)	
	W	와트(watt)	1W = 1V · 1A
	C	쿨롬(Coulomb)	1A = 1 쿨롬/초
	A	암페어(Ampere)	1Hz = 1/초
	Hz	헤르츠(Hertz)	
	c	사이클(cycle)	
	Ω	옴(Ohm)	
	F	패럿(Farad)	
	dB	데시벨(decibel)	
밀 도	bpi	인치당 비트	bit per inch
	cpi	인치당 문자	character per inch
	tpi	인치당 트랙	track per inch
	dpi	인치당 도트	dot per inch
	lpi	인치당 행	line per inch
속 도	bps	초당 비트	bit per second
	cps	초당 문자	character per second
	cpm	분당 카드	card per minute
	lpm	분당 행	line per minute
	rpm	분당 회전	rotation per minute
	ppm	분당 페이지	page per minute
	baud	보	초당 신호 전달 개수

대문자	소문자	발음	영문표기	사용 및 적용 분야
Α	α	alpha	a	각도, 면적, 계수, 감쇠 상수, 흡수율, 베이스 접지 전류 이득
Β	β	beta	b	각도, 플럭스(flux, 集束) 밀도, 위상 상수, 이미터 접지 전류 이득
Γ	γ	gamma	g	각도, 도전율, 비중
Δ	δ	delta	d	밀도, 각도 변분(變分)
Ε	ε	epsilon	e	자연 대수의 밑수, 전계 강도
Ζ	ζ	zeta	z	임피던스(대문자), 계수, 좌표
Η	η	eta	e(long sound)	히스테리시스 계수, 효율, 표면 전하 밀도
Θ	θ	theta	th	온도, 위상각, 시상수, 리럭턴스, 각도
Ι	ι	iota	i	단위 벡터
Κ	κ	kappa	k	유전 계수, 서셉티빌리티
Λ	λ	lambda	l	파장, 감쇠 상수
Μ	μ	mu	m	마이크로, 증폭률, 투자율
Ν	ν	nu	n	리럭티비티
Ξ	ξ	xi	x	좌표
Ο	ο	omicron	o	
Π	π	pi	p	원주율
Ρ	ρ	rho	r	저항률, 좌표
Σ	σ	sigma	s	도합(대문자), 전기 도전도, 누설계수, 표면 전하 밀도, 복소수 전파(電播) 상수
Τ	τ	tau	t	시간, 위상 변위 밀도, 전송률
Υ	υ	upsilon	y	
Φ	φ	phi	ph	각도, 자속, 스칼라 전위(대문자)
Χ	χ	chi	ch, kh	각도, 전기 서셉티빌리티
Ψ	ψ	psi	ps	위상차, 좌표, 각도
Ω	ω	omega	o(long sound)	각속도, 저항(대문자), 입체각(대문자)

제3장
신재생 전기에너지와 논리동작

1. 에너지

물리적인 일을 할 수 있는 능력을 에너지라 하고, 어떤 힘과 그 힘이 작용하는 방향으로 이동한 거리의 곱으로 정의되는 물리적 현상을 일이라 하며 줄(Joule)을 단위로 사용한다. 에너지는 중력에 의한 위치에너지, 물체의 속도 제곱과 질량(質量, Mass, 물질의 량)에 비례하는 운동에너지, 탄성체 변형으로 탄성체에 저장되는 탄성위치에너지, 전기력에 의한 위치에너지(전압 또는 전위) 등의 역학적 에너지(위치에너지와 운동에너지의 합), 열에너지, 화학에너지, 소리에너지, 빛에너지 등 다양하게 구분된다.

아인슈타인에 의해 "질량과 에너지는 등가(等價)이므로 물체의 질량이 감소하면 그에 해당하는 에너지가 발생한다." 라는 특수상대성이론(特殊相對性理論, Special the Ory of Relativity)의 내용이 원자력발전에 이용되고 있으며, 이 경우 핵 융합 과정에서 발생하는 질량 감소를 이용해 원자력에너지를 얻어낸다. 에너지는 갑자기 나타나지도 않고 사라지지도 않는다. 다만, 서로 모습을 바꾸어 나타날 뿐이다.

따라서 "어떤 에너지가 다른 에너지로 전환되었다고 가정 할 때, 전환 전과 후의 에너지의 총량은 항상 일정하게 보존되어진다."라는 에너지보존법칙(Law of Energy Conservation)이 성립되며 이는 물리학의 기본법칙이다. 즉, "질량=에너지" 이므로 에너지보존은 질량보존과 같다. 몇 가지 예를 들어보면, 증기기관의 경우 수증기 형태의 열에너지가 증기터빈의 운동에너지로, 수력발전을 위한 수력발전용 댐에 물의 위치에너지가 터빈의 운동에너지로, 운동에너지가 다시 발전기를 거쳐 전기에너지로 바뀐다. 또, 모터의 경우 전기에너지가 운동에너지로 바뀌게 된 것으로 전환 전과 후의 에너지 총량은 항상 같다. 다만, 실제 전환과정에서 마찰이나 저항에 의해 발생되는 열이나 소리에너지로 인해 투입된 전기에너지의 총량과 운동에너지의 총량을 비교하면 운동에너지의 크기가 항상 적은 반면, 모터의 운동에너지와 모터에서 나는 소리, 열 등의 에너지를 모두 합치면 투입된 전기에너지와 같은 크기가 된다. 이것이 에너지 보존법칙이다. 전기에너지는 전자의 이동을 통해 동력 또는 다른 모습의 에너지로 변환 될 수 있는 것으로 이는 전하 주위에 전기장(Electric Field, 전하에 의해 전기력이 미치는 공간)에 의해 만들어 진다.

1) 에너지 종류

에너지는 시스템 형태에 따라 1차, 2차, 최종 에너지로, 에너지원에 따라 순환에너지와 비 순환 에너지로, 또 에너지의 본질에 따라 외부, 내부, 열, 기계, 화학, 핵에너지로 구분된다. 각각의 에너지들은 분류되는 에너지별 특성에 따라 상호변환(Conversion)되면서 인류에게 각기 필요한 형태로 공급된다.

에너지 종류

구 분		에너지의 형태
저장에너지	식물에너지	목탄, 바이오가스(메탄)
	화석연료	천연가스, 석유, 석탄
	핵연료	핵분열, 핵융합
	전지	1차 · 2차 전지, 화학에너지
불규칙 에너지	열에너지	지열(地熱: Geothermy)
	압력에너지	고압가스, 진공상태
	한랭에너지	냉수, 액화가스, 얼음, 드라이아이스
역학 에너지	운동에너지	풍력, 파력(波力: Wave Force), 조력, 고속유체, 고속회전체
	위치에너지	낙차(落差; Head Drop) , 탄성에너지
	진동에너지	진동체, 초음파
전자기 에너지	전류에너지	모터, 열전대(熱電對: Thermo Couple), 전력
	정전에너지	번개, 정전기
	자기에너지	지자기(地磁氣; Terrestrial Magnetism), 영구자석
복사 에너지	태양열	태양집열기, 태양전지
	전자파	텔레비전, 라디오, 레이저, 광통신
	음파	마이크, 스피커

외부에너지와 내부에너지 : 물체의 운동에너지(kinetic energy)와 위치에너지(potential energy)를 합한 기계적 에너지를 외부(external)에너지(수력발전 등)라 하고 물질의 상태가 바뀔 때만 변하고 그 상태에 도달하는 과정에서는 변하지 않는 에너지를 내부(internal)에너지(온수보일러 등)라 한다.

열에너지 : 두 물체 사이에서 온도에 따라 이동되는 에너지 즉, 온도가 높은 물체에서 그보다 온도가 낮은 물체로 에너지가 전달되게 되는데 이를 에너지를 열(thermal)에너지라 한다.

기계적 에너지 : 일반적으로는 운동에너지와 위치에너지를 의미 하는 것으로 역학적 에너지와 탄성에너지도 같은 의미의 에너지 이다. 예로 풍차, 돛단배, 폭포, 래프팅 등의 경우이다.

화학에너지 : 화학변화 반응에서 발생되거나 흡수되는 에너지로, 화학반응을 통해 열이 발생되면 발열반응, 열을 흡수하면 흡열반응이라 한다. 화학반응은 빛, 전기 등의 에너지를 발생시키거나 흡수하기도 한다.

핵에너지 : 원자력이라고도 하며, 원자의 무거운 핵심부인 원자핵에 변화를 주는 과정에서 방출되는 원자력에너지를 의미하는 것으로 원자로 내에서 핵융합과 핵분열이 발생되도록 인위적 유도를 통해 핵에너지를 생성시킨다.

화석연료 : 다양한 목적과 형태의 에너지로 활용할 수 있는 지구 속의 모든 생물기원 물질에 대한 통칭을 **화석연료(fossil fuel)라 한다.** 화석연료에는 석탄, 천연가스, 석유, 오일셰일(oil shale) 등이 있으며 이들 모두는 탄소를 함유하고 있다. 수억 년 전 광합성을 통해 생성된 유기물 들이 땅속에 매몰 저장되면서 만들어진 것들로 대기 속에서 연소되면 열을 발생시킨다. 화석연료들의 사용은 18세기 이후 계속 증가되고 있어 공해문제가 심각하며 그나마 지구 속의 화석연료들의 매장량은 제한되어 있다.

재생가능 에너지 : 자연 상태에서 만들어지는 에너지를 재생가능(Renewable)에너지라 한다. 태양에너지, 풍력, 수력, 생물자원(바이오매스), 지열, 조력, 파도, 수소 에너지 등으로 구분된다. 이들의 대부분(99.98%)은 태양으로부터 온 에너지이다. 바람은 공기가 태양에너지를 받아 움직임이 발생하고, 햇빛을 받아 증발한 물이 수증기에서 비로, 파도나 해류도 바닷물이 햇빛을 받아 온도의 차이

로, 광합성을 통해서 만들어지는 나무와 산소 등으로 설명될 수 있다.

1-1) 태양에너지(Solar Energy)

태양에너지는 태양 내부에서 진행되는 핵융합 반응으로 네 개의 수소 원자핵이 헬륨으로 변화할 때 전자기파의 형태로 방출되는 에너지이다. 태양이 방출하는 에너지는 막대하지만 지구에 오는 것은 약 20억 분의 1에 지나지 않고, 그중에 약 70%만 지구로 흡수되는데 지구상의 연간 에너지 소비량은 이 태양에너지의 24분의 1 즉, 1시간분에 불과하다고 한다. 태양에너지를 받아 바닷물이 데워지며, 지역에 따라 태양에너지의 흡수량의 차이로 발생되는 기압 변화(풍력), 태양열로 증발된 수증기가 공중에서 액화하여 내리는 비(수력) 등으로 크게 구분할 수 있다. 또, 최근 세계적인 문제로 크게 대두되고 있는 화석연료 또한 같다. 태양에너지는 단위 면적($1m^2$)당 800kcal/H 정도로 생명의 원천이며 삶이다. 태양에너지의 이용은 태양빛으로 전기를 생산하는 태양광발전과 집열 장치를 통해 모아들인 열을 이용하는 태양열 장치로 구분된다. 태양열발전은 태양의 열에너지를 흡수하여 열기관(熱機關)과 발전기를 움직여서 발전하는 방식이고, 태양광발전은 태양광을 받으면 물질에 빛이 닿으면 전자가 발생하는 광기전력효과(광전효과)를 이용하여 직접 전기를 발생하는 반도체소자, 즉 태양전지를 이용하는 방식이다. 태양에너지로부터 얻은 전기에너지는 에너지가 필요한 모든 곳에는 언제든지 사용할 수 있으며, 태양광 자동차, 무인 항공기, 인공위성, 우주개발 등 아주 광범위하게 사용되고 있다.

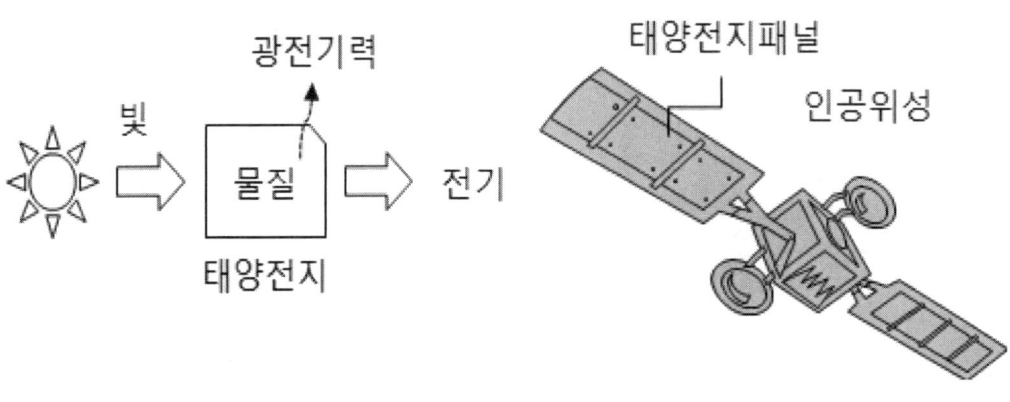

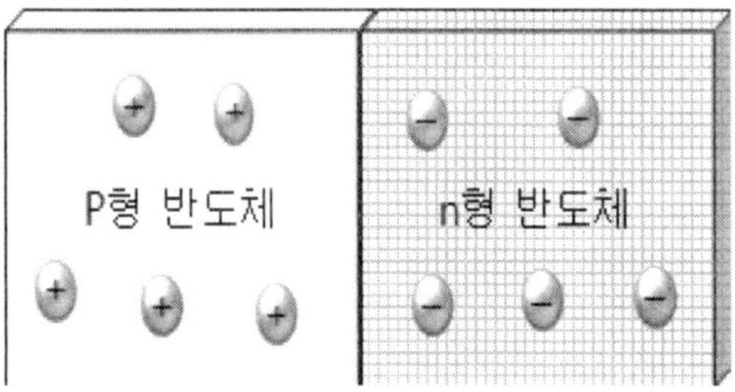

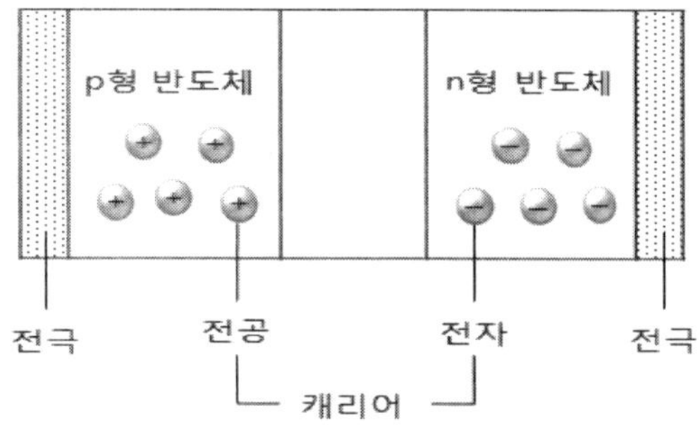

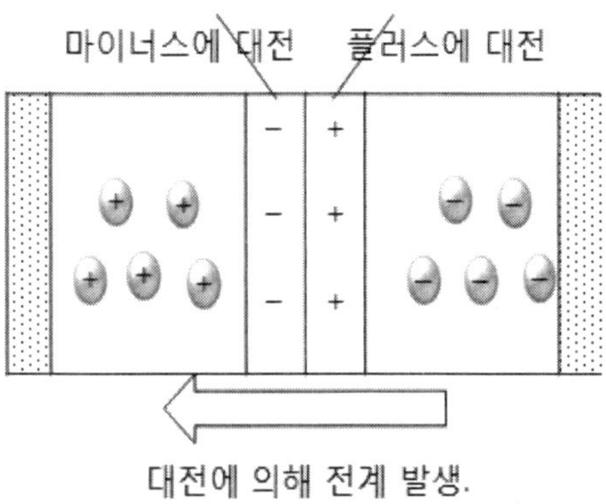

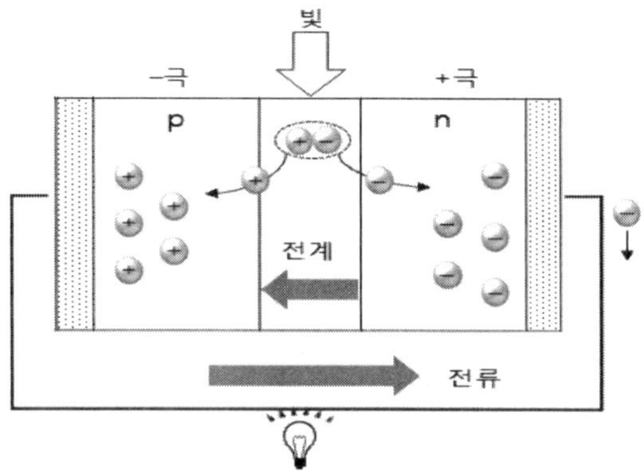

태양광발전(太陽光發電; Solar Photovoltaic)과 태양전지(太陽電池; Solar Battery)는 얇게 가공한 규소(硅素; Silicon)판 한쪽 면에 미량의 인(燐; Phosphorus)을 더해 주면 규소 판에 자유롭게 움직일 수 있는 자유전자가 생겨난다. 인 원자는 전자 5개, 규소원자는 전자 4개로 구성되므로 규소와 인 원자의 결합으로 전자쌍을 형성하게 도는데, 이때 남은 인 원자 한 개는 한 개는 규소 판 속에서 자유롭게 움직일 수 있는 자유전자가 된다. 또, 다른 쪽 규소판에는 붕소(硼素; Boron)원자를 더해 전자가 부족한 자리(홀)을 만든 후, 빈자리에 반대쪽에서 발생된 자유전자를 받아들일 수 있도록 한다. 인이 첨가된 쪽은 전자의 반대쪽 이동에 따라 전자의 수가 양성자의 수보다 적어지게 되므로 양의 전하를 띠게 되고, 붕소가 첨가된 층은 전자가 유입되어 양성자의 수보다 많아지므로 음의 전하를 띠게 되어 두 접촉면이 만나는 2개의 경계면은 대전(帶電; Electrification)상태로 변해 전기장(電氣場; Electric field)이 형성된다. 이와 같은 원리에 의해 규소 판에 인이 첨가된 면에 햇빛이 도달하면 음극(Negative, n-)이 되고, 붕소가 첨가된 면은 양극(Positive; p-)이 된다. 규소 판이 태양빛을 받으면 태양빛의 에너지를 전달하는 광자(光子; Photon)가 규소 판에 부딪치면 규소를 잡아주는 결합 전자에 전달되어 자유전자를 발생시킨다. 자유전자는 n-로 이동하고 빈자리에는 홀이 형성된다. 이동의 결과로 양쪽 면 사이에 위로 양전하(陽電荷; Positive Electric Charge) 아래로 음전하(陰電荷; Negative Electric Charge)가 형성되어 전압이 생성된다. 이 두 면의 사이를 금속선으로 연결해 주면 빈곳에 전자를 채워주기 위해 n-면의 전자들이 금속선을 통해 p-면으로 이동하게 되는데, 이 과정에서 전자의 흐름인 전류가 발생하고 전기에너지가 생산된다. 규소 판의 n-면은 또 다시 햇빛을 받으면 전자가 또 떨어져 나가고 이때 생긴 빈자리를 다시 채우기 위해 또다시 이동하는 전자의 흐름이 발생된다. 이 과정은 햇빛이 태양전지에 비치는 동안 계속 반복되어 전기에너지를 생산한다. 태양전지는 어떤 결정 형태의 규소를 가지고 만들었느냐에 따라 단결정(Microcrystalline), 다결정(Polycrystalline), 비결정질(Amorphous) 태양전지로 구분된다.

1-2) 풍력에너지(風力; Wind Energy)

바람을 에너지로 이용하는 기술은 풍차, 바다와 강을 오가는 범선 등에 이르기까지 아주 오랜 옛날부터 사용되어 왔으며, 최근에는 바람과 풍차(風車; Windmill)를 이용하여 전력을 생산하는 풍력발전기술이 큰 각광을 받고 있다. 풍력발전의 단위 발전용량은 10W ~ 5MW 정도이며, 유럽과 미국 등의 경우 대형 풍력발전기들을 한곳에 수십 수백 개 설치해 풍력발전 단지를 만들어 100MW(10만 KW) 이상의 전력을 생산하는 곳이 많다.

1-3) 지열에너지(Geothermal Energy)

지열에너지는 초기 투자비용이 많이 든다는 단점이 있으나 에너지 생산에 따른 운영비가 다른 에너지에 비해 매우 저렴하고, 365일 언제나 안정적 에너지 생상이 가능하고, 오염물질의 배출이 없어 신재생에너지 자원 중 가장 효용성이 높다는 장점이 있다. 지열에너지는 지표 아래층 또는 저장고에 존재하는 80~180℃ 정도의 열수와 증기에 의한 발전에 의해 생산된다. 열수를 증기로 바꿔 발전기 터빈을 돌려 전기에너지를 생산한다. 또, 지표 아래 뜨겁고 건조한 지층들 내부로 물을 주입시켜 뜨겁게 만든 다음 증기로 전환시켜 전기를 생산하기도 한다. 또 우리가 잘 알고 많이 활용하고 있는 지하수는 여름철 냉방 시에는 외기온도 보다 지하수의 온도가 낮아 냉방에너지, 겨울철 난방 시에는 외기온도 보다 지하수 온도가 높기 때문에 난방 에너지로 활용할 수 있다.

1-4) 바이오에너지(Bio Energy)와 폐기물에너지(Waste Energy)

식물과 동물의 유기물과 유기폐기물 등을 열분해하거나 발효시키면 메탄올(Methanol), 에탄올(Ethanol), 수소(Hydrogen)와 같은 에너지 물질을 생산할 수 있다. 생물유기체(Biomass)를 통해 얻을 수 있는 에너지를 바이오에너지라 한다. 바이오매스는 생화학적 변환, 기름추출 변환, 열화학적 변환, 직접 연소방식을 통해서 에너지를 얻거나 연료로 변환할 수 있다. 또, 생화학적 변환방식으로는 혐기성(嫌氣性; Anaerobic; 산소를 필요로 하지 않거나 없는 상태에서 생명활동 가능생물) 분해와 발효를 이용한다.

혐기성 분해는 음식 찌꺼기, 가축 분뇨 같은 유기질 쓰레기에 공기를 차단시킨 상태에서 박테리아를 이용해 분해하는 방법이다. 이 과정에서 메탄이 50% 이상 함유된 가스가 생산되고 이를 정화하여 열병합 발전기 가동연료로 사용하여 전기와 열을 생산한다. 발효는 사탕수수, 사탕무, 옥수수, 감자 등 곡물이나 나무, 볏짚 등에 함유된 당을 에탄올로 변환하기 위해서 이용된다. 액체 바이오연료 중에서 가장 일찍 개발되어서 수송용으로 사용되는 것은 에탄올이다. 에탄올은 바이오매스에 함유되어 있는 탄수화물을 당으로 변환한 다음 이것을 알코올로 발효시켜서 얻는다. 사탕수수나 사탕무의 경우에는 직접 당을 추출하여 알코올 발효를 시킨다.

또, 기름추출 변환방식에 의한 바이오디젤은 메주콩, 유채씨앗, 동물성 지방, 폐 식물성 기름 등의 바이오매스로부터 유기질 기름을 직접 추출하여 촉매작용하에서 에탄올이나 메탄올과 결합시켜 에스테르(Ester)로 변환시켜 생산한다. 열화학적 변환방식에는 가스화 또는 열분해에 의한 열화학적 변환방식은 바이오매스를 산소가 소량 공급되는 상태에서 가열하여 중질의 가스를 만들고 이를 정화하여 열병합 발전기의 에너지로 사용하는 방법이다. 바이오매스에 공기를 완전히 차단시킨 상태에서 약500℃ 정도의 고온으로 가열하면 열분해가 일어난다. 열분해를 거치면 바이오기름, 가스, 목탄을 얻을 수 있다. 현재, 바이오에너지의 생산을 위한 농작물(특히 옥수수)의 수요 급증으로 농작물 가격이 가파르게 올라 물가가 상승하는 현상(Agflation; agriculture+inflation)까지 발생되고 있다.

1-5) 연료전지(燃料電池; Fuel Cell)

수소(水素; Hydrogen)가 전기에너지로 변환되어 직류전류를 생산하는 방법의 전지로 외부에서 연료와 공기를 공급하여 연속적으로 전기를 생산할 수 있다는 것이 기존의 전지와 다른 점이다. 수소는 양극, 산소는 음극을 통과하도록 하여 수소가 산소와 반응하는 과정에 물이 만들어지고, 전극에는 전류가 발생되므로 전자가 전해질을 통과하면서 직류전력이 발생되는 원리에 의해 구현된다. 우리가 일상생활에 사용하는 전지는 닫힌계에 화학적으로 전기에너지를 저장하는 반면, 연료전지는 연료를 소모하여 전력을 생산한다. 연료전지의 발전효율은 40~60% 정도로 대단히 높으며 반응 과정에서 나오는 부가 배출 열을 이용할 수 있어 효율이 매우 높고, 연료를 태우지 않으므로 탄소를 배출 하지 아니하므로 지구 환경보호에 최적이다. 또, 매우 짧은 에너지 생산시설 구축기간, 자유로운 시설 용량의 증감, 상대적으로 매우 작은 토지면적 소요 등이 가능하므로 복잡하고 비좁은 도시지역이나 기존의 건물 내에 생산설비가 가능하여 경제적으로 에너지를 공급할 수 있다. 따라서 앞으로 연료전지는 기존의 발전방식을 대체할 수 있으므로 가정용 개인 발전소, 분산형 발전소, 열병합 발전소, 무공해 자동차의 전원 등 거의 모든 분야에 폭넓게 적용될 것이다.

연료전지는 우리가 일상생활에 사용하고 있는 다른 전지와 같이 양극(+)과 음극(-)으로 이루어져 음극에는 수소, 양극에는 산소가 공급되게 하여 수소는 전자와 양성자로 분리되고, 분리된 전자들은 회로를 통과하면서 전류를 생산하고, 양극에서 산소와 만난 전자들은 물을 생성한다. 즉, 연료전지의 부산물은 물이다. 연료전지는 인위적으로 물이 수소와 산소로 전기분해 되는 것과 정반대의 반응이 일어나게 하는 시스템을 통해 전기에너지를 생산하는 방법이다. 연료전지의 구성단위인 셀(Cell; 단위전지)은 일반 건전지의 +극 전극판(공기극)과 −극 전극판(연료극) 중간에 전해질 층을 존재시킨 샌드위치 구조이며, 아래위 셀 간에는 수소와 산소의 통로를 구분하고 전기적으로 연결하는 분극판으로 구성시켰다. 셀들을 겹겹이 쌓아 셀스택(Cell Stack)을 구성하고 있으며 이로 인해 연료전지의 본체를 형성한다.

공기극과 연료극 사이는 매우 많은 수의 좁은 통로로 연결되어 있고 외부로부터 공급된 산소와 수소가 통과되면서 반응한다. 수소는 전해질을 까지 파고 들어가 전자를 분리하여 수소이온이 되고, 전자는 외부 회로를 통해 밖으로 나간다. 전해질을 통과한 수소이온은 반대 측 전극에 보내진 산소와 외부 전선을 통해 들어온 전자와 반응해 물이 된다. 즉, 수소를 인위적으로 전자와 이온으로 분리시킨다는 것이 연료전지의 기본 이론이며, 이로 인해 전자가 전선을 이동한다는 것은 전류가 흐른다는 것이며, 전류가 흐른다는 것은 전기가 발생된다는 것이다.

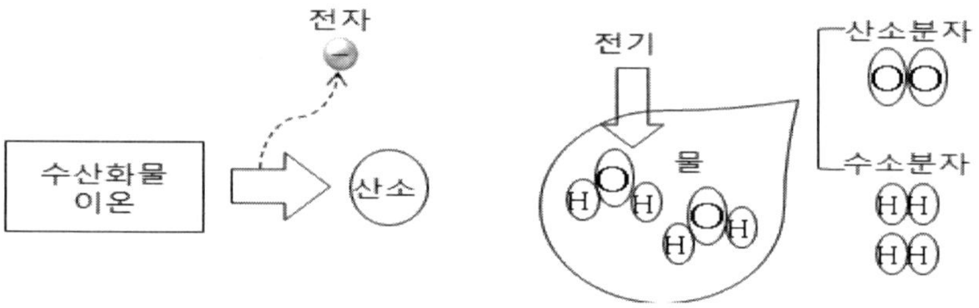

공기(空氣; Air) : 지구를 둘러싼 대기 하층을 구성하는 무색투명한 기체로 지구상 생물 존재에 꼭 필요한 역할을 담당하는 생명의 근원이다. 질소 78%, 산소 21%, 아르곤 9.3%, 이산화탄소, 수증기 등으로 이루어져 있다.

수소(水素, Hydrogen) : 주기율표의 가장 첫 번째(1족 1주기) 화학원소로 원소기호는 H(Hydrogenium)이다. 수소원자는 우주에서 가장 많고 가벼운 무색의 원자이다. 비금속 원소이며 동위원소로는 중수소와 삼중수소가 있다. 수소는 독일어로 "물의 재료 Wasserstoff"에서 유래하였다. 2개의 수소원자가 1개의 산소원자와 결합해 물을 구성한다. 2개의 수소원자로 수소기체가 되면 불에 타는 가연성 연료가 된다.

산소(酸素; Oxygen) : 라틴어의 Oxygenium을 어원으로 하는 원자번호 8인 원소로 상온에서 맛, 빛깔, 냄새 등이 없는 기체 상태로 존재한다. 공기의 주성분으로 지구뿐 및 우주 전체에서 다른 원소와 공유 결합된 상태로 널리 퍼져 있다. 대부분 태양에너지에 의한 광합성 작용으로 만들어지며, 약 75%는 바다의 식물성 플랑크톤, 나머지는 육상 식물이 생산한다.

고립계, 닫힌계, 열린계(Isolated & Closed & Open System) : 외계와 물질 또는 에너지 교환이 불가능하도록 완전히 고립된 물리적인 계를 의미한다. 이는 우주 전체를 A라 한다면 A를 제외한 나머지라고 설명될 수 있으나 일반적으로는 존재하지 않는다. 고립계 내에서의 에너지와 질량의 총합은 항상 보존된다. 외계와 에너지의 교환은 일어나지만 물질의 출입 일어날 수 없는 물질계를 닫힌계라고 한다. 컵(닫힌계)에 물을 담아 밀봉 한 후 대기 중에 놓아두면 증발하지 않는 것. 반대로 외계와 에너지뿐만 아니라 물질의 교환도 이루어질 수 있는 열린계라 한다. 밀봉하지 않고 대기 중에 방치된 컵의 물이 증발하는 것으로 설명된다. 밀봉되지 않은 컵(열린계)은 물과 수증기가 공존하므로 컵 속의 물이 증발된다. 반면, 밀봉된 컵 속의 물은 수증기와 공존 할 수 없으므로 증발하지 못한다.

전해질(電解質; Electrolyte) 비전해질(非電解質; Nonelectrolyte) : 물과 같은 용매에 녹아 이온(Ion; 전자를 잃거나 얻어 전기를 띤 원자, 양전하=양이온, 음전하=음이온)으로 해리(解離; Dissociation)되어 전류를 흐르게 하는 물질로 염화나트륨(NaCl; 고체상태의 소금은 Na^+이온과 Cl^-의 공유결합 상태이므로 전기가 흐르는데 필요한 자유전자가 없으므로 부도체), 황산, 염산 등 다양하다. 반대로 용매에 녹았을 때 이온화되지 않아 전하입자가 없으므로 전류가 흐르지 못하는 설탕, 포도당, 알코올(에탄, 메탄) 등의 물질을 비전해질이라 한다.

1-6) 수소에너지(水素; Hydrogen Energy)

수소는 우주에 존재하는 가장 단순한 원소 중 하나로 양성자 하나와 전자로 이루어져 있다. 우주는 90% 이상이 수소로 이루어져 있으며 우리가 사는 지구에는 탄소(C), 질소(N) 다음 3번째로 풍부한 원소가 수소이며 대부분 물(H_2O)에서 얻을 수 있다. 수소는 연소 시켜도 미량의 질소 산화물만이 배출되는 깨끗한 에너지원이므로 최근 온실가스(CO_2)나 화석연료 사용에 따른 공해문제를 유발시키지 않으므로 매우 훌륭한 미래의 에너지원 이다. 또, 수소는 비금속원소, 원소기호 H, 원자량 1.00794g/mol, 끓는점 -252.87℃, 녹는점 -259.14℃, 밀도 0.08988g/L 이다. 지구상에 존재하는 가장 가벼운 원소로 무색·무미·무취의 기체다. 태양을 비롯한 우주에 수소가스 및 원자상태 수소의 존재가 인정되고 있다. 수소를 태우면 물이 된다. 따라서 수소는 환경오염을 일으키지 않기 때문에 전기와 함께 인류의 궁극적 에너지로 인식되고 있다. 그러나 수소는 전기와 마찬가지로 자연에서 직접 얻어지는 에너지가 아니고 다른 에너지를 투입해야만 얻을 수 있는 2차 에너지라는 어려운 문제를 안고 있다. 수소를 만들기 위해 투입되는 에너지로 대체에너지, 화석연료, 원자력 등을 이용하는 방법이 있으나, 이들 중 대체에너지를 이용해 물을 전기분해하는 방법이 가장 효율적인 수소 제조방법이다. 물을 분해하여 수소를 제조하는 대표적 방법은 광촉매법, 전기분해법, 열화학 사이클법, 생물학적 방법 등이 있으며, 물리 및 화학적 방법으로 저장할 수 있다. 산업용 기초 소재에서부터 일반연료, 자동차, 비행기, 연료전지 등 현재의 에너지 시스템에서 사용되고 있는 모든 분야에 응용될 최고의 에너지이다.

수소에너지를 이용하는 방법은 크게 두 가지로 분류할 수 있다. 수소를 태워서 기계에너지나 전기에너지, 열에너지 등으로 이용하는 방법과 수소용 연료전지를 이용해 전기에너지를 기계에너지 또는 열에너지 바꾸어 사용하는 방법이다. 태양전지를 이용해 전기를 발생시키고 이를 이용하여 물을 전기분해하면 수소를 얻을 수 있는데 고압용기에 기체 혹은 액체상태(동일 무게 기체 부피의 1/700)로 저장하였다가 필요시 가스 연소기, 수소자동차나 연료 전지를 가동하여 열, 힘이나 전기에너지를 발생시켜 이용할 수 있다.

연료전지는 수소와 산소를 불꽃으로 연소시키는 방법이 아닌 전기화학 사용 전해질의 종류에 따라 인산형(PAFC), 용융 탄산염형(MCFC), 고체산화물형(SOFC) 등이 있으며 수소가 아닌 메탄올을 연료로 사용하는 직접메탄올(DMFC : Direct Methanol Fuel Cell) 연료전지도 개발되고 있다. 연료전지는 수소나 메탄올을 연료로 사용한다. 다른 발전방법과 달리 소음이 없고 전력변환 효율(30% 이상)도 높아 w급의 소규모에서부터 Mw급 발전설비까지 구현이 가능하므로 휴대형 또는 분산형 청정전원으로서 매우 가치가 있는 전력 생산 기술이다. 앞으로 몇 년 내에 전 세계는 전기화학 반응소재의 개발, 출력제어, 잉여수분 처리 등 현재 연료전지가 갖고 있는 몇 가지 기술문제가 해결되면 휴대용 전원에서 연료전지 자동차, 소형 및 대형 독립발전소 등으로 확대되어 수소에너지의 전반적 공급을 전제로 하는 분산형전원 등 새로운 에너지시대가 도래 할 것이다.

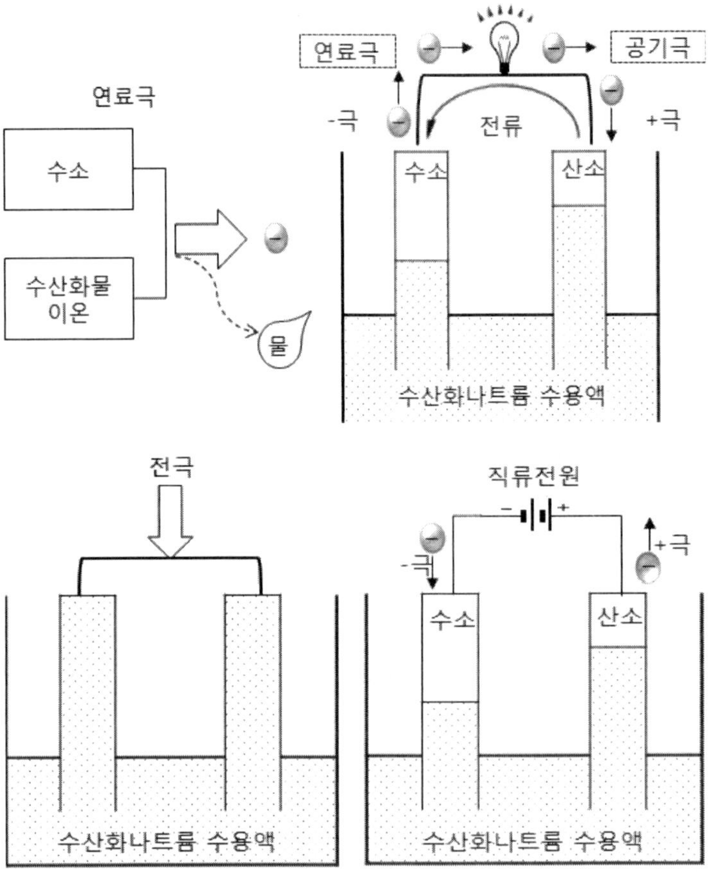

- 수소를 연료로 연소 시킬 경우 공해물질이 생성되지 않으므로 직접 연소에 의한 연료는 물론 연료전지의 연료로 그 가치가 매우 높다.
- 수소는 가스나 액체로 수송할 수 있고, 고압가스, 액체수소, Metal Hybride (금속수소화물 또는 수소흡장합금) 등의 다양한 형태로 저장이 용이하다.
- 수소는 궁극적으로는 무한정인 물을 원료로 하여 제조할 수 있으며, 사용 후에는 다시 물로 재순환이 이루어진다.
- 수소는 산업용 기초 소재로부터 일반연료, 수소자동차, 수소비행기, 연료전지 등 현재의 에너지 시스템 모두에 이용될 수 있다.

태양광분해법 : 태양에너지로 물을 분해하여 수소를 제조하는 것으로, 반도체소자에 의해 태양광을 전기에너지로 변환시키는 동시에 물 분해를 위해, 광전기화학법, 광증감제 또는 광촉매를 이용하여 물의 분광학적 분해를 유도하는 광촉매법, 미생물을 이용하여 광합성 원리로 수소를 제조하는 생물학적 광분해법 등 여러 가지 방법 있으나 대표적인 것은 광촉매법이다.

열화학 사이클법 : 물 분해 반응상태를 단계별로 나누어 낮은 온도(1,300K 이하)의 화학반응들로 부터 물을 분해하는 폐사이클(Close Cycle)이 되도록 한다. 열원으로는 고온의 가스로 또는 집열 된 태양열, 핵반응로, 제철소 용광로 폐열 등을 이용한다. 흡열반응에 필요한 열과 발열 등을 상쇄하면 이론상 전기분해법보다 높은 열효율을 얻을 수 있다고 알려져 있어 1967년 이후 200여 개가 넘는 많은 사이클이 제안되어 있는 상태라 한다.

전기분해법 : 순수한 물은 이온화 되지 않아 전류가 통하지 않으므로 순수한 물에 전해질인 염화나트륨, 황산, 수산화나트륨 등을 용해시키면 전기를 통하게 할 수 있다. 물에 묽은 황산을 넣고 전기분해하면 황산은 수소이온과 황산이온으로 이온화하고, 물은 수소이온과 수산화이온으로 이온화한다. 이때 -극에서는 수소이온이 끌려와 전자를 얻어 수소 기체가 발생하고, +극에서는 황산이온과 수산화이온이 끌려오게 되는데 이들 중 전자를 더 잃기 쉬운 수산화이온이 전자를 잃고 산소를 발생한다. 이때 발생하는 수소와 산소의 부피 비는 2:1이다.

2) 원자와 분자

원자는 물질의 기본적 단위이지만, 원자가 모여 물질을 구성하는 데는 서로 다른 종 또는 같은 종의 원자가 결합되어 하나의 단위가 만들어지며, 이를 중심으로 물질이 구성되게 되는데, 이 단위를 분자(分子)라 한다.

예로 물은 수소원자 2개와 산소원자 1개가 결합한 물 분자를 단위로 하여 구성되었으며, 산소는 산소원자가 2개 결합한 산소의 분자로 구성되어 있다. 따라서 분자라는 단위에 변화가 일어나지 않는 한 물질은 안정적으로 존재하게 되는 반면, 원자의 조합이 변화되어 다른 분자로 변화할 때는 원자 그 자체에 아무 변화 없이 물질만 변화하게 되는데 이를 화학변화(化學變化)라 하며, 일반적으로 대부분 물질의 변화가 여기에 해당된다.

따라서 원자는 일반적인 화학적 수단과 방법으로는 깨뜨릴 수 없는 입자이다. 이는 19세기 초 이탈리아의 물리학자 아보가드로(Amedeo Avogadro)의 분자설(分子說)에서 비롯되었으며, 원자라는 유한(有限)한 종류의 입자로부터 무수히 많은 물질이 구성된다는 사실이 밝혀졌다. 또, '모든 물질은 모두 분자로 이루어진 것만은 아니(예로 금속 등은 직접 원자로 구성)다.' 라는 것도 알려졌다.

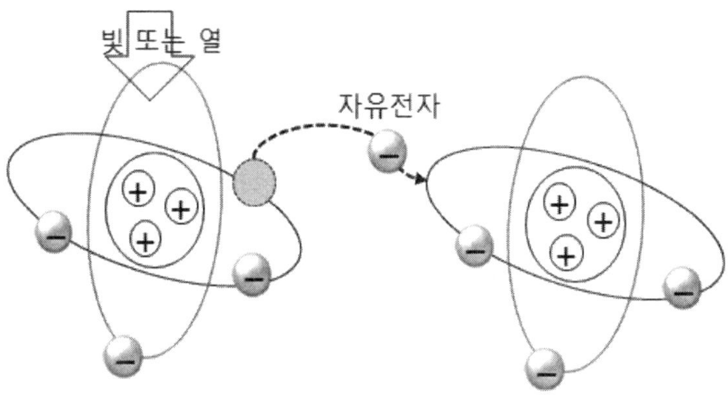

전자가 하나 줄어 (+)로 대전된다　전자가 하나 늘어 (-)로 대전된다

원자의 중심에는 +성질을 갖는 양자(Quantum; 量子)와 아무런 성질이 없는 중성자(中性子, Neutron)로 이루어진 원자핵(原子核; Atomic Nuclei)이 있고, 그 주위를 - 성질을 갖는 전자(電子; Electron)가 돌고 있으며, 원자에 포함된 양자와 전자의 수가 같은 상태에서는 +성질도 -성질도 아닌 안정된 상태에 있게 되는 반면, 어떤 에너지의 영향으로 전자가 원자 밖으로 이탈하게 되는 경우 원자 내 양자수가 더 많아져 +성질의 양전하(陽電荷; Positive Electric Charge)를 갖게 되고, 빠져나간 -성질의 전자인 음전하(陰電荷; Negative Electric Charge)는 자유롭게 움직인다는 의미의 자유전자(自由電子; Free Electron)가 된다. 과거 BC600년 전의 실험에서와 같이 호박 또는 플라스틱판 등으로 모피나 머리카락을 문질러 마찰시키면 호박이나 플라스틱판에는 -성질의 음전하가 머리카락에는 +성질의 양전하가 축적되게 되는데 이를 정전

기(靜電氣; Static Electricity)라 하며 또, 호박이나 플라스틱판을 머리카락으로부터 분리시키려하면 서로 달라붙는 현상이 발생하는데 이는 양전하와 음전하가 서로 당기는 힘 때문이며, 이와 같은 현상을 전하가 움직여 이동하게 되는 "전하(전기)의 흐름" 즉, 전류(電流; Electric Current)라 한다.

3) 전기와 전하

인류는 약 4백여 년 전부터 자연계에 존재하는 전기를 인식하기 시작했으며 물체와 물체의 마찰로 인한 마찰전기, 천둥과 번개의 발생 등에 의한 전기(電氣; Electricity) 연구를 꾸준히 진행되어 오던 중, 1879년 에디슨에 이어 영국의 물리학자 톰슨(Thomson, Sir Joseph John, 1856~1940, 노벨 물리학상)에 의해 전기는 매우 작은 미세한 입자라는 것이 밝혀졌다. 전기는 그리스어 엘렉트론(Elektron)에서 유래한 말로 호박(琥珀, Amber)을 의미한다. 기록에 의하면 BC600년경 그리스 사람들이 장식품으로 사용하던 호박을 모피에 마찰하면 전하(電荷; Electric Charge)를 갖게 되어 먼지나 실오라기 등을 끌어당긴다는 것을 알게 되면서부터 연구되기 시작하였다. 물체가 전기적 성질을 띠거나, 전류가 흘러 전구에서 빛이 발하는 현상은 전하라는 실체로 설명되며, 정전기를 포함한 모든 전기현상은 전하에 의해 일어나므로 전하는 전기(電氣)와 같은 개념이다.

원자가 전기적 성질을 갖게 되는 경우를 대전(帶電; Electrification) 또는 하전(荷電; Alive) 되었다고 한다. 이는 원자가 전자 움직임의 영향을 받아 전기적 성질을 갖게 되는 것을 의미하며 전하[電荷; Electric charge)라 한다. 전하는 양전하와 음전하로 나누어져 동일한 부호의 전하 사이는 서로 밀어내는 척력(斥力; Repulsive Force)이 작용하고, 다른 부호의 전하 사이에는 서로 잡아당기는 인력(引力; Attractive Force)이 작용한다. 전하가 움직이지 않고 어떨 물질에 붙어있는 상태를 정전기라 한다. 전하의 양(量)은 전하량 또는 전기량이라 하며, 최소 단위는 쿨롱(C)으로 도선에 1A의 전류가 흐를 때 1초 동안 전선을 통과하는 전하량을 1C이라 한다.

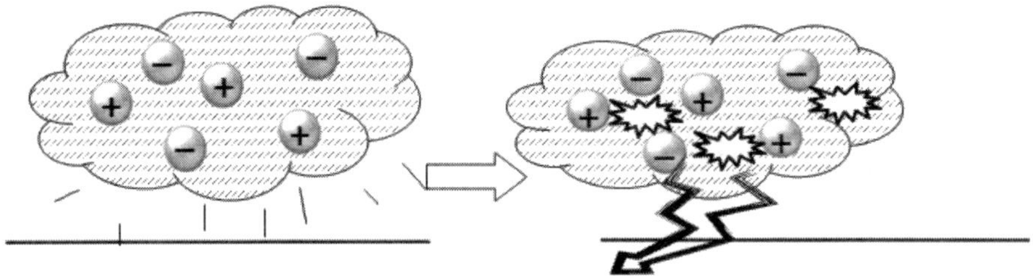

적란운 속에 물 입자들이 서로 부딪혀 전기 에너지 충전.

구름 속 방전으로 낙뢰 발생.

머리카락에 책받침을 문질러 정전기를 발생시킨다.

대전되지 않은 다른 사람의 머리카락에 가까이 댄다.

정전기 유도에 의해 머리카락이 대전되어 책받침에 달라붙는다.

4) 도체 / 부도체 / 반도체

일반적으로 어떤 물체에 발생되는 전하의 성질은 물체 또는 환경에 따라 항상 달라질 수 있는 데 이를 대전열이라 한다. 도체(導體; Conductor)는 전기 전도율(도전율)이 높아 전하가 움직이기 쉬운 물질 즉, 전기전도체(電氣傳導體)와 열을 잘 전달하는 물질을 말한다. 전기와 열이 전혀 전달되지 않는 물질은 없으므로 상대적 전달 정도에 따라 도체와 부도체로 구분한다. 도체로는 고체 상태의 여러 금속이 있고, 액체 상태의 산, 알칼리, 염(鹽)의 수용액(水溶液, Aqueous Solution, 물을 용매로 한 용액) 등이 있다. 금속에서는 자유전자에 의해 전기가 전달되는데, 일반적으로 온도가 높아지면 전기를 잘 전달하지 못하고, 온도가 낮아질수록 잘 전달한다. 대다수의 금속들이 열 도체이며 액체는 포함되지 않는다. 일반적으로 전기가 잘 통하는 금속일수록 열도 잘 전달하는데, 이것을 비데만 프란츠의 법칙(Wiedemann Franz's law)이라 한다.

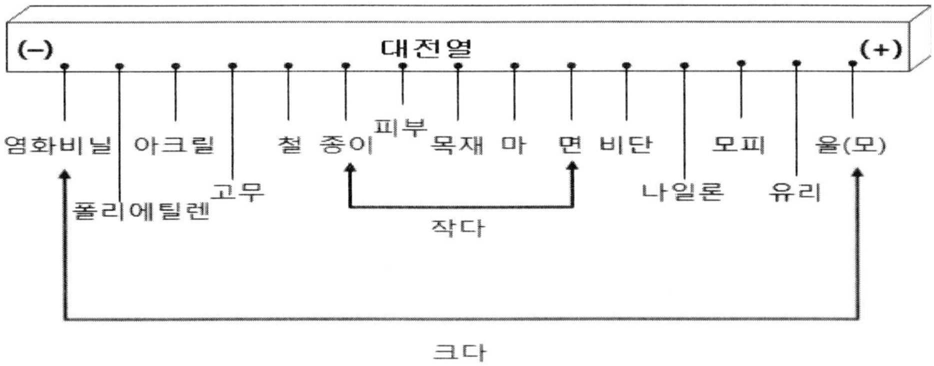

부도체(不導體; Insulator)는 도체에 대응되는 것으로 부도체로 도체를 감싸면 열이나 전기의 이동을 방해할 수 있어 절연체(絶緣體)라고도 한다. 흔히 부도체는 전기나 열이 전혀 통하지 않는 물체로 알기 쉽지만 실제로는 매우 적은 양의 열이나 전기를 전달한다. 앞에서 설명했듯이 열이나 전기가 전혀 통하지 않는 물체는 존재하지 않으므로 엄밀히 말해 도체와 부도체의 구별은 명확하지 않다. 한 예로 이온(Ion, 전자를 잃거나 얻어서 전기를 띤 원자, 양이온, 음이온)을 갖고 있는 보통의 일반적인 물은 전기가 통하는 도체인 반면 이온이 없는 순수한 물은 부도체이다. 또 부도체에 고온이나 강한 전기장을 가하는 등 불순물을 첨가하면 부도체도 전기를 전달할 수 있다. 도체는 자유전자를 많이 포함하고 있고 부도체는 자유전자를 거의 포함하고 있지 않다. 즉, 원자의 밖을 떠돌면서 어떤 물질을 구성하는 전자의 많고 적음에 따라 도체와 부도체로 구분된다.

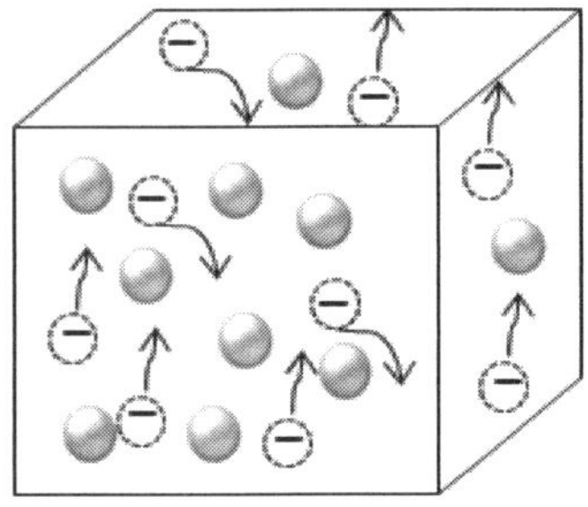

전기를 잘 통하는 물질은 자유전자가 많이 존재한다.

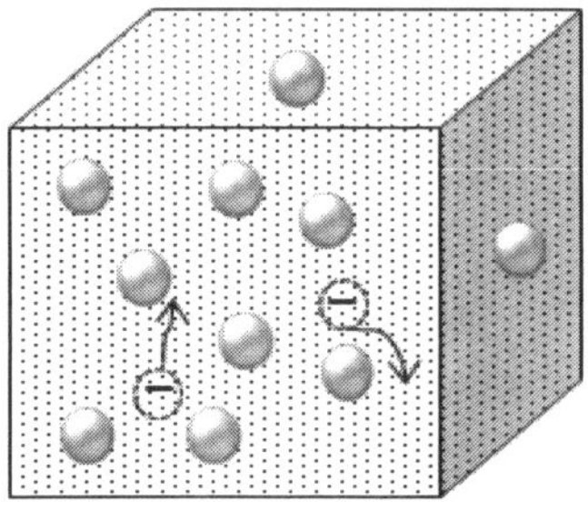

자유전자가 적은 물질은 전기가 거의 통하지 않는다.

"마법의 돌"이라 불리는 반도체(半導體; Semiconductor)는 순수한 물질의 상태에서는 부도체와 비슷한 특성을 보이지만, 불순물의 첨가에 의해 전기전도의 비율을 늘이거나 줄일 수 있으며, 빛이나 열에너지에 의해 일시적으로 전기전도성을 갖게 하거나 잃게 할 수 있다.

원소 주기율표 상에 14족에 위치하는 저머늄(Ge), 실리콘(Si) 등이 대표적인 반도체이며, 초창기에는 저머늄이 주로 사용되었지만 현재는 실리콘에 13족의 붕소(B)나 15족의 인(P) 등을 첨가하여 사용한다. 최근에는 13족과 15족의 화합물반도체가 쓰이기도 하며, 갈륨비소(GaAs; Gallium Arsenide)나 인듐인(InP; Indium Phospide) 등이 있다. 순수한 반도체는 14족 원소로 이루어져 모든 전자가 공유결합을 이룬다. 여기에 15족 원소를 첨가하면 잉여전자가 발생하여 n형 반도체가 되며, 13족 원소를 첨가하면 반대로 전자가 부족하게 되어 p형 반도체가 된다. n형 반도체와 p형 반도체를 붙여놓으면 p형 반도체에서 n형 반도체 방향으로는 전류가 잘 흐르는 반면 반대 방향으로는 거의 흐르지 않는 정류작용(整流作用)이 일어난다. 이러한 소자를 다이오드(Diode)라 하며, 이것이 반도체 소자의 기본이다. 반도체는 다이오드와 트랜지스터(Transistor) 등으로 이루어진 집적회로소자 이외에도 열전자방출소자, 디지털 카메라의 전하결합소자(CCD; Charge Coupled Device) 등 첨단 산업분야에 폭넓게 응용되고 있으며, 태양전지나 발광 소자에도 사용된다. 또, 반도체는 부울 대수와 디지털 논리게이트를 이용하여 무수히 많은 회로를 집적하는 집적회로(集積回路; Integrated Circuit)를 의미하기도 한다.

5) 전하와 전류의 이동방향

금속으로 된 막대 한쪽 끝에 대전체(帶電體; Electrified Body)를 접촉시키면 금속막대 전체가 대전체와 같은 종류의 전기로 대전되는데, 이는 전하(電荷)가 금속 막대 전체로 퍼져 나가기 때문이다. 이는 앞에서 설명된 바와 같이 전하의 흐름으로 인해 나타나는 현상 즉, 전류(電流)이다. 전류의 흐름이 없는 경우 금속막대의 전자들은 여러 방향으로 불규칙하게 움직이는 반면, 전류의 흐름이 생기면 일정한 방향으로 움직이며, 전자의 이동방향은 전지의 -극에서 +극으로, 전류의 이동방향은 +극에서 -극으로 움직인다. 전하(양 또는 음전하)의 성질과 관계없이 전류의 방향은 + 전위(電位; Electric Potential)에서 - 전위 즉, "(양전하 : + 전위에서 - 전위로)=(음전하 : - 전위에서 + 전위로)=전류의 방향" 이 성립되므로 같은 내용(서로 다른 방향으로 정지된 2대의 열차 중 어느 한 대가 움직였을 때, 정지되어 있는 열차 속 승객들은 내가 탄 열차가 움직인다고 느껴지는 것)의 설명이지만 "전하와 전류의 이동방향은 서로 반대" 라고 정의한다. 전하와 전류의 이동방향이 서로 반대인 것에 대해 오해가 발생할 수 있으나, 이는 도체에 전압을 인가했을 때 발생하는 전류를 양전하의 이동 즉, 전류를 구성하는 하전입자(荷電粒子; 중성을 제외한 전하를 띠고 있는 입자. 전자, 이온, 양성자 등) 모두를 양전하로 생각할 수 있다는 것으로부터 기인된다 할 수 있다.

앞에서 설명한 바와 같이 원자는 양전하인 원자핵과 원자핵 주위 궤도를 돌고 있는 전자들로 구성되어 있는데, 이 궤도 전자 중, 원자핵과 가장멀리 떨어져 있는 전자에게는 원자핵의 인력이 매우 약하게 미치게 되는데, 이때 외부로부터 전압(에너지)이 인가되면 원자핵의 인력에서 벗어나 자유전자가 된 후, 전위가 높은 쪽(+)으로는 인력을 받고, 전위가 낮은 쪽(-)으로는 척력을 받게 되므로 자유전자는 전위가 높은 쪽(+)으로 끌려가게 된다. 반면, 자유전자가 탈출하고 남은 원자핵과 나머지 궤도 전자들은 전기적으로 양성(양성자가 더 많아지게 되므로)을 갖는 분자구조로 변화되므로 주변의 다른 원자와의 결합력이 생기고 강해지게 된다. 이로 인해 대부분의 원자는 이동 불가능(액체나 기체인 경우 가능하나 질량의 크기로 인해 정지 상태로 간주)하게 된다. 따라서 도체에 전압을 인가하면 자유전자들은 - 전위에서 + 전위 쪽으로 이동하지만 양전하는 정지하여 움직이지 않게 되는데, 이로 인해 + 전위 쪽은 시간이 지속될수록 전자의 량이 많아지게 되므로 전기적으로 음성의 성질(음전하만 넘쳐나므로)을 갖게 되나 - 전위 쪽은 점점 더 전자의 량이 적어져 전기적으로 양성의 성질(양전하만 남게 되므로)을 갖게 되는데, 이는 양전하가 + 전위에서 - 전위로 이동하는 것 같은 효과(상대효과)이므로 "전류의 흐름은 + 전위에서 - 전위로의 방향성을 가진다." 라고 한다.

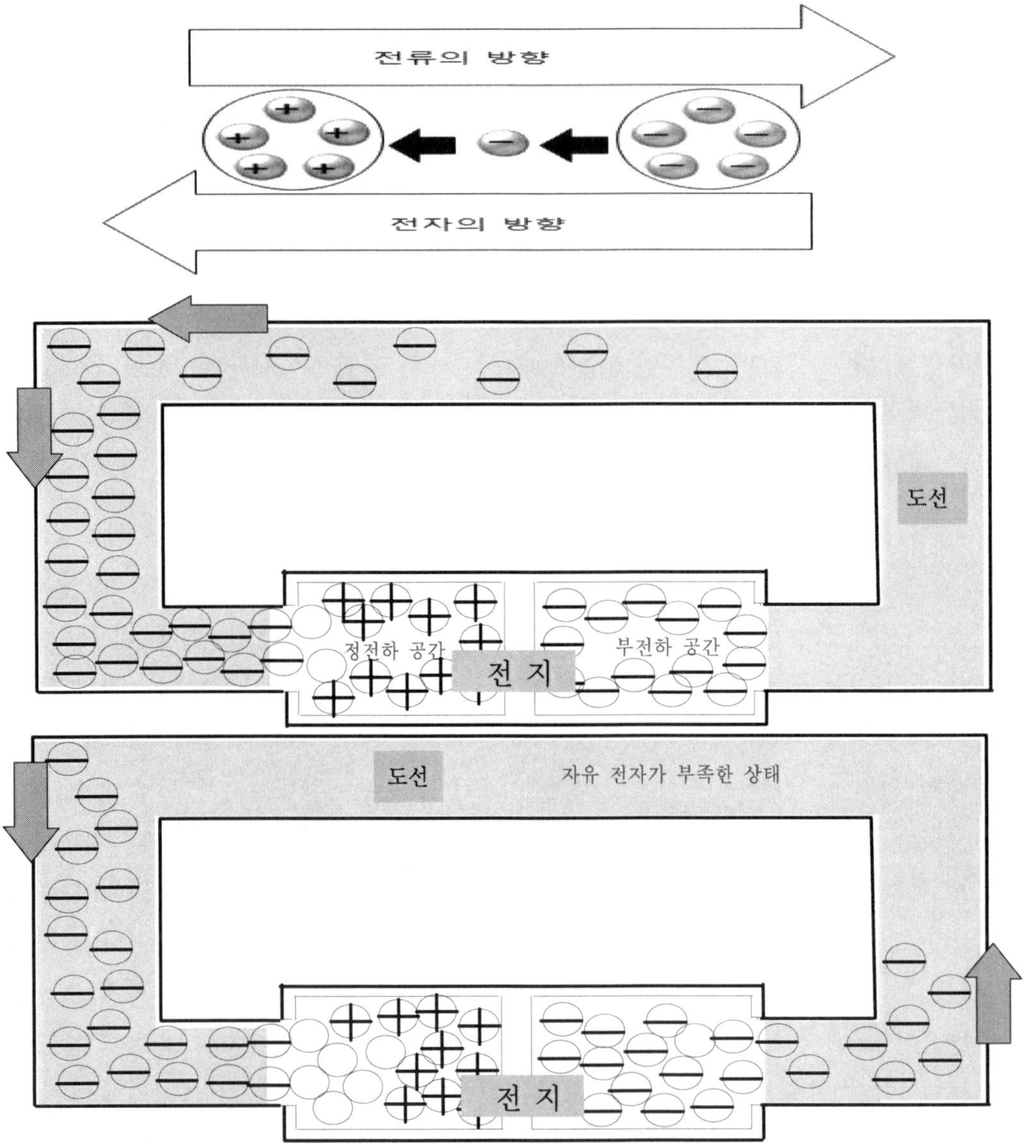

6) 전류량 / 전압 / 저항

전류(電流; Electric Current)는 "전하(전기)의 흐름" 이다. 이를 설명하기 위해 먼저 전지의 구조를 살펴보면 +성질의 양전하 공간과 -성질의 음전하 공간으로 구분하여 가운데를 벽으로 막아놓은 형태의 에너지 저장 공간을 우리가 일반적으로 사용하는 전지라 한다. 전지의 +극과 -극에 전선을 연결하면 전선에 존재하던 -성질의 자유전자는 전지의 +극으로 당겨지게 되고, 이로 인해 자유전자의 흐름이 생겨난다. 뒤이어 +극의 양전하들과 합쳐져 원자에 부족했던 전자가 채워지게 되므로 음전하인 자유전자는 서로 상쇄되어 극성이 없어지게 된다. 전선에 존재하던 자유전자는 지속적으로 +극으로 가게 되므로 전선의 자유전자는 점점 없어지게 된다. 전선은 본래의 상태를 유지하기 위해 -극에서 지속적으로 계속 자유전자를 끌어당기고 전지의 +극은 전선으로부터 계속 음전하인 자유전자와 양전하가 합쳐져 소멸되는 현상이 음전하와 양전하 모두 소멸될 때까지 연속적으로 일어난다. 이는 전지의 수명이 다할 때까지 계속 진행되며 이와 같은 전자의 흐름을 전류라 한다.

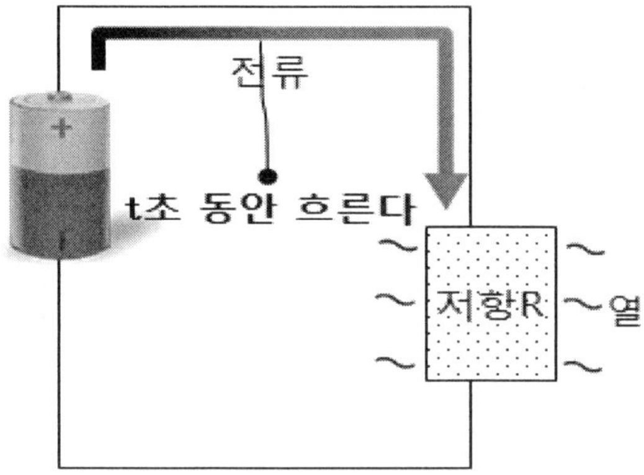

저항 R에 전류 I가 t초 동안 흐르면 발생하는 열량은 $Q = I^2 * R * t(J)$

1948년 국제도량형 총회에서 정한 전류량으로 전선(도선; 導線) 임의의 단면적을 1초 동안 1쿨롱(Coulomb; 어떤 물체가 전기를 보지(保持)하고 있는 상태)의 양전하(정지한 전하)가 통과할 때의 값을 1A(Ampere; 프랑스의 물리학자 A. M. Ampére)라 하며 이를 전류량(電流量; Ampere) 이라 한다. 또, 전하는 전위가 높은 곳에서 낮은 곳으로 이동하는 특성을 갖고 있으며, 전위와 전위 간의 차이를 전압(電壓; Voltage)이라 한다. 이는 물이 높은 곳에서 낮은 곳으로 흐르는 것과 같으며, 물 높이에 차이가 없으면 물이 흐르지 않듯이 전압도 0 이라면 전류는 흐르지 않는다. 또, 낮은 곳보다 높은 곳에서 떨어지는 물이 더 많은 에너지를 갖고 있는 것과 같이 전압도 클수록 즉, 전위의 차이가 클수록 더 많은 전기에너지를 갖고 있다. 전압의 크기를 나타내는 단위는 볼트(V)이며 1V는 1쿨롱(1A가 1초 동안 이동하는 전하의 양)의 전하가 어떤 두 점 사이를 이동하였을 때에 하는 일이 1줄(Joule; 에너지와 일의 국제단위계) 일 때의 전위차이다. 또, 도체의 내부에 전위차를 만들고 전하(電荷)가 이동해 전류를 통하게 하는 원동력을 기전력(起電力)이라 하며, 직류 전기의 경우 전압의 방향과 크기를 쉽게 결정할 수 있는 반면, 교류 전기는 크기와 방향이 끊임없이 변화(50~60회/초)하므로 전압의 순간값을 제곱하여 평균을 구하고 그것의 제곱근을 교류전압의 실효값으로 정한다.

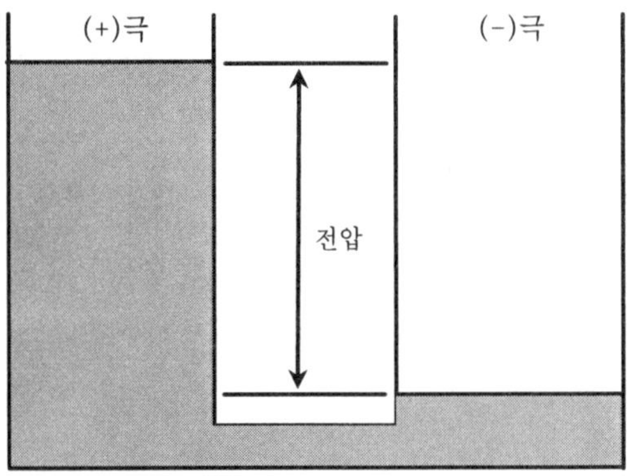

저항(抵抗; Ohm)은 전류의 흐름을 방해하는 정도를 나타내는 전기저항(電気抵抗; Electric Resistance)의 물리적인 량을 의미하며 옴(Ohm; Ω)을 단위로 사용한다. 일반적으로 금속은 온도가 높아질수록 저항이 커지고, 반도체는 온도가 높아질수록 저항이 낮아지며, 전해질(電解質; Electrolyte, 물 등의 용매에 녹아서 이온으로 해리(解離)되어 전류를 흐르게 하는 물질)의 농도가 높고 이온의 이동성이 커질수록 저항 값은 낮아진다. 저항은 사전적 의미(어떤 힘이나 조건에 굽히지 아니하고 거역하거나 버팀)와 같이 "전기의 흐름을 방해하는 나쁜 것"이 아니고 "전기의 흐름을 이용하는 것"이라고 이해해야 한다. 제어회로의 구성, 반도체, 전기스토브, 전구 등 지구상의 모든 에너지의 이용은 모두 저항을 이용하는 것이다. 저항으로 인한 전류의 세기는 두 점 사이의 전위차(電位差)에 비례하고 전기저항에 반비례한다는 옴의 법칙(Ohm's law, 1826, 독일의 물리학자 G. S. Ohm)이 작용한다. 옴의 법칙은 전기회로 내의 전류, 전압, 저항 사이의 관계를 나타내는 매우 중요한 법칙이다. 전압의 크기를 V, 전류의 세기를 I, 전기저항을 R라 할 때,

V=I*R의 관계가 성립한다. 여러 개의 부하가 직렬로 연결된 직렬회로에서는 저항을 통과하는 전류는 같다. 그러므로 각각의 부하에 걸리는 전압은 전기저항에 비례한다. 병렬회로에서는 부하에 걸리는 전압이 같으므로, 각각의 부하(負荷, Load)에 흐르는 전류는 전기저항에 반비례한다. 예를 들어, 직렬회로에 흐르는 전류가 10A라면 5Ω의 저항의 양 끝에 걸린 전압은 50V다. 10Ω의 저항에는 100V의 전압이 걸린다. (ex1 : 100V 전지에 50Ω의 저항이 연결된 회로의 전류 값 I는, I=50Ω/100V=2A, ex2 : 9V 전지에 연결된 회로에 20mA의 전류가 흐르도록 하려면 저항 값 R은, R=0.02A/9V=450Ω, 옴 법칙의 계산단위는 모두 1이므로 20mA=0.02)

전류(電流; Ampere) : 도선(導線) 임의의 단면적에 임의 시간동안 양전하(陽電荷)가 통과할 때의 값이며, 단위는 암페어(A; Ampere)이다.

전압(電壓; Voltage) : 도체(導體) 내에 있는 두 개의 지점 간 전기적 위치에너지(전위차; 電位差)이며, 단위는 볼트(V; Volt)이다.

전력(電力; Electric Power) : 어떤 시간 동안 전기장치(부하; 負荷)에 입력되는 전기에너지이며, 단위는 와트(W; Watt)이다. 또, 전력을 계산하기 위해 전력=P(Power), 전압=V, 전류=I로 표현하고 P=V×I로 계산한다. V=I×R(옴의 법칙)에 따라 $P=I^2 \times R$ 또는 $P=V^2/R$로 설명되므로 전력은 저항에 비례하고, 전압은 저항에 반비례한다. 예를 들어 정격전류가 4A인 PC에 가정용 220V의 전압을 사용한다면 소비전력은 880W(4×220)가 된다.

전력량(電力量) : 각종 산업생산현장 또는 각 가정에서 사용되는 전체 전기에너지의 사용량을 전력량이라 하며, 전기요금은 전력량에 따라 부과된다. 전력량(Wh, kWh)=전력(P)×시간(t), 전력(P)=전압(V)×전류(I)이므로 전력량은 P×t이다. 전력량은 W 또는 kW에 사용한 시간(h)을 곱하였다는 의미로 Wh 또는 kWh를 단위로 사용한다. 우리 생활주변의 모든 기기들은 각각 저마다의 소비전력을 갖고 있으므로 손쉽게 내가 사용한 전력량을 계산할 수 있다. 예를 들어 백열등(100W) 5시간, 세탁기(800W) 2시간, 전기히터(1kW) 3시간 사용하였다면 총사용 전력량은 100×5+ 800×2+ 1000×3=5,100Wh(5.1kWh) 이다.

2. 자기력과 전기에너지

1) 자석과 자기력

쇳조각을 끌어당기거나 전류에 작용하는 성질을 자성(磁性)이라 하며 자성을 보지(保持)하고 있는 물체를 자석(磁石; Magnet)이라 한다. 자석은 둘로 잘라도 자석으로서 각각의 성질을 유지하며, 또다시 둘로 잘라도 각각의 조각은 계속해서 자성을 지닌다. 즉, 자석은 아무리 분할해도 항상 자성을 보지(保持)하는 특성이 있다. 3천 년 전 중국에서 바다를 항해할 때 “나침반을 사용했다”는 기록이 있으며, 고대 그리스와 중국에서는 이미 자연 상태에서 자성을 지니는 자철석 등의 천연자석이 이용되었다는 것이 알려져 있다.

자석의 자성은 전기에 의해 발생될 수 있다는 것이 19세기에 알려져 일반화되었으며, 외부자기장에 의한 자성에 따라 일시자석과 영구자석으로 구분되며, 영구자석은 일단 자성을 가지면 외부자기장을 제거해도 장기간 자성을 보유하는 자석이며, 일시자석은 전자석의 철심과 같이 외부자기장을 제거하면 자성이 없어지는 것으로 1820년 프랑스에서 개발된 연철심 둘레에 전기가 통하지 않는 코일을 여러 겹 감고 전류를 통해 자성을 얻는 방식의 전자석(電磁石)에서 비롯되었다. 전자석은 영구자석보다 강한 자기력을 얻을 수 있으며 전류의 세기에 따라 자기력의 세기를 조절할 수도 있다. 자석은 IT 분야의 기억매체, 전화기, 생활가전제품, 입자가속기 등 대부분의 분야에 널리 응용된다.

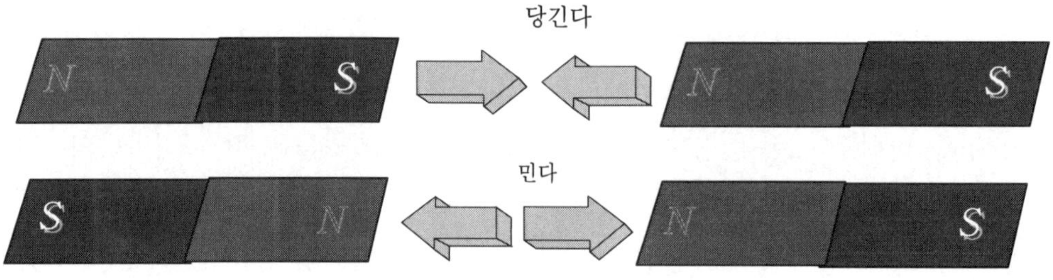

자기력(磁氣力, Magnetic Force)은 만유인력과 같이 두 자극(磁極)이 사이 공간에서 “서로에게 미치는 원거리 힘” 또는 자극의 존재가 주위의 공간을 일그러지게 하고 그 상태가 유한한 속도로 주위 공간에 전해져 다른 자극에 “힘의 영향을 미치는 근거리 힘”으로 정의되는 것으로 구체적으로 표현하면 앞에서 설명된 전하와 같이 서로 성질이 다른 N:S극 사이에는 인력(引力; Attractive Force)이, 성질이 같은 N:N, S:S극 사이에는 척력(斥力; Repulsive Force)이 작용한다는 것으로 설명된다. 또 두 개의 자석은 자석 사이의 거리가 멀수록 자기력이 약하고, 거리가 가까울수록 또는 자석의 힘이 셀수록 자기력이 강하다. 따라서 자기력은 자극(磁極) 사이에 작용하는 힘을 뜻하는 표현이다.

또, 지구(地球)도 하나의 거대한 자석이므로 자력선을 갖고 있어 지구의 중심에 자전축과 평행으로 막대자석을 놓았을 경우, 그 자석으로 말미암아 끌려 일어나는 주위 공간이 지구자기장(地球磁氣場)이다. 나침반의 이용이 여기에 해당된다.

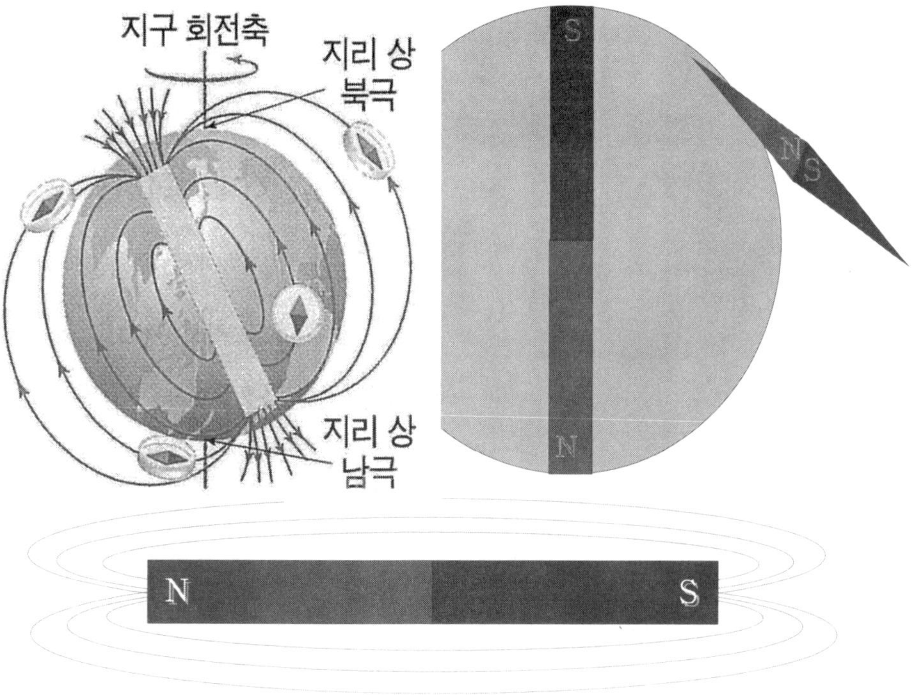

2) 발전기와 전력

발전기는 기계적 에너지를 전기적 에너지로 변환하는 기기로 전자기유도작용(電磁氣誘導作用)에 의해 기전력을 발생시킨다. 기전력의 크기는 자기장의 세기와 도체의 길이 및 자기장과 도체의 상대적 속도에 비례하며, 기전력의 방향은 플레밍의 오른손 법칙(중지=전류의 방향, 검지=자기장의 방향, 엄지=도체를 통과시키는 힘)으로 설명된다. 발전기를 구성하는 데는 자기장을 만들기 위한 강력한 자석과 기전력을 발생시키는 도체가 필요하다. 발전기는 회전계사형(回轉界磁型)과 회전전기자형(回轉電機子型)으로 구분되며, 회전계자형은 도체가 정지(靜止)상태이고 자기장이 회전하는 방식이며 회전전기자형은 이와 반대의 방식이다.

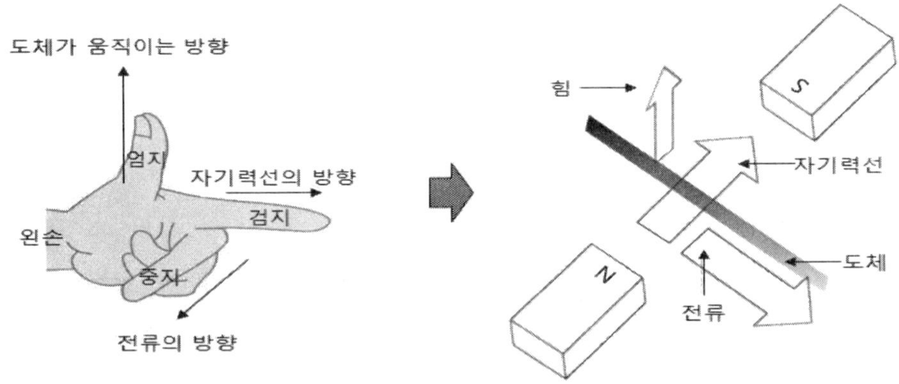

자기력선 안에서 도체에 전류가 흐르면 전자기력이 발생한다.

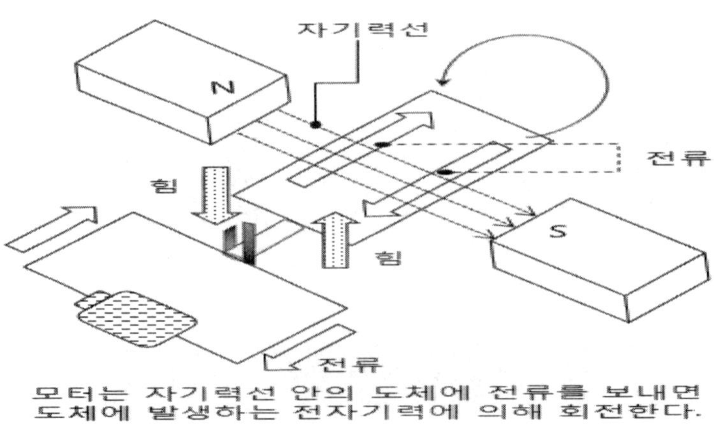

모터는 자기력선 안의 도체에 전류를 보내면
도체에 발생하는 전자기력에 의해 회전한다.

N극과 S극 자석을 서로 마주보게 한 뒤 자석 사이에 하나의 전선을 위·아

래로 통과시키면 전선에는 ↓ 또는 ↑ 방향으로 전류가 흐르게 된다. 이는 자기장 안쪽으로 도체를 통과시킴에 따라 도체는 N에서 S극으로 흐르는 자기장을 차단하며 지나가게(회전계자형 또는 회전전기자형) 된다. 이때, 도체에는 기전력(起電力)이 발생하게 되는데, 이를 전자유도작용이라 한다. 발전기는 직류발전기(直流發電機; Direct Current(DC) Generator)와 교류발전기(交流發電機; Alternating Current(AC) Generator)로 구분되며, 우리가 사용하는 일반적인 전기는 교류전력 이고 전지(배터리)의 전기는 직류전력이다. 가전제품의 대부분은 교류를 직류로 바꾸어 사용하고 있으며, 컴퓨터 등 각종 제어계측장비의 논리회로는 DC±5V 또는 DC ±12V로 전압을 낮추어 사용한다.

교류전력은 다시 단상과 삼상으로 구분되며 단상교류(單相交流; Single Phase Alternating Current)는 하나의 위상각(位相角) 변화에 의해 표시되는 사인파(Sine波)교류라 하며, 하나의 전원과 부하(負荷; Load) 사이를 2개의 선으로 연결한 가장 간단한 회로이다. 송전 시 손실이 크다는 단점이 있어 매우 큰 전력의 사용이나 수송에는 사용되지 않는 반면, 가정용 전기기구 등 작은 전력에는 2개의 선만 있으면 되므로 널리 사용되고 있다. 또, 삼상교류(三相交流; Three Phase Current) 발전기에 의해서 발생되는 삼상교류는 각상의 전압이 같고 전류의 주파수와 진폭이 같으며 각각 서로 120° 간격의 위상차를 갖는 형태의 3개의 기전력(起電力) e1, e2, e3을 발생시킨 후 전력을 3개의 도선(導線)을 통해 부하 1, 2, 3에 공급할 때, e1, e2, e3은 크기와 주파수는 같지만 시간에 따른 변화가 1/3주기(120°)씩 늦어지며, 중성선(中性線)에는 전류가 흐르지 않는다. 단상교류에 비해

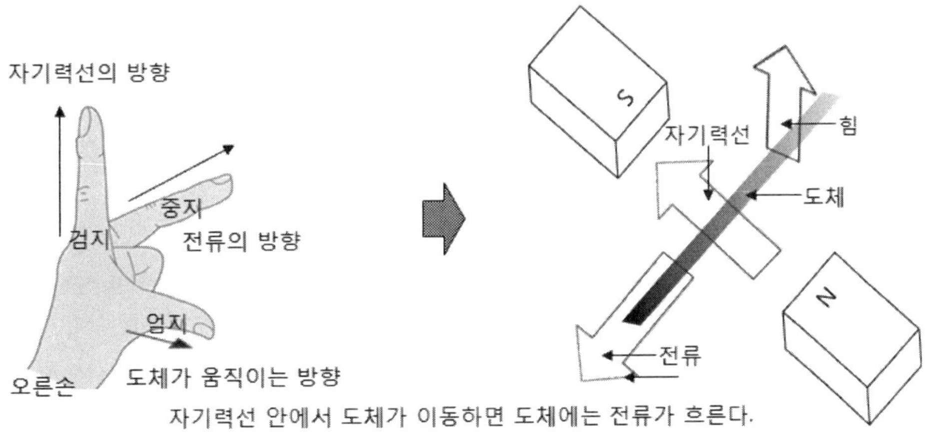

자기력선 안에서 도체가 이동하면 도체에는 전류가 흐른다.

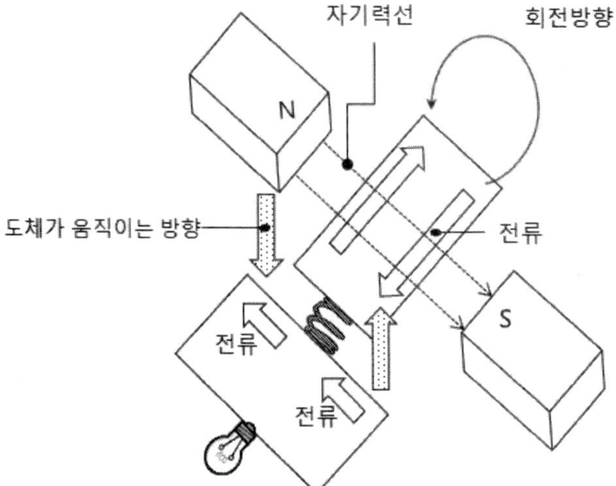

발전기는 자기력선 내부에서 도체를 회전시켜 전기를 만든다.

같은 양의 전력을 보내는 데 필요한 도선의 무게가 적고 선로에서 낭비적으로 소모되는 전력이 적은 송전단(送電端)에서는 삼상전압을 승압(昇壓)하여 송전하고, 수전단(受電端)에서는 강압(降壓)하여 사용한다. 각종 관련 산업에서 매우 큰 동력을 생산하기 위해 매우 큰 전력을 필요로 할 때 주로 사용된다.

3) 교류전기와 직류전기

직류(直流; Direct Current; 연속전류)는 전류가 높은 전위에서 낮은 전위로 연속적으로 흐르는 형태의 전기이다. 축전지, 연료전지, 정류기, 정류자가 달린 발전기 등에 의해 발생되며 상업용 발전에 경우 장거리 송전(고전압)에 많은 비용이 발생하므로 1880년 경 교류로 대치되었으나 현재에는 새로운 기술들에 매우 먼 거리 송전도 가능하게 되었다. 특히, 전기도금 및 이와 유사한 분야에서는 필수적이다. 반대로, 교류(交流; Alternating Current)는 시간이 지남에 따라 주기적으로 크기와 방향이 변화하는 전기이다. 교류와 직류는 극성의 변화(+ ↔ -)가 있느냐 없느냐에 따라 구분되는데 예를 들어, AC220은 +와 -극의 구분이 없이 +220에서부터 -220의 위치까지 극 변화(우리나라의 경우 1초에 60번 변화; 60Hz)가 일어나는 반면, 직류는 +극 에서는 0~+220

까지만 인식하고, -극에서는 0~-220까지만 인식한다. 다시 말해 +에서 -로 또는 -에서 +로 위치가 변화할 때는 인식하지 않으므로 직류는 시간에 따른 변화가 없고 교류는 시간에 따라 변화가 있다.

직류전기와 교류전기의 송전 : 발전소에서 발전된 전기에너지를 각각의 가정과 산업현장에서 활용하기 위해 직류송전(直流送電)과 교류송전(交流送電)의 방식을 사용한다. 우리가 사용하는 일반전지를 회로(저항)에 연결 하면 회로에 흐르는 전류는 항상 크기와 방향이 일정한 상태를 유지하게 되는데, 이와 같은 형태의 전류나 전압(공칭전압; 일반적인 선간전압; 3.3~765KV, 최고전압; 선간 발생되는 최고 전압; 3.4~800KV)을 직류라 하고 직류로 전력을 송전하는 방법을 직류송전이라고 한다. 반면, 앞에서 설명된 바와 같이 전류나 전압이 일정한 주기로 극성과 방향을 바꾸어가며 회로에 흐르는 방식을 교류라고 하며, 교류로 전력을 보내는 것을 교류송전이라 한다. 발전기의 기본 원리가 전자유도작용이므로 발전에 의해 발생되는 전기인 교류는 효과적이고 경제적인 송전과 배전을 위해 여러 가지 방법의 전압변화를 필요로 하는데, 교류방식은 변압기를 이용하여 쉽게 전압을 변경할 수 있다는 장점이 있어 세계 각국들은 주로 교류를 사용하고 있고 이에 따라 고압(高壓) 송전이 가능한 교류송전 방법을 사용한다. 고압송전이 사용되는 결정적인 이유는 송전과정에서 어쩔 수 없이 발생되는 전력의 손실과 송전 비용을 줄이기 위해서이다. "전력은 전압과 전류의 곱에 비례한다."라는 정의에 의해 같은 양의 전력을 송전할 경우 전압을 높여주면 전류는 반대로 반비례하여 줄어들게 된다. 전류가 줄면 전선의 굵기를 가늘게 하는 것이 가능해 지므로 송전용 철탑 등을 포함하여 송전시설의 경제성이 보장되며, 아울러 송전선의 굵기가 같다고 가정한다면 송전손실은 전류의 제곱에 비례하므로 손실 또한 최소화 시킬 수 있다는 장점이 있다. 반면, 전압을 극단적으로 높여주면 그만큼 송전관련 장비의 절연 내력을 높여 주어야하므로 이에 소요되는 절연비용이 증가하게 된다는 단점이 발생한다. 교류방식에는 단상, 3상 등이 있으나, 전선 당 송전전력량이 가장 크다는 장점으로 인해 3상 3선식을 가장 많이 사용하며, 단상 3선식과 3상 4선식은 동일한 회선에서 상간전압과 선간전압을 이용할 수 있기 때문에 배전 방식에 주로 사용된다. 또, 직류송전은 바다를 통과하는 해저케이블(600~900Km이상)과 같은 초원격지 송전의 경우 절연계급, 송전효율, 안정도 등에서 직류송전방식이 교류송전방식 보다도 유리해지므로 경우에 따라 직류송전방식을 사용하는 경우도 있다.

예를 들어 일반가정에서 2,200W의 전기를 1Ω의 저항(R)으로 항상 일정하게 사용하고 있다고 가정하면,

옴(Ω)의 법칙**(어떤 물질에 흐르는 정상 전류의 양은 그 물질의 양 사이의 전위차(전압)에 비례; V(전압), I(전류), R(저항), W(전력); V=I×R, I=V/R, R=V/I, W=V x I, $W=I^2$ x R)**에 의해

W = V x I 또는 Current=W/V 이므로

전류(A)는 100V일 경우 2200W/100V = 22A

220V일 경우 2200W/220V = 10A 가 되며

또, $W = I^2 \times R$ 또는 W = $Current^2$ X Resistance이므로

전선의 전력손실은

100V의 22A일 경우 22^2 X 1Ω = 484W 손실되고,

220V의 10A일 경우 10^2 X 1Ω = 100W 손실된다.

지하철과 KTX에 공급되는 전기는 교류? 직류? : 앞에서 설명된 대로 교류의 장점은 전압을 자유롭게 바꿀 수 있으며, 손실되는 전력양이 적다는 장점이 있어 일반적으로 3상 약345,000V의 고전압으로 송전되는 전기를 단상 25,000V로 전압을 낮추어 수전하고 다시 1,800V와 1,100V로 바꾸어 전동기에 전달된다. 반면 전압을 낮추기 위해 각 전동차마다 각각의 변압기를 설치해야 하므로 KTX와 같이 노선이 길어 손실은 적고, 운행열차의 수가 많지 않아 변압기의 수가 적게 필요한 경우에는 교류가 효과적이나, 지하철처럼 노선이 짧고 운행열차의 수가 많은 경우 대용량변압기 몇 대로 낮은 전압의 직류를 전동차에 송전하는 방법으로 변압기의 수를 줄일 수 있으므로 더 효율적이므로 지하철의 경우 직류 1500V를 사용한다. 이로 인해 서로 다른 전기 방식의 접속구간(1호선 남영～서울역, 청량리～회기, 4호선 남태령～선바위 등)에서는 일정거리를 서로 떨어지도록 구분(절연구간)하여 사용한다. 절연구간을 달리는 전동차들은 직류와 교류를 모두 사용할 수 있는 전동차로 만

들어 졌으며 절연구간을 통과 할 때에는 현재의 전기 공급을 잠시 중단시키고 달려오던 관성으로 달리게 되며 객차 내의 조명은 배터리를 이용한다.

4) 단상과 3상 전력

발전소에서 생산되어지는 모든 전기는 3상이다. 이는 3개의 덩어리로 구성된 코일을 120°간격으로 배치하여 놓은 후 그 중심에 막대자석을 놓고 회전시켜 전기를 발생시키는 방법으로 생산된다. 자석의 어느 한 극이 첫 번째 코일 뭉치에 접근하기 시작하면 (+)전압이 서서히 증가하기 시작하여 코일 뭉치 중심에 올 때 최고의 전압이 발생되며, 자석이 코일 뭉치의 중심에서 멀어지면 전압의 크기는 점점 작아져 코일 뭉치와 코일 뭉치 사이에 이르게 되면 전압은 0이 되고, 뒤이어 반대 극이 서서히 다가옴에 따라 (-)전압이 서서히 증가하여 또다시 최고점에 이르렀다가 서서히 감소하는 동작이 반복되어지면서 전기가 생산된다. 막대자석이 회전동작을 하기 위해서는 에너지가 필요한데, 이 때 공급되어지는 에너지가 댐의 모아둔 물의 낙차를 이용한다면 "수력", 기름이나 석탄을 이용한다면 "화력", 바람을 이용한다면 "풍력", 바닷물을 이용한다면 "조력", 우라늄을 이용한다면 "원자력" 발전이라 부른다. 각 코일 뭉치에 발생되는 전압은 Sine 곡선의 형태로 변화하며, 최고 전압과 최고 전압의 사이는 각각 120°의 시간차와 함께 통상 R상, S상, T상이라 하며, R-S-T의 순서로 상 회전하여 전기를 생산한다. 따라서 단상은 2가닥, 3상은 3가닥의 전선으로 구성되어 송전된다.

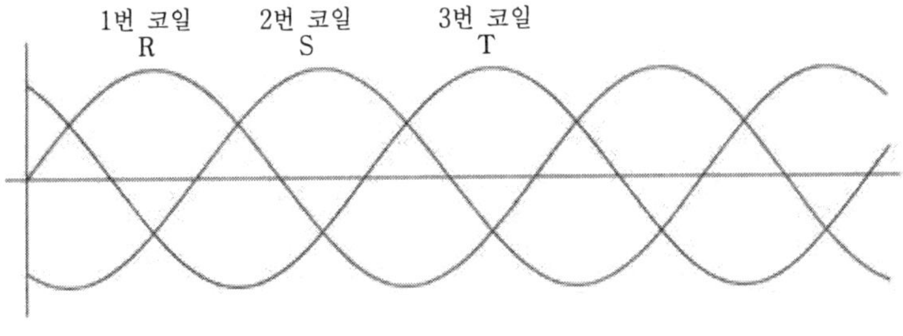

3-33 신재생 전기에너지와 논리동작

3상 전력은 3가닥의 전선으로 송전되므로 2가닥의 전선에 50%가 전선 할증된 것이다. 알려진 공식에 의하면 3상의 경우 $\sqrt{3}=1.73$이 추가되므로 단상과 3상 모두가 동일한 전압과 전류라고 가정할 경우 3상은 전선이 50% 할증된 반면, 전력은 1.73배(73%) 증가하였으므로 73%-53%=23%의 전력이 추가로 증가되는 결과에 따라 3상이 단상보다 전력 효율이 우수하다는 것을 알 수 있다. 따라서 많은 양의 전력을 필요로 하는 공장, 농업생산 및 관리 시설, 대형 상업 시설 등에 활용된다.

$$역율 = \frac{유효전력량}{유효전력량^2 + 무효전력량^2} \times 100$$

$$단상전력 = 전류(I) + 전압(V) + 역율(Cos\theta)$$

$$3상전력 = \sqrt{3} + 전류(I) + 전압(V) + 역율(Cos\theta)$$

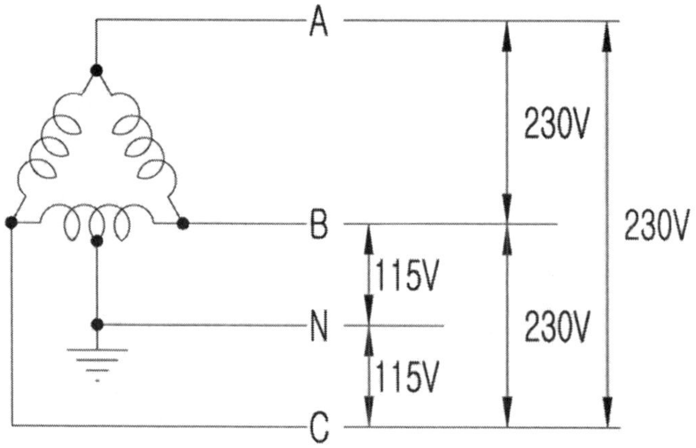

3상 4선식 : 발전소에서 발전된 전기에너지는 발전과 송전과정을 위해 고압으로 만들어질 수밖에 없는 전기를 각각의 사용자들이 효율적으로 사용하기 위해서는 고압의 전압을 저압의 전압으로 변환하기 위해 변압기를 사용하고 이변압기에 의해 각각의 사용자들에게 배전된다. 배전을 위한 변압기 전선(2차)연결 방식에는 Y결선과 △(Delta) 결선 방식이 있다. 즉, 앞에서 설명된 3개의 코일뭉치에 각각의 단자를 연결하는 방식에 따라 구분된다. 3상 4선식은 농업용, 공업용, 상업 집중시설용 등 대용량의 전력이 필요한 곳에 주로 사용되는 방식으로 3상 380V 또는 중성점(Neutral)과 각 상을 연결하여 일반적인 단상 220볼트를 얻을 수 있는 저압배전 방식이다.

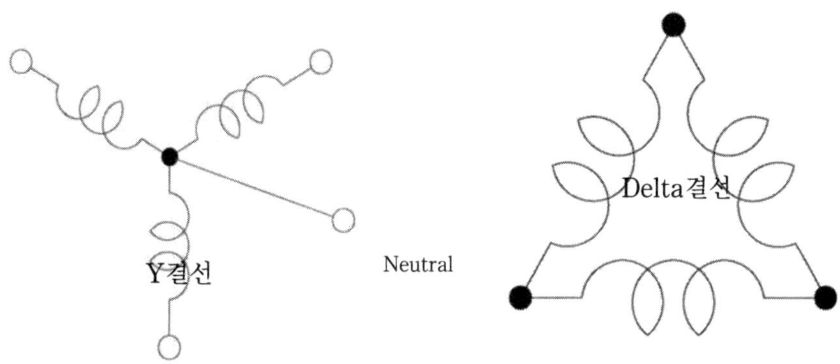

단상 : 3상 4선식 배전방식에서 3상의 3개의 선 중 한선과 중성점을 연결하여 2개의 선으로 Hot와 Neutral을 만들어 사용하는 배전방식이다.

단3상 3선식 : 세 가닥의 선으로 공급되는 단상이다. 우리나라의 경우 가정용 전압을 110V에서 220V로 승압할 때 한시적으로 사용되었으며 지금도 외국의 일부 나라(주로 영국의 영향을 받은 나라)들에서 사용된다. 변압기(2차) 권선의 중간 탭을 Neutral에 접지시킨 0V선, 즉, +110V 선과 -110V 선을 동시에 공급하여 최종 사용자가 플러그 형태에 따라 110V와 220V를 선택하여 사용할 수 있도록 하는 배전방식이다.

5) 안정 전원공급 장치

우리가 사용하는 일반적인 교류 전기에는 충격전류(衝擊電流; Impulse Current;

낙뢰(落雷)와 같이 극히 짧은 시간(μs) 동안만 흐르고 즉시 멈추는 대전류), Sag(1Hz 내외 동안 나타난 전압부족 현상), Surge(전류나 전압 순간 충격성 증가 현상) 등의 이상 현상이 발생하는 경우가 종종 있으며, 이로 인해 전기를 에너지로 이용하여 동작되는 모든 기기의 고장 또는 오동작이 발생된다. Power Supply는 이와 같은 문제를 해결하여 모든 기기에 안정적으로 전원을 공급하기 위해 사용되는 장치이다. 주요 기능으로 잡음 등 불량 전자기 신호발생과 이로 인한 전자파 장애(電磁波障碍; Electromagnetic Interference)방지, 정류(整流; 교류→직류)기능, 3.3V, 5V, 12V 등의 직류전기를 만들어내는 스위칭 변환(직류→직류)기능, 스위칭변환으로 얻어진 직류전기를 다시 한 번 더 여과하여 깨끗한 전원을 얻기 위한 출력필터기능 등으로 이루어져 있으며 매우 적은 용량의 가정용 어댑터도 이와 같은 기능을 한다. 또, 일정한 주기(60, 50Hz)에 의해 +, - 방향으로 위상이 변화되는 교류전류를 한 방향의 흐름만을 갖는 직류전류로 변환시키는 소자나 장치를 정류기(整流器; Rectifier)라 한다. 정류기는 순방향의 저항은 무시될 만큼 매우 적고, 역방향의 저항은 매우 크게 하여 정류기를 통과한 전류는 어느 한쪽 방향으로만 통과되도록 하는 장치이며, 다이오드(Diode)와 같은 소자의 기능이 여기에 해당된다. 우리가 사용하는 대부분의 전자제품은 직류전기만을 사용하므로 대부분의 전자제품에 정류기가 포함되어 있다. 또, 반대로 직류전기를 교류전기로 변환하는 역변환장치는 인버터(Inverter)라 하며, 전자기유도현상을 이용하여 전압을 변화시키는 장치는 변압기(變壓器; Electric Transformer)라 한다.

6) 전지의 종류와 특성

1800년 이탈리아의 볼타(Alessandro Giuseppe Antonio Anastasio Volta)가 개발한 소형 전원장치로 특정 물질의 화학적/물리적 반응을 통해 방출되는 에너지를 전기에너지로 만들어 주는 장치를 전지(電池; Battery)라 한다. 화학반응에 의한 화학전지, 물리반응에 의한 물리전지로 구분되며, 화학전지는 1차와 2차 전지로 나누어진다. 1차 전지는 화학물질을 전극 가까이에 미리 집어넣은 후 화학변화로 발생되는 전기에너지를 이용하는 것으로 재생 또는 충전할 수 없다. 반면,

2차 전지는 전기에너지가 방출된 후 즉, 화학작용물질이 변화된 후 다시 전지에 전기에너지를 공급(충전)하면 화학작용물질이 재생되어 다시 전기에너지의 방출을 되풀이할 수 있는 전지로 축전지의 기능을 갖는다. 물리전지에는 태양전지, 열전지 등이 있으며, 태양전지는 태양빛을 직접 전기에너지로 바꾸는 반도체 접합으로 이루어져 있다.

망간건전지(Manganese Drycell) : 가장 널리 사용되는 대표적인 1차 전지(1.5V)로 음극에 아연, 양극에 탄소봉, 염화암모늄과 염화아연의 혼합물을 전해액(電解液; Electrolyte)으로 사용하며, 사용시간이 길어지면 점점 전압이 떨어지는 단점이 있다.

알칼리전지(Alkaline Battery) : 전해액으로 알칼리용액을 사용하는 전지(1.35V)이며, 사용시간에 관계없이 완전 방전될 때 까지 최대한 전압이 유지하도록 설계된 전지.

리튬전지(Lithium Battery) : 음극에 금속리튬을 사용한 전지로 망간전지에 비해 전압과 에너지 밀도가 높아 카메라나 전자시계 등의 전원으로 많이 사용된다.

수은전지(Mercury Battery) : 매우 작은 소형으로 만들 수 있어 보청기, 무선마이크, 카메라의 노출계, 시계 등에 널리 사용되는 것으로 사용하는 동안 전압(1.35V)이 거의 일정하며 자체방전(自體放電)이 적고 수명이 매우 길다.

니켈카드뮴 전지(Nickel Cadmium Battery) : 양극(陽極)에 니켈, 음극에 카드뮴을 사용한 알칼리 축전지로 통상 NiCd 라고 쓰여 있어 니카드전지라 줄여서 부르기도 한다. 메모리 효과가 있어서 완전 방전 후 충전을 해야 하며 충전 횟수에 한계가 있다.

니켈수소 전지(Nickel Hydrogen Battery) : 니카드에 비해서 몇 배의 대용량으로 오래 사용할 수 있고 NiMH 라고 쓰여 있다. 양극에 니켈, 음극에 수소흡장합금을 사용한 알칼리 축전지이며, 과방전과 충전에 강하며 메모리 효과가 없어 충전 횟수가 많다는 장점이 있다.

리튬폴리머 전지(Lithium Polymer Batteries) : 고체나 젤 상태의 중합체를 전해질(電解質; Electrolyte)로 사용하므로 안정성이 높고 가벼우며 제조과정도 간단한 차세대 2차 전지이다. 이 역시 메모리 효과는 없으나 오히려 완전 방전을 시키면 다시 충전이 되지 않을 수 있는 단점이 있다.

납축전지(Llead Storage Battery) : 전기화학반응을 이용하는 축전지로 과산화납을 양극(陽極)으로, 납을 음극으로 사용하고 전해액으로는 비중 약 1.2의 묽은 황산을 사용하므로 축전지 액에 노출되지 않도록 주의해야 하며 충전용 2차 전지이므로 자동차 축전지, 무정전 전원공급기(UPS; Uninteruptable Power Supply) 등에 주로 사용된다.

태양전지(Solar Battery) : 태양의 빛 에너지를 전기에너지로 교환하여 사용하는 것으로 일반적으로 P와 N형 반도체를 이용한다. 태양전지에 빛을 비추면 전지 내부에 전자와 정공(正孔; Electron Hole)이 발생하며, 이로 인해 P극과 N극 사이에 전위차가 생기므로 전류가 흐르게 된다.

3. 부울 대수와 논리동작

에너지가 이동하면 새로운 가치가 발생된다. 즉, 에너지 보존법칙에 의해 에너지 이동의 결과는 새로운 형태의 에너지로 변화되어 나타난다. 오늘날 전기에너지를 이용하는 우리 주변의 모든 부하(負荷), 즉 정보통신기기, 컴퓨터, 가전제품 등이 어떻게 동작하고 명령이 수행되는지를 이해하기 위해서는 스위치 회로(Switch Circuit)와 부울 대수의 기본 개념과 그 상호 연관성 및 응용에 대해 이해할 필요가 있다.

영국의 수학자 부울(George Boole)은 이 세상의 모든 현상을 참(True)과 거짓(False)으로 구분하는 신학적이며 철학적인 문제를 논리(명제논리)적으로 표현하고 공식화하여 설명할 수 있는 방법을 개발하였다. 이것이 부울 대수(논리 함수)이며 오늘날 컴퓨터, 정보통신기기, 가전제품, 제조장비 등의 제작과 동작을 위한 회로 설계의 기본 원리가 되고 있다.

이 세상의 모든 현상을 명제논리로 표현(죽었다/살았다, 우주/우주 밖, 하늘/땅, 여자/남자 등)하는 부울 대수는 어떤 현상이 참인가 거짓인가를 판단하여 그 값을 표현하는 방법으로 어떤 현상이나 결과가 참이면 1, 거짓이면 0이라는 기호로 표현하며, 이 때 약속한 값을 진리 값(Truth Value)이라 한다.

특히, 농림수산업에서의 디지털 논리회로와 부울 대수의 개념은 매우 중요하다. 축사, 돈사, 버섯 재배사, 원예작물 재배사, 농 · 축산물 가공시설 등 농림수산 관련 생산시설과 관리시설의 설계 및 운영에 반드시 필요한 필수 이론이므로 농림수산인들의 경우 반드시 숙지하여야 한다.

1) 집합과 원소

1-1) 집합

"신토불이 농장에 있는 어미 돼지들"이라 표현하면 범위가 확실하고 서로 구별이 가능하므로 집합(集合; Set)이라 하고 "신토불이 농장에 있는 가축들"이라 표현하면 범위가 확실하지 않고 서로 구별하기도 어렵다. 따라서 이 경우는 집합이라 하지 않는다.

1-2) 원소

- 어떤 집합을 구성하고 있는 구성원을 원소라고 하며, α가 집합 S의 원소일 때, α는 집합 S에 속한다고 하며, $\alpha \in S$ 또는 $S \ni \alpha$로 표현한다. 또,
- "α가 집합 S의 원소가 아닐 때, α는 집합 S에 속하지 않는다."라고 하며, $\alpha \notin S$ 또는 $S \not\ni \alpha$로 표현한다.
- 집합의 원소를 문자로 표시하며 집합은 대문자를 원소는 소문자를 사용한다.

예제) 자연수 전체의 집합, 정수 전체의 집합, 유리수 전체의 집합을 차례로 N, Z, Q라고 할 때, 다음 중 옳은 것은 (②, ④)

① $0 \in N$ ② $-3 \in Z$ ③ $\sqrt{2} \in Q$

④ $N \not\ni -1$ ⑤ $Z \not\ni -10$ ⑥ $Q \not\ni 0.1$

해설) ① 0은 자연수가 아니다. ③ $\sqrt{2}$는 무리수이다.

⑤ -10은 정수이다. ⑥ 0.1은 유리수이다.

1-3) 공집합

- 원소가 하나도 없는 집합을 공집합이라 하고, $\varnothing$ 또는 { }로 표현한다.
- {0}의 경우 정수 0을 원소로 가지고 있으므로 공집합이 아니다. $\{0\} \neq \varnothing$
- $\{\varnothing\}$는 공집합 $\varnothing$를 원소로 갖는 집합이다. $\{\varnothing\} \neq \varnothing$

예제) 다음에서 공집합인 것을 찾아라.

A는 3 이하의 자연수이고 홀수의 집합이다.

B는 짝수이고 3보다 큰 소수의 집합이다.

해설) A : 1, 2, 3 중 홀수는 1, 3 이다.

$\therefore A \neq \varnothing$ B : 짝수로서 소수인 것은 2뿐이다. $\therefore B = \varnothing$

1-4) 유한집합과 무한집합

일반적인 수를 표현하는 자연수는 1에서부터 연속적으로 1씩 더해 가며 무한대(∞)로 만들어지므로 아무리 큰 자연수를 정의하더라도 반드시 더 큰 자연수가 있다. 이와 같이 원소의 수가 무한대로 많은 집합을 무한집합이라 하고, 이에 반대되는 집합 즉, 원소의 수가 정해져 있는 집합을 유한집합이라고 한다.

1-5) 부분집합

A = {1, 2, 3}, B = {1, 2, 3, 4, 5}에서 집합 A의 원소 1, 2, 3은 모두 집합 B에 속하므로 "A는 B의 한 부분이므로 A를 B의 부분집합이라고 하며, $A \subset B$ 또는 $B \supset A$로 표하고 A는 B에 포함 된다" 또는 "B는 A를 포함 한다"라고 한다.

- 공집합 ∅는 모든 집합의 부분집합으로 정한다.
- 임의의 집합 A는 A 자신의 부분집합이다. 즉, $A \subset A$
- 집합 A의 원소 중 집합 B에 속하는 원소가 없으면 집합 A는 집합 B의 부분집합이 아니다.

즉, $A \not\subset B$ 또는 $B \not\supset A$

(1) {0}의 부분집합　　∅, {0}

(2) {1,2}의 부분집합　∅, {1}, {2}, {1,2}

(3) {0,1,2}의 부분집합 ∅, {0} {1} {2} {0,1} {0,2} {1,2} {0,1,2}

- 원소의 개수가 n개인 집합의 부분집합의 개수는 2^n 개이다.

예제) 집합 A={a, b, c, d}와 B={x | 0 < x < 7, x는 정수}에 대한 부분집합

해설) A의 원소가 4개이므로 $2^4=16$

B의 원소가 6개이므로 $2^6=64$

1-6) 상등

집합 A = {1, 3, 5, 7, 9}, B = {x | x는 10보다 작은 양의 홀수}에서 A의 모든 원소는 B에 속하고 B의 모든 원소는 A에 속한다(A⊂B 또는 A⊃B)면 즉, A는 B의 부분집합이고 동시에 B는 A의 부분집합이 된다. 이 경우 집합 A를 이루는 원소들과 집합 B를 이루는 원소들은 서로 같다(A = B, 상등)라고 하며 그 반대의 경우를 서로 같지 않다 (A ≠ B)라고 한다.

2) 집합의 연산

2-1) 교집합

집합 A = {0, 1, 2}, B = {1, 2, 3, 4}에 공통으로 들어 있는 모든 원소로 만들어지는 집합 {1, 2}를 A와 B의 교집합(A∩B)이라 한다. 또 두 집합 A, B에 대하여 A∩B = ∅일 때, A와 B는 "서로 소"라 한다.

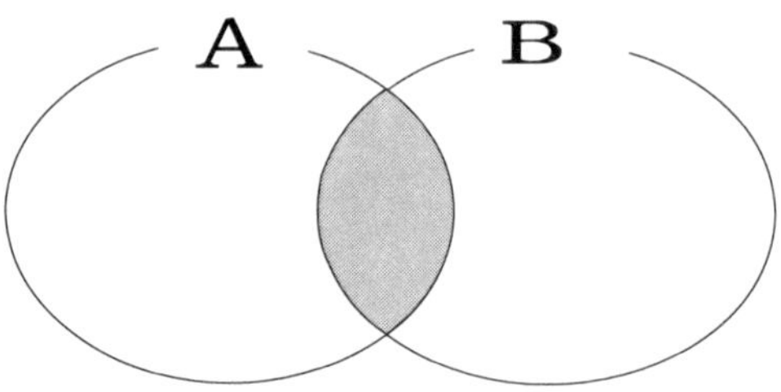

예제) 다음 집합에서 A∩B를 구하여 보면

① A = {1, 2, 3}, B = {2, 3, 4, 5}

② A = {1, 2, 3}, B = {4, 5}

③ A = {1, 2, 3}, B = {1, 2, 3, 4, 5}

해설) A∩B = {2, 3} A∩B = ∅ A∩B = {1, 2, 3}

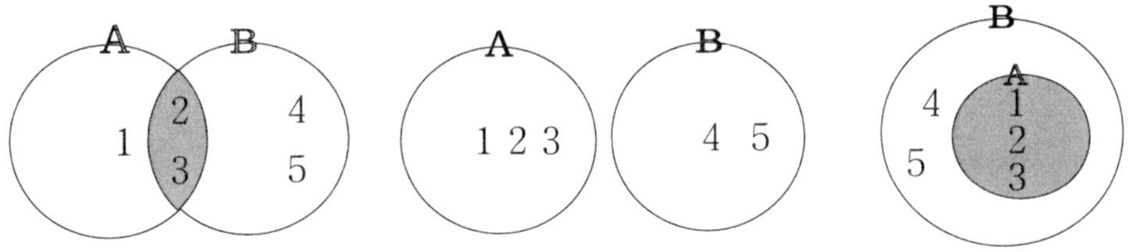

2-2) 합집합

집합 A = {0, 1, 2}, B = {1, 2, 3, 4}에 대해 집합 A와 집합 B의 모든 원소로 만들어지는 새로운 집합 {0, 1, 2, 3, 4}를 합집합(A∪B)이라 한다.

- A∩B : A cap B, A meet B, A intersection B
- A∪B : A cup B, A join B, A union B

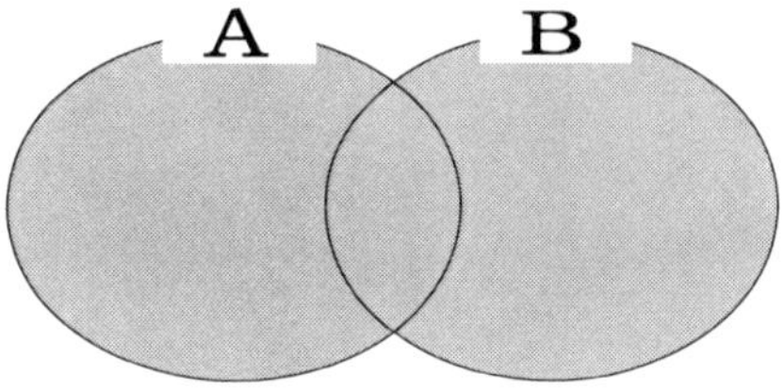

예제) 다음 집합에서 A∪B를 구하면

① A={1, 2, 3}, B={2, 3, 4, 5}

② A={1, 2, 3}, B={4, 5}

③ A={1, 2, 3}, B={1, 2, 3, 4, 5}

해설) A∪B={1, 2, 3, 4, 5} A∪B={1, 2, 3, 4, 5} A∪B={1, 2, 3, 4, 5}

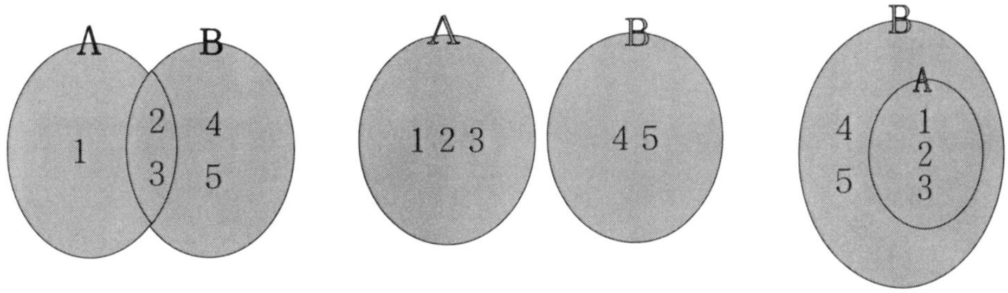

2-3) 차집합

집합 A = {0, 1, 2, 3, 4, 5}, B = {1, 3, 5, 7}에 대해 A와 B에 공통으로 들어 있는 원소 1, 3, 5를 제외한 나머지 원소로 이루어지는 A에서의 새로운 집합 {0, 2, 4}를 A에 대한 B의 차집합(A - B)이라 한다.

A-B : A minus B 또는 A difference B

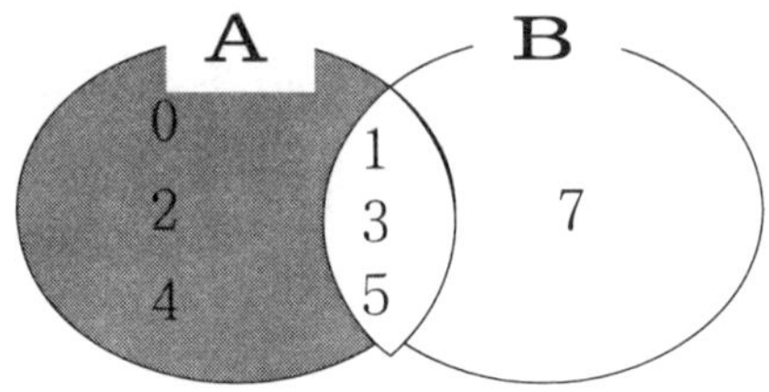

예제) 다음 집합에서 A-B를 구하면

① A = {1, 2, 3, 4}, B = {3, 4, 5}

② A = {1, 2, 3}, B = {4, 5}

③ A = {1, 2, 3, 4, 5} B = {3, 4}

해설) A-B = {1, 2} A-B = {1, 2, 3} A-B = {1, 2, 5}

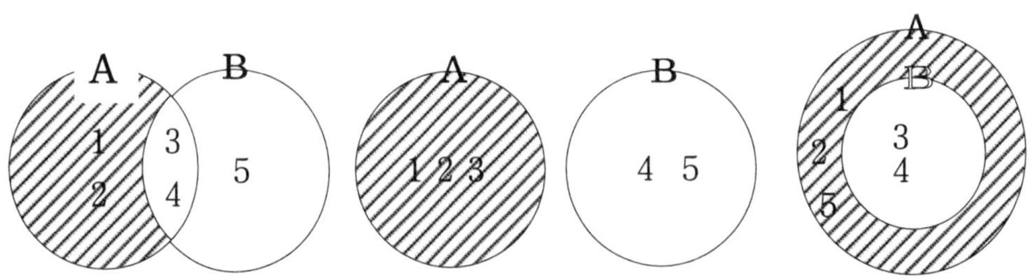

2-4) 전체집합과 여집합

집합 A = {1, 3, 5}, B = {1, 2, 3}, C = {2, 4}는 1, 2, 3, 4, 5를 원소로 갖는 집합 U = {1, 2, 3, 4, 5}의 부분집합이다.

이 경우 A, B, C에 대하여 U를 전체집합이라 하고, 전체집합 U = {1, 2, 3, 4, 5}에 대해 U의 부분집합 A = {1, 3, 5}는 전체집합 U에는 속하지만 집합 A에는 속하지 않는 원소로 이루어진 집합 U-A = {2, 4}를 A의 여집합(A^c)이라 한다.

즉, A^c = U-A = {2, 4}, A - B = $A \cap B^c$

A^c : 여집합 A 또는 A complement

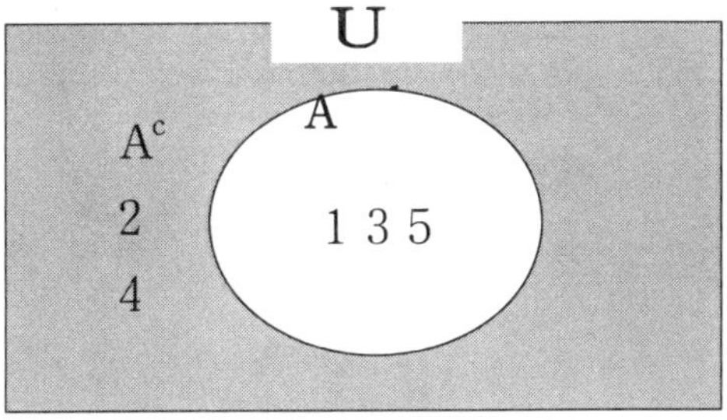

예제) 전체집합 U = {1, 2, 3, 4, 5, 6, 7}에 대해 U의 부분집합 A, B, C가 A = {1, 2, 3, 4, 5}, B = {2, 4, 6}, C = {4, 5, 6, 7} 일 때, A^c, B^c, C^c를 각각 구하면

해설) A^c는 U에 속하고 A에는 속하지 않는 원소로 이루어진 집합이므로 A^c = {6, 7}, B^c = {1, 3, 5, 7}, C^c = {1, 2, 3}

2-5) 집합의 연산법칙

- 수의 덧셈, 곱셈과 같은 집합의 교환법칙 $A \cap B = B \cap A$, $A \cup B = B \cup A$
- 세 집합 A, B, C에 대한 결합법칙 $(A \cup B) \cup C = A \cup (B \cup C)$

- 집합의 연산법칙 -

1. 교환법칙 : $A \cap B = B \cap A$, $A \cup B = B \cup A$
2. 결합법칙 : $(A \cap B) \cap C = A \cap (B \cap C)$, $(A \cup B) \cup C = A \cup (B \cup C)$
3. 분배법칙 : $A \cap (B \cup C) = (A \cap B) \cup (A \cap C)$,
   $A \cup (B \cap C) = (A \cup B) \cap (A \cup C)$
4. 흡수법칙 : $A \cap (A \cup B) = A$, $A \cup (A \cap B) = A$

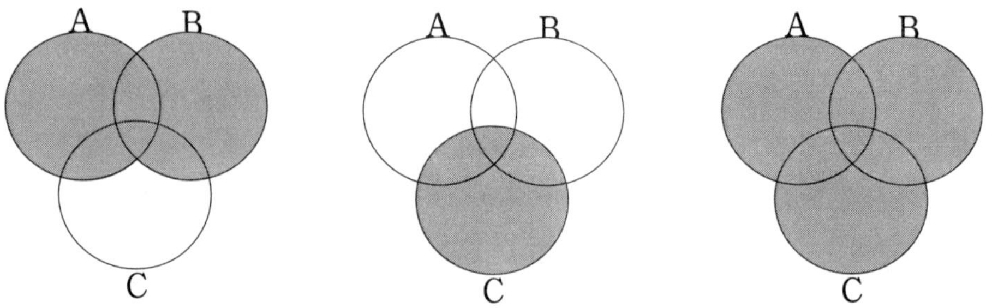

$A \cup B$ $\quad$ C $\quad$ ⇨ $\quad$ $(A \cup B) \cup C$

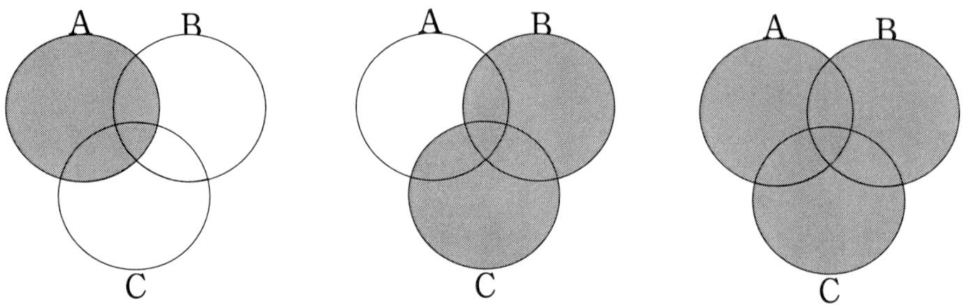

A $\quad$ $B \cup C$ $\quad$ ⇨ $\quad$ $A \cup (B \cup C)$

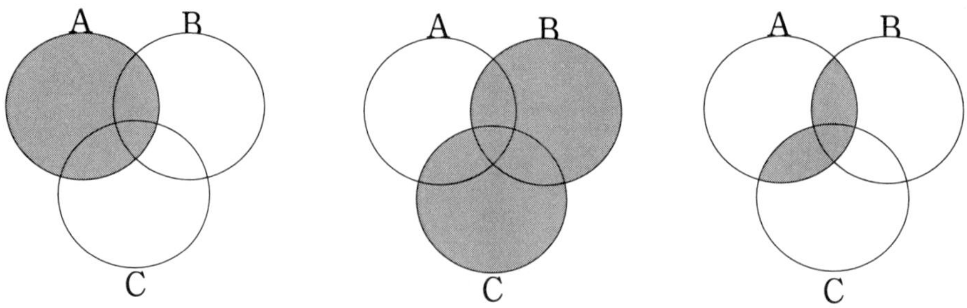

A $\quad$ $B \cup C$ $\quad$ ⇨ $\quad$ $A \cap (B \cup C)$

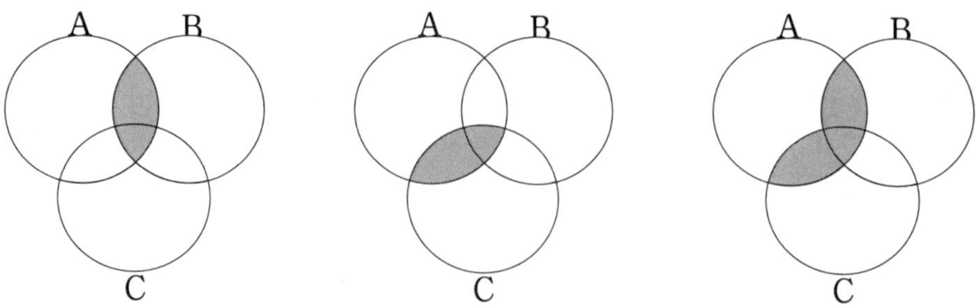

$A \cap B$ $\quad$ $A \cap C$ $\quad$ ⇨ $\quad$ $(A \cap B) \cup (A \cap C)$

$$\therefore \quad A \cap (B \cup C) = (A \cap B) \cup (A \cap C)$$

예제) A = {1, 2, 3}, B = {2, 3, 4, 5}에 대해

①(1) $A\cap(A\cup B) = A$ ② $A\cup(A\cap B) = A$를 설명하면(흡수법칙)

해설) ① $A\cup B = \{1, 2, 3, 4, 5\}$이므로

$A\cap(A\cup B) = \{1, 2, 3\} \cap \{1, 2, 3, 4, 5\} = \{1, 2, 3\} = A$

$\therefore\ A\cap(A\cup B) = A$

② $A\cap B = \{2, 3\}$이므로

$A\cup(A\cap B) = \{1, 2, 3\} \cup \{2, 3\} = \{1, 2, 3\} = A$

$\therefore\ A\cup(A\cap B) = A$

2-6) 드모르간의 법칙

여집합 정의에 따라 $(A\cap B)^c = A^c\cup B^c$ 또는 $(A\cup B)^c = A^c\cap B^c$가 성립된다.

$A\cup B$ ⇨ $(A\cup B)^c$

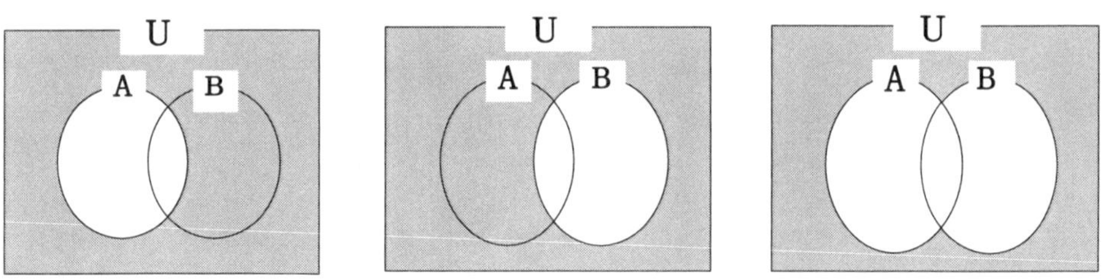

A^c B^c ⇨ $A^c\cap B^c$

$\therefore\ (A\cup B)^c = A^c\cap B^c$

예제) 전체집합 U={1, 2, 3, 4, 5, 6}의 부분집합 A, B가 A={1, 2, 3}, B={2,

3, 5} 일 때, 드모르간의 법칙이 성립함을 보이면

해설) ① $A \cup B$={1, 2, 3, 5}에서 $(A \cup B)^c$ ={4, 6}

A^c ={4, 5, 6}, B^c ={1, 4, 6}, $A^c \cap B^c$ ={4, 6}

∴ $(A \cup B)^c = A^c \cap B^c$

② $A \cap B$={2, 3}에서 $(A \cap B)^c$ ={1, 4, 5, 6}

$A^c \cup B^c$ ={1, 4, 5, 6}

∴ $(A \cap B)^c = A^c \cup B^c$

3) 명제와 조건

3-1) 명제

① 농림수산업은 우리의 생명이다.

② 20 + 15 = 25

③ 그 여자는 아름답다.

④ 노력했다.

- ①은 참이고 ②는 거짓이며
- ③과 ④는 문장은 성립하나 참과 거짓은 판별할 수 없다.
- 어떤 결과가 참인지, 거짓인지가 판별될 수 있는 문장이나 식을 명제라 한다.
- ①은 참인 명제이고, ②는 거짓인 명제이며, ③, ④는 명제가 아니다.
- ③은 아름다움의 기준이 없으므로 참, 거짓을 판별할 수 없다.
- 의문문, 감탄문, 명령문 등은 참, 거짓을 판별할 수 없으므로 명제가 아니다.

예제) 다음에서 명제인 것은

① -10 >-2 ② 어머니와 할머니는 여자다 ③ 2X + 10 = 20

④ 일어나 ⑤ 아! 대한민국

해설) ①은 거짓명제 ②는 참 명제

③은 참, 거짓을 판별할 수 없으므로 명제가 아니다.

④는 명령문 ⑤는 감탄문

3-2) 조건

S = {x | x는 6의 양의 약수이다}에서 즉, X는 6의 양의 약수 S = {1, 2, 3, 6}이다. 이 때 X값이 정해지기 전에는 참과 거짓을 판별할 수 없으므로 명제가 아니지만, X의 값이 정해지면 참과 거짓을 판별할 수 있게 되어 명제가 된다.

만약 X = 3 이면 3은 6의 양의 약수이므로 참 명제가 되고 X = 4 이면 4는 6의 양의 약수가 아니므로 거짓인 명제가 된다.

따라서 변수 X가 포함되는 문장 또는 식에 X의 값이 정해짐에 따라 참과 거짓이 판별될 때, 그 문장 또는 식을 조건이라고 한다.

예제) x가 실수일 때 $2+x > 0$, $x^2 + 1 > 0$ 은 조건 또는 명제인가?

해설) $2 + x > 0$ 는 x의 값에 따라 참, 거짓이 결정되므로 **조건**이고 또 x가 실수일 때, $x^2 + 1 > 0$은 항상 성립되므로 **참**이다. 따라서 x가 실수일 때, $x^2 + 1 > 0$ 은 **조건**이 아니고 **명제**가 된다.

또, 명제에는 "a < b 이면 a + c < b + c 이다" 와 같이 두 개의 문장이 "이면"으로 연결되어 "~이면 ~이다"의 형태가 많은데, 이 때 "~이면"을 가정이라 하고 "~이다"를 결론이라 한다.

(명제를 p → q로 표현하면 p는 가정, q는 결론)

- 닭이 울면 새벽이다 = p : 닭이 울면 q : 새벽이다.
- 3은 9의 약수이다 = "어떤 수 X가 3이면 그 수는 9의 약수이다"와 같으므로 p : 어떤 수가 3이면 q : 그 수는 9의 약수이다
- 소수이면 홀수이다 = "어떤 수 X가 소수이면 그 수는 홀수이다"와 같으므로 p : 어떤 수가 소수이다, q : 그 수는 홀수이다

또 명제 p → q가 참일 때 즉, 조건 p가 성립하면, 조건 q도 성립하는 경우

즉, 명제 'x > 3이면 x > 1이다.'에서 조건 x > 3을 만족시키는 모든 x는 조건 x > 1도 만족시킨다.

$$\therefore\ x > 3 \Rightarrow x > 1$$

3-3) 부정

"2는 짝수가 아니다"는 참 명제 "2는 짝수이다"에 "아니다"를 사용하여 부정하는 명제로 거짓인 명제(~p)라 하며 p가 아니다(p') 또는 'not p'로 표현한다.

명제 p가 참이면 그 부정 ~p는 거짓이고, p가 거짓이면 ~p는 참이며 ~p의 부정 (~(~p) ⇔ p)은 p가 된다.

또 조건 p(x)에 대해 "p(x)가 아니다"의 경우도 조건이며 조건 p(x)의 부정 (~p(x))이라 한다.

예제) 다음 조건의 부정은

① $a \neq 0$ 이고 $b \neq 0$ ② $a = 0$ 또는 $b = 0$

③ $x \leqq 1$ 또는 $x > 2$ ④ $0 < x \leqq 1$

해설) ① ~($a \neq 0$ 이고 $b \neq 0$)은, $a = 0$ 또는 $b = 0$

② ~($a = 0$ 또는 $b = 0$)은, $a \neq 0$ 이고 $b \neq 0$

③ ~($x \leqq 1$ 또는 $x > 2$)는, $x > 1$ 이고 $x \leqq 2$ 즉, $1 < x \leqq 2$

④ ~($0 < x \leqq 1$)은 ~($o < x$ 이고 $x \leqq 1$)이므로, $x \leqq 0$ 또는 $x>1$

3-4) 필요조건과 충분조건

100원짜리 동전만 사용할 수 있는 자동판매기로부터 한 개 1000원 하는 캔 음료를 구매하려 할 때, 100원짜리 동전은 반드시 “필요하다”라고 하고, 만약 100원짜리 동전이 10개 있을 경우, 캔 음료를 구매하기에는 “충분하다”라고 한다.

따라서 명제 「p → q」 가 참일 때, p는 q이기 위한 충분조건이라 하고
명제 「p → q」 가 참일 때, q는 p이기 위한 필요조건이라 한다.

예제) x가 실수일 때, 다음에서 p는 q가 되기 위한 어떤 조건인가?
① p : x=1   q : x^2=x   ② p : x > 0   q : x > 1

해설) ① “ x = 1 → x^2 = x”는 참이므로, “ x = 1 ⇒ x^2 = x”이다. 따라서 x = 1은 x^2 = x가 되기 위한 충분조건(p는 q가 되기 위한 충분조건) 이다.
② “ x > 0 → x > 1”는 거짓이고, “ x > 1 → x > 0 ”은 참이므로 “ x > 1 ⇒ x > 0”이다. 따라서 “ x > 0”은 “ x > 1”이 되기 위한 필요조건(p는 q가 되기 위한 필요조건) 이다.

또, x = 0, 1은 x^2 = x 이기 위한 어떤 조건인가? 라는 질문에 대해 “x^2 = x 이면 x = 0, 1이다”는 참인 명제이다. 따라서 x = 0, 1은 x^2 = x 이기 위한 필요조건이고
또, “x = 0, 1 이면 x^2 = x이다”는 참인 명제이다. 따라서 x = 0, 1은 x^2 = x 이기 위한 충분조건이다.
∴ “x = 0, 1”은 “x^2 = x”이기 위한 필요조건임과 동시에 충분조건이 되므로“x = 0, 1”은 “x^2 = x” 이기 위한 필요충분조건 또는 동치(p ⇔ q) 라고도 한다.

4) 논리연산

4-1) 논리곱(AND)

어떤 2개의 사실 ‘A와 B’를 ‘와’ 대신에 ‘그리고’라는 말로 연결하면 새로운 사실 ‘A 그리고 B’가 만들어진다. 이것을 A와 B의 논리곱이라 하고 A∩B

또는 A·B로 표시한다. A는 '그는 농업인이다.' B는 '그는 육종회사 사장이다.' 라는 설명을 A∩B의 형태로 표현하면 '그는 농업인이며 (AND) 육종회사 사장이다.'가 된다. 이 같은 사실이 성립되는 조건은 A와 B가 모두 참인 경우이고, 거짓(False)이 되는 조건은 A와 B 2개의 사실 중 어떤 것 하나만이라도 거짓인 경우이다.

4-2) 논리합(OR)

어떤 2개의 사실 'A와 B'를 '와' 대신에 '또는'이라는 말로 연결하면 새로운 사실 'A 또는 B'가 만들어진다. 이것을 A와 B의 논리합이라 하고, A∪B 또는 A+B로 표시한다. A는 '그는 농업인이다.' B는 '그는 육종회사 사장이다.'라는 설명을 A∪B의 형태로 표현하면 '그는 농업인이거나 (또는) 육종회사 사장이다.'가 된다. 이와 같은 사실이 성립되는 조건은 A가 참(True)인 경우와 B가 참인 경우 A와 B가 모두 참인 경우이고, 거짓(False)이 되는 조건은 A와 B가 모두 거짓인 경우이다.

4-3) 논리부정(NOT)

하나의 사실 A에 대하여 '아니다'라는 말로 부정하는 것을 논리부정이라고 말하고 A' 또는 $\overline{A}$로 표시한다.

- 논리 연산의 기본 진리 값(Truth Table) -

AND

A	B	A∩B
0	0	0
0	1	0
1	0	0
1	1	1

OR

A	B	AUB
0	0	0
0	1	1
1	0	1
1	1	1

NOT

A	A'
0	1
1	0

5) 부울 대수의 연산 법칙

5-1) 부울 대수의 기본 관계식

이와 같은 명제논리에 의해 여러 개의 사실을 논리곱, 논리합, 논리부정을 써서 새로운 사실을 만들 수 있는데, 이것을 논리의 합성 또는 부울 대수(논리 연산)라고 한다. 즉, 부울 대수는 각 변수 사이의 기본적 관계에 대한 법칙이며, 이 관계의 법칙들을 이용하면 논리회로의 간소화 또는 생산 및 관리시설의 최적화와 각종 기계장치들의 동작방법과 순서에 대한 조작이 가능하므로 여러 가지 형태의 논리회로를 만들 수 있다. 수치를 사용하는 일반 대수학에서의 변수는 대단히 복잡하며 연속되는 값을 취급하지만 부울 대수는 단지 두 개의 값(0, 1) 중의 어느 하나를 취급한다.

$x + 0 = x$	$x \cdot 0 = 0$
$x + 1 = 1$	$x \cdot 1 = x$
$x + x = x$	$x \cdot x = x$
$x + x' = 1$	$x \cdot x' = 0$
$x + y = y + x$	(교환법칙)
$x \cdot y = y \cdot x$	(교환법칙)
$x + (y+z) = (x+y) + z$	(결합법칙)
$x \cdot (y \cdot z) = (x \cdot y) \cdot z$	(분배법칙)
$x \cdot (y + z) = x \cdot y + x \cdot z$	(분배법칙)
$x + yz = (x+y)(x+z)$	(분배법칙)
$(x+y)' = x' \cdot y'$	(De Morgan의 정리)
$(x \cdot y)' = x' + y'$	(De Morgan의 정리)
$(x')' = x$	

5-2) 부울 대수의 우선순위 원칙

일반적으로 수학의 기본 연산인 가감승제를 쓰지 않고 위 사실에서 보는 바와 같이 논리합, 논리곱, 논리부정을 0과 1을 사용하여 쓰는 연산법칙이 부울 대수의 연산법칙이며 일반 대수에서와 같이 부울 변수와 부울 상수로 구분되어 연산한다. 부울 대수식을 계산할 때는 반드시 연산자에 따라 ① 괄호 ② NOT ③ AND ④ OR의 순으로 우선순위를 지켜야 한다. 즉, 모든 연산 이전에 괄호 안의 식을 제일 먼저 계산해야만 하며, 그 다음이 보수(Complement), AND, OR의 순이다. 곱셈(*)과 덧셈(+)을 각각 AND와 OR로 대치하면 일반 대수 계산에서의 연산 순위와 같다.

5-3) 벤 다이어그램(Venn Diagram)에 의한 부울 대수의 표현

부울 대수의 표현에서 각 변수간의 관계를 한 눈에 이해할 수 있는 가시적 방법이 벤 다이어그램(Venn Diagram)이다. 이것은 하나의 사각형(전체, 모든 것, 1 등의 의미) 속에 각각의 변수마다 하나씩의 원으로 표현한다.

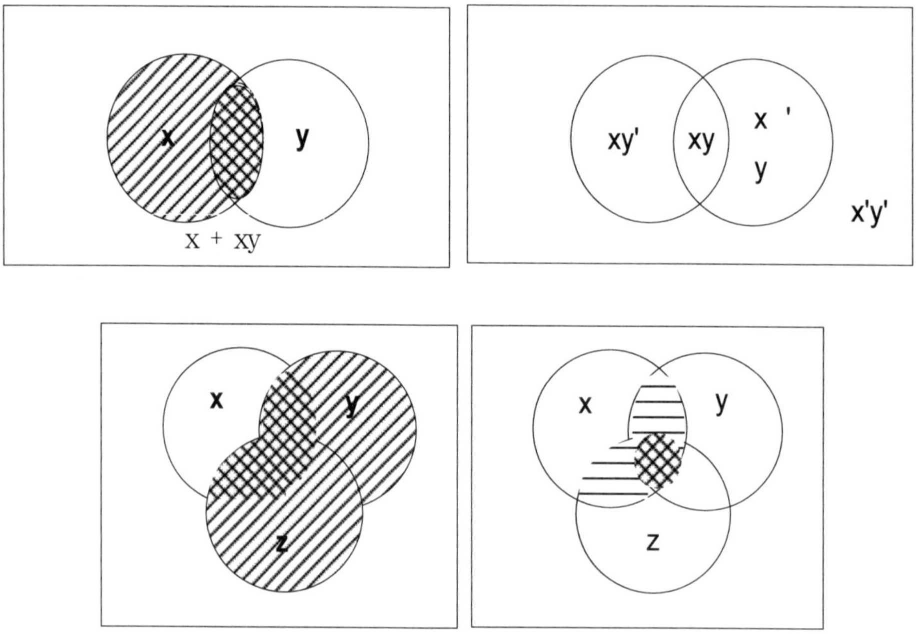

x(y + z)　　　　xy + xz

각 원의 이름은 변수 명이며 원 안쪽의 점들은 그 변수에 속하고 바깥쪽의 점들은 그 변수에 속하지 않는다. 예를 들어 X라는 이름의 원이 있다고 하면, 2개로 분리되는 영역이 존재하게 된다. 이 때 원의 안쪽은 X=1이 되며 바깥쪽은 X=0 된다. 또 X와 Y로 구분되어 2개로 겹쳐지는 원의 경우 4개의 분리된 영역이 생기게 된다. X나 Y에 속하지 않는 영역(X'Y'), Y에는 속하나 X에는 속하지 않는 영역과 그 반대의 영역(X'Y, XY') 그리고 X와 Y에 모두 속하는 영역(XY)이다.

이 법칙들은 컴퓨터와 각종 정보통신기기 등의 여러 가지 동작회로의 설계에 이용된다. 특히 이때의 이 같은 법칙을 이용하여 컴퓨터와 정보통신기기들의 여러 가지 동작회로를 설계하고 있다. 동작회로들은 논리적 사실을 표현하고 있는 부울 대수 이론을 회로설계에 적용하므로 논리회로(Logic Circuit)라고 하거나 2진수에 의한 표현과 연산하므로 디지털회로(Digital Circuit)라고 하며, 또한 전류 흐름을 나타내는 경우 스위칭회로(Switching Circuit) 또는 입출력의 의미로 게이트회로(Gate Circuit)라고 한다.

4. 논리동작과 논리회로

1) 논리동작

컴퓨터와 정보통신기기 등은 여러 가지 동작을 하기 위한 각종 논리회로로 구성되어 있다. 논리회로는 2진 신호 즉, 0과 1의 논리신호로 값(결과)을 나타낸다.

이들 논리신호는 물리적 또는 전자 공학적(전기의 유무, 전기가 흐르는 방향, 낮은 전압과 높은 전압 등)으로 나타낼 수 있다.

낮은 전압의 상태를 0, 높은 전압의 상태를 1이라고 신호화하여 사용하는 논리회로를 양(Positive)의 논리회로라고 하며, 낮은 전압의 상태를 1, 높은 전압의 상태를 0으로 사용하는 논리회로를 음(Negative)의 논리회로라 한다.

논리회로의 기본이 되는 구성 요소들을 게이트(Gate)라고 하는데, 앞에서 설명되었던 부울 대수의 논리곱(AND), 논리합(OR), 논리부정(NOT)의 기본 개념들이 각각의 기본 게이트(Gate) 즉, AND Gate, OR Gate, NOT Gate를 이루고 있다.

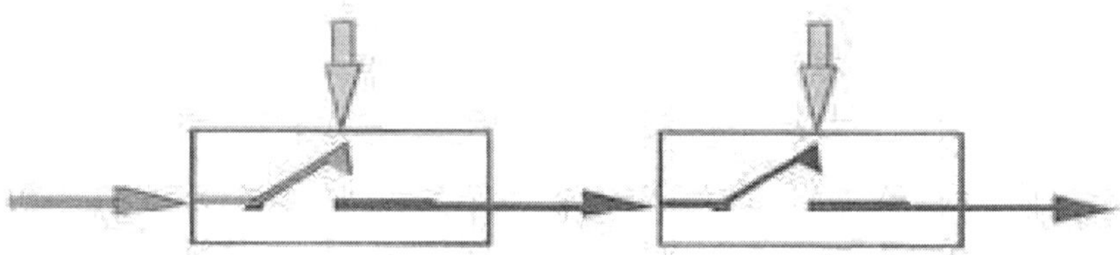

AND, OR, NOT

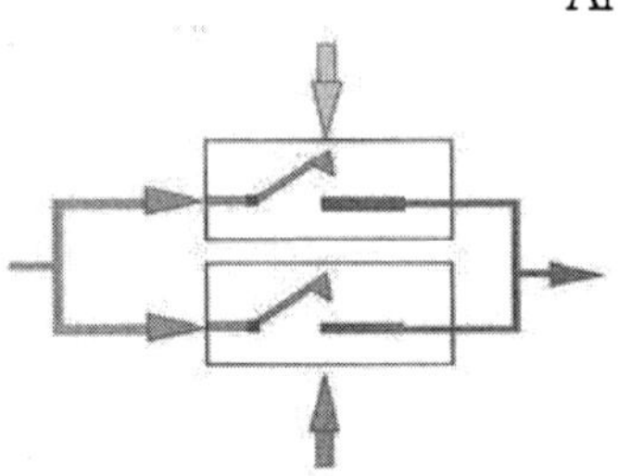

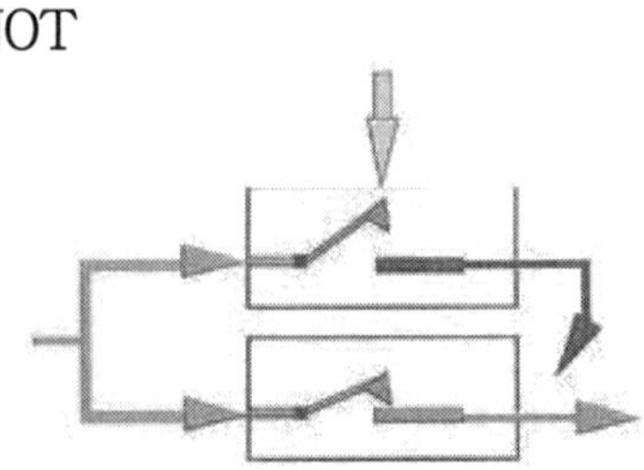

- Digital 논리 게이트 -

Name	Graphic Symbol	Algebraic Function	Truth Table
AND	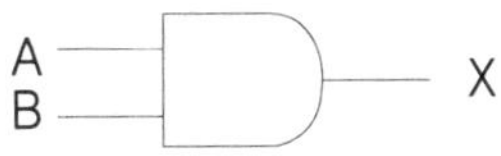	$X = A \cdot B$ or $X = AB$	A B | X 0 0 | 0 0 1 | 0 1 0 | 0 1 1 | 1
OR	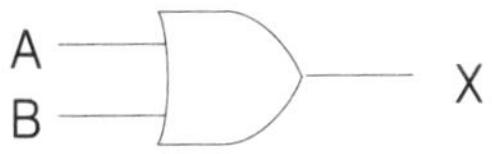	$X = A+B$	A B | X 0 0 | 0 0 1 | 1 1 0 | 1 1 1 | 1
inverter	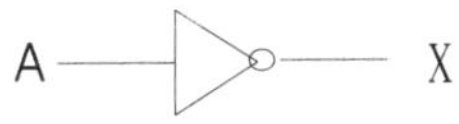	$X = A'$	A | X 0 | 1 1 | 0
buffer	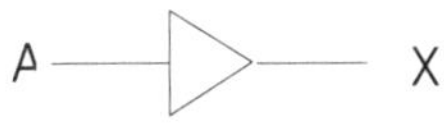	$X = A$	A | X 0 | 0 1 | 1
NAND	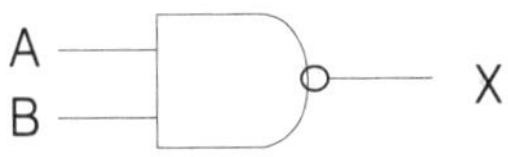	$X = (AB)'$	A B | X 0 0 | 1 0 1 | 1 1 0 | 1 1 1 | 0
NOR	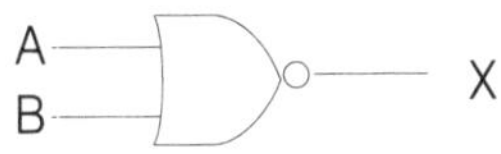	$X = (A+B)'$	A B | X 0 0 | 1 0 1 | 0 1 0 | 0 1 1 | 0
exclusive · OR (XOR)	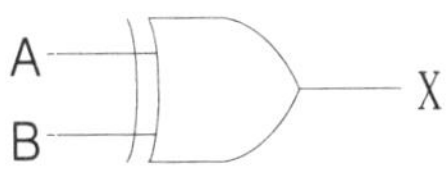	$X = A \oplus B$ or $X = A'B+AB'$	A B | X 0 0 | 0 0 1 | 1 1 0 | 1 1 1 | 0
exclusive · NOR or equivalence	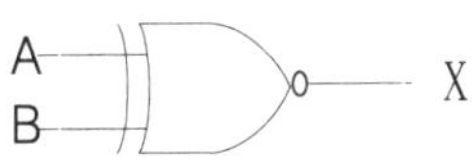	$X = A \odot B$ or $X = A'B'+AB$	A B | X 0 0 | 1 0 1 | 0 1 0 | 0 1 1 | 1

2) 벤 다이어그램과 카르노 맵

부울 대수에 의한 논리회로 개발의 효율성과 최소화는 구현될 부울 함수의 복잡도의 크고 작음에 따라 결정된다.

부울 함수는 진리표로 표현하면 단 하나로 될 수 있지만 대수적으로는 여러 가지의 다양한 형태로 표현할 수 있다. 따라서 매우 복잡하고 다양한 논리동작이 필요한 논리회로를 구현하기 위해서는 부울 함수로 구현된 함수를 간단히(최소화)하여야 하는데 최소화하는 과정에 일정한 규칙이 있는 것이 아니어서 매우 복잡하고 표현이 어렵다.

이 같은 문제를 해결하기 위해 부울 함수를 맵(Map)의 형태로 표현하여 최소화시키는 방법을 사용한다. 이 방법은 벤 다이어그램(Venn Diagram)을 확장시켜 놓은 것과 유사하며 Veitch와 Karnaugh에 의해 만들어졌으므로 Veitch Diagram 또는 Karnaugh Map이라 한다.

이 맵 방식은 여러 개의 사각형으로 구성될 수 있고 사각형들은 각기 하나의 민텀(Minterm)을 나타내며, 어떤 부울 함수라도 민텀들의 합(Sum of Minterm)의 형태로 표현할 수 있으며 최소화 하고자 하는 함수 속의 사각형들을 맵 안에 면적으로 표현할 수 있다.

2-1) 2변수 맵

m_0	m_1
m_2	m_3

x \ y	0	1
0	x'y'	x'y
1	xy'	xy

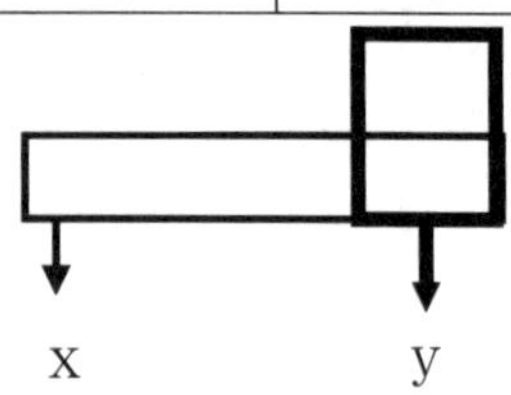

- 두 변수에 대한 벤 다이어그램 -

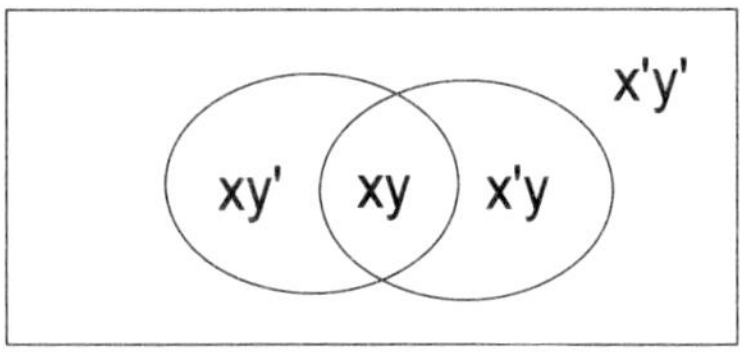

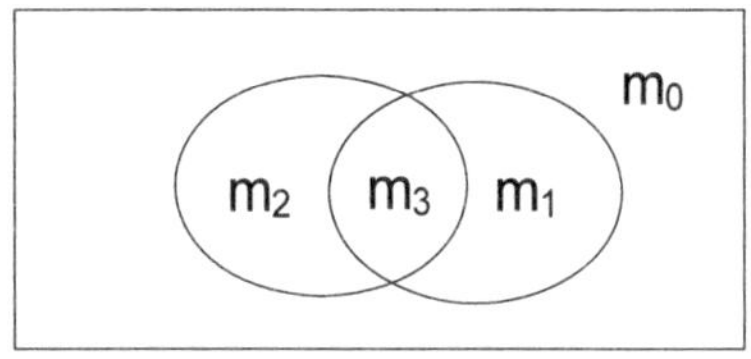

x + y에 대한 벤 다이어그램

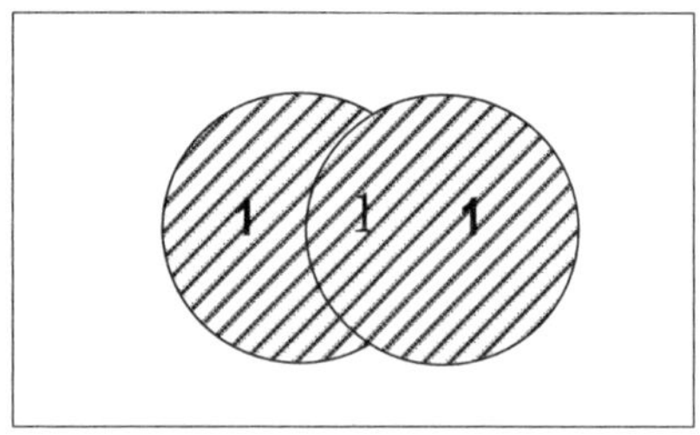

예제) x'y + xy' + xy

= m 1 + m 2 + m 3

= 01 + 10 + 11

= x + y

x \ y	0	1
0		
1		1

x \ y	0	1
0		1
1	1	1

2-2) 3변수 맵

m_0	m_1	m_3	m_2
m_4	m_5	m_7	m_6

x \ yz	00	01	11	10
0	x'y'z'	x'y'z	x'yz	x'yz'
1	xy'z'	xy'z	xyz	xyz'

x z y

예제) F= x'yz + x'yz' + xy'z' + xy'z

= x'y + xy'

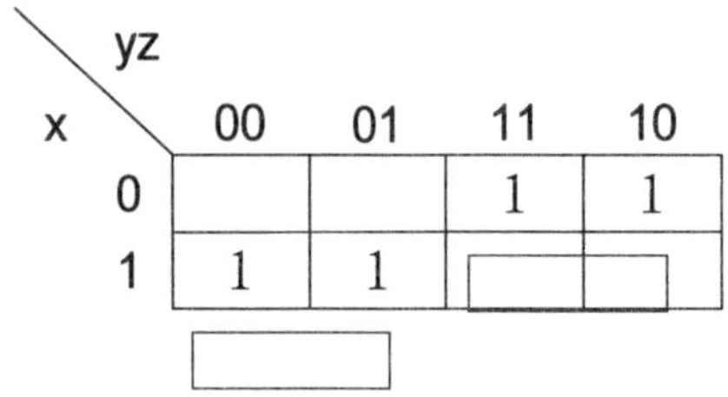

- 3변수에 대한 벤 다이어그램 -

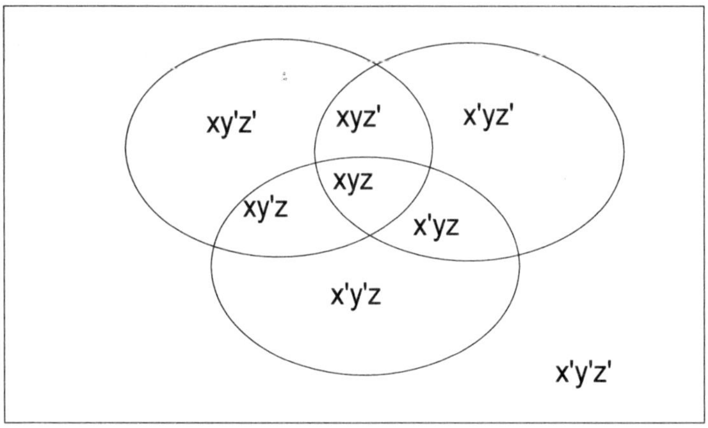

예제) F = x'yz + xy'z' + xyz + xyz'

= yz + xz'

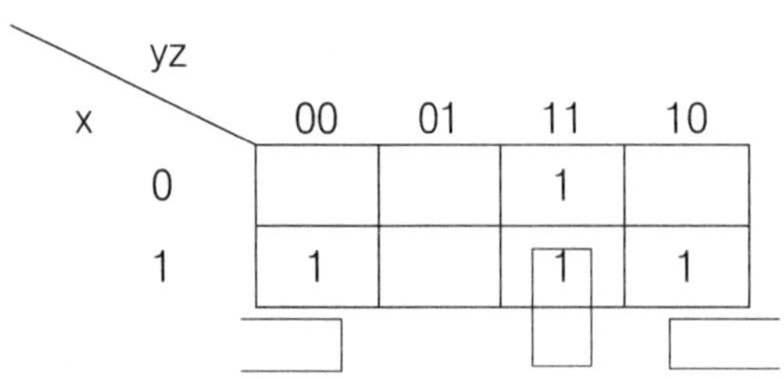

예제) A'C + A'B + AB'C + BC

= C + A'B

A \ BC	00	01	11	10
0		1	1	1
1		1	1	

예제) $F(x, y, z) = \sum(0, 2, 4, 5, 6)$

$= z' + xy'$

x \ yz	00	01	11	10
0	1			1
1	1	1		1

2-3) 4변수 맵

m_0	m_1	m_3	m_2
m_4	m_5	m_7	m_6
m_{12}	m_{13}	m_{15}	m_{14}
m_8	m_9	m_{11}	m_{10}

wx \ yz	00	01	11	10
00	w'x'y'z'	w'x'y'z	w'x'yz	w'x'yz'
01	w'xy'z'	w'xy'z	w'xyz	w'xyz'
11	wxy'z'	wxy'z	wxyz	wxyz'
10	wx'y'z'	wx'y'z	wx'yz	wx'yz'

* 4각형 1개 : 4변수 표시
* 2개의 인접 4각형 : 3변수 표시
* 4개의 인접 4각형 : 2변수 표시
* 8개의 인접 4각형 : 1변수 표시
* 16개의 인접4각형 : 1개의 전체 공간

예제) $F(w, x, y, z)$

= $\sum(0, 1, 2, 4, 5, 6, 8, 9, 12, 13, 14)$

= y' + w'z' + xz'

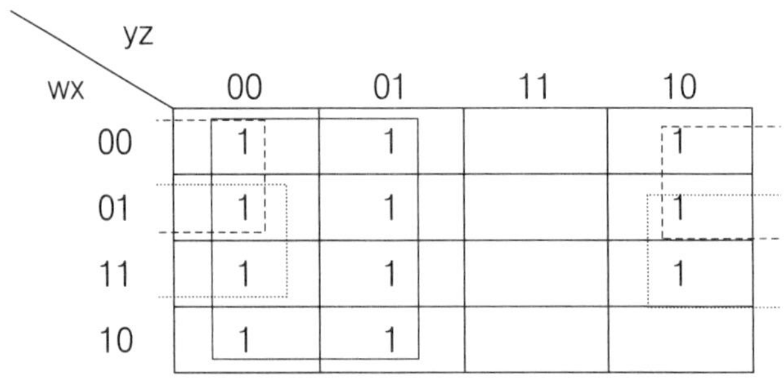

예제) F = A'B'C' + B'CD'+ A'BCD' + AB'C'= B'D' + B'C' + A'CD'

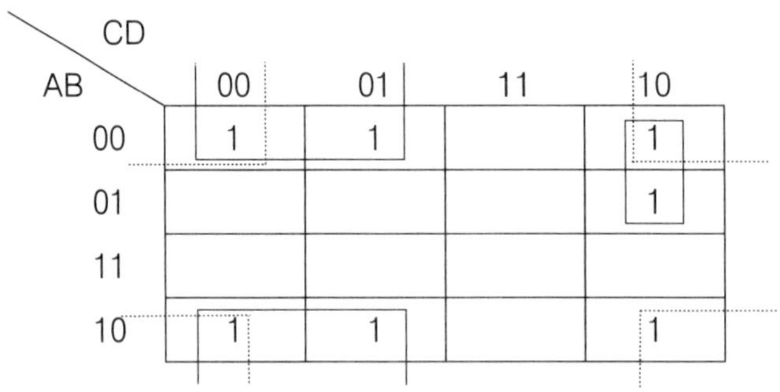

2-4) Maxterm(합의 곱형)과 minterm(곱의 합형)

minterm과 Maxterm은 서로 배반 관계이므로 여집합을 이용한다.

xyz	min	Max
000	x'y'z'(m_0)	x+y+z(M_0)
001	x'y'z(m_1)	x+y+z'(M_1)
010	x'yz'(m_2)	x+y'+z(M_2)
011	x'yz(m_3)	x+y'+z'(M_3)
100	xy'z'(m_4)	x'+y+z(M_4)
101	xy'z(m_5)	x'+y+z'(M_5)
110	xyz'(m_6)	x'+y'+z(M_6)
111	xyz(m_7)	x'+y'+z'(M_7)

$F(x, y, z) = \sum(0, 2, 4, 5)$: minterm의 합 $m_0 \cdot m_2 \cdot m_4 \cdot m_5$

$= \prod(1, 3, 6, 7)$: Maxterm의 곱 $M_1 + M_3 + M_6 + M_7$

합의 곱형(min) : OR 게이트들을 하나의 AND 게이트로 묶는다.

곱의 합형(MAX) : AND 게이트들을 하나의 OR 게이트로 묶는다.

예제) $F(x, y, z) = \prod(0, 2, 5, 7)$를 합의 곱(Max)으로 간소화하려면,

Maxterm을 minterm으로 바꾸어 $F(x, y, z)=\sum(1, 3, 4, 6)$가 된다.

0	1	1	0
1	0	0	1

minterm과 Maxterm은 서로 배반(Complement) 관계이므로 0인 부분을 간소화하면

0	1	1	0
1	0	0	1

$F' = xz + x'z'$(0을 묶는 것이므로 F'가 된다)

드모르간의 정리에 의해 $F = (F')' = (xz + x'z')' = (x'+z')(x+z)$

5. 전기에너지의 논리동작

앞에서 설명된 바와 같이 에너지가 이동하면 새로운 가치가 발생된다는 에너지 보존법칙에 의해 새로운 형태의 에너지로 변화되어 나타나는 현상을 구체적으로 살펴보기로 하자. 컴퓨터와 정보통신기기 내부에서 여러 가지 형태의 기능(명령) 수행, 정보의 표현형태 변환, 프로그램의 해석과 실행 등에 필요한 갖가지 동작기능을 위한 전기・전자적 회로를 조합 논리회로(Combinational Logic Circuit)라 하며, 시간과 입력 조건의 변화에 따라 특정 값을 기억하는 기능을 수행하는 전기・전자적 회로를 순차 논리회로(Sequential Logic Circuit)라고 한다.

조합 논리회로는 임의의 시간에서의 출력 결과가 이전의 입력 값과 관계없이 현재의 입력 값에 의해서만 출력 결과가 결정지어지는 회로를 말한다. 이 회로는 부울 대수식으로 완전한 논리적 증명과 표현이 가능하다.

그러나 순차 논리회로는 기억 기능의 추가로 인해 출력 결과가 현재의 입력, 바로 직전의 입력, 기억된 값에 따라 현재의 값(출력 결과)이 결정된다. 즉, 순차 논리회로의 출력은 현재와 과거의 입력에 의해 결정되고, 회로의 동작은 현재의 입력, 기억되어 있는 값, 시간의 변화와 순서에 따라 결정된다.

1) 조합 논리회로

1-1) 반가산기

컴퓨터와 정보통신기기들에서 연산 작업 중 가장 많이 쓰이는 회로가 가산기이다. 전단(전 상태)의 자리올림 현상(Carry)을 고려하지 않고 2진수 2개만을 더하는 조합논리회로(Combinational Logic Circuit)중 반가산기(Half Adder)를 살펴보면 A와 B를 더할 때 이 두 변수는 모두 2진수임으로 조합방법의 가짓수는 4가지이고, 결과가 0이냐, 1이냐, 아니면 다음 단의 높은 자리로 올라가느냐(자리올림 현상)로 구분되는 3가지의 결과가 있게 된다.

- 반가산기 진리표와 회로도 -

입 력		출 력	
A	B	C	S
0	0	0	0
0	1	0	1
1	0	0	1
1	1	1	0

$$S = (A+B) \cdot \overline{AB}$$
$$= (A+B) \cdot (\overline{A}+\overline{B})$$
$$= \overline{A}B + A\overline{B}$$
$$C = A \cdot B$$

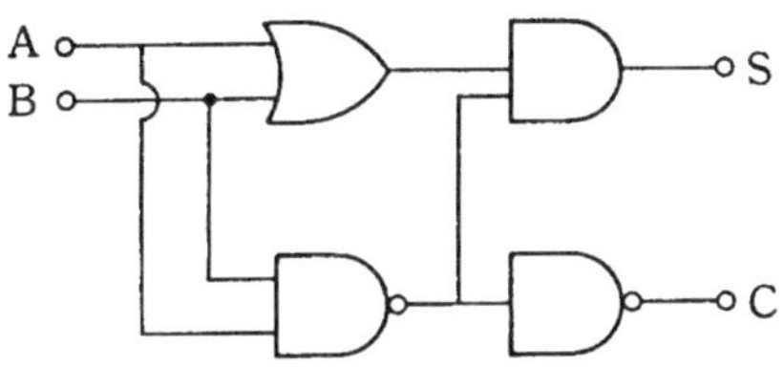

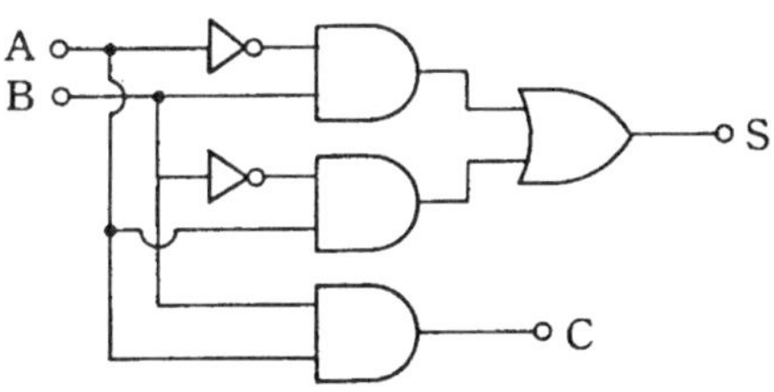

1-2) 전가산기

자리올림현상(Carry)을 고려한 2자리 이상의 입력 값을 연산할 경우에는 입력 단자가 3개 있어야 한다. 즉, 아랫자리에서 올라온 숫자(Carry)가 같이 합산되어야 한다. 이와 같이 자리올림수까지 포함하여 3Bit를 더하는 논리회로를 전가산기(Full Adder) 라 한다. 전 가산기는 2개의 반가산기와 하나의 OR 게이트로 구성할 수 있다.

전가산기의 진리표

입 력			출 력	
A	B	C	S	C_0
0	0	0	0	0
0	0	1	1	0
0	1	0	1	0
0	1	1	0	1
1	0	0	1	0
1	0	1	0	1
1	1	0	0	1
1	1	1	1	1

전가산기의 회로도

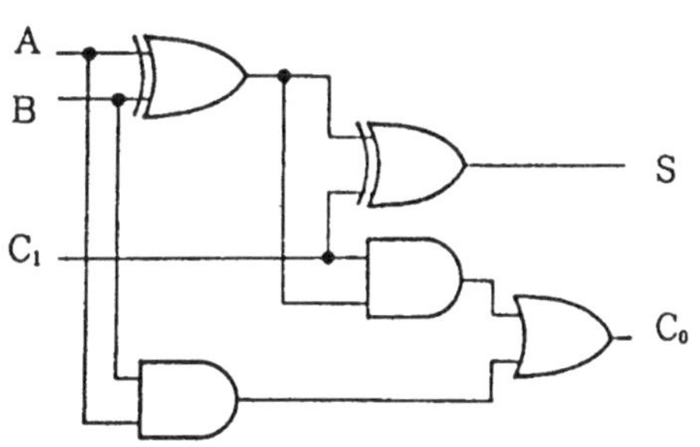

1-3) 부호기와 해독기

① **부호기(Encoder)** : 출력선이 N개 일 때 2^n 이하의 입력선으로 구성된 조합 논리회로를 부호기(Encoder)라 한다. 이것은 한 개의 입력 단자로부터 받는 신호에 대해 여러 개의 출력 결과가 신호로 나타나도록 만든 것으로 어떤 값을 조건에 따라 여러 개의 의미로 해석되어야할 필요가 있을 때 사용한다. 다음의 회로도는 입력 단자 ⑦에 신호를 입력(ON : 1)하면 출력 단자에 0111_2의 신호가 출력된다. 이것은 자판(Key Board)의 숫자 키 7을 눌렀을 때 거기에 대응되는 내부코드(ASCII Code 등)로 변환되어 출력된 값이 컴퓨터 내부로 전송되는 모습의 예이다.

- Encoder의 예 -

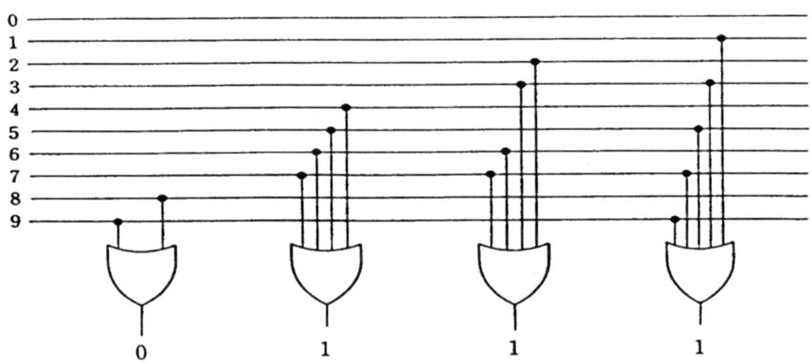

② **해독기(Decoder)** : n개의 입력선에 신호가 입력될 때 최대 2^n개의 출력선 중 하나의 출력선에만 출력 신호가 출력되게 하는 것으로 부호기와 정반대의 역할을 하는 조합 논리회로이다. 3Bit의 2진 값을 입력받아 $8(2^3)$개의 출력선 중에 어느 한 출력 단자에만 출력 신호가 나타나게 만든 해독기를 예로 들어보면, 111_2의 신호를 입력하면 출력 단자 ⑦로만 출력 신호가 나타나게 된다. 디지털 문자시계, 운동장의 전광판, 탁상용 계산기의 문자판, 가전제품의 문자 표기 등에 주로 이용되는 논리회로이다.

- Decoder의 예 -

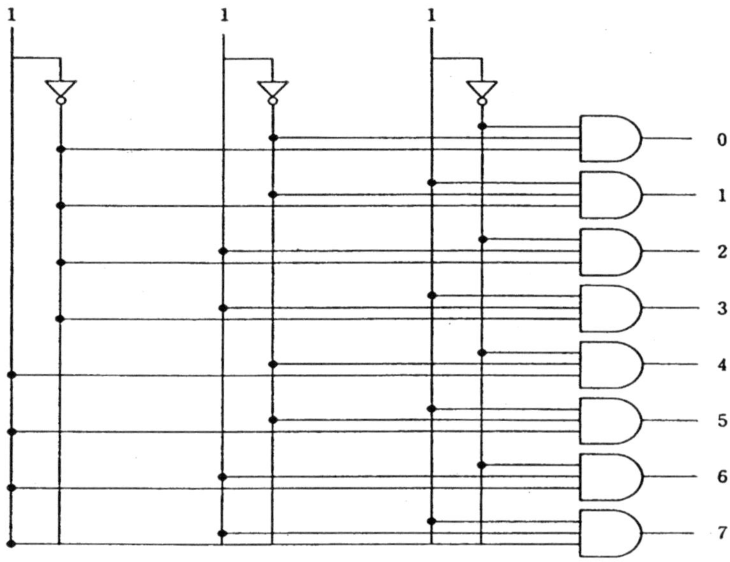

1-4) 멀티플렉서와 디멀티플렉서

① **멀티플렉서 (Multiplexer)** : 하나의 통신선(Channel)에 여러 사람의 정보를 전송할 수 있도록 해주는 것을 멀티플렉서(Multiplexer)라 한다. 즉, N개의 입력선 중의 어느 하나로부터 2진 정보를 선택하여 단일 출력선으로 보내줄 수 있게 설계한 조합 논리회로이다. 입력선의 선택은 선택선(Selector)에 의해 결정된다. 아래 그림에서 S_0, S_1이 00의 상태이면 I_0의 신호가 출력선(Y)으로 보내어지고 11의 상태이면 I_3이 보내진다. 따라서 N개의 선택선이 있으면 2^n개까지의 입력선이 존재하며. 여러 개의 단말기(Terminal) 또는 여러 개의 산업 생산시설에 멀티플렉서를 연결하여 하나의 물리적인 전송 선로에 의해 제어장치 또는 컴퓨터에 데이터를 보낼 수 있다. 이 기법을 일상생활 또는 생산현장에서 사용한다면 물리적 전송로의 설치비와 회로 제작비의 낭비를 줄일 수 있다.

Multiplexer의 예

진리표

S_1	S_0	Y
0	0	I_0
0	1	I_1
1	0	I_2
1	1	I_3

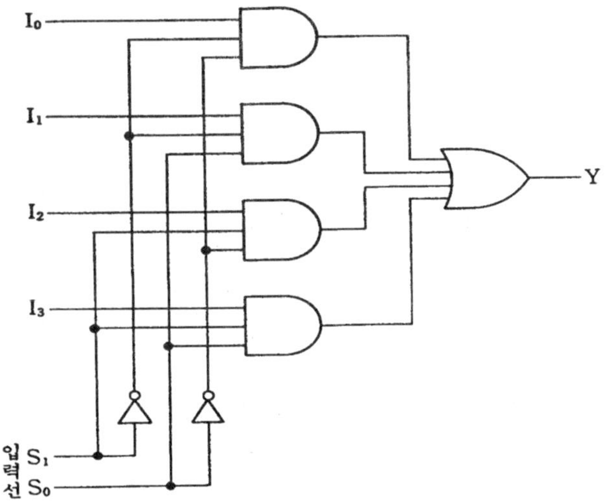

② **디멀티플렉서(Demultiplexer)** : 하나의 입력선에 N개의 출력선을 연결하여 선택선(Selector)에 의해 출력선이 결정되는 멀티플렉서와 반대의 동작을 하는 조합 논리회로이다. 아래 그림에서 선택선 A와 B 입력신호가 11_2이 되면 E의 값이 D_3에 나타나게 되며, 00_2가 되면 D_0에서 나타나게 된다.

Demultiplexer의 예

진리표

A	B	E	D_0	D_1	D_2	D_3
0	0	1	1	0	0	0
0	1	1	0	1	0	0
1	0	1	0	0	1	0
1	1	1	0	0	0	1
x	x	0	0	0	0	0

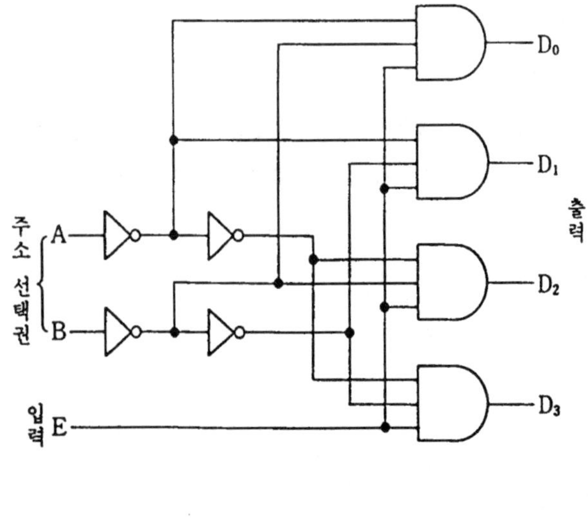

1-5) 논리회로의 응용

○ **발광 다이오드(LED : Light Emited Diode)** : 다이오드란 전류를 한쪽 방향으로만 보내줄 수 있는 반도체로 트랜지스터의 역할과 유사하지만 특별히 다이오드는 한쪽 방향(애노드→캐소드)으로만 전류가 흐르도록 하는 것을 목적으로 만들어진 반도체이다. 재료는 실리콘(규소), 게르마늄, 셀렌 등이 있으며 용도는 전원장치에서 교류전류를 직류전류로 바꾸는 정류기, 라디오의 고주파에서 신호를 꺼내는 검파용, 전류의 ON/OFF를 제어하는 스위칭 등 매우 광범위하게 사용되고 있으며 종류로는 전류를 순방향으로 흘렸을 때에 발광하는 발광 다이오드, 정전압 다이오드, 가변용량 다이오드 등이 있다.

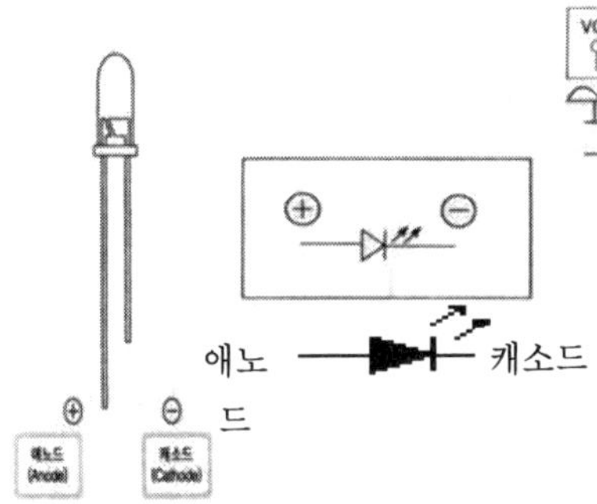

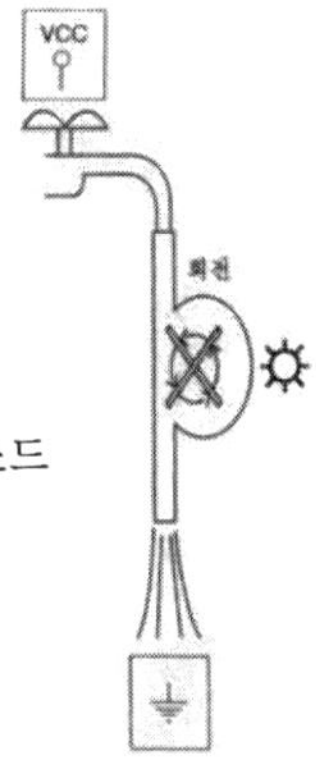

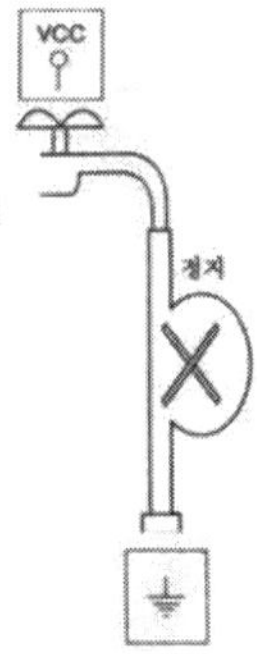

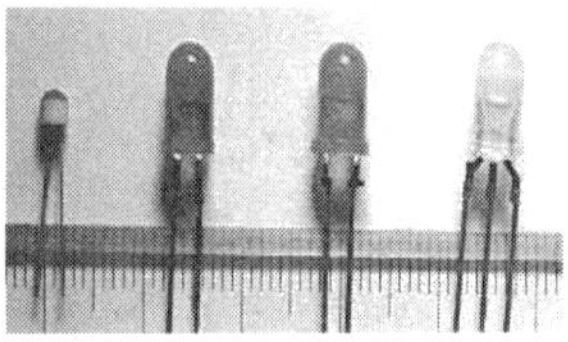

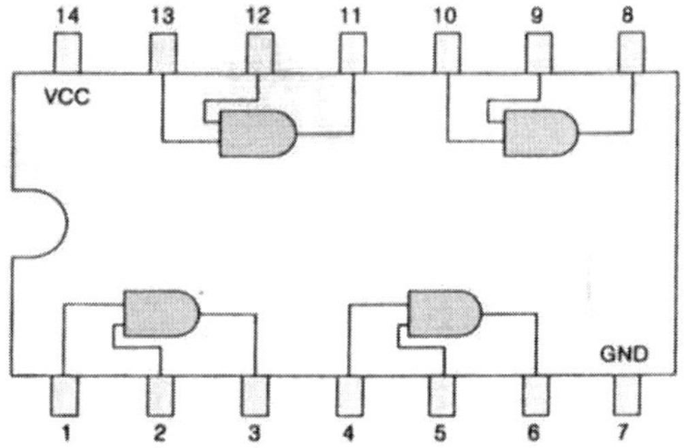

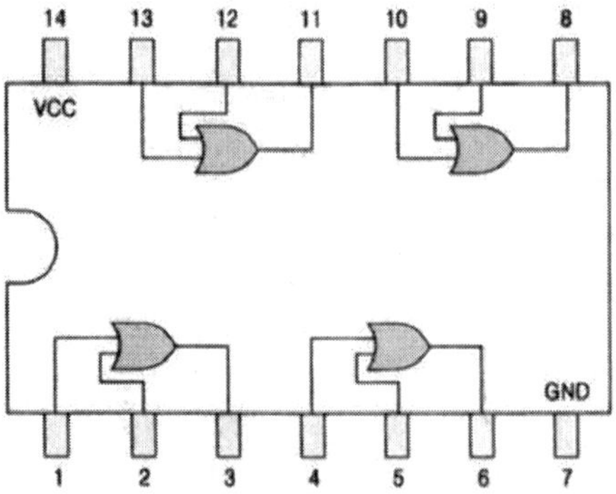
14 13 12 11 10 9 8
VCC
GND
1 2 3 4 5 6 7

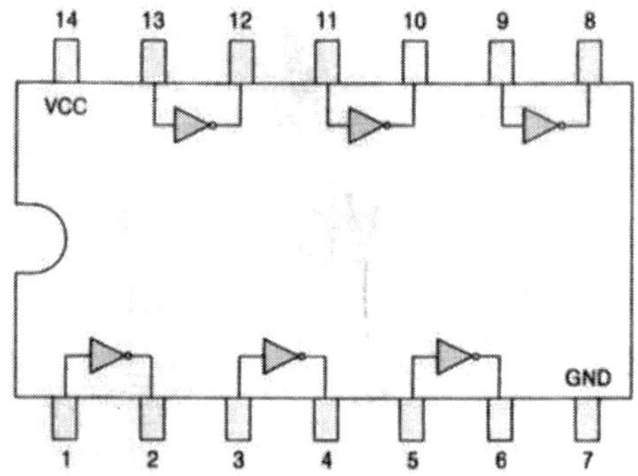
14 13 12 11 10 9 8
VCC
GND
1 2 3 4 5 6 7

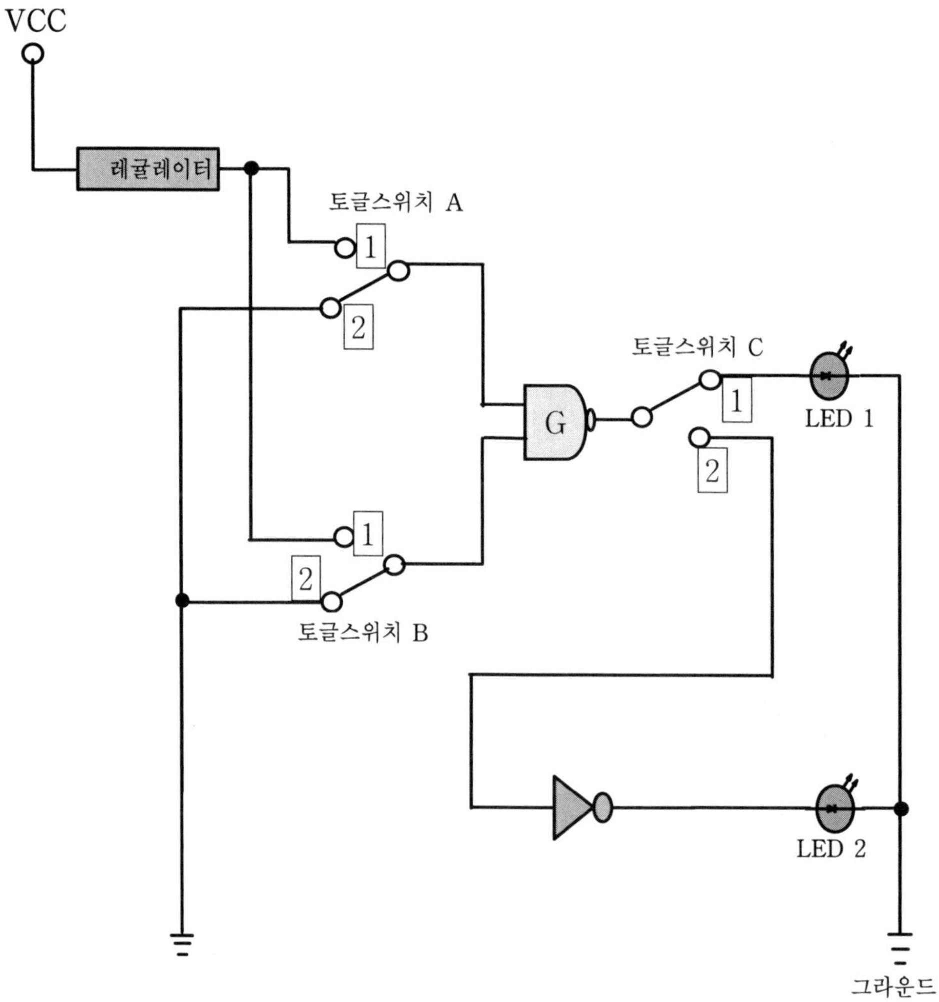
VCC
레귤레이터
토글스위치 A
1
2
토글스위치 C
G
1
LED 1
2
1
2
토글스위치 B
LED 2
그라운드

2) 순차 논리회로

순차 논리회로(Sequential Logic Circuit)는 기억 소자를 구성하기 위한 논리 회로로써 기억 소자가 보지(保持)하고 있는 현재의 값(現 상태 또는 출력)은 현재의 입력되고 있는 입력 값과 이미 기억된 기억 상태(前 상태)에 따라서 결정된다.

즉, 출력은 현재의 입력 신호와 직전에 기억된 내부 기억상태가 시간적 순서에 따라 그 값이 결정된다. 순차 논리회로에는 플립플롭(Flip-Flop), 레지스터(Register), 카운터(Counter) 등이 있다.

2-1) 플립플롭

플립플롭(Flip-Flop)은 한 개의 2진 정보를 저장할 수 있는 1Bit 논리 기억 소자(Cell)로서 래치(Latch, 1Bit동작) 동작을 하며, 2진 값을 입력, 저장하는 방법에 따라 RS형, JK형, T형, D형 등 여러 가지 형태의 플립플롭으로 구분된다.

- Lock Pulse가 있는 동기형 R-S Flip-Flop -

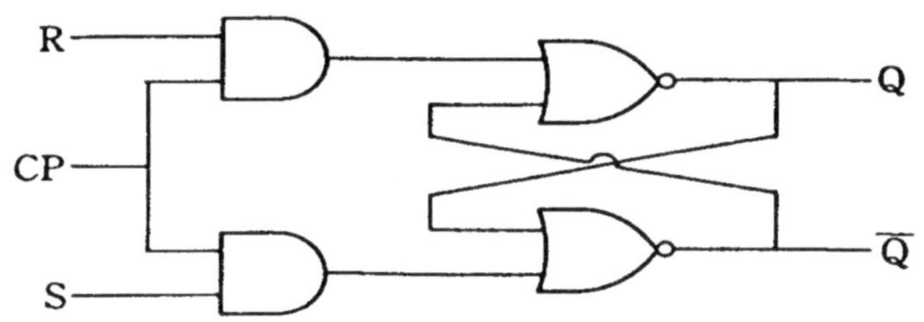

2-2) RS 플립플롭

2개의 NOR 게이트 또는 2개의 NAND 게이트로 구성할 수 있으며 1쌍의 배타적인 값(보수 값, 0 또는 1)을 가지는 출력 단자로 구성되어 있다. 아래 그림과 같이 Q와 $\overline{Q}$는 서로 반대의 값을 갖게 되며 플립플롭이 보지(保持)하고 있는 값은 Q값이다.

- 진리표 -

입 력		출 력		
S	R	Q	Q'	
1	0	1	0	
0	0	1	0	前상태, 불변, after S=1, R=0
0	1	0	1	
0	0	0	1	前상태, 불변, after S=0, R=1
1	1	x	x	불안정

- 비동기형 R-S Flip-Flop -

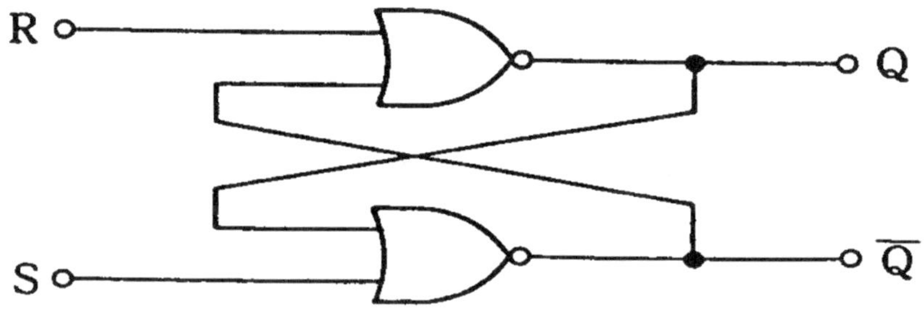

위 그림과 표에서 보여주고 있듯이 입력 신호가 없으면 출력 Q는 이전의 상태 값을 그대로 유지하고 있으며 R = 0, S = 1인 경우에는 이전 상태에 관계없이 Q값은 1이 되고 R = 1, S = 0인 경우 Q값은 이전 상태에 관계없이 0이 된다. S = 1, R = 1인 경우 Q, Q'값은 불안정한 경우가 되어 출력 값이 어떻게 나타날지 알 수 없으므로 이러한 입력 신호는 사용하지 않는다. 이와 같이 R = S = 0이면(입력이 없으면) Q는 변하지 않으므로 전(前) 상태를 기억하고 있는 기억 소자의 역할을 한다. 다시 말해 S에 1의 신호를 보내면 플립플롭에는 1을, R에 1의 신호를 보내면 플립플롭에는 0을 기억시킬 수 있다. 이 경우 S를 세트(Set), R을 리셋(Reset)이라고 한다. 즉, S = 1, R = 0으로 가정하면 ①번 게이트 2개의 입력이 모두 0이므로 Q = 1, Q' = 0이 되고 S = 0으로 바꾸면 Q = 1은 그대로 남는다. ②번 게이트 1개의 입력이 1로 남아 있기 때문에 Q' = 0이 되며, ①번 게이트 2개의 입력이 모두 0이므로 Q = 1이며 불변이다. 다시 R = 0으로 바꾸면 출력은 바뀌지 않고 유지되어 Q = 0, Q'= 1이 그대로 유지된다. 이와 같이 입력이 변할 때마다 출력이 변하는 회로를 비동기형(Asynchronous)이라고 하고, 어떤 시간적 동기(클록펄스; CP; Clock Pulse)가 주어지게 되면 출력이 변하게 되는 것을 동기형(Synchronous)이라고 한다.

클록펄스(CP)란 일정한 높이와 폭을 가진 순간 전압을 말한다. 이러한 펄스가 입력되고 있는 상태를 1로, 입력되고 있지 않는 상태를 0으로 간주한다. 클록펄스(Clock Pulse)는 일정한 시간적 간격으로 입력하게 되며 클록 발생기(수정발진자; Crystal Oscillator)에 의해 생성된다. 초당 발생하는 주기적인 클록펄스의 개수를 헤르츠(Hertz)라 하며 Hz로 표현한다. 예를 들어 내 개인용 컴퓨터(PC)는 "500MHz이다." 라고 한다면 1초 동안에 500Mega(500 × 106)만큼 빠른 속도로 클록펄스가 변화될 수 있는 성능을 가진 컴퓨터라는 의미이다. 즉, 클록펄스가 빠르면 빠를수록 처리 또는 전송속도가 빠른 고성능 컴퓨터임을 의미한다.

2-3) JK 플립플롭

JK 플립플롭은 RS 플립플롭에서 R = 0, S = 0 일 때, Q의 값이 무엇이 될지 몰라 불안정의 상태가 되는 단점을 개선한 것으로 입력 J와 K는 RS 플립플롭의 입력 R과 S의 기능을 수행한다. J와 K 모두에 입력이 동시에 들어오면 Q의 상태가 바뀌게 설계된 것으로 현재 Q가 1이고 J, K가 동시에 1일 때는 Q는 0으로 바뀐다. 현재 Q가 0인 상태이면 Q는 1로 변화한다. 그러므로 Q의 상태는 어떠한 입력 조건에서도 존재할 수 있게 해 준다. 즉, RS 플립플롭에서는 부정 상태였던 S = 1, R = 1의 경우 1CP 뒤에는 현재 상태의 보수(Complement)를 취하게 (Q(t) = 1, Q(t+1) = 0, Q(t) = 0, Q(t+1) = 1)된다. 또, JK 플립플롭은 Feed-Back 연결로 인해 J = K = 1일 때 출력이 보수(Complement)가 취해진 뒤에도 CP가 계속 남아있으면 또 다시 보수를 취하는 반복적이고 연속적인 변화가 발생하는 단점이 있다. 이를 해결하기 위해서는 CP의 지속시간이 입력 신호가 플립플롭을 통과하는 전파 지연시간보다 더 긴 지속시간이 필요하게 되므로 Master-Slave 또는 Edge-Triggered 구조와 방법에 의해 해결한다.

진리표

Q J K	Q(t+1)
0 0 0	0
0 0 1	0
0 1 0	1
0 1 1	1
1 0 0	1
1 0 1	0
1 1 0	1
1 1 1	0

Clock Pulse가 있는 동기형 J-K Flip-Flop

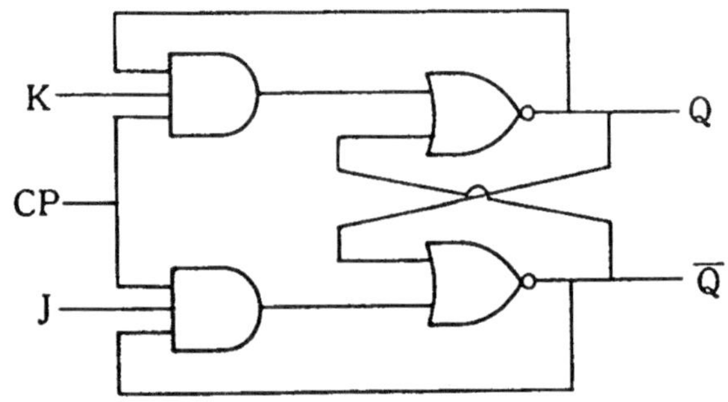

2-4) 마스터슬레이브 플립플롭

마스터슬레이브 플립플롭(Master-Slave Flip Flop)은 2개의 독립된 플립플롭과 1개의 Inverter에 의해 구성된 것으로 하나는 주(主; Master), 다른 하나는 종(從; Slave) 플립플롭이다. 주와 종은 Clock-Pulse와 Inverter에 의해 조합한 값에 따라 분리하는데 이것은 Master에 입력한 값의 변화가 Slave에 전달되는 것을 막아 Master가 안정된 후 이를 격리시켜 Slave에 전달할 수 있도록 하기 위한 것이다. CP = 0 일 때, Slave가 활성화(Enable)되어 Q = Y가 되고 Q' = Y'가 된다. 즉, CP = 1일 때 Master가 활성화되어 외부 입력 S, R이 Master에 전달되며 CP = 0으로 입력되는 Slave와 분리되므로 Master의 상태가 안정된 뒤에 보지(保持)하고 있는 값이 Slave에 전달(CP = 0일 때)된다.

- Master-Slave Flip-Flop -

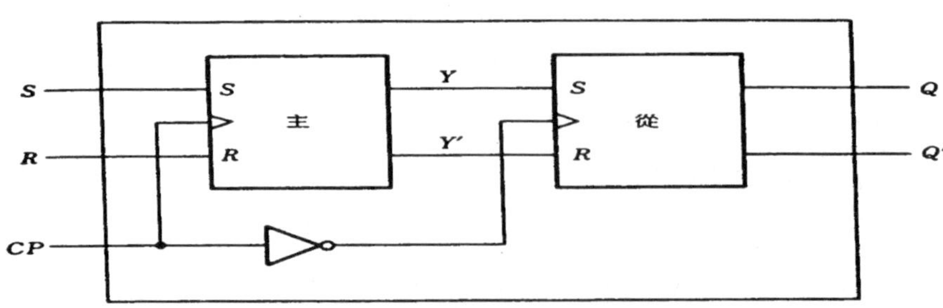

6. 유비쿼터스

1) 유비쿼터스

“언제 어디에나 존재 한다.”는 뜻의 라틴어 유비쿼터스(Ubiquitous)는 물이나 공기처럼 시간과 공간의 제약 없이 이 세상에 존재하는 모든 자원(資源; Resources)들이 관련된 정보통신기기(컴퓨터, 네트워크, 공유가능 정보 등)들의 조건, 장소, 시간 등의 제약 없이 자유롭게 접속하고 공유 할 수 있는 환경과 사상을 의미하는 것으로 퍼베이시브 컴퓨팅(Pervasive Computing; 포스트 PC(Post Personal Computer), 인터넷 TV, 인터넷 냉장고 등의 융합)과 유사한 개념이다.

1988년 유비쿼터스 컴퓨팅이라는 새로운 용어를 만들어 처음으로 사용한 미국 제록스 팰로앨토 연구소의 마크와이저(Mark Weiser) 소장에 의해 유비쿼터스 컴퓨팅은 메인 프레임(Mainframe)에서 PC로, PC에서 유비쿼터스 컴퓨팅으로 연결되는 제 3의 정보혁명이 될 것이라 주장되어진 바 있다. 좀 더 구체적으로 설명하면 이 세상에 존재하는 모든 자원들의 내부에 컴퓨터와 정보통신기기를 내장시키고 표준화된 프로토콜과 명령어를 사용하여 정보교환과 자원공유가 이루어질수 있도록 필요시 상호접속(Interconnection)할 수 있도록 만들어진 환경을 뜻한다. 또, 유비쿼터스는 그동안 정보혁명의 개념과 비교하였을 때 정반대의 개념이라 설명된다. 정보혁명은 물리적 공간을 정보통신기기 속에 내장시킨 혁명이라 할 수 있는 반면, 유비쿼터스는 물리적 공간에 정보통신기기를 내장시키는 혁명이다. 즉, 인터넷이 세상에 독립적으로 존재하는 모든 정보통신기기들의 상호접속이라면 유비쿼터스는 물리적 공간속에 독립적으로 존재하는 각각의 것(도로, 교량, 터널, 건물, 화분, 냉장고, TV, 세탁기, 자동차, 휴대전화, 복사기 ····)들을 상호접속 하여 통합한다. 통합하기 위해서는 임베디드 시스템(Embedded System; 내장형 시스템), RFID(Radio Frequency IDentification), IPv6(Internet Protocol version 6; 128bit), MEMS(Micro Electro Mechanical Systems), NEMS(Nano Electro Mechanical Systems), 텔레매틱스(Telematics; Telecommunication과 Informatics의 합성어), DMB(Digital Multimedia Broadcasting; 이동통신과 방송의 결합), 센서(Sensor), … 등 현존하는 모든 분야의 방법과 기술들이 활용되어야 한다.

- 임베디드 시스템은 특정한 기기에 명령되거나 사전에 정의되어진 작업이 수행되도록 하고자 하는 것으로 생활주변이나 생산시설 등에서 사용하고 있는 수많은 전자제품, 컴퓨터, 엘리베이터, 생산시설 자동화 등등의 OS(Operating System)가 임베디드 시스템이다.
- IPv6은 IPv4(32bit)의 한계를 보완하기 위해 128bit 구조의 최신 IP Address로 IPng(IP Next Generation; 차세대 IP)라고도 한다. 이론적으로 128bit 구조는 거의 무한대의 IP Address(약 40조)를 생성할 수 있으므로 지구상에 존재하는 사물 모두에게 IP 주소를 부여할 수 있다.
- MEMS는 초소형 시스템이나 초소형 정밀기계를 말하며 마이크로 시스템, 마이크로 머신, 마이크로 메카트로닉스 등으로도 부르고 있다. MEMS 장치는 크기가 작기 때문에 매우 작은 공간에서 활용 가능하므로 사람의 신체 내부 등에 내장시켜 여러 가지 활동을 할 수 있다. 초기에는 반도체공법과 소재가 이용되었으며 정보통신기기 관련 센서나 프린터헤드와 같은 중요 부분과 생명공학, 미세 유체 및 화학분석, 운송 및 항공, 광학, 로봇 등의 분야에서 구조, 부품, 시스템 구축, 제조를 위한 핵심 기술로 활용되고 있다.
- DMB는 걷거나 차로 이동하면서 볼 수 있는 고품질 차세대 멀티미디어 방송을 뜻하는 것으로 위성 DMB와 지상파 DMB로 구분된다.
- 텔레매틱스(Telematics)는 통신(Telecommunication)과 정보과학(Informatics)의 개념을 합하여 만든 신조어로 목적지를 입력하면 가는 길과 도로 상태를 알려주는 차량 항법장치(Car Navigation)가 텔레매틱스의 시발점이었으며, 자동차에서 뉴스시청, 주식투자, 전자상거래, 금융거래 등이 가능하다.
- 센서는 유비쿼터스 공간을 구성하는 기초단위로 기초정보와 에너지의 상태나 현상을 물리·화학적, 생물학적 수단을 통해 계측하는 계측기 이다.
- 칩(Chip)은 매우 작은 반도체로 RF Tag와 함께 각종 사물에 내장시키거나 생체 칩 형태로 사람의 신체에 이식할 수 있으며 칩 하나에 하나의 시스템을 집적하여 집어넣는 SOC(System on Chip) 기술 등이 이용된다. 이밖에도

PC, TV, 냉장고, 에어컨 등의 가전제품과 정보통신기기를 하나의 네트워크로 연결하여 쌍방향 통신을 가능하게 하고, 원격 조종하며, 데이터를 주고받을 수 있는 홈 네트워크가 생활 속의 컴퓨팅(Pervasive Computing), 눈에 보이지 않는 컴퓨팅(Invisible Computing), 끊김이 없는 컴퓨팅(Seamless Computing) 등 여러 개념과 함께 사용되고 있다.

2) RFID

RFID란 유·무선통신 시스템을 이용한 데이터자동수집(Automatic Data Collection) 방식의 한 분야로 RF Tag와 RF Reader로 구성되어 사람, 자동차, 화물, 가축, … 등의 개체를 식별하는 정보를 저장시킨 후 유·무선통신 리더(Reader)를 통해 비접촉 방식으로 정보를 판독·수집하는 시스템이다.

RFID(Radio Frequency Identification) 기술은 70년대 미사일 탄도 추적을 위해 개발된 것을 시작으로 80년대에는 Tag의 크기가 작고, 가격이 싸지면서 여러 분야에서 각광받기 시작하였다. 90년대에는 무선기술의 발전, 초저가격 초고기능 Tag가 Card, Label, Coin 등의 다양한 형태로 개발 보급되었으며, 2000년대 들어서 무선인식 기술의 중요성과 함께 전자화폐, 물류관리, 보안시스템 등의 핵심기술로 발전되고 있으며 국방, 의료, 유통, 교통, 건설, 보안, 제조, 서비스, 행정 등 다양한 분야에서의 적용이 일반화되었다.

좁은 의미의 무선인식 기술 RFID는 차세대 바코드(Bar Code) 대체 기술이라 설명될 수 있으나 넓은 의미로 보면 물류(Logistic), 유통(Distribution), 공급망(Supply Chain), 교통, 환경 등 다양한 분야에 적용해야 할 대표적 차세대 핵심기술이다. RFID 기술은 사물에 전파를 매개로 하는 초소형 칩과 안테나를 Tag 형태로 부착하여, 안테나와 리더기를 통하여 사물 및 주변 환경정보를 무선전파로 네트워크에 전송하여 처리하는 비접촉형 자동식별 기술이다. RFID 기술은 응용별로 주파수 대역을 달리하여 여러 분야에 적용할 수 있는 범용성을 가지고 있으며 특별한 부작용 없이 기존 환경에 자연스럽게 적용시켜 활용할 수 있다. 또, RFID는 여러 개의 Tag를 동시에 인식할 수 있으며, 인식 속도가 매우 빠르고, 대용량 데이터용 Tag를 사용할 수 있고, 반영구적인 사용이 가능한 장점이 있다.

구 분	BAR 코드	자기 카드	IC 카드	RFID
인식방법	비접촉식	접촉식	접촉식	비접촉식
인식거리	0~50Cm	리더기에 삽입	리더기에 삽입	0~10m
인식속도	4초	4초	1초	0.01~0.1초
인식률	95%이하	99.9%	99.9%	99.99%
투과력	불가	불가	불가	가능(금속제외)
사용기간	-	약 1만회, 4년	좌동	약10만회
데이터저장	1~100byte	1~100byte	16~64Kbyte	16bit~2Kbyte
Data Write	불가	가능	가능	가능
카드 손실률	매우 잦음	잦음	잦음	거의 없음
Tag비용	매우 낮음	낮음	높음(약$10)	$0.5~$1
보안능력	거의 없음	거의 없음	복제 불가	복제 불가
재활용	불가	불가	가능	가능

일반적으로 RFID Tag는 전원이 필요 없는 수동형(Passive) Tag를 의미하며, 전원 또는 CPU를 필요로 하는 능동형(Active) Tag와는 구분되나 정보의 저장과 교환이라는 기능적인 입장에서는 동일하게 취급된다. RFID 리더가 RF 캐리어 신호를 RFID Tag에 송신한다. RFID Tag는 RF 수신된 신호를 진폭 또는 위상 변조하여 RFID Tag에 저장된 데이터를 캐리어 주파수 신호로 RFID 리더에게 되돌려 준다. 되돌려 받은 변조 신호는 리더에서 RFID Tag 정보가 해독되며 RFID 리더는 PC 또는 네트워크 등에 연결되어 운영되며, 1초에 수백 개의 RFID Tag의 데이터를 읽을 수 있고, Tag의 정보를 수정하거나 삭제할 수 있다.

향후 세상에 존재하는 모든 사물들은 각자 고유의 RFID를 갖게 될 것이며 이로 인해 자동식별이 가능해진다. 현재의 인터넷은 수많은 PC와 서버(Server)가 연결된 네트워크의 모습이지만 이 시간 이후에는 인터넷이 모든 사물들을 포함하는 네트워크로 확장되어 언제, 어디서나 모든 사물들 간의 실시간 통신이 가능해지므로 유비쿼터스 시대의 가장 핵심적 기술이다.

< RFID >

- 접촉면 또는 구분을 위한 조준선 불필요.
- 데이터의 고속판독.
- 유지보수(Maintenance) 불필요.
- 100%에 가까운 정밀성.
  - 동작환경의 유연성(먼지, 수증기, 진흙, 물, 기름 등).

< RF Tag >

- 계속된 재사용 가능.
  - 비접촉식이므로 리더의 오동작 없이 반영구적 사용.
- 인공지능 기능부여(스마트카드 등) 가능.
- 제품의 형태와 부착위치의 유연성.
  - 데이터의 위조·변조가 불가능한 완벽한 보안성.

3) 스마트폰

스마트폰(SmartPhone)은 개인용 휴대전화기에 펌웨어(Firmware) 형태의 OS(Operating System)를 탑재시켜 OS에 의해 제어되는 각종 애플리케이션(Application; 음성&영상통화, GPS, PDA, 학습기, 자료관리, 내비게이션, 카메라, MP3, AV 등등)과 유무선 네트워크를 통해 사용자들의 욕구를 충족시켜 주는 움직이는 컴퓨터 시스템이라 정의할 수 있다. 스마트폰은 폰 제조사, 유무선통신사, 스마트폰 관련 3rd Party 업체, 불특정다수의 일반인 즉, 언제 어디서 누구나 유료 또는 무료로 필요한 애플리케이션을 개발, 공급, 사용할 수 있다는 점이 가히 혁명적이라 할 수 있지만 아직은 많은 부분과 분야에서 표준화가 이루어지지 못하고 있으므로 좀 더 시간이 필요하다. 현재의 스마트폰에 탑재되는 OS의 형태가 폐쇄형인지 개방형인지에 따라 크게 두 가지로 구분된다. 폐쇄형은 스마트폰 개발업체가 OS의 소유권을 갖고 있으므로 라이선스와 로열티가 존재하며 개발업체에 종속적이다. 애플, 블랙베리, 윈도 모바일 등이 대표적이다. 개방형은 불특정 다수인들이 무료로 자유롭게 OS의 소스프로그램(Source Program)을 수정하거나 배포할 수 있어 자유롭고 로열티가 없으며 종속적이지 않다. 안드로이드, 심비안 등이 대표적이다.

3-1) 안드로이드

구글(Google)이 모바일 분야를 선점하고자 2005년 안드로이드(Android)를 인수한 후 2007년 11월 OHA(Open Mobile Alliance)를 설립하고 모바일용 리눅스(Linux) 기반의 OS를 개발하면서 시작되었다. 안드로이드는 무료 오픈소스프로그램(Open Source Program)이며 구글은 이를 기반으로 Nexus one을 출시하였으며 삼성전자, 모토로라, LG전자, 소니에릭슨 등 단말기 업체들과의 협력을 통해 2010년 2월의 경우 전 세계에 매일 약 6만 여대의 스마트폰이 생산되고 있다. Nexus one에 채택되었던 "실시간 바탕화면", "다섯 종류의 추가 초기화면", "썸네일(Thumbnail) 기반의 초기화면 내비게이션", "VTT(Voice-to-Text)에 의한 음성 입력", "쿨리리스(Cooliris)에 의한 3차원 포토 갤러리", "핀치 앤 줌(Pinch and Zoom)과 멀티터치(Multi Touch)" 등의 기능이 대표적이다. 안드로이드 OS의 최대 장점은 개방성과 다양성에 있으므로 여러 회사에서 기기가 출시되어 선택의 폭이 넓으며, 리얼 멀티태스킹과 무선 업데이트(Over The Air Update)가 가능하다는 장점이 있다. 또, 구글의 앱스토어인 구글 플레이는 스마트폰 어플 이외에 책과 영화를 추가로 판매하여 점차 디지털 콘텐츠 시장을 확대해 가고 있어 콘텐츠시장은 확대되고 있지만 애플에 앱스토어에 비해 질이 떨어지는 단점도 있다. 구글 플레이(마켓)은 사전 검열 없이 누구나 자유롭게 마켓에 등록할 수 있지만 악성코드 등에 대한 노출로 보안이 취약하며, 개발자에게는 비용 없이 개발툴, 관련 문서, OS 핵심 커널소스까지 공개하고 있다. 일반 PC에서 비용부담 없이 앱 개발 가능하고 OS의 커스터마이징이 자유로우나 기기마다 하드웨어 스펙이 천차만별이기 때문에 기기 간에 호환성이 낮으며 너무 잦은 버전 업으로 최신 OS 업데이트가 늦어지거나 불가능한 경우가 발생하기도 한다. 반면 신기술 적용이 빠르기 때문에 페이스언락, NFC, 무선충전, LTE 등 가장 먼저 상용화 되었다. 최근의 안드로이드 스마트폰은 5인치 이상의 큰 화면 스크린과 Full HD(1920×1080) 해상도의 화면이 이슈가 되고 있으며 스마트폰의 통화 기능과 태블릿 PC의 큰 화면이 합쳐진 기기를 패블릿이라고 부르기도 한다.

3-2) 아이폰

iPhone OS는 애플에 의해 Mac OS X를 기반(Os layer, Service layer, Media layer, Touch layer)으로 개발되었고 iPhone, iPad, iPod의 기본 OS로 사용되고 있다. 2007년 iPhone 출시 이후 2010년 3월까지 전 세계적으로 5천만대 이상의 판매 실적을 통해 스마트폰 시장을 이끌고 있으며 iTunes과 애플리케이션 마켓(Application Market)을 통해 독립적 시장을 구축하여 세계 최대의 콘텐츠와 애플리케이션을 확보(18만개 이상)하고 있다. "멀티태스킹(Multi Tasking)", "암호화 옵션을 통한 엔터프라이즈(Enterprise)", "새로운 전자우편", "모바일 광고를 위한 아이애드(iAd)", "블루투스 키보드", "게임센터" 등의 기능들이 특징이다. 소스 폐쇄 OS이므로 OS에 대한 직접적인 개발은 불가능하며, 운영체제 내부의 접근을 차단하고 샌드박스에서 앱이 구동되므로 보안 및 안정성이 높다는 장점이 있다. 애플기기 전용으로 개발된 OS이기 때문에 최적화가 잘되어 낮은 사양으로도 원활히 구동 가능하며, 안드로이드와 달리 앱스토어에서 사전 검열이 있기 때문에 원천적으로 바이러스나 악성코드가 포함되기 힘들어 안드로이드에 비해 보안성이 높은 편이다. 2012년의 경우만 약 65만개 이상의 방대한 앱을 보유한 앱스토어 iCloud 기능을 통해 기기 간의 다양한 정보 공유가 가능하며 앱 개발은 Mac 환경에서만 가능하다. 음성인식 서비스 시리(Siri)를 통해 음성명령 및 입력 가능하고 자연스러운 대화방식을 적용해 사람과 이야기하듯 사용할 수 있다. 대부분의 작업은 아이튠즈를 통해야 하는 인터페이스의 불편함이 있고, 배터리 교체가 불가능하며, 지원하는 동영상 코덱 수가 적고, 외장 메모리를 지원하지 않는다는 단점이 있다.

3-3) 마이크로소프트 윈도우 폰 7

Microsoft에 의한 Windows Mobile은 Win32 API를 기반으로 개발되어 스마트폰, 차량용 On Board Computer, 포터블 미디어기기 등에 다양하게 사용되고 있다. 사용자 인터페이스(User Interface) 기능의 대부분이 PC용 OS와 유사하여 PC 사용에 익숙한 사용자들에게는 편리한 반면, 모바일 디바이스의 한계로 인한 불편함이 있다. 기존 윈도우 폰 7 스마트폰은 싱글코어 프로세서만 지원했지만 윈도우 폰 8부터는 멀티코어 프로세서를 지원하며, microSD 메모리 확장도 가능해졌다. NFC를 통해 무선데이터 공유가 가능하고 디지털 지갑 기능이 지원된다. 하드웨어 암호화 기능을 운영체제와 데이터 파일을 포함한 전체 디바이스에 적용하고 있으며 UEFI(United Extensible Firmware Interface) 보안부팅 프로토콜을 지원한다. 샌드박스 앱 기능과 OTA(Over-the-Air) 방식의 무선 데이터 업데이트를 지원하며 윈도우8과 Windows Core 공유를 통해 앱 개발 시 윈도우8과 윈도우폰8의 앱을 동시에 개발할 수 있는 장점이 있다. 클라우드 서비스인 스카이드라이브를 통해 윈도우8, XBOX와 컨텐츠 공유 가능하고 마이크로소프트 오피스와 원노트가 내장되어 윈도우폰8로 오피스 문서 작성도 가능하다.

3-4) 블랙베리 6.0

캐나다의 스마트폰 제조업체 RIM(Research in Motion)에서 생산되는 스마트폰에 내장된 OS로 단말기와 OS가 동일한 업체이므로 안정적이고 속도가 빠르다는 평가를 받고 있다. 최근 RIM이라는 회사명을 버리고 자사 브랜드 이름인 블랙베리로 회사명을 변경하였으며 보안에는 iOS와 안드로이드 보다 안전하여 보안분야에서는 가장 탁월하다. 기존 버전에 비해 더 많은 API를 제공하고 있고, HTML5에 대한 지원이 강화되어 HTML5로도 앱 개발 가능하다는 장점이 있다. 최근 OS 라이선스 정책이 개방형으로 변경되었고 터치캐패드 및 풀터치 스크린이 지원되며 영상 통화와 다양한 컨텐츠 공유가 가능한 BBM(블랙베리 메신저) 기능도 추가되었다.

3-5) 노키아 심비안

유럽의 이동통신 장비 업체들이 컨소시엄을 구성해 개발한 모바일용 OS이다. 심비안은 사용자 인터페이스(User Interface)의 높은 적응성으로 다양한 Form Factor Device(키 또는 펜에 의한 입력기능 등)로 사용할 수 있다는 장점이 있다. OS의 형태는 폐쇄개방형 또는 개방폐쇄형이라고 볼 수 있으며 2008년 6월 비영리 기구(Symbian Foundation)를 설립 기존 노키아, 모토로라, 에릭슨, Fujitsu를 통합 라이선스가 없는 새로운 모바일 플랫폼의 공급을 발표한바 있다.

4) 계측과 제어

최근 들어 급속도로 발전하기 시작한 시설농업은 과거 토지중심의 농업생산의 틀에서 벗어나 공업생산과 같이 장치화, 자동화된 시설에서 농산물을 생산하는 새로운 형태의 농업이다. 따라서 이와 같은 시설농업이라는 새로운 시스템에 적용될 수 있는 기술체계가 필요하게 되었다. 이는 곧 우수한 품종 및 재배 기술의 개발, 기계화 기술과 더불어 공업생산에서 주로 발전한 자동화기술이 농업생산에도 적용됨을 의미한다. 우리나라에서는 1990년대 초반부터 유리온실의 보급, 축산업의 대규모 시설화 추진으로 시설 채소 및 화훼와 같은 고소득 농산물을 중심으로 각종 자동화 장치 및 제어 시설을 갖추고 고품질 농산물을 생산하고 있다. 이른바 '농업생산의 공업화'라고 할 수 있는 이 첨단 기술 집약적 농업방식에는 자동 계측 및 제어에 관한 기술이 그 핵심적 요소가 되고 있다. 사전적 의미로 다음과 같이 정의된다.

「통제하여 잘 다스리는 것」

「상대방을 누르고 자기의 의지대로 동작시키는 것」

제어는 우리의 주변에서 쉽게 찾아볼 수 있다. 수도꼭지 밑에 양동이를 놓고 물을 담는 경우를 생각해 보자. 수도꼭지를 틀면 양동이에 물이 차면서 수면이 점점 위로 올라온다. 정확히 필요한데까지 물을 채우기 위해서는 양동이의 수면을 보면서 적당한 위치에서 수도꼭지를 잠가야 한다. 수도꼭지가 완전히 잠기기 위해서는 몇 번 정도 돌려야 하기 때문에 수면이 목표한 곳에 가까이 오면 조금씩 꼭지를 잠가서 정확히 목표량에서 수면을 멈추게 하지 않으면 안 된다. 이것을 제어기술 용어로 표현하면 수도꼭지에 의해 양동이로 들어가는 물의 유량을 적당히 조절함으로써 양동이의 수위를 제어하게 된다고 할 수 있다. 자동차에서 액셀러레이터 페달과 브레이크 페달을 밟음으로써 자동차의 스피드를 제어하는 경우, 또 자동차의 핸들을 돌려서 진행 방향을 제어하는 경우, 에어컨으로 방안의 온도를 조절하는 경우 등 제어는 생활 주변에서 쉽게 관찰할 수 있다.

농업시설 제어에 있어서도 마찬가지이다. 온실에서 온풍기를 키거나 천・측창을 열어 온도를 제어하거나, 원수 및 양액 탱크의 수위를 제어하는 등 수많은 제어가 필요하다. 한편 기술 분야에서 제어라 하면 보통 자동제어를 가리키는데, 자동제어를 함으로써 단순하고 하찮은 작업에서 사람을 해방시킬 뿐 아니라 수동으로 하는 것보다 훨씬 정확한 제어가 가능하다. 또한 매우 정밀하고 세밀한 제어를 요구하는 분야에서는 자동제어가 아니면 그 분야에 반드시 필요한 기술을 개방할 수 없거나 특히 사람이 접근할 수 없는 위험한 환경에서 제어하여야 하는 경우 자동제어는 필수적이다. 제어시스템을 이해하기 위해서는 먼저 다음의 용어들을 숙지하여야 한다.

○ **제어 대상** : 온풍기로 온실의 온도를 자동적으로 조절하는 시스템에 있어서 제어 대상은 「온도를 제어하고 싶은 온실」 자체인데, 이를 제어 대상이라고 한다.

○ **제어량, 조작량·외란** : 다음으로 제어량과 조작량·외란(外亂, Disturbance or Noise)이라는 것이 있다. 이것은 「제어대상의 무엇을 제어하는가?」와 「무엇에 의해 그것을 변화시키는가?」에 관한 개념이다. 온실의 예에서는 온도가 제어량에 해당된다. 온실의 온도를 변화시키는 온실 피복을 통한 열의 출입, 천·측창을 통한 외기의 유입, 태양복사열, 온풍기의 발열 등이 있는데, 이들 가운데는 의지대로 바꿀 수 있는 것과 그렇지 못한 것이 있다. 온풍기의 발열과 같이 제어량에 영향을 주는 것 중 제어의 목적 달성을 위해 우리들이 이용하는 것을 조작량이라 하고, 제어량의 변화를 일으킬 수 있는 신호들 중에 기준 입력 신호 이외의 것(Noise)을 의미하는 것으로 사람의 힘이 미치지는 못하지만 제어량을 변화시키는 원인을 외란이라고 한다.

○ **액추에이터** : 제어량을 제어하기 위해 인위적으로 제어 대상에 가하는 것이 조작량이라고 하였다. 조작량을 변화시킬 수 있는 구조가 필요한데, 이것을 액추에이터라고 한다. 양동이에 물을 채울 경우 액추에이터는 수도꼭지이며 온실의 제어에 있어서는 온풍기가 액추에이터가 된다.

○ **제어 신호** : 액추에이터에는 제어의 목적대로 조작량을 변화시키기 위한 신호를 가해야 되는데, 이것을 제어 신호라 한다. 즉 액추에이터는 제어 신호를 받아서 조작량을 가감하는 것이다. 수도꼭지는 유량을 가감하기 위한 액추에이터이지만, 유량은 수도꼭지의 핸들을 어느 정도 돌리는가에 따라 결정된

다. 이 수도꼭지의 각도를 얼마로 하느냐의 지령이 제어 신호이다.

○ **컨트롤러** : 제어 신호를 주는 것을 컨트롤러라고 부른다. 이 컨트롤러는 제어 시스템에서 두뇌 역할을 한다고 보면 되는데 제어량에 대한 요구를 받았을 때 그것을 달성하기 위해 어떤 조작량을 가해야 하는가, 또한 이처럼 조작량을 발생하는 데는 어떤 제어 신호를 액추에이터에 주어야 하는가를 생각하여 필요한 제어 신호를 만들어낸다. 간단한 제어의 경우는 온도 컨트롤러와 같은 단위 컨트롤러를 사용하기도 하지만 더욱 복잡한 제어를 위해서 마이크로컴퓨터와 같은 컴퓨터를 컨트롤러로 사용하게 된다. 컨트롤러가 제어 목적을 달성하기 위해서는 제어 대상의 특성과 액추에이터의 특성, 또 목표 값과 시시각각 변하는 제어량(온실의 경우 현재온도)을 알고 있어야 한다. 컨트롤러의 역할은 "제어 대상과 액추에이터에 대한 지식을 바탕으로 요구된 방법으로써 제어량을 주어진 목표 값에 일치시키기 위한 제어 신호를 결정하여 액추에이터에 전달하는 것"으로 규정된다.

<피드백 제어와 피드포워드 제어>

제어량을 목표 값에 일치시키는 것 즉, 편차를 Zero(0)로 맞추기 위해서는 현재의 편차 크기를 측정하여야 한다. 제어량을 측정하는 장치를 센서라 한다. 이같이 제어량을 측정하여 제어 신호를 결정하는 제어시스템의 구성을 피드백 제어라고 하고 다음 그림과 같이 표현할 수 있으며 닫힌 루프 제어시스템이라고 한다.

- 피드백 제어시스템의 구성 -

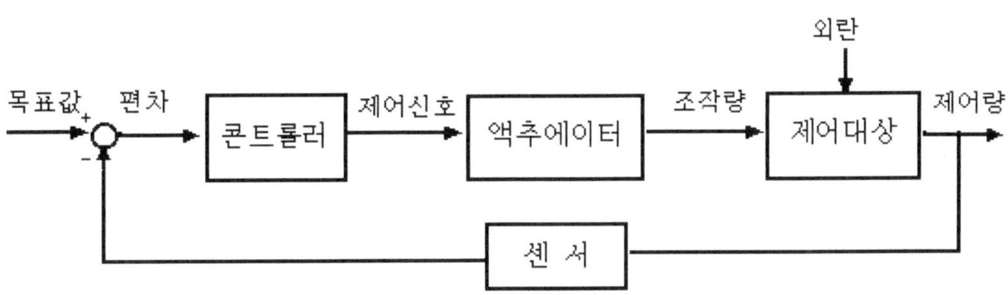

양동이 문제와 같이 외란이 없다고 가정할 수 있는 경우는 제어량을 측정하지 않아도 목적을 달성할 수 있는데, 목표한 깊이까지 정확히 물을 채우기 위해서 수도꼭지의 조작 방법을 미리 계산해 두고 그렇게 제어 신호를 보내면 수위(水位)는 계산대로 변화할 것이다. 이런 형태의 제어시스템은 피드포워드 제어라 하고 열린 루프 제어시스템이라고도 한다.

- 피드포워드 제어 시스템의 구성 -

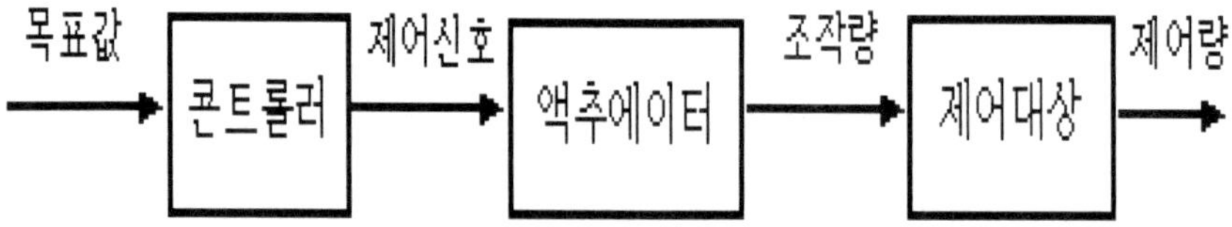

피드포워드 제어는 외란이 있는 경우는 제어량이 예정했던 대로 변화할 수 없으나 피드백 제어는 항상 편차를 감시하면서 이것을 없애도록 제어신호를 만들어 가기 때문에 외란으로 제어량이 변화되어도 편차를 Zero로 할 수 있다.

<서보 메커니즘과 프로세스 제어>

서보(Serbo) 메커니즘이란 제어 대상의 공간적 위치, 방향 혹은 자세 등을 제어하는 피드백 제어시스템이다. 산업용 로봇의 팔(Arm) 각도와 어떤 특정 위치로 움직이는 것을 연상하면 되는데, 서보 메커니즘에서는 액추에이터로 물질을 움직이기 위하여 전기모터를 사용하며 이를 서보모터라고 하기도 한다. 농업분야에서도 최근 활발히 연구되고 있는 자동 접목기, 사과 수확 로봇 등은 서보 메커니즘을 사용한 것이다. 제어시스템은 다른 형태의 하나로 프로세스 제어시스템이 있는데, 그 특성이 서보 메커니즘과는 다소 상이하다. 프로세스 제어시스템은 화학공업, 식품공업, 석유화학 등의 장치산업에서 발전되었는데, 이것은 A장치에서 B장치로 C장치로 물질이 장치 내를 이동하면서 생산되는 형태의 제어시스템이다. 이같이 제어시스템은 제어 환경과 조건에 따라 매우 다양하게 적용될 수 있으나, 여기에서는 프로세스 제어방식의 표준인 비례미분적분 제어(PID)에 대해서만 간단히 언급하고자 한다. PID 제어는 온실의 온도 제어와 같이 농업시설의 환경 제어에서도 쉽게 접할 수 있는 용어이다. 서보 메커니즘과 달리 프로세스(Process) 제어시스템의 경우는 비례 제어(P동작)를 하게 되면 제어량이 일정 수준을 유지하는 정상 상태에서 편차가 Zero에 맞지 않고 남게 되는 현상이 발생되게 하는 제어이고, 적분 제어(I동작)는 입력의 적분, 즉 시간적으로 적산한 것을 출력으로 나오게 하여 입력 쪽 편차가 Zero가 아닌 이상, 이것을 적분된 값의 제어 신호가 계속 증가하여 제어량을 목표 값에 가깝도록 하는 작용을 하게 됨에 따라 정상 편차를 없앨 수 있게 하는 제어이며, 미분동작(D동작)은 시스템에서 출력은 입력의 변화속도에 비례하여 입력의 변화가 빠르면 빠른 만큼 큰 출력이 나오게 함으로써 편차가 변동하고 있을 때 그 빠른 변화에 대응하도록 개선하는 작용을 하도록 제어하는 방법이다. I동작이나 D동작은 단독으로는 사용되지 않고 P동작과 조합하여 PI, PD 또는 PID 제어로 사용된다. 이들 방법 중 가장 정밀한 제어 방식은 PID 제어이나 일반적으로 온실의 환경 변화와 같은 속도가 느린 제어기에서는 PI 제어 정도로도 충분하다.

5) 계측 센서

센서를 이용한 계측 기술은 고도의 첨단 기술 중 하나이다. 우리나라의 컴퓨터 및 전기, 전자 기술은 매우 발전되어 있으나 기초과학을 기반으로 한 센서 기술은 매우 낙후되어 있어 대부분의 센서를 외국에서 수입하여 쓰고 있는 실정이다. 농업용 센서에는 여러 가지 종류가 있으나 크게 나누어 농업 환경 계측을 위한 센서, 작물 또는 가축의 생체 계측을 위한 센서, 자동기계 및 제어기의 동작을 측정하는 센서 등으로 나눌 수 있고 또, 탄산가스, 암모니아 등의 가스 농도 측정, pH, EC, DO와 같은 양액의 측정 등을 위한 여러 종류의 센서들이 사용되고 있다.

5-1) 기온의 계측

○ **열전쌍(Thermocouple)** : 서로 다른 종류의 금속 A, B 양접합점의 온도차

에 의한 기전력(전압) 발생을 이용하여 온도를 측정한다.

○ **측온저항체** : 측온저항체 방식을 온도 제어기에 연결하여 온실의 온도 제어시스템을 구성하는 예를 흔히 볼 수 있는데, 측온저항체로는 pt-100Ω을 많이 사용한다.

○ **서미스터** : 에어컨이나 난방기 같은 가전제품에 많이 사용하며 온도 증가에 의하여 저항 값이 감소하는 소자의 특성을 이용한 방식이다.

○ **IC형 반도체 센서** : 가격이 저렴하고, 감도가 좋으며, 직선 출력을 얻을 수 있다. 주로 상온 측정에 사용된다. 대표적 IC 반도체 센서로 Analog Device사에서 생산하는 LM35가 있다.

5-2) 습도의 계측

○ **건습구 온도계에 의한 습도 계측** : 건습구 온도계는 2개의 온도계를 사용하여 습도를 계산한다. 한 개의 감온부는 건구 상태로 다른 한 개의 감온부는 가제나 솜, 창호지 등으로 감싸고 물로 적셔서 습구 상태로 만들어 측정한다. 상대습도(RH)는 Ea/Es×100으로 구할 수 있는데, Ea 및 Es는 각각 현재 수증기압과 현재 기온의 포화 수증기압을 나타낸다.

Ta와 Td가 각각 건, 습구의 온도일 때 Ea와 Es는 다음과 같이 구할 수 있다.

$$Es = 610.7 \times EXP\ (17.4 \times Ta\ /\ (239+Ta))$$

$$Ea = 610.7 \times EXP\ (17.4 \times Td\ /\ (239+Td))$$

○ **고분자형 습도 센서에 의한 계측** : 건습구 온도계를 이용하는 방식 외에 가습기, 실내용 습도계 등 가전제품에 쓰이는 고분자형 습도 센서는 건습구 온도계와 달리 장치가 간편하고 계산이 필요 없으므로 많이 사용된다. 그 이외에도 세라믹형, 전해식 습도 센서 등이 있다.

5-3) 광의 계측

태양 복사에너지의 거의 모든 범위(290~3,000 Nm)의 전자파 에너지의 양을 측정하는 계기를 보통 일사계(Solar Radiometer)라고 한다.

일사계의 원리는 수광부에 검은색과 흰색을 칠해 놓고 온도차에 의해 발생하는 열전쌍의 기전력을 이용하여 일사량을 측정하는 방식과 포토다이오드 같은 광센서를 수광부에 사용하여 광의 세기를 전기량으로 변환하는 두 가지 방식이 있다. 그 이외에 광합성 유효 파장대만을 검출하는 PAR 센서와 조도 센서도 사용된다.

5-4) 풍속과 풍향의 계측

풍속은 컵이나 프로펠러의 회전을 이용하여 측정한다. 회전수는 전기펄스로 변환되어 펄스를 카운팅하여 속도를 구한다. 풍향은 풍향계 날개의 회전축에 포텐셔미터 또는 셀신모터를 직접 연결하여 전기적으로 측정하는 것이 일반적이다.

6) 계측 시스템

이상에서 살펴본 바와 같이 센서는 단지 계측하고자 하는 물리량을 전기적 신호로 바꾸어주는 역할만을 하는 소자를 말하며 이런 센서로부터 값을 읽어서 컴퓨터에서 활용하기 위해서는 별도의 과정이 필요하다. 즉, 실험실이나 공장에서 하중, 압력, 온도, 습도, 속도, 가속도, 변위(길이), 토크 등 아날로그 물리량을 측정하여 그 값을 얻어 분석을 하거나, 그 값을 기준으로 다른 제어를 하고자 한다고 할 때, 이 아날로그 값인 물리량을 디지털 값으로 변환하여 컴퓨터로 받아 들여야 하며 이러한 과정이 자료수집(Data Acquisition)이다. 농업생산시설에 있어 환경의 자동제어를 위한 온실의 기온, 습도, 광량, 탄산가스 등의 계측, 축사의 환경 계측의 계측 과정도 이와 같은 자료수집 시스템과 동일한 것으로 이해할 수 있다.

6-1) 센서 출력신호 처리

어떤 물리량을 측정할 것인가가 정해지면 해당 센서를 정확히 찾아 사용해야 한다. 센서에서 나오는 출력 값은 전압, 전류 등 여러 형태가 있는데 일반적으로 4~20mA 전류 출력을 많이 사용하지만, 전압으로 출력되는 경우도 있으며 그 범위도 다양하다. 또한 센서로부터 출력되는 신호가 수 mV의 미약한 전압일 경우 '시그널 컨디셔너(Signal Conditioner)'라는 별도의 회로를 사용하여 증폭해 주어야 하는 경우도 있으며 대부분 센서 소자는 시그널 컨디셔닝을 위한 회로와 일체형으로 되어 있거나 별도의 전송기와 같이 사용할 수 있도록 구성되어 있다.

6-2) A/D 변환

A/D는 Analog to Digital의 약자로 아날로그 물리량을 컴퓨터에서 인식할 수 있는 디지털 값으로 변환하는 기술을 말한다. A/D 변환은 A/D 컨버터라고 부르는 IC를 사용하면 되는데, 분해능에 따라 8Bit, 10Bit, 12Bit 등이 있으며, 읽은 값의 출력 방식에 따라 직렬 및 병렬 방식이 있다. 예를 들어 0~5V의 입력을 받을 수 있는 A/D 컨버터에 전체 범위의 절반인 2.5V의 전압을 입력했다고 가정하자. 입력된 2.5V의 신호는 아날로그 값이며 이 2.5V의 아날로그 값을 12Bit의 분해능을 갖는 A/D Converter로 읽었다면 그 값은 A/D 컨버터의 최대 범위인 2의 12승인 4,096의 절반인 2,048값을 갖게 된다. 2,048이란 디지털 값을 센서의 실제 값으로 환산하여, 컴퓨터 화면상에 표시하여 주면 그 값을 읽을 수 있는 것이다. 이와 같이 직독이 불가능한 자연현상 값을 직독할 수 있도록 변환하는데 필요한 과정이 A/D 변환이라고 할 수 있다. 결국 센서로부터 출력된 값은 A/D 컨버터에서 읽을 수 있는 범위로 시그널 컨디셔닝 과정을 통하여 입력되고 A/D 변환되어 컴퓨터의 디지털 값으로 읽혀지게 되는 것이다. 이와 같이 컴퓨터를 기반으로 측정 항목의 종류, 출력 범위, 전압 전류 등 센서 출력형태에 관계없이 자료수집 시스템을 구축할 수 있다.

6-3) 마이크로컴퓨터(Micro Computer)

앞에서 제어에 컴퓨터가 많이 사용되고 있다고 하였으며 컴퓨터에 센서로부터의 출력신호를 입력하기 위한 자료수집과 A/D 변환의 과정을 설명하였다. 이와 같은 계측 제어에 사용되는 컴퓨터는 일반적 PC보다는 가격이 저렴하고 소형이면서 계측제어 목적에 적합하도록 전용으로 개발된 마이크로프로세서(최근 제어 기능을 포함하고 있어 마이크로 컨트롤러라고 하기도 한다.)를 사용한다. 마이크로컴퓨터의 두뇌에 해당하는 마이크로프로세서는 여러 종류가 있는데, 특징적으로 하나의 IC 칩에 A/D 컨버터, 통신기능 등이 기본적으로 내장되어 있는 것도 있다. 현재 널리 사용되고 있는 마이크로프로세서로는 펜티엄과 같은 개인용 PC의 CPU로 유명한 인텔사의 8051, 80196, 자일로그의 Z80계열인 Z180 등이 있으며, 최근 원칩 마이크로프로세서인 PIC도 많이 이용되고 있다. 마이콤의 경우도 개인용 컴퓨터와 마찬가지로 프로그램을 하여 동작시키는데, 마이크로프로세서 내부에 메모리와 큰 용량이 요구될 경우, 외부에 메모리 IC를 연결하여 사용한다. SRAM(백업배터리 부착), Flash Memory, EEPROM 등의 메모리들은 전원이 차단되어도 자료가 삭제되지 않도록 하여 준다. 전자수첩에 전지를 교환할 때 메모리 된 내용이 삭제되지 않는 이유도 Flash Memory를 사용하였기 때문이다. 마이크로프로세서를 사용하여 구성한 마이크로컴퓨터는 A/D 컨버터, 직렬 통신기능, 충분한 입·출력을 위한(센서 및 액추에이터 연결) I/O Port, Watch Dog 기능 등을 갖추어야 한다. Watch Dog 기능이란 어떤 요인에 의해서 마이크로컴퓨터가 동작을 멈추었을 때 이를 감시하고 있다가 리셋(Reset)을 시켜주는 기능으로 제어 실패 확률을 방지하기 위해 매우 중요하며 반드시 필요한 기능이다. 마이콤에 내장되는 프로그램은 과거에는 어셈블러(Assembler)를 사용하여 작성하였는데 이것은 기계어와 일대일로 대응되는 기계어(Machine Language)로 매우 작성하기 어렵고 복잡하다. 그러나 최근에는 마이컴도 개인용 PC에서 사용하는 고급언어로 사용할 수 있게 컴파일러가 많이 개발되었으며, 대부분 C Language를 사용하여 프로그램을 작성하고 있다. 그러나 매우 중요하고 복잡 다양한 결과를 요구하는 고성능 제어시스템의 경우는 어셈블러를 이용하여 작성하는 것이 오류 방지와 코드의 최적화를 위하여 유리하다.

컴퓨터를 기반으로 한 계측 및 자동화 분야에서 소프트웨어는 매우 중요한 요소 중에 하나이다. 이들 소프트웨어는 PC에 내장된 자료 수집용 보드 또는 외부의 마이크로컴퓨터로부터 통신 포트를 통하여 계측 정보를 읽어 들여 화면에 출력하여 주며, 사용자로부터 제어 및 설정 값 등을 입력 받아 제어를 할 수 있도록 하여 주는 인터페이스 역할을 하게 된다. 궁극적으로 계측이나 제어가 컴퓨터와 연계되어 수행되는 경우가 많으므로 컴퓨터의 소프트웨어가 항상 따라 다니게 된다. 계측 및 제어를 위한 소프트웨어의 개발에는 Visual Basic, Visual C++, Delphi 등 일반적인 프로그램 개발 툴을 이용하기도 하지만 계측제어 전용으로 개발할 수 있는 프로그램 개발 툴로 개발된 경우도 많다. 이와 같이 개발된 컴퓨터 소프트웨어를 사용함으로써 현장에서 계측한 자료를 통신으로 전송받아 컴퓨터에 데이터베이스화하여 효과적으로 활용할 수 있다.

제4장

컴퓨터의 구성과 OS

1. 컴퓨터의 주요장치

1) 중앙처리장치(Central Processing Unit)

CPU(Central Processing Unit; 중앙처리장치)는 사람으로 치면 두뇌에 해당하는 것으로 정보처리기기 내의 제어기능(Control Unit)과 논리연산기능(Aarithmetic Logical Unit)을 담당하며 ALU(Arithmetic and Logic Unit)라고도 한다. 사람이 생각하고 행동하고 움직이는 것과 같이 컴퓨터에도 사람의 뇌와 같은 역할을 하는 장치가 바로 중앙처리장치이며 컴퓨터의 성능을 우선적으로 결정하는 매우 중요한 핵심장치이다. 개인용 컴퓨터(PC)의 경우 중앙처리장치로 사용되는 마이크로프로세서(Micro Processor)를 의미하며 컴퓨터 내부에서 필요한 모든 작업을 직접 수행하는 장치로 명령어의 구조에 따라 RISC(Reduced Instruction Set Computer)와 CISC(Complexed Instruction Set Computer)로 구분된다. Intel과 AMD에서 주로 생산·판매되고 있다. 논리연산장치는 각종 덧셈을 수행하는 가산기(Adder)와 연산 시 작업장으로 활용되는 각종 Register와 누산기(Accumulator) 등으로 구성되어 있고 제어장치는 프로그램의 실행 순서를 조정하는 Program Counter, 수행될 명령어를 기억하는 Instruction Register, Instruction Register 속의 명령어를 해석하고 각각의 실행 장치에 동작신호를 발생시키는 명령해독기(Instruction Decoder) 등으로 이루어져 있고, CPU가 내·외부적으로 데이터와 제어신호를 송·수신할 수 있도록 하는 통로인 버스(BUS)에 의해 컴퓨터의 모든 장치들이 CPU와 연결되어 있다. 버스의 비트수(프로세서의 레지스터의 비트수) 8bit, 16bit, 32bit, 64bit 등으로 구분된다.

데이터와 명령어를 처리하는 CPU의 속도(Hz)는 클록(Clock)과 캐시메모리(Cache Memory)의 성능으로 평가되는데 클록은 CPU가 동작을 위해 필요한 동기신호의 초당 발생수로 이는 초당 반복되는 동기신호 발생 주파수를 의미하며 데이터 처리를 위한 신호로 사용된다. 하나의 클록에 처리할 수 있는 명령어의 수가 많을수록, 또 작동하는 클록 주파수가 높고 이에 따라 캐시가 연동하며 적중률(Hit Rate)이 높을수록 고성능 CPU라 한다.

1-1) 구성요소

○ Cache Memory

CPU(중앙처리장치)가 명령어(Instruction)를 실행하는 속도는 메모리 사이클 타임(Fetch, Indirect, Execution, Interrupt)으로 인해 정보처리기기 전체의 성능과 처리속도에 영향을 미치게 되는데, 이는 프로세서와 주기억장치의 처리속도 차이 때문에 발생되는 문제이다. 정보처리기기들에서 사용되는 많은 프로그램들의 동작 시 명령어 처리시간 동안 메모리가 참조되는 동작은 메모리 내 어떤 특정한 위치에서 국한되고 작은 영역에서만 발생되는 메모리 참조의 지역성(Locality Of Reference) 현상이 발생한다. 이러한 현상에 대한 이해로, 일반적인 프로그램에서 루프(Loop), 서브루틴(Subroutine) 등이 순차적으로 진행되는 경우가 대부분이라는 사실을 들 수 있다. 이 문제를 해결하기 위해 자주 참조되는 프로그램, 데이터의 프로세서와 처리속도가 같거나 거의 근사치에 가까운 메모리를 프로세서와 메모리 사이에 존재시켜 메모리 사이클 타임(Fetch, Indirect, Execution, Interrupt)을 감소시키자는 논리가 캐시 메모리(Cache Memory)의 사용이며 이 같은 이론을 디스크(Disk)에 적용한 것이 디스크캐시(Disk Cache)이다. 캐시의 기본 이론은 프로세서(CPU)가 메모리 액세스를 하려할 때 먼저 캐시메모리를 조사하여 필요한 데이터가 캐시메모리에서 발견되면 읽고, 없으면 메인 메모리에 접근하여 필요한 데이터와 그 주변 데이터의 일정량(Page)을 캐시로 읽어 와 작업을 계속한다. 캐시의 성능은 데이터 검색 적중률(Hit Ratio)로 측정되는데 프로세서가 메모리를 참조할 때 캐시 내에 존재하면 적중(Hit), 캐시에 없어 메모리에서 가져와야 할 때는 실패(Miss)라 하며, 적중률은 적중된 수를 프로세서에 의한 메모리 참조의 총 수로 나눈 값이며, 보통 0.9 이상의 값을 갖고 있으므로 메모리 참조의 국한성이 증명된다. 주로 정적 램이라 불리는 SRAM(Static Random Access Memory)은 플립플롭(Flip-Flop) 방식의 임의 접근 기억장치로 전원 공급이 계속되는 동안 저장된 내용이 계속 기억되고 있으므로 재생(Refresh)을 위한 재생시간(Refresh Clock)이 필요 없고 DRAM에 비해 속도가 매우 빠르고 bit 당 전력소모가 낮은 반면 가격이 비싸다.

○ **제어장치**

제어장치(Control Unit)는 주기억장치(Main Memory)에 들어있는 명령(Instruction)을 해석하여 제어신호로 변환한 뒤 해당 장치들에게 전달해 주는 역할을 담당한다. 즉, 정보처리기기에 입출력 장치의 번지(Address) 지정, 연산에 필요한 연산 회로 지정, 각 장치들의 동작 에너지인 신호(Plus) 발생 등의 역할이다. 제어장치에 의한 동작신호(Clock Plus)는 수정 발진자에 의해 CPU 자체에서 지속적으로 계속 발생되는 신호로 계수기(Control Counter)에 의해 이루어지고 명령어의 해석을 통해 명령어 레지스터(Instruction Register)에 의해 발생되는 신호로 구분된다.

○ **수정 발진기(Crystal Oscillator)**

수정(水晶)판의 압전 효과를 이용한 발진 회로를 구성하여 일정한 주파수(일정한 크기의 전류나 전압 또는 전계와 자계의 진동(Oscillation)과 같은 주기적 현상이 단위 시간동안 반복되는 횟수)를 생성하는 기기이다. 최근 우리가 상용하고 있는 수정시계(水晶時計; Crystal Clock)의 경우 주파수 발진기가 고유 진동수로 10000번 진동할 때 마다 1초로 간주하기로 약속한다면 이를 회로로 구성하여 시계로 이용할 수 있다.

○ **전원 공급 장치(Power Supply unit)**

각종 정보통신기기가 동작할 수 있도록 전기를 공급해 주는 장치로 정해진 규격의 교류(AC; Alternating Current) 전기를 낮은 전압의 직류(DC; Direct Current) 전기로 변환시켜 준다. 직류는 전압이 일정하게 유지되고 전류의 방향이 한 방향으로 일정한 반면 교류는 전압이 사인곡선(Sine Curve)의 형태로 전류의 방향(+와 -)이 60번(유럽 등의 경우 50번) 바뀐다. 얼른 쉽게 구분하면 교류는 가정에서 사용하는 벽 전원과 같은 것이고 직류는 건전지이다. 발전소에서 생산된 교류 전기는 전력선에 의해 송전소와 변전소를 거쳐 각 가정의 콘센트에 연결된다. 직류 전원장치는 전류를 한쪽 방향으로 흐르게 해주는 다이오드(Diode)와 일정한 전압을 유지하도록 축전지인 콘덴서(Condenser)에 전기를 일단 저장하였다가 방출하여 보내주는 방법을 사용하므로 직류 전기로 만들 수 있다.

○ **명령 레지스터(Instruction Register)**

실행 중 1개의 명령에 해당되는 주기억장치 내 주소(Address)를 보관하는 레지스터로 명령어(Instruction) 영역과 주소(Address) 영역으로 구분한다. 명령어 영역은 실행될 명령코드(Instruction Code)가 명령 해석기로 보내져 해석되고, 주소 영역은 주소 해석기로 보내져 명령어가 필요한 데이터의 위치를 알려준다. 명령 레지스터는 1개의 명령을 수용한다.

○ **프로그램 계수기(Program Counter)**

순차제어 계수기라고도 하며 하나의 명령이 수행된 후에 다음에 실행할 명령의 주소(Address)를 기억하는 레지스터이다. 제어 계수기는 주기억장치 내 하나의 명령이 실행될 때마다 자동적으로 실행 주소가 하나씩 증가하여 다음에 수행될 명령 주소를 기억한다.

○ **명령 해석기(Instruction Decoder)**

명령어 해석기는 AND 회로들의 집합으로 구성되어 있으며, 명령 레지스터의 동작부에서 보내진 명령을 해석 부호기에 신호를 보내는 장치이다.

○ **번지 해석기(Address Decoder)**

명령 레지스터의 번지부의 주소를 해석하여 해석된 번지 위에 기억된 내용으로 데이터 레지스터를 호출하는데 필요한 신호를 보내는 장치이다.

○ **부호기(Encoder)**

명령어 해석기에서 전송되어 온 명령을 실행하기 위해 실행 신호로 변환하여 각 장치로 전송하는 OR 회로의 집합체이다.

○ **MAR와 MBR**

MAR(Memory Address Register)와 MBR(Memory Buffer Register)은 기억장치부에 접속되어 있는 레지스터이다. 후자인 MBR은 기억장치로부터 읽혀진 자료 또는 기억장치에 기록될 데이터를 임시로 저장하고 있는 레지스터이고, MAR은 접근하여야 하는 주기억장치의 주소 기억.

- 중앙처리장치의 주요 구성 요소 -

구 성 요 소	기 능
레지스터(Register)	논리연산 장치 내 존재, 명령어와 데이터를 임시 기억시키는 고속기억회로
계수기(Counter)	명령 또는 제어 파라미터(Parameter)의 저장과 값 제공
가산기(Adder)	논리연산 장치의 연산회로(보수에 의해 뺄셈 회로는 없음)
Encoder/Decoder	명령(Instruction)의 의미(Encode)와 분석(Decode) 실행 회로
Internal Clock	초당 수백~수천억의 펄스(Pulse)를 발생시키는 주파수 발진기, 수정발진자
버퍼(Buffer)	어떤 처리과정에 명령어나 데이터에 대한 시간지연용 기억장치
I/O Interface와 Port	명령어와 데이터의 송·수신을 위한 모든 장치의 입출력 게이트(Gate)
BUS	CPU 등에서 다양한 장치들의 연결, 데이터와 명령의 송·수신 통로
Cache Memory	Main Memory와 Processor 사이에 존재하는 고성능 기억장치

1-2) CPU의 종류와 특성

현재 우리가 사용하는 PC에서 사용되는 CPU는 대부분 인텔사 제품이며, 인텔은 1980년에 발표한 최초 PC(IBM계열)에서 현재의 펜티엄에 이르기까지 수많은 CPU를 개발하고 또 생산, 공급해 왔다. 인텔사의 CPU는 i8088, i80286, i80386, i80486, Pentium 등이 대표적이다. 인텔은 80286, 80386, 80486 등으로 불리던 칩 표시 방식을 586에 이르러 다른 회사들과의 칩 표시 방식에 대한 분쟁과 이로 인한 소송 결과 패소로 인해 새로운 고유명사를 만들었으며 이로 인해 펜티엄이 탄생되었다. 펜티엄은 슈퍼스칼라(Super Scalar : 한 클록 동안에 한 개 이상의 명령어 처리를 할 수 있도록 하는 것)와 시스템 버스(Bus) 스피드를 더욱 향상시켰고 또 동적 분기와 예측(Dynamic Branch Prediction) 등의 병렬 처리 기술과 뛰어난 부동 소수점 연산, 플러그엔 플레이를 지원하는 시스템 관리 기능, 파이프라인, 내부 캐시를 이용한 명령어 처리 등으로 이전 486세대의 CPU와 비교하여 그 성능이 월등히 향상되어 크게 구별되는 CPU의 성능이다. CPU를 만드는 회사는 인텔 외에도 여러 회사가 있으며 그 대표적인 회사가 모토롤라(Motorola)이다. 모토롤라는 MC68XX 계열의 CPU로 이미 IBM PC가 나오기 전에 APPLE이라는 컴퓨터의 CPU를 공급하였으며 뒤이어 애플과 함께 매킨토시 컴퓨터를 생산해 왔다. 또 인텔과 호환되는 CPU를 만드는 회사도 여러 곳이 있는데, 그 중에서 잘 알려진 회사들로 AMD, IBM, Cyrix 등이 있다. 현재의 CPU 시장은 인텔, AMD, 사이릭스로 3분화되는 현상을 보이고 있으며, 고가의 웍스테이션/퍼포먼스 레벨 데스크톱 시스템에는 인텔의 펜티엄III, IV CPU들이, 그리고 중저가형 시스템에는 AMD의 Duron, 저가형 로우 프로파일 시스템은 Cyrix의 CPU들이 사용되고 있다. AMD의 경우 인텔의 제품과 가격대 성능비 면에서 거의 차이가 없으며 전 세계 펜티엄 시장 내에서 많은 부분을 차지하고 있다. 또 IBM과 Cyrix의 경우 가격대 성능비 면에서는 인텔보다 떨어지지만 중저가형의 컴퓨터 시장에서 많이 사용되고 있다.

4004(4bit, 71) : 1968년 미국의 실리콘 밸리에서 창립된 인텔이 1971년 개발한 세계 최초의 Microprocessor로 일본의 비지컴(Busicom)과 함께 새로운 전자계산기 개발을 위해 2,250개의 트랜지스터를 집적(集積; Integrated)시킨 4bit Data Bus, 12bit Address Bus로 구성되었으며 인류역사에 새로운 장을 여는 계기가 되었다. 1972년 4040이 발표되었다.

8008(8bit, 72) : 3,300개 트랜지스터, 300KHz, 8bit Data Bus, 14Bit Address Bus로 구성, 1975년 4,500개의 트랜지스터로 구성되어 스타트랙(Star Trek; 미국의 공상과학 엔터테인먼트)의 엔터프라이즈(Enterprise)호의 기착지 이름으로 명명된 세계 최초의 PC 앨타이어(Altair)에 장착되었으며 뒤이어 8080A-1, 2로 발전되었다.

8086(8bit, 78) : 세계 최초의 PC Processor로 1MB의 Main Memory, 4.77MHz로 구성되었으며 8086A, 8086AH, 8086AH-2, 8086AH-1, 80C86A, 80C86A-2, 80C86A-1로 발전되었고 속도도 12MHz까지 향상되었다. IBM PC에 장착되었고 1979년에 8088(XT; Extended Technology; clock speed를 조정하여 16bit 프로세서의 효과)로 발전되어 16bit 프로세서 시대를 준비하였고 이로 인해 인텔은 미국의 포춘(Fortune)지가 선정한 세계 500대 기업에 포함되게 되었다.

80286(16bit, 82) : AT(Advanced Technology)이라 통칭되어 286이라 불리었

으며, 16bit Data Bus, 16M Main Memory, 24Bit Address Bus, 20MHz로 구성되었으며 이를 장착한 IBM AT PC가 전 세계에 1,500만대 판매되었다.

80386(32bit, 85) : 275,000개의 트랜지스터, 32bit 연산, 33MHz.

80486(32bit, 89) : 120만개 트랜지스터, 50MHz, RISC(Reduced Instruction set Computer) 프로세서.

Pentium(93) : 586, 75MHz~200MHz, Cache 확장, 부동소수점(Floating Point)연산, 플러그앤플레이(Plug and Play), 수퍼스칼라(Super Scalar), 파이프라인(Pipeline), 분기예측 (Branch Prediction), 동적실행(Dynamic Execution).

Intel Processor의 성능

<table>
<tr><th>구 분</th><th>Processor</th><th>Transfer (GT/S)</th><th>Cache L3 (MB)</th><th>Clock (GHz)</th><th>Power (W)</th><th>Core</th><th>Thread</th></tr>
<tr><td rowspan="12">Intel®Xeon® 5000 Sequence Specification (32n mm)</td><td>X5680</td><td rowspan="6">6.4</td><td rowspan="12">12</td><td>3.33</td><td rowspan="2">130</td><td>6</td><td>12</td></tr>
<tr><td>X5677</td><td>3.46</td><td>4</td><td>8</td></tr>
<tr><td>X5670</td><td>2.93</td><td rowspan="4">95</td><td>6</td><td>12</td></tr>
<tr><td>X5667</td><td>3.06</td><td>4</td><td>8</td></tr>
<tr><td>X5660</td><td>2.8</td><td rowspan="3">6</td><td rowspan="3">12</td></tr>
<tr><td>X5650</td><td>2.66</td></tr>
<tr><td>X5640</td><td rowspan="2">5.86</td><td>2.26</td><td>60</td></tr>
<tr><td>X5630</td><td>2.13</td><td rowspan="2">40</td><td rowspan="5">4</td><td>8</td></tr>
<tr><td>X5609</td><td>4.8</td><td>1.86</td><td>4</td></tr>
<tr><td>X5640</td><td rowspan="3">5.86</td><td>2.66</td><td rowspan="3">80</td><td rowspan="3">12</td></tr>
<tr><td>X5630</td><td>2.53</td></tr>
<tr><td>X5620</td><td>2.4</td></tr>
<tr><td rowspan="3">Intel®Xeon® 6000 Sequence Specification (45n mm)</td><td>X6550</td><td>6.4</td><td>18</td><td>2</td><td>130</td><td>8</td><td>16</td></tr>
<tr><td>E6540</td><td rowspan="2">4.8</td><td rowspan="2">12</td><td rowspan="2">1.73</td><td rowspan="2">105</td><td>6</td><td>12</td></tr>
<tr><td>E6510</td><td>4</td><td>8</td></tr>
<tr><td rowspan="3">Intel®Xeon® 6000 Sequence Specification (45n mm)</td><td>X7560</td><td>6.4</td><td>24</td><td>2.266</td><td rowspan="3">130</td><td rowspan="3">8</td><td rowspan="2">16</td></tr>
<tr><td>X7560</td><td rowspan="2">5.86</td><td rowspan="2">18</td><td>2</td></tr>
<tr><td>X7542</td><td>2.266</td><td>6</td></tr>
</table>

Pentium Pro (95) : Multi CPU, Server, Work Station, L2 Cache 내장.

Pentium MMX (96) : Multi Media, 32KB L1 Cache, 300MHz, Core 사용전압(2.8V)과 I/O 사용전압(3.3V)의 Dual Voltage 기술로 발열량 최소화.

Pentium Ⅱ (97) : 기존 CPU의 핀 제거 후 SEC(Single Edge Contact) 카트리지 형태로 발전, Cache Bus와 SYSTEM Bus를 분리시키는 DIB(Dual

Independent Bus) 구조로 병목현상 최소화.

AMD Processor의 성능

구 분	Processor	Bus Speed (MT/s)	Cache (L3 KB)	Clock (GHz)	Power (W)	Core	CMOS
Opteron 4100 Series	4184	6400	6144	2.8	95	6	45nm
	4180			2.6		6	
	4130			2.6		4	
	4122			2.2		4	
	4176HE			2.4	65	6	
	4174HE			2.3			
	4170HE			2.1			
	4164EE			1.8	35	6	
	4162EE			1.7		6	
Opteron 4200 Series	4284	6400	8192	3.0	95	8	32nm
	4280			2.8	95	8	
	4238			3.4	95	6	
	4234			3.1	95	6	
	4226			2.7	95	6	
	4274HE			2.6	65	8	
	4228HE			2.8	65	6	
	42256EE			1.6	35	8	
Opteron 6100 Series	6180SE	6400	12288	2.5	140	12	45nm
	6176			2.3	115	12	
	6140			2.6	115	8	
	6166HE			1.8	85	12	
	6132HE			2.2	85	8	
	6176SE			2.3	140	12	
	6174			2.2	115	12	
	6172			2.1	115	12	
	6168			1.9	115	12	
	6136			2.4	115	8	
	6134			2.3	115	8	
	6128			2.0	115	8	
	6164HE			1.7	85	12	
	6128HE			2.0	85	8	
	6124HE			1.8	85	8	
Opteron 6200 Series	6282SE	6400	16384	2.6	140	16	32nm
	6276			2.3	115	16	
	6274			2.2	115	16	
	6272			2.1	115	16	
	6238			2.6	115	12	
	6234			2.4	115	12	
	6220			3.0	115	8	
	6212			2.6	115	8	
	6204			3.3	115	4	
	6262HE			1.6	85	16	

CELERON (98) : PentiumⅡ에서 L2 Cache가 제거된 보급형 CPU.

XEZON (99) : Server 또는 Workstation용 CPU.

Pentium Ⅲ (99), Pentium Ⅳ (2000) 등

○ **인텔® 코어™ i7 프로세서**

데스크톱용 최상급 프로세서라고 알려진 인텔® 코어™ i7은 네할렘 마이크로아키텍처(Nehalem Microarchitecture)를 사용, 필요에 따라 성능 조절이 가능한 퍼포먼스 온 디맨드(Performance on Demand)기능을 강화시키고 데이터 처리량을 극대화하는 새로운 기술들로 만들어졌으며 전력 소모량의 증가 없이 프로세서의 동작속도가 최대 40% 향상되었다고 한다.

- Intel Core i7 Processor -

○ **인텔® Atom 프로세서**

인텔의 x86 및 x86-64CPU 이름, 예전에는 Silverthrome, Diamondville 라는 이름을 사용하였고 45나노미터의 CMOS 공정으로 설계, 울트라 모바일 PC, 스마트폰 등 저 전력 휴대성에 초점이 맞추어진 CPU.

○ **인텔® 코어™ i7 모바일 프로세서**

인텔® 코어™ i7는 노트북 전용 프로세서로 모바일 기능, 풍부한 메모리 대역폭, 고해상도, 멀티태스킹 등의 하드웨어 기반제공.

○ Intel Desktop용 CPU(코어™2 듀오)

듀얼코어의 향상된 성능으로 Intelligent Power Capability 내장, 높은 에너지 효율성, 마이크로아키텍처, 강력한 멀티태스킹, 자가 보호기능과 고해상도 비디오 화질가능.

- Intel Core2 Duo Processor -

○ Intel 서버용 CPU(Intel 제온(Xeon))

최대 16MB의 L3 캐시 탑재, 엔터프라이즈 애플리케이션에 적합한 6개 이상의 코어, 프로세서 당 16MB 공유 L3 캐시, 대규모 서버 통합 및 비즈니스 크리티컬 가상화 가능.

- Intel Xeon 7400 Processor -

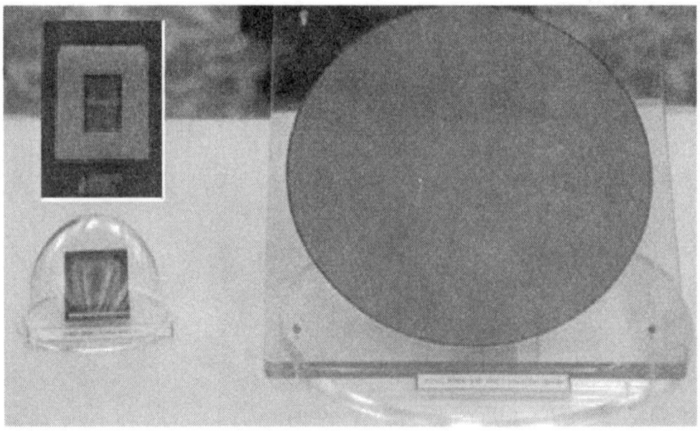

○ AMD Desktop용 CPU(AMD phenomⅡx4)

45nm Immersion Lithography 공정기술, 하이퍼트랜스포트 3.o, 대용량 공유 3단계 케시, DDR2-1066과 DDR3-1333 메모리 지원, 통합 메모리 컨트롤러, 에너지 관리 솔루션 쿨'앤' 콰이어트 3.0 등 새로운 프로세서에 맞는 갖가지 다양한 기술제공.

- AMD 페넘Ⅱ-X4 Process -

○ AMD 서버용 CPU(AMD 옵테론(Opteron))

32비트와 64비트 processor를 동시에 지원하도록 설계, DDR2 메모리 컨트롤러와 공유 L3 캐시와 코어당 512K L2 캐쉬 이외에 최대 6MB의 L3 캐시가 최대 4개의 코어 간에 공유, 혁신적 에너지 절감.

- AMD Opteron Processor Core -

○ Intel 아이테니엄(Itanium)

2001년에 공식 발표된 인텔이 제공하는 64비트 CPU.

○ Intel Pentium Ⅳ

인텔이 2000년 11월 20일에 발표한 최신 마이크로프로세서.

○ AMD Athlon

1999년, 애슬론64는 x86-64(AMD64)기술이 적용된 8세대 프로세서.

○ AMD 셈프론(AMD Sempron)

AMD 셈프론은 라틴어 *semper*에서 유래, “언제나, 날마다(always, everyday)”, 일상 컴퓨팅을 위한 올바른 프로세서라는 의미.

○ AMD 애슬론 64(AMD Athlon 64)

○ AMD 애슬론 64 X2, FX (AMD Athlon 64 X2, FX)

○ AMD 페넘(AMD Phenome(AMD k10))

○ AMD 튜리온 64(AMD Turion 64)

○ AMD 튜리온 울트라(AMD Turion Ultra)

○ Intel 코어2

2) 기억장치(Memory Unit)

처리하고자 하는 명령이나 데이터 또는 처리된 결과의 정보를 저장할 수 있는 장치를 기억장치라 한다. 스토리지(Storage)와 메모리(Memory)는 거의 같은 뜻이지만, 스토리지는 하드디스크와 같은 일반적인 기억장치를 나타내는데 비해 메모리는 반도체로 구성된 주기억장치를 가리키는 경우가 많다. CPU와 직접 교신하는 기억장치인 주기억장치(Main Memory), CPU와 주기억장치를 통해 간접적으로 접근되는 기억장치인 보조기억장치(Auxiliary Memory)로 구분된다.

2-1) 주기억장치

주기억장치는 자료와 정보를 일시적으로 저장하는 곳이다. 컴퓨터에 입력된 데이터와 프로그램은 일단 주기억장치를 거쳐야만 처리 가능하다. 주기억장치는 롬(ROM : Read Only Memory)과 램(RAM : Random Access Memory)으로 구별될 수도 있는데 주로 램(RAM)을 의미한다. 전력의 공급이 차단되면 기억된 내용이 없어지는 소멸성 기억소자로 정보처리기기 내부에 주기억장치(Main Memory) 역할을 담당하도록 설치되어 프로그램과 명령어 그리고 데이터를 임시 기억하는 처리 속도가 매우 빠른 읽기/쓰기(Read /Write)형 기억장치이다.

주기억장치에 저장된 각 워드는 저장된 순서와 무관하게 직접 읽거나 쓸 수 있으며 이런 특징으로 인해 RAM(Random Access Memory)이라 하게 되었고 임의로 선택한 주소의 내용을 읽거나 쓰는 데 걸리는 시간을 접근시간(Access Time)이라 한다.

- 주기억장치 내의 각 위치는 주소(Address)로 표시된다.
- 주기억장치 내의 각 주소가 지시하고 있는 기억공간에는 명령어(Instruction)와 데이터(Data)가 BIT(Binary Digit)의 모임인 워드(Word) 단위로 저장된다.
- 각 워드에 저장된 값은 변경되거나 전원 공급이 차단될 때까지 남아 있다.
- 현재의 주소로 새로운 정보가 들어오면 원래의 내용은 없어진다.

대부분 DRAM(Dynamic Random Access Memory)으로 구성되어 있으며 DRAM은 트랜지스터와 콘덴서(축전기)로 만들어져 있다. 콘덴서는 자연적으로 전기가 방전되는 현상이 발생되는데 이를 방지하기 위해 주기억장치는 전제적으로 일정시간 간격으로 전압을 다시 충전해 주는 리프레시(refresh) 작업을 한다. 이러한 리프레시 작업은 주기억장치 내의 데이터 무결성을 보장하는 방법인 반면, 이 작업으로 인해 주기억장치 내의 데이터 전송 속도가 크게 낮아지게 되는 매우 중요한 단점이 발생된다. DRAM 내에는 현재 실행 중인 프로그램의 코드나 필요한 데이터들이 저장되어 있다. 다시 말해 컴퓨터 내부의 기억장치는 SRAM과 DRAM으로 구분되며 SRAM은 LATCH(통상 D-플립플롭으로 구성된 레지스터)를 이용해 데이터를 기억시키는 반면 DRAM은 콘덴서를 이용한다. 콘덴서가 5V로 충전되어 있으면 1, 방전되어 있다면 0으로 간주한다. 콘덴서에 저장되는 에너지는 매우 적은 량이므로 시간이 지남에 따라 방전이 되어 일정한 시간마다 DATA를 읽고, 읽은 데이터를 다시 기억시키는 작업이 필요하다. SRAM과 DRAM은 모두 전원을 끊으면 메모리 내용이 모두 지워지는 휘발성 메모리이다. 휘발성 메모리의 반대적 개념은 비휘발성 메모리라하며 UVROM, EEPROM, FLASH MEMORY 등이 있으며 자외선 또는 일정 수준 이상의 높은 전압을 이용하여 데이터를 지우거나 쓰는 방법을 사용한다.

○ RAM(Random Access Memory)

래치(Latch) 또는 플립플롭(Flipflop) 들의 조합으로 만들어진 정적 RAM(Static RAM)과 전하의 충전(Charge-Storage) 기능을 이용한 동적 RAM(Dynamic RAM)으로 구분되며 판독과 기록(Read/Write Memory)을 모두 할 수 있어 주로 정보처리기기들의 주기억장치(Main Memory)로 사용된다. 입력된 정보를 마음대로 지우고 새로운 정보를 다시 입력시킬 수 있기 때문에 임의 접근 기억장치(Random Access Memory)라고 하며 컴퓨터의 전원 공급이 차단되면 모든 정보가 지워지기 때문에 필요한 정보를 보존하기 위해서는 외부 기억장치인 디스크에 저장해야 하는 휘발성 메모리이다. RAM의 종류에는 SRAM(Static RAM : 정적 RAM)과 DRAM(Dynamic RAM : 동적 RAM)이 있다. SRAM은 플립플롭을 집적한 것으로 전원이 들어오는 동안에는 계속 내용을 유지하는 특성을 갖고 있다. 이에 비해 DRAM은 MOS의 전하 저장기능을 이용한 것으로 일종의 콘덴서를 집적한 것이라 할 수 있다. 전원이 계속 들어와도 시간이 지나면 내용이 없어지므로 일정 주기마다 재생(Refresh) 작업을 해주어야 한다. SRAM은 DRAM에 비해 집적도가 떨어지고 값도 비싸지만 재생 작업이 필요 없어 속도가 빠르다는 장점이 있다.

- SRAM(Static RAM) : 플립플롭의 논리 게이트에 의해서 자료가 기억되며 기억된 데이터는 전원이 공급되는 동안만 유지되는 특성이 있다. SRAM은 바이폴라(Bipolar)형과 NMOS형이 있으며 Bipolar형은 액세스타임(Access Time)이 빠르므로 캐시메모리(Cache Memory)와 같이 매우 빠른 응답속도와 액세스타임을 요구하는 기억장치에 사용되며 일반적으로는 NMOS형이 주로 사용되고 있다. SRAM은 재충전 신호(Refresh)가 필요 없는 효율성이

있으나 고가이며 DRAM에 비해서 집적도가 떨어지는 메모리형 반도체이다.

- **DRAM(Dynamic Random Access Memory)** : MOSFET TR 한 개로 구성하여 커패시터(Capacitor)에 전하가 축적되어 정보가 기억되며, 커패시터의 전하가 방전되면 정보를 잃어버리는 SRAM 같은 휘발성 메모리다. 일정한 사이클(Cycle)마다 계속 재충전(Refresh) 해야 하는 재충전 회로가 필요하며 SRAM에 비해 액세스타임이 긴 반면 가격이 저렴하고, 집적도가 높아 대용량 기억장치에 적당하며 비교적 제조가 손쉬운 메모리 형 반도체이다.

- DRAM과 SRAM의 특징 -

구 분	DRAM	SRAM
속도	느리다	빠르다
회로구조	단순	복잡
칩의 크기	작다	크다
가격	저가	고가
용도	일반메모리	캐시메모리

- **SDRAM(Sunchronous DRAM)** : SDRAM(Sunchronous DRAM)은 FP DRAM이나 EDO DRAM과 빠른 CPU 간의 병목현상을 줄이기 위해 등장하였다. SDRAM은 시스템 클럭과 동기화 되어 작동하는데, 66MHz와 100MHz로 동작한다. 66MHz로 동작하는 SDRAM에서 시스템 클럭을 75MHz로 높이면 SDRAM의 속도가 빨라진다. 하지만, 정상적으로 동작하지 않는 경우도 있다. SDRAM은 자료의 송신과 수신이 동시에 발생한다. 즉 1 사이클이 작동 주기이다. 인텔 82430VX PCI 칩셋 이상을 사용한 메인보드에서 사용할 수 있다. 100MHz 이상의 CPU에서도 어느 정도 병목현상을 완화할 수 있다. 10-12ns(최고 6ns) 작동 속도를 보인다. 보통 168핀 DIMM 형태이다.

- **DDR SDRAM** : DDR SDRAM이란 삼성, NEC에서 제안하고 표준화 기구

인 JEDEC(Joint Electron Device Engineering Council)에서 채택한 RAM으로 DDR(Double data rate) SDRAM은 한 번의 클럭 신호에 한 개의 정보를 주고받는 기존 메모리의 상식을 파괴해 한 번에 두개의 정보를 주고받을 수 있게 함으로써 기존 메모리 속도를 배로 늘리도록 설계한 것이 DDR의 기술이다.

- **Rambus DRAM** : Rambus DRAM은 미국 램버스사에서 발표한 기존 DRAM과는 전혀 다른 구조를 가진 메모리로, 램버스 채널이라는 전용 자료 입출력 통로가 있다. 보통 600MHz로 작동하며, 5ns 정도의 작동 속도를 보인다.

○ **ROM(Read Only Memory)**

Mask ROM, PROM, EPROM, EEPROM 등으로 구분되는 ROM은 명령에 의해 주어진 위치로 접근하여 데이터의 읽기/쓰기(Read/Write) 동작(Random Access)은 하지만 사용자는 기억된 정보를 읽을 수만 있고 기억된 정보를 변경시킬 수 없다는 특징이 있는 메모리형 반도체이다. 한번 기억된 정보는 전원이 중단되어도 소멸되지 않는 비휘발성이므로 정전 시에도 기억 내용이 그대로 유지되어 주기억장치를 보조하거나 정보처리기기의 기초값(Default Value) 또는 시스템 파라미터(Parameter) 등을 저장시키기 위한 용도로 사용된다. ROM 역시 RAM과 같이 바이폴라(Bipolar)형과 MOS형이 있으며 주로 MOS형이 많이 사용된다.

- **Mask ROM(Read Only Memory)** : ROM의 처음 제조 단계에서 프로그램 또는 데이터를 입력(굽다)해서 출하되는 것으로서 사용자는 그 내용을 지우거나 변경할 수 없다. 일반적으로 ROM이라 하면 Mask ROM을 뜻한다.

- **PROM(Programmable ROM)** : 제조 시 아무것도 저장 시키지 않은 blank ROM을 사용자가 필요한 데이터와 프로그램을 ROM 입력기(ROM Writer)를 이용하여 정보를 기억시킬 수 있는 메모리형 반도체로 사용자가 일단 한 번 기억(사용)시키면 지울 수 없다.

- **EPROM(Erasable Programmable ROM)** : 이론적으로 사용자에 의해 무제

한으로 읽고/쓰기(Read/Write)가 가능한 ROM으로 자외선 등을 이용한 지우기 작업 즉, 초기화 작업이 선행된 후 쓰기 작업이 가능하다.

- EEPROM(Electrictrically Erasable PROM) : 사용자에 의해 무제한 읽고/쓰기(Read/Write)가 가능한 EPROM과 동일하나 내용을 지우지 않고 직접 새로운 내용을 그 위에 기억(Over Write)시키거나 기억된 내용의 일부만을 변형시킬 수 있다.

○ ROMBIOS(Basic Input Output System)

CPU와 주변 장치 사이의 통신을 제어, 컴퓨터의 기본기능 처리용 OS(Operating System), 컴퓨터의 하드웨어와 소프트웨어 간의 중계를 통한 입출력 제어용 소프트웨어의 기능 등을 담당하는 일종의 프로그램으로 컴퓨터에 맨 처음 전원을 공급하여 시동할 때부터 전원을 off 시킬 때까지 컴퓨터의 모든 흐름의 제어를 담당한다. 프로그램이라는 뜻은 우리가 일상적으로 사용하는 워드프로세서와 같은 프로그램의 형태가 아닌 컴퓨터 하드웨어와 1대 1로 대응되는 함수들이 집합되어 있는 기계어 프로그램을 의미한다. 따라서 만약 이 바이오스프로그램이 없다면 바이오스 함수를 호출할 수 없으므로 Windows, 한글 및 한자의 사용 등이 불가능해진다. 또, 컴퓨터 시동 시 시스템의 각 장치들을 사전 진단 점검하고 고장의 유무를 판단하며 각 장치들의 구동부(각 장치별 구동 드라이버)를 정의하고 기본을 구성해 주는 역할도 한다. 이와 같은 바이오스가 ROM에 기억되어 있으므로 롬 바이오스라 하며 컴퓨터의 부팅(Booting) 시 <Del> Key에 의해 돌출시켜 사용할 수 있는 CMOS Setup, 주변기기의 초기화, 자체 진단 프로그램도 롬 바이오스에 포함되어 있다.

○ CMOS(Complementary Metal-Oxide Semiconductor)

보수화된 금속 산화물 반도체라고 설명할 수 있는 것으로 다른 반도체에 비해 전력의 소비가 극히 적은 소비 전력의 사용으로 인해 매우 적은 용량의 배터리에 의해 컴퓨터에 주전원 공급이 차단되어도 저장된 내용이 지워지지 않는다. 따라서 CMOS SETUP이란 컴퓨터에게 기본 정보를 제공하기 위한 일련의 작업이며 하드디스크, 비디오카드, 마우스, 키보드 … 등등의 정보를 포함한다. 주변기기들은 사용 용도와 용량 등이 각각 다를 수밖에 없어 특정한 규격으로 고정시키지 못하고 필요에 따라 사용자들의 손을 통해 CMOS에 저장시키게 되며 컴퓨터는 부팅 시 CMOS에 이미 저장된 정보를 통해 자신에게 어떤 주변기기들이 장착되어 있고 어떻게 제어를 해야 할지 알게 된다. 전원을 공급하자마자 "CMOS 셋업을 실행하려면 <Del>를 누르라(Press DEL to enter SETUP)"는 메시지가 나타나게 되는데 이때 이 메시지가 화면에 살아서 존재하는 상태에서만 <Del>키를 눌러 CMOS 셋업에 들어갈 수 있다. 바이오스에 따라 CMOS 셋업에 사용되는 키가 다른 경우도 있다. 화면에 있는 여러 항목 중 방향키로 원하는 항목으로 이동하고 <Enter>로 선택한 후 <F2>등에 의해 화면의 색깔을 변경하거나 내용(값)을 변경한다. <F10> 또는 변경 내용 저장항목을 선택하여 "SAVE" 하고 재부팅 시킨다.

2-2) 보조기억장치

주기억장치는 기억용량이 한정되어 있고, 또한 램에 기억되어 있는 내용은 전원 공급이 차단되면 기억되어 있는 내용이 지워지는 휘발성 메모리이기 때문에, 프로그램이나 데이터를 보관하거나 또 대용량의 자료를 저장하기 위하여 보조기억장치를 사용하게 된다.

○ 하드디스크(Hard Disk) 드라이브

자성체로 코팅된 알루미늄과 같은 딱딱한 원판을 기록 매체로 사용하는 기억장치이며, 과거에는 주로 소형 컴퓨터에서 사용되는 밀봉된 윈체스터 방식(Winchester Disk)의 자기 디스크를 가리키는 말이었으나 최근에는 중대형 컴퓨터의 거의 모든 보조기억장치로도 활용될 만큼 그 성능과 기억용량이 매우 커졌다. 플로피디스크보다 고속이고 대용량이어서 다량의 데이터 처리를 위해서 필수적인 보조기억장치이며, 고정된 장치로서 이동이 불가능하기 때문에 고정디스크(Fixed Hard Disk)라고도 한다. 충격에 매우 약하며 갑작스런 정전이나 전원 공급 시에 쉽게 손상을 입을 수 있다. 디스크 드라이브의 경우에는 헤드가 하나만 있는 것과 두 개가 있는 것으로 나누어진다. 헤드가 하나인 드라이브의 경우에는 디스크의 한 면만 읽을 수 있고 헤드가 두 개인 경우에는 두 종류의 디스크를 읽을 수 있다. 하드디스크가 여러 장인 경우 양면 디스크 판이 여러 개 포개져 있기 때문에 면과 헤드가 하드디스크의 판수에 따라 여러 개 존재한다.

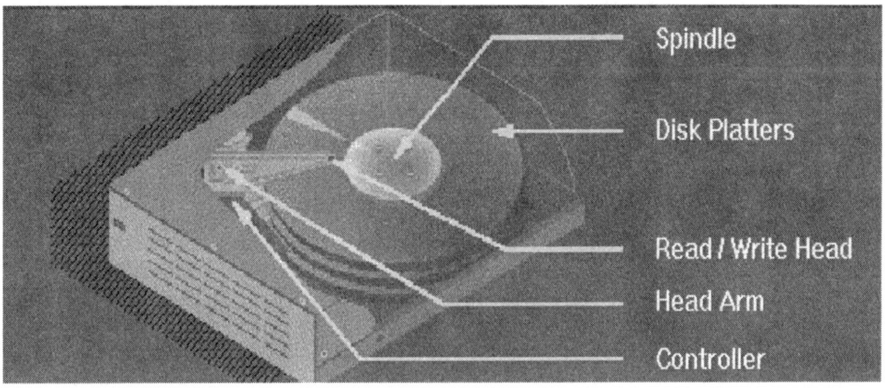

- **트랙** (Track) : 하드디스크를 구성하는 두 번째 요소는 트랙이다. 디스크를 자세히 살펴보면 CD나 레코드판처럼 둥근 원이 그려져 있는 것을 볼 수 있는데, 이것이 트랙이며 TPI(Track Per Inch)는 1인치당 트랙이 몇 개 존재하는지를 알려 주는 표현 방식이다. 보통 배밀도 디스켓의 경우 40개의 트랙이 존재하고 고밀도의 경우에는 80개의 트랙이 존재하며 하드디스크의 경우에는 300~600개 이상이 존재한다. 하드디스크는 플로피디스크와는 다르게 여러 장의 디스크가 쌓여 있으며 디스크의 중심으로부터 같은 거리에 있는 트랙들을 묶어서 실린더라는 개념으로 사용하며 한번 데이터를 읽거나 쓸 때 처리속도와 효율을 높이기 위해 이 실린더 단위로 처리한다.

- **섹터** (Sector) : 디스크의 표면이 동심원인 트랙으로 나누어진 후 트랙은 다시 섹터라는 영역으로 나누어진다. 한 트랙에 존재하는 섹터의 수는 배밀도인 경우 8~9섹터이고 고밀도인 경우는 보통 15개 이상의 섹터로 나누어진다. 한 섹터는 보통 512KB의 크기를 가지고 있고 컴퓨터는 이 섹터 단위와 실린더 단위로 읽기와 쓰기를 수행하고 있다. 따라서 이 같은

구성 요소를 이용하면 하드디스크의 총 기억용량을 구할 수 있다.

○ CD-ROM(Compact Disk ROM)

CD-ROM은 가격이 싸고 매우 다양(멀티미디어)하며, 대량의 정보를 저장(한 장에 600MB 이상의 정보저장)할 수 있고, 또 빠른 시간 내에 기록된 정보를 검색할 수 있다. 읽기 전용이므로 한번 기록한 내용을 바꾸기가 불가능하지만 기억시킨 내용을 안전하게 보존할 수 있다. 대량복제가 가능하여 대량으로 배포하려는 데이터베이스, 출판물, 매뉴얼, 교재, 사전, 전화번호부 등 매우 광범위한 분야에서 중요한 기억매체로 활용되고 있다. 또, CD-ROM을 만들거나 데이터 백업용 CD를 만들 수 있는 CD Recorder가 사용되고 있는데, 이는 일반 사용자가 데이터 백업용으로 HDD나 FDD와 같이 사용하거나 CD-ROM 타이틀의 대량 생산에 들어가기 전 시작품으로 만들어 보는 작업 또는 전시용 소규모 타이틀 제작 등에 사용된다. 이 때 사용되는 CD를 기록 가능한 CD(Recordable CD)라 한다. 레이저에 의한 광학적 기법에 의해 데이터를 기록하고 재생할 수 있는 기억장치로 소리와 이미지 즉 멀티미디어 데이터를 기억할 수 있는 기억장치이다. 금속과 투명한 플라스틱으로 코팅된 디스크위에 레이저 빔으로 태워 미세하게 조각하여 디지털 정보를 기록하며 다시 레이저 빔을 반사시켜 디스크 안에 기록된 정보를 읽어 낸다. 음악CD, LD, DVD, 등이 좋은 예이다. 광학 기억장치는 어떤 종류의 데이터도 레이저 빔에 의해 디지털코드로 변환(Decoding)시키고 기억할 수 있으며, 또 재생(Encoding)시킬 수 있어 백과사전과 같이 매우 큰 데이터를 위해 충분한 기억장소를 제공하고 정보를 빨리 검색할 수 있으므로 효율성이 매우 높다.

3) 입출력 장치

입출력 장치란 문자나 Data 혹은 그림 등을 컴퓨터에 입력하거나, 입력된 결과물을 문서, 화면 혹은 소리 등으로 확인하는 장치를 말한다. 다시 말해 사용자가 컴퓨터에 입출력 작업을 하는데 있어서 사용자가 알고 있는 신호나, 문자 등을 컴퓨터가 알 수 있도록 신호를 디지털로 바꾸어 주는 모든 장치들을 의미한다. 외부기기의 입출력은 Port를 통해 이루어지고, Port는 전송 방식에 따라 Serial Port와 Parallel Port 그리고 USB Port로 구분된다.

3-1) 입력 장치

컴퓨터에게 명령이나 자료를 입력해 주는 모든 장치를 입력장치라 하며, 키보드(Key Board)와 마우스(Mouse) 등이 가장 많이 사용된다. 또 다른 형태로 스캐너, 터치스크린(Touch Screen), 바코드 입력기 등도 있다.

○ **키보드(Key Board)**

일반적으로 마우스(Mouse)와 함께 가장 많이 쓰이는 입력 장치다. 업무의 특수성에 따라 특수한 키보드를 사용하기도 하지만, 일반적인 키보드는 문자키와 숫자키, 응용키, 특수키 등으로 이루어져 원하는 문자의 키를 직접 눌러 컴퓨터에게 명령하거나 자료를 입력한다. 입력 내용이 영상 표시 장치에 바로 나타나기 때문에 입력, 삽입, 수정, 삭제 등의 편집이 편리하며, 응용키나 특수키를 사용하여 다양한 입력 작업을 할 수 있다.

○ **마우스(Mouse)**

오늘날의 OS(Operating System)가 대부분 그림에 의해 운영되는 Windows 95, 98이므로 GUI(Graphic User Interface) 환경에 있어서 없어서는 안 될 매우 중요한 입력장치다. 마우스는 광감지식 마우스와 볼 마우스로 구분되며, 볼 마우스는 밑면에 볼을 굴려 모니터의 X좌표 값과 Y좌표 값을 결정하게 되고, 결정된 해당 위치 값을 컴퓨터에 전달하는 방식이다. 가격이 저렴하고 사용이 편리하지만 먼지가 많이 끼고 고장 나기 쉽다. 반면 광감지식 마우스는 마우스 판이 있어야만 사용할 수 있는 불편함이 있지만 광센서에 의한 위치 값을 컴퓨터에 전달하는 방식이므로 정확하고 고장이 나지 않아 아주 오래 사용할 수 있다. 일반적으로 볼 마우스를 많이 사용한다.

○ **라이트 펜(Light Pen)**

광전회로(Photoelectric Circuitry)를 사용하여 만든 펜 모양의 입력장치이다. CRT 스크린에는 약 100만개 이상의 발광점(Point Of Light)이 있으며, 이 발광점과 감광펜(Light Sensitive Pen)을 이용하여 CRT 화면에 펜이 닿는 점의 좌표를 계산하여 데이터로 변환시킨다. 볼펜을 쓰듯이 사용할 수 있는 장치로 광 마우스와 유사하며 많이 쓰이지는 않지만 정해진 단어나 문장을 선택하거나 그림을 그릴 때 편리하다. 전문적인 CG(Computer Graphic) 작업에 주로 많이 사용된다.

○ **접촉감지스크린(Touch Sensitive Screen)**

스크린 표면(Surface Of a Senitized Video Display Screen)을 사용자가 손가락이나 포인터(Pointer)로 터치함으로 사전 정의된 데이터가 입력되는 촉각 입력장치(Tactile Input Device)이다. 현금자동지급기, 자동판매기, 출입통제시스템 등에서의 사용이 좋은 예이며 은행에 가면 쉽게 볼 수 있는 장치이다. 은행의 현금자동지급기를 보면 버튼 없이 손으로 화면을 눌러 사용하는 것이 있는데 이것이 터치스크린이다. 화면에 출력된 내용을 직접 터치하여 사용하므로 다양한 정보 입력이 어려워 아주 제한적인 정보 검색이나 명령시스템에 의한 업무 처리에 주로 사용된다. FA(Factory Automation)가 잘 돼 있는 산업 현장에서 흔히 볼 수 있다.

○ **Scanner**

Scanner는 어떤 영상이나 이미지를 점집합으로 표현해 주는 입력장치이다. 도형정보를 CCD 카메라로 촬영하고, 디지털 신호로 바꾼다. 디지털 신호로 변환된 데이터는 이미지정보 형태로 컴퓨터에 전송되거나 저장되며, 그래픽 소프트웨어나 스캐너용 프로그램에 의해 원래의 이미지로 가공되어 모니터나 프린터에 출력할 수 있다. 스캐너는 크게 필름(네거티브와 슬라이드) 스캐너와 사진 자체를 판독할 수 있는 사진 스캐너로 구분되며, 사진 스캐너는 평판 스캐너와 드럼 스캐너가 있고 실물을 올려놓고 실물 그 자체를 입력하는 스캐너도 있으나 사용 범위는 극히 제한되어 있다.

○ 바코드 판독기(Bar Code Reader)

0.3mm의 희고 검은 백여 개의 선들로 된 바코드에 빛을 쪼여 전자 신호를 만들어 입력하는 장치이다. 바코드는 제품에 대한 다양한 정보를 담고 있고 판독하는 방향에 관계없이 읽을 수 있으며 조작이 쉽기 때문에 실제 업무에 많이 사용된다. 다양하고 종류가 많은 제품을 판매하거나, 제품의 재고관리에 편리하기 때문에 편의점, 백화점, 도서관, 창고관리, 고객관리 등에 거의 필수적으로 사용된다.

○ 광학 마크 판독기(OMR : Optical Mark Reader)

광학식 마크 판독장치라 하며 특정 카드나 용지 위 특정 위치에 연필, 수성 잉크를 사용하는 펜으로 표시한 것을 빛을 투시하는 광학적 기법으로 판독하는 입력장치다. 마크 감지에서 사용되는 광학용 판독기(Optical Reader)는 유성 펜에 의해 빛이 반사되는 마크를 제외하고 짙은 색이기만 하면 어떠한 마크도 감지할 수 있으나 문자의 형태를 알아내지는 못한다. 마크 감지기능은 주로 객관식 시험 답안지에 이용되는데 응시자는 특별한 양식 위에 마크위치가 미리 인쇄된 위치에 연필이나 수성 펜으로 표시하게 된다. 입학시험, 중간고사나 기말고사 또는 수강신청이나 입사원서 제출 등 일상적이고 대용량적인 정보입력 시에 주로 많이 사용되는 매우 일반적이고 손쉬운 입력방식이며 작성방법이 간단하고 전문적인 오퍼레이터(Operator)나 키펀처(Key Puncher)의 도움이 필요 없으며 용도에 따라 카드나 용지(Sheet)의 설계가 자유롭고 코드화하기가 편리하며 비교적 경제적이다.

○ 광학 문자 판독기(OCR : Optical Character Reader)

광학식 문자 판독장치라 하며 프린터나 인쇄기로 인쇄된 문자 또는 일정한 규격에 의해 손으로 쓴 문자를 광학적으로 판독하는 장치이며 판독되는 문자로는 OCR-A와 OCR-B가 있으며 MICR에 비해 훨씬 큰 문자의 사용이 가능하다. 또, 원시데이터를 정보처리기기에 직접 입력할 수 있는 장점이 있어 데이터 취급과정에서 발생되는 에러(Error)를 방지할 수 있으므로 신용카드회사, 은행 등의 금융기관의 청구 및 영수증서 발급작업(Credit Card Billing Operation), 보험료, 항공권, 좌석관리권, 신분증, 우편물과 각종 서식의 자동분류와 처리 등에 매우 널리 사용되고 있다. 반면 문자 설계의 조건이 까다롭고 판독 거부율(Document Rejection Rate)과 오류율(Reading Error Rate)이 OMR에 비해 비교적 높은 편이다.

○ **POS(Point of Sale)용 단말기**

판매시점관리(POS)를 위한 입출력 장치로 숫자 키보드, 기능키, 입력 상태 및 계산내용 확인용 화면, 현금보관 서랍, 영수증 프린터, 판매기록용 롤(Role)로 구성되어 있으며 컴퓨터 시스템과 연결되어 연동하거나 자체 프로세서에 의해 동작 하는 것으로 편이점이나 백화점 등에서 흔하게 볼 수 있다. 판매 트랜잭션(Transaction)이 발생할 때마다 키보드(Key Board) 또는 스캐너(Scanner)에 의해 정보를 입력받으며 스캐너의 경우 핸드스캐너를 각 상품별 바코드(Bar Code) 또는 OCR 문자로 된 레이블에 접촉시켜 입력하는 경우와 대형 상품 또는 대단위 포장 상품의 취급을 위해 레이저빔(Laser Beam)을 물품 운반용 입·출구(Gate) 위에 슬롯(Slot)형 스캐너를 설치하여 물품이 입·출구(Gate)를 통과할 때 판독하는 경우로 구분된다. POS 단말기는 판매 트랜잭션 발생에 대한 데이터 입력과 함께 매출액, 세금, 거래내용, 할인액 등을 계산하여 출력할 수 있는 기능을 포함하고 있다.

○ **디지털 카메라**

디지털 카메라는 스캐너 기술을 응용하여 개발된 것으로 피사체로부터 반사된 빛을 CCD라는 입력소자를 통해 전달받고 그 빛의 신호를 3색(RGB)의 2진 값의 디지털 신호로 변환하여 메모리에 저장하는 기기이다. 일반 광학 카메라는 피사체를 촬영 후 현상, 인화의 작업을 거쳐야만 화상을 확인할 수 있으나 디지털 카메라는 촬영 즉시 화상을 확인할 수 있으며 촬영된 영상 이미지를 즉시 컴퓨터에 전송하여 화상을 수정, 보정, 편집 등의 처리를 할 수 있다. 통신망을 이용하여 시간과 공간에 구애받지 않고 실시간으로 송·수신이 가능하며 프린터를 이용하여 일반 사진의 형태로 출력할 수 있다.

3-2) 출력 장치

입력된 자료와 명령에 의해 컴퓨터는 명령수행과 처리 및 가공의 동작을 할 것이다. 그 수행된 명령과 동작의 결과를 확인하는 장치가 출력 장치이며, 이 출력장치도 입력 장치와 마찬가지로 컴퓨터에 있어 매우 중요한 부분이다. 일반 PC 사용자의 대표적인 출력장치는 모니터(Monitor)와 프린터(Printer)이다.

○ 비디오 카드(Video Card)

영상데이터를 실제 영상신호로 만들어 케이블을 통해 모니터와 같은 디스플레이어로 보내주는 장치로 VGA(Video Graphics Adapter) 카드라고도 한다. 종류에 따라 관련 부품이나 특성이 달라질 수는 있으나 기본적으로 연산과 처리동작을 담당하는 비디오 칩과 이미지를 만들어주는 비디오메모리(메모리가 크면 해상도가 높다), 디지털 신호를 아날로그 신호로 바꿔주는DAC(Digital Analog Converter), 비디오 어댑터 정보와 기본적인 입출력을 지시하는 프로그램 루틴(routine)을 저장시킨 BIOS로 구성되어 있다. 1970년대 말 IBM에서 MDA라는 흑백 디스플레이 어댑터를 개발한 이후 CGA(Color Graphics Adapter)를 거쳐 1985년 EGA(Enhanced Graphics Adapter), 1987년에 VGA(Video Graphics Adapter)카드가 소개되었고 최근에는 Super VGA카드와 3D카드가 주종을 이루고 있다.

○ 모니터(Monitor)

- 영상 표시 장치(CRT : Cathode Ray Tube or display)

음극선관, 여러 종류의 화면과 선명도를 다양한 수준으로 제공하는 수상관(Picture Tube)을 사용하며, 단색(백색, 녹색, 청색, 황갈색 등)과 컬러가 있다. 출력되는 정보를 화면에 표시하는 장치로 문자 표시장치(Character display)와 도형 표시장치(Graphic display) 그리고 두 기능을 모두 갖춘 장치로 구분된다. 그래픽 카드의 성능에 따라 CRT의 성능이 결정된다. 초기의 그래픽 카드는 글자만을 표시하는 원시적인 수준이었으나, 최근에는 사진보다 뛰어난 6만5천 칼라 이상의 자연스러운 색상의 그림 등을 나타내는 고해상도의 그래픽 카드가 있어 CRT의 성능이 뛰어나 여러 분야에 매우 다양하게 사용된다.

- 액정화면(LCD : Liquid Crystal Display)

액정화면이라 하는 것으로 포켓 또는 휴대용 컴퓨터에 주로 사용되며, 최근 일반 개인용 컴퓨터의 영상 출력장치로 일반화 되어가고 있다.

- 플라즈마 디스플레이(Plasma Display Device)

부피가 크고, 무겁고, 전력 소모가 많은 CRT의 단점을 해결하고 고화질 TV, 디지털방송, 멀티미디어 방송, 홈시어터 시스템 등에서 각광을 받고 있는 이 시대 최고의 영상출력장치이다. 유리판 사이에 충전된 입자들로 구성된 기체(Electrically Charged Particles Of Gas) 즉, 플라즈마(Plasma)에 의해 영상을 표현하는 것으로 아직은 고가이며 대형 화면의 경우 더욱 더 그러하다.

○ 프린터(Printer)

프린터는 충격식(Impact), 비충격식(Nonimpact), 문자(Character)형, 라인(Line)형, 펜(Pen)형, 페이지(Page)형 등 다양하다. 충격식 프린터는 프린터의 초기 모델이며 활자가 잉크리본(Inked Ribbon) 위를 가격하여 인쇄되며 한번에 1문자씩 또는 한번에 1줄씩 인쇄할 수 있다. 볼프린터(Ball Printer), 드럼프린터(Drum Printer), 체인프린터(Chain And Train Printer), DOT프린터(Dot-Matrix Printer) 등이 있다. 비충격식 프린터는 감영처리, 정전기처리, 전자화학적처리 등을 이용하여 문자가 형성되게 하는 것으로 인화지와 유사한 용지를 사용한다. 또 다른 비충격식 프린터로 잉크분사(Inkjet), 레이저(Laser), 제로 그래픽(Zero Graphic) 등의 기술이 사용된다.

- 감열식 프린터

감열지를 작은 가열입자로 가열하여 검게 변화시킴으로써 점찍은 모습의 문자형태가 특징이며, 속도가 느린 직렬식 비충격 프린터이다. 가격이 저렴한 반면 용지가 비싸다.

- **도트 프린터(Dot Printer)**

점의 조합으로 인쇄하는 방식이다. 점을 찍기 위해 먹 끈을 사용하며, 연속 용지에 문자를 인쇄하는 경우에 많이 사용하며 소음이 많은 것이 단점이나 사용에 따른 유지비용이 적게 든다.

- **잉크젯 프린터(Inkjet Printer)**

미세한 잉크노즐을 통해 작은 방울로 분리된 잉크가 전류에 의해 잉크를 분사하여 인쇄하는 것으로 색깔마다 다른 노즐을 사용하며 일정한 속도에서 양질의 출력을 얻을 수 있으므로 컬러 인쇄에 많이 사용된다. 가격이 저렴한 반면 문서를 인쇄하기 위한 잉크와 전용용지의 비용이 매우 고가이다.

- **레이저 프린터(Laser Printer)**

복사기와 비슷한 방식이나 복사기는 인쇄된 페이지로부터 사진을 찍듯이 이미지를 복사하는 반면 레이저 프린터는 레이저 빔을 사용하여 이미지를 만들고 드럼과 토너를 통해 토너에 맺힌 내용을 종이에 옮기는 방식이다. 품질이 매우 우수하며, 속도가 빠르고, 소음도 적다. 칼라 인쇄가 가능한 레이저 프린터의 경우 매우 고가이고 소모품 또한 매우 비싸다. 원격 출력장치(Remote Output Device)로 사용할 수도 있다.

○ **플로터(Plotter)**

펜의 방향을 X·Y축으로 이동시켜 가며 곡선이나 직선을 출력하며 지도, 설계도, 기상도, 분석도표 등을 작성할 수 있으며 드럼(Drum)식과 테이블(Table)식의 2가지가 있다. 드럼식은 용지의 보내기의 방향을 Y축으로 Y축의 직각 방향을 X축으로 동작하며 테이블식은 용지는 고정하고 펜만 X·Y축으로 움직여서 도형을 출력하고 천연색의 정확한 그림을 그릴 수 있어 공작물의 설계도, 기상도 등을 작성하는데 매우 효과적으로 사용된다.

2. Operating System

사람의 눈에 보이는 컴퓨터는 차가운 쇳덩어리와 반도체, 플라스틱 등과 같은 무생명의 기계장치로 구성되어 있다. 그러나 이 기계장치는 우리가 원하는 수많은 형태의 결과물을 만들어내기도 하고 각종 산업분야에 활용되어 수익을 창출하는 매체로도 활용되고 있다. 무생명의 기계장치가 사용자가 원하는 무엇인가를 수행하려면 그 사용자의 명령을 이해하고 자신이 가지고 있는 모든 자원과 조건을 효율적으로 활용하여 결과물을 만들어내야 한다. 이렇게 사용자(인간)와 컴퓨터(기계장치) 사이의 의사소통(인터페이스)을 담당하고 자신의 자원(하드웨어)과 조건(주변장치)을 효율적으로 관리하는 역할을 하는 것이 OS(Operating System; 운영체제)이다.

- 기계와 인간 사이의 인터페이스(Man-Machine Interface)로 사용자에게 프로그램을 설계, 유지보수를 쉽게 하고 효율적인 처리를 위해 한정된 자원의 할당(Allocation)을 제어하는 프로그램 집단이다. - shaw
- 처리기(Processor), 기억장치(Memory), 입출력장치(Input, Output device) 및 정보 자원들의 제어를 담당하는 컴퓨터 시스템 내부의 프로그램 모듈(Program Module)의 집단이다. - Donovan
- 컴퓨터 사용자와 컴퓨터 하드웨어 간의 인터페이스를 제공하는 프로그램이다. - Perterson

OS는 컴퓨터의 가장 기본적인 부분으로 컴퓨터의 지능에 해당된다. 물론, 일반 사용자는 OS의 종류나 OS에 대한 세부적인 내용을 모르더라도 명령어의 사용방법만 안다면 일상생활에서 컴퓨터를 사용하기에 아무런 문제가 없다. 그러나 좀 더 체계적이고 안정적으로 컴퓨터를 관리하고 좀 더 다양한 소프트웨어를 사용하고자 한다면 OS에 대한 기본 지식을 갖추어야 한다. 예를 들어 새로운 소프트웨어 패키지를 구입하고자 할 때, 우리는 그 소프트웨어가 자신의 컴퓨터와 OS에서 정상적으로 돌아가는 것인지 확인을 하여야 한다. 어떤 소프트웨어들은 특정한 OS, 또는 특정한 개정판(Version)에서만 작동하기 때문에 낭패를 볼 수도 있다.

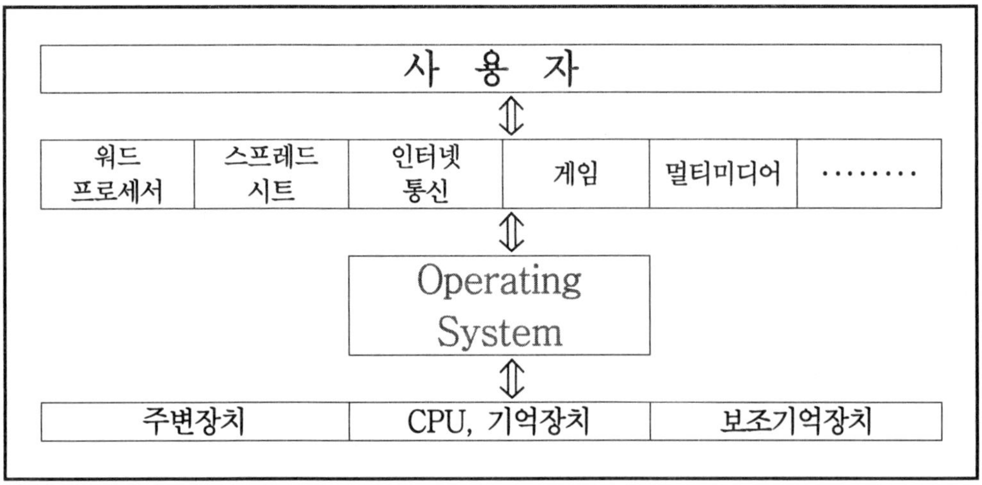

1) OS의 역할

컴퓨터에 전원을 공급하고 초기화면이 나타나기 전까지 컴퓨터는 부팅(Booting)이라는 특별한 작업을 수행한다. 전원을 켤 때 컴퓨터는 POST(Power On Self Test)라고 하는 자체 진단을 시작한다. POST 동작 동안 컴퓨터는 컴퓨터에 장착되고 연결되어 있는 메모리, 디스크 드라이브, 키보드, 모니터 등 자원과 주변기기를 인식한다. 모든 하드웨어가 인식되면 컴퓨터는 OS를 찾아내어 컴퓨터를 사용가능한 상태로 만들어준다. 컴퓨터를 사용가능한 상태로 만들어주는 과정을 부팅(Booting)이라 한다. OS가 검색되고 컴퓨터가 동작하기 시작하면 컴퓨터는 OS의 극히 일부를 주기억장치에 저장한 후 다음과 같은 역할을 수행하게 된다.

- ■ 사용자와 컴퓨터 간의 중재자로서 사용자 인터페이스 제공
- ■ 컴퓨터 하드웨어 관리
- ■ 디스크의 파일시스템 관리
- ■ 일반 프로그램 지원

1-1) 사용자 인터페이스(Interface) 제공

① 명령어 라인 인터페이스(Command Line Interface)

키보드를 이용하여 명령어를 입력하는 방식이다. 따라서 문자와 기호로 구성된 명령어를 사용자가 직접 외워서 사용해야 하는 불편이 있다. 이 인터페이스를 사용하는 OS에는 MS-DOS, UNIX, LINUX 등이 있다.

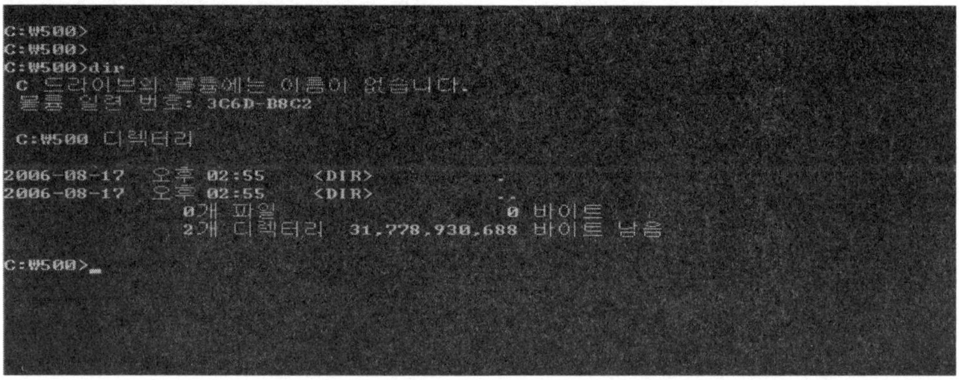

② **그래픽 사용자 인터페이스**(Graphical User Interface)

사용자들이 보다 편리하게 컴퓨터를 사용할 수 있도록 하기 위한 노력 중 하나로 모든 명령어를 아이콘과 같은 그래픽으로 처리할 수 있도록 하고 어려운 명령어를 외우지 않아도 충분히 컴퓨터를 사용할 수 있게 되었다. 이러한 인터페이스를 GUI(Graphical User Interface)라고 한다.

1-2) 하드웨어 관리

사용자 인터페이스는 OS의 가시적인 기능에 해당되며, OS의 가장 중요한 기능 중 하나는 효율적으로 하드웨어를 관리하는 것이다. 어떤 응용프로그램이 실행 중일 때 컴퓨터는 자신의 자원과 주변장치(중앙처리장치, 메모리, 그래픽 카드, 디스크 드라이브, 각종 입출력 장치 등)를 사용하게 되는데 이 때 OS는 프로그램과 하드웨어 사이에서 중개자 역할을 한다. 사용자 인터페이스의 종류와 관계없이 OS는 메모리나 다른 장치들을 사용하려는 중앙처리장치(CPU, Central Process Unit)의 명령어를 가로채 어떠한 프로그램이 어떠한 장치를 사용할 것인가를 감독한다. 예를 들어 사용자가 윈도우 탐색기 아이콘을 클릭하면 OS는 폴더와 파일들을 나열하여 화면에 출력하라는 명령으로 해석한다. 명령을 해석한 OS는 디스크 드라이브에 제어권을 이동시켜 원하는 폴더 안의 파일들의 이름을 읽어 오도록 중앙처리장치(CPU)에 지시한다. 그 다음 OS는 CPU가 처리한 결과물을 화면에 출력한다. 이 과정에서 운영된 하드웨어는 CPU, 메모리, 디스크 컨트롤러 및 드라이브, 그래픽 카드 및 모니터 등이며 이는 이들이 가장 효율적으로 동작할 수 있도록 OS가 관리·감독을 한 결과이다.

1-3) 파일 시스템의 관리

OS는 데이터를 디스크에 저장하기 위하여 하드디스크를 논리적인 구획 정리하여 데이터를 묶어 저장한다. 논리적인 구획으로 묶인 데이터의 그룹을 파일(File)이라고 부르며 동질의 정보들을 이 파일 안에 저장한다. 파일은 프로그램의 명령어일 수도 있고, 프로그램에 의해 만들어지거나 사용자에 의해 만들어진 데이터일 수도 있다. 우리가 사용하는 컴퓨터 프로그램은 최소한 1개 이상의 파일로 존재하게 되며 그 파일은 보조기억장치인 디스크에 보관되어 관리하게 된다. 이때 디스크 상에 파일을 저장하고 검색하기 위해서는 OS의 지원을 받아야 한다. 사용자가 특정 파일을 호출하거나 실행할 경우 최초로 명령을 받아들이는 것은 OS이며 결과를 도출해내고 출력하는 것도 OS가 관장한다.

1-4) 응용 프로그램 지원

OS의 또 다른 중요한 기능으로 여러 종류의 응용프로그램들을 지원한다. 응용 프로그램을 지원하는 기능은 OS가 컴퓨터 관리기능을 사용자에게 직접 제공하는 기능과 비슷하다. 예를 들어 워드프로세서를 사용하여 디스크에 저장되어 있는 문서를 불러내어 수정하고자 할 때, 워드프로세서는 사용자가 입력한 폴더 안의 파일에 대한 목록을 출력한다. 이를 위하여 워드프로세서 프로그램은 파일 목록을 출력할 것을 OS에게 요청한다. OS는 사용자가 OS에 직접 명령을 내렸을 때와 똑같이 응용 프로그램의 파일 목록 출력 명령을 수행하여 파일의 목록을 작성한다. OS는 사용자의 명령에 대한 결과를 컴퓨터 화면에 출력하는데 반하여 응용 프로그램으로부터 받은 요구의 결과는 응용프로그램으로 보낸다. OS가 프로그램을 지원하는 다른 기능들로서는 파일을 디스크에 저장하고, 디스크에 있는 파일을 메모리로 읽어 들이고, 디스크나 메모리의 사용 가능한 부분을 조사하고, 프로그램을 위하여 메모리에 데이터 영역을 할당하며, 키보드로부터 들어오는 입력을 읽고,

문자나 그림을 화면에 출력하는 것들이 있다. 컴퓨터 프로그램을 작성할 때 프로그래머들은 OS의 지원을 요청하는 지시문들을 프로그램 속에 넣게 된다. 프로그램이 어떠한 정보나 서비스를 제공하기 위해서는 OS의 지원을 받아야 하기 때문에 이러한 지시문들을 시스템 요청(System Call)이라고 한다.

2) OS의 구성과 종류

사람이 사는 사회 또는 모든 조직에서 그러하듯 컴퓨터 시스템에서도 구성요소 간의 역할분담이 확실하게 정해져 있다. 특히, OS는 컴퓨터의 구동을 책임지기 때문에 OS를 구성하는 각각의 요소들은 그 역할이 분명하며 **기억장치 관리자, 프로세서 관리자, 장치 관리자, 파일 관리자**로 구성된 4개의 서브시스템(Sub System)이 존재한다.

서브 시스템	역할과 특징
기억장치 관리자	- 주기억장치를 책임진다. - 주기억장치 공간에 대한 각각의 요구 적법성 체크와 할당.
프로세서 관리자	- 프로세서(Processor)즉, 중앙처리장치(CPU)를 프로세스에게 어떻게 할당할 것인지를 결정한다. ※ 프로세스란 실행중인 프로그램 혹은 작업(Job)을 말한다. - 각 프로세서를 모니터링 한다.
장치 관리자	- 모든 장치, 채널과 제어장치(Control Unit)를 모니터링 한다. - 시스템 설계자에 의해 결정된 스케줄링 기법을 기반으로 비디오 디스플레이, 키보드, 프린터, 디스크 드라이브, 모뎀과 같은 시스템의 모든 장치를 가장 효율적으로 할당한다.
파일 관리자	- 컴파일러, 인터프리터, 어셈블러, 유틸리티 프로그램, 데이터파일과 응용프로그램을 포함하는 시스템의 모든 파일을 모니터링 한다.

OS는 그것을 구분기준에 따라 종류가 구분된다. 응답시간과 데이터가 시스템에 어떻게 들어가는지에 따라 **일괄처리, 대화형, 실시간, 하이브리드 시스템**으로 구분하고, 개발목적에 따라 **멀티태스킹, 멀티유저, 멀티프로세싱** OS로 구분된다.

○ 개발 목적에 따른 분류

OS 종류	역할과 특징
멀티태스킹 (Multi tasking)	- 동시에 한 가지 이상의 프로그램을 작동한다.
멀티유저 (Multi User)	- 여러 사람이 동시에 하나의 컴퓨터를 사용할 수 있다. - 멀티유저 OS는 멀티태스킹 기능을 반드시 가지고 있어야 한다.
멀티프로세싱 (Multi Processing)	- 하나 이상의 CPU가 장착되어 사용하고 관리한다.

○ 응답시간과 데이터 입력방법에 따른 분류

OS 종류	역할과 특징
일괄처리 시스템 (Batch Processing)	- 초창기 컴퓨터에 주로 사용되었으며 천공카드나 자기테이프를 입력장치로 사용하였다. - 오늘날에 주로 사용하는 일괄처리 입력방식은 OMR카드나 OCR카드가 있다. - 사용자와의 상호 작용 없이 순차적으로 실행된다.
대화형 시스템 (Interactive)	- 이용자가 자신들의 프로그램을 디버깅할 때 더욱 신속한 처리를 위해 개발되었다. - 이용자에게 즉각적인 피드백을 제공하고 반환시간은 일괄처리 시스템보다 빠르지만 실시간 시스템보다는 느리다. - 시분할 시스템(Time Sharing System)이 여기에 해당된다.
실시간 시스템 (Real Time)	- 결과 값이 현재의 결정에 영향을 주기 때문에 데이터의 처리가 빨라야 하며, 반환시간이 중요한 환경에서 사용된다. - 모든 시스템 중 가장 빠른 응답시간을 갖는다. - 우주선이나 공항 관제탑, 고속비행기, 복잡한 의학용 장비, 전기의 분배, 전화 스위치 등에 이용된다.
하이브리드 시스템 (Hybrid)	- 현재 사용되고 있는 대부분의 대형 컴퓨터에 사용된다. - 일괄처리 시스템과 대화형 시스템의 합성

4) OS의 역사 및 발전과정

구분	OS의 특징 및 종류
1940년대	- 초기 전자식 디지털 컴퓨터에는 OS가 없었다. - 단지 기계적 스위치에 의해 작동되었다.
1950년대	- 한 번에 하나의 작업만을 순차적으로 처리하는 일괄처리(Batch Processing) 시스템이 주류를 이루었다.
1960년대	- 일괄처리시스템이 주류였지만 몇 개의 작업을 동시에 수행하는 멀티프로그래밍(Multi-Programming)의 개념이 도입되었다. - 1964년 IBM System/360 계열 컴퓨터 시스템이 발표되면서 OS로서 기능을 갖춘 OS/360이라는 OS가 출시되었다. - 시분할 시스템(Time-Sharing System)의 개발 - 1960년대의 OS는 신뢰성이 있고 이해하기 쉬웠으나 유지보수가 용이하지 않고 시스템의 오류를 검사하여 제거하는 데에 많은 돈과 시간이 소요되었다. - 소프트웨어 공학(Software engineering) 분야 출현 ⇒ OS를 개발하는 데 있어서 비능률적인 경험을 토대로 좀 더 신뢰성 있고, 이해하기 쉬우며, 유지하기 용이한 소프트웨어 개발을 위한 새로운 접근방법 모색
1970년대	- 멀티모드 시분할 시스템이 보편화 되었다. - CPU 속도의 발전에 비해 입·출력 장치의 속도가 느려 이를 극복하기 위해 멀티프로그래밍 기술이 발전되었다. - 초기 단계의 개인용 컴퓨터가 보급되었다. - 근거리통신(LAN, Local Area Network)에서 Ethernet 표준에 의해서 실용화되고 경제적으로 되었다. - 통신이 발달하면서 다량의 정보를 보호하기 위한 암호화가 사용되었다.
1980년대	- 2개 이상의 프로세서를 이용하는 멀티프로세싱 환경에 적합하게 바뀌었다. - 워크스테이션과 개인용 컴퓨터의 OS가 보편화되기 시작했다. - 컴퓨터 구성요소의 가격대 성능비가 향상되었다. ·하드웨어의 부분적인 기능들을 쉽게 교체할 수 있는 카드를 이용 하게 되어 융통성이 향상되었다. ·가격은 점차 하락되었다. ·OS 기능들이 하드웨어 자체에 포함된 펌웨어(Firmware)가 나왔다. - 클라이언트/서버(Client/Server) 모델의 확산 - 컴퓨터 네트워크가 중요하게 대두되어 컴퓨터와 컴퓨터를 연결해 서로 정보와 데이터를 교환하거나 데이터를 검색하는 전자우편, 파일전송, 원격 데이터베이스 액세스 등이 확산되었다.

년대별	OS의 특징 및 종류
1990년대	- 프로세서와 주기억장치의 급속한 발달과 상대적인 가격하락, 그리고 네트워크의 발달로 인해 멀티미디어 처리기술, 병렬계산(Parallel Computing), 분산계산(Distributed Computing), 그리고 인터넷 관련 기술이 꽃을 피운 시기이다. ·병렬계산 : 순차적 처리만으로는 계산 능력을 증가시키는데 한계가 있어 많은 프로세서들을 병렬로 연결하여 동시에 작동 ·분산계산 : 프로세서 사용시간이 메인프레임에서 개인용 컴퓨터나 워크스테이션으로 분산. 즉, 계산은 중앙 집중이 아닌 분산으로 발전 - 네트워크와 멀티미디어 처리기술이 가장 발달한 시기이다. 인터넷의 보급으로 인해 세계 모든 정보를 원하는 시간에 얻을 수 있을 뿐 아니라, 오디오·비디오·애니메이션 등의 정보를 컴퓨터 시스템 기반환경에서 처리할 수 있게 되었다. - 그래픽 사용자 인터페이스(GUI)를 강화하는 쪽으로 발전되었다.
2000년대	- 32비트 OS에서 고성능 64비트 OS가 주류를 이룬다. - 서버 시스템용 OS와 네트워크 활용에 적합한 분산 OS, 가전제품이나 모빌 컴퓨터에 적합한 소형 OS들이 각광을 받을 것으로 본다. - 2000년대 OS의 특징 ·분산 환경을 위한 다양한 디렉터리 서비스 ·분산 환경 활성화와 더불어 자원을 보호하기 위한 보안기능 강화 ·크기는 작으나 기능이 강력하고 다양한 마이크로프로세서를 지원할 수 있어 정보기기(웹폰, 웹TV, PDA, 가전제품 등)에 사용될 수 있는 높은 이식성 ·쉽게 접근하고 이용할 수 있는 새로운 사용자 인터페이스의 제공

맨 처음 선보인 컴퓨터 OS는 현재 사용되는 컴퓨터 OS와는 그 구조나 의미가 다르다. 하지만 OS라는 형태의 개념을 선보인 것은 IMB-701 컴퓨터의 사용을 위해 1950년 GM 연구소에서 개발한 프로그램이다. OS라는 이름을 갖지는 못했으며 그로부터 약 5년 뒤에 IBM-704의 OS를 노스아메리칸 항공사와 GM이 합작해 개발했다. 1959년에는 노스아메리칸 항공사에서 'Fortran Ⅱ를 개발해 사용자가 직접 조작하는 부분을 최소화시키고 컴퓨터 스스로 시스템 조작을 자동으

로 처리하도록 했다. 이것은 현대적인 의미의 OS에 가장 근접한 개념이었으며 1960년대 IBM360 부터 본격적인 OS의 개념이 시작되었다.

1960년대	·일괄처리시스템 주류(멀티프로그래밍 개념 도입) ·가상 메모리 개념 도입 ·계층적 디렉터리를 갖춘 파일 시스템 적용
OS/360	- 1964년 IBM 사가 시스템/360을 발표하면서 이를 사용하기 위한 OS로 OS/360 개발 - 컴퓨터 OS의 개념이 분명해짐 - 세그먼트 기법과 페이징 메모리에 의한 가상 메모리 개념 도입 - 계층적 디렉터리를 갖는 파일 시스템의 개념이 적용 - OS/360 이후 개인용 컴퓨터를 위한 OS로 CP/M, MS-DOS, 윈도우, OS/2 등이 개발되기 시작
1970년대	·멀티모드 시분할 시스템 ·유닉스 개발, 기종 간 통일된 OS 사용 ·멀티태스킹, 멀티유저 기능 지원
UNIX	- 1971년 미국의 전신전화회사인 AT&T 사의 벨연구소에서 개발 - '켄 톰슨(Ken Thompson)'이 DEC 사의 미니컴퓨터 PDP-7에서 어셈블리 언어로 단일 사용자용 멀틱스(Multix)와 유닉스(Unix) 제1버전 개발 - 1972년 데니스 리치(Dennis Ritchie)가 유닉스를 C언어로 다시 개발 - UNIX의 특징 ·컴퓨터 기종 간에 통일된 OS 사용 가능 ·어떠한 형태의 컴퓨터에도 이식이 가능 ·여러 가지 일을 동시에 처리하는 멀티태스킹 기능 제공 ·여러 사람이 동시에 접속해 일을 할 수 있는 멀티유저 기능 제공 - 기본적으로 명령어 라인 인터페이스(Command Line Interface) 제공 ※ MIT 대학에서 개발한 X윈도우를 통해 GUI 환경 제공 - 현재까지도 가장 안정적이고 강력한 성능을 지닌 OS로 널리 사용되고 있음.

1980년대	·워크스테이션, 개인용 컴퓨터의 OS 보편화 ·DOS 개발로 디스크에 OS 저장, 시스템 관리 ·애플 컴퓨터는 GUI 환경을 도입한 매킨토시 시스템 개발
DOS (Disk Operating System)	- 컴퓨터를 구성하고 있는 하드웨어 중에서 디스크(Disk)를 중심으로 컴퓨터 시스템을 관리하는 방식의 OS인 DOS 개발 - IBM에서도 DOS라는 이름의 OS를 개발하였으나 사람들에게 많이 알려져 있는 DOS는 MS 사의 MS-DOS이다. - MS-DOS(Microsoft-Disk Operating System) ·미국 시애틀컴퓨터가 개발한 CP/M-86 호환의 DOS를 MS 사가 사들여 일부 코드를 수정한 OS로 개인용 컴퓨터의 여러 장치를 제어하는 범용 OS ·1981년 IBM의 16비트 PC용으로 개발한 단일이용자, 단일 업무용 OS ·1983년 발표된 MS-DOS 2.0버전에서 유닉스의 기능을 일부 도입 ·계층구조에 의한 파일관리, 명령의 파이프라인 필터 기능, 네트워크 기능, 그래픽 기능 강화 및 기억 용량을 640KB로 확장
매킨토시 시스템 (Macintosh System)	- 1984년 미국의 애플컴퓨터사가 발표한 16비트 및 32비트 개인용 컴퓨터인 매킨토시를 위한 OS - 강력한 GUI(Graphic User Interface) 방식 사용 - 다른 종류의 컴퓨터와 호환성의 문제가 있어 출판이나 그래픽 등 특정 분야에서 주로 사용 - 출판 분야에 DTP(탁상전자출판) 시스템 도입 계기 - 마이크로소프트사가 DOS 시스템에서 벗어나 윈도우를 개발하는데 자극제 역할
OS/2 (Operating System/2)	- IBM 사와 MS 사가 PS/2에서 사용할 목적으로 개발 - OS/2의 특징 ·다른 일반 PC용 OS보다 높은 안정성 ·32비트 선점형 멀티태스킹 기법 구현 ⇒ MS-DOS의 메모리 운영방식의 한계 극복 ·유닉스와 MS-DOS의 파일시스템을 절충한 HPFS(High Performance File System) 방식 사용 ⇒ 파일시스템 차원에서 캐싱(Cashing) 시행, 파일손상 위험 축소 ·GUI 방식의 사용자 인터페이스인 WPS(Work Place Shell) 사용 ⇒ 직관적인 화면관리 가능, 폴더 개념으로 파일 관리 가능 - 초기 MS-DOS용 프로그램을 수용하지 못하고 OS/2 기반의 응용 소프트웨어 개발이 활발하지 못하여 널리 활용되지 못함.

1990년대	· 네트워크 발달로 인해 멀티미디어 처리기술, 병렬계산, 분산계산 구현 · 유닉스 기반으로 탄생한 PC용 OS인 Linux 탄생 · 윈도우 3.1 개발, 32bit OS인 윈도우 NT 발표
네트웨어	- 미국 노벨사가 개발한 네트워크 전문 OS이며, PC용 네트워크를 위한 것으로 세계적으로 가장 많이 사용되고 있는 제품 - 네트웨어 특징 · 파일과 프린트 서비스를 비롯한 각종 프로세스의 처리 능력에 최적화 · 각종 업무와 하드웨어 사이에 필요한 최소한의 소프트웨어만 사용 · 최대의 성능을 위해 비보호 메모리 사용 · 시스템 장애를 방지할 수 있도록 동작되는 구조 · 효율적인 파일 시스템과 내부 라우터, 캐시 구조 내장 · 조직의 업무지원 서비스와 어플리케이션을 실행하는데 필요한 기능과 총체적인 네트워크 환경 제공 · NDS(Novell Directory Service)를 통해 대규모 네트워크 관리를 위한 방법 제시 - 경쟁제품이라 할 수 있는 MS 사의 NT 서버와 비교하면 네트웨어는 파일이나 프린트 서버로 강력한 기능을 갖고 있으며, NT는 응용 업무를 위한 네트워크 서버로서 적합 ⇒ MS 사의 윈도우NT는 소규모 워크그룹 서버로, 노벨사의 네트웨어는 백본 및 대규모 조직용 서버로 주로 활용
Linux	- 1989년 핀란드 헬싱키 대학에 재학중이던 '리누스 토발스(Linus Torvalds)'가 유닉스를 기반으로 개발한 공개용 OS - 1991년 11월 버전 0.10이 일반에 공개되면서 확대 보급되기 시작 - Linux 특징 · Unix가 중대형 컴퓨터에서 주로 쓰이는 것과 달리 리눅스는 워크스테이션이나 개인용 컴퓨터에서 주로 활용 · 소스 코드를 무료로 공개해 전 세계적으로 약 500만 명이 넘는 프로그램 개발자 그룹을 형성하게 되었으며, 이들에 의해 단일 OS의 독점이 아닌 다수를 위한 공개라는 원칙하에 지속적으로 업그레이드되고 있음. · 파일구성이나 시스템 기능의 일부는 유닉스를 기반으로 하고 있으나 핵심 커널 부분은 유닉스와 다르게 구성 · 인터넷 프로토콜인 TCP/IP를 지원해 강력한 네트워킹 기능 발휘 · 소스코드가 공개되어 있어 사용자의 시스템 특성에 따라 소스 변경이 가능 - 리눅스는 유닉스와 거의 유사한 환경지원, 무료 이므로 프로그램 개발자 및 학교 등을 중심으로 급속히 확산되고 있는 상황

Windows 3.1	- 미국의 MS사가 개발한 GUI 환경의 OS로 MS-DOS상에서 작동 - 응용 프로그램들 간의 자료 교환이나 멀티미디어 기능도 갖추고 있어 DOS 환경보다 훨씬 다양한 응용이 가능 - 부동소수점 계산을 전문적으로 처리해 주는 80487 코프로세서를 장착한 PC에서 강력한 성능 발휘 - 486DX/66MHz 시스템에서는 MPEG 보드 등 추가 하드웨어의 도움으로 상당 수준의 멀티미디어 환경 구사 가능 - 당시 대표적인 GUI 환경의 OS인 매킨토시를 뛰어넘지 못함.
Windows 95	- 1995년에 등장한 혁신적인 OS로 윈도우 3.1의 다음 버전 - Windows 95 특징 · MS-DOS와 윈도우를 통합하고 16비트와 32비트 모드가 공존 · 윈도우 3.1에서 독립되어 있던 프로그램 매니저와 파일 매니저가 통합 · 폴더 사용과 데이터 파일을 아이콘화 해 매킨토시와 비슷한 조작성 구현 · 각종 하드웨어 접속을 용이하게 하는 플러그&플레이(Plug&Play), 피어 투 피어(Peer to Peer) 네트워크 지원, 멀티태스크 윈 32 API가 장착 · 인터넷 접속을 위한 TCP/IP 프로토콜 내장 - 실시간 2D 및 3D 그래픽, 디지털 오디오, 비디오 및 인터넷 그래픽 가속 기능 등 다양한 멀티미디어 지원 기능 제공 - 멀티미디어를 위한 별도의 하드웨어 불필요 - 윈도우 업데이트 사이트를 통해 최신 기술정보 제공
Windows 98	- 1998년 8월 MS 사에서 윈도우95의 후속 버전으로 32비트 OS인 윈도우 98 발표 - Windows 98 특징 · 인터넷 익스플로러, 아웃룩 익스프레스, MS채팅, 넷미팅 등 인터넷 사용에 필요한 각종 도구 내장 · 인터넷 연결 기능과 접속 속도를 크게 향상 · 레지스트리 검사기, 파일시스템 검사기 등 다양한 시스템 도구 추가 지원 · 하부구조가 32비트로 구성되어 효율적인 메모리 사용이 가능 · 실시간 2D 및 3D 그래픽, 디지털 오디오, 비디오 및 인터넷 그래픽 가속 기능과 같은 다양한 멀티미디어 지원 기능 향상 · 1000개 이상의 새로운 드라이버를 더해 하드웨어 지원과 플러그&플레이 기능 향상

Windows NT	- 윈도우 3.1이나 윈도우 95의 상위 버전으로 워크스테이션에서 주로 사용할 목적으로 개발된 고성능 32비트 OS - 안정된 멀티태스킹과 높은 수준의 보안기능, 네트워크 기능 - 사용자 인터페이스와 내부 아키텍처 및 기본 디자인이 유닉스에 비해 편리하게 설계되어 복잡한 네트워크나 서버 등을 쉽게 관리할 수 있게 함
2000년대	· 64비트 OS, 서버 시스템용 OS, 분산 OS, 소형 OS · 안정성, 이용자 편의성 위주의 OS 발표
Windows 2000	- 윈도우 2000은 윈도우 NT의 후속 버전으로 윈도우 NT의 기술과 윈도우 98의 편리한 이용자 인터페이스를 통합한 OS - 통합된 웹 기능과 함께 이동식 컴퓨터와 하드웨어 장치를 지원해 언제 어디서나 인터넷에 연결할 수 있도록 구현 - 안정성과 관리 효율성이 윈도우 98이나 윈도우 NT보다 향상 - 윈도우 98보다 약 30% 정도의 빠른 속도
Windows XP	- 윈도우 2000의 장점과 윈도우 98의 최고 기능을 모아 만든 OS - 높은 안정성 - 표준 보안과 이용의 용이성, 신뢰성과 플러그&플레이, 사용하기 쉬운 사용자 인터페이스 등 혁신적인 지원 서비스 등을 통합 - 윈도우 2000 코드 베이스 상에서 구현 - 고성능 워크스테이션을 위한 64비트 에디션 개발 - 윈도우 XP 64비트 에디션은 'Win64 API'를 기반으로 차세대 어플리케이션을 위한 확장 가능한 고성능 플랫폼 제공 - 8TB(1TB = 1024GB)까지 가상 메모리 지원
Windows CE	- 휴대용 컴퓨터인 'HPC'용 OS - 차세대 OS로 주목받고 있으며 꾸준히 업그레이드되고 있음. - 핸드헬드(HandHeld) PC에 윈도우 CE를 탑재하면 윈도우용 응용 프로그램을 그대로 사용할 수 있고, 무선통신, PCMCIA 카드 등을 이용할 수 있기 때문에 주변기기 확장이 가능하다.
Windows Vista	- 2007년 2월 윈도우 XP 후속 버전으로 Windows Vista 발표 - Windows Vista 특징 · 사용자 계정별 권한과 자료 접근범위에 대해 관리자 제어권 확대 · 웜, 바이러스 등으로부터 PC를 보호하기 위한 보안성 강화 · 인터넷 브라우저 익스플로러 7 내장 · 폴더, 데이터 파일 등을 포함한 사용자 인터페이스 및 디자인 개선 · 사진과 비디오 편집 기능이 확대된 모빌리티 센터 구현 · 시스템 안정성 및 신뢰성 확대 · Peer to Peer 기능 OS 내장 · 원거리 네트워크 검색까지 지원하는 검색기능 강화

Windows 7	-2009년 11월 윈도우 Vista 후속 버전으로 Windows 7 발표 -Windows 7 특징 • 부팅속도가 XP에 비해 비약적으로 향상 • 최소 설치요구사양이 낮아짐 • 단순화되고 향상된 네트워킹 '홈그룹' • 인터넷 익스플로러 8 내장 • Aero Peek, Snap, Shake, Thema 등 UI 편의기능 향상 • UI 나 제스처 및 장애우들을 위한 기능 향상 • 터치스크린 지원 • 좀 더 사용자 친화적인 사용자 계정 컨트롤 • 호환성 및 보안 강화 • 하위 OS 호환을 위해 윈도우 XP 모드 기능 • 시스템 성능 개선 및 안정화 • 시스템 백업 및 복원 등 관리 기능 향상 • 대용량 파일 관리 성능 개선 • 문서, 음악, 사진, 동영상 관리 '라이브러리' 기능 • 멀티미디어 기능이 강화된 미디어 플레이어 12 및 윈도우 미디어 센터 내장
Windows 8	- 2012년 10월 컴퓨터 및 모바일 운영체제(OS) 윈도우8 발표 - Windows 7 보다 시작 및 앱 전환속도가 빠르며 전원 효율성도 높다. - 시작화면을 타일방식 Modern UI(Metro UI) 적용, 사용자 뜻대로 재구성, UI 유연성 제고 - 데스크톱 환경을 선호하는 사용자를 위해 윈도우 7과 유사한 데스크톱 UI 환경 제공 - 운영체제(OS)가 직접 터치기능 지원 - 윈도우 앱을 이용하여 윈도우 8과 윈도 우RT에서 동일 마켓 이용가능 - 스카이드라이브(클라우드 서비스) 기능으로 언제 어디서나 스카이드라이브 사용 가능 - 빠른 속도와 보안이 강화된 인터넷 익스플로러 10 제공 - 윈도우 초기상태 되돌림 기능(Reset)과 설정 값(Default) 초기화기능(Refresh) 지원 - USB 디바이스와 같은 이동식 장치에 OS 설치 및 활용(Windows To Go)기능 지원 - PC의 차세대 펌웨어 인터페이스 UEFI(Unified Extensible Firmware Interface) 지원 - 계정 동기화 기능, 여러 대의 윈도우 8 PC에서 내 계정으로 로그인 기능 - PC 자원을 가상화 하는 Hyper-V 기능 제공 - 가상 디스크 기능에 의해 추가 프로그램 없이 ISO 이미지 사용가능 - 윈도 미디어 플레이어는 포함하지 않지만 오피스2013을 무료 포함

3. 부팅

운영체제의 부팅(Booting)과정을 이해하기 위해 컴퓨터 내부의 전반적 구조를 살펴보면 주기판(主基板, Main Board : 중앙처리장치(CPU), 주기억장치, 하드디스크 등 주요 장치와 각종 회로들 간의 상호연결용 판, CPU 종류, 기억장치 최대 용량, 확장 슬롯의 수량, 시스템의 안정성 등 컴퓨터의 기본 성능 결정)에 있는 칩셋(Chip set : 컴퓨터 메인보드에 설치된 대규모 집적회로(VLSI)의 총칭)을 중심으로 North Bridge(메인보드 가운데를 기준으로 CPU소켓 쪽에 있는 집적회로, CPU와 직접 연결되는 시스템 제어장치)와 South Bridge(메인보드 가운데를 기준으로 PCI(Peripheral Component Interconnect) 슬롯 쪽에 있는 브리지 또는 전원 관리용 집적회로, 외부에서 정보가 입력되면 South Bridge는 North Bridge를 통해 메모리로 전송하고 CPU는 메모리로부터 정보를 받아 연산하고 그 결과는 그래픽 카드에서 형상화시켜 모니터로 출력) 즉, North Bridge는 FSB[Front Side Bus]에 연결되어 CPU를 중심으로 고속 데이터 전송 장치들을 제어하고 South Bridge는 입출력장치 같은 저속의 Local Bus 역할을 담당하는 장치이다.

1) 전원공급

사용자가 전원을 인가하면 전원공급 장치에서는 마더보드와 프로세서 등 각 장치로 전원을 공급하게 되며 칩셋(Chipset)은 프로세서에 Reset Signal을 보낸다. 전원공급 장치는 메인 보드의 칩셋에 Power Good Signal을 보내서 전원 공급이 완료되었음을 알려준다.

- 전원공급 장치(Power Supply Unit)에서 마더보드, 프로세서, HDD 등 각 장치로 전원공급
- 모니터에 컴퓨터의 정보를 출력하기 위해 디스플레이 출력장치 초기화
- Power on Reset 부분에서 PC의 각 부분으로 전원공급
- 메인 보드의 칩셋에 Power Good Signal을 보내서 전원공급의 완료통보

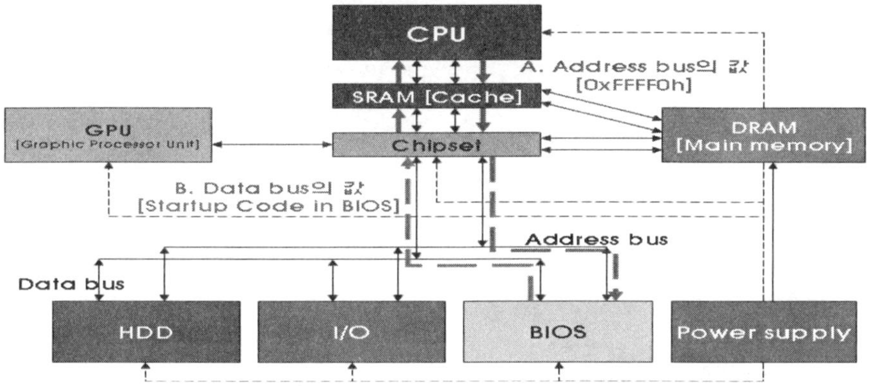

컴퓨터에 전원 공급되는 과정

2) BIOS와 POST

Power Good Signal을 받아 안전한 전원공급이 확인되면 프로세서는 운영체제 실행 이미지를 적재하고 실행하기 위한 준비 작업을 시작한다. 전원을 인가한 직후의 주기억장치인 메인 메모리에는 아무것도 없기 때문에 Boot Process를 시작하기 위해 0xFFFF0h에 있는 Startup code를 실행한다.

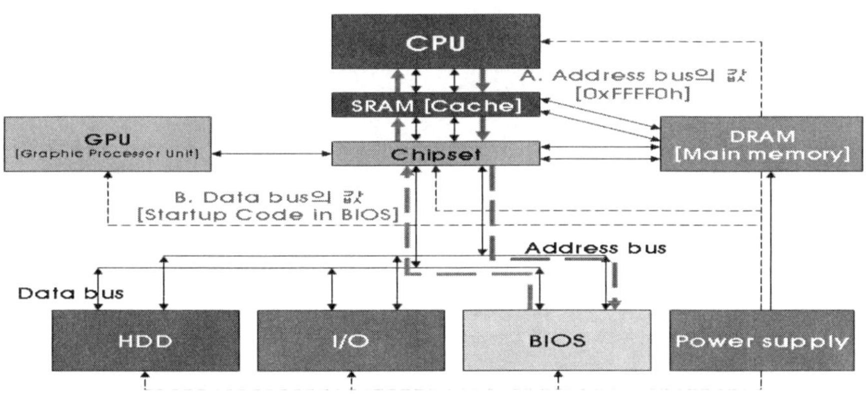

전원 인가 직후, BIOS에 있는 Startup Code 실행과정

Startup Code에는 컴퓨터 I/O장치를 위한 인터럽트 벡터 테이블을 다시 설정하고, 이 인터럽트 벡터 테이블의 "reset" 인터럽트를 위한 처리가 시작된다.

Startup Code의 실행이 완료되면, BIOS에서 POST(Power on Self Test) 작업을 수행한다. POST 작업은 컴퓨터 하드웨어가 정상적으로 작동하는지 확인하는 작업으로 만약 오류가 발생하면, Boot 프로세스를 중지하고 발생하지 않으면, INT19를 호출하여 POST 작업이 완료되었음을 프로세서에 알려준다.

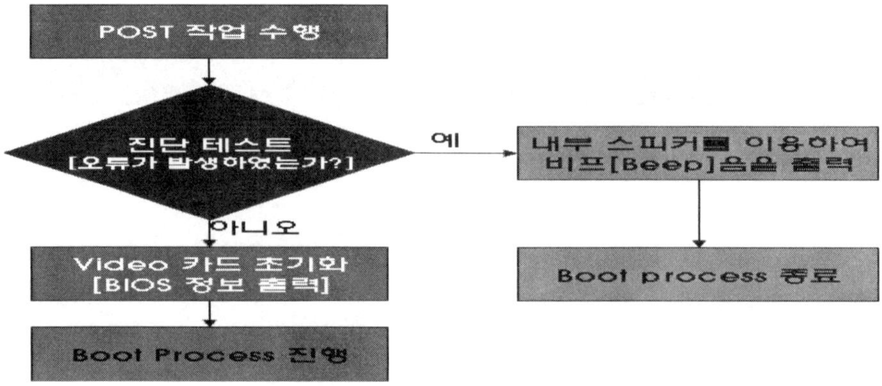

BIOS의 POST 작업 수행도

기본적인 POST 작업이 수행 완료 되면 제일 먼저 BIOS Code는 그래픽 출력 장치인 비디오 카드를 찾기 시작한다. 메모리의 0xC000h에 존재하는 비디오 카드에 Built-in 되어있는 비디오 카드의 BIOS 프로그램을 실행하기 위해서이다.

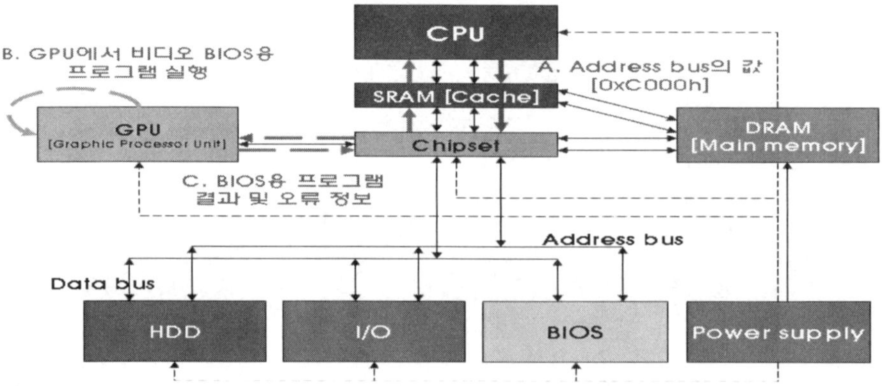

비디오 카드에 있는 BIOS 프로그램 실행

BIOS에 의해 비디오 카드가 실행되면, BIOS는 다른 장치를 찾으면서 그 장치에 있는 ROM에 있는 프로그램을 실행한다. 대부분의 플랫폼(Platform)의 경우,

플로피 디스크 드라이브의 BIOS의 메모리 주소 0000:7C00에 IDE/ATA 하드디스크 BIOS는 메모리 주소는 0xC8000h에서 발견할 수 있다. INT 19 인터럽트 처리 중에 다른 장치의 BIOS가 발견된다면, 발견한 장치의 BIOS도 실행시킨다. BIOS는 BIOS의 Startup Screen을 모니터 화면에 출력하면서, BIOS 정보를 모니터에 출력한다. BIOS의 정보를 모니터에 출력한 이후에는 메모리 테스트와 같은 추가적인 테스트를 수행한다. 만약 이 과정에서 오류가 발생하면, 오류 발생 정보를 모니터 화면에 출력하여 사용자에게 알려주게 된다. 메모리 테스트와 같은 추가적인 테스트가 성공하면, BIOS에 있는 시스템에 설치된 하드웨어를 동작시키기 위하여 메모리 타이밍을 맞추어주거나, 신호를 각 장치로 보내주게 된다.

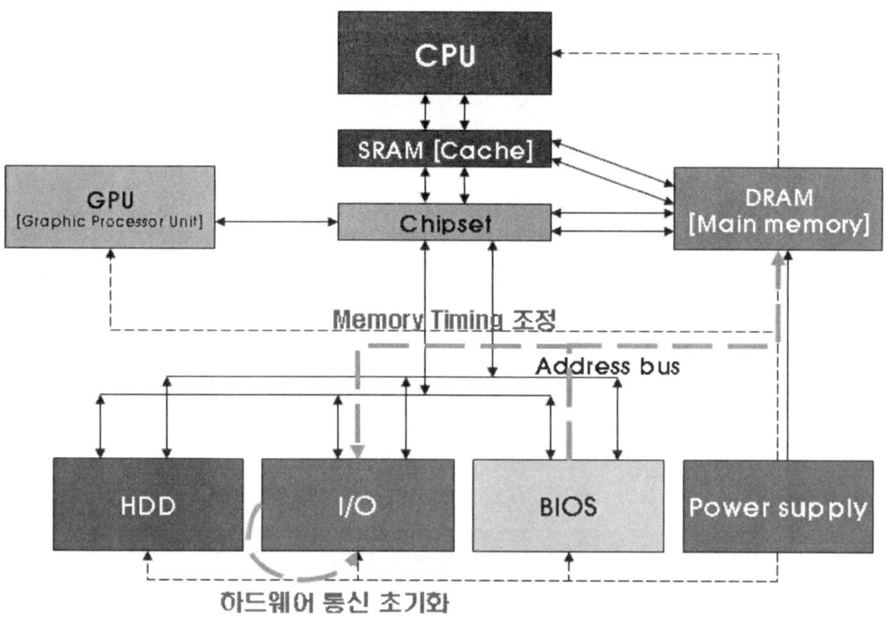

BIOS 하드웨어 초기화

- 컴퓨터와 연결되어 있는 각각의 장치에 설정된 정보 입수
- 각 장치들에 알맞은 초기화(Initialize)작업 수행
- 결정 또는 설정 완료된 정보들을 비디오카드를 통해 모니터로 출력

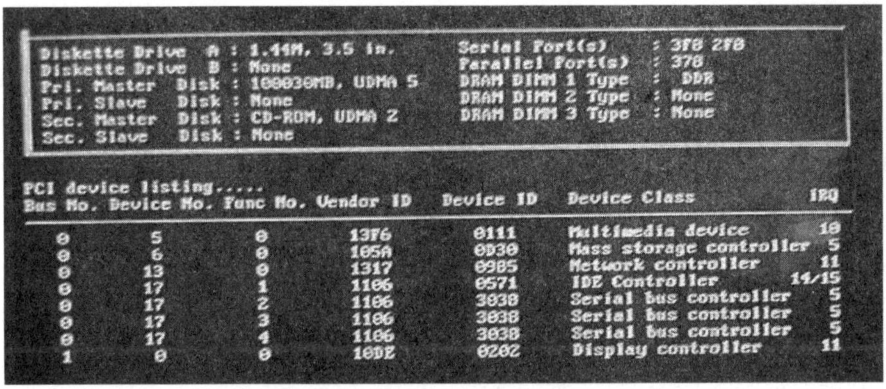

BIOS Summary 화면

3) HDD와 MBR

BIOS의 모든 설정이 종료된 후에는 하드디스크에서 부트스트랩 로더를 찾아야 한다. 부트스트랩 로더는 운영체제의 초기 실행을 위하여 하드웨어를 초기화하거나, 운영체제의 실행 이미지를 주기억장치에 적재하여 운영체제가 실제로 프로세서에 의해서 실행될 수 있도록 만들어 주는 프로그램이다. 부트스트랩 로더의 정보는 하드디스크 첫 번째 섹터에 존재하는 MBR(Master Boot Record)에 기록되어있다.

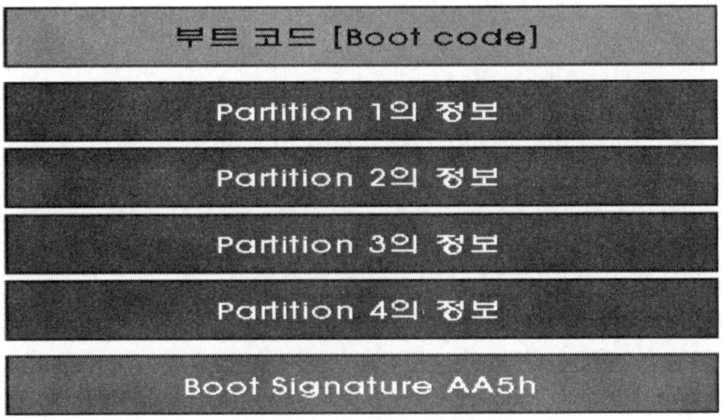

MBR Data의 형식

Master Boot Code는 BIOS에 의해 적재 실행된다. Code의 실행이 완료되면 부트스트랩 로더를 부트 파티션에서 찾아 실행해 준다. Master Boot Code에는 하드디스크에 존재하는 파티션의 정보를 담아두는 구조체가 존재하며, 또 다른 다음 정보와 구분하기 위한 Boot Signature 필드가 맨 마지막에 존재한다.

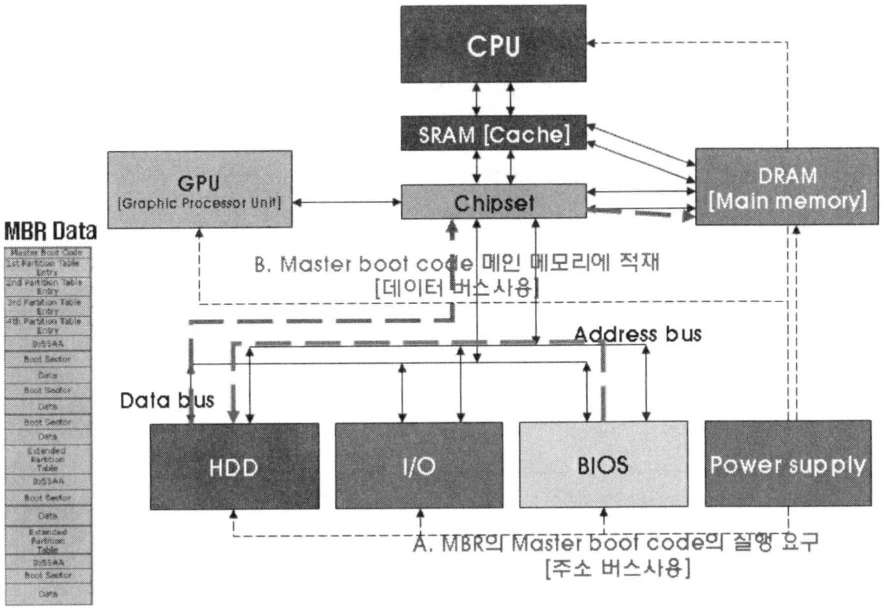

Master Boot Code를 메모리에 적재하는 과정

BIOS의 Startup Code가 종료된 후 BIOS는 하드디스크의 MBR의 주소를 주소 버스를 통해서 보내게 되고, 하드디스크는 해당 주소에 있는 MBR Data를 데이터 버스를 사용하여 메인 메모리에 적재한다. 메인 메모리에 적재된 Master Boot Code는 부트스트랩 로더를 실행시키기 위하여 BIOS에 의해 요청되고 프로세서에 의해서 실행되어진다. 프로세서는 주소 버스에 0000:7C00를 로드하고 INT19 명령을 이용 인터럽트를 발생시킨다. 0000:7C00에는 메인메모리에 MBR의 Master Boot Code들이 적재되어 있게 되며 이 코드를 이용해서 하드디스크의 부트 섹터를 찾은 다음 부트스트랩 로더를 실행시켜 운영체제 실행 이미지를 메인 메모리에 적재하기 시작한다.

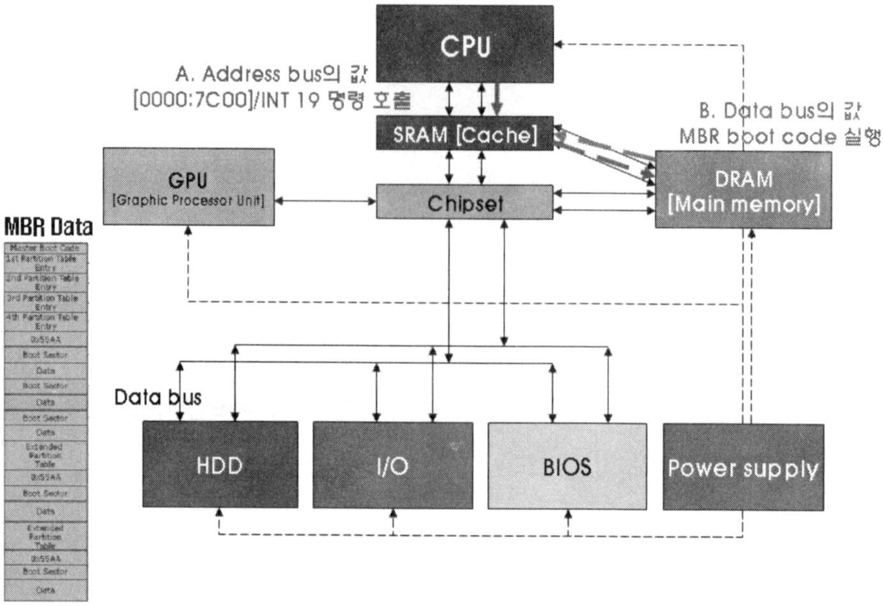

MBR의 Master boot code 실행 과정

- MBR은 Windows Booting을 위한 필요한 정보의 위치 정보 기억
- MBR에 있는 HDD의 파티션 테이블을 검색하여 Boot 파티션이 어디에 있는지 확인
  (HDD의 맨 앞에 시스템 기동용 데이터와 프로그램이 기록되어 있는 영역으로 전원이 인가되면 MBR에 기록되어 있는 프로그램을 읽고 프로그램은 파티션 테이블(Partition Table)에서 HDD의 분할된 각 영역의 시작 위치 정보를 찾아 HDD의 분할된 영역별 부트 섹터(Boot Sector, 분할 구분된 HDD의 맨 앞에 위치하고 있는 OS 기동 프로그램이 저장되어 있는 영역)에 있는 프로그램을 해석하고 그 결과에 따라 OS(Windows)가 동작하게 된다. 만약 HDD의 MBR 영역 또는 기억된 정보가 파괴되면 컴퓨터는 동작할 수 없다.)

4) 부트스트랩 로더(Bootstrap Loader)

부트스트랩 로더(Bootstrap Loader, NT loader)는 운영체제 부트스트랩 과정의 핵심적 부분을 담당하는 프로그램으로 운영체제의 실행을 위한 환경을 구축하고, 운영체제 실행 이미지를 메인 메모리에 적재하고 실행하는 작업을 하는 프로그램이다. BIOS에 의해 실행되는 MBR의 Master Boot Code에 의해서 실행되며, 프로세서의 실제 모드 메모리 어드레싱(Real Mode Memory Addressing) 환경에서 동작하기 때문에 640KB의 메모리 제약을 가진다.

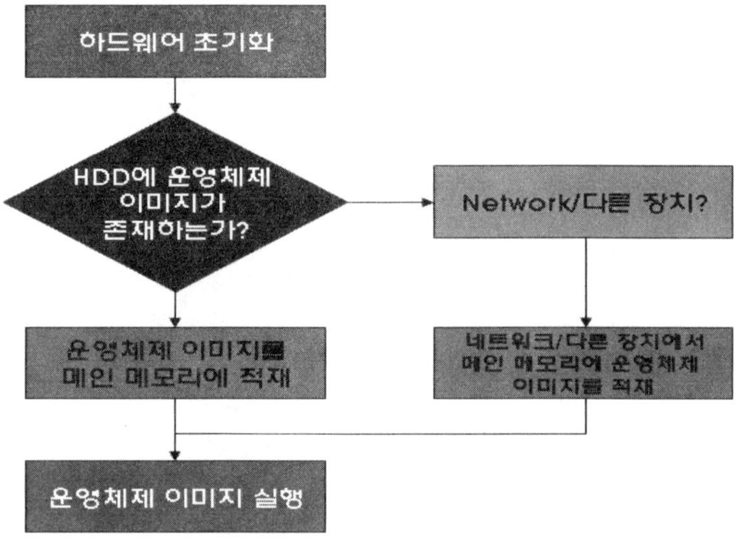

부트스트랩 로더 동작

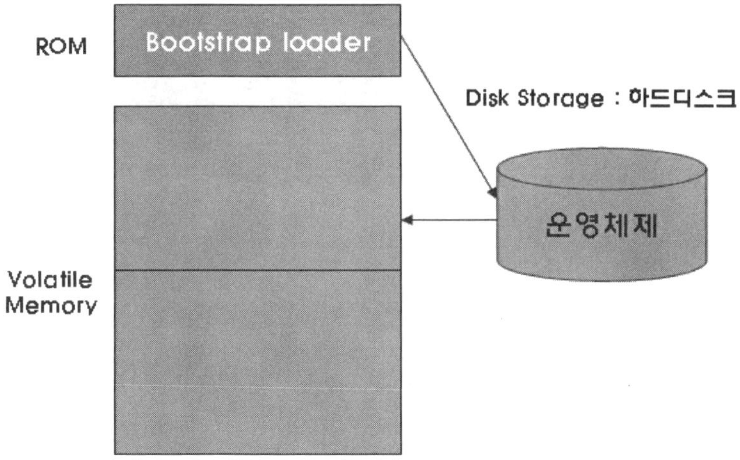

부트스트랩 로더의 동작

부트스트랩 로더의 작업은 컴퓨터 하드웨어를 초기화시키는 작업부터 시작된다. 부트스트랩에서 이루어지는 작업 중 제일 먼저 수행되는 작업이다. 주기억장치의 메모리 초기화는 프로세서에 의해서 메인 메모리를 관리하는 영역으로 나누어 초기화하게 된다. 이 작업은 각각의 영역에 올바른 데이터가 적재될 수 있도록 만들어주는 과정으로 대부분의 프로세서는 주기억장치인 메인 메모리를 아래 그림과 같이 나누어 관리한다.

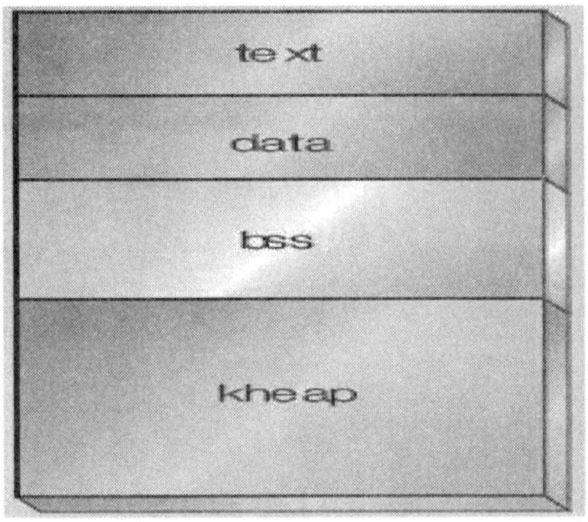

메모리 영역

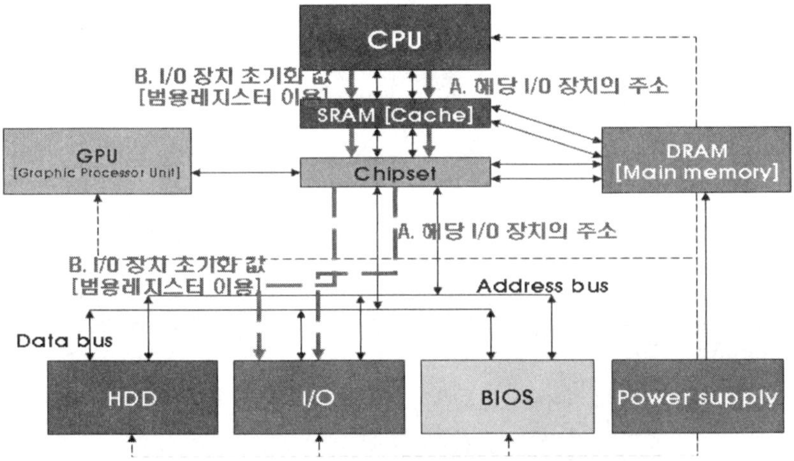

부트스트랩 로더의 하드웨어 초기화 과정

부트스트랩 로더의 하드웨어 초기화가 완료되면, 부트스트랩 로더는 Windows XP의 커널 프로그램인 ntoskml.exe의 정보를 프로세서에 의해서 정해진 메모리 영역에 적재하여 실행되도록 만들어 준다.

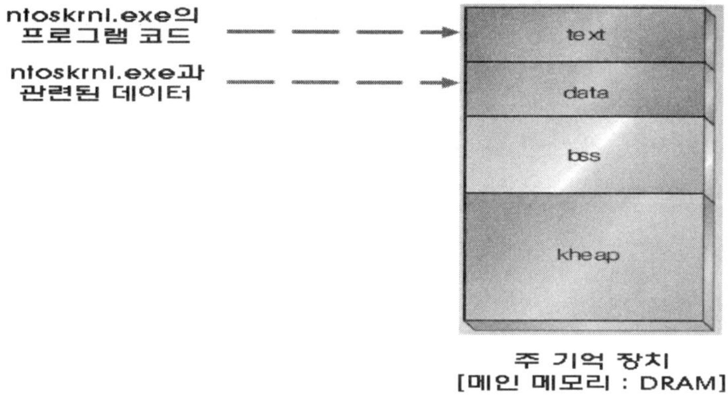

Windows 메인 커널을 메모리에 적재

Windows의 메인 커널 프로그램인 ntoskrnl.exe의 적재가 완료되면 프로세서는 프로그램 카운터(Program Counter)의 값을 ntoskrnl.exe가 적재되어 있는 메인 메모리의 시작 주소로 변경하여 Windows의 커널을 실행하도록 만들어 준다.

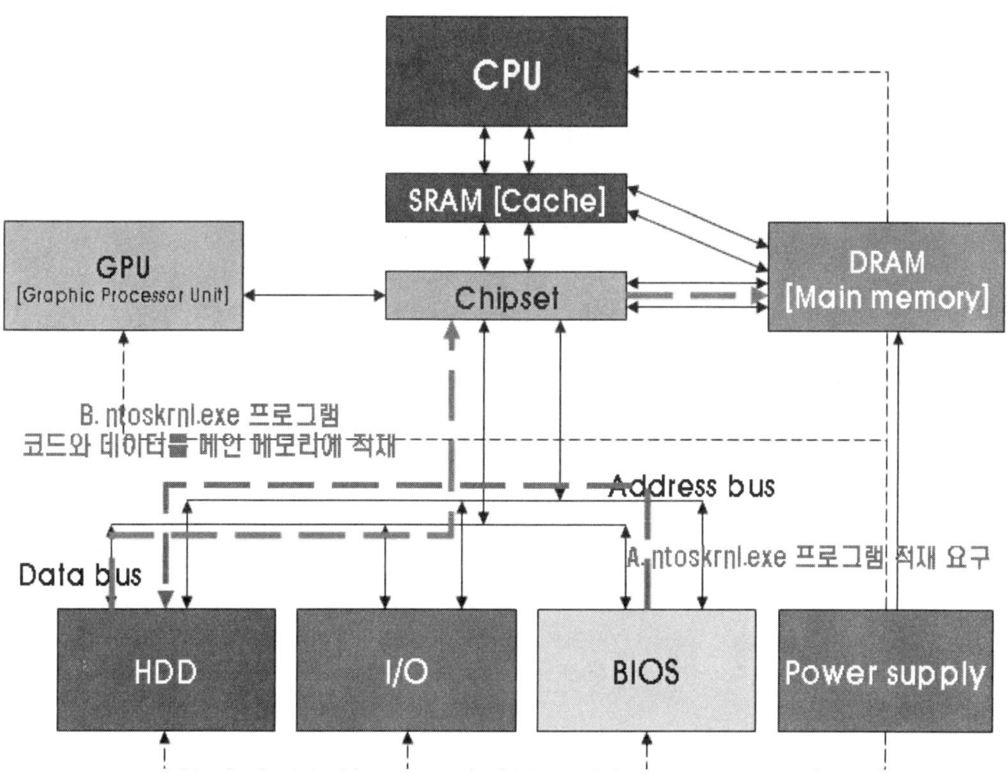

Windows의 메인 커널 프로그램 적재 과정

5) Windows의 실행

부트스트랩 로더에 의해서 실행되어진 Windows는 우선적으로 컴퓨터에 장착되어 있는 주변장치를 관리하기 위하여 시스템에 장착된 하드웨어를 검색한다. BIOS에 설정된 값과 Windows가 관리하는 레지스트리(Registry)라는 데이터베이스(Database)에 의해 이루어지며 레지스트리를 Windows에 등록한 시점에서 완료된다. Windows에 의해 검색되어 시스템에 장착된 하드웨어들은 Windows가 직접 사용할 수 없는 상태이므로 Windows는 검색되어진 하드웨어를 사용하기 위해 각각의 장치 드라이버를 메모리에 로드(LOAD)한다.

장치드라이버는 hal.dll, acpi, pci.sys, isapnp 등을 차례로 적재하여 이루어진다. hal.dll은 Windows 장치드라이버 제일 하위에 존재하는 Hardware Abstraction Layer에 관련된 라이브러리를 포함하고 있는 파일로, 하드웨어와 직접적인 통신을 담당하는 라이브러리 함수를 포함한다.

acpi는 Advanced Configuration and Power Interface로 Windows에서 관리되는 장치들의 전원 상태를 체크해 주는 라이브러리이다. pci.sys/isapnp는 PCI 버스와 ISA 버스에 연결되어 있는 장치들을 관리해 주는 역할을 한다. 이 장치드라이버가 Windows에 의해 설치되면, Windows의 초기 설정은 완료된다.

Windows의 장치드라이버 설치가 종료되면, Windows 커널은 사용자에 편리한 환경을 제공하기 위해 winlogon.exe 프로그램을 실행하며 사용자에게 사용자 정보를 요구하게 된다. 사용자가 ID(Identity)와 암호(Password)를 입력하여 Windows에 로그인(login)하게 되면, Windows는 레지스트리 정보를 이용하여 사용자에게 가장 적합한 환경을 모니터로 출력하게 된다. 사용자가 Windows에게 필요한 작업을 명령어 형태로 받아들이기 위한 사용자와의 관계를 표시하는 "User Interface"를 모니터 화면에 표시하면서 Windows의 부팅과정은 완료된다.

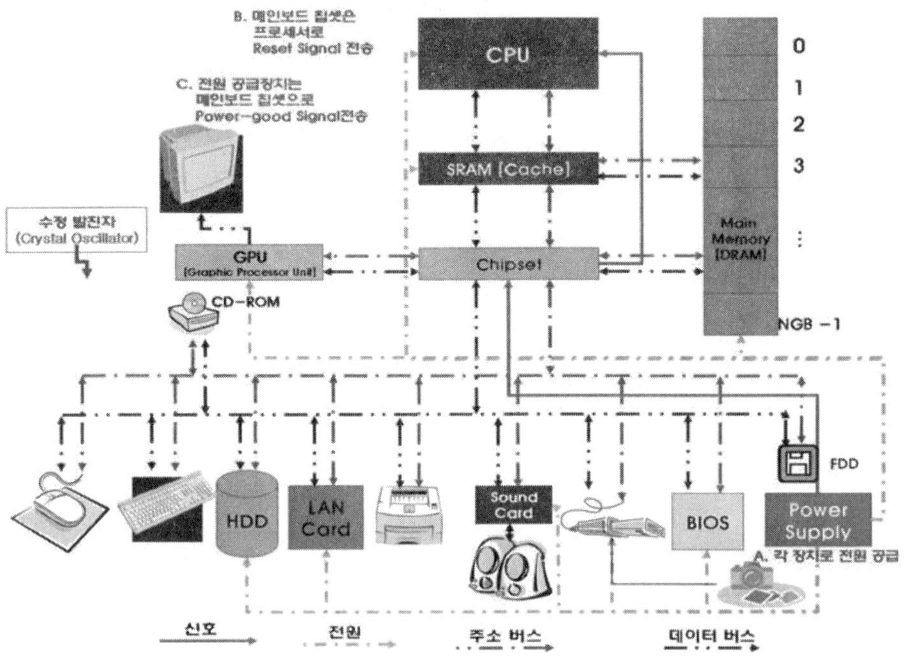
B. 메인보드 칩셋은
프로세서로
Reset Signal 전송
C. 전원 공급장치는
메인보드 칩셋으로
Power-good Signal전송
CPU
SRAM [Cache]
Chipset
수정 발진자
(Crystal Oscillator)
GPU
[Graphic Processor Unit]
CD-ROM
Main
Memory
[DRAM]
0
1
2
3
NGB -1
HDD
LAN
Card
Sound
Card
BIOS
FDD
Power
Supply
A. 각 장치로 전원 공급
신호
전원
주소 버스
데이터 버스

2

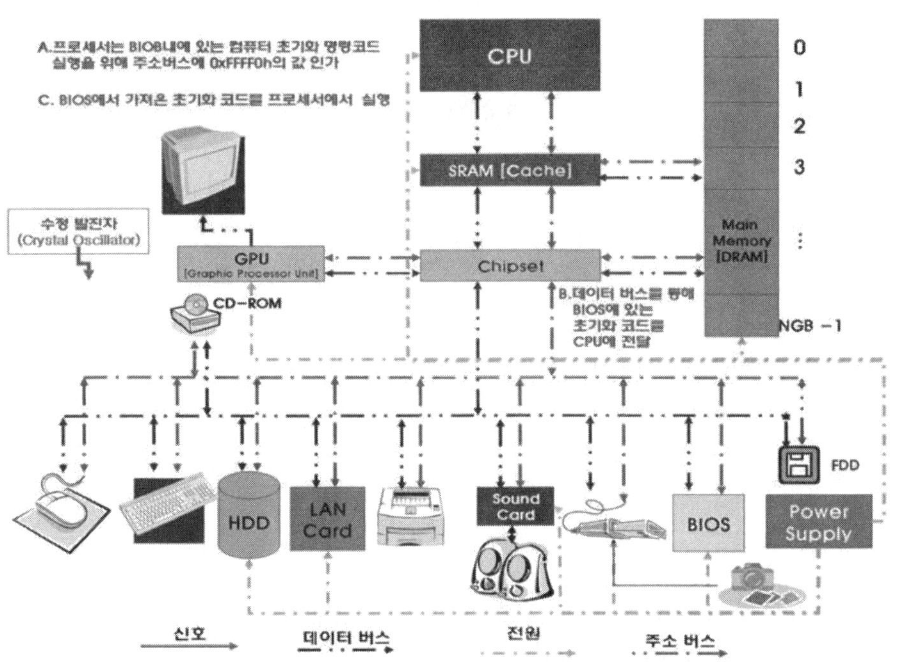
A.프로세서는 BIOB내에 있는 컴퓨터 초기화 명령코드
실행을 위해 주소버스에 0xFFFF0h의 값 인가
C. BIOS에서 가져온 초기화 코드를 프로세서에서 실행
CPU
SRAM [Cache]
Chipset
B.데이터 버스를 통해
BIOS에 있는
초기화 코드를
CPU에 전달
수정 발진자
(Crystal Oscillator)
GPU
[Graphic Processor Unit]
CD-ROM
Main
Memory
[DRAM]
0
1
2
3
NGB -1
HDD
LAN
Card
Sound
Card
BIOS
FDD
Power
Supply
신호
데이터 버스
전원
주소 버스

3

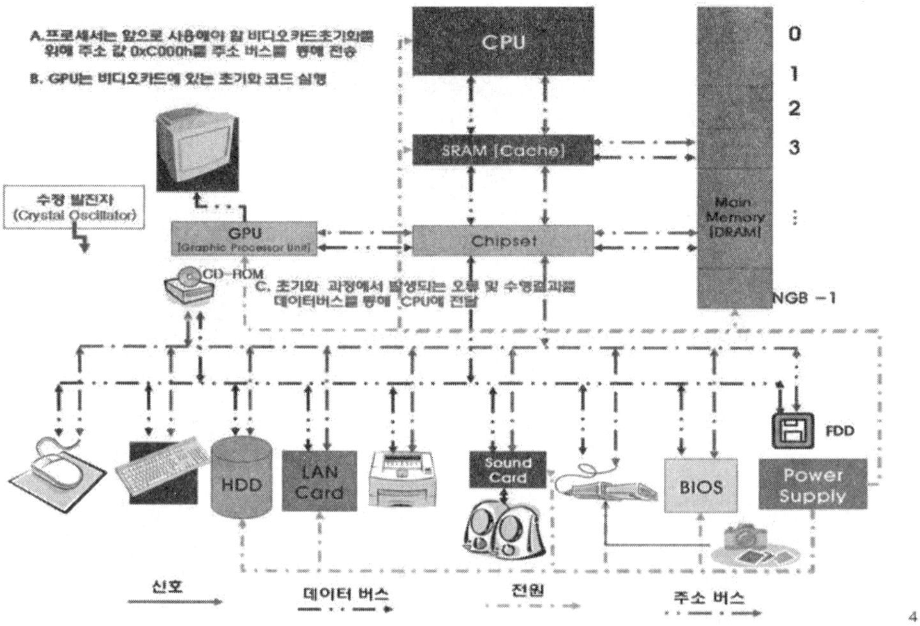
A.프로세서는 앞으로 사용해야 할 비디오카드초기화를 위해 주소 값 0xC000h를 주소 버스를 통해 전송
B. GPU는 비디오카드에 있는 초기화 코드 실행
CPU
SRAM [Cache]
Main Memory [DRAM]
0
1
2
3
NGB −1
수정 발진자 (Crystal Oscillator)
GPU [Graphic Processor Unit]
Chipset
CD-ROM
C. 초기화 과정에서 발생되는 오류 및 수행결과를 데이터버스를 통해 CPU에 전달
HDD
LAN Card
Sound Card
BIOS
FDD
Power Supply
신호
데이터 버스
전원
주소 버스
4

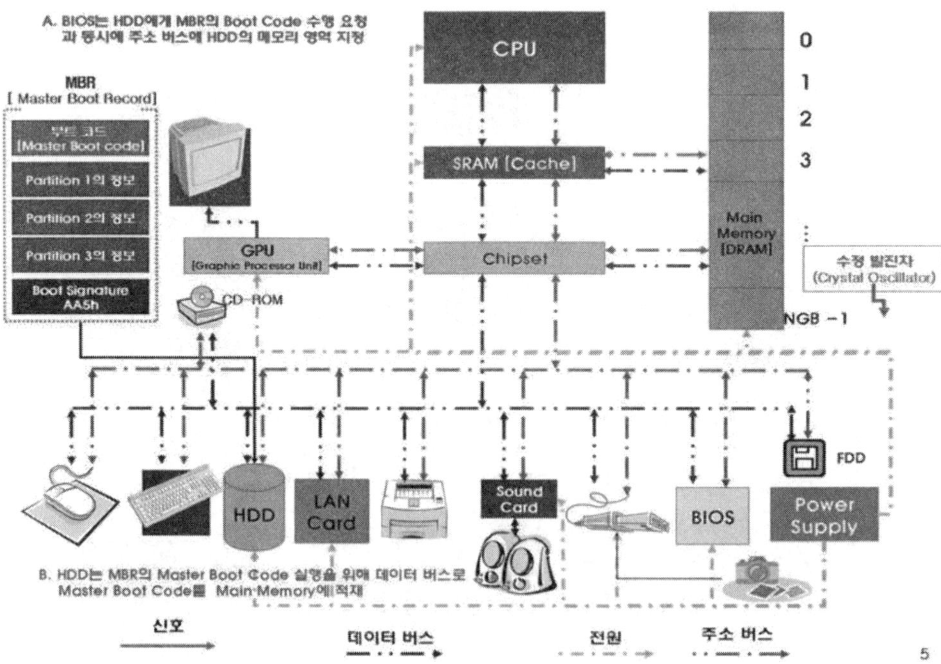
A. BIOS는 HDD에게 MBR의 Boot Code 수행 요청과 동시에 주소 버스에 HDD의 메모리 영역 지정
MBR
[Master Boot Record]
부트 코드 [Master Boot code]
Partition 1의 정보
Partition 2의 정보
Partition 3의 정보
Boot Signature AA5h
CPU
SRAM [Cache]
Main Memory [DRAM]
0
1
2
3
NGB −1
수정 발진자 (Crystal Oscillator)
GPU [Graphic Processor Unit]
Chipset
CD-ROM
HDD
LAN Card
Sound Card
BIOS
FDD
Power Supply
B. HDD는 MBR의 Master Boot Code 실행을 위해 데이터 버스로 Master Boot Code를 Main Memory에 적재
신호
데이터 버스
전원
주소 버스
5

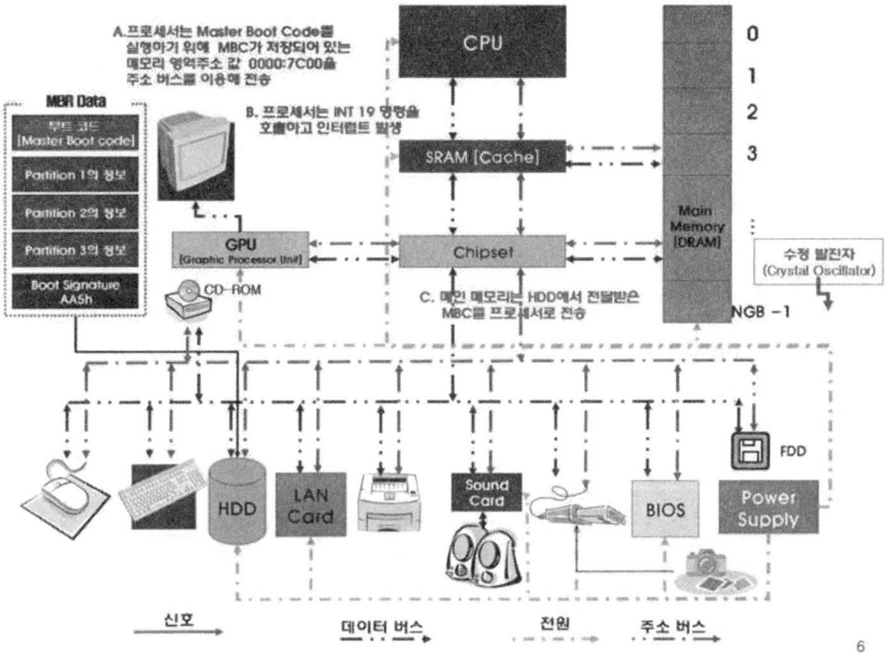

A.프로세서는 Master Boot Code를 실행하기 위해 MBC가 저장되어 있는 메모리 영역주소 값 0000:7C00을 주소 버스를 이용해 전송
B. 프로세서는 INT 19 명령을 호출하고 인터럽트 발생
C. 메인 메모리는 HDD에서 전달받은 MBC를 프로세서로 전송
MBR Data
부트 코드 [Master Boot code]
Partition 1의 정보
Partition 2의 정보
Partition 3의 정보
Boot Signature AA5h
CPU
SRAM [Cache]
Chipset
GPU [Graphic Processor Unit]
CD-ROM
Main Memory [DRAM]
0
1
2
3
NGB -1
수정 발진자 (Crystal Oscillator)
FDD
HDD
LAN Card
Sound Card
BIOS
Power Supply
신호
데이터 버스
전원
주소 버스

6

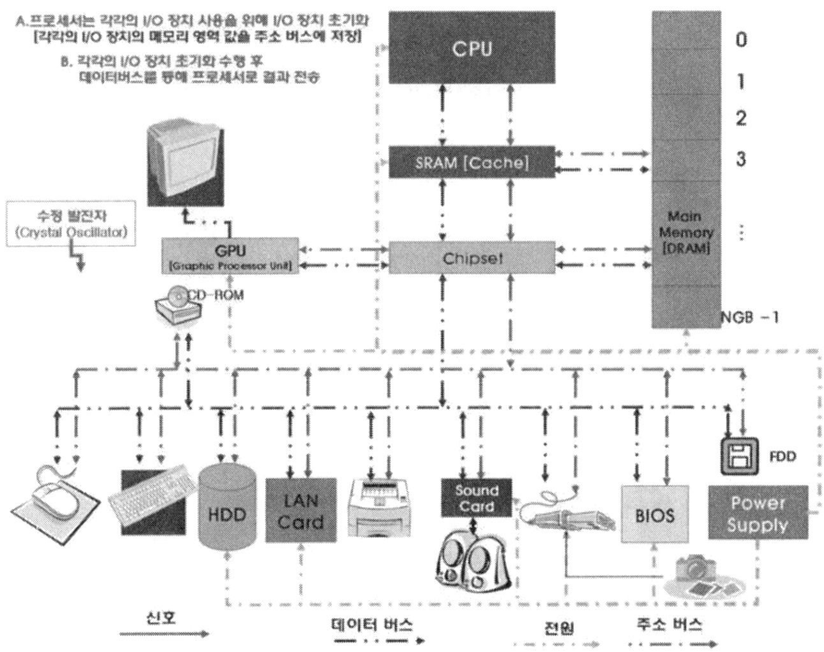

A.프로세서는 각각의 I/O 장치 사용을 위해 I/O 장치 초기화 [각각의 I/O 장치의 메모리 영역 값을 주소 버스에 저장]
B. 각각의 I/O 장치 초기화 수행 후 데이터버스를 통해 프로세서로 결과 전송
CPU
SRAM [Cache]
Chipset
GPU [Graphic Processor Unit]
CD-ROM
수정 발진자 (Crystal Oscillator)
Main Memory [DRAM]
0
1
2
3
NGB -1
FDD
HDD
LAN Card
Sound Card
BIOS
Power Supply
신호
데이터 버스
전원
주소 버스

7

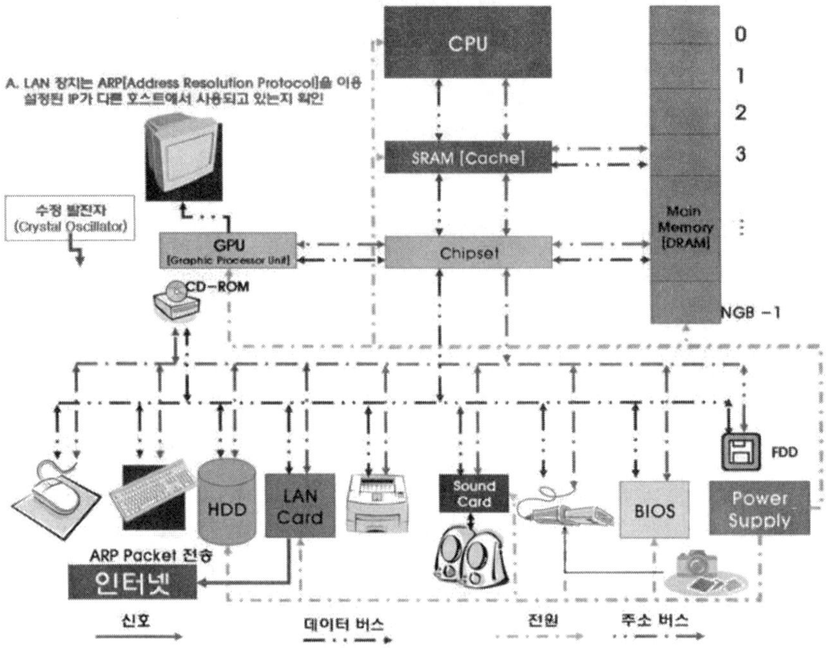

A. LAN 장치는 ARP[Address Resolution Protocol]을 이용 설정된 IP가 다른 호스트에서 사용되고 있는지 확인
CPU
SRAM [Cache]
Chipset
Main Memory [DRAM]
0
1
2
3
NGB -1
수정 발진자 (Crystal Oscillator)
GPU [Graphic Processor Unit]
CD-ROM
HDD
LAN Card
Sound Card
BIOS
FDD
Power Supply
ARP Packet 전송
인터넷
신호
데이터 버스
전원
주소 버스

8

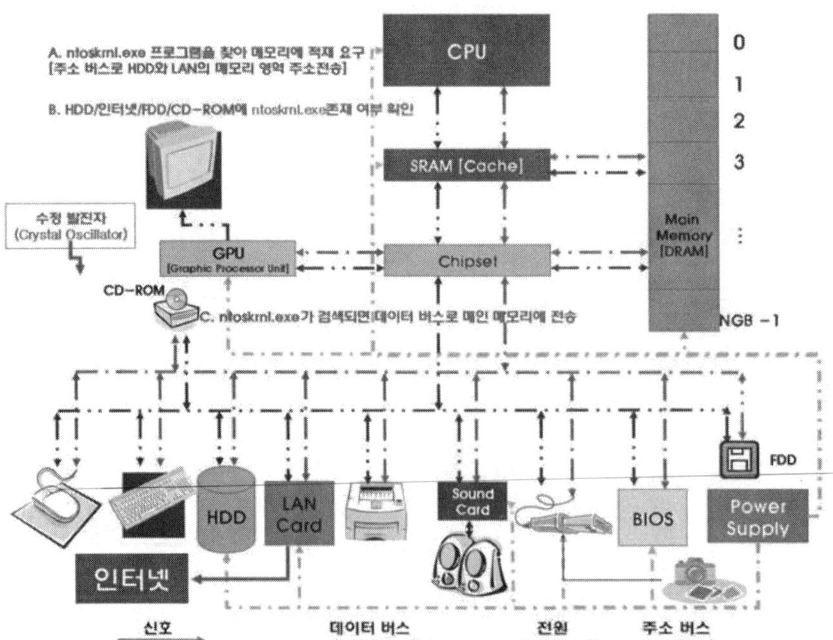

A. ntoskrnl.exe 프로그램을 찾아 메모리에 적재 요구 [주소 버스로 HDD와 LAN의 메모리 영역 주소전송]
B. HDD/인터넷/FDD/CD-ROM에 ntoskrnl.exe존재 여부 확인
C. ntoskrnl.exe가 검색되면 데이터 버스로 메인 메모리에 전송
CPU
SRAM [Cache]
Chipset
Main Memory [DRAM]
0
1
2
3
NGB -1
수정 발진자 (Crystal Oscillator)
GPU [Graphic Processor Unit]
CD-ROM
HDD
LAN Card
Sound Card
BIOS
FDD
Power Supply
인터넷
신호
데이터 버스
전원
주소 버스

9

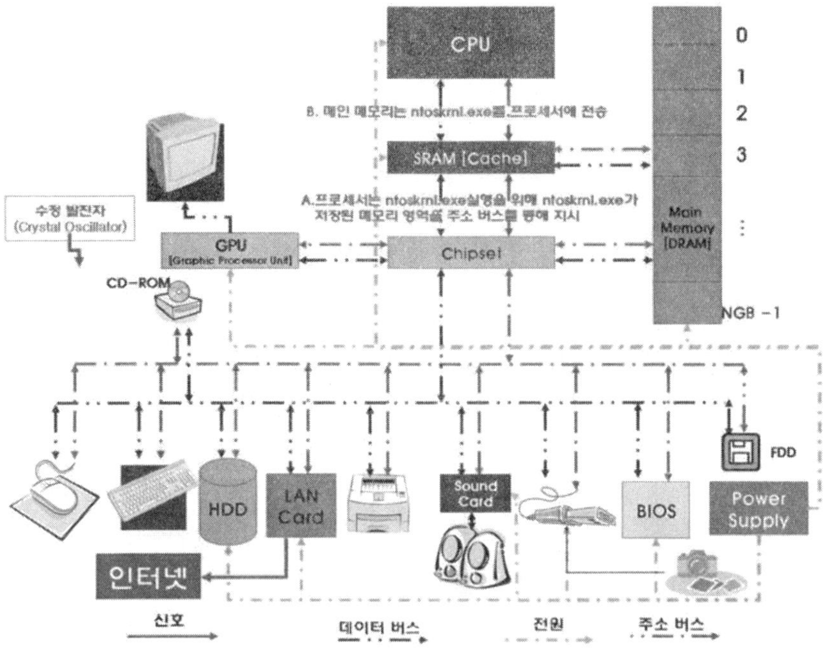
CPU
B. 메인 메모리는 ntoskrnl.exe를 프로세서에 전송
SRAM [Cache]
A.프로세서는 ntoskrnl.exe실행을 위해 ntoskrnl.exe가 저장된 메모리 영역을 주소 버스를 통해 지시
수정 발진자 (Crystal Oscillator)
GPU [Graphic Processor Unit]
Chipset
Main Memory [DRAM]
0
1
2
3
NGB - 1
CD-ROM
FDD
HDD
LAN Card
Sound Card
BIOS
Power Supply
인터넷
신호
데이터 버스
전원
주소 버스

10

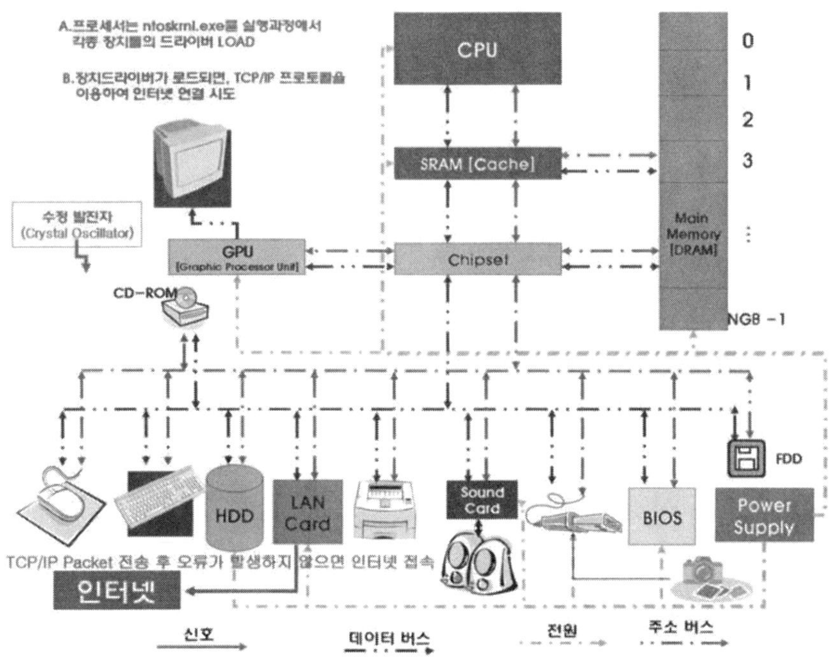
A.프로세서는 ntoskrnl.exe를 실행과정에서 각종 장치들의 드라이버 LOAD
B.장치드라이버가 로드되면, TCP/IP 프로토콜을 이용하여 인터넷 연결 시도
CPU
SRAM [Cache]
수정 발진자 (Crystal Oscillator)
GPU [Graphic Processor Unit]
Chipset
Main Memory [DRAM]
0
1
2
3
NGB - 1
CD-ROM
FDD
HDD
LAN Card
Sound Card
BIOS
Power Supply
TCP/IP Packet 전송 후 오류가 발생하지 않으면 인터넷 접속
인터넷
신호
데이터 버스
전원
주소 버스

11

제5장

자료의 구조와 분석

1. 자료구조

1) 배열(Dimension Array)

우리 일상생활 속에 있는 대부분의 자료(정보는 자료를 가공하거나 축적한 것을 의미하고 자료는 가공되지 않은 정보를 의미한다.)는 배열(Array)형태의 자료 구조를 갖고 있다. 대차대조표, 구멍가게의 외상장부, 제품별 가격표, 비닐하우스 속의 채소 작물 등 거의 모두 배열의 형태이다.

가장 단순한 배열의 예는 달력의 요일별 날짜 표현이다. 즉 '월, 화, 수, 목, 금, 토, 일'의 표현은 요일의 순서를 나타내며, 이 때 임의의 어떤 요일 하나를 임의의 집합 S(달력)에 있는 주별 원소(元素)라 한다. 달력과 같이 순차적으로 표현되는 것을 순차적 사상(Sequential Mapping)이라고 하는데, 이 같은 순차적 사상과 표현기법에 따라 1차원 배열, 2차원 배열, 3차원 배열, ……, N차원 배열로 표현될 수 있다.

배열의 순서나 위치를 표시할 때는 첨자(Subscript)나 인덱스(Index)를 사용하며 배열명(Array Name)과 배열의 크기, 그리고 배열 속에 N개의 원소를 갖는다.

○ 1차원 배열(One Dimension Array)

배열의 표현에서 첨자를 한 개만 사용하여 표현하는 배열을 1차원 배열이라 하고 배열의 i번째 원소를 '배열명(i)'로 표시한다.

배열명 및 배열의 크기 : A(i) ~ A(n)

A(1)	A(2)	A(3)	…	A(9)	…	A(n)

○ 2차원 배열(Two Dimension Array)

2차원 배열은 우리 일상생활에 가장 기본이 되는 배열의 개념이며, 행(Row : 줄)과 열(Column : 칸)이 모여서 2차원 배열을 이루며 행과 열의 표현은 1차원 배열에서와 같고 컴퓨터 또는 탁상용 계산기 등의 기억장소 속에서는 1차원 배열로 취급되며 이를 벡터(Vector)라고 한다.

2차원 배열은 A(i, j)로 표현하며, 첨자 i와 j의 크기에 따라 배열의 크기가 결정된다. 또, 배열은 연속적인 형태의 기억공간이 만들어지고 조작되어야 하는데, 연속적인 공간에 들어가는 순서와 방향에 따라 행방향 순서(Row Order)와 열방향 순서(Column Order)의 두 가지 방법으로 취급되며 이 방법에 따라 조작할 수 있다. 다시 말해 A(Row, Column) 또는 A(Column, Row)로 취급 및 조작이 가능하다.

배열명 및 배열의 크기 : A(i, j) ~ A(4, 3)

A(1,1)	A(1,2)	A(1,3)
A(2,1)	A(2,2)	A(2,3)
A(3,1)	A(3,2)	A(3,3)
A(4,1)	A(4,2)	A(4,3)

Row ↓

Column →

○ 3차원 배열(Three Dimension Array)

A(Plane, Row, Column : 표, 줄, 칸)의 형태로 표현하는 배열을 3차원 배열이라 하며 줄, 칸의 순서에 따라 첫 면(Plane : 표)이 모두 배열되고 난 후 다음 면이 배열된다.

이론적으로 면의 경우 표현할 수 있는 한 무한대로 표현할 수 있는데 이것을 다차원 배열이라 하며 우리들이 알고 있는 일반 물리학에서의 '차원'과는 다른 개념이다.

배열명 및 배열의 크기 : A(i, j ,k) ~ A(n, 4, 3)

A(1,1,1)	A(1,1,2)	A(1,1,3)
A(1,2,1)	A(1,2,2)	A(1,2,3)
A(1,3,1)	A(1,3,2)	A(1,3,3)
A(1,4,1)	A(1,4,2)	A(1,4,3)

A(2,1,1)	A(2,1,2)	A(2,1,3)
A(2,2,1)	A(2,2,2)	A(2,2,3)
A(2,3,1)	A(2,3,2)	A(2,3,3)
A(2,4,1)	A(2,4,2)	A(2,4,3)

A(3,1,1)	A(3,1,2)	A(3,1,3)
A(3,2,1)	A(3,2,2)	A(3,2,3)
A(3,3,1)	A(3,3,2)	A(3,3,3)
A(3,4,1)	A(3,4,2)	A(3,4,3)

......▶

A(9,1,1)	A(9,1,2)	A(9,1,3)
A(9,2,1)	A(9,2,2)	A(9,2,3)
A(9,3,1)	A(9,3,2)	A(9,3,3)
A(9,4,1)	A(9,4,2)	A(9,4,3)

......▶

A(n,1,1)	A(n,1,2)	A(n,1,3)
A(n,2,1)	A(n,2,2)	A(n,2,3)
A(n,3,1)	A(n,3,2)	A(n,3,3)
A(n,4,1)	A(n,4,2)	A(n,4,3)

2) 큐(Queue)

큐 역시 우리 일상생활에 가장 많이 사용되는 자료 구조이다. 귀성 열차표를 구매하기 위한 줄서기, 박람회 또는 전시회장 관람하기, 구내식당에서 배식(配食)을 기다리는 줄서기 등 우리 생활의 많은 부분에서 큐의 구조를 이용하고 있다.

큐의 특징은 선입선출(先入先出 : First In First Out)의 구조를 갖는다는 것인데, 입력(Insertion)은 List(큐)의 한 쪽 끝으로, 출력(Deletion)은 그 반대 쪽 끝으로 어김없이 이루어진다는 구조를 갖는다.

출력되는 쪽을 앞(Front)이라 하고 입력되는 쪽을 뒤(Rear)라 하며 이론적으로 큐에 대한 중간 끼어들기(줄 중간으로 삽입)와 중간 빠져나가기(줄 중간에서 이탈)는 절대 불가능하다. 따라서 누구든지 항상 줄의 맨 뒤로 입력되고 또 나올 때는 줄의 맨 앞으로만 가능하다.

- 큐(QUEUE) -

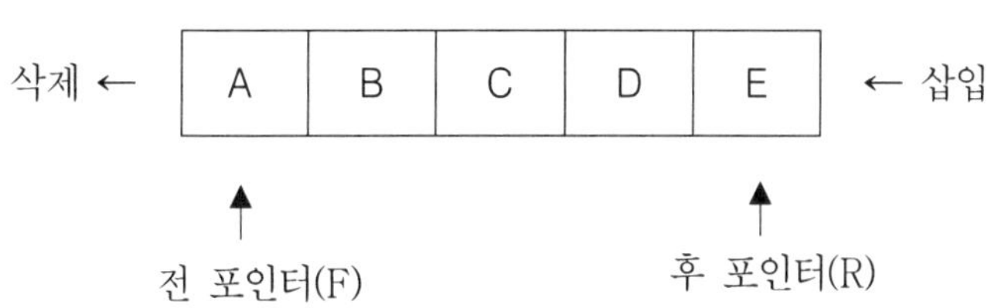

3) 스택(Stack)

스택도 역시 우리 일상생활에 없어서는 안 될 개념이다. 중국집 주방에 접시 쌓아 놓은 것, 문이 하나인 창고에 가을걷이가 끝난 알곡 부대를 쌓아 놓는 것, 엘리베이터에 탑승하는 것 등 너무 많아 이루 열거할 수 없다.

스택은 Push down Stack의 개념으로 무엇인가를 쌓아올린 더미를 의미하는 자료구조로 입·출력이 리스트(List)의 한쪽 끝에서만 이루어지게 만든 선형 자료구조(Linear Data Structure)이다.

입·출력되는 리스트의 끝을 Top, 그 반대쪽으로 막혀있는 끝을 Bottom이라 하며 Bottom의 위치는 고정되고 Top의 위치는 스택의 동작(자료의 입·출력)에 따라 유동적으로 변한다. 다시 말해 스택은 접시를 여러 층으로 쌓아둔 것과 같은 구조이며 접시를 꺼내는 동작은 제일 위의 것부터 시작되어야 하므로, 가장 나중에 쌓아둔 접시를 꺼낼 수밖에 없는(깨질 테니까) 후입선출(後入先出 : Last In First Out)의 구조를 갖는다.

스택에 자료를 삽입하고 제거하는 두 가지 기능이 있는데, 스택에 자료를 삽입하는 것을 Push라고 하고, 스택의 자료를 꺼내는 것(제거)을 Pop이라 한다.

스택(Stack)

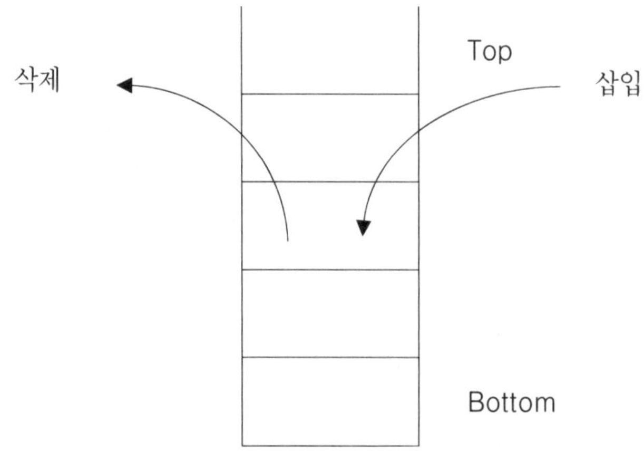

스택에 Data A, B, C, D, E, F를 삽입하고 제거하는 과정의 예

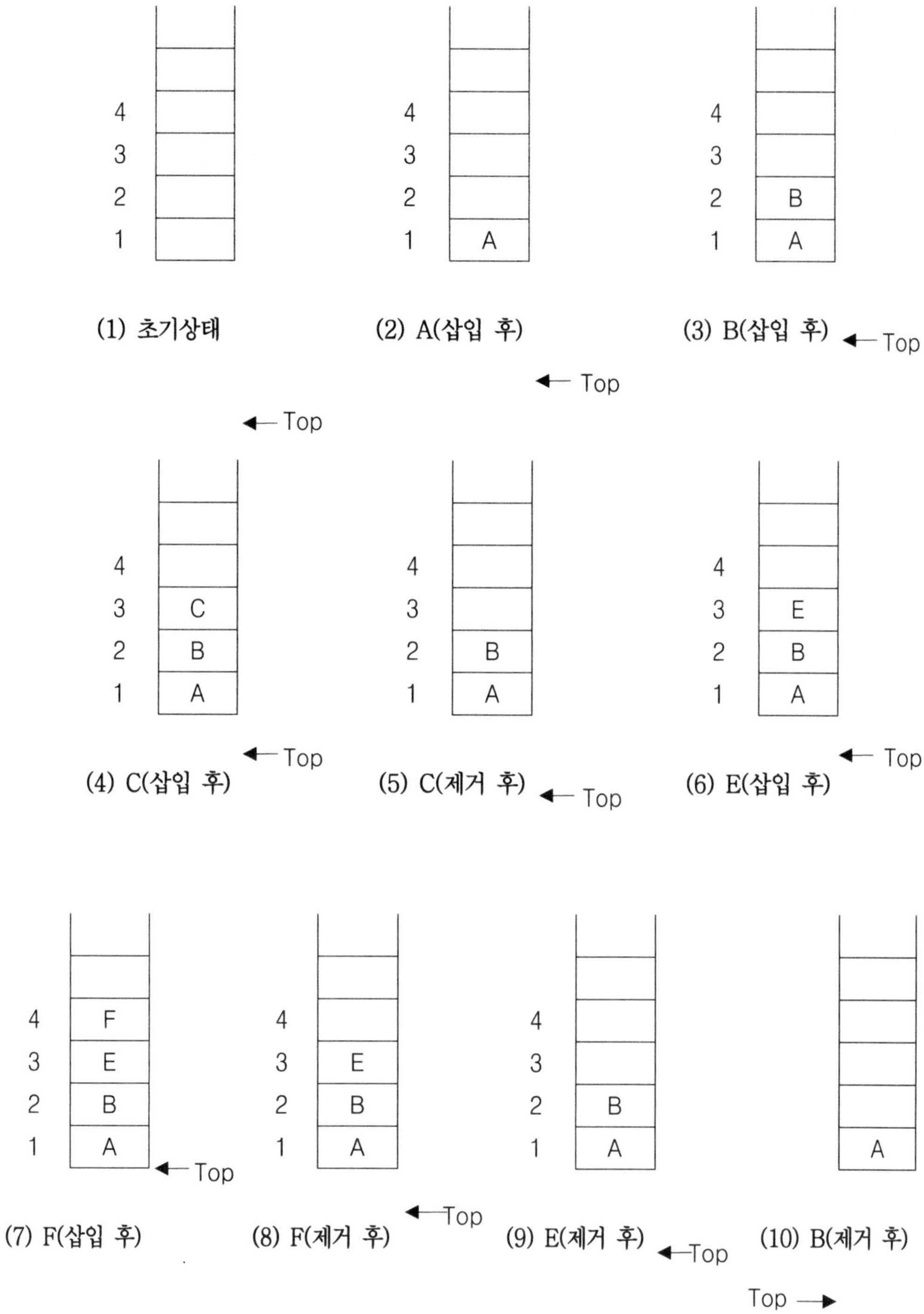

(1) 초기상태 (2) A(삽입 후) (3) B(삽입 후)

(4) C(삽입 후) (5) C(제거 후) (6) E(삽입 후)

(7) F(삽입 후) (8) F(제거 후) (9) E(제거 후) (10) B(제거 후)

4) 트리(Tree)

우리들의 족보, 정부조직법에 의한 행정부의 조직, 회사조직 등 우리 생활에 흔히 볼 수 있는 계층적 구조(Hierarchical Structure)를 트리라 한다.

트리는 비선형구조(Nonlinear Structure)로 일상생활에서 순서정렬(Sorting), 검색(Searching), 경로제공(Routing) 등의 중요한 역할을 담당하는 분야에 많이 사용되고 있다. 비선형 구조의 노드(Node)들의 집합인 트리는 정점(Vertices)인 노드와 각각의 노드를 연결시켜 주는 선분(線分)인 가지(Branch)로 형성된 그래프(Graph)이며, 그래프를 형성하는 정점 가운데서 어떠한 두 정점 사이에도 사이클(Cycle)이 형성되지 않는 연속그래프(Connected Graph)이다. 또 트리는 전형적 계층구조이므로 토너먼트 대진표, 가계 족보, 정부조직법에 의한 정부조직 등의 구조가 그것이다. 나무의 형태라 하여 트리(Tree)라 한다. 트리는 다음의 조건을 만족하는 하나 이상의 노드들로 구성된 유한집합이며, 유한집합 T의 원소들 중 특별히 지정된 1개의 노드가 루트노드(Root Node)이고 루트를 제외한 나머지 노드들은 n개의 서로 분리된 부분집합 T_1, T_2, T_3, Tn으로 나누어지며 각각의 Ti 들을 트리 T의 부트리(Sub Tree)라고 한다.

노드와 노드 사이를 가지로 연결하면 주종 또는 부자(Parent-Child)의 관계가 형성되며 임의의 노드가 지닌 가지의 수 즉, 자식노드 수를 그 노드의 차수(Degree)라 한다. 부노드가 없는 최초의 노드 즉, 입력차수(In Degree)가 0인 트리를 루트노드(Root Node)라 하며, 출력 가지가 없는 즉, 출력 차수(Out Degree)가 0인 노드를 잎(Leaf)노드 또는 단노드(Terminal Node)라 한다. 또 자식노드가 있고 차수가 0이 아닌 노드를 간노드(Nonterminal Node) 또는 가지노드(Branch Node)라 한다. 트리를 구성하는 모든 노드의 차수 중 최대값을 트리의 차수(Degree Of Tree)로 정의하며 임의의 노드를 부노드(Parent Node)라 한다면 부노드에 연결된 노드를 자노드(Child Node)라 하고 또 동일한 부노드를 갖는 노드들을 제노드(Brother Node)라 한다. 또 임의의 노드에 대해 조상노드(Ancestor Node)와 자손노드(Descendant Node)로 구분되어 노드의 위치가 정해지는데, 이 위치를 레벨(Level)이라 하고 임의의 노드에 대한 레벨은 루트노드(Root Node)를 1로 시작한다. 즉, 임의의 노드가 i 번째 레벨에 있다면 그 자식노드들의 레벨은 i + 1이 된다.

또 노드들의 레벨 값 중 최대값의 레벨을 그 트리의 깊이(Depth)라 하고 임의의 노드에서 단노드에 이르는 가장 긴 최장 경로의 길이를 높이(Height)라 한다. 따라서 트리의 높이(Height Of Tree)는 그 트리에서 가장 긴 잎(Leaf)에서 루트노드까지의 길이이다.

- 트리의 레벨 -

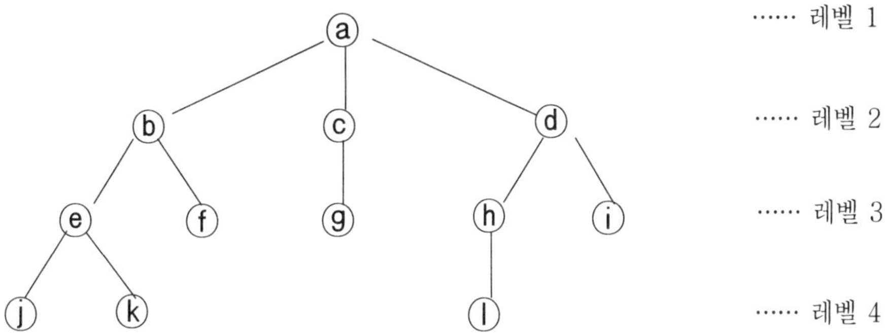

부트리들의 집합을 숲 혹은 트리군(Forest)이라 하며 $n \geq 0$ 형태의 분리된 트리이다. 일반적인 트리에서 루트노드(Root Node)를 제거하면 부트리들 만으로 트리 군을 형성하게 된다. 부트리들의 루트노드들은 원래 제노드였으므로 이를 시빌링(Sibling)이라 한다. 위 그림의 경우 루트노드 a를 제거하면 b, c, d를 루트노드로 하는 3개의 트리군이 형성된다.

- 트리의 기본특징 -

- 트리의 알고리즘은 순환적(Recursive)이다.
- 성질 증명에 수학적 귀납법을 이용한다.
- 사이클이 형성되지 않은 연결 그래프(Connected Graph)이다.
- 선행자(Predecessor)가 후행자(Successor)로 될 수 없는 위상 순서 (Topological Order)를 갖는다.
- 트리의 노드수 n은 가지수 B보다 1 크다. (n=B+1)

트리에서 레벨이 같은 노드들의 좌우 배열순서가 고정되어 위치상 의미가 중요한 트리를 순서트리(Ordered Tree)라고 하고 위치상 의미가 중요하지 않는 트리를 비 순서트리(Oriented Tree)라고 한다. 즉, 아래 그림에서 (a)와 (b)를 같은 트리로 볼 수 있으면 비 순서트리이고, (a)와 (b)를 같은 트리로 볼 수 없다면 순서트리이다.

- Ordered Tree와 Oriented Tree -

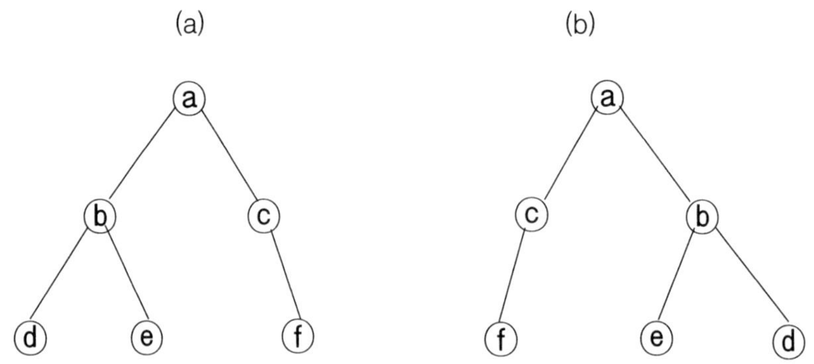

또, 임의의 두 개 트리가 노드의 수와 위치 구조가 같고 노드의 자료만 다른 경우 즉, 두 개 모두 공집합이거나 서로 대응되는 부트리들이 서로 닮은꼴이므로 닮은꼴트리(Similar Tree)라 하며 트리의 구조가 같고 노드들의 자료 내용 또한 같다면 두 개의 트리를 대등한 트리(Equivalent Tree)라 한다.

- Similar Tree와 Equivalent -

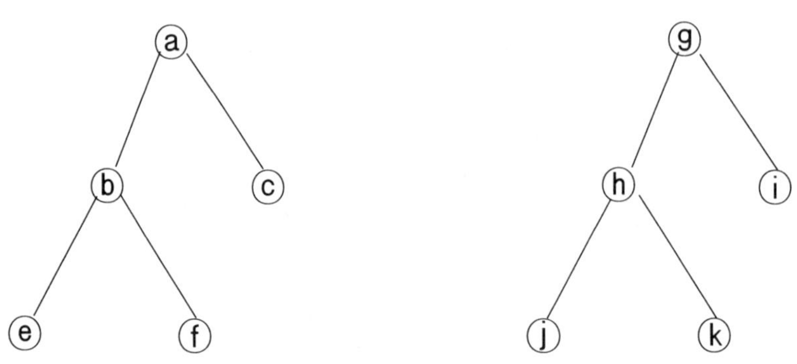

○ 트리의 운행

트리의 각 노드들을 중복되지 않게 한 번에 하나의 노드를 찾아 방문(Visit)하며 전부 검사하는 것을 트리의 운행(Traversal)이라 한다. 트리의 운행을 통해 트리 속 정보에 대해 선형적 순서를 찾을 수 있다.

- **Levelorder** : 가장 간단한 트리 운행방법으로 트리의 각 노드들을 레벨 순서에 따라 또 같은 레벨의 경우 좌노드에서 우노드 순서로 방문 검사하는 레벨 운행(Levelorder Traversal) 방법으로 하향식과 상향식으로 구분된다. 하향식(Bottom Up)은 트리의 루트노드부터 시작하여 레벨이 높은 노드에서 레벨이 낮은 노드의 순으로, 상향식(Top Down)은 레벨이 가장 낮은 단노드부터 시작하여 루트노드 방향 순으로 운행한다.

- 트리의 운행 -

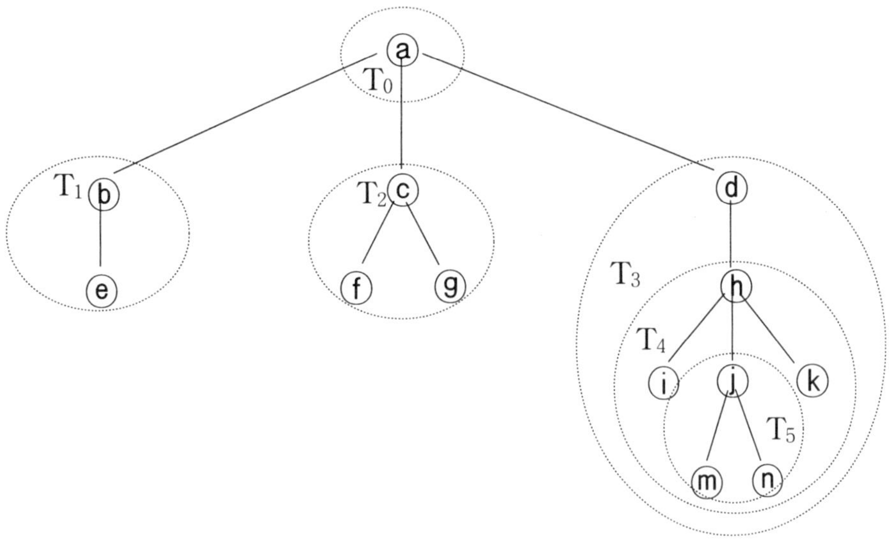

운 행 방 법	운 행 순 서
Top Down	a b c d e f g h i j k m n
Bottom Up	m n i j k e f g h b c d a

- **Preorder** : 먼저 루트노드를 방문 검사하고 간노드는 맨 좌측 제노드부터, 단

노드는 자기 자신부터 방문 검사 한 다음 우측 제노드를 검사하여 만약 우측 제노드가 없으면 부노드의 우측 제노드를 검사하고 이것도 없으면 또 다른 부노드의 우측 제노드를 검사하는 전위 운행(Preorder Traversal) 방식이다.

- Postorder : 맨 좌측 부트리부터 시작하여 맨 우측 부트리까지 방문 검사 한 뒤 루트노드를 방문 검사하는 방법으로 전위 운행과 같은 방법으로 진행시키는 후위 운행(Post-order Traversal) 방식이다.

구 분	노드의 방문 순서			
운행 방법	(T_1)	(T_2)	(T_3)	T_0
	(e b)	(f g c)	$((T_4)$ d)	a
	(e b)	(f g c)	((i (T_5) k h) d)	a
최종 운행 결과	(e b)	(f g c)	((i (m n j) k h) d)	a

○ 2진 트리(Binary Tree)

트리를 구성하고 있는 차수(Degree)가 0과 1인 노드를 포함하여 각 노드들의 차수(Degree)가 2 이하인 것을 2진 트리(Binary Tree)라 하며 각 노드의 좌, 우 위치를 중요한 의미로 구분하는 순서트리이다.

- 2진 트리의 예 -

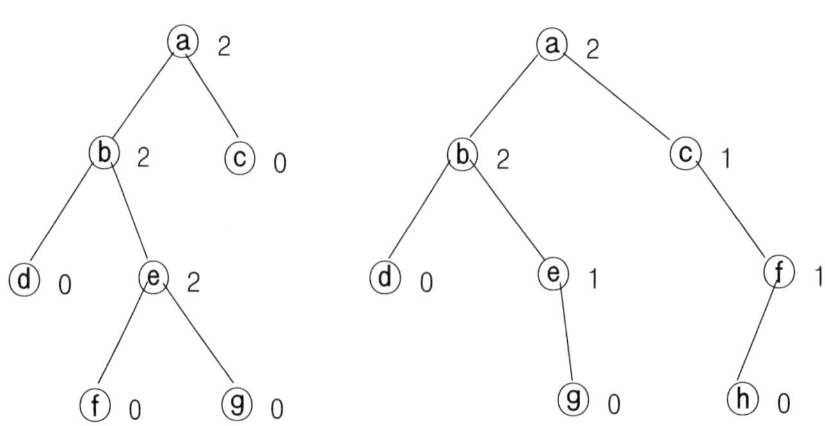

○ 2진 트리의 운행

2진 트리는 차수(Degree) 2 이하이므로 임의의 노드(N)와 그 노드의 좌측 부트리(L)와 우측 부트리(R) 중 어디를 먼저 방문 검사하느냐에 따라 6가지(NLR, NRL, LNR, RNL, LRN, RLN) 운행방법이 있다. 6가지 방법 중 항상 좌측 부트리를 우측 부트리보다 먼저 방문 검사하도록 3개의 방법으로 집약시켜 전위 운행(Preorder, NLR), 중위 운행(Inorder, LNR), 후위 운행(Preorder, LRN)으로 구분한다.

전위 운행(Pre Order) : root → 좌측 부트리 → 우측 부트리

중위 운행(In Order) : 좌측 부트리 → root → 우측 부트리

후위 운행(Post Order) : 좌측 부트리 →우측 부트리 → root

- 2진 트리의 Block 구분 -

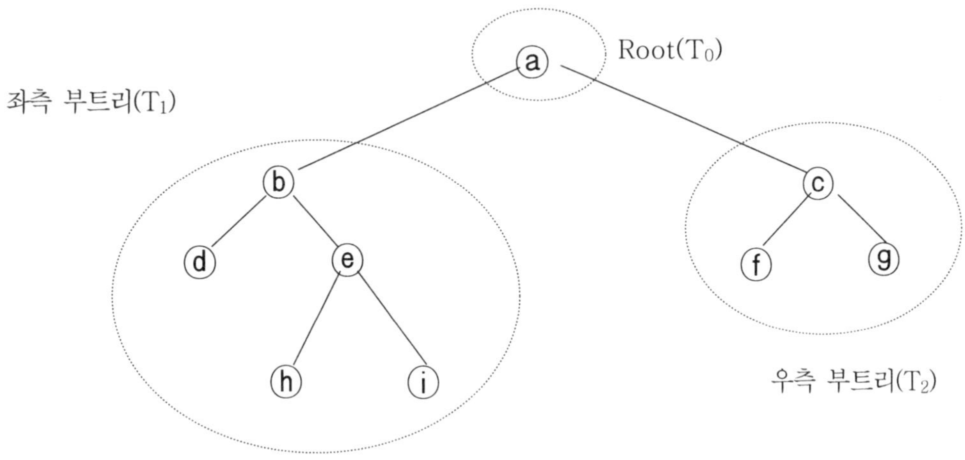

- **중위(Inorder) 운행** : LNR 순서에 의한 Recursive Scan 방식에 따라 어떤 트리의 루트노드를 시작으로 각 노드의 좌측 자노드를 따라 더 이상 진행할 수 없을 때까지 운행한다. 하나의 부트리가 모두 운행되고 난 뒤 또 다른 우측 부트리의 루트노드부터 앞의 과정을 반복한다. 위의 그림을 기준으로 중위 운행하면 T_1→T_0→T_2의 순서가 되고 T_1은 아래 그림과 같이 세분하여 T_{11}→T_{10}→T_{12}의 순서가 된다. T_{12} 또한 T_{121}→T_{120}→T_{122}의 순서로 운행되며 T_2의 운행을 위해 아래 그림과 같이 T_{21}→T_{20}→T_{22}의 순서로 운

행되므로 최종적으로 중위 운행순서는 $T_{11}\rightarrow T_{10}\rightarrow T_{121}\rightarrow T_{120}\rightarrow T_{122}\rightarrow T_0\rightarrow T_{21}\rightarrow T_{20}\rightarrow T_{22}$ 즉, d b h e i a f c g가 된다.

- 2진 트리의 운행 -

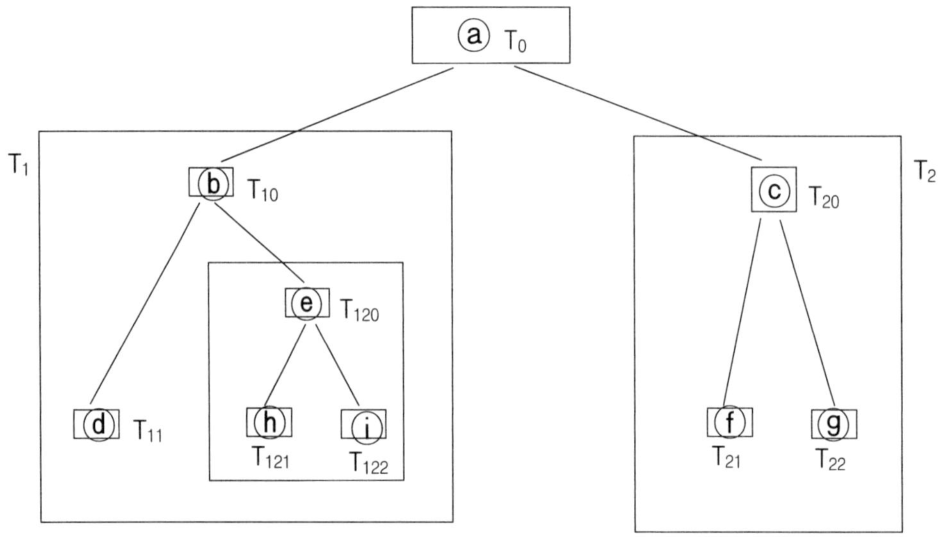

- **후위(Postorder) 운행** : 후위 운행도 중위 운행과 같이 Recursive Scan 형태의 LRN 순서로 좌측 부트리의 좌측 단노드부터 시작하여 제노드를 방문 검사한 뒤 다음 부노드로 옮겨가며 반복 수행한다. 후위 운행순서인 $T_1\rightarrow T_2\rightarrow T_0$ 순서에 따라 $T_{11}\rightarrow T_{121}\rightarrow T_{122}\rightarrow T_{120}\rightarrow T_{10}\rightarrow T_{21}\rightarrow T_{22}\rightarrow T_{20}\rightarrow T_0$ 즉, d h i e b f g c a가 된다.

- **전위(Preorder) 운행** : 전위 운행 역시 NLR에 의한 Recursive Scan에 의해 루트노드를 시작으로 자신의 부트리에 대해 좌측 부트리부터 우측 부트리까지 방문 검사한다. 전위 운행순서인 $T_0\rightarrow T_1\rightarrow T_2$의 순서에 따라 $T_0\rightarrow T_{10}\rightarrow T_{11}\rightarrow T_{120}\rightarrow T_{121}\rightarrow T_{122}\rightarrow T_{20}\rightarrow T_{21}\rightarrow T_{22}$ 즉, a b d e h i c d e가 된다.

○ 2진 트리를 이용한 연산

- Infix Notation : 수식의 괄호를 없앤다.(X = A + B + C/D * E - F)

- Prefix Notation : 수식의 계산 순서대로 괄호를 부여한 뒤 연산자를 해당

괄호의 왼쪽으로 옮기고 괄호를 없앤다.(=X-+A*+B/CDEF)

- Postfix Notation : 수식의 계산 순서대로 괄호를 부여한 뒤 연산자를 해당 괄호의 오른쪽으로 옮기고 괄호를 없앤다.(XABCD/+E*+F-=)

수식을 2진 트리로 나타내려면 변수인 피연산자를 자노드로 하고 연산자를 그것의 부노드로 만들어 제일 먼저 연산될 C/D를 최하위 레벨로 한 뒤 다음에 연산할 것을 위로 정렬한다.

- 수식 X=A+(B+C/D)*E-F 의 2진 트리 정렬 -

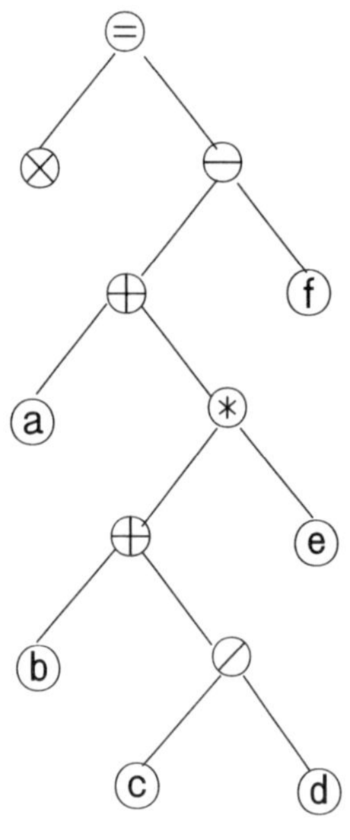

5) 그래프(Graph)

1736년 동부러시아의 Koenigsberg에 있는 Kneiphof라는 2개의 섬에 7개의 다리로부터 그래프의 이용이 시작되었다. 어떤 곳에서 시작하던지 7개의 다리를 모두 한 번 씩만 지나서 원래의 위치로 되돌아 올 수 있느냐의 문제에 대해, 오일러(Euler)는 섬을 정점(Vertex)으로 놓고 다리를 연결선(Edge)으로 나타내어, "각 정점의 차수가 짝수인 경우에만 임의의 정점에서 출발하여 각 간선을 한번 씩만 거치고 출발한 정점으로 되돌아 올 수 있다."는 오일러 행로(Eulerian Walk)에 의해 "4개의 정점이 모두 홀수이므로 이는 불가능하다"가 됨을 증명하였다.

Euler 그래프

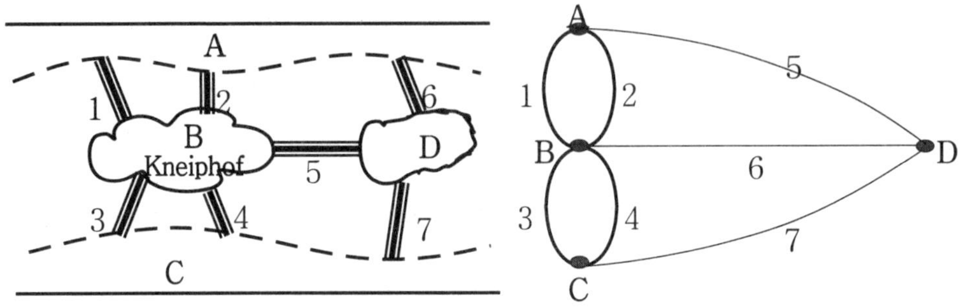

그래프(Graph) G는 정점(Vertex) V와 간선(Edge) E의 두 집합으로 이루어진다. V는 공집합이 아닌 정점들의 유한집합이고 E는 간선 즉, 연결선의 집합이며 G=(V, E)로 표기한다. 또, V(G)는 그래프의 정점의 집합을 E(G)는 그래프 간선의 집합을 의미한다. 간선의 표기는 무 방향 그래프(Undirected Graph)에서는 (V_1, V_2)로 표시하며, 방향 그래프(Directed Graph)에서는 (V_1, V_2)로 표시한다. 무 방향 그래프는 간선을 나타내는 정점의 쌍에 순서가 없는 그래프로 (V_1, V_2)=(V_2, V_1)이고, 방향그래프는 각 간선에 방향을 표시한 그래프로서 (V_1, V_2)≠(V_2, V_1)이다. 여기서 (V_1, V_2)는 $V_1 \rightarrow V_2$를 나타내며 정점 V_1을 tail, 정점 V_2를 head라 부른다. G1, G2는 무 방향 그래프, G3은 방향 그래프, G4는 섞임 그래프이다.

그래프의 종류

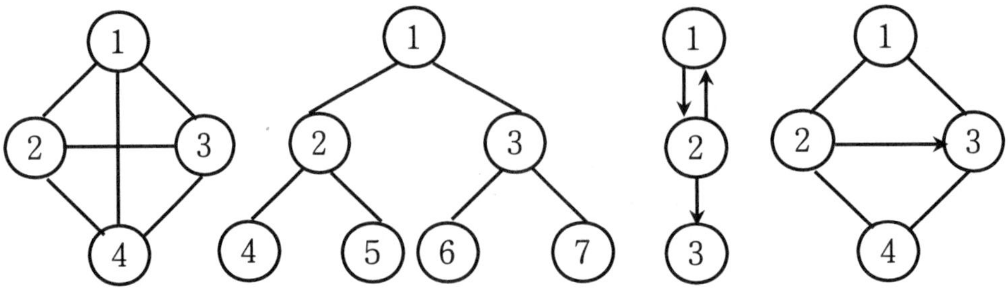

(a) G1　(b) G2　(c) G3　(d) G4

각 그래프의 정점과 간선의 집합 V(G), E(G)는 다음과 같다.

V(G1) = {1, 2, 3, 4}
E(G1) = {(1, 2), (1, 3), (1, 4), (2, 3), (2, 4), (3, 4)}

V(G2) = {1, 2, 3, 4, 5, 6, 7}
E(G2) = {(1, 2), (1, 3), (2, 4), (2, 5), (3, 6), (3, 7)}

V(G3) = {1, 2, 3}
E(G3) = {<1, 2>, <2, 1>, <2, 3>}

V(G4) = {1, 2, 3, 4}
E(G4) = {(1, 2), (1, 3), (2, 3), (2, 4), (3, 4)}

만일 (V_1, V_2)가 E(G)에 있는 간선이면 V_1과 V_2는 인접한다고 하며 또한 이때 간선 (V_1, V_2)은 정점 V_1과 V_2에 부속된다고 한다. 위 그림 G2에서 정점 2에 인접한 정점들은 4, 5, 1이고 정점 3에 부속된 간선들은 (1, 3), (3, 6), (3, 7)이다. 그래프는 같은 간선을 중복하여 포함하지 않는다. 이런 제한 없이 만들어진 그래프를 다중 그래프라고 한다.

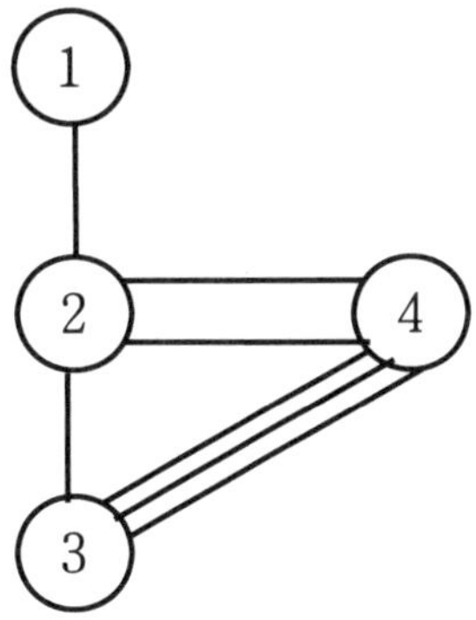

정점이 n개인 무 방향 그래프에서 최대 간선의 수 e_{max}의 식은

$$e_{max} = \sum_{i=1}^{n-1} i = \frac{n(n-1)}{2}$$ 이다.

이와 같이 무 방향 그래프에서 간선의 수가 $\frac{n(n-1)}{2}$가 되는 그래프 즉, 정점을 잇는 간선이 더 이상 존재하지 않는 그래프를 완전 그래프(Complete Graph)라고 하며, 방향 그래프에서는 간선의 수가 $n(n-1)$이 되는 경우를 완전 그래프라 부른다. 위 그래프의 예 그림에서 G1은 완전 그래프이다.

V(G')⊆V(G)이고 E(G')⊆E(G)인 그래프 G'를 그래프 G의 부분 그래프라 한다.

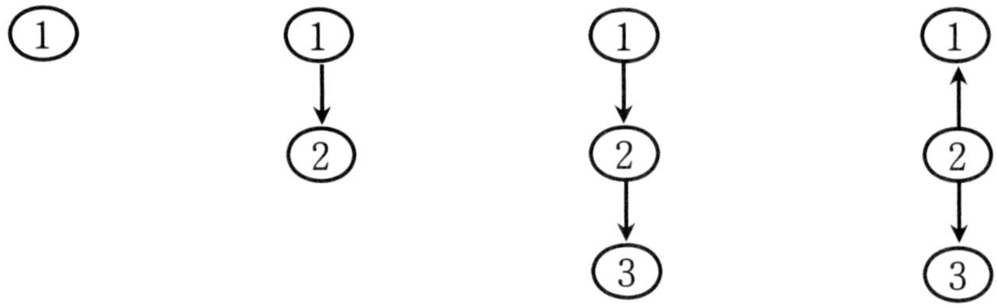

(C)G3의 부분 그래프

임의의 정점에서 다른 정점에 이르는 것을 경로라고 하며 한 경로 상에 있는 모든 정점들이 서로 다를 때 그 경로를 단순경로라고 한다. 이와 같이 정점과 간선을 중복해서 지나지 않고 모든 정점을 지나는 경로를 헤밀톤 경로라고 한다. 이 경우 처음과 끝의 정점이 같아도 되며, 이러한 단순경로를 사이클 또는 해밀톤 순환 경로라 한다. 위 그림 G1에서 경로 (1, 2), (2, 4), (4, 3)를 1, 2, 3과 같이 표현하며, 이 경로는 단순경로이고 1, 2, 3, 1은 단순 경로로서 사이클이다. 무 방향 그래프에서 서로 다른 2개의 정점에 이르는 경로가 모두 있으면 연결 그래프이고 그렇지 못할 경우 비 연결 그래프이다. 다음은 비 연결 그래프를 나타낸다.

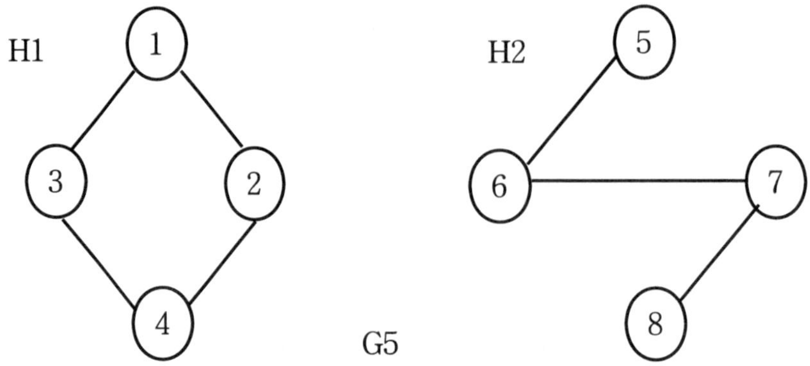

G5

무 방향 그래프에서 연결 요소라는 것은 최대 연결부분 그래프를 말하며 위 그림 G5는 H1과 H2의 두 요소를 갖고 있다.

방향 그래프 G에서 V(G)에 속한 서로 다른 두 정점 V_i, V_j의 모든 쌍에 대해서 V_i에서 V_j로, 또한 V_j에서 V_i로의 방향 경로가 존재할 때 강력 연결 그래프라 하며, 위 그림 G3은 2개의 강력 연결 요소를 갖고 있다.

정점에 부속한 간선들의 수를 차수(Degree)라 하며 그래프 G가 방향 그래프일 경우, 임의 정점 V가 Head가 되는 간선들이 수를 정점 V의 진입 차수(Indegree)라 하고, V가 Tail이 되는 간선들의 수를 정점 V의 진출 차수(Outdegree)라 한다. 위 그림 G3의 정점 2의 진입 차수는 1, 진출 차수는 2, 그리고 그래프의 차수는 3이다. 만약 n개의 정점과 e개의 간선을 갖는 그래프 G에서 정점 i의 차수를 d_i 라고 하며 $e = \frac{1}{2} \cdot \sum_{i=1}^{n} d_i$ 로 계산된다.

6) 수식의 연산

수식은 연산자(Operator)의 위치에 따라 세 가지의 표현방법으로 구분되며 주로 스택(Stack) 구조에 의해 정보통신기기들 내부연산 작업에 이용된다.

○ **중위 표기법(Infix Notation)** : "$A+B$"와 같이 연산자(+)가 두 개의 피연산자(Operand) A, B 사이에 놓여지는 방법으로 가장 일반적인 수식 표현법이다.

○ **전위 표기법(Prefix Notation)** : "$A+B$"의 형태를 "$+AB$" 형태로 연산자(+)를 피연산자 A, B 앞에 오도록 표현하는 방법이며 폴란드의 논리학자에 의해 처음 소개되었다하여 폴리쉬 표기법(Polish Notation)이라고도 한다.

○ **후위 표기법(Postfix Notation)** : "$A+B$"를 "$AB+$"의 형태로 연산자(+)를 피연산자 A, B 뒤에 오도록 표현하는 방법으로 Reverse Polish Notation라고도 한다.

정보통신기기와 자료처리 분야에서는 후위 표기법을 매우 중요하게 사용하고 있다. 컴파일러(Compiler)의 경우를 예로 들면 중위 표기법에 의한 수식을 입력받아 후위 표기법으로 변환시킨 뒤 스택(Stack)을 이용하여 기억공간과 연산시간을 최적화시켜 사용하면서 간단히 연산할 수 있다.

- 중위 표기법에 의한 입력

$$(A+B) \ast C$$

- 후위 표기법으로 바꾸기 위해 완전 괄호화

$$(A+B) \ast C = ((A+B) \ast C)$$

- 좌측 괄호는 제거하고 모든 연산자는 우측의 괄호와 서로 대체

$$((A+B) \quad \ast \quad C\ ) \quad \rightarrow \quad AB+C\ast$$

후위 표기된 수식을 좌에서 우로 읽어가면서 연산자를 만날 때마다 연산자 좌측에 있는 두 개의 피연산자에 대해 연산을 수행하고, 그 결과를 스택에 보관한 후 연산자와 피연산자로 대체한다.

$(A+B) \ast C$ → **(AB+C*) 연산과 스택 변화** (A = 5, B = 9, C = 4)

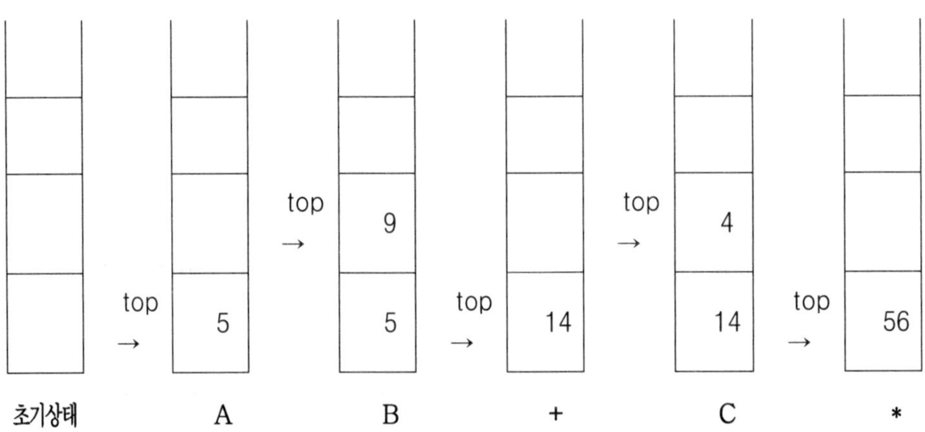

2. 코드설계와 정보저장

1) 코드의 형태와 종류

정보의 분류와 코드는 농업 생산물 또는 이와 관련된 Data의 논리적 분류와 조합을 통해 수(手)작업, 컴퓨터 처리, 생산, 보관, 가공, 유통 등 모든 업무에 대해 기획에서부터 시작하여 생산과 소비단계에 이르기까지 전 과정에 대한 표준화와 자동화가 이루어지게 할 목적으로 사용하는 과학적 관리기법의 하나이며, 일정한 방식에 따라서 분류되고 기호, 뜻글자, 숫자 등으로 표현된다.

코드는 코드화시킬 대상의 Data를 매우 작은 형태의 기호로 정보화한 결과가 컴퓨터에 입·출력되게 하는 능력이 있으므로 컴퓨터의 기억장치 사용과 Data의 송·수신시 기억용량이 적게 소요되고 또 빠르게 전송될 수 있어 매우 효과적이고 경제적이다.

또 코드에는 분류기능, 배열기능, 식별기능, 표준화기능, 관리기능 등의 능력이 있으며, Data를 체계화하여 효율적으로 처리할 수 있게 해줄 수 있고, Data 관리에 호환성을 제공하여 줄 수 있으므로 정보화는 물론 우리의 모든 일상생활에 매우 중요한 부분과 역할을 담당한다.

○ 코드의 형태

코드는 분류식 코드형태와 식별식 코드형태로 구분할 수 있다. 식별식 코드는 코드 하나에 코드화 대상이 하나라는 1대 1의 원칙에 의해 만들어지는 것으로 동명이인(同名異人)의 개념이 성립하지 않는다는 특징이 있고, 세월이 지나도 코드의 내용과 값이 변하지 않아야 한다는 역사적 불변성이 요구되는 코드형식이다. 분류 코드는 코드화 대상에 대한 명확한 분류기준을 설정하고 설정된 기준에 의해 체계적으로 분류되게 하는 코드의 형태이다.

○ **코드 설계와 작성의 필요충분조건**

- 컴퓨터 처리에 편리하고 적합하게 설계되어야 한다.
- 가능한 한 코드의 크기(길이)가 작아야 한다.
- 코드화시킨 대상물에 대한 변화가 생겨도 코드 유연성에 의해 코드의 내용과 체계가 변경되지 않아야 한다.
- 정보처리(컴퓨터처리)에 적합하도록 최적의 형태로 설계되어야 한다.
- 코드만 보면 즉시 연상할 수 있고 추론(推論)할 수 있으며 기억이 쉽게 되도록 설계되어야 한다.
- 최대한의 Error 방지대책(Check Digit 기법 등)이 코드의 역할로 코드 속에 포함되어 있어야 한다.

○ **순차 코드(Sequential Code)**

코드화할 대상들에게 순차적으로 코드를 부여하는 방식의 코드를 순차코드라 하는 데, 코드화 대상 Data의 발생 순서에 따라 코드를 부여하는 방법으로 가장 기초적이고 원시적인 코드 부여방식이다. Data의 생성순서대로 코드를 부여하는 경우 가장 알맞은 방법이며, 추가와 삭제가 매우 용이한 반면 검색시스템 구축 시 검색 알고리즘의 구현이 복잡하다는 단점이 있다. Data의 수가 많지 않아 코드의 자릿수가 적고 Data의 내용이 변화하지 않을 것이 예상되는 경우에 적합한 반면, Data의 성격별, 내용별, 주제별 등의 그룹별 분류가 어렵다는 단점이 있다.

○ **블록 코드(Block Code)**

코드화할 대상에 대해 내용상 공통적 특성이 있는 것들끼리 묶어 임의의 어떤 크기로 블록을 설정하여 구분하고, 각 블록 내에서 일정한 순서대로 번호를 붙여가는 방식으로 다른 코드에 비해 다양한 Data 구분을 할 수 있으며, 미지정 예비코드가 있어 Data의 추가/삭제가 매우 용이하다. 반면 미 지정 예비코드에 대한 오버헤드와 이로 인한 전산처리 과정과 프로그램의 낭비가 생긴다는 단점이 있다.

201-300	교양공통학과
201	고광현 교수
202	참이뻐 교수
203	독일군 교수

001-100	식량작물학과
001	잘났다 교수
002	지독해 교수
003	신나게 교수

101-200	특용작물학과
101	버섯광 교수
102	최약초 교수
103	신물나 교수

301-400	정보교육센터
301	실장
302	과장
303	주임

○ **그룹 분류 코드(Group Classification Code)**

코드의 각 자리별로 Data를 분류(대, 중, 소분류 등)하고 분류된 내용대로 의미를 부여하게 하는 방법으로 Data의 구성과 분류기준이 명확하고, 융통성이 많아 코드의 추가가 매우 편리하며, 비교적 육안으로 식별이 용이하고, 컴퓨터 처리에 적합한 반면, Data의 내용과 상태변화에 따라 코드의 길이가 길어질 수 있다는 단점이 있다.

학　　　번 : 입학년도+ 학과+ 학생의 고유번호+ **오류검출 값**(Check Digit)
주민등록번호 : 생년월일+ 성별+ 지역구분+ **오류검출 값**

○ **표의 문자식(연상) 코드(Significant Digit Code, Memonic Code)**

숫자나 문자를 조합해서 코드의 모양이나 내용만 보면 어떤 사물 또는 Data를 연상 또는 추론(推論)할 수 있도록 표시한 코드이다. 코드화할 대상의 속성에 따라 분류하는 방식으로 길이, 넓이, 부피, 지름, 깊이, 높이, 특성 등 의미와 특징을 코드에 직접 표현하는 것으로 코드 속에 Data의 내용과 값을 직접 넣어 줌으로서 기억하기가 용이하고 또 주로 사용되는 Data의 경우 취급상의 부주의로 인한 오류 발생이 적고 교정이 신속한 반면 코드의 수와 길이가 많아지거나 커질 우려가 있으므로 컴퓨터 처리과정과 프로그램의 낭비가 생길 수 있다는 단점이 있다.

DOHC2000	:	2000cc(DOHC) 승용차
M6800	:	마이크로프로세서(모토로라)
KH100W	:	100W전구(고광현 표)
TV33C	:	33인치 컬러텔레비전
TV33BW	:	33인치 흑백텔레비전

○ **십진 분류식 코드(Decimal Code)**

코드화 대상을 10진법 체계로 분류하여 코드를 부여하는 방법으로 0 ~ 9까지 10진 분할하고 각각에 대하여 다시 10진 분할하고 필요하면 또 다시 각각에 대하여 10진 분할을 되풀이해 나가는 방법이다. 이 코드의 대표적 사용의 예로 도서관에서 도서를 분류하고 이에 대한 코드를 부여하는데(듀이 십진분류법) 널리 사용되고 있다.

○ **말미 분류 코드(Final Digit Code)**

다른 코드와 결합하여 새로운 코드를 생성하며 생성되는 코드의 맨 앞 또는 맨 뒤에 붙어 새로운 의미를 생성하는 코드이다.

주민등록번호 : 생년월일+ 성별+ 지역번호+ **오류검출 값(Check Digit)**

○ **기타 코드**

약자식 코드(Letter Type Code), 암호 코드(Cryptic Code), 오류 검출 코드(Error Detection Code), 합성 코드(Combined Code)

2) 코드의 ERROR 검출

데이터의 입력, 이동, 노후, 고의적 파괴와 변형, 실수, 기계의 오동작과 고장 등 원시 데이터취급 시 어떤 경우라도 반드시 에러(Error)는 발생하는데 에러는 시스템 전체에 치명적 손상을 가져와 경제적, 사회적으로 엄청난 손실을 수반하게 된다. 따라서 시스템 개발자, 관리자, 사용자들은 데이터에 어떤 경우라도 에러가 있을 수 있다는 전제하에 접근해야 하며 어떻게 하면 에러의 발생을 최소화하고 또 최대한 빨리 발견하여 복구하거나 잘못된 처리결과를 미연에 방지할 수 있는지를 연구해야 한다.

이를 위해 가장 많이 사용되는 것이 코드(Code)이고, 또 시스템화를 위한 것이 코드화 작업이다. 코드는 사람이 눈으로 판별하거나, 과거 카드를 입력매체로 사용하던 시절 천·검공의 의미를 갖는 과정을 통해 검사하거나, 코드 생성 시 특정 의미의 숫자를 포함시켜 자동화시키거나, 소프트웨어적으로 검사하는 방법이 있다.

○ 눈에 의한 판별

눈에 의한 시각 검사(Sight Check), 사람의 계산능력을 이용한 계산한 결과와 정보처리기기로 처리된 결과를 대조 비교하는 합계 검사(Sum or Total Check)가 있다.

○ 체크 디지트 검사(Check Digit Check)

코드 생성 시 코드 내에 특정 규칙에 의해 결정된 값을 삽입시켜 코드를 생성하고 필요시 코드 취급과정의 모든 단계에서 정보처리기기를 이용하여 비교 검색하는 방법으로 Modulus 10, Modulus 11이 가장 많이 사용된다.

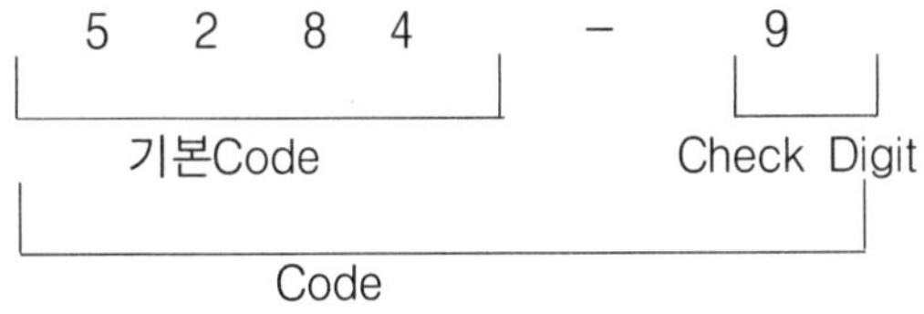

① 기본 코드의 각 자리 숫자에 가중 값(Weigh)을 곱한다.
② 곱하여 나온 수를 누적하여 합을 구한다.
③ 각 자리를 곱한 값이 2자리일 경우 1자리씩 분리하여 합을 구한다.
④ 구해진 합의 값을 Modulus 값으로 나누어 몫은 버리고 나머지만 취한다.
⑤ Modulus 값에서 나머지 값을 뺀 결과 값을 Check Digit 값으로 한다.
⑥ Modulus 10의 경우 나머지가 0이 되면 Check Digit가 10이 되므로 임의로 1~9 사이의 값을 선택하여야 하고,

⑦ Modulus 11의 경우 나머지가 0이거나 1이 되면 Check Digit가 10 또는 11이 되므로 임의로 1~9 사이의 값을 선택하여야 한다.

기본Code(d)	2	4	9	7	3	6		
d×w	4	12	36	35	18	42	5	⬅Check Digit
가중 값(w)	2	3	4	5	6	7	11-6=5⬆	

4+1+2+3+6+3+5+1+8+4+2=39, 39 ÷ 11 = 3 나머지 6

○ **소프트웨어에 의한 검사**

입력 데이터의 내용 중 기입하지 않은 항목을 검색하는 공백검사(Blank Check), 입력 데이터의 숫자, 문자, 기호 등의 형태를 검사하는 모드검사(Mode Check), 코드가 중복되어 있는 상태인지를 검사하는 중복검사(Duplicate Check), 데이터 처리의 흐름(Flow)을 검사하는 순서검사(Sequence Check) 등이 있으며 이 밖에도 형식(Format Check), 균형(Balance Check), 연관성(Relational Check), 유효범위(Limit Check), 논리타당성(Validity Check), 수치(Numeric Check), 반향(Echo Check) 등의 검사가 있다.

3) 자료의 저장

○ **비트(Bit)**

2장에서 설명한 것과 같이 Binary Digit의 약자로서 데이터 표현의 최소 단위로 2진수의 '0' 과 '1'이다.

○ **바이트(Byte)**

문자 표현의 최소 단위로 연속적인 2진수 8자리 즉, 8개 BIT의 연속이다.

○ 워드(Word)

문자의 집합 즉, 일정 수의 Byte가 모인 집합체로서 간혹 특정 소프트웨어 패키지에서 필드(Field)라는 표현을 쓰기도 한다.

○ 레코드(Record)

서로 연관된 워드들의 집합으로 구성되어 있는 워드의 집합이다. (Ex.: 인사기록카드 1매, 학생생활기록부 1매, 주민등록 등본 1매 등)

○ 파일(File)

일반적으로 파일이라고 하면 데이터들을 모아 묶은 후 보조 기억장치에 저장시킨 것 즉, 정보처리 대상이 되는 연관된 레코드들의 집합(Ex.: 인사파일, 영농일기책, 판매관리대장, 동창회명부 등)을 의미하는데, 이 때 저장되는 데이터가 무엇인가에 따라 여러 가지로 분류된다. 파일은 프로그램 파일과 데이터 파일로 나눌 수 있으며 프로그램 파일은 워드프로세서에 의한 일반 문서형태의 파일과 Compiler에 의해 번역된 기계어 형태의 Code 파일이 있다. 또 파일의 내용을 눈으로 볼 수 있는지 여부에 따라 텍스트 파일(Text File)과 이진 파일(Binary File)로 나눌 수 있다. 텍스트 파일은 눈으로 볼 수 있는 문자, 숫자, 특수 기호들로만 이루어진 파일로 각종 프로그래밍 언어의 원시 프로그램 파일과 에디터(Editor)나 워드프로세서(Word Processor)로 작성한 편지, 보고서, 설명서 등의 문서 파일이 여기에 해당한다. 이에 비해 이진 파일은 실행 가능한 기계어 코드로 되어 있는 프로그램 파일이며 이진수 형태의 코드로 되어있어 이진 파일이라고 부른다. 파일들을 분류·정리하는 이 방법에 따라 순차 파일(Sequential File), 색인 순차 파일(Indexed Sequential File), 랜덤 파일(Random File) 등으로 구분하여 사용한다.

○ 볼륨(Volume)

보조기억장치 내에 기록할 수 있는 데이터의 최대량을 나타내는 단위로 하나의 기록 매체로 사용된다. 즉 단위디스크에 기억되어 있는 파일의 집합체이다. (Ex.: 내 컴퓨터의 하드디스크 전체, 어떤 대학의 총 졸업생 명부)

○ **순차 파일**(Sequential File)

데이터 레코드들이 순서대로 연이어 저장되는 형태(대기행렬 큐(Queue))의 파일로, 파일의 구성이 매우 쉬운 반면 파일 중간에 있는 임의의 레코드를 처리하기 위해서는 앞의 레코드를 모두 읽어야 하므로 속도가 느리고, 삽입과 삭제가 불편하다.

○ **색인 순차 파일**(Indexed Sequential File)

데이터 레코드들을 여러 블록(Block)으로 나누고 한 블록 내에서는 순차적으로 배열하여 배치하되 어떤 블록 속에 있는 레코드들에 대해서 별도의 색인 파일을 구성하여 찾고자 하는 레코드의 키 값(위치)만 알면 그 레코드를 갖고 있는 블록을 직접 처리할 수 있도록 구성된 파일의 형태이다.

○ **랜덤 파일**(Random File)

파일 내의 데이터 레코드들에 대해 논리적 또는 물리적 레코드의 번호만 알면 바로 해당 레코드를 액세스할 수 있도록 구성된 파일형태로 파일 구성방법이 쉬운 반면, 가변적인 길이를 가지는 레코드 처리의 불편함과 기억장소를 낭비할 가능성이 있다.

○ **디렉터리**(Root Directory)

디렉터리는 모든 기억매체들 속에 저장된 파일들의 목록이 저장된 영역을 의미하며 이 디렉터리에는 기억장치(하드디스크 등) 속에 저장된 파일들에 대한 각각의 이름과 크기, 위치 등이 기록되어 있다. 일반적으로 디스크 상의 많은 파일들을 디렉터리라는 부분으로 나누어 사용하면 프로그램이나 사용자가 파일을 편하게 관리할 수 있다. 어떤 경우에는 디렉터리가 하나의 파일과 같이 취급되는 경우도 있는데 그 경우에는 한 디렉터리 밑에 또 다른 디렉터리가 존재하여 계층적인 구조를 이루게 된다.

- **루트 디렉터리**(Root Directory) : 계층적 또는 트리 구조의 디렉터리에서 가장 높은 위치의 첫째 디렉터리다. 자신을 지시하는 상위(Parents) 디렉터리는 없고 단지 하위(Children) 디렉터리만 있다. 앞에서 설명된 트리(Tree) 개

념으로 루트(Root)라 한다.

- **부모 디렉터리(Parent Directory)** : 계층적 디렉터리 구조에서, 현재 디렉터리의 상위 디렉터리는 대개 점 두 개(..)로 표시한다. 이와는 반대로 현재 디렉터리에서 하위 디렉터리는 자식 디렉터리가 된다.

- **서브 디렉터리(Sub Directory)** : 어떤 디렉터리 내에 존재하는 또 다른 디렉터리(자식 디렉터리)를 의미한다.

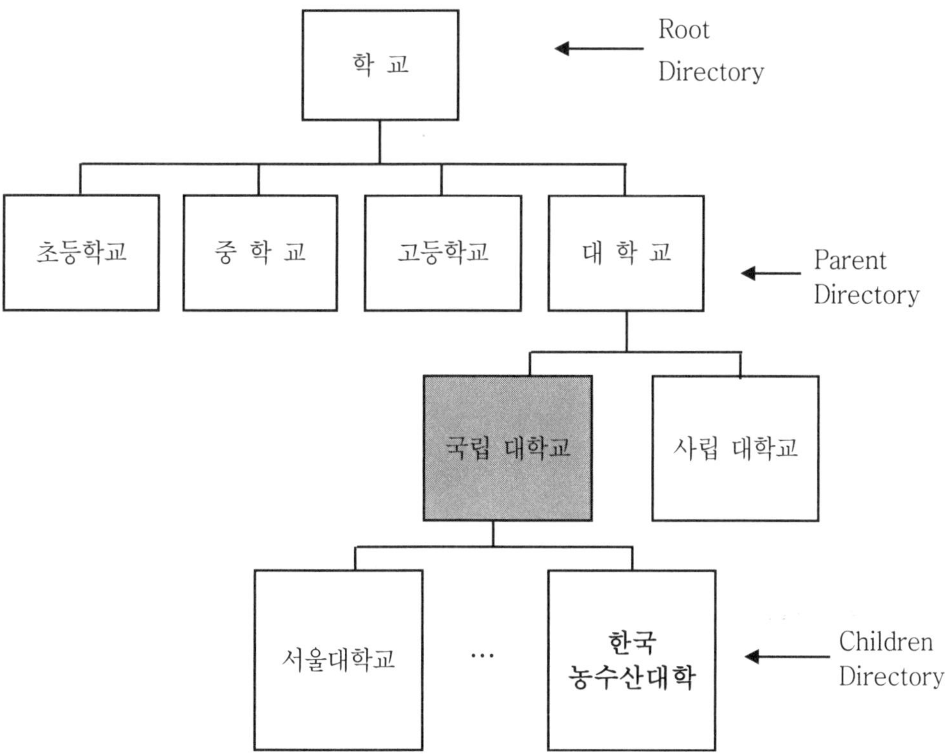

○ 폴더(Folder)

Windows 95가 등장하면서 기존의 MS-DOS나 Windows 3.1에서 사용하던 많은 용어들이 사라졌는데, 그 중 하나가 바로 '디렉터리(Directory)'이다. 디렉터리는 대단히 오랜 기간 동안 파일을 관리하기 위한 가장 중요한 개념으로 이해되었지만 이동이 어렵고, 파일의 관리가 어렵기 때문에 수많은 디렉터리 이동 프로그램과 파일 관리 프로그램 그리고 Mdir 같은 파일 관리 유틸리티가 필요할 수밖에 없었다. 하지만 Windows 95와 98은 특유의 편리한 그래픽 환경과 가시적 연결 개념을 통해 훨씬 쉽게 파일을 관리할 수 있는 폴더 개념을 도입하였다. 폴더 내에 무한대의 폴더를 만들 수 있고, 이들 폴더에 들어가는 아이콘들은 정보만이 아닌 실제 파일이 포함이 되기 때문에 가시적인 파일 관리가 가능하다. 결국 폴더는 기존의 MS-DOS의 디렉터리와 같은 개념이다.

3. 자료의 분석방법과 의사결정

통계적(Statistics) 개념은 최적 생산, 최적 판매 등의 농업경영과 연구를 위한 자료와 정보를 수집, 분석하여 얻은 결과를 미래의 불확실한 상황에 대한 예측과 판단의 기초자료로 삼아 최적의 의사결정을 할 수 있도록 의사결정 환경을 제공하여 최대의 이익을 얻고자 할 때 사용하는 과학적 추정방법이다.

1) 통계적 방법의 기본개념

1-1) 모집단과 표본

조사대상으로 선정된 집단 전체를 모집단(Population)이라 하고, 모집단에 속하는 원소들의 합을 모집단의 크기(Population Size)라 하며, 모집단의 크기가 유한일 때 유한모집단(Finite Population), 무한일 때 무한모집단(Infinite Population)이라 한다. 어떤 집단에 속하는 원소들의 공통적 특성을 수치화한 것을 변량(Variate)이라 하며, '닭의 마릿수', '암컷과 수컷의 수'와 같이 셀 수 있는 이산형 변량(Discrete Variate)과 '온도', '습도'와 같이 연속적인 양으로 측정될 수 있는 연속형 변량(Continuous Variate)으로 구분된다. 또, 모집단으로부터 일부분의 원소를 추출한 부분 집단을 표본(Sample)이라 하고, 표본을 구성하는 원소의 수를 표본의 크기(Sample Size)라 한다.

1-2) 전수조사와 표본조사

어떤 나라가 그 나라의 인구를 정확히 알기 위하여 국민 전체를 "빠짐없이 조사한다."와 같이 조사의 대상이 되는 집단 전체를 조사하는 것을 전수조사라 하고, 조사의 대상이 되는 집단 전체를 모집단이라 한다. 예를 들어 전구의 수명을 조사하려할 때 한 번 검사를 받은 전구는 못 쓰게 되므로 전체 전구들 중 일부만 검사하여 전체를 추측 또는 예측하는 방법을 사용하게 되는데, 이 같이 집단의 일부만을 조사하여 전체를 추측하는 조사를 표본조사라 하고, 그 집단의 일부를 "표본", 표본의 개수를 "표본의 크기"라 하며, 표본을 선택하는 것을 "표본추출"이라 한다.

표본조사에서는 "표본을 어떻게 추출할 것인가?"에 대하여 모집단에서 표본을 추출할 때 어느 특정한 것을 지정함이 없이 임의로 추출하는 방법을 "임의 추출법"이라 하고, 임의추출법에 의해 추출된 표본을 "임의표본" 또는 "확률표본"이라 한다. 임의추출법의 대표적 사용방법으로 카드, 난수표, 주사위, 난수주사위 등이 있다.

1-3) 표본평균의 평균과 분산

○ 모평균과 표본평균

모집단의 분포에서 확률변수 X의 평균, 분산, 표준편차를 각각 모평균, 모분산, 모표준편차라 한다. 또, 어떤 모집단에서 크기 n인 표본을 추출하는 경우 추출된 n개의 변량을 각각 X_1, X_2, X_3, ⋯, X_n이라 할 때 이들의 표본평균은

$\overline{X} = \frac{1}{n}(X_1 + X_2 + X_3 + \cdots + X_n)$ $\overline{X}$는 확률변수

○ 표본평균의 평균과 분산

모평균 m, 모분산 σ^2인 모집단에서 크기 n인 표본을 복원 추출할 때, 표본평균 $\overline{X}$에 대하여

$$E(\overline{X}) = m, \quad V(\overline{X}) = \frac{\sigma^2}{n}, \quad \sigma(\overline{X}) = \frac{\sigma}{\sqrt{n}}$$ 이다.

모평균이 5, 모표준편차가 0.4인 모집단에서 크기 100의 임의 표본을 복원 추출하는 경우, 표본평균 $\overline{X}$의 평균, 분산, 표준편차의 예를 들면 모평균 m, 모분산 σ^2인 모집단에서 크기 n인 표본을 복원 추출할 때, 표본평균 $\overline{X}$에 대하여

$$E(\overline{X}) = m, \quad V(\overline{X}) = \frac{\sigma^2}{n}, \quad \sigma(\overline{X}) = \frac{\sigma}{\sqrt{n}}$$

의 관계가 있다. 이것은 모집단의 분포만으로 표본평균의 평균, 분산, 표준편차를 구할 수 있음을 뜻한다. $m = 5$, $\sigma = 0.4$, $n = 100$ 이므로

$$E(\overline{X}) = 5, \quad V(\overline{X}) = \frac{0.4^2}{100} = 0.0016, \quad \sigma(\overline{X}) = \sqrt{V(\overline{X})} = 0.04$$

○ 표본평균의 분포

모집단의 분포가 정규분포를 이루면 표본평균의 분포 역시 정규분포를 이룬다는 사실이 알려져 있으며, 모집단의 분포가 정규분포 $N(m, \sigma^2)$을 따르면

$E(\overline{X}) = m, \quad V(\overline{X}) = \frac{\sigma^2}{n}$ 이므로 $\overline{X}$의 분포는 $N(m, \frac{\sigma^2}{n})$ 이 된다.

따라서 평균 m, 분산 σ^2인 모집단에서 크기 n인 표본을 임의 추출할 때, 모집단의 분포가 정규분포이면 표본평균 $\overline{X}$는 정규분포는 $N(m, \frac{\sigma^2}{n})$가 되며 또, 모집단의 분포가 정규분포가 아닐 때에도 n이 충분히 크면, 표본평균 $\overline{X}$는 근사적으로 정규분포 $N(m, \frac{\sigma^2}{n})$을 따른다.

예제) 주머니 속에 1, 1, 1, 2, 2, 3 이라는 숫자가 적힌 6개의 공이 들어 있다 할 때, 주머니에서 한 개의 공(X)을 임의 추출하여 X의 평균과 분산을 구하고 주머니에서 크기가 2인 표본을 임의로 복원추출 하여 적힌 숫자의 표본평균을 $\overline{X}$라 하면 $\overline{X}$의 평균과 분산을 구하는 방법을 예로 들면

X의 확률분포는

X	1	2	3
P(X)	$\frac{3}{6}$	$\frac{2}{6}$	$\frac{1}{6}$

이므로

$$m = 1 \times \frac{3}{6} + 2 \times \frac{2}{6} + 3 \times \frac{1}{6} = \frac{5}{3}$$

$$\sigma^2 = 1^2 \times \frac{3}{6} + 2^2 \times \frac{2}{6} + 3^2 \times \frac{1}{6} - \left(\frac{5}{3}\right)^2 = \frac{5}{9}$$

$E(\overline{X}) = m = \frac{5}{3}, \quad V(\overline{X}) = \frac{\sigma^2}{n} = \frac{5}{9} \times \frac{1}{2} = \frac{5}{18}$ 이다.

예제) 주머니 속에 0, 2, 4, 6의 숫자가 적힌 네 개의 공이 들어 있어 크기가 4인 모집단에서 한 개의 공을 임의 추출할 때 공에 적힌 숫자를 X라 하면 X의 확률분포가 아래 표와 같은 모집단의 분포가 있다고 할 때,

모집단의 분포

X	0	2	4	6	합
P(X)	$\frac{1}{4}$	$\frac{1}{4}$	$\frac{1}{4}$	$\frac{1}{4}$	1

모집단 분포에서 평균 m과 분산 σ^2을 구해 보면

$$m = 0\times\frac{1}{4} + 2\times\frac{1}{4} + 4\times\frac{1}{4} + 6\times\frac{1}{4} = 3$$

$$\sigma^2 = 0^2\times\frac{1}{4} + 2^2\times\frac{1}{4} + 4^2\times\frac{1}{4} + 6^2\times\frac{1}{4} - 3^2 = 5$$ 가 된다.

이 때 m = 3, σ^2 = 5, σ = $\sqrt{5}$가 각각 모평균, 모분산, 모표준편차 이다. 또, 이 모집단에서 두 개의 공을 복원 추출할 때, 첫 번째 공의 숫자를 X_1, 두 번째 공의 숫자를 X_2라 하고, 이들의 평균을 $\overline{X}$라 하면

$$\overline{X} = \frac{X_1 + X_2}{2}$$ 가 되며, $\overline{X}$는 표본평균이다.

예를 들어 첫 번째 공의 숫자가 2이고 두 번째 공의 숫자가 6이라 하면 $X_1=2$, $X_2=6$이므로 표본평균은 $\overline{X} = \frac{2+6}{2} = 4$ 이다.

또, 이 네 개의 공에서 순서를 생각하여 크기 2인 표본을 추출하는 모든 방법의 수는 $4\times4 = 16(={}_4\Pi_2)$ 가지가 되며 이들 16개 표본의 평균을 구하면

가능한 모든 $\overline{X}$

X_2 \ X_1	0	2	4	6
0	0	1	2	3
2	1	2	3	4
4	2	3	4	5
6	3	4	5	6

따라서, 표본평균 $\overline{X}$가 취할 수 있는 값은 0, 1, 2, 3, 4, 5, 6 이고, 이들에 대응하는 $\overline{X}$는 다음과 같은 확률분포를 이루는 확률변수가 된다.

$\overline{X}$	0	1	2	3	4	5	6
$P(\overline{X})$	$\frac{1}{16}$	$\frac{2}{16}$	$\frac{3}{16}$	$\frac{4}{16}$	$\frac{3}{16}$	$\frac{2}{16}$	$\frac{1}{16}$

따라서 $\overline{X}$의 평균과 분산은

$$E(\overline{X}) = 0 \times \frac{1}{16} + 1 \times \frac{2}{16} + 2 \times \frac{3}{16} + \cdots + 6 \times \frac{1}{16} = 3$$

$$V(\overline{X}) = 0^2 \times \frac{1}{16} + 1^2 \times \frac{2}{16} + 2^2 \times \frac{3}{16} + \cdots + 6^2 \times \frac{1}{16} - 3^2 = \frac{5}{2}$$

$\overline{X}$의 평균, 분산과 X의 모평균, 모분산을 비교하면 $\overline{X}$의 평균은 모평균과 같고, $\overline{X}$의 분산은 모분산의 $\frac{1}{2}$과 같다. 여기서 분모 2는 표본의 크기이다.

1-4) 도수분포표와 상대 도수분포표

모집단으로부터 얻은 표본을 원소별로 크기에 따라 적당한 계급으로 나누고, 각 계급에 속하는 원소수(도수 : Frequency)를 계급별로 모아 정리한 표를 도수분포표라 한다. 또, 계급의 도수를 표본원소의 총수(N)로 나눈 것 즉, f_i / n을 상대도수(Relative Frequency)라 하며 상대도수를 각 계급별로 모아 정리한 표를 상대 도수분포표라 한다.

도수분포표와 상대 도수분포표

계 급	계급값	도 수	상대 도수
a_0 - a_1	X_1	f_1	f_1 / n
a_0 - a_2	X_2	f_2	f_2 / n
⋮	⋮	⋮	⋮
a_k - a_k	X_k	f_k	f_k / n
		$n=\sum f_i$	$\sum f_i/n=1$

1-5) 분석결과의 가시적 표현

○ 막대그래프

평면 위를 가로축과 세로축으로 구분하여 가로축 눈금에는 각 계급의 계급값을 표시하고 세로축 눈금에는 계급값에 해당되는 도수를 표시하여 도수의 크기에 따라 막대의 길이를 서로 다르게 표시한 것.

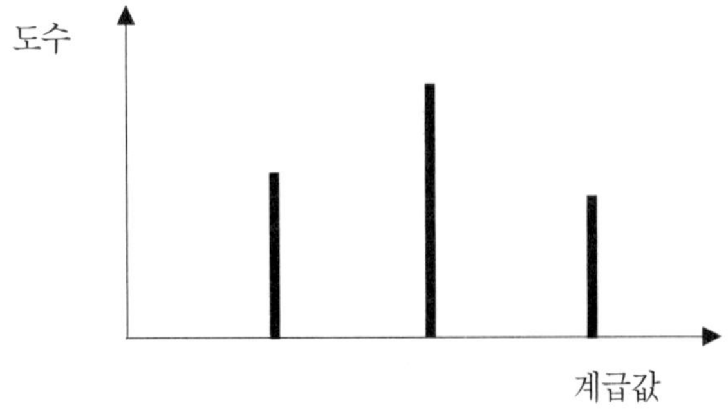

○ 히스토그램

평면 위를 가로축과 세로축으로 구분하여 가로축 눈금에는 각 계급의 계급값 구간을 표시하고 세로축 눈금에는 계급값에 해당되는 도수를 표시하여 도수의 크기와 계급의 간격에 따라 직사각형의 길이와 크기를 다르게 하여 표시한 것을 히스토그램이라 한다.

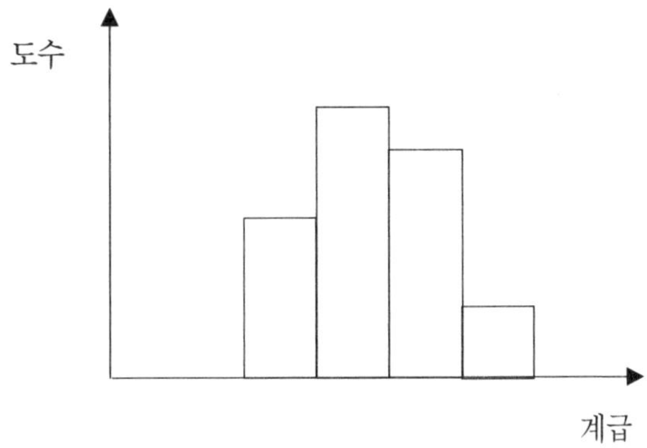

예제) 어떤 대학의 학생들 중 무작위로 100명을 뽑아 컴퓨터와 정보과학의 성적을 조사하여 도수분포표와 상대 도수분포표를 작성하여 보았다.

컴퓨터와 정보과학 성적 조사표

77	80	56	56	73	82	72	45	75	72
76	63	78	87	79	78	85	74	76	65
84	82	63	95	66	60	73	80	79	58
57	69	58	74	72	76	60	63	67	76
52	60	65	74	73	87	96	97	88	75
63	68	94	41	80	40	76	90	83	86
81	83	52	78	80	77	87	92	57	80
66	86	60	86	50	78	66	79	68	75
72	88	80	84	96	87	58	65	79	80
57	66	34	76	68	82	74	75	35	76

도수분포표

계급	계급값	도수	상대 도수
30 ~ 39	34.5	2	0.02
40 ~ 49	44.5	3	0.03
50 ~ 59	54.5	11	0.11
60 ~ 69	64.5	20	0.20
70 ~ 79	74.5	32	0.32
80 ~ 89	84.5	25	0.25
90 ~ 99	94.5	7	0.07
합		**100**	**1.00**

※ 이 표를 이용하여 막대그래프, 히스토그램 등에 대해 Excel을 이용하여 표현

○ 꺾은 선 그래프

도수분포표에서 i번째 계급값을 xi 이에 대응하는 도수를 fi라 할 때 평면 위에 가로축과 세로축을 세워 점(xi, fi)을 찍은 뒤 이 점을 xi의 작은 쪽에서 큰 쪽으로 서로 연결하는 방법으로 표현되는 그래프.

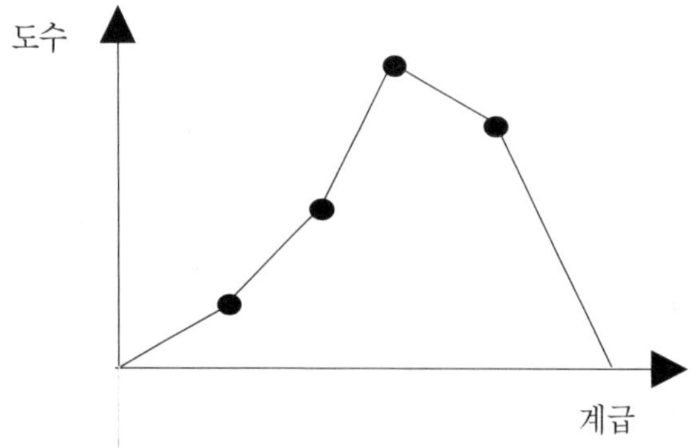

○ 곡선 그래프

조사된 표본의 수(N)가 매우 큰 경우, 꺾은 선 그래프의 계급 간격을 아주 작게 하면 계급별로 꺾은 선 그래프의 각과 각 사이가 서로 붙을 정도로 좁아져 곡선에 가깝게 되는데, 이런 곡선을 도수 곡선(Frequency Curve).

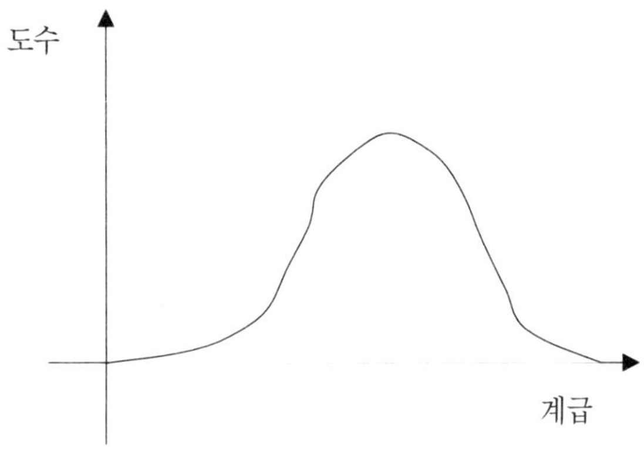

2) 대표 값

모집단 전체를 한 개의 값으로 대표하려고 할 때 대표하는 값을 대표 값이라고 하며 모든 측정값의 계산에 이용되는 계산적 대표 값과 어느 그룹에 속하는지를 표현하는 위치적 대표 값이 있다.

○ 피어슨(K. Pearson)의 실험 공식

도수분포도가 단봉 형으로 극히 비대칭이 아닐 때 다음 식이 성립된다.

$$\bar{x} - Mo \fallingdotseq 3(\bar{x} - Me)$$

여기서, $\bar{x}$는 산술평균, Mo는 최빈수, Me는 중위수이다.

계산적 대표 값 $\bar{x}$, G, H 사이의 관계

$$\bar{x} \geq G \geq H$$

여기서, 등호는 측정값이 모두 같을 때에만 성립한다.

위치적 대표 값 Mo, Me와 $\bar{x}$ 사이의 관계

- **도수분포가 완전히 대칭인 경우** : $\bar{x} = Me = Mo$

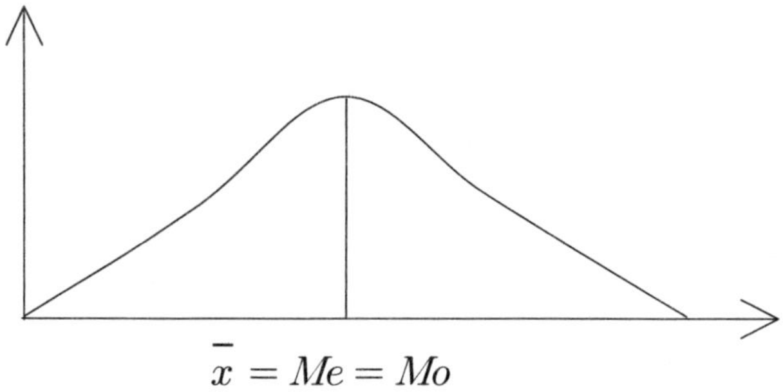

- **도수분포가 오른쪽으로 비대칭인 경우** : $\bar{x} > Me > Mo$

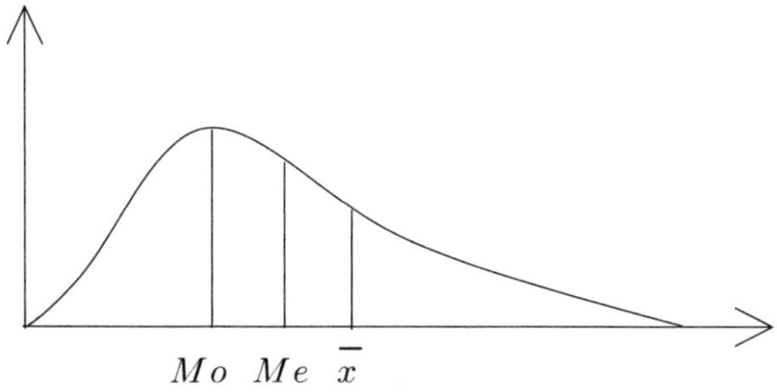

- **도수분포가 왼쪽으로 비대칭인 경우** : $\bar{x} < Me < Mo$

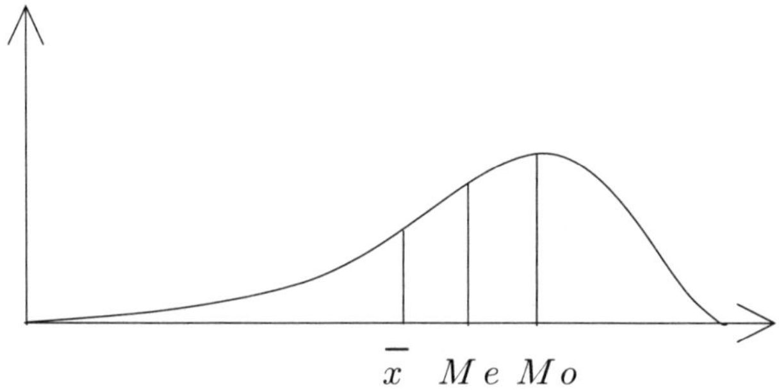

피어슨의 실험 결과에 따라 대표 값으로 산술평균만을 사용할 수 없다는 것을 알 수 있다. 예를 들어 7마리의 돼지 체중이 46, 48, 50, 51, 53, 55, 117로 측정되었을 때 산술평균은 $\bar{x} = 60\,(kg)$ 이고, 중위수는 $Me = 51\,(kg)$이다. 이 경우 117(kg)이란 극단적인 값이 평균에 많은 영향을 주게 되는데 이런 경우에는 산술평균(60)보다 중위수(51)가 이 측정값들의 대표 값으로 타당하다고 보아야 한다. 이와 같이 대표 값을 정할 때 어떤 것을 선택할지는 주어진 통계 집단의 특성에 따라 달라질 수 있다.

2-1) 산술평균

모집단의 평균을 모평균이라 하고 표본만 추출하였을 때의 평균을 표본평균이라 한다. 변량 X의 n개의 측정값이 xl, x2, ······, xn으로 주어질 때, X의 산술평균을 $\overline{x}$라 하고 X의 측정값이 도수분포로 주어졌을 때를 가중산술평균이라 한다.

$$\overline{x} = \frac{1}{n}\sum_{i=1}^{n} x_i = \frac{1}{n}(x_1 + x_2 + \ldots + x_n) \quad \text{(단순산술평균)}$$

$$\overline{x} = \frac{1}{n}\sum_{i=1}^{k} f_i x_i = \frac{1}{n}(f_1 x_1 + f_2 x_2 + \ldots + f_n x_n),\ n = \sum_{i=1}^{k} f_i \quad \text{(가중산술평균)}$$

예제) 측정값 7, 8, 9, 10, 11, 12 에 대한 산술평균

해설) $\overline{x} = \frac{1}{n}\sum_{i=1}^{n} x_i = \frac{1}{6}(7+8+9+10+11+12) = 9.5$

예제) 도수분포표에 의한 산술평균과 가중산술평균

계급	계급값(x_i)	도수(f_i)	$f_i x_i$
0 ~ 10	5	4	20
10 ~ 20	15	3	45
20 ~ 30	25	10	250
30 ~ 40	35	2	70
40 ~ 50	45	1	45
합		20	430

해설) $\bar{x} = \frac{1}{n} \sum_{i=1}^{k} f_i x_i = \frac{430}{20} = 21.5$

2-2) 기하평균

변량 X의 값이 비율을 나타내는 값일 때 표현되는 대표 값으로 이것을 단순 기하평균이라 한다.

$$G = \sqrt[n]{\prod_{i=1}^{n} x_i} = \sqrt[n]{x_1 \times x_2 \times \cdots \times x_n}$$

또, X의 측정값이 도수분포로 주어졌을 때를 가중기하평균이라 한다.

$$G = \sqrt[n]{\prod_{i=1}^{k} x_i^{f_i}} = \sqrt[n]{x_1^{f_1} \times x_2^{f_2} \times \cdots \times x_n^{f_k}}, \quad n = \sum_{i=1}^{k} f_i$$

예제) 영농자금 100만원을 자본금으로 창업하여 3년 동안 연도별로 자본금의 1.5배, 3배, 6배가 증가하였을 때, 연평균 자본금의 증가 배수 계산의 예를 보면

해설) 6배 증가 자본금 = 100×1.5×3×6 이므로 매년 평균 x배씩 증가한다면

= ((100 × x) x) x = 100 × 1.5 × 3 × 6이 된다.

따라서 x^3 = 1.5 × 3 × 6 이므로 x를 계산하면

$x = \sqrt[3]{1.5 \times 3 \times 6} = \sqrt[3]{27} = 3$이 되므로

연평균 3배씩 증가하였다는 결론이 나온다.

반면, 산술평균으로 계산해 보면, $\bar{x} = \frac{1}{3}(1.5 + 3 + 6) = 3.5$가 되므로 적절하지 못한 계산방법의 적용으로 정확하지 않은 결과이다.

2-3) 조화평균

변량 X가 한 개의 단위당 측정값일 경우 평균값으로 표현하기 가장 알맞은 표현방식을 조화평균(Harmonic Mean) 또는 단순조화평균(Simple Harmonic Mean)이라 하며 이것 역시 X의 측정값이 도수분포표로 주어질 때 가중조화평균(Weighted Harmonic Mean)이라 한다.

주로 시간의 흐름에 따라 변하는 변량, 속도, 농업생산물의 가격 등 단위당 평균을 산출하는데 이용된다.

$$H=\frac{n}{\sum_{i=1}^{n}\frac{1}{x_i}} \quad \text{(단순조화평균)}$$

$$H=\frac{n}{\sum_{i=1}^{k}\frac{f_i}{x_i}},\ n=\sum_{i=1}^{k}f_i \quad \text{(가중조화평균)}$$

예제) 4, 5, 8, 9의 조화평균을 구해보면

해설) $H=\frac{n}{\sum_{i=1}^{n}\frac{1}{x_i}}=\frac{4}{\frac{1}{4}+\frac{1}{5}+\frac{1}{8}+\frac{1}{9}}=5.83$ 이 되고

예제) 앞마을 순이네 농장에 가는데 자동차로 시속 50㎞, 오는데 시속 60㎞로 왕복하였다면 평균시속은 몇 ㎞인가를 계산하여 보면

해설) $H=\frac{n}{\sum_{i=1}^{n}\frac{1}{x_i}}=\frac{2}{\frac{1}{50}+\frac{1}{60}}=54.64$㎞가 된다.

2-4) 중위수

변량 X의 N개 측정값 $x_1, x_2, \cdots, x_n$을 크기순으로 배열하였을 때 중앙에 위치

하는 값을 중위수(Median) 또는 중앙값이라 하고 Me로 나타낸다.

N이 홀수일 때 : $Me = x(\frac{n+1}{2})$: $\frac{n+1}{2}$의 위치 값

N이 짝수일 때 : $Me = \frac{1}{2}[x(\frac{n}{2}) + x(\frac{n}{2}+1)]$: $\frac{n}{2}$과 $\frac{n}{2}+1$의 위치 값

예제) 측정값 5, 5, 7, 9, 11, 12, 15, 18에 대한 중위수는

해설) $Me = \frac{x(\frac{8}{2}) + x(\frac{8}{2}+1)}{2} = \frac{x(4)+x(5)}{2} = \frac{9+11}{2} = 10$

예제) 누적도수분포표에서 중위수를 구하는 예를 살펴보면

무게(kg)	마릿수	누적 마릿수
20 ~ 30	3	3
30 ~ 40	7	10
40 ~ 50	15	25
50 ~ 60	10	35
60 ~ 70	5	40
합	40	

해설) $Me = L + (\frac{n}{2} - F_c)\frac{c}{f}$

여기서, L은 중위수가 속한 계급의 하한, Fc는 중위수가 속한 계급 이전까지의 누적도수, c는 계급간격, f는 중위수가 속한 계급의 도수이다.

$n = 40$, $\frac{n}{2} = 20$, $L = 40$, $Fc = 10$, $c = 10$, $f = 15$ 이므로

$Me = 40 + (20 - 10)\frac{10}{15} = 46.67$ 이 된다.

2-5) 최빈값

변량 X의 측정값 중 가장 많이 나타나는 값을 최빈값(Mode)이라 하고, Mo로 나타낸다. $Mo = L + (\frac{F2}{F1 + F2})C$

L = 최빈값이 속한 계급의 하한,

F1 = 최빈수가 속한 계급의 이전 도수 값,

F2 = 최빈수가 속한 계급 다음의 도수 값 , C = 계급간격

예제) 아래 각 표에서 최빈값은

신장(cm)	160	165	170	175	180
도수	13	18	15	14	2

해설) 최빈값 = 도수가 제일 많은(18) 신장 값이 165이므로 165가 최빈값이다.

3) 산포도

어떤 2개 이상 집단의 특성을 대표 값이라는 수치로 표현할 때 "대표 값이 같다"는 이유가 2집단의 분포 상태도 같음을 의미할 수 없다. 다시 말해 이는 측정값들이 대표 값을 중심으로 집중되어 있을 수도 있고 넓게 퍼져 있을 수도 있다는 것으로 해석해야 하므로 변량 X의 측정값들이 그 대표 값 주위에 어떻게 분포되어 퍼져있는가를 계량하는 방법으로 산포도(Dispersion)를 사용한다.

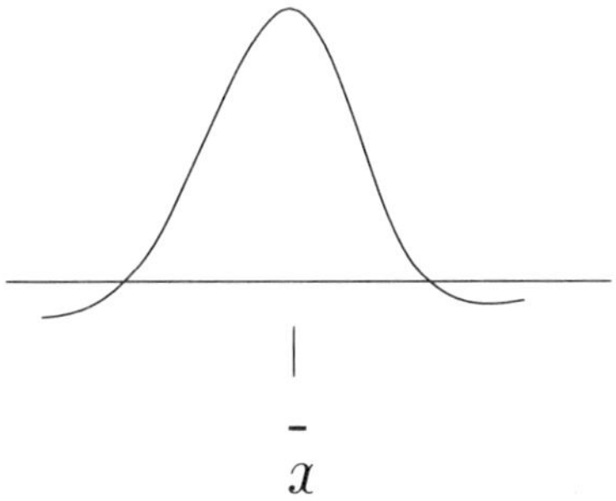

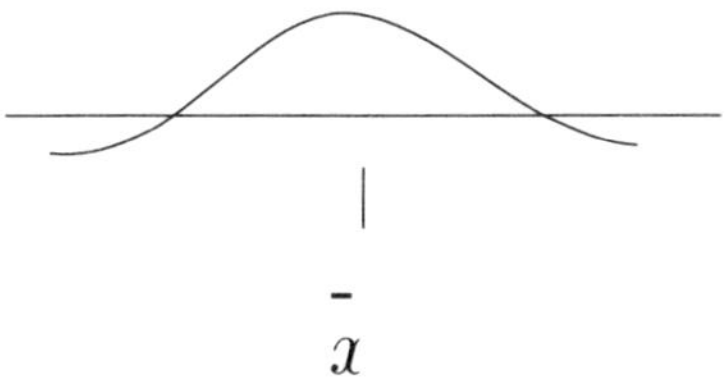

산포도는 측정값들이 대표 값을 중심으로 어떻게 분포되어 있는가를 나타내는 값이며, 각 측정값 x_i 와 평균 $\bar{x}$ 와의 차이 값 $\left(x_i - \bar{x}\right)$을 평균에 대한 편차(Deviation)라고 하며, 그 크기는 측정값들이 $\bar{x}$ 로부터 얼마나 퍼져 있는가를 나타내는 표현 값이다. 그러나 이 편차들을 모두 합하면 0이 되므로 편차들의 합으로서 측정값에 대한 분포상태 정도를 나타낼 수는 없다. 따라서 편차들의 절대값의 합 또는 편차의 제곱의 합을 산포의 표현 값으로 사용하게 되는데, 이 때 절대 값의 합을 이용하여 평균편차를 정의할 수 있고, 제곱의 합을 이용하여 분산을 정의할 수 있다.

3-1) 범위

측정값이 $x_1, x_2, \cdots, x_n$일 때 X의 범위(Range)는 이들 측정값의 최대값과 최소값의 차이를 뜻하며 범위를 R로 표시하면 다음과 같이 정의된다.

$$R = \underset{(1 \le i \le n)}{\max}\{x_i\} - \underset{(1 \le i \le n)}{\min}\{x_i\}$$

또 범위는 가장 손쉽게 구할 수 있는 산포도이지만 극단 값에 영향을 많이 받기 때문에 매우 불안정한 산포도이므로 제한적인 분야에서만 사용한다.

예제) 측정값 14, 18, 16, 12, 16 의 범위를 구해보면
해설) R = 최대값 - 최소값 = 18 - 12 = 6

예제) 다음 도수분포표에서 범위를 구하면

계급	도수
0 ~ 10	2
10 ~ 20	8
20 ~ 30	9
30 ~ 40	6
합	25

해설) 도수분포표에서 최대값과 최소값을 알지 못할 경우 최상계급에서의 상한 값과 최하 계급에서의 하한값의 차이를 범위로 한다. 따라서 40 - 0 = 40이 범위가 된다.

3-2) 최빈값

제1사분위수를 Q_1, 제3사분위수를 Q_3라 할 때 사분위편차(Quantify Deviation)를 Q라 하면 $Q = \frac{Q_3 - Q_1}{2}$ 즉, 제3사분위수에서 제1사분위수를 빼서 2로 나눈 몫을 사분위편차라 한다. 또, 사분위편차는 중위수를 대표 값으로 사용할 때 산포도로 사용되며 측정값 X의 개수가 어느 정도 많이 있어야 의미가 있게 되고, 어떤 분포가 되든지 관계없이 Q_1,과 Q_3 사이에 총 도수 $(n = \sum_{i=1}^{k} f_i)$의 1/2이 들어 있으며, 분포의 형태가 대칭일 때

$$Me = \frac{Q_3 + Q_1}{2}$$

$$Me - Q = \frac{Q_3 + Q_1}{2} - \frac{Q_3 - Q_1}{2} = Q_1$$

$$Me + Q = \frac{Q_3 + Q_1}{2} + \frac{Q_3 - Q_1}{2} = Q_3$$ 이 성립한다.

예제) 다음 표에서 사분위편차를 구하여라.

체중(kg)	인원수	누적인원수
20 ~ 30	3	3
30 ~ 40	7	10
40 ~ 50	15	25
50 ~ 60	10	35
60 ~ 70	5	40
합	**40**	

해설) $Q_1 = 30 + \left(\frac{40}{4} - 3\right)\frac{10}{7} = 40$

$Q_3 = 50 + \left(\frac{120}{4} - 25\right)\frac{10}{10} = 55$

$\therefore Q = \frac{Q_3 - Q_1}{2} = \frac{55 - 40}{2} = 7.5$

3-3) 평균편차

측정값에 따른 변량 X의 편차 $(x_i - \bar{x})$에 대한 절대 값의 산술평균을 평균편차(Mean Deviation)라 한다.

$$Md = \frac{1}{n}\sum_{i=1}^{n}|x_i - \bar{x}|$$

측정값에 따른 변량 X에 대한 도수분포에서의 가중평균편차(Weighted Mean Deviation)

$$Md = \frac{1}{n}\sum_{i=1}^{k}f_i|x_i - \bar{x}| , \quad n = \sum_{i=1}^{k}f_i$$

예제) 측정값 4, 8, 7, 6, 8, 19에 대한 평균편차

해설) $\bar{x} = \frac{1}{6}(4 + 8 + 7 + 6 + 8 + 19)$

$= 8.67$

$Md = \frac{1}{n}\sum_{i=1}^{n}|x_i - \bar{x}|$

$= \frac{1}{6}\{| 4-8.67 | + | 8-8.67 | + | 7-8.67 | +$

$| 6-8.67 | + | 8-8.67 | + | 19-8.67 |\}$

$= \frac{20.68}{6}$

$= 3.45$

3-4) 분산과 표준편차

○ 분산(Variance)

측정값에 대한 변량 X가 $x_1, x_2, x_3, x_4, \ldots x_n,$ 일 때 변량 X에 대한 분산(Variance)을 S^2라 한다.

- $S^2 = \frac{1}{n}\sum_{i=1}^{n}\left(x_i - \bar{x}\right)^2 \quad = \frac{1}{n}\sum_{i=1}^{n}x_i^2 - \bar{x}^2$ 변량 X에 대한 도수분포표의

  분산값은 $S^2 = \frac{1}{n}\sum_{i=1}^{k}f_i\left(x_i - \bar{x}\right)^2 \quad = \frac{1}{n}\sum_{i=1}^{k}f_i\ x_i^2 - \bar{x}^2, \quad \sum_{i=1}^{k}f_i = n$

- 변량 $X,\ Y$ 사이에 1차 선형 관계 $Y = aX + b$ (단, a, b는 상수)가 성립할 때 $X,\ Y$의 평균을 각각 $\bar{x}, \bar{y}$라 하고 분산을 각각 $S_x{}^2$, $S_y{}^2$ 이라 하면 $S_y{}^2 = a^2 S_x{}^2$ 이 성립한다.

- n_1개의 측정값의 분산을 $S_1{}^2$이라 하고 n_2개의 측정값의 분산을 $S_2{}^2$이라 할 때, 이들 측정값들을 합친 전체 분산은, $S^2 = \frac{n_1 S_1{}^2 + n_2 S_2{}^2}{n_1 + n_2}$ 이다. 이 때, n_1개의 측정값과 n_2개의 측정값의 산술평균은 $\bar{x}$로 모두 같다고 가정한다.

- 변량 X의 산술평균을 $\bar{x}$, 표준편차를 S_x라 할 때

  새로운 변량 $Z = \frac{X - \bar{x}}{S_x} \quad \left(Z_i = \frac{x_i - \bar{x}}{S_x}\right)$ 를 표준화 변량이라 한다.

  이 때 Z의 평균 $(\bar{z})$ 는 0이고, 분산 $(S_z{}^2)$은 1이다.

- 분산과 표준편차는 편차의 제곱으로 계산된 것이므로 극단값의 영향을 많이 받는다.

○ **표준편차(Standard Deviation)**

분산 값의 양의 제곱근을 표준편차(Standard Deviation)라 한다.

$$S = \sqrt{\frac{1}{n}\sum_{i=1}^{n}(x_i - \overline{x})^2}$$

$$S = \sqrt{\frac{1}{n}\sum_{i=1}^{k}f_i(x_i - \overline{x})^2}, \qquad \sum_{i=1}^{k}f_i = n$$

예제) 표준편차 S값 산출

$$(x_i) = (4, 8, 7, 6, 8, 19)$$

$$\overline{x} = \frac{1}{6}(4+8+7+6+8+19) = 8.67$$

해설) $S = \sqrt{\frac{1}{n}\sum_{i=1}^{n}(x_i - \overline{x})^2} = \sqrt{\frac{1}{n}\sum_{i=1}^{n}x_i^2 - \overline{x}^2}$

$$= \sqrt{\frac{1}{6}(4^2+8^2+7^2+6^2+8^2+19^2) - 8.67^2}$$

$$= \sqrt{\frac{590}{6} - 75.17} = 4.81$$

3-5) 정규분포

확률변수 X의 확률밀도함수가 다음과 같을 때 X는 정규분포의 형태라 하고 $N(\mu, \sigma^2)$으로 표시한다.

정규분포

$$f(x) = \frac{1}{\sqrt{2\pi}\,\sigma}e^{-\frac{(x-\mu)^2}{2\sigma^2}}, \qquad -\infty < x < \infty$$

확률변수 X가 정규분포 $N(\mu, \sigma^2)$을 할 때 분포함수는

$$F(x) = P(X \le x) = \int_{-\infty}^{x} \frac{1}{\sqrt{2\pi}\,\sigma} e^{-\frac{(t-\mu)^2}{2\sigma^2}} dt$$

이며 $f(x)$와 $F(x)$의 그래프는 다음과 같다.

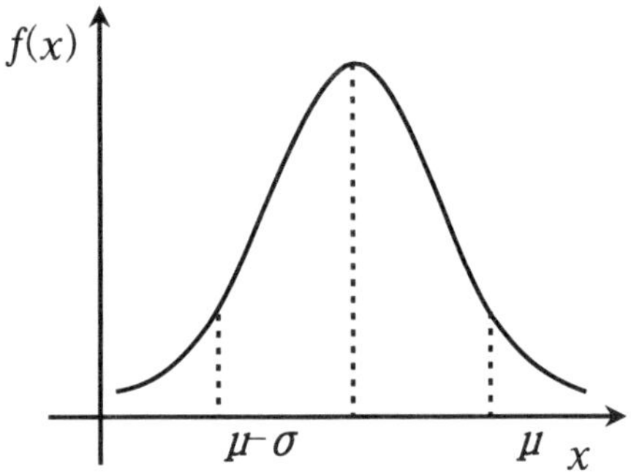

\+ 확률밀도함수

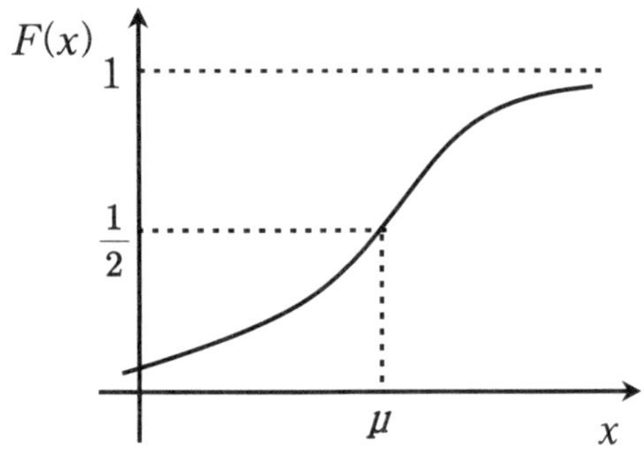

분포함수

정규분포 $N(\mu,\ \sigma^2)$의 그래프를 정규곡선이라 하며, 이 정규곡선은 다음의 성질을 갖는다.

<정규곡선의 성질>

- $x = \mu$ 에 관해 좌우 대칭이고, 이 점에서 최대값 $\frac{1}{\sqrt{2\pi}\,\sigma}$ 을 갖는다.
- $\mu - \sigma < x < \mu + \sigma$ 의 구간에서는 아래로 오목(Convex)하고,
  $x < \mu - \sigma$ 및 $x > \mu - \sigma$ 의 구간에서는 아래로 볼록(Concave)하다.
- 왜도가 0이며 첨도는 3이다.

확률변수 X가 $N(\mu,\ \sigma^2)$인 정규분포를 할 때, X의 기댓값 $E(X)$와 분산 $Var(X)$는 다음과 같다.

<정규분포의 평균과 분산>

$$E(X) = \mu, \qquad Var(X) = \sigma^2$$

확률변수 X가 $N(\mu,\ \sigma^2)$인 정규분포를 할 때, 표준화확률변수 $Z = \frac{X-\mu}{\sigma}$ 는 다음과 같은 확률밀도함수를 갖는다.

<표준정규분포>

$$\varnothing(z) = \frac{1}{\sqrt{2\pi}} e^{-\frac{z^2}{2}} \quad , \quad -\infty < z < \infty$$

이 때, Z는 표준정규분포(Standard Normal Distribution)를 따른다고 하고, $N(0,\ 1)$로 표시한다.

표준화확률변수 Z가 표준정규분포 $N(0,\ 1)$을 따를 때 분포함수를 $\Phi(z)$로 나타내며, 이는 다음과 같이 정의된다.

$$\Phi(z) = P(Z \leq z) = \int_{-\infty}^{x} \frac{1}{\sqrt{2\pi}} e^{-\frac{t^2}{2}}\, dt$$

$\Phi(z)$를 표준정규분포함수(Standard Normal Distribution Function)라 한다. 표준화확률변수 Z가 $N(0,\ 1)$인 표준정규분포를 할 때, Z의 기댓값 $E(Z)$와 분산 $Var(Z)$는 다음과 같다.

<표준정규분포의 평균과 분산>

$$E(Z) = 0 , \qquad Var(Z) = 1$$

확률변수 X가 $N(\mu,\ \sigma^2)$을 따를 때, 확률 $P(a \leq X \leq b)$는 표준정규분포 $N(0,\ 1)$을 이용하여 구하면 편리하다.

즉,
$$P(a \leq X \leq b) = P\left(\frac{a-\mu}{\sigma} \leq \frac{X-\mu}{\sigma} \leq \frac{b-\mu}{\sigma}\right)$$
$$= P(z_a \leq Z \leq z_b)$$

여기서 $z_a = \dfrac{a-\mu}{\sigma}$, $z_b = \dfrac{b-\mu}{\sigma}$ 이다.

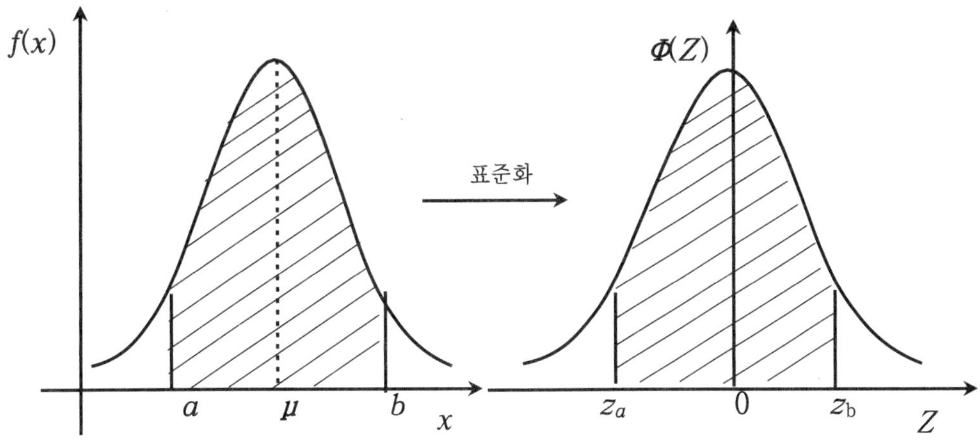

특히, X가 구간 $(\mu-\sigma,\ \mu+\sigma)$, $(\mu-2\sigma,\ \mu+2\sigma)$, $(\mu-3\sigma,\ \mu+3\sigma)$에 들어갈 확률은 다음과 같다.

$P(\mu-\sigma \le X \le \mu+\sigma)=P(-1 \le Z \le 1)=P(|Z| \le 1)=0.6826$

$P(\mu-2\sigma \le X \le \mu+2\sigma)=P(-2 \le Z \le 2)=P(|Z| \le 2)=0.9544$

$P(\mu-3\sigma \le X \le \mu+3\sigma)=P(-3 \le Z \le 3)=P(|Z| \le 3)=0.9973$

예제) 300명의 성적분포가 평균 70점, 표준편차 10점으로 정규분포를 이룬다할 때, 60점 이상 80점미만은 몇 명 정도인가에 대해

해설) $X \sim N(70,\ 10^2)$ 이므로

$$P(60 \le X < 80) = \left(\frac{60-70}{10} \le \frac{X-70}{10} < \frac{80-70}{10}\right)$$

$$= P(-1 \le Z < 1)$$

$$= 0.6826$$

이므로 60점 이상 80점 미만의 사람은 300 × 0.6826 = 205명이 된다.

4) 순열과 조합

어떤 사건이 발생할 논리적 가능성의 값을 알고자 할 때 하나하나 경우의 수를 나열해 가면서 세지 않고 순열이나 조합과 같은 방법을 이용하면 알 수 있다. 이 방법을 이용하려면 먼저 경우의 수를 어떻게 셀 것인가에 대한 방법이 사용되는데, 경우의 수를 세는 방법에는 합의 법칙(Rule of Sum)과 곱의 법칙(Rule of Product)이 있다.

합의 법칙은 하나의 사건이 발생할 수 있는 경우의 수가 m개이고, 또 다른 사건이 발생할 경우의 수가 n개일 때, 두 개의 사건 중 하나가 발생할 경우의 수는 m + n개로 계산하며, 곱의 법칙은 하나의 사건이 발생할 경우의 수가 m개이고, 또 다른 사건이 발생할 경우의 수가 n개 일 때, 두 사건이 동시에 발생할 경우의 수는 m × n개로 계산한다. 또, 경우의 수를 계산하는데 사용되는 1에서 n까지 자연수의 곱을 n!(N Factorial)로 표시한다.

합의 법칙(Rule of Sum) : $m + n$
곱의 법칙(Rule of Product) : $m \times n$
팩토리얼(Factorial) : $n! = n \cdot (n-1)!,\ n \geq 2\ (\ 0! = 1\ )$

<합의 법칙>

a, b, c 3종류의 일간지와 x, y 2종류의 주간지가 있다고 하자.
어떤 사람이 일간지나 또는 주간지 중의 어느 한 가지를 구독하는 경우, 그 방법의 수를 생각해 보면

(a, b, c, x, y) ⇨ 3 + 2 = 5(가지) 이다.

이때 일간지를 구독하게 되면 주간지를 구독할 수 없고, 주간지를 구독하게 되면 일간지를 구독할 수 없으므로 이 두 가지 사건은 동시에 일어날 수 없다는 사실에 주의해야 한다.

이제 위의 예를 집합의 입장에서 생각해 보면

$$A = \{a, b, c\}, \quad B = \{x, y\} \quad ⇨ \quad A \cup B = \{a, b, c, x, y\}$$

이므로 다음 관계가 성립한다.

$$A \cap B = \varnothing \text{ 일 때, } n(A \cup B) = a(A) + n(B)$$

따라서 두 사건 A, B가 동시에 일어나지 않을 때, 사건 A, B가 일어날 경우의 수를 각각 m, n이라 하면

A 또는 B가 일어나는 경우의 수는 ⇨ m + n가지

예제) 1부터 20까지의 정수 중에서 다음 개수를 구하면

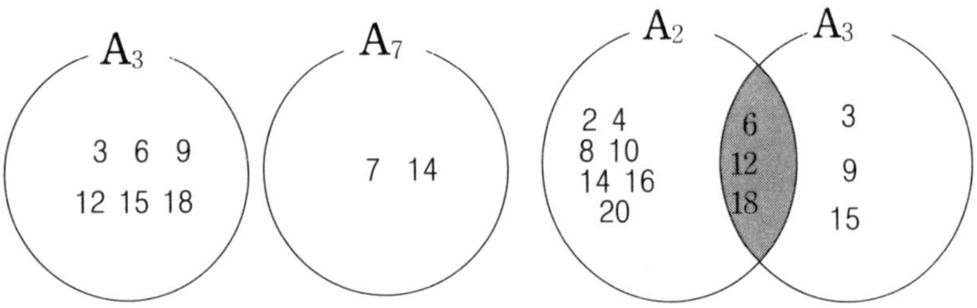

① 3 또는 7의 배수의 개수

② 2 또는 3의 배수의 개수

해설) k의 배수의 집합을 A_k라면

① $A_3 \cap A_7 = \varnothing$이므로

$n(A_3 \cup A_7) = n(A_3) + n(A_7) = 6 + 2 = 8$개

② $A_2 \cap A_3 = \{6, 12, 18\}$이므로 (이것은 동시에 일어나는 원의 집합)

$n(A_2 \cup A_3) = n(A_2) + n(A_3) - n(A_2 \cap A_3) = 10 + 6 - 3 = 13$개

<곱의 법칙>

또, a, b, c 3종류의 일간지와 x, y 2종류의 주간지가 있을 때, 어떤 사람이 일간지 하나를 구독하고, 또 주간지 하나를 구독하는 경우, 그 방법의 수를 생각해 보면

$$\left(a < {x \atop y} \qquad b < {x \atop y} \qquad c < {x \atop y}\right) \quad ⇨ \quad 3 \times 2 = 6 \text{ 이 된다.}$$

즉, $A = \{a, b, c\}$, $B = \{x, y\}$로 놓을 때, A의 각 원에 대하여 B의 각 원을 하나씩 대응시켜서 만든 곱집합 A×B를 생각하면

$A = \{a, b, c\}$, $B = \{x, y\}$일때

⇨ $A \times B = \{(a, x), (a, y), (b, x), (b, y), (c, x), (c, y)\}$ 이므로

$n(A \times B) = n(A) \times n(B)$ 가 성립된다.

따라서 두 사건 A, B에 대하여 사건 A, B가 일어나는 경우의 수를 각각 m, n이라 하면 A, B가 잇달아 일어나는 경우의 수는 ⇨ $m \times n$가지

예제) $(a, b, c)(x, y)$를 전개할 때, 항의 개수를 구하면

해설) $3 \times 2 = 6$

예제) 두 종류의 주사위 A, B를 동시에 던질 때, 나타나는 눈의 수의 합이 4의 배수가 되는 경우의 수의 경우, 주사위 A, B에 나타난 눈의 수를 a, b라 하면

해설) $1 \leqq a \leqq 6$, $1 \leqq b \leqq 6$

$\therefore 2 \leqq a+b \leqq 12$

따라서 나타나는 눈의 수의 합이 4의 배수가 되는 것은

$a + b = 4$, $a + b = 8$, $a + b = 12$

(a+b)	4	8	12
A(a)	3 2 1	6 5 4 3 2	6
B(b)	1 2 3	2 3 4 5 6	6
경우의 수	3	5	1

합	1	2	3	4	5	6
1	2	3	4	5	6	7
2	3	4	5	6	7	8
3	4	5	6	7	8	9
4	5	6	7	8	9	10
5	6	7	8	9	10	11
6	7	8	9	10	11	12

따라서 구하는 경우의 수는 $3 + 5 + 1 = 9$가지

예제) 두 종류의 주사위 A, B를 동시에 던질 때

① 나타나는 눈의 수의 합이 7이 되는 경우의 수(**6가지**)

② 나타나는 눈의 수의 합이 4 또는 6이 되는 경우의 수(**8가지**)

③ 나타나는 눈의 수의 합이 5의 배수가 되는 경우의 수(**7가지**)

④ 나타나는 눈의 수의 합이 10 이상이 되는 경우의 수(**6가지**)

예제) 1부터 100까지의 정수 중에서,

① 2로도 5로도 나누어지는 정수의 개수를 구하여라.

② 2 또는 5로 나누어지는 정수의 개수를 구하여라.

③ 2로도 5로도 나누어지지 않는 정수의 개수를 구하여라.

해설) 2로 나누어지는 수들의 집합을 A, 5로 나누어지는 수들의 집합을 B라 하면 A, B 사이에는 다음 관계가 있다.

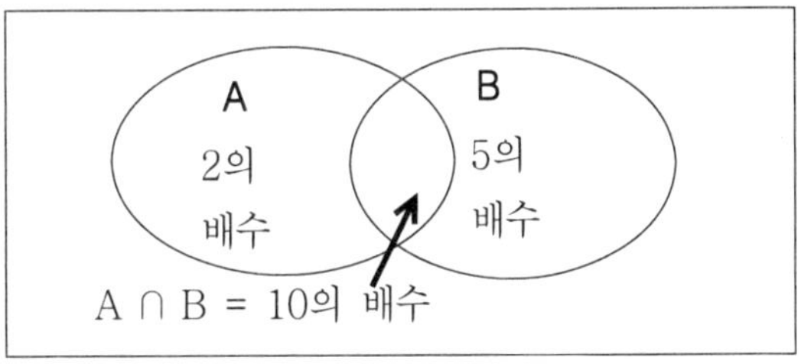

$$n(A \cup B) = n(A) + n(B) - n(A \cap B)$$

$$n(A^c \cap B^c) = n((A \cup B)^c)$$

2로 나누어지는 수들의 집합을 A라 하고, 5로 나누어지는 수들의 집합을 B라 한다.

① 2와 5로 나누어지는 정수는 10으로 나누어지는 정수이므로

$A \cap B = \{10, 20, 30, \cdots, 100\} = \{10\times1, 10\times2, 10\times3, \cdots, 10\times10\}$

곱하는 수가 1부터 10까지의 양의 정수이므로

$$n(A \cap B) = 10\text{개}$$

② $A = \{2, 4, 6, \cdots, 100\} = \{2\times1, 2\times2, 2\times3, \cdots, 2\times50\}$

$B = \{5, 10, 15, \cdots, 100\} = \{5\times1, 5\times2, 5\times3, \cdots, 5\times20\}$

$$\therefore n(A) = 50, \quad n(B) = 20$$

$\therefore n(A \cup B) = n(A) + n(B) - n(A \cap B) = 50 + 20 - 10 = 60$개

③ $n(A^c \cap B^c) = n((A \cup B)^c) = 100 - n(A \cup B) = 100 - 60 = 40$개

예제) 100보다 작은 양의 정수가 있다. 다음 각 경우, 그 개수를 구하면

① 3의 배수　　② 5의 배수가 아닌 정수

③ 3 및 5의 배수　　④ 3 또는 5의 배수

⑤ 3의 배수도 5의 배수도 아닌 정수

해설) ① 33개　② 80개　③ 6개　④ 46개　⑤ 53개

예제) 600보다 작은 자연수 중 18의 배수의 집합을 M, 800보다 작은 자연수 중 24의 배수의 집합을 N이라 할 때, 다음을 구하여라.

① $n(M \cap N) = 8$　　② $n(M \cup N) = 58$

예제) A지점에서 B지점으로 가는 데 있어 P 또는 Q 지점을 거쳐야 하고, 그 지점들 사이의 길은 그림과 같다.

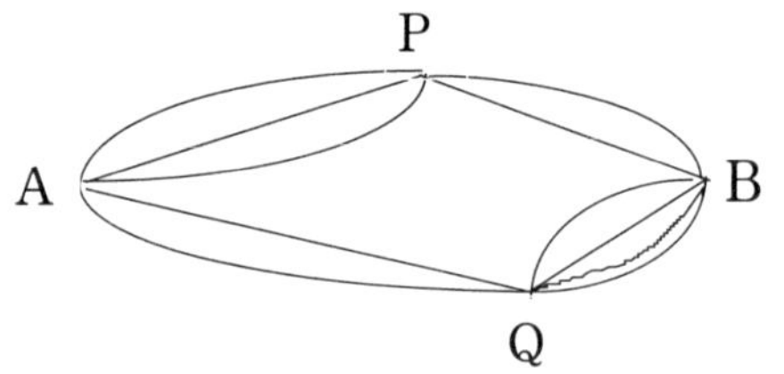

① A에서 P를 거쳐 B로 가는 길은 몇 가지인가?

② A에서 B로 가는 길은 모두 몇 가지인가?

③ A와 B사이를 왕복하는 데, P를 반드시, 그리고 오직 한번만 거치는 길잡이 수는 몇 가지인가?

해설) ① A에서 P로 가는 길을 a, b, c라 하고, P에서 B로 가는 길을 x, y라 하면

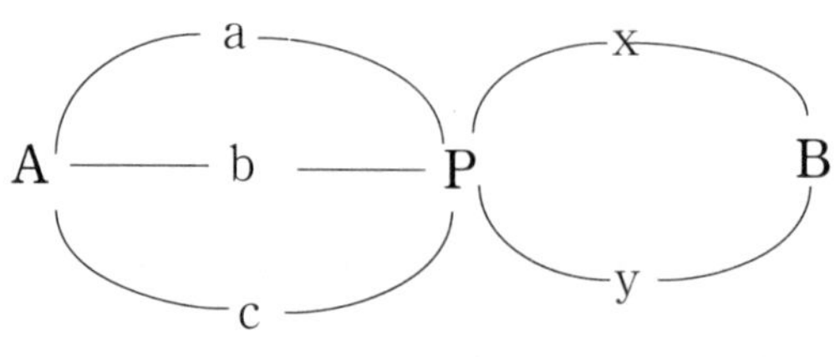

$a < \begin{matrix} x \\ y \end{matrix}$ $b < \begin{matrix} x \\ y \end{matrix}$ $c < \begin{matrix} x \\ y \end{matrix}$ 와 같이 각 a, b, c에 대해 x, y의 두 가지씩 있다. 따라서 구하는 가지 수는 곱의 법칙으로부터 $3 \times 2 = 6$가지

② A에서 P를 거쳐 B로 가는 경우는 $3 \times 2 = 6$가지

A에서 Q를 거쳐 B로 가는 경우는 $2 \times 4 = 8$가지

따라서 구하는 가지 수는 합의 법칙으로부터 $6 + 8 = 14$가지

③ 갈 때 P를 거치면 올 때는 Q로 와야 하고, 갈 때 Q를 거치면 올 때는 P로 와야 하므로 그 길잡이의 방법과 길잡이의 수는

A → P → B → Q → A 의 경우 : $3 \times 2 \times 4 \times 2 = 48$가지

A → Q → B → P → A 의 경우 : $2 \times 4 \times 2 \times 3 = 48$가지

따라서 구하는 가지 수는 합의 법칙으로부터 $48 + 48 = 96$가지

예제) A, B, C, D 네 지점 사이에 그림과 같은 도로망이 있다. A에서 D까지의 경로는 모두 몇 가지인가? 단, 동일지점은 많아야 한 번만 지난다. (**38가지**)

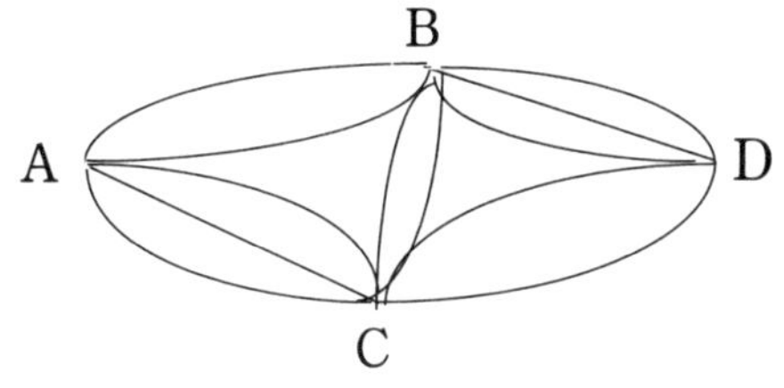

예제) A, B, C, D 네 지점 사이에 그림과 같은 도로망이 있다. (갑), (을) 두 사람이 A에서 중간지점 C, D를 각각 통과하여 B로 가는 길잡이수를 구하여라. 단, 한편이 통과한 중간 지점을 다른 편이 통과할 수 없다.(**72가지**)

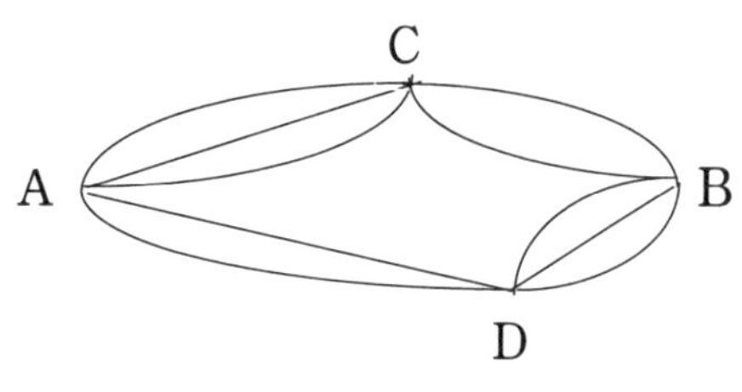

예제) 한 변의 길이가 12m인 정사각형의 방 안에서 열 사람이 서서 이야기를 나누고 있다. 다음 설명 중 항상 옳은 것은? ⑤

① 임의의 두 사람 사이의 거리는 $4\sqrt{2}$ m 이상이다.

② 임의의 두 사람 사이의 거리는 $4\sqrt{2}$ m 이하이다.

③ 어느 두 사람 사이의 거리는 4m이다.

④ 서로 간의 거리가 4m 이하인 사람이 반드시 있다.

⑤ 서로 간의 거리가 $4\sqrt{2}$ m 이하인 사람이 반드시 있다.

해설) 이 경우 5명일 때는 4개의 방으로, 10명일 때는 9개의 방으로, 17명일 때는 16개의 방으로 만들고 생각한다.

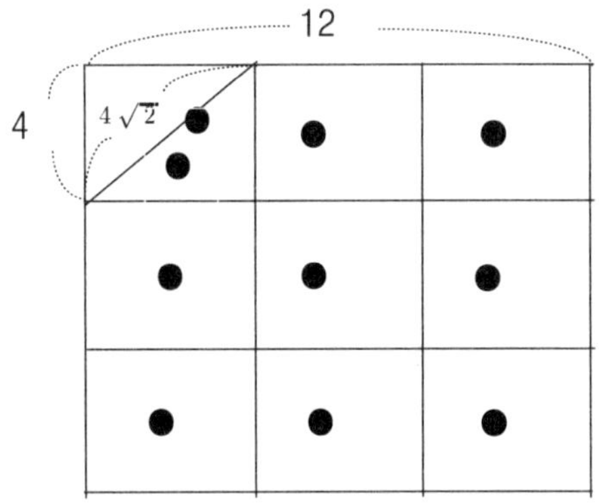

즉, 위 그림과 같이 주어진 정사각형의 각 변의 삼등분점을 이으면 한 변의 길이가 4인 정사각형 9개가 생기고, 그 대각선의 길이는 $4\sqrt{2}$ m가 된다. 따라서 열 사람이 이 방에 들어가려면 9개의 방 중 어느 방에는 반드시 적어도 두 사람이 들어가야 한다. 왜냐하면 각 방에 한 사람씩만 들어간다고 하면 한 사람은 남게 된다. 그 한 사람이 어느 방에 들어가든 어느 한 방에는 적어도 두 사람이 들어가게 되므로 서로 간의 거리가 $4\sqrt{2}$ m 이하인 사람이 반드시 있게 된다.

4-1) 순열

n개의 원소로 구성된 집합에서 한 번에 r개의 원소를 선택하고 선택된 원소들의 순서를 정하여 일렬로 나열하는 방법을 순열(Permutation)이라 하며 중복순

열, 복수순열, 원순열 등이 있고 P(n, r) 또는 nPr로 표시한다.

이때 선택된 r개의 원소는 서로 다른 원소이어야 한다.

○ 순열의 수와 $_{n}P_{r}$

네 개의 숫자 1, 2, 3, 4에서 서로 다른 두 숫자로 만들 수 있는 두 자리 정수의 수를 알아보면 1이 다 끝나면 2가 나오고, 2가 다 끝나면 3이 나오고, 3이 다 끝나면 4가 나오는 **사전식 배열법**을 생각하여 두 자리 정수로 정리하면

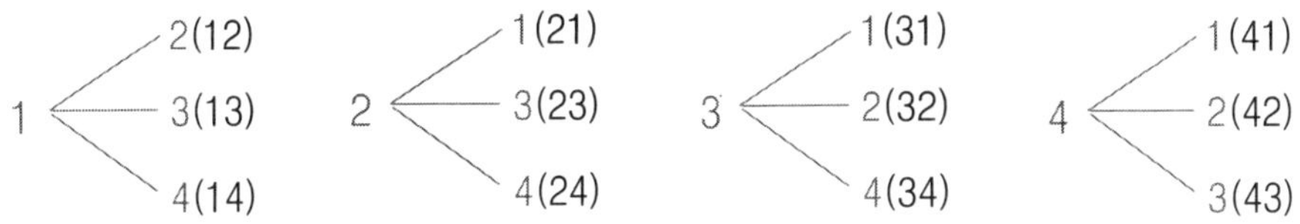

i) 10의 자리에는 1, 2, 3, 4의 어느 숫자라도 올 수 있으므로 4가지,

ii) 1의 자리에는 10의 자리에 쓴 숫자를 제외한 나머지 3개의 숫자 중 어느 숫자라도 올 수 있으므로 3가지이다.

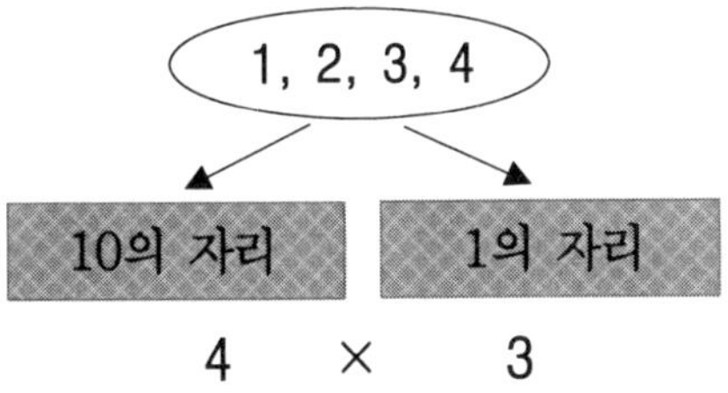

따라서 두 자리 정수의 개수는 곱의 법칙으로부터 4 × 3 = 12개가 된다. 이같이 서로 다른 4개에서 2개를 택하여 일렬로 배열하는 것을 4개에서 2개를 택한 순열이라 하고, 이 순열의 수를 기호 $_{4}P_{2}$ 로 나타낸다.

즉, $_{4}P_{2} = 4 \times 3$이다.

마찬가지로 네 개의 숫자 1, 2, 3, 4에서 서로 다른 세 숫자로 만들 수 있는 세 자리 정수의 개수를 알아보면

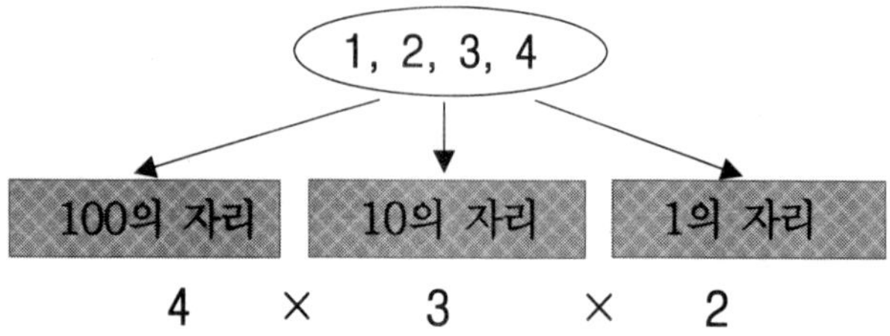

100의 자리에 올 수 있는 것 4가지, 10의 자리에 올 수 있는 것 3가지, 1의 자리에 올 수 있는 것은 2가지이므로 세 자리 정수의 개수는

$4 \times 3 \times 2 = 24$(개), 이것은 ${}_4P_3$ 이며 ${}_4P_3 = 4 \times 3 \times 2$이다.

따라서 ${}_4P_2 = 4 \times 3$은 4부터 시작하여 하나씩 작은 수를 2개 곱해 준 것이고, ${}_4P_3 = 4 \times 3 \times 2$ 는 4부터 시작하여 하나씩 작은 수를 3개 곱해 준 것임을 알 수 있다.

$${}_nP_r = n(n-1)(n-2)(n-3) \times \cdots \times (n-(r-1))$$

예제) 다음 각 값을 계산하여라.

① ${}_3P_2$, ${}_3P_2 = 3\times2 = 6$

② ${}_4P_4$, ${}_4P_4 = 4\times3\times2\times1 = 24$

③ ${}_5P_4$, ${}_5P_4 = 5\times4\times3\times2 = 120$

④ ${}_6P_3$, ${}_6P_3 = 6\times5\times4 = 120$

예제) 1, 2, 3, 4, 5를 써서 만들 수 있는 각 자리의 숫자가 다른 세 자리 정수는 모두 몇 개인가?

해설) 서로 다른 5개의 원에서 3개를 택한 순열의 수이므로 ${}_5P_3 = 5\times4\times3 = 60$

예제) 집합 A = {a, b, c, d, e, f}에서 한 번에 3개의 문자를 선택하여 순서를 정하여 일렬로 늘어놓는 경우의 수를 계산하면?

해설) ${}_6P_3 = \dfrac{6!}{(6-3)!} = \dfrac{6\times5\times4\times3!}{3!} = 120$

○ **중복순열**

n개의 원소로 구성된 집합으로부터 중복을 허용하여 r개의 원소를 선택하여 일렬로 늘어놓는 방법을 중복순열이라 하며, $n\prod r$ ($n\prod r = n^r$)로 표시한다.

예제) 4개의 숫자 1, 2, 3, 4를 중복 사용하여 세 자리의 정수를 만들 수 있는 경우의 수를 계산하여 보면,

해설) ${}_4\prod_3 = 4^3 = 64$가 된다.

○ **복수순열**

n개의 원소 중 같은 것이 p, q, r개가 있는 경우 n개 모두를 일렬로 나열하여 놓는 방법을 복수순열이라고 한다.

예제) 1, 1, 2, 2, 2, 3을 일렬로 나열하여 여섯 자리의 정수를 만들 수 있는 경우의 수를 계산하면,

해설) $\frac{6!}{2!\times3!\times1!} = \frac{6\times5\times4\times3\times2\times1}{2\times1\times3\times2\times1\times1} = 60$ 이 된다.

○ **원순열**

n개의 서로 다른 원소들을 모두 원형으로 배열하는 것으로 간단히 5명이 원탁에 앉는 경우의 수를 계산하여 보면

$(5-1)! = 4! = 4 \times 3 \times 2 = 24$가 됨을 알 수 있으며,

또 7가지 색깔의 구슬을 실에 꿰어 목걸이를 만드는 경우의 수를 생각해 보면 목걸이는 뒤집어 놓을 수 있는 원순열이므로,

$$\frac{(7-1)!}{2} = \frac{6!}{2} = \frac{6\times5\times4\times3\times2}{2} = 360$$

순열 : $_nP_r = n \cdot (n-1) \times \cdots\cdots \times (n-r+1) = \dfrac{n!}{(n-r)!}$ ($n \geq r$) 즉, $nPn = n!$
중복순열 : $_n\Pi_r$($_n\Pi_r = n^r$)
복수순열 : $\dfrac{n!}{p! \times q! \times r!}$ ($n=p+q+r$)
원순열 : $(n-1)!$ (원형배열) 또는 $\dfrac{(n-1)!}{2}$ (뒤집을 수 있는 원형배열)

4-2) 조합

n개의 원소로 구성된 집합으로부터 r개의 원소를 순서에 관계없이, 중복없이 선택하는 방법을 조합(Combination)이라고 하며, nCr 또는 $\binom{n}{r}$로 표시한다.

○ 순열과 조합과의 차이점

예를 들어 A, B, C의 3명 중에서 반장, 부반장을 1명씩 뽑는 경우, 대표 2명을 뽑는 경우 그 경우의 수는 각각 어떻게 다른가 알아보자.

(i) 반장, 부반장을 각각 1명씩 뽑는 경우, 즉 A, B의 2명을 뽑았다면
① A → 반장, B → 부반장
② B → 반장, A → 부반장 이 되므로 여섯 가지의 경우가 존재한다.

	반장	부반장
①	A	B
②	B	A
③	B	C
④	C	B
⑤	C	A
⑥	A	C

(ii) 대표 2명을 뽑는 경우
이때는 ①, ②의 경우는 구별되지 않고 사실상 같은 경우가 된다. 곧, 대표 2명이 A, B이든 B, A이든 순서에는 관계가 없게 된다. ③과 ④의 경우, 또 ⑤와 ⑥의 경우 역시 같은 경우가 된다.

위 (ⅰ)의 경우는 3명에서 2명을 뽑아서 그것을 늘어놓는 순서까지 생각한 것으로 그 경우의 수는 ${}_3P_2$ 가지이다.

그러나 (ii)의 경우는 3명 중에서 (반장, 부반장 구별 없이) 2명을 모아 짜는 경우만을 생각한 것이므로 (ⅰ)의 경우와는 다르다.

이와 같이 뽑는 것을 3명에서 2명을 뽑는 조합이라 하고, 그 조합의 수를 ${}_3C_2$로 나타낸다. 이에 따라 ${}_3P_2$ 와 ${}_3C_2$ 와의 관계를 구분하여 보면 3명에서 대표 2명을 뽑는 조합의 수 ${}_3C_2$ 에다 2!(뽑은 2명을 반장, 부반장의 순서를 생각하는 경우의 수)를 곱해준 ${}_3C_2 \times 2!$은 3명에서 반장, 부반장 각 1명씩 2명을 뽑는 순열의 수인 ${}_3P_2$와 같으므로

$${}_3C_2 \times 2! = {}_3P_2 \quad 곧, \quad {}_3C_2 = \frac{{}_3P_2}{2!} \text{ 가 된다.}$$

일반적으로 조합의 수 ${}_nC_r$ 과 순열의 수 ${}_nP_r$ 사이에는

$${}_nC_r \times r! = {}_nP_r \quad 곧, \quad {}_nC_r = \frac{{}_nP_r}{r!} \qquad \cdots\cdots ①$$

인 관계가 성립한다.

$$한편, \ {}_nP_r = \frac{n!}{(n-r)!} \text{ 이므로 } = {}_nC_r = \frac{{}_nP_r}{r!} = \frac{n!}{r!(n-r)!} \qquad \cdots\cdots ②$$

따라서 ${}_nC_r$ 을 셈할 때는 ① 또는 ②를 이용하면 된다.

또, $0! = 1$, ${}_nP_0 = 1$이므로 ①이 $r = 0$일 때도 성립하도록 ${}_nC_0 = 1$로 정의하기로 한다.

${}_nC_r$ 의 계산공식과 ${}_nC_0$ 를 정의 하면

(ⅰ) ${}_nC_r = \frac{{}_nP_r}{r!}$, ${}_nC_r = \frac{n!}{r!(n-r)!}$ (ii) ${}_nC_0 = 1$ 이다.

예제) ${}_5C_2$, ${}_5C_3$, ${}_nC_1$, ${}_nC_n$을 계산하면

해설) ${}_5C_2 = \frac{{}_5P_2}{2!} = \frac{5 \cdot 4}{2 \cdot 1} = 10$, ${}_5C_3 = \frac{{}_5P_3}{3!} = \frac{5 \cdot 4 \cdot 3}{3 \cdot 2} = 10$,

${}_nC_1 = \frac{{}_nP_1}{1!} = n$, ${}_nC_n = \frac{{}_nP_n}{n!} = 1$

예제) 물리, 화학, 생물, 지학 중에서

① 두 과목을 선택하는 방법은 몇 가지인가?

② 세 과목을 선택하는 방법은 몇 가지인가?

해설) ① $_4C_2 = \frac{_4P_2}{2!} = \frac{4 \cdot 3}{2 \cdot 1} = 6$ ② $_4C_3 = \frac{_4P_3}{3!} = \frac{4 \cdot 3 \cdot 2}{3 \cdot 2} = 4$

예제) $_nP_2 + 4_nC_3 = {}_nP_3$을 만족시키는 n의 값을 구하고 $_nC_r = {}_nC_{n-r}$을 증명하여 $_{20}C_{r2+1} = {}_{20}C_{r-1}$을 만족시키는 r의 값을 구하면

해설) $_nP_r = n(n-1)(n-2) \times \cdots \times (n-r+1)$

$_nP_r = \frac{n!}{(n-r)!}$, $_nC_r = \frac{n!}{r!(n-r)!}$가 적용되므로

- $_nP_2 = n(n-1)$, $_nC_3 = \frac{_nP_3}{3!} = \frac{n(n-1)(n-2)}{6}$,

$_nP_3 = n(n-1)(n-2)$ 이므로 조건식은

$n(n-1) + 4 \cdot \frac{n(n-1)(n-2)}{6} = n(n-1)(n-2)$

$n \geqq 2$이므로 양변을 $n(n-1)$로 나누면 ⇦ $n(n-1) \neq 0$

$3+2(n-2) = 3(n-2)$ $\therefore$ **n = 5**

- $_nC_{n-r} = \frac{n!}{(n-r)!\{n-(n-r)\}!} = \frac{n!}{(n-r)!r!} = \frac{n!}{r!(n-r)!} = {}_nC_r$

즉, $_nC_{n-r} = {}_nC_r$

또, $_{20}C_{r2+1} = {}_{20}C_{r-1}$ 에서

$r-1 = r^2+1$ 일 때 : $r^2-r+2 = 0$ 이고, 이때 r은 허수이다.

$r-1 = 20-(r^2+1)$ 일 때 : $r^2+r-20 = 0$

$\therefore (r+5)(r-4) = 0$ 이 되며

또, $1 \leqq r \leqq 4$ 이므로 **r = 4** ⇦ $r^2+1 \leqq 20$, $0 \leqq r-1 \leqq 20$ 이다.

$_nC_r = {}_nC_{n-r}$ 이므로 $_{10}C_8 = {}_{10}C_{10-8} = {}_{10}C_2$ 로 계산된다. 즉,

$_{10}C_8 = \frac{_{10}P_8}{8!} = \frac{10 \cdot 9 \cdot 8 \cdot 7 \cdot 6 \cdot 5 \cdot 4 \cdot 3}{8 \cdot 7 \cdot 6 \cdot 5 \cdot 4 \cdot 3 \cdot 2 \cdot 1}$,

$_{10}C_2 = \frac{_{10}P_2}{2!} = \frac{10 \cdot 9}{2 \cdot 1}$ 의 계산에서 보는바와 같이 $_nC_r$에서 r이 n의 $\frac{1}{2}$ 보다 클 때에는 $_nC_r$을 $_nC_{n-r}$로 바꾸어 계산하는 것이 능률적이다.

또, $_nC_r = {_nC_p}$ 이면 반드시 p=r 인 것은 아니고,

$_nC_r = {_nC_p}$ **이면** ⇨ p = r or p = n-r

예제) 다음 등식을 만족시키는 n의 값은

① $_{n+2}C_4 = 11{_nC_2}$ ② $_nP_2 + 4{_nC_r} = 60$ ③ $_{10}C_{n+2} = {_{10}C_{2n+2}}$

= n = 10 = n = 5 = n = 0 or 2

예제) 남자 6명, 여자 4명이 있다고 하면

① 이 중에서 남자 3명, 여자 2명을 뽑는 경우는 몇 가지?

② 이 중에서 6명을 뽑을 때, 여자 4명이 포함되는 경우는 몇 가지?

③ 이 중에서 4명을 뽑을 때, 적어도 여자 1명이 포함되는 경우는 몇 가지?

④ 이 중에서 4명을 뽑을 때, 적어도 남녀 1명씩이 포함되는 경우는 몇 가지?

해설) - 남자 6명 중 3명을 뽑는 경우의 수는 $_6C_3$ 가지이고, 여자 4명 중 2명을 뽑는 경우의 수는 $_4C_2$ 가지이므로

$$_6C_3 \times {_4C_2} = \frac{6 \cdot 5 \cdot 4}{3 \cdot 2 \cdot 1} \times \frac{4 \cdot 3}{2 \cdot 1} = 120 \quad \text{- - - - - ①}$$

- 여자 4명은 미리 뽑아 놓고, 남자 6명 중 2명을 뽑는 경우를 생각하면

$$_6C_2 = \frac{6 \cdot 5}{2 \cdot 1} = 15 \quad \text{- - - - - - - - - - - - - - - ②}$$

- 남녀 10명 중에서 4명을 뽑는 경우의 수는 $_{10}C_4$ 가지이고, 이중에서 4명이 모두 남자인 경우의 수는 $_6C_4$ 가지이므로

$_{10}C_4 - {}_6C_4 = 210 - 15 = \mathbf{195}$ ---------- ③

- 남녀 10명 중에서 4명을 뽑는 경우의 수는 $_{10}C_4$ 가지이고, 이 중에서 4명이 모두 남자인 경우의 수는 $_6C_4$ 가지이고, 4명이 모두 여자인 경우의 수는 $_4C_4$ 가지이므로

$_{10}C_4 - ({}_6C_4 + {}_4C_4) = 210 - (15+1) = \mathbf{194}$ ----- ④

예제) 10명 중에서 3명의 위원을 뽑을 때,

① 특정한 한 명이 들어 있는 경우의 수를 구하면 $_9C_2 = \mathbf{36}$

② 특정한 한 명이 들어 있지 않는 경우의 수를 구하면 $_9C_3 = \mathbf{84}$

예제) 상자 속에 서로 색이 다른 12개의 공이 들어 있다. 이 중 5개의 공을 꺼내는 방법 중 정해놓은 색의 공 2개가 항상 포함되는 경우는? $_{10}C_3 = \mathbf{120}$

예제) 야구선수 9명, 농구선수 5명에서 3명의 대표를 뽑을 때, 야구선수와 농구선수에서 각각 적어도 1명의 선수가 포함되는 경우의 수는 몇 가지인가?

해설) $_{14}C_3 - ({}_9C_3 + {}_5C_3) = \mathbf{270}$

예제) 남학생 5명, 여학생 4명 중에서 남학생 3명, 여학생 2명을 뽑아서 다음 방법으로 앉힐 때, 그 경우의 수를 구하여 보면

① 일렬로 앉힌다.

② 원탁에 앉힌다.

③ 남학생 대표 김군과 여학생 대표 박양은 반드시 포함되고, 서로 이웃하게 원탁에 앉힌다.

해설) 먼저 남학생 3명, 여학생 2명을 뽑는 경우의 수를 구하고, 다음에 이들 남녀 5명에 대하여 **순열의 수, 원순열의 수**의 개념을 이용하여

- 남학생 5명, 여학생 4명 중 남학생 3명, 여학생 2명을 뽑는 경우의 수는

  $_5C_3 \times {}_4C_2 = 10 \times 6 = 60$

  이들 남녀 5명을 일렬로 앉히는 경우의 수는 5! 가지이므로

  $60 \times 5! = 60 \times 120 = 7200$ - - - - - - - - - - - ①

- 이들 남녀 5명을 원탁에 앉히는 경우의 수는 (5-1)! 가지이므로

  $60 \times (5-1)! = 60 \times 24 = 1440$ - - - - - - - - - - ②

- 김군과 박양은 미리 뽑아 놓을 때, 나머지 남학생 4명 중 2명을 뽑고, 여학생 3명 중 1명을 뽑는 경우는 $_4C_2 \times {}_3C_1$ 가지이고, 이들 남녀 5명 중 김군과 박양이 이웃하게 원탁에 앉는 경우는 (김군과 박양을 한 사람으로 보되 서로 바꾸는 방법도 생각한다.) $(4-1)! \times 2!$ 가지이므로,

  $_4C_2 \times {}_3C_1 \times (4-1)! \times 2! = 216$ - - - - - - - - - - ③

예제) 1, 2, 3, 4, 5, 6, 7, 8, 9를 써서 만들 수 있는 다섯 자리 정수는 몇 개인가? 단, 각 자리의 숫자는 모두 다르고, 3개의 홀수와 2개의 짝수를 포함해야 한다.

해설) $_5C_3 \times {}_4C_2 \times 5! = 7200$

예제) 서로 다른 촛불 10개와 서로 다른 기 5개가 있다. 이 중 3개의 촛불과 2개의 기를 다음과 같이 배열하는 방법은 몇 가지인가?

① 일렬로 배열할 때 $_{10}C_3 \times {}_5C_2 \times 5! = 144000$

② 원형으로 배열할 때 $_{10}C_3 \times {}_5C_2 \times (5-1)! = 28800$

예제) 김군과 박양을 포함한 성이 모두 다른 8명 중에서 4명을 뽑아 일렬로 세울 때, 김군과 박양이 모두 포함되고 또, 서로 이웃하는 경우는 몇 가지인가?

해설) $_6C_2 \times 3! \times 2! = 180$

예제) 식량작물학과 1학년 학생 5명과 화훼학과 3학년 학생 4명 중 식량작물학과 1학년 학생 3명, 화훼학과 3학년 학생 2명으로 자치회 임원을 구성하려고 할 때, 만들 수 있는 방법의 수를 계산하면

해설) 식량작물학과 5명 중 3명 선택 : $_5C_3 = \frac{5!}{(5-3)!3!} = \frac{5\times4\times3!}{2\times3!} = 10$

화훼학과 4명중 2명 선택 : $_4C_2 = \frac{4!}{(4-2)!2!} = \frac{4\times3\times2!}{2!2!} = 6$

총 방법의 수 : $10\times6 = 60$

○ 중복조합

n개의 원소로 구성된 집합으로부터 r개의 원소를 순서에 관계없이 중복을 허용하여 선택하는 방법을 중복조합이라고 하고 nHr로 표시한다.

예제) 색깔이 서로 다른 4마리의 소에게 1Kg 크기의 마른 건초 5뭉치를 중복을 허락하여 나누어줄 수 있는 방법의 수를 계산하면

해설) $_4H_5 = {}_{4+5-1}C_5 = {}_8C_5 = \frac{8!}{3!5!} = \frac{8\times7\times6\times5!}{3\times2\times5!} = 56$

조합 : $_nC_r = \binom{n}{r} = \frac{n!}{r!(n-r)!} = \frac{nPr}{r!}$, $nCr = nCn-r$

중복조합 : $_nH_r = {}_{n+r-1}C_r$

5) 표본공간과 확률

어떤 일이 일어날 것이라는 가정에 대한 가능성과 성질을 수치로 표현하고 이를 이용하여 어떠한 일에 대한 결과들의 수가 목적하는 결과의 근사치로 되게 만들려고 하는 이론적 체계와 방법이 확률론이며, 어떤 사건이나 현상이 발생할 수 있는 가능성들의 정도를 숫자로 나타낼 때 이것을 그 사건이나 현상의 확률(Probability)이라 하고 주로 실험(시행)에 의해 증명된다.

5-1) 표본공간과 시행

이를테면 하나의 주사위를 던질 때, 그 결과는 1의 눈이 나오는 것, 2의 눈이 나오는 것, … , 6의 눈이 나오는 것의 여섯 가지뿐이고, 이들 중 어느 하나만이 일어난다. 1의 눈이 나오는 것을 1, 2의 눈이 나오는 것을 2, ..., 6의 눈이 나오는 것을 6으로 나타낼 때 1, 2, 3, 4, 5, 6을 원소로 하는 집합은

S = {1, 2, 3, 4, 5, 6} 가 된다.

이같이 주사위를 던져서 나타나는 눈의 수를 관찰하거나, 출생아의 성별을 조사하는 경우와 같이, 동일한 조건 아래에서 반복할 수 있고, 또 그 결과가 우연에 의해서 지배되지만, 가능한 모든 결과의 집합을 알 수 있는 관찰, 조사, 실험을 시행이라 한다. 또, 집합 S와 같이 어떤 시행에서 일어날 수 있는 모든 가능한 결과의 집합을 표본공간 또는 표본집합이라 하며 이 경우의 표본공간 S의 부분집합은 2^6(=64)개 이므로

∅, {1}, {2}, … , {6}, {1, 2}, … , {1, 2, 3, 4, 5, 6}의 부분집합이 되고 이 부분집합을 사건이라 한다.

예를 들어 S의 부분집합 중에서 A, B가

A = {1}, B = {2, 4, 6} 이라 하면 이것은

A = {1} ↔ 1의 눈이 나오는 사건

B = {2, 4, 6} ↔ 짝수의 눈이 나오는 사건

으로 구분되므로 사건과 집합을 대응시켜 생각하면 편리하다. 표본공간 S와 그의 부분집합에 대하여 다음과 같이 용어를 정의한다.

○ 근원사건, 전사건, 공사건

S = {1, 2, 3, 4, 5, 6}에서 {1}, {2}, {3}, {4}, {5}, {6}과 같이 표본공간의 한 원소로 이루어진 사건을 근원사건이라 한다. 또, 표본공간 S 자신의 집합 {1, 2, 3, 4, 5, 6}을 전사건이라 하며, 공집합 ∅에 대응되는 사건을 공사건이라 한다. 전사건은 반드시 일어나는 사건이며, 공사건은 결코 일어나지 않는 사건이다.

예제) 100원 짜리 동전 1개와 500원 짜리 동전 1개를 동시에 던지는 시행에서 앞면을 H, 뒷면을 T로 나타내고, 100원 짜리 앞면, 500원 짜리 뒷면이 나오는 근원사건을 {(H, T)}로 나타낼 때,

① 표본공간 S를 구하면

② 두 개 모두 앞면 또는 모두 뒷면이 나오는 사건 A를 구하면

③ 적어도 한 쪽이 앞면이 나오는 사건 B를 구하면

해설) ① S = {(H, H), (H, T), (T, H), (T, T)}

② A = {(H, H),(T, T)}

③ B = {(H, H), (H, T), (T, H)}

○ 합사건과 곱사건

하나의 주사위를 던지는 시행에서 홀수의 눈이 나오는 사건을 A, 3 이하의 눈이 나오는 사건을 B라 하면 A = {1, 3, 5}, B = {1, 2, 3}으로 나타내어진다.

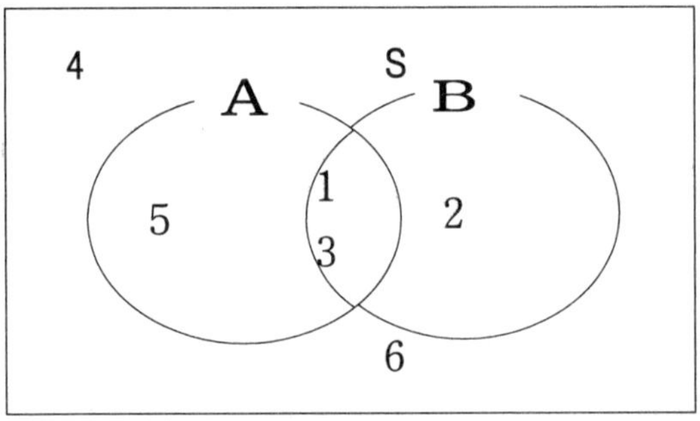

이 때 홀수 또는 3 이하의 눈이 나오는 사건은 {1, 2, 3, 5}로 나타내어지며, 이는 A, B의 합집합 $A \cup B$에 대응된다. 또, 홀수인 동시에 3 이하의 눈이 나오는 사건은 {1, 3}으로 나타내어지며, 이는 A, B의 교집합 $A \cap B$에 대응된다. 일반적으로 두 사건 A, B에 대하여, A 또는 B가 일어나는 사건을 A와 B의 합사건이라 한다. A와 B의 합 사건은 집합에서 A와 B의 합집합에 대응되며, $A \cup B$로 나타낸다. 또, 두 사건 A, B에 대하여, A와 B가 동시에 일어나는 사건을 A와 B의 곱사건이라 한다. A와 B의 곱사건은 집합에서 A와 B의 교집합에 대응되며, $A \cap B$로 나타낸다.

A∪B

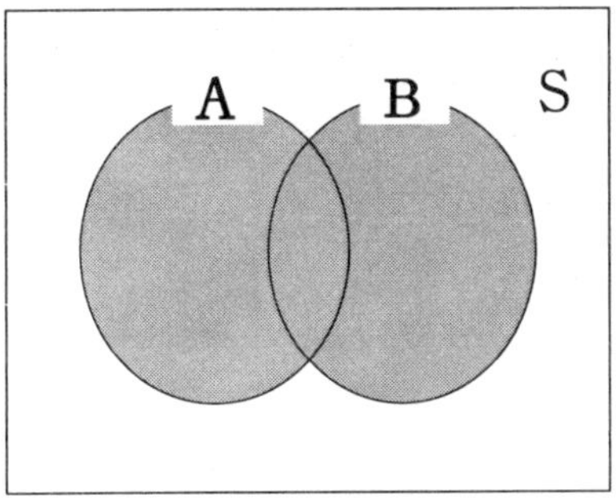

A∩B

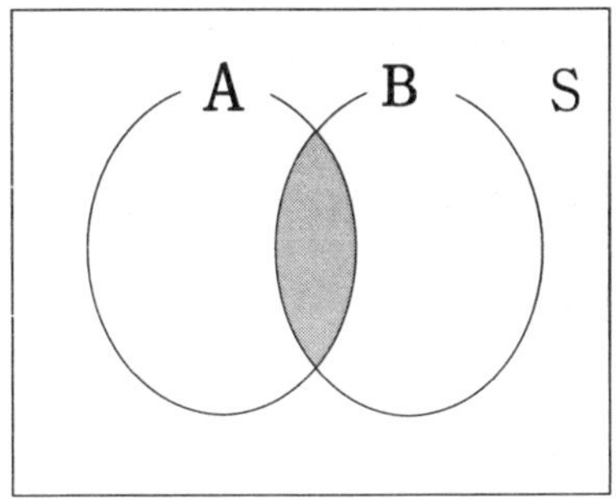

○ 배반사건과 여사건

하나의 주사위를 던질 때 홀수의 눈이 나오는 사건을 A 짝수의 눈이 나오는 사건을 B라 하면 A = {1, 3, 5}, B = {2, 4, 6}으로 나타내어지며,

$$A \cap B = \varnothing$$

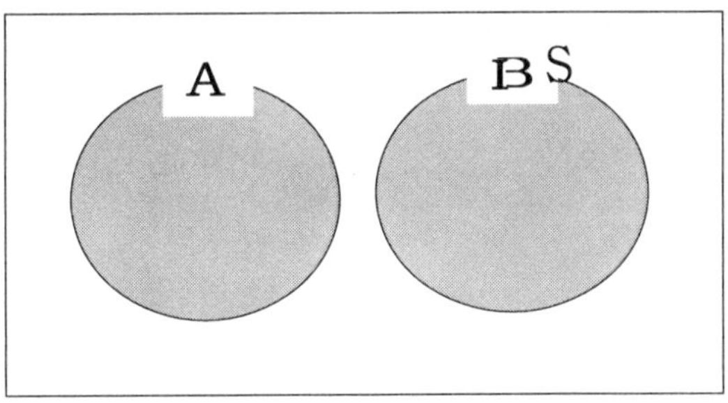

A, B에 대하여 A∩B = ∅ 이다. 이것은 A, B 중에 한 쪽이 일어나면 다른 쪽은 일어나지 않는다는 뜻이며, 이 경우에 A와 B는 서로 배반이라 하고, A와 B는 서로 배반사건이라 한다.

A∩B = ∅ ⇔ A와 B는 서로 배반사건

A^c

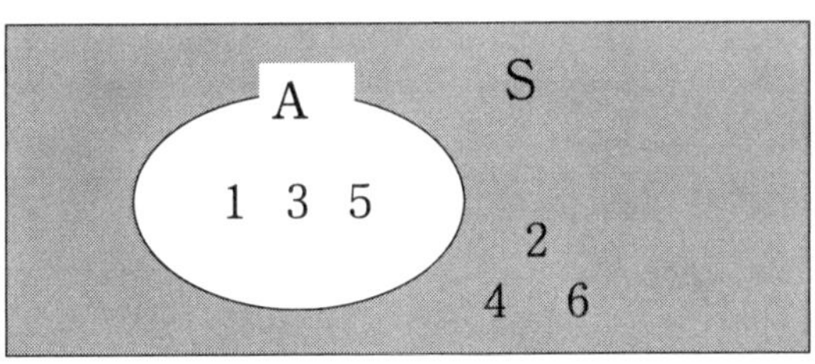

또, 표본공간 S = {1, 2, 3, 4, 5, 6}에서 사건 A = {1, 3, 5}에 대하여 **"A가 일어나지 않는다."** 라는 사건은 집합 {2, 4, 6}으로 나타내어지며, 이는 A의 여집합 A^c와 같다. 일반적으로 사건 A에 대하여 A가 일어나지 않는 사건을 A의 여사건이라 하고, A^c로 나타낸다.

예제) 표본공간 S = {1, 2, 3, ⋯, 10} 에서 두 사건 A = {1, 2, 3, 4}, B = {3, 4, 5, 6, 7}를 적용하여 합사건 A∪B, 곱사건 A∩B, 여사건 A^c를 구하면

해설) A∪B = **{1, 2, 3, 4, 5, 6, 7}**, A∩B = **{3, 4}**, A^c = **{5, 6, 7, 8, 9, 10}**

예제) 하나의 주사위를 한 번 던지는 시행에서 i의 눈이 나오는 것을 e_i로 나타내기로 한다. 표본공간을 S, 3 이하의 눈이 나오는 사건을 A, 짝수의 눈이 나오는 사건을 B, 5의 눈이 나오는 사건을 C라 할 때,

① S, A, B, C를 구하면

② A와 B의 합 사건은 C의 여사건과 같음을 보여라.

③ A와 B는 서로 배반사건이 아님을 보여라.

④ A와 서로 배반인 사건은 몇 개인가?

해설) 시행 결과의 전체집합을 S = {e_1, e_2, e_3, ⋯, e_n} 이라 하고, A, B를 S의 부분집합이라 할 때, **집합과 사건의 대응관계**가 성립한다.

표본공간 S ↔ 전사건

공집합 ∅ ↔ 공사건

S의 부분집합 ↔ 사건

{e_1}, {e_2}, ⋯, {e_n} ↔ 근원사건

A∩B ↔ 곱사건(두 사건 A, B가 동시에 일어나는 사건)

A∪B ↔ 합사건(두 사건 A, B 중 적어도 하나가 일어나는 사건)

A^c ↔ 여사건(사건 A가 일어나지 않는 사건)

A∩B = ∅ ↔ 사건 A와 사건 B는 서로 배반사건

예제) 한 개의 동전을 두 번 던져서 앞면이 한 번 이상 나오는 사건을 A, 뒷면이 한 번 이상 나오는 사건을 B라고 할 때, 앞면을 H, 뒷면을 T로 나타내고, 첫 번째는 앞면, 두 번째는 뒷면이 나오는 근원사건을 {(H, T)}로 나타낸다고 하면

① 합사건 $A \cup B$　　② 곱사건 $A \cap B$　　③ A의 여사건 A^c

해설) ① {(H, H), (H, T), (T, H), (T, T)}

② {(H, T), (T, H)}

③ {(T, T)}

○ 표본공간과 사상

표본공간(Sample Space)	: 실험(시행)에 의해 일어날 수 있는 결과들의 집합
사상(Event)	: 표본공간의 부분집합
표본점(Sample Point)	: 표본공간을 구성하고 있는 각각의 원소들

근원사상(단순사상)	: 표본공간의 한 원소만으로 이루어진 사상
전사상(Ω)	: 표본공간의 모든 원소를 포함하고 있는 사상
공사상(∅)	: 표본점을 하나도 포함하지 않는 사상

표본공간(Ω)에서 임의의 사상 A, B에 대한 연산

합사상	: 사상 A, B의 적어도 한쪽이 일어나는 경우 $A \cup B$
곱사상	: 사상 A, B 양쪽이 모두 일어나는 경우 $A \cap B$
여사상	: 사상 A가 일어나지 않는 경우 A^c
배반사상	: A, B 2개의 사상이 동시에 일어날 수 없는 경우

즉, 동전 1개를 2번 던져서 앞면 (H)과 뒷면(T)이 나타남을 측정(시행)했을 때 표본공간은 Ω = {HH, HT, TH, TT}이다. 또 주사위 1개를 던지는 시행의 표본공간(Ω = {1, 2, 3, 4, 5, 6})에서 나타난 주사위의 값을 X라 하고 표본공간 Ω에 대한 사상이 A = {X = 짝수}, B = {X ≥ 3}, C = {X < 2} 일 때 다음과 같이 계산된다.

$A \cup B$ = {X = 짝수 OR $X \geq 3$} = {2, 3, 4, 5, 6} $A \cap B$ = {X = 짝수 AND $X \geq 3$} = {4, 6} A^c = {X ≠ 짝수} = {1, 3, 5} $B \cap C$ = {3, 4, 5, 6}∩{1} = ∅이므로 B와 C는 배반

5-2) 확률

○ 수학적 확률

한 개의 주사위를 던지면 1, 2, 3, 4, 5, 6 중 어느 한 눈이 나온다. 그러나 그 결과는 미리 알 수 없으며, 다만 1의 눈이 나올 가능성은 $\frac{1}{6}$ 임을 안다. 2, 3, 4, 5, 6의 눈이 나올 가능성도 이와 같다. 이와 같이 우연에 의해서 지배되는 어떤 사건 A가 일어날 가능성을 수 값으로 나타낸 것이 확률이며, 이것을 P(A)로 나타낸다. 그러나 여기에서 주의할 것은 이 주사위가 이상적으로 정확하게 만들어진 경우가 아니고, 극단적으로 말해서 오뚝이처럼 어느 한 눈만이 항상 윗면에 나타나는 경우라 한다면 $\frac{1}{6}$이라는 수 값은 의미가 없다. 그래서 어느 눈이나 같은 가능성을 가지고 나온다는 가정이 필요하다. 일반적으로 각 근원사건이 모두 같은 가능성을 가지고 일어날 것이 기대될 때, 그 근원사건들은 같은 정도로 확실하다고 한다. 이제, 한 개의 주사위를 던질 때 홀수의 눈이 나오는 확률에 대하여 생각해 보자. 이때의 표본공간 S는 {1, 2, 3, 4, 5, 6}이다.

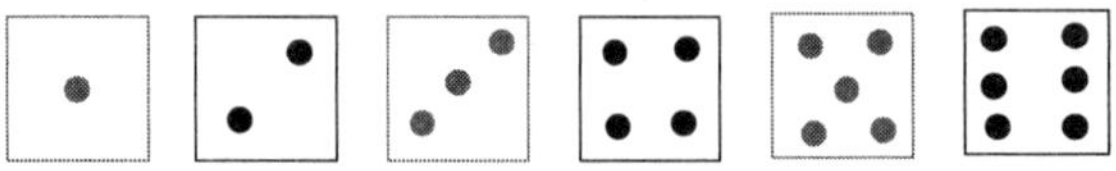

이 때 홀수가 나오는 사건 A는 {1, 3, 5}이며, A가 일어난다는 것은 6개의 근원사건 {1}, {2}, {3}, {4}, {5}, {6} 중에서 3개의 근원사건 {1}, {3}, {5} 중의 어느 하나가 나온다는 뜻이다.

$$\therefore \ P(A) = \frac{3}{6} = \frac{1}{2}$$

< 확률의 정의 >

어떤 시행에서, 표본공간의 원의 개수를 n(S)라 하고, 개개의 근원사건이 일어나는 것이 같은 정도로 확실할 때, 사건 A의 원의 개수를 n(A)라 하면 사건 A가 일어날 확률 P(A)는

$$\mathrm{P(A)} = \frac{n(A)}{n(S)} = \frac{(A\text{에 속하는 근원사건의 개수})}{(\text{근원사건의 총 개수})}$$

이와 같이 정의된 확률을 특히 수학적 확률이라 한다.

예제) 한 개의 주사위를 던질 때, 다음 확률을 구하면

① 짝수의 눈이 나올 확률　　　② 3 이상의 눈이 나올 확률

해설) 한 개의 주사위를 던질 때 표본공간을 S, 짝수의 눈이 나오는 사건을 A, 3 이상의 눈이 나오는 사건을 B라 하면

S = {1, 2, 3, 4, 5, 6}, A = {2, 4, 6}, B = {3, 4, 5, 6}이므로

(a) $\mathrm{P(A)} = \frac{n(A)}{n(S)} = \frac{3}{6} = \frac{1}{2}$　　　(b) $\mathrm{P(B)} = \frac{n(B)}{n(S)} = \frac{4}{6} = \frac{2}{3}$

예제) 세 개의 제비 중에서 임의로 한 개의 제비를 뽑기로 한다. 제비의 내용이 다음과 같을 때, 맞는 제비를 뽑을 확률을 구하면

① 맞는 제비가 세 개 모두일 때　　② 맞는 제비가 두 개일 때

③ 맞는 제비가 한 개일 때　　　　④ 맞는 제비가 한 개도 없을 때

해설) 맞는 제비를 ○, 맞지 않는 제비를 ×로 나타내면

$\frac{3}{3} = 1$　　　$\frac{2}{3}$　　　$\frac{1}{3}$　　　$\frac{0}{3} = 0$

< 확률이 1인 것과 0인 것의 의미 >

- 확률이 1인 것

위 예제 ①의 경우와 같이 세 개의 제비 중 맞는 제비가 세 개 모두일 경우에는 이 중에서 한 개를 뽑을 때 그 결과는 보나마나 맞는 제비가 나올 것은 분명하다. 이와 같이 확률이 1이란 것은 그 사건이 반드시 일어난다는 의미이다.

- 확률이 0인 것

위 예제 ④의 경우와 같이 세 개의 제비 중 맞는 제비가 한 개도 없을 경우에는 이 중에서 한 개를 뽑을 때 그 결과는 보나마나 맞는 제비가 나오지 않을 것은 분명하다. 이와 같이 확률이 0이란 것은 그 사건이 반드시 일어나지 않는다는 것을 의미한다.

- 임의의 사건 A에 대하여 $0 \leqq P(A) \leqq 1$
- 임의의 사건 A에 대하여 $P(A) = 1 \Leftrightarrow$ A가 반드시 일어난다.
- 임의의 사건 A에 대하여 $P(A) = 0 \Leftrightarrow$ A가 반드시 안 일어난다.

즉, P(A)가 1에 가까운 수일수록 사건 A가 일어날 가능성이 크고, 0에 가까울수록 사건 A가 일어날 가능성이 적다.

○ 통계적 확률

이를테면 어떤 공장의 제품 중에 어느 정도의 불량품이 나오는가를 알고자 할 때, 그 제품의 일부분을 조사해 보는 방법을 생각할 수 있다. 만일, 10개의 제품을 조사해 본 결과 그 중에서 1개의 불량품이 나왔다고 하면 그 상대도수는 $\frac{1}{10}$이라 할 수 있다.

그러나, 훨씬 많은 제품을 조사해 본 결과 10개에 1개의 비율로 불량품이 나왔다고 할 때에는 불량품은 10%로 추정된다. 같은 시행을 n번 반복하여, 사건 A가 일어난 횟수를 r이라 할 때, n을 충분히 크게 하면 상대도수 $\frac{r}{n}$은 일정한 값 p에 가까워진다. 이 p를 사건 A의 통계적 확률 또는 경험적 확률이라 한다. 하나의 주사위를 던질 때 1의 눈이 나올 확률이 $\frac{1}{6}$ 이라는 뜻은 주사위를 6번 던질 때 그 중 한 번은 반드시 1의 눈이 나온다는 뜻은 아니다. 실제로 주사위를 6번 던질 때 6번 다 1의 눈이 나올 수도 있고 한 번도 1의 눈이 나오지 않을 수도 있다. 그러나 던지는 시행의 수가 많으면 많을수록 $\frac{1}{6}$ 에 가까워진다는 것을 의미한다. 일반적으로 수학적 확률이 P(A)인 어떤 사건을 실제로 n번(n은 대단히 큰 값) 시행하여 그 중에서 사건 A가 r번 일어났었다면 $\frac{r}{n}$을 이 사건의 통계적 확률이라 했지만, 이 경우에 시행의 횟수 n을 크게 하면 할수록 그 값은 사건 A의 수학적 확률 P(A)의 값에 한없이 가까워진다는 사실이 거의 확실한 것으로 알려져 있다. 즉,

$$\frac{r}{n} \fallingdotseq P(A), \qquad \lim_{n\to\infty} \frac{r}{n} = P(A)$$

예제) 출생아 10000명 중 출생 1년 후까지 산 아이를 조사하였더니 9910명이라 한다. 어떤 출생아가 생후 1년까지 살 확률 P를 구하면

해설) $P = \frac{9910}{10000} = 0.991$

예제) 어떤 고등학교 학생 2000명의 혈액형을 조사한 결과 A형인 학생이 820명이었다고 한다. 이 학교의 학생 1명을 임의로 뽑을 때, 그 학생의 혈액형이 A형일 확률 P를 구하면

해설) $P = \frac{820}{2000} = 0.41$

예제) 1부터 6까지의 눈이 새겨진 주사위 A와 2부터 7까지의 눈이 새겨진 주사위 B를 동시에 던질 때,

① 두 개의 눈이 모두 같을 확률을 구하여라.

② 나오는 눈의 합이 7이 될 확률을 구하여라.

③ 나오는 눈의 합이 11이상이 될 확률을 구하여라.

해설) A의 눈은 1, 2, 3, 4, 5, 6이고, B의 눈은 2, 3, 4, 5, 6, 7인 것에 주의하면서, 다음 확률의 정의를 이용한다.

$$P(E) = \frac{(\text{사건 } E\text{가 일어나는 경우의 수})}{(\text{일어날 수 있는 모든 경우의 수})}$$

일어날 수 있는 모든 경우의 수는 $6 \times 6 = 36$

$$\begin{array}{ccc} A & & B \\ \downarrow & & \downarrow \\ 6 & \times & 6 = 36\text{가지} \end{array}$$

① 2개가 모두 같은 눈이 나오는 경우는 5가지므로 구하는 확률은 $\frac{5}{36}$

A	2	3	4	5	6
B	2	3	4	5	6

② 나오는 눈의 합이 7이 되는 경우는 5가지므로 구하는 확률은 $\frac{5}{36}$

A	1	2	3	4	5
B	6	5	4	3	2

③ 나오는 눈의 합이 11이상 되는 경우는 6가지므로 구하는 확률은 $\frac{6}{36} = \frac{1}{6}$

A	4	5	6	5	6	6
B	7	6	5	7	6	7

예제) A, B 두 주사위를 동시에 던질 때, 다음 확률을 구하면

① 두 개 모두 같은 눈　　　② 눈의 합이 7

③ 눈의 합이 3 이하　　　④ 눈의 차가 3 이상

해설) ① $\frac{6}{36} = \frac{1}{6}$　② $\frac{6}{36} = \frac{1}{6}$　③ $\frac{3}{36} = \frac{1}{12}$　④ $\frac{12}{36} = \frac{1}{3}$

예제) 주머니 속에 흰 공 3개와 붉은 공 5개가 들어 있다.

① 1개의 공을 꺼낼 때, 그것이 흰 공일 확률은

② 2개의 공을 꺼낼 때, 그것이 모두 붉은 공일 확률은

③ 4개의 공을 꺼낼 때, 흰 공 1개, 붉은 공 3개일 확률은

해설) $P(A) = \frac{(\text{사건 } A\text{가 일어나는 경우의 수})}{(\text{일어날 수 있는 모든 경우의 수})}$

① 8개의 공에서 1개의 공을 꺼낼 때, 그 경우의 수는 ${}_8C_1$ 가지이고, 이 중 흰 공이 1개일 경우의 수는 ${}_3C_1$ 가지이다.

따라서 구하는 확률은 $\frac{{}_3C_1}{{}_8C_1} = \frac{3}{8}$

② 8개의 공에서 2개의 공을 꺼낼 때, 그 경우의 수는 ${}_8C_2$ 가지이고, 이 중 붉은 공이 2개일 경우의 수는 ${}_5C_2$ 가지이다.

따라서 구하는 확률은 $\frac{{}_5C_2}{{}_8C_2} = \frac{5}{14}$

③ 8개의 공에서 4개의 공을 꺼낼 때, 그 경우의 수는 ${}_8C_4$ 가지이고, 이 중 흰 공 1개, 붉은 공 3개일 경우의 수는 ${}_3C_1 \times {}_5C_3$ 가지이다.

따라서 구하는 확률은 $\frac{{}_3C_1 \times {}_5C_3}{{}_8C_4} = \frac{3}{7}$

예제) 20장의 복권 중에 당첨 복권이 4장 들어있다고 한다. 이중에서 2장의 복권을 살 때, 2장 모두 당첨될 확률을 구하면

해설) $\frac{{}_4C_2}{{}_{20}C_2} = \frac{3}{95}$

예제) 10개의 제품 중에 3개의 불량품이 있다고 한다. 이 중에서 2개의 제품을 임의로 택할 때, 다음 확률을 각각 구하면

① 2개가 모두 불량품　　② 1개는 정상, 1개는 불량품

해설) ① $\frac{{}_3C_2}{{}_{10}C_2} = \frac{1}{15}$　　② $\frac{{}_7C_1 \times {}_3C_1}{{}_{10}C_2} = \frac{7}{15}$

예제) 남자 6명, 여자 4명 중, 4명을 뽑을 때, 남자 2명, 여자 2명이 될 확률

해설) $\frac{{}_{6}C_{2} \times {}_{4}C_{2}}{{}_{10}C_{4}} = \frac{3}{7}$

예제) a, b, c, d, e, f 6개의 문자가 있다.

① 이것을 일렬로 배열할 때, a가 최초에 올 확률은

② 이것을 일렬로 배열할 때, a, b, c가 이웃할 확률은

③ 이것을 일렬로 배열할 때, a와 b 사이에 한 개의 문자가 들어갈 확률은

④ 이것을 원형으로 배열할 때, a, b가 이웃할 확률은

해설) $P(A) = \frac{(\text{사건 } A\text{가 일어나는 경우의 수})}{(\text{일어날 수 있는 모든 경우의 수})}$

6개의 문자를 일렬로 배열하는 경우의 수는 6! 가지이다.

① 이 중에서 a가 최초에 오는 경우의 수는 5! 가지이므로 $\frac{5!}{6!} = \frac{1}{6}$

a □ □ □ □ □

② 이 중에서 a, b, c가 이웃하는 경우의 수는 4! × 3!가지이므로 $\frac{4! \times 3!}{6!} = \frac{1}{5}$

(a b c) □ □ □

③ 이 중에서 a와 b 사이에 한 개의 문자가 들어갈 경우의 수는

4×2!×4! 가지이므로 $\frac{4 \times 2! \times 4!}{6!} = \frac{4}{15}$

(a □ b) □ □ □

④ 6개의 문자를 원형으로 배열하는 경우의 수는 (6-1)! 가지이고, 이 중에서 a, b가 이웃하는 경우의 수는 (5-1)!×2! 가지이므로

구하는 확률은 $\frac{(5-1)! \times 2!}{(6-1)!} = \frac{4! \times 2}{5!} = \frac{2}{5}$

예제) 여섯 사람이 한 줄로 설 때, 특정한 세 사람이 이웃하게 되는 확률은

해설) $\frac{4! \times 3!}{6!} = \frac{1}{5}$

예제) 남학생 5명과 여학생 3명이 원탁의 둘레에 앉을 때,

① 여학생 3명이 함께 이웃할 확률은

② 특정한 남학생 1명, 여학생 1명이 이웃할 확률은

③ 여학생끼리 이웃하지 않을 확률은

해설) ① $\frac{(6-1)!\ \ 3!}{(8-1)!} = \frac{1}{7}$

② $\frac{(7-1)!\ \ 2!}{(8-1)!} = \frac{2}{7}$

③ $\frac{(5-1)! \times {}_5P_3}{(8-1)!} = \frac{2}{7}$

6) 신뢰도와 오차범위

김태희와 전지현 미모에 대한 여론을 조사하여 결론을 얻고자 총 유권자 1500명중 850명 응답한 경우 95%의 신뢰도에서 오차의 한계를 계산해 보면

① 모집단의 비율 P를 추정하여 계산하면

= 850/1500 = 0.5666

② P 의 추정분산을 계산하면

= [P(1-P) / (n-1)] * [(N - n) / N]

= [(0.5666*0.4334) / (850-1)] * [(1500-850) / 1500]

= (0.2455 / 849) * (650/1500)

= 0.0003 * 0.4333

= 0.0001299

③ 추정오차의 한계를 계산하면

= 2 * [추정분산 ^ (1 / 2)]

= 2 * (0.0001299 ^ 0.5)

= 2 * 0.0114

= 0.228

= 약 2.3%

④ 위의 공식에서 95%의 신뢰도를 전제로 하였으므로

1500명의 유권자 중 850명이 응답한 경우

95% 신뢰도에서 오차는 ±2.3%, 즉, 오차범위가 ±2.3%가 될 확률95%

(100회 시행, 오차범위 ±2.3%가 95회)

⑤ **오차범위에 속하는 경우(오차범위 접전, 결과 추정불가)**

응답자의 34.8%는 김태희를

응답자의 36.6%는 전지현을 최고의 미녀로 뽑았다면

김태희는 32.5%~37.1%, 전지현은 34.3%~38.9%가 될 확률 95%

오차범위에 속하지 않는 경우(오차범위 초과, 확정)

응답자의 34%는 김태희를

응답자의 39%는 전지현을 최고의 미녀로 뽑았다면

김태희는 31.7%~36.3%, 전지현은 36.7%~41.3%가 될 확률이 95%

7) 기하학의 기초

7-1) 평면도형

○ **점**

점은 더 이상 나눌 수 없는 아주 매우 작은 것으로 크기도 부피도 없으나 위치는 있다. 아래 왼쪽 그림에서 보듯이 점 P, Q는 선분 $\overline{CD}$ 위의 임의의 점이다. 또, 선분 $\overline{AC}$ 와 $\overline{BD}$ 의 교점 O와 점 P, Q를 각각 연결해

보면 $\overline{AB}$ 위에 점 P, Q와 대응하는 점 P′, Q′가 반드시 존재함을 알 수 있으므로 오른쪽 그림에서도 작은 원 보다 큰 원의 구성이 더 많은 점을 필요로 한다.

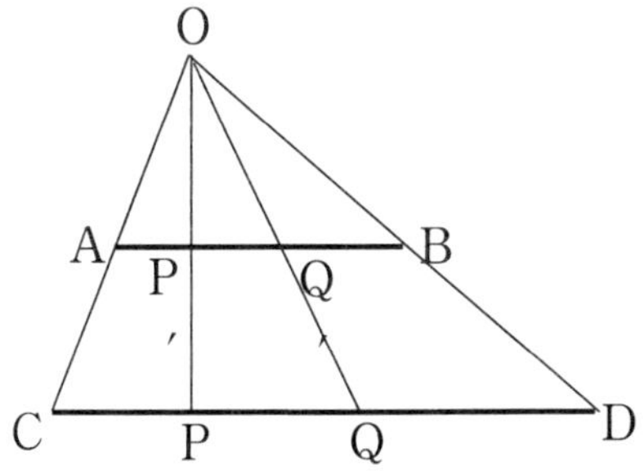

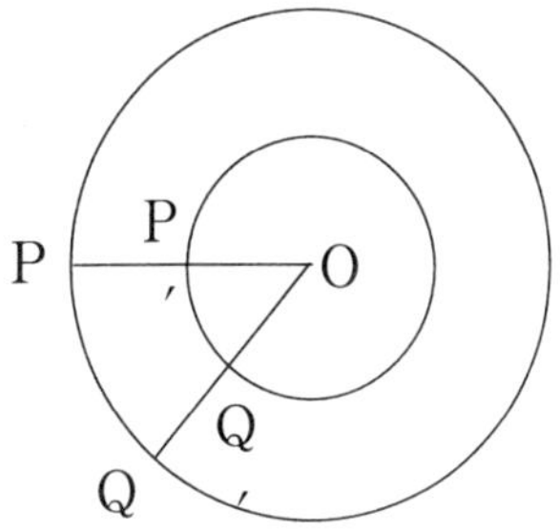

아래 그림에서도 큰 원 위의 점과 대응하는 점이 반드시 작은 원 위에도 있다. 그러므로 두 선 위의 모든 점들은 서로 1:1 대응 되고 있으며 또, 선분 $\overline{AB}$ 의 중점을 M, $\overline{AM}$ 의 중점을 N, $\overline{AN}$ 의 중점을 O, $\overline{AO}$ 의 중점을 P …… 가 되도록 계속하면 맨 끝에 가면 한 점에 도달할 것이며 또, 아래 오른쪽 그림과 같이 한 원의 지름을 점점 작게 계속해가면 나중에는 원이 점으로 변해버린다.

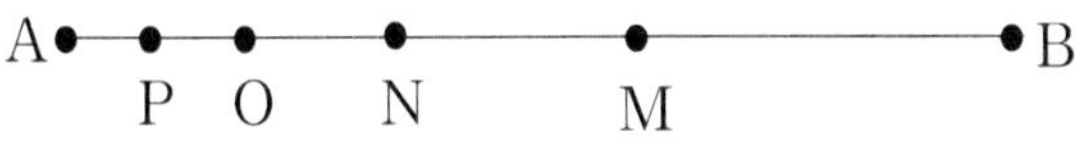

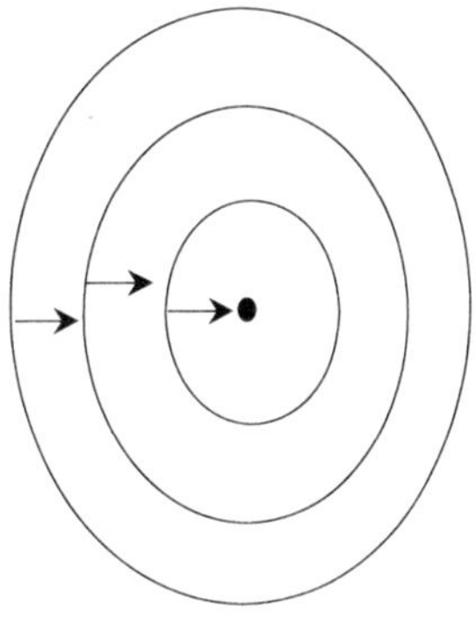

따라서 두 직선(선분)의 교점은 점이고 수직선상에는 수에 대응되는 점이 반드시 존재하고 좌표평면 위에도 점은 빈틈없이 꽉 차있다. 선도 면도 공간도 모두 점의 모임이며 우주도 전부 점으로 꽉 차 있으므로 모든 공간은 빈틈없이 점으로 매워져 있으며 각각의 고유한 위치를 갖고 있다.

○ 선

선은 점의 연결된 모임이며 모이는 방법에 따라 직선도 될 수 있고 곡선도 될 수 있다.

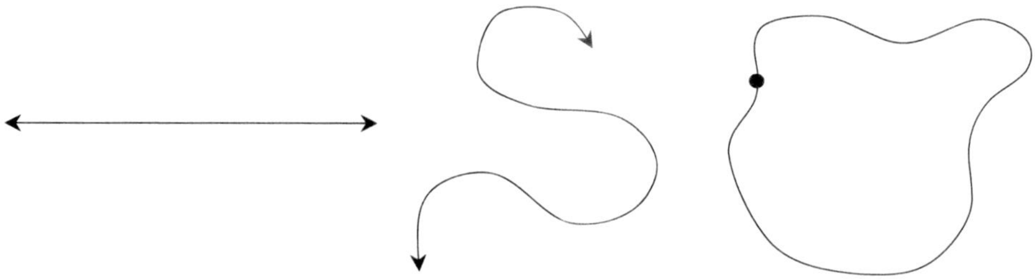

직선　　　　　곡선(개곡선)　　　　　단일폐곡선

방향을 바꾸지 않고 계속 곧게 뻗어나간 선을 직선이라 하고 방향이 바뀌면서 뻗어나간 선을 곡선이라고 한다.

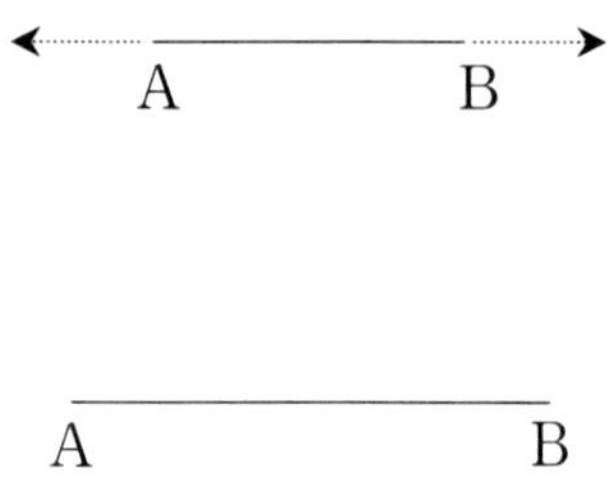

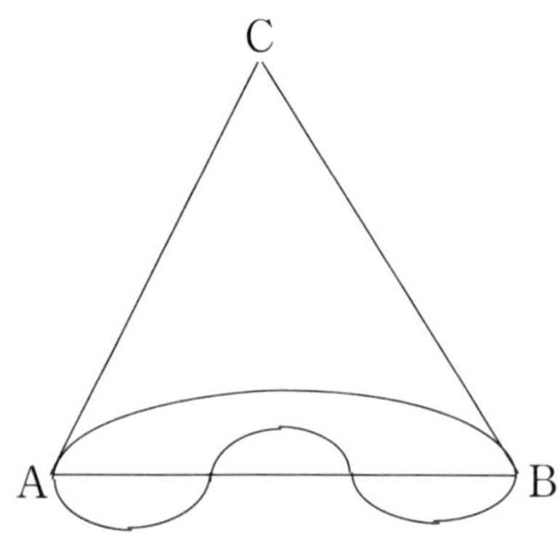

선분은 직선의 한 부분이며, 두 점 사이의 최단 거리이다. 따라서 A에서 B까지 가는 길 중 $\overline{AB}$ 보다 더 가까운 선은 없다. 따라서 선분 $\overline{AB}$ 밖에 한 점 C를 잡으면, A → C → B로 가는 길은 $\overline{AB}$ 보다 멀다. 즉 삼각형 두 변의 길이의 합은 다른 한 변의 길이보다 크다.($\overline{AB} < \overline{AC} + \overline{BC}$)가 성립된다. 직선을 양쪽 끝 방향으로 한없이 뻗어나가는 선이라 하면 계속 뻗어 우주의 끝까지 가고 거기서도 또 더 간다면 어디일까? 또 하나의 작은 원이 지름의 크기를 점점 크게 한다면 원은 점점커지고 원주

는 점점 직선의 형태로 곧아져 최종적으로 직선이 될까? 이승과 저승이 있을까? 매우 어렵고 복잡하므로 철학적이거나 신학적인 시각으로 접근해야하지 않을까?

○ 각

출발점이 같은 두 반직선의 합을 각이라 정의하므로 아래 그림은

각 ∠AOB = $\overline{OA}$ ∪ $\overline{OB}$ 가 된다.

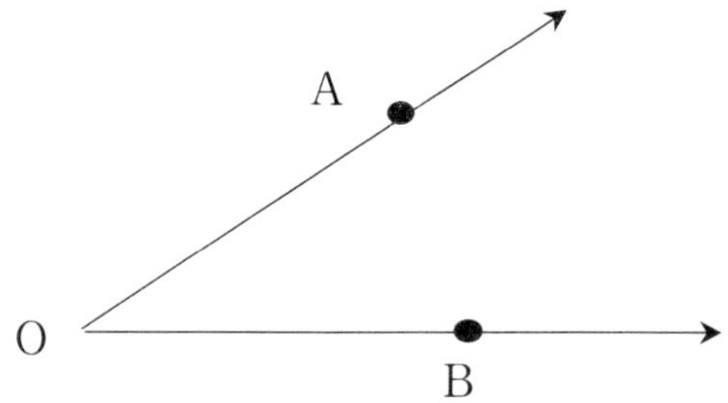

∠AOB를 포함하여 선분 $\overline{OA}$에 대하여 점 B가 있는 $\overline{OB}$ 쪽의 반평면에 대한 부분(㉮)을 각의 내부라고 하고, ∠AOB와 각의 내부의 점을 제외한 나머지 점들의 집합을 각의 외부(㉯)라 한다. 또, ∠AOB에서 O를 중심으로 $\overline{OA}$가 각의 내부를 거쳐 $\overline{OB}$까지 회전한 양 ∠AOB의 크기이다.

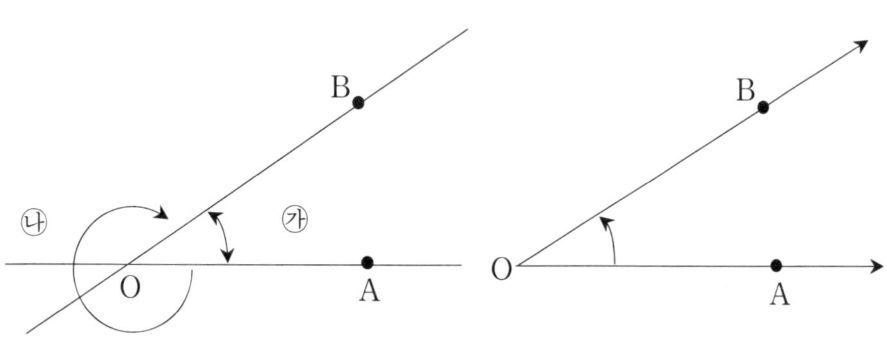

○ 도형

아래 그림의 공식은 누구나 잘 알고 있으며 우리 생활과 항상 밀접한 관계가 있어서 매우 친숙하다.

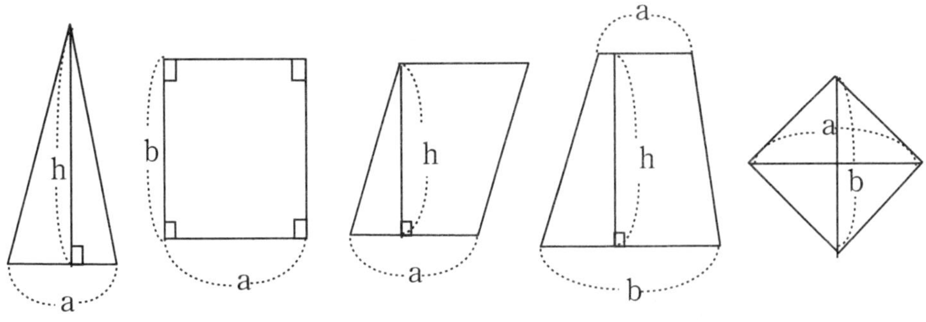

$\frac{ah}{2}$	ab	ah	$\frac{(a+b)h}{2}$	$\frac{ab}{2}$

○ 원

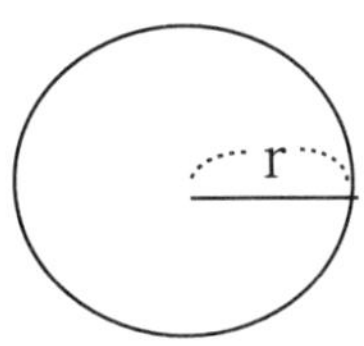

i) 넓이는 반지름의 제곱에 π를 곱한다.($S = \pi r^2$)

ii) 둘레는 지름과 π의 곱이다. ($l = 2\pi r$)

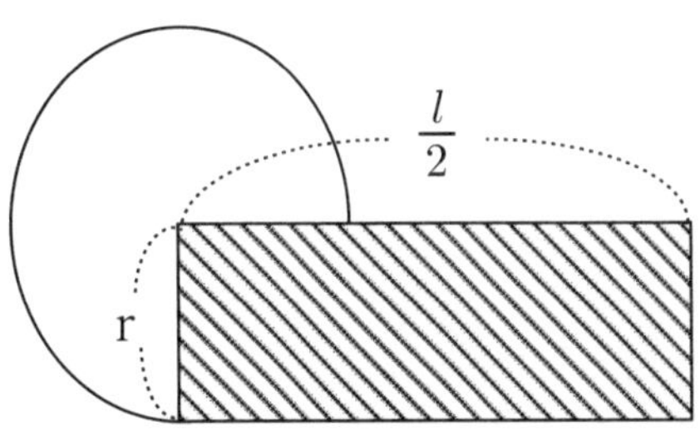

공식 I) 즉, 원의 면적은 원주의 반과 반지름의 곱과 같다. ($S = \frac{lr}{2}$)

즉, $S = \frac{lr}{2} = r \cdot \frac{l}{2} = r \cdot \frac{2\pi r}{2} = \pi r^2$가 된다.

< 아르키메데스의 원 >

(1) 원의 면적은 높이가 반지름이고, 밑변의 원주와 같은 직각삼각형의 면적과 같다.

(2) 원의 면적과 그 지름을 한 변으로 하는 정사각형의 면적의 비는 11:14 이다.

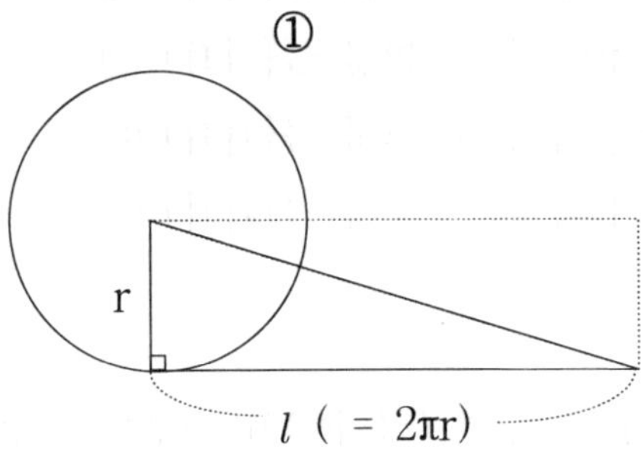

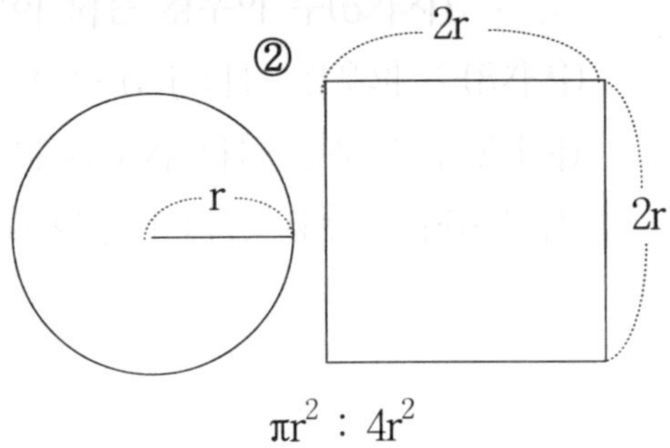

① 의 경우

삼각형의 면적 $= \frac{1}{2} \cdot rl$

$= \frac{1}{2}r \cdot 2\pi r$

$= \pi r^2$ 가되므로 오늘날의 이론과 유사하다.

② 의 경우

원과 정사각형 넓이의 비는

$\pi r^2 : 4r^2 = \pi : 4\left(\frac{3.14}{4} = 0.785\right) \fallingdotseq 11 : 14\left(\frac{11}{14} \fallingdotseq 0.7857 \cdots\right)$가

되므로 이 역시 오늘날의 이론과 유사하다.

반지름r, 중심각a, 호의 길이 l인

부채꼴의 면적 S는

$S = \frac{\pi a r^2}{360^\circ}$ **또는**

$S = \frac{rl}{2}$ **이고**

$l = \frac{\pi a r}{180^\circ}$ **이다.**

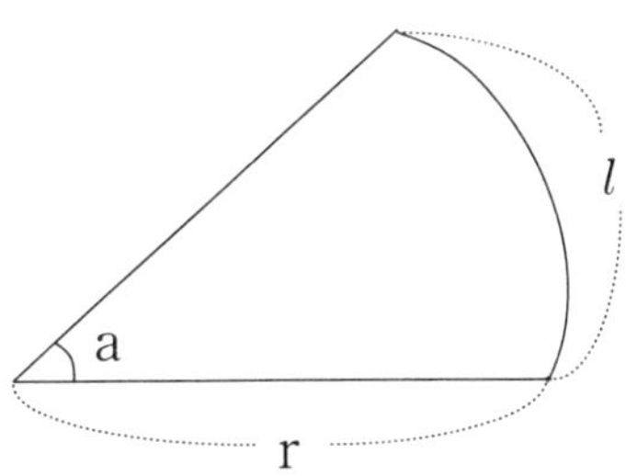

$\therefore\ S = \frac{\pi a r^2}{360} = \frac{r}{2}\ \frac{\pi a r}{180}\ \left(\frac{\pi a r}{180} = l \text{ 이므로}\right) = \frac{rl}{2}$ 가 된다.

7-2) 입체 도형

○ 직육면체

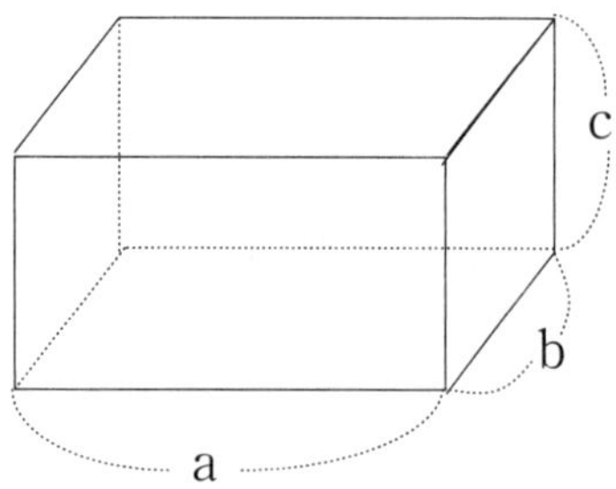

직육면체

부피 $V = abc$

겉넓이 $S = 2(ab + ac + bc)$

※정육면체는 $a=b=c$ 이므로 $V=a^3$, $S=6a^2$

○ 기둥

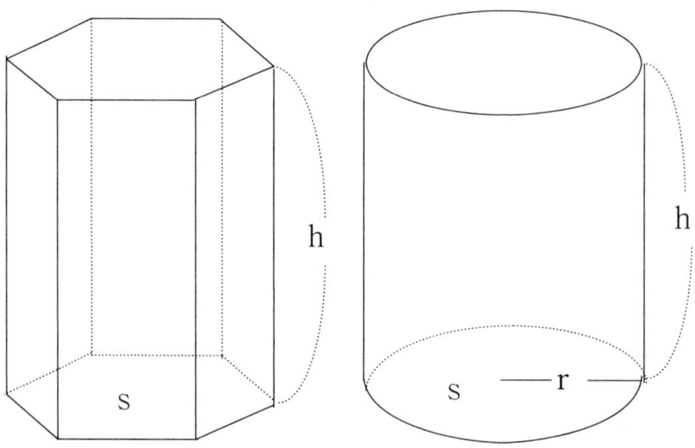

각・원 기둥의 부피 $V = sh$ (s = 밑넓이)

원기둥의 밑면은 원이므로 반지름을 r 이라 하면 $V = s \cdot h$, $V = \pi r^2 h$

○ 뿔

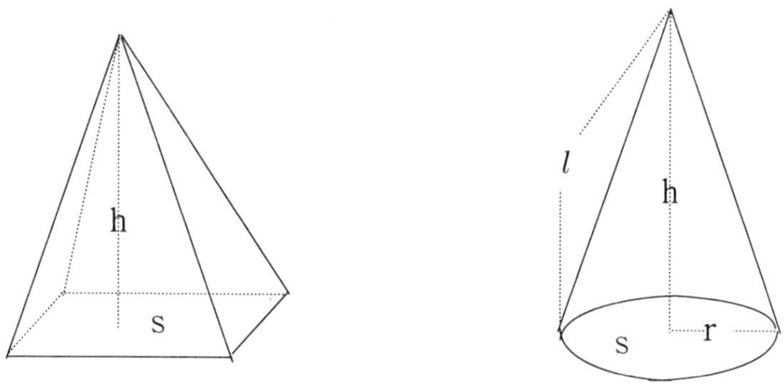

각뿔, 직원뿔의 부피 $V = \frac{1}{3} s \cdot h$

모선의 길이 l, 밑면의 반지름이 r인 직원뿔의 옆넓이 $A = \pi r l$

○ 공

겉넓이 : 지름을 한 변으로 하는 정사각형 면적의 π배 이므로 $S = 4\pi r^2$

부　피 : 겉넓이와 반지름 곱의 $\frac{1}{3}$, $V = \frac{4}{3}\pi r^3$

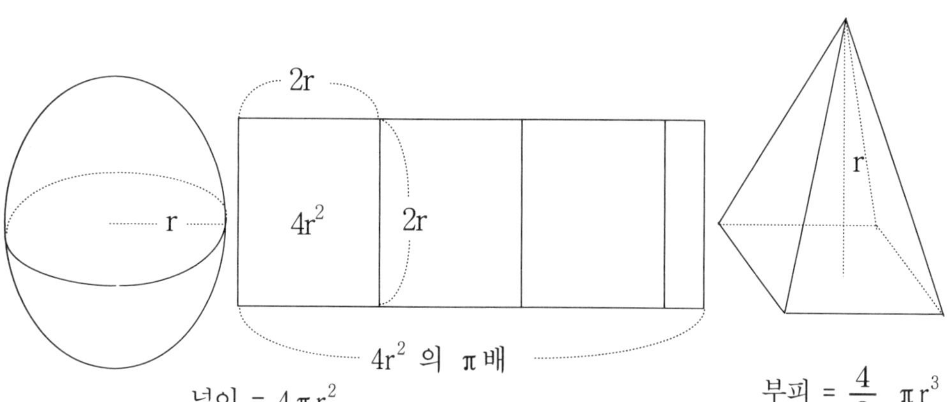

7-3) 일반각과 호도법

○ **일반각**

아래 그림과 같이 평면 위의 한 점 O로부터 시작되는 두 개의 반직선 $\overrightarrow{OX}$, $\overrightarrow{OP}$에 의하여 ∠XOP가 정해진다. 따라서 ∠XOP는 반직선 $\overrightarrow{OP}$가, 고정되어 있는 반직선 $\overrightarrow{OX}$ 위치에서 점 O을 중심으로 회전한 것으로 볼 수 있다. 이때 $\overrightarrow{OX}$를 시초선, $\overrightarrow{OP}$를 동경, O를 각의 꼭지점이라 한다.

또, ∠XOP의 크기는 동경 $\overrightarrow{OP}$가 시초선 $\overrightarrow{OX}$를 출발하여 $\overrightarrow{OP}$의 위치까지 회전하였을 때 그 회전한 양으로 정의하며 동경 $\overrightarrow{OP}$가 점 O를 중심으로 회전할 때 시계바늘이 도는 방향과 반대방향이 양의 방향, 시계바늘 방향이 음의 방향이다. 양의 방향으로 회전해 생기는 각을 양의 각, 음의 방향으로 회전해서 생기는 각을 음의 각이라고 한다.

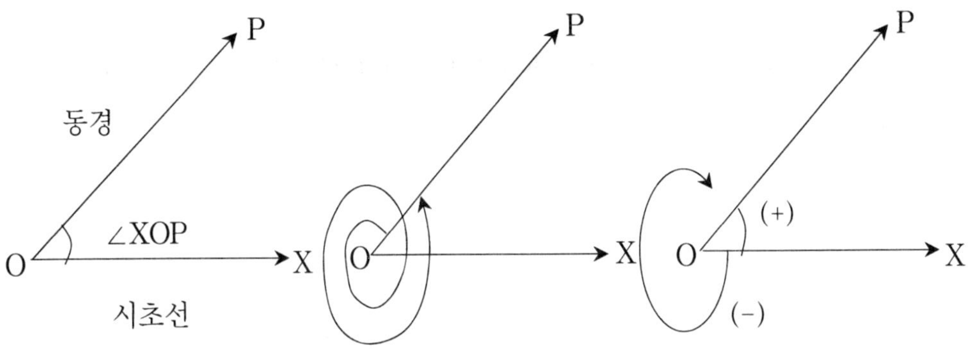

또, 시초선 $\overrightarrow{OX}$는 고정되어 있으므로 ∠XOP의 크기가 주어지면 동경 $\overrightarrow{OP}$의 위치는 하나로 정해지는 반면, 동경 $\overrightarrow{OP}$의 위치가 하나로 정해지더라도 동경 $\overrightarrow{OP}$가 나타내는 각의 크기는 하나로 정해지지 않는다. 즉, 동경 $\overrightarrow{OP}$의 한 위치에 대하여 동경 $\overrightarrow{OP}$가 나타내는 각의 크기는 무수히 많다. 다음 그림은 같은 위치의 동경 $\overrightarrow{OP}$에 대한 여러 가지 종류의 크기를 나타낸 것이다.

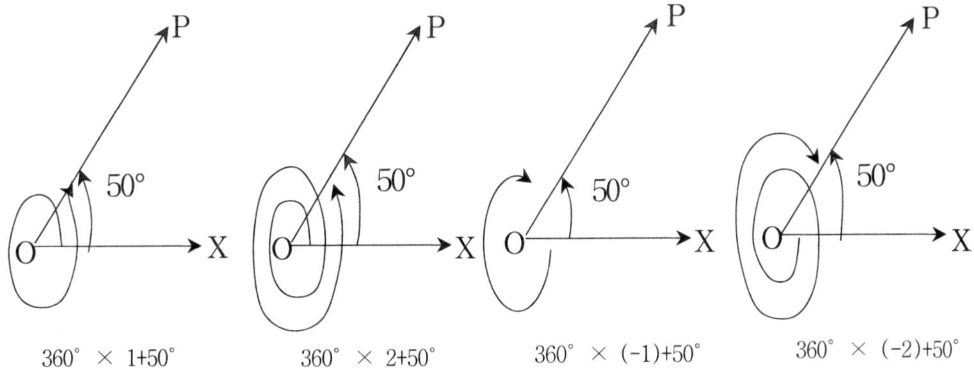

일반적으로 ∠XOP 크기의 하나를 $\alpha°$ 라 할 때 $\theta=360°\times n+\alpha°$ (n=정수)로 표시되는 각 θ를 동경 $\overline{OP}$가 나타내는 일반각이라 한다.

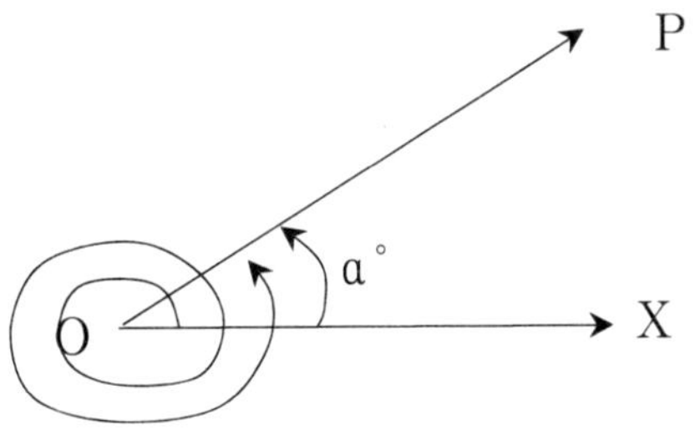

예제) 주어진 값 1500° 와 -675° 의 동경이 나타내는 일반각 θ를 구하는 경우

해설) 우선 주어진 각을 $360° \times n + \alpha°$($\alpha°$ 는 양의 각)의 꼴로 나타낸다.

$1500° = 360° \times 4 + 60° \quad \therefore \theta = 360° \times n + 60°$ (n=정수)

$-675° = 360° \times (-2) + 45° \quad \therefore \theta = 360° \times n + 45°$ (n=정수)

또, 좌표평면에서 O를 원점, 시초선 $\overline{OX}$를 X축의 양의 부분과 일치시킬 때 동경 $\overline{OP}$가 제 1사분면, 제 2사분면, 제 3사분면, 제 4사분면 중 위치하는 곳에 따라 동경 $\overline{OP}$가 나타내는 각을 각각 제 1, 제 2, 제 3, 제 4사분면의 각이라 한다.

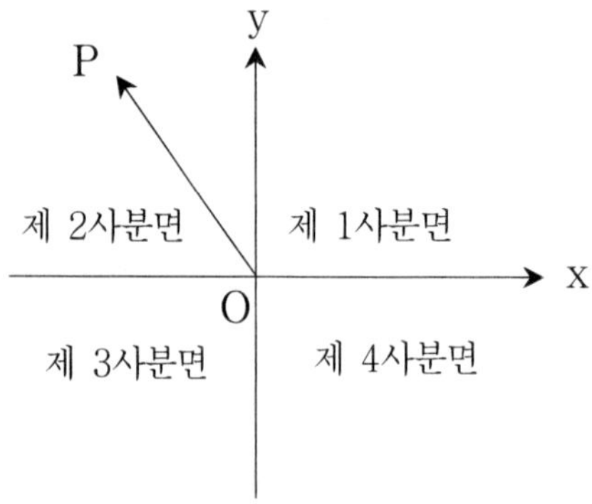

○ **호도법**

각의 크기 도(°)를 사용하여 나타내는 방법을 육십분법이라 하며 아래 그림에서와 같이 반지름과 같은 원호에 대한 중심각의 크기를 1라디안(radian)이라 하고, 이것을 단위로 하여 각의 크기를 나타내는 방법을 호도법이라고 한다.

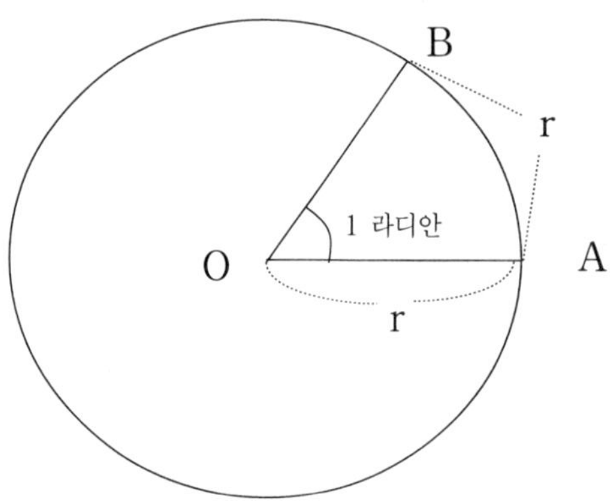

부채꼴의 중심각을 호도법으로 나타낼 때에는 $(\text{중심각})=\dfrac{(\text{호의길이})}{(\text{반지름})}$ 로 한다. 예를 들어 반지름이 r인 부채꼴에서 호의 길이가 2r, r, 5r, 2πr 인 부채꼴의 중심각 Θ_1, Θ_2, Θ_3, Θ_4 는 각각 다음과 같다.

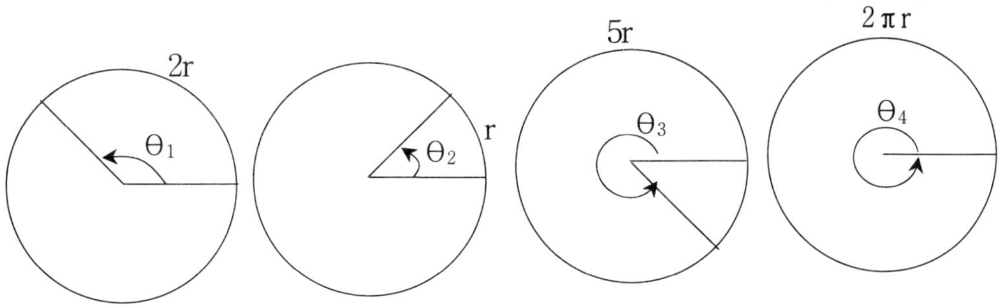

$\theta_1 = \frac{2r}{r} = 2 \qquad \theta_2 = \frac{r}{r} = 1 \qquad \theta_3 = \frac{5r}{r} = 5 \qquad \theta_4 = \frac{2\pi r}{r} = 2\pi$

※ 호도법에서 사용되는 라디안(또는 호도)은 보통 생략하고 표현하지 않는다.
즉, 2 라디안은 2로, π 라디안은 π로 나타낸다.

60분법과 호도법과의 관계

(1) 1 라디안 = $\frac{180^\circ}{\pi}$ ≒ 57°17′45″
(2) 1° = $\frac{\pi}{180}$ 라디안 ≒ 0.01745 라디안

※ π 라디안이 180° 이므로 1 라디안은 비례식을 써서 구한다.

즉, π: 180° = 1 : □, $\square = \frac{180^\circ}{\pi} \times 1 = \frac{180^\circ}{\pi}$

$\therefore$ 1 라디안 = $\frac{180^\circ}{\pi}$

또, 180° 가 π 라디안이므로 비례식을 써서 1°를 구할 수 있다.

즉, 180° : π = 1° : □, $\square = \frac{\pi}{180^\circ} \times 1^\circ = \frac{\pi}{180}$ 라디안

$\therefore$ 1° = $\frac{\pi}{180}$ 라디안

○ **부채꼴의 호의 길이와 넓이**

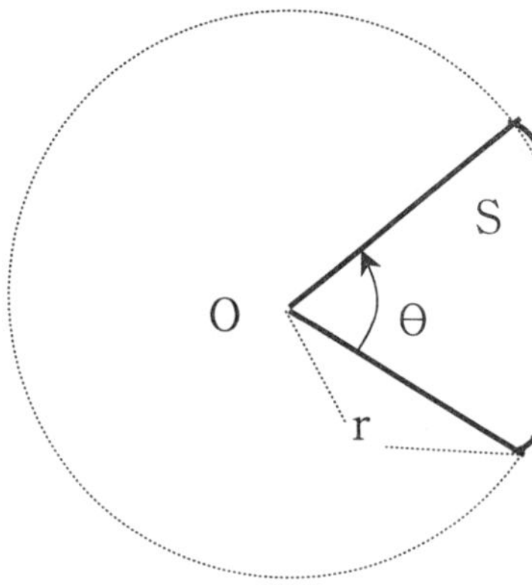

위 그림과 같이 반지름의 길이가 r인 원에서 길이가 l인 호에 대한 중심각의 크기를 θ라고 하면 호의 길이는 중심각의 크기에 비례하므로

$l : 2\pi r = \theta : 2\pi$에서 $l = r\theta$

또, 부채꼴의 넓이를 S라고 하면 S도 중심각의 크기 θ에 비례하므로

$S : \pi r^2 = \theta : 2\pi \quad \therefore S = \frac{1}{2}r^2\theta$

- 부채꼴의 호의 길이와 넓이 -

반지름의 길이가 r, 중심각의 크기가 θ(라디안)인 부채꼴에서 호의 길이를 l, 넓이를 S 라고 하면

$l = r\theta, \; S = \frac{1}{2}r^2\theta = \frac{1}{2}rl$

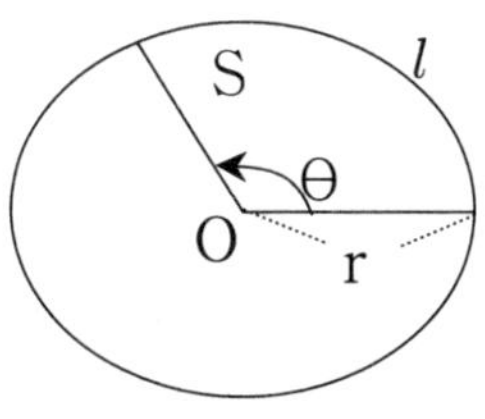

4. 분석기법 정리

1) 도수분포표는 조사된 모집단의 구조를 파악하기 위하여 사용되는데, 도수 분포표에서 총 도수가 매우 많은 경우 계급간의 간격을 매우 작게 하면 [ ] 형태가 된다.

정답) 도수곡선

해설) 도수곡선이란 **도수분포 다각형에서 계급의 폭을 좁게 하여 얻어지는 곡선**이다.

2) 다음의 도수분포표에서 각각의 계급 구간에 해당되는 상대도수는?

0~24 = 18, 25~49 = 8, 50~74 = 15, 75~99 = 9

정답) 0.36, 0.16, 0.3, 0.18

해설) 상대도수 : 통계에서 **각 변량의 도수를 전체수로 나눈 것** ≒ 상대빈도

0~24	18	
25~49	8	각 변량의 도수
50~74	15	
71~99	9	
합	50	전체수(N)

- 공식) 상대도수 = 도수/N
- 18/50 = 0.36, 8/50 = 0.16, 15/50 = 0.3, 9/50 = 0.18

3) 다음 도수분포표에서 가중산술평균 $\bar{x}$는?

계급	계급값	도수	가중값
30~39	34.5	2	34.5×2
40~49	44.5	3	44.5×3
50~59	54.5	11	54.5×11
60~69	64.5	20	64.5×20
70~79	74.5	32	74.5×32
80~89	84.5	25	84.5×25
90~99	94.5	7	94.5×7
합		100	n

정답) 72.5

해설) 가중산술평균 : **각 항의 수치**에 **그 중요도에 비례하는 계수**를 곱한 다음 산출한 평균 계산, 정밀도나 들어온 양이 같지 않은 물품의 평균 가격처럼 원래의 수치가 동등하지 않다고 생각되는 경우에 주로 사용한다. ≒ 가중평균

- 위 표에서 "계급값"은 각 항의 수치(xi)로 보고, "도수"는 중요도에 비례하는 계수(fi)라고 볼 수 있다.

- 공식) $\bar{x} = \frac{1}{n}(\sum_{i=1}^{n} fi\,xi)$ 따라서,

$$\bar{x} = \frac{1}{100}(2\times34.5+3\times44.5+11\times54.5+20\times64.5+32\times74.5+25\times84.5+7\times94.5)$$

$= 72.5$

4) 측정값 x_1, x_2, x_3에 대한 가중 값이 2, 4, 6 일 때 가중산술평균 값은?

정답) $\frac{1}{12}(2X_1 + 4X_2 + 6X_3)$

해설) 가중산술평균 : 각 항의 수치에 그 중요도에 비례하는 계수를 곱한 다음 산출한 평균

측정값	가중값
X_1	2
X_2	4
X_3	6
합	12

- 공식) $\bar{x} = \frac{1}{12}\sum_{i=1}^{3} f_i x_i$

5) 우리 학교 어떤 학생의 성적표이다. 학점수를 가중 값으로 한 가중산술평균을 구하면?

학과목명	농업정보	재배학	철학	농업경영	작물학	곤충학	특용작물	합
학점수	4	3	1	2	3	3	3	19
취득점수	80	95	70	85	75	90	65	

정답) 80.79

해설) 가중산술평균 : **각 항의 수치**에 **그 중요도에 비례하는 계수**를 곱한 다음 산출한 평균

- 위 표에서 학점수를 "가중 값"이라 할 수 있다. 따라서,
- 가중산술평균은 가중 값인 학점 수에 취득 점수를 곱한 값들의 평균이다.
- 이 말을 공식으로 표현하면 $\overline{x} = \frac{1}{n}(\sum_{i=1}^{n} fixi)$ 이다
- $\overline{x} = \frac{1}{19}(4\times80+3\times95+1\times70+2\times85+3\times75+3\times90+3\times65) = 80.79$

6) 한 개 1,500원씩 하는 사과 15개와 한 개 1,200원씩 하는 배 24,000원 어치를 샀다. 1개당 평균가격은?

정답) 1,329원

해설) 지출 금액의 총액을 구입한 과일의 총 개수로 나눈 값을 구한다.

- 1,500원의 사과를 15개 구입했으니까 금액은 22,500원이고 1,200원의 배를 24,000원어치를 샀으니까 구입개수는 20개이다.
- 구입한 과일의 총 수량은 35개이고, 총 지출금액은 46,500원이다.
- 따라서, $\overline{x} = \frac{46,500}{35} = 1,329$
- 다시 표현하면 $\overline{x} = \frac{1}{n}\sum_{i=1}^{k} f_i x_i = \frac{1}{35}(1500 * 15 + 24000) = 1329$

7) 어떤 농장의 자본금이 얼마인지 정확하게 알 수는 없으나 창업 첫 해 자본금의 2배, 다음해 4배, 그 다음해 6배로 늘어나다가 4년째 되던 해는 1/2로 줄었다고 한다. 이 농장의 자본금은 연평균 몇 배의 변동이 있었는가?

정답) 2.2134

해설) 수열 : 일정한 규칙을 가지고 수가 나열되는 것

- 공식 : $G = {}^{n}\sqrt{x_1 \times x_2 \times x_3 \times \cdot \cdot \cdot \times x_n}$
- n : 배분된 수의 개수 ⇒ "2, 4, 6, $\frac{1}{2}$" 제시된 수가 총 4개

- x : 각각 수의 값 ⇒ “2, 4, 6, $\frac{1}{2}$”

- 공식에 대입하면 다음과 같다

$$G= \sqrt[n]{x_1 \times x_2 \times x_3 \times \cdots \times x_n} = \sqrt[4]{2 \times 4 \times 6 \times \frac{1}{2}} = \sqrt[4]{24} = 24^{\frac{1}{4}} = 2.2134$$

8) 30㎞ 떨어진 논에 갈 때는 시속 3㎞ 또는 4㎞로 걸어가고 올 때는 차를 타고 시속 60㎞ 또는 40㎞로 되돌아왔다면 이때 평균시속은?

정답) 6.4km

해설) 이동시 속도를 각각 x_1=3km, x_2=4km, x_3=60km, x_4=40km 라고 하고 평균속도를 H라고 하면

- $H = \dfrac{n}{\sum_{i=1}^{n} \frac{1}{x_i}} = \dfrac{4}{\frac{1}{3}+\frac{1}{4}+\frac{1}{60}+\frac{1}{40}} = 6.4$㎞

9) 측정값 9, 3, 8, 8, 9, 8, 9, 18의 평균편차는?

정답) 2.25

해설) 평균편차 : **자료의 평균**과 **각 변량편차의 절대 값**을 평균한 값

- 문제의 측정값의 개수는 8개

- 자료의 평균 $\bar{x} = \dfrac{9+3+8+8+9+8+9+18}{8} = 9$

- 각 변량편차의 절대값. 즉, 각 측정값에서 평균값 9를 뺀 값의 절대값
  |9-9| = 0, |3-9| = 6, |8-9| = 1, |8-9| = 1, |9-9| = 0
  |8-9| = 1, |9-9| = 0, |18-9| = 9 이들의 합은 18

- 따라서, $Md = \dfrac{18}{8} = 2.25$

- 다시 표현하면 $\bar{x} = \dfrac{1}{8}(9+3+8+8+9+8+9+18) = 9$ 이므로

$$Md = \frac{1}{n}\sum_{i=1}^{n}|x_i - \bar{x}| = \frac{1}{8}(0+6+1+1+0+1+0+9) = 2.25 \text{ 이다.}$$

10) 젖소 10마리의 우유 생산량을 표시한 도수분포표이다. 평균편차는?

우유생산량	6	7	8	9	10	계
젖소수	2	0	5	2	1	10

정답) 0.8

해설) 평균편차 : 통계에서 **자료의 평균**과 **각 변량편차의 절대 값**을 평균한 값

- 자료의 평균 $\bar{x} = \frac{1}{10}(2\times6+0\times7+5\times8+2\times9+1\times10) = \frac{80}{10} = 8$

- 각 변량 편차의 절대값은 우유생산량에서 자료의 평균을 뺀 값의 절대값에 젖소 수를 곱한 값이다.

  |우유생산량 - 자료의 평균| × 젖소 수 = |6-8| × 2 = 4

  |우유생산량 - 자료의 평균| × 젖소 수 = |7-8| × 0 = 0

  |우유생산량 - 자료의 평균| × 젖소 수 = |8-8| × 5 = 0

  |우유생산량 - 자료의 평균| × 젖소 수 = |9-8| × 2 = 2

  |우유생산량 - 자료의 평균| × 젖소 수 = |10-8| × 1 = 2

  이들의 합은 8, 따라서, 평균편차 $Md = \frac{8}{10} = 0.8$

- 다시 표현하면

$$\bar{x} = \frac{1}{n}\sum_{i=1}^{k} f_i x_i = \frac{1}{10}(2\times6+0\times7+5\times8+2\times9+1\times10) = \frac{80}{10} = 8$$

$$Md = \frac{1}{n}\sum_{i=1}^{k} f_i|x_i - \bar{x}| = \frac{1}{10}(2\times2+0\times1+5\times0+2\times1+1\times2) = \frac{8}{10} = 0.8$$

11) 측정값 30, 20, 15, 25, 10의 표준편차는?

(정답) 7.07

(해설) 표준편차 : 자료의 분산정도를 나타내는 값, 분산의 양의 제곱근으로 표준편차가 작은 것은 평균값 주위의 분산의 정도가 작다는 뜻.

- 공식 : $S=\sqrt{\frac{1}{n}\sum_{i=1}^{n}(x_i-\bar{x})^2}$

- n : 제시된 측정값의 개수 = 5

- x : 각각의 측정값 = {30, 20, 15, 25, 10}

- $\bar{x}$: 측정값의 평균 = $\frac{30+20+15+25+10}{5}$ = 20

- 공식에 대입하면 다음과 같다.

$$S=\sqrt{\frac{1}{n}\sum_{i=1}^{n}(x_i-\bar{x})^2}$$
$$=\sqrt{\frac{1}{5}[(30-20)^2+(20-20)^2+(15-20)^2+(25-20)^2+(10-20)^2]}$$
$$=\sqrt{50} = 7.07$$

12) 다음의 도수분포표에서 분산을 구하면?

55 ~ 65 = 1, 65 ~ 75 = 5, 75 ~ 85 = 4

(정답) 41

(해설) 분산 : 통계값과 평균값의 차이인 편차를 제곱하여 얻은 값들의 산술 평균, 분산이 작으면 자료는 평균값 주위에 모여 있게 되고, 분산이 크면 자료 가운데 평균값에서 멀리 떨어진 것이 많게 된다.

- 위에 제시된 수치를 표로 표현하면 다음과 같다.

계급	계급값	도수
55~65	60	1
65~75	70	5
75~85	80	4
합		10

- 계급값 = 각각의 계급의 중간 값 = x_i, 도수 = f_i, n = 도수의 합 = 10

- $\bar{x}$ = 평균, 분산을 구하기 위해서는 평균값 $\bar{x}$ 를 먼저 구한다.

$$\bar{x} = \frac{1}{n}\sum_{i=1}^{k} f_i x_i = \frac{1}{10}(1\times60+5\times70+4\times80) = 73$$

- 분산공식 : $S^2 = \frac{1}{n}\sum_{i=1}^{k} f_i x_i^2 - \bar{x}^2$

$$= \frac{1}{10}(1\times60^2+5\times70^2+4\times80^2) - 73^2 = 5370 - 5329 = 41$$

13) 한글 "가, 나, 다, 라, 마" 중에서 2글자씩 짝을 지어 새로운 단어를 만든다면?

정답) 20

해설) 경우의 수 : 어떤 시행에서 특정한 사건이 일어날 수 있는 경우의 가지 수, 한 개의 주사위를 던져서 홀수의 눈이 나올 경우는 1, 3, 5의 세 가지 이므로 이때의 경우의 수는 3이다.

- 먼저 알아 둘 공식 : ${}_aP_b = \frac{a!}{(a-b)!}$

- 총 5개의 글자 중에서 2개를 선택하는 것이기 때문에

- 위 공식에 적용하면 a는 총 개수를 의미하는 것이고, b는 선택되는 2개를 의미하는 것이다. 즉,

$${}_5P_2 = \frac{5!}{(5-2)!} = \frac{5!}{3!} = \frac{5\times4\times3\times2\times1}{3\times2\times1} = \frac{120}{6} = 20$$

14) 10명의 학생들을 일렬로 줄을 세울 때 발생되는 경우의 수는?

정답) 10!

해설) ${}_{10}P_{10} = \frac{10!}{(10-10)!} = 10!$

15) 10마리의 돼지들을 돈사 A, B, C에 가둘 수 있는 경우의 수는?

정답) 3^{10}

해설) 먼저 알아 둘 공식 : $_{a}\Pi_{b} = a^{b}$, $_{3}\Pi_{10} = 3^{10}$

16) 9권의 책을 각각 3명의 학생에게 3권씩 나누어 줄 수 있는 경우의 수는?

정답) $\frac{9!}{3! \times 3! \times 3!} = 1{,}680$

(해설) 중복을 허용하지 않고 순서가 있는 경우

$$_{n}P_{r} = n(n-1)...(n-r+1)$$

- 위 공식은 n에서부터 r개까지 모두 곱한 것. ex) $_{7}P_{3} = 7\times6\times5$

- 중복을 허용하지 않고 순서가 없는 경우 :

$$_{n}C_{r} = \frac{_{n}P_{r}}{r!} = \frac{n(n-1)...(n-r+1)}{r\times(r-1)\times...\times1}$$

ex) $_{7}C_{3} = \frac{_{7}P_{3}}{3!} = \frac{7\times6\times5}{3\times2\times1}$

- 문제를 풀어보면 9권의 책을 3명의 학생에게 중복해서 줄 수 없고, 누구한테 먼저 줄 것인지 순서는 없기 때문에

$_{n}C_{r} = \frac{_{n}P_{r}}{r!} = \frac{n(n-1)...(n-r+1)}{r\times(r-1)\times...\times1}$ 공식을 이용한다.

A, B, C라는 3명의 학생 중

- 먼저 A학생에게 3권을 줄 수 있는 경우의 수는

$$_{9}C_{3} = \frac{_{9}P_{3}}{3!} = \frac{9\times8\times7}{3\times2\times1}$$

- 다음 B학생에게 3권을 줄 수 있는 경우의 수는 A학생에게 이미 3권을 줬기 때문에

$$_{6}C_{3} = \frac{_{6}P_{3}}{3!} = \frac{6\times5\times4}{3\times2\times1}$$

- 다음 C학생에게 3권을 줄 수 있는 경우의 수는 A학생과 B학생에게 각각 3권을 줬기 때문에

$$_3C_3 = \frac{_3P_3}{3!} = \frac{3 \times 2 \times 1}{3 \times 2 \times 1}$$

- 위 세 가지 경우를 모두 곱하면 $\frac{9!}{3! \times 3! \times 3!}$ = 1,680이다.

17) 색깔이 다른 5개의 구슬로 만들 수 있는 목걸이의 수는?

정답) 12

해설) 원순열 : 몇 개의 물건이나 원소의 차례를 바꾸어 원둘레 위에 배열하는 순열. 그 배열 방법의 수는 (n-1)! 이다. 원의 형태이기 때문에 배열을 뒤집어 배열하는 경우까지 포함한다.

- 따라서, $\frac{(n-1)!}{2} = \frac{(5-1)!}{2} = \frac{4 \times 3 \times 2 \times 1}{2} = 12$

18) A, B, C 3마리의 말이 경마에 참석하고 있다. A가 이길 확률은 B의 2배이고 B가 이길 확률은 C의 2배이다. A, B, C가 각각 승리할 확률은?

정답) P(A)=$\frac{4}{7}$, P(B)=$\frac{2}{7}$, P(C)=$\frac{1}{7}$

해설) A가 이길 확률이 B의 2배이기 때문에 P(A) = 2×P(B) 라고 할 수 있다. 또, B가 이길 확률이 C의 2배이기 때문에 P(B) = 2×P(C)라고 할 수 있고 P(A) = 4×P(C)라는 것 까지 유추해 볼 수 있다.

- 만약, P(C)=p 라고 가정하면 P(A)=4p, P(B)=2p, P(C)=p 라 할 수 있다. 즉, 전체가 1이기 때문에 4p+2p+p = 1, p=$\frac{1}{7}$이 된다.

- P(A)=$\frac{4}{7}$, P(B)=$\frac{2}{7}$, P(C)=$\frac{1}{7}$

19) 사과 15개가 들어 있는 상자 속에 5개의 불량품이 포함되어 있다고 한다.

임의로 3개의 사과를 꺼냈을 때 불량품이 하나도 나오지 않을 확률은?

정답) $\frac{24}{91}$

해설) 먼저 알아 둘 공식 : ${}_aC_b = \frac{a!}{b!}$

- 사과 15개에서 임의로 3개를 꺼내는 경우의 수는 ${}_{15}C_3$

- 불량품이 아닌 사과가 나올 경우의 수는 ${}_{10}C_3$

- 사과 15개에서 3개를 꺼내는 경우의 수는 ${}_{15}C_3$이고 15개 중 5개가 불량품이므로 불량품이 아닌 사과가 나올 수 있는 것은 10개 중 3개를 꺼낼 때만 가능하므로 ${}_{10}C_3$이 된다. 따라서 불량품이 하나도 나오지 않을 확률은?

$$\frac{{}_{10}C_3}{{}_{15}C_3} = \frac{\frac{10\times9\times8}{3\times2\times1}}{\frac{15\times14\times13}{3\times2\times1}} = \frac{24}{91}$$

20) P(A) =$\frac{1}{5}$, P(B) = $\frac{2}{5}$, P(A∩B) = $\frac{1}{5}$ 일 때 P(A∪B)는?

정답) $\frac{2}{5}$

해설) 위 문제를 도식화하면

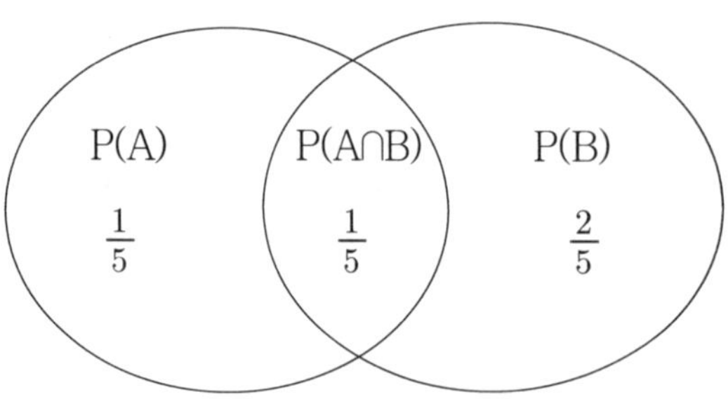

- P(A∪B) = P(A) + P(B) - P(A∩B) = $\frac{1}{5} + \frac{2}{5} - \frac{1}{5} = \frac{2}{5}$

21) P(A∪B) = $\frac{3}{4}$, $P(A^c)$ = $\frac{2}{3}$, P(A∩B) = $\frac{1}{4}$일 때 P(A)와 P(B)는?

정답) $\frac{2}{3}$

해설) 위 문제를 도식화하면

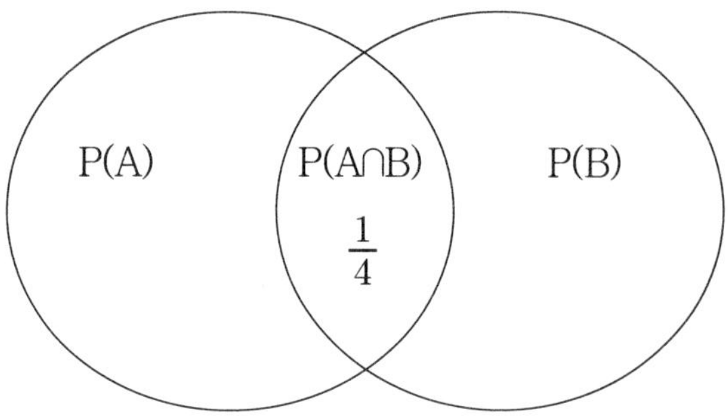

- 문제에서 P(A∪B) = $\frac{3}{4}$ 이고, P(A)와 P(A∩B)를 제외한 $P(A^c)$ = $\frac{2}{3}$ 라고 정의되어 있기 때문에 $P(A^c)$ = 1-P(A) = $\frac{2}{3}$ 라고 유추할 수 있다.

  따라서, P(A)= $\frac{1}{3}$ 이 된다.

- P(A∪B)=P(A) + P(B) - P(A∩B) 이므로 $\frac{1}{3}$ + P(B) - $\frac{1}{4}$ = $\frac{3}{4}$ 이 된다.

  따라서 P(B) = $\frac{2}{3}$ 이다.

22) 유제품 생산 공정에 중대문제 발생으로 12개 중 4개의 불량품이 발생된다. 이 경우 3개를 임의로 뽑았을 때 3개 모두가 불량품이 아닐 확률은?

정답) $\frac{56}{220}$ 또는 $\frac{14}{55}$

해설) 총 12개중 3개를 뽑기 때문에 ${}_{12}C_3$이 12개중 불량품이 아닌 것은 8개이고 뽑은 3개가 모두 불량품이 아닐 확률이기 때문에 ${}_{8}C_3$ 이 된다.

- 문제 19번과 같이 공식에 적용하면

$$\frac{{}_{8}C_3}{{}_{12}C_3} = \frac{\frac{8\times7\times6}{3\times2\times1}}{\frac{12\times11\times10}{3\times2\times1}} = \frac{\frac{336}{6}}{\frac{1320}{6}} = \frac{56}{220}$$ 이 된다.

- 다른 방법으로 문제를 해결해보면

- 첫 번째 뽑은 것은 $\frac{8}{12}$, 두 번째 것은 $\frac{7}{11}$, 세 번째 것은 $\frac{6}{10}$ 가 된다.

- 따라서 곱셈 공식에 의해 p를 계산하면 $p = \frac{8}{12} \times \frac{7}{11} \times \frac{6}{10} = \frac{14}{55}$

23) 항아리에 7개의 노란색 계란과 3개의 흰색 계란이 들어 있다. 임의로 3개의 계란을 뽑았을 때 첫 번째 2개가 노란색 계란이고, 세 번째가 흰색 계란일 확률은?

정답) $\frac{7}{40}$

해설) 전체 계란의 수가 10개이고 이 중 노란색 계란이 7개이기 때문에

- 첫 번째 뽑은 계란이 노란색일 확률 : $\frac{7}{10}$

- 10개중 1개의 노란색 계란을 이미 뽑았기 때문에 남은 계란은 9개이며, 이 중 노란색은 6개 따라서, 두 번째 뽑은 계란이 노란색일 확률 : $\frac{6}{9}$

- 10개중 2개의 노란색 계란을 뽑았기 때문에 남은 계란은 8개이며, 세 번째 뽑은 계란이 흰색일 확률 : $\frac{3}{8}$

- 따라서, 곱셈 공식에 의하여 $p = \frac{7}{10} \times \frac{6}{9} \times \frac{3}{8} = \frac{7}{40}$

24) 한국농수산대학 학생의 남 · 여 성 구성비가 각각 60%, 40%이다. 이 중 남학생의 70%와 여학생의 10%가 각각 외국 견학을 마쳤다. 한국농수산대학 학생 중 1명의 학생을 임의로 선택하였을 경우, 그 학생이 외국 견학을 다녀온 여학생일 확률은?

(정답) 0.089

(해설) 다음과 같이 우선 정의한다.

B : 남학생 전체 = 0.6

G : 여학생 전체 = 0.4

T : 뽑혀진 학생이 견학을 다녀온 경우

N : 뽑혀진 학생이 견학을 다녀오지 않은 경우

P(T|B) : 남학생 중에서 견학을 다녀온 경우 = 0.7

P(T|G) : 여학생 중에서 견학을 다녀온 경우 = 0.1

- 구하고자 하는 값은 "뽑혀진 학생이 견학을 다녀온 여학생일 경우" 이므로 "P(G|T)"가 된다.

- 따라서, 견학을 다녀온 여학생을 견학을 다녀온 학생의 전체로 나눈 값이 구하고자 하는 값이다.

다시 말해, $\dfrac{\text{견학을 다녀온 여학생}}{\text{견학을 다녀온 남학생 + 견학을 다녀온 여학생}}$

$$= \frac{P(G \cap T)}{P(T)} = \frac{P(G)P(T \mid G)}{P(G)P(T \mid G) + P(B)P(T \mid B)} = \frac{0.4 \times 0.1}{0.4 \times 0.1 + 0.6 \times 0.7}$$

= 0.089

25) 다음 60분법으로 나타낸 각을 호도법으로 고치면

① 30° ② -225°

(정답) $\frac{\pi}{6}$, $-\frac{5}{4}\pi$

(해설) 호도법으로 고치기 위해 $\frac{\pi}{180^\circ}$ × (60분법의 각)을 이용하면

① $\frac{\pi}{180^\circ} \times 30^\circ = \frac{\pi}{6}$ $\therefore 30^\circ = \frac{\pi}{6}$

② $\frac{\pi}{180^\circ} \times (-225^\circ) = -\frac{5}{4}\pi$ $\therefore -225^\circ = -\frac{5}{4}\pi$

26) 호도법으로 나타낸 각을 60분법으로 고치면

① $\frac{\pi}{3}$　　　　　　　　② $-\frac{11}{6}\pi$

(정답) 60°, -330°

(해설) 60분법으로 고치기 위해 $\frac{180^\circ}{\pi}$ × (호도법의 각)

① $\frac{180^\circ}{\pi} \times \frac{\pi}{3} = 60^\circ$　　　　$\therefore \frac{\pi}{3} = 60^\circ$

② $\frac{180^\circ}{\pi} \times \left(-\frac{11}{6}\pi\right) = -330^\circ$　　　　$\therefore -\frac{11}{6}\pi = -330^\circ$

※ π가 포함된 라디안을 60분법으로 고칠 때 π 대신 180°를 대입하면 편리하다.

즉,　$\frac{\pi}{4} = \frac{180^\circ}{4} = 45^\circ$

「**2 라디안은 몇 도인가**」와 같은 경우는 다음과 같이 계산한다.

$$\frac{180^\circ}{\pi} \times 2 = \frac{360^\circ}{\pi} = \frac{360^\circ}{3.14\cdots}$$

27) 반지름의 길이 r, 중심각의 크기 θ, 호의 길이 l, 넓이 S인 부채꼴에 대하여 다음을 구하여보면

① r = 3㎝, θ = 2(라디안)일 때, l과 S의 값

② r = 4㎝, l = 6㎝일 때, θ 와 S의 값

③ $\theta = \frac{\pi}{3}$(라디안),　S = 12π㎠ 일 때, r와 l의 값

(정답) 9(㎠), 12(㎠), $6\sqrt{2}$(㎝)

(해설) 60분법으로 고치기 위해 $\frac{180^\circ}{\pi}$ × (호도법의 각)

① $l = r\theta = 3 \times 2 = 6$(㎝), $S = \frac{1}{2}r^2\theta = \frac{1}{2} \times 3^2 \times 2 = 9$(㎠)

② $\theta = \frac{l}{r} = \frac{6}{4} = \frac{3}{2}$(라디안), $S = \frac{1}{2}rl = \frac{1}{2} \times 4 \times 6 = 12$(㎠)

③ $S = \frac{1}{2}r^2\theta$에서 $12\pi = \frac{1}{2}r^2 \times \frac{\pi}{3}$, $r^2 = 72$ $\therefore r = 6\sqrt{2}$(㎝)

$l = r\theta$에서 $l = 6\sqrt{2} \times \frac{\pi}{3} = 2\sqrt{2}\pi$(㎝)

28) 다음에서 ①, ②는 호도법의 각으로 ③, ④는 60분법의 각으로 바꾸면

① 255° ② -72° ③ $\frac{25}{6}\pi$ ④ 2

(해설) 호도법의 각으로 고칠 때 ⇨ $\frac{\pi}{180^\circ} \times$ (육십분법의 각)

60분법의 각으로 고칠 때 ⇨ $\frac{180^\circ}{\pi} \times$ (호도법의 각)

제6장

유 · 무선 통신과 인터넷

1. 통신의 기본개념

유선·무선·광선과 전자기적 방식에 의해 모든 종류의 정보 즉, 기호, 신호, 문자, 영상, 음향의 전송, 발신, 수신 등의 작용을 전기통신(Telecommunication)이라 하고 국제전기통신조약에 의해 표준화하고 있다. 통신선에 의해 전류에 정보를 실어 보내는 방식의 유선통신과 전자기파에 정보를 실어 보내는 무선통신으로 구분된다. 전송되는 정보의 형태에 따라 문자는 전신, 음성은 전화 또는 라디오, 영상은 TV, 프로토콜에 의한 데이터통신 등 다양하다. 정보의 송·수신(Data 통신)이란 이 책의 앞부분에서 설명했듯이 음성, 문자, 정지영상, 동영상 등 여러 가지로 표현되고 있는 정보를 컴퓨터와 통신매체를 통해 주고 받기 위해 발신지와 목적지간의 Data 이동을 의미하는 것으로 Data 통신은 원시사회부터 오늘까지 발전에 발전을 거듭하였으며 컴퓨터와 통신망의 계속된 결합으로 시간과 공간을 뛰어넘어 오늘에 이르렀다. 동물의 울음소리, 연기와 불꽃에 의한 봉화, 비둘기 우체부, 파발마 등의 방식으로부터 현재와 같은 전기적 신호를 이용한 모스의 전보와 벨에 의한 유선전화 시대 및 텔레타이프 시대를 거쳐, 통신선로가 없는 지상공간과 우주공간 전체로 퍼져나갈 수 있는 전파와 위성을 이용한 무선통신 시대까지 이르고 있다. 특히, 오늘날의 디지털과 컴퓨터기술의 발전이 접목되어 온 세계는 한 순간 동안에 어떤 종류의 정보라도 상호 주고받을 수 있는 초고속 Data 통신시대를 창조해 냈고 이로 인해 우리 인류의 생활은 더욱 더 지구촌화 되어가고 있다.

1) 전자기장과 전자기파

1-1) 전자기장

전기장은 정전하(靜電荷, 3장 참조) 주위에 발생하고 자기장은 자극(磁極) 주위에 발생하는데, 이들은 서로 각각의 독립된 물리대상이지만 전하(電荷)의 운동과 함께 전기장이 시간에 따라 변화하면 반드시 자기장이 생기고, 반대로 자기장이 변화하면 전기장이 발생된다. 이들은 서로 수직의 형태로 파동(波動)을 형성하여 멀리 이동하려는 성질을 갖고 있는데, 이를 전자기장(電磁氣場; Electromagnetic Field)이라 한다. 1864년 맥스웰(James Clerk Maxwell)에 의해 전기장과 자기장의 상호관계가 연구되어 전자기장이론과 함께 전자기학의 기초가 되는 전자기장방정식(맥스웰방정식)이 만들어졌다.

1-2) 전자기파

크고·넓은 물통속의 물을 주걱이나 국자 같은 것으로 수면의 한곳을 때리면 때려진 위치를 중심으로 물결파(Water Waves)가 발생되고 뒤이어 주변으로 퍼져 점점 멀리 나가는 현상을 볼 수 있게 되는데, 이것이 전자기파(Electromagnetic Wave)의 모습이며 줄여서 전파(電波)라 한다. 따라서 전파는 어떤 물체의 주기적 운동(週期的運動)과 변화하는 운동의 힘(세기)에 의한 주기적 진동(振動)이다. 이는 어떤 특정한 곳으로 이동(전달)하려는 특성이 있으며, 전달되는 시간에 따라 변화되는 모습의 파동을 만든다. 같은 원리로 앞에서 설명된 전자기장이 주기적으로 세기가 변화되며 공간속으로 퍼져나가는 현상 즉, 맥스웰방정식에 따라 변화하는 전기장은 변화하는 자기장을 만들고, 변화하는 자기장은 다시 패러데이(Michael Faraday)법칙에 따라 변화하는 전기장을 유도하여 수직(垂直)의 형태로 서로 쌍을 이루며 공간 속으로 퍼져 나가는 것으로 전자기파라 한다. 전자기파의 속도(Radio Velocity)는 광속(30만Km, 3×10^8m/s)이고 횡파이다.

2) 소리

소리 또는 음(音)은, 사람의 청각기관(聽覺器官)을 자극하여 뇌에서 해석되는 매질(媒質; Medium; 매질입자의 진동인 파동을 매개하는 공기, 물 등의 물질)의 움직임이며 종파(縱波; Longitudinal Wave; 파동의 진행과 매질의 진동방향이 같은 경우)이다. 사람이 소리를 들을 수 있는 것은 공기가 진동하기 때문이며 이는 진동수(振動數; Frequency) 또는 주파수(周波數)에 의해 이루어진다. 또, 진동의 주기적 현상이 단위시간 동안 몇 번 일어났는지를 헤르츠(Hz)로 표기하며 이를 기본단위로 사용한다. 1Hz는 1초에 주기진동((週期振動) 1번, 50Hz는 1초에 50번을 의미하며 "주파수(F)=파동의 진행속도(V)/파장(λ)"으로 계산된다. 또, 파동이 다른 매질로 옮겨갈 때 주파수는 변하지 않으며 다만, 파동의 진행속도와 파장만 변화하게 된다. 또, 건강한 젊은 사람이 들을 수 있는 최대 가청주파수(25kHz)를 초과하는 음파를 초음파(超音波; Ultrasonics Wave, Supersound)라 하며 의료영상을 위한 초음파검사(Ultrasound Sonography), 초음파세척, 해충퇴치, 건축물의 비파괴검사 등에 널리 이용된다. 동물이나 곤충의 경우, 박쥐는 먹이를 찾아내기 위해 다양한 초음파 탐지 기술을, 개, 물고기, 돌고래, 나방 등은 인간의 최대가청주파수보다 더 높은 주파수의 음파를 들을 수 있다.

2-1) 가청주파수(可聽周波數; Audio Frequency)

사람이 들을 수 있는 소리의 주파수(16Hz~20kHz, 음악소리 약 10kHz, 초음파와 초저음파는 가청불가)를 가청주파수(可聽周波數; Audio Frequency)라 하며 이는 나이가 들어감에 따라 최대 가청주파수가 낮아지게 되므로 노인들의 청력이 낮아져 보청기를 사용하게 되는 계기가 된다. 소리는 진동이므로 진동을 나열하면 파형이 생기는데, 파형의 모습 그대로 녹음(자기)테이프에 기록한 것이 아날로그방식의 녹음이다. 이에 반해 파형을 시간에 따라 잘게 나눈 후(Sampling Rate) 각 파형의 대표 값을 추출하여 기록하는 것이 디지털방식의 녹음이며, 이를 "AD Converting"이라 한다. 따라서 Sampling Rate가 클수록 음질이 더 좋아지게 되는 반면, 기억용량은 더 많이 소요된다(2장 참조). 가청주파수 대역을 모두 디지털화 하려면 약 2배 이상의 Sampling Rate가 필요하게 되는데, 예를 들어 20kHz 주파수를 가지는 음파의 경우 40kHz의 Sampling Rate가 필요하다. 일반적으로 CD의 Sampling Rate는 44,100Hz인데, 이는 1초를 44,100으로 나눈 후 나누어진 부분에 각각의 대표 값을 주어 디지털화 시켰다는 것을 의미한다.

2-2) 대역폭

대역폭(Bandwidth)은 특정한 기능을 수행할 수 있는 주파수의 범위로 소리와 같이 헤르츠(Hz)로 표시되며, 점유주파수대역폭(Occupied Bandwidth)과 전송주파수대역폭(Transmission Frequency Bandwidth)으로 구분된다. 유·무선 통신에서 혼선(Radio Interference, 불필요한 전자에너지)을 방지하고 통신매체의 다중화(Multiplexing)를 위해 신호, 송신기, 증폭기 등에서 대역의 폭을 제한하고 있다. 이로 인해 신호가 전송될 때 전송로의 대역폭 밖에 있는 신호는 전송되지 않게 되므로 통신의 효율성을 극대화 시킨다. 가청주파수가 약 16~20kHz임에도 음성통화를 위한 전화에서는 음성신호를 0.3~3.4kHz 범위 내에서 송·수신 되도록 제도화하고 있는데, 이는 주파수 대역의 폭을 효율적 조정과 최적화(最適化, Optimization)로 음성통화만을 위해 꼭 필요한 음성신호의 명료도(Articulation)를 손상시키지 않는 범위 내에서 통신선로의 다중화를 동시에 구현 할 수 있다는 "주파수대역 활용"의 장점을 보여주는 좋은 예이다.

2-3) 데시벨

소리의 세기를 음압(Decibel; dB)이라는 단위로 표시한다. dB은 "소리 파동의 압력 값"으로 계산되는데, 사람이 들을 수 있는 가장 작은 소리의 세기를 0dB이라 하고 여기에 10dB를 증가시킨다면 10배, 20dB를 증가시킨다면 100배로 음압이 상승한다. 즉, dB은 소리의 상대적 크기를 나타내는 단위로 소리 세기의 비값을 상용로그로 취해준 값에 10을 곱한 값이다. 소리의 감각적 크기는 귀를 통해 뇌에 전달되어 느껴지는 생리적 느낌이므로 들을 수 있는 것(사람, 동물 등)에 따라 저마다 다르게 느껴진다. 일반적인 사람의 청각은 dB뿐만 아니라 주파수에도 민감하게 반응하므로 소리의 크기를 객관적으로 표현한다는 것이 매우 어렵다. 때문에 어떤 소리의 크고·작음을 설명하려면 미리 기준 음을 정하여 놓고 그 소리가 기준 음에 비해 얼마나 크거나 작은지에 따라 그 값을 그 소리의 크기로 표현한다. 소리의 세기는 오실로스코프(Oscilloscope)와 같은 측정 장비에 의해 객관적으로 측정 가능하다. 일반 가정생활의 평균 소음은 약 40dB, 일상의 대화는 약 60dB, 음악은 약 85dB, 록밴드는 약 110dB, 제트엔진은 150dB 정도라 하며, 일반적으로 약 120~140dB 정도의 크기를 갖는 소리가 듣기 괴로운 소음이다.

3) 통신 매체

3-1) 전화 케이블(Cable)

전화 케이블은 전송신호에 잡음이 섞이는 것을 방지하기 위해서 두 가닥의 구리선을 꼬아놓은 형태의 동선을 종이테이프와 폴리에스텐 피복재로 피복시킨 것으로 Twisted Pair Cable이라 하며 2쌍에서부터 수천 쌍의 도선(導線)들을 하나로 묶어 케이블 뭉치를 이루게 한 모습이다. 전화 케이블은 국내외 어느 곳에나 일반화되어 각 가정의 최종 단말기까지 설치, 연결되어 있으므로 전화국을 통해 연결하기만 하면 손쉽게 정보망이 구축될 수 있고 별도의 통신망을 구축하지 않아도 전 세계의 모든 곳과의 연결이 가능하다.

- Twist Pair Cable -

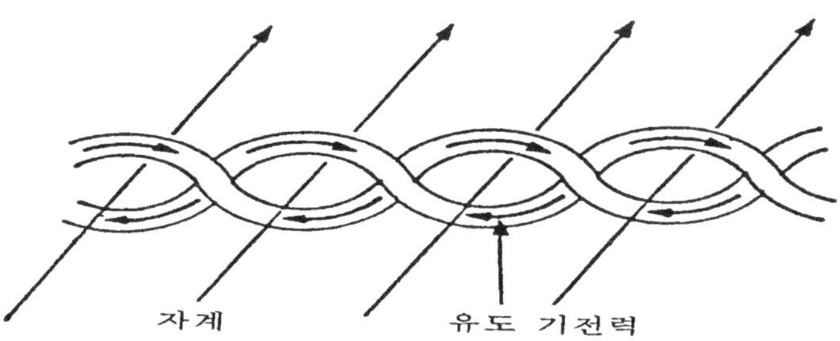

3-2) 동축 케이블(Coaxial Cable)

내부 도체(동축선)와 외부 도체(구리 그물망)로 구성되어 서로의 간격을 정확하게 유지하도록 피복된 형태의 통신선으로 우리 일상생활의 비디오 연결선 또는 유선 TV 연결선과 똑같은 형태이다. 동축 케이블은 일정한 간격으로 음(-)의 값과 양(+)의 값을 동시에 갖고 있는 형태이므로 Data 전송효율이 높아 10Mbps 이상의 정보 전송량을 갖는다. 또 동축 케이블 중앙 동선에 흐르는 전기 신호는 그것을 싸고 있는 외부 구리 그물망에 의해 외부의 간섭을 적게 받아 전력 손실이 적기 때문에 고속의 통신선로로 많이 사용되고 있다. 또, 동축 케이블은 아날로그와 디지털 신호 모두를 전송할 수 있는 매체이며 CATV에서는 아날로그 신호를, 근거리 통신망에서는 주로 디지털 신호를 전달하며 동축 케이블은 바다 밑이나 땅속에 묻어도 그 성능에 큰 지장이 없고 광섬유에 비해서는 싸지만 전화선보다는 훨씬 비싸다.

○ 동축 케이블의 유형

- 50 ohm : RG-8과 RG-11, Thick 이더넷용
- 50 ohm : RG-58과 Thin 이더넷용
- 75 ohm : RG-59와 케이블 TV용
- 93 ohm : RG-62d, ARC Net용

○ Coaxial 특징

- Thin 동축 케이블을 위한 비용은 STP나 카테고리 5 UTP 보다 저렴하다.
- Thick 동축 케이블은 광섬유를 제외하고 STP나 카테고리 5 UTP 보다 더 비싸다.
- 설치가 비교적 간단하며 숙련되지 않아도 커넥터를 쉽게 설치할 수 있으며 케이블은 손상에 강하며 인터페이스는 탭이나 T 커넥터를 포함한다.
- Thin Net 세그먼트의 특정한 최대 노드수는 30노드, Thick Net 세그먼트의 최대수는 100노드이다.
- 구리선을 사용하기 때문에 동축 케이블은 감쇠로부터 영향을 받으며 또 EMI에 손상 받기 쉽고 도청에도 약하다.

- Coxial Cable -

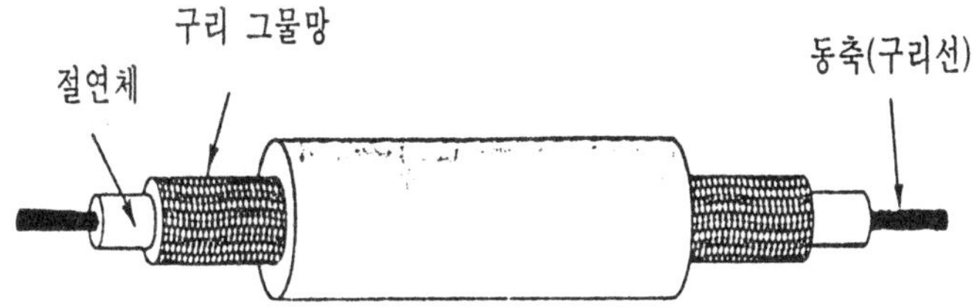

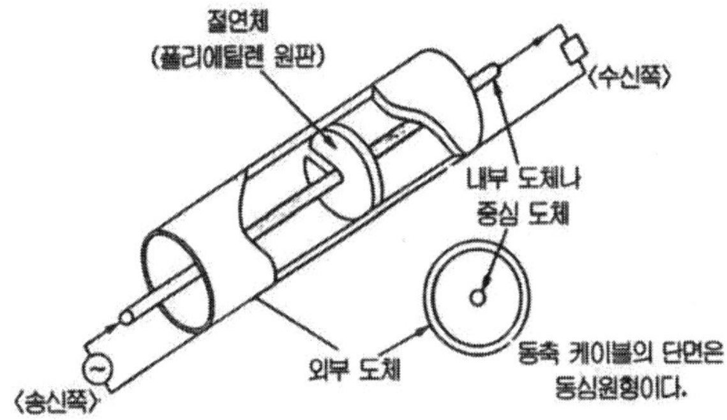

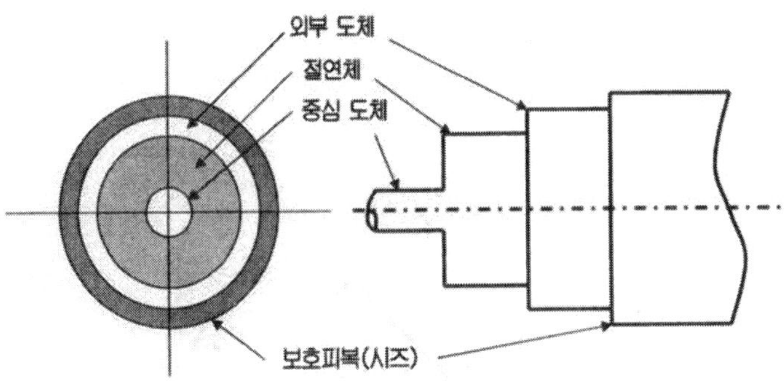

3-3) 광섬유 케이블(Optical Fiber Cable)

광케이블은 빛을 이용하여 정보를 빛의 속도에 가깝게 전달시켜 주고자 만든 것으로 미국 코닝사에서 1970년대에 개발하여 1980년대 중반부터 실용화된 최첨단 통신기술이다. 머리카락보다 가느다란 유리섬유(Glass Thread)로 외부에서 들어오는 빛을 차단하고 유리섬유의 손상을 방지하도록 단단한 피복으로 보호된 형태이며, 한 가닥의 광섬유는 한쪽 방향으로만 빛을 전달할 수 있으므로 하나의 광케이블은 최소 두 가닥 이상의 쌍으로 되어 있다. 또, 유리섬유이기 때문에 외부로부터 전파나 전류에 의해서 방해받지 않는다는 장점으로 인해 오늘날 Data 통신 분야에서 크게 각광받아 전 세계에서 거의 대부분 활용되고 있으나 직각으로 구부리거나 절단하여 접속하는데 어려움이 있다는 단점이 있다.

광섬유는 광파장이 유리나 플라스틱 섬유를 따라 움직이며 정보를 전송하는 것과 관련된 매체와 기술을 말한다. 광섬유는 기존의 구리선보다 더 많은 정보를 운반할 수 있으며, 일반적으로 전자기의 간섭을 받지 않으므로 신호를 재전송할 필요가 없다. 이제 대부분의 전화 회사들도 장거리 전화 회선에는 광섬유 회선을 이용한다. 광섬유 선로 상의 전송은 일정 거리 간격마다 신호 재생을 해주는 리피터가 필요하다. 유리섬유는 구리선의 경우보다 케이블 외부에 더 많은 피복재를 필요로 한다. 새로운 회선의 설치에는 많은 비용이 들어가기 때문에 전화국으로부터 일반 가입자들에게까지 광케이블이 완전하게 포설된 지역이 아직은 그리 많지 않다. 장거리에는 싱글모드 광섬유가 사용되고 단거리에는 멀티모드 광섬유가 사용되고 전기신호 대신 광신호를 전송한다.

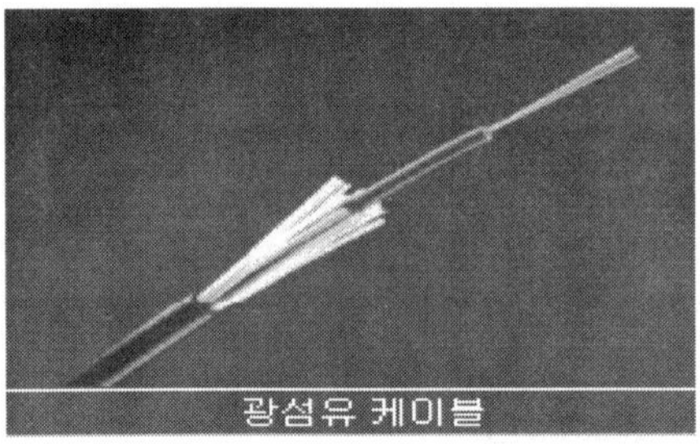

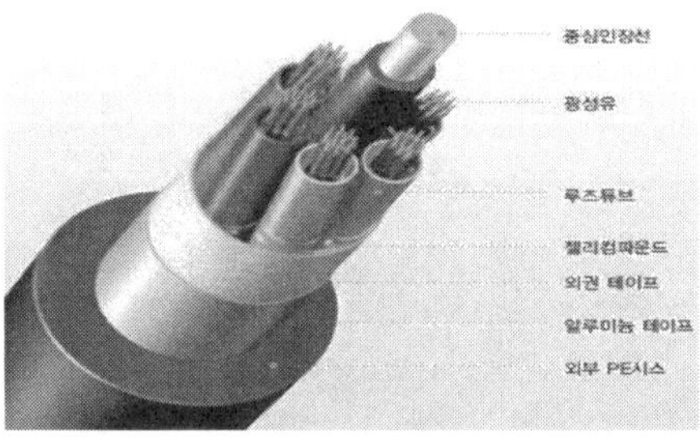

3-4) UTP와 STP

UTP(Unshielded Twisted Pair)는 비차폐(非遮蔽) 연선이라 하며 일반적인 구리선으로 주로 컴퓨터들을 전화회선과 연결하는 LAN선으로 사용된다. 두 선간의 전자기 유도를 줄이기 위하여, 절연된 구리선이 서로 꼬아져 있으며 회선상의 각 신호는 두 선 모두를 필요로 한다. 전화기나 데스크톱 컴퓨터들은 때로 여러 개의 접속을 필요로 하기 때문에 하나의 케이블 내에 두 쌍 이상의 연선이 들어 있는 것을 사용하기도 한다. 또, 접지기능을 하는 차폐물 내에 연선이 들어 있는

데 이것을 차폐연선(STP; Shielded Twisted Pair)이라 한다. 또 차폐연선은 일부 사무실용으로 사용되는 특별한 종류의 구리 전화선이다. 평범한 연선(撚線)에 외부피복 또는 차폐재가 추가되는데 차폐재는 접지기능을 수행한다.

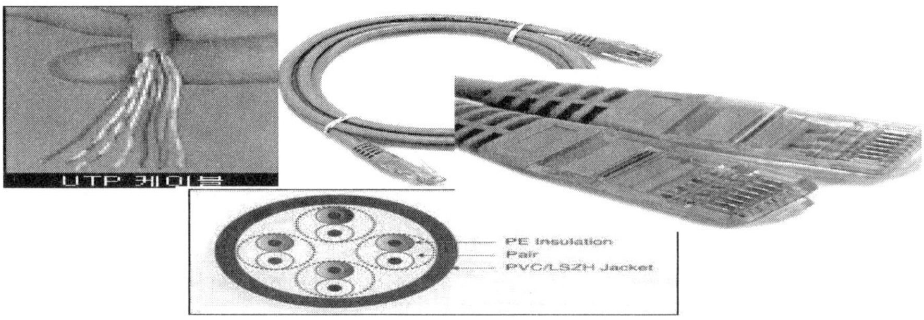

구 분	STP 케이블	UTP 케이블
형 태	간섭 보호 층 제공	별도 전도 층 없음
에러 발생률	잡음, 충격, 전자기장의 피해와 간섭 없음	전기, 자기장치에 의해 데이터 유실 가능성
유효전송거리	150m	100m
전송속도	최대 155Mbps	최대 100Mbps
사용 환경	옥외용, 고압전류, 강한 충격발생 가능지역	옥내용, 전자기장의 영향이 없는 지역
설치비용	약간 비싸다	저렴하다

범 주	내 용
Category 1,2	음성 통신용, 초당 4Mbps 이하의 낮은 전송 속도만 지원 가능
Category 3	대부분의 컴퓨터 네트워크에 적합, 최대 16Mbps
Category 4	최대 20Mbps
Category 5	패스트 이더넷 지원, 엄격한 규격의 호환성 있는 장비와 접속

3-5) 마이크로웨이브

파장의 범위가 1mm~1m 사이의 모든 전파를 극초단파(極超短波) 또는 마이크로웨이브(Microwave)라 한다. 파장이 매우 짧아 빛과 비슷한 성질을 갖고 있으며, 식물이나 물에 잘 흡수되어 물 분자를 진동시켜 열을 발생하므로 살균력이 강하다. 이런 특성을 이용하는 가전제품이 마이크로웨이브렌지(전자레지)이다. 또, 통신에 이용되는 경우 전류를 초고속으로 진동시켜 안테나에 연결시키면 안테나에서 무선통신용 전파 에너지가 빛에 가까운 속도로 공중에 사방으로 퍼져나가게 되며, 이 전파 에너지가 수신 측의 안테나를 통과할 때 수신 측 안테나에 미치는 자력선의 영향으로 송신 측에서 방출된 진동 값 그대로가 수신 측에 전달되는데, 이 원리를 이용하여 통신이 이루어진다. 마이크로웨이브는 주파수가 매우 높으므로 단위 시간당 엄청난 양의 정보를 송·수신 할 수 있어 주로 위성통신에 이용되며 EHF(Extremely High Frequency, 300GHz), SHF(Superhigh Frequency, 3~30GHz)와 UHF(Ultrahigh Frequency, 300~3,000MHz)로 또, 지상 마이크로웨이브와 위성 마이크로웨이브로 구분되며 주파수(진동수) 값의 크기에 따라 초장파부터 극초단파까지 분류된다. 우리나라나 필리핀같이 섬이 많은 나라의 통신 Network 구축에 매우 적합하며 통신 선로의 포설이 필요 없어 구현이 쉬운 반면 외부로부터의 도청과 태양 활동 등에 영향을 받는다는 단점이 있다.

- 전파의 명칭과 주파수 -

구 분	전파의 명칭	주 파 수	파 장	
		3THz	10-4m	
		⇕		
		300GHz	10-3m(1mm)	
EHF (Extremely High Frequency)	밀리파	⇕		
		30GHz	10-2m(1cm)	
SHF (Super High Frequency)	마이크로파	⇕		
		3GHz	10-1m	위성
UHF (Ultra High Frequency)	극초단파	⇕		
		300MHz	100m(1m)	
VHF (Very High Frequency)	초단파	⇕		가정용 무선전화 250MHz대역
		30MHz	101m	
HF (High Frequency)	단파	⇕		
		3MHz	102m	
MF (Medium Frequency)	중파	⇕		
		300kHz	103m(1km)	
LF (Low Frequency)	장파	⇕		
		30kHz	104m	
VLF (Very Low Frequency)	초장파	⇕		선박 통신
		3kHz	105m	

2. 유·무선 통신

1) 유선통신

유선통신(Wire Communication)은 송·수신 양자(兩者)를 유선통신매체로 연결시켜 통신신호가 송·수신되는 전기통신을 총칭하는 것으로 무선통신에 비해 고품질의 전송로가 안정되게 보장되고, 도중에서 분기할 수 있는 이점이 있으나 케이블 포설 등의 이유로 설치 및 구현 비용이 크다는 단점이 있다. 과거 국내외 모든 통신은 유선통신이 지배적이었으며, 현재 시내통신은 유선, 시외통신은 무선 또는 위성에 의존하는 경우가 많으며, 전화와 같이 송·수신 사이에 1:1의 통신관계를 원칙으로 하는 특징이 있다. 유선통신의 기본 기술은 미국의 발명가 새뮤얼 핀리 브리즈 모스(Samuel Finley Breese Morse, 1791~1872)에 의해 고안된 모스부호(Morse Code)가 1844년 미국의 볼티모어와 워싱턴 D.C. 간 전신(電信)에 사용된 것이 최초라 한다. 모스부호는 짧은 발신전류(·)와 긴 발신전류(-)의 조합에 의해 알파벳과 숫자를 표시하는 방법을 사용하는 전신용 코드체계이다. 모스부호로 인해 통신기술에 1차적 통신혁명, 1876년 알렉산더 그레이엄 벨(Alexander Graham Bell)에 의해 전화기가 실용화로 이루어진 근거리 전화망의 구축이 2차적 통신혁명, 1907년 2극진공관에 제어그리드(Control Grid)가 추가되어 전자의 흐름을 제어하는 3극진공관(Vacuum Tube)의 개발로 인한 음성신호 증폭용 중계기(中繼器)가 만들어졌는데 이로 인한 원거리 전화망 구축이 3차적 통신혁명이라 할 수 있다.

2) 무선통신

송·수신 양자를 유선통신매체로 연결시켜 신호가 송·수신되는 유선통신의 반대 개념으로 유선통신매체(광케이블 등) 대신 전자기파(電磁氣波; Electromagnetic

Wave; 3kHz~3tHz)를 통해 신호가 전송되도록 하는 방식의 통신을 무선통신(無線通信; Radio Communication)이라 하며, 이는 우리 선조들의 봉화나 연기, 아프리카 원주민의 북소리와 같은 고전적 통신 방식에서부터 적외선을 이용하는 텔레비전 리모컨과 같이 수 미터 이내에서 작동하는 것과 위성통신과 같이 수 천 킬로미터 떨어진 곳과 송・수신되는 것까지 다양하다. 대표적인 고전적 무선통신은 RF(Radio Frequency) 기술에 의한 무전기(無電機)의 활용을 들 수 있으며, 20세기 중반까지 일반인들의 무선통신은 아마추어 무선(Amateur Radio)통신이 대표적인 위치를 차지하고 이었으나, 20세기 후반 이동통신의 일반화로 퇴색되었다.

무선통신을 위한 전자기파의 이용은 적외선(Infrared, 파장이 가시광선보다 길고 마이크로파보다 짧은 전자기파), 가시광선(Visible Spectrum, Optical Spectrum, 사람 눈에 보이는 전자기파 영역), 레이저(Laser, 파장과 위상의 진행방향이 같은 단색광), LED 등을 이용한 광 무선통신, 음파와 초음파를 이용한 음향통신까지 매우 다양하다. 1864년 맥스웰(James Clerk Maxwell)이 전자기파의 이론을 주장하고, 1888년 헤르츠(Heinrich Rudolf Hertz)가 이를 증명한 후, 1894년 마르코니(Guglielmo Marconi)에 의해 구현되어 무선통신이 탄생하게 되었다. 유선통신을 위한 시설투자비용과 무선통신을 비교하면, 비교도 안될 만큼 적은 비용이 소요된다는 장점으로 인해 발전에 발전을 거듭하여 왔으며, 특히 해상 선박과의 통신을 위해서는 필수적으로 사용될 수밖에 없는 유일한 통신 수단이었다. 무선통신의 위력과 중요성에 대한 집중 조명은 1912년 4월 14일 밤 11시 40분 뉴펀들랜드 해역에서 부류빙산(浮流氷山)과 충돌하여 2시간 40분 만에 승선자 2,208명 중 1,513명의 희생되고 695명이 구조되었던 사상 최대의 해난 사고의 주인공인 영국의 대형 호화여객선 타이타닉(Titanic)호의 무선통신 시설에서 기인되며, 타이타닉호의 침몰로 인해 해상의 인명 안전에 관한 최초의 국제회의가 열렸으며 이때 무선통신 또한 최초로 주요 의제가 되었다. 진공관과 안테나(Antenna)의 개발로 장파(Long Wave, 30~300kHz)와 단파(Short Wave, 3MHz~30MHz)의 자유로운 이용이 가능해졌고, 트랜지스터(Transistor)와 IC(集積回路, Integrated Circuit)의 개발로 AM(振幅變調, Amplitude Modulation)과 FM(周波數變調, Frequency Modulation)방식의 통신기법이 소형화(경량화)에 따른 휴대화와 함께 오늘날의 라디오, 텔레비전, 위성통신, 인터넷 등의 통신 천국시대를 창조하였다.

- 모스부호 -

한글 모스				숫자 모스		영문 모스			
ㄱ	·−··	ㅎ	·−−−	1	·−−−−, ·−	A	·−	N	−·
ㄴ	··−·	ㅏ	·	2	··−−−, ··−	B	−···	O	−−−
ㄷ	−···	ㅑ	··	3	···−−, ···−	C	−·−·	P	·−−·
ㄹ	···−	ㅓ	−	4	····−, ····−	D	−··	Q	−−·−
ㅁ	−−	ㅕ	···	5	·····, ·····	E	·	R	·−·
ㅂ	·−−	ㅗ	·−	6	−····, −····	F	··−·	S	···
ㅅ	−−·	ㅛ	−·	7	−−···, −···	G	−−·	T	−
ㅇ	−·−	ㅜ	····	8	−−−··, −··	H	····	U	··−
ㅈ	·−−·	ㅠ	·−·	9	−−−−·, −·	I	··	V	···−
ㅊ	−·−·	ㅡ	−··	0	−−−−−, −	J	·−−−	W	·−−
ㅋ	−··−	ㅣ	··−			K	−·−	X	−··−
ㅌ	−−··	ㅐ	−−·−			L	·−··	Y	−·−−
ㅍ	−−−	ㅔ	−·−−			M	−−	Z	−−··

3) 이동통신

이동통신(移動通信; Mobile Telecommunication)은 사용자가 코어 망(Core Network) 또는 액세스 망(Access Network)과 단말기를 통해 음성, 영상, 데이터 등의 멀티미디어 정보를 위치에 관계없이 통신할 수 있도록 이동성을 제공하는 통신방식을 의미한다. 이동통신의 대표적 산물인 휴대전화(Cellular Phone, Mobile Phone)는 단말기(端末機, Terminal)라고도 하며, 단말기는 정보통신기기에 관련 정보를 입출력하기 위한 장치(HMI, Human Machine Interface) 모두를 지칭하는 것이며, 이는 유·무선 통신 네트워크의 최종 단말기에 연결되는 장치라는 의미로도 사용된다. 대표적인 단말기로 유·무선 전화기가 있다. 이동통신의 휴대전화기는 이동통신 서비스의 사용을 목적으로 개발된 무선전화기이므로 일반적인 유선전화기와 구분된다. 가정에서 사용하는 무선전화(Wireless Phone)기의 경우 통신선과의 직접 연결선은 없지만(Wireless) 유선전화와 연결되는 전화기이므로 휴대전화가 아니다. 휴대전화는 음성통화 기능뿐만 아니라 메시지 서비스, 전자우편, 인터넷접속, 오락, 블루투스 통신, 적외선 통신, 동영상 및 사진촬영, 영상편지 보내기, 대금결제 등 다양한 기능을 수행할 수 있으며 이를 위해 항상 실시간으로 기지국의 셀룰러 네트워크와 함께 PSTN에 상호 연결되어 있다. 1981년 일본의 동경을 시작으로 미국의 워싱턴 DC에서 실험적으로 시작되었으며, 1983년 미국, 1984년엔 우리나라의 한국이동통신(SK텔레콤)에서 휴대전화 서비스(AMPS : Advanced Mobile Phone Service)를 시작하였다. 이동통신을 위한 코어 네트워크(Core Network)는 전체 망 총괄기능, 가입자 정보(가입자의 번호, 현재 위치 등) 관리기능, 유선전화망 연결기능, 부가서비스 제공용 서버(Server) 기능을 담당하고 있고, 액세스 네트워크(Access Network)는 기지국을 거점으로 가입자와의 직접 연결기능, 호출처리기능, 각종 서비스 연결기능과 정보의 송・수신 기능 등을 담당한다. 이동통신을 위한 네트워크의 하나인 기지국들은 셀(Cell)이라는 각각의 영역을 갖고 있으며, 미국 등에서는 이 셀의 이름을 따 휴대폰을 셀폰이라 한다. 기지국들은 서로 인접하여 있으므로 이동통신 서비스제공 가능지역 전체를 벌집처럼 덮어 사용자가 하나의 셀에서 다른 셀로 이동하더라도 셀과 셀이 계속 연결되어 지속적으로 서비스를 제공할 수 있으며, 이를 통화채널 자동전환 기능(Hand Off)이라 한다.

○ 핸드오프(Hand Off)

휴대전화로 통화 중인 사람이 어떤 무선통신 구역(Cell) A에서 인접한 다른 무선통신 구역(Cell) B로 이동할 때, 통화 중인 현재 채널의 자동전환(A접속 해제와 동시에 B접속)기능을 핸드오프(Hand Off)라 한다. 새로운 셀의 새 통화 채널에 접속되기 직전에 현재의 기존 채널을 먼저 끊는 방식(Hard Hand Off)과 현재의 기존 통화 채널을 끊기 직전에 새로운 통화 채널을 먼저 연결하는 방식(Soft Hand Off)이 있다. 아날로그 셀룰러 방식인 AMPS(Advanced Mobile Phone System)에서는 하드 핸드오프를 사용하는 반면, 1996년 우리나라에서 처음으로 상용화시킨 코드분할다중접속(CDMA, Code Division Multiple Access)기술에서는 소프트 핸드오프를 사용한다.

○ 코드분할다중접속

코드분할다중접속(CDMA, Code Division Multiple Access)은 코드(Code)를 사용하는 다중접속 기술의 하나이다. CDMA 기술에 의한 이동통신은 대한민국에서 최초로 상용화 되었다. 다중접속(Multiple Access)은 동일한 주파수 대역에 다수의 사용자가 서비스에 접속할 수 있도록 하는 기술로 기술규격에 따라 코드를 이용하여 분할하는 코드분할다중접속(CDMA, Code Division Multiple Access), 시간을 분할하여 이용하는 시분할다중접속(TDMA, Time Division Multiple Access), 주파수를 분할하여 사용하는 주파수분할다중접속(FDMA, Frequency Division Multiple Access) 등으로 구분된다. 이들 중 주파수 사용의 효율성이 낮은 FDMA는 더 이상 사용되지 않고 있으며, TDMA는 GSM(Global System for Mobile Communications, 유럽식 이동통신 방식)에서 CDMA는 우리나라 및 우리나라로부터 보급 받은 세계 여러 나라에서 사용되고 있다. 코드분할다중접속의 기본은 대역확산(Spread Spectrum)방식의 장점을 이용한 것으로 사용되는 코드들 간의 간섭(Cross Correlation)이 없는 무작위 반복진행(無作爲 反復進行, Random Sequence) 방식이므로 서로의 코드가 맞지 않거나 코드가 다른 경우 통신이 불가능하게 된다는 장점을 이용하여 같은 주파수 대역에서 동시에 여러 사람이 통신 할 수 있게 하는 방식으로 사용자와 사용자 사이의 보안성이 우수하고 셀 설계가 쉬우며 단말기의 소비전력이 적다는 장점이 있다. 대강의 종류로는 2.5G와 3G(3세대)의 혼합형 기술이라 불리는 CDMA2000과 3G 기술이라 불리는 광대역부호분할다중접속기술(W-CDMA, Wideband Code Division Multiple Access) 등이 있다. 휴대폰(단말기)에는 각자 고유번호와 함께 이동통신 번호가 부여되어 있으며, 통화 상태가 아닌 휴대폰의 경우도 지속적이고 반복적으로 기지국한테 휴대폰의 존재(고유번호)를 인식할 수 있도록 신호를 보내고 있으며, 전송된 휴대폰 정보는 Core Network에 실시간으로 등록되고 또, 갱신되므로 단말기의 현재 위치와 상태가 실시간으로 파악될 수 있다. 단말기와 단말기 사이에 통화가 이루어지는 과정을 간단하게 살펴보면,

① A가 B와 통화를 시도한다.
② A는 휴대전화로 B의 전화번호와 함께 통신 버튼(Send).
③ Access Network는 A의 서비스 요청을 Core Network로 전송.
④ Core Network는 B의 전화번호(단말기 고유번호)를 검색하여 B의 상태 확인.
⑤ B의 단말기 전원이 꺼져 있거나 서비스 지역 내에 없을 경우 A에게 통보.
⑥ B의 단말기가 정상 상태이면 B가 있는 기지국으로 A의 호출신호 송신.
⑦ B가 속한 기지국은 Core Network으로 부터 A의 호출을 B로 송신.
⑧ 유선망과의 연결은 Core Network에서 유선망으로, 유선망에서 통화요청.

4) 위성통신(Satellite Communication System)

인공위성(人工衛星; Artificial Satellite)은 지구(地球)의 둘레를 인위적(人爲的) 위성(衛星)의 모습으로 공전(公轉)하도록 만든 것으로 비행하는 궤도(軌道)의 높이(高度)에 따라 정지위성(Geostationary Satellite)과 이동위성(Orbiting Satellite)으로 구분된다. 정지위성은 동경116° 상공에 항상 떠있는 무궁화위성과 같이 지상에서 관찰하였을 때 항상 일정한 위치에 떠있는 것처럼 보인다 하여 정지괴도위성(靜止軌道衛星)이라 한다. 지구 위 36,000Km의 높이에서 지구(地球)의 자전속도와 같은 시속 11,000Km의 속도로 지구 주위를 돌고 있는 위성이며, 정지궤도위성 3개로 지구 전역의 통신을(위성 1개가 지구의 1/3 영역) 담당한다. 반면, 특정 목적에 따라 정해진 정지궤도 보다 높거나 낮은 궤도를 비행하는 위성을 이동위성이라 한다. 인공위성은 7.9~11.2km/s의 속도로 비행한다고 하는데, 만약 속도가 7.9km/s 이하이면 지상으로 추락하고, 11.2km/s 이상이면 지구의 인력 밖으로 튕겨나가 태양의 주위를 도는 인공행성이 될 것이라 한다. 세계 최초의 인공위성은 1957년 10월 14일 러시아(소련)에 의해 발사되었던 스푸트니크 1호이며, 우리나라는 1992년 8월 11일 발사된 우리별 1호이다. 인공위성은 목적에 따라 통신위성, 방송위성, 기상위성, 과학위성, 항행위성, 지구관측위성, 기술개발위성, 군사위성 등으로 분류된다. 위성통신(衛星通信; Satellite Communication)은 인공위성과 마이크로파를 이용해 지구 전역의 어떤 지점과도 고속으로 대용량 정보의 송·수신이 가능하도록 한 장점으로 통신의 새로운 역사가 이루어진 통신방법이다. 반면, 0.24/s 정도의 전송지연(轉送遲延; Transit Delay) 또는 전파지연(傳播遲延; Propagation Delay)이 발생하고, 보안에 취약하며, 태양전지를 사용하므로 위성이 지구 그늘에 가려지거나 기상 악화 등의 이유로 순간적 통신두절 현상이 나타난다는 단점도 있다. 또, 위성통신은 지구 궤도에 통신을 할 수 있는 반사판 안테나, 통신용 중계기, 원격제어기, 추진기, 태양 전지판 등을 탑재하여 지구의 지상기지국과 통신하는 방법으로 랜덤(Random)위성방식, 위상위성방식, 정지위성 방식의 3가지 종류가 있으며, 이들 중 가장 많이 이용되는 것이 정지위성방식이다. 정지위성의 기본 이론은 지구국의 위치가 정지위성의 전파 투시 범위 내에만 있으면 통신이 가능한 방식으로 통신위성의 위치를 지구의 자전 주기와 일치하도록 하여 통신위성을 지구에서 보았을 때 정지된 위성과 같은 효과를 낼 수 있게 한 통신방식으로 전 세계 어디에나 지구국만 설치하면 즉시 Network가 구성될 수 있다. 위성통신의 대표적 이용사례로 국제전화, 위성중계, GPS 등이 있다. GPS는 미 국방부에서 무기 유도, 항법, 측량, 지도제작, 측지, 시각동기 등의 군용 목적으로 개발된 범지구위치결정시스템(GPS; Global Positioning System; NAVSTAR GPS)이며, 현재는 전 세계 거의 모든 나라가 상용하고 있다. 3개 이상의 GPS 위성으로부터 송신된 신호를 수신기가 수신하여 위성에서 송신된 신호와 수신기에서 수신된 신호의 시간 차이로 위성의 위치와 수신기 사이의 거리관측, 삼변측량(三邊測量; Trilateration), 삼각망 변의 길이 측정으로 삼각점 위치결정, 시간오차보정 등으로 수신기의 위치를 결정한다. 평균수명이 약 8년 정도인 24개의 인공위성이 6개의 궤도면 위에 분포하도록 설계되어 그 중심은 지구의 중심과 일치하고 적도면으로부터 55°만큼 기울어지게 고정되어 있으며, 고도는 약 2.2Km라 한다.

3. 네트워크의 종류

1) 전화망(Telephone Network)

앞에서 설명된 통신매체들의 음성정보 송·수신을 목적으로 전국, 전 세계를 전화교환기(사설교환기 : Private Automatic Branch Exchange, 가입자교환기 : Local Switch), 중계기, 증폭기, 통신위성 등에 의해 거미줄같이 연결해 놓은 Network를 전화망(PSTN : Public Switched Telephone Network)이라 한다. 전화망은 가입자의 수와 연결 거리에 따라 가입자 교환기와 중계교환기를 여러 단계의 계층적구조로 설치되는데, 사설 교환기에 연결된 통신선을 내선이라 하고 이 통신망과 교환기의 관리와 운영은 최종 사용자(End User)가 하는 반면, 가입자교환기에 연결된 통신선을 국선이라 하고 이들의 관리는 전문통신업자(KT, DACOM 등)가 담당한다. 전화망은 전 세계적으로 유일한 번호(전화번호+국번호+지역번호+국가번호)에 의해 연결되고 송·수신되는데, 전화번호는 가입자 교환기가 부여하고, 국번호는 중계 교환기가 부여하며, 지역번호는 총괄 교환기가 부여한다. 다시 말해 지역번호는 중계교환기의 번호이고, 국번호는 가입자 교환기의 번호, 가입자 번호는 가입자들의 일련번호라 할 수 있으며 인터넷의 IP Address 체계와 유사한 구조를 갖고 있다. 전 세계 모든 나라에서 전화와 함께 인터넷 접속, PC 통신 등 Data 통신 시 변복조장치(MODEM : Modulator & Demodulator)를 이용하여 최종 단말 통신회선으로 사용되고 있으며 현재 우리나라의 경우 100%가 넘는 보급률을 보이고 있다.

전화번호 : 국제 전기통신연합[ITU] 권장(최대 15자리)

[국제 PREFIX + 국가번호] + 식별번호 + 국내 가입자 번호

001 + 82 + 18 + 259 + 1112

002 + 82 + 31 + 229 + 5037

※ 미국 : 1, 일본 : 81, 북한 : 850

- 전화망의 기본 개념 -

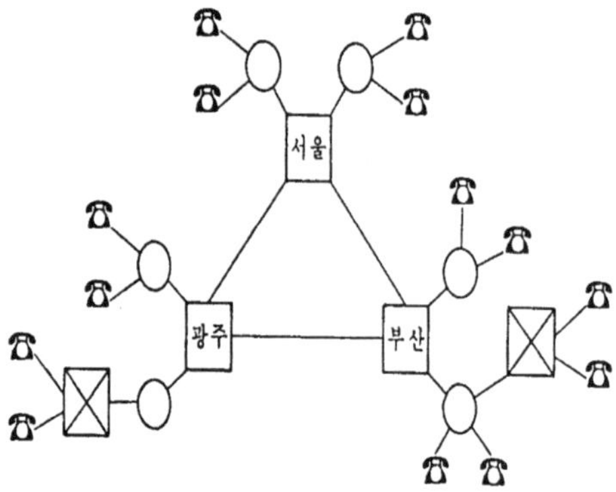

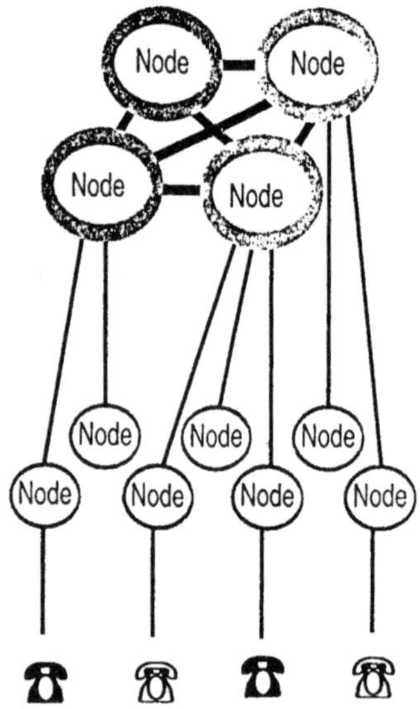

- PSTN(Public Switched Telephone Network) -

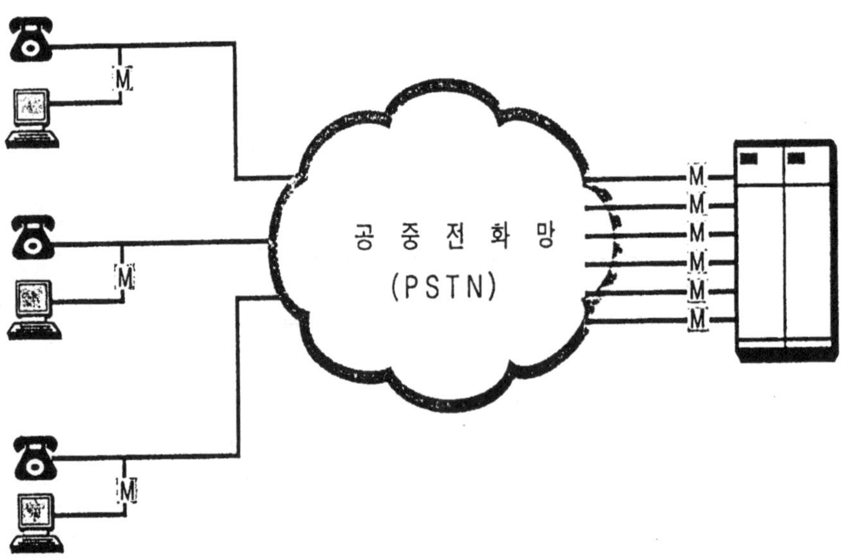

- 전화(Dial Up)에 의한 PSDN 접속의 예 -

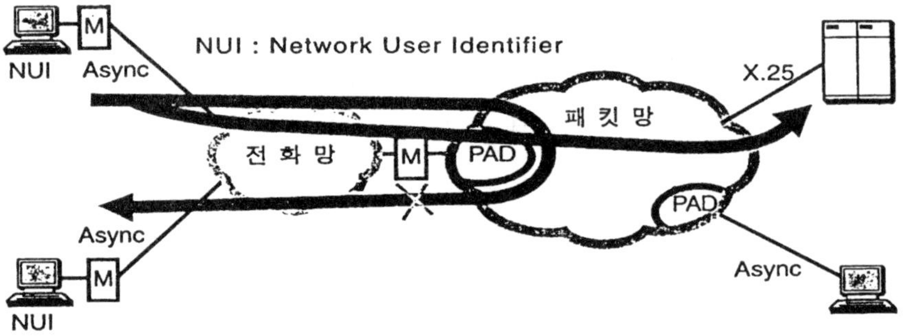

1-1) 모뎀(MODEM)

Data 통신은 아날로그(Analog) 방식과 디지털(Digital) 방식으로 구분되는데, 아날로그 방식은 음성통신과 영상통신에 주로 이용되며, 디지털 통신은 컴퓨터의 내부 통신 시 주로 이용된다. 또 아날로그 통신은 통신신호의 파장 길이가 길어 Data를 멀리 보낼 수 있지만 잡음이 매우 심하다는 단점이 있고, 디지털 통신은 0과 1의 형태로 표현되는 전기·전자적 펄스(Pulse, ±5v, ±12v) 신호이므로 멀리 보낼 수 없다는 단점(약 1Km이내)이 있는 반면 컴퓨터와 직접 교신이 가능하다는 장점이 있다. 전화망의 경우 당초 음성전용을 목적으로 구축된 Network이므로 아날로그 통신만이 가능하다. 따라서 아날로그와 디지털의 단점을 보완해야 한다는 문제점이 발생했고 이 문제를 해결한 것이 AT&T에서 개발한 변복조장치(MODEM)였다. 모뎀은 컴퓨터의 디지털 신호를 전화망과 교환기가 취급할 수 있는 아날로그 신호로 바꾸어(변조) 전화선으로 전송하고, 전화선에서 들어오는 아날로그 신호를 컴퓨터가 알아들을 수 있는 디지털 신호로 또 다시 바꾸어(복조)주는 역할을 한다. 1970년대 초 처음 등장한 모뎀의 통신 속도는 300BPS(Bit Per Sec)였으나 바로 뒤이어 1,200BPS가 등장하였고 압축과 복원기술을 앞세운 2,400BPS, 4,800BPS, 38,600BPS의 모뎀 등으로 급속하게 발전하였으며, 인터넷과 PC통신이 우리들의 일상생활이 된 오늘에는 56KBPS 시대가 되어 있으나 앞으로 얼마나 더 빠른 모뎀이 등장할지는 아무도 모를 것이다.

- Modem에 의한 망 접속 -

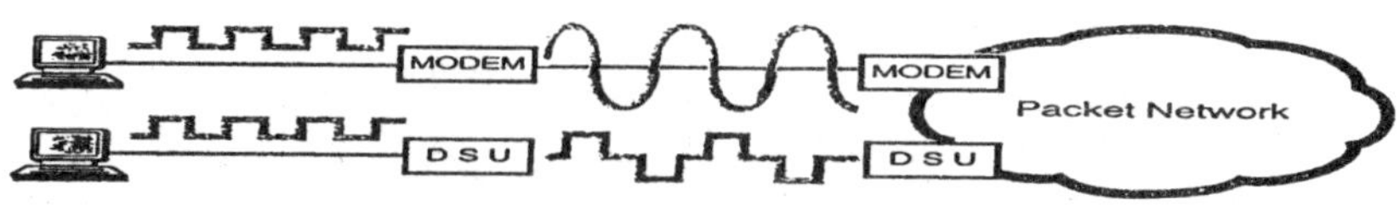

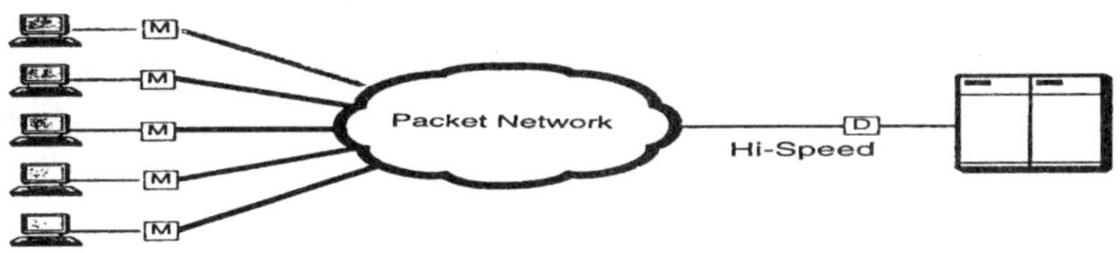

1-2) 회선 교환과 패킷 교환

앞에서 설명한 바와 같이 Data 통신을 위한 Network는 각종 통신장비, 컴퓨터, 서버, 전화국의 교환기, 인공위성 등이 광통신 케이블, 마이크로웨이브 등과 같은 통신매체들에 의한 물리적 연결과 TCP/IP와 같은 프로토콜에 의한 논리적 연결을 의미한다. 그물의 형태로 연결된 Network 사이를 운행하여 접속, 전달, 응답, 검색 등의 명령과 작업을 수행하기 위해서는 반드시 교환이라는 일련의 과정이 필요한데, 이 같은 교환방법에는 회선 교환방법과 패킷 교환방법이 있으며 디지털 신호에 의한 Data를 교환하고 전송해 주는 교환기를 디지털 데이터교환기(DDX : Digital Data Exchange)라 하며 신호의 교환방식에 따라 회선교환기와 패킷교환기로 구분된다.

○ 회선 교환(Circuit Switching)

회선 교환은 전화 교환기와 같이 송신 측 컴퓨터가 수신 측 컴퓨터의 전화번호를 입력하여 Network 내 가상의 통신선로를 확보한 후 정보를 송·수신하고 송·수신이 종료되면 현재 연결된 가상 통신선로를 다시 반납하고 연결된 회선을 해제하도록 해 주는 방법으로 전화 교환보다 고품질의 데이터를 교환할 수 있는 능력과 특징을 갖고 있다. KT와 DACOM과 같은 통신망 전문회사가 전송로와 디지털 회선

교환기를 설치하여 일반 가입자들에게 제공하고 있으며 접속 시간에 따른 통신이용요금을 전화요금과 같이 지불하는 방식으로 운영된다. 이것은 각 가정과 회사, 학교 등에서 일반 전화 가입자선 또는 전용선에 연결하여 Network를 구축할 수 있다. Network를 여러 가지의 통신장비와 여러 형태의 단말기(Terminal)로 연결할 수 있다고 하여 종합정보디지털 통신망(ISDN : Intergrated Services Digital Network)이라 하며 또, 일반인들이 공용으로 공유할 수 있는 공중전화와 같은 개념으로 공중교환 데이터망(PSDN : Public Switched Data Network)이라 한다.

- PSDN(Public Switched Data Network) -

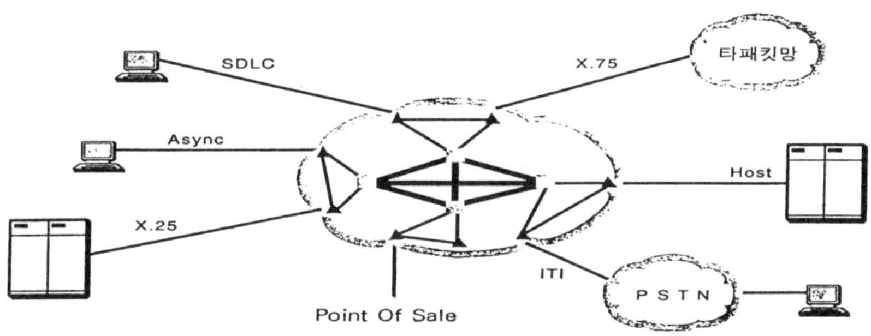

- 전용선에 의한 PSDN 접속의 예 -

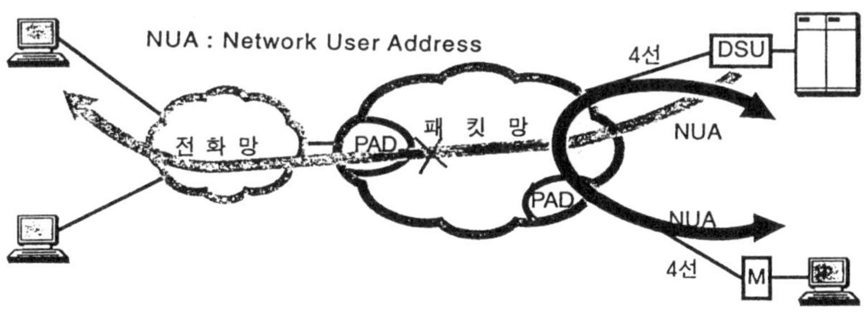

○ 패킷 교환(Packet Switching)

송신 측과 수신 측 사이에 전송하고자 하는 Data를 일정한 크기로 묶어

Block화(우리나라의 쌀 취급 단위인 홉, 되, 말과 같이 덩어리 화 시키는 것) 시키고 여기에 송·수신 측의 주소와 일련번호, Error 검출 및 보정용 제어 값 등을 붙여 패킷(Packet)이라 부르며 Network 상에서 Data 통신 시 패킷 단위로 교환해 주는 방법이다. 이것은 송·수신 컴퓨터 사이에 가상의 회선을 확보시키는 방식이 아니고 패킷 전달 전용 컴퓨터(교환기)에게 패킷들을 우선 기억시킨 후, 패킷 스스로가 목적지 주소(Destination Address)를 찾아가게 하는 방식이며, 이 같은 교환기를 이용하여 Network를 구축한 것을 패킷망(Packet Switched Network)이라 한다. 패킷 교환방식의 장점은 중간 누적(Buffering)을 통한 목적지 찾기를 하므로 송신과 수신 측의 통신 속도가 달라도 무방하여 요금은 전달된 패킷량에 따라 결정할 수 있어 매우 효과적이며 경제적이다. 현재 KT와 DACOM에서 56KBPS, 1.5MBPS, 45MBPS 등의 전송 속도로 서비스하고 있고, 시내구간과 시외구간으로 구분하여 거리에 따라 서비스요금을 받고 있으며, 국제전신전화자문위원회(CCITT) 규정에 의한 X.25 프로토콜을 사용하고 있으므로 X.25교환기(망)이라고 한다. 우리나라에서는 1984년부터 현재까지 PC통신, VAN(부가가치 통신망 : Value Added Network)의 구축 등 활발하게 사용해 오고 있으나 인터넷의 출현으로 최근 외국에서는 점점 사용되지 않는 추세이다.

- 패킷교환의 기본 개념 -

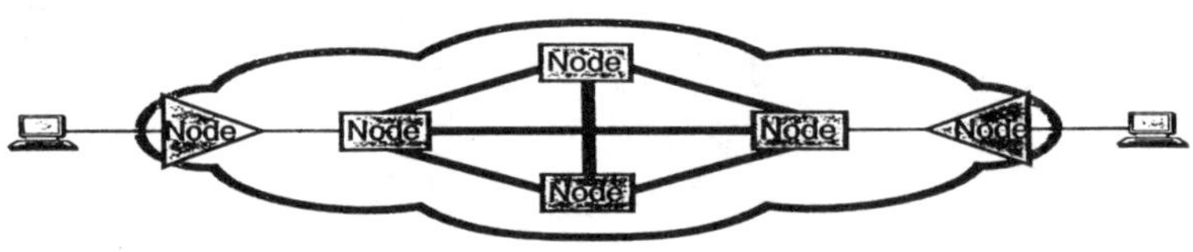

2) 유선 LAN

우리 현대사회가 여러 분야에서 고도로 발전하고 정보화기술이 비약적으로 발전함에 따라 전 세계적으로 컴퓨터와 통신장비, 사무자동화기기(OA), 기타 가전제품 등 일상생활에 필요한 모든 자원에 대한 새로운 개념이 생겨나기 시작했는데 그것이 바로 다운사이징(Down Sizing)과 자원의 공유(Resource Sharing)이다. 이 같은 개념에 의해 생겨난 첫 번째 문제가 같은 건물 내 또는 사무실 내 자원의 공유이며, 두 번째가 실시간(實時間)에 의한 자원의 송・수신인데 이 문제를 해결하기 위해 탄생한 것이 근거리 통신망(LAN)이다.

초기 근거리 통신망은 250m 이하의 동축선에 여러 가지 자원들(PC, 메인프레임, 워크스테이션, OA기기 등)을 연결한 형태로 사용과 설치에 제약이 많은 등 매우 어렵게 시작되었으나, 현재는 서버(MS사의 Windows NT가 대표적이다)를 중심으로 광통신 케이블, UTP 케이블, 동축 케이블 등을 매체로 하여 확장성이 있고 사용하기 간편하며 건물 내에 설치된 모든 자원들을 직원들이 마음대로 사용할 수 있도록 발전되어 실용화되었다.

실제로 전 세계의 LAN이 게이트웨이(Gate Way)와 라우터(ROUTER)에 의해 상호 연결되어 오늘날의 인터넷 구축과 정보화 사회를 이룩하게 되었다. LAN의 출현은 정보화 사회를 실현하는데 필수적으로 거쳐야 할 과정 중에 하나였으며 1970년대 초 Xerox사의 PARC(Palo Alto Research Center)에서 시작되어 이더넷(Ethernet)의 탄생을 가져왔으며 이때부터 캠브리지 대학, 오하이오 주립대학 등에서 LAN에 관한 본격적 연구가 시작되었다.

LAN 제품이 시장에 등장한 것은 1970년대 말로써 CSMA/CD 기술을 이용하여, 메인 프레임급의 50Mbps의 고속 파일 전송을 목적으로 한 Network System사의 Hyper Channel과 Token Passing 기술에 의한 베이스 밴드 2.5Mbps로 사무실에서의 자원 공유를 위한 Data Point사의 ARCNET 등이었으며 대부분의 LAN 제품은 1980년에 들어와서 본격적으로 등장하였다.

LAN은 IEEE의 정의에 따라 "다수의 독립된 컴퓨터기기들이 상호간에 통신이 가능하도록 하는 데이터통신 시스템"이라고 정의되어 있으며, Kenneth J. Thurber와 Harvey A. Freeman은 ①단일기관의 소유일 것 ②수마일 범위 내라는 지역적 한정이 있을 것 ③스위칭 기술이 적용되어야 할 것 ④원거리 네트워크보다 높은 통신 속도를 가질 것을 주장하고 있다.

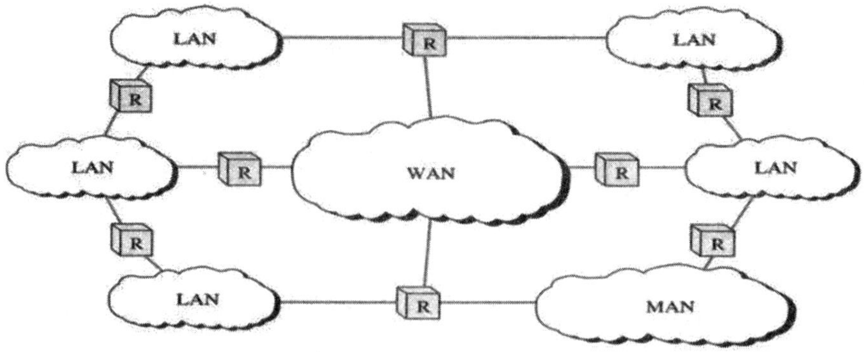

○ 유선 LAN의 특징

LAN의 특징으로 거의 대부분 네트워크가 방송(Broadcasting)형태의 패킷 네트워크라는 점이며 통신매체로는 보통 우리가 전화에 이용하는 Twisted Pair 케이블과 동축 케이블, 광섬유 케이블 등 거의 모든 전송 매체가 이용되고 있으며, 단말기 간의 통신을 위해서는 주로 UTP(Unshielded Twisted Pair cable)와 STP/FTP(Shieled Twisted Pair cable)가 사용된다. 광대역 전송을 위한 동축케이블의 사용으로 고속통신이 가능하며 원거리 통신에서 사용되는 음성용 회선의 경우 9.6Kbps~56Kbps에 불과한데 비해 LAN은 수십 Mbps~1Gbps 이상의 통신 속도를 갖고 있고 거리가 제한 되어있으므로 수신기로부터 ACK를 수신 받는데 소요되는 시간이 매우 짧아 송신 측의 버퍼크기를 줄일 수 있다. 또 네트워크 내의 어떤 기기와도 통신이 가능하며 경로 선택이 필요 없고 매우 낮은 오류율을 기반으로 신뢰성 있는 정보 전송이 가능하다.

○ 유선 LAN의 분류

- 버스(Bus)형 토폴로지 : 버스형은 1개의 통신회선에 탭이나 송·수신기를 설치하여 노드를 접속하는 형태로 모든 노드들은 서로 P to P(Point to Point) 형태로 연결되며 사무자동화 부문에 많이 사용되나, 음성 전송에 어려움이 있으므로 CSMA/CD 방식이 주로 이용되고 경우에 따라 토큰버스방식도 이용된다. 버스 구조의 장점은 전송로에 소요되는 회선 설치비용이 최소이며 각 노드의 고장이 네트

워크 내의 다른 부분에 전혀 영향을 미치지 않는다는 점이다. 그러나 베이스밴드전송방식을 사용할 경우 거리에 민감하여 거리가 멀어지면 중계기가 필요하다는 단점이 있다.

- 원(Ring)형 토폴로지 : 패쇄링형 통신회선에서 P to P 연결에 의해 직접 또는 중계기에 접속하는 형태로 장치가 단순하고 분산 및 집중 제어방식이 가능하다. 그러나 중계기 또는 노드 장애가 전체 통신망에 영향을 주며 노드의 변경이나 추가가 비교적 어렵고 노드 고장 시 유지보수가 어렵다는 단점이 있다.

- 별(Star)형 토폴로지 : 각 노드가 공통의 중앙 전송 제어장치와 P to P 연결에 의해 접속되어 있는 형태이며 통신망의 처리능력과 신뢰성이 중앙 제어장치에 의해 제어되므로 중앙 제어장치의 지능화가 필수적이다. 고장 발견이 쉽고 유지보수가 용이하며 한 노드의 고장이 전체 시스템에 영향을 미치지 않는다는 장점이 있는 반면 중앙 교환기가 고장 나면 시스템은 일시에 운영이 불가능해지며 초기 투자비용이 많이 든다.

- 계층형(tree) 토폴로지 : 계층형 구조는 아주 흔한 네트워크 형식 중의 하나로 계층상 최상위의 노드에서부터 하위 계층으로 노드가 계속 연결되는 구조이다. 이러한 구조는 제어와 오류 해결을 중앙의 한 지점에서 행하며 네트워크를 제어하기 위한 소프트웨어가 비교적 간단하며 대부분의 경우 가장 상위계층에 있는 DTE가 네트워크를 제어한다. 계층형 구조는 제어가 간단하다는 매력이 있지만 병목현상이 일어날 수 있다는 커다란 단점을 갖고 있다. 따라서 계층형 구조는 "수직형" 또는 "트리형" 네트워크라고 한다.

3) 무선 LAN

통신기기와 PC 등과 같은 정보처리기기가 소형화되고 위치가 고정된 음성통신형태에서 위치가변형의 음성통신형태로 음성정보 공중망서비스가 변해버린 오늘날 데이터통신 분야에서도 IEEE(Institute of Electrical and Electronics Engineers, 미국 전기전자기술자협회) 등의 표준을 기초로 실용화 제품개발 경쟁이 치열하다.

다운사이징, 고기능 초저가 워크스테이션과 PC의 보급이 일반화 되고 특히, Windows NT, 2000, XP 등의 네트워크 중심형 OS가 전 세계를 무대로 상용화되고 기능 또한 극대화됨에 따라 무선 근거리통신망의 요구가 한층 더 심화되고 있다. 두 대 이상의 컴퓨터를 선 없이 연결한 형태의 근거리 통신망을 무선 랜(無線 LAN, WLAN)이라 한다. 무선 랜은 스프레드 분광이나 전자기파 기반의 OFDM 변조기술을 이용하여 제한된 지역 내(근거리)에 있는 기기들끼리 서로 통신할 수 있게 하는 통신망이므로 사용이 허가된 자는 무선 랜 지역 내에서는 언제 어디서나 자유롭게 망에 접속할 수 있다. 무선 랜은 설치와 구현이 쉽고 노트북 컴퓨터의 대중화로 단말기 설치 위치가 자유로우므로 공공장소에서의 활용에 매우 실용적이다.

무선 랜의 시작은 1970년 통신선 없이 4개의 섬을 오아후 섬의 중앙컴퓨터(Main Server)와 연결하는 양방향 스타(Star) 시스템인 하와이 대학의 알로하(ALOHA) 네트워크로부터라고 말할 수 있다. 무선 랜에 필요한 무선모뎀(MODEM, MOdulator & DEModulator, 아날로그 신호↔디지털 신호 변환기)은 1980년대 초한 아마추어 무선기사에 의해 9600bps 이하의 속도를 갖는 모뎀을 기존의 근거리 라디오 시스템에 추가하여 개발되었다. 현재는 주로 10M~100Mbps 정도의 무선 랜이 주로 사용되고 있으며, 오늘날 대부분의 컴퓨터 메이커들은 필수적으로 모든 무선 랜 기술을 컴퓨터에 미리 탑재하여 판매하고 있다.

가정이나 사무실에서 쉽게 설치하고 구현 할 수 있는 편이성, 야외 및 공공장소에서 무선 인터넷 접속이 가능한 휴대성이 있으며, 위치와 장소에 제약 없이 액세스 포인트(Wireless Access Point)만 설치하면 이론적으로 무한대의 확장성을 갖고 있고 통신 케이블 포설이 필요 없어 구현 비용이 매우 저렴하다는 경제성이 최대의 장점인 반면 보안성과 신뢰성 저하가 단점이다. 반면 LAN을 구성하기 위해서는 광케이블, 동축 케이블, UTP 케이블 등의 유선에 의해서만 구성되어질 수밖에 없기 때문에 1인 1PC 시대를 맞은 오늘날 사무실과 학교 등의 모든 건물은 통신 케이블로 뒤덮이고 있고 사무실의 구조를 변화시키거나 LAN 접속용 통신장비의 변화를 위한 업무의 중단과 마비로 인한 불편과 경제적 손실과 투자비용의 문제가 매우 심각한 실정이고 또, 배선으로 인한 닥트의 공간이 증가됨에 따라 모든 건물의 유효 사용면적 또한 감소하게 됨에 따라 LAN의 무선화 실현 요구는 날로 급증하고 있다. 따라서 무선 LAN은 네트워크의 구축, 증설, 유지보수, 재배치가 간편하고 회선 사용료가 절감되고, 긴급 또는 임시 Network 구축의 필요성을 충족(전시회, 세미나, 원서접수, 가건물, 건설현장 등)할 수 있다. 유선 케이블의 포설이 어려운 곳(대학캠퍼스, 병원, 박물관, 백화점, 할인매장, 골프장, 군 작전, 공장 등)이 없어 단말기들의 이동성이 보장되므로 재해발생 시 네트워크 단절 문제를 즉시 효과적으로 해결할 수 있는 장점이 있다.

○ 무선 LAN의 구성

무선 LAN 시스템은 신호를 생성하고 송신하는 전송기(Transmitter), 신호가 목적지까지 도달하는 경로인 채널(Channel) 그리고 도달한 신호를 수신하고 처리하는 수신기(Receiver)로 구분된다. 유선 LAN의 경우 각 단말기가 송·수신기 역할을 겸하고 있으며 케이블이 채널 역할을 하고 있다. 또 송·수신되는 신호의 형태는 선로상의 전압과 전류인 반면 무선 LAN의 경우는 앞에서 언급된 대로 대기를 채널로 하며 신호의 형태는 고주파수의 전파가 된다. 따라서 전파의 생성 및 감지를 위한 안테나와 고주파 발진기(Oscillator) 등이 추가로 필요하다.

- 무선 LAN의 일반적인 구성 -

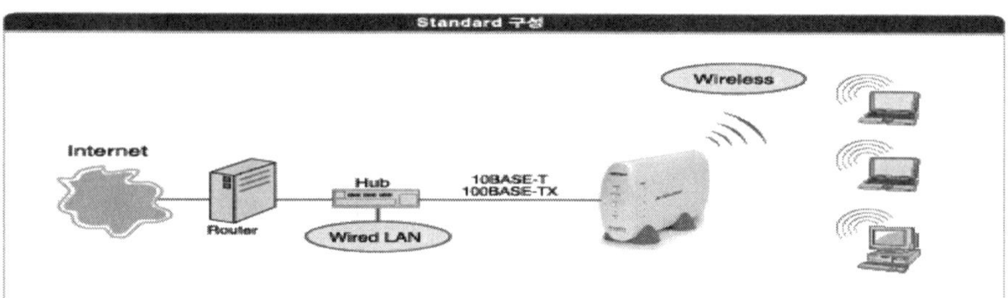

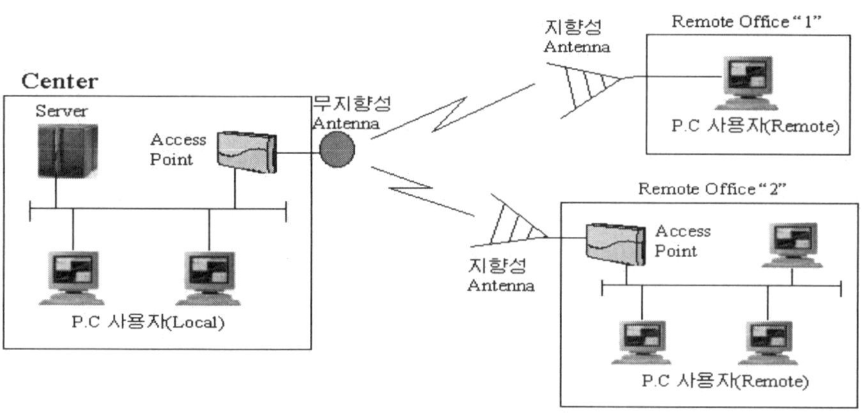

○ 무선 전파와 LAN

일반적으로 전파란 3THz 이하인 주파수의 전자파를 뜻하며 이를 초과하는 전자파는 전파법 대상에서 제외하고 있고 실제 사용되고 있는 최저주파수는 10kHz, 최고주파수는 50GHz 정도이며 낮은 주파수의 전파는 지표를 따라 전파되고 높은 주파수의 전파는 비처럼 공간을 직진하는 특성이 있다.

전파의 특성 설명을 위한 좋은 예가 TV 화면이 2, 3중으로 중첩되어 보이는 고스트현상인데 주로 대형 빌딩 숲을 이루는 도시 중심에서 특히 많이 발생한다. 이는 전파가 2개 이상의 거리를 지나 반사되거나 교차되는 상태로 수신점에 도달하는 물리현상(Multipath) 때문이라고 하며 이 같은 현상은 무선전화 통화 시 발생되는 잡음, 빌딩 숲 사이를 이동하면서 FM 라디오를 청취하는 경우에 발생되는 잡음 등을 말한다. 따라서 Multipath 현상에 의한 오류는 송·수신 장소에 따라 변화된다는 것을 알 수 있게 되며 이로 인해 무선전화의 경우 10^{-2} 유선전화의 경우 10^{-10} 정도의 통화품질 밖에 갖지 못한다. 무선 LAN의 경우도 이 같은 문제의 해결을 위해 에러(Bit Error) 문제해결이 필수적이며 이를 위해 대역확산방식, 복수개의 수신안테나, 전파 가산 등의 방법이 동원되고 있다.

- 전송매체별 무선 LAN -

구 분	적외선 (Infrared)	대역확산 (Spread Spectrum)	마이크로파 (Microwave)	전력선 (AC 라인)
적용 반경	약 30m	약 70 ~ 100m	약 40m	트랜스 구간 (접속성은 불안정)
전송 속도	1 ~ 20Mbps	9.6k ~ 2Mbps	10Mbps (~16Mbps)	115.2kbps 9.6 ~ 38.4kbps
통신 형태	n : n	n : n	1 : n	1 : n
주파수	LD(반도체레이저) 또는 LED 3×10^{14}Hz	·902~928MHz ·400~2483.5MHz ·5725~5850MHz	19GHz대	200~217kHz
보안성	높다	중간	중간	낮다

○ 전파자원의 유한성과 무선 LAN

전파를 이용하려면 전파대역의 확보가 우선되어야 하는데 무선 LAN의 경우도 예외가 아니어서 높은 수준의 무선 LAN 시스템의 구현을 위해서는 기술문제보다 전파대역의 확보가 최대의 문제이다. 고속 무선 LAN 구현은 70MHz의 주파수 대역이 필요하다고 IEEE 802가 권고하고 있으나, 무선전화의 2.2MHz와 비교하면 엄청나게 넓은 대역을 필요로 하고 있다는 것을 알 수 있으며, 그 확보 또한 얼마나 어려울지 알 수 있다. 마이크로 주파수 영역인 3GHz(109Hz) 이하의 낮은 주파수에서의 무선 LAN의 구현은 관련되는 반도체 소자의 저가화가 가능하므로 경제적 가치가 높은 주파수대로 산업과학의료용 영역 ISM(Industrial Scientific Medical)이라 하며 이미 많은 분야에서 사용되고 있다. 따라서 무선 LAN에 ISM영역(일본 2.4GHz, 미국 900MHz, 2.4GHz, 5.7GHz)을 이용하면 매우 효율적일 수 있으나, 다른 분야의 기기들에서 발생하는 잡음들로 인해 무선 LAN 구현이 어렵고 현실적 전파자원 또한 ISM 영역 이외에는 남아 있지 않으므로 여러 가지 연구가 진행되고 있으며 또 무선 LAN을 위한 새로운 주파수 확보는 세계 모든 나라의 공통된 과제이다.

○ 무선 LAN의 데이터 송·수신

전파에 데이터(디지털신호)를 실어 송신할 때 사용하는 파를 반송파라고 하며 반송파는 시간영역과 주파수영역 그리고 신호를 주파수와의 관계에서 보는 스펙트럼으로 구분된다. 일반적으로 시간과의 상관관계에서 신호를 해석하기 위한 방법을 사용하여 반송파에 디지털 신호를 변조하는 방식으로 진폭편이변조(Amplitude Shift Keying), 주파수편이변조(Frequency Shift Keying), 위상편이변조(Phase Shift Keying) 등이 있는데 무선 LAN의 경우, 공중에 다양한 전파가 혼재하고 여러 명의 사용자가 공존하기 때문에 전파의 구별이 필요하다. 이 같은 전파의 구분을 위해 사용되는 일반적 방식으로 협대역방식(FDMA, TDMA)과 대역확산방식(CDMA)이 사용되고 있으며 IEEE 802.11 표준에서의 무선 LAN은 대역확산방식을 채용하고 있다.

- FDMA(Frequency Division Multiple Access) : 주파수분할 다중접속방식은 각각의 사용자들이 서로 전혀 다른 주파수 사용으로 사용자들끼리 신호가 혼

선되지 않도록 독립성을 확보하는 방식으로 TV의 채널구분이 좋은 예이다.

- TDMA(Time Division Multiple Access) : 시분할 다중접속방식은 FDMA와 반대로 모든 사용자가 모두 같은 주파수를 사용한다. 다만 데이터의 송・수신을 위해 주파수를 시간단위로 나누어 사용하는 방식으로 각각의 사용자들은 정해진 자기 시간에만 송・수신을 시도하므로 독립성을 확보할 수 있다.

- CDMA(Code Division Multiple Access) : 부호분할 다중접속방식은 데이터를 스펙트럼(주파수의 축)에 확산시켜 전송하는 방식으로 모든 사용자들이 각각 랜덤(random) 코드와 유사한 의사잡음코드 PN(Pseudo Noise Code)을 독립된 코드로 삽입해 사용함으로 다른 신호로부터의 독립성을 확보하게 된다.

○ 실용화된 무선 LAN의 종류

- **적외선(Infrared) 방식** : 적외선을 이용하므로 전자파의 영향을 받지 않으며 높은 대역폭이 제공되며 적외선 Link를 위한 파장의 길이(Wavelength)는 780nm~950nm가 주로 이용된다. 적외선 방식은 건물과 건물 사이의 연결 등을 위해 3마일 이상의 거리에 사용되는 Directed Infrared의 경우 넓은 공간의 사무실 벽과 천장 등에서 일어나는 반사를 이용하는 Diffuse 방식으로 반사를 이용하지 않는 방식(Line of Sight)인 Non Directed Infrared와 구분된다. 빛을 사용하므로 벽을 통과하여 사용할 수 없다.

- **협대역(Narrow Band) 방식** : Narrow Band Micro Wave를 사용하며 주파수 대역에서 비교적 좁은 대역을 한 개의 채널로 이용하는 방식이다. 무선LAN에서는 18.82~18.87GHz 또는 19.16~19.21GHz의 주파수 대역을 갖는다.

- **확산대역(Spread Spectrum) 방식** : 확산대역 방식은 2차 대전 중 통신보안을 위해 군에서 개발된 것으로 실제 메시지 신호의 대역폭보다 더 큰 대역폭에 Spread 신호와 PN(Pseudo Noise Code) 코드 등을 독립된 코드로 삽입하여 다른 신호로부터의 독립성을 확보하는 Digital Coding 방식이다. Spread 신호는 전체적인 전력 합계는 동일하지만 낮은 전력밀도를 가지고 대역폭을 펼쳐서 확산하므로 협대역 방식에서 나타나는 채널 간의 혼선, 도청, 간섭 등을 방지할 수 있고, 915MHz,

2.4GHz, 5.8GHz, ISM Band 등의 주파수 대역을 가지고 있으며 현재의 데이터 송·수신 시스템의 운영 규정상 Spread Spectrum 송·수신 기술이 사용되고 있다.

- 무선 LAN의 종류 -

구 분		전송 SPEED	전송거리	LICENSE	주요 공급업체
SPREAD SPECTRUM	DS	1~11Mbps	90~300M	NO	Lucent(AT&T), DEC, SOLTEC, TELXON, WINDATA
	FH	1~2Mbps	90~300M	NO	XIRCOM, PROXIM, IBM, RDC
NARROW BAND MICROWAVE		5~10Mbps	~50M	YES	MOTOROLAR
INFRARED		4~16Mbps	~30M	NO	PHOTONICS

- 무선 LAN의 방식 -

구 분	확산대역 방식	협대역 방식	적외선 방식
방 법	데이터 신호에 대한 확산대역변조로 넓은 주파수 대역 전송	데이터 신호에 대해 여러 가지 특정 주파수 중 하나의 좁은 주파수 대역으로 전송	데이터 신호를 적외선 빔으로 전송
장 점	보안성이 강하고 사물투과 가능	사물 투과 가능, 동일지역에서 복수 LAN의 공존 가능	속도가 가장 빠르고 신호의 간섭이 없으며 동일지역에 복수개의 LAN 공존 가능
단 점	속도가 다소 느림	잡음과 간섭에 의해 주파수 이용효율 저조	전달범위가 작고 사물투과성이 없다

○ 무선 LAN의 활용분야

- **캠퍼스** : 서버가 있는 본관에서 옥외용 지향성 안테나를 사용하여 다른 건물로 데이터를 전송하고 무지향성 안테나에 의해 캠퍼스 내 운동장 및 야외 공연장 등에서 Notebook 등을 이용하여 Network에 접속할 수 있다.

- 강의실 : 강의실에 무선 LAN 카드가 장착된 Notebook 또는 일반 PC로 집합교육을 받은 후 조별 또는 과별로 분산하여 각기 다른 방에서 과제 진행을 계속하고 과제 결과를 무선으로 서버에 전송하며 교재는 무선 Network를 통하여 과정별로 서버로부터 Download 하여 사용한다.

- 병 원 : 의사 또는 간호사가 회진 시 Notebook 또는 개인단말기(PDA) 등을 휴대하여 진찰 및 처방 결과를 무선 Network로 약국 또는 수납창구 등에 정보를 전달한다.

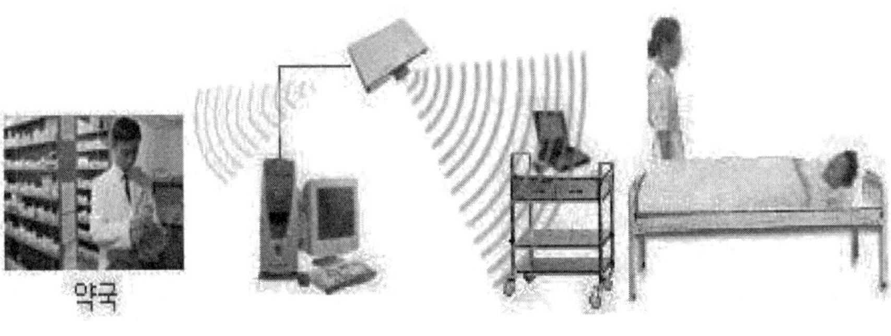

- **백화점 :** 백화점 매장의 인테리어문제로 유선 LAN을 설치할 수 없거나 잦은 Layout 변경으로 Network Cable 재설치가 현실적으로 불가능한 경우에 이용한다.

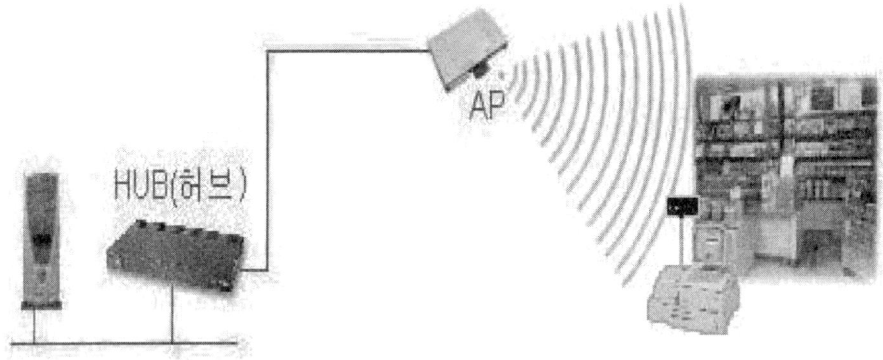

- **골프장과 야외농장 등 :** Club House와 여러 개의 T Box 간에 안테나를 사용하여 무선 Network를 구축하고 낙뢰, 태풍 등의 위험으로부터 안전하며 시설물의 확장 시 자유롭다.

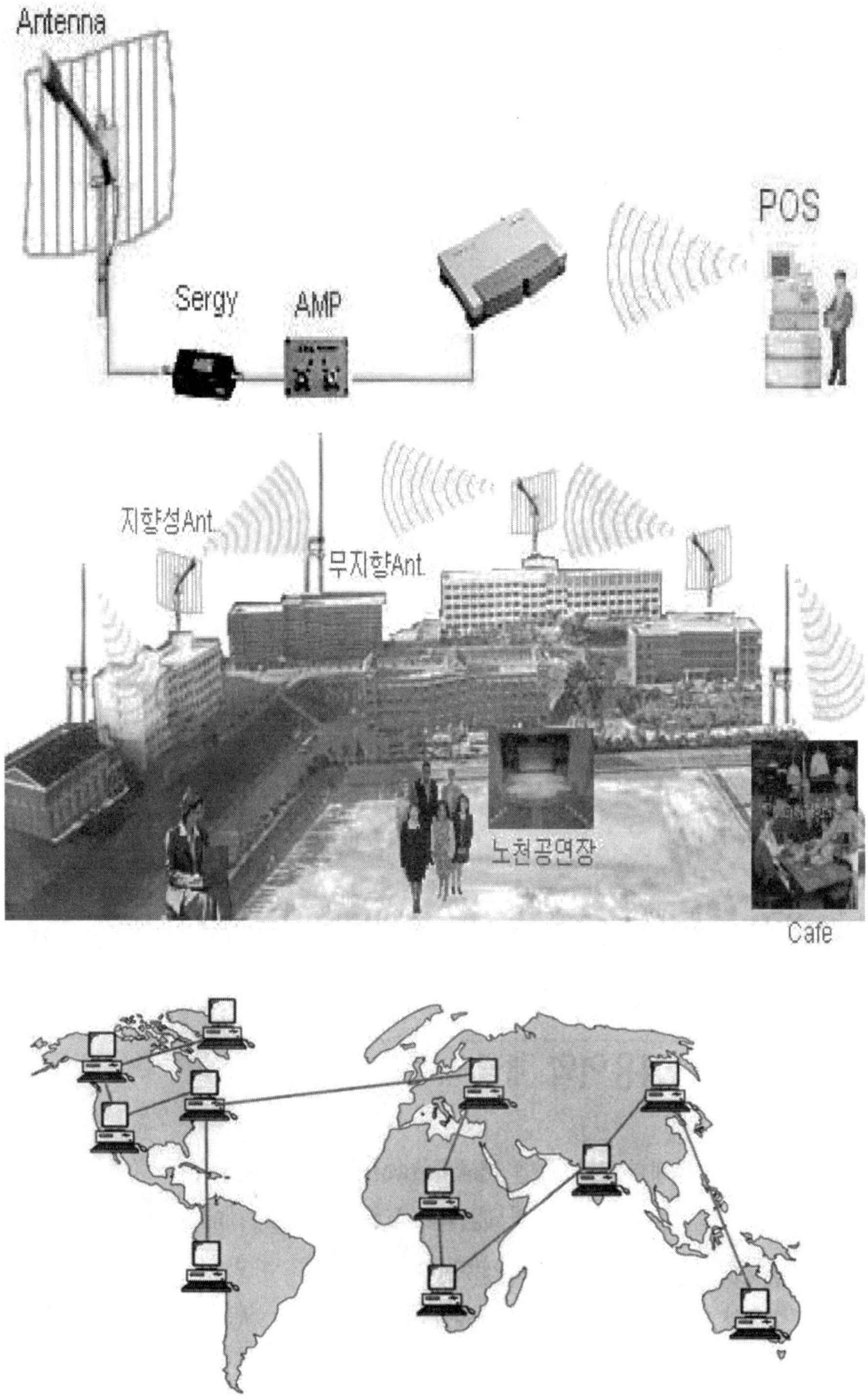

6-38 유·무선 통신과 인터넷

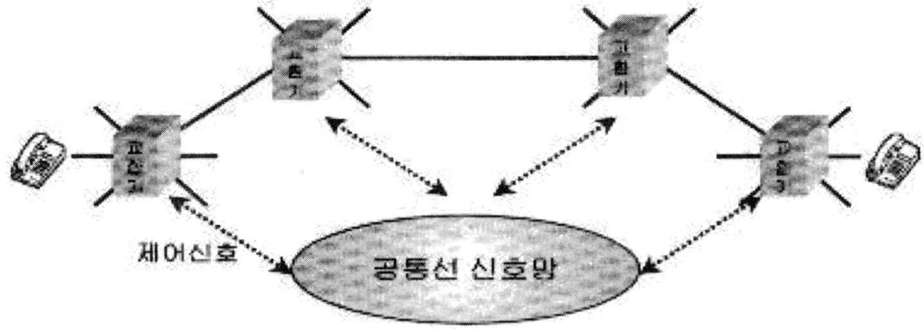
제어신호
공통선 신호망

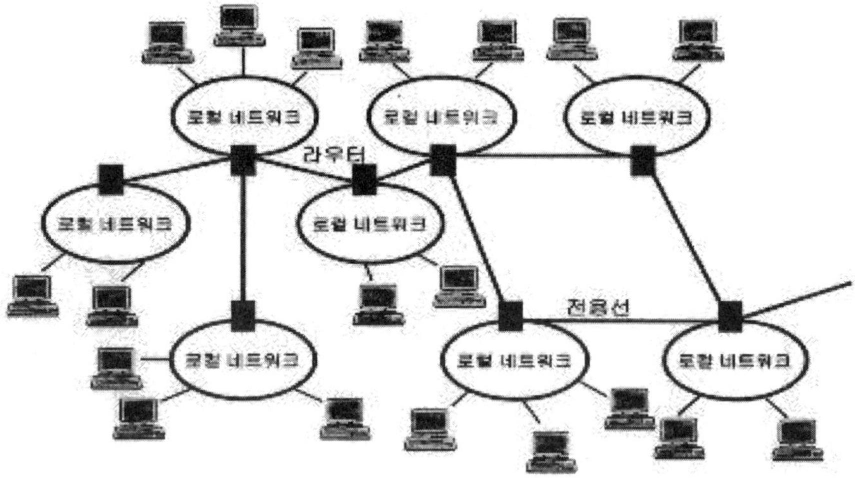
로컬 네트워크
라우터
전용선

- 종합 정보통신망(ISDN) 구성도 -

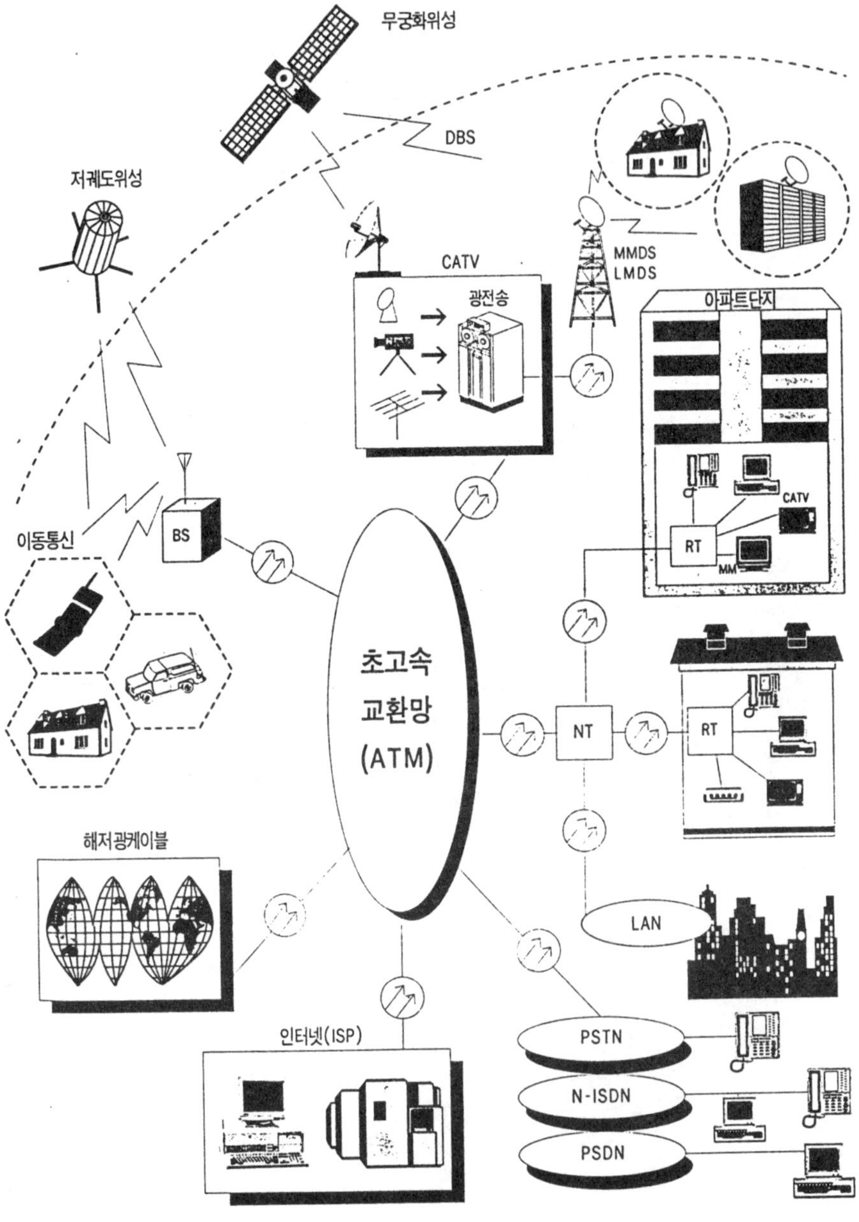

4. 인터넷

전 세계의 모든 컴퓨터를 거미줄 형태 또는 그물 형태로 상호 연결시켜 놓은 것을 인터넷(Internet)이라 하며, 이것은 정보통신망 속의 정보통신망(Network of Networks)이라는 뜻으로 어떤 경우에는 정보를 주기도 하고 또, 어떤 경우에는 받기도 하는(Server & Client) 기능을 담당하게 할 목적으로 컴퓨터와 컴퓨터를 통신망에 의해 논리적인 방법과 물리적인 방법으로 상호 연결해 놓은 거대한 정보의 집합체이다. 인터넷(Internet)의 기본 모습은 PSTN(Public Switched Telephone Network)과 PSDN(Packet Switched Data Network) 개념에 의해 각각의 개별 근거리 통신망(LAN)들이 초고속 통신매체(광통신선, 지상 및 위성마이크로웨이브, 동축 케이블 등)를 통해 전 세계적으로 연결된 지구망 이라 할 수 있으며, TCP/IP Protocol에 의해 컴퓨터 기종과 OS(운영체제)에 관계없이 전 세계 모든 Host 컴퓨터를 연결하여 전 세계 사람들이 공동으로 이용하고 있고, 지금 이 시간에도 인터넷은 기하급수적으로 성장하고 있으며 각각의 사용자들이 자발적으로 자신의 정보를 멀티미디어(문자, 소리, 정지영상, 동영상 등) 정보형태로 공개하여 상호 교환하고 있다.

인터넷은 스스로 구축되고 운영되며 또, 관련 비용이나 요금을 받거나 내는 형태로 이론적으로는 무한대에 가까운 개별 네트워크와 컴퓨터의 집합체로 이들은 상호 협력하여 각종 명령과 데이터가 자신들의 네트워크와 컴퓨터를 거쳐 갈 수 있도록 서로 약속되어 있다. 집합체로 구성된 네트워크와 컴퓨터들이 상호 협력하기 위해서는 송·수신 방법에 대한 약속을 표준화하고 이를 위한 일반적인 합의가 이루어져야 하는데 이는 전 세계 모든 인터넷 사용자가 상호 동의한 RFC(Requests for Comment)로 구성되어 있다.

또, 네트워크와 네트워크 간 매우 다양한 방법으로 연결시킨다. 즉, 여러 개의 로컬 네트워크(Local Network)를 상호 연결하여 지역 네트워크(Regional Network)를 구성하고 다양한 형태의 임대 회선을 통해 지역 네트워크와 로컬 네트워크가 연결된다. 네트워크를 연결하는 임대 회선은 하나의 전화회선처럼 아주 간단할 수도 있고 마이크로웨이브, 위성통신, 광케이블 등과 같이 매우 복잡할 수도 있다. 인터넷을 통해 어떤 정보를 전송하는 경우 인터넷 통신을 위한 약속(TCP)에 의해 전송될 정보를 좀 더 작은 단위로 나눈 블록(Block) 형태의 여러 패킷(Packet)으로 분할한다. 각각의 컴퓨터들은 이 패킷을 로컬 네트워크나 ISP로 전송하여 여러 개의 네트워크와 컴퓨터를 거쳐 최종 목적지에 도달하게 되는데 이때 최종 목적지는 바로 옆에 있는 컴퓨터일 수도 있고 이웃 마을일 수도 있고 지구의 반대편일 수도 있다. 이와 같은 전송과정을 위해서는 여러 가지의 통신장비가 사용되는데 대표적인 장비로 허브(Hub), 브리지(Bridge), 게이트웨이(Gateway), 중계기(Repeater), 라우터(Router) 등이다. 허브는 여러 개의 컴퓨터를 연결하여 각각의 컴퓨터와 서로 통신할 수 있도록 연결시켜 주는 장치이며 브리지는 LAN(Local Area Network)과 LAN을 연결해 주며, 게이트웨이는 형태가 다른 또 다른 네트워크와의 접속을 담당한다. 네트워크상의 모든 정보는 필요에 따라 매우 긴 장거리로 전송되어야 하는 경우가 발생하는데, 이 경우 정보를 표현하는 데이터의 신호가 약해지기 때문에 중계기를 이용하여 데이터를 일정한 간격으로 증폭시켜 주는 역할을 담당하고 있으며, 라우터는 인터넷상의 정보흐름을 관리하여 패킷이 항상 정확한 목적지에 도달하도록 보장한다. 동일한 LAN에 접속되어 있는 컴퓨터 간의 정보교환은 라우터가 필요하지 않으나 정보가 서로 다른 네트워크 간에 송·수신 될 때 반드시 필요한 것으로 패킷 검사와 목적지 주소 확인을 통해 목적지를 결정한 뒤, 인터넷상의 교통량을 고려해가며 해당 패킷의 최종 목적지에 가까운 다른 라우터 또는 NAP(Network Access Point)에 의한 백본(Backbone)을 통해 국내나 전 세계로 전송하는 역할을 담당한다. 앞에서 설명되었듯이 컴퓨터를 포함한 이 모든 장치들은 수많은 네트워크들을 연결시켜 인터넷을 구성한다.

이와 같은 인터넷 환경 속의 우리들은 전 세계 속의 모든 정보들을 마우스 하나로 한 척의 배가 바다를 항해하듯 인터넷 속을 누빌 수 있게 되었으며 이로 인해 인터넷을 정보화시대 속의 정보의 바다(Sea of Information)라 하게 되었다. 인터넷에 의해 새로운 개념의 지구촌이 탄생되었고 이 세상 모든 것들이 컴퓨터와 인터넷 속에 현실처럼 존재하는 가상현실(Virtual Reality)과 가상공간(Cyber Space) 속에 살아갈 수 있게 되었으며 전 세계의 모든 사람들은 실시간(Real-Time)으로 대화할 수 있고 최신 뉴스를 받아 볼 수 있으며 은행에 가지 않아도 직장과 각 가정에서 금융관련 업무를 처리할 수 있고 백화점이나 시장에 가지 않고 집에서 원하는 상품을 구입할 수 있는 전자상거래와 직거래가 실현되는 등 이제 인터넷은 우리 인간의 모든 삶의 중심이 되었다.

1) 인터넷의 역사

1957년에 미국과 소련의 우주경쟁에서 러시아(구소련)가 인공위성 스푸트니크호를 먼저 발사함에 따라 우주경쟁에 뒤진 상황 극복과 미국의 안보를 심각하게 생각하게 되었다. 러시아로부터 유도탄, 미사일 등의 공격을 받아 Network의 일부가 피폭되더라도 군사시설을 포함한 미국 내 모든 시설(군수, 행정, 의료, 명령체계, 수송 등)들이 안전하고 정상적이며 신뢰성 있게 동작시킬 수 있는 컴퓨터 Network 구축에 대한 연구를 논의하기 시작하였다. 이런 배경 하에 1969년 9월 미 국방성 산하기관인 ARPA(Advanced Research Projects Agency)에서 스탠포드 연구소, 산타바바라 대학, 로스앤젤레스 대학(UCLA), 유타 대학 등 네 곳의 컴퓨터를 연결하여 폭격 등과 같은 긴급 사태에도 지장 없이 정상적으로 운영될 수 있는 통신망 구축에 대한 연구가 진행되었다. 이로 인해 ARPA 연구원들 간에 정보와 자원의 공유가 가능해져 나중에 인터넷의 시초인 ARPANET이 구축되었다. 즉, Network 내의 일부분이 파괴되어 동작이 불가능한 상태가 되더라도 남아 있는 다른 경로(컴퓨터)를 통해 필요한 목적지와 자동 연결되어 원래의 목적을 성공적으로 달성할 수 있는 Network가 개발되기 시작한 것이다. 이상의 요구조건 만족을 위해 미국은 어떤 컴퓨터에서 어떤 컴퓨터로 정보를 전송할 것인지에 대한 전송경로가 미리 정해지는 것이 아니라 상황에 따라 그때그때 새로운 경로를 찾아 정보를 전송해 줄 수 있는 Network 구현방법(ARPANET)을 개발하게 되었고, 1983년 알파넷은 밀넷(MILNET)과 알파넷(ARPANET)으로 분리되었으며, 1986년 슈퍼컴퓨터 간 통신을 위해 국립과학재단(NFS: National Science Foundation)이 만든 NSFNET에 의해 알파넷과 여러 개의 통신망이 결합되고 통합되어 지금의 인터넷 기초가 되었다.

○ 알파넷(ARPANET)

1960년대 Network는 전형적인 Point to Point 방식이므로 하나의 통신회선은 한 쌍(2사람)의 통신 사용자가 통신이 끝날 때까지 독점적으로 점유되기 때문에 다른 사용자는 통신이 끝날 때까지 기다려야 한다는 회선 교환기술상의 문제점이 있었다. 이런 문제를 해결하기 위해 통신해야 할 내용을 일정한 크기(Packet)로 Block화 시키고, 송신자와 수신자의 주소와 오류 검출기능 등과 함께 동시에 여러 사람의 패킷을 한 회선을 통해 목적지에 도착할 수 있도록 하는 방법이 고안되었다. 미 국방성은 이 같은 방법을 실용화하기 위한 연구를 위해 캘리포니아 대학을 포함하여 미국 내 4개 대학의 대형컴퓨터를 연결하는 알파넷(ARPANET)을 구축하였다. 그 결과 연결된 각 대학의 연구원들은 상대방 대학이나 연구소에 직접 가지 않고 자신의 연구실에서 상대방 대학의 컴퓨터를 이용할 수 있게 되었으며 이 4개 대학에 의한 실험 Network가 성공적으로 실용화됨에 따라 미국 내 많은 대학과 연구소가 이 Network에 계속 접속하기 시작하였다. 이로써 개방형 시스템(Open System)과 자원의 공유(Resource Sharing) 개념이 생겨나기 시작하였다. 1983년 미 국방성은 연구망인 알파넷에서 사용되었던 프로토콜의 이름을 TCP/IP로 변경하였고, 알파넷에서 국방 목적만을 위한 기능을 분리하여 국방망(MILNET)을 만들었고 이 두 개의 연구망과 국방망을 연결하여 최초의 인터넷이 탄생하였다. 또, 일반 사용자를 위한 TCP/IP가 상품화되어 일반인에게 제공하기 시작하였으며 이로 인해 TCP/IP 프로토콜이 내장된 UNIX 계열의 OS만 있으면 누구나 인터넷에 접속할 수 있는 시대가 개막되었다. 1986년 미국 내 과학기술의 발전을 위한 연구 사업을 지원하는 국립과학재단이 교육 사업을 지원하기 위해서 미국 내 모든 연구소와 대학의 컴퓨터 센터들을 망(56 Kbps)으로 상호 연결하여 인터넷의 골격(Back Bone)을 구축하였으며 이로 인해 인터넷의 모체역할을 담당했던 국립과학재단망(NSFNET)이 탄생되었다. 그 후 NSFNET는 1989년 T1(1,544MBPS), 1991년 T3(45MBPS), 1995년 STM-1(150M BPS)으로 증속되었고, 1991년부터 제 각기 별도로 운영되고 있는 미국 내 모든 정보망과 전 세계의 모든 정보망이 국립과학재단망(NSFNET)에 연결되어 그 기능이 막강해졌다. 특히, 비영리 공익기관만 가입하여 연결할 수 있었던 NSFNET이 1992년부터는 어느 누구라도 제한 없이 TCP/IP만 있으면 이 망에 연결할 수 있도록 개방되었다. 이때부터 전문적이고 상업적인 인터넷 관련 전문회사, 전문교육기관, 전문연결기관, ISP(Information Service Provider), WSP(Web Service Provider)들이 생겨나기 시작했다.

○ 우리나라 인터넷

우리나라의 경우 한국통신의 하나망(HANA Network), 서울대학교에서 운영하는 교육망(KREN : Korea Education Network), 시스템 공학연구소에서 운영하는 연구망(KREONET : Korea Research Environment Open Network)이 인터넷에 연결되었고, 1982년 서울대학교와 전자통신연구소에서 TCP/IP를 기반으로 하는 SDN(System Development Network)이라는 연구 개발망을 대학교수나 연구소 연구원들 사이에 전자우편 방식을 사용하기 시작한 이래 1987년 교육연구전산망 추진위원회가 구성되었다. 그 후 1988년 전산망조정위원회가 설립되면서 기본 계획이 확정되어 교육망인 KREN(Korea Education Network)과 연구망인 KREON(Korea Research Environment Open Network)으로 구분하여 육성되고 있다. 연구망은 주로 대학교의 학술연구에 필요한 인터넷 서비스 제공과 세계 유명 대학 간의 네트워킹인 BITNET 서비스를 제공하였고 교육망은 서울대학교의 중앙교육연구전산원에서 운영하였던 전산망으로 종합대학, 교육부, 교육개발원 등의 교육기관이 가입되었으며 PC통신의 전자 게시판인 BBS(Bulletin Board System)를 운영하는 HITEL 등과 같은 사업자들과도 연결하였다. 1994년 인터넷이 상용화된 이후부터 한국통신의 코넷(KOR-NET : Korean Network)으로 인터넷 서비스를 시작하였으며 때를 같이하여 DACOM 등 국내 PC 통신서비스 사업자들이 일제히 인터넷 서비스를 시작하였으며, 이로 인해 국내 대부분의 기업과 단체들이 인트라넷(LAN에 의한 개별 구내통신망)을 구축하게 되었고, 한국통신 등 인터넷 서비스기관을 통해 전용회선으로 인터넷에 연결하거나 PC 통신망에 가입하여 인터넷에 접속할 수 있게 되었다. 현재는 RFID, ENUM, 모바일주소 WINC 등으로 발전되어 그 이용이 활발하며 차세대 인터넷 주소체계인 IPv6 시대를 위해 꾸준한 노력이 계속 진행되고 있다. RFID(Radio Frequency Identification; 3장 참조)는 IC칩과 무선을 통해 식품, 동물, 사물 등 다양한 개체들의 정보를 안테나, 트랜시버, 트랜스폰더, 태그 등을 이용해 실시간으로 관리할 수 있는 차세대 인식기술로 가축사양관리, 출입통제 시스템, 전자요금지불 시스템 등에 주로 이용되고 있으며, ENUM은 이메일 주소와 공공전화망의 번호를 하나로 통합하는 차세대 인터넷 통합번호식별서비스 시스템이며, WINC(Wireless Internet Number of Contents) 콘텐츠별 무선 인터넷 주소 서비스 시스템이다.

2) 클라이언트와 서버

인터넷을 통한 정보는 클라이언트(client) & 서버(sever) 형태로 동작하는데 클라이언트 컴퓨터는 필요한 정보가 저장되어 있는 서버 컴퓨터에 접속을 시도하여 정보제공 서비스를 요청하게 된다. 따라서 클라이언트란 말은 컴퓨터 또는 그 컴퓨터에서 동작하는 소프트웨어를 의미하고 서버라는 말은 필요한 데이터를 저장하고 있는 또 다른 컴퓨터를 의미하며 정보의 요구와 제공 관계에 따라 클라이언트가 될 수도 있고 서버가 될 수도 있다. 월드와이드웹(Word Wide Web)의 경우를 예로 들면 PC의 웹 브라우저가 클라이언트가 되고 인터넷상에 존재하는 모든 컴퓨터가 서버가 되며 내가 아닌 다른 PC의 웹 브라우저가 나에게 정보 제공을 요청해 온다면 이 순간부터 내 PC는 서버가 된다. 클라이언트와 서버 사이의 연결(link)은 정보가 실제로 교환될 동안만 유지되므로 웹 페이지가 서버로부터 전송 완료 된 후에는 서버와 클라이언트 사이에서 HTTP(Hyper Text Transfer Protocol)에 의한 연결은 끊어지게 되나 ISP에서 TCP/IP에 의한 연결은 계속 유지된다. 서버와 클라이언트 사이에는 이것 이외에도 기타 여러 가지 기능들이 존재하는데 이는 CGI(Common Gateway Interface)에 의해 이루어진다. 이는 웹을 수만 개의 서버에 거의 무한정하게 분산되어 있는 정보저장 매체 또는 데이터베이스를 자신 소유의 정보로 간주하여 검색할 수 있도록 하는 기능을 제공한다. 또, 인터넷상에는 셀 수 없을 정도로 무수히 많은 멀티미디어(Multimedia) 파일이 존재하고 있으며 이 파일들은 각각의 독특한 형태를 갖고 있다. 대부분의 파일들은 매킨토시나 IBM 호환 PC에서 모두 사용할 수 있으나 프로그램 파일은 호환하여 사용이 불가능한 경우도 있다. 일반적으로 인터넷상에 존재하는 파일은 아스키(ASCII: American Standard Code for Information Interchange)파일과 이진파일(binary file)로 구분된다. 인터넷상의 모든 파일은 헤더에 파일에 관련된 정보를 포함하고 있다. 헤더는 파일의 첫 번째 줄이거나 파일의 시작부분에서 정해진 크기 만큼일 수도 있다. 컴퓨터와 이에 따르는 각각의 소프트웨어들은 헤더의 내용에 따라 파일의 종류를 구별한 후 그에 맞게 처리한다.

○ WWW(World Wide Web)

WWW(World Wide Web) 서비스는 인터넷상의 정보들을 멀티미디어 형태로 제공하는 서비스로 인터넷에 처음 접속한 초보자라도 마우스만 있으면 아주 쉽게 활용할 수 있기 때문에 가장 일반적인 인터넷 활용 분야이며 Word Wide Web의 첫 글자만으로 표시하여 WWW라 표현하며 간단히 줄여서 웹(Web)이라고 한다. Web은 스위스의 유럽입자물리연구소 CERN(European Laboratory for Particle Physics) 연구원들이 연구소 내의 여러 컴퓨터에 저장된 정보의 손쉬운 검색을 위해 처음 개발한 것으로 하이퍼텍스트(Hyper Text) 기법의 문서처리기능으로부터 시작하여 멀티미디어 환경까지 지원하는 하이퍼미디어(Hyper Media) 기법까지 발전하였다. Web 서비스는 클라이언트(Client)와 서버(Server)의 개념으로 시작되는데, 클라이언트는 Network에서 정보를 요구하는 쪽의 컴퓨터 즉, 정보를 받는 쪽 컴퓨터를 의미하고, 서버는 요구받은 정보를 제공하는 컴퓨터(주는 쪽)를 의미한다. Web 서비스의 가장 큰 특징은 하이퍼텍스트(Hyper Text), 하이퍼미디어(Hyper Media), 하이퍼링크(Hyper Link)이다. 인터넷상의 모든 정보들을 관련이 있는 것들끼리 서로 연결하여 사용자가 손쉽게 관련된 해당 정보를 찾아갈 수 있도록 만들어 주는 것으로 문자, 그림, 음성, 비디오 등의 멀티미디어 서비스가 인터넷에서 실현되고 있다는 것과 전 세계의 컴퓨터들을 거미줄이나 그물처럼 서로 연결하여 전 세계의 어떤 곳에서도 하나의 Web 서비스에 접속만 하면 전 세계의 정보의 바다 속으로 들어갈 수 있다는 것이다. 또, Web은 그래픽 사용자 인터페이스인 GUI(Graphic User Interface)를 지원하고 있으므로 초보자라 하더라도 마우스만 있으면 원하는 정보를 쉽게 찾을 수 있어 사용 방법이 매우 간편하다는 특징이 있다.

○ 웹 페이지와 웹 브라우저

웹 페이지는 HTML(Hyper Text Markup Language)에 의해 작성된 페이지를 말하며, HTML로 작성된 페이지는 파일 단위로 저장되기 때문에 하나의 웹 페이지는 하나의 HTML 파일에 해당한다. 웹 페이지는 일반 문서처럼 순차적으로 연결되는 것이 아니라 페이지 속에 하이퍼링크(Hyper Link) 되어 있는 문자나 그림을 마우스로 클릭하면 해당 페이지로 연결되므로 사용자는 웹 페이지가 저장되어 있는 컴퓨터, 위치(주소), 기종, OS 등에 대한 아무런 내용을 몰라도 웹 브라우저를 통해 전 세계 모든 컴퓨터 속의 웹 페이지로 옮겨 다니며 정보사냥을 할 수 있으며, 웹 페이지들 중 웹 서버가 클라이언트의 정보 요구에 대해 제일 먼저 제공하는 웹 페이지를 홈페이지(Home Page)라고 한다. 다시 말해 웹에 있는 단위 정보인 페이지들은 HTML(Hyper Text Markup Language)로 작성되어 있고 이를 하이퍼텍스트를 통하여 트리(tree), 선형(linear), 랜덤(random) 구조 등에 의해 상호 연결(link)되어 다른 페이지, 그래픽 파일, 이진 파일, 기타 멀티미디어 파일 등 다양한 인터넷상의 자원으로 이동할 수 있게 설계되어 있다. 웹은 클라이언트/서버 환경에서 마이크로소프트의 익스플로러 또는 네스케이프의 네비게이터와 같은 웹 브라우저(클라이언트)를 실행시켜 웹 서버에 접속하여 정보나 자원을 요청하고 웹 서버는 해당 정보를 찾아 웹 브라우저에게 보내주며 웹 브라우저는 해당 정보를 사용자에게 제시한다. 이 경우 홈페이지라는 용어를 사용하게 되는데 이는 웹 사이트를 구성하는 여러 가지 페이지들 중 신문이나 잡지의 표지와 같이 가장 상위에 존재하는 페이지라는 의미로 웹 사이트를 패키지화하기 위해 모여진 다른 페이지들과 구별하기 위해 사용되는 용어이다. 클라이언트 소프트웨어인 웹 브라우저가 자신의 PC에서 실행되고 웹 서버 소프트웨어는 웹 호스트에서 실행되고 있는 상태에서 웹 브라우저에 방문하고자 하는 사이트의 URL을 입력하거나 관련 링크를 클릭 한다. 웹 브라우저는 웹 브라우저와 웹 서버 간의 통신하는 방법을 정의하고 있는 HTTP(Hyper Text Transfer Protocol)를 이용하여 필요한 정보를 요청하면 서버는 해당 정보를 찾아 클라이언트인 웹 브라우저에게 전송해 실제 정보가 있는 곳에 실제 정보를 요청한다. 뒤이어 라우터는 요청된 내용을 조사하여 어떤 서버에게 실제 정보 요청을 요구할 것인지를 결정하게 되며 URL에서 http:// 바로 오른쪽에 오는 부분을 분석하여 요청된 정보를 어떤 웹 서버에서 찾아야 하는지를 결정하고 해당 웹 서버에 요청 내용을 전달한다. 웹 서버는 클라이언트의 요청을 받아 HTTP(Hyper Text Transmission Protocol)에 의해 인터넷 웹 사이트(Web Site : Server 역할을 하는 컴퓨터)에 저장된 웹 페이지를 전달해 주는 기능을 담당하는 HOST 컴퓨터이며, 웹 브라우저(Web Browser)는 웹 클라이언트 프로그램으로 웹 서버에 있는 웹 페이지를 HTML 문서 규칙에 따라 클라이언트 화면에 표현해 주는 웹 문서 출력기로 마이크로소프트사가 개발한 익스플로러(Explorer)와 넷스케이프(Netscape)가 대표적인 웹 브라우저로 사용되고 있으며 최근 대부분의 사용자들은 MS-Explorer를 사용하고 있다.

- 익스플로러(Explorer) -

① **제목 표시줄** : 현재 표시 영역에 보이고 있는 문서의 제목 표시

② **메뉴 표시줄** : 익스플로러에 사용되는 메뉴방식의 여러 가지 명령어

③ **도구 모음** : 가장 많이 사용되는 도구 모음

④ **주소 입력창** : 사이트의 주소를 입력한 후 Enter 또는 [이동] 단추 클릭

- www.~.com 형태의 도메인은 가운데 이름만 입력한 후 Ctrl + Enter
- 주소 입력창에 과거에 방문했던 사이트는 목록이 표시
- 한글도메인 기능, 바로가기 아이콘 생성

⑤ **표시영역** : 접속한 웹 문서의 내용 표시

⑥ **상태 표시줄** : 웹 접속 시 전송 상태 정보 제공

⑦ **오류 메시지**

- **서버에 DNS 기재가 없음** : 통상 URL을 잘못 입력했거나 DNS 서버에 이상이 생긴 경우로 URL을 확인하여 다시 입력.

- 503 Service Unavailable : 여러 가지 문제로 인해 웹 사이트를 접속할 수 없다는 의미로 해당 서버에 너무 많은 사용자가 요청을 시도하거나 해당 서버 관련 네트워크가 혼잡하여 병목현상이 생긴 경우.

- 403.9 Access Forbidden. Too Many Users Are Connected : 동일 서버에 동시에 너무 많은 접속이 요청되었을 때 발생하는 것으로 통상 정상가동 중인 웹 사이트가 수용 가능한 최대 접속 요청이 초과되었을 경우 발생, 지속적으로 반복해서 계속 접속 시도.

- **모래시계의 회전** : 브라우저가 해당 웹 사이트에 연결을 시도하고 있음을 표시하는 것으로 오래 계속되면 일단 접속을 끊고 다시 접속 시도.

- 401 Unauthorized **또는** 403 Forbidden : 특정한 클라이언트만 접속이 허용된 사이트에 접속을 시도하였을 때 발생.

- 404 Not found : 원하는 웹 사이트에 도달했으나 찾고 있는 특정 페이지를 찾지 못하는 것을 의미.

○ HTTP(Hyper Text Transmission Protocol)

Web 서비스에서 클라이언트와 서버 사이를 연결하는 프로토콜(Protocol)

을 의미하며 프로토콜은 컴퓨터와 컴퓨터 사이를 연결할 때 사용하는 약속이다. 다시 말해 일반 우편물을 발송할 때 겉봉투에 송・수신자의 주소 쓰는 위치, 우편번호 사용규칙, 편지봉투의 규격 등과 같은 개념으로 클라이언트 쪽의 컴퓨터와 서버 쪽의 컴퓨터는 HTTP라는 약속에 따라 웹 페이지를 송・수신하게 된다. HTTP는 현재 계속 표준화된 프로토콜로 발전되어 가고 있으며 하이퍼미디어 형태의 자료를 효과적으로 주고받을 수 있어 인터넷에서 멀티미디어가 실현되게 하는 가장 핵심적인 부분이며 WWW의 주소를 표현할 때 'http://www.af.ac.kr'와 같이 되는 것은 HTTP 프로토콜을 사용하고 있다는 의미이다.

○ 전자우편

전자우편(E-Mail) 서비스는 컴퓨터와 통신망을 이용하여 거의 실시간으로 편지를 주고받을 수 있는 서비스 시스템이다. 전자우편은 전 세계 어느 곳이든 TCP/IP 프로토콜의 일부인 SMTP(Simple Mail Transfer Protocol)에 의해 온라인으로 편지를 송・수신할 수 있기 때문에 일반 편지와 비교할 수 없이 빠르고 간편하며 배달증명 기능까지 있어 현재 컴퓨터를 이용하는 전 세계의 모든 사람들이 사용하고 있다. 또, 최근에는 웹을 이용한 무료계정(Account Number)에 의한 전자우편 제공 사이트가 많아졌으며 전자우편 고유기능 이외에 여러 종류의 메시지를 통합해서 사용할 수 있는 통합 메시징 서비스인 UMS(Unified Messaging System)도 제공한다. UMS는 음성, 팩스, 전자우편 등 다양한 형태의 모든 메시지 유형들을 하나의 우편함에 저장 관리하는 시스템으로 메시지에 대해 PC는 물론 전화, 팩스, 이동전화 등 다양한 통신매체를 통해 액세스할 수 있고, 유・무선 전화 및 데이터 통신망을 통합해 음성메일, 팩스, 전자우편 등 서로 다른 형태의 메시지를 하나의 메일 박스에서 검색, 작성, 교환할 수 있으므로 사용자는 메시지 유형에 상관없이 한 가지 인터페이스만 사용하면 되는 매우 편리한 방법이다. 전자우편을 이용하기 위해서는 전자우편 주소(E-mail Address)가 있어야 하는데 인터넷 서비스업체(ISP)에 가입하고 업체로부터 만든 ID가 바로 전자우편 주소가 된다. 웹 브라우저 설치 시 기본적(Default)으로 함께 설치되는 프로그램으로 송신서버 SMTP(Simple Mail Transfer Protocol)와 수신서버 POP3(Post Office Protocol)을 설정한다.

○ 인터넷 채팅과 전화

인터넷 채팅(IRC : International Relay Chatting)은 실시간(Real Time)으로 현재 인터넷에 접속한 사람들끼리 키보드 또는 마우스와 비디오카메라를 통해 직접 대화할 수 있는 서비스이며 인터넷 전화 역시 자신의 음성과 상대방 음성이 TCP/IP 프로토콜에 의해 패킷으로 분할되고 송·수신 된다. PC를 통한 인터넷 전화의 장점은 전화이용요금 없이 기본적인 인터넷 접속료만 지불하면 전 세계 어디로든 통화가 가능하다는 것이다. 반드시 인터넷 주소가 필요하므로 기존의 전화를 모두 인터넷전화로 대체하는 것은 불가능하다.

○ 인터넷과 오디오

인터넷을 통하여 라디오 방송, 인터뷰, 음악, 사운드 클립 등 다양한 오디오 파일을 다운로드(down load)하여 감상할 수 있다. 오디오 파일의 형태는 ".WAV", ".MP3", ".AU" 등과 같은 확장자로 구별된다. 오디오 파일들을 내 컴퓨터에서 재생시키기 위해서는 오디오 플레이어 소프트웨어를 실행시켜야 하며 현존하는 대부분의 웹 브라우저와 Windows XP 등과 같은 OS(Operating System)들은 오디오 플레이어 소프트웨어를 포함하고 있다. 또, 다른 방법인 스트리밍 오디오(Streaming audio)는 오디오 재생을 위해 오디오 파일이 다운로드 완료될 때까지 기다리지 않고 오디오 파일이 컴퓨터에 다운로드 됨과 동시에 재생되는 방법으로 오디오 음질이 CD 음질에 비해 떨어진다는 단점이 있다. 반면, 잘 알려진 오디오 파일형식 중 MP3는 CD와 거의 동일한 음질의 오디오를 제공함과 동시에 파일의 크기(약 4~5MB 이하/1곡당)도 작다. 아울러 전 세계의 모든 라디오 방송을 인터넷으로 수신이 가능하며 지금 현재도 인터넷 방송국은 계속 생겨나고 있다.

○ 인터넷과 비디오

인터넷으로 컴퓨터 스크린을 통해 멀리 떨어진 상대와 직접 서로 마주보면서 이야기하는 화상회의를 할 수도 있고, MS사의 화이트보드 응용기술을 이용하여 동시에 함께 작업할 수도 있으며, 지구 밖의 우주비행사의 활동 상황을 비디오로 볼 수도 있으며 또, 언제든지 필요할 때 녹화된 비디오를 볼 수도 있다. 이와 같은 일이 가능해 진 것은 엠본(MBone), 스트리밍 비디오, 화상회의 기술 등의 개발에 의해서이다. 엠본(MBone)은 거대한 양의 자료를 보낼 수 있도록 특별한 임무가 부여된 초고속 인터넷 백본(backbone)을 뜻하며, 스트리밍 비디오는 인터넷을 통해 비디오 신호를 보낼 때 전송되는 정보의 양이 매우 커 오래 기다리는 문제를 해결하였다. 즉, 인터넷을 통해 비디오 파일을 전송할 때 전송데이터를 매우 작은 크기로 압축하거나 파일이 수신되는 동안 수신된 파일을 즉시 재생시켜 수신에 따른 시간의 차이를 없애는 방법의 사용이다. 마지막으로 인터넷을 통해 실시간으로 화상회의를 할 수 있게 하는 기술이며 화상회의는 실시간이지만 그 기술은 비디오 방송을 위한 녹화기술로도 사용될 수 있다.

○ 인터넷 속의 위치정보 검색

정보의 바다라 불리며 표현할 수 없을 정도로 거대한 정보의 집합체인 인터넷에서 내가 필요한 정보를 얻기 위해 어떤 자료를(What) 어디서(Where) 찾아 낼 것인가를 위해 인터넷상의 모든 정보들을 일일이 검색한다는 것은 불가능하므로 이를 위해 아키(Archie), 웨이즈(WAIS), 고퍼(Gopher) 등 여러 가지 검색서비스들이 제공되고 있다. 아키 서비스는 전 세계 FTP 사이트에 펴져 있는 정보들을 손쉽게 검색할 수 있는 서비스를 제공하기 위해 전 세계의 공개되어 있는 FTP 사이트를 주기별로 검색하여 키워드, 주제어, 검색어 등에 의해 해당되는 파일을 찾아 해당되는 FTP 사이트의 주소와 디렉터리 명을 아키 서버의 아키 데이터베이스에 보관한다. 사용자는 이 데이터베이스에서 원하는 FTP 사이트와 파일목록을 검색하게 되며 현재 전 세계에 수백 개의 아키 서버가 있다. 아키 서비스에 의해 원하는 파일이 있는 아키 사이트를 찾고 FTP로 파일을 전송받으려면 새로운 명령어와 UNIX에 대한 이해 등의 노력이 필요하다는 어려움이 있다. 이를 보완하기 위해 접속하려는 인터넷 주소나 검색과 전송에 필요한 명령어들을 몰라도 원하는 정보를 쉽게 찾을 수 있도록 여러 가지 명령들을 모아 메뉴방식으로 검색할 수 있도록 고안된 것이 고퍼(Gopher) 서비스이다. WAIS(Wide Area Information Servers)는 제공될 데이터베이스 내부에 존재하는 특정한 문서를 검색할 수 있으며, WAIS는 초기의 검색결과가 나중 검색조건의 Key가 되어 영향을 주는 인덱스(Index) 검색과 자연어 입력에 의한 검색도 가능하도록 개발된 다양한 기능의 정보검색 서비스이다. WAIS에 의한 접속과 검색은 Telnet 기능을 이용해 ds.internic.net으로 접속하며, 패스워드(Password)의 입력 없이 WAIS로서 로그인(Login) 할 수 있으며 WWW에서도 활용 가능하다.

○ FTP(File Transfer Protocol)

FTP는 File Transfer Protocol의 약어로서, FTP는 TCP/IP 네트워크를 이용하여 컴퓨터 간의 파일 전송을 위하여 고안된 네트워크 통신 프로그램이다. 전자우편에 의한 파일 전송도 '덧붙인 파일' 보내기 기능에 의해 가능하지만 첨부 파일 크기가 매우 큰 경우에는 FTP를 이용하여 파일을 보내야 할 경우가 있다. 예를 들어, 외부 인터넷 전자우편 사용자인 경우 흔히 자신의 전자우편 저장을 위한 디스크 사용의 제한을 받는다. 보통 3MB, 5MB 정도의 크기를 전자우편 편지 저장 장소로 할당받게 되는데 그 사용자에게 10MB의 파일을 첨부하여 발송한다면 그 사용자는 파일을 받아볼 수 없게 된다. 이 때 FTP를 이용하면 전자우편을 통하지 않고 파일을 Server에 저장(Upload)하고 이를 사용자가 Download 하여 이용할 수 있다. 즉, FTP 서비스는 인터넷에 연결된 컴퓨터끼리 파일을 송·수신할 때 사용하는 기능으로 하나의 HOST 컴퓨터에서 다른 HOST 컴퓨터로 TCP/IP를 통해 파일형태의 대량의 자료를 복사해 오거나 전송하는 서비스이다. 자신이 원하는 파일이 있는 위치(주소)만 알면 FTP 서비스를 이용하여 즉시 송·수신할 수 있다.

○ 원격접속(Telnet)

Telnet 서비스는 인터넷에 연결되어 있는 컴퓨터가 무엇이든지 상관없이 다시 말해 사용자 컴퓨터가 바로 옆방에 있거나 아니면 지구 반대편에 있거나 장소나 기종에 관계없이 인터넷에 연결된 호스트 컴퓨터와 터미널(Terminal) 접속으로 Login 할 수 있도록 해주는 서비스로 인터넷상의 정보 수집을 위한 가장 일반적인 방법이다. 원격접속은 접속될 Host 컴퓨터의 사용자 ID(User Identification) 또는 계정번호(Accout Number)를 해당 Host 컴퓨터의 시스템 관리자로부터 승인을 받아야 한다.

○ 유즈넷(Usenet) 서비스

동일한 관심사를 갖고 있는 사람들이 인터넷에 모여 서로 의견을 나눌 수 있는 서비스로 각 주제별로 새로운 뉴스를 전하고 의문점과 관심사에 대한 것들을 서로 질의응답하고 있다. 전 세계에 공개된 전자게시판이므로 전 세계의 모든 사람이 아무 제약 없이 들어와서 게시도 하고, 게시된 내용에 대해서 비평도 할 수 있기 때문에 가장 생생하게 전 세계 현장의 여론을 빨리 수렴할 수 있다. 전 세계의 언론이 유즈넷에 참여하고 있고 이로 인해 연관성 있는 뉴스 분야들을 그룹별로 모아 뉴스그룹을 형성한다. 전 세계 모든 사용자들은 특정한 주제를 가진 뉴스그룹 중 자신이 원하는 그룹에 가입하여 정보를 교환할 수 있으며, 현재 컴퓨터를 비롯하여 사회, 종교, 취미, 학습, 역사 등 다양한 주제를 취급하는 뉴스그룹들이 운영되고 있으며 뉴스그룹이 다루는 주제에 따라 뉴스그룹의 이름이 만들어지며 관심사의 범위와 정도에 따라 관련되는 해당 뉴스그룹 이름 밑에 계층적 구조형태로 세분화되어 3만여 개의 주제가 설정되어 있으므로 사용자가 뉴스 제공자인 동시에 뉴스를 받아보는 뉴스 구독자가 되므로 관심 분야에 대한 최신 정보를 습득할 수 있으므로 인터넷 뉴스, 뉴스그룹, 유즈넷뉴스, 토론그룹 등 다양하게 이름 지어진다.

3) Domain Name과 IP Address

○ 도메인 네임

인터넷에서 원하는 목적지를 찾아가 내가 필요한 정보를 얻으려면 제일 먼저 해야 되는 일이 '찾아가기'이다. 따라서 '인터넷 주소'라는 것이 필요하다. 인터넷 주소는 인터넷에 수없이 많이 연결되어 있는 컴퓨터들을 구분하여 식별할 수 있는 각각의 컴퓨터별 고유번호를 뜻한다. 다시 말해 인터넷 주소는 우리 모두가 갖고 있는 집 주소 또는 전화번호 또는 주민등록번호 등과 같다고 할 수 있다. 인터넷 주소는 우리들의 주소와 전화번호 등이 그렇듯이 전 세계적으로 유일해야 하므로 사용자가 임의로 만들거나 정할 수 있는 것이 아니고 전 세계적으로 표준화된 규칙에 따라 정해진다. 인터넷을 처음 만들었을 때는 현재와 같이 전 세계 모두가 인터넷에 연결되리라는 계획 없이 모든 컴퓨터와 전산망의 주소를 관리·제공 하려 했으나 인터넷이 날로 확장되어 연결되어진 자원(Resource)이 천문학적인 수로 늘어나게 됨에 따라 주소록의 크기가 관리할 수 없을 정도가 되므로 구분하여 활용하기 불가능한 상태가 되었다. 이 문제를 해결하기 위해 우리나라의 주민등록 시스템과 같이 이름(Domain Name)과 주민등록번호(IP Address) 사이를 연결시켜 주는 역할의 도메인 네임 시스템(DNS : Domain Name System)을 개발하여 인터넷 주소록을 관리하고 사용자에게 IP Address를 제공하게 되었다. 도메인 네임 시스템은 컴퓨터의 그룹 또는 관련 있는 도메인들의 목록(이름)과 주민등록번호, 전화번호 등에 해당하는 목적지 주소를 상호 일치시킬 수 있는 도메인 네임 테이블을 만들어 사용자에게 제공하여 전화번호부에서 필요한 주소나 전화번호를 찾는 것과 같이 손쉽게 인터넷상에 목적지 주소를 알려줄 수 있는 시스템이다. 인터넷 주소는 도메인 네임(우리의 이름)과 같이 어떤 의미 또는 연상을 할 수 있는 문자로 표시되는 주소와 IP Address(우리의 주민등록번호 또는 전화번호)라는 실제 목적지 주소를 나타내는 숫자로 표현되며, 인터넷상에서 실제 목적지를 찾는 것은 IP Address에 의해서만 찾아갈 수 있다. 인터넷 사용자에게 도메인 네임과 IP Address를 알려 주는 서비스를 해 주는 컴퓨터를 인터넷 네임 서버(Name Server)라 하며 이 서비스는 주로 데이콤, 한국통신 등과 같은 ISP(Information Service Provider) 또는 WSP(Web Service Provider)가 담당하고 있으나 사용자가 필요에 따라 곳곳에 서버를 설치하여 서비스를 제공하기도 한다. 따라서 인터넷 사용자는 목적지 호스트 컴퓨터의 도메인 네임만 알면 도메인 네임 서버가 IP Address를 제공하여 주기 때문에 인터넷 사용자는 복잡한 숫자로 되어 있는 IP Address를 몰라도 접속이 가능하다. 따라서 인터넷의 어떤 호스트에 접속하고자 하는 경우 도메인 네임이나 IP Address 중 어느 것 하나만 알면 접속과 사용이 가능하다. 현재까지의 IP Address는 목적지 주소를 4가지로 분류하여 32Bit에 표현하고 있으나 최근 인터넷 인구의 폭발적 증가와 일반화로 IP Address 표현방법의 가지 수가 모두 소진된 상태이므로 새로 발생되는(요구되는) 인터넷 사이트에게 더 이상 IP Address의 부여가 불가능하게 됨에 따라 기존의 IP Address 표현방식은 조만간 64Bit 표현방식으로 확대될 것이다. 인터넷에서 도메인 네임과 IP Address는 목적지를 찾아가기 위한 주소 기능의 담당이 목적이므로 전 세계적으로 유일한 것이어야 한다. 따라서 아무나 임의로 만들어 사용할 수 없으며 모든 인터넷 주소는 각 지역별로 지정된 망정보센터(NIC : Network Information Center)에 신청(E-mail 등)하여 등록하고 할당받아야 하며, 우리나라의 경우 한국정보보호진흥원, 한국인터넷진흥원, 정보통신국제협력진흥원의 기능을 하나로 합친 한국인터넷진흥원

(KISA; Korea Internet & Security Agency) 망정보센터(KRNIC : Korea Network Information Center)에서 인터넷주소자원을 관리하고 있으며 넷피아 등 민간에 위탁된 관리회사들로 부터 관련 규정에 따라 일정금액을 지불한 후 IP Address를 부여받아야 한다.

- 영문, 한글 도메인이름 구성규칙(공통) : 하이픈(-)으로 시작하거나 끝날 수 없다. 대·소문자 구분 없다.

- 영문 도메인이름 구성규칙 : 영문자[A~Z, a~z], 숫자[0~9], -(하이픈)만 사용, 2~63자까지만 사용

- 한글 도메인이름 구성규칙 : com, net, org, kr만 가능, 완성형 2350자, 영문자[A~Z, a~z], 숫자[0~9], -(하이픈)만 사용, 1자에서 최대 35자까지 가능.

- 도메인 네임과 IP 및 E-mail Address의 예 -

기 관 명	IP Address	Domain Name	의 미
한국농수산대학	203.241.69.xxx	af.ac.kr	한국(kr)의 대학(ac) 한국농수산대학(af)
고광현 교수	203.241.69.xxx	kkh@af.ac.kr	한국(kr)의 대학(ac) 한국농수산대학(af) 고광현 교수의 E-mail Address
잘났다 학생	203.241.69.xxx	98010183@af.ac.kr	한국(kr)의 대학(ac) 한국농수산대학(af)에 다니는 잘났다 학생 E-mail Address
농촌진흥청	203.241.52.xxx	rda.go.kr	한국(kr)의 정부기관(go) 농촌진흥청(rda)
신품종연구관	203.241.52.xxx	spj@rda.go.kr	한국(kr)의 정부기관(go) 농촌진흥청(rda)에 근무하는 신품종 연구관의 E-mail Address
최첨단 국장	203.241.52.xxx	ccd@rda.go.kr	한국(kr)의 정부기관(go) 농촌진흥청(rda)에 근무하는 최첨단 국장의 E-mail Address
MBC방송국	203.227.48.xxx	mbc.co.kr	한국(kr)의 상업기관(co) MBC방송사(mbc)
이쁘다 여배우	203.227.48.xxx	lpd@mbc.co.kr	한국(kr)의 상업기관(co) MBC방송사(mbc) 전속 "이쁘다" 여배우의 E-mail Address
신난다 가수	203.227.48.xxx	snd@mbc.co.kr	한국(kr)의 상업기관(co) MBC방송사(mbc) 전속 "신난다" 가수의 E-mail Address

- 도메인 네임의 구분 및 부여 방법 -

의 미	미국 이외의 나라	미 국
연구 기관	re	-
기업체	co	COM
교육 기관	ac	EDU
정부 기관	go	GOV
Network 관련 기관	nm	NET
기타 기관	or	ORG
국방 기관	-	MIL

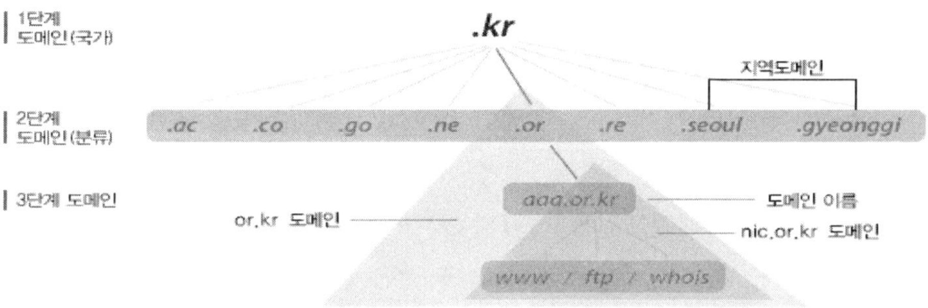

도메인	2단계	등 록 자 격
기관	ac	교육 기본법 및 고등 교육법에 의한 전문대학, 대학, 대학원
	co	영리를 목적으로 하는 기업, 개인
	or	비영리기관 또는 단체, 개인
	go	정부기관
	ne	네트워크 제공기관, 개인
	re	연구를 목적으로 하는 기관/단체
국방	mil	국방기관
교육	es	교육 기본법 및 초·중등 교육법에 의한 초등학교
	ms	교육 기본법 및 초·중등 교육법에 의한 중학교
	hs	교육 기본법 및 초·중등 교육법에 의한 고등학교
	sc	교육 기본법 또는 기타 법령에 의하여 주무 관청에 설립허가, 등록, 신고 등의 절차를 거친 교육훈련기관 기타 학교
	kg	교육 기본법 및 초·중등 교육법에 의한 유치원
지역	seoul, busan, daegu, incheon, gwangju, daejeon, ulsan, gyeonggi, gangwon, chungbuk, chungnam, jeonbuk, jeonnam, gyeongbuk, gyeongnam, jeju해당 지역에 소재하는 기관/단체, 개인	
개인	pe, 개인	

○ URL과 DNS

인터넷에서는 네트워킹을 위한 또 다른 동작도구로 DNS(Domain Name System)가 존재한다. 이는 컴퓨터와 컴퓨터를 서로 통신할 수 있게 목적지 주소를 정리하여 주는 역할을 담당하게 되는데 이를 통해 이메일 교환, 웹 페이지 출력 등의 작업이 가능하게 된다. 인터넷상에서 어떤 특정 위치에 존재하는 서버에 접속하고자 할 경우 특정 위치의 주소를 필요로 하게 되는데 이를 URL(Uniform Resource Locator)이라 하고 IP 주소와 도메인네임으로 구분하여 이해할 수 있다. IP 주소는 우리나라 사람의 주민등록번호와 같은 역할을 하므로 정확한 식별자 역할이 충분하여 컴퓨터와 통신장비들 사이에서는 훌륭하게 활용되지만 사람이 사용하기에는 어떤 뜻을 표현할 수 없어 무수히 많은 URL의 구분 활용이 불가능하다. 이 문제를 해결하기 위해 사용되는 것이 도메인네임(한국농수산대학, af.ac.kr)이다. 따라서 도메인네임은 사람의 IP 주소를 기계가 사용하는 인터넷상의 목적지 주소이다. DNS는 www.af.ac.kr과 같은 도메인네임을 주민등록번호와 같은 실제 IP 주소(203.241.69.0)로 변환시키는 역할을 담당한다. 인터넷은 여러 개의 도메인으로 구분시켜 특정 의미를 부여하고 있다. 특정 의미는 도메인의 마지막 단어로 구분하며 계층적 형태로 구성되어 있으며 주 도메인 밑에 많은 수의 보조 도메인들이 존재한다. 따라서 컴퓨터를 인터넷에 접속하기 위해서는 해당 컴퓨터의 도메인 네임과 IP 주소는 필수적이며, IP 주소는 컴퓨터의 설정상태와 서비스 제공자의 운영방법에 따라 정적주소(static address)를 가질 수도 있고 동적주소(dynamic address)를 가질 수도 있다. 정적주소는 한번 지정되면 바뀌지 않으므로 인터넷에 접속할 때마다 항상 같은 주소를 사용하지만, IP 주소의 개수가 제한되어 있으므로 대부분의 경우 동적주소를 사용한다. 동적 IP 주소는 인터넷에 접속할 때마다 자신의 인터넷 서버로부터 매번 다른 IP주소를 부여받아 사용한다.

- 인터넷은 수신자 서버의 IP 주소에 따라 관련된 정보를 전달하게 되는데 이 주소는 203.241.069.129와 같이 마침표(dot)로 구분된 4개의 숫자로 표현된다. 수 없이 많은 숫자로 된 IP 주소를 사람이 기억하여 활용하기란 매우 어렵다. 이를 위해 특정 단어나 글자, 숫자들의 조합으로 구성된 인터넷 주소를 대신 사용할 수 있도록 하고 도메인네임 서버 컴퓨터가 문자 주소를 숫자 주소로 변환하여 정확한 목적지 주소와 접속하게 해준다.

- 전자우편 주소는 @기호에 의해 2개의 부분으로 구성되며 이를 통해 그 주소를 소유한 사람에 대한 관련 정보를 알 수 있게 설계되었다. @기호의 왼쪽에 있는 첫 번째 부분은 통상 사용자의 이름이 되며 @기호의 오른쪽에 있는 두 번째 부분은 특정 서버나 네트워크를 의미하는 인터넷 주소이다.

- 전자우편을 전달하려면 203.241.69.345와 같이 숫자로 된 IP 주소를 알기 위해 도메인네임 서버로 간다. 도메인네임 서버가 문자 주소를 자신의 도메인네임 테이블에서 찾아 대응하는 숫자 IP 주소로 변화시켜 준다.

- DNS는 주소의 맨 오른쪽에 할당되어 있는 부분에 의해 인터넷을 여러 개의 도메인으로 구분하게 되며, 도메인 주소의 가장 큰 단위로 도메인의 이름과 유형을 식별할 수 있는 구분자이며 가장 큰 도메인의 왼쪽에 사용자에 대한 정보를 나타내고 있다.

- 인터넷 주소 맨 왼쪽에 호스트 또는 서버의 이름을 표시하여 라우터에게 송·수신 정보를 도메인 내 어떤 컴퓨터로 전달되어야 하는지를 정의하고 있다.

- 특정 URL에 접속하려면 URL의 주소가 실제 IP 주소와 일치해야 하므로 웹 브라우저는 제일먼저 ISP 또는 내가 속해 있는 네트워크에서 운영되고 있는 로컬 도메인네임 서버에서 도메인네임과 일치되는 IP 주소를 가져온다. 만약, 이 IP 주소가 내가 속해 있는 동일 네트워크에 있는 로컬 주소이면 도메인네임 서버는 URL을 그 IP 주소로 변화시킨 후 실제 IP 주소로 접속하고 필요한 정보를 제공받는다.

- 만약, 일치되는 IP 주소가 내가 속해 있는 로컬 도메인네임 서버에 없다면 로컬 도메인네임 서버는 인터넷에 있는 루트 도메인 서버에게 URL에 대한 IP 주소가 어떤 주 도메인네임 서버 또는 보조 도메인네임 서버에 존재하는지를 문의하게 되며 루트 도메인 서버는 이를 알려준다.

- 로컬 도메인네임 서버는 이제 IP 주소정보를 가진 주 도메인네임 서버 또는 보조 도메인네임 서버를 검색한다. 이들 중 하나는 정확한 IP 주소정보를 가지고 있으며 IP 주소정보를 로컬 도메인네임 서버에게 전송한다.

- 로컬 도메인네임 서버는 이 IP 주소정보를 다시 사용자(웹 브라우저)에게

전송하게 되므로 웹 브라우저는 실제 IP 주소정보를 이용하여 정확한 사이트에 접속한다.

4) TCP/IP Protocol

1975년 알파넷연구그룹(IFIP : International Federation of Information Processing Working Group)에 의해 개방형 시스템을 위한 통신 프로토콜인 TCP (Transmission Control Protocol)와 IP (Internet Protocol)가 탄생되었다.

때를 같이하여 벨(Bell) 연구소가 개발한 운영체제인 UNIX가 대학과 연구소 등에 원시 프로그램(Source Program)과 함께 무료로 제공되어 사용되기 시작하였고, 1982년 미국 DEC사의 VAX 시스템에 TCP/IP가 내장된 UNIX가 OS로 제공되어 실용화되기 시작하면서 패킷 통신기술과 TCP/IP 프로토콜의 실용성이 증명되었다. 이로 인해 미 국방성은 TCP/IP를 표준 프로토콜로 채택하게 되었다.

전 세계에 있는 모든 컴퓨터와 네트워크가 정보와 메시지 모두를 공유할 수 있도록 개발하게 된 기본 아이디어는 매우 단순하다. 즉, 모든 정보와 메시지를 패킷이라는 작은 조각으로 분할한 뒤 이 패킷을 사전에 정의된 목적지 주소에 의해 해당 목적지로 전달하고 관련된 모든 패킷의 전달이 완료된 후 전달받은 컴퓨터는 이 패킷들을 다시 원래의 정보형태로 결합하여 사용자에게 제공한다. 이는 인터넷 상의 약속(프로토콜)인 TCP와 IP가 수행하며 TCP는 패킷을 분할하고 다시 결합하는 작업을 IP는 패킷이 목적지에 정확하게 전송되도록 보장하는 역할을 한다.

TCP/IP로 인터넷을 패킷교환 망(packet-switched network)으로 구축하여 송신자와 수신자 사이에 고정된 연결을 존재시키지 않는 방법으로 네트워크가 구축된다는 것은 인터넷의 구현이라는 시각에서는 매우 중요한 기술이며 이를 위해서 인터넷상에서 정보를 여러 개의 패킷으로 분할하여 동시에 여러 경로를 통해 전송하고 수신 측에서 다시 재결합된 방법이 사용된다. 이와는 달리 전화 시스템은 회선교환 망(circuit-switched network) 방식이며 이는 한번 연결(link)되면 송·수신자 중 어느 한쪽이 연결을 끊을 때까지 한번 연결된 연결을 전용 네트워크로 사용한다. 각 개인용 컴퓨터에서 인터넷을 이용하려면 TCP/IP를 지원할 수 있는 소프트웨어들이 필요하게 되는데 일반적인 IBM계열 PC(Personal Computer)에서는 윈속(Winsock)이 매킨토시에서는 MacTCP이 필요하다. 이는 인터넷과 PC 사이의 중개자 역할을 담당한다. PC에서 인터넷 접속을 위하여 이와 같은 프로그램을 이용할 수 있는 방법은 크게 2가지인데 하나는 LAN, 케이블 모뎀 또는 DSL 회선을 통한 직접 연결방법이고 다른 하나는 모뎀에 의한 전화 접속이다.

LAN, 케이블 모뎀 또는 DSL 회선을 통해 연결하려면 PC에 네트워크 카드가 장착되어 있어야 하고 또, TCP/IP를 이용하기 위해 하드웨어 또는 소프트웨어 드라이버를 필요로 하게 되는데 이 드라이버가 네트워크와 네트워크 카드를 중재해 주는 소프트웨어이다. 모뎀과 전화를 이용하여 인터넷에 접속하고자 하는 경우 인터넷상의 TCP/IP와 통신을 위해서는 반드시 SLIP(Serial Line Internet Protocol)과 PPP(Point-to-Point Protocol)로 구분되는 프로토콜 중 하나를 이용해야 한다.

○ TCP/IP의 특징

- TCP/IP의 개발 및 사용목적 : 미 국방성이 Network 프로토콜을 처음 만들었을 때는 다음의 목적을 달성하는 것이 당면한 목표였다. 이로 인해 오늘날 인트라넷과 인터넷에서 TCP/IP 프로토콜의 사용과 능력은 대단한 것으로 전 세계를 지구촌으로 만드는데 중추적인 역할을 했다.

- 에러율이 매우 높은 데이터를 처리할 수 있는 능력
- 어떤 종류의 특별한 Network 형태 속에서도 독립성 있는 Network의 구축
- Network 구축 및 운영 시 매우 적은 데이터 오버헤드
- 우수한 에러 회복성(결함 허용)
- 기존의 서비스 상태를 유지하면서 새로운 Network에 연결할 수 있는 기능

- 우수한 에러 회복성 : 전체 Network를 보호하기 위한 목적으로 Network상의 일부분이 예고 없이 갑자기 없어지거나 작동불능 상태가 되었을 때 스스로 문제를 해결하여 우회할 수 있도록 해 주는 기능이다. 예를 들어, 우리나라의 여러 도시 중 대구가 갑자기 없어지거나 그 기능을 상실했다고 가정했을 때 서울에서 부산까지 연결이 불가능한 상태가 된다. 이때 결함 허용이 높은 Network라면 다른 경로를 통해 스스로 우회하여 부산까지의 모든 정보를 얻거나 제공할 수 있을 것이다.

- **새로운 Network의 추가** : 기존에 이미 구축되어 있는 Network의 영향과 문제발생, 서비스의 간섭(제약) 없이 또, Network 크기에 상관하지 않고 인트라넷과 인터넷에 새로운 Network를 완벽하게 추가하는 것이 가능하도록 하는 기능.

- **에러율이 매우 높은 데이터의 처리** : 네트워크가 예측 불가능한 에러를 허용할 수 있어야 하며, 100% 신뢰할 수 있는 End-to-End 서비스를 제공할 수 있어야 한다는 것이다. TCP/IP 데이터 송・수신의 체증 현상이나 정체 시, 네트워크상 현재의 회선을 교체하거나 우회(스위칭)할 수 있으며 또, 분실되거나 손실된 정보 뭉치(패킷)를 재전송할 수도 있다.

- **호스트의 독립성** : 인터넷과 인트라넷은 어떤 종류의 Network(Host)와도 아무런 문제없이 연동할 수 있어야 하며 또, 어떤 특정 Network(Host)에 종속되어 얽매여서도 안 된다. 이는 이 시대를 살아가기 위한 우리들에게 있어 필수적 요구사항이다.

- **매우 적은 데이터 오버헤드** : Network 프로토콜은 데이터의 송・수신 시 가능한 한 매우 적은 오버헤드를 가져야 한다. 만약, 10이라는 크기의 데이터를 송・수신하기 위해 150이라는 부가적 데이터가 발생한다면 아무리 초고속 대용량 네트워크라도 감당하지 못할 것이며 이는 전 세계적으로 엄청난 자원의 낭비이다.

○ OSI의 7 Layer

- Layer 1(Physical Layer) : 정보의 최소 단위인 비트를 전송매체를 통하여 효율적으로 전송하는 기능을 정의하고 있으며, 커넥터의 물리적 규격, 신호 구분을 위한 전압레벨, 전송속도(bps) 등의 전기적 규격, 데이터의 송・수신을 위한 제어(Control) 신호의 순서 정의 즉, 송신과 수신 장비 사이에 비트(bit) 단위 데이터의 송・수신을 위한 환경 정의 영역이다.

- Layer 2(Data Link Layer) : 물리계층의 비트단위 송・수신 기능을 이용하여 다수의 비트로 데이터 단위인 PDU(Protocol Data Unit)를 구성하고 이를

프레임(Frame)[1]이라 하며 노드(Node) 사이에서 신뢰성 있는 송·수신 기능을 정의하며 링크의 개설과 해제, 프레임의 시작과 끝을 찾는 프레임 동기화, 오류제어, 흐름제어 등을 수행한다. 다시 말해 통신 프로토콜에서 데이터의 전달을 직접 다루는 계층은 물리계층과 링크계층이며 물리 층에서는 비트 정보를 표현하는 "전기 신호의 전송"을 링크계층은 "노드 간에 프레임"의 전달을 담당한다.

- Layer 3(Network Layer) : 링크계층에 의하여 프레임에 실려 온 패킷을 라우터를 거쳐 목적지 호스트까지 전달하는 교환기능을 담당하며 이를 위해 주소의 분석, 호스트 사이의 논리적 연결 설정과 해제, 패킷 단위의 흐름제어, 경로배정(Routing) 등을 수행한다. 즉, 네트워크 계층은 데이터의 직접적 송·수신은 하지 않으며 링크계층이 송·수신 해온 패킷의 교환 기능만을 담당한다.

- Layer 4(Transport Layer) : Layer 3을 이용하여 호스트와 호스트 사이의 연결 관리, 오류와 흐름제어를 통해 데이터 전송을 담당하는 것으로 서브네트워크나 중간 라우터 등에서는 수행되지 않고 최종 목적지 호스트에서만 수행되는 프로토콜이다.

- Layer 5(Session Layer) : Layer 4를 이용하여 통신 서비스의 개설, 서비스 유지 및 종료를 담당하는 것으로 OSI 하위 계층(Layer 1~4)의 주된 기능이 데이터의 전달이라 한다면 Layer 4는 최종단 호스트에 있는 프로세스 사이의 통신 프로토콜이라고 할 수 있다.

- Layer 6(Presentation Layer) : 데이터의 표현방식이 서로 다른 호스트들 사이의 통신 지원용 표현계층 프로토콜로 데이터의 표준화된 표현방식 적용, 코드 변환, 데이터 압축, 데이터의 암호화와 복호화 등을 담당한다.

- Layer 7(Application Layer) : 네트워크를 이용하여 특정서비스를 제공하는 계층으로 파일교환, 가상터미널, 전자우편, 웹 서비스, 망 관리, 분산처리와 같은 네트워크 응용 프로그램을 말한다.

- TCP/IP와 OSI 7 계층 프로토콜 구조의 비교 -

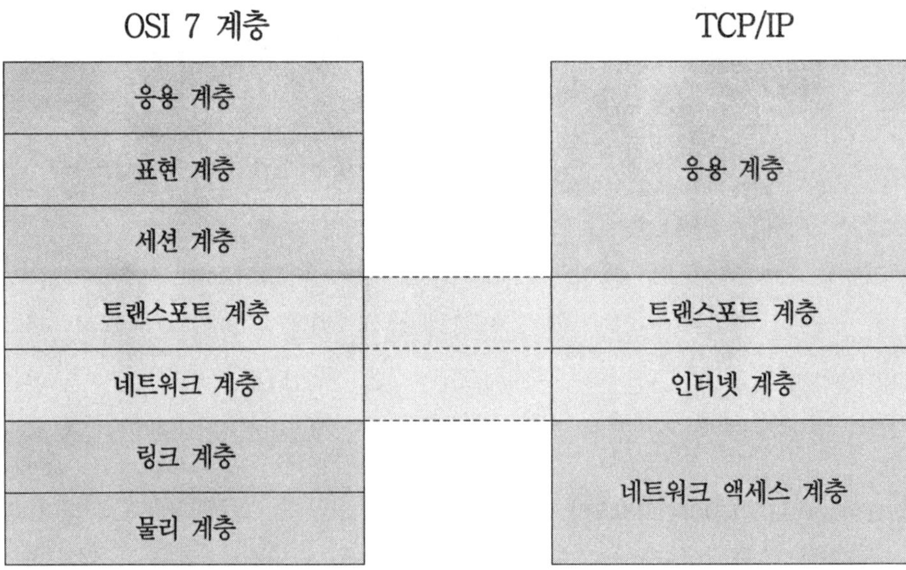

○ TCP/IP의 구조

- **네트워크 액세스 계층** : IP 패킷의 물리적 전달을 담당하는 전용선, LAN, X.25 패킷 망 등이 이 계층에 해당되나 네트워크 액세스 계층의 구체적인 내용이 TCP/IP 표준에 포함되어 있지는 않다.

- **인터넷 계층** : 호스트 사이에 IP 패킷을 전달하고 라우팅 등을 수행하며 호스트와 호스트 사이의 종점 간 연결 관리와 데이터 전달을 처리하며, IP(Internet Protocol)를 수행하는 계층으로 서브네트워크(Sub Network)와 무관하게 IP 패킷을 임의의 호스트와 호스트 사이에서 전달하는 기능을 수행하므로 OSI 7 Layer 관점에서 보면 인터넷 계층은 주소(Addressing)와 교환(Switching), 경로설정(Routing)을 담당하는 것과 같으므로 OSI의 네트워크 계층에 해당한다고 할 수 있으나, OSI 7Layer 표준에 따라 정의된 X.25는 연결형(Connection Oriented)과 비 연결형(Connection Less) 서비스를 모두 지원하지만 IP는 비 연결형 서비스만 지원한다.

모든 통신 서비스는 계층에 관계없이 연결형과 비 연결형 서비스로 나눌 수 있는데 연결형 서비스란 일단 상대방과 연결을 설정하고 이 연결을 통해 데이터를 주고받은 후 연결을 해제하는 3단계의 절차를 거치는 방식으로 전화와 같은 회선교환 서비스, X.25의 가상회선(Virtual Circuit) 패킷 교환 서비스 등이 연결형 서비스이며, 비 연결형 서비스란 연결의 설정과 해제의 과정을 통하지 않고 바로 상대방과 송·수신할 수 있는 방식으로 이더넷의 MAC 프레임 전송, IP 패킷전송, UDP 프로토콜 등이 대표적인 비 연결형 서비스이며 데이터그램 서비스라고도 한다.

비 연결형 서비스에서는 각 프레임이나 패킷이 개별적으로 목적지를 찾아갈 수 있어야 하므로 각 프레임이나 패킷이 목적지 주소와 자신의 주소를 항상 포함하고 있게 되며, 따라서 IP Address는 인터넷에 접속된 모든 호스트에 대하여 전 세계적으로 유일하게 존재하는 목적지 주소이다.

- **트랜스포트 계층** : 트랜스포트 계층은 TCP와 UDP라는 두 개의 프로토콜이 있는데, TCP는 재전송에 의한 오류제어와 흐름제어를 하는 스트림(Stream) 형태의 연결형 서비스를 제공하고 UDP는 재전송이나 흐름제어가 없는 비 연결형 서비스를 제공한다.

트랜스포트 프로토콜	응용 계층 서비스
TCP	- File Transfer Protocol(FTP) - Telnet - Simple Mail Transfer Protocol(SMTP) - Hyper Text Transport protocol(HTTP)
TCP, UDP(모두 지원)	- Network File System(NFS) - Domain Name System(DNS)
UDP	- Trivial FTP(TFTP)

- **응용 계층** : TCP/IP 프로토콜을 이용하는 응용프로그램이다.

- TCP/IP 내부 구조 -

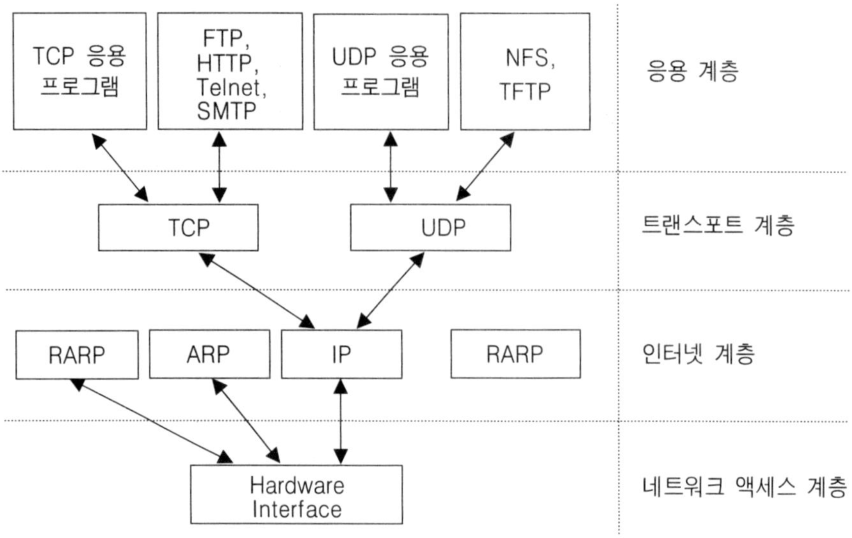

○ TCP/IP의 동작

- 인터넷은 패킷교환 망이므로 인터넷을 통해 자신의 컴퓨터에서 다른 컴퓨터로 정보를 전송할 때 전송될 데이터가 작은 단위의 패킷으로 분할된 뒤 라우터에 의해 각각의 패킷이 네트워크로 전송된다. 모든 패킷이 수신 컴퓨터에 도착하면 원래의 데이터 형태로 재결합하여 원래의 상태로 재구성된다.

- 하드웨어의 한계 등 여러 가지 이유로 하나의 패킷은 약 문자 1500개보다 작은 크기로 구성된다. 각각의 패킷은 통신에 필요한 각종 정보를 포함하고 있는 헤더를 가지는데 이 헤더에는 관련된 다른 패킷과 어떤 순서로 결합해야 하는지에 대한 정보가 들어 있다.

- 각각의 패킷은 별도의 IP 봉투(envelope)에 담겨지게 되는데, 이 봉투에는 인터넷에서 데이터가 전송되어야 할 목적지 주소지정 정보가 포함되어 있다. 동일한 정보에 대한 모든 봉투는 동일한 목적지 주소지정 정보를 가지기 때문에 모두 같은 목적지로 전달되어 재결합될 수 있다. IP 봉투는 송신자 주소, 목적지 주소, 패킷 보존시간 등 많은 종류의 정보를 포함하는 헤더를 가진다.

- 라우터는 패킷이 인터넷으로 전송될 때 중간에서 IP 봉투의 주소를 살펴본 후 패킷이 최종 목적지로 가기에 가장 가까운 위치에 존재하는 라우터로 연결되어 전송될 수 있도록 최적의 효율적 경로를 결정한다. 인터넷상의 교통량 부하가 수시로 변하기 때문에 패킷은 서로 다른 경로를 통해 전송될 수 있으며 이로 인해 처음 보낸 패킷과 다른 순서로 도착될 수 있다.

- 패킷이 목적지에 도착하면 TCP가 각 패킷을 검사하여 검사 합을 계산하게 되며 계산된 검사 합과 수신된 패킷 내의 검사 합을 비교하여 일치하지 않으면 전송 과정에서 패킷이 손상되었다는 증거이므로 해당 패킷은 폐기하고 송신자에게 다시 전송하도록 요청하며, 일치하면 TCP는 이 패킷들을 원래의 정보형태로 재결합시킨다.

○ 이더넷(Ethernet)의 구조

그림에서와 같이 8Byte 크기의 Preamble은 수신자가 동기를 맞추기 위한 준비신호로 1과 0의 반복으로 구성되며 Preamble의 끝을 알리기 위해 8번째 Byte는 10101011로 지정되어 있다. DA와 SA는 각각 6Byte로 된 수신자와 송신자의 MAC(Medium Access Control) Address이며 이 MAC 주소는 전 세계적으로 유일하게 지정되는 물리적 고유주소(Physical Address)이며 MAC Address의 처음 2Bit는 항상 0이고, 그 다음 22Bit는 LAN 카드 제조회사별로 할당된 기관별 주소이며 그 뒤에 오는 24Bit는 LAN Card별로 생산자가 부여하는 번호가 된다.

- 이더넷 프레임 구조 -

8	6	6	2	46~1,500	4[Byte]
Preamble	DA	SA	Type	Info	FCS

DA : Destination Address, SA : Source Address

Info : User Information, FCS : Frame Check Sequence

- MAC주소 구조(48Bit) -

1	1	22	24 [Bit]
0	0	기관별 ID	기관에서 배정하는 카드 ID

이더넷 프레임의 Type 필드는 상위계층의 프로토콜을 표현하는데 Type이 0x0800이면 상위계층이 IP 프로토콜이고, 0x0806이면 ARP 프로토콜임을 나타내며 Info는 IP 패킷과 같은 상위계층의 데이터를 나타낸다. 또, 이더넷에서 프레임을 전송자는 먼저 다른 전송자가 전송 중이 아닌지 CS(Carrier Sense)를 통해 채널을 감지하여 확인하고 다른 전송자가 전송하지 않을 때만 전송을 시도하며 전송 중 충돌발생은 감시(Collision Detection) 방식의 CSMA/CD(Carrier Sense Multiple Access/Collision Detection) MAC 프로토콜을 사용한다. 또, CSMA/CD 방식은 망의 크기가 커지면 성능이 급격히 떨어지게 되는 단점이 있는데 이는 어떤 송신자가 채널 감지를 한 결과 아무도 전송하지 않고 있어 전송을 시작하였으나 거의 비슷한 시간에 매우 멀리 떨어져 있는 다른 송신자 또한 전송을 시작한다면 충돌이 발생할 수 있기 때문이다. 따라서 이더넷은 몇 km 이내의 거리에서만 사용할 수 있고 전송 속도도 10Mbps로 제한된다. 이더넷의 속도 제한을 극복하기 위해 스위칭 이더넷과 고속 이더넷이 사용되는데 스위칭 이더넷이란 기존의 이더넷 허브를 스위칭 허브로 교체하여 허브의 모든 포트마다 각각 10Mbps 대역을 모두 사용할 수 있도록 하는 방식이다. 참고로 일반 이더넷에서는 10Mbps를 LAN의 모든 가입자들(즉, 허브로 연결되어 있는 모든 장비)이 공유한다. 스위칭 이더넷의 장점은 기존의 10Mbps 이더넷 카드와 UTP 케이블을 그대로 사용하면서 각 호스트가 10Mbps 대역폭을 모두 이용하여 다른 장비와 고속으로 통신할 수 있다는 것이다. 고속 이더넷은 기존의 UTP 케이블만 그대로 사용하고 LAN 카드와 허브를 100Mbps 용으로 교체하여 이더넷의 동작 속도를 100Mbps로 올리는 방식이다. 예를 들어 100base4T 방식에서는 UTP 케이블 내의 4개의 Pair Line을 모두 사용하는데 1Pair는 충돌 감지용이고 나머지 3Pair는 각각 33.3Mbps 속도로 데이터를 전송한다.

○ IP Address의 기본 구조

IP Address는 w. x. y. z로 표시되며, w, x, y, z 모두 0과 255 사이의 값을 갖는 10진수로 구성된다. 예를 들어 어떤 IP Address가 199. 34. 57. 53이라 한다면, 각각 4개의 숫자는 쿼드(Quad)라고 불리고, 각각의 쿼드는 w에 199, x에 34, y에 57, z에 53으로 대응된다. 쿼드 사이가 점으로 연결되어 있기 때문에 이를 Dotted Quad Notation이라 부른다. 이 같은 표현방법에서 각 숫자는 인터넷 Address의 8개 Bit에 대응된다. 8개 Bit의 값은 0에서 255까지 표현할 수 있고, 점으로 구분된 쿼드 값 역시 0에서 255까지 표현된다. 예를 들어, IP Address가 '11001010000011111010101000000001'인 것을 쿼드 형식으로 바꾸면 다음과 같이 8개 Bit의 집합으로 나누어진다.

11001010 00001111 10101010 00000001
202 15 170 1 (202. 15. 170. 1)

인터넷 구성의 초창기에는 Address의 여유 공간(총 약 43억 개)으로 인해 Bit가 복잡하고 보기 싫게 관리될 가능성을 우려하여 32Bit Address를 8Bit단위로 나누어 3개의 Class로 정의하고 Large, Medium, Small Network로 구분하였다. IP 주소체계의 가장 큰 문제점은 IP 주소가 Netid와 Hostid 두 부분으로 구성되어 있다는 것이다. 예를 들어 어떤 호스트가 다른 네트워크로 이동하면 Netid 부분이 새로 접속된 네트워크의 Netid로 변경되어야 하므로 컴퓨터의 IP 주소가 달라진다. 이것은 컴퓨터의 이동이 자주 발생할 수 있는 노트북 컴퓨터나, 휴대형 정보기기 등에서 인터넷을 접속하는 데 걸림돌이 되고 있는데, 이를 해결하기 위해서는 모바일 프로토콜(Mobile IP)을 사용하여야 한다. 한편, IP 프로토콜 버전 6(IPv6)에서는 모바일 IP기능이 표준안에 포함되어 있다.

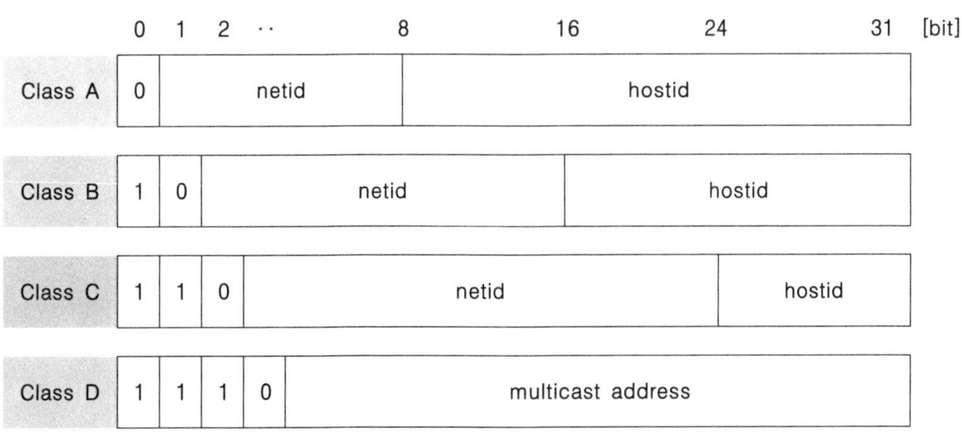

○ 정적주소와 동적주소

- IP 주소는 정적주소와 동적주소로 구분된다. 정적 IP 주소는 컴퓨터가 인터넷에 접속을 시도할 때 마다 항상 동일한 IP 주소를 사용하는 반면, 동적주소는 인터넷에 접속할 때마다 새로운 주소를 부여받아 사용한다.

- PC는 동적 IP 주소를 얻기 위해 자기 자신의 정보가 포함된 브로드캐스트 메시지(DHCPDISCOVER 패킷)를 접속하고자 하는 로컬 네트워크나 ISP로 전송하여 IP 주소를 요청한다.

- 이 패킷은 관련 네트워크 전체로 전송되게 되며 DHCP(Dynamic Host Configuration Protocol) 서버가 이를 수신한다. DHCP 서버는 자신의 IP 주소 리스트에서 사용 가능한 IP 주소 하나를 점유하여 다른 PC가 동일한 IP 주소를 할당받지 못하도록 예약한다. DHCP 서버는 IP 주소관련 정보(DHCPOFFER 패킷)를 IP 주소를 요청했던 PC로 전송한다.

- IP 주소 요청 PC는 DHCPOFFER 패킷을 수신한 후 수신결과(DHCPREQ-U EST 패킷)를 DHCP 서버에게 전송하면 DHCP 서버는 IP 주소 사용 허락(DHCPPACK 패킷)을 명령한다.

- 만약 네트워크에 하나 이상의 DHCP 서버가 존재한다면 IP 주소요청 PC는 여러 개의 IP 주소(DHCPOFFER 패킷)를 공급받게 되는데 이들 중 하나만 사용하게 되며, 사용자 PC가 인터넷 접속을 해지하면 공급받아 사용하고 있던 IP 주소는 다른 사람이 사용가능한 IP 주소로 상태를 바꾸어 해당 DHCP 서버가 보관한다.

○ CLASS A, B, C

NIC(Network Information Center)는 회사의 크기와 앞으로의 확장성에 따라 IP Address를 할당한다. 규모가 큰 회사는 Class A를(현재는 모두 소진되어 남아 있는 것이 없음.) 중간 규모의 회사들은 Class B를(이것도 지금은 남아 있지 않음.) 기타 나머지는 Class C를 할당한다.(Class C는 아직 약간의 여유가 있음.)

- 인터넷 Network Class와 IP Address의 정의 -

Class A Addresses : Values 0 ~ 126

0XXXXXXX AAAAAAAA	LLLLLLLL	LLLLLLLL	LLLLLLLL

* A=Assigned by NIC
* L=Locally Administered

Reserved Loopback Address : Values 127

01111111			

Class B Addresses : Values 128 ~ 191

10XXXXXX AAAAAAAA	AAAAAAAA	LLLLLLLL	LLLLLLLL

Class C Address : Values 192 ~ 223

110XXXXX AAAAAAAA	AAAAAAAA	AAAAAAAA	LLLLLLLL

Reserved Multicast Addresses : Values 224 ~ 239

111110XXXX			

Reserved Experimental Addresses : Values 240 ~ 255

111110XXXX			

- **Class A(Large Network)** : Class A는 NIC에 의해 설정된 8Bit를 맨 좌측에 갖고 있다. Network의 관리자는 나머지 24Bit를 설정할 수 있으며, 맨 왼쪽의 8Bit는 0에서 126 사이의 값을 표기할 수 있어, 127개의 Class A를 설정할 수 있다. 미국 내에서 엄청난 규모를 가진 큰 회사 또는 집단들이 주로 부여받는다. 8Bit가 결

정되면 24Bit가 남아있게 되는데, 이는 Class A가 2^{24} = 16,777,216개의 호스트를 가질 수 있다. Class A Network는 Network. Node. Node. Node의 형태를 갖게 되는데, 예를 들어 IP Address가 49. 22. 102. 70이라면, 49는 Network의 Address이고 22. 102. 70은 Node들의 Address이다. Class A중 49번이라는 번호를 갖는 Network상의 모든 기계는 모두 Network Address가 49이다. Class A Network Address의 길이를 1Byte로 정의하고 Byte의 첫 번째 Bit(0, Class A를 나타냄)를 제외한 7개 Bit에 나머지 Address를 표현할 수 있다.

이는 Class A Network의 최대 개수를 2^{7} = 128개까지 생성할 수 있음을 의미하고 있으며, 각각의 7개의 Bit가 0 또는 1을 표시할 수 있으므로 128가지 0(0000 0000~127(01111 0000)이다. 따라서 모두가 0인 경우와 모두 1인 경우의 Address는 이미 지정된 것이므로 Class A 한 개당 사용 가능한 최대의 Node의 수는 2^{24} = 16, 777, 216개에서 2개를 뺀 16, 777, 214이다.

- Class A의 IP Address의 정의 -

Address	내 용
Network Address가 모두 0	자신의 Network
Network Address가 모두 1	모든 Network
네트워크 127	Test기능으로 정해진 Loop Back을 한다. 네트워크에 혼잡을 발생시키지 않고 Local Node를 지정하여 Node가 자신에게 Test Packet 보낸다.
Node Address가 모두 0	자신의 Node를 의미
Node Address가 모두 1	특정한 Network의 모든 Node를 의미하는 것으로 128. 2. 2 55. 255는 Network 128. 2(Class B Address)의 모든 Node를 의미한다.
IP Address 전체가 모두 0	RIP 프로토콜에 의해 사용되는 것으로 Default Router를 의미한다.
IP Address 전체가 모두 1 (255. 255. 255. 255)	현재의 Network의 모든 Node에게 "All ones Broadcast"(동시동보)한다.

- Class B(Medium Network) : Class B Network는 맨 왼쪽 16Bit는 미리 할당되어 있는 것이므로 Network 관리자에 의해서 설정될 수 있는 부분은 나머지 16Bit이다. Class B의 Address는 첫 번째 쿼드가 항상 128에서 191 사이의 값을 갖게 되고 두 번째 쿼드로 0에서 255 사이의 값을 가지며 Network. Network. Node. Node의 형식을 갖는다.

예를 들어, IP Address가 131. 59. 30. 56인 경우 Network Address는 131. 59이고 Node Address는 30. 56이다. 따라서 Network Address는 2Byte를 갖게 되므로 2^{16} = 65,536의 Network를 생성할 수 있으나 Class B의 모든 Network는 '10'으로 시작할 수 있도록 설계되었으므로 실제로는 14개의 Bit만 남은 셈이므로 2^{14} = 16,384 개의 Class B Network가 존재한다.

Class B의 Network에서 128(1000 0000) ~ 191(1011 1111)까지 살펴보면 첫 번째 2Bit가 '10'으로 되어 있는 것을 볼 수 있다. 그러므로 첫 번째 Byte를 보면 금방 Class B Network라는 것을 알 수 있으며 16,384개의 서로 다른 Class B Network가 있다고 해도 또한 마찬가지이다.

- Class C(Small Network) : Class C는 Class B와 같이 항상 맨 왼쪽부터 24Bit가 미리 할당되므로 Node Address를 위해서는 1Byte가 주어진다. 따라서 Class C는 254개 이상의 호스트는 가질 수 없음을 의미하며 항상 NIC에서 24Bit를 관리하므로 매우 많은 수의 C Class Network를 공급할 수 있다. Class C Network의 첫 번째 3Byte는 Network Address의 분배를 위해서 존재하며, Network. Network. Network. Node의 형태를 갖는다. IP Address가 198. 21. 74. 102인 경우 Network Address는 198. 21. 74이고 Node Address는 102이다. Class C Network에서 처음 3Bit는 항상 '110'이며, 3Byte(24Bit)에서 3개의 지정된 Bit를 제외하면 21Bit가 남는다. 그러므로 2^{21} = 2,097,152개의 Class C가 존재할 수 있다. Class C를 자세히 살펴보면 192(1100 0000) ~ 223(1101 1111)으로 모든 Class C는 Node Address로 1Byte 만을 갖게 된다. 2^{8} = 256에서 모두 0이거나 모두 1로 특별히 지정된 것을 제외하면 각 Class C는 254개의 Node Address를 가진다.

- Class D(부가 기능적 Class) : 인터넷의 부가 기능적 네트워크로 Class D가 있으며, 이것은 미래를 위해 지정되었으며 멀티캐스트 패킷으로 사용된다.

224. 0. 0. 0에서 239. 255. 255까지의 범위를 사용하며 멀티캐스트 전송은 호스트가 여러 개의 수신지로 브로드캐스트 하고자 할 때 사용된다. 호스트가 Network의 모든 Router들을 알고자 할 때 사용한다. 이러한 패킷은 224. 0. 0. 2로 지정되며, 자신의 Network의 모든 라우터에게 멀티캐스트 패킷으로 전송하는 역할이다.

○ 서브네팅

인터넷 접속을 위해 배정받은 IP 주소의 한정성 해결, 즉, 하나의 IP주소를 여러 개로 나누어 전체 인터넷 공간에서 바라볼 때 또 하나의 새로운 네트워크로 인식될 수 있도록 하기위해서는 배정받은 하나의 IP Address를 여러 개의 작은 네트워크로 나누어 사용할 수밖에 없게 되는데, 이를 서브네팅이라고 한다.

Class C의 서브네트워크 구성을 예로 들면 IP 주소 중에 Netid 부분을 구분하기 위한 Mask를 Subnet Mask라고 하는데 Class A의 디폴트(Default) Subnet Mask는 255.0.0.0이고 Clase B는 255.255.0.0, Class C는 255.255.255.0이 된다.

예를 들어 Class C에서 Hostid로 8Bit가 아닌 6Bit만 사용하고 Netid로 24Bit가 아닌 26Bit를 사용하는 경우 Subnet Mask는 255.255.255.192가 되며 2Bit를 서브네팅 주소로 사용했으므로 4개의 서브네트가 만들어지고 각 서브네트에는 64개의 호스트 주소를 만들 수 있다. 그런데 호스트 주소 중에서 모두 1인 것은 방송용으로, 모두 0인 것은 자신의 주소로 지정되어 있으므로 각 서브네트에서는 62개의 호스트 주소가 배정 가능하게 된다. 따라서 3Bit를 서브네팅 주소로 사용하는 경우 8개의 서브네트가 만들어지고 각 서브네트에는 32-2=30개의 호스트 주소를 만들 수 있다.

- 2Bit를 서브네팅 주소로 사용한 경우의 Subnet Mask -

Class C 주소	11111111	11111111	11111111	<u>00</u> 000000
Subnet Mask :	255	255	255	0

2bit 서브네팅	11111111	11111111	11111111	11 00000
Subnet Mask :	255	255	255	192

Class C IP 주소에서 2Bit와 3Bit를 사용한 서브네팅 결과

구 분	서브네팅 주소로 사용한 bit 수		
	나누지 않음	2bit 사용	3bit 사용
Subnet Mask	255.255.255.0	255.255.255.192	255.255.255.224
서브네트의 수	1	4-2=2	8-2=6
각 서브네트 내의 호스트 수	256-2=254	64-2=62	32-2=30
배정 가능한 총 IP 주소 수	254	2×62=128	6×30=180

○ **프로토콜의 동작**

인터넷 계층의 기본 기능은 상위 트랜스포트 계층으로부터 받은 메시지에 IP 패킷헤더를 붙여 IP 패킷을 만들고 이를 전송하는 것이다. 통신망이 한 번에 전달할 수 있는 패킷의 최대 크기를 MTU(Maximum Transmission Unit)라고 하며 이더넷 프레임이 전달할 수 있는 MTU는 1500byte이다.

아래 그림의 IP 패킷구조에서 1줄은 4Byte이며 송신자와 수신자를 나타내는 32Bit의 IP 주소가 각각 4번째와 5번째 줄에 들어가며 상위 계층의 메시지는 헤더 뒤에 연속되어 전송된다.

또, 아래 그림에서 Ver(Version)는 IP 버전 값을 표시하며 IHL(Internet Header Length)은 헤더의 길이를 4Byte 단위로 표시하는 것이며 최소값은 5이므로 헤더의 최소 크기는 20Byte이다.

Total Length는 헤더를 포함한 IP 패킷의 전체 크기를 Byte단위로 나타내며 16Bit로 표현되므로 최대값은 65535가 되고 Identific- ation은 수신자가 패킷을 재조립할 때 사용하는 고유번호이다.

- IP 패킷의 구조 -

<table>
<tr><td>4</td><td>4</td><td>8</td><td colspan="3">16 [Bit]</td></tr>
<tr><td>Ver</td><td>IHL</td><td>Service Type</td><td colspan="3">Total Length</td></tr>
<tr><td colspan="3">Identification</td><td>Flags</td><td colspan="2">Fragment Offset</td></tr>
<tr><td colspan="2">Time to Live</td><td>Protocol</td><td colspan="3">Header Checksum</td></tr>
<tr><td colspan="6">Source IP Address</td></tr>
<tr><td colspan="6">Destination IP Address</td></tr>
<tr><td colspan="5">IP Options</td><td>Padding</td></tr>
<tr><td colspan="6">TCP 또는 UDP 데이터</td></tr>
</table>

또, Flags는 3Bit로 구성되고 첫 번째 Bit는 사용하지 않으며 항상 0이어야 한다. 두 번째 Bit는 세분화 금지 Flag(DF)이며 DF=0이면 이 패킷의 세분화를 허용하는 것이고 필요에 따라 라우터가 이 IP 패킷을 작은 크기로 나누는 것을 허용한다는 뜻이며 반대로 DF=1이면 세분화 금지를 나타내며 라우터가 중간에 이 패킷을 세분화하지 못하도록 한다. 따라서 DF=1이면서 IP 패킷의 크기가 Path MTU 보다 큰 경우에는 중간의 라우터에서 오류가 발생하며 송신자에게 이를 알려주게 된다. 세 번째 비트는 More Bit이며 More=1이면 이 IP 패킷과 다음에 전송되는 패킷이 트랜스포트 계층에서는 본래 하나의 메시지였으나 세분화되어 전송된다는 것을 나타내게 된다. 따라서 한 메시지의 마지막 부분을 구성하는 패킷 또는 메시지가 한 개의 패킷으로 구성되는 경우 More Bit=0이 된다. More Bit는 중간의 라우터가 패킷들을 재조립하여 더 큰 크기의 IP 패킷으로 만들어 전송할 때 사용되며 More=0인 패킷까지가 재조립의 대상이 된다. TTL(Time To Live)은 패킷이 인터넷 내에서 계속 돌아다니는 것을 방지하기 위하여 사용되며 보통 Hop Counter 값을 사용한다. TTL 값은 패킷이 노드들을 통과하여 지나갈 때 마다 1씩 감소하여 TTL이 0이 되는 노드에서 이 패킷은 소멸된다. 이 경우 Protocol은 이 패킷을 전달할 상위 계층 프로토콜을 지정하는데 TCP이면 6, UDP이면 17, ICMP면 1이다. Header Checksum은 헤더 부분의 오류 검출을 위해 사용되며 통상 IP Options는 사용하지 않는다.

- IP 패킷 헤더의 기능 일람표 -

필 드 명		길이 (bit)	기 능
Ver(Version)		4	IP 버전 값을 표시(현재는 4임)
IHL		4	4바이트 단위로 헤더 길이를 표시(최소값은 5)
Service Type		8	서비스 Class 지정(보통 0으로 지정)
Total Length		16	IP 패킷 크기(Byte 단위이며 최대값은 65535)
Ldentification		16	패킷을 유일하게 구분할 필요가 있을 때 사용하는 번호
Flags	0	1	항상 0
	DF	1	세분화 금지 Flag(0 : 허용, 1 : 금지)
	More	1	More 비트(0 : 마지막 패킷, 1 : 연속되는 패킷)
Fragment Offset		13	전체 메시지 중 이 패킷의 위치를 표시(8Byte 단위)
TTL(Time To Live)		8	패킷이 통신망 내에서 계속 돌아다니는 것을 방지하기 위하여 사용되며 보통 Hop Counter값을 사용한다.
Protocol		8	데이터를 전달할 상위 계층 프로토콜을 지정 (1 : ICMP, 6 : TCP, 17 : UDP)
Header Checksum		16	헤더 부분의 오류 검출
Source IP Address		32	송신지 IP 주소
Destination IP Address		32	수신지 IP 주소
IP Options		가변	옵션 선택(보통 사용하지 않는다.)
Padding		가변	32Bit 단위로 헤더 길이 맞춤(보통 사용하지 않는다.)

○ 라우터(Router)

라우터는 내부 라우팅 프로토콜(RIP; Routing Information Protocol)과 외부 라우팅 프로토콜(EGP; Exterior Gateway Protocol)에 의해 모든 정보를 항상 최적의 경로를 통해 예정된 목적지 주소에 도달시키는 역할을 담당한다. 라우터는 정보가 담겨있는 패킷의 목적지 주소를 분석하고 인접 경로상의 혼잡도, 장애발생 여부 등을 고려하여 최적의 전송경로를 계산한 뒤 선택된 경로로 정보패킷을 전송한다. 만약 목적지 주소의 내용이 내가 속한 로컬 네트워크 밖에 있는 목적지를 지시하고 있다면 즉, 내 로컬 네트워크의 범위를 벗어나야 한다면 라우터는 최종 목적지에 가장 가깝다고 판단되는 인접한 라우터로 또, 그 다음 라우터로 또, 그 다음 라우터를 통해 릴레이 경기방식으로 최종목적지로 정보패킷을 전송한다.

○ 인터넷의 유·무선 접속

기존의 일반 전화회선을 통하여 매우 빠른 속도로 인터넷에 접속할 수 있도록 하는 대표적 방법의 한 가지가 POTS(Plain Old Telephone System) 이용기술을 의미하는 DSL(Digital Subscriber Line)이다. DSL의 이용을 위해서는 사용자PC와 전화국 양쪽에 모든 데이터를 디지털 신호로 주고받는 DSL 모뎀이 필요하며 전화회선을 변조기술에 의해 음성, 송신, 수신 신호를 분리하거나 통신 속도를 다르게 하는 방법 즉, 세 개의 채널로 나누는 방법(데이터 송·수신과 음성통화 영역)을 사용하므로 하나의 전화회선으로 음성전화와 동시에 인터넷 접속도 가능하다. 또, 다른 인터넷 접속방법으로 팜탑 컴퓨터(PDA: Personal Digital Assistant) 연결, 휴대전화를 이용한 연결, 블루투스(Bluetooth) 등의 무선접속 기술의 이용이다. 대표적인 예로 휴대전화에 의한 인터넷 접속을 예로 들면 프로토콜 WAP(Wireless Access Protocol)과 WML(Wireless Markup Language)을 이용하여 접속을 시도하면 기지국에서는 전화기의 MSN(Mechanical Serial Number)과 ESN(Electronic Serial Number)을 보고 인증절차를 거친다. 뒤이어 기지국은 공중전화망(유선전화 네트워크)을 통해 네트워크 서버와 WAP 게이트웨이로 연결하여 정보제공을 시작한다. 통상 해당정보는 HTML 형태이므로 게이트웨이가 WML로 변환시켜 휴대 전화기에서 볼 수 있는 형태로 만들어 준다. 이와 유사한 것으로 앞으로 크게 각광받게 될 기술이 블루투스이다. PC, 전화기, PDA, 오디오와 TV 등 모든 가전제품들끼리 서로 통신을 할 수 있도록 개발된 무선기술이며 두 개 이상의 블루투스 장치가 연결된 것을 피코넷(piconet)이라 한다. 각각의 장치들은 블루투스에 의한 무선신호를 주고받을 수 있는 마이크로 칩을 내장하고 있으며 데이터와 음성 모두 다 송·수신할 수 있다. 무선신호는 ISM(Industrial, Scientific, and Medical) 대역(2.4GHz의 무선 대역)으로 전송된다. 칩 내부에 있는 링크 컨트롤러 소프트웨어가 상대편 블루투스 장치를 인식하고 데이터 송·수신을 수행한다.

○ IPv6

현재 사용되고 있는 IP 체계인 IPv4의 주소 할당의 한계와 단점을 개선하기 위해 개발된 새로운 IP 체계를 IPv6(Internet Protocol version 6)이라 한다.

IETF(Internet Engineering Task Force, IAB; Internet Architecture Board 미국 인터넷 표준규격조사위원회)의 공식 규격이며 차세대 인터넷통신규약이라는 의미로 IPng(IP next generation)라고도 한다. IPv4는 32비트 주소체계에는 42억 개 주소의 수를 A, B, C, D Class와 CIDR(Classless Inter Domain Routing)로 할당하는 반면, IPv6은 128bit 주소체계로(3.4*$10^{38,}$ 최대 약 1조개 이상) CIDR 기반에 의해 계층적으로 할당하는 방식이다. 이미 많은 부분에서 실험적으로 상용화되었으며 유니캐스트(Unicast, 특정 수신자에게만 패킷전송), 멀티캐스트(Multicast, 특정그룹 수신자들에게 동시에 패킷전송), 애니캐스트(Anycast, 특정그룹 내 일부 수신자들의 통신) 3가지의 주소 유형으로 구분된다. IPv6은 거의 무한대에 가까운 주소 공간을 제공하므로 휴대폰, 각종 전자제품, 농업을 포함한 모든 산업의 생산기기에 폭넓게 활용될 수 있어 진정한 의미의 유비쿼터스(Ubiquitous) 시대를 맞이하게 될 것이다.

제7장
e-비즈니스

1. 전자상거래

인터넷의 탄생과 활용으로 인해 물리적 공간에서 서로 얼굴을 맞대며 관계를 형성하는 전통적인 유기체적 사회(Organic Society)에서 가상의 공간(Cyber Space)을 이용하는 정보화 사회(Information Society)로 변동되었다. 전 세계는 국경 없는 글로벌화가 진행되고 정보통신기술의 발달로 거리와 시간의 개념이 소멸된 실시간(Real-Time) 환경 속에서 전자공동체(Electronic Community, Jones), 포스트모던사회공동체(Postmodern Geography, Soja), 시·공간압축(Time-Space Compression, Harvey), 지구촌(Global Village, Harvey), 우주선지구(Spaceship Earth, Harvey) 등과 같은 새로운 개념의 가상공동체(Virtual Community)로 탈바꿈하게 되었으며 이 같은 변화는 사회 각 부문에서 영역간의 경계를 모호하게 하는 소위 무경계(無境界) 사회(Borderless or Fuzzy Society)로의 양상을 나타내고 있다.

미국, 영국 등 인터넷 선진국의 경우, 금융, 경매, 물품 조달, 상품판매 등 모든 분야에서 인터넷을 이용한 정보화와 거래활동이 이루어지고 부문 간의 상생(WinWin) 전략으로 통합화를 통한 부가가치를 창출하고 있다. 이런 추세로 가면 21세기 중반에는 정보화 사회가 완벽하게 정착되어 모든 유통의 대부분을 전자상거래가 주도할 것으로 전망되며, 이로 인해 인터넷을 통한 전자상거래에 연결망 외부성(Network Externality) 현상이 극에 달할 것으로 판단된다. 한편, 농업 분야는 자연을 이용하는 산업으로 생산 기간이 길고 품목이 다양하며, 표준화와 규격화가 미완성 상태이고 농업인들에 대한 교육과 정보화 환경 및 전자상거래에 대한 인식부족 등으로 인해 인터넷을 이용한 정보화는 상대적으로 낙후된 상태이다. 그러나 농업도 이미 정보화 사회에 편입되어 있기 때문에 이 흐름을 타고 농업을 발전시킬 수 있는 수단을 다각도로 모색할 때이다. 농업 분야에서도 전자상거래는 생산자와 소비자에게 모두 유리한 새로운 직거래 유통방식으로 평가되는 농업정보화의 핵심적인 부문이다.

현재 우리나라 농업 부문의 전자상거래는 아직 초기 단계이지만 농업정보화 정책의 추진으로 농업인들의 관심이 고조되고 있으며 전자상거래가 본격화되면 경영전략과 유통방식도 그에 적합한 새로운 방식과 전략으로 전환되어야 할 것이다. 특히 미래의 전문 농업경영인 들은 글로벌 시장에 적극적으로 진출할 수 있어야 하며 이를 위해서 전자상거래 환경에 대응할 수 있는 능력을 갖추어야만 한다. 따라서 젊은 영농후계자들에게 전자상거래에 대한 이해와 경영마인드를 갖도록 하기 위한 전문교육과 우리나라 농업을 이끌고 갈 농업 역군인 한국농수산대학 학생들에게 정보화 마인드를 심어주는 일이 절실히 요구된다. 특히, 급변하는 농산물 유통시장에 대응하여 전자상거래에 적극 참여할 수 있도록 전자상점의 개점과 운영에 필요한 교육과 실제 이용은 매우 중요하고 시급한 과제이다.

1) 전자상점

생산자와 소비자 사이의 중개 판매자를 전자상점이라 하며 재래시장의 개념에서는 고객들이 구매를 위한 상점을 방문하고 대면하여 이루어진다. 이 경우 신문・잡지와 같은 카탈로그를 이용하면 상점대신 카탈로그로 대체할 수 있다. 카탈로그가 인터넷으로 대체되어 중개인을 배제하고 생산자가 소비자에게 직접 판매하는 것을 가능하게 만든다. 전자상점도 양질의 가격, 품질, 서비스가 함께 만족되어야 한다는 원칙에는 재래시장의 상점 개념과 다를 바 없으나, 브랜드화, 신뢰도와 인증, 음악과 비디오 형태의 소프트웨어, 가격, 반복 상용품, 표준화 또는 널리 인식된 표준사양 등의 인터넷 특성으로 환경과 조건의 동일성이 생성되므로 전자상점의 판매가 점점 증가되고 있다. 반면, 소비자들에게 올바른 가치제공이 불가능한 생산자, 수익성이 있는 비즈니스 모델의 구축 또는 운영이 불가능한 생산자들이 전자상점을 운영하려 한다면 매우 큰 위험에 노출되게 된다. “수익을 내지 못하면 존재할 이유가 없다.”, “한계매출은 한계수익을 생성해야 한다.”의 기본원칙을 구현해야 한다. 가격경쟁, 매출과 수익성 보장, 끝없는 시장 환경의 변화 등으로 인해 대부분의 전자상점은 흑자 경영을 위해 일정 규모로 성장하려고 노력하는 과정에서 큰 손실을 본다. 대다수의 전자상점들은 벤처 캐피털회사의 지원을 받아 시작하는데, 대부분 손익분기점을 넘어 스스로 운영될 수 있는 충분한 규모로 성장하기 전에 자금이 고갈된다. 건전한 자금의 공급, 적절한 수익모델, 비용통제 등이 확립되지 않으면 절대로 수익을 올릴 수 없으며, 장기적으로 성공하려면 안정적 재무 생존능력은 필수사항이다.

- 벤처 캐피털(Venture Capital) : 고도의 기술력에 의한 매우 높은 장래성과 위험도가 동시에 존재하는 벤처기업에 무담보 주식투자 형태로 투자하는 기업 또는 금융기업의 자본을 뜻하는 것으로 일반 금융기관의 소극적 태도와는 달리 벤처기업 장래성에 의한 높은 수익성에 가치를 두고 투자 또는 융자하여 벤처기업이 주식을 상장할 경우 자본 이익을 얻어내는 것이 목적이다. 벤처 캐피탈이 자금을 지원한 후 투자 대상기업이 성장·발전하면 보유주식을 매각하여 투자금을 회수하게 되는데, 벤처기업의 경영성과에 따라 매우 큰 수익을 올리는 반면 투자금 회수가 불가능한 경우도 있으며, 은행과 달리 자금조달 수단이 없으므로 금융긴축 등의 금융시장 변화에 민감하다.

인터넷은 고객과의 새로운 연결을 창출하며 시장을 성장시키는 기회를 제공하는 순기능이 있는 반면, 전자상점이 매우 많은 위험에 노출될 수 있도록 하는 역기능도 동시에 제공한다. 지자체의 규제와 투쟁, 관련 기업들 간의 상호작용과 구성원들과의 소통, 문화적 관점과 차이 극복, 국내외적 법체계 및 규제와의 투쟁, 불만세력(종업원, 고객집단, 언론 등)들의 방해 행위 등 끊임없이 발생되는 위험에 대한 대응 즉, 모든 소비자(고객)들은 강한 브랜드 인지도를 가지고 있는 제품의 탐색을 끊임없이 계속하고 있고 또, 탐색된 브랜드제품에 더 많은 비용을 지불할 준비가 항상 되어있는 상태이다. 이로 인해 전자상점은 최단시간에 브랜드 인지도 확보를 위해 무리하고 과도한 출혈 지출을 하는 경우가 있다. 외국에 어떤 경우 개점한지 얼마 되지 않은 전자상점이 20초짜리 TV광고를 위해 벤처자금의 50%를 지출하거나, 접속 트래픽 증가를 위한 지나친 판매촉진 이벤트 등에 의해 상품의 매출이 발생할 때마다 동시에 손실도 발생되는 경우가 여기에 해당된다.

2) 전자상거래 현황

전자상거래(EC : Electronic Commerce)란 개인, 기업, 정부 등 경제 주체 간에 고도의 정보통신 기술을 활용하여 상품 및 서비스를 교환하는 거래활동으로 사업유형으로는 B-to-C(사이버 상점 및 전자 기업을 통한 이용자와 기업 간의 거래), B-to-B(기업과 기업 간 주문, 송장, 지불처리 등의 거래), B-to-A(공증, 허가 등 기업차원의 각종 행정 거래), C-to-A(전자 대민 서비스)가 있다.

- 거래주체별 전자상거래 규모(거래액) -

단위:10억원
출처:통계청

거래주체별	2005	2006	2007	2008	2009	2010	2011	2012(3/4)
합계	358,450	413,584	516,514	630,087	672,478	824,392	999,582	844,845
기업간(B2B)	319,202	366,191	464,456	560,255	592,965	747,090	912,883	781,694
기업·정부간(B2G)	29,036	34,435	36,801	52,266	59,455	52,772	58,378	40,252
기업·소비자간(B2C)	7,921	9,132	10,226	11,359	12,045	16,005	18,533	14,365
기타	2,292	3,826	5,032	6,207	8,012	8,524	9,788	8,534

- 산업별 기간 간 전자상거래 규모(거래액) -

단위:10억원
출처:통계청

산업별	2005	2006	2007	2008	2009	2010	2011	2012(3/4)
합계(B2B)	319,202	366,191	464,456	560,255	592,965	747,090	912,883	781,694
제조업	212,086	239,323	298,399	359,732	375,246	508,520	635,965	556,120
전기·가스·수도업	5,186	8,552	9,518	10,807	15,066	14,090	10,039	5,430
건설업	24,046	29,334	46,160	63,288	56,978	61,711	71,264	62,464
도소매업	62,413	68,035	82,478	96,185	105,073	126,543	146,174	120,107
운수업	2,879	4,667	7,850	8,456	19,305	11,297	18,066	11,170
출판,영상, 정보서비스	7,329	10,136	11,029	11,514	13,713	17,274	20,415	17,218
기타	5,262	6,143	9,022	10,273	7,582	7,656	10,959	9,186

우리나라 최고의 농업정책 기관인 농림수산식품부의 경우 1999년부터 전자

상거래로 앞서가는 농업인을 지식농업인으로 선정하여 홍보하고 있으며 농산물 통합 쇼핑몰을 운영하여 전자상거래의 활성화를 지원하고 있고 농촌진흥청 등 전문 연구기관에서도 홈페이지 구축 지원뿐만 아니라 농업인을 대상으로 하는 정보화교육을 지속적으로 실시하고 있으므로 앞으로 농업인들의 전자상거래 참여는 더욱 더 확대될 전망이다.

- 컴퓨터 보유농가 현황 -

출처:통계청

구 분	2005	2006	2007	2008	2009	2010	2011
컴퓨터 보유 농가 수	470,000	474,000	496,000	509,938	511,142	537,662	517,165
컴퓨터 보유 농가 비율	37.0%	38.1%	40.3%	42.0%	42.7%	45.7%	44.5%

- 컴퓨터 용도별 농가 활용현황 -

단위:천가구/천대
출처:통계청

구 분	농가 수	보유대수	용 도					
			계	정보수집	전자상거래	자동화	경영관리	기 타
2006	1,245,000	474	114.7 100.0%	100.0 87.2%	**4.7** **4.1%**	0.6 0.5%	4.7 4.1%	4.7 4.1%
2007	1,231,000	496	119.1 100.0%	107.1 89.9%	**4.7** **4.0%**	0.5 0.4%	4.5 3.7%	2.3 1.9%
2008	1,212,050	510	124.1 100%	109.2 88.1%	**5.0** **4.0%**	0.7 0.6%	4.2 3.4%	4.8 3.9%
2009	1,194,715	511	125.2 100%	112.5 89.9%	**5.4** **4.3%**	0.5 0.5%	3.9 3.1%	2.7 2.2%
2010	1,177,318	538	241.9 100%	223.7 92.5%	**18.0** **7.5%**	관광사업 2.3 0.9%		18.6 7.7%
2011	1,163,209	517	183.7 100%	158.7 86.4%	**7.5** **4.1%**	관광사업 1.4 0.7%		15.9 8.6%

- 사이버 쇼핑몰 취급 상품 범위/군 별 거래액 -

단위:100만원
출처:통계청

상품군 별	범위	2005	2006	2007	2008	2009	2010	2011	2012(3/4)
합계	계	10,675,595	13,459,595	15,765,573	18,145,516	20,642,979	25,202,988	29,072,463	23,578,165
	종합	7,415,033	9,570,678	11,121,748	12,964,202	15,444,725	19,041,704	21,835,828	17,545,764
	전문	3,260,563	3,888,917	4,643,824	5,181,314	5,198,254	6,161,284	7,236,635	6,032,400
컴퓨터 및 주변기기	계	1,026,997	1,260,605	1,542,048	1,636,492	2,035,332	2,387,882	2,808,232	2,294,366
	종합	710,126	886,543	1,120,282	1,207,228	1,524,515	1,812,226	2,072,714	1,737,423
	전문	316,871	374,062	421,767	429,264	510,817	575,656	735,518	556,943
소프트웨어	계	98,472	85,934	109,909	112,179	129,703	131,841	92,986	60,909
	종합	80,569	67,419	91,712	90,663	108,652	110,725	71,532	43,981
	전문	17,903	18,514	18,197	21,516	21,051	21,116	21,454	16,928
가전·전자·통신기기	계	1,785,916	2,010,894	2,325,681	2,465,900	2,683,130	3,116,795	3,238,228	2,565,750
	종합	1,595,707	1,845,089	2,162,356	2,370,514	2,597,784	3,011,948	3,127,638	2,457,645
	전문	190,210	165,805	163,324	95,386	85,346	104,846	110,590	108,105
서 적	계	495,666	627,675	744,207	875,159	1,029,780	1,169,144	1,274,274	983,719
	종합	145,176	181,134	209,751	289,493	337,976	401,985	433,184	306,330
	전문	350,490	446,541	534,456	585,666	691,804	767,159	841,090	677,389
음반·비디오·악기	계	94,752	80,682	93,208	111,402	135,753	154,174	152,229	103,012
	종합	47,858	36,747	43,304	54,578	75,206	95,004	94,574	60,464
	전문	46,894	43,935	49,904	56,824	60,547	59,170	57,655	42,548
여행 및 예약서비스	계	1,603,830	2,018,509	2,416,323	2,857,432	2,670,405	3,445,134	4,065,637	3,922,695
	종합	259,013	334,070	402,365	555,444	606,386	745,105	780,363	978,083
	전문	1,344,816	1,684,439	2,013,958	2,301,988	2,064,019	2,700,029	3,285,274	2,944,612
아동·유아용품	계	406,365	652,264	868,297	1,026,697	1,246,612	1,512,463	1,539,248	1,135,766
	종합	333,056	577,825	793,742	958,461	1,196,263	1,462,458	1,469,053	1,072,762
	전문	73,309	74,439	74,554	68,236	50,349	50,005	70,195	63,004
음·식료품	계	531,085	625,154	730,555	1,009,291	1,352,181	1,641,556	2,142,273	1,993,610
	종합	442,877	488,482	497,125	673,680	990,684	1,295,468	1,712,704	1,631,319
	전문	88,208	136,672	233,431	335,611	361,497	346,088	429,569	362,292
꽃	계	40,680	42,449	51,496	50,587	59,753	53,586	49,061	34,059
	종합	23,955	22,856	29,534	29,999	45,028	40,043	32,020	20,092
	전문	16,725	19,592	21,962	20,588	14,725	13,543	17,041	13,967
스포츠·레저용품	계	395,651	501,794	535,898	614,134	844,038	1,075,790	1,215,140	947,445
	종합	340,156	436,429	461,795	537,326	761,810	975,519	1,105,649	868,331
	전문	55,495	65,365	74,102	76,808	82,228	100,271	109,491	79,114
생활·자동차용품	계	1,056,216	1,300,393	1,485,456	1,709,747	1,958,714	2,572,266	3,043,936	2,586,561
	종합	987,824	1,193,935	1,336,103	1,555,454	1,813,904	2,413,061	2,864,074	2,447,820
	전문	68,391	106,458	149,353	154,293	144,810	159,205	179,862	138,741
의류·패션 및 관련상품	계	1,583,101	2,371,658	2,713,990	2,995,591	3,523,871	4,248,110	4,869,290	3,628,585
	종합	1,388,095	2,115,612	2,365,257	2,567,933	3,001,627	3,566,742	4,080,940	3,030,850
	전문	195,005	256,046	348,733	427,658	522,244	681,368	788,350	597,735
화장품	계	587,167	699,107	792,787	917,467	1,104,236	1,414,040	1,605,497	1,285,712
	종합	372,486	489,736	578,909	691,796	903,709	1,207,789	1,405,266	1,127,455
	전문	214,681	209,371	213,878	225,671	200,527	206,251	200,231	158,257
사무·문구	계	106,116	130,819	181,014	262,228	298,223	339,557	357,274	297,667
	종합	44,645	62,508	106,302	142,424	180,709	231,704	242,038	205,979
	전문	61,471	68,311	74,712	119,804	117,514	107,853	115,236	91,688
농수산물	계	284,659	312,430	393,058	493,276	587,555	681,255	820,592	718,382
	종합	231,072	238,083	296,219	380,389	463,376	574,823	720,113	652,839
	전문	53,587	74,346	96,839	112,887	124,179	106,432	100,479	65,543
각종서비스	계	69,791	74,728	69,976	56,478	68,881	80,530	135,421	141,063
	종합	18,488	11,848	6,156	12,910	28,523	26,337	74,189	100,571
	전문	51,303	62,879	63,819	43,568	40,358	54,193	61,232	40,492
기 타	계	509,130	664,501	711,669	951,458	914,812	1,178,865	1,663,146	878,863
	종합	393,927	582,360	620,834	845,910	808,573	1,070,767	1,549,777	803,821
	전문	115,203	82,141	90,835	105,548	106,239	108,098	113,369	75,042

우리 국민의 소득 수준이 향상되고 농산물 등 식품의 안전성이 중시되면서 소비자들은 수량 중심에서 품질 위주로 농산물을 찾게 되었고, 농산물 시장개방으로 가격 경쟁력이 약화됨에 따라 차별화된 고품질 농산물만이 경쟁력을 갖게 되었다. 이에 따라 농업생산은 전문화되고 차별화된 농산물을 생산하여 그 가치를 소비자에게 제대로 알려서 적정 가격을 실현시킬 때만이 경제성을 확보할 수 있다. 이와 같은 판매환경에 적응하기 위해서 농업후계자들은 정보기술을 익히고 정보화 마인드를 갖추어 생산, 홍보, 판매 등 경영활동에 직접 적용할 수 있는 종합경영능력이 있어야 하며 이에 대한 구현방법으로 전자상거래 시스템을 이용한다. 예를 들어 설명하면, 국내에서는 유일하게 전문화된 고품질의 농업 생산자집단을 육성하고 있는 한국농수산대학의 졸업생과 재학생들은 자신들이 생산하는 농산물을 국내외적으로 최고의 품질과 신뢰를 자랑할 수 있다는 의식을 갖고 있다. 이들에게 농업인의 자부심을 더욱 더 고취시키고 그에 따른 수준 높은 기술 수용과 품질관리, 그리고 생산물에 대한 종합정보를 소비자에게 직접 실시간으로 알릴 수 있는 경영방식을 택하도록 한다면 보다 높은 경영성과를 올릴 수 있을 것이다. 이를 위해서는 국내외 모든 소비자들에게 한국농수산대학이 우리나라 농업을 유지 발전시키고자 정책적으로 설립된 국내 유일의 교육기관이며 농업생산의 전 부문에 걸쳐 최고의 농산물을 생산하는 최고의 생산자 단체임을 알릴 필요가 있으며 이를 인터넷을 통해 알림으로써 제품의 차별화도 용이해질 수 있을 것이다. 이를 위한 전자상거래 시스템은 간단명료하면서 표준화되고 보편화된 콘텐츠를 구성할 수 있어야 하고 또, 개별 홈페이지들을 묶어 쇼핑몰의 형태로 구축하여 소비자들로 하여금 확인할 수 있도록 구현시킨다. 이것이 농업에서의 전자상거래 시스템 이용이다.

3) 농상품과 전자상거래

농업용 전자상거래 시스템을 구축한다는 것은 농산품을 표준화하고 규격화시켜 전자상품화 하는 것을 의미한다. 농산품전시, 주문, 물품대금처리, 농산품의 배송, 환불 등의 일련과정에 대한 절차와 규정 및 순서(Procedure)를 정하고, 인터넷의 주 사용자층을 기호, 선호, 연령 등으로 조사한 후, 다른 사이트들과의 다양한 조건 비교, 직접 구매 경우와의 차별화 전략수립 등을 통하여 전자상거래에 적합한 규모와 형태로 시스템을 설계한다. 시스템의 절차와 순서가 정해지면, 홈페이지를 구성해야 하며, 구성형태와 갱신주기, 방법, 효과, 비용에 대한 기본전략을 확립해야 한다. 홈페이지 구성의 선결요건인 도메인 네임은 생산자의 특성과 신뢰도, 상품 또는 생산자의 연관성(聯想推論) 등을 고려하여 매우 쉽고 간단하며 NIC(Network Information Center)로부터 등록, 승인될 수 있는 유일한 이름으로 작성하고 전자상거래 관련 법규, 환불 및 교환제도(기준), 세금관련 법률의 적용 등에 대한 전략을 수립한다. 농업용 전자상거래 시스템을 구축하기 위해서는 최소한 다음과 같은 사항을 필요 요건으로 한다.

첫째, 농업용 전자상점 운영을 위한 응용소프트웨어와 Web Server, DB Server, Network 등이 필요하다.

둘째, 카드사용 여부와 결재 또는 승인 방법을 결정해야 하며,

셋째, 어떤 인증방식을 사용할 것인지를 결정해야 한다. 이 때, 인증방식은 당사자 간에 사용되는 단순 암호화기법을 이용하는 Not-Set과 인증기관의 인증을 요하는 Set 방식이 있다.

넷째, 방화벽(Fire Wall)과 같은 보안기법의 적용을 통해 해킹 대비책과 내·외부적 보안기능을 마련해야 하며, 농산품의 배송방법과 상점주인과 배송위탁자들의 재고관리 방법에 대한 기준이 마련되어야 한다.

시스템의 설치는 기존의 ISP와 WSP의 웹 호스팅(Web Hosting)기능을 이용하는 방법과 각각 농장별로 독립된 서버시스템(Server System)을 구축하는 방법이 있다. 웹 호스팅을 이용하는 경우 초기 투자비용이 적고, 시스템 운영, 홈페이지 제작, 도메인 네임 선정과 신청 등의 과정에서 사용자(농산물 상점주인)의 특별한 기술을 요하지 않으며, 단시간 내에 구현이 가능하나 독립된 IP Address를 가질 수 없으며, WSP나 ISP의 횡포(조건, 사용료, 도메인 네임 등)가 예견될 수 있다. 또, 고객서비스 면에서 E-mail 사용의 편리성과 제한여부, 기술지원의 완벽성을 따져봐야 하며, 기술력의 면에서는 최신 인터넷 기술의 사용여부, 호환성, 농산품 전자상점 주인에 대한 다양한 권한 부여, 시스템 보안 문제를 잘 살펴보아야 한다. 그리고 속도, 안정성, 사용료, 라우팅(Routing) 기능의 완벽도와 물리적 회선상태, 서버의 성능, 월 평균 시스템 다운횟수 등을 세밀하게 분석하여 결정해야 한다. 이러한 사항들은 결국 매출과 직결되어 사업의 성패를 좌우할 수 있다. 독립된 서버 시스템을 구축

할 경우 독립된 IP Address를 갖게 되므로 향후 농장 내의 여러 시설별로 Sub Net을 구축할 수 있어 유연성이 매우 크다. 반면 초기 투자비용이 많이 들고 구현 과정에서 전문 기술력이 필요하며 또, 전자상점을 운영하기 위한 훈련된 기술 인력이 필요하다. 또, 별도의 E-mail 시스템, 방화벽 시스템, 금융관리 시스템이 운영되어야 하는 어려움이 있다. 이 같은 점을 감안해서 현재 수준에서 장래의 장기적 경영계획이 감안된 경제적이고 효과적인 시스템 구축방법을 선택하는 것이 중요하다.

○ 농상품

농산물(農産物, Agricultural Produce, 열매를 채취 하는~)

↓

농산품(農産品, Farm Produce, 열매를 맺게 하는~)

↓

농상품(農商品, Commodity, 열매를 창작제품화 하는~)

○ 농상품 전자상거래 시스템 구현의 문제점

① 잘못된 가치관(농사꾼 등)

② 잘못된 시스템 분석

- 투자→생산→소비→환금→재투자 과정의 정확한 시스템 분석
- 계획생산(주문생산, 출하시기 등), 과잉 또는 부족 시 대처 방안

③ 최적화가 무시된 거래단위 및 생산단위

- 높은 유통비용과 포장용기 비용
- 생산 및 자원의 낭비(가공 전·후, 유통과정 등)
- 냉장고 과다 사용에 의한 먹을거리 신선도와 위생문제

④ 잘못된 구조의 유통시스템

⑤ 무시된 프로슈머(Prosumer) 사상

○ 농상품 전자상거래 시스템 구현

① 가치관의 재정립(농사꾼→농업인→종합과학자→구국 또는 애국자)

② 국내·외 환경 및 여건변화 예측(에너지, 질병, 기상, 소비문화 등)

③ 농상품 거래 단위의 규격화

- 일회 또는 즉석 소비형 종합선물세트화
- 계획 소비문화 창조 및 확산을 통한 계획 생산
- 냉장고 최적사용 문화 창조 및 확산

④ 새로운 구조의 유통시스템 구축

- 믿을 수 있는 생산자와 믿고 있는 소비자 모두가 유통의 주체
- One Stop 서비스가 가능한 종합쇼핑몰 구축
- 전국 주거지역별 Post Office 망 구축(인증된 지역 내 상가 등)
- 지역별 물류센터 망 구축(기존의 생산자 창고 이용)

⑤ 공급 및 유통 주체의 신뢰성 확보

- 한국농수산대학 명칭의 브랜드화 등
- 금융, 보험회사 등의 지불보증 또는 손해배상보증

⑥ 소비자가 준비하는 유통용 재활용 포장용기 개발

- 소량 다품종 상품의 유통 및 신선도 유지 포장용기 개발
- 소비자 스스로가 준비하는 문화 정착(ex, LPG통)

⑦ 프로슈머(Prosumer) 문화의 확산

- 먹으면 약이 되는 먹을거리 문화 창조
- 생산, 가공, 유통에 소비자들의 무의식적 자발 참여 유도
- 생산자와 소비자 모두가 생산의 주체

⑧ 농상품의 새로운 유통문화 개발 및 제도적 뒷받침

- 사이버머니, 상품권 등의 선물 또는 예약거래 기능 도입
- 농상품의 새로운 인증 및 보증제도 개발
- 농상품의 종합선물세트화

⑨ 농상품 전자상거래 시스템 구현 과제

전자상점 관리메뉴 설정, 전자상점 정보관리, 은행계좌 정보관리, 배송업체 관리, 결제업체 관리, 약관, 개인정보 보호정책, 홈페이지 작성 및 유형선택, DB 구축, 상품등록, 포장단위 관리, 매장상품 관리, 창고상품 관리, 네티즌 사용자 및 회원 관리, 네티즌 사용자(주문, 결제, 배송, 주문취소, 반품) 관리, 각종 통계분석 관리

○ e-Business 농업의 구성도

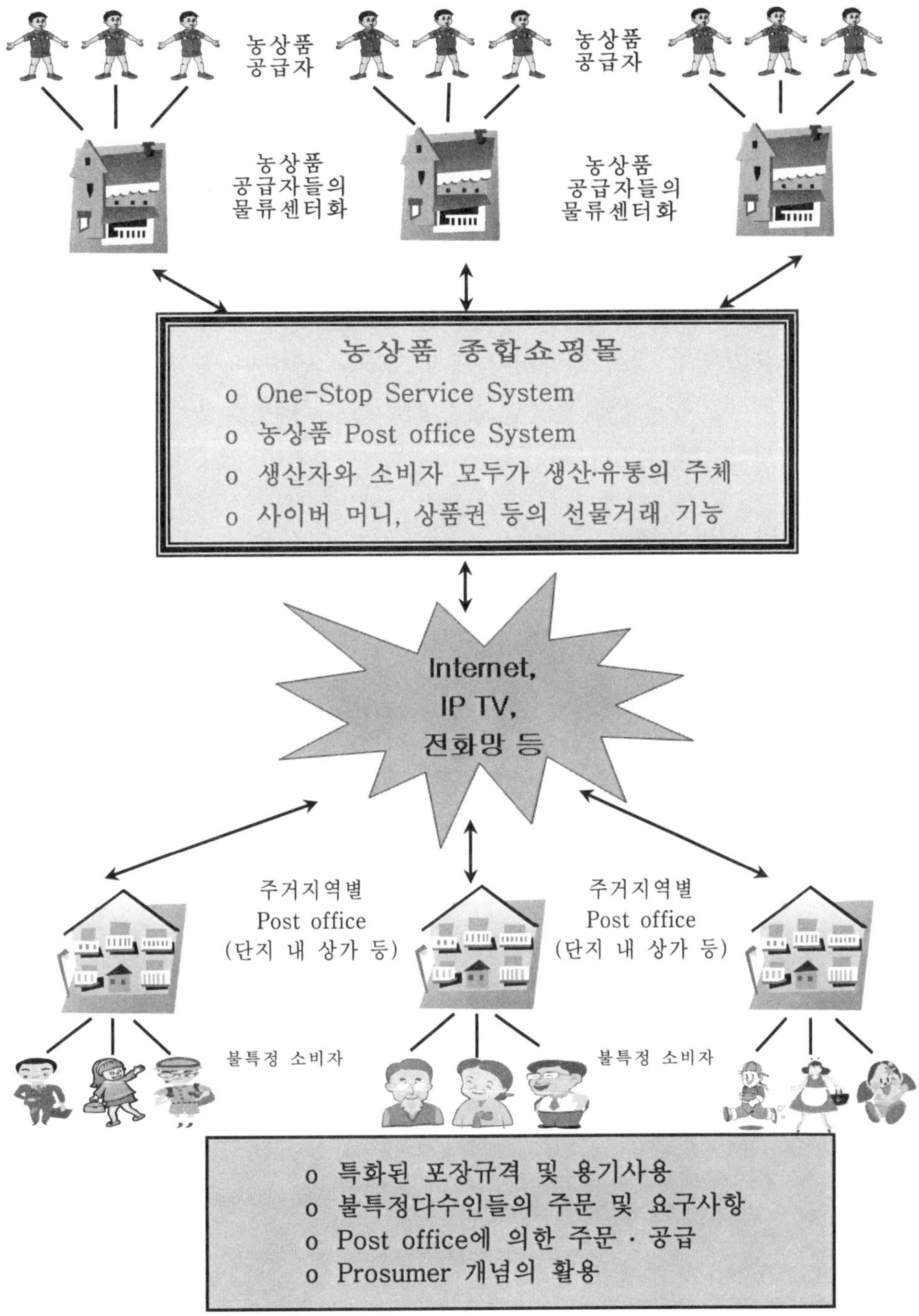

4) 전자상거래의 유형

○ B2B(Business to Business) : 기업과 기업 간의 전자상거래로 일반적 통계에 따르면 전자상거래의 80% 이상을 차지하며 일정기간 단위로 물품 공급 계약을 체결하고 이 계약조건에 따라 거래가 이루어지며 1 : 1, 1 : N, N : N의 관계를 형성하게 되는 특징을 가진다.

○ B2C(Business to Customer) : 기업과 개인 간의 전자상거래로 현재 모든 유통분야에서 질과 양에서 폭발적으로 확장되고 있다. 주로 인터넷 상의 쇼핑몰, 전문상점 등을 방문하여 상품 카탈로그 페이지를 통해 원하는 상품을 선택하고 쇼핑백에 등록한 뒤 대금지불과 배송방법 등을 결정한 뒤 거래가 성립된다.

○ **전자상거래의 일반적 과정**

- 소비자가 인터넷에 접속하여 원하는 전자상점의 홈페이지 방문
- 소비자는 전자상점의 상품 목록에 표시된 목적물을 선택하고 거래 조건 확인
- 기재사항 입력 페이지에 필요 사항 입력 후 주문버튼 클릭으로 주문 신청
- 주문 내용 기록과 함께 소비자에게 주문 승낙 전자우편 발송
- 소비자는 인터넷을 통해 전자상점 계좌에 대금 입금 또는 카드결제
- 우편이나 택배를 통해 상품전달, 소프트웨어와 같은 디지털 상품의 경우 소비자가 인터넷상에서 자신의 PC로 다운로드(Download)

○ **전자상점용 상품** : 전자상거래에서의 상품은 가치에 대한 기준이 있고 가치의 이전이 가능하며, 재화로서 가치를 인정받을 수 있는 모든 물품과 모든 서비스들이다.

. 모든 농업 생산품과 가공품, 식품 등의 식량 상품 . 농업기술정보, 서적, 논문, 통계자료, 백과사전, 교육용 과제물 등의 DB 상품 . 파일 보관과 공유, 컴퓨터의 이용, 전자우편 등 정보처리 상품 . 주식정보, 부동산정보, 뉴스속보, 기상 등 1:N 형태의 상품 . 광고, 홍보, 공연, 운동, 행사 등의 이벤트 상품 . 보험, 주식, 은행 등 금융거래 상품 . 노동력과 기술력 제공, 장비와 기계의 대여 등 서비스 상품 . 음악, 정지영상, 동영상, VOD와 같은 멀티미디어 상품 . 화상회의와 교육, 원격지 간의 자료 전송, 인터넷 접속 등 네트워크 제공 상품

이상과 같은 전자상거래는 인터넷과 개인용 컴퓨터를 매개체로 이용한다는 것 이외에는 전화나 팩시밀리를 이용하는 통신판매와 유사한 반면 통신판매와 달리 서면 계약이 아니므로 서로 상대방의 소재를 명확하게 파악하기 어렵고 또, 컴퓨터와 인터넷에서 주문 요청과 대금 결제가 정상적으로 이루어졌는지 여부도 명확하지 않다. 특히 사이버 상점의 주인과 상품 주문 소비자가 정상적이고 정당한 주체인지의 여부를 확인하기가 매우 어렵다. 이러한 점들이 일반적인 상거래행위 또는 통신판매와 구분되어지는 특징이며 앞으로 계속 연구하고 해결해야 할 과제들이다.

- 대면거래 · 통신판매 · 전자상거래의 차이 -

구 분	대면거래	통신판매	전자상거래
광고·선전	구두, TV(신문, 잡지), DM, 인쇄물	TV, 신문, 잡지, DM, 카탈로그	웹, 홈페이지
문의	구두, 전화, FAX, 우편	구두, FAX, 우편	전자우편
견본제공	구두, FAX, 우편	FAX, 우편	전자우편
조건확인	구두, 전화, FAX, 우편	구두, FAX, 우편	홈페이지
주문요청	구두, 전화, FAX, 우편	구두, FAX, 우편	전자우편
판매승낙	구두, 전화, FAX, 우편	구두, FAX, 우편	전자우편 전송
계약조건	서면	서면	없음
대금결제	현금, 어음, 수표, 신용카드	현금, 수표, 신용카드, 이체	이체, 수표, 신용카드, 전자화폐
상품인도	직접인도, 우편, 택배	우편, 택배	우편, 택배, 다운로드

5) 인터넷과 전자상거래

전자상거래 구현의 핵심은 인터넷이며, 인터넷은 네트워크, 정보가공, 정보처리, 정보보호로 구분되며 매우 강력한 응집력과 접속력에 의해 시스템화 되어 동작하고 있다. 전자상점은 웹 상점에 상품 진열을 위한 서버(Server)와 DB, 전자상점과 구매자 사이의 통신과 요구사항 처리(Transaction), 구매자(End User)로 구성되어 이용된다.

구 분		내 용
네트워크	상호접속 (Internetworking)	- 전 세계 모든 사용자들 간 또, 기간 통신망들 간의 상호 접속 - 전화망에 의한 ISDN, xDSL, WAN - CATV, 광통신 - 무선통신과 위성통신 - 근거리 통신망(LAN), 라우터, 무선 LAN
	프로토콜 (Protocol)	- 정보통신기기의 내・외부와 네트워크의 구성 - 데이터와 명령을 주고받을 때의 방법 결정 - 송・수신하며 또, 송・수신된 것들의 의미 약속 - 약속을 규격화한 규약(TCP/IP, HTTP, FTP 등)
정보가공	웹(Web)	- 전 세계의 모든 컴퓨터를 네트워크로 상호 연결 - 프로토콜(TCP/IP)에 의해 거미줄 형태의 웹 구축 - 정보의 위치 정의(하이퍼링크)와 교환・공유 - 서버(Server)와 클라이언트(Client) 간의 상호 작용 - HTML, XML(SGML), VRML 등에 의한 웹 문서 제작 - 도메인과 웹 브라우저
	멀티미디어 (Multimedia)	- 음성·문자·그림·동영상 등을 혼합시켜 저장 또는 운송할 수 있는 매체 - 영상회의·전자출판·가상현실·오락·의료·교육·방송 등 사회 전 분야에서 응용 - 응용소프트웨어에 의한 멀티미디어
정보처리	프로그램 도구 (Programming)	- JAVA, ActiveX의 애플릿과 라이브러리 등 - 웹 검색기를 통한 특수한 응용서비스, 컴포넌트
	정보 축적・검색 (Data Base)	- Back End 서버와 DB - 각각의 서버별 DB와 이들의 상호 연동 - JBDO(Jaba DB Connectivity), 멀티미디어 DB 등
	분산처리 (Distributed Processing)	- 분산된 서버들 간의 응용프로그램 인터페이스 - 동일서버 및 프로세서 내 병열처리
정보보호	방화벽(Firewall)	- 공중망(Public Network)과 사설망(Private)의 통신망에서 망과 정보의 보안 - 공중망으로부터 공격해오는 악의적 사용자로부터 사설망 분리 보호(Firewal) - 무단 침입에 대한 조기 경보와 자동 대응
	인증(Certification)과 암호화(Encryption)	- Internet Security - Privacy on the Internet - 암호화(Encryption)와 복호화(Decryption) - Public Key와 Private Key - Digital Signature(전자서명) - 전자우편과 PGP(Pretty Good Privacy) - 전자상거래용 보안 프로토콜 SSL(Secured Sockets Layer) - 디지털서명 발급기관(Certificate Issuing Authority)

○ 네트워크

전 세계 인터넷 사용자들의 불만사항이 "통신 속도"라는 점에서 잘 알 수 있듯이 인터넷 인프라의 핵심은 네트워크이며, 이의 해결을 위해 국내외 모두가 무선통신, 광통신 등을 이용한 초고속 통신망 구축을 통한 물리적 구현, 브라우저와 응용프로그램들의 성능을 높이기에 총력을 기울이고 있다.

- **초고속 통신망** : 학교, 기업, 기관들에서의 조직 내부를 상호 연결시켜주는 LAN(Local Area Network)과 LAN과 LAN을 상호 접속시킨 WAN(Wide Area Network)을 초고속통신망이라 한다. 또, 이미 보편화된 공중망(Public Network)에서의 디지털통신 서비스와 이를 위한 스위칭 기술은 초창기 X.25 패킷(Packet) 스위칭에서 프레임 릴레이(Frame Relay), SMDS(Switched Multimegabit Data Service), ATM(Asynchronous Transfer Mode) 등의 방법으로 급속도로 발전되고 있으며, 통신 속도와 대역폭도 64Kbps에서 155Mbps 이상으로 빨라지고 있다. 이는 동화상의 실시간처리와 CT촬영, 위성사진 등 표현상의 정밀도가 매우 높은 이미지 정보들의 송·수신을 위한 통합적 멀티미디어 환경의 필요성과 급격히 증가한 인터넷 이용의 생활화와 사용자 수 등 환경변화에 그 원인이 있다.

- **IP 또는 케이블 TV** : 케이블 TV(CATV)는 브로드밴드 방식이며 최대 30Mbps, 최소 10Mbps까지의 통신 속도를 제공할 수 있어 이를 인터넷 접속에 이용한다. 미국의 경우 기본요금만으로 무제한 사용할 수 있게 하고 있으며, 우리나라의 경우도 전국적으로 CATV 망이 완벽하게 보급되면 TV와 PC가 합쳐진 형태의 인터넷 서비스가 가능 해질 것으로 기대되고 있어 새로운 서비스 분야로 떠오르고 있다.

- **DSL 통신** : 기존의 일반 전화선을 전화와 함께 동시에 이용하면서 고속의 데이터통신을 할 수 있는 방식이 DSL(Digital Subscriber Line)이다. 최대 4000Hz 크기의 음성대역을 수용할 수 있는 기존의 전화선 양단에 DSL용 멀티플렉서 DSLAM(DSL Access Multiplexor)를 설치하여 디지털 데이터를 송·수신할 수 있도록 한다. DSLAM은 각 전화국의 CODEC(Coder/Decoder)을 통해 음성영역과 디지털 데이터영역으로 전송대역을 분리시켜 주게 되는데 이로 인해 기존의 전화선을 이용하여 전화와 데이터의 송·수신이 동시에 이뤄질 수 있도록 한다. 또, DSL은 송·수신의 속도가 같은 대칭형(symmetric)과 사용자들의 빠른 정보요구를 위해 송신보다 수신을 빠르게 할 수 있도록 하는 비대칭형(Asymmetric)이 있으며, ASDL, ADSL lite(G.lite), CDSL, Etherloop, HDSL, IDSL, RASDL, SDSL, VDSL 등 여러 형태가 있으며 이들 중 비동기방식인 ADSL(Asymmetric DSL)은 수신

속도 1.5~9Mbps, 송신 속도 64Kbps~1.5Mbps이고, E1/T1급의 전송 속도가 보장되는 전이중방식의 대칭형 HDSL(High Bit-Rate DSL)는 거리에 따라 3.6Km~12,000/ft의 송·수신 속도를 갖는다. 이 2가지가 오늘날 국내외 대부분의 개인 사용자들이 가장 많이 이용하는 방법이다.

- **가상 사설 인터넷(Virtual Private Internet)** : 공중 전화망과 전용선을 이용한 인터넷 접속과 PC통신의 일반화 현상이 다이얼업 방식의 POP(Point of Presence)을 만들어냈으며, 이로 인해 인터넷 서비스 제공자(ISP)와의 자유로운 접속으로 전 세계의 모든 서버와 웹 접속이 가능해졌으나 앞에서 언급된 보안의 문제가 매우 큰 문제로 대두되었다. 이를 위한 새로운 방법이 VPN(Virtual Private Network)이다. VPN은 글자 그대로 가상의 사설망이며, 동질 또는 동일 목적의 조직(망)별로 보안통로(Secure Path)로 송·수신하게 하는 방법으로 보안통로가 암호화 역할을 담당하여 외부 망 입장에서 보면 보안통로 내에 존재하는 망이 공중(Public)의 모습이 아닌 사설(Private) 모습으로 보인다는 의미로 이 같은 방식과 개념에 의한 인터넷 접속이 VPI이다. 따라서 VPN은 VPI 보다 한정된 개념이며, VPI는 보안문제 해결과 함께 통신비용을 절감할 수 있다는 장점이 있다. 즉, ISP와 시내전화요금 또는 전용구간요금으로 전 세계와 통신할 수 있는 인터넷 통신의 구현이 가능하다는 것이다. 현재 보안 터널로 이용되는 프로토콜로 PPTP(Point-to-Point Tunneling Protocol), L2F(Layer 2 Forwarding), L2TP(Layer 2 Tunneling Protocol) 그리고 Mbone(Multi cast Backbone)과 Mbone의 접속으로 VPN과 VPN 간 송·수신을 구현하는 DVMRP(Distance Vector Multicast Routing Protocol) 등이 있다. 여기서의 Mbone은 Backbone의 개념으로 이해하면 된다.

- **모바일 전자상거래** : m-Business라고도 하며 무선 환경, 특히 무선 인터넷을 통해 이루어지는 전자상거래를 의미한다. 보통의 전자상거래 응용과 마찬가지로 모바일 상거래는 인터넷, 사설통신망, 스마트카드 또는 다른 인프라스트럭처를 통하여 수행 가능하다. 모바일 전자상거래는 단순히 기존 인터넷 서비스의 변형이 아니고 e-비즈니스로의 필연적 확장이므로 모바일 장치들은 기존의 고객에게 새로운 서비스를 전달하고 신규고객을 유인할 수 있는 무한한 기회를 창출한다. 결정적인 장점으로 일반 전자상거

래 애플리케이션을 모바일 전자상거래에서도 직접 이용(e-쇼핑, e-뱅킹, e-주식거래, 휴대폰 경매참여 등)이 가능하다.

6) 정보의 가공

6-1) 소프트웨어 에이전트

소프트웨어는 인공지능(Artificial Intelligence) 기법과 같이 컴퓨터 사용자가 특정한 업무를 수행할 때 요구되는 기능과 기술에 따라 능동적으로 사용자에게 개인별 가이드(Personalized Assistance)가 가능하도록 개발되며, 크게 4가지 특징을 갖는다.

선행성(Proactive)	사용자가 일반적으로 사용하는 기능에 대한 제시와 자동처리
적응성(Adoptive)	사용자의 습관, 취향, 선호도 학습 후 이에 대한 처리방법 안내
개인화(Personalized)	개인별 사용자 위주의 응용 능력 보유
자동화(Autonomous)	의사결정 시 최소한의 사용자 개입

소프트웨어적 처리는 비교적 컴퓨터 사용이 익숙하지 않은 대부분의 일반 컴퓨터 사용자의 작업 효율성을 높여 주고 사용자 개개인의 지적(Intelligent) 능력을 극대화시켜 주는 컴퓨터 응용업무 전체에 해당되며 이것을 에이전트(Agent) 기능이라 한다. 앞에서 설명한 바와 같이 전자상점에서의 에이전트 기능의 적용은 서버(Server)와 DB, 통신과 요구사항 처리(Transaction), 구매자(End User)별로 구분되어 적용된다.

6-2) 서버용 프로그램

서버용 프로그램은 주로 DB와 I/O 트랜잭션의 처리를 수행하는 것으로 기술적으로 매우 높은 전문성이 요구되며, 구매자의 신용조회(Credit)와 사용자 인증(Authentication), 안전한 처리(Secure Transfer)와 정보의 보호(Security) 등이 주된 역할이다.

○ 전자상점용 프로그램

- 마케팅 : 광고, 홍보, 프로모션, 상품 안내와 광고
- 판매 : 최적 상품의 추천, 요구사항 처리, 판매
- 유통 : 상품의 공급경로 확인 및 수정, 배송, 보험 등
- 결제 : 매입/매출금 관리
- 보고서 : 매입/매출 분석, 각종 회계분석, 전자상점용 각종 통계분석

○ 구매자용 프로그램

전자상점용 프로그램과 연동시켜 전자상점 방문자, 구매자 및 불특정 다수자들의 구매 욕구와 취향 그리고 실제 구매자의 구매내용, 연령별, 성별, 계층별 분석 등에 대한 보고서 출력기능과 DB 구축으로 전문가 시스템(Expert System)에 가까운 형태가 되려면 많은 시간과 비용이 뒤따른다.

- 검색 : 매우 간단하고 편리한 상품 검색과 조건 제시 기능
- 구매 : 구매자의 유형에 따른 사용자 인터페이스
- 개인 DB : 개인별 인기상품 파악, 개인별 상점 이용정보 축적 기능
- 전자우편 : 사용자의견 청취와 불만사항 해소용 통신서비스 기능
- 화상정보 : 상품에 따른 음성과 동화상 등 멀티미디어 표현 기능

6-3) 정보처리

인터넷을 위한 정보처리는 멀티미디어(Multimedia) 정보처리이므로 그 범위와 대상이 매우 방대하며 주로 웹 개발용 언어, 유틸리티 프로그램용 언어, DB, 분산처리환경(Distributed Computing Environment), 병렬처리(Multiprocessing) 기법들이 개발 도구로 활용되고 있으며 또, 멀티미디어 콘텐츠를 위한 디자인 기법 또한 그러하다. Java와 XML의 보급과 발전이 두드러지며 응용업무 처리도구로

탐색(Searching), 분류(Sorting), 여과(Filtering) 등의 유틸리티 프로그램들과 함께 Netscape, Internet Explorer와 같은 브라우저 등의 이용이 정보처리를 주도하고 있다. 또, CGI(Common Gateway Interface)에 의해 웹 서버와 DB 서버가 연동하며 처리하여 정보의 조회, 수정, 변경, 삭제 등을 수행한 뒤 처리 결과를 얻게 되며 이 때 사용되는 것들이 Visual Basic, C++, Delphi, Power Builder 같은 SQL용 도구이거나 오라클(Oracle)과 같은 RDB 팩키지이다. 또, 웹 서버의 분산 DB 처리용으로 CORBA(Common Object Request Broker)의 ORB(Object Request Broker)를 사용하기도 한다. 웹에서 사용되는 문서의 대부분은 HTML(Hypertext Markup Language)로 작성되고 있으며 현재, 98년도 하반기부터 등장하기 시작한 XML(Extensible Markup Language)로 바뀌어가고 있다. XML은 SGML(Standard Generalized Markup Language)을 발전시켜 고정 형식인 HTML 한계를 극복하여 보다 유연성 있는 웹 문서를 처리하고 또, EDI(Electronic Data Interchange) 문서 작성에 표준으로 사용하고자 개발되었다. XML은 메타언어라는 말뜻 그대로 스스로 언어를 서술할 수 있는 기능에 의해 웹 페이지와 내용에 따라 XML 스스로 새로운 단어를 정의할 수 있는 장점이 있는 반면, XML 태그(Tag)와 부가적 기능을 위한 표현의 추가로 인해 기존의 트랜잭션보다 약 50% 정도 증가된 통신량으로 인해 오버헤드가 발생할 수 있다.

6-4) 정보 보호

인터넷 이용에서 가장 큰 문제는 보안이므로 전자상거래 또한 보안문제의 해결은 매우 중요한 문제이다. 통신망들과 서버들은 정보 요구자들의 신원을 전혀 알 수 없고, 정보 요구자들 또한 서버들과 통신망들의 정체를 알 수 없으므로 신뢰할 수 없으며, 공중망(Public Network)이므로 항상 클라이언트(브라우저)와 서버 사이에 송·수신되는 정보를 해킹당할 수 있는 위험에 노출되어 있으므로 인터넷상에서 전자상거래를 위한 최소한의 기본 정보인 계좌번호, 신용카드번호, 비밀번호 등의 송·수신은 매우 위험한 행위이다. 이 같은 문제의 해결을 위해 시스템 보안기법과 네트워크 보안기법이 사용된다. 전자상거래 서버 속에 저장되어 있는 DB와 고객정보의 누출 또는 불순세력에 의한 서버의 파손과 악의적 사용을 방지하고 보호하는 기법이 시스템 보안이며 사용자의 사용권을 제한(Access Control)

하거나 방화벽(Firewall)을 설치하여 보호한다. 또, 네트워크상의 송·수신 정보의 해킹을 방지하는 기법을 네트워크 보안이라 하며 암호화(Encryption)와 복호화(Decryption) 기법에 의해 서버와 브라우저 사이에 암호화 프로토콜을 삽입시키고 이에 따르는 인증기법을 활용하며, 사용자의 수가 많은 집단적 조직의 경우 LAN에 의한 VPI(Virtual Private Internet) 기술을 적용하여 송·수신 시 상호 목적지 주소를 알 수 없도록 하는 방법이 사용되기도 한다.

○ **사용자 권한 제어(Access Control) :** 가장 일반적인 사용자 권한 제어는 운영체제(Operating System)가 시스템 로그인(Login) 시 사용자 이름(User Name)과 패스워드(Password)에 의해 사용자를 확인하는 방법으로 문자 위주의 패스워드 방식에서 음성, 지문, 안구의 홍채인식 등의 방식으로 발전되었다. 또, 응용프로그램(Application Program) 기법에 의한 보안으로 OS의 기능과 함께 연동하며 읽기(Read), 쓰기(Write), 삭제(Delete), 변경(Edit)의 기능을 제어하거나 사용자에 따라 데이터의 접근과 처리 권한을 통제하는 방법으로 관리 보호한다.

○ **방화벽(Firewall) :** 방화벽은 내부 망과 외부 망 사이에 보안경계선 역할을 담당하는 서버를 설치하여 보안기능을 전담한다.

접근 통제	패킷 필터링 기능에 의해 서버 내·외부로 출입하는 패킷들의 IP Address 를 분석한 뒤 접근 허용 여부 결정
사용자 인증	사용자가 로그인할 때마다 사용자의 새로운 인증정보를 생성하거나 패스워드의 변경요구, 전자 서명 등의 기능 담당
기록 저장	방화벽 서버를 출입하는 메시지의 필요 내용을 보관한 뒤 네트워크의 상태 분석 자료로 활용
암호화 기능	내부 망과 외부 망 사이 보안경계선에서 방화벽 서버와 프로토콜에 의해 송신되는 데이터를 암호화하고 수신되는 데이터를 복호화 하는 기능

○ **네트워크 보안 :** 네트워크의 보안은 암호화 알고리즘과 이에 따르는 프로토콜에 의해 구현된다. 전 세계적으로 수많은 암호화 알고리즘이 존재하지만 불특정 다수인들로부터 공격받아 파괴될 가능성은 항상 존재하며 역설

적이지만 암호화가 존재하는 한 항상 같이 공존한다. 즉, 해독할 수 없는 암호는 없다는 뜻이다.

비대칭형 암호화(공개키 방식)	RSA, DSS, diffie-hellman
대칭형 암호화(비밀키 방식)	DES, IDEA, blowfish
인증 프로토콜	X.509, kerbores
보안 프로토콜	SSL(Secure Socket Layer), S-HTTP(Secure Hypertext Transfer Protocol), SET(Secure Electronic Transfer)

○ **암호화 기법** : 송신자와 수신자 사이에 암호화 알고리즘에 의해 암호문(Cipher Text)을 만들어 전송하고 수신자는 복호화 알고리즘에 의해 복호화(Decryption)하는 방법이다. 암호화 기법은 크게 대칭형(Symmetric)과 비대칭형(Asymmetric)으로 구분되며 송·수신자 모두가 동일한 비밀키를 갖는 경우를 대칭형 비밀키 방식이라고 하고, 공개된 키를 이용해 암호화시키고 수신자의 독자적 개별방식에 의해 복호화 시키는 것을 비대칭형이라 한다. 비대칭형 방식이 대칭형보다 보안능력이 우수한 것으로 평가되고 있지만 서로 다른 키에 의한 처리로 인해 송·수신 속도에서 대칭형보다 약간 느리다. 또, 대칭과 비대칭형의 장점들을 이용하는 공개키 암호기법(Publickey Crypt)이 있으며, 이는 인증처리 과정에서 개인키로 서명(Sign)하여 송신하면 수신측은 공개키로 확인(Verify)하는 방법으로 이 경우 전송 속도의 문제가 있을 수 있으므로 해쉬(Hash)기법에 의해 처음부터 메시지 내용을 바꿔 전송하는 메시지 다이제스트(Message Digest) 기법 등이 있다.

○ **보안 프로토콜**

- **SSL(Secure Socket Layer)** : 공개키 방식의 프로토콜로 메시지 다이제스트(Message Digest) 기법에 의해 전자 서명에 대한 암호와 인증을 처리하며, TCP/IP 프로토콜의 소켓에 보안기능을 적용하므로 소켓 보안이라 한다.

- **S-HTTP(Secure Hypertext Transfer Protocol)** : HTTP의 기본 보안기능을 확장한 것으로 프로토콜의 선택적 기능에 따라 서버는 클라이언트에게 서

명을 요청할 수 있고 또, 사용자는 서버에게 암호화 송신을 요구할 수 있다.

- SET(Secure Electronic Transfer) : Visa와 Master 카드사가 주축으로 미국 RSA 기준에 따라 개발된 신용카드 처리용 보안 프로토콜이다. 서버는 지불금액만을 해독하여 신용카드사에 지불을 의뢰하고 개인의 신상과 카드에 관한 일반정보는 판독하지 못하게 하여 개인정보의 보안을 유지하도록 한다.

6-5) 전자지불 시스템

금융거래, 주식매매, 선물시장, 쇼핑몰 등에서 인터넷을 매개로 대금의 이체, 전자화폐, 신용카드, 전자수표 등의 기능을 담당하는 시스템을 통칭하는 전자지불(Electronic Payment) 시스템은 보안과 안정성이 제일 큰 문제이다. 전자지불을 위해서는 전자화폐가 필요한데, 현재 활용되고 있는 대부분의 전자지불 시스템은 신용카드나 은행계좌를 매개로 하는 지불대행 시스템으로 엄밀히 말해 전자화폐는 아니다. 전자지불을 위한 전자화폐는 화폐발행 국가 간의 통화 표현방식, 환율, 익명성, 복제, 이중사용 등의 문제와 제약에 따라 실제 구현에 많은 어려움이 있으나 전자상거래를 위해서는 필수조건이다. 대표적 전자화폐 시스템으로 네덜란드의 디지 캐시를 들 수 있으며 95년에 시험운영을 거쳐 96년부터 본격 사용되고 있다. 또, 전자화폐를 위해 전자지갑, IC카드에 의한 스마트카드 등이 개발되어 실용화되고 있으며, 신분확인 기능과 선불카드 기능이 있어 신분증과 함께 사용할 수 있어 효과적이다. 신용카드를 이용하는 전자지불의 시스템으로 퍼스트버츄얼(First Virtual)과 사이버캐시(Cuber Cash)가 대표적인데 구매자가 클라이언트에서 구매자 신용카드 정보를 입력하면, 판매자는 카드회사 또는 은행으로부터 물품대금을 수령하게 되며, 이 과정에 인증기관의 인증과 신용카드 정보의 암호화가 개입되는 방식이고, 퍼스트버츄얼은 온라인 출판 사업을 위한 전자지불 시스템이다. 또, 매우 작은 금액의 결제를 위한 소액지불(Micro Payment) 시스템도 있다.

6-6) 영문 E-mail 작성

○ **E-mail 작성** : 한글의 경우는 일반편지에서 사용되는 우리나라의 기본 예의와 호칭을 사용하면 특별히 잘못되는 경우가 없으나, 영문의 경우 Dear

Mr.Doe 또는 Dear Ms.Doe와 같이 'Dear+Mr.(Ms.)+성'의 형태로 표현하거나 이름은 모르고 직위만을 알고 있다면 직위를 표현한다.

Dear Mr.Doe:
(Dear Ms.Doe:)
Dear John Doe:
Dear John,
John,

Dear ABC1234@abc.com:
(Dear ABC1234:)
Dear Sales Manager:
Dear Sir/Madam:
Ladies and Gentlemen:

또, 상대의 이름을 모를 때 Dear ABC1234@abc.com, Dear ABC1234처럼 E-mail 주소 또는 ID를 그대로 쓰는 경우도 있으며, 이는 E-mail에서만 볼 수 있는 독특한 방식이다. 업무용 서신에서는 흔히 사용되는 Dear Sir/Madam은 개인이나 단체 모두에게 사용할 수 있으나 주로 Ladies and Gentlemen을 쓴다. 또, 문장전체를 대문자로 작성하지 않으며 가급적 인용은 짧게 하고 반드시 출처를 명시한다.

○ **맺음말**

- **일반 업무용 메일** : Sincerely yours, Sincerely
- **개인 메일** : With best regards, Best regards, Regards, With best wishes, Best wishes 등
- **친한 사람에게** : Yours, As ever, Yours ever, Cheers, Bye for now 등

○ **서명(Signature)** : E-mail의 끝머리에 보내는 이의 글쓴이의 성명, 소속부서, 소속기관, 전화번호, 팩스번호, E-mail 주소, 홈페이지 주소 등의 서명을 한다. 모든 E-mail 소프트웨어에서는 서명을 사전에 미리 등록해 놓은 후 메일 작성 시 자동으로 삽입되도록 하는 기능이 있다.

- **이름** : Kwang-Hyun
- **성명 + E-mail 주소** : Ko Kwang-Hyun<ko@af.ac.kr>
- **개인 메일의 정식 서명** : Ko Kwang-Hyun<report@af.ac.kr>
  11-1 Donghwa Bongdam Hwasung Kyunggi Korea 445-893
  Phone: 031-229-5037 Fax: 031-229-5153
- **비즈니스 메일의 정식 서명** : Ko Kwang-Hyun<ko@af.ac.kr>
  Professor/Director, Korea National College of Agricultural & Fisheries

11-1 Donghwa Bongdam Hwasung Kyunggi Korea 445-893
Phone: +82 31-229-5037 Fax: +82 31-229-5153

7) e-비즈니스 용어 해설

○ **가산금리** : 채권, 대출 등의 기준금리에 덧붙이는 위험가중 금리.

○ **감자(減資)**: 기업의 규모를 줄이거나 합병할 때 자본금을 줄이는 것. 유상감자는 주주에게 현금을 돌려주고 주식수를 줄이는 것을 말하고, 무상감자는 자본잠식이 있을 때 기업이 재무구조를 건실하게 하기 위해 아무런 대가없이 주식수를 줄이는 것.

○ **개인신용평가(Credit Scoring System)** : 대출을 신청할 때 작성하는 인적사항, 직장, 소득현황, 재무상태 등 신용과 관련된 모든 사항을 항목별로 점수화, 점수에 따라 대출 가능여부, 대출금액 산정.

○ **게임이론(Game Theory)** : 경제 행위에서 상대방의 행위가 자신의 이익에 영향을 미칠 때 이익을 극대화하는 방법.

○ **경기선행지수** : 가까운 장래의 경기 동향을 예측하는 경기종합지수의 하나.

○ **경기연착륙** : 경기의 급격한 침체로 큰 피해가 나지 않도록 조절 또는 유도 하여 부드럽게 안정기에 접어들게 되는 현상(≠경기경착륙).

○ **경기종합지수** : 현재의 경기상태와 미래의 경기를 예측하기 위한 대표적 지표, 전월, 전년 등 기간 대비 증감률에 의해 결정, 선행지수, 동행지수, 후행지수.

○ **경상수지** : 외국과 재화나 용역을 거래했던 결과의 종합계산, 외국에 돈을 빌려주거나 얻어오는 것은 자본수지라 한다.

○ **경제 5단체** : 대한상공회의소, 전국경제인연합회(민간단체), 한국무역협회, 중소기업협동조합중앙회, 한국경영자총연합회, 은행협회를 추가하면 경제6단체.

○ **골디락스 경제(Goldilocks Economy)** : 경제의 열기가 알맞은 상태 즉, 호황, 건전한 성장과 낮은 물가상승률의 공존(고성장・저실업・저물가), 영국의 전래동화에 나오는 금발의 소녀 이름, 어떤 소녀가 숲속에서 곰들이 차려놓은 너무 알맞은 온도의 수프를 맛있게 먹었는데 이에 따른 비유로 골디락스.

○ **공매** : 민법상의 공매와 국세징수법상의 공매로 구분, 일반적으로 국세징수법상의 공매를 의미, 세금 체납 등에 의한 압류물품에 대해 한국자산관리공사에서 집행.

○ **공매도** : 주식의 신용거래에서 주권을 갖고 있지 않거나 갖고 있더라도 사용하지 않고 타인의 주권을 빌려 팔자 주문에 의한 매도하는 것, 공매도항 후에는 반드시 매도당일 재매수해야 한다.

○ **공모(Public Offering)** : 회사의 설립 또는 증자 일반투자자 들에게 주식을 매각하여 자금 조달, 주식분산을 통해 기업의 시장성과 적대적 기업합병 등에 대항력을 높일 수 있다.

○ **공시(公示)** : 기업에 어떤 상황이 주가에 영향을 줄 수 있는 내용이 라면 증권거래소가 이를 정기 또는 수시로 신속하게 투자자에게 알리는 것.

○ **공적자금(Public Fund)** : 자산관리 또는 예금보험 공사가 국회 동의 후 정부의 원리금 지급보증 통해 채권발행으로 조성한 자금.

○ **교환사채(Exchangeable Bonds)** : 기업 보유분 주식의 일정부분에 대해 나중에 특정 가격에 교환해 주기로 약정하고 하고 발행하는 회사채.

○ **국가신용등급(國家信用等級)** : 국가신인도, 어떤 국가가 국제금융시장에서 자금을 조달할 때 적용받는 신용도. 신용도가 높은 국가일수록 해외채권을 발행 시 낮은 금리 적용, 대표적 신용평가기관으로 미국의 스탠더드앤드푸어스와 무디스, 영국의 피치 등이 있다.

○ **국내총생산(Gross Domestic Product)** : 한 나라의 영토 내 경제활동의 지표로 에서 약 1년간 생산한 재화와 국제무역을 통해 발생시킨 화폐가치의 총계. 예로 외국인의 국내생산 활동은 GDP에는 포함되지만 GNP에는 포함되지 않으며, 반대로 한국인이 외국에서의 생산 활동을 하면 GNP에는 포함되지만 GDP에는 포함되지 않는다.

○ **국민총생산(Gross National Product)** : GDP참조.

○ **국제수지(國際收支)** : 어떤 나라가 일정 기간 동안 다른 나라들과 거래한 내용을 복식부기 방법에 의해 나타낸 통계 결과.

○ **국제통화기금(International Monetary Fund)** : 세계무역의 안정을 목적으로 1947년 3월 설립된 국제금융기구. 가맹국들의 공동출자로 자금조달.

○ **국제표준화기구(International Organization for Standardization)** : 국제 표준화・규격화를 목적으로 1946년 설립된 국제기구, 사무국은 스위스 제네바.

○ **그레셤의 법칙(Gresham's Law)** : 악화(惡貨)는 양화(良貨)를 구축한다, 영국의 토머스 그레셤이 16세기에 제창한 학설, 어떤 사회에서 악화(ex; 종이화폐)와 양화(ex; 금화)가 동일한 가치로 혼용될 경우, 악화만 그 명목가치로 유통되고 양화는 없어진다.

○ **그린오션(Green Ocean)** : 저탄소 녹색경영의 개념.

○ **금 태환** : 화폐를 금으로 바꾸어 주는 것.

○ **금융허브(Financial Hub)** : 국내외 유수한 금융기관들이 집결지.

○ **기관투자가** : 유가증권에 투자하여 생기는 수익을 주요 수익원으로 하는 법인 형태의 투자가, 개인투자가에 대한 상대적 개념, 우리나라의 경우 은행법에 의한 금융기관, 보험회사, 투자신탁회사, 증권회사, 종합금융회사, 상호적축은행, 각종 연기금, 재단기금 등.

○ **기준금리(基準金利)** : 대출금리 결정을 위한 한국은행 금리.

○ **기축통화(基軸通貨)** : 국제통화, 국제간 화폐교환의 기준이 되는 통화.

○ **기회비용(機會費用)** : 대치비용(代置費用), 이전비용(移轉費用), 여러 종류의 이익 가능성 중 하나만을 선택할 수밖에 없는 경우 포기한 나머지들에 대한 가치.

○ **기후변화협약** : 지구온난화 방지를 위해 모든 온실가스의 인위적 방출을 규제하기 위한 협약, 기후변화에 관한 유엔 기본협약.

○ **김치지수** : 빅맥지수와 같이 전 세계에서 팔리는 김치의 값으로 각국의 통화가치와 물가수준을 평가하는 지수.

○ **나스닥(National Association of Securities Dealers Automated Quotation)** : 컴퓨터에 의한 미국 장외시장의 주식시세 보도 시스템. 미국의 중소기업과 벤처기업의 성장주도.

○ **노블레스 오블리주(Noblesse Oblige)** : 사회 고위층 인사에게 요구되는 높은 수준의 도덕적 의무.

○ **님비(NIMBY Syndrome)** : 고난도 이기주의, Not in my back yard(내 뒷마당에서는 안 돼).

○ **님투(NIMTOO Syndrome)** : Not in my terms of office(내 공직 재임기간 중에는 안 돼).

○ **담합(談合)** : 사업자가 서로 짜고 가격을 높게 또는 낮게 결정하는 실질적 경쟁 제한 행위, 불공정 거래이다.

○ **대체재(代替財)** : 효용을 얻을 수 있는 재화, 일반적으로 대체 관계에 있는 두 재화 중 어느 하나의 수요가 증가하면 다른 하나는 감소, 참기름-들기름, 쇠고기-돼지고기 등.

○ **더블딥(Doudle Dip)** : 불황에서 벗어난 경제가 또다시 침체에 빠지는 이중 하강 현상, W자형 경제구조.

○ **독점/과점** : 어떤 상품이나 서비스를 제공하는 기업이 하나뿐인 경우 독점, 독점은 아니지만 상품이나 서비스를 제공하는 기업이 소수에 불과할 경우 과점.

○ **두바이유(Dubai Oil)** : 아랍에미리트에서 생산되는 원유.

○ **디제라티(Digerati)** : 디지털(Digital)과 지식계급(Literati)의 합성어, 디지털시대의 새로운 파워엘리트.

○ **디지털 컨버전스(Digital Convergence)** : 디지털제품이나 기술 간의 융합.

○ **디폴트(Default)** : 채무 불이행, 원리금 상환 불가능 상태.

○ **디플레이션(Deflation)** : 통화량이 축소되어 물가가 하락하여 경제활동이 침체되는 현상, 인플레이션의 반대 현상.

○ **레버리지 효과(Leverage Effect)** : 지렛대효과, 타인에게 빌린 돈을 지렛대 삼아 자기자본이익률을 높이는 것, 빌린 돈의 금리보다 높은 수익이 기대되는 경우 유리하나 경기가 나빠지면 금리부담으로 도산 위험성이 높다.

○ **리디노미네이션(Re Denomination)** : 화폐단위의 하향 조정, 한 나라의 화폐를 가치변동 없이 모든 은행권 및 지폐의 액면가를 동일한 비율의 낮은 숫자로 조정하거나 통화단위로 화폐의 호칭을 변경하는 것.

○ **리스트럭처링(Restructuring)** : M&A(합병&인수), LBO(인수할 회사를 담보로 대출받아 회사인수), 제휴전략 등의 방법으로 하는 사업재구축, 비전 제시와 실행.

○ **리엔지니어링(Reengineering)** : 감원, 신공정관리, 권한조정, 재교육, 조직개편 등을 통해 기업의 체질과 경영방식의 근본적 재설계로 경쟁력을 높이는 경영혁신기법.

○ **말없는 다수(Silent Majority)** : 중산층 지칭하는 용어.

○ **메르코수르(Mercosur)** : 아르헨티나, 브라질, 파라과이, 우루과이, 베네수엘라 5개국이 무역장벽을 전면 철폐한 남미 공동시장. 칠레, 콜롬비아, 페루, 볼리비아, 에콰도르는 준 회원국.

○ **명목금리** : 물가상승률을 감안하지 않은 금리, 물가상승률을 차감하는 경우 실질금리.

○ **모기지론(Mortgage Loan)** : 구입대상 주택을 담보로 주택 값의 70% 이상을 약 20년간 대출해 주는 제도.

○ **모라토리엄(Moratorium)** : 국가 간 채무에 대해 한시적으로 지불을 유예하는 조치로 국가경제의 파산을 의미한다. 1982년 멕시코, 1987년 브라질이 선언한 바 있다.

○ **모럴 해저드(Moral Hazard)** : 도덕적 해이, 상황 변화를 유도하거나 예측하여 자기의 이익만 추구하여 타인이나 사회에 피해를 입히는 행위.

○ **바이오디젤(Bio Diesel)** : 식물성 기름으로 만든 바이오연료, 바이오에탄올.

○ **반덤핑 관세(Anti Dumping Duties)** : 특정 상품이 정상가격 보다 낮은 가격으로 수입되어 국

내 산업에 피해 주는 것 방지를 위해 수출국 시장의 정상가격과 수출가격의 차액범위에 대해 부과하는 할증관세.

○ **방카슈랑스(Bancassurance)** : 은행(Bank)과 보험(Assurance)업무의 결합.

○ **배당(配當)** : 주식회사의 당기순이익을 보유주식에 따라 주주에게 나누어 주는 것, 주주총회에서 결정.

○ **백기사(white knight)** : 기업사냥꾼들의 공격을 막을 수 없을 경우 우호적인 기업인수자에게 경영권을 넘기게 될 때 우호적인 기업인수자를 백기사.

○ **보완재(補完財)** : 효용을 증대시키기 위해 함께 사용하는 두 종류의 재화, 예로 커피-설탕, 버터-빵 등.

○ **부유세(Net Wealth Tax)** : 매 회계연도마다 재산총액-부채총액=순재산총액을 계산하여 일정액을 초과하는 자에게 법이 정한 세율로 과세하는 제도.

○ **분식회계(粉飾會計)** : 기업 등이 고의로 자산이나 이익 등은 크게 부풀리고 부채는 줄여 장부에 기재함으로 재무상태, 경영성과 등을 고의로 조작하는 것, 반대로 이익을 적게 계상하는 것은 역분식(逆粉飾).

○ **브렌트유(Brent Oil)** : 영국과 노르웨이의 북해에서 생산되는 원유.

○ **브릭스(BRICs)** : 브라질, 러시아, 인도, 중국, 브릭스는 전 세계 인구의 43%, 면적의 29%를 차지하고 있으나 GDP는 8%이므로 앞으로의 성장 가능성이 매우 큰 국가로 평가한다.

○ **브이틱스(VTICs)** : 베트남, 태국, 인도, 중국.

○ **블랙멘데이(Bblack Monday)** : 1987년 10월 19일 월요일 뉴욕의 다우존스 평균주가가 하루에 508P(-22.6%)폭락으로 붙여진 이름, 1929년 10월 27일 월요일, 1998년 8월 31일 월요일 등.

○ **블루오션(Blue Ocean)** : 경쟁자가 없는 시장, 경쟁으로 인한 핏물로 가득 찬 레드오션의 반대개념.

○ **블루칩(Blue Chip)** : 포커게임에 사용하는 흰색, 빨간색, 파란색 칩 가운데 파란색이 가장 높은 것에서 유래, 주식시장에서 대형우량주를 가리키는 용어.

○ **빅딜(Big Deal)** : 사업의 교환이나 통합.

○ **빅맥지수(Big Mac Index)** : 맥도날드 햄버거의 가격을 나라별로 비교하여 국가별 통화가치와 실질 구매력을 평가하는 지수.

○ **빅뱅(Big Bang)** : 우주를 탄생의 대폭발의 의미를 급격한 금융규제완화 또는 금융혁신에 비유.

○ **사외이사제(社外理事制)** : 1997년 외환위기 이 후 기업 경영의 투명성을 높이려는 목적으로 대주주의 영향을 받지 않는 외부 전문가를 이사로 위촉 이사회에 참여시키는 제도.

○ **상장(Listing)** : 시장에 간판을 단다는 뜻, 주식이나 채권 등의 유가증권이 증권시장에서 매매될 수 있도록 증권선물 거래소에 등록하는 것.

○ **서부텍사스 중질유(West Texas Intermediate)** : 미국 텍사스주 서부지역에서 생산되는 원유.

○ **선물거래(先物去來)** : 어떤 상품이 지금 눈앞에 있지는 않지만 앞으로 받기로 하고 특정가격에 거래하는 행위, 예로 달러선물, CD금리선물, 금선물, 원유선물 등등. 유사한 개념의 선도거래, 선도(Forward)와 선물(Futures) 모두 미래의 어떤 시점에 현물의 인도와 결제가 이루어진다는 점에서 동일하나 인도와 대금결제 약속을 매매당사자 간에 직접 하는 경우는 선도거래, 거래소가 인도와 대금결제 이행 의무의 주체가 되면 선물거래.

○ **세이프 가드(Safe Guard)** : 특정 품목의 수입이 증가하여 자국 산업에 막대한 손해가 예상되는 경우 해당 품목에 대한 수입을 제한하는 것.

○ **셀 코리아(Sell Korea)** : 바이 코리아(Buy Korea), 외국인이 한국기업의 주식을 많이 팔아치우는 현상.

○ **소비자물가지수(Consumer Price Index)** : 도시가구(농어가 및 1인 가구 제외)가 소비생활을 영위하기 위해 구입하는 상품과 서비스 요금의 변화를 종합측정하기 위해 계산하는 지수.

○ **손익분기점(Break Even Point)** : 그래프에 매출액과 매출을 위해 소요된 비용이 일치되는 점, 손익분기점 이상으로 매출을 올려야 이익이 발생한다.

○ **숍인숍(Shop in Shop)** : 매장 안에 또 다른 매장을 만들어 상품을 판매하는 새로운 매장형태, 패스트푸드점내의 자판기, 의류점에 액세서리 매장 등.

○ **순환출자** : 재벌 기업들이 계열기업에 대한 지배력을 높이기 위해 A계열사는 B계열사, B계열사는 C계열사, 다시 C계열사는 A계열사에 출자하는 것, 연결고리에 있는 한 기업이 망하면 다른 기업도 연쇄 부도의 위험, 기업행위 중 하나인 출자 규제는 현실적으로 매우 어려운 문제이므로 실제적으로 규제하기 어렵다.

○ **스톡옵션(Stock Option)** : 기업의 임직원에게 일정 수량의 자사 주식을 일정 조건에 따라 매입하여 보유하거나 매도할 수 있도록 하는 제도.

○ **신경제(New Economy)** : 지식 경제(Knowledge Economy), 디지털 경제(Digital Economy), 지식산업에 의한 고성장 저물가 형태의 새로운 경제체제, 전자상거래 등에 의한 유통과 소비 촉진.

○ **신용장(Letter of Credit)** : 은행이 일정한 조건으로 국가 간 수출입 관련 이해 당사들에게 발행하는 신용보증서.

○ **아시아태평양경제협력체(Asia Pacific Economic Cooperation)** : 환태평양지역(環太平洋地域; Circum Pacific Zone)의 주요 경제실체 사이의 경제협력과 무역증진을 위해 결성된 아시아태평양 지역 최초의 범정부간 협력기구.

○ **아웃소싱(Outsourcing)** : 이익의 극대화를 위해 생산, 유통, 용역, 관리, 운영 등의 일부 또는 전부를 외부의 조직이나 기술에게 위탁하여 수행하는 경영방식, 인소싱(Insourcing)의 반대 개념.

○ **애널리스트(Analyst)** : 각종 정보를 수집하고 분석하여 기업과 사회 또는 개인에게 분석정보를 제공하는 전문가.

○ **양도성예금증서(Commercial Paper)** : 은행에 맡겨진 정기예금에 대해 무기명으로 발행하는 예금증서로 금융시장에서 자유롭게 사고팔 수 있다.

○ **얼리 어답터(early adopter)** : 신제품이 출시되면 가장 먼저 구입해 써본 뒤 제품정보를 알려주는 성향을 가진 소비자 집단.

○ **에스크로(Escrow)** : 결제대금 예치제도. 인터넷 쇼핑몰이나 통신판매 등을 이용해 물건을 거래할 때 구매자가 낸 대금을 금융기관 등 제 3자에 예치한 뒤 배송이 확인된 뒤에 판매업체에 지급하는 거래안전장치.

○ **옐로 칩(Yellow Chip)** : 중가(中價)블루칩.

○ **우대금리** : 은행이 일류 우량기업에 적용하는 최우대 대출금리. 기업의 신용도에 따라 차등 금리를 적용할 경우 가장 낮은 금리를 말하며 기준 대출금리 역할을 한다.

○ **유동성 함정(liquidity trap)** : 금리인하, 재정지출 확대 등과 같은 정책을 시행하여도 소비와 투자가 살아나지 않는 상태, 세계경제대공황 시대 케인스가 주장.

○ **유럽기후거래소(ECX)** : 세계 탄소배출권 시장의 60%, 유럽시장의 90%를 점유하고 있는 세계에서 가장 큰 탄소배출권 거래소.

○ **이머징마켓(Emerging Market)** : 새롭게 급성장하는 시장, 동남아시아, 라틴아메리카, 동유럽 등.

○ **이크스(ICKs)** : 인도, 중국, 한국.

○ **임금피크제(salary peak system)** : 일정 연령에 도달하면 연차적으로 임금을 감액시켜가는 임금체계.

○ **자본수지** : 상품이나 서비스 판매와 무관하게 자금 들고 난 실적.

○ **자사주 매입(Self Tender, Buy Back)** : 자기 회사의 주식을 주식시장 등에서 사들이는 것.

○ **재무제표(財務諸表)** : 재산목록, 대차대조표, 영업보고서, 손익계산서, 준비금과 이익・이자배당에 관한 의안에 의해 기업의 경영 성적과 재정 상태 확인.

○ **적대적 M&A** : 해당기업의 동의 없이 공개매수를 통해 이루어지는 기업의 인수합병 방식.

○ **전환사채(Convertible Bond)** : 일정 조건에 따라 주식으로 전환할 수 있는 권리가 부연된 회사채.

○ **젠더(Gender)** : 성(性)에 대한 영문 표시 섹스(Sex)대신 쓰기로 한 용어, 1995년 9월 5일 북경 제 4차 여성대회 정부기구회의에서 결정.

○ **조세피난처(Tax Haven)** : 각종세율이 매우 낮거나 세금 납부상의 특권을 인정해 주는 나라, 바하마, 버뮤다, 케이맨제도, 홍콩, 라이베리아, 파나마, 룩셈부르크, 네덜란드, 스위스 등.

○ **종자돈(Seed Money)** : 부실기업의 회생 지원을 위해 금융기관에서 새롭게 융자해 주는 씨앗자금.

○ **주가수익비율(PER : Price-Earning ratio)** : 현재 주식 가격을 주당 순이익으로 나눈 값, PER가 낮을수록 해당 주식은 저평가되어 있다고 간주할 수 있다.

○ **주택담보인정비율(Loan to Value Ratio)** : 주택가격 대비 대출 가능한 비율.

○ **증강현실(Augmented Reality)** : 혼합현실(Mixed Reality), 현실세계에 3차원 가상물체를 겹쳐 보여주는 기술.

○ **증자(增資)** : 기업이 자본금을 늘리기 위해 유상 또는 무상으로 주식을 추가 발행하는 것.

○ **지주회사(Holding Company)** : 지배회사 또는 모회사, 순수지주회사와 사업지주회사로 구분.

○ **지하경제(地下經濟)** : 정부의 규제범위를 벗어나 있는 경제, 마약, 도박 등과같은 위법행위에 의한 것과 정상적 경제활동 속에서 발생될 수 있는 것으로 구분.

○ **차이메리카(Chimerica)** : 중국, 미국의 합성어.

○ **최혜국대우(Most Favoured Nation Treatment)** : 가장 유리한 대우를 상대국에 부여하는 GATT의 기본원칙 중 하나.

○ **출자총액제한(出資總額制限)** : 어떤 기업이 국내 타 기업의 주식을 보유하고 자할 때 그 한도를 순자산의 25%로 제한하는 제도.

○ **친디아(Chindia)** : 중국(China)과 인도(India)를 하나의 경제권으로 묶어 21세기 세계경제를 주도해 나갈 두 나라라는 뜻의 신종어.

○ **코스닥(Korea Securities Dealers Automated Quotation)** : 컴퓨터와 통신망을 통한 주식 장외거래 시스템.

○ **코스피(Korea Composite Stock Price Index)** : 종합주가지수. 국내 증권거래소에 상장된 모든 주식을 대상으로 산출.

○ **클라우드 컴퓨팅(Cloud Computing)** : 웹 기반 애플리케이션을 활용해 대용량DB를 인터넷의 가상 데이터센터에서 분산처리, 이 데이터를 PC, 휴대폰 등 다양한 단말기에서 공유하고 가공할 수 있는 환경.

○ **클리커(clicker)** : 사은품이 걸린 사이트만 집중 검색하는 경품 사냥꾼.

○ **키코(Knock In, Knock Out)** : 금액과 환율변동의 상한선과 하한선을 정해 그 범위 내에서 환율이 움직일 경우 미리 약정한 환율로 약정금액을 팔 수 있도록 한 파생 금융상품.

○ **특별회계(Special Accounts)** : 일반회계와 구분하여 특정한 세입으로 특정한 세출을 충당하려는 회계.

○ **프로젝트 파이낸싱(Project Financing)** : 석유 탐사, 발전소, 고속도로 건설 등 미래의 대규모 투자 사업이 벌어들일 수익을 보고 담보 없이 신용만으로 거액의 자금을 대출해 주는 것.

○ **핫머니(Hot Money)** : 국제 금융시장을 수시로 이동하는 거액의 단기자금.

○ Access provider : 인터넷연결 서비스를 제공하는 기관, 단체 또는 회사를 뜻하는 말로 ISP(Internet Service Provider), OSP(Online Service Provider), SP(Space Provider) 등의 이름으로도 사용된다.

○ Access time : 인터넷을 통해 외부로부터 내 컴퓨터로 정보를 수신하는데 걸리는 시간, 송·수신에 사용되는 컴퓨터의 성능과 통신 속도에 따라 달라진다.

○ Address : 인터넷과 웹에서 주소의 개념으로 사용되는 것으로 영문자, 숫자, 특수기호를 조합해 만든 목적지 주소를 의미하며 E-mail이나 웹의 식별을 가능하게 해준다.

○ Adobe Acrobat : PDF(Portable Document Format)라는 파일형식의 문서를 처리할 수 있는 소프트웨어이며 Adobe 사가 개발하였으며 매킨토시, Windows, UNIX 등 어떤 OS 환경에서도 문서를 읽을 수 있어 인터넷 상에서 문서교환 도구로 널리 사용되고 있다.

○ ADSL(Asymmetric Digital Subscriber Line) : 전화국과 개인용 컴퓨터를 현재 전화로 사용하고 있는 전화선을 이용하여 직접 1:1로 연결하는 형태의 통신방법으로, 개인용 컴퓨터까지 가는 하향 통신의 경우 일반적으로 최저 1.5Mb 이상의 고속 데이터통신이 가능한 반면, 개인용 컴퓨터로부터 전화국까지의 상향 통신의 경우 하향보다 상당히 속도가 떨어지는 비대칭의 형태이므로 비대칭형 통신이라고 한다. 기존의 전화선과 전화기를 그대로 사용하여 음성은 낮은 주파수대역, 데이터는 높은 주파수 대역을 이용하기 때문에 고속 데이터통신이 가능하며 일반

전화와 데이터 통신을 동시에 모두 처리할 수 있다는 것이 장점이다. 그러나 쌍방향 서비스가 필요한 원격진료나 교육 같은 서비스에서는 효율이 떨어진다는 단점이 있다.

○ **AI(Artificial Intelligence)** : 컴퓨터의 하드웨어와 소프트웨어를 통합한 지식기반(Knowledge Base)을 이용하여 인간의 지능체계와 같은 방법으로 컴퓨터가 동작하도록 하는 것으로 1950 년부터 인공지능이란 이름으로 사용되기 시작.

○ **Anchor** : HTML 문서에서 하이퍼링크의 시작과 끝을 알리는 표시이다. 브라우저 위에 앵커로 표시된 부분이 화면에 나타나도록 하며 이를 클릭하면 하이퍼링크로 웹 사이트에 연결한다.

○ **API(Application Program Interface)** : 웹 서버 기능향상을 위해 응용프로그램들 간의 상호작용을 위한 인터페이스. 서버 프로그램에서 DLL(Dynamic Load Libraries)을 사용하여 응용 프로그램 간의 상호운영이 가능하도록 하는 경우가 대표적인 예

○ **Application Server** : 웹 서버 환경에서 API와 상호 연동하여 인터넷 응용 프로그램을 통합하여 처리하는 서버

○ **ASP(Active Server Page)** : 웹 브라우저 사용 시 웹 서버가 HTML 문서를 정상적으로 읽을 수 있도록 환경조성, 전 처리 등을 할 수 있는 프로그램의 일종인 스크립트를 포함하고 있는 페이지로 대부분의 브라우저에서 사용된다.

○ **At(@)** : E-mail 주소 표현 시 Domain과 E-mail 사용자 이름을 구분해 주는 구분자(ko@af.ac.kr).

○ **Backbone** : LAN 또는 WAN과 같은 네트워크상에서 여러 개의 통신 회선의 기능을 하나로 모아 중추신경 역할을 담당하게 하는 주된 통신회선을 뜻함.

○ **Bandwidth** : 통신선로 및 채널이 허용 가능한 송·수신 주파수의 범위로 주파수가 높으면 대역폭도 커지며 대용량 데이터를 전송할 수 있다. 디지털 통신은 BPS(Bit Per Sec)를 아날로그 통신은 Hertz(Cycle Per Sec)를 통신단위로 사용한다.

○ **Banner** : 인터넷을 통한 광고 시 광고하고자 하는 자의 사이트 또는 홈페이지로 연결되도록 하는 웹 페이지 상에 표현되는 작은 광고. 현재 인터넷에서 가장 많이 이용되고 있다.

○ **Baseband** : 음성대역(Voice Band)이라 하며 Broadband와 반대 개념이며 일반 전화선에 의한 음성 송·수신이 여기에 해당된다.

○ **Benchmark Test** : 어떤 기계나 소프트웨어 또는 시스템에 대한 성능이나 결과를 어떤 도구를 이용하여 정량적으로 측정하고 비교하는 것을 뜻한다.

○ **BIS 비율** : 국제결제은행이 규정한 금융기관의 자기자본비율, 금융기관의 재무건전성을 나타내는 지표로.

○ **BITMAP** : GIF, JPEG, TIFF, BMP, PICT, PCX 등의 파일형식으로 웹 페이지 상에 표현되는 그림이나 이미지가 비트맵으로 만들어졌으며 Photoshop, Paint Shop Pro 등과 같은 소프트웨어를 이용하여 생성되고 수정된다.

○ **Bookmark** : 거의 무한대에 가까운 방대한 인터넷 상에서 필요한 웹 주소를 모두 기억한다는 것은 불가능하므로 방문한 사이트를 다시 방문할 수 있도록 해당 사이트를 웹 브라우저가 기억할 수 있도록 해주는 기능을 말하며 책갈피, 즐겨찾기 등의 기능이 여기에 해당된다.

○ **BOOT** : Bootstrap Loading이라는 뜻으로 Booting이라고도 하며, 전원이 공급되는 순간 ROM BIOS로부터 OS의 시작 위치를 전달받아 OS의 필요한 부분을 메모리에 적재하고 컴퓨터의 모든 장치들이 동작 가능한 초기 상태(처음 시작 상태)로 만들어지는 것을 뜻한다.

○ **Broadband** : 음성대역(Baseband)에 비해 상대적으로 대역폭이 크다는 뜻으로 광대역(Broadband)이라 하며 전송로 상에 많은 채널을 수용할 수 있어 동화상 등의 멀티미디어 처리에 효과적이다.

○ **Browser** : 웹상에서 송·수신되는 모든 정보를 보거나 처리할 수 있게 해주는 소프트웨어가 브라우저이다. 넷스케이프의 커뮤니케이터, MS의 인터넷 익스플로러가 대표적이다.

○ **Cache** : 컴퓨터의 메모리 계층적구조로 인한 속도의 차이를 극복하여 시스템 전체가 효과적으로 동작할 수 있게 하기 위한 Access 속도가 매우 빠른 어소시에이티브 메모리를 뜻한다. 인터넷의 경우 한번 방문한 사이트의 페이지를 자신의 디스크에 저장(Cache)하고 있다가 다음 방문 시 상대방 서버로부터 전체 문서를 다시 받지 않고 자신이 저장하고 있는 것을 이용하고 달라진 부분만을 받아옴으로서 웹 페이지 Loading 시간을 대폭 줄일 수 있다.

○ **Channel** : 여러 분야에서 여러 가지의 의미로 사용되는 용어로 통신 분야에서는 통신로의 대역폭을 나누어 세분화한 단위를 의미한다. 예를 들어 어떤 음성통신회선이 '20개의 채널을 갖고 있다.'라고 하면 이 통신 회선은 음성대역을 20개 수용할 수 있다는 것을 뜻한다. TV나 라디오에서의 채널도 이와 같은 개념이며 방송국에 할당되는 주파수 또는 주파수 폭에 따라 구분한다. 표준의 중파방송에서는 9Khz 간격으로 120채널, TV방송에서는 6Mhz 간격으로 VHF 12채널, UHF 50채널이다.

○ **Check Box** : 인터넷 사용자들로부터 브라우저를 통해 데이터를 입력 받거나 의사선택을 입력받기 위한 방법으로 통상 HTML에 의해 체크박스를 단순히 클릭하게 한다.

○ **CMA(Cash Management Account)** : 증권사나 종합금융회사에서 판매하는 금융상품, 고객이 예치한 자금을 어음이나 국공채 등에 투자하여 그 수익을 되돌려주는 상품.

○ **Connect Time** : 송신자와 수신자 간(제공자와 수혜자)의 물리적, 논리적 접속시간.

○ **Content** : 각각의 인터넷 웹 사이트가 불특정 다수 또는 일반인에게 제공하고자 하는 정보내용의 집합체로 콘텐츠(Contents)라고 한다. 콘텐츠는 제공되고 있는 정보 이외에 웹 페이지와 함께 필요한 정보를 손쉽게 검색하게 할 수 있는 등 여러 가지 부가적 기능이 있다.

○ Cookie : 인터넷 상에서 웹을 통해 특정 서버와 클라이언트가 정보를 교환하고자 할 때 필요에 따라 클라이언트가 접속하고자 하는 상대방 서버에 대한 정보를 브라우저를 통해 하드디스크에 텍스트 파일로 저장해 놓은 뒤 상대방 웹 서버가 필요시 이 내용을 읽어 들여 자동수행할 수 있도록 하여 접속 및 인증확인 시간을 단축시키고자 할 때 사용되는 방법이다. 상대방 서버에 처음 한번 접속하여 수행할 때 쿠키를 만들어 놓고 다음 로그인 시 재입력 또는 처리하지 않고 쿠키를 읽어 자동으로 선 처리를 수행하도록 하며, 주로 전자상거래에서 사용자정보나 장바구니 또는 손수레기능에서 이 방법이 사용되고 있다.

○ Cyber Space : 가상의 공간이라는 뜻으로 1984년에 미국 출신의 캐나다 작가 William Gibson이 발표한 SF장편소설 'Neuromancer'에서 가까운 미래를 배경으로 컴퓨터와 전자생리학이 발달한 세기말적 사회 속의 활극장면을 묘사하고 있는 데서 처음 유래되었으며 지금은 컴퓨터 통신으로 구축된 인터넷의 공간을 의미한다.

○ Data Compression : 컴퓨터 기억장치, 방송채널, 통신선로 등에 실리는 정보의 크기를 내용의 변화 없이 줄여, 데이터의 전송 또는 저장 등의 작업을 효율적으로 하기 위한 데이터 압축 기술.

○ DDL(Dynamic Link Library) : 윈도우 환경 속에서 애플리케이션 프로그램 또는 특정 목적의 사용자 프로그램과 OS와의 연결을 지원하는 역할을 담당하는 프로그램.

○ Default : 어떤 경우에도 기본으로 설정되는 값을 의미하는 용어이나 일반적으로 컴퓨터 프로그램 또는 논리적 동작을 하는 정보통신기기들에서 선택할 조건이나 입력 값을 결정하거나 확인할 수 없을 때 기본적으로 적용하는 값을 뜻하며, 필요에 따라 변경할 수 있다. 즉 사용자에 대한 질문이나 선택요구 시 아무런 응답을 하지 않거나 무시하는 경우 자동으로 Default 값으로 처리된다.

○ Digital Cash / Cybercash / Ecash : 사이버 공간에서의 현금이라는 뜻의 전자화폐.

○ Digital Signature : 제3자가 정보를 송신한 사람의 문서나 메일을 확인하여 인증할 수 있도록 해주는 전자서명을 뜻한다. 또, 암호 처리되지 않고 전송된 원시 문서의 내용 변경여부를 검증하는 데에도 이용된다. 인증을 해주는 제3자는 주로 디지털 서명을 발급해 주는 기관(Certificate Issuing Authority)이며 누구나 이 기관을 통해 서명을 확인할 수 있다.

○ DMZ(Demilitarize Zone) : 내부전용 통신망과 공중통신망이 연결되는 접속지점을 뜻한다. 이 접속지점은 외부로부터 통신보안시스템을 뚫고 들어올 수 있는 보안 취약지대이므로 DMZ(비무장지대)라 표현한다.

○ DNS(Domain Name System) : 사람의 이름과 그 사람의 별명, 전화번호, 주소와 같은 관계적 역할을 담당하는 것이 도메인 네임, URL, TCP/IP이며 인터넷의 경우 또한 같다. 인터넷의 구성과 활용을 위해 각각의 웹 사이트를 독자적인 이름을 부여한 것이 Domain Name이고 웹 서버의 이름을 포함하여 표시한 것이 URL이다. 또, 인터넷 속에서의 주소(IP Address:203.241.69.X)와 우편번호와 우편물 포장법(TCP)이 TCP/IP이다. Domain Name 부여와 관리를 위해 모든 국가에서는 이를 관리하는 기관(KRNIC, InterNIC)을 두고 있다.

○ **E-Business** : 1997년 IBM에서 처음 사용하기 시작한 신종어로 인터넷과 정보통신기기들을 이용하여 조직이나 기업 내·외부의 모든 부문의 사무를 통합하여 처리한다는 개념으로 E-Mail 또는 E-Commerce에서 사용한 E- 표시를 인용하여 표현.

○ **E-Commerce** : 인터넷을 통해 상품과 서비스를 거래하는 것. 전자상점(E-Tailing), 가상 상점(Virtual Store), 가상 몰(Virtual Mall) 등의 형태로 표현된다.

○ **E-Cruising** : 인터넷을 통한 인력채용을 인터넷으로 수행하는 것으로 많은 구인, 구직 전문 웹사이트가 존재하고 있으며 대부분의 기업이 홈페이지에 구직란을 올리고 있다.

○ **Electronic Publishing** : E-Zin(Electronic Magazine), E-Journal(Electronic Journal)과 같이 인터넷을 이용하여 종이를 사용하지 않고 출판물을 생산하는 전자출판을 의미한다. 문서뿐만 아니고 소프트웨어나 멀티미디어 형태의 출판물을 웹으로 공급하기도 한다.

○ **ERP(Enterprise Resource Planning)** : '전사적 자원관리'라고 번역되며 각종 조직체, 제조회사 등의 분야별 실행업무에 대해 업무별 상호관계와 응집도를 고려하여 종합적으로 관리해 주는 시스템. 즉, 제품설계, 협력사, 자재 공급처, 구매, 재고, 고객, 영업, 주문, 재무, 회계, 인사, 서무 등을 총 망라하여 운영관리해 주는 전사적 자원관리 응용 소프트웨어 패키지를 의미한다.

○ **Extensions** : 파일 이름 중 점(Dot) 뒤에 문자로 표시하는 확장자이다. 해당 파일이 작성된 형식이 어떤 것이며 무엇으로 그 파일을 읽어야 하는지를 알 수 있게 한다.

○ **FAT(File Allocation Table)** : 각종 정보들을 보조기억장치인 하드디스크에 기록하기 위해 OS(Operating System)가 파일할당에 대한 정보를 보관할 때 사용되는 파일정보 테이블이다. 하드디스크의 영역 할당 단위는 클러스터(Cluster)라 하며 파일은 여러 개의 클러스터에 나누어 기록된다. 통상 2048Byte 또는 이 값의 배수 형태의 크기를 갖는 클러스터의 위치는 연속적으로 존재하지 않고 하드디스크의 여유 공간에 따라 여러 곳으로 분산되어진다. OS는 새로운 파일을 생성하고 저장할 때 FAT를 만들고 이곳에 클러스터 정보를 기록하여 저장된 해당파일이 하드디스크 어느 곳에 위치하고 있는지 알 수 있도록 한다.

○ **Firewall** : 인터넷 상에서의 통신망과 정보의 보안은 필수적이다. 인터넷 통신망은 공중망(Public Network)과 사설망(Private)으로 분리하게 되는데, 이 경우 공중망과 사설망(내부망이라고도 함.) 사이에 방화벽(Firewall)을 설치, 공중망으로부터 공격해 오는 악의적 사용자로부터 사설망을 분리하여 보호하게 되는데 이것을 의미한다.

○ **Font** : 모든 정보통신기기에서 사용되는 문자들의 형태를 폰트(Font)라 한다.

○ **FRB(Federal Reserve Board)** : 미국연방준비제도이사회.

○ **Freeware** : 인터넷을 통해 다운로드 받아 무상으로 사용할 수 있고 또, 다른 사람에게 배포하더라도 불법이 아닌 소프트웨어를 의미한다.

○ **FTP(File Transfer Protocol)** : 인터넷을 통한 데이터통신에서 어떤 특정 서버로부터 파일을

내려 받거나 올려줄 수 있도록 하는 프로토콜이며 이 같은 일을 전문적으로 하는 곳을 FTP 사이트라고 한다.

○ **Fuzzy System** : 1960년경 버클리 대학에서 시작된 '희미하다'라는 뜻의 퍼지논리(Fuzzy Logic)는 컴퓨터의 주된 논리를 완전한 참(True)과 거짓(False)으로 구분하여 명확한 논리적 비교연산을 수행하는 부울(Boole)논리인 것에 비해 '40%정도이면 참(True)', '10%정도이면 거짓(False)'과 같이 지식기반(Knowledge Base)에 의해 필요 또는 상황에 따라 '참'과 '거짓'의 의미를 달리해 가며 논리적 비교연산을 수행할 수 있는 지능형 논리를 의미한다. 이로 인해 '희미하다'라는 표현을 하게 되었으며, 이 논리에 의해 '인공지능시스템'이라 말하는 전문가시스템(Expert System)이 탄생하게 되었다.

○ **G세대** : Green과 Global, 건강하고 미래지향적으로 세계화한 젊은 세대.

○ **GIF(Graphics Interchange Format)** : 유니시스(Unisys)사의 압축 기술을 기초로 Compuserve 사에서 개발한 압축이미지 저장파일의 한 형태(Format)이며 현재 웹상에서 가장 많이 사용되고 있다. JPEG에 비해 압축율과 화소표현 밀도가 약간 적으나 GIF는 이미지를 인터레이스(Interlace : 웹상에서 시각적 효과를 높이기 위해 중복된 이미지를 동일 화상에 연속적으로 뿌려주는 기법.) 할 수 있다는 장점이 있어 주로 많이 사용된다.

○ **GUI(Graphical User Interface)** : 사용자와 컴퓨터 간의 연결 및 의사소통을 명령어 중심이 아닌 그래픽 환경 중심으로 만들어진 사용자 인터페이스를 뜻하며, MS 사가 Windows를 발표하면서 가장 크게 주장했던 사상으로 오늘날 사용자 인터페이스의 표준이 되어버렸다. 소프트웨어적 인간공학(Ergonomics)의 한 분야로 볼 수 있다.

○ **Hertz, Hz** : 전파나 전류 등 파장이 있는 물리적 동작체에 대한 진동수 표시 단위로 1초당의 진동수를 뜻한다. 독일 물리학자 Heinrich Hertz의 이름에 따라 Hz로 표시한다. 예로 우리나라 전기의 경우 60Hz를 사용하는데 이는 1초당 60사이클(+, - 변화 수)을 의미하며, Pentium Ⅱ 프로세서가 300Mhz라고 하면 Time Clock이 1초당 3억 번의 사이클을 갖는다. 즉, 프로세서가 어떤 동작을 1초당 3억 번 수행할 수 있다는 뜻이다.

○ **HTML(Hypertext Markup Language)** : 웹에서 사용하는 표준문서 작성언어로 하이퍼텍스트를 만들어준다. 여러 가지 기능의 태그(Tag)를 사용하여 작성하며 HTML 전용편집기(Editor)가 제공되고 있다.

○ **HTTP(Hypertext Transfer Protocol)** : 인터넷 상에 존재하는 호스트 컴퓨터와 통신하는데 사용되는 프로토콜로 하이퍼텍스트를 송・수신한다. 모든 웹 사이트는 이 프로토콜로 연결할 수 있으며, 보안모드로 동작하는 HTTP 서버를 연결하고자 할 때는 HTTPS(Hypertext Transfer Protocol Secure)를 사용한다.

○ **Hub** : 근거리 통신망(Local Area Network) 구축 시, LINE을 분기하거나 증설, 연결하고자 할 때 사용되는 이더넷(Ethernet) 접속 장치.

○ **Hyperlink** : HTML 문서에서 하이퍼텍스트 문자를 만들고 그 문자 내에 코드화된 다른 문자

로의 연결기능이며 결국 웹 페이지는 내부적으로 수많은 텍스트와 이미지가 상호 연결된 하이퍼링크의 집합체라 할 수 있다.

○ **Hypermedia** : 하이퍼텍스트의 원래 목적은 문자(Text)의 연결이었으며 웹이 확산되고 웹상의 정보가 멀티미디어화 되면서 음성, 정지화상, 동화상 등을 함께 처리할 수 있게 발전되었으며 멀티미디어라는 개념으로 하이퍼링크 되어 진 내용의 멀티미디어 정보.

○ **Hypertext** : 하이퍼텍스트는 문자의 연결을 통해 다른 문서(Page)와 직접 연결될 수 있도록 하는 기법으로 Ted Nelson에 의해 창안된 정보 브라우징(Browsing)과 검색 이론의 비선형적 처리(Nonlinear)에서 출발되었다.

○ **Internet Backbone** : 전 세계 수많은 대형 인터넷 서비스 제공자(ISP)들이 구축한 인터넷용 초고속 통신망회선을 의미하며 중추(Backbone)라는 표현을 사용한다. 최소한 T3급(45Mbps) 이상의 회선들을 중심으로 수많은 라우터(Router)들을 연결하여 사용되고 있다.

○ **Internet Cafe** : 인터넷 항해, 채팅, 화상회의 등을 할 수 있도록 한 사이버 카페, 주로 오락이나 게임을 위해 많이 이용된다.

○ **InterNIC(Internet Network Information Center)** : 미국에 있는 인터넷 주소 등록기관.

○ **Intranet** : 전체 인터넷 노드(Node)들 중 어떤 하나의 노드 속에서의 작은 인터넷 즉, 어떤 특정 조직 내의 내부 통신망을 뜻하는 것으로 어떤 대학의 내부 인터넷 망, 어떤 빌딩의 LAN 시스템, 어떤 회사의 국내외 정보통신망 등의 경우를 예로 들 수 있으며, 전 세계의 인트라넷들이 라우터를 통해 모두 연결되었을 때 인터넷이라 하게 된다.

○ **IP Address(Internet Protocol Address)** : 32Bit로 표시되는 인터넷상의 고유주소이다. 사람이 알아보기 쉽게 하기 위해 8Bit씩 묶어 점(Dot)으로 구분하여 표현되며 이 주소로 인터넷상의 경로(Routing)를 설정하고 서버컴퓨터의 위치를 찾아낸다. 일반적으로 도메인 네임과 1:1의 관계이며 DNS(Domain Name System)에 의해 IP주소로 변환된다. IP Address를 부여하는 방식에 따라 고정주소(Static Address)와 가변주소(Dynamic Address)로 구분된다.

○ **ISDN(Integrated Services Digital Network)** : 음성(전화)과 데이터를 동시에 운반하는 디지털 네트워크 기법으로 1990년 중반부터 서비스되었으며, 64Kbps 라인 두 개를 함께 사용할 수 있어 최대 128Kbps로 통신할 수 있다. 최근 ADSL 등의 새로운 통신기술로 인해 점차 사용되지 않는 추세이다.

○ **ISP(Internet Service Provider)** : Access Provider 참조.

○ **Java** : 클라이언트(Client)와 서버(Server) 사이에서 송·수신하며 동작해야 하는 일련의 작업들을 위한 응용프로그램들이 기종과 브라우저의 종류에 관계없이 실행될 수 있도록 개발하려할 때 사용되는 응용프로그램 개발도구(언어)이며 Sun Microsystems 사가 개발하였다. 단순성, 견고성, 객체지향성, 하드웨어 독립성, 동적처리 등 JAVA의 장점이 돋보인다.

○ **Javascript** : 클라이언트(Client)와 서버(Server) 사이에서 송·수신하며 동작해야 하는 응용프로그램들을 HTML 문서에 직접 삽입 수행시켜 브라우저 사용의 유연성과 편리성을 제공할 수 있도록 프로그램 할 수 있는 개발 언어이다. 자바는 컴파일러 기능을 갖지만 자바 스크립트는 인터프리터로 동작한다. 자바와 자바 스크립트는 서로 다른 프로그램개발 도구이다.

○ **JPEG(Joint Photographic Experts Group)** : 웹상의 이미지 처리에서 GIF와 함께 가장 많이 사용되는 파일형식으로 사진이나 그림과 같은 정지화상(Still Image)에 대한 이미지 제작에 효과적이므로 GIF보다 훨씬 더 선명한 화상을 만들 수 있지만 애니메이션이나 만화 같은 선(Line) 중심적 이미지처리에는 부적합하다.

○ **Junk E-Mail** : 수신자가 원하지 않는 E-Mail이 인터넷을 통해 전달되는 것을 정크 메일 혹은 스팸(Spam)이라고 한다. 스팸은 미국 요리에서 어느 경우에나 사용되는 것으로 '모든 음식에 공통적 적용'이라는 의미로 우리나라의 '약방의 감초'와 같은 개념이다.

○ **Leased Line** : ISP 또는 WSP로부터 전용선(Dedicated Line)을 임대하여 항상 물리적 접속상태를 유지하고 있는 통신회선을 뜻하며 주로 LAN to LAN 또는 WAN to LAN을 위해 사용된다. 반대의 개념으로 필요할 때마다 전화로 전화교환기를 필요한 시간 동안만 물리적 접속상태를 유지하는 것을 다이얼업(Dial-Up Line)이라 한다.

○ **Linux** : 1989년 핀란드 헬싱키 대학에 재학 중이던 리눅스 토르발스(Linus Torvalds)가 유닉스를 기반으로 개발한 공개형 소프트웨어(FSF:Free Software Foundation) 성격의 OS로, 1991년 11월 버전 0.10이 발표되면서 확대 보급되기 시작하였다. Unix가 중대형 컴퓨터에서 주로 사용되는 반면, 리눅스는 주로 워크스테이션이나 PC에서 사용된다. 단일 OS에 의한 독점적 이익 추구가 아닌 다수를 위한 공개적 이익 추구라는 원칙하에 리눅스는 소스 코드를 완전 무료 공개하여 전 세계적으로 약 5백만 명이 넘는 프로그램 개발자 그룹을 형성하게 되었으며, 이들에 의해 지속적인 업그레이드가 이루어지고 있다. 파일구성이나 시스템기능의 일부는 유닉스를 기반으로 하고 있으나, 커널은 유닉스와 다르다. 최근 IBM, Oracle, Intel 등에서 리눅스 지원이 발표되고 거의 모든 프로세서에 리눅스 포팅이 완료되어 있어 리눅스가 널리 확산될 것을 예고하고 있다.

○ **Load** : 컴퓨터 시스템 보조기억장치(HDD, FDD, CD-ROM 등)에 있는 프로그램이나 데이터를 주기억장치(Main Memory)로 불러들이는 것을 의미하나 최근 인터넷이 일반화되면서 URL에 의해 웹 사이트가 접속되면 접속된 사이트 서버 속의 홈페이지 문서나 이미지가 클라이언트 PC의 메모리(브라우저) 속으로 들어오는 것을 의미한다.

○ **Log** : 컴퓨터시스템, 웹 서버, 네트워크 등의 운영 상태를 로그용 서버가 자동으로 기록 보관하게 되는데 이 기록을 로그(Log)라 한다.

○ **Log In** : 어떤 시스템이나 서버, 네트워크, 웹 사이트 등의 자원을 공유하거나 사용하고자 할 때 이에 대한 사용권을 얻기 위해 최초로 취하는 동작을 로그인 또는 로그온(Log On) 한다고 한다. 통상 사전에 부여받은 계정이나 사용자명(User Name, User ID)을 입력하고 인증여부를 확인하기 위해 패스워드(Pass Word)를 입력한다.

○ Log Off : 어떤 시스템이나 서버, 네트워크, 웹 사이트 등의 자원을 공유 또는 사용 종료 동작.

○ Mailbox : E-Mail 메시지가 저장되는 메일 서버의 메일 디렉터리(Mail Directory)이며 수신된 메일을 자신의 메일 서버 속에 보관시키거나 자신의 PC 즉, 로컬디스크(Local Disk)에 보관시킬 수 있다.

○ MIDI(Musical Instrument Digital Interface) : 최근의 멀티미디어 환경에서의 음악은 컴퓨터, 디지털악기, 음성합성기(Synthesizers)를 상호 연결하여 디지털음악으로 제작된다. 이 때 만들어진 디지털음악은 악보 그 자체가 미디(MIDI) 파일형태로 생성되는데 음정변화, 박자변화, 조옮김, 음반제작 등이 매우 자유로우며 HTML 문서에도 삽입할 수 있다.

○ MP3(MPEG Third Layer) : 최근 음성압축 기술의 표준으로 가장 많이 사용되고 있는 것으로 10:1의 압축률에도 전혀 음질에 영향이 없다는 장점이 있다. 예로 웨이브(.wav) Format은 1초에 172Byte가 필요한 반면 MP3는 16Byte가 필요하며 또, 재생을 위해서 웨이브(.wav) Format은 1분에 4Mbyte가 필요한 반면 MP3는 1Mbyte만을 필요로 하므로 메모리상에서 재생이 가능하다. 대신 재생 시 디코딩(Decoding) 과정이 필요하다. 많은 MP3 사이트로부터 MP3 파일을 다운받아 재생할 수 있다.

○ MPEG(Motion Picture Experts Group) : 1988년 설립된 동화상전문가 그룹이다. 정지화상을 압축하는 방법을 연구하는 JPEG과는 달리 MPEG은 시간에 따라 연속적으로 변화하는 동영상 압축과 이에 따르는 코드의 표현을 통해 정보의 전송이 이루어질 수 있는 방법을 연구하고 있으며 MPEG1, MPEG2, MPEG3, MPEG4 등으로 구분된다.

MPEG1	비디오CD 같은 디지털 저장매체에 VHS Tape 수준의 동영상과 음향을 최대 1.5Mbps까지 압축할 수 있게 한다.(ISO11172, 1991)
MPEG2	현재 많이 사용되고 있는 디지털 TV, DVD 등의 밀도 높은 화질과 음질을 목적으로 전송속도를 높이고자 MPEG1을 개선한 것이다.(ISO13818, 1994)
MPEG3	HDTV와 같은 고화질을 위한 영상압축 기술로 MPEG2의 후속 작업이었으며 MPEG2에 흡수·통합되어 현재 규격으로는 존재하지 않는다.
MPEG4	낮은 전송율의 동화상 송신을 위한 새로운 표준이며 초당 64Kb, 19.2Kb의 저속으로 동화상을 구현할 수 있다. 이동통신망과 같은 무선망에서 멀티미디어 통신을 전제로 1998년 완성되었다.

○ Multi Cast : 인터넷상에서 특정한 한 사람의 수신자에게만 데이터를 전송하는 방식인 유니캐스트에 대응되는 개념으로 동일한 내용의 전자메일, 화상회의용 화상정보, 음성정보 등을 동시에 여러 사람에게 전송하는 인터넷 방송의 개념이다. 유니캐스트 방식에서는 수신자 수만큼 데이터 패킷을 반복해서 보내야 하므로 수신자의 수가 많을 경우 통신망의 효율이 저하되고, 송신자의 프로세서 또한 부담이 크다. 그러므로 인터넷의 대화형 이용을 위해서는 음성과 화상 데이터의 실시간 전송이 가능한 멀티캐스트 방식이 필수적이다. 멀티캐스팅을 지원하는 컴퓨터 간의 가상 네트워크를 엠본(MBone)이라고 하며 한 개의 이 엠본을 통해 인터넷 주소로 특정 그룹에 있는 모든 사람들에게 동일한 정보를 전달한다. 즉, 멀티캐스트는 동일 데이터 중복 전

송으로 인한 네트워크 자원의 낭비를 막고, 정보를 필요로 하지 않는 곳에는 부담을 주지 않으면서 실시간에 의한 공동 작업을 가능하게 해주는 전송 기법이다.

○ **N세대** : 인터넷으로 대표되는 네트워크 세대.

○ **NAT(Network Address Translation)** : 현재 내가 사용하고 있는 인터넷의 IP Address(사설 IP, DHCP 등)를 다른 네트워크 또는 정보통신기기가 알 수 있도록 변환시켜 주는 것으로 주로 라우터(Router) 또는 네트워크 서버가 이 역할을 담당하며 이를 통해 전 세계 인터넷상의 그 누구와도 통신할 수 있는 글로벌 인터넷 주소가 생성된다.

○ **Navigate** : 인터넷 상에서 모든 웹들의 속을 하이퍼텍스트 경로에 따라 옮겨 다니며 웹 페이지를 보는 것으로 웹 서핑(Web Surfing)이라고도 한다.

○ **Netiquette** : 인터넷을 매개로 정보를 주고받거나 통신할 때 지켜야 할 에티켓.

○ **Network** : 두 개 이상의 정보통신기기들을 상호 연결하여 사용할 수 있도록 하는 것으로 LAN(Local Area Network), WAN(Wide Area Network), Internet 등으로 표현된다.

○ **News group** : 전 세계의 인터넷 사용자들이 각각의 주제별 그룹의 형태로 인터넷상에 모여 각 주제들에 대해 토론하고 의견을 집합하는 인터넷상의 공개적 게시판이다.

○ **Node** : 기차역, 버스정류장 등에 비유되는 것으로 네트워크상에서 경유할 수 있는 모든 경유지를 노드(Node)라 하며 이는 컴퓨터, 통신장비 또는 네트워크 서버들이다. 모든 노드는 해당 네트워크상에서 DLC(Data Link Control)과 MAC(Media Access Control)이라는 고유의 식별 번호를 갖는다.

○ **OECD(Organization for Economic Cooperation and Development)** : 경제협력개발기구.

○ **OS(Operating System)** : 컴퓨터 시스템의 전반적인 동작을 제어하고 조정하는 시스템 프로그램들의 집합체로 하드웨어와 응용프로그램 또는 사용자 프로그램 간의 인터페이스를 담당하며 CPU, Main Memory, I/O Device 등 컴퓨터시스템이 갖고 있는 자원을 관리한다. 즉, 인간과 컴퓨터 간의 상호작용을 제공함과 동시에 컴퓨터의 동작을 위한 시동(Booting)과 작업의 순서를 정하며 입출력과 연산을 제어하므로 프로그램 전체의 실행을 제어하게 된다. 또, 이에 따르는 데이터와 파일을 저장하고 관리한다. 개인용 컴퓨터의 OS를 예로 들면 MS-DOS, Windows, UNIX 등이 있다.

○ **P세대** : 적극적 사회참여(Participation), 열정(Passion), 힘(Potential Power)을 바탕으로 사회적 패러다임을 주도하는 세대.

○ **Packet** : 데이터 통신 시 송·수신되는 데이터의 기본 단위를 뜻하며 각각의 통신 프로토콜에서 약속된 크기와 형태를 갖는다.

○ **PDF(Portable Document Format)** : 아도브사의 아크로뱃(Adobe Acrobat)형식으로 구성된 파

일로 확장명은 .pdf이다. 인터넷 상의 여러 가지 파일형태를 호환성 있게 공유할 수 있도록 하기 위해 주로 사용되는 것으로 이에 대한 확대 보급과 보편성을 위해 Acrobat Reader의 경우 인터넷 상에서 무상으로 지원하고 있다.

○ **PING(Packet Internet Groper)** : TCP/IP를 이용하여 목적지에 IP 데이터 그램이 전달될 수 있는지를 시험해 볼 수 있는 응용 프로그램의 실행을 의미한다. Ping의 수행은 ICMP Echo Request라는 메시지를 목적지로 보내 응답하는가를 기다리는 것으로 송신한 ICMP Echo Reqest를 받은 목적지 호스트 또는 네트워크가 정상 동작 중이면 응답할 것이고 정상이 아니면 응답이 없다. 또, Ping은 어떤 목적지까지의 왕복시간을 측정해서 그 호스트까지의 거리를 알려준다. 따라서 Ping은 상대방 호스트의 처리 가능성과 네트워크의 상태와 함께 홉(Hop)이라고 하는 중간 개입 교환노드(Data Switching Exchange)를 보여주므로 인터넷 접속의 모든 경로를 볼 수 있다.

○ **Platform** : 응용 업무가 운영되는 컴퓨터 또는 OS의 종류를 뜻하는 것으로 통상 운영체제를 포함한 정보통신기기들의 집합적 개체를 의미함.

○ **Plug-In** : 사용자 뜻에 따라 부가적 기능의 활용을 위해 응용 프로그램과 함께 연결되어 동작할 수 있게 제작되어 제공되는 프로그램으로 애니메이션용 QuickTime, 음성처리용 RealAudio, 동화상처리용 ShockWave 등을 예로 들 수 있다.

○ **PnP(Plug and Play)** : 컴퓨터시스템 본체에 사용자용 주변장치를 연결(Plug)하기만 하면 OS가 이를 자동으로 인식한 뒤 장치제어(Device Driver)용 소프트웨어를 사용자 개입 없이 자동수행시켜주고 가동시키는 기능.

○ **POP(Post Office Protocol)** : 메일 서버에 의한 메시지 수신용 프로토콜이며 POP1, POP2, POP3 등이 있다.

○ **POP-Up** : GUI(Graphical User Interface) 환경에서 특정 조건이나 시간적 조건에 의해 현재 상태의 화면에 국부적으로 내용을 부각시키며 어떤 선택을 요구하는 표현을 표시하는 방법으로 주로 마우스 사용 시 많이 사용되며 클릭 또는 마우스의 위치(Mouse Over)에 따라 팝업이 수행된다. 이 같은 기법을 이용한 화면상의 메뉴 처리를 팝업 메뉴라고 하며 팝업 메뉴에 의해 전체화면(Page)을 바꾸는 경우 페이지교체(Replacement Page)라 한다.

○ **Port** : 정보통신기기의 입출력을 위한 내·외부 접속 지점으로 데이터와 명령어가 입출력되는 통로의 관문(Gate)을 뜻한다. PC의 경우 Serial Port와 Parallel Port가 준비되어 있으며 각종 통신장비와 프린터 및 외부 접속 기기들을 이곳에 접속시킨다. 또 다른 의미로 인터넷상에서 도메인 이름 뒤에 포트를 지정하여 URL 접속 시 통로를 정할 수 있다. 즉, URL 표현 시 포트 번호가 표현된다. 이 경우 0에서 65536번까지의 포트 번호가 부여될 수 있으나 호스트별로 하나만을 사용하도록 하고 있다.

○ **Portal** : 이메일, 토론자 그룹, 자료검색 시스템, 전자상거래 시스템 등이 함께 서비스되는 대형 웹 사이트를 포괄적으로 묶어 부르는 이름으로 다소 추상적인 표현이다. 최근에는 대부분의 ISP와 OSP들이 포털 서비스를 제공하고 있다.

○ **PPP(Point to Point Protocol)** : 시리얼(Serial) 통신 즉, 모뎀(Modem)에 의한 인터넷 연결 시 사용하는 통신 프로토콜.

○ **Prompt** : 정보통신기기의 대화식(Interactive) 사용 시 사용자의 응답을 기다리고 있을 때 화면에 표시되는 메시지를 프롬프트라고 하며, 시스템 로그인과정에서 사용자 이름, 패스워드를 요구하며 기다리고 있는 경우가 좋은 예이다.

○ **Protocol** : 정보통신기기의 내·외부와 네트워크상에서 데이터와 명령을 주고받을 때 어떤 방식과 방법으로 송·수신하며 또, 송수신된 것들이 무엇을 뜻하는지를 사전에 약속하고 규정하여 정한 규약으로 야구경기에서 투수와 포수 사이의 싸인 또는 감독과 선수들 간의 사인이 좋은 예이다.

○ **Proxy Server** : 웹 서버가 어떤 인터넷 주소로 특정한 정보의 검색을 요구받으면 과거에 방문했던 주소와 이에 대한 내용 저장장소에서 찾아보고, 있으면 그 정보를 즉시 제공하고, 없으면 해당 정보를 그 주소지의 서버로부터 가져와 저장장소에 복사한 후 제공하게 되는데, 내 서버 속에서 이러한 역할을 담당하는 저장장소를 프락시 서버라 한다. 이 경우 모든 정보가 프락시 서버를 통과하게 되므로 정보를 검색할 때마다 통신선로를 타고 검색하는 것보다 매우 빠르고 통신오류 발생 시 재전송이 필요 없으므로 인터넷상의 필요 없는 패킷의 수를 줄일 수 있다. 또, 프락시 서버는 캐시를 갖고 있어 사용자가 아주 많은 인터넷 사이트의 경우, 캐시효과로 통신망의 통신양이 줄어들게 되므로 빠른 속도로 응답할 수 있어 이중의 효과를 얻을 수 있다. 내 서버의 외부에서는 프락시 서버가 보이지 않고 오직 내부적 사용만을 위한 것이므로 프락시 서버의 IP 주소는 임의로 지정할 수 있다.

○ **Public Key** : 공개키라고 하며 인증 받은 자로부터 보안키를 제공받아 사용하게 되며 이 때 Public Key와 Private Key를 병용하여 암호 및 복호 처리하면 메시지 처리와 전자서명을 효과적으로 할 수 있다. 이러한 경우의 복합사용은 비대칭형 암호(Asymmetric Cryptography) 처리기법이다.

○ **Quad** : 4개로 구성된 것 중에 하나라는 뜻의 Quarter와 같은 개념으로 32Bit의 인터넷 주소에서 Class로 8Bit씩 구분한 뒤 점(Dot)으로 표시(203.241.69.128)하게 되는데 이것을 Quad라 한다.

○ **Query** : 데이터베이스에서 정보 또는 데이터를 찾아내기 위해 단어 뜻 그대로 질의, 질문하는 것을 말한다. RDB(Relational Data Base)의 표준 언어인 SQL(Structured Query Language)이 하는 주된 역할이 Query이다. 인터넷 검색의 경우 검색 엔진에서 검색 조건을 입력해 처리하는 것을 뜻한다.

○ **Queue** : 대기 행열이라 하며 연속적으로 대기하고 있는 개체들의 집합으로 전자우편함에 편지 도착리스트, 귀성 열차표 구매를 위한 줄서기, 고속도로 톨게이트 통과하기 등의 형태들을 예로들 수 있다. 자료 구조적 이론에서 Data List에서 먼저 입력된 데이터를 먼저 처리하는 FIFO(First In First Out, 先入先出) 데이터 구조이다.

○ **QuickTime** : 인터넷상의 동화상 처리 특히 가상현실(Virtual Reality)을 표현하는 소프트웨어

로 플러그인 형태로 제공된다. 마우스를 이용해 영상물에 대한 회전이나 확대 등이 가능하다.

○ **Read me** : 어떤 새로운 소프트웨어, 패키지, 프로그램, 인터넷 사이트 등의 사용자들에게 사용상의 도움과 정보를 주기위해 미리 제작하여 제공되는 파일의 이름으로 네트워크상에서 또는 파일을 다운로드하여 볼 수 있게 한다.

○ **Registry** : 운영체제(OS) 내에서 작동하는 모든 장치와 소프트웨어들의 시스템관련 정보를 저장하고 있는 정보 DB로 영어로 등기소(Registry)라는 뜻으로 사용된다. 프로세서의 종류, Main Memory의 용량, 접속된 주변장치 정보, 시스템 매개변수(System Parameter), 응용소프트웨어에서 취급되는 파일 타입과 매개변수 등이 기억되어 있다. autoexec.bat, config.sys, *.ini 등이 좋은 예이다. 인터넷의 경우 개인별 사용자 정보를 서버에서 총괄 관리하기 위해 작성되는 각종 정보들을 지칭하며 브라우저의 종류, PC 및 통신장비의 기종이나 메모리 사이즈, 사용되고 있는 보안 프로토콜의 종류와 파라미터 값 등이 여기에 해당된다.

○ **Repository** : 리퍼지터리움(Repositorium)이라는 라틴어에서 '어떤 물건을 수집해 보관해 두는 장소'라는 뜻의 어원으로 시작되는 것으로 데이터베이스(DB)와 비슷한 역할을 하는 DB 응용분야의 하나이다. 조직적 방법에 의해 수집되는 각종 자료를 모아 그 내용이 항상 새롭게 유지되게 하는 중심적 저장장소를 뜻하며, 주로 기업 내에 분산되어 있는 각종 문서와 정보들을 단일 저장장소에서 관리해 주는 기술로 관련자료, 입출력 내용, 처리방법, 자료들 간의 내부 관계 등 응용업무 개발에 사용된 시스템의 각종 부품들을 모아 놓은 총괄적 정보 DB이다. 최근 전자상거래, 지식관리 등 정보시스템 간의 통합관리를 위한 응용시스템 구축을 위해 그 중요성이 점점 커지고 있다. 리포지터리의 자료검색은 사용자가 직접 할 수도 있고, 특수한 소프트웨어를 이용해 특정 정보나 파일, 문서 등을 수집하여 통신망에 분산시켜 놓을 수도 있고 한 곳에 집합시켜 놓을 수도 있으므로 각종 정보의 통합관리, 활용도 제고, 유지보수의 용이성 극대화라는 관점에서 데이터웨어하우징(Data Warehousing)의 Meta Data(자료를 구성하는 요소가 되는 데이터)와 밀접한 관계가 있다고 할 수 있다. XML(Extensible Markup Language)의 경우 XML 문서를 효과적으로 저장, 관리해 주는 XML 리포지터리 관리시스템의 개발과 이용이 크게 각광을 받고 있다.

○ **RGB(Red, Green, Blue)** : TV와 컴퓨터의 모니터 각종 스크린에 영상정보를 표현하는 Red(적색), Green(녹색), Blue(청색)의 3가지 기본색을 지칭하는 말이다.

○ **Roaming Service** : 서로 다른 통신 사업자가 서로 다른 서비스 지역 내에서 상호 통신이 가능하게 상호연결해 주는 서비스로 PCS 휴대전화 사업자들이 각각 독자적 서비스 망을 구축하게 되면 각 회사마다 어떤 이유로 인해 지역별로 접속이 잘 안 되는 지역이 나타날 수 있는데, 이 경우 각각의 업체가 서로 제휴하여 가입자가 어떤 회사에 가입하든 각자의 서비스망을 로밍 서비스에 의해 상호 연결하여 어떤 곳에서나 품질 좋은 서비스를 받도록 할 수 있게 한다면 모든 통신회사들은 서비스의 품질과 영역을 넓힐 수 있고 또, 기지국 신설에 따르는 비용을 최소로 할 수 있게 된다. 또, 우리나라 통신업체가 외국의 어떤 통신업체와 로밍 서비스를 하기로 하였다면, 해당회사 가입자가 상호 해당 국가에서 상대 통신업체들이 서비스를 하고 있는 지역이라면 우리나라에서와 같이 그대로 사용할 수 있게 된다. 인터넷에서도 로밍 서비스가 가능하며 그 개념 또한 휴대전화의 경우와 동일하다. 즉, 우리나라의 인터넷 접속서비스 업체에 가입한 사람이 외국에 출장을 갔을 경우 해당국가의 인터넷 접속 서비스업체와 로밍 서비스

제휴를 하고 있다면, 현지의 통신회선 또는 전화로 자신의 ID와 Password로 인터넷에 접속하고 이용할 수 있다.

○ ROM BIOS(Basic Input/Output System) : 컴퓨터에서 전원을 켜는 순간 최초의 컴퓨터 제어를 담당하는 프로그램들의 집합체로 PC의 Main Board 속 EPROM(Erasable Programmable Read Only Memory)에 내장되어 있다. 운영체제(OS)가 I/O Device와 주변장치들을 동작시킬 수 있도록 한다. 일반적으로 소프트웨어는 계층별로 수행하도록 되어 있으며, 각각의 계층은 할당된 작업을 수행하며 상위계층은 하위계층을 간섭하지 않게 동작되는데 이 경우 롬 바이오스는 가장 낮은 곳에 있는 계층이며 모든 소프트웨어는 이 계층을 기반으로 동작하는 것으로 하드웨어의 '즉시 응답요구' 처리를 위해 하드웨어와 소프트웨어 사이의 연결과 번역을 담당하는 인터페이스이다. 롬 바이오스는 Start-Up Routine과 Service 처리 Routine, Interrupt 처리 Routine 등으로 구성되어 있으며 컴퓨터에 전원이 공급되면 자동으로 실행되어 POST(Power-On Self Test)에 의해 시스템의 상태를 점검하고 초기화(Initialize)하는 작업이 이루어지게 된다. 또, 초기화 작업 중 어떤 주변장치가 연결되어 있는지 확인하고 상태를 점검한다.

○ Router : 통신망 연결을 위한 브리지(Bridge) 기능에 경로배정 테이블을 포함시켜 또 다른 통신 경로에 대한 인식과 배정을 담당한다. 내부 또는 외부 망으로부터 수신된 패킷을 해독 목적지 주소(IP Address)를 생산한 뒤 내·외부 접속 통신망의 경로(Node)를 결정하게 되며, 여러가지 경로 중 가장 효율적인 경로를 선택하여 패킷을 보내고 연결(Link)시킨다. 통신의 흐름을 제어하며 내·외부 접속 통신망에 여러 개의 서브통신망을 구성하는 등 다양한 통신망 관리를 수행한다. 이 같은 기능은 TCP/IP 프로토콜에 의한 소프트웨어적 기능이며 이것을 하드웨어로 구현시키고 일반화시켜 인터넷망 구축에 필수적으로 사용하고 있다.

○ Search Engine : 전 세계의 모든 서버와 웹이 상호 접속되어 있는 인터넷상에서 필요한 정보의 검색은 매우 어렵고 시간 또한 많이 필요하게 되므로 이 때 필요한 정보검색 도구가 서치엔진이며, 키워드(Keyword)에 의해 검색된다. Yahoo, AltaVista, Lycos, Infoseek 등이 있으며 최근 여러 개의 서치엔진에서 동시에 함께 찾아주는 것들도 선보이고 있다.

○ Server : 사용자(클라이언트) 요청에 의해 서비스하는 컴퓨터를 뜻하며, 이는 하나 이상의 응용 프로그램을 클라이언트와 서버가 상호 협력적 환경에서 운용되는 분산처리 시스템을 의미한다. 즉, 서비스를 요청하는 클라이언트와 클라이언트의 요청을 처리하는 서버와의 협동 작업을 통해서 사용자가 원하는 바람직한 결과를 얻는 처리방식이 클라이언트/서버 시스템이다. 클라이언트의 수가 5~20대 정도인 소규모 LAN의 경우 한 대의 서버로 충분히 모든 서비스를 소화할 수 있으나, 대규모 LAN의 경우에는 여러 대의 서버를 배치하고 파일 관리는 파일서버, 프린트 제어는 프린터 서버, 웹 서비스는 http 프로토콜에 의한 웹 서버, 네트워크는 커뮤니케이션 서버가 담당하는 등 각각 역할을 세분하게 된다.

○ Shareware : 소프트웨어 개발 회사들이 정품 구매의 확대와 선전을 위해 특정 조건에 따라 무상으로 공급하고 있는 소프트웨어들로 자유롭게 사용하거나 복사할 수 있지만 저작권은 개발회사에 남아 있으며 조건에 따라 일정기간 사용한 뒤에는 대금을 지불하고 정식 사용자로 등록해야 한다. 무료로 공급하는 소프트웨어라고 해도 정품에 뒤지지 않는 강력한 기능과 사용환경을 갖고 있어 널리 사용되고 있다. 조건에 따라 지정된 기간이 끝난 이후에도 그대로 사용

하는 경우 이는 명백한 저작권법 위반이 되며, 개인의 경우 셰어웨어와 동일한 개념의 프리웨어(Freeware)를 이용하면 효과적이다. 프리웨어는 개인의 경우 기간의 제한 없이 자유롭게 이용할 수 있는 반면 기업 또는 단체 등에서 업무용, 상업용으로는 사용할 수 없다.(shareware.com 참조)

○ Smart Card : 국제표준화기구(ISO)에서 표준화된 신용카드와 똑같은 형태의 IC카드(Integrated Circuit Card)로 자기 방식의 카드와 비교할 때, 매우 큰 기억용량과 고도의 기능 및 안정성을 지니고 있다. 1970년 프랑스에서 개발되어 금융기관에서 사용하기 시작하였으며, 이후 미국에서도 개발되었다. 카드 크기는 54mm(가로)×86mm(세로)×0.76mm(두께) 이고, 구조는 접속단자, IC칩, 플라스틱 카드로 구성되어 있다. 반도체 제조공장에서 IC칩을 제작한 후 다이(Die)를 PCB에 부착한다. 와이어 본딩(Wire Bonding)을 하고 수지 보호층을 도포하여 마이크로모듈을 제작한다. 기판 인쇄 및 모듈용 홈을 가공한 후 마이크로모듈을 부착한다. 전자화폐나 지불카드와 같은 사이버 캐시(Cyber Cash)의 개념으로 이용할 수 있어 인터넷 전자상거래에서 크게 유용할 것이며, 미국의 경우 이동통신, 인터넷접속, 버스·기차 등의 요금지불, 신용관리, 인터넷 금융 등에서 다양하게 활용되고 있으며, 이미 전 세계적으로 10억 개 이상 사용되는 것으로 파악되고 있고 앞으로 약 60억 개 이상으로 늘어날 전망이다.

메모리형 스마트카드	마이크로프로세서가 내장되지 않은 카드로 공중전화카드나 물품구입권 같이 유가증권으로 취급될 수 있는 분야에 주로 사용하는 메모리(EEPROM) 외에 보안장치(Security Logic)가 포함된 방식이 있고, 의료보험증과 같이 순수 데이터 보관용으로서 단지 메모리만 내장된 방식도 있다.
마이크로프로세서 내장 스마트카드	마이크로프로세서와 메모리를 내장하여 비교, 연산, 데이터 보호 등 고도의 기능을 수행할 수 있다.
대화형 스마트카드	마이크로프로세서, 메모리, I/O 프로토콜, 응용프로그램을 내장하여 정보의 양방향 송·수신할 수 있다.

○ SMTP(Simple Mail Transfer Protocol) : 인터넷 TCP/IP 프로토콜에서 정의된 E-Mail의 표준 프로토콜.

○ Sound Card : 음성처리 칩(야마하 등)을 이용하여 프로그램의 제어 하에 음성데이터를 처리할 수 있는 PC 장착용 카드(Sound Blaster 등)로 비디오 카드와 함께 멀티미디어 환경을 주도하고 있다.

○ Spam : 내용이 동일한 부적절한 메일을 다수의 뉴스 그룹이나 메일 리스트 등록자들에게 발송되는 것(Junk E-Mail 참조).

○ SSL(Secured Sockets Layer) : 넷스케이프가 개발한 인터넷 전자상거래 시 개인정보 보안유지를 위한 것으로 서버에서의 사용자 인증, 데이터의 암호화와 복호화, 전송 메시지의 무결성(Integrity) 등을 위해 사용되는 보안 프로토콜이다. 일반적으로 인터넷 프로토콜(Internet Protocol)이 보안에서 기밀성을 유지하지 못한다는 문제를 극복하기 위해 개발되었고, 현재 전 세계에서 사용되는 인터넷 전자상거래 시 사용되는 개인정보와 크레디트카드 정보보안에서 가장 많이 사용되므로 최종 사용자와 가맹점 간의 지불정보 보안에 관한 프로토콜이라고도 할 수 있다. TCP/IP와 응용프로토콜(HTTP, SMTP, Telnet, FTP 등) 사이에서 독립적으로 처리

되므로 사용자 응용프로그램과는 무관하게 동작한다.

○ **Subnet Mask** : 현재의 IP Address는 4Byte(32Bit)로 구성되어 있어 전 세계적으로 계속 늘어나는 서버에게 IP Address를 부여하기가 불가능하게 되었다. 이로 인해 IP Address 체계를 128Bit로 확장하여 새롭게 구성하기에 이르렀으나 당장 실현이 불가능한 실정이므로 부족한 IP Address 문제를 Broadcasting에 의한 Subnet Masking 방법에 따라 하나의 네트워크 내에서 여러 개의 네트워크 Segment로 분리하여 IP Address를 효율적으로 사용할 수 있게 하는 방법을 의미한다.

○ **Surf** : 브라우저상에서 전 세계 여러 곳의 웹 사이트를 자유롭게 살펴보는 것으로 웹 사이트 서핑(Surfing)을 뜻한다.

○ **Tag** : Tag는 HTML 또는 웹 페이지코드 등에서 명령어들의 유형을 정의하는 명령어의 일종으로 HTML의 경우 <br>, <font size=1>, <body>, <html> 등과 같이 괄호(Brackets) 안에 명령어를 정의한다.

○ **TCP/IP(Transmission Control Protocol/Internet Protocol)** : 기종과 OS가 서로 다른 컴퓨터 시스템을 서로 연결해 정보를 송·수신하기 위해 만들어진 통신규약으로 1980년 초 미국 국방부에 의해 제정되고 유닉스(UNIX) OS 내에 채용되어 사용되다가 인터넷의 활용이 일반화되면서 네트워크의 모든 정보의 표준이 되었고 미 국방부에서 구축한 알파넷(ARANET)을 사용하는 모든 호스트에 대해 미 방위통신청(Defense Communication Agency)이 TCP/IP를 표준 프로토콜로 사용하도록 한 것이 시초가 되었다.

○ **UNIX** : 1969년 AT&T Bell 연구소에서 시작된 운영체제(OS)로 1973년부터 주로 학교나 연구소의 학생들과 연구원들에 의해 사용되었으며, 이 기종 간의 접속을 위한 인터넷통신 프로토콜(TCP/IP)의 모체이다. 대화식 시분할 시스템(Interactive Time Sharing)은 1969년 Ken Thompson에 의해 개발되었는데 처음에는 디지털사의 PDP-7에서 게임을 즐길 수 있는 프로그램 개발에서 시작되었고 이후 많은 업체들에 의해 기능이 확장되었으며 개발자와 친숙하고 유연한 환경으로 계속적 발전을 거듭했으며 1991년 세계에서 가장 널리 쓰이는 OS가 되었다.

○ **URL(Uniform Resource Locator)** : 웹 브라우저는 인터넷에 존재하는 다양한 형태의 모든 서비스를 동시에 지원하는 도구로 HTTP, FTP, 유즈넷 뉴스, E-Mail, 고퍼, 텔넷 등의 서비스를 공유한다. 이러한 다양한 서비스를 제공하는 수많은 서버들로부터 필요한 정보를 획득하기 위해 이들의 위치를 표시하는 체계가 필요한데 이를 위한 것이 URL이다. URL은 웹상에서 서비스를 제공하는 각 서버들에 있는 파일들의 위치를 명시하기 위한 것으로 접속해야 될 서비스의 종류, 서버의 위치(Domain Name), 파일의 위치를 포함하며 'protocol:// 정보를 가진 컴퓨터이름/디렉터리이름/파일이름', 'http://www.kn.ac.kr/introduce/index.htm'의 형태로 문법체계(Syntax)가 구성된다.

○ **USB(Universal Serial Bus)** : 12Mbps의 전송 속도를 갖고 있어 MPEG 계열의 비디오 장비나 디지타이저, 프린터, 오디오, 조이스틱, 키보드, 스캐너, 전화기 등 대부분의 장치들이 USB 접속 드라이버를 제공하고 있으며 새로 설치할 장치를 위해 별도의 인터페이스 카드가 필요 없으며 컴퓨터의 전원을 끄지 않은 상태로 설치할 수 있다. 1996년 10월부터 윈도우 운영체제에서 USB 드라이버를 지원하기 시작했고, Windows98 이후부터는 표준기능으로 내장되었다.

Compaq, IBM, DEC, Intel, Microsoft, NEC 같은 회사들에 의해 개발된 USB는 플러그 앤 플레이(Plug And Play)용 인터페이스로도 각광을 받고 있다.

○ **VIP마케팅** : 구매력이 매우 높은 극소수 최상위 소득계층에게 고가의 명품 판매에 주력하는 활동.

○ **Virus** : 생물학적인 바이러스가 생물체에 침투하여 병을 일으키는 것처럼 컴퓨터 내에 침투하여 자료를 손상시키거나 다른 프로그램들을 파괴하여 작동할 수 없도록 하는 컴퓨터 프로그램의 한 종류이다. 바이러스에 감염된 디스크로 컴퓨터를 부팅(Booting)시키거나, 어떤 프로그램을 실행시킬 때 바이러스 프로그램이 같이 동작하여 자료를 파괴하거나 컴퓨터 작동을 방해하고 프로그램 자신을 복제하여 다른 컴퓨터에 전염시킨다. 이런 점이 생물학적 바이러스와 비슷하기 때문에 바이러스라는 용어를 사용하지만, 다른 일반 프로그램과 동일한 프로그램의 한 종류이다. 발생 기원은 1949년 J.폰 노이만이 발표한 논문에서 프로그램이 자기 자신을 복제함으로써 증식할 수 있다는 가능성을 제시한 것으로부터 유래한다. 실제로 미국에서 1985년 프로그램을 파괴하는 악성 컴퓨터 바이러스가 처음 보고되었고, 한국에서는 1988년 (C)BRAIN이란 컴퓨터 바이러스가 처음으로 보고되었다. 컴퓨터 바이러스가 발생하게 된 경위는 자신의 능력을 과시하기 위하여 만들었다는 설, 불법복제를 막기 위하여 만들었다는 설, 소프트웨어의 유통경로를 알아보기 위하여 유포시켰다는 설, 경쟁자 또는 경쟁사에게 타격을 주기 위하여 감염시켰다는 설 등이 있다. 그러나 은밀하게 유포되고 있기 때문에 확실한 경위는 밝혀지지 않고 다만 복합적인 원인으로 추정된다. 컴퓨터 바이러스는 그 영향 정도에 따라 양성과 악성으로 감염 부위에 따라 부트(Boot)와 파일(File) 바이러스로 구분된다. 부트 바이러스는 컴퓨터에 전원이 입력되어 처음 동작을 시작할 때 제일 먼저 읽게 되는 디스크의 부트 영역에 감염되어 보관되어 있다가 컴퓨터 동작 시 활동을 시작하고, 파일 바이러스는 중간 숙주 역할을 하는 각종 프로그램에 감염되어 숨어 있다가 중간 숙주 프로그램이 실행될 때 활동하는 바이러스를 말한다. 바이러스의 종류에 따라 활동방식도 다른데 감염 즉시 활동하는 것, 일정 잠복기간이 지난 후에 활동하는 것, 특정 기간이나 특정한 날에만 활동하는 것 등이 있으며, 특정한 날에만 활동하는 바이러스 중 예루살렘바이러스는 13일의 금요일에만 활동하고, 미켈란젤로바이러스는 미켈란젤로의 생일인 3월 6일에만 활동한다. 불법 복제한 소프트웨어 디스켓을 사용하거나, 여러 사람이 공동으로 사용하는 컴퓨터에서 작업하면 바이러스감염의 가능성이 높아 자신도 모르게 디스켓 또는 프로그램에 감염된다. 이렇게 감염된 디스켓을 자신의 컴퓨터에서 사용하면 자신의 컴퓨터로 전염되며 최근에는 컴퓨터 통신 이용률이 높아지면서 이를 통하여 자료를 주고받을 때 급속도로 전염되기도 한다. 바이러스에 감염되면, 컴퓨터 부팅시간이 평소보다 오래 걸리거나, 아예 부팅 자체가 되지 않거나, 응용프로그램이 실행되지 않거나, 프로그램을 실행시키는 시간이 평소보다 매우 오래 걸리거나, 파일 목록을 확인하는 명령을 하였을 때 목록이 화면에 나타나는 시간이 오래 걸리거나, 화면에 이상한 글자가 나타나거나, 프로그램의 크기가 달라져 있거나, 프로그램의 작성일자 또는 파일의 이름이 바뀌는 등의 증세를 나타낸다. 감염 예방을 위해서는 복제품이 아닌 정품 소프트웨어를 사용하고, 외부에서 가지고 온 디스켓은 사용하기 전에 반드시 백신 프로그램으로 바이러스감염 여부를 확인한 후 사용한다. 또한 컴퓨터 통신을 통하여 받은 프로그램의 경우에도 반드시 감염 여부를 확인 후 사용하도록 한다.

○ **VoIP(Voice over IP)** : IP 위에 실려 있는 음성이란 뜻으로 인터넷망을 이용한 인터넷 폰에서 사용되는 프로토콜로 장거리나 국제전화요금에 비해 거의 무료로 통화할 수 있다. Cisco,

VocalTec, 3Com, Netspeak 등이 주도하는 VoIP 포럼에서 인터넷을 이용한 전화통신 표준(ITU-T H.323)이 제정되었으며, 직접 통화는 물론 음성 메일 서비스나 통화의 자동 분배(Automatic Call Distribution) 등의 서비스도 이용할 수 있다.

○ **VPN(Virtual Private Network)** : 인터넷과 같은 공중망(Public Network)을 사용하여 사설망(Private Network)을 구축하게 해주는 기술 또는 통신망을 통칭하는 것으로 지금까지의 기업들은 지사나 영업소 또는 이동근무자가 지역적 제한 없이 업무를 수행할 수 있도록 통신 사업자에게 전용회선을 임대하여 원격지까지 연결하는 방식으로 사설망을 구축하여 사용해 왔다. 이렇게 구축하는 사설망은 각종 통신망 장비와 소프트웨어에 초기 투자비용이 많이 소요될 뿐만 아니라 통신회선 요금도 비싸고 통신망을 운영하고 관리하는 데에도 많은 인적·물적 자원이 필요하다. 이 같은 문제를 해결하기 위한 방법으로 인터넷망을 마치 전용선에 의해 사설망을 구축한 것처럼 사용하는 방식을 사용하게 되었는데 이를 가상사설망이라 한다. 가상사설망은 기업의 통신망과 인터넷 서비스 제공자와 연결만 하면 되기 때문에 별도로 값비싼 장비나 소프트웨어를 구입하고 관리할 필요가 없어 기존의 사설망 연결방식보다 비용이 대폭 절감되는 효과를 기대할 수 있으며, 일반기업에서는 확보하기 어려운 정보통신 관련 전문기술을 활용할 수 있다는 장점도 있다. 또, 재택근무자, 출장이 잦은 직원, 현장 근무자들이 인터넷 서비스 제공자와 전화로 접속한 다음 인터넷을 통하여 회사와 연결할 수 있다는 장점도 가지고 있다. 즉, 공중망을 이용하기 때문에 사용자가 늘어나거나 장소를 옮기더라도 유연하게 통신망을 사용할 수 있어 본사와 지사, 지사와 지사 간의 자료 공유가 훨씬 용이해진다. 하지만 가상사설망은 인터넷이라는 공중망을 기본으로 하기 때문에 적절한 통신 속도와 대역폭 보장 문제와 정보에 대한 보안이 확실하지 않다는 점이 큰 단점으로 지적되고 있으며, 암호화/복호화, 전자인증과 같은 방식에 의한 전송자료의 보호방법이 지속적으로 연구되고 있다.

○ **Web 3.0** : 인공지능형 검색엔진.

○ **Web Advertise** : 인터넷을 이용하여 웹에서 광고(배너광고)를 수행하는 것으로, 주로 광고를 위해 사전 정의된 웹 페이지 영역에 GIF 형태로 된 광고 정보를 애니메이션으로 표현, 웹 페이지 방문자로 하여금 클릭을 유도하고 광고 내용을 제공한 뒤 이로 인한 광고 효과를 획득.

○ **Web Casting** : 컴퓨터를 사용하지 않는 동안에도 사용자 요구에 맞추어 선택된 정보를 받아두었다가 화면 보호기가 작동될 때 이를 보여 주는 기술로 인터넷 상에서 자신이 필요로 하는 정보를 찾아 가져오던 지금까지의 방식과는 달리 사용자가 채널을 등록하여 두면 지속적으로 사용자의 컴퓨터에 선택된 정보를 자동으로 배달해 주는 새로운 정보제공 기술이다. 채널과 오프라인(Off Line)으로 구성되며, 특정 웹 사이트를 선택할 수 있는 기능이 채널이고 임시 저장 기능을 이용해 네트워크에 접속하지 않은 상태에서도 정보를 받아 볼 수 있게 해주는 기능이 오프라인이다. 포인트캐스트(Point Cast) 사는 뉴스, 스포츠, 증권, 날씨, 광고 등을 화면보호기가 작동하는 순간 보여주는 방식으로 넷스케이프(Netscape) 사는 푸시(Push) 기술을 이용하여 익스플로러처럼 전 화면 모드로 실행시켰다. 마이크로소프트 사 역시 푸시 기술을 채용한 채널 개념이 도입되어 윈도우의 배경화면이나 윈도우 탐색기에 정보제공 업체의 채널을 표시하여 사용자가 이 채널들에 대한 갱신주기 등을 미리 설정해 주면 원하는 정보가 자동적으로 수신되어 화면에 표시된다.

○ **Web Designer** : 웹 사이트와 표현방식을 건축하고 사용자가 보다 이용하기 쉽게 만들며 사이

트가 어떻게 보이고 어떻게 느껴지는지에 대한 설계를 담당하는 사람으로 설계자 대신 그냥 웹 디자이너를 많이 사용한다.

○ Web Master : 웹 사이트를 전반적으로 관리하는 책임자로 자신의 웹 사이트를 기술적으로 관리할 수 있는 자를 뜻하며 웹 스미스(Web Smith)라고도 한다. 웹 마스터는 웹 서버의 하드웨어의 구성내용, 통신망, 프락시 연결, 이메일 사용 등을 총괄 관리하고 사용자의 문의나 요구에 대한 응답서비스를 제공할 수 있어야 한다.

○ WWW(World Wide Web) : 전 세계에 있는 모든 컴퓨터를 통신망(TCP/IP)에 의해 거미줄(web)과 같이 상호 연결하여 인터넷을 구축하고 하이퍼링크 기능을 이용해 상호 필요한 정보들을 교환하거나 공유할 수 있도록 하는 것으로, 1989년 스위스의 한 연구소에서 하나의 응용 프로그램이 각각 서로 다른 컴퓨터에 저장되어 있는 자원을 공유하기 위해 자원의 위치를 정의(하이퍼링크)하는 과정에서 탄생되었다.

○ XML(eXtensible Markup Language) : W3C(World Wide Web Consortium)에 의해 개발된 것으로 인터넷 웹을 구성하는 HTML을 획기적으로 개선한 차세대 인터넷 프로그램용 언어이다. XML은 SGML(Standard Generalized Markup Language)을 개선한 것으로 웹 문서를 위해 고안된 것이 특징이며, 웹 제작자와 설계자가 HTML로는 할 수 없는 자신들만의 고유한 태그를 제작할 수 있는 기능을 제공한다. 예를 들면 HTML은 단 하나의 목적지만을 연결할 수 있지만, XML로는 한 지점에서 다중 문서로 여러 곳을 연결할 수 있는 프로그램을 작성할 수 있으며, 데이터의 교환, 분산처리, 데이터의 다중검색, 문서수집의 자동관리 등 보다 강력한 수단을 제공하고 있고 최근에는 거의 모든 웹 개발 도구가 XML 지원을 발표하고 있다.

8) 상품사진 촬영

카메라는 렌즈를 통해 사진을 만들어 내는 기계장치이다. 이 카메라의 역사는 약 170년이 넘었으며 최근 2가지의 큰 변화를 가져왔다. 하나는 흑백에서 컬러사진으로 변화했으며, 또, 하나는 필름을 노출시키는 방법(은염사진)에 의해 영상을 기록하지 않고 반도체소자인 CCD(Charged-Couple Device : 전하 결합소자)에 영상을 기록하는 디지털방식의 출현이다. 디지털카메라의 영상 처리과정은 기존의 방식과 크게 달라진 반면 영상을 생성하는 렌즈구조, 조리개, 셔터 등은 필름방식과 같으므로 카메라의 사용법이나 형태는 크게 달라지지 않았다.

8-1) 필름, CCD, CMOS

필름을 이용하여 영상을 만드는 그동안의 사진 구현방법은 은(Ag)을 할로겐

원소와 결합하여 만든 할로겐화 은(AgX)은 염화 은(AgCl), 브로화 은(AgBr), 요오드화 은(AgI) 등으로 구분되며, 여기에 젤라틴을 섞어 만든 감광유제를 필름에 입혀 사용하는 것으로 은이 첨가되어 있으므로 은염사진이라고 하며, 우리가 사용하고 있는 대부분의 사진을 대표하였다.

디지털카메라의 이미지 센서는 보통 CCD(Charge Coupled Devices)와 CMOS(Complementary Metal Oxide Semi-conductor) 2가지 방식 중 하나를 선택해 사용하고 있다. CCD는 약한 빛에도 민감하게 반응하며 이미지 형성의 품질이 높으나 생산 공정이 까다롭고 생산 단가가 비싸다는 단점이 있으며 CMOS는 CCD에 비해 반대이므로 저가형 디지털카메라나 웹캠의 센서로 사용되어 왔으나 최근 생산되고 있는 CMOS는 전문가용 카메라에도 널리 쓰일 만큼 고화질 구현이 가능해졌다. CCD는 화소수도 중요하지만 그 크기도 매우 중요하다. 디지털카메라의 제품사양을 살펴보면 같은 300만 화소 제품이라도 이미지 센서의 크기가 1/2.7인치인 제품이 있고 1/1.8인치인 제품이 있다. 이는 반도체기술의 발달로 CCD의 크기는 줄이면서 화소 수는 그대로 유지할 수가 있기 때문이다.

일정 크기의 CCD에 많은 숫자의 화소(pixel)를 배치하다 보면 각 화소 간에 거리가 좁혀지게 되는데 화소 간의 거리가 가까워지면 각 화소 간에 서로 간섭을 일으키게 되며 이것을 노이즈라 한다. 따라서 화소수와 함께 CCD의 크기는 이미지의 화질을 결정하는 매우 중요한 요인이 된다.

8-2) 빛의 3원색(RGB)과 색의 3원색(CMYK)

LCD나 모니터에 보이는 사진은 빛의 3원색 “RGB(Red, Green, Blue)”의 비율을 적절히 조절(가산혼합)하여 수많은 색들을 만들어(Red+Green=Yellow) 내게 되며, 이는 인쇄 또는 프린트의 경우(감산혼합)에도 마찬가지이다. 문제는 빛의 3원색에 속하는 Red와 색의 3원색에 속하는 Red의 색이 다르다는 것이다. 즉, 색의 3원색에 있는 Red는 빨간색과 파란색을 섞을 때 나오는 색(Magenta)이며, 또, Blue도 빛의 3원색의 파란색이 아니고 파란색과 초록색을 섞었을 때 만들어지는 하늘색에 가까운 색(Cyan)이라는 것이다.

따라서 색의 3원색은 시안(Cyan), 마젠타(Magenta), 노랑(Yellow)이 되므로 빛의 3원색은 “RGB”이고, 색의 3원색은 “CMY”라고 하는데 색의 3원색의 경우

“CMY”용 페인트나 컬러 잉크가 매우 고가이고 색 배합에 따른 기술적인 문제 등으로 인해 별도로 검은색을 추가하고 CMYK로 구분한다.

※ 감산혼합과 가산혼합 : 물감, 잉크, 염료 등은 혼합(감산혼합)하는 색의 수가 많을수록 명도(어둡고 밝은 정도)와 채도(맑고 탁한 정도)가 낮아지는 반면, 조명, 색유리 등을 이용한 빛(색광)의 혼합(가산혼합)은 혼합되는 색이 많을수록 명도가 높아진다.

8-3) 화소와 해상도

○ **화소(畵素, Pixel)** : “점”이라는 뜻의 단어로 화소(畵素) 또는 픽셀(Pixel)이라 하며, 디지털카메라의 영상을 구성하고 있는 최소 기본단위이다. 예를 들어 500만 화소의 디지털카메라는 한번 촬영에 500만개의 점으로 구성된 영상을 CCD에 저장할 수 있다는 것을 의미한다. 화소수가 많으면 많을수록 촬영된 영상의 화질이 정밀해지며 파일의 크기도 커진다.

○ **해상도(解像度, Resolution)** : 디지털카메라에서 해상도는 촬영되는 사진의 크기를 의미한다. 예를 들어 디지털카메라에서 사진의 크기를 1600×1200으로 설정하고 촬영했다면 촬영된 영상의 가로는 1,600개의 점(화소)으로, 세로는 1,200개의 점으로 구성된다. 이해를 돕기 위해 컴퓨터 모니터의 경우를 예로 들면 “디스플레이 등록정보”에서 모니터 해상도를 변경할 수 있는데 이를 변경하면 모니터에 나타나는 화면의 크기가 조정된다.

○ **LCD와 CCD의 불량화소** : 디지털카메라의 LCD나 CCD에 영상 이미지를 표시할 수 없는 화소를 뜻하는 것으로 불량화소의 수가 많으면 카메라의 성능이 저하된다. LCD는 디지털카메라를 작동시킨 상태에서 검은색 종이에 비추었을 때 LCD 전체가 검은색이면 정상인 반면 녹색 또는 붉은색점이 있으면 불량화소가 있는 LCD이다. 또, CCD는 카메라를 동작시킨 후 빛이 들어가지 않도록 융 등으로 렌즈를 막은 상태에서 셔터 스피드별로 촬영하여 컴퓨터로 확인하여 결과물 전체가 검게 나오면 정상이다. 이 역시 같은 위치에 녹색, 붉은색, 흰색 등의 점이 있으면 불량화소이며 만약

사진마다 '점'의 위치가 달라지면 CCD에 과전류로 인해 색상정보를 잘못 읽는 현상이 발생한 것으로 핫 픽셀이라 하며 고장현상은 아니다.

8-4) 디지털카메라의 장·단점

○ 디지털카메라의 장점

- LCD를 통해 사진이 어떻게 촬영될지 미리 알 수 있다.
- 촬영한 후에도 사진의 노출이 틀리거나 흔들리지 않았는지 LCD를 통해 즉시 확인할 수 있다.
- 필름카메라와 비교하여 5~8배 정도의 사진을 메모리와 배터리만 있으면 자유롭게 촬영하거나 지울 수 있다.
- 렌즈와 LCD의 회전기능을 이용해 셀프촬영, 하이 또는 로우 앵글촬영 등이 가능하다.
- CD 등을 이용하여 매우 저렴하고 편리한 방법으로 전자앨범을 만들 수 있으며, 변색과 손상 등 기존의 필름사진에서 발생되는 문제가 없다.
- 촬영하는 순간 해당 사진에 대한 날짜, 시간, 조리개 값, 셔터속도, 촬영모드 등 촬영정보가 사진파일에 같이 기록된다.
- 컴퓨터와 Adobe Photoshop, Paintshop Pro 등의 소프트웨어를 이용하여 사진 원판에 대한 수정과 편집이 매우 편리하게 가능해졌다.

○ 디지털카메라의 단점

- 앞에서 언급했던 대로 디지털카메라의 CCD나 CMOS는 셔터가 열렸다 닫히는 순간 빛을 받아 발생된 전하를 이미지로 기록하는 방법을 사용한다. 이때 빛의 과다와 과소로 인해 불필요한 전하(암전류:Dark Current)가 발생하며 이로 인해 노이즈가 발생한다.
- 고감도 촬영을 위해 ISO 값을 높여야 하는 경우(전하량을 증폭시키는 방법으로 고감도 기능처리) CCD나 CMOS에 들어온 전하량의 값을 증폭시켜 감도를 좋게 하는 반면, 불필요한 암전류 값까지도 증폭시키므로 증폭시키기 전에는 보이지 않던 노이즈까지 증폭된다.
- 디지털카메라의 모든 기능이 전기 에너지에 의해 작동되므로 배터리의

소모가 매우 크며 배터리 용량 또한 한계가 있다.

- 일반적인 디지털카메라의 경우 아웃포커스 기능과 이에 따르는 효과가 매우 적다.
- 빛의 3원색(RGB)과 색의 3원색(CMYK)의 차이로 인해 모니터의 색과 인쇄되는 색이 다르게 되므로 디지털카메라와 인쇄기를 최적화 시켜주는 작업(Calibration)이 필요하다. 포토샵 등에서 "감마설정"의 경우가 캘리브레이션에 해당된다.

8-5) 디지털카메라의 기본구조와 동작

○ 기본구조

- **렌즈** : 카메라의 렌즈는 사람의 눈과 같은 역할을 담당하는 것으로 빛이 피사체에 부딪쳐 반사된 빛을 받아들이는 역할을 한다. 렌즈에 따라 카메라의 성능이 결정되며 렌즈의 밝기(f값, f1.4)가 밝고 광학적인 줌(Zoom)이 잘 될 수 있는 렌즈 일수록 렌즈의 가격이 비싸다.

- **AF보조 광 / 적목 감소 램프/셀프타이머** : AF 보조광(Auto Focus)은 어두운 곳에서 초점을 잡기 위한 기능이고, 내장 플래시 사용 시 적목현상(사람 눈이 토끼 눈처럼 빨갛게 나오는 현상)을 방지하기 위한 기능이며, 셀프타이머를 위한 보조 발광 기능으로 3가지 기능을 1개의 램프가 담당한다.

- **내장 플래시** : 노출이 없거나 매우 적어 감광이 불가능한 경우 또는 역광 촬영 시 사용되는 플래시로 종류에 따라 다르지만 일반적으로 대략 70cm ~ 5m 정도에서 사용 가능하다.

- **마이크와 스피커** : 촬영 시 음성이나 소리를 카메라의 내장메모리에 녹음하고 재생한다.

- **플래시 버튼**

  ϟA : 밝기에 따른 플래시 자동 발광기능.

  ϟ◈ : 플래시와 적목 감소 램프가 동시에 발광.

  ϟ : 플래시를 발광기능의 상시 사용.

  ⊘ϟ : 플래시 사용금지 기능.

- **측광버튼**

[◉] (평가측광) : 화면을 분할해 측광하여 피사체의 위치, 밝기, 순광, 역광 등의 정보를 카메라가 스스로 판단해 적절한 노출을 측정하고 결정하는 측광방법.

[ ] (중앙부 평균측광) : 화면 중앙부의 약 30%를 기준에 의한 평균 측광방법

[・] (스팟측광) : 특정 지점을 겨냥한 측광방법.

- **MF(메뉴얼 포커스)버튼** : 촬영자가 뷰파인더나 LCD를 보면서 수동으로 초점을 맞추고자 할 때 사용.

- **LCD(Liquid Crystal Display)** : 사진을 촬영하거나 촬영된 사진을 즉시 보거나 사진과 카메라의 상태 등에 대한 정보 표시 창.

- **Menu 버튼** : 카메라의 각종 설정 값을 변경할 수 있는 메뉴버튼.

- **셔터** : 사진촬영 버튼으로 반쯤 누르면(반 셔터) '삐빅' 소리와 함께 초점이 잡히며, 계속해서 더 누르면 사진이 촬영된다.

- **줌(zoom) 레버** : 줌 기능(카메라가 피사체를 밀거나 당기는 기능)이 있는 카메라의 줌 담당 레버.

- **모드 다이얼** : 매뉴얼, 조리개 우선, 셔터우선, 프로그램, 자동, 인물, 풍경, 야경, 파노라마, 동영상 등 다양한 각종 촬영모드 선택 다이얼.

- **연속촬영/셀프타이머/무선컨트롤 선택 버튼** : 셔터를 오래 누르고 있으면 연속해서 거의 동시에 여러 장의 사진이 촬영되는 연속촬영 모드, 2~10초 후에 촬영되도록 하는 셀프타이머 모드, 리모콘 촬영을 위한 무선컨트롤 모드 등의 선택기능.

- **핫슈** : 외장 플래시 연결단자.

○ 디지털카메라의 기본동작

- 피사체에 부딪쳐 반사된 빛이 렌즈를 통해 카메라 내부로 들어온다.
- 조리개를 통해 빛의 양이 정해지며 셔터의 속도와 함께 결합하여 노출값이 결정된다.
- 결정된 노출 값만큼 CCD에 빛이 전달되며 CCD필터에 의해 적색, 녹색, 청색으로 빛을 분리시킨다.
- 분리된 색은 광센서 집합체인 수백만 개의 픽셀(pixel:화소)에 저장되며
- 색깔의 농도는 빛의 양에 따라 결정된 후 디지털 신호로 변환된다.

- binary(0 또는 1) 값(디지털 신호)으로 변환된 정보는 특정한 파일형태 (file format)로 메모리카드에 저장된다.

8-6) 디지털카메라의 파일 형식

디지털카메라의 영상 저장 파일형식으로 JPG, TIFF, RAW 등을 사용하고 있으며, 대부분의 디지털카메라의 이미지는 JPG 파일형식을 가지고 있다. TIFF나 RAW에 비해 파일크기가 작고 촬영일, 셔터속도, 조리개 값, 촬영 모드 등의 정보를 포함하여 기록할 수 있다는 장점에 따라 거의 모든 디지털카메라에서 JPG형식을 주로 사용하고 있다.

○ **JPEG(Joint Photographic Experts Group)** : 일반적으로 가장 많이 사용되는 디지털카메라의 표준 파일형식이다. 용량이 큰 고품질 사진을 매우 작은 파일로 손쉽게 압축할 수 있는 손실 압축방식을 사용하므로 영상의 품질을 거의 저하시키지 않으면서 파일의 사이즈를 약 1/10로 줄일 수 있는 장점이 있다. 하지만 파일 편집이 많고 고품질의 큰 사이즈 사진을 필요로 하는 경우에는 손실 압축 방식이 아닌 TIFF, RAW 등을 사용해야 한다.

○ **RAW** : 호환성을 위해 파일의 고유 특성과 정보가 표시되는 파일헤더와 이미지의 형태, 편집정보 등이 포함되지 않고 오로지 촬영된 영상만을 디지털카메라 CCD에 직접 저장한 형태의 파일이다. 따라서 컴퓨터가 영상의 크기, 컬러 수, 해상도 등을 자동으로 인식할 수 없으므로 RAW 파일전용 프로그램의 도움을 받아야 촬영된 영상을 볼 수 있다.

○ **TIFF(Tagged Image File Format)** : TIFF 형식은 비 손실압축 방법을 사용하므로 300만 화소 급의 디지털카메라로 촬영한 TIFF 파일의 사이즈가 10MB가 될 정도로 파일의 크기가 매우 크기 때문에 디지털카메라의 이미지 저장방법으로 적합하지 않은 반면, 주로 촬영원본 그대로의 품질로 큰 이미지가 필요할 경우 많이 이용된다.

○ **GIF(Graphics Interchange Format)** : GIF 파일형식은 인터넷을 통한 이미지교환을 위해 개발된 파일형식으로 손실 없는 압축방식을 사용하기 때문에 비교적 선명한 이미지를 얻을 수 있는 반면, 사용할 수 있는 색의 수가 256으로 제한되어 있어 디지털카메라에서는 사용되지 않는다.

○ **비트맵(BMP)** : Window 98, XP 등의 OS에서 비트맵 형식의 이미지를 저장하는데 사용되는 표준 형식이므로 대부분의 그래픽 소프트웨어에서 사용 가능하지만 원래

이미지를 크거나 작게 만들기가 어려우며 비교적 파일크기가 크다는 단점이 있다. 디지털카메라에서는 사용되지 않는다.

8-7) 조리개와 셔터 스피드

디지털카메라는 조리개와 셔터 스피드의 조합을 통해 빛의 양을 조절하고 피사계심도나 시간의 흐름을 표현하기 때문에 조리개와 셔터 스피드의 이해는 반드시 필수적이다.

환 경	셔터속도	조리개
일반적인 실내	1/8	f/2
조금 밝은 실내	1/15	f/2
촛불	1/4	f/2
실내 크리스마스트리	1/2	f/2.8
실외 크리스마스트리(눈 쌓인 밤)	1/15	f/2.8
밝은 조명이 있는 거리 풍경	1/15	f/2.8
상점의 유리창	1/15	f/4
빌딩, 동상, 분수대(밝은 조명)	1/2	f/2.8
스카이라인(일몰 후 10분정도)	1/30	f/4
스카이라인(일몰직후)	1/30	f/5.6
도시야경(자동차 헤드라이트)	20 sec	f/16
야간 놀이공원	1/15	f/2
캠프파이어	1/15	f/4
캠프파이어에 비친 물체	1/8	f/2
축구경기	1/30	f/2.8
달빛 풍경 (달 제외)	4 min	f/2.8
달 사진(망원렌즈 사용)	1/125	f/8
달빛 설경 (달 제외)	2 min	f/2.8
무대사진 (전체조명)	1/30	f/2
무대사진 (스포트라이트 조명)	1/30	f/4
미술관, 박물관(밝은 조명)	1/8	f/2
불꽃놀이	B shutter	f/8~16
번개사진	B Shutter	f/5.6~8

○ **조리개** : 카메라에서 조리개는 동물 눈의 동공과 같이 빛의 양을 조절하는 역할을 하는 것으로 렌즈를 통해 들어온 빛을 조리개 열림의 크기에 따라 영상의 밝고 어두움(노출), 피사체의 선명도(피사계심도)가 결정된다. 조리개의 열림(구멍)이 크면 빛을 많이 받아들여 심도가 얕아지므로 초점이 맞

추어진 부분만 선명하고 나머지는 흐려지는 아웃포커스 효과가 잘 나타나고, 반대로 열림이 작아지면 빛을 적게 받아들여 심도가 깊어지므로 사진 전체가 선명해지는 팬포커스 효과가 잘 나타난다. 이 경우 빛을 적게 받아들이는 만큼 셔터 스피드는 낮아져야 하므로 흔들리는 사진이 나올 수도 있다. 이를 위해서는 트라이포트(삼각대)를 사용하여야 한다. 조리개는 개방 값으로부터 2~3단 정도가 적정하므로 그보다 더 조이면 해상도가 나빠진다. 일반적 이론으로 렌즈의 조리개를 조이면 화질이 향상된다. 그러나 더 조이면 렌즈의 수차와 광선의 회절로 인해 화질이 저하된다. 모든 렌즈에는 어느 정도의 수차가 있다. 따라서 렌즈는 조리개를 조이면 어느 정도 해상도가 증가한다. 보통 F5.6, 8, 11 정도에서 서로 비슷한 최고의 해상도 치를 보이게 된다. 이때의 해상도가 mm당 100선 이라고 했을 때 F16은 90선, F22는 68선, F32는 47선 정도이며 이와 함께 콘트라스트도 점점 떨어지게 된다. 따라서 완전히 조일 경우 렌즈의 최고 성능을 벗어나는 해상도를 갖게 된다. 이 수치는 사용하는 이미지센서와 필름, 렌즈별 성능에 따라 차이가 있다. 또, 광선이 파동을 갖는 성질에 의해 생기는 회절현상은 렌즈구경을 통해 빛이 회전하며 들어오는 현상으로 이를 피할 수는 없으며 조리개가 조여지면 회절상의 넓이가 커지므로 선명함이 저하되게 된다.

○ **조리개와 F값** : 렌즈 또는 조리개의 밝기를 나타내는 수치를 F값이라 하며 기준 값은 1.0 이다. 이는 사람의 눈이 빛을 받아들이는 것과 같은 밝기의 값이라 한다. “F값이 낮으면 낮을수록 렌즈는 밝고 높으면 높을수록 렌즈는 어둡다.”라고 표현한다. 표준화된 F값의 크기는 F1.4, F2.0, F2.8, F4.0, F5.6, F8.0, F11.0, F16.0, F22.0, F32.0이며, 각각의 단계와 단계 사이를 스톱(stop)이라고 하며 1스톱에 따른 빛의 양은 2배씩이다. 조리개는 입력되는 빛의 양을 적절하게 조절해서 CCD에 보내는 역할을 한다. 즉, 조리개를 열면 빛을 많이 보내게 되고 조리개를 조이면 빛을 적게 보내게 된다. 예를 들어 셔터 개방시간이 1/125초 일 때 조리개 값 F8.0이 적정노출이라 가정했을 때 셔터 스피드 1/125초에 조리개 값 F5.6으로 촬영한다면 입력되는 빛의 양이 많아지므로 하얗게 되는 “노출과다” 사진

이 되고, 반대로 1/125초에 F11.0으로 촬영한다면 빛의 양이 적어져서 검은 형태가 되는 '노출부족' 사진이 된다. 일반적으로 카메라가 갖고 있는 최대 F값의 1/2 값(F4.0 ~ F11.0)이 가장 선명한 사진을 얻을 수 있다고 한다.

조리개 값	F1.4	F2.0	F2.8	F4.0	F5.6	F8.0	F11.0	F16.0	F22.0	F32.0
빛의 양	← 들어오는 빛의 양이 많아(적어)진다 →									
고정셔터 값	← 사진이 밝아(어두워)진다 →									
피사계 심도	← 심도가 얕아(깊어)진다 →									

○ **조리개 우선 모드(Aperture Value)** : 카메라에 A 또는 AV로 표기되어 있는 촬영모드 조절기능으로 촬영자가 목적에 따라 조리개 값을 임의로 설정해 놓으면 카메라 스스로가 측정한 노출에 따라 자동으로 셔터 스피드 값을 적정하게 변화시켜 촬영하게 하는 기능이다.

○ **피사계심도 조절** : 조리개를 열수록(F값이 적을수록) 피사계심도는 얕아지고 조리개를 조일수록(F값이 클수록) 깊어진다. 피사계심도를 조절할 수 있는 범위를 크게 하기 위해서는 비록 고가이기는 하지만 밝은 렌즈를 선택하는 것이 좋다. 또, 렌즈의 초점거리도 피사계심도에 영향을 준다. 초점거리가 짧은 것과 긴 것을 줌 배율로 환산하면 약 1배줌 또는 1배줌 이상의 효과와 같다. 반대로 디지털카메라와 피사체의 거리가 가까우면 가까울수록 피사계심도는 얕아지고 피사체와의 거리가 멀면 멀수록 피사계심도는 깊어진다. 일반적으로 디지털카메라는 필름카메라에 비해 아웃포커스 기능이 약하다. 이는 디지털카메라에서 영상의 구성을 결정지어 필름의 역할을 하는 CCD가 필름크기에 비해 매우 작으므로 초점거리가 짧아질 수밖에 없다. 따라서 아웃포커스 보다 팬포커스 표현에서 더 효과적일 수밖에 없다. 접사촬영과 같이 피사체와 아주 가까운 거리에서는 아웃포커스 효과가 잘 나타나지만 피사체와 조금만 떨어져도 잘 나타나지 않는다.

○ **아웃포커스와 팬포커스** : 초점이 맞은 부분만 선명하고 배경은 흐리게 촬영된 사진을 "아웃포커스"라 하며 사진 전체의 초점이 선명한 것을 "팬포커스"라 한다. 이는 조리개의 상태, 피사체와의 거리, 렌즈의 초점거리 등

여러 가지 조건에 따라 달라진다. 아웃포커스는 첫째, 조리개의 크기가 클수록(F값이 적을수록) 둘째, 줌 배율이 높을수록(초점거리가 멀수록) 셋째, 피사체와의 거리가 가까울수록(접사촬영) 그 효과가 뚜렷하여 피사체의 초점이 맞은 부분만 선명하고 나머지 부분은 흐리게 촬영된다. 주로 배경을 정리해서 주제가 되는 피사체를 강조하고자 할 때 많이 사용된다. 신문에 실린 운동선수나 연예인들의 사진을 보면 배경은 아웃포커스 되고 선수만 선명하게 촬영된 경우가 좋은 예이다. 반대로 팬포커스는 사진 전체가 선명하게 되도록 촬영하는 것을 뜻하며 이는 아웃포커스의 반대 개념이다. 조리개를 조일수록(F값이 클수록), 줌 배율이 낮을수록(초점거리가 가까울수록), 피사체와의 거리가 멀면 멀수록 팬포커스 효과는 극대화 된다. 주로 풍경사진이나 기록사진, 단체사진 등의 촬영 시 효과적이다. 풍경 또는 단체사진의 경우 앞부분에서 1/3되는 지점에 초점을 맞추어 촬영하면 초점의 앞부분보다 뒷부분의 심도가 더 깊게 나타나기 때문에 팬포커스의 효과가 극대화 될 수 있으므로 매우 좋은 사진을 얻을 수 있다.

○ **셔터 스피드** : 명확한 영상을 얻기 위해서는 즉, 촬영을 한다는 것은 렌즈를 통해 들어온 빛의 양을 조리개로 조절하고 셔터의 개방을 시간으로 제어한다는 것을 의미한다. 셔터 스피드를 조절함으로써 사진의 노출을 조절하고 피사체의 움직임을 제어한다. 셔터 스피드가 빠르면 피사체의 동작이 정지된 사진이 되고 셔터 스피드가 느리면 피사체의 움직임이 표현된 사진이 된다. 조리개의 F값과 같이 셔터 스피드에도 값이 있으며, 카메라에 따라 다르지만 1/15초, 1/30초, 1/60초, 1/125초, 1/250초, 1/500초, 1/1000초, … 로 구분한다. 셔터 스피드의 한 단계에서 다음 단계까지를 F값과 같이 stop이라 하며 빛의 양은 2배씩 늘어나며 1/2stop, 1/3stop 등 셔터 스피드의 중간 값도 있다.

셔터 속도(초)	0.3	1.8	1/15	1/30	1/60	1/125	1/250	1/500	1/1000
빛의 양	←들어오는 빛의 양이 많아(적어) 진다→								
조리개 고정(f)	←사진이 밝아(어두워)진다→								

- **고속과 저속셔터** : 바닷가 위의 갈매기, 축구선수의 몸동작 등 빠르게 움직

이는 피사체의 촬영을 위해서는 최소 1/250초 이상의 고속셔터 스피드가 필요하며, 밤하늘의 별 또는 야경, 폭포수 등 피사체의 움직임이 표현되어야 하는 사진의 경우 1/15초 이하의 저속셔터 스피드가 필요하다. 또, 저속셔터에는 벌브셔터(B셔터)도 있으며 이는 셔터버튼을 누르고 있는 동안 셔터가 계속 열려 있고 셔터에서 손을 떼면 셔터가 닫히는 것으로 셔터를 누르고 있는 시간이 셔터 스피드가 된다. 이 경우 카메라의 흔들림 방지를 위해 반드시 삼각대를 사용하여야 한다.

- **셔터 스피드 우선 모드(Time Value)** : 셔터 스피드 우선 모드(TV 또는 S로 표기)는 카메라의 셔터 스피드를 고정시켜 카메라 스스로 측정한 노출 값에 따라 조리개 값만 적정하게 변하게 하여 촬영할 수 있는 방법으로 스포츠 경기 모습같이 순간적인 셔터 스피드가 꼭 필요한 사진이나 패닝사진과 같은 특수한 기법의 사진을 촬영할 때 많이 이용된다. 카메라에 따라 다소 차이가 있지만, 일반적으로 3배줌 디지털카메라를 기준으로 하였을 때 흔들림 없는 사진(손 떨림) 촬영을 위해서는 1배줌에서는 약 1/30초 이상, 3배줌에서는 약 1/90초 이상의 셔터 스피드를 확보하는 것이 효과적이다.

8-8) 감도와 렌즈

○ **ISO(Sensitivity) 감도** : 필름이나 인화지 등이 빛에 반응하는 정도를 감도라고 한다. 감도 표시는 미국의 ASA, 독일의 DIN, 영국의 BIS, 일본의 JIS 등 나라마다 다르게 하고 있었으나, 1981년부터 국제적인 표시로서 ASA와 DIN을 토대로 한 ISO가 사용되고 있다. ISO(International Standardization Organization)에서 표준화시킨 CCD나 필름이 빛을 받아들여서 반응하는 정도(감도)를 나타내는 값으로 같은 양의 빛이라도 ISO 값이 높으면 높을수록 빛에 민감하게 반응하고 낮으면 낮을수록 그 반대이다. 필름 카메라의 경우 ISO 100 필름으로 촬영했을 때 어둡게 찍혔다면 같은 조건에서 ISO 400 필름으로 촬영하면 밝게 찍히게 된다. 디지털카메라에 따라 다르지만 최소 ISO 50~100부터 시작해서 약 ISO 400까지, 고급형 SLR 카메라(일안식 카메라)에서는 ISO 3200까지도 선택할 수 있는데, 이 ISO 기능

을 적절히 활용하면 매우 좋은 표현의 사진을 얻을 수 있다. ISO 값을 증가시킨다는 것은 감도를 증가시켜 CCD가 빛에 매우 민감하게 반응하도록 조정하다는 것으로, 이는 CCD가 빛에 반응하여 변환된 전기적 신호를 증폭시킴으로 감도가 증가는 현상을 의미한다. 예를 들어 조리개 값 F5.6, 셔터 스피드 1/125초, ISO 100 상태에서 ISO만 200으로 증가시키면 셔터 스피드를 2배(1/250초)로 증가시킨 결과와 같다. 다만 필름사진의 경우 ISO 감도가 높은 필름을 사용하면 필름의 입자가 커지므로 확대하면 거칠어 보이는 사진이 되기 쉽다는 단점이 있다. 또, 디지털카메라에서 ISO 값을 증가시킨다는 것은 빛의 양의 증가가 아니고 전기적 신호가 증폭되는 것이므로 ISO 감도를 증가시키면 노이즈가 발생하고 콘트라스트가 떨어지게 된다. 이는 전기적인 신호를 증폭시키는 과정에서 존재할 수밖에 없는 노이즈도 같이 증폭되기 때문이다.

○ **화각과 비네팅** : 화각이라 함은 줌 배율에 따라 LCD나 뷰파인더로 보이는 시야의 각도를 뜻하는 것으로 줌 배율이 낮을수록 화각이 넓고 줌 배율이 높을수록 화각이 좁다. 또, 비네팅은 필터, 렌즈, 후드 등의 영향으로 사진의 모서리 부분이 어둡게 나오거나, 사진 테두리 부분에 검은 원이 생기는 현상이며 주로 광각촬영에서 많이 발생한다. 렌즈나 뷰파인더를 통해 보이거나, 노출계가 읽을 수 있는 장면의 범위이며 각도로 나타낸다. 35mm 카메라의 경우, 화각(대각선 화각)은 15mm 어안 렌즈(180도), 50mm(46도), 100mm(24도), 200mm(12도)와 같이 초점거리가 길고 완만함에 따라 좁아지며 화각은 초점거리가 2배가 되면 1/2이 되므로 비치는 면적은 1/4이 된다.

○ **광각렌즈와 망원렌즈** : 광각렌즈는 디지털카메라의 원래 화각보다 넓게 보이도록 하기 위한 렌즈로 풍경사진이나 넓고 큰 광장같이 폭이 넓은 피사체를 한 장의 사진으로 촬영하고자할 때 사용되며 망원렌즈는 디지털카메라의 원래 줌보다 줌 배율을 높여주는 렌즈로 피사체를 더 가까이 당겨 촬영할 수 있다. 예를 들어 광학 3배줌 디지털카메라에 2배 망원렌즈를 장착하면 6배줌의 효과를 얻을 수 있다.

○ **줌 기능** : 사진 촬영 시 카메라의 줌 기능은 제자리에서 피사체를 멀어지

게 하기도 하고 가까이 당겨서 촬영 할 수도 있게 해주는 아주 유용한 기능으로 대부분의 디지털카메라에는 줌 기능이 기본으로 내장되어 있다. 줌 기능은 소프트웨어로 사지을 확대해서 줌 기능처럼 보이는 "디지털 줌"과 광학적 작용으로 작동하는 "광학 줌"으로 구분된다. 디지털 줌은 단순히 카메라 내부의 소프트웨어를 이용해서 촬영된 이미지를 확대하는 것이므로 광학 줌에 비해서 화질이 많이 떨어지는 반면, 광학 줌은 렌즈의 광학적 메커니즘을 이용하여 멀리 있는 것을 가까이 당겨서 촬영하는 것이므로 디지털 줌보다 좋은 화질의 사진을 얻을 수 있다. 줌 배율이 높은 카메라 또는 렌즈를 사용하려 할 때는 셔터 스피드를 빠르게 해야 흔들림 없는 사진을 찍을 수 있으며 또, 디지털카메라 제품 설명서를 보면 "35mm 카메라로 환산 시 XXmm~XXXmm"로 표기되어 있는 항목을 볼 수 있는데, 이는 디지털카메라의 CCD의 크기와 줌 배율이 저마다 다르기 때문에 35mm 일반 필름카메라를 기준으로 환산하여 표현한 것이다. 예를 들어 "f=7.8~23.4mm(35mm 필름 환산 시 약 38mm~114mm)"라고 표시된 경우 "f=7.8~23.4mm"는 디지털카메라의 고유 초점거리이며, 35mm 필름 환산 시 "약 38mm~114mm"는 35mm 필름카메라의 약 38mm 렌즈 화각을 가지고 있다는 뜻이다. 또, "38mm~114mm"는 38mm에 3을 곱하면 약 114mm가 되는데 즉, "38×3=114"가 되므로 3배줌 카메라라는 뜻이다. 따라서 디지털 줌 성능은 별로 중요하지 않고 광학 줌 성능이 디지털카메라에 중요한 영향을 미친다. 일반적으로 광학 줌의 성능이 좋을수록 디지털카메라의 가격은 고가이다.

8-9) 노출과 화이트밸런스

디지털카메라 또는 필름카메라에 내장된 노출계는 사진을 찍을 때 뷰파인더나 LCD로 보여 지는 화면을 흑백으로 전환해서 화면을 세밀하게 색 분할한다. 이 색 분할 한 것의 평균값을 회색 18%(반사율이 18%인 회색)가 되도록 조리개 값과 셔터 스피드 값을 조절해 주게 되는데 이것이 측광이다. 반사율이 18%인 회색이 사람의 눈으로 봤을 때 가장 적정한 노출이라고 한다. 사용자정의 화이트밸런스를 설정할 때 흰색 종이나 그레이 카드를 이용하는 이유는 흰색 종이에 측광을 하면 카메라가 흰색을 회색 18%로 인식하기 때문에 정확하게 화이트밸런스를 설정할 수 있는데, 이는 그레이 카드 자체가 회색 18%의 반사율을 가지고 있기 때문에 정확하게 화이트밸런스를 설정할 수 있게 되는 것이다.

○ **측광**

- **평균분할 측광** : 피사체를 모자이크 형태로 나누어 각각의 평균노출 값을 회색 18%에 맞추어주는 기능으로 피사체 전체에 대한 노출을 측정하는 방법이므로 가장 많이 사용되는 일반적인 방법인 반면, 피사체 전체가 검은색 또는 흰색일 경우 노출 부족이나 노출 과다의 결과를 얻을 수 있는 단점이 있다.

- **중앙부 측광** : 피사체 화면 중앙의 약 30% 정도만 측광하여 회색 18%에 맞추어 노출을 결정하는 방식으로 피사체 배경에(어둡거나 밝은 것) 관계없이 피사체만 적정 노출로 촬영하기 위해 사용되는 방식이다.

- **스팟 측광** : 피사체 정중앙의 약 3%인 한 점을 측광하여 회색 18%에 맞추어 노출을 결정하는 방법으로 복잡한 상황의 피사체에서 표현하고자 하는 부분에 대한 정확한 노출측정이 가능하다. 측광과 노출에 대한 이해가 충분하다면 가장 효과적인 방법이다.

- AE Lock : 측광 값 저장기능(AE : Auto Exposure)을 이용하여 어떤 특정 노출 값을 얻기 위해 피사체 한 부분 또는 임의의 환경을 반 셔터로 측광한 뒤 측광 값 저장버튼을 이용하여 측광 값을 저장시킨다. 이 상태에서 다시 반 셔터로 초점을 잡고 저장된 노출 값에 의해 피사체 전체를 촬영한다. 배경이 흰색 또는 검은색 계통으로 매우 산만하게 이루어져 있어 측광 값 계산이 어려울 때 매우 유용한 기능이며 풍경사진의 경우 스팟 측광으로 피사체의 "녹색"을 측광하거나 사람의 피부를 측광한 뒤 노출 값을 저장하여 촬영한다면 좋은 효과를 얻을 수 있다. 사람의 피부를 흑백으로 전환하면 회색 18%에 가깝다고 알려져 있다.

○ **노출보정** : 디지털카메라를 자동모드로 하여 촬영하면 대부분 적절한 노출에 의해 사진이 잘 나오지만 때때로 어둡거나 아니면 너무 밝게 나오는

경우가 있다. 앞에서 언급한 바와 같이 디지털카메라의 노출계는 화면을 흑백으로 색 분할해서 회색 18%가 되도록 측광하게 되는데 만약, 피사체가 흰색으로 가득 찬 화면을 촬영 하거나 반대로 검은색으로 가득 찬 화면을 촬영하는 경우를 생각해보면 흰색이 가득한 화면을 찍으면 회색 18%로 측광이 되기 때문에 디지털카메라는 흰색을 회색 18%로 표현하게 된다. 검은색 역시 마찬가지로 검은색이 회색으로 표현된다. 다시 말해 흰색이 회색으로 보여 지는 만큼 사진은 어둡게 또, 검은색이 회색으로 보이는 만큼 밝게 촬영되게 된다. 이와 같은 문제를 해결하기 위해서는 디지털카메라에는 노출보정 기능을 이용하여 회색이 흰색으로 보이도록 밝게 만들기 위해 약 +1~1.5EV 또, 검은색이 검은색으로 보이도록 어둡게 만들기 위해 -1~1.5EV 정도 노출보정이 필요하다. 무조건 적정 노출의 사진이 좋은 것은 아니다. 사진을 찍는 사람 의도에 따라 사진을 표현하고 그 의도가 잘 담긴 사진이 좋은 사진이다. 또, 노출은 사진의 채도에 영향을 미친다. 적정 노출보다 약간 언더로 찍으면 사진의 채도가 높아진다. 그리고 적정 노출보다 약간 오버로 찍으면 밝은 톤의 사진이 된다. 이와 같은 이론에 따라 필요시 적절한 노출보정 기능을 이용하여 촬영하면 매우 좋은 사진을 얻을 수 있다. 즉, "피사체 전체가 흰색이다."라고 할 수 있다면 플러스(+), "피사체 전체가 검은색이다." 라고 할 수 있으면 마이너스(-)로 노출을 보정해 준다. 예를 들어 매우 큰 고목나무 또는 붉은 색 벽돌담 앞에서 인물사진을 촬영하는 경우 디지털카메라는 실제 피사체의 밝기보다 더 밝다고 인식하게 되므로 마이너스(-) 방향으로, 스키장에서와 같이 쌓인 눈을 배경으로 인물사진을 촬영한다면 디지털카메라는 회색 18%로 인식하여 실제 피사체의 밝기보다 어둡다고 인식할 것이므로 플러스(+) 방향으로 노출을 보정해 주어야 한다. 또, 디지털카메라를 수동모드 상태에서 조리개와 셔터 스피드를 조정하는 방법으로 노출을 보정할 수 있으며, 이 경우 조리개를 열거나 셔터 스피드 값을 높여주면 플러스(+), 조리개를 조이거나 셔터 스피드 값을 낮추어 주면 마이너스(-)가 된다.

○ **화이트 밸런스(White Balance)** : 디지털카메라의 색 온도를 정확하게 맞추지 못하면 사람의 눈과 다르게 빨간색을 빨간색으로 파란색을 파란색으

로 인식하지 못하는 경우가 있는데, 이는 디지털카메라의 CCD가 필름카메라와 비교하였을 경우 다르게 색 온도에 반응하기 때문이다. 모든 피사체의 환경은 아침, 점심, 저녁, 실내·외 등에서 태양과 각종 조명들로 인해 색 온도가 계속 변화하게 되는데 화이트 밸런스는 디지털카메라가 색을 정확히 인식하도록 색 온도에 따라 화이트 밸런스를 얼마나 잘 조절하여 주느냐에 따라 사진의 정확한 색상이 결정된다.

- **광원과 색 온도** : 빛의 종류와 성질을 광원이라 하며 보통 태양광과 인공조명으로 구분한다. 태양광은 빛의 종류와 상태에 따라 일출 때, 일몰 때, 맑은 날, 흐린 날 등으로 구별되며, 인공조명은 수없이 많은 종류가 있다. 이들의 광원에서 발생되는 빛의 성질을 수치화 한 것이 "색 온도(Color Temperature)"이며 켈빈도라 한다. 표에서 보는바와 같이 색온도가 낮을수록 붉은색을 높을수록 푸른색의 느낌을 가지게 된다.

광 원	색 온도(켈빈도)
촛불	1,600K
백열등	3,000K
할로겐램프	3,200K
일출 과 일몰	3,500K ~ 4,500K
한낮	5,400K ~ 6,000K
플래시(스트로보)	5,500K ~ 6,000K
구름 낀 날	6,500K ~ 7,000K
비 오는 날	6,500K ~ 8,000K
맑은 날의 그늘 속	10,000K ~ 12,000K

한낮의 태양은 5,500K를 유지했다가 일몰 때 3,500K까지 색 온도가 낮아지게 되므로 노을이 진한 붉은 색으로 변화하게 된다. 따라서 이와 같은 색 온도에 맞게 디지털카메라의 화이트 밸런스를 조절해야 한다. 따라서 디지털카메라에는 자동, 태양광, 구름, 백열등, 형광등, 플래시, 사용자정의 모드로 구분하여 화이트 밸런스를 조절할 수 있게 되어 있으며 사용자정의는 사용자가 직접 화이트 밸런스를 맞추는 방법이며, 대체로 태양 모드는 노란색, 구름 모드는 붉은색, 형광등 모드는 파란색을 강조한다. 예를 들어 노을사진을 촬영하고자 할 때 디지털카메라의 화이트 밸런스를 "구름

모드"로 정의하면 노을의 붉은색이 더 강렬하게 강조 되므로 더 멋있는 노을사진이 될 수 있으며, 흐린 날의 경우 "구름 모드"가 아닌 "형광등 모드"로 한다면 파란색을 강조하게 되어 여러 가지 효과를 나타내는 사진을 촬영할 수 있다.

색상환 표 (보색)		
(R)빨강	↔	(BG)청록
(yR)다홍	↔	(gB)바다
(YR)주황	↔	(B)파랑
(rY)귤색	↔	(pB)감청
(Y)노랑	↔	(PB)남색
(gY)노란연두	↔	(bP)남보라
(GY)연두	↔	(P)보라
(yG)풀색	↔	(rP)붉은보라
(G)녹색	↔	(RP)자주
(bG)초록	↔	(pR)연지

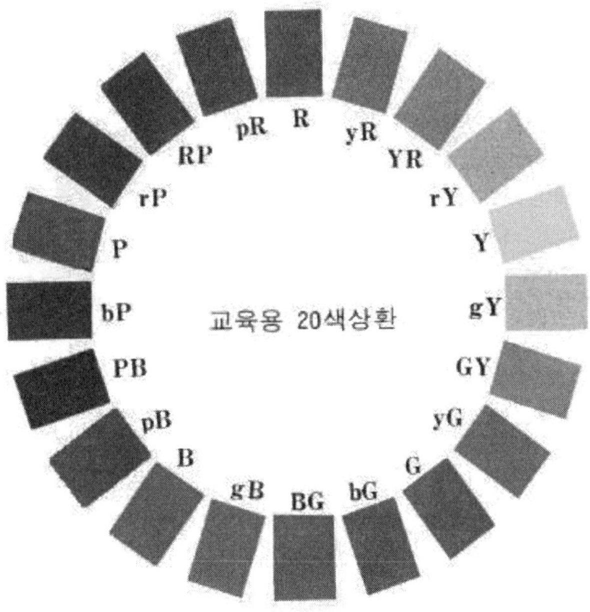

이와 같은 특성을 이용하려면 색종이를 사용하여 사용자정의로 화이트 밸런스를 조절한다면 특정 색상을 강조할 수 있다. 예를 들어 파란색 종이는 노란색을 빨간색 종이는 옅은 파란색을 초록색 종이는 붉은색을 강조한다. 즉, 특별한 색을 강조하고자 할 경우 그 색의 보색이 되는 색종이를 이용하여 화이트 밸런스를 조

절한다.

- **모니터의 색온도** : 또, 모니터에도 색 온도가 있다. 대부분의 모니터 색온도는 공장출하 시 기본 값으로 9,000K 정도이다. 이는 디지털사진을 표현하는데 적합하지 않은 값이므로 디지털카메라는 정상으로 촬영하였는데 모니터의 색 표현 잘못으로 색감이 다르게 보일 수 있다. 때문에 사진이나 영화를 볼 때는 모니터 설정메뉴에서 색 온도를 5,500K~6,500K 정도로 모니터를 조절(처음에는 약간 노랗게 보이는 느낌이 있다)하는 것이 정확한 색을 표현하는 방법이다.

- **필터**

· FOGGY : 풍경이나 인물촬영 시 부드러운 안개효과를 위해 사용하는 필터로 농도에 따라 A(연한농도) B(진한농도)로 구분되며 소프트 필터와 비슷하다. A는 전체적으로 부드러운 효과를 B는 새벽의 분위기 효과를 낼 수 있으며 소프트 필터에 비해 사용하기가 쉽다.

· UV(Ultra Violet Filter) : 자외선 차단이 주된 목적이지만 렌즈를 보호하려는 목적으로 더 많이 사용된다. 무색에 가까운 엷은 색 필터이며 가시광선에는 영향을 주지 않고 자외선만 차단한다. 맑은 날 해변, 설경 등 자외선이 많은 장소에서 촬영 시 이미지가 청자색으로 변질되는 것을 방지해 준다.

· MC UV(Multi Coating Ultra Violet Filter) : 빛의 투과율을 높여 상의 흐림이나 렌즈 표면 반사를 제거하여 어두운 조명에서도 밝은 시야를 유지할 수 있도록 하기 위해 UV 렌즈에 다층막 코팅(Multi Coating) 처리가 된 렌즈로 고스트, 플레어현상 등에도 효과적이다.

· PL(Polarizing light filter) : 상품 또는 인물 등의 촬영 시 표면의 반사를 제거하기 위해 사용되는 편광필터이다. 편광은 비스듬하게 투사 되는 빛이 낮은 전도율을 가진 물체의 표면으로부터 반사될 때 발생하는 것으로 유리, 광택제, 플라스틱, 물, 알루미늄 케이스 등의 물체가 여기에 해당되며 이런 현상에 대해 편광만을 선택적으로 통과시키거나 통과시키지 않거나 하는 역할을 하는 것이 편광필터이다.

· CPL(Circular Polarizing light filter) : 단순히 편광을 제거하기 위해서라면 직선 편광인 PL 필터로도 충분히 사용이 가능하지만 카메라에 내장되어 있는 TTL 측광기나 자동초점기 등에서 하프미러(half-mirror : 입사된 빛의 일부는 반사하고 일부만 투과시키는 거울)를 사용하고 있다면 측광과 측거가 불가능하게 되거나 정확한 수치를 얻을 수 없을 경우가 발생한다. 이때 편광판과 1/4 파장판으로 만들어진 원편광 필터를 사용하면 통과된 빛을 원편광으로 만들어주므로 문제를 해결할 수 있으므로 원편광 필터라 한다. 따라서 PL보단 CPL이 더 효과적이다. PL은 편광필터가 하나지만 CPL은 두개가 달려있으므로 앞을 조절하면서 광량을 조절할 수 있는 장점이 있다.

· CROSS(Cross Filter) : 무색의 광학 유리에 가로 세로로 선을 그어(유리를 긁어) 만든 필터로 촛불이나 가로등과 같은 불빛 등 주위 배경에 비해 유난히 빛나는 피사체에 사용하는 필터로 불빛이 4줄, 6줄, 8줄로 갈라지게 되어 있다.

· ND필터(Neutral Density Filter) : ND필터는 빛이 필터를 투과할 때 색상의 변화는 없고 빛의 양만 감소 시켜는 역할을 하는 것으로 노출 감소 비율에 따라 ND4(광량 1/4로 감소),

ND8(광량 1/8로 감소) 등이 있다.

○ **플래시의 활용** : 사진촬영을 할 때 빛이 충분하지 못할 경우의 촬영방법으로 고감도의 사용, B셔터의 이용, 보조광원(플래시)의 이용 등의 방법이 활용된다. 고감도의 사용은 화질이 좋지 못하고 노출이 충분하지 못한 경우 사진이 어두워지는 단점이 있으며, B셔터는 흔들림의 문제로 인해 삼각대가 반드시 필요하며 야경이나 석양 등의 특수한 풍경사진에만 주로 사용되는 방법이므로 일반적이지 못하다. 반면, 플래시의 활용은 이런 문제점을 해결할 수 있는 가장 일반적인 촬영방법이다. 셔터버튼을 누르면 셔터 막이 완전히 개방이 되고 개방되어 있는 순간 플래시가 매우 짧은 시간동안(평균1/1000초 정도) 발광한 후 다시 셔터 막이 닫히게 하여 노출을 주는 방법이 플래시의 기본 원리이다.

셔터 버튼 push → 셔터 막 open → 플래시 발광 → 셔터 막 close

플래시를 사용하는 경우 피사체 뒤에 강한 그림자가 생길 수 있으므로 피사체와 뒤의 배경이 너무 가깝지 않도록 해야 하며 또, 유리와 같이 표면이 반사되는 피사체(안경의 경우도 같은 효과)를 카메라와 평행되는 각도의 촬영은 피해야 한다. 이는 플래시의 광선이 반사되어 다시 렌즈 안으로 들어와 불필요한 반사를 예방하고자 함이며 이는 비껴서 촬영하면 예방할 수 있다.

8-10) 사진용어

○ **가이드 넘버(Guide Number)** : 플래시를 사용하는 촬영에서 적정한 노출을 얻을 수 있도록 플래시의 광량을 실용적으로 표시한 숫자를 말한다. 약자로 GN이며 수치가 클수록 광량도 많아진다. 광원에서 피사체까지의 거리를 가이드 넘버로 나누면 F수(조리개 값)가 된다. 즉, 가이드 넘버/촬영거리=적정 조리개 값, 가이드 넘버/적정 조리개 값=촬영거리(발광거리)

○ **고스트 이미지(Ghost Image)** : 태양광과 같은 매우 밝은 광원을 촬영하면 렌즈 내의 오목면에 반사되어 광원부와 대칭적인 화면 위치에 플레어 (Flare)가 생겨 화상의 선명도를 떨어뜨린다. 이것을 고스트 이미지라 한다.

○ **과다 노출(Over Exposure)** : 노출이 과다하여 발생하는 현상으로 밝게 하이라이트 된 부분은 소프트웨어적으로도 사실상 복원이 불가능하다.

○ **광각 렌즈(Wide-angle Lens)** : 표준렌즈보다 초점 거리가 짧은 렌즈를 말하며 화각이 60도 이상으로 넓다. 일반적으로 28~40mm 정도를 말하며 25mm 이하는 초 광각렌즈로 구분한다. 표준렌즈에 비해 넓은 범위로 찍히며 촬영대상이 렌즈에 가까울수록 크게 과장된다. 광범위하게 촬영되고 배경은 작게 찍히므로 원근감이 강조된다.

○ **광각 왜곡(Wide-angle Distortion)** : 광각렌즈로 피사체에 접근해서 촬영할 때 생기는 원근감의 변화로 피사체의 형태가 길게 늘어나 보이거나 원래의 위치보다 더 멀리 떨어진 것처럼 보인다.

○ **광학 줌(Optical Zoom)** : 실질적으로 다중 초점거리를 갖는 카메라를 의미한다. 광학 줌은 디지털 줌과는 구별되고 여러 개의 렌즈를 조합해서 움직이므로 초점거리를 줄이거나 늘릴 수 있으며 다양한 화각과 원근감 또는 멀리 있는 사물을 크게 촬영할 수 있는 장점을 지닌다. 보통 2~3배 줌 이상을 내장하고 있는 제품이 많고 단초점 렌즈보다 선호하는 편이지만 렌즈 밝기가 어두워지는 단점이 있다.

○ **그레이 카드(Gray Card)** : 정해진 비율만큼의 광선을 반사하는 카드로 보통 반사율 18%의 회색 면과 반사율 90%의 백색 면을 가진다. 정확한 노출계의 수치를 얻기 위해서 사용되거나 컬러 작업에서 알고 있는 회색 톤을 얻기 위해서 사용된다.

○ **네거티브(Negative)** : 포지티브에 대한 반대어로 현상된 사진의 화상에서 피사체의 명암이 반대로 기록된 것을 말한다. 컬러 네거티브의 경우는 명암이 반대일 뿐 아니라 색도 그 색의 보색이 된다.

○ **노출(Exposure)과 노출계(Exposure Meter)** : 감광면에 빛을 투여시키는 것을 뜻한다. 촬영에 필요한 적정 노출량을 알아내기 위하여 셔터 속도와 조리개 값을 산출하는 측광기구이다. 계산된 조리개와 셔터속도의 조합을 지시해 준다.

○ **노출 보정** : 촬영 의도에 따라 값으로 환산된 노출을 자유롭게 조정할 수 있는 기능.

○ **노출 부족(Under Exposure)** : 감광면에 전해진 빛의 양이 너무 적어 사진이 너무 어두운 현상.

○ **단초점 렌즈(Prime Lens)** : 초점거리가 일정한 교환렌즈로 줌 렌즈처럼 자유롭게 초점거리를 바꿀 수 있는 렌즈가 아니다. 단초점 렌즈는 빛을 심하게 굴절시켜 렌즈 뒤에 초점이 맺히므로 작은 이미지를 만들고 넓은 범위를 기록한다.

○ **데이라이트 싱크로(Daylight Synchro)** : 역광 상태의 피사체가 상대적으로 어두워지는 것을 방지하기 위해 플래시가 필요 없는 낮일지라도 플래시를 발광시켜 적정 노출을 얻는 방법. 카메라에서 자동적으로 발광하는 것은 오토 데이라이트 싱크로라고 한다.

○ **동조(Synchronize)** : 카메라 셔터가 열리는 것과 동시에 플래시가 터질 수 있도록 작동시키는 것을 말한다.

○ **디지털 줌(Digital Zoom)** : 촬영한 사진의 일부를 확대하여 보여주는 기능으로 디지털 줌을 사용하면 멀리 있는 피사체를 확대 촬영할 수 있는 장점이 있지만, 이미지가 저하된다는 단점이 있다.

○ **구경** : 빛의 강도를 조절하는 다양한 직경의 렌즈 오프닝이다. 직경은 f 스톱으로 표시되며 렌즈의 초점거리를 f 스톱으로 나누면 직경이 결정된다.

○ **F 값(F-Number)** : 렌즈의 초점거리를 주어진 렌즈 구경의 지름으로 나눈 수치로 렌즈의 밝기를 표현한다. 수치가 낮을수록 밝은 렌즈이며 렌즈가 밝다는 것은 같은 조건에서 더 많은 빛을 받아들일 수 있다는 의미로 셔터스피드와 조리개를 좀 더 폭넓게 사용할 수 있다. F 값이 1.4배 차이가 나면 렌즈의 밝기는 두 배가 차이가 난다. 즉 F2.0과 F2.8의 렌즈 밝기는 두 배 차이이다.

○ **ISO(International Standardization Organization)** : 필름의 감도를 나타내는 규격화된 수치로 수치가 높을수록 빛에 민감하여 밝은 이미지를 구현할 수 있으나 이미지의 입자는 점점 더 거칠어진다. 일반적으로 이용되는 감도표시로 ASA(미국 규격협회)와 DIN(독일 공업규격)이 있었는데, 현재는 국제적으로 공통된 감도표시 규격으로 ISO(국제표준화기구)가 보급되어 있다.

○ **JPG** : 디지털카메라에서 가장 많이 쓰는 파일 포맷으로 JPEG라고도 한다. 국제표준화기구와 국제전신전화자문기관이 공동으로 제정한 규격으로 디지털카메라에서 가장 많이 사용하는 파일압축 방식이다. 압축률을 여러 가지로 정해줄 수 있으며 압축률을 높일수록 사진의 화질은 떨어진다. GIF 포맷방식과 더불어 현재 가장 많이 쓰이고 있는 압축저장 방식이다.

○ **LCD** : 액정 모니터를 뜻한다. 디지털카메라에는 보통의 TFT LCD와 저온 폴리실리콘 LCD가 사용되고 있다. LCD는 고해상도로 색의 표현이 자연스러운 장점이 있지만, 밝은 곳에서는 잘 보이지 않는 단점이 있다. 최근에는 하이브리드 LCD라고 하는 야외에서도 밝게 보이는 액정이 나오고 있다.

○ **NTSC** : 표준화된 비디오 출력방식의 하나로 우리나라와 미국에서 채택하고 있는 비디오 출력방식이다. 유럽 지역에서는 PAL 방식을 사용한다. 대부분의 디지털카메라는 NTSC 방식과 PAL 방식을 모두 지원하고 있으며 두 방식은 서로 호환되지 않는다.

○ **EV(exposure value)** : 노출 값이나 광량을 표기할 때 EV0.2, EV1, EV2 등으로 표기하는 것을 볼 수 있는데, 임의의 조리개와 임의의 셔터 속도의 조합이 항상 같은 광량을 가진다는 기준을 뜻한다.

○ **다분할 측광, 분할 측광** : 카메라가 노출을 측정할 때 화면을 나누어서(분할해서) 각 부분을 일정한 비율로 정한 다음 노출 값을 측정한다.

○ **중앙부 측광** : 노출을 측정할 때 피사체 중앙부의 노출 값을 가장 많이 반영하여 노출 값을 결정한다.

○ **스폿 측광(Spot)** : 특정한 한 부분의 노출 값을 중요하게 사용하려할 때 즉, 피사체의 여러 부분들 중에서 어느 한 부분의 노출을 정확히 측정하려 할 때 사용.

○ **TTL(Through the Lens)** : 렌즈로 통하여 들어온 빛을 CCD에서 측정한다는 의미.

○ **광학 3배율, 디지털 3배율 줌** : 광학 줌이라고 하는 것은 렌즈가 앞으로 나갔다 뒤로 들어갔다 하면서 렌즈의 초점거리가 변하고 움직이는 것을 의미합니다. 따라서 광학 3배라고 하면

가장 짧은 렌즈와 가장 긴 렌즈의 초점거리 비율이 3배율이라는 것이고 디지털 3배 줌이라는 것은 초점거리와는 상관없이 이미지만을 확대하는 것.

○ **ED 렌즈(Extra Low Distortion)** : 렌즈는 구면이기 때문에 렌즈의 주변부와 중심부로 들어오는 빛이 서로 다르므로 초점이나 색을 재현하는데 차이가 생기게 된다. 이런 문제를 최소화 하고자 니콘사에서 내놓은 비구면 렌즈.

○ **5군 7매** : 렌즈의 경동(우리가 손으로 잡는 통 부분) 안에는 한 개의 렌즈로 되어 있는 것이 아니라 여러 개의 오목, 볼록 렌즈가 쌍을 이루며 사이좋게 서 있다. 5군 7매, 혹은 몇 군 몇 매식으로 표시되어 있는 것은 7개의 렌즈가 5팀을 구성하여 정렬되어 있다는 것을 의미한다.

○ **스트로보(strobo)** : 플래시나 스트로보는 같은 말이다. 스카치테이프가 스카치라는 회사명에서 시작되어 관용적으로 불리게 된 것처럼 스트로보도 제조회사 이름에서 유래되었다.

○ **핫슈** : 카메라 몸통(대부분의 경우 위쪽)에 있는 플래시 부착용 접점.

○ **적목 감소, 적목 방지** : 야간에 플래시 촬영을 하게 되면 사람이나 동물의 눈이 토끼 눈처럼 빨갛게 되는 경우(적목현상)가 있다. 어둠 속에서 확장되어 있던 동공이 플래시 불빛에 순간적으로 축소되면서 생기는 현상이다. 이것을 방지하기 위해서는 본 촬영 직전에 플래시를 미리 한번 발광시킨다.

○ **슬로우 싱크로, 오픈 플래시(Slow Synchro, Open Flash)** : 셔터를 저속에 놓고 플래시를 발광시키는 기법으로 플래시에서 발광된 빛이 피사체에 닿을 때 이미지는 정지되어 나타나게 된다. 만약 셔터스피드가 느려지면 피사체의 움직임이 사진에 그대로 나타나게 된다. 슬로우 싱크로 오픈 플래시는 이 두 가지의 효과를 동시에 얻을 수 있다. 따라서 피사체의 배경이나 주변에 있는 것들이 더 풍부하게 표현된다.

○ **마크로 렌즈** : 마크로 렌즈는 꽃이나 정물 등 근거리 촬영을 위한 렌즈지만 풍경이나 인물 스냅 등 중거리나 원거리에서 사용 가능하다. 근접 촬영을 위해 설계된 렌즈이나 어떤 렌즈라도 최단 촬영거리가 있으며 마크로 렌즈는 그 최단 촬영거리가 특별히 짧게 설계되어 있을 뿐이다.

○ **렌즈 후드** : 렌즈의 전면에 강한 광선이 닿으면 그 빛은 렌즈 안과 카메라 속으로 들어와 화상의 콘트라스트를 저하시키거나 원형 또는 다각형 조리개 모양을 발생시키는 원인이 된다. 전자를 플레어(flare), 후자를 고스트(ghost)라고 부르며 이것을 효과적으로 없애기 위해 렌즈 후드를 사용하게 된다. 고스트 효과는 초 광각 영역에서는 막기 어렵고 또 경우에 따라서는 영상효과를 위해 적극적으로 이용되기도 한다. 반면 화면 전체가 흐릿해지는 플레어 현상은 사진을 망치는 원인이 된다. 특히 망원렌즈 또는 렌즈구성의 매수가 많은 줌렌즈에서 많이 나타나며 렌즈 앞면에 일부 닿는 빛만으로도 콘트라스트가 저하되므로 직사광을 막는 것은 매우 중요하다. 고스트와 플레어는 태양 빛에서만 생기는 것이 아니라 강한 인공 광, 반사율 높은 벽면, 수면이나 설경 등에서도 생길 수 있다. 따라서 주변 방향의 불필요한 광선을 막아주는 렌즈후드는 대단히 유용한 도구이다.

2. HTML

1) XHTML(Extensible HyperText Markup Language)

우리 시대 최고의 문화로 자리 잡은 인터넷(Internet)을 대표하는 웹(World Wide Web)은 1987년 제정된 SGML(Standard Generalized Markup Language)을 이용하여 정보를 표현하여 왔으며, 뒤이어 HTML(HyperText Markup Language)로 발전되고 표준화되어 일반화되었다. HTML은 사용자의 편의와 기능발전을 중심으로 HTML 2.0, 3.2, 4.0, 4.01까지 버전을 증가시키며 발전하여오던 중 1998년 5월, 미국 산호세에서 차세대 HTML에 관한 워크샵(The Future of HTML)이 열렸고 당시 W3C(Word Wide Web Consortium)에서 주도하고 있던 XML의 형태를 가진 새로운 HTML을 제안하게 되었는데 이것이 XHTML의 시작이며 기존의 HTML 4.0의 기능 수용과 함께 기존의 브라우저에서 사용할 수 있도록 XML의 어플리케이션(application)으로 개발되었다. XHTML 문서는 기존의 XML의 규칙을 수용하므로 XML 문서에서와 같이 브라우징, 편집 등이 가능하다. 또, text/html로 정의되므로 기존 HTML 브라우저에서 그대로 사용이 가능하며 HTML DOM과 XML DOM이 지원되는 응용프로그램(스트립트와 애플릿 등)에서 그대로 사용할 수 있다는 장점이 있다. 한마디로 모든 웹의 기반을 XML화하고 있는 W3C에 의해 기존 HTML의 사용자들을 위한 XML의 확장 응용이 XHTML이라고 할 수 있으며 기존의 HTML 사용자는 웹 브라우저만을 이용하였으나, XHTML은 팜, 셋톱박스 등을 지원할 수 있어 전자상거래 등에서 사용하는 특정 양식을 XHTML의 새로운 양식을 통하여 지원할 수 있는 이식성(portability)이 있다.

< HTML과 XHTML의 차이점 >

① 모든 XHTML은 소문자를 사용 한다.

HTML에서는 대소문자 구분이 없으므로 사용자는 임의로 대문자 또는 소문자를 사용할 수 있으나 XML이 대소문자를 구분하기 때문에 XHTML에서는 반드시 소문자만을 사용하여야 한다.

HTML	XHTML
<BODY BGCOLOR="#ffffff">	<body bgcolor="#ffffff">

② 모든 태그는 시작 태그와 끝 태그를 갖는다.

SGML 기반의 HTML 4.0에는 끝 태그가 생략될 수 있지만 XML 기반의 XHTML에서는 끝 태그를 생략할 수 없다.

HTML	XHTML
<p>here is a paragraph. <p>here is another paragraph.	<p>here is a paragraph.</p> <p>here is another paragraph.</p>

③ 어트리뷰트 값

모든 어트리뷰트는 어트리뷰트 이름과 값이 존재한다.

HTML	XHTML
<dl compact>	<dl compact="compact">

④ 모든 어트리뷰트 값은 인용되어야 한다.

모든 어트리뷰트 값은 문자, 숫자에 구분 없이 모두 큰 따옴표 안에 인용되어져야 한다.

HTML	XHTML
<table rows=3>	<table rows="3">

⑤ 엘리먼트

XHTML은 />를 사용하여 공백(empty) 엘리먼트를 사용할 수 있으며 모든 엘리먼트는 시작 태그와 함께 끝 태그를 가지고 있어야 하며, 태그들은 중첩될 수 있으나 오버랩 될 수 없다.

HTML	XHTML
 <hr> <p>here is an emphasized <em>paragraph.<p><em>	 <hr/> <p>here is an emphasized <em>paragraph<em><p>

2) HTML(HyperText Markup Language)

%correattrs
- ◆ id="..." 글로벌 식별자
- ◆ class="..." 공백으로 구분된 클래스의 목록
- ◆ style="..." 스타일 정보
- ◆ title="..." 특정 요소에 대한 상세한 정보를 제공한다.
  TITLE 태그가 웹 페이지 전체 정보를 제공하는데 반해서
  title은 특정 요소에 대한 상세한 정보를 제공한다.

%i18n
- ◆ lang="..." 언어 식별자
- ◆ dir="..." 텍스트 방향

%events
- ◆ onclick="..." 마우스를 한 번 클릭 하였다.
- ◆ ondblclick="..." 마우스를 두 번 클릭 하였다.
- ◆ onmousedown="..." 마우스를 클릭 하여 아래쪽으로 움직였다.
- ◆ onmouseup="..." 마우스를 클릭 하여 위쪽으로 움직였다.
- ◆ onmouseover="..." 마우스 포인터가 다른 객체 위에 위치하였다.
- ◆ onmouseout="..." 마우스 포인터가 다른 객체 밖으로 이동하였다.
- ◆ onmousemove="..." 마우스가 이동하였다.
- ◆ onkeypress="..." 자판을 눌렀다가 때었다.
- ◆ onkeydown="..." 자판을 누른 상태
- ◆ onkeyup="..." 자판을 땐 상태

○ 구조

① <BDO>...</BDO>

용도	텍스트의 방향을 지정한다.
시작/마침 태그	반드시 필요함.
속성	lang="..." 문서의 언어 dir="..."
참고	dir 속성은 반드시 필요하다.

② <BODY>...</BODY>

용도	문서의 내용을 담는다.
시작/마침 태그	선택적이다.
속성	%coreattrs, %i18n, %events onload="..." 문서를 로딩 하는데 사용된다. onunload="..." LOAD된 문서를 해제하는데 사용된다.

참고 BODY 요소는 HEAD 요소 뒤에 나와야 한다. BODY 요소는 FRAMESET 요소로 대체될 수도 있다.

③ Comments <!--...-->

용도 브라우저에서는 보이지 않는 주석 문에 사용된다.
시작/마침 태그 반드시 필요하다.
속성 없다.
참고 주석문은 여러 줄이 될 수도 있다. 시작 태그와 마침 태그 사이의 모든 것이 주석으로 간주된다.

④ <DIV>..</DIV>

용도 텍스트를 블록으로 구분할 때 사용된다.
시작/마침 태그 반드시 필요하다.
속성 %coreattrs, %i18n, %events
참고 P 요소 내에서는 사용될 수 없다.

⑤ <H1>...</H1>부터 <H6>...</H6>

용도 제목 표시용으로 사용되는 여섯 가지 요소이다. 구조적인 문서를 만드는데 사용된다.
시작/마침 태그 반드시 필요하다.
속성 %coreattrs, %i18n, %events
참고 브라우저에서 보면 제목의 크기가 다르게 보인다. H1이 가장 크게 보이고 H6이 가장 작다.

⑥ <HEAD>...</HEAD>

용도 문서의 머리 부분이다. 이 부분은 검색 엔진에서 유용하게 사용한다.
시작/마침 태그 선택적이다.
속성 %i18n
참고 문서 당 HEAD 태그는 오로지 하나만 있어야 한다. HTML 태그와 BODY 태그 사이에 위치한다.

⑦ <HR>

용도 웹 페이지에 가로 분리선을 그리는데 사용된다.
시작/마침 태그 반드시 필요하다/사용해서는 안 된다.
속성 %coreattrs, %events

⑧ <HTML>...</HTML>

용도 문서의 정보를 제공한다.
시작/마침 태그 반드시 필요하다/사용해서는 안 된다.
속성 %i18n

참고	이 버전 정보는 <!DOCTYPE...> 태그에서 나오는 정보와 동일하므로 사용하지 않아도 무방하다.

⑨ <META>

용도	문서에 대한 정보를 제공한다.
시작/마침 태그	반드시 사용해야 한다./사용해서는 안 된다.
속성	%i18n

⑩ <SPAN>...</SPAN>

용도	텍스트의 줄 간격을 제어한다.
시작/마침 태그	반드시 필요하다.
속성	%coreattrs, %i18n, %events

⑪ <TITLE>...</TITLE>

용도	웹 페이지의 제목이다. HEAD 내부에서 사용되어야 한다. 제목은 브라우저의 제목 표시 줄에 나타나게 된다.
시작/마침 태그	반드시 필요하다.
속성	%i18n
참고	문서에 오직 하나만의 제목만 줄 수 있다.

○ 문단 정렬

① <ACRONYM>...</ACRONYM>

용도	약어를 정의하는데 사용된다.
시작/마침 태그	반드시 필요하다.
속성	%coreattrs, %i18n, %events

② <ADDRESS>...</ADDRESS>

용도	저자의 연락처 정보를 나타내는 특별한 포맷이다.
시작/마침 태그	반드시 필요하다.
속성	%coreattrs, %i18n, %events
참고	ADDRESS 태그 내부에는 대부분 BR 태그가 사용된다.

③ <BLOCKQUOTE>...</BLOCKQUOTE>

용도	긴 인용문을 표시할 때 사용된다.
시작/마침 태그	반드시 필요하다.
속성	%coreattrs, %i18n, %events

④

용도	줄 바꿈에 사용된다.
시작/마침 태그	반드시 필요하다/사용될 수 없다.

속성 %coreattrs, %i18n, %events

⑤ <CITE>...</CITE>

용도 참조 인용

시작/마침 태그 반드시 필요하다.

속성 %coreattrs, %i18n, %events

⑥ <CODE>...</CODE>

용도 화면에 표시한 코드 식별용으로 사용된다.

시작/마침 태그 반드시 필요하다.

속성 %coreattrs, %i18n, %events

⑦ <DEL>...</DEL>

용도 마지막으로 갱신된 후 문서의 지워진 부분에 대한 정보

시작/마침 태그 반드시 필요하다.

속성 %coreattrs, %i18n, %events

⑧ <DFN>...</DFN>

용도 용어를 정의하는데 사용된다.

시작/마침 태그 반드시 필요하다.

속성 %coreattrs, %i18n, %events

⑨ <EM>...</EM>

용도 텍스트를 강조하는데 사용된다.

시작/마침 태그 반드시 필요하다.

속성 %coreattrs, %i18n, %events

⑩ <INS>...</INS>

용도 최종 갱신 이후 문서에 새로 추가된 텍스트 정보를 갖는다.

시작/마침 태그 반드시 필요하다.

속성 %coreattrs, %i18n, %events

⑪ <KBD>...</KBD>

용도 사용자가 입력하고자 하는 텍스트이다.

시작/마침 태그 반드시 필요하다.

속성 %coreattrs, %i18n, %events

⑫ <P>...</P>

용도 문단을 정의한다.

시작/마침 태그 반드시 필요하다/없어도 된다.

속성 %coreattrs, %i18n, %events

⑬ <PRE>...</PRE>

용도	포맷된 텍스트를 화면에 보여준다.
시작/마침 태그	반드시 필요하다.
속성	%coreattrs, %i18n, %events

⑭ <Q>...</Q>

용도	짧은 인용문을 표시하는데 사용된다.
시작/마침 태그	반드시 필요하다.
속성	%coreattrs, %i18n, %events

⑮ <SAMP>...</SAMP>

용도	샘플 출력을 식별한다.
시작/마침 태그	반드시 필요하다.
속성	%coreattrs, %i18n, %events

⑯ <STRONG>...</STRONG>

용도	강조체에 사용된다.
시작/마침 태그	반드시 필요하다.
속성	%coreattrs, %i18n, %events

⑰ _{...}

용도	아래 첨자를 만드는데 사용된다.
시작/마침 태그	반드시 필요하다.
속성	%coreattrs, %i18n, %events

⑱ ^{...}

용도	위 첨자를 만드는데 사용된다.
시작/마침 태그	반드시 필요하다.
속성	%coreattrs, %i18n, %events

⑲ <VAR>...</VAR>

용도	변수
시작/마침 태그	반드시 필요하다.
속성	%coreattrs, %i18n, %events

○ 텍스트 포맷

① <B>...</B>

용도	볼드체
시작/마침 태그	반드시 필요하다.

속성 %coreattrs, %i18n, %events

② <BASEFONT>

용도	기본 글꼴 크기를 나타낸다.
시작/마침 태그	반드시 필요하다/사용해서는 안 된다.
참고	스타일 시트에서는 사용하지 않는다.

③ <BIG>...</BIG>

용도	글꼴의 크기를 크게 한다.
시작/마침 태그	반드시 필요하다.
속성	%coreattrs, %i18n, %events

④ <FONT>...</FONT>

용도	글꼴의 색상과 크기를 변경시킨다.
시작/마침 태그	반드시 필요하다.
참고	스타일 시트에서는 사용하지 않는다.

⑤ <I>...</I>

용도	텍스트를 이탤릭체로 표현할 때 사용된다.
시작/마침 태그	반드시 필요하다.
속성	%coreattrs, %i18n, %events

⑥ <S>...</S>

용도	텍스트 중앙에 줄이 통과하도록 하는데 사용된다.
시작/마침 태그	반드시 필요하다.
속성	%coreattrs, %i18n, %events
참고	스타일 시트에서는 사용하지 않는다.

⑦ <SMALL>...</SMALL>

용도	텍스트의 크기를 작게 하는데 사용된다.
시작/마침 태그	반드시 필요하다.
속성	%coreattrs, %i18n, %events

⑧ <STRIKE>...</STRIKE>

용도	텍스트의 중앙에 줄이 가도록 하는데 사용된다.
시작/마침 태그	반드시 필요하다.
속성	%coreattrs, %i18n, %events
참고	스타일 시트에서는 사용되지 않는다.

⑨ <TT>...</TT>

용도	타자기로 친 모양의 글꼴로 표시되도록 한다.

시작/마침 태그 반드시 필요하다.
속성 %coreattrs, %i18n, %events

⑩ <U>...</U>
용도 텍스트에 밑줄이 그어진다.
시작/마침 태그 반드시 필요하다.
속성 %coreattrs, %i18n, %events
참고 스타일 시트에서는 사용하지 않는다.

○ 목록

① <DD>..</DD>
용도 DL 태그를 사용해서 정의한 요소에 대한 설명
시작/마침 태그 반드시 필요하다.
속성 %coreattrs, %i18n, %events
참고 내부에 <p>와 같은 태그를 가져도 좋다.

② <DL>...</DL>
용도 정의 목록(리스트)을 만드는데 사용된다.
시작/마침 태그 반드시 필요하다.
속성 %coreattrs, %i18n, %events
참고 하나 이상의 <DT>나 <DD> 태그를 가지고 있어야 한다.

③ <DT>...</DT>
용도 DL 태그 내에서 목록에 대한 정의를 적는데 사용된다.
시작/마침 태그 반드시 필요하다.
속성 %coreattrs, %i18n, %events
참고 반드시 텍스트가 입력되어야 한다.

④ <LI>...</LI>
용도 목록 안에 목록을 정의하는데 사용된다.
시작/마침 태그 반드시 필요하다/없어도 좋다.
속성 %coreattrs, %i18n, %events

⑤ <OL>...</OL>
용도 순서가 있는 목록을 만드는데 사용된다.
시작/마침 태그 반드시 필요하다.
속성 %coreattrs, %i18n, %events
참고 적어도 하나 이상의 항목을 가져야 한다.

⑥ <UL>...</UL>

용도	순서가 없는 목록을 만드는데 사용된다.
시작/마침 태그	반드시 필요하다.
속성	%coreattrs, %i18n, %events
참고	적어도 하나 이상의 항목을 포함해야 한다.

○ 하이퍼링크

① <A>...</A>

용도	링크와 앵커(anchor)를 정의하는데 사용된다.
시작/마침 태그	반드시 필요하다.
속성	%coreattrs, %i18n, %events charset="..." 자원의 문자 인코딩 name="..." 앵커를 정의한다. href="..." 연결된 자원의 URL이다. target="..." 자원이 어디에서 보여 질 지를 결정한다. (user-defined name, _blank, _parent, _self, _top) rel="..." 링크 타입을 forward 한다. rev="..." 링크 타입을 reverse로 한다. accesskey="..." 이 요소에 대한 단축키를 할당한다. shape="..." 정의된 형태를 이용해서 클라이언트 측 이미지 맵을 정의한다.(default, rect, circle, poly) coords="..." 픽셀이나 백분율 단위로 모양을 설정한다. tabindex="..." 요소들 간의 태빙 순서를 결정한다.

② <BASE>

용도	문서의 모든 URL은 이를 기본 위치로 해석 시작.
시작/마침 태그	반드시 필요하다/사용불가
속성	href="..." 연결된 URL 자원 target="..." 연결된 URL 자원이 어디인지를 표시함.
참고	문서의 HEAD 위치함.

③ <LINK>

용도	링크와 자원들 사이의 관계를 정의한다.
시작/마침 태그	반드시 필요하다/사용해서는 안 된다.
속성	%coreattrs, %i18n, %events href="..." 자원의 URL rel="..." forward 링크 형태 rev="..." reverse 링크 형태

type="..." 인터넷 content 형태
media="..." 목적지 미디어(화면, 프린터, 프로젝터)정의

참고	문서의 HEAD에 위치함.

○ 프레임

① <FRAME>

용도	프레임을 정의한다.
시작/마침 태그	반드시 필요하다/사용해서는 안 된다.
속성	name="..." 프레임의 이름 src="..." 프레임에 표시될 소스 frameborder="..." 프레임들 사이의 테두리를 설정함(0.1) marginwidth="..." 프레임과 내용 사이의 좌, 우 간격 marginheight="..." 프레임과 내용 사이의 상, 하 간격 noresize 크기를 바꾸지 못하게 함. scrolling="..." 스크롤바 표현 결정(auto, yes, no)

② <FRAMESET>...</FRAMESET>

용도	윈도우 내에서 프레임의 레이아웃을 정의한다.
시작/마침 태그	반드시 필요하다.
속성	rows="..." 행의 수 cols="..." 열의 수 onload="..." 문서가 읽혀질 때, 호출되는 이벤트 onunload="..." 문서가 닫힐 때, 호출되는 이벤트
참고	프레임 세트들은 포개질 수 있다.

③ <IFRAME>...</IFRAME>

용도	인라인 프레임을 정의한다.
시작/마침 태그	반드시 필요하다.
속성	name="..." 프레임의 이름 src="..." 프레임에 표시될 소스 frameborder="..." 프레임들 사이의 테두리를 설정함(0.1) marginwidth="..." 프레임과 내용 사이의 좌, 우 간격 marginheight="..." 프레임과 내용 사이의 상, 하 간격 scrolling="..." 스크롤바 표현 결정(auto, yes, no) height="..." 높이 width="..." 너비

④ <NOFRAMES>...</NOFRAMES>

용도	프레임이 지원되지 않을 경우 보여줄 내용
시작/마침 태그	반드시 필요하다.
속성	None
Empty	No

○ 스타일

① <STYLE>...</STYLE>

용도	인터넷 스타일 시트를 생성한다.
시작/마침 태그	반드시 필요하다.
속성	%i18n type="..." 인터넷 내용 형식 media="..." 미디어 목적지를 정의 한다. (screen, print, projection, braille, speech, all) title="..." 스타일의 제목
참고	HEAD 태그에 위치한다.

○ 양 식

① <BUTTON>...</BUTTON>

용도	버튼을 만든다.
시작/마침 태그	반드시 필요하다.
속성	%coreattrs, %i18n, %events name="..." 버튼의 이름 value="..." 버튼의 값 type="..." 버튼의 형식(button, submit, reset) disabled="..." 버튼의 사용 불가능상태가 되도록 한다. tabindex="..." 요소들 간의 탭 순서 onfocus="..." 요소가 포커스를 받을 때 발생되는 이벤트 onblur="..." 요소가 포커스를 잃을 때 발생되는 이벤트

② <FIELDSET>...</FIELDSET>

용도	제어와 관련된 그룹
시작/마침 태그	반드시 필요하다.
속성	%coreattrs, %i18n, %events
Empty	No

③ <FORM>...</FORM>

용도	사용자 입력을 위한 양식을 만드는데 사용된다.

시작/마침 태그 반드시 필요하다.
속성 %coreattrs, %i18n, %events
action="..." 서버 동작에 대한 URL
enctype="..." MIME을 지정함.
onsubmit="..." 양식이 서버로 갈 때 발생되는 고유 이벤트
onreset="..." 양식 초기화 시 발생되는 고유 이벤트
target="..." 자원이 표시될 곳을 지정함.
accept-charset="..." 캐릭터 인코딩의 목록
method="..." HTTP 메서드(post 또는 get)

④ <ISINDEX>
용도 사용자가 입력을 할 수 있도록 준비함.
시작/마침 태그 반드시 필요하다/사용될 수 없다.
속성 %coreattrs, %i18n

⑤ <INPUT>
용도 양식의 제어를 정의함.
시작/마침 태그 반드시 필요하다/사용해서는 안 된다.
속성 %coreattrs, %i18n, %events
type="..." 양식의 입력 제어(text, password, check box, radio, submit, reset, file, hidden, image, button)
name="..." 제어의 이름
value="..." 제어의 초기값
checked="..." 라디오 버튼을 눌러진 상태로 초기화 함.
disabled="..." 제어를 사용하지 않음.
readonly="..." 텍스트 암호 형식을 위해 사용됨.
size="..." 제어를 픽셀 단위로 표시함.
단, 텍스트와 암호의 제어는 글자 단위로 표시함.
maxlength="..." 입력될 수 있는 최대 글자 수
src="..." 이미지 제어 형식에 대한 URL
alt="..." 대신 표시될 텍스트 문구
usemap="..." 클라이언트 측 이미지 맵의 URL
tabindex="..." 요소들 간의 탭 순서
onfocus="..." 요소가 포커스를 받을 때 발생되는 이벤트
onblur="..." 요소가 포커스를 잃을 때 발생되는 이벤트
onselect="..." 제어 선택 시 발생되는 고유 이벤트
onchange="..." 제어 변경 시 발생되는 고유 이벤트
accept="..." 업로딩을 위해 허용되는 파일 형식

⑥ <LABEL>...</LABEL>

용도	라벨
시작/마침 태그	반드시 필요하다.
속성	%coreattrs, %i18n, %events for="..." 제어와 관련된 라벨 disabled="..." 제어를 사용할 수 없게 한다. accesskey="..." 이 요소에 대한 단축키를 할당한다. onfocus="..." 요소가 포커스를 받을 때 발생되는 이벤트 onblur="..." 요소가 포커스를 잃을 때 발생되는 이벤트

⑦ <LEGEND>...</LEGEND>

용도	FIELDSET의 주석을 할당한다.
시작/마침 태그	반드시 필요하다.
속성	%coreattrs, %i18n, %events accesskey="..." 이 요소에 대한 단축키를 할당한다.

⑧ <OPTION>...</OPTION>

용도	SELECT 요소 선택을 지시한다.
시작/마침 태그	반드시 필요하다/사용해서는 안 된다.
속성	%coreattrs, %i18n, %events selected="..." 옵션이 선택되었음을 나타낸다. disabled="..." 제어를 사용할 수 없게 한다. value="..." 제어가 제출되었을 때의 값

⑨ <SELECT>...</SELECT>

용도	사용자가 목록을 선택할 수 있게 한다.
시작/마침 태그	반드시 필요하다.
속성	%coreattrs, %i18n, %events name="..." 요소의 이름 size="..." 너비 multiple="..." 다중 선택을 가능하게 한다. disabled="..." 제어를 사용할 수 없게 한다. tabindex="..." 탭 간격 onfocus="..." 요소가 포커스를 받을 때 발생되는 이벤트 onblur="..." 요소가 포커스를 잃을 때 발생되는 이벤트 onselect="..." 제어가 선택 시 발생되는 고유 이벤트 onchange="..." 제어가 변경 시 발생되는 고유 이벤트

⑩ <TEXTAREA>...</TEXTAREA>

용도	사용자가 여러 줄을 입력할 수 있는 글상자를 만든다.
시작/마침 태그	반드시 필요하다.
속성	%coreattrs, %i18n, %events
	name="..." 제어의 이름
	rows="..." 글상자의 너비
	cols="..." 글상자의 높이
	disabled="..." 제어를 사용할 수 없게 한다.
	readonly="..." 입력된 텍스트를 변경할 수 없게 한다.
	tabindex="..." 탭 간격
	onfocus="..." 요소가 포커스를 받을 때 발생되는 이벤트
	onblur="..." 요소가 포커스를 잃을 때 발생되는 이벤트
	onselect="..." 제어가 선택 시 발생되는 고유 이벤트
	onchange="..." 제어가 변경 시 발생되는 고유 이벤트
참고	텍스트는 시작과 끝 태그 사이에 위치해야 한다.

○ 스크립트

① <SCRIPT>...</SCRIPT>

용도	브라우저에서 실행될 클라이언트 측 스크립트를 삽입한다.
시작/마침 태그	반드시 필요하다.
속성	type="..." 스크립트 언어 형식
	src="..." 외부 스크립트의 URL
참고	META 태그에 기본 스크립트 언어를 미리 정할 수 있다.

② <NOSCRIPT>...</NOSCRIPT>

용도	브라우저가 스크립트를 해석해서 실행하지 못할 때 대신 보여줄 내용
시작/마침 태그	반드시 필요하다.
속성	없다.

3) HTML을 이용한 웹 문서 작성

< HTML 문서작성과 실행 >

- [시작]-[프로그램]-[보조프로그램]-[메모장]을 클릭하여 메모장을 실행시킨다.
- <html>, <head>, <title>, <body> 등의 HTML 태그를 이용하여 메모장에 아래와 같이 입력한다.

```
<html>
<head>
<title> 홈페이지 제목을 입력하세요.</title>
</head>

<body>
실제로 브라우저에 출력될 내용을 입력하세요.
</body>

</html>
```

- [파일(F)] 메뉴에서 [저장(S)]을 클릭 하여 현재 문서를 저장한다.
- 나타나는 대화상자에서 파일이름을 '연습.html'이라 명명하고 [저장(S)] 버튼을 클릭한다. 일반적인 웹 문서파일은 확장자가 'html' 또는 'htm'이 된다. 이 두 확장자에 대한 특별한 차이는 없으나 홈페이지 첫 시작 문서의 경우에는 웹 서버에서 지정해 주는 이름을 따라야하기 때문이다.
- 만들어진 '연습.html' 파일을 더블클릭 하여 실행시킨다.
- 웹 브라우저가 실행되고 '연습.html' 파일이 브라우저 화면에 나타난다.

< 주로 많이 사용되는 HTML 명령어 >

① <html> ~ </html>

문서의 처음과 끝에 위치하여 현재의 문서가 HTML 문서임을 나타낸다.

② <head> ~ </head>

시작태그 <head>와 종료태그 </head> 사이에 있는 내용은 브라우저에 직접 출력되지 않는 내용으로, 문서와 관련된 정보를 보여준다. 즉, <head> 태그 안에 <title> 태그를 포함시켜 문서의 제목을 나타내거나, <meta> 태그를 삽입시켜 문서에 사용된 언어를 지정하거나 문서를 작성한 에디터 정보 등을 보여주기도 한다. 그밖에 스크립트를 정의하는

<script>, 스타일 시트를 정의하는 <style> 태그 등을 포함시킬 수 있다.

③ <title> ~ </title>

<head> 태그 안에 삽입되는 태그로 문서의 제목을 표시해 준다. 문서 제목은 브라우저의 제목 표시줄에 나타난다.

④ <p> ~ </p>

단락을 나눌 때 사용되는 단락 태그로, <p>~</p>와 같이 쌍을 이루거나 <p> 태그 단독으로 사용된다. 일반 워드프로세서의 경우에는 단락을 나누기 위해서 Enter키를 이용하면 되지만, HTML의 경우는 Enter키로 단락을 나눌 수 없다. 즉, 메모장에서는 단락이 나누어진 것처럼 보이지만 웹 브라우저에서는 단락이 나누어지지 않는다.

**※ <p> 태그의 특징 : 단락 태그 <p>는 다음 행으로 줄 바꿈을 하고 한 줄을 더 띄운다. 즉
 태그를 두 번 겹쳐 사용한 것과 같다. 그러나 <p><p><p>처럼 여러 번 겹쳐 사용해도 그 효과는 <p> 태그 한 번 사용한 것과 같다.**

⑤ <body> ~ </body>

웹 문서의 실제 내용이 들어가는 부분으로 <body> 태그와 </body> 태그 사이에 삽입된 내용들이 웹 브라우저에 나타난다. 또, <body> 태그 안에는 문서의 속성(문서여백, 배경색 등)을 지정해 주는 다양한 옵션을 포함시킬 수 있다. 다음은 <body> 태그 안에 'bgcolor' 와 'text' 옵션을 삽입하여 배경색을 녹색, 글자색을 흰색으로 지정한 예이다.

```
<html>
<head>
<title> 문서 속성</title>
</head>

<body bgcolor = “green" text = "white">

문서 배경색이 녹색으로, 글자색이 흰색으로 지정되었다.

</body>
</html>
```

※ bgcolor와 text 옵션 : bbgcolor = "색상명"은 문서의 배경색을 지정해 주는 옵션이고, text = "색상명"은 문서의 기본 글자색을 지정해 주는 옵션이다.

⑥ <center> ~ </center>

<center> 태그 안에 포함된 내용들을 문서의 중앙으로 정렬시키는 태그이다. <div> 태그나 <p> 태그 안에 정렬 옵션 'align'을 삽입하여 특정 단락만을 좌측, 중앙, 우측 정렬시킬 수 있다.

※ 정렬 옵션 align : 정렬 옵션 'align'은 <p>, <hr>, <div>, <img>, <hn>(n = 1~7) 등의 태그 안에 포함되어 해당 내용을 왼쪽, 중앙, 오른쪽으로 정렬

왼쪽 정렬	align = "left"
중앙 정렬	align = "center"
오른쪽 정렬	align = "right"

⑦

줄(행)을 바꿀 때 사용되는 줄 바꿈 태그로 종료 태그 없이 단독으로 사용된다.
 태그를 사용하지 않고 계속 글자를 입력해 나가면 브라우저 화면 끝에서 자동으로 다음 줄로 줄 바꿈이 이루어지지만,
 태그를 사용하면 강제로 줄을 바꾸어 준다.

```
<html>
<head>
<title> 줄 바꿈과 단락 나누기</title>
</head>
<body>
단락 태그는 다음 행으로 줄 바꿈을 하고 한 줄을 더 띄운다.
즉, 줄 바꿈 태그를 두 번 겹쳐 사용한 것과 같다.

Enter키로는 단락을 나눌 수 없다. 단지, 띄어쓰기만 이루어진다.<br>
만약 여러 행을 띄어야 할 경우 줄 바꿈 태그를 여러번 겹쳐 사용하면 된다.<p>
그러나 단락 태그는 여러 번 겹쳐 사용할 필요가 없다.<br>한 번 사용한 것과 같다.
</body>
</html>
```

⑧ <img>

문서 내에 이미지를 삽입시키는 태그로, 반드시 이미지 경로(위치)를 나타내는 'src' 옵션이 포함되어야 한다. 또한 <img> 태그 안에는 이미지 속성을 지정하는 다양한 옵션들을 삽입시킬 수 있다. <img> 태그에 삽입될 수 있는 옵션 즉, 웹 문서에 삽입시킬 수 있는 있는 이미지 포맷(format)은 JPEG 포맷(*.jpg)과 GIF 포맷(*.gif)이 있다.

src = **경로 / 파일명** : 문서 내에 삽입된 이미지 저장 경로를 지정해 주는 옵션, 만약 이 경로가 정확하지 않으면 웹 브라우저에서 이미지는 보이지 않고 아이콘만 나타나게 된다.

상대 경로 지정 : 경로 지정에는 절대 경로 지정과 상대 경로 지정이 있다. 절대 경로 지정은 루트 디렉터리부터 현재의 파일 위치까지의 모든 경로를 지정해 주는 방법이고, 상대 경로 지정은 현재의 문서를 기준으로 여기에 삽입된 이미지의 경로나 하이퍼링크 된 문서의 경로를 지정하는 방법이다.

- 문서에 삽입되는 이미지가 같은 폴더에 존재할 경우 경로지정 없이 파일명만 표시.
- 현재의 웹 문서 폴더 속에 또 다른 하위 폴더가 있고, 이 속에 이미지 파일이 존재할 경우 'src = 하위폴더명/파일명'과 같이 경로를 지정해 주면 된다.
- 웹 문서 파일이 있는 폴더보다 한 단계 상위폴더에 이미지 파일이 존재할 경우 한 단계 상위폴더는 '../'두 단계 상위폴더는 '../../'의 형식으로 지정해 준다.
- 웹 문서에 다른 문서를 하이퍼링크 시킬 경우의 경로 지정은 이미지 경로지정의 경우와 같다.

width = **픽셀** height = **픽셀** : 삽입되는 이미지의 가로 세로 크기를 지정하는 옵션이다. 이 옵션을 사용하지 않을 경우 실제 이미지 크기 그대로 삽입되며 width와 height 옵션을 사용하여 값을 지정해 주면 이미지를 읽어 들이는 속도가 빨라진다. 또, width와 height 값을 실제 이미지 크기와 다르게 지정되는 경우 그만큼 이미지 상태가 손상됨으로 주의해야 한다.

hspace = **픽셀** vspace = **픽셀** : hapace는 이미지 좌우 여백을 vspace는 이미지 상하 여백을 지정하는 옵션이다.

align = top/middle/bottom : 이미지 옆에 문자나 또 다른 이미지가 나란히 위치할 경우에 이미지를 기준으로 문자나 또 다른 이미지의 위치를 지정하는 옵션으로 top은 이미지 위쪽에, middle은 이미지 중앙에, bottom은 이미지 하단을 기준으로 각각 위치하게 된다.

align = left/right : 이미지를 왼쪽이나 오른쪽에 정렬시키는 옵션이다.

border = 픽셀 : 이미지 테두리 두께 지정 옵션, border = "0"은 테두리선을 만들지 않는다.

※ 픽셀(Pixel) : 모니터와 같은 영상출력장치에 화면(색)을 표현하는 기본단위로 해상도를 나타낸다. 즉, 해상도가 1024×768이라면 가로에 1024개, 세로에 768개의 점(픽셀)이 나열되어 한 화면을 구성하게 된다. 따라서 모니터 화면은 픽셀들에 의해 바둑판 모양처럼 구성되며 이 픽셀들에 색을 채워 이미지를 표현하게 된다.

alt = 이미지 도움말 : alt 옵션 값으로 이미지와 관련된 간단한 도움말 입력, 여기에 입력된 글은 화면에 나타나지 않고 단지, 마우스 포인터가 이미지 위로 이동했을 때 잠시 동안만 나타나게 된다. 또한 브라우저가 문서를 불러들일 때 이미지보다 먼저 이미지 도움말을 보여주기 때문에 이미지에 하이퍼링크가 설정된 경우, 이미지가 완전히 보여 질 때까지 기다리지 않고 곧바로 하이퍼링크 된 곳으로 빠르게 이동해 갈 수 있다.

```
<html>
<head>
<title> 이미지 속성 1</title>
</head>

<body>
<img src = "time1.jpg"   align = "top"> top은 이미지 위쪽에 문자가 정렬<p>
<img src = "time2.jpg"   align = "middle"> middle은 이미지 중앙에 문자가 정렬<p>
<img src = "time3.jpg"   align = "bottom"> bottom은 이미지 하단에 문자가 정렬
</body>
</html>
```

```
<html>
<head>
<title> 이미지 속성 2</title>
</head>

<body>
<img src = "사랑.jpg"   alt = "여러분의 소중한 사랑을 지켜드립니다."><p>
<img src = "행복.jpg"   border = "5"   hspace = "20"> 테두리 5픽셀, 좌우 여백 20픽셀<p>
가로 세로 넓이가 각각 200픽셀, 100픽셀, 테두리 10픽셀, 좌우 여백 100픽셀
</body>
</html>
```

배경이미지 삽입 <body background = "경로/파일명"> : <body> 태그 안에 bgcolor 옵션을 삽입하여 문서 배경색을 지정해 주는 방법과 비슷한 방법으로 <body> 태그 안에 background 옵션을 삽입하여 문서에 배경 이미지를 삽입할 수 있다. 배경 이미지는 패턴 형식으로 반복 나열되어 화면을 가득 채우게 된다. 브라우저가 배경 이미지를 불러오는 속도는 패턴 전체가 아니라, 패턴의 기본이 되는 배경 이미지 하나만을 불러오는 시간이 소요되기 때문에 매우 빠르다.

⑨ <hr>

문서 내에 한 줄의 수평선을 삽입시키는 태그이다.

size = 픽셀 : 수평선 두께를 설정하는 옵션

width = 픽셀/%(비율) : 수평선 길이를 설정하는 옵션으로 픽셀로 지정할 경우에는 브라우저 화면 크기와는 상관없이 항상 일정한 크기를 가지지만, 비율(%)로 지정할 경우 브라우저 크기에 따라 수평선 길이도 달라진다.

- 비율(%) : 비율은 브라우저 화면을 기준으로 한다. 즉, 브라우저 화면 전체의 길이를 100%로 잡고, 이 값을 기준으로 비율을 나타내게 된다.
- 수평선 : 수평선은 가로 수평선만이 존재한다. 또, 글자나 이미지들과 좌우로 나란히 놓일 수 없다. 즉, 수평선 자체가 한 단락을 차지하게 된다.

align = left/center/right : 수평선의 위치를 설정하는 옵션

noshade : 음영 제거 옵션, 사용하지 않을 경우 수평선에 음영이 들어가 입체감 있게 보인다.

```
<html>
<head>
<title> 수평선 넣기</title>
</head>

<body>
<hr>
기본값
<hr size = "10"  width = "500">
두께 10픽셀,  길이 500픽셀
<hr size = "30"  width = "50%"  color = "red">
두께 30픽셀, 길이 50%, 빨강색
</body>
</html>
```

⑩ <a>

<a> 태그 안에 href 옵션을 삽입하여 하이퍼링크 기능을 지정해 준다.

<a href = 경로/문서명> 텍스트 또는 이미지</a> : 텍스트 또는 이미지를 클릭하면 다른 웹 문서로 이동하게 된다. 같은 홈페이지 내에서 다른 문서로 하이퍼링크 시킬 때 사용된다.

※ 하이퍼링크 색상 바꾸기 : 텍스트를 하이퍼링크 항목으로 사용할 경우는 색상이 파랑색으로 지정된다. 또한 이미지를 하이퍼링크 항목으로 설정하고 테두리를 지정해 주면 이 역시 파랑색으로 지정된다. 만약 하이퍼링크 색상을 다른 색으로 바꾸고자 한다면 <body> 태그 안에 아래와 같은 옵션을 지정한다.

link = 색상명/#RRGGBB	링크가 설정된 텍스트 또는 이미지 테두리 색상
vlink = 색상명/#RRGGBB	한 번 방문한 적이 있어 링크되어 있는 텍스트 또는 이미지 테두리 색상
alink = 색상명 /#RRGGBB	링크되어 있는 부분을 마우스로 클릭 하는 순간의 색상

<a href = http://URL> 텍스트 또는 이미지</a> : 텍스트 또는 이미지를 클릭하면 URL에 입력된 특정 홈페이지로 이동하게 된다.

<a href = mailto : 전자우편 주소> 텍스트 또는 이미지</a> : 텍스트 또는 이미지를 클릭하면 전자우편 프로그램이 나타난다.

```
<html>
<head>
<title> 하이퍼링크 설정하기</title>
</head>

<body>
<center>
<a href = "index.htm"><img src = "home.jpg"   border = "0"></a>   
<a gref = "http://www.af.ac.kr"><img src = "cool.jpg"   border = "0"></a><p>
저에게 편지를 보내려면 <a href = "kimhs@af.ac.kr"> 여기 </a>를 클릭하세요.
</center>
</body>
</html>
```

⑪ <font>

글자 크기, 색상, 글꼴 등을 지정하는 태그이다.

size = 숫자	글자의 크기를 설정하는 옵션으로 1 ~ 7까지 7단계가 있다. 크기는 1이 가장 작고, 7이 가장 크다.
color = 색상명/#RRGGBB	글자의 색상을 설정하는 옵션으로 색상 명 또는#RRGGBB 값을 지정하여 글자 색상을 바꿔줄 수 있다.
face = 글꼴	글자 종류를 설정하는 옵션으로 윈도우 글꼴 폴더에 설치되어 있는 서체 중에서 하나를 지정하면 된다.

```
<html>
<head>
<title> 글자 속성 바꾸기 1</title>
</head>

<body>
<font  size = "1"> 글자 크기 1 (가장 작은 글자 크기)</font><br>
<font  size = "3"> 글자 크기 3 (기본 글자 크기)</font><br>
<font  size = "7"> 글자 크기 7 (가장 큰 글자 크기)</font><br>

<font color = "blue"> 파랑색</font>
<font size = "5"  color = "green"> 녹색 </font>
<font size = "6"  color = "purple"   face = "궁서체">보라색, 궁서체</font>

</body>
</html>
```

⑫ <hn> (n = 1~6)

<font> 태그가 주로 본문 글자 속성을 정의하는 반면 <hn> (n = 1~6) 태그는 제목(heading) 글자를 지정하는데 주로 사용된다. <hn> 태그에는 <h1>에서 <h6> 까지 있으며 <font> 태그의 size 옵션과는 달리 숫자가 클수록 글자 크기는 작다.

※ <hn> 태그 : <hn> 태그는 글자 두께가 두껍게 지정된다. 그리고 자동으로 단락을 나누어 주므로 단락 태그 <p>를 사용할 필요가 없다. 또, align 옵션을 삽입하여 <hn> 태그가 사용된 단락을 문서 왼쪽, 중앙, 가운데로 정렬시킬 수 있다.

⑬ <b>, <i>, <big>, <small>, <u>

글자 크기, 색상, 글꼴 등을 지정하는 태그이다.

※ <big>과 <small> : <big>과 <small> 여러 개를 겹쳐 사용하여 해당 글자를 점점 크게 나타내거나 점점 작게 나타낼 수 있다.

<b> (bold)	특정 글자 두께를 두껍게 만든다.
<i> (italics)	특정 글자를 이탤릭체로 만든다.
<big> (big)	특정 글자를 한 단계 더 크게 만든다.
<small> (small)	특정 글자를 한 단계 더 작게 만든다.
<u> (underlinde)	특정 글자에 밑줄을 그어준다.

```
<html>
<head>
<title> 글자 속성 바꾸기 2</title>
</head>

<body>
<h2>-한국농수산대학 체육대회-</h3>
우리학교 <b>체육대회</b>를 다음과 같이 개최합니다.<p>
<big>일시</big> : 2010년 5월 20일<p>
<i>장소</i> : <small>한국농수산대학</small> <u>운동장</u>

</body>
</html>
```

⑭ <table>, <tr>, <td>, <th>

<table>, <tr>, <td> 태그는 모두 표를 만들 때 사용되는 태그이다.

<table> ~ </table>	표(테이블) 작성을 위한 시작과 종료를 알리는 태그이며, 'border' 라는 옵션을 삽입하여 표의 테두리선 두께를 픽셀 단위로 지정해 줄 수 있다.
<tr> ~ </tr>	행 정의 태그, 만약 2행이라면 <tr> 태그가 두 개 들어간다.
<td> ~ </td>	각 행에 들어가는 셀을 정의하는 태그이다.
<th> ~ </th>	일반 셀이 아닌 제목 셀 생성, 셀 안에 글자에 대해 볼드체 적용.

```
<html>
<head>
<title> 표 만들기</title>
</head>

<body>

<table border = 3>
 <tr>
   <td>1행 1셀</td>
   <td>1행 2셀</td>
 </tr>
 <tr>
   <td>2행 1셀</td>
   <td>2행 2셀</td>
 </tr>
</table>

</body>
</html>
```

⑮ <frameset>, <frame>

<frameset> 태그와 <frame> 태그는 프레임을 만드는 태그이다.

※ 프레임(frame) : 브라우저 화면을 상하 좌우로 나누는 것, 또는 나누어진 공간

<frameset> ~ </frameset> : 프레임 셋 문서를 정의하는 태그로 몇 개의 프레임으로 나눌 것인지 각 프레임의 크기는 얼마만큼 크게 할 것인지 등을 지정해 준다.

※ **프레임 셋 문서 : 프레임 셋 문서는 <body> 태그가 없다. 즉, 특정 내용을 보여주는 문서가 아니라 프레임을 나누는 정보만을 담고 있는 문서이다. 안경에 비유하자면 안경은 테와 알로 되어 있다. 여기서 안경테는 좌우로 프레임을 나눈 프레임 셋 문서에 해당되고, 안경알은 각각의 프레임에 삽입된 문서에 해당된다.**

※ **프레임 나누기**

cols = 20%, 80%	좌우로 2:8로 프레임을 분할
rows = 30%, 70%	상하로 3:7로 프레임을 분할
cols = 20%, 50%,*	좌우로 2:5:3로 프레임을 분할
rows = 200,*	상프레임을 200픽셀로 고정하고 나머지는 하프 프레임으로 지정

Note : * 기호는 나머지 전부를 의미

<frame> <frameset> : 태그에서 나누어준 각각의 프레임을 정의하는 태그로 프레임 이름과 각 프레임에 삽입할 문서를 지정해 줄 수 있다.

cols = **픽셀/%** <frameset> : 태그 안에 삽입되는 옵션으로 지정된 픽셀 또는 비율(%) 값에 따라 프레임을 좌우로 나누어 준다. 여기서 값을 픽셀로 입력하면 브라우저 화면 크기와 상관없이 프레임 크기가 고정적이고, 비율로 지정하면 브라우저 크기에 따라 유동적이게 된다.

rows = **픽셀/%** : 'cols' 옵션과는 반대로 프레임을 상하로 나누어 준다.

src = **경로/문서명** <frame> : 태그 안에 삽입되는 옵션, 프레임에 삽입될 문서의 경로를 지정해 준다.

name = **프레임 이름** : <frame> 태그 안에 삽입되는 옵션으로 분할된 프레임의 고유 이름 지정, 이름은 Target 지정에서 사용되게 된다.

border = **픽셀** : <frameset> 태그 안에 삽입되는 옵션으로 프레임의 경계선 두께를 지정해 준다. 'border = 0' 로 지정할 경우에는 각 프레임을 구분해 주는 경계선이 보이지 않는다.

noresize <frame> : 태그 안에 삽입되는 옵션, 프레임 경계선을 마우스로 이동시킬 수 없도록 함, 프레임을 2개로 나누려면 총 3개의 문서 필요, 2개의 프레임에 삽입될 문서와 이를 묶어서 보여줄 프레임 셋 문서가 필요하다.

좌측 프레임에 삽입될 문서 : menu.htm

```
<html>
<head>
<title> menu</title>
</head>
<body bgcolor = "blue"    text = "white">
<h2>1번 프레임</h2>
<h3>제 이름은 left입니다.</h3>
</body>
</html>
```

우측 프레임에 삽입될 문서 : info.htm

```
<html>
<head>
<title> info </title>
</head>
<body bgcolor = "green"    text = "white">
<h2>2번 프레임</h2>
<h3>제 이름은 right입니다.</h3>
</body>
</html>
```

프레임셋 문서

```
<html>
<head>
<title> 표 만들기 </title>
</head>
<frameset cols = 30%,*>
  <frame name = "left"  src = "menu.htm">
  <frame name = "right"  src = "info.htm">
</frameset>
</html>
```

< HTML 프로그래밍 >

인터넷 브라우저를 통해서 볼 수 있도록 글자, 그림, 멀티미디어 요소들을 삽입한 문서를 웹 페이지라 하고, 인터넷의 웹 사이트를 접속했을 때 웹 페이지 중 가장 먼저 보이는 시작 페이지를 홈 페이지라고 한다.

< HTML 문장의 기본 구조 >

HTML에서 사용하는 명령어를 태그(Tag)라고 하는데, 태그는 반드시 "< >"안에 입력해야 한다. 또한 모든 태그는 <시작태그>로 시작하여 </종료태그>로 끝이나며 <P>,
 등과 같이 종료태그를 생략하는 경우도 있다.

```
<시작태그>  내용   </종료태그>
<Title> 한국농수산대학에 오신 것을 환영합니다. </Title>
```

< HTML 문서의 기본 구조 >

HTML 문서는 두문(Header)과 본문(Body)으로 구분된다. 두문에는 웹페이지의 제목 등 정보를 입력하고 본문에는 웹브라우저에 나타낼 내용을 입력한다.

```
<html>
  <head>
    <title> 한국농수산대학 정보교육센터 </title>
  </head>
  <body>
   여기에서부터 홈페이지의 내용을 입력합니다.
  </body>
</html>
```

< 프로그램 실행 방법 >

① "메모장" 프로그램을 실행하여 위 문장을 그대로 입력한다.
② 저장을 할 때는 반드시 확장자 이름을 "html" 또는 "htm"으로 저장한다.
③ 저장된 파일을 실행한다.

< HTML 기본 태그 >

- 문단에 사용되는 태그 : <p>, <br>, <pre>
- 글자속성에 사용되는 태그 : <h#>, <font>
- 서식태그 : <strong>, <b>, <i>, <cite>, <u>, <s>
- 기타 태그 : <!-->, <hr>

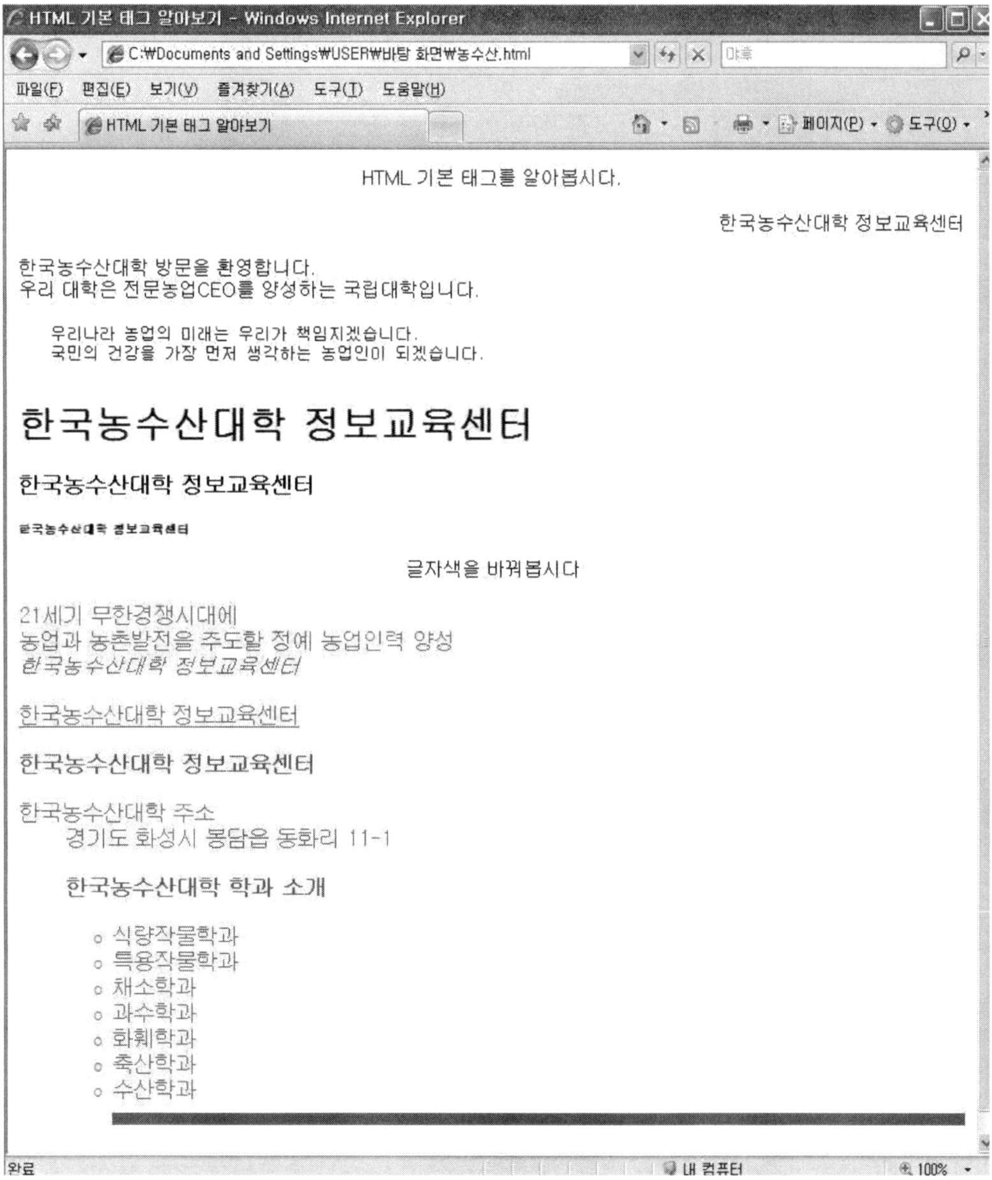

```html
<html>
  <head>
    <title> HTML 기본 태그 알아보기 </title>
  </head>
  <body>
  <!-- 문단에 사용되는 태그입니다. -->
    <p align="center">HTML 기본 태그를 알아봅시다.</p>
    <p align="right">한국농수산대학 정보교육센터</p>
    한국농수산대학 방문을 환영합니다.<br>
    우리 대학은 전문농업CEO를 양성하는 국립대학입니다.<br>
    <pre>
    우리나라 농업의 미래는 우리가 책임지겠습니다.
    국민의 건강을 가장 먼저 생각하는 농업인이 되겠습니다.
    </pre>
  <!-- 글자속성에 사용하는 태그입니다. -->
    <h1> 한국농수산대학 정보교육센터 </h1>
    <h3> 한국농수산대학 정보교육센터 </h3>
    <h6> 한국농수산대학 정보교육센터 </h6>
    <p align="center">글자색을 바꿔봅시다</p>
    <font size="4" color="red" face="궁서“>
    21세기 무한경쟁시대에<br>
    농업과 농촌발전을 주도할 정예 농업인력 양성<br>
    <font size="+2" color="blue">
    21세기 무한경쟁시대에<br>
    농업과 농촌발전을 주도할 정예 농업인력 양성<br>
  <!-- 서식 태그입니다. -->
    <i> 한국농수산대학 정보교육센터 </i><p>
    <u> 한국농수산대학 정보교육센터 </u><p>
    <b> 한국농수산대학 정보교육센터 </b><p>
  <!-- 목록을 만드는 태그입니다. -->
    <dl>
    <dt> 한국농수산대학 주소
    <dd> 경기도 화성시 봉담읍 동화리 11-1<p>
    <h3>한국농수산대학 학과 소개</h3>
    <ul type="circle">
    <li>식량작물학과
    <li>특용작물학과
    <li>채소학과
    <li>과수학과
    <li>화훼학과
    <li>축산학과
    <li>수산학과
  <!-- 수평선을 그리는 태그입니다. -->
    <hr color="green" size="10" align="center"><p>
  </body>
</html>
```

< 이미지와 하이퍼링크 >

HTML 문서 안에 이미지를 삽입하려면 <img> 태그를 사용한다. align, width, height, alt 등과 같이 사용할 수 있으며 종료태그는 필요 없다. 또한 특정 문자나 이미지에 하이퍼링크를 설정하여 다른 웹페이지나 사이트로 연결하거나 현재 페이지 내에서 특정 위치로 이동할 때는 <a> 태그를 사용한다.

```
<html>
  <head>
    <title> 이미지 삽입과 하이퍼링크 </title>
  </head>
  <body>

  <!-- 이미지를 배경으로 설정합니다. -->
   <body                background="http://www.kn.ac.kr/websh/libimg/sample5.jpg"
link="green" vlink="red" alink="blue">

  <!-- 이미지를 삽입합니다. -->
   <img  src="http://www.kn.ac.kr/websh/libimg/sample4.bmp"  align="left"  alt="파
프리카">그림은 왼쪽에 글자는 오른쪽에<p>
   <br><br><br><br><br><br><br><br><br><br><br><br>
   <img  src="http://www.kn.ac.kr/websh/libimg/sample1.bmp"  align="right"  alt="2
번째 그림">그림은 오른쪽에 글자는 왼쪽에 위치하도록 하였습니다. 브라우저 창을
작게해서 보시면 좀 더 확실하게 보실 수 있습니다.<p>
   <br><br><br><br><br><br><br><br><br><br><br><br>

  <!-- 현재 페이지에서 다른 위치로 이동합니다. -->
    <a href="#1번">거리에서 노래 가사를 보고 싶으면 여기를 클릭</a><p>

  <!-- 다른 사이트로 이동합니다. -->
    <a href="http://www.kn.ac.kr">여기</a>를 누르시면 한국농업대학으로 이동합니
다.<p>

  <!-- 메일을 보냅니다. -->
    <a href="mailto:webmaster@kn.ac.kr">여기</a>를 누르시면 관리자에게 메일을
보낼 수 있습니다.<p>

  <!-- 동영상을 연결합니다. -->
    <p  align="center">동영상을  연결하여  볼  수  있습니다.<br><br><br><embed
src="http://www.kn.ac.kr/knacmv/knacnew.wmv" width="400" height="350"></p>
   <br><br><br><br><br><br>
   <h3><a name="1번">거리에서</a></h3><p>
   거리에 가로등불이<br>
   하나둘씩 켜지고<br>
   검붉은 노을 너머<br>
   또 하루가 저물 때<br>
   왠지 모든 것이 슬퍼보여요.<br>
   유리에 비친 내 모습이<br>
   무얼 찾고 있는지<br>
   뭐라 말하려 해도 기억하려 하여도<br>
   허한 눈빛만이 되돌아 와요<br><p>
  </body>
</html>
```

< 텍스트 입력창 만들기 >

초기의 홈페이지는 단순히 정보를 전달하고 홍보하는 기능 위주로 작성되었으나 현재는 전자상거래와 Web2.0 개념이 도입되면서 사용자가 직접 정보를 입력할 수 있도록 하는 형태로 발전했다.

```
<html>
  <head>
    <title> 텍스트 입력 양식 </title>
  </head>
  <body>
  <form>
   <b>1. 성명 : </b>
    <input type="text" name="id" maxlength="20"><p>
   <b>2. 전화 : </b>
    <input type="text" name="no" maxlength="20"><p>
   <b>3. 지역</b><p>
    <select name="combo">
     <option>수도권
     <option>강원권
     <option>충청권
     <option>영남권
     <option>호남권
    </select><p>
   <b>4. 메모</b><p>
    <textarea name="me" rows="10" cols="50">
    메모를 남겨주세요
    </textarea><p>
   <input type="reset" value="수정">
   <input type="submit" value="입력">
  </form>
  </body>
</html>
```

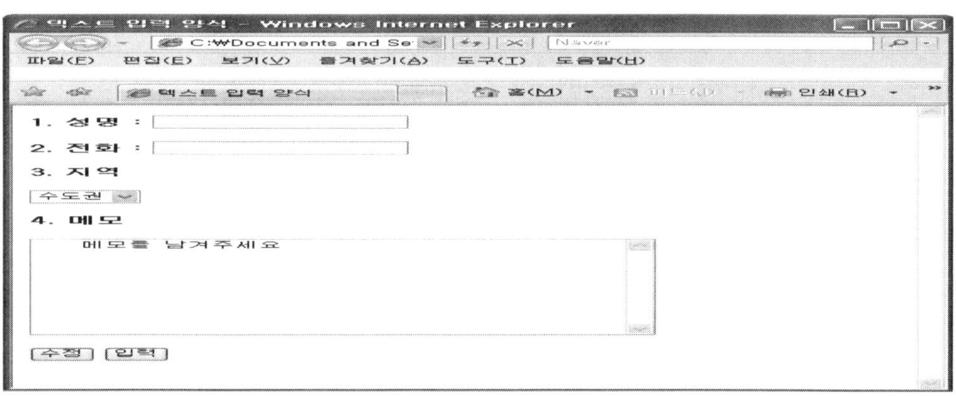

< 프레임 나누기 >

현재 서비스되고 있는 거의 모든 홈페이지는 최소한 2개 이상의 프레임으로 구성되어 있다. 웹 페이지의 화면을 수직 또는 수평으로 분할하여 여러 개의 창을 만들어 독립적으로 관리함으로써 관리 측면이나 속도 측면에서 또한 사용자 인터페이스 측면에서 보다 효율성을 향상시킬 수 있다. 프레임을 2개로 구성할 경우 HTML 문서는 총 3개의 문서가 필요하다. 즉 각각의 프레임 문서를 호출하는 'frameset 문서' 하나와 각각의 창에 보여 질 내용을 가진 'frame 문서' 두 개로 구성된다. frameset 문서는 <body> 태그 대신 <frameset> 태그를 사용한다. 다음은 3개의 프레임 구성을 위한 html 문서이다.

- 문서 1 : top.html

```
<html>
  <head><title> TOP 프레임 </title></head>
  <body bgcolor="http://www.kn.ac.kr/websh/libimg/sample5.jpg">
   <h3>TOP 프레임</h3>
  </body>
</html>
```

- 문서 2 : left.html

```
<html>
  <head><title> 왼쪽 프레임 </title></head>
  <body bgcolor="pink">
   <h3>왼쪽 프레임</h3>
   <b><a href="http://www.naver.com" target="right">네이버</a><p>
   <b><a href="http://kr.yahoo.com" target="right">야후</a><p>
   <b><a href="http://www.af.ac.kr" target="_blank">한국농수산대학</a><p>
  </body>
</html>
```

- 문서 3 : right.html

```
<html>
  <head><title> 오른쪽 프레임 </title></head>
   <h3>오른쪽 프레임</h3>
  </body>
</html>
```

- 문서 4 : frame.html

```
<html>
  <head><title> 프레임 3개로 나누기 </title></head>
    <frameset rows="10%,*">
    <frame src="top.html" name="top">
    <frameset cols="20%, 80%">
    <frame src="left.html" name="left">
    <frame src="right.html" name="right">
    </frameset>
</html>
```

3개의 프레임으로 나누는 경우 html 문서의 개수는 총 4개가 된다. 4개의 문서를 모두 작성하였다면 frame.html(frameset 문서)을 실행하여 그 결과를 확인할 수 있다. top.html은 화면의 윗부분, left.html은 화면의 좌측, right.html은 화면의 오른쪽 부분의 내용을 담고 있다.

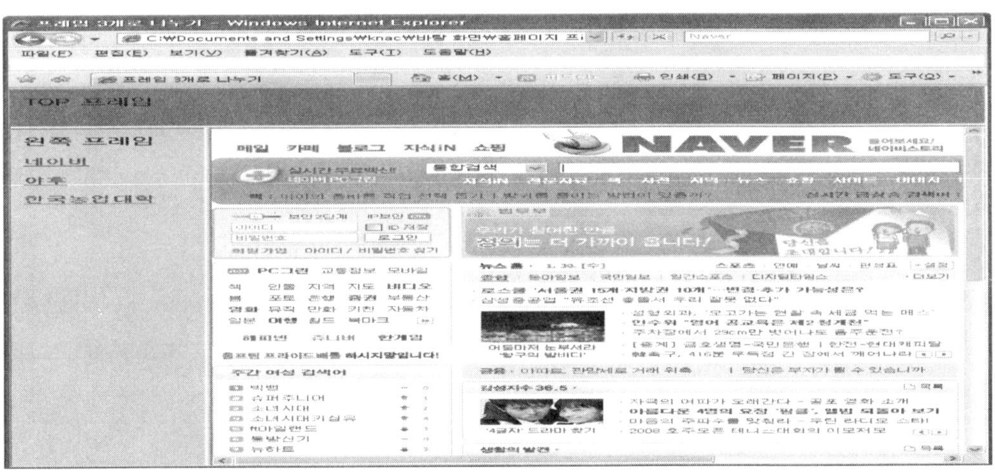

< 기타 태그 >

문자열이 좌우로 또는 상하로 움직이게 하는 효과를 줄 때 사용하는 태그이다.

```
<html>
  <head>
    <title> 움직이는 문자열 </title>
  </head>
  <body>
   <marquee>문자를 왼쪽으로 흐르게 합니다.</marquee><p>
   <marquee direction="right">문자를 오른쪽으로 흐르게 합니다.</marquee><p>
   <marquee behavior="alternate">문자가 좌우로 왔다 갔다..</marquee><p>
   <marquee direction="up">글자를 위로 흐르게 합니다.</marquee>
  </body>
</html>
```

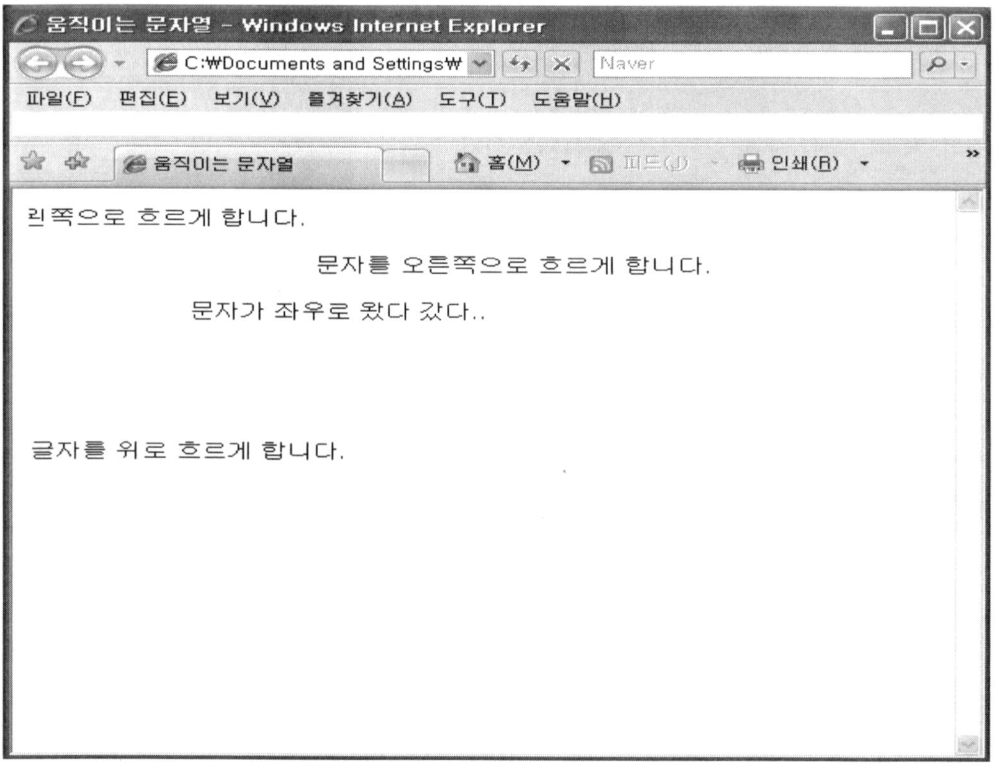

< 다양한 입력 포맷 구성하기 >

HTML 태그만을 이용해서 홈페이지를 만든다면 현재 우리가 접속하는 여러 홈페이지들처럼 다이내믹한 홈페이지를 만드는데 한계가 있으므로 스크립트와 같은 특별한 기법을 요하는 경우도 있다.

```
<html>
<head><title>form 태그</title>
<body>
<form method="get">
<table width=600>
<tr width=100><td>아이디</td><td> <input type=text name=id size=10></td><p>
<tr width=100><td>패스워드</td><td> <input type=password name=pwd size=10></td><p>
<tr width=100><td>성별</td><td><input type=radio name=human value=남자>남
<input type=radio name=human value=여>여</td><p>
<tr width=100><td>국적</td><td><input type=text name=or size=10></td><p>
<tr width=100><td>휴대폰</td><td><select name=tel1>
      <option value=1 selected>011</option>
      <option value=2>016</option>
      <option value=3>017</option>
      <option value=4>018</option>
      <option value=5>019</option>
      </select>
<input type=text name=tel2 size=5>-<input type=text name=tel3 size=5></td><p>
<tr width=100><td>가족사항</td><td> <input type=checkbox name=family1 value=1>조부모
<input type=checkbox name=family2 value=2>부모
<input type=checkbox name=family3 value=3>형제자매
<input type=checkbox name=family4 value=4>배우자
<input type=checkbox name=family5 value=5>자식</td><p>
<tr width=100><td>자기소개</td><td><textarea name=context rows=10 cols=50>
관심 분야에 대해 쓰세요 </textarea></td><p>
<tr width=100><td>증명사진</td><td> <input type=file name=photo></td><p>
<tr><td colspan=2><input type=submit value=가입하기> <input type=reset value=다시작성></td>
</form>
</html>
```

< 경고 메시지 출력하기 >

```
<html>
  <head>
      <title>경고메세지</title>
      <script language="javascript">
    function f()
    {
        window.alert("공부하세요..!!");
    }
  </script>
  </head>
  <body>
    <input type="button" value="여기를 콕!" onclick="f()">
    <a href="javascript:f()">여기도 콕!</a>
    <a href="javascript:alert('조금만 더 열심히! 아자아자~~')">클릭해주세요</a>
  </body>
</html>
```

< 애니메이션 효과 >

```
<HTML>
<HEAD>
<TITLE>하늘로 올라가는 풍선</TITLE>
</HEAD>
<BODY><font color="000000" size="2" face="돋움">
<script language="JavaScript1.2">
풍선이 하늘로 올라가는 효과
var no = 10;
var speed = 5;
balloon = new Array();
balloon[0] = "http://www.kn.ac.kr/websh/libimg/f2.jpg";
balloon[1] = "http://www.kn.ac.kr/websh/libimg/f1.jpg";
balloon[2] = "http://www.kn.ac.kr/websh/libimg/f3.jpg";
var maxballoon = 2;
var ns4up = (document.layers) ? 1 : 0;
var ie4up = (document.all) ? 1 : 0;
var dx, xp, yp;
var am, stx, sty;
var i, doc_width = 500, doc_height = 600;
if (ns4up) {
   doc_width = self.innerWidth;
   doc_height = self.innerHeight - 50;
   } else if (ie4up) {
      doc_width = document.body.clientWidth;
      doc_height = document.body.clientHeight -50;
}
 dx = new Array();
 xp = new Array();
 yp = new Array();
 am = new Array();
 stx = new Array();
 sty = new Array();
 i = maxballoon;
 for (i = 0; i < no; ++ i) {
     dx[i] = 0;
     xp[i] = Math.random()*(doc_width-50);
     yp[i] = Math.random()*doc_height;
     am[i] = Math.random()*20;
     stx[i] = 0.02 + Math.random()/10;
     sty[i] = 0.7 + Math.random();
```

- 계속 -

```
  if (ns4up) {
     if (i == 0) {
        document.write("<layer name=₩"dot"+ i +"₩" left=₩"15₩" top=₩"500₩" visibility=₩"show₩"><img src=₩"" + balloon[j] + "₩" border=₩"0₩"></layer>");
        } else {
          document.write("<layer name=₩"dot"+ i +"₩" left=₩"15₩" top=₩"500₩" visibility=₩"show₩"><img src=₩"" + balloon[j] + "₩" border=₩"0₩"></layer>");
     }
   } else if (ie4up) {
   if (i == 0) {
      document.write("<div id=₩"dot"+ i +"₩" style=₩"POSITION: absolute; Z-INDEX: "+ i +"; VISIBILITY: visible; TOP: 500px; LEFT: 15px;₩"><img src=₩"" + balloon[j] + "₩" border=₩"0₩"></div>");
      } else {
      document.write("<div id=₩"dot"+ i +"₩" style=₩"POSITION: absolute; Z-INDEX: "+ i +"; VISIBILITY: visible; TOP: 500px; LEFT: 15px;₩"><img src=₩"" + balloon[j] + "₩" border=₩"0₩"></div>");
     }
   }
  if (j == 0) { j = maxballoon; } else { j -= 1; }
}


function snowNS() {
 for (i = 0; i < no; ++ i) {
  yp[i] -= sty[i];
  if (yp[i] < 0) {
   xp[i] = Math.random()*(doc_width-am[i]-30);
   yp[i] = doc_height;
   stx[i] = 0.02 + Math.random()/10;
   sty[i] = 0.7 + Math.random();
   doc_width = self.innerWidth;
   doc_height = self.innerHeight -50;
  }
 dx[i] += stx[i];
  document.layers["dot"+i].top = yp[i];
  document.layers["dot"+i].left = xp[i] + am[i]*Math.sin(dx[i]);
 }
 setTimeout("snowNS()", speed);
}
```

- 계속 -

```
function snowIE() {
 for (i = 0; i < no; ++ i) {
  yp[i] -= sty[i];
  if (yp[i] < 0) {
   xp[i] = Math.random()*(doc_width-am[i]-30);
   yp[i] = doc_height;
   stx[i] = 0.02 + Math.random()/10;
   sty[i] = 0.7 + Math.random();
   doc_width = document.body.clientWidth;
   doc_height = document.body.clientHeight -50;
  }
 dx[i] += stx[i];
 document.all["dot"+i].style.pixelTop = yp[i];
 document.all["dot"+i].style.pixelLeft = xp[i] + am[i]*Math.sin(dx[i]);
 }
 setTimeout("snowIE()", speed);
}

if (ns4up) {
 snowNS();
} else if (ie4up) {
 snowIE();
}
</script>
</BODY>
</HTML>
```

위 표에서 작성된 문장을 모두 이해하기 위해서는 '배열', '레이어' 등 새로운 개념에 대해서 더 깊은 공부가 필요하며 또한 프로그래밍 기법을 알아야 한다. 우리가 접하는 수많은 홈페이지를 보다 쉽게 이해하고 활용하기 위해 하나의 예제로 제공하고자 한다. 프로그램을 실행하여 어떤 결과를 보여주는지 확인해 보기 바란다.

< HTML Tag >

형식	구 성	내 용
	문서의 기본 구조를 나타내 주는 태그	
<HTML>	<HTML>...</HTML>	HTML 언어로 작성되어 있다는 것을 알려줍니다.
<HEAD>	<HEAD>...</HEAD>	Heading의 준말로 글의 머리말에 해당합니다.
<BODY>	<BODY>...</BODY>	본문에 해당하는 부분을 알려줍니다.
<TITLE>	<TITLE>...</TITLE>	타이틀 바에 새겨질 글자를 정의합니다.
<Hn>	<Hn>...</Hn>	표제 부분에 들어갈 말을 정의합니다. 1~6까지의 숫자를 사용하고 숫자가 커질수록 표제는 작아집니다. 기본 값은 H4입니다.
<!-...->	<!-주석내용->	주석을 달거나 잠시 동안 이미지를 보이지 않게 할 때 사용합니다.
	문단 혹은 줄을 바꾸는 태그	
<P>	<P>	문단을 바꾸는 태그입니다.
 	 	문단을 바꾸는 태그입니다. 줄 바꿈의 역할만을 수행합니다.
<PRE>	<PRE>...</PRE>	여백이나 줄 간격 등을 고정시켜 주는 역할을 합니다.
	글자의 크기를 마음대로 조절하는 태그	
<FONT>	<FONT SIZE=n> ...</FONT>	글자 크기를 조절해 줍니다. 숫자는 1~7이며, 기본 값은 3입니다.
	선 그리기 태그	
<HR>	<HR ALIGN= WIDTH= SIZE=>	입체적인 선을 그려줍니다. ALIGN은 선의 정렬을, WIDTH는 선의 폭을, SIZE는 선의 높이를 정해줍니다.
	이미지 맵을 처리하는 태그	
<ISMAP>	<IMG SRC= "..." ISMAP>	이미지맵을 정의합니다.
<MAP>	<MAP NAME=...> ...</MAP>	넷스케이프2.0에서 이미지맵을 정의합니다.
	문서를 가운데로 정렬시켜 주는 태그	
<CENTER>	<CENTER>... </CENTER>	전체 문장을 가운데로 정렬시켜 줍니다.
	글자의 모양을 정의해 주는 태그	
<B>	<B>...</B>	굵은 글씨를 나타내 주는 태그입니다.
<I>	<I>...</I>	이탤릭체의 글씨를 나타내 주는 태그입니다.
<KBD>	<KBD>...</KBD>	타자기체의 글씨를 나타내 주는 태그입니다.

형식	구 성	내 용
배경 이미지 작업하기		
<BODY>	<BODY BACKGROUND="...">	배경 이미지를 띄워줍니다.
	<BODY BGCOLOR="#nnnnnn">	배경 색깔을 지정해 줍니다.
부분을 강조해 주는 태그		
<BLINK>	<BLINK>...</BLINK>	글자를 깜박이게 해줍니다.
<U>	<U>...</U>	글자에 밑줄을 그어줍니다.
연결하기 태그		
<A>	<A HREF="...">...</A>	다른 홈페이지와 연결시켜 줍니다.
	<A NAME="...">...</A>	자신의 홈페이지 내에서 연결해 줍니다.
주소 및 편지 서비스		
<ADDRESS>	<ADDRESS>... </ADDRESS>	주소에 대한 정의를 내려줍니다.
<MAILTO>	<A HREF="MAILTO...">	편지쓰기 창을 띄워 줍니다.
색상 지정하기		
<BODY>	<BODY TEXT="#nnnnnn">...</BODY>	글자색을 지정합니다.
	<BODY LINK="#nnnnnn">...</BODY>	하이퍼링크의 색을 지정합니다.
	<BODY VLINK="#nnnnnn">...</BODY>	한 번 누른 적이 있는 하이퍼링크의 색을 지정합니다.
	<BODY ALINK="#nnnnnn">...</BODY>	누르고 있는 동안의 색을 지정합니다.
표 만들기 태그		
<TABLE>	<TABLE BORDER>...</TABLE>	표의 전체 형식을 나타냅니다.
	<TR><TD></TD></TR>	표 내부에 들어갈 형식을 정의합니다.
	<TD COLSPAN=n>	가로 칸을 n만큼 합쳐줍니다.
	<TD ROWSPAN=n>	세로 칸을 n만큼 합쳐줍니다.
	<TD ALIGN=...>	표 안의 좌우 정렬 방식을 정의합니다.
	<TD VALIGN=...>	표 안의 상하 정렬 방식을 정의합니다.

형식	구 성	내 용
CGI 양식 첨가하기		
<FORM>	<FORM>...</FORM>	양식을 정의합니다.
	<FORM METHOD="..."ACTION="...">	양식의 방법을 정의합니다.
<TEXTAREA>	<TEXTAREA NAME="..."ROWS="...">	글틀 상자를 정의합니다.
<INPUT>	<INPUT TYPE="...">	어떤 형태로 입력할 것인지를 정의합니다.
	<INPUT TYPE="RADIO">	라디오 단추를 만들어줍니다.
	<INPUT TYPE="CHECKBOX">	체크 상자를 만들어 줍니다.
	<INPUT TYPE= "SUBMIT">	제출 버튼을 만들어 줍니다.
	<INPUT TYPE="RESET">	취소 버튼을 만들어 줍니다.
<SELECT>	<SELECT NAME="...">	선택 사항 상자를 만들어 줍니다.
창 만들기 태그		
<FRAME>	<FRAMESET>...</FRAMESET>	창의 기본 틀을 지정합니다.
	<FRAMESET ROW= "숫자 혹은 %">	위 아래로 나눠줍니다.
	<FRAMESET COLS= "숫자 혹은 %">	좌우로 나눠줍니다.
	<FRAME SRC="..." MARGINWIDTH="...">	창에 들어갈 좌우 여백을 정의합니다.
	<FRAME SRC="..." MARGINHEIGHT="...">	창에 들어갈 상하 여백을 정의합니다.
	<FRAME SCROLLING= "...>	스크롤바를 설정해 줍니다.
	<NOFRAMES>... </NOFRAMES>	프레임이 안보이게 해줍니다.
이미지 다루기에 필요한 태그		
<IMG>	<IMG SRC="...">	이미지를 정의해 줍니다.
	<IMG SRC="..." ALIGN=...>	이미지의 정렬 상태를 나타내 줍니다.
	<IMG SRC="..." WIDTH="..." HEIGHT="...">	이미지의 크기를 조절해 줍니다.

3. 엑셀(Excel)

미국의 마이크로소프트사에서 개발한 스프레드시트 프로그램으로 윈도우즈(Windows) 환경의 PC(Personal Computer)용과 매킨토시(Macintosh) 환경의 PC용으로 구분되는 스프레드시트(Spread Sheet) 프로그램이다. 스프레드시트란 여러 가지 양식의 내용계산, 사무자동화용 표계산 프로그램을 의미하는 것으로 계산기와 계산용지가 통합되어진 형태의 소프트웨어를 의미한다.

일반적으로 엑셀은 윈도우즈 환경에서 많은 스프레드시트를 연결하고 통합하여 여러 가지 도형과 그래프 등을 작성할 수 있고 매크로, 그래픽, 데이터베이스 기능과 지도·차트 작성 등 통합 문서작성에 필요한 기능도 제공하고 있다. 1985년 초기 버전이후 계속적인 성능 향상으로 PC를 이용한 최고의 정밀성과 최고의 기능을 지닌 통합 문서작성용 도구로 표계산과 그래프, 매크로 등 다양한 기능을 하나의 소프트웨어에서 처리할 수 있는 최초의 통합형 표계산 소프트웨어이다. 연구소의 연구 활동지원, 기업의 경영관리, 회계관리, 연구보고서 작성, 학교의 성적관리, 가계부 등 모든 분야에서 매우 광범위하게 활용되는 응용소프트웨어이므로 이에 대한 활용법은 오늘을 살아가는 모든 이들이 반드시 익혀야 하는 자동차운전과 같은 필수기능이다.

1) 엑셀활용을 위한 기초이론

○ 절대 값

어떤 값으로부터 마이너스 부호를 없앤 값을 의미하며 어떤 값 a에 대해 a가 음수이면 -1을 곱하여 부호를 +로 바꾼 것으로 |a|로 표현한다. 수직선상에 어떤 값을 나타낸다 하면 |a|는 0부터 a 까지의 길이.

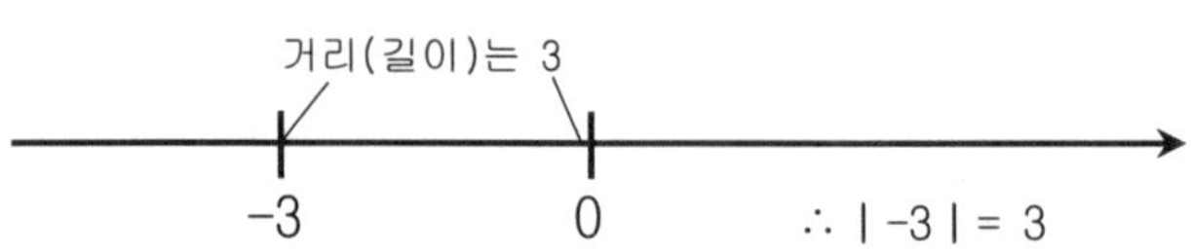

ex) | -2 | = 2, | 5 | = 5, | 0 | = 0

○ **최대공약수 · 최소공배수**

두 개의정수 a, b에 대해서 a와 b 양쪽 다 나머지 없이 나눌 수 있는 수를 'a와 b의 공약수'라고 한다. 그리고 그 중에서 최대의 것을 'a와 b의 최대공약수'라고 하고 GCD(a, b)라고 표현한다. 또, a로도 b로도 나머지 없이 나누어지는 (a와 b 양쪽의 배수이기도 함) 수를 a와 b의 공배수라고 한다. 그리고 그 중 최소의(양의) 정수를 a와 b의 최소공배수라고 하고 LCM(a, b)로 나타내며 a× b=GCD(a, b)× LCM(a, b)가 성립된다.

ex) GCD(6, 15)=3, GCD(15, 30)=15, GCD(3, 5)=1

ex) LCM(6, 15)=30, LCM(15, 30)=30, LCM(3, 5)=15

○ **반올림(내림)**

반올림이란 어느 자리의 값이 4 이하인 경우에 그 자리 이하의 행을 모두 버리고 5 이상의 경우에는 올리는(상위 한자리의 값에 1을 더하고 아래의 자리는 모두 버리는) 것이다. 예를 들어 소수 두 번째 자리를 반올림하는 경우에는 소수 두 번째 자리의 값을 봐서 4 이상이면 버리고 5 이상이면 올림을 한다. 따라서 소수 첫 번째까지의 수치가 계산결과가 된다.

ex) 1.345를 소수점 두 번째 자리에서 반올림 → 1.3

ex) 35.6을 1의 자리에서 반올림 → 40

○ **몫과 나머지**

나눗셈을 했을 때의 결과를 몫, 남은 값을 나머지로 표현한다. 예를 들어 30÷7=4 나머지 2의 경우 4를 몫, 2를 나머지로 표현한다. 단, Excel은 나누는 수(7)가 음수인 경우 나머지는 음수로 표현하도록 되어 있다. 다시 말하면 기준이 되는 수 n과 임의의 수 a에 대해서 n = a × q + r, 0 ≦ |r|< |q| (단, q와 r은 같은 부호)를 만족시키는 정수 q와 r은 단 하나 존재하므로 q가 몫, r이 나머지에 해당한다.

○ **기준 값의 배수**

기준이 되는 수(예를 들면 5)에 대해 0 및 그 양의 정수배(0, 5, 10 …)를 양끝으로 하는 블록(구간), 즉 [0, 5], [5, 10], …에서 기준 값의 배수가 아닌 수는 반드시 어딘가 한 곳의 구간에 포함되게 된다. 그리고 그 구간의 0에 가까운 수를 최소값(마루), 0에서 먼 쪽의 수를 최대값(천장)이라고 한다. 또 기준 값의 배수에 대해서는 그 값 자체가 천장이고 마루가 된다. 따라서 기준 값>0인 경우에는 천장≧마루, 기준 값<0인 경우에는 천장≦마루가 된다.

ex) 기준 값 5에 대해 6.4의 마루는 5, 천장은 10

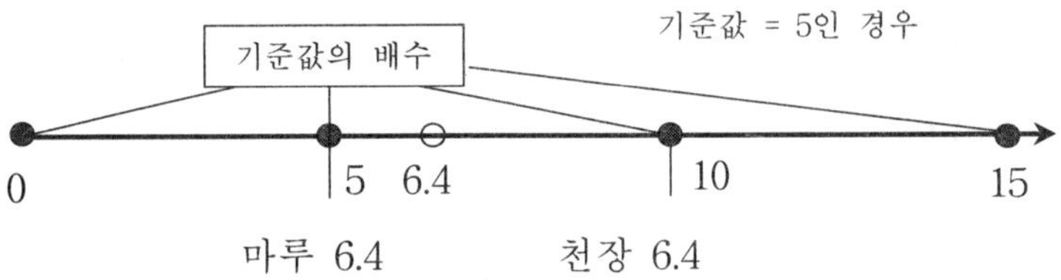

ex) 기준 값 -3에 대해 -11의 마루는 -9, 천장은 -12

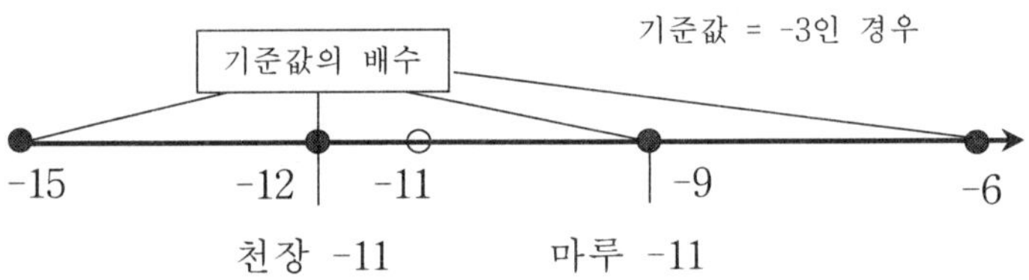

○ 거듭 제곱승과 계승

Excel의 수식에서 거듭 제곱승(누승)을 나타내려면 ^라는 기호를 사용한다. 예를 들면 a^n 이라고 표현하면 a의 n승(거듭 제곱승)을 나타낸다. 이때 a를 밑수, n을 지수라고 부른다. n에 해당하는 부분에는 정수뿐 아니라 3^1.25와 같이 일반(소수점을 포함하는) 수치도 지정할 수 있다. 그러나 n의 값이 정수인 경우와 유리수(분수)이고 분모가 기수인 경우 이외에는 a를 음의 수로 지정할 수 없으며 또 a^(-1)는 1/a(역수)를 a^(1/n)는 a의 n승이 되는 것을 주의하여야 한다.

ex) 3^2 = 9, (-27)^(1/3) = -3, 5^(-1) = 0.2

또, 계승의 연산은 통계처리 시 자주 사용되고 있으며 0 이상의 정수에 대해 정의되어 있다. 정수 n의 계승(n!)은 다음과 같이 정의된다. 단, 0!=1

$$n! = n \times (n-1) \times \cdots \times 2 \times 1 = \prod_{k=1}^{n} k$$

ex) $5! = 5 \times 4 \times 3 \times 2 \times 1 = 120$

○ **원주율**

원주율은 원의 지름과 반지름의 비를 나타내는 수치로 기호 π를 사용하며 원주율의 길이=지름×π, 원의 면적=반지름의 2승×π 등으로 표현한다. π는 유리수(분모, 분자가 정수로 된 분수로 표현할 수 있는 수)가 아닌 유한소수나 순환소수로는 정확히 나타낼 수 없으므로 Excel은 3.14159265358979 (소수점 이하 14자리)를 π값으로 하고 있다. Excel의 원주율 함수 PI( )를 이용할 수도 있고 ATAN 함수를 이용하여 ATAV(1)*4로 구할 수도 있다. π의 유사 계산은 이제까지 많은 사람들의 손에 의해 실행되어 왔는데 분수에 의한 유사로는 22/7(3.142857…) 등이 유명하다. 컴퓨터의 발달과 함께 계산 가능한 자릿수는 억 단위에서 조 단위 이상으로 늘어나고 있다.

○ **역함수**

y = f(x)라는 함수가 어떠한 x에 대해서도 절대 같은 y의 값을 취하지 않는 것으로 가정해 보자(즉, a≠b 라면 f(a)≠f(b))고 할 때 x와 y의 역할을 바꾸어 넣어서 y를 독립변수(x의 역할), x를 종속변수(y의 역할)로 한 것 역시 함수로 간주할 수 있다. 이것을 f(x)의 역함수라고 하고 $f^{-1}(y)$라고 나타낸다. 보통은 문자 x와 y도 바꿔 넣어서 $f^{-1}(x)$ 라고 기술한다.

ex) $y = x^2 \rightarrow f^{-1}(y) = \sqrt{y}$ (단 $y \geq 0$) 결국 $f^{-1}(x) = \sqrt{x}$ (단 $x \geq 0$)

○ **지수함수와 로그함수**

$y = a^x$ (a는 양의 수)란 형식의 함수를 지수함수라고 한다.(a는 밑, 이 함수를 a를 밑으로 하는 지수함수) 이 함수는 x 가 증가함에 따라서 y의 증가율이 크게 상승하기 때문에 <u>지수함수적으로 증가한다.</u> 라고 표현한다. 지수함수 $y=a^x$의 역함수를 $y=\log_a x$로 나타내고 이것을 로그함수라고 한다. $\log_a x$란 a를 n승하면 x가 될 때의 바로 n( )이다. 밑수가 10인 로그를 상용로그라 한다.

ex) $\log_3 81 = 4$, $\log_3 3 = 1$, $\log_2 0.5 = -1$

○ 호도법

호의 길이는 반경과 중심각에 비례하다. 반경이 r인 반원의 호의 길이는 $2\pi r = \frac{180}{360} = \pi r$ 이 된다. 또, 새로운 각의 선택으로 0°를 0 라디안에 180°를 $2\pi = \frac{180}{360} = \pi r$ 라디안에 대응시킨 라디안 단위는 다음과 같다.

도	0°	45°	90°	135°	180°	360°
라디안	0	π/4	π/2	3π/4	π	2π

1라디안은 반지름 r인 원에서 길이 r의 호에 대한 중심각에 해당하므로 라디안 단위를 사용하면 호의 길이는 r×Θ(라디안)이다.

ex) 반지름 2, 중심각 60°(= π/3 라디안)일 때

호의 길이 = 2π× 2× 60/360 = 2π/3 = 2× π/3

또, 1° = π/180 ≒ 0.01745라디안, 1라디안 = 180/π ≒ 57.29548°이다.

○ 삼각함수

높이를 계산하는 것이 귀찮은 삼각형의 면적을 구하거나 몇 개의 변 길이와 각도에서 다른 변의 길이를 계산하는 것은 어려운 문제이지만 이것을 해결해 주는 것이 삼각함수이다. 아래 그림의 직각삼각형 BAC에 대해서 각 BCA를 Θ로 했을 때, sinΘ, cosΘ, tanΘ을 다음과 같이 정의한다.

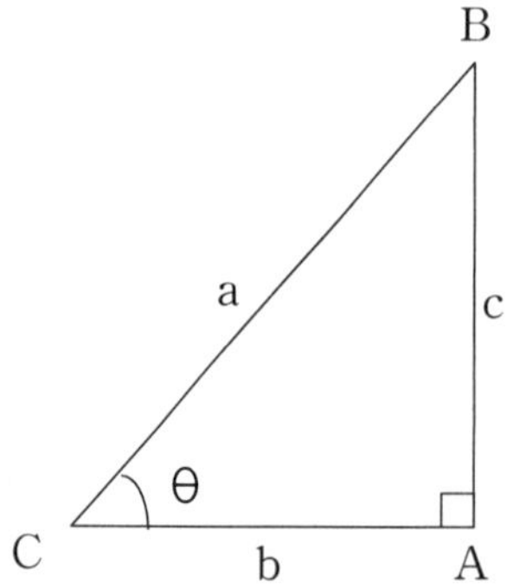

$$\sin\Theta = \frac{c}{a}$$

$$\cos\Theta = \frac{b}{a}$$

$$\tan\Theta = \frac{c}{b}$$

위와 같이 정의한 경우 정의역은 0° < Θ < 90°(π/2 라디안)인 것이 된다. 이것을 다음과 같이 확장하자. 결국 단위 원(반지름 1인 원)을 기초

로 삼각형을 그리고 앞에서처럼 똑같이 sinΘ, cosΘ, tanΘ를 정의한다.

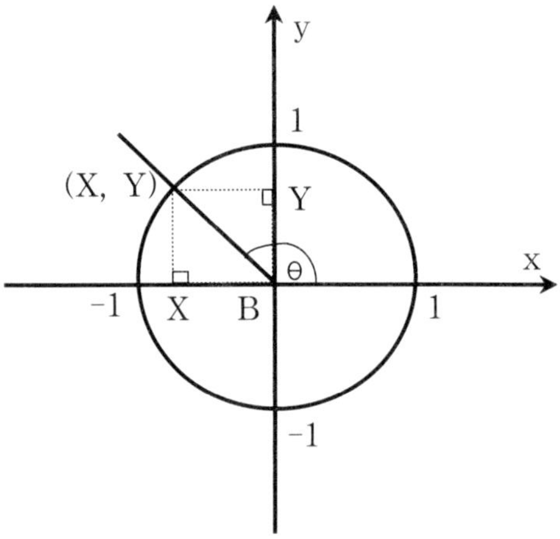

$\sin\Theta = Y$

$\cos\Theta = X$

$\tan\Theta = \frac{Y}{X}$

이와 같은 임의의 수치 Θ에 대해 sinΘ, cosΘ, tanΘ의 값은 한 개로 정해진다. 따라서 sin, cos, tan은 실수(tan에 대해서는 $\pi/2 + z\pi$[z : 정수]라는 형식의 각을 제외한다.)를 정의역으로 한 함수로 간주할 수 있다. 삼각함수가 가진 특별한 성질로 덧셈 정리가 있다. 함수 f(x)에 대해서 f(a +b), f(a), f(b) 간에 있는 관계의 규칙성을 찾아내기는 어려우나 $\sin(A\pm B) = \sin A\cos B \pm \cos A\sin B$, $\cos(A\pm B) = \cos A\sin B \pm \sin A\sin B$는 성립한다.

○ 행렬의 연산

행렬이란 장방형 모양으로 나열한 수의 정리를 가리키며 가로 방향을 행, 세로 방향을 열이라고 한다. 또 나열하고 있는 실수는 요소라고 한다. 행렬에는 일정조건이 갖추어져 있을 경우 연산을 정의할 수 있다.

○ 덧셈・뺄셈

행렬의 가감은 대응하는 각 요소마다의 가감으로 정의한다. 즉 몇 행 몇 열의 행렬이 있더라도 연산할 두 개 행렬의 크기가 일치해서 각 요소에 대해 가감산이 가능하다면 행렬의 가감은 가능하다고 하는 것이다.

$$\begin{pmatrix}1 & -3\\2 & 4\end{pmatrix}+\begin{pmatrix}5 & 7\\-6 & -8\end{pmatrix}=\begin{pmatrix}1+5 & -3+7\\2-6 & 4-8\end{pmatrix}=\begin{pmatrix}6 & 4\\-4 & -4\end{pmatrix}$$

$$\begin{pmatrix}1 & -3\\2 & 4\end{pmatrix}-\begin{pmatrix}5 & 7\\-6 & -8\end{pmatrix}=\begin{pmatrix}1-5 & -3-7\\2-(-6) & 4-(-8)\end{pmatrix}=\begin{pmatrix}-4 & -10\\8 & 12\end{pmatrix}$$

○ **곱셈**

곱셈은 왼쪽 행렬의 제 I행 째와 오른쪽 행렬의 j번째 열의 각 요소 끼리를 곱한 값의 총합을 결과 행렬의 I행 j열에 넣는다.

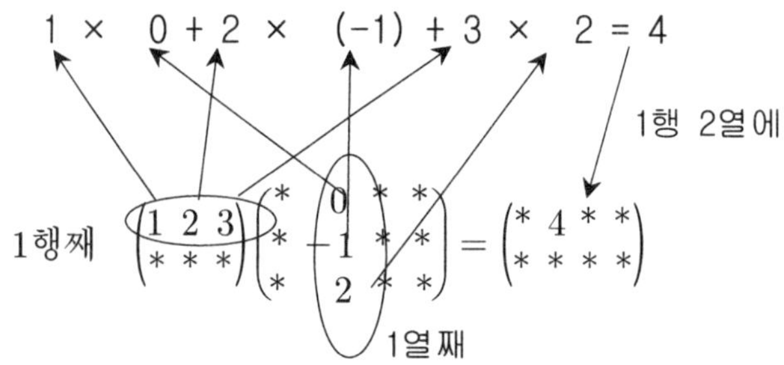

따라서 p행 q열의 행렬은 행수가 q인 행렬과 곱셈 연산을 해야 한다. 계산 결과는 p행 r열(r은 곱셈 연산을 하는 상대의 행수)의 행렬이 된다.

○ **1900년 기준과 1904년 기준**

Excel에서는 1900년 1월 1일을 최초의 날짜로 하는 '1900년 날짜 체계'와 1904년 1월 2일을 최초의 날짜로 하는 '1904년 날짜 체계'를 모두 지원하고 있다. 이것은 시스템마다 다르게 적용된 기준 날짜에 대응하기 위한 것으로 Windows에서는 1900년 날짜 체계를, Macintosh에서는 1904년 날짜 체계를 채용한 것에서 유래한다. 날짜 시스템은 [도구] 메뉴의 [옵션]에서 [계산] 탭을 클릭하여 [1904 날짜 체계] 체크박스를 선택하여 변경할 수 있다.

○ **일련번호**

Excel 내부에서 날짜나 시각은 수치로 변환되어 다루어지며 그 수치를 일련번호라 부른다. 구체적으로 날짜의 데이터는 번호로 입력되고, 시각은 소수 값으로 입력되고 있다.

○ **1900년 날짜 체계**

일련번호 1=1900년 1월 1일, 이후 1일 경과마다 일련번호 1을 더한다.
최대 일련번호=2,958,465(9999년 12월 31일)

ex) 36930 → 2001년 2월 8일

○ **1904년 날짜 체계**

일련번호 1 = 1904년 1월 2일, 이후 1일 경과마다 일련번호 1을 더한다.
최대 일련번호 = 2,957,003(9999년 12월 31일)

ex) 35468 → 2001년 2월 8일

○ **시각**

1을 24시간으로 1/24(= 0.0416…) = 01:00:00(1시간)
1/1440(= 0.00694…) = 00:01:00(1분)
1/86400(0.0000115740…) = 00:00:01(1초) 가 된다.

ex) 0.5→12:00:00, 36930.25→2001년 2월 8일 06:00:00(1900년 날짜 시스템)

○ **1년 = 360일 계산**

재무계산(예를 들어 지불이자 계산) 등에서는 편의상 1년을 360일(한 달을 30일)로 해석해서 계산하는 경우, Excel에서는 이와 같은 경우에도 대응할 수 있도록 DAYS360이란 함수가 준비되어 있다. 또 많은 재무 함수에서는 1년 = 360일로 계산하는 옵션을 선택할 수 있도록 되어 있다.

○ **날짜 · 시각의 표시형식**

날짜나 시각은 내부적으로 일련번호로 처리되며 셀에 표시될 때 비로소 특정 형식으로 변환된다.

○ **Excel과 2000년 문제(Y2K)**

2000년 문제(Y2K)란 양력의 연을 나타내는 수치를 뒤의 두 자리로 표시했을 때에 생기는 문제이다. 잘 알려져 있는 것이 00=2000년이 아니라 1900년으로 해석한다고 하는 것이지만 그 외에도 01을 1901년으로 간주할지 2001년으로 간주할지 하는 문제가 있다. 날짜는 4자리 표시와 2자리 표시가 있다.

ex) 00 ~ 29 : 2000 ~ 2029년(10/11/04 → 2010년 11월 4일)

ex) 30 ~ 99 : 1930 ~ 1999년(35/11/04 → 1935년 11월 4일)

○ 문자코드

컴퓨터 내부에서는 문자를 부호화(2진수)하여 처리하고 있다. 즉, 각 문자에는 고유번호가 할당되어 있는데 각 고유번호를 할당하는 방법에도 여러 가지가 있다. Excel 함수에서는 ASCII 코드(반각 영숫자)를 사용한다.

○ 문자열 길이 계산

Excel에서 문자열의 길이를 구하는 방법은 문자 수 단위와 바이트 단위 두 가지가 있다. 문자 수 단위는 문자가 전각인지 반각인지에 관계없이 단순히 문자의 개수를 문자열의 길이로 바꾸는 방법으로 가장 일반적인 방법이다. 바이트 단위는 지정된 문자열의 데이터양을 기준으로 하여 반각 1문자를 1, 모든 전각 문자에 대해서는 2로 문자열의 길이를 계산하게 된다. 예를 들어 "KOREA코리아"의 경우 문자열은 문자 수 단위인 경우 8이지만, 바이트 단위로 세면 "코리아"의 길이가 6으로 간주되어 전체의 길이는 11이 된다.

기능	문자 수 단위	바이트 단위
검색	FIND	FINDB
검색	SEARCH	SEARCB
왼쪽에서 추출	LEFT	LEFTB
오른쪽에서 추출	RIGHT	RIGHTB
일부 추출	MID	MIDB
길이	LEN	LENB
교체	REPLACE	REPLACEB

○ 로마숫자 기법

Excel에는 아라비아 숫자(보통의 숫자)를 로마숫자로 바꿀 수 있는 ROMAN 함수가 있다. 로마숫자 기호 : =1, V=5, X=10, L=50, C=100, D=500, M=1000 기본적으로 큰 수를 나타내는 기호를 왼쪽에 쓰고 각 기호의 합이 전체를 나타내는 수가 된다.

ex) MDXX = 1520

작은 수를 나타내는 기호가 큰 수를 나타내는 기호보다 왼쪽에 있는 경우에는 그것을 계산하지 않고 합을 구하고 난 후 다음 계산을 실행한다.

- V, X의 왼쪽에 1이 있는 경우, 1을 뺀다.
- C, L의 왼쪽에 X 가 있는 경우, 10을 뺀다.
- D, M의 왼쪽에 C 가 있는 경우, 100을 뺀다.

ex) CDXLIX → 총합은 D + L + X = 560, 단, 위의 규칙에 의해 111을 빼면 나타나는 값은 449가 된다.

1	I	11	XI	30	XXX	200	CC
2	II	12	XII	40	XL	300	CCC
3	III	13	XIII	50	L	400	CD
4	IV	14	XIV	60	LX	500	D
5	V	15	XV	70	LXX	600	DC
6	VI	16	XVI	80	LXXX	700	DCC
7	VII	17	XVII	90	XC	800	DCCC
8	VIII	18	XVIII	100	C	900	CM
9	IX	19	XIX	110	CX	999	CMXCIX
10	X	20	XX	120	CXX	1000	M

○ 논리 값

지정 셀의 내용에 따라 각각 다른 처리를 실행할 때는 논리함수나 IF 함수를 사용한다. 예를 들어 셀 A4와 셀 B4를 나눗셈 연산을 하는 경우(B4/A4) A4의 내용이 0(혹은 공백)이면 에러 값 #DIV/0!이 돌아온다. 이런 경우 = IF(A4=0, " ", B4/A4)로 처리하면 A4가 0(혹은 공백)인 경우는 공백을 그 이외의 경우는 B4/A4를 계산하므로 앞에서 말한 에러를 피할 수 있다. 재무회계 등 업무에서 Excel을 사용하는 경우 에러가 발생하는 것을 막기 위해 이와 같은 방법을 사용한다. 논리적인 진위(명령이 성립=참, 불성립=거짓)를 다루기 위해서 Excel에는 논리 값이란 데이터 형식이 존재한다. 논리 값에는 TRUE와 FALSE 두 종류가 있으며 TRUE는 참을 FALSE는 거짓을 나타낼 때 사용한다. 또 논리 값을 수치로 지정하면 TRUE → 1, FALSE → 0이 된다. 반대로 수치를 논리 값으로 변환하는 경우에는 0 → FALSE, 0 이외의 경우 → TRUE가 된다.

○ **논리연산**

논리연산이란 TRUE, FALSE라는 두 가지 요소(논리 값)에 대한 연산을 말한다. Excel의 워크시트 함수에서는 논리곱 AND와 논리합 OR란 두 개의 연산을 실행할 수 있다. 필기시험에서 좋은 성적을 X, 서류전형에서 좋은 성적을 Y로 설정한다.(양쪽 다 좋은 성적=TRUE로 한다.) 입사전형 기준이 엄격한 A사에서는 필기시험, 서류전형 양쪽이 모두 좋은 성적일 때 입사할 수 있다고 하자. 이 경우 합격여부는 X AND Y로 나타낼 수 있다.(합격=TRUE), 즉 논리곱 AND는 X, Y 양쪽 다 TRUE일 때만 결과가 TRUE가 된다. 필기시험, 서류전형 중 '어느 쪽이든 한쪽'만 좋은 성적을 받아도 입사할 수 있다고 하자. 이 경우 합격여부는 X OR Y로 나타낼 수 있다.(합격=TRUE) 즉, 논리합 OR은 X 혹은 Y 중 적어도 한쪽 TRUE인 경우(양쪽 모두 TRUE여도 가능) 결과는 TRUE가 된다. 이들 연산은 모두 결합법칙 (X OR Y)OR Z = X OR (Y OR Z) 또는 (X AND Y) AND Z = X AND (Y AND Z)을 만족하고 있어 n개의 논리곱이나 논리합을 정의할 수 있다. 이것은 워크시트 함수 'AND'와 'OR'로 실행시킬 수 있다.

○ **데이터형식**

정보함수를 사용하면 셀 형식 혹은 데이터 상태나 형식을 알 수 있다. 일반적으로 정보함수는 IS ~라는 이름이 붙여진다. IS계열 함수는 TRUE 또는 FALSE를 반환한다. 이들은 데이터 형식에 따라 실행할 처리를 구분하고 싶을 때 사용하면 편리하다.

Excel 워크시트 및 워크시트 함수에서 데이터 형식은

- 수치 : 수치, 수식(에러가 발생하지 않는 것), 날짜, 시각 등
- 논리 값 : TRUE 또는 FALSE
- 에러 값 : 에러를 표시하는 데이터
- 문자열 : 위에 포함되지 않는 보통의 데이터
- 배열 : 한 개의 수식을 공유하는 셀 범위(배열 범위) 혹은 함수의 인수에 사용하는 m행 n열의 데이터(배열정수)로 구분된다.

Excel에서는 단순한 문자열과 수치의 구분이 다소 애매하게 되어 있다. 여기에서 반드시 주의해야 할 것은 수치로 보이는 문자열과 문자열로 보이는 수치의 차이이다. 일반적으로 서식을 지정하지 않은 셀에서 문자열은 왼쪽 정렬, 논리 값·에러 값은 가운데 정렬, 수치는 오른쪽 정렬된다. 이 때문에 서식을 설정하지 않은 셀에서는 데이터형식을 시각적으로(셀 안의 식을 조사하지 않고) 구분할 수 있다. 또, 현재 데이터의 형식을 조사하려면 TYPE 함수를 사용한다. 에러 대상에서 제외하려면 [도구]-[옵션]의 [오류검사] 탭에서 숫자를 텍스트로 저장 항목의 체크를 해제한다.

○ 조회와 참조

조회/참조로 분류되는 워크시트 함수는 데이터의 검색 등 Excel을 데이터베이스로 이용할 때 사용되는 함수이다. 행 방향 또는 열 방향으로 데이터를 검색하는 함수나 행 번호, 열 번호를 구하는 함수 등을 사용하면 실용적인 표(워크시트)를 쉽게 작성할 수 있다. 예를 들어 첫 번째 열을 검색하여 검색된 열의 행 데이터를 반환하는 VLOOKUP 함수를 이용하면 다음과 같이 운임을 자동 계산하는 워크시트를 작성할 수 있다.

○ 피벗테이블

피벗테이블은 Excel에서 통계분석을 할 때 자주 사용되는 기능이다. 데이터 분석을 위해 워크시트의 여러 곳에 함수를 지정하거나 또 경우에 따라 VBA 매크로를 사용할 수도 있지만 피벗테이블을 사용하면 방대한 양의 데이터를 빠르고 쉽게 요약, 분석할 수 있다. GETPIVOTDATA 함수 중에서 나오는 피벗테이블은 이벤트에서 시간대별, 입장자 연령층 집계 등 두 가지 항목을 기준으로 데이터를 구할 때 편리한 기능이다.

○ 모집단

통계 처리의 대상이 되는 원래 데이터

○ 표본

모집단은 데이터가 방대하여 모든 데이터를 처리 대상으로 지정하면 대규모적 계산을 해야 한다. 이 경우 모집단으로부터 데이터의 일부를 추출하여 전체 상태를 추정하는 방법을 이용한다. 이 때 추출된 데이터를 표본이라 한다.

○ **평균(산술평균)**

전체 데이터를 합하여 그것을 전체 데이터 수로 나눈 것을 말한다.

○ **기하평균(상승평균)**

전체 데이터(n개)의 곱의 n제곱근 값을 기하평균(상승평균)이라 한다.

○ **조화평균**

전체 데이터 수를 각 데이터의 역수(1을 어떤 수로 나누어 얻어지는 수)의 총합으로 나눈 값을 조화평균이라고 한다.

○ **중앙값(median)**

전체 데이터를 크기 순서로 늘어놓았을 때 중앙에 위치하는 값(짝수 개인 경우 중앙 두 값의 평균)을 중앙값(메디안)이라고 한다.

ex) {1, 2, 5, 7, 8, 9} → median은 6
ex) {1, 2, 5, 7, 8, 9, 14} → median은 7

○ **최빈수(Mode)**

데이터에서 가장 많이 나타나는 값을 '최빈수(모드)'라고 한다.

ex) {1, 1, 2, 3, 5, 5, 5, 6, 7, 8, 9} → mode는 5

○ **절대편차**

예를 들어 세 개의 제비뽑기가 있을 때 상금 지불조건이 {0, 50, 100}과 {50, 50, 50}인 경우를 생각하면 양쪽 다 평균은 50이지만 앞의 조건은 도박성이 강하고 뒤의 조건은 도박성이 전혀 없다. 이와 같이 데이터의 분포를 조사할 때에는 평균뿐만 아니라 '데이터의 분포'도 고려할 필요가 있다. '절대편차'는 이와 같은 데이터의 분포를 나타내는 것 중 하나이다.

○ **분산, 표준편차**

절대편차는 절대 값의 계산이 포함되어 있으므로 계산이 번거롭다. 그리고 일반적으로 각 항의 제곱으로부터 데이터의 분산을 측정하는 방법을 사용한다. 분산의 제곱근을 표준편차라고 한다.

○ **공분산과 상관계수**

크기가 n인 집합에서 두 개씩의 값을 관측할 수 있는 경우 취득할 수 있는 2조의 데이터가 서로 관련되어 있는지 즉, 어떠한 상관관계가 있는지를 나타내는 지표가 공분산이다. 또 상관계수는 공분산을 [X의 표준편차]×[Y의 표준편차]의 제곱근으로 나눈 것으로 정의된다. 통계적으로 2조의 데이터의 관련성은 양과 음, 1 ~ -1로 나뉘어 관련성이 없어졌을 때 상관계수는 0에 가까운 값이 된다.

○ **확률변수**

변수 X의 각 값에 확률이 정해질 때 X를 확률변수라고 한다. X가 값 a를 취할 확률을 P(X = a)로 나타낸다. 여기에서 X는 모집단이나 표본의 각 요소를 나타내는 변수라 생각하면 된다.

○ **확률분포**

확률변수와 확률 값과의 대응, 즉 변수의 각 값에 대해 확률이 어떻게 분포하고 있는지를 확률분포라 한다.

○ **분포의 왜도·첨도**

정규 분포를 기준으로 분포의 비대칭성을 나타내는 값을 왜도, 분포의 꼭대기 부분(평균주변)을 나타내는 값이 첨도이다. 정규분포의 경우 왜도와 첨도의 값은 모두 0 이다.

왜도 : $\dfrac{n}{(n-1)(n-2)}\displaystyle\sum_{i=1}^{n}\left(\dfrac{x_i-a}{\sigma}\right)^3$

첨도 : $\left\{\dfrac{n(n+1)}{(n-1)(n-2)(n-3)}\displaystyle\sum_{i=1}^{n}\left(\dfrac{x_i-a}{\sigma}\right)^4\right\}-\dfrac{3(n-1)^2}{(n-2)(n-3)}$

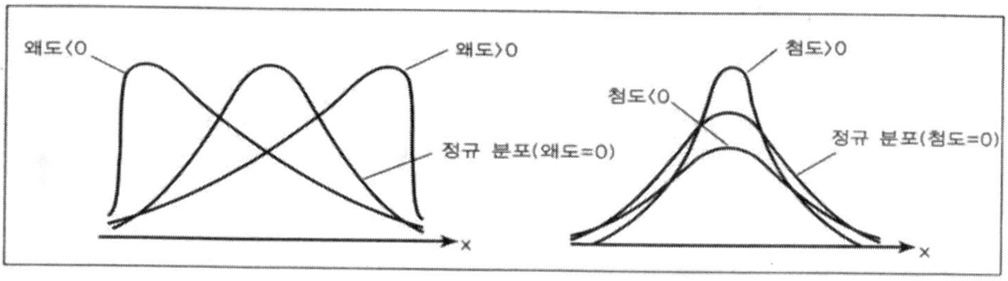

○ **통계적 추측(추정)**

얻어진 표본을 근거로 한 통계 계산에서 모집단의 성질을 추측하는 것을 추정이라 하고 표본을 근거로 모집단의 가정이 올바른지 아닌지를 판단하는 것을 검증이라 한다. 예를 들어 추정의 예(평균값의 구간 추정) : 100개의 모집단에서 어떤 물질의 함유량을 조사한 결과 평균값은 16.53g, 표준편차는 0.6g이었다라고 할 때 모집단에서 실제적 평균값이 포함될 확률이 95% 이상이라고 말할 수 있는 범위(95% 신뢰구간)를 구한다. 이 경우 실제적 평균값이 16.41g ~ 16.65g에 있을 확률은 95% 이상이라 할 수 있다.

○ **통계적 추측(검증)**

어떤 사람이 주사위를 600회 던졌을 때 6의 눈이 120회 나왔다고 한다. 이것이 거짓(6의 눈이 나올 확률이 1/6이 아니다.)인지 아닌지를 판정하고 싶다고 할 때, 6의 눈이 나올 확률은 1/6라고 가정한 후 6의 눈이 120회 나온 사실에 따라 앞의 6의 눈이 나올 확률 1/6라 가정한 것이 맞을 확률이 5% 이하라고 할 수 있는(유의수준 5%) 것인지 아닌지를 조사한다. 즉, 가정이 올바를 확률이 5% 이하라고 말할 수 있는 것은 계산에 의해 6의 눈이 나올 횟수가 82회 이상 이거나 118회 이하라는 것을 알 수 있다. 따라서 6의 눈이 120회나 나온 것은 거짓이다(거짓이 아닐 확률은 5% 이하)라고 결론지을 수 있다.

○ **신뢰구간과 신뢰 한계(위험률)**

데이터(모수)가 어떤 구간에 포함될 확률이 일정 값 이상(일반적으로는 95% 혹은 99%)이라고 추정되는 경우 그 구간을 신뢰구간(95% 신뢰구간, 혹은 99% 신뢰구간 등)이라고 한다. 반대로 '데이터(모수)는 그 분포로부터 얻을 수 없다'라는 것을 타당하다고 간주하는 확률의 경계를 신뢰 한계(위험률)라 하며 통상 1% 또는 5%가 사용된다. 신뢰구간과 신뢰 한계는 밀접한 관계가 있다. 앞의 검정 예에서 신뢰 한계와 6의 눈이 나올 확률이 1/6인(거짓이 아닌) 주사위를 600회 던졌을 때의 6의 눈이 나온 횟수가 95% 이상의 확률에 포함되는 구간(95% 신뢰구간)과 대응된다.

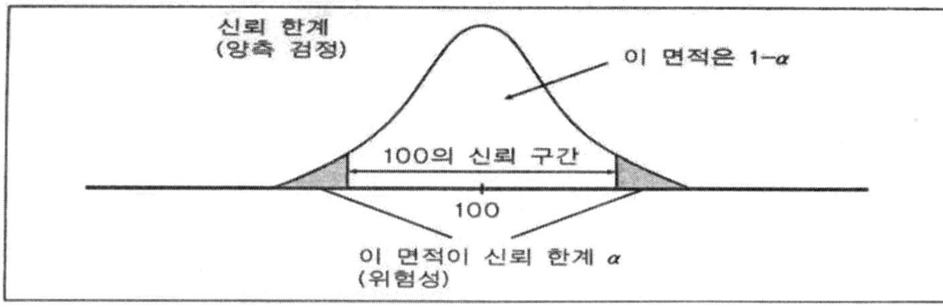

○ **양측 검정과 편측 검정**

가설이 바르지 않다고 결론지은(기각) 영역이 분포의 양측에 있을 때 검증을 양측 검정, 기각하는 영역이 분포의 한쪽에 있는 경우를 편측 검정이라고 한다.

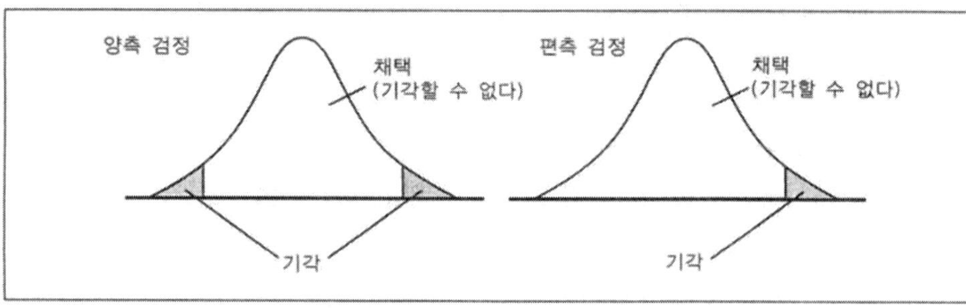

구 분	함수(분포)	내 용
Z - 검정	정규 분포	모집단의 평균값이 어느 값에 가까운지 검증 (모집단의 표준편차는 이미 알고 있다.)
x^2 - 검정	x^2분포	표본으로부터 추출한 도수분포의 논리적 검증
t - 검정	t 분포	두 개의 모집단 평균값의 차를 검증
F - 검정	F 분포	두 개의 모집단의 분산이 서로 같은가를 검증 (쌍방 모두 모집단은 정규 분포)

○ **감가상각비(減價償却費)**

기계설비, 건물 등의 유형 고정자산은 일반적으로 사용시간의 경과와 함께 가치가 감소된다. 그러므로 자산 취득에 드는 비용(취득원가)을 일정 기간의 비용으로 분배하여 취득원가를 감소시켜 가는 회계방법이 계속 사용되고 있다. 그것이 감가상각이다.

○ **취득원가(取得原價)**

자산 취득에 드는 비용. 구입 대가 또는 제조원가와 인수비용 등의 부수 비용을 합산한 것으로 개별법, 선입선출법, 후입선출법, 평균원가법 등이 있다.

○ **내용연수(耐用年數)**

자산의 수명을 표현하는 수치로 각 자산의 종류마다 세법으로 정해져 있으므로 일정하지 않으며 이는 세법상의 수명이므로 실제로 폐기할 때까지의 기간은 아니다.

○ **잔존가격(殘存價格)**

자산이 내용 연수에 도달했을 때의 매각금액 평가액으로 통상 취득원가의 10%로 계산한다.

○ **상각률(償却率)**

전(全)상각비(= 취득 원가 - 잔존 가격)에 대한 각각의 상각액의 비율을 의미하는 것으로 예를 들어 취득 원가 100,000원의 자산(잔존 가격 10,000원)에 대하여 어느 기간의 상각비가 22,500원이었을 경우 상각률은 22,500/(100,000 - 10,000) = 0.25(25%)가 된다. 상각률은 상각 방법과 내용 연수로부터 산출하는 것이기 때문에 세법으로 정해진 가치라 한다.

○ **정액법(定額法)**

각기 일정액을 상각비로 계산하는 상각 방법으로 상각률은 <u>1/내용 연수가</u> 되고, 경과 연수는 무시한다.

감가상각비 = (취득 가격 - 잔존 가격) ÷ 내용 연수

○ **정률법(定率法)**

미(未)상각분에 대한 일정률 부분을 상각비로 계산하는 상각방법으로 초기의 상각액이 대단히 크고, 말기가 되어 감에 따라 상각액은 감소한다.

감가상각률=(취득가격-전년도까지의 감가상각률 합계액)×정률법상각액

정률법상각=1-[(취득 가격÷ 잔존 가격의 내용 연수 승근)](1-(10의 내용연수 승근))

내용 연수	정액법 상각률	정률법 상각률
2	0.500	0.684
3	0.333	0.536
4	0.250	0.438
5	0.200	0.369
6	0.166	0.319
7	0.142	0.280
8	0.125	0.250
9	0.111	0.226
10	0.100	0.206
11	0.090	0.189
12	0.083	0.175
13	0.076	0.162
14	0.071	0.152
15	0.066	0.142
16	0.062	0.134
17	0.058	0.127
18	0.055	0.120
19	0.052	0.114
20	0.050	0.109

○ **투자관계 함수와 인수**

CUMIPMT, CUMPRINC, FV, FVSCHEDULE, IPMT, PMT, PPMT, PV, RATE, XIRP, XNPV 등의 함수는 투자액을 계산할 때 사용한다. 이들 함수는 정기적으로 정액이 지불되며 이율이 일정한 경우 주로 자동차론, 부동산론, 적립예금 등의 계산에 사용된다. 이들 함수는 모든 인수에 관해서 정액 예금의 지불처럼 출금은 음수로 표현하고, 배당금과 같은 입금은 양수로 표현한다. 예를 들어 은행계좌의 예금 10만원을 인수로 사용하는 경우 예금자측은 -100,000으로 지정한다.(은행측 +100,000) 또 현재 가치를 표현하는 인수에 대해서 론의 경우에는 론 잔고를 양수로, 예금의 경우에는 예금액을 음수로 지정한다. 이것은 론의 경우는 잔고분이 '입금으로서 수중에 있다'라고 생각하고, 예금의 경우는 예금분을 이것까지 '출금했다'라고 생각하기 때문이다. 따라서 미래가치를 나타내는 인수에 대해서 론의 경우는 0(완제 시에 입금은 수중에 없다.), 적립예금 등의 경우에는 양수로 지정한다.(만기 시에 입금한다고 생각하기 때문)

○ **금리**

채권에는 보통 금리가 붙어 있다. 결국 일정기간 보유하고 있으면 액면에 대해 일정비율의 금액이 더 늘어나게 되는 것이다. 금리란 채권의 액면금에 대한 이자의 비율을 의미하는 것으로 액면가 100만원, 이자(년) 5%라고 한다면 1년에 5만원의 금리를 받을 수 있다.

○ **이율**

이율이란 채권의 실제 구입 가격에 대해 1년에 몇 %의 수익을 낳는가를 표현하는 것이다. 즉, 금리뿐만 아니라 상환일 까지 보유한 경우의 구입 가격과 상환가격과의 차이를 구분하여 계산한 수익률이다. 액면금액과 구입 가격이 동일한 경우에는 금리=이율이 되지만, 채권은 액면금액과 다른 가격으로 발행된 것이 많기 때문에 채권의 수익을 생각한 경우에는 금리 외에 다른 액면금액과 발행가격의 차이(상환 차익(손))를 더하여야 한다. 예를 들어 발행가격 95만원, 기간 10년, 액면 100만원, 년간 금리 5%라 한다면 1년에 해당하는 상환 차액은(액면 100만 - 발행가격 95만) ÷ 기간 10년 = 5,000원, 따라서 1년에 붙는 금리 50,000원 + 상환 차액 5,000원 = 55,000원이 수익이 되고, 55,000 ÷ 950,000 ≒ 5.79%의 이율이라고 말할 수 있다. 다만 실제 채권 거래에서는 발행 후 어느 정도 경과한 채권을 구입하는 경우와 만기에 달하기 이전에 채권을 매각하는 경우가 많기 때문에 이율계산은 보다 복잡해진다. Excel에서는 이렇게 복잡한 이율계산을 보조하기 위한 YIELD계 함수(YIELD, ODDFYIELD, ODDLYIELD, YIELDDISC, YIELDMAT, TBILLYIELD)가 준비되어 있다.

○ **현재가치와 미래가치**

투자의 현재가치란 앞으로 일어날 일련의 금전 출입을 현시점에서 일괄적으로 행했을 때의 합계금액을 말한다. 예를 들어 돈을 빌렸을 경우 차입금액의 합계(금리를 포함시키지 않는다.), 정기예금의 경우 원금이 각각 현재 가치에 해당한다. 이에 비해 투자의 미래가치란 장래에 일어날 일련의 금전 출입이 끝났을 시점의 출입 총액을 말한다. 예를 들어 돈을 빌렸을 경우 변제금액의 합계(이자를 포함시킴), 정기예금의 경우는 만기시의 금액이 각각 미래가치에 해당한다.

○ **증권의 할인율**

만기일에 받는 금액(미래가치)에 대한 수령시의 금액(현재가치)이 1년에 얼마정도 할인이 될지를 표현하는 것이 증권의 할인율이다. 예를 들어 구입 가격이 90만원인 증권이 5년 후에 만기 때(만기일의 금액) 100만원이 될 경우 5년간 10% 할인이 된 셈이므로 1년간은 2%의 할인 즉, 할인율은 2%가 되는 것이다.

○ **기(期)**

회계처리는 연 단위, 월 단위 등 일정 단위를 갖는 기(期)를 기본으로 하여 행해진다. 재무회계에서는 연 단위가 많이 쓰이지만 개인 차원에서는 월부 지불 등 월 단위로 계산하는 경우도 있다. Excel의 재무함수에는 기(몇 번째 기를 계산할 것인가를 표현하는 정수치)를 지정하는 방법이 몇 가지 있다. 그것들은 스스로 어떤 단위를 기본으로 할 것인가를 파악해 둘 필요가 있다. 예를 들어 기와 금리를 지정하는 함수가 있을 경우 기를 연 단위로 생각하고 있는 경우에는 금리에 연리를, 월로 생각하고 있는 경우에는 금리에도 월리를 지정하지 않으면 안 된다.

○ **복리계산**

이자의 계산방법은 크게 나누어 단리와 복리 두 종류가 있다. 예를 들어 100만원을 연리 1%로 3년간 저금하려고 한다. 단리계산에서는 이자는 원래 예금한 금액(100만원)에 대해 매년 계산되고 2년 후에 발생하는 금액은 원금 100만원+(100만원×0.01×2=2만원)으로 도합 102만원이 된다. (이자에 대한 세금은 여기서는 무시) 원금의 액수는 일정한 반면 복리계산에서는 원금+그 해의 이자가 새로운 원금이 된다. 따라서 2년 후에 발생하는 금액은(100만원×1.01)×1.01=102.01만원이 되는 것이다.

○ **날짜를 인수로 입력**

재무 회계에서는 날짜를 인수로 하는 함수가 다수 있다. 셀 안에 지정한 날짜를 인수로 하지만 직접 인수에 값(날짜)을 지정하는 경우도 적지 않다. 그럴 경우에는 인수에 수치(시리얼 값)를 지정하는 것보다도 DATE 함수를 중첩하는 편이 알기 쉽고 편리하다.

2) 실무예제

2-1) 윗주 표시
2-2) 찾기 및 바꾸기
2-3) 간단한 수식
2-4) 시트구성
2-5) 시트, 행, 열 숨기기
2-6) 셀 서식
2-7) 정렬 및 필터
2-8) 메모 입력
2-9) 차트 삽입
2-10) 시트보호
2-11) 문서보호
2-12) 그림 삽입
2-13) 도형 삽입
2-14) SmartArt 그래픽 삽입
2-15) 스크린 샷
2-16) 하이퍼링크 삽입
2-17) 용지크기 및 여백
2-18) 머리글/바닥글 입력
2-19) 인쇄하기
2-20) 파일 암호설정
2-21) 가계부 작성
2-22) 거래명세표 작성
2-23) 견적서 작성
2-24) 손익계산서 작성
2-25) 열별 색 지정
2-26) 행별 색 지정
2-27) 요일별 색 지정
2-28) 셀(데이터)의 내용(크기)별 색 지정
2-29) 셀별 색 지정
2-30) 분수입력 및 소수의 변환
2-31) 수식 감추기
2-32) 숫자의 형식 지정 1
2-33) 숫자의 형식 지정 2
2-34) 데이터에 삽입된 불필요한 공백제거
2-35) 시간계산에서 음수가 나오지 않게 하는 방법
2-36) 여러 셀에 동일한 데이터 입력
2-37) 약자에 의한 데이터 입력

2-38) 행과 열을 바꾸어 새로운 표 작성
2-39) 이름과 이메일 구분 입력
2-40) 텍스트 함수로 새 이름 만들기
2-41) 자동필터 사용
2-42) 자동필터 기능의 응용
2-43) 자동필터로 선택한 거래처의 매출정보 작성
2-44) 이름으로 인사정보 조회
2-45) 조건에 맞는 정보검색
2-46) 중복 구매 고객 데이터 추출
2-47) 종류별 건수 산출방법
2-48) 상품코드로 규격별 수량 산출
2-49) 콤보 상자를 이용한 데이터 입력
2-50) 피벗 테이블 사용
2-51) 0점을 제외한 평균점수 구하는 방법
2-52) 60점 이상 평균점수 구하는 방법
2-53) 과락 점수에 대해 불합격 처리방법
2-54) 동점일 때 농업정보학 점수로 석차 구하기
2-55) 점수별로 평점을 부여하는 방법
2-56) TODAY 함수에 의한 오늘 날짜와 제목 동시 표현법
2-57) 소수 이하의 값을 조절하는 방법
2-58) 날짜에서 해당 월의 일수로 일일 평균 자동생성
2-59) 근무기간(년, 월, 일) 계산
2-60) 급여계산
2-61) 급여명세서 작성
2-62) 근무 시간에 따른 개인별 시간제 임금 계산
2-63) 매출실적
2-64) 기간별 판매실적
2-65) 소계(중간합계)를 제외한 총합계 산출
2-66) 데이터를 구분하여 단위별 합계 산출
2-67) 주소 데이터에서 시, 군, 동만 선별 출력
2-68) 스파크라인을 이용한 데이터 추이 분석하기
2-69) 위, 아래 대칭 차트 만드는 방법
2-70) 좌우 대칭형 차트 작성
2-71) 매크로를 이용한 차트 작성
2-72) 추가되는 데이터 차트에 자동 삽입
2-73) 목록 상자로 선택된 데이터의 차트를 그리는 방법
2-74) 옵션 단추로 선택된 데이터를 차트로
2-75) 금리적용으로 예금액 구하는 방법
2-76) 매도 수익률 구하는 방법

2-77) 상환금액 구하는 방법
2-78) 송금실적 집계표 작성
2-79) 어음 할인율 구하는 방법
2-80) 제품별로 수량합계와 평균 구하는 방법
2-81) 요일별 판매액 합계와 평균 구하는 방법
2-82) 데이터의 일정 값(평균) 이상 추출
2-83) 년수 합계법으로 감가상각비 구하는 방법
2-84) 정률법으로 감가상각비 구하는 방법
2-85) 정액법으로 감가상각비 구하는 방법
2-86) 주민등록번호 뒷자리 감추기
2-87) 주민등록번호 입력으로 출생년도, 연령, 성별의 자동생성
2-88) 주민등록번호 입력으로 출생일 자동생성
2-89) 중복되지 않게 데이터 추출하는 방법
2-90) 중복으로 입력된 데이터 추출 방법
2-91) 고유번호에 의한 지정양식작성
2-92) 회원/비회원 차등 혜택

2-1) 윗주 표시

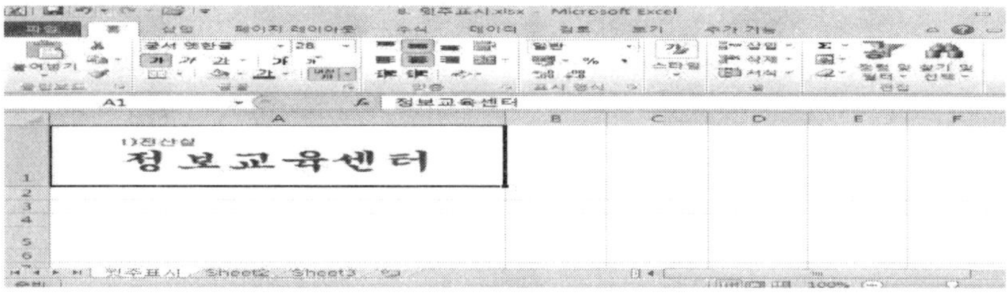

① 본문 내용 중 뜻을 알기 쉽게 풀이한 것으로 [홈]→[글꼴]→[내천] 아이콘을 클릭해 [윗주 필드 표시]를 클릭한 후 [윗주 편집]을 클릭, 텍스트 위에 커서가 놓이게 되며 윗주를 단다.

② 윗주의 글꼴이나 크기, 색 등을 수정하기 위해서는 [홈]→[글꼴]→[내천]→[윗주설정]→[윗주 속성]에서 편집.

2-2) 찾기 및 바꾸기

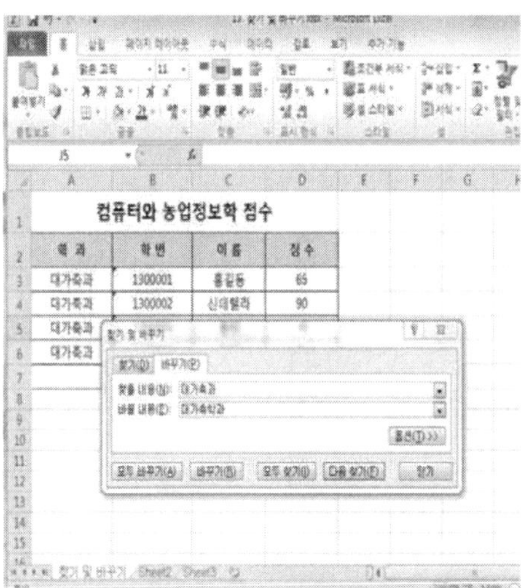

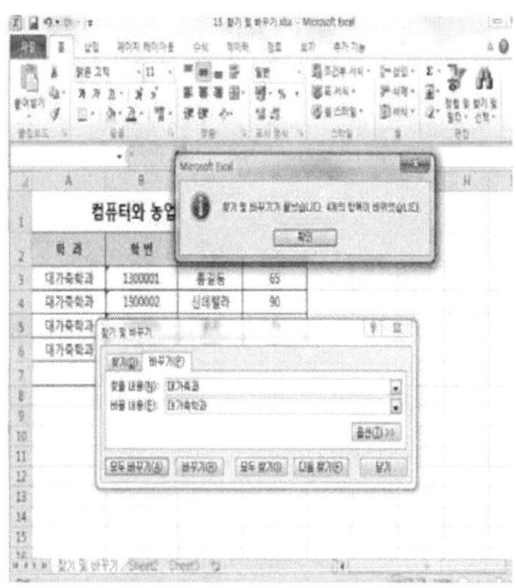

잘못된 내용을 찾아 바꾸기 하는 것으로 [홈]→[편집]→[찾기 및 선택]→[찾기]를 클릭해서 [찾기 및 바꾸기] 팝업 창이 뜨면 [찾기]에는 잘못된 내용을 입력하고 [바꾸기]에는 바꿀 내용을 입력한 후 [모두 바꾸기] 혹은 [바꾸기] 클릭.

2-3) 간단한 수식

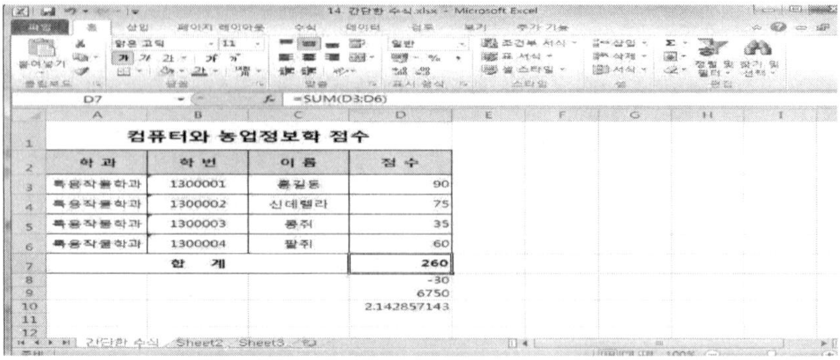

① 합계를 구할 경우 [홈]→[편집]→[Σ]에서 [합계] 클릭.

② 뺄셈, 곱셈, 나눗셈일 경우 수식 줄에 (-, *, /) 기호를 입력하여 계산 (예 : =D4/D5 입력한 후 Enter↵).

③ 그 외 평균, 최대값, 최소값은 [홈]→[편집]→[Σ]에서 해당 내용 클릭.

2-4) 시트구성

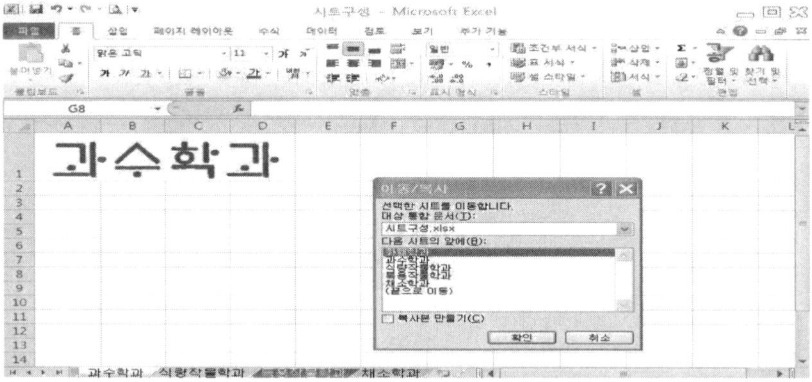

① 한 문서에 기본적으로 3개의 워크시트가 주어지는데 몇 개의 워크시트를 더 삽입하려면 [홈]→[셀]→[삽입]→[시트삽입] 클릭.

② 시트의 이름을 바꾸려면 [홈]→[셀]→[서식]→[시트구성]→[시트 이름 바꾸기]를 클릭해서 아래의 시트 이름을 바꾼다.

③ 시트를 옮기거나 복사하려면 [홈]→[셀]→[서식]→[시트구성]→[시트 이동/복사] 클릭.

④ [시트 구성]의 [탭 색]은 시트이름 탭에 색을 입히는 것으로 [홈]→[셀]→[서식]→[시트구성]→[탭 색] 을 클릭해서 원하는 색 지정.

2-5) 시트, 행, 열 숨기기

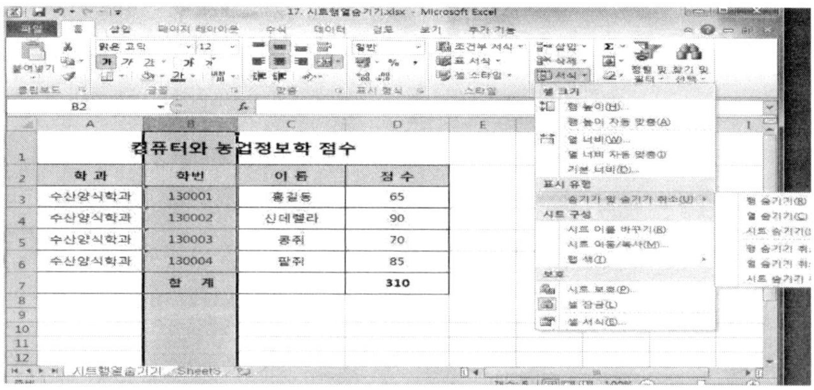

① 시트를 숨기려면 숨기려는 시트를 선택한 후 [홈]→[셀]→[서식]→[표시유형]→[숨기기 및 숨기기 취소]→[시트 숨기기] 클릭.

② 시트의 행이나 열을 숨기려면 숨기려는 행이나 열을 선택한 후 [홈]→[셀]→[서식]→[표시유형]→[숨기기 및 숨기기 취소]에서 [행 숨기기 혹은 열 숨기기] 클릭.

③ 숨긴 시트나 행, 열을 보이기 위해서는 [홈]→[셀]→[서식]→[표시유형]→[숨기기 및 숨기기 취소]에서 해당 되는 [취소] 클릭.

2-6) 셀 서식

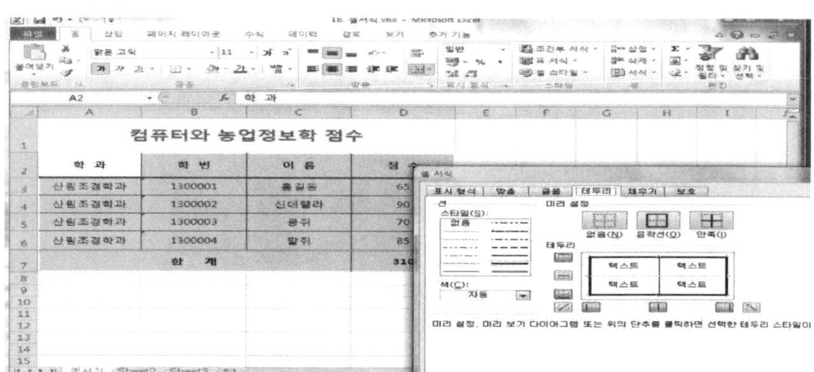

① 입력한 내용을 간단하게 편집하기 위해서는 편집하고자 하는 내용이나 셀 범위를 지정한 후 오른쪽 마우스를 눌러 [셀 서식]을 선택하거나 [홈]→[셀]→[서식]→[셀 서식] 선택.

② 셀을 병합해서 가운데 글씨를 정렬하려면 병합할 셀을 지정한 후 [셀 서식] 창에서 [맞춤]→[텍스트 맞춤]에서 [가로, 세로 가운데]로 지정하고 [텍스트 조정]에서 [셀 병합]에 체크 후 [확인].

③ 글자체 종류나 크기, 색 등을 지정하기 위해서는 [셀 서식] 창에서 [글꼴].

④ 입력한 내용에 선을 표시하기 위해서는 표시할 셀 범위를 지정한 후 [셀 서식] 창에서 [테두리].

⑤ 셀 내용을 강조하거나 표에 색을 채우기 위해서는 채우고자 하는 셀 범위를 지정한 후 [셀 서식] 창에서 [채우기].

2-7) 정렬 및 필터

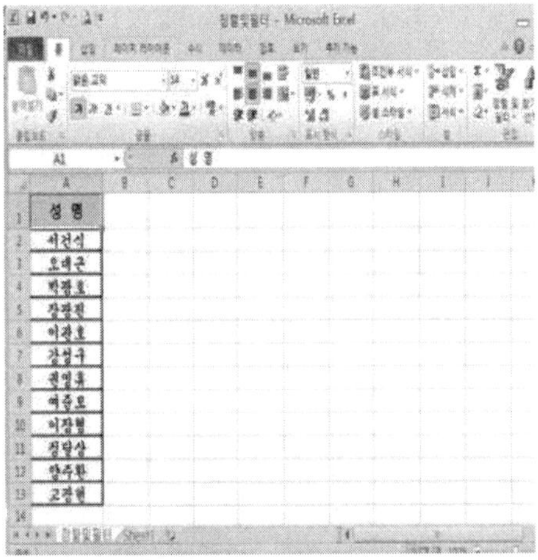

① 정렬하고자 하는 셀 범위를 지정한 후 [홈]→[편집]→[정렬 및 필터]→[텍스트 오름차순 정렬] 혹은 [텍스트 내림차순 정렬] 클릭.

② 필터를 지정할 경우 지정할 열을 선택한 후 [홈]→[편집]→[정렬 및 필터]→[필터] 클릭.

2-8) 메모 입력

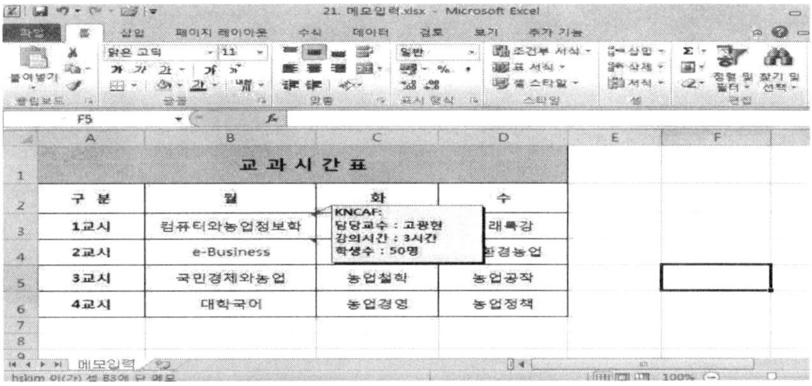

① 입력된 내용의 주석을 달고 싶을 때 사용하는 것으로 삽입할 셀을 선택한 후 [검토]→[메모]→[새 메모] 클릭.

② 메모 창이 뜨면 내용 입력.

③ 메모가 있는 셀의 모서리에는 빨간색으로 표시되며, 마우스 포인터를 가져가면 입력된 내용의 메모를 확인할 수 있다.

2-9) 차트 삽입

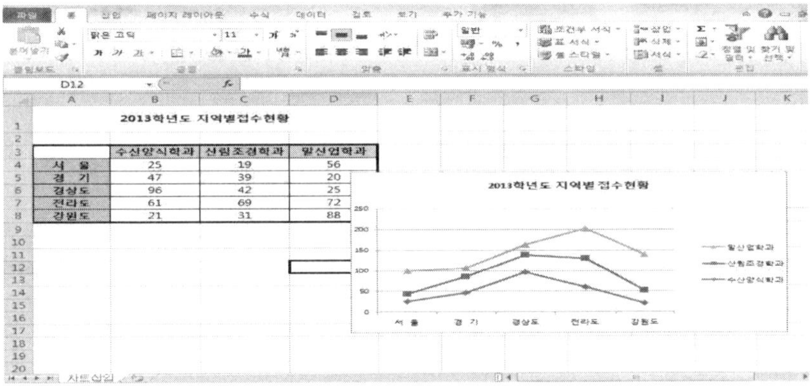

① A3:D8 셀 범위를 지정한 후 [삽입]→[차트]에서 원하는 차트 선택.

② 삽입된 차트를 선택한 후 [레이아웃]→[레이블]→[차트제목]을 선택해서 차트 제목 삽입.

③ 범례, 축을 편집할 경우 [레이아웃]→[레이블]에서 해당 내용을 선택한 후 편집.

2-10) 시트보호

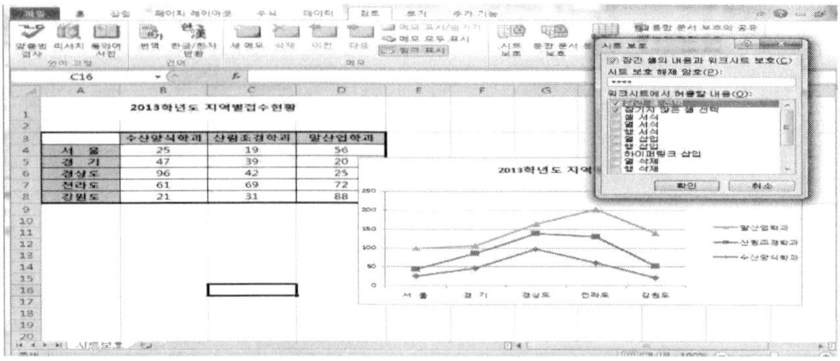

① 수정이나 편집할 수 없도록 보호해야 할 시트의 경우 암호를 지정할 수 있는데 이는 보호해야 할 시트를 선택한 후 [검토]→[변경내용]→[시트보호]를 클릭해서 [시트보호] 팝업창이 나오면 [시트보호해제암호]에 암호를 입력한 후 [확인]→[암호확인] 팝업 창이 뜨면 암호를 다시 한 번 입력한 후 [확인].

② 보호 된 시트를 해제할 경우 [검토]→[변경내용]→[시트보호해제]를 클릭해 암호 입력 후 [확인].

2-11) 문서보호

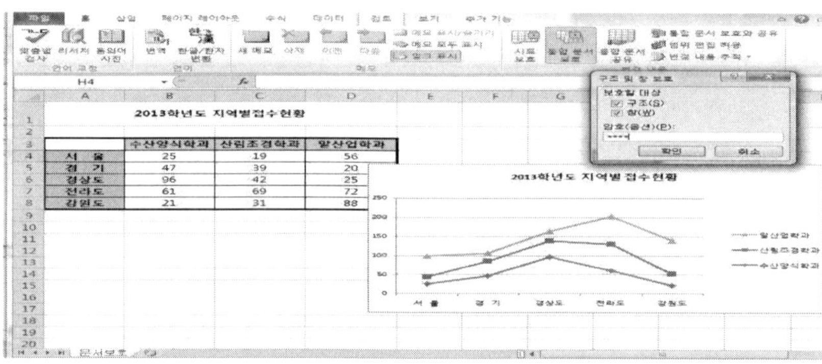

① 워크북에 있는 시트의 삭제, 추가, 이름 변경 등을 하지 못하게 보호하는 방법으로 [검토]→[변경내용]→[통합문서보호]를 클릭해 [구조 및 창 보호] 팝업 창이 뜨면 [구조]와 [창]에 체크한 후 [암호]를 입력하고 [확인].

② 해제하는 방법은 [검토]→[변경내용]→[통합문서보호]를 클릭해 [통합문서보호해제] 팝업 창이 뜨면 암호 입력 후 [확인].

2-12) 그림 삽입

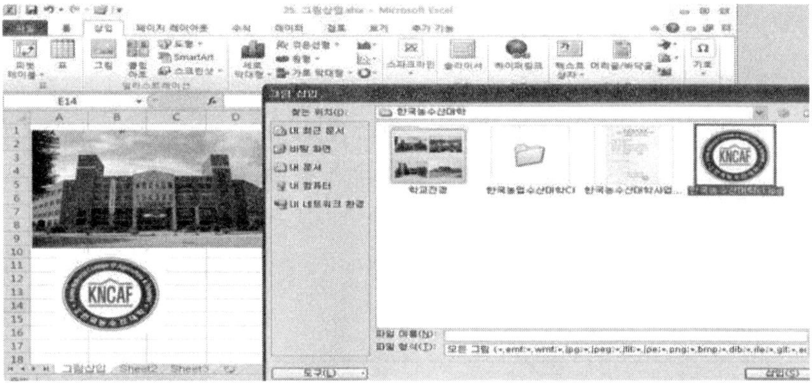

그림을 삽입하려면 [삽입]→[일러스트레이션]→[그림]을 클릭해서 [그림삽입] 팝업 창이 뜨면 그림이 저장되어 있는 위치를 찾아 해당 그림을 선택한 후 [삽입].

2-13) 도형 삽입

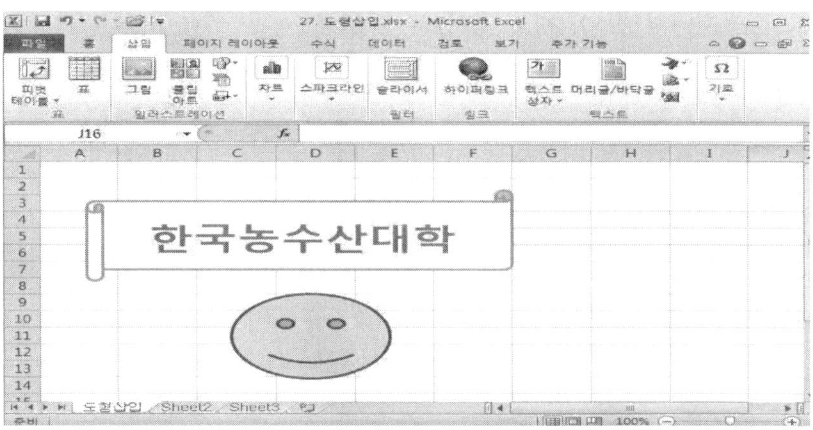

① [삽입]→[일러스트레이션]→[도형]을 클릭해서 원하는 도형을 선택한 후 시트에 마우스 드래그.
② 삽입 된 도형에 글씨를 입력할 경우 도형을 선택한 후 오른쪽 마우스를 눌러 [텍스트 편집] 클릭 → 도형 안에 커서가 위치한 곳에 글씨 입력.
③ 삽입 된 도형을 편집 할 경우 도형을 선택한 후 오른쪽 마우스를 눌러 [도형 서식]을 클릭해서 팝업 창이 뜨면 [채우기, 선 색, 선 스타일] 등을 지정.

2-14) SmartArt 그래픽 삽입

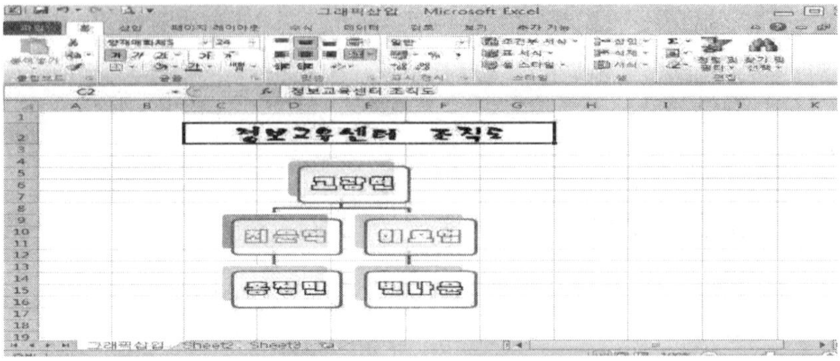

① 여러 가지 모양의 그래픽을 그리지 않고 쉽게 만들 수 있는 방법은 [삽입]→[일러스트레이션]→[SmartArt]를 클릭해서 [SmartArt 그래픽 선택] 팝업 창이 뜨면 원하는 그래픽을 선택한 후 [확인].
② 삽입된 그래픽에 글씨는 [텍스트]라고 씌어 있는 곳에 입력.
③ 입력된 그래픽 하나하나는 각자 편집이 가능하며 편집 방법은 입력된 도형을 선택한 후 오른쪽 마우스를 눌러 [도형 서식]을 통해 편집.
④ 입력된 글씨 편집은 텍스트가 입력된 도형을 선택한 후 오른쪽 마우스를 눌러 [글꼴] 선택.

2-15) 스크린 샷

엑셀 파일에 캡쳐 한 이미지를 삽입하는 방법으로 캡쳐 할 이미지나 파일 등을 띄어놓은 상태에서 [삽입]→[일러스트레이션]→[스크린샷]→[화면캡쳐]를 클릭하면 엑셀프로그램이 아래로 다운되고 띄어놓은 화면이 흐릿해지면 캡쳐 할 이미지를 드래그, 자동으로 엑셀파일에 캡쳐 한 이미지가 삽입 된다.

2-16) 하이퍼링크 삽입

① 하이퍼링크는 다른 파일이나 웹 주소를 빠르게 연결해서 볼 수 있는 기능으로 [삽입]→[링크]→[하이퍼링크] 클릭.

② 파일의 경우 [하이퍼링크 삽입] 팝업 창에서 [현재 폴더]를 클릭 [찾는 위치]에서 연결해야 할 파일을 찾아 선택한 후 [확인].

③ 웹 주소일 경우 [하이퍼링크 삽입] 팝업 창에서 [열어 본 웹 페이지]를 클릭 하단 [주소]에 인터넷 주소를 입력한 후 [확인].

2-17) 용지크기 및 여백

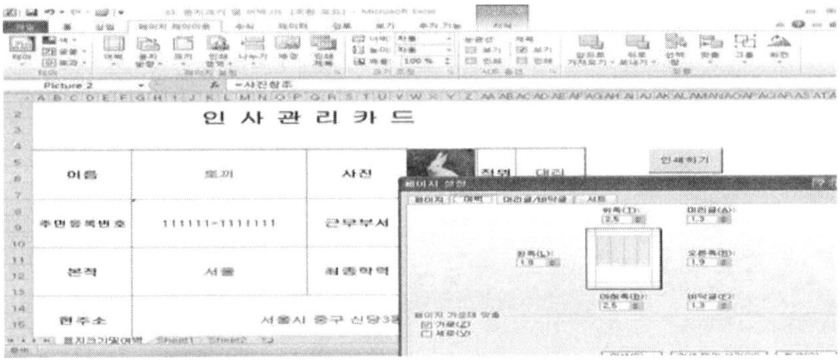

① 일반적으로 용지 크기는 A4로 지정되어 있으나 작업에 따라 다양하게 크기 조정을 할 수 있으며, 크기 조정은 [페이지 레이아웃]→[페이지 설정]→[크기]를 클릭해서 원하는 사이즈의 용지 선택.

② 여백은 기본 설정되어 있는 그대로 사용하여도 되나 작업에 따라 조정이 가능하며, 여백 조정은 [페이지 레이아웃]→[페이지 설정]→[여백]→[사용자 지정 여백]을 클릭해서 [페이지 설정] 팝업 창이 뜨면 [여백] 탭을 눌러 원하는 크

기로 설정한 후 [확인].

③ 용지크기나 여백 조정을 한 후에는 [페이지 설정] 팝업 창에서 [여백] 탭에 있는 [인쇄 미리보기]나 [파일]→[인쇄]를 클릭해 결과물 확인.

2-18) 머리글/바닥글 입력

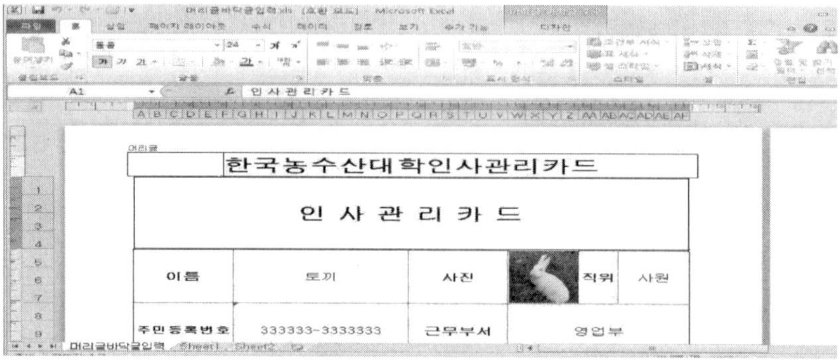

① 머리글/바닥글 입력은 [삽입]→[텍스트]→[머리글/바닥글] 클릭 → 바뀐 화면에 머리글 혹은 바닥글 입력.

② 머리글이나 바닥글을 입력한 후 편집은 [홈]→[글꼴]에서 하고 완성된 내용은 [인쇄미리보기]를 통해 확인.

2-19) 인쇄하기

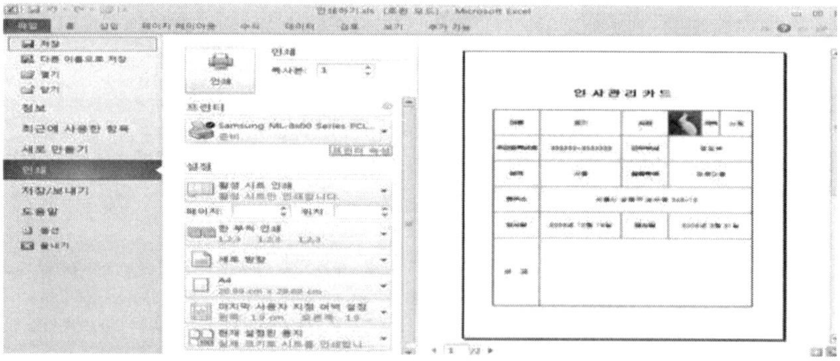

작업한 내용을 출력하는 방법은 [파일]→[인쇄]를 클릭해 연결되어 있는 프린터 및 설정을 확인한 후 [인쇄].

2-20) 파일 암호설정

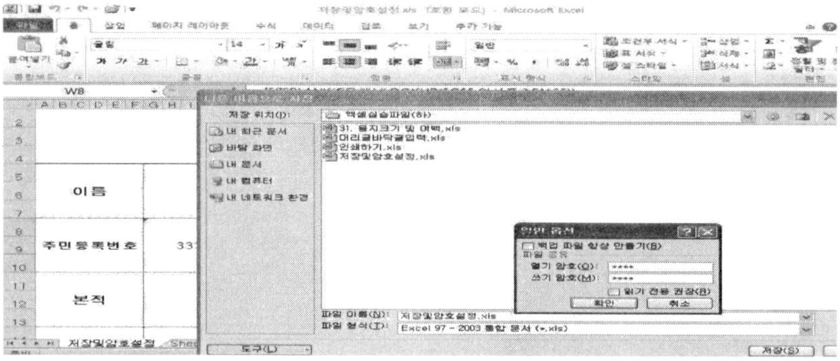

파일 암호설정은 [저장] 단추를 클릭해서 뜬 팝업 창에서 좌측 하단에 있는 [도구]→[일반옵션]을 클릭해 [열기암호]와 [쓰기암호] 입력한 후 [확인].

2-21) 가계부 작성

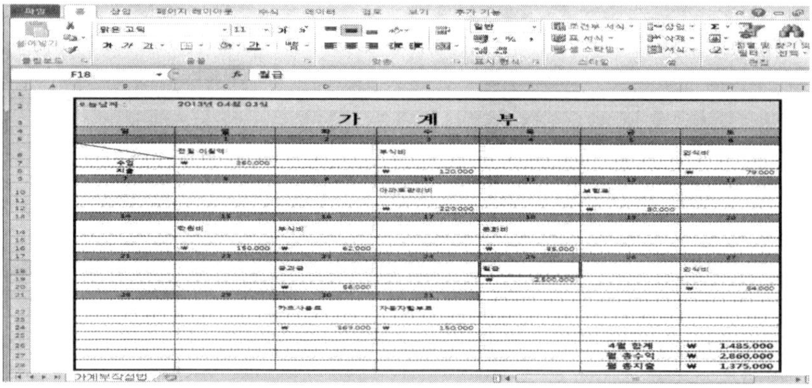

① B7:H8 셀 범위를 지정한 후 Ctrl 키를 누른 상태에서 B11:H12, B15:H16, H19:H20, B23:E24까지 셀 범위를 선택한 뒤 오른쪽 마우스를 눌러 [셀 서식]→[표시형식]→[회계]에서 [기호→₩]를 선택한 후 [확인].

② 1월 합계를 구하기 위해서는 월 총수익에서 월 총지출을 뺀 금액을 구해야 하기 때문에 H26 셀에 수식 =H27-H28 입력.

③ 월 총수익인 H27 셀에는 월수입의 총 합계이므로
수식 =SUM(C7:H7,B11:H11,B15:H15,B19:H19,B23:E23) 입력.

④ 월 총지출인 H28 셀에는 월 지출의 총합계이므로
수식 =SUM(C8:H8,B12:H12,B16:H16,B20:H20,B24:E24) 입력.

⑤ 워크시트의 셀 구분선을 없애기 위해서 [보기]→[표시]→[눈금선]에 체크해제.

2-22) 거래명세표 작성

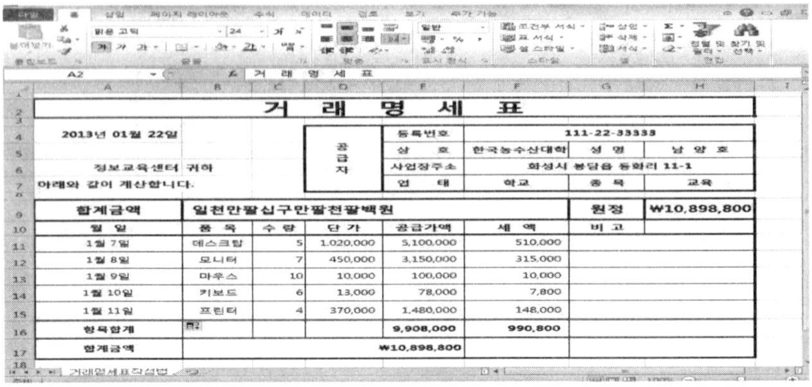

거 래 명 세 표

2013년 01월 22일			공급자	등록번호	111-22-33333		
				상 호	한국농수산대학	성 명	남 양 호
정보교육센터 귀하				사업장주소	화성시 봉담읍 동화리 11-1		
아래와 같이 계산합니다.				업 태	학교	종 목	교육
합계금액	일천만팔십구만팔천팔백원					원정	₩10,898,800
월 일	품 목	수 량	단 가	공급가액	세 액	비 고	
1월 7일	데스크탑	5	1,020,000	5,100,000	510,000		
1월 8일	모니터	7	450,000	3,150,000	315,000		
1월 9일	마우스	10	10,000	100,000	10,000		
1월 10일	키보드	6	13,000	78,000	7,800		
1월 11일	프린터	4	370,000	1,480,000	148,000		
항목합계				9,908,000	990,800		
합계금액				₩10,898,800			

① 공급가액은 수량에 단가를 곱한 금액이므로 E11 셀에 수식 =C11*D11을 입력한 후 E15까지 드래그.

② 세액은 공급가액의 10% 세금을 의미하므로 F11 셀에 수식 =E11*0.1을 입력한 후 F15까지 드래그.

③ 항목합계는 자동합계를 이용하여 각각의 공급가액과 세액의 합계를 구하고 합계금액은 두 개의 항목합계 합이므로 B17 셀에는 수식 =E16+F16 입력.

2-23) 견적서 작성

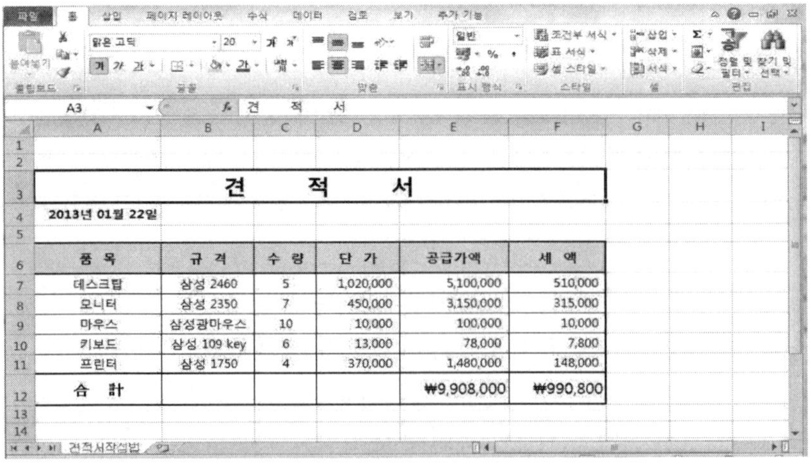

견 적 서

2013년 01월 22일

품 목	규 격	수 량	단 가	공급가액	세 액
데스크탑	삼성 2460	5	1,020,000	5,100,000	510,000
모니터	삼성 2350	7	450,000	3,150,000	315,000
마우스	삼성광마우스	10	10,000	100,000	10,000
키보드	삼성 109 key	6	13,000	78,000	7,800
프린터	삼성 1750	4	370,000	1,480,000	148,000
合 計				₩9,908,000	₩990,800

① 공급가액은 수량에 단가를 곱한 금액이므로 E7 셀에 수식 =C7*D7을 입력한 후 E11까지 드래그.

② 세액은 공급가액의 10% 세금을 의미하므로 F7 셀에 =E7*0.1 입력 후 F11까지 드래그.

③ E12와 F12는 자동합계로 합계를 구한 후 [셀 서식]→[표시형식]→[통화]→[기호→₩] 선택한 후 [확인].

④ A12 셀의 "합계"를 한자로 바꾸는 방법은 한글을 입력한 후 한자 키를 눌러 해당 한자를 선택한 뒤 [확인].

2-24) 손익계산서 작성

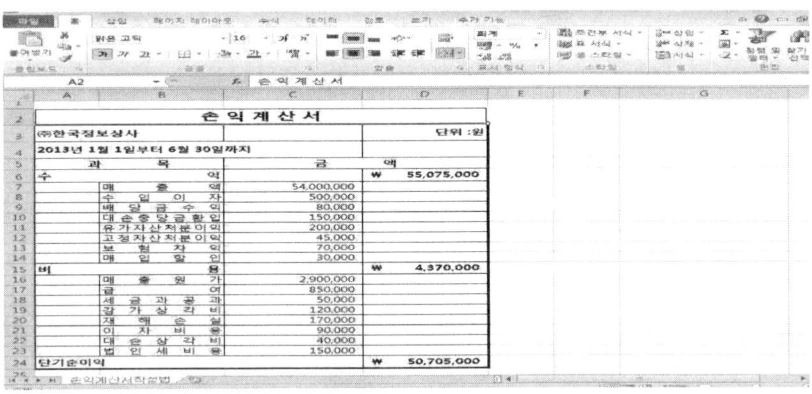

손익계산서			
㈜한국정보상사			단위 :원
2013년 1월 1일부터 6월 30일까지			
과목		금액	
수익			₩ 55,075,000
	매출액	54,000,000	
	수입이자	500,000	
	배당금수익	80,000	
	대손충당금환입	150,000	
	유가자산처분이익	200,000	
	고정자산처분이익	45,000	
	보험차익	70,000	
	매입할인	30,000	
비용			₩ 4,370,000
	매출원가	2,900,000	
	급여	850,000	
	세금과공과	50,000	
	감가상각비	120,000	
	재해손실	170,000	
	이자비용	90,000	
	대손상각비	40,000	
	법인세비용	150,000	
단기순이익			₩ 50,705,000

① 숫자를 천단위로 끊을 경우 [홈]→[표시형식]→[쉼표스타일] 클릭.

② 수익과 비용의 합계를 구하기 위해서는 각각 D6 셀에 =SUM(C7:C14), D15 셀에 =SUM(C16:C23) 입력하여 합계를 구한 뒤 [홈]→[표시형식]→[회계표시형식]에서 [₩한국어] 클릭.

③ 서식 정렬 및 편집은 [셀 서식]을 통해 하며, 예를 들어 셀 범위 A6:B6 선택하고 Ctrl 키를 누른 상태에서 셀 범위 A15:B15를 선택한 뒤 오른쪽 마우스를 눌러 [셀 서식]→[맞춤] 탭에서 [텍스트맞춤]→[가로→균등분할(들여쓰기)], [텍스트조정→셀 병합]에 체크한 후 [확인].

④ 단기순이익은 수익에서 비용을 뺀 금액이므로 D24 셀에는 =D6-D15 입력.

2-25) 열별 색 지정

1개씩 열 건너 색 지정하는 방법.

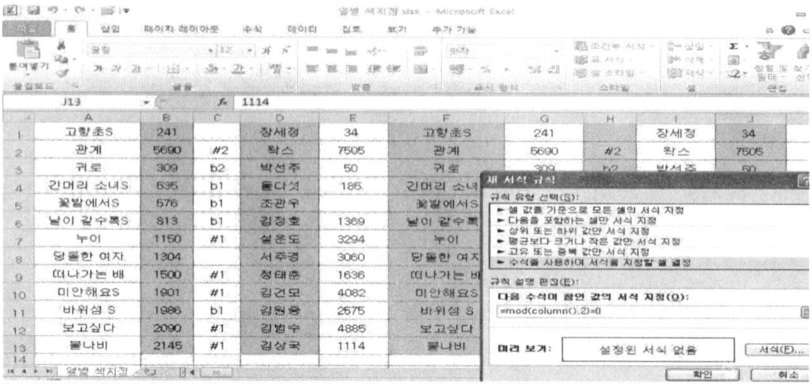

색을 지정할 셀 범위를 지정한 후 [홈]→[스타일]→[조건부서식]→[새 규칙]을 클릭해 [새 서식 규칙] 팝업 창이 뜨면 “규칙 유형 선택→수식을 사용하여 서식을 지정할 셀 결정”을 선택하고 “서식지정”에 =MOD(COLUMN(),2)=0을 입력한 뒤 [서식]→[채우기] 탭에서 원하는 색을 지정하고 [확인].

2-26) 행별 색 지정

1개씩 행 건너 색 지정하는 방법.

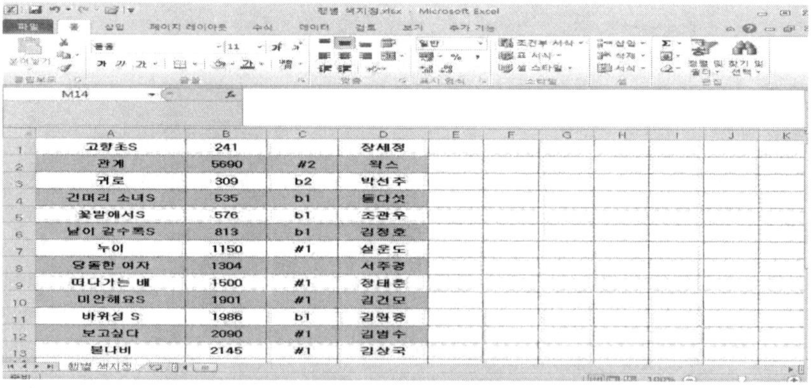

색을 지정할 셀 범위(A1:D13)를 지정한 후 [홈]→[스타일]→[조건부서식]→[새 규칙]을 클릭해 [새 서식 규칙] 팝업창이 뜨면 [규칙 유형 선택→수식을 사용하여 서식을 지정할 셀 결정]을 선택하고 서식지정에 =MOD(ROW(),2)=0을 입력한 뒤 [서식]→[채우기] 탭에서 색을 지정하고 [확인].

2-27) 요일별 색 지정

요일별로 색 지정(토, 일요일의 경우)하는 방법.

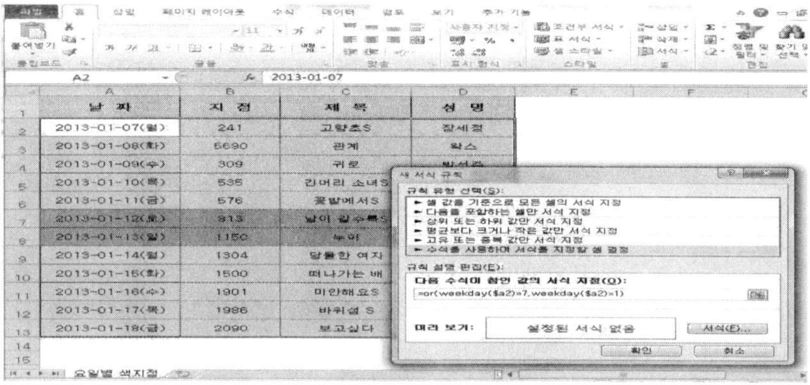

색을 지정할 셀 범위(A2:D13)를 선택한 후 [홈]→[스타일]→[조건부서식]→[새 규칙]을 클릭해 [새 서식 규칙] 팝업 창이 뜨면 "규칙 유형 선택→수식을 사용하여 서식을 지정할 셀 결정"을 선택하고 "서식지정"에 =OR(WEEKDAY($A2)=7,WEEKDAY($A2)=1)을 입력 하고 [서식]→[채우기] 탭에서 색 지정 후 [확인].

2-28) 셀(데이터)의 내용(크기)별 색 지정

데이터의 값이 일정 값 이상인 셀만 색으로 지정할 경우.

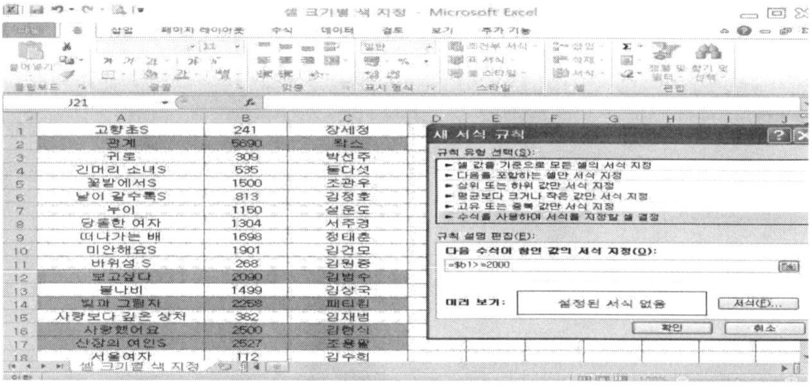

색을 지정할 셀 범위를 정한 후 [홈]→[스타일]→[조건부서식]→[새 규칙]에서 [새 서식 규칙] 팝업창이 뜨면 "규칙 유형 선택→수식을 사용하여 서식을 지정할 셀 결정"을 선택하고 서식지정에 =$B1>=2000 입력 후 [서식]→[채우기] 탭에서

색을 지정한 뒤 [확인].

2-29) 셀별 색 지정

1개씩 셀 건너 색지정하는 방법.

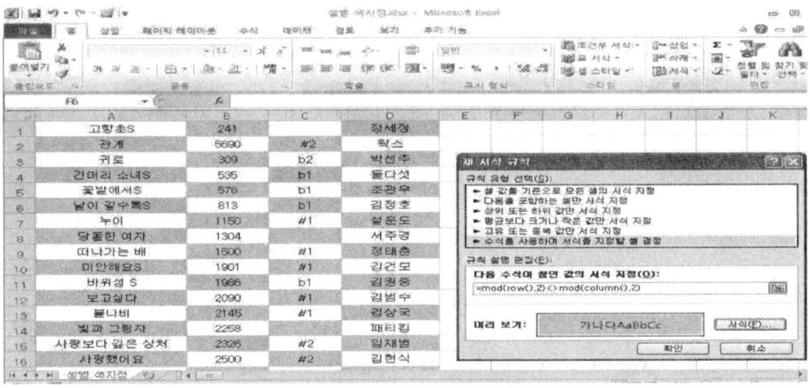

색을 지정할 셀 범위를 정한 후 [홈]→[스타일]→[조건부서식]→[새 규칙]에서 [새 서식 규칙] 팝업창이 뜨면 "규칙 유형 선택→수식을 사용하여 서식을 지정할 셀 결정"을 선택하고 서식지정에 =MOD(ROW(),2)< >MOD(COLUMN(),2) 입력 후 [서식]→[채우기] 탭에서 색을 지정한 뒤 [확인].

2-30) 분수 입력 및 소수의 변환

① 분수를 입력하기 위해서는 앞에 0을 입력하고 한 칸 띄운 후 숫자 입력.(예 : 0 3/5)

② 입력한 분수를 소수로 변환하려면 분수를 클릭한 후 오른쪽 마우스를 눌러 [셀 서식]→[표시형식]탭에 있는 [범주]→[숫자]를 선택해 [소수 자릿수]를 조절하고 [확인], 또는 “=” 문자를 분수 앞에 입력.(예 : =0 3/7)

2-31) 수식 감추기

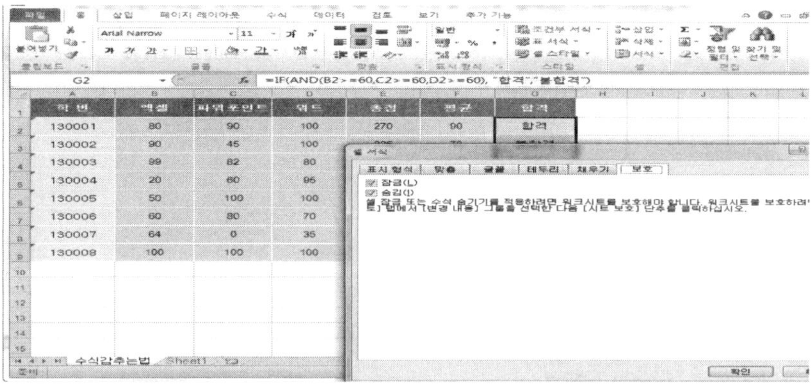

① 감추고자 하는 수식이 있는 셀 범위(G2:G9)를 지정한 후 [홈]→[셀]→[서식]→[셀 서식]을 눌러 팝업 창이 뜨면 [보호] 탭에서 [숨김]에 체크표시 후 [확인].
② [검토]→[변경내용]→[시트보호]를 눌러 “시트보호” 팝업 창이 뜨면 “시트보호해제암호”에 암호(1234)를 입력하고 [확인], “암호 확인” 팝업창이 뜨면 다시 한 번 암호를 입력하고 [확인].

2-32) 숫자의 형식 지정 1

숫자 맨 앞에 존재하는 0이 없어지지 않게 입력하는 방법.

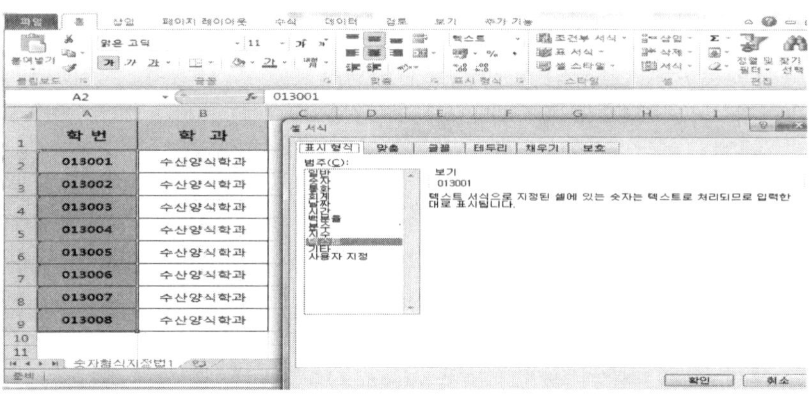

숫자가 입력될 셀 범위(A2:A9)를 지정한 후 [셀 서식]→[표시형식] 탭에서 [텍스트]를 선택하고 [확인].

2-33) 숫자의 형식 지정 2

셀, 시트, 워크북 전체에서 0이 보이지 않게 하는 방법.

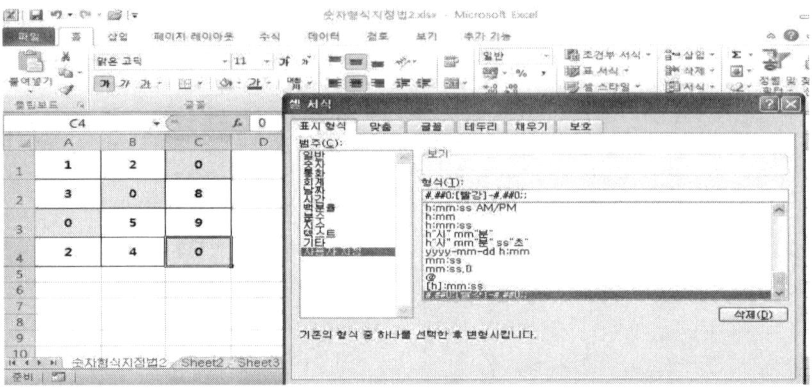

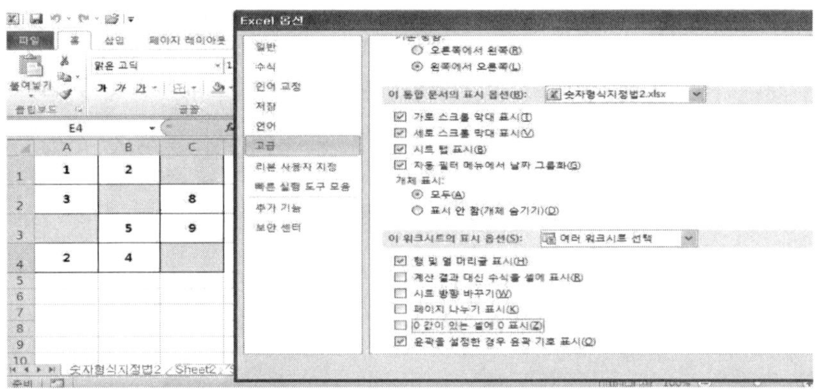

① 일정한 셀 범위에서 0을 보이지 않게 하기 위해서는 셀 범위(A1:C4)를 지정한 후 [셀 서식]→[표시형식] 탭에서 [사용자지정→형식]에 “#,##0;[빨강]-#,##0;;” 입력한 뒤 [확인].

② 시트 전체의 경우 해당 시트를 선택한 후 [파일]→[옵션]→[고급]→[이 워크시트의 표시옵션]에서 “0 값이 있는 셀에 0표시” 체크 해제 후 [확인].

③ 워크북 전체의 경우 시트 탭 위에서 오른쪽 마우스를 눌러 [모든 시트 선택]을 클릭한 후 [파일]→[옵션]→[고급]→[이 워크시트의 표시옵션]에서 “0 값이 있는 셀에 0표시” 체크 해제 후 [확인].

2-34) 데이터에 삽입된 불필요한 공백제거

데이터에 불필요하게 삽입된 공백을 제거하거나 다른 문자로 대체하는 방법.

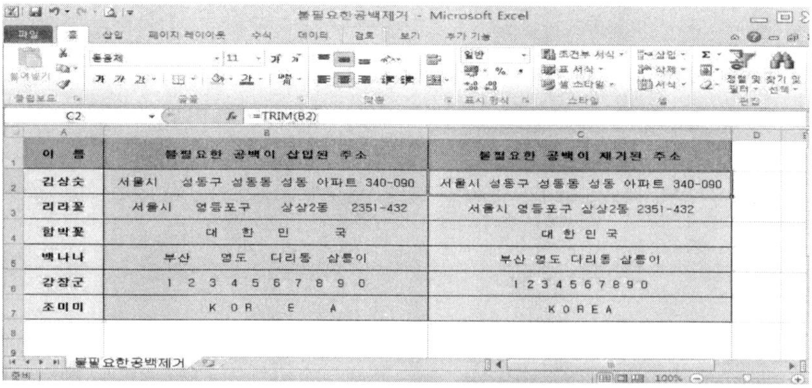

이 름	불필요한 공백이 삽입된 주소	불필요한 공백이 제거된 주소
김상호	서울시 성동구 성동동 성동 아파트 340-090	서울시 성동구 성동동 성동 아파트 340-090
리라꽃	서울시 영등포구 상상2동 2351-432	서울시 영등포구 상상2동 2351-432
함박꽃	대 한 민 국	대 한 민 국
백나나	부산 영도 다리동 삼룡이	부산 영도 다리동 삼룡이
강장군	1 2 3 4 5 6 7 8 9 0	1 2 3 4 5 6 7 8 9 0
조미미	K O R E A	K O R E A

불필요하게 입력되어 있는 B열의 내용을 C열에 입력하기 위해서는 C2 셀에 수식 =TRIM(B2) 입력 후 채우기 핸들 더블클릭.

2-35) 시간계산에서 음수가 나오지 않게 하는 방법

시작시간에서 종료시간을 뺀 작업시간을 구하는 과정에서 하루가 넘어가서 음수가 나올 경우 해결 하는 법.

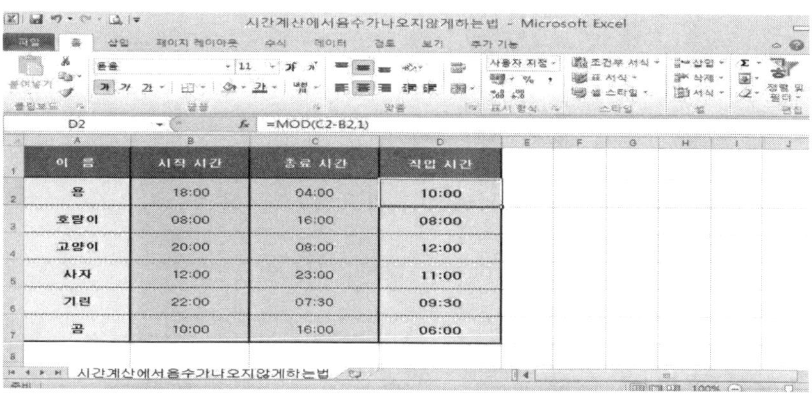

이 름	시작 시간	종료 시간	작업 시간
용	18:00	04:00	10:00
호랑이	08:00	16:00	08:00
고양이	20:00	08:00	12:00
사자	12:00	23:00	11:00
기린	22:00	07:30	09:30
곰	10:00	16:00	06:00

작업시간을 구해야 할 D2 셀에 수식 =MOD(C2-B2,1) 입력 후 채우기 핸들 더블클릭.

2-36) 여러 셀에 동일한 데이터 입력

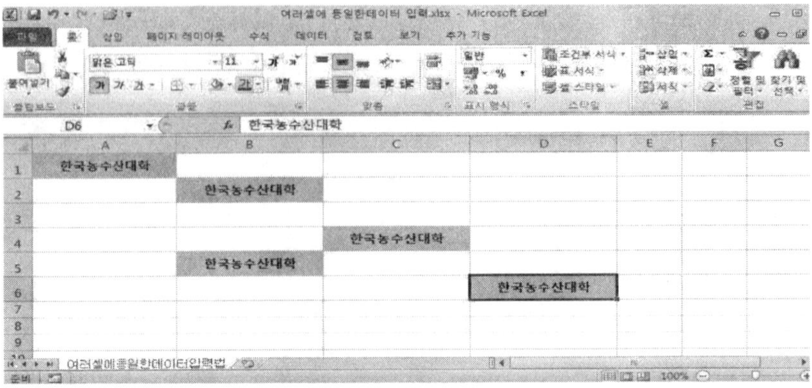

Ctrl 키를 누른 채 데이터를 입력할 셀들을 클릭한 후 마지막 셀에 데이터를 입력하고 Ctrl + 엔터키를 누른다.

2-37) 약자에 의한 데이터 입력

약자를 등록해 놓고 입력하면 등록된 긴 원문이 자동으로 입력되는 방법.

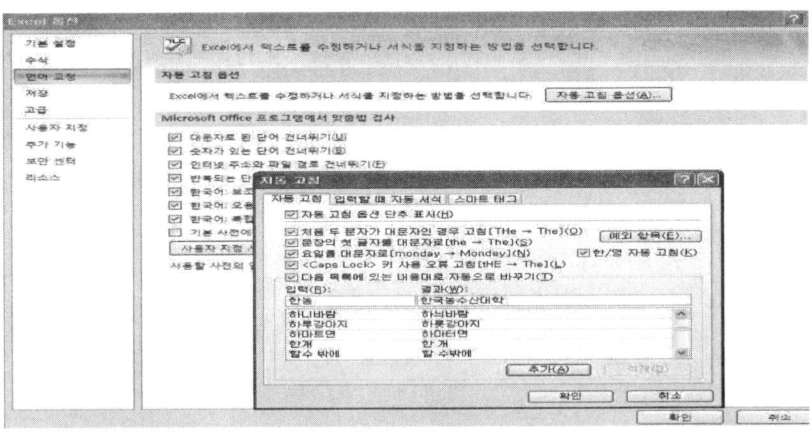

① [파일]→[옵션]을 클릭해 [Excel 옵션] 팝업창이 뜨면 [언어교정]→[자동고침 옵션]을 선택해 [자동고침] 팝업 창에 있는 [다음 목록에 있는 내용대로 자동으로 바꾸기]에 체크한 후 [입력]에 약자를 기술하고 [결과]에 원문을 기술한 후 [추가]→[확인].

② 셀에 약자인 "한농"만 입력하고 Enter↵키를 누르면 원문인 "한국농수산대학"이 입력된다.

2-38) 행과 열을 바꾸어 새로운 표 작성

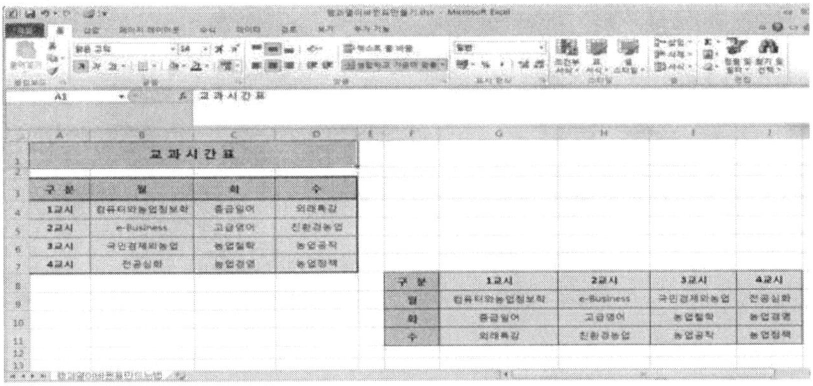

① 제목을 제외한 표 셀 범위(A3:D7)를 지정한 후 [복사].

② 붙여넣기 할 셀에 커서를 놓은 후 [홈]→[클립보드]→[붙여넣기]→[선택하여 붙여넣기]를 클릭해 팝업창이 뜨면 [행/열 바꿈]에 체크하고 [확인].

2-39) 이름과 이메일 구분 입력

이름은 한글, 이메일은 영어로 자동 입력하는 방법.

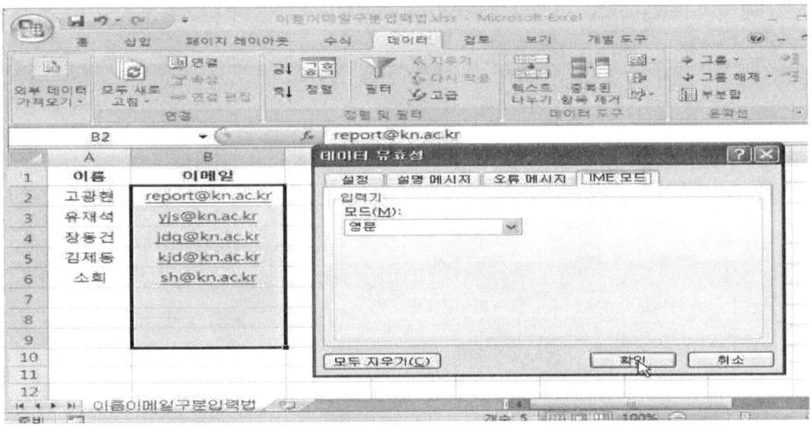

① 한글을 입력할 A2:A5까지 셀 범위를 지정한 후 [데이터]→[데이터도구]→[데이터유효성검사]에서 [데이터유효성검사]를 클릭해 [데이터 유효성] 팝업창이 뜨면 [IME 모드] 탭에서 "한글"을 선택하고 [확인].

② 영어를 입력할 B2:B5까지 셀 범위를 지정한 후 [데이터]→[데이터도구]→[데이터유효성검사]에서 [데이터유효성검사]를 클릭해 [데이터 유효성] 팝업창이

뜨면 [IME 모드] 탭에서 “영문”을 선택하고 [확인].

2-40) 텍스트함수로 새 이름 만들기

기존 셀에 있는 텍스트에 새로운 텍스트를 추가해 새 이름을 만드는 방법.

① C2 셀에 커서를 놓고 새로 추가할 텍스트인 KNACF를 이용한 함수 =“KNCAF”&를 입력한 후 [수식]→[함수 라이브러리]→[텍스트]→[RIGHT]를 선택해 [함수인수] 팝업창이 뜨면 “Text”에는 B2를, “Num_chars”에는 8을 입력하고 [확인].

② C2 셀의 자동 채우기 핸들 더블클릭.

2-41) 자동필터 사용하는 방법

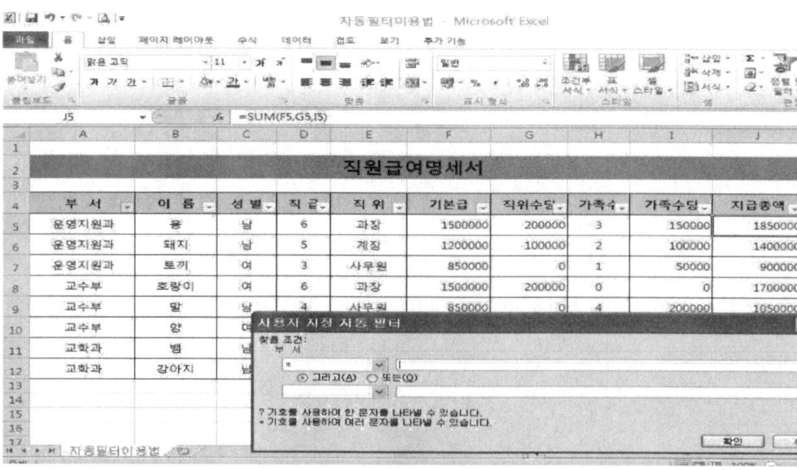

① 자동필터일 경우 필터가 들어갈 A4:J4까지 셀 범위를 지정한 후 [데이터]→[정렬 및 필터]→[필터].
② 사용자지정 필터일 경우 자동필터를 선택한 후 필드 옆에 있는 콤보박스를 눌러 텍스트일 경우 [텍스트 필터], 숫자일 경우 [숫자 필터]를 클릭해 [사용자 지정필터]→[사용자 지정 자동필터] 팝업 창이 뜨면 찾을 조건을 입력한 후 [확인].

2-42) 자동필터 기능의 응용

자동필터링 할 때마다 새로운 일련번호를 부여하는 방법.

도시가스 사용 현황

번호	성 명	전화번호	종 별	지역명	사용량	기본요금	사용료	금 액
1	김건모	02-332-5681	영업용	성동구	4082	50,000	320	1,356,240
2	김범수	02-332-5683	영업용	서대문구	4885	50,000	430	2,150,550
3	김원중	02-332-5682	영업용	종로구	2575	50,000	280	771,000
4	김정호	02-213-5552	가정용	송파구	1369	30,000	420	604,980
5	돌다섯	02-284-1933	공공용	중구	50	20,000	381	39,050
6	서주경	02-332-5679	영업용	강동구	3060	50,000	420	1,335,200
7	설운도	02-332-5678	영업용	강남구	3294	50,000	420	1,433,480
8	왁스	02-284-1931	가정용	종로구	34	30,000	430	44,620
9	임재범	02-472-8400	공공용	금천구	3263	20,000	380	1,259,940
10	정태춘	02-332-5680	공공용	강서구	1636	20,000	410	690,760

① 자동필터가 부여되지 않은 상태에서 일련번호가 들어갈 열인 A4 셀에 =SUBTOTAL(3,$C$4:C4) 입력 후 채우기 핸들 더블클릭.
② 번호를 제외한 자동필터가 들어갈 B3:I3까지 셀 범위를 지정한 후 [데이터]→[정렬 및 필터]→[필터].
③ 성명 필터를 이용해 B6, B9, B11에 있는 성명을 제외하더라도 A열에는 자동으로 일련번호가 부여되는 것을 볼 수 있다.

2-43) 자동필터로 선택한 거래처의 매출정보 작성

자동필터를 이용하여 거래처의 매출정보와 내용을 자동으로 표시하는 방법.

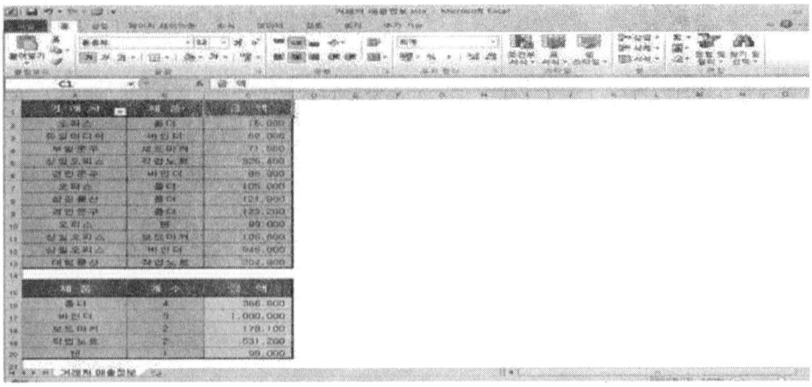

① 필터가 들어갈 셀 범위(A1:A13)를 지정한 후 [데이터]→[정렬 및 필터]→[필터].

② A16:A20까지 제품명을 입력한 후
B16 셀에 =SUMPRODUCT(($B$2:$B$13=A16)*(SUBTOTAL(3,OFFSET($B$2,ROW($B$2:$B$13)-MIN(ROW($B$2:$B$13)),,)))) 입력 후 채우기 핸들 더블클릭.

③ C16 셀에 =SUMPRODUCT(($B$2:$B$13=A16)*(SUBTOTAL(9,OFFSET($C$2,ROW($C$2:$C$13)-MIN(ROW($C$2:$C$13)),,)))) 입력 후 채우기 핸들 더블클릭.

④ A1 필터를 이용해 선택 된 거래처의 제품 개수 및 금액은 B16과 C16에 나타난다.

2-44) 이름으로 인사정보 조회

① 조회할 표 셀 범위(A1:F13)를 지정한 후 [수식]→[정의된 이름]→[선택영역에서 만들기]를 클릭해 [선택 영역에서 이름 만들기] 팝업 창이 뜨면 [첫 행]에

만 체크한 후 [확인].

② A17 셀을 클릭한 후 [데이터]→[데이터도구]→[데이터 유효성 검사]→[데이터 유효성] 팝업 창이 뜨면 [설정] 탭에 있는 [제한 대상]에 “목록”, [원본]에 “=성명” 입력한 후 [확인].

③ B17 셀에 =LOOKUP(A17,성명,직급)
C17 셀에 =LOOKUP(A17,성명,부서)
D17 셀에 =LOOKUP(A17,성명,출신지)
E17 셀에 =LOOKUP(A17,성명,학력)
F17 셀에 =LOOKUP(A17,성명,연락처)을 입력하고 A1:F1을 복사한 후 A16셀에 붙여넣기.

④ Lookup 함수 값은 첫째 행 또는 열의 최소값보다 작으면 함수 오류 값을 반환하므로 첫 행인 성명을 반드시 필터를 이용해 오름차순정렬을 해야 한다.

2-45) 조건에 맞는 정보검색

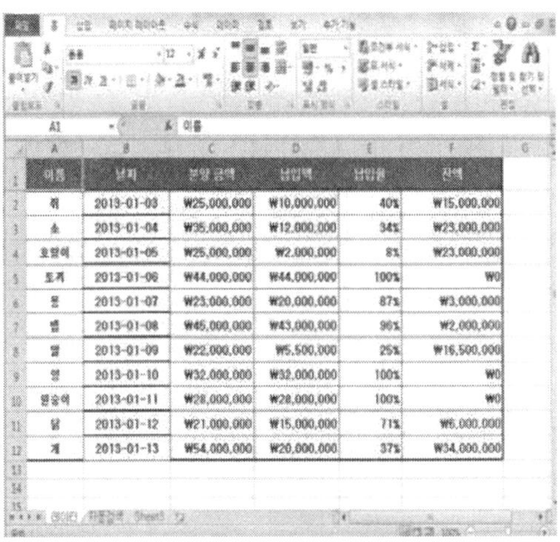

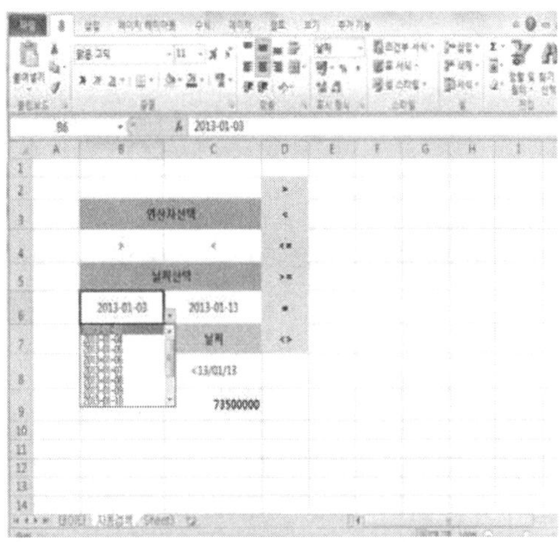

① “데이터” 시트의 표 전체 범위를 지정하고 [수식]→[정의된 이름]→[이름정의]를 클릭해 [새 이름] 팝업창이 뜨면 이름에 “표” 입력 후 [확인].

② “데이터” 시트에서 날짜 열인 셀 범위(B2:B12)를 지정한 후 [수식]→[정의된 이름]→[이름정의]를 클릭해 [새 이름] 팝업창이 뜨면 이름에 “날짜” 입력 후 [확인].

③ “데이터” 시트 옆에 빈 시트를 삽입하고 이름을 “자동검색”으로 변경한 후

D2:D7에 각각 조건 기호들을 입력.

④ “자동검색” 시트에서 B4 셀을 선택한 후 [데이터]→[데이터 도구]→[데이터유효성검사]를 클릭해서 [데이터 유효성] 팝업창이 뜨면 [제한대상]에 “목록”, [원본]에 D2:D7 드래그 후 [확인].

⑤ “자동검색” 시트에서 C4 셀을 선택한 후 [데이터]→[데이터 도구]→[데이터유효성검사]를 클릭해서 [데이터 유효성] 팝업창이 뜨면 [제한대상]에 “목록”, [원본]에 D2:D7 드래그 후 [확인].

⑥ “자동검색” 시트에서 B6 셀을 선택한 후 [데이터]→[데이터 도구]→[데이터유효성검사]를 클릭해서 [데이터 유효성] 팝업창이 뜨면 [제한대상]에 “목록”, [원본]에 “=날짜” 입력 후 [확인].

⑦ “자동검색” 시트에서 C6 셀을 선택한 후 [데이터]→[데이터 도구]→[데이터유효성검사]를 클릭해서 [데이터 유효성] 팝업창이 뜨면 [제한대상]에 “목록”, [원본]에 “=날짜” 입력 후 [확인].

⑧ B7, C7셀에 반드시 텍스트 “날짜” 입력.

⑨ B8 셀에 =B4&TEXT(B6,"yy/mm/dd") 입력.

⑩ C8 셀에 =C4&TEXT(C6,"yy/mm/dd") 입력.

⑪ C9 셀에 =DSUM(표,“잔액”,B7:C8) 입력.

2-46) 중복 구매 고객 데이터 추출

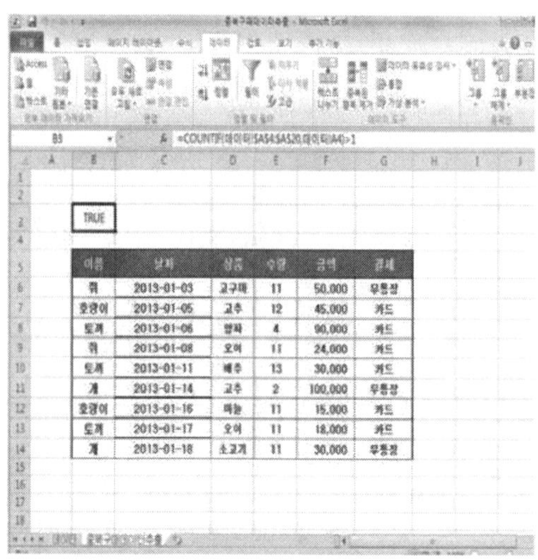

① “데이터” 시트의 셀 범위(A3:F20)를 지정한 후 [수식]→[정의된 이름]→[이름

정의]를 클릭해 [새 이름] 팝업 창이 뜨면 이름에 “목록표” 입력.

② “데이터” 시트 옆에 빈 시트를 삽입한 후 이름을 “중복구매데이터추출”로 변경하고 B3 셀에 =COUNTIF(데이터!$A$4:$A$20,데이터!A4)>1 입력.

③ “중복구매데이터추출” 시트에서 B2:B3 셀 범위를 지정한 후 [수식]→[정의된 이름]→[이름정의]를 클릭해 [새 이름] 팝업 창이 뜨면 이름에 “조건표” 입력.

④ “중복구매데이터추출” 시트에서 B5:G5까지 셀 범위를 지정한 후 [수식]→[정의된 이름]→[이름정의]를 클릭해 [새 이름] 팝업 창이 뜨면 이름에 “복사표” 입력.

⑤ “중복구매데이터추출” 시트에서 B5 셀을 선택한 후 [데이터]→[정렬 및 필터]→[고급]을 클릭해 [고급 필터] 팝업창이 뜨면 [다른 장소에 복사]에 체크한 후 [목록범위]에 “목록표”, [조건범위]에 “조건표”, [복사 위치]에 “복사표”를 입력한 뒤 [확인].

2-47) 종류별 건수 산출방법

학과별로 지급된 과일의 종류별 건수를 구하는 방법.

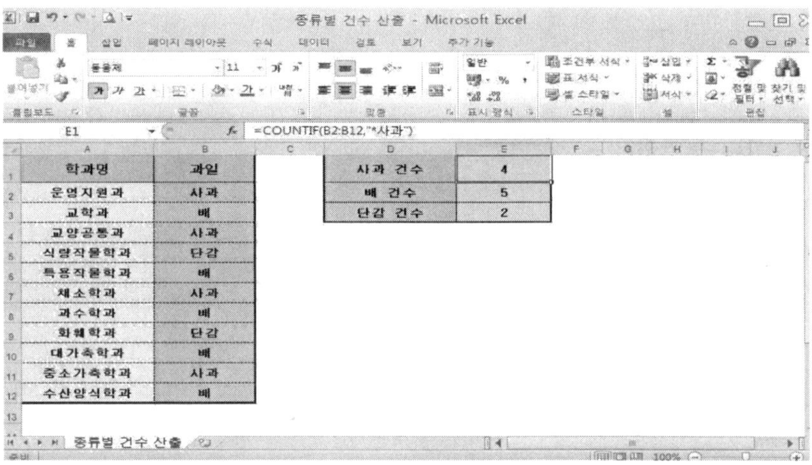

학과명	과일
운영지원과	사과
교학과	배
교양공통과	사과
식량작물학과	단감
특용작물학과	배
채소학과	사과
과수학과	배
화훼학과	단감
대가축학과	배
중소가축학과	사과
수산양식학과	배

사과 건수	4
배 건수	5
단감 건수	2

① 사과 건수를 구하기 위해서 E1 셀에 =COUNTIF(B2:B13,"사과“) 입력.

② 배 건수를 구하기 위해서 E2 셀에 =COUNTIF(B2:B13,"배“) 입력.

③ 단감 건수를 구하기 위해서 E3 셀에 =COUNTIF(B2:B13,"단감“) 입력.

2-48) 상품코드로 규격별 수량 산출

규격을 표시하는 숫자가 부여된 제품코드로 생산횟수와 생산량을 구하는 방법.

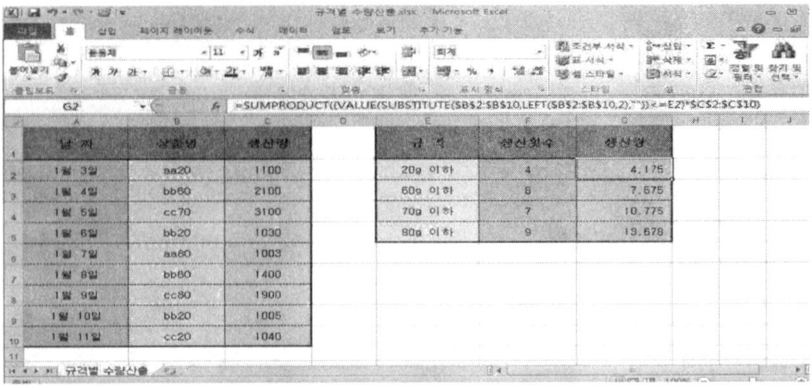

① 규격을 입력할 셀 범위(E2:E5)를 지정한 후 [셀 서식]→[표시형식] 탭에서 [범주→사용자지정]→[형식→ #"g이하"]를 입력하고 [확인].

② E2에서 E5 셀까지 각각 20, 60, 70, 80을 입력하면 자동적으로 "g이하"가 입력된다.

③ 생산횟수를 나타 낼

F2 셀에 =SUMPRODUCT((VALUE(SUBSTITUTE($B$2:$B$10,LEFT($B$2 : $B$10,2),""))<=E2)*1) 입력 후 채우기 핸들 더블클릭.

④ 생산량을 나타 낼

G2 셀에 =SUMPRODUCT((VALUE(SUBSTITUTE($B$2:$B$10,LEFT($B$2 : $B$10,2),""))<=E2)*$C$2:$C$10) 입력 후 채우기 핸들 더블클릭.

2-49) 콤보 상자를 이용한 데이터 입력

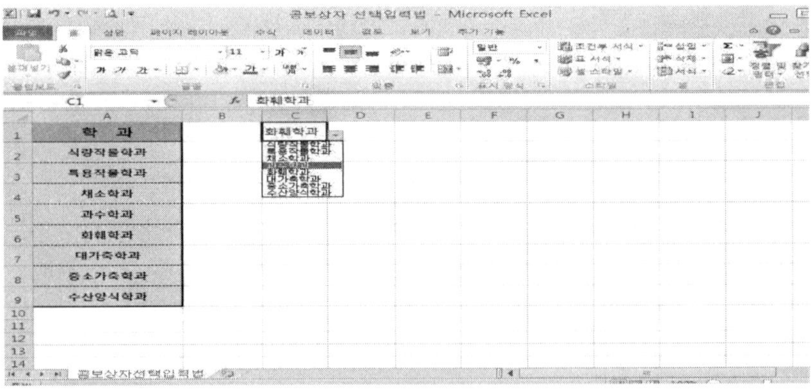

① 목록이 표시될 셀 범위(C1:C9)를 지정한 후 [데이터]→[데이터도구]→[데이터 유효성검사]를 클릭해 [데이터 유효성] 팝업창이 뜨면 [설정] 탭에 있는 [제

한대상→목록]을 선택하고 [원본]에 A2:A9까지 드래그한 후 [확인].

② C1 셀에 드롭다운 버튼이 생기고 등록된 목록이 표시된다.

③ A열은 오른쪽 마우스를 눌러 숨기기를 선택해 보이지 않게 하면 된다.

2-50) 피벗 테이블 사용하는 방법

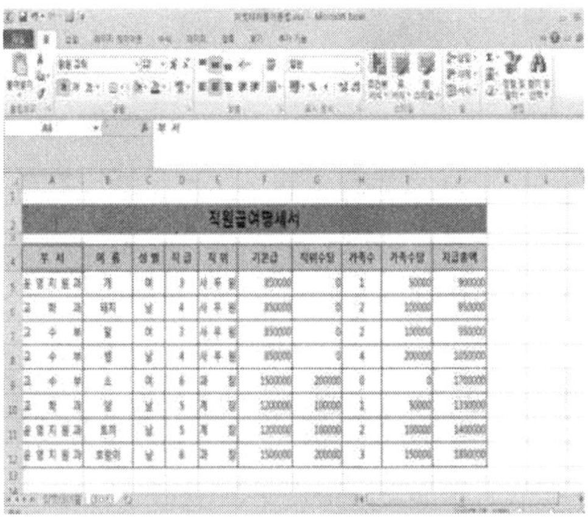

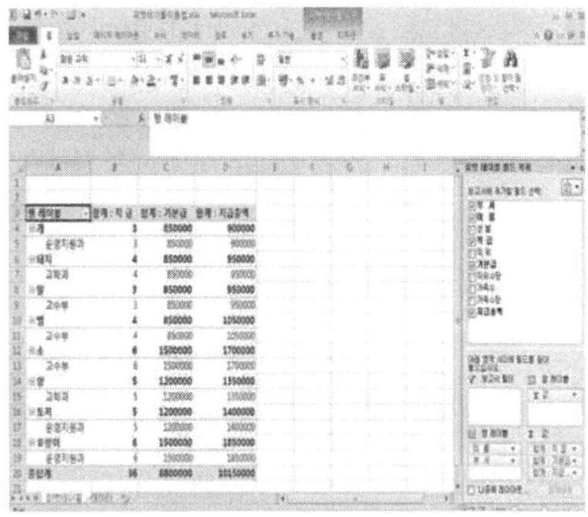

① 데이터 시트에서 피벗테이블로 만들 표 셀 중 하나를 선택한 후 [삽입]→[표]→[피벗테이블]을 클릭해 [피벗테이블 만들기] 팝업창이 뜨면 [표 또는 범위 선택]과 [새 워크시트]에 체크한 후 [확인].

② 오른쪽에 [피벗테이블 필드 목록] 대화상자가 뜨면 [보고서에 추가할 필드 선택]에서 보이고자 하는 해당 필드를 선택한 후 [닫기].

2-51) 0점을 제외한 평균점수 구하는 방법

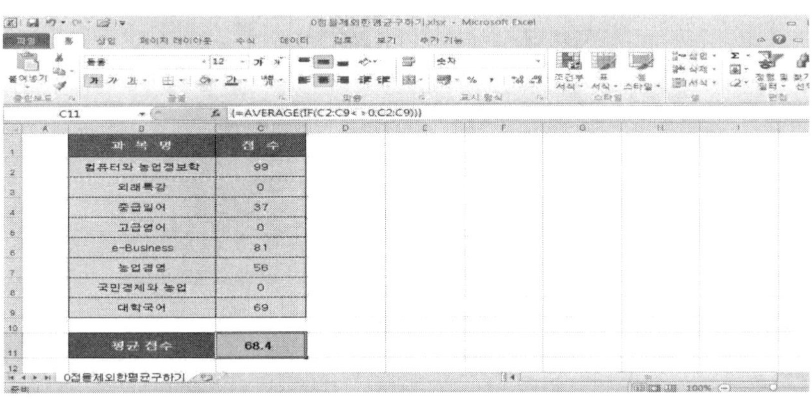

평균 점수를 구할 셀(C11)에 =AVERAGE(IF(C2:C9<>0,C2:C9)) 입력 후 수식 입력 줄에 커서를 놓고 Ctrl + Shift + 엔터키를 눌러 중괄호 입력.

2-52) 60점 이상 평균점수 구하는 방법

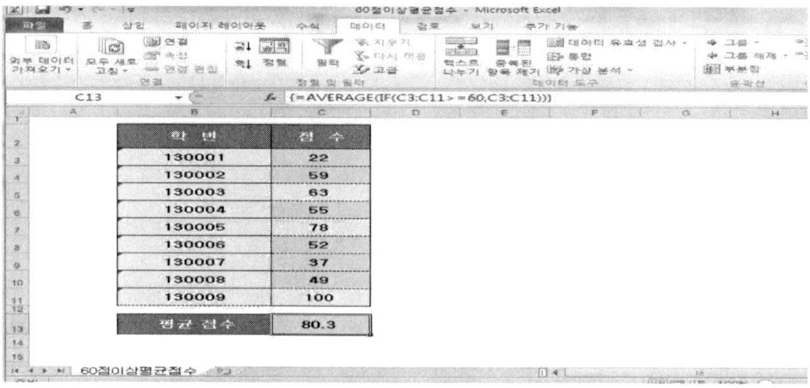

학 번	점 수
130001	22
130002	59
130003	63
130004	55
130005	78
130006	52
130007	37
130008	49
130009	100
평균 점수	80.3

평균 점수를 구할 셀(C13)에 =AVERAGE(IF(C3:C11>60,C3:C11)) 입력 후 수식 입력 줄에 커서를 놓고 Ctrl + Shift + 엔터키를 눌러 중괄호 입력.

2-53) 과락 점수에 대해 불합격 처리방법

평균 60점 이상이면서 과락점수가 없으면 “합격”, 60점미만이 있거나 평균 60점이 안되면 “불합격” 처리하는 법.

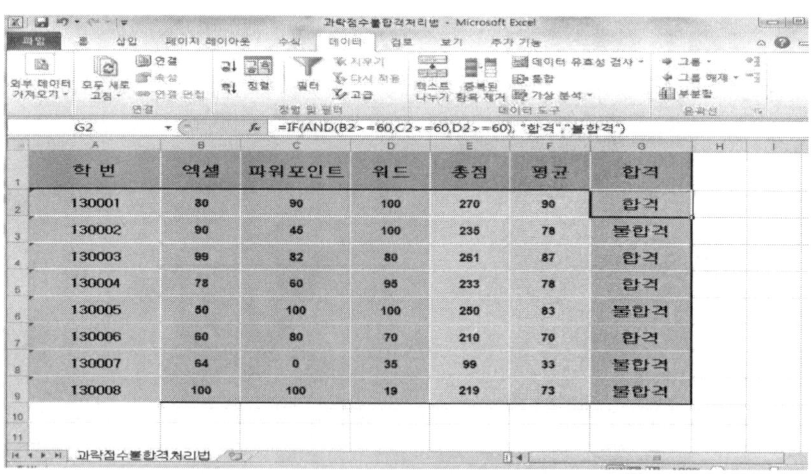

학 번	엑셀	파워포인트	워드	총점	평균	합격
130001	80	90	100	270	90	합격
130002	90	45	100	235	78	불합격
130003	99	82	80	261	87	합격
130004	78	60	95	233	78	합격
130005	50	100	100	250	83	불합격
130006	60	80	70	210	70	합격
130007	64	0	35	99	33	불합격
130008	100	100	19	219	73	불합격

합격여부를 나타낼 셀(G2)을 선택한 후 =IF(AND(B2>=60,C2>=60,D2>=60),“합

격","불합격") 입력 후 채우기 핸들 더블클릭.

2-54) 동점일 때 농업정보학 점수로 석차 구하기

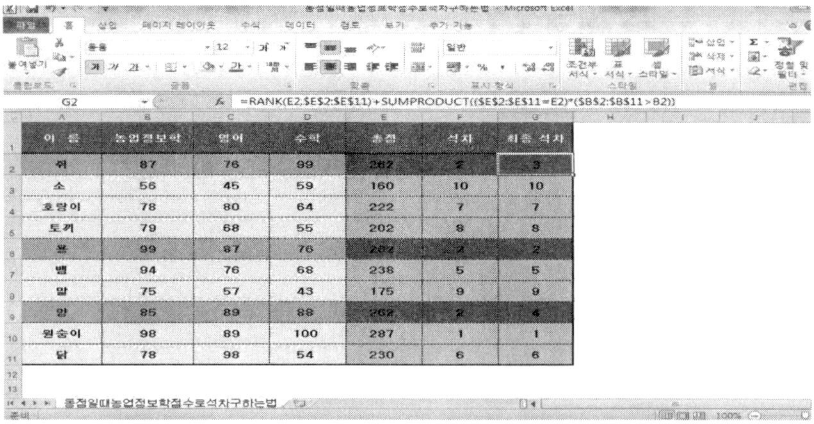

이 름	농업정보학	영어	수학	총점	석차	최종 석차
쥐	87	76	99	262	2	3
소	56	45	59	160	10	10
호랑이	78	80	64	222	7	7
토끼	79	68	55	202	8	8
용	99	87	76	262	2	2
뱀	94	76	68	238	5	5
말	75	57	43	175	9	9
양	85	89	88	262	2	4
원숭이	98	89	100	287	1	1
닭	78	98	54	230	6	6

① E2 셀에 =SUM(B2:D2) 입력한 후 채우기 핸들 더블클릭.

② F2 셀에 =RANK(E2/E2:E11/) 입력한 후 채우기 핸들 더블클릭.

③ G2 셀에 =RANK(E2/$E$2:$E$11)+SUMPRODUCT(($E$2:$E$11=E2)*($B$2:$B$11>B2)) 입력한 후 채우기 핸들 더블클릭.

2-55) 점수별로 평점을 부여하는 방법

평균점수를 기준으로 90점 이상 A, 80점 이상 B, 70점 이상 C, 60점 이상 D, 59점 이하이면 F로 평점을 부여하는 법.

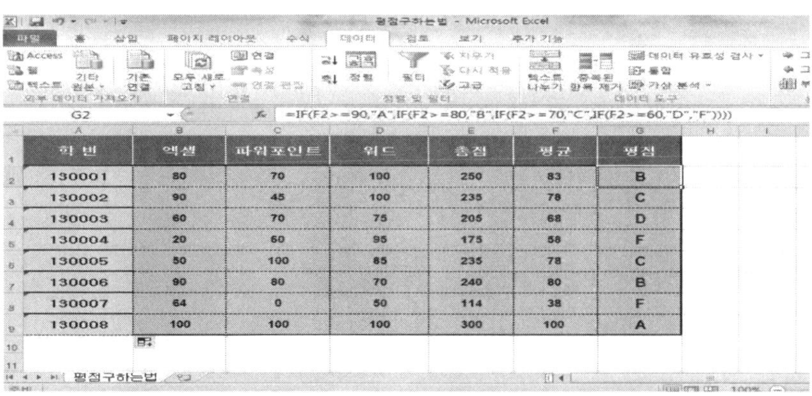

학 번	엑셀	파워포인트	워드	총점	평균	평점
130001	80	70	100	250	83	B
130002	90	45	100	235	78	C
130003	60	70	75	205	68	D
130004	20	60	95	175	58	F
130005	50	100	85	235	78	C
130006	90	80	70	240	80	B
130007	64	0	50	114	38	F
130008	100	100	100	300	100	A

G2 셀에 =IF(F2>=90,"A",IF(F2>=80,"B",IF(F2>=70,"C",IF(F2>=60,"D","F")))) 입력 후 채우기 핸들 더블클릭.

2-56) TODAY 함수에 의한 오늘 날짜와 제목 동시 표현법

제목과 오늘의 날자가 함께 표시되게 하는 방법.

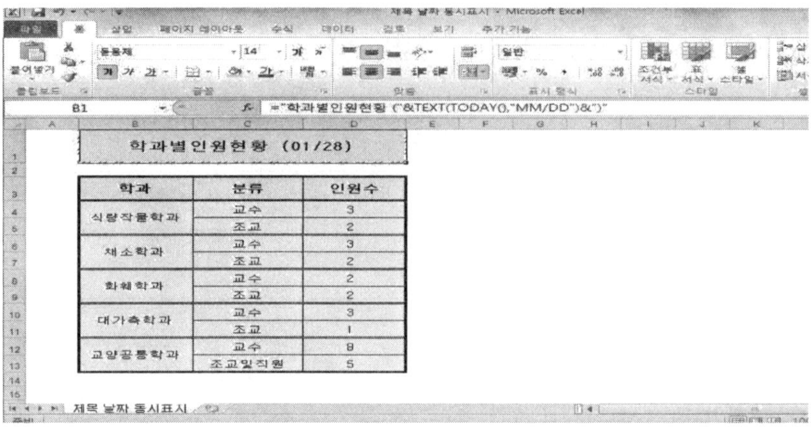

="학과별인원현황 ("&TEXT(TODAY(),"MM/DD")&")"

학과별인원현황 (01/28)

학과	분류	인원수
식량작물학과	교수	3
	조교	2
채소학과	교수	3
	조교	2
화훼학과	교수	2
	조교	2
대가축학과	교수	3
	조교	1
교양공통학과	교수	8
	조교및직원	5

① B1:D1까지 셀 범위를 지정한 후 [셀 서식]→[셀 서식] 팝업 창이 뜨면 [맞춤] 탭에서 [텍스트 조정→셀 병합]에 체크한 후 [확인].

② B1 셀에 ="판매내역("&TEXT(TODAY()/"MM/DD")&")" 입력.

2-57) 소수 이하의 값을 조절하는 방법

소수 이하 2번째 자리에서 반올림, 올림, 내림을 구하는 방법.

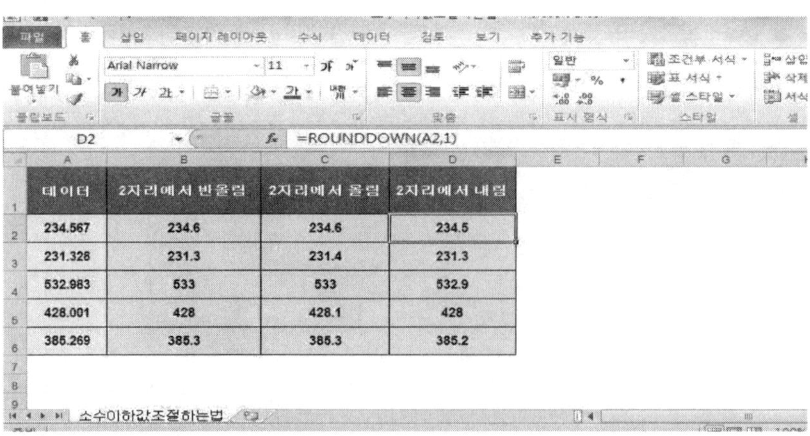

=ROUNDDOWN(A2,1)

데이터	2자리에서 반올림	2자리에서 올림	2자리에서 내림
234.567	234.6	234.6	234.5
231.328	231.3	231.4	231.3
532.983	533	533	532.9
428.001	428	428.1	428
385.269	385.3	385.3	385.2

① A열에 있는 데이터 값을 B1이 제시한 대로 구하는 방법은 B2 셀에 수식 =ROUND(A2/1) 입력 후 채우기 핸들 더블클릭.

② A열에 있는 데이터 값을 C1이 제시한 대로 구하는 방법은 C2 셀에 수식 =ROUNDUP(A2/1) 입력 후 채우기 핸들 더블클릭.

③ A열에 있는 데이터 값을 D1이 제시한 대로 구하는 방법은 D2 셀에 수식 =ROUNDDOWN(A2/1) 입력 후 채우기 핸들 더블클릭.

2-58) 날짜에서 해당 월의 일수로 일일 평균 자동생성

년도와 월 그리고 그 달의 발생 또는 접수 건수를 입력하여 그 달의 일수로 나누어 일일 평균을 구하는 방법.

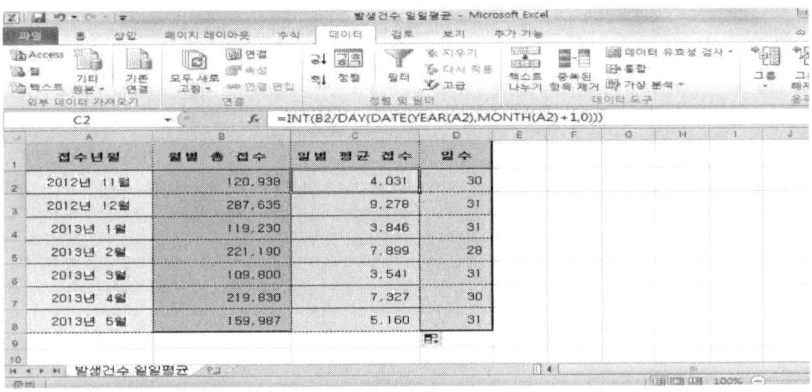

① 일별 평균 접수가 표시될 C2 셀에 =INT(B2/DAY(DATE(YEAR(A2),MONTH(A2)+1,0))) 입력한 후 채우기 핸들 더블클릭.

② 일수가 표시될 D2 셀에 =DAY(DATE(YEAR(A2),MONTH(A2)+1,0)) 입력한 후 채우기 핸들 더블클릭.

③ 접수 년 월을 수정하면 일별 평균접수나 일수가 수정되는 것을 볼 수 있다.

2-59) 근무기간(년, 월, 일) 계산

직원들의 발령일로부터 현재까지 근무기간을 년, 월, 일로 계산하는 방법.

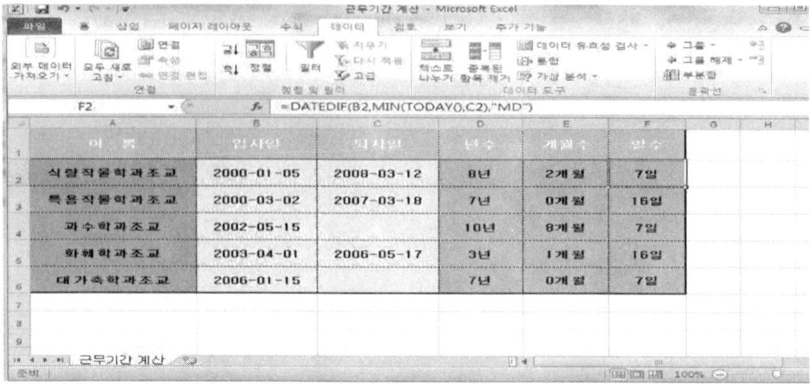
F2 =DATEDIF(B2,MIN(TODAY(),C2),"MD")

이 름	입사일	퇴사일	년수	개월수	일수
식량작물학과조교	2000-01-05	2008-03-12	8년	2개월	7일
특용작물학과조교	2000-03-02	2007-03-18	7년	0개월	16일
과수학과조교	2002-05-15		10년	8개월	7일
화훼학과조교	2003-04-01	2006-05-17	3년	1개월	16일
대가축학과조교	2006-01-15		7년	0개월	7일

① “년”이라는 표시를 자동으로 입력하기 위해 D열을 선택한 후 [셀 서식]→[표시형식]→[범주→사용자 지정]→[형식→#0“년”]을 입력한 후 [확인].
② E와 F열도 ①번과 같은 방법으로 각각 [형식]에 #0“개월”, #0“일”을 입력.
③ D2 셀에 =DATEDIF(B2,MIN(TODAY(),C2),"Y“) 입력한 후 채우기 핸들 더블클릭.
④ E2 셀에 =DATEDIF(B2,MIN(TODAY(),C2),"YM“) 입력한 후 채우기 핸들 더블클릭.
⑤ F2 셀에 =DATEDIF(B2,MIN(TODAY(),C2),"MD“) 입력한 후 채우기 핸들 더블클릭.

2-60) 급여계산

직급과 호봉 테이블을 이용한 급여계산 방법.

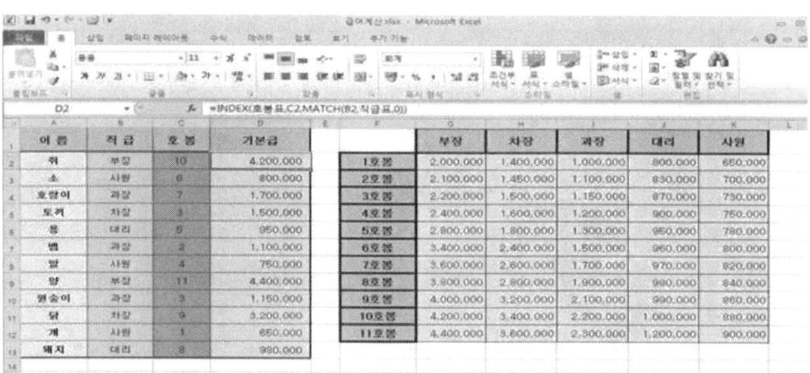
D2 =INDEX(호봉표,C2,MATCH(B2,직급표,0))

이 름	직 급	호 봉	기본급
쥐	부장	10	4,200,000
소	사원	6	800,000
호랑이	과장	7	1,700,000
토끼	차장	3	1,500,000
용	대리	5	950,000
뱀	과장	2	1,100,000
말	사원	4	750,000
양	부장	11	4,400,000
원숭이	과장	3	1,150,000
닭	차장	9	3,200,000
개	사원	1	650,000
돼지	대리	8	980,000

	부장	차장	과장	대리	사원
1호봉	2,000,000	1,400,000	1,000,000	800,000	650,000
2호봉	2,100,000	1,450,000	1,100,000	830,000	700,000
3호봉	2,200,000	1,500,000	1,150,000	870,000	730,000
4호봉	2,400,000	1,600,000	1,200,000	900,000	750,000
5호봉	2,800,000	1,800,000	1,300,000	950,000	780,000
6호봉	3,400,000	2,400,000	1,500,000	960,000	800,000
7호봉	3,600,000	2,600,000	1,700,000	970,000	820,000
8호봉	3,800,000	2,800,000	1,900,000	980,000	840,000
9호봉	4,000,000	3,200,000	2,100,000	990,000	860,000
10호봉	4,200,000	3,400,000	2,200,000	1,000,000	880,000
11호봉	4,400,000	3,600,000	2,300,000	1,200,000	900,000

① 호봉표인 셀 범위(G2:K12)를 지정한 후 [수식]→[정의된 이름]→[이름정의]를 클릭해 [새 이름] 팝업창이 뜨면 [이름]에 “호봉표” 입력.
② 직급표인 셀 범위(G1:K1)를 지정한 후 [수식]→[정의된 이름]→[이름정의]를 클릭해 [새 이름] 팝업창이 뜨면 [이름]에 “직급표” 입력.

③ 기본급이 표시 될 D2 셀에 =INDEX(호봉표,C2,MATCH(B2,직급표,0)) 입력 후 채우기 핸들 더블클릭.

2-61) 급여명세서 작성

- ▶ 기본급 책정 시 직급이 6이면 1,500,000원, 5이면 1,200,000원, 그렇지 않을 경우 850,000원.
- ▶ 직위수당 책정 시 과장은 200,000원, 계장 100,000원, 그렇지 않을 경우 없음.
- ▶ 가족수당은 인원 당 50,000원.

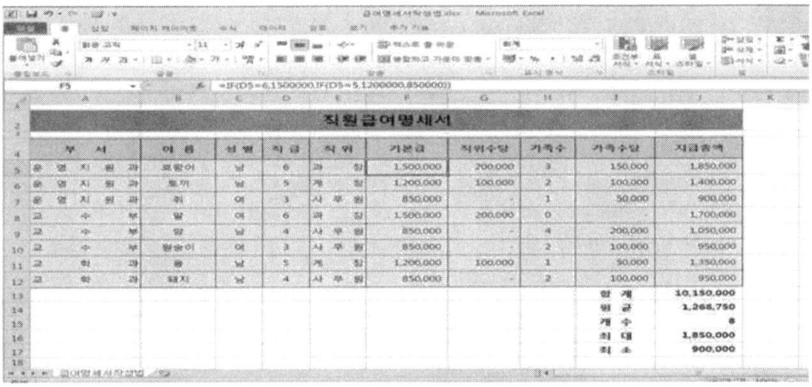

F5 =IF(D5=6,1500000,IF(D5=5,1200000,850000))

직원급여명세서

부서	이름	성별	직급	직위	기본급	직위수당	가족수	가족수당	지급총액
운영지원과	호랑이	남	6	과장	1,500,000	200,000	3	150,000	1,850,000
운영지원과	토끼	남	5	계장	1,200,000	100,000	2	100,000	1,400,000
운영지원과	쥐	여	3	사무원	850,000	-	1	50,000	900,000
교수부	말	여	6	과장	1,500,000	200,000	0	-	1,700,000
교수부	양	남	4	사무원	850,000	-	4	200,000	1,050,000
교수부	원숭이	여	3	사무원	850,000	-	2	100,000	950,000
교학과	용	남	5	계장	1,200,000	100,000	1	50,000	1,350,000
교학과	돼지	남	4	사무원	850,000	-	2	100,000	950,000
								합계	10,150,000
								평균	1,268,750
								개수	8
								최대	1,850,000
								최소	900,000

① 기본급이 표시될 F5 셀에는 D열에 입력되어 있는 직급을 기준으로 수식 =IF(D5=6,1500000,IF(D5=5,1200000,850000)) 입력한 후 채우기 핸들 더블클릭.

② 직위수당이 표시 될
G5 셀에 =IF(E5="과장",200000,IF(E5="계장",100000,0)) 입력한 후 채우기 핸들 더블클릭.

③ 가족수당이 표시 될
I5 셀에 =H5*50000 입력한 후 채우기 핸들 더블클릭.

④ 지급총액이 표시 될
J5 셀에 =SUM(F5,G5,I5) 입력한 후 채우기 핸들 더블클릭.

⑤ 별도의 주어진 값을 구하기 위해 각각 J13 셀에 =SUM(J5:J12), J14 셀에 =AVERAGE(J5:J12), J15 셀에 =COUNT(J5:J12), J16 셀에 =MAX(J5:J12), J17 셀에 =MIN(J5:J12) 입력.

2-62) 근무 시간에 따른 개인별 시간제 임금 계산

평일, 주말, 초과근무 시간을 구분해서 시간제 인건비 계산하는 방법.

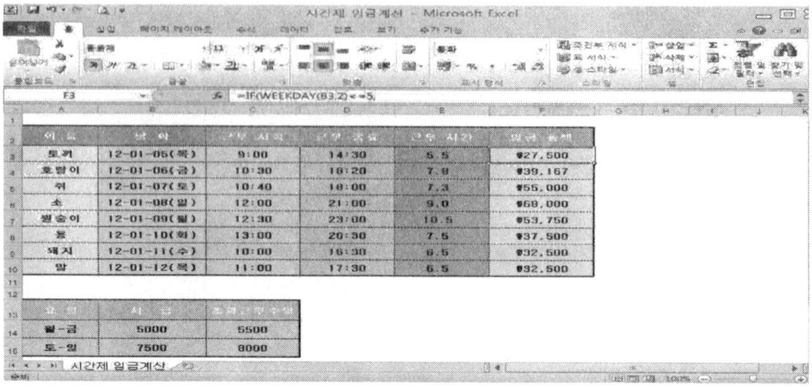

① 자릿수를 지정하기 위해 셀 범위(E3:E10)를 정한 후 [셀 서식]을 클릭해 팝업창이 뜨면 [표시형식] 탭에서 [범주→숫자], [소수 자릿수]를 1로 한 다음 [확인].

② 기호를 표시하기 위해 셀 범위(F3:F10)를 지정한 후 [셀 서식]을 클릭해 팝업창이 뜨면 [표시형식] 탭에서 [범주→통화], [기호]에서 ₩을 선택한 후 [확인].

③ 근무시간이 표시 될 E3 셀에 =(D3-C3)*24를 입력한 후 채우기 핸들 더블클릭.

④ 임금총액이 표시 될

F3 셀에 =IF(WEEKDAY(B3,2)<=5,MAX(E3-8,0)*$C$14+ MIN(E3,8)*$B$14, MAX(E3-8,0)*$C$15+ MIN(E3,8)*$B$15) 입력한 후 채우기 핸들 더블클릭.

2-63) 매출실적

입력된 날짜에 의한 요일별, 월별 매출실적 구하는 방법.

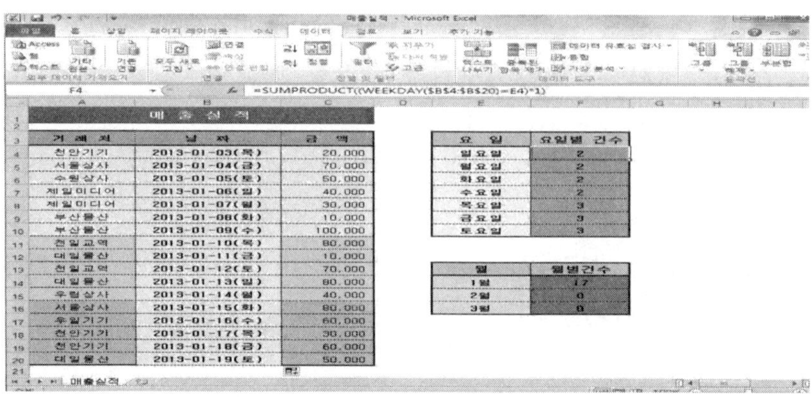

① 텍스트 요일이 입력될 셀 범위(E4:E10)를 지정한 후 [셀 서식]→[표시형식] 탭에서 [범주→사용자지정]을 [형식]에 “aaaa”를 입력한 후 [확인].

② E4에서 E10까지 셀에 각각 1 ~ 7을 입력하면 자동으로 요일이 입력된다.

③ 요일별 건수가 표시될
F4 셀에 =SUMPRODUCT((WEEKDAY($B$4:$B$20)=E4)*1) 입력한 후 채우기 핸들 더블클릭.

④ 텍스트 월이 입력될 셀 범위(E14:E16)를 지정한 후 [셀 서식]→[표시형식] 탭에서 [범주→사용자지정]을 [형식]에 #“월”을 입력한 후 [확인].

⑤ E14에서 E16까지 셀에 각각 1 ~ 3을 입력하면 자동으로 월이 입력된다.

⑥ 월별 건수가 표시될
F14 셀에 =SUMPRODUCT((MONTH($B$4:$B$20)=E14)*1) 입력한 후 채우기 핸들 더블클릭.

2-64) 기간별 판매실적

콤보 상자를 이용한 기간별 판매실적 구하는 방법.

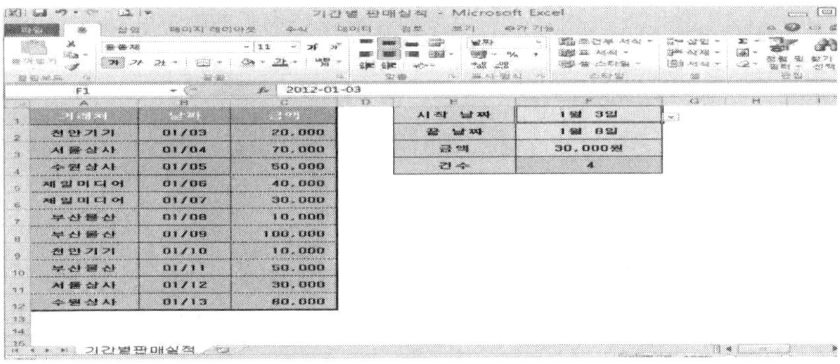

① 데이터가 될 셀 범위(A1:C12)를 지정한 후 [수식]→[정의된 이름]→[선택 영역에서 만들기]를 클릭해 팝업창이 뜨면 [첫행]에만 클릭한 후 [확인].

② 날짜를 표시 할 셀 범위(F1:F2)를 지정한 후 [셀 서식]을 클릭해 [표시형식] 탭에서 [범주→날짜], [형식]에 월 일이 적혀 있는 예를 들어 “3월 14일”과 같은 형식을 선택한 후 [확인].

③ F1:F2까지 셀 범위를 지정한 후 [데이터]→[데이터도구]→[데이터 유효성검사]를 클릭해 [데이터 유효성] 팝업창이 뜨면 [설정] 탭에 있는 [제한대상]에 “목록”, [원본]에 “=날짜”를 입력한 후 [확인].

④ 건수가 표시 될 F4 셀에 =SUMPRODUCT((날짜>=F1)*(날짜<=F2)*(금액>=F3))을 입력.

⑤ 시작 날짜와 끝 날짜를 콤보박스를 이용해 지정하고 F3에 구하고자 하는 금액을 입력하면 F4에 건수가 표시된다.

2-65) 소계(중간합계)를 제외한 총합계 산출

소그룹으로 분류되는 수많은 중간합계들을 포함하지 않고 총합계를 구하는 방법.

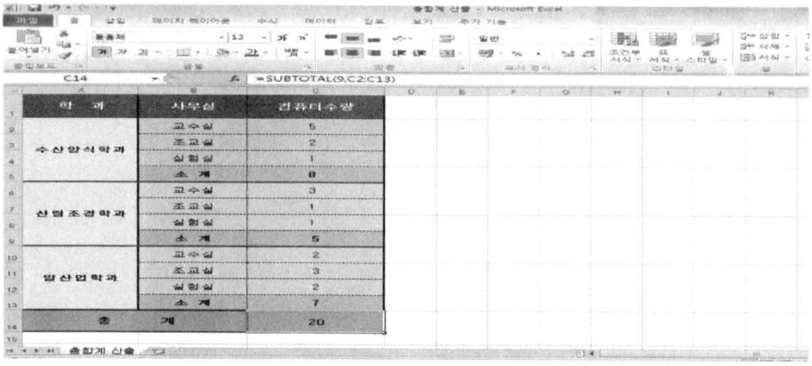

학 과	사무실	컴퓨터수량
수산양식학과	교수실	5
	조교실	2
	실험실	1
	소 계	8
산림조경학과	교수실	3
	조교실	1
	실험실	1
	소 계	5
말산업학과	교수실	2
	조교실	3
	실험실	2
	소 계	7
총 계		20

① C5 셀에 =SUBTOTAL(9/C2:C4) 입력.

② C9 셀에 =SUBTOTAL(9/C6:C8) 입력.

③ C13 셀에 =SUBTOTAL(9/C10:C12) 입력.

④ C14 셀에 =SUBTOTAL(9/C2:C13) 입력.

2-66) 데이터를 구분하여 단위별 합계 산출

전체 데이터 중 KB, MB, GB 등과 같은 단위를 기준으로 합계를 구하는 방법.

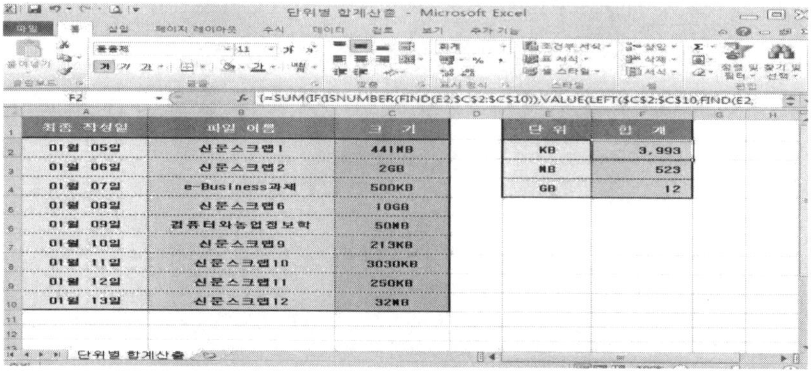

최종 작성일	파일 이름	크 기
01월 05일	신문스크랩1	441MB
01월 06일	신문스크랩2	2GB
01월 07일	e-Business과제	500KB
01월 08일	신문스크랩6	10GB
01월 09일	컴퓨터와농업정보학	50MB
01월 10일	신문스크랩9	213KB
01월 11일	신문스크랩10	3030KB
01월 12일	신문스크랩11	250KB
01월 13일	신문스크랩12	32MB

단 위	합 계
KB	3,993
MB	523
GB	12

단위별 합계가 표시 될 F2셀에
=SUM(IF(ISNUMBER(FIND(E2,$C$2:$C$10)), VALUE(LEFT($C$2:$C$10,FIND(E2,$C$2:$C$10)-1)),0)) 입력한 후 수식 입력 줄에 커서를 놓고 Ctrl+Shift+엔터키를 눌러 중괄호 입력한 후 F2 셀의 채우기 핸들 더블클릭.

2-67) 주소 데이터에서 시, 군, 동만 선별 출력

주소데이터에서 번지, 전화번호 등의 상세 데이터를 제외하고 동까지만 나타나게 하는 방법.

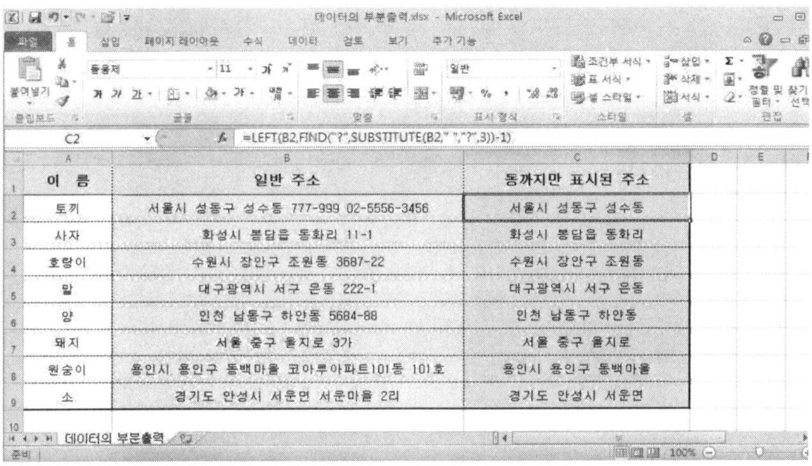

동까지만 표시된 주소가 입력 될
C2 셀에 =LEFT(B2,FIND("?",SUBSTITUTE(B2,"","?",3))-1) 입력한 후 채우기 핸들 더블클릭.

2-68) 스파크라인을 이용한 데이터 추이 분석하기

워크시트 셀을 배경으로 지정하는 작은 차트인 스파크라인을 이용해 판매추이를 한눈에 볼 수 있는 방법.

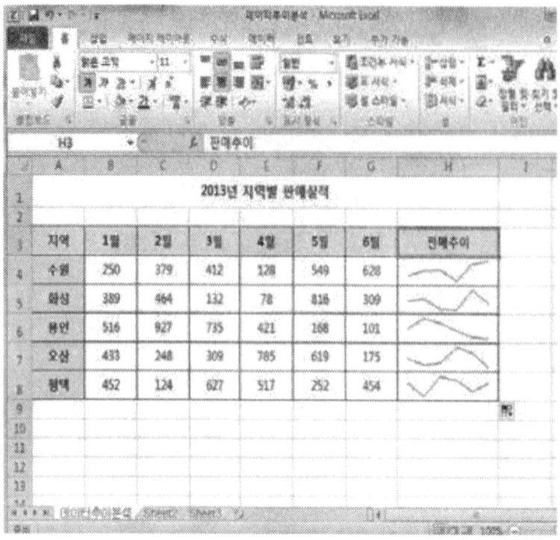

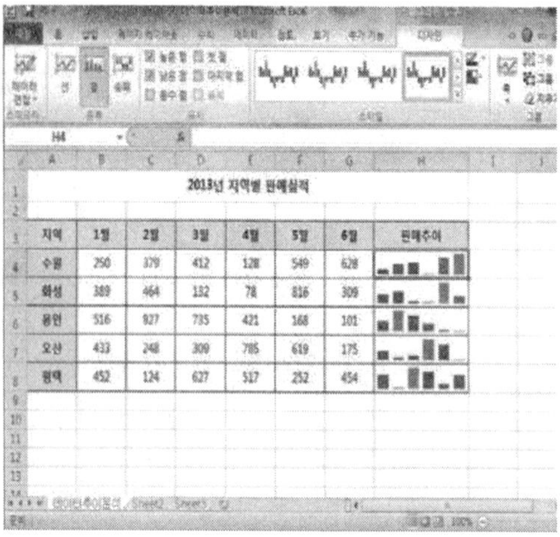

① 스파크라인이 삽입 될 H4 셀 선택.

② [삽입]→[스파크라인]→[꺾은선형] 선택해 [스파크라인 만들기] 팝업 창이 뜨면 '데이터범위'에 B4:G4를 선택하고, '위치범위'에 $H$4가 지정되어 있는 지 확인 후 [확인] 클릭.

③ H4 셀의 자동 채우기 핸들을 H8 셀까지 드래그.

④ 스파크라인의 스타일을 변경하는 방법은 H4 셀을 선택한 후 [스파크라인 도구 디자인]→[종류]에서 원하는 모양을 선택한 후 [표시], [색상] 등을 지정하면 된다.

2-69) 위, 아래 대칭 차트 만드는 방법

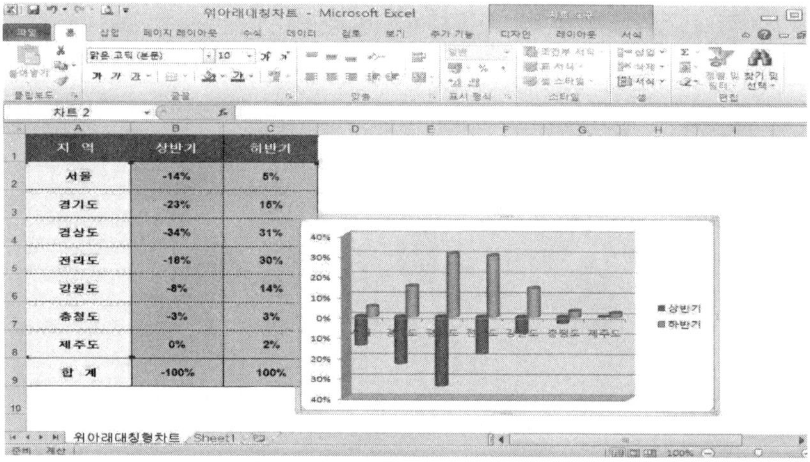

① 차트로 나타낼 셀 범위(A1:C8)를 지정한 후 [삽입]→[차트]→[세로막대형]을 선택.

② 삽입된 차트에서 [값축]을 클릭한 후 오른쪽 마우스를 눌러 [축서식]→[표시형식]→[범주]에서 [사용자지정]을 선택하고 [서식코드]에 "0%;0%;0%"를 입력한 후 [추가]→[닫기]를 누르면 상반기 [값축]도 양수로 바뀐다.

③ 차트의 각 요소를 선택해 원하는 서식을 지정하면 된다.

2-70) 좌우 대칭형 차트 작성

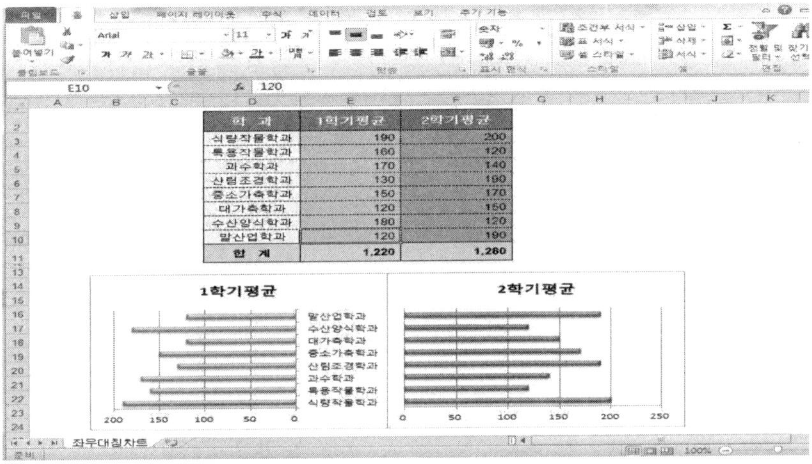

① 차트로 만들 데이터 범위(D2:E10)를 지정한 뒤 [삽입]→[차트]에서 [가로막대형 차트]를 클릭해 삽입된 차트영역을 복사한 후 붙여넣기 하여 두 개의 가로막대형 차트를 삽입해 놓는다.

② 복사된 차트를 클릭하고 오른쪽 마우스를 눌러 [데이터선택]을 클릭해서 [데이터원본 선택] 팝업창이 뜨면 [범례항목(계열)]에서 보이는 "1학기평균"을 선택해 [제거]한 후 [추가]를 눌러 [계열이름]에 "2학기평균", [계열 값]에 F3:F10 셀 드래그 후 [확인].

③ 2학기평균 차트에서 [항목축(세로)]을 클릭한 후 오른쪽 마우스를 눌러 [삭제]를 선택해서 항목축을 지우고, 1학기평균 차트의 [값축(가로축)]을 클릭한 후 오른쪽 마우스를 눌러 [축서식]→[축옵션]에서 [값을 거꾸로]에 체크한 후 [확인].

④ 2학기평균 차트를 이동시켜 상반기 차트와 겹치게 조절한 후 Ctrl 키를 누른 상태에서 오른쪽마우스를 눌러 두개의 차트를 선택한 뒤 [페이지 레이아웃]→[정렬]→[그룹] 클릭.

2-71) 매크로를 이용한 차트 작성

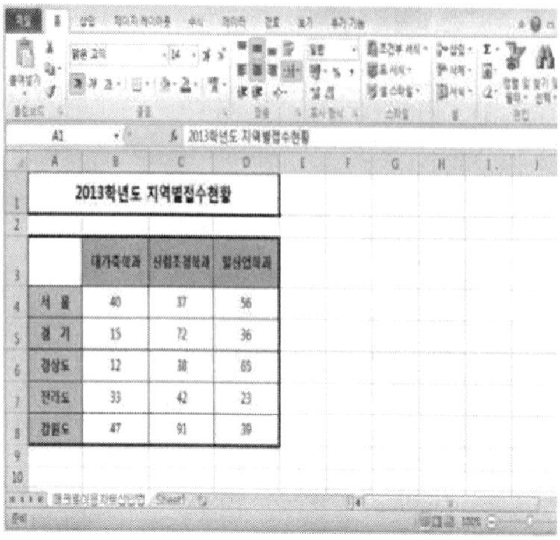

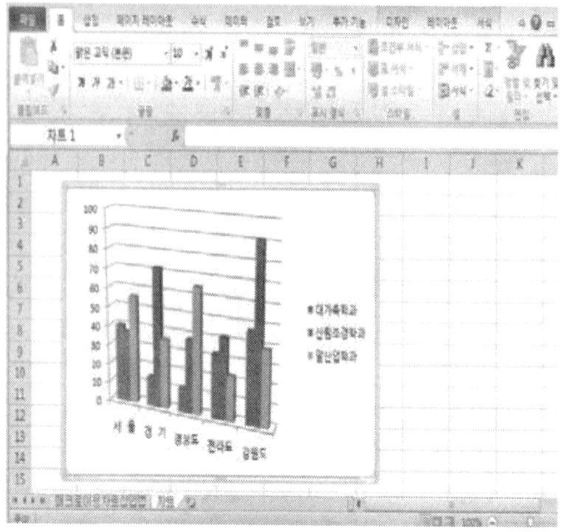

① 매크로를 사용할 데이터가 있는 시트에서 표(A3:D8) 셀 범위를 설정한 후 [보기]→[매크로]→[매크로 기록]을 클릭해서 팝업창이 뜨면 [매크로 이름]에 작성할 매크로 이름을 [바로가기 키]에 “h”를 입력한 후 [확인].

② 표(A3:D8) 셀 범위를 설정한 후 [삽입]→[차트]에서 원하는 차트 선택.

③ 새 시트를 삽입한 후 [보기]→[매크로]→[매크로보기]를 클릭해 팝업창이 뜨면 지정한 [매크로이름]을 선택한 뒤 [실행]을 클릭하면 차트 삽입.

④ 매크로를 중지하려면 [보기]→[매크로]→[기록중지] 선택.

2-72) 추가되는 데이터 차트에 자동 삽입

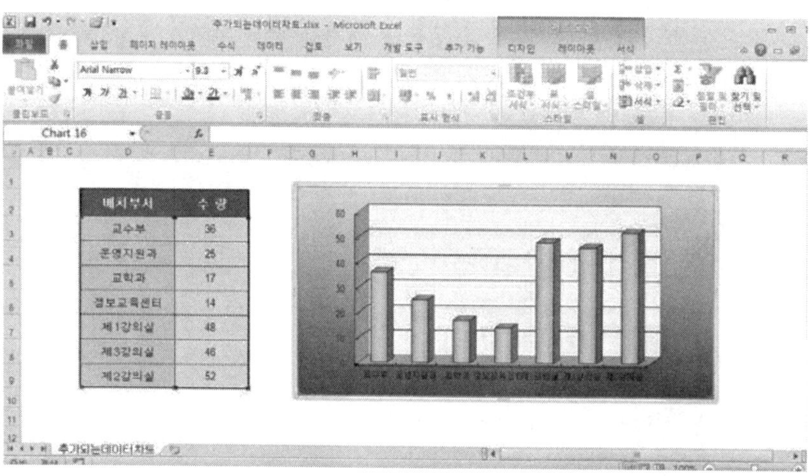

① 차트로 만들 데이터 범위(D2:E9)를 지정한 후 [삽입]→[차트]→[세로막대형] 차트 삽입.

② [수식]→[정의된 이름]→[이름정의]를 클릭해 팝업창이 뜨면 [이름]에 "이름", [참조대상]에 =OFFSET($D$3,0,0,COUNTA($D:$D)-1) 입력한 뒤 [확인].

③ [수식]→[정의된 이름]→[이름정의]를 클릭해 팝업창이 뜨면 [이름]에 "판매", [참조대상]에 =OFFSET($E$3,0,0,COUNTA($E:$E)-1) 입력한 뒤 [확인].

2-73) 목록 상자로 선택된 데이터의 차트를 그리는 방법

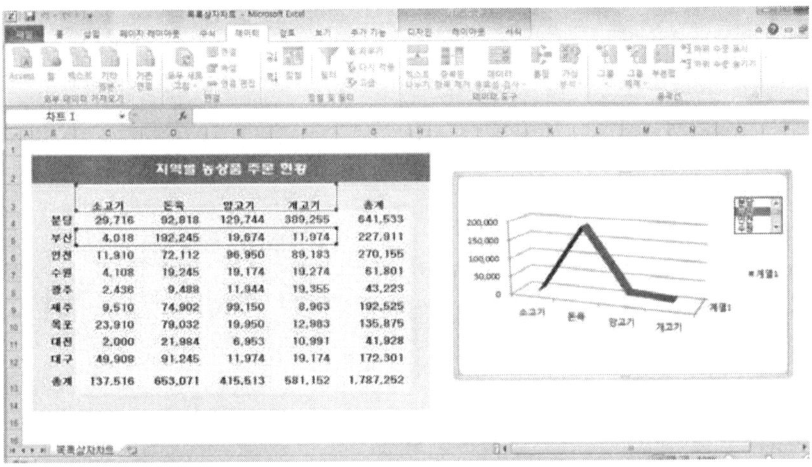

① 차트로 만들 셀 범위(B3:F4)를 선택한 후 [삽입]→[차트]→[꺾은 선형]에서 [3차원 꺾은 선형]을 삽입한 후 [개발도구]→[컨트롤]→[삽입]을 클릭해 [양식컨트롤]에서 [목록상자] 도구를 차트 위에 삽입.
(만약, 개발도구 탭이 보이지 않을 경우 [파일]→[옵션]→[리본사용자지정]→[리본메뉴사용자지정] 아래에 있는 [개발도구]에 체크한 후 [확인].)

② 목록상자를 선택한 후 오른쪽 마우스를 눌러 [컨트롤서식] 팝업창이 뜨면 [컨트롤] 탭에서 [입력범위]에 B4:B13까지 셀 드래그, [셀 연결]에 H14 셀 클릭, [선택유형]에 "한개"에 체크하고 [3차원음영]의 체크표시를 해제한 후 [확인].

③ 시트 이름을 "목록상자차트"로 변경

④ [수식]→[정의된 이름]→[이름정의]를 클릭해 [새 이름] 팝업창이 뜨면 [이름]에 "원본", [범위]에 "목록상자차트", [참조대상]에 "=OFFSET($C$3,$H$14,0,1,4)" 입력한 후 [확인].

⑤ 차트를 클릭하고 오른쪽마우스를 눌러 [데이터선택]→[데이터 원본 선택] 팝업창이 뜨면 [범례항목(계열)]에서 [제거] 버튼을 클릭해 기존의 계열을 삭제하고 [추가] 버튼 클릭, [계열 값] 상자에 "=목록상자차트.xlsx!원본"(파일이름) 입력하고 [확인], [가로(항목) 축 레이블]의 [편집]을 클릭해서 [축 레이블 범위]를 C3:F3까지 드래그 후 [확인].

⑥ H14 셀을 클릭한 후 [셀 서식]을 클릭해 팝업창이 뜨면 [표시형식] 탭에서 [범주→사용자지정]을 [형식]에 " ; ; ; "을 입력한 후 [확인].

2-74) 옵션 단추로 선택된 데이터를 차트로

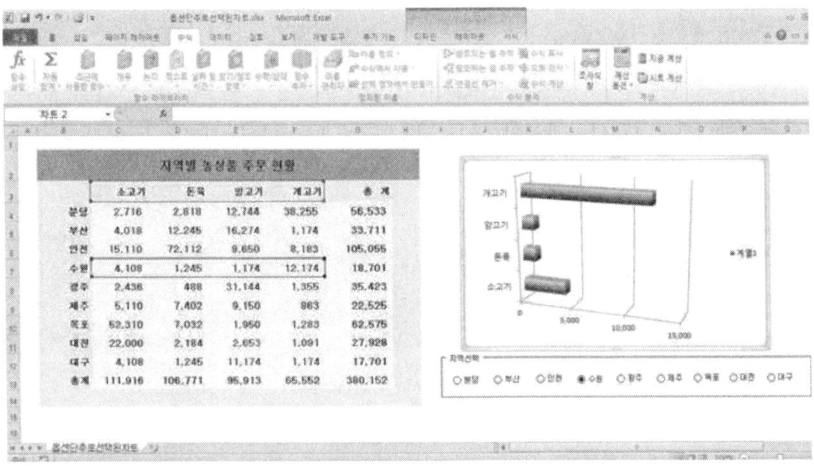

① 차틀 만들 셀 범위(B3:F12)를 지정한 후 [삽입]→[차트]에서 [가로막대형]을 삽입한 후 [개발도구]→[컨트롤]→[삽입]→[양식컨트롤]에서 [그룹상자] 도구를 선택해 차트 밑에 드래그 하여 박스상자를 그린 후 제목을 "지역선택"으로 수정하고, [개발도구]→[컨트롤]→[삽입]→[양식컨트롤]에서 [옵션단추] 도구를 선택하여 그룹상자(박스상자) 안에 삽입한다.

② 옵션단추를 선택해 오른쪽 마우스를 눌러 [컨트롤 서식]을 클릭한 후 팝업 창이 뜨면 [컨트롤] 탭에서 [선택하지 않은 상태]에 체크, [선 연결]에는 G14 셀 클릭, [3차원 음영]의 체크표시를 해제하고 [확인].

③ Ctrl + Shift 키를 누른 상태에서 옵션단추를 선택하여 옆으로 드래그를 반복, 9개의 옵션단추를 만든다.

④ 오른쪽 마우스로 옵션단추를 선택한 후 [텍스트편집]을 클릭해 지역이름으로

모두 바꾼다.

⑤ Ctrl 키를 누른 상태에서 옵션단추와 그룹상자를 선택한 후 [페이지 레이아웃]→[정렬]→[그룹]을 클릭해 하나로 묶는다.

⑥ [수식]→[정의된 이름]→[이름정의]를 클릭해 팝업창이 뜨면 [이름]에 "원본", [참조대상]에 "=OFFSET($C$3,$G$14,0,1,4)"를 입력한 뒤 [확인].

⑦ 차트를 클릭하고 오른쪽마우스를 눌러 [데이터선택]을 클릭 해 팝업창이 뜨면 [범례항목(계열)]에서 [제거] 버튼을 클릭하여 기존의 계열을 삭제하고 [추가] 버튼 클릭, [계열 값] 상자에 "=옵션단추로선택된차트.xlsx!원본"(파일제목)을 입력한 뒤 [확인].

⑧ 차트의 [세로(항목) 축 레이블]을 선택한 후 오른쪽 마우스를 눌러 [데이터 선택]을 클릭해 팝업창이 뜨면 [가로(항목) 축 레이블] 밑에 [편집]을 클릭하여 [축 레이블 범위]에 표 C3:F3까지 셀을 드래그한 후 [확인]→[확인].

⑨ 표 G14 셀을 선택한 후 [셀 서식]에서 [표시형식] 탭에 있는 [범주→사용자지정], [형식]에 " ; ; ; "을 입력한 후 [확인]을 누르면 차트의 서식이 완성 된다.

2-75) 금리적용으로 예금액 구하는 방법

년 이율 5%에 44,444,444원을 10년간 예치해 두었을 경우 만기 시 금액은?

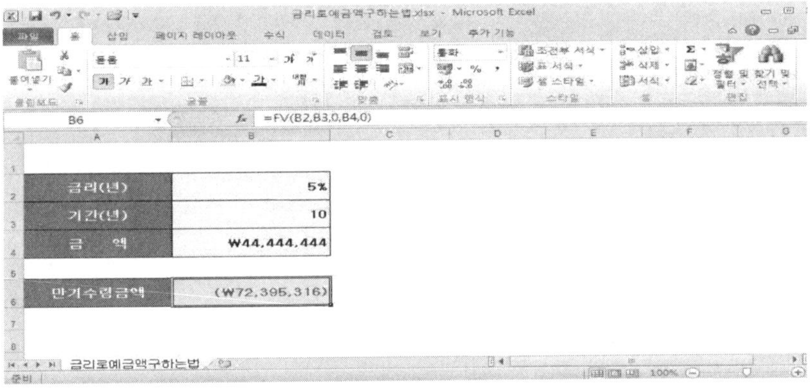

만기수령금액이 표시될 B6 셀에 =FV(B2,B3,0,B4,0) 입력.

2-76) 매도 수익률 구하는 방법

10억에 산 논을 5년 후에 13억 받고 팔 경우 수익률은?

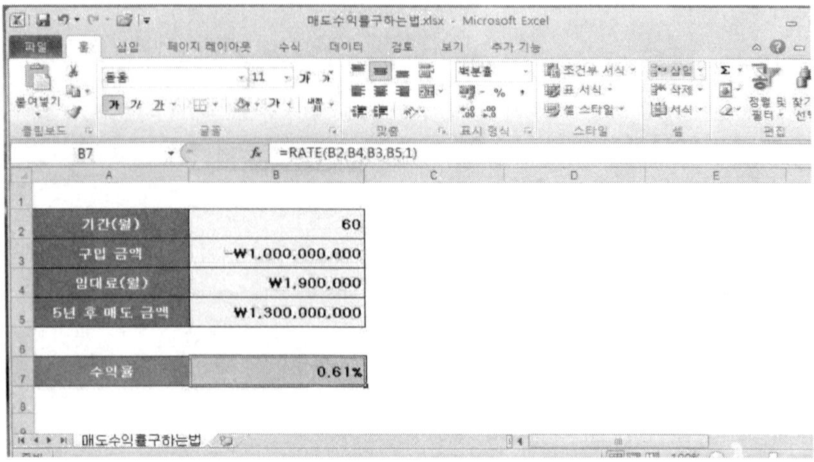

수익률이 표시 될 B7 셀에 =RATE(B2,B4,B3,B5,1) 입력.

2-77) 상환금액 구하는 방법

9,000만원을 년 5% 이율로 7년 후에 상환해야 할 금액은?

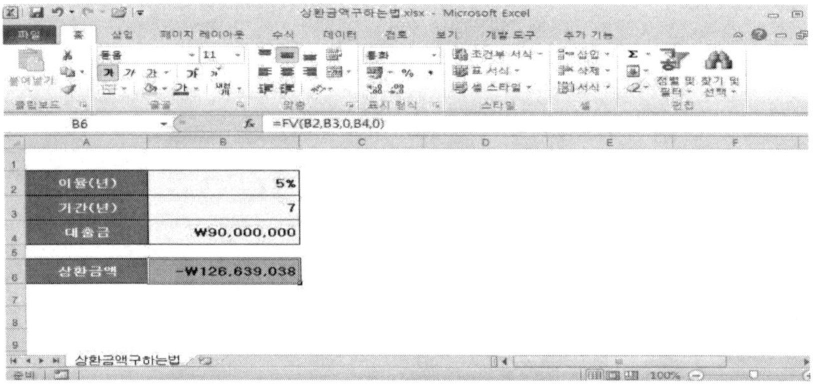

상환금액이 표시될 B6 셀에 =FV(B2,B3,0,B4,0) 입력.

2-78) 송금실적 집계표 작성

요일별, 월별 송금액 집계표 작성법.

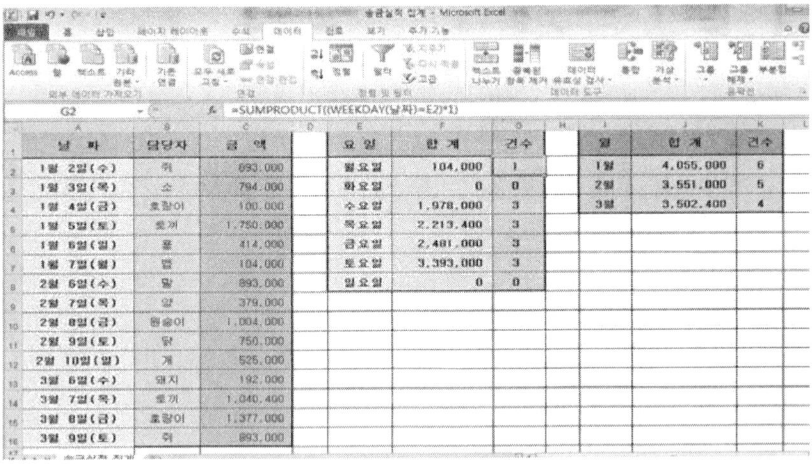

① 요일이 입력될 셀 범위(E2:E8)를 지정한 후 [셀 서식]을 클릭해 팝업창이 뜨면 [표시형식] 탭에서 [범주→사용자지정], [형식]에 aaaa를 입력한 뒤 [확인], E2 셀에 2를 입력한 후 채우기 핸들을 잡고 E8 셀까지 드래그하면 요일이 입력된다.

② 월이 입력될 셀 범위(I2:I4)를 지정한 후 [셀 서식]을 클릭해 팝업창이 뜨면 [표시형식] 탭에서 [범주→사용자지정], [형식]에 #“월” 입력한 뒤 [확인], I2:I4까지 1 ~ 3을 입력하면 월이 자동으로 입력된다.

③ 날짜를 지정할 셀 범위(A2:A16)를 정한 후 [수식]→[정의된 이름]→[이름정의]를 클릭해 팝업창이 뜨면 [이름]에 “날짜”를 입력하고 [확인].

④ 금액을 지정할 셀 범위(C2:C16)를 정한 후 [수식]→[정의된 이름]→[이름정의]를 클릭해 팝업창이 뜨면 [이름]에 “금액”을 입력하고 [확인].

⑤ 요일별 합계가 표시 될 F2 셀에 =SUMPRODUCT((WEEKDAY(날짜)=E2)*금액) 입력한 후 F8까지 드래그.

⑥ 요일별 건수가 표시 될 G2 셀에 =SUMPRODUCT((WEEKDAY(날짜)=E2)*1) 입력한 후 G8까지 드래그.

⑦ 월별 합계가 표시 될 J2 셀에 =SUMPRODUCT((MONTH(날짜)=I2)*금액) 입력한 후 J4까지 드래그.

⑧ 월별 건수가 표시 될 K2 셀에 =SUMPRODUCT((MONTH(날짜)=I2)*1) 입력한 후 K4까지 드래그.

2-79) 어음 할인율 구하는 방법

6개월 만기 5000만원짜리 어음을 4300만원 받을 경우 할인율은?

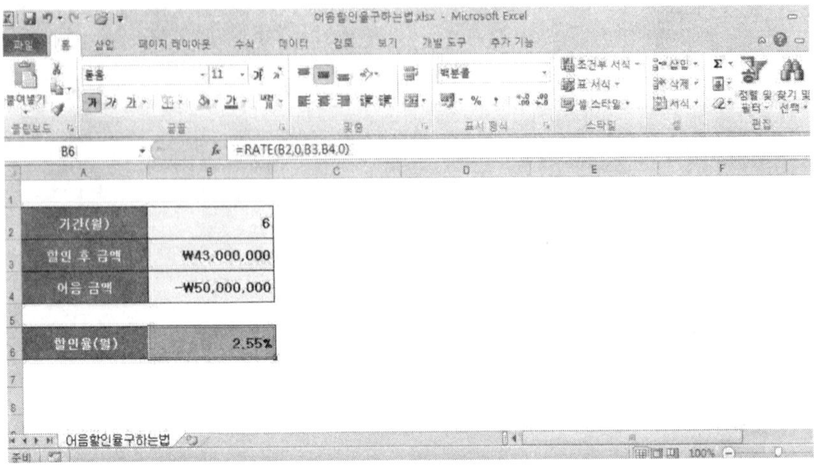

어음 할인율이 표시 될 B6셀에 =RATE(B2,0,B3,B4,0) 입력.

2-80) 제품별로 수량합계와 평균 구하는 방법

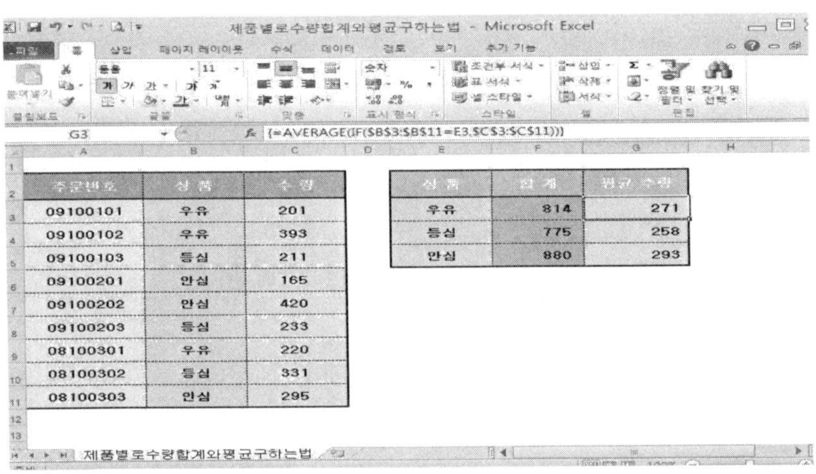

① 제품별 합계가 표시 될 F3 셀에 =SUM(IF($B$3:$B$11=E3,$C$3:$C$11)) 입력한 후 Ctrl + Shift + 엔터키를 눌러 중괄호를 입력하고 채우기 핸들 더블클릭.

② 제품별 평균수량이 표시 될
G3 셀에 =AVERAGE(IF($B$3:$B$11=E3,$C$3:$C$11)) 입력한 후 Ctrl + Shift + 엔터키를 눌러 중괄호를 입력하고 채우기 핸들 더블클릭.

2-81) 요일별 판매액 합계와 평균 구하는 방법

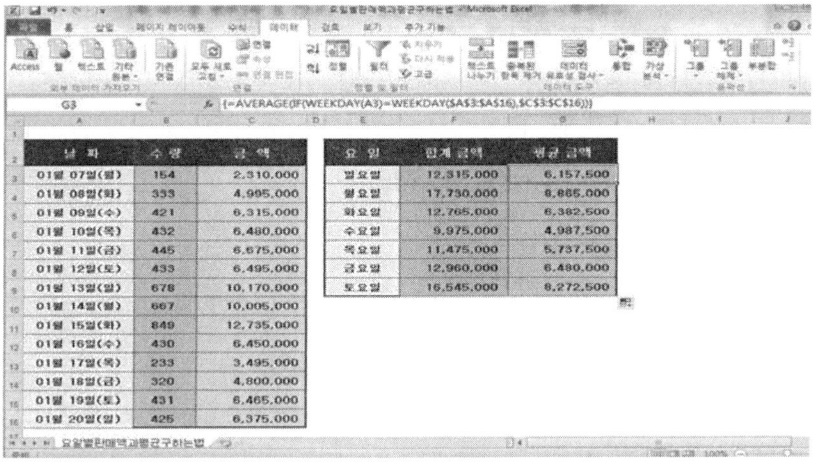

① 일별 합계금액이 표시 될

F3 셀에 =SUM(IF(WEEKDAY(A3)=WEEKDAY($A$3:$A$16),$C$3:$C$16))를 입력한 후 Ctrl + Shift + 엔터키를 눌러 중괄호를 입력하고 채우기 핸들 더블클릭.

② 일별 평균금액이 표시 될

G3 셀에 =AVERAGE(IF(WEEKDAY(A3)=WEEKDAY($A$3:$A$16),$C$3:$C$16))를 입력한 후 Ctrl + Shift + 엔터키를 눌러 중괄호를 입력하고 채우기 핸들 더블클릭.

2-82) 데이터의 일정 값(평균) 이상 추출

일정 값(평균) 이상의 데이터만 추출하여 별도의 시트로 만드는 방법.

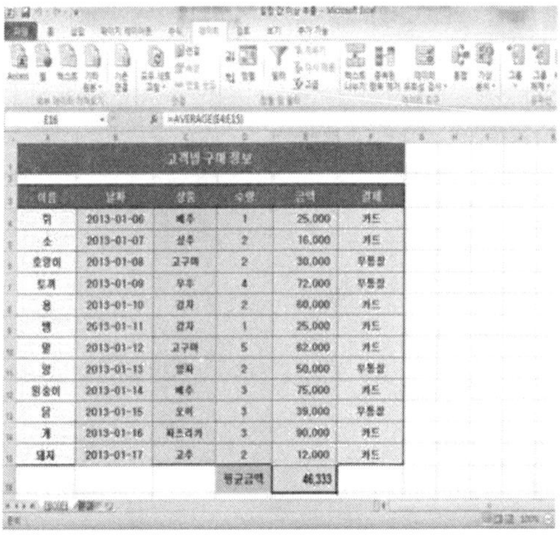

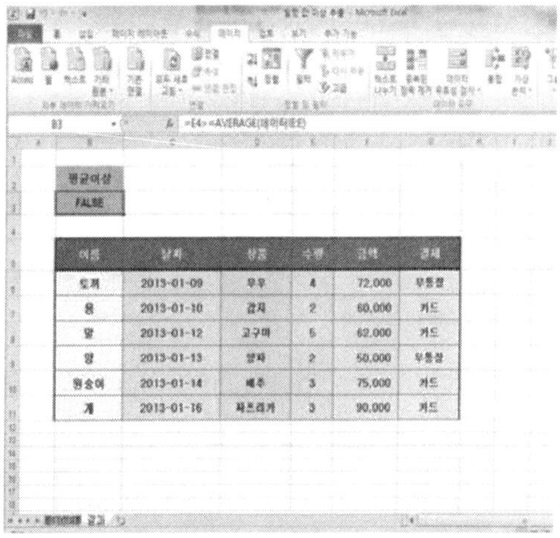

① 데이터 시트에서 A3:F15까지 셀 범위를 지정한 후 [수식]→[정의된 이름]→[이름정의]를 클릭해 팝업창이 뜨면 [이름]에 “목록표” 입력.
② 평균금액을 구하기 위해 E4:E16까지 드래그한 후 [수식]→[함수라이브러리]→[자동합계]→[평균] 클릭.
③ 빈 시트를 삽입한 후 시트 이름을 “결과”로 바꾼 후 B3 셀에 =E4>=AVERAGE(데이터!E:E) 조건 입력.
④ 결과 시트 B2:B3까지 셀 범위를 지정한 후 [수식]→[정의된 이름]→[이름정의]를 클릭해 팝업창이 뜨면 [이름]에 “조건표” 입력.
⑤ 결과 시트 B5:G5까지 셀 범위를 지정한 후 [수식]→[정의된 이름]→[이름정의]를 클릭해 팝업창이 뜨면 [이름]에 “복사표” 입력.
⑥ [데이터]→[정렬 및 필터]→[고급]을 클릭해 팝업창이 뜨면 [다른 장소에 복사]에 체크한 후 [목록범위]에 “목록표”, [조건범위]에 “조건표”, [복사 위치]에 “복사표”를 입력한 뒤 [확인].

2-83) 년수 합계법으로 감가상각비 구하는 방법

가속 상각법의 하나인 년수 합계법으로 계산하는 법.

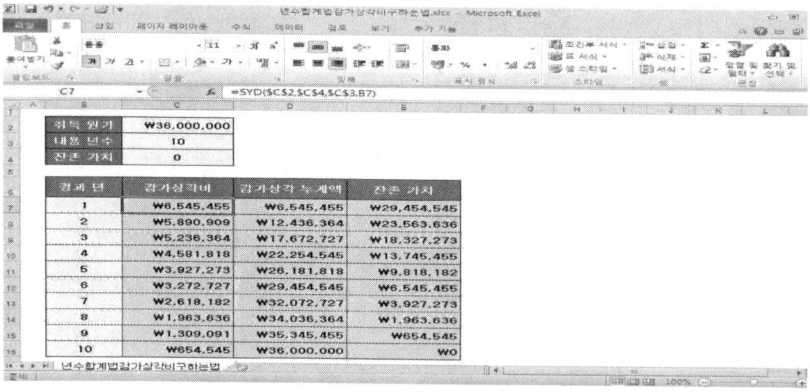

취득 원가	₩36,000,000
내용 연수	10
잔존 가치	0

경과 년	감가상각비	감가상각 누계액	잔존 가치
1	₩6,545,455	₩6,545,455	₩29,454,545
2	₩5,890,909	₩12,436,364	₩23,563,636
3	₩5,236,364	₩17,672,727	₩18,327,273
4	₩4,581,818	₩22,254,545	₩13,745,455
5	₩3,927,273	₩26,181,818	₩9,818,182
6	₩3,272,727	₩29,454,545	₩6,545,455
7	₩2,618,182	₩32,072,727	₩3,927,273
8	₩1,963,636	₩34,036,364	₩1,963,636
9	₩1,309,091	₩35,345,455	₩654,545
10	₩654,545	₩36,000,000	₩0

① 감가상각비가 표시될 C7 셀에 =SYD($C$2,$C$4,$C$3,B7) 입력한 후 채우기 핸들 더블클릭.
② 감가상각누계액이 표시 될 D7 셀에 =C7, D8 셀에 =C8+D7 입력한 후 D8 셀의 채우기 핸들 더블클릭.
③ 잔존가치가 표시 될 E7 셀에 =$C$2-D7 입력한 후 채우기 핸들 더블클릭.

2-84) 정률법으로 감가상각비 구하는 방법

사용 연한 동안 매년 동일한 비율로 감가 상각하는 정률법으로 계산하는 법

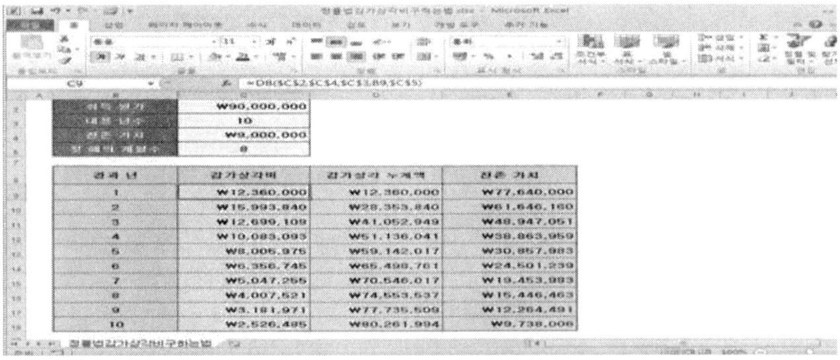

취득 원가	₩90,000,000
내용 연수	10
잔존 가치	₩9,000,000
첫 해의 개월수	8

경과 년	감가상각비	감가상각 누계액	잔존 가치
1	₩12,360,000	₩12,360,000	₩77,640,000
2	₩15,993,840	₩28,353,840	₩61,646,160
3	₩12,699,109	₩41,052,949	₩48,947,051
4	₩10,083,093	₩51,136,041	₩38,863,959
5	₩8,006,975	₩59,142,017	₩30,857,983
6	₩6,356,745	₩65,498,761	₩24,501,239
7	₩5,047,255	₩70,546,017	₩19,453,983
8	₩4,007,521	₩74,553,537	₩15,446,463
9	₩3,181,971	₩77,735,509	₩12,264,491
10	₩2,526,485	₩80,261,994	₩9,738,006

① 감가상각비가 표시 될 C9 셀에 =DB($C$2,$C$4,$C$3,B9,$C$5) 입력한 후 채우기 핸들 더블클릭.

② 감가상각누계액이 표시 될 D9 셀에 =C9, D10 셀에 =C10+D9 입력한 후 D10 셀의 채우기 핸들 더블클릭.

③ 잔존가치가 표시 될 E9 셀에 =$C$2-D9 입력한 후 채우기 핸들 더블클릭.

2-85) 정액법으로 감가상각비 구하는 방법

사용 연한 동안 매년 동일한 금액을 감가 상각하는 정액법으로 계산하는 법

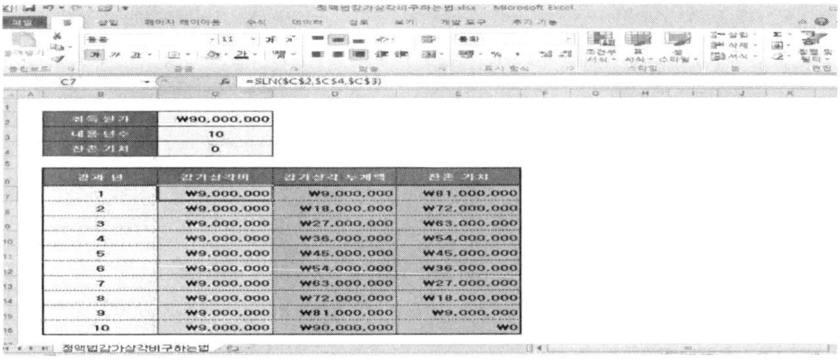

취득 원가	₩90,000,000
내용 연수	10
잔존 가치	0

경과 년	감가상각비	감가상각 누계액	잔존 가치
1	₩9,000,000	₩9,000,000	₩81,000,000
2	₩9,000,000	₩18,000,000	₩72,000,000
3	₩9,000,000	₩27,000,000	₩63,000,000
4	₩9,000,000	₩36,000,000	₩54,000,000
5	₩9,000,000	₩45,000,000	₩45,000,000
6	₩9,000,000	₩54,000,000	₩36,000,000
7	₩9,000,000	₩63,000,000	₩27,000,000
8	₩9,000,000	₩72,000,000	₩18,000,000
9	₩9,000,000	₩81,000,000	₩9,000,000
10	₩9,000,000	₩90,000,000	₩0

① 감가상각비가 표시 될 C7 셀에 =SLN($C$2,$C$4,$C$3) 입력한 후 채우기 핸들 더블클릭.

② 감가상각누계액이 표시 될 D7 셀에 =C7, D8 셀에 =C8+D7 입력한 후 D8 셀의 채우기 핸들 더블클릭.

③ 잔존가치가 표시 될 E7 셀에 =$C$2-D7 입력한 후 채우기 핸들 더블클릭.

2-86) 주민등록번호 뒷자리 감추기

주민등록번호 뒷자리를 감추기 위해 특수문자 등으로 표시하는 방법.

B열에 입력되어 있는 주민등록번호를 복사해 C열에 붙여넣기 한 후 C3 셀에 =REPLACE(B3,8,7,"*******")를 입력한 뒤 채우기 핸들 더블클릭.

2-87) 주민등록번호 입력으로 출생년도, 연령, 성별의 자동생성

주민등록번호만 입력하면 출생년도, 연령, 성별이 자동 생성되는 방법.

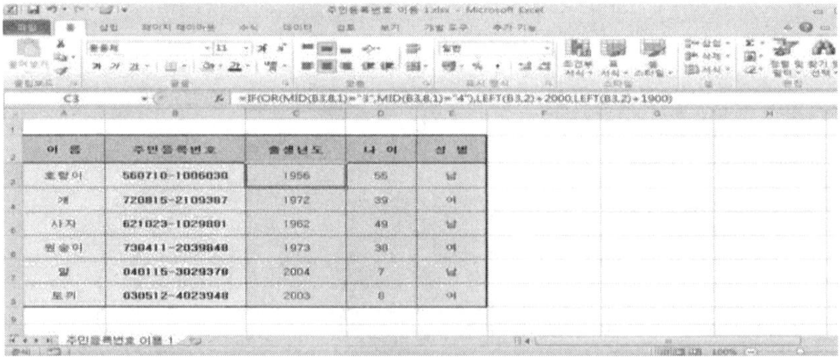

① 출생년도가 표시 될
C3 셀에 =IF(OR(MID(B3,8,1)="3",MID(B3,8,1)="4"),LEFT(B3,2)+2000,LEFT(B3,2)+1900) 입력한 후 채우기 핸들 더블클릭.

② 나이가 표시 될 D3 셀에 =YEAR(TODAY())-C3 입력한 후 채우기 핸들 더블클릭.

③ 성별이 표시 될 E3 셀에 =IF(OR(MID(B3,8,1)="1",MID(B3,8,1)="3"),“남”, “여”) 입력한 후 채우기 핸들 더블클릭.

2-88) 주민등록번호 입력으로 출생일 자동생성

주민등록번호 입력에 따라 출생일을 “년, 월, 일 생”의 형태로 자동 생성시키는 방법.

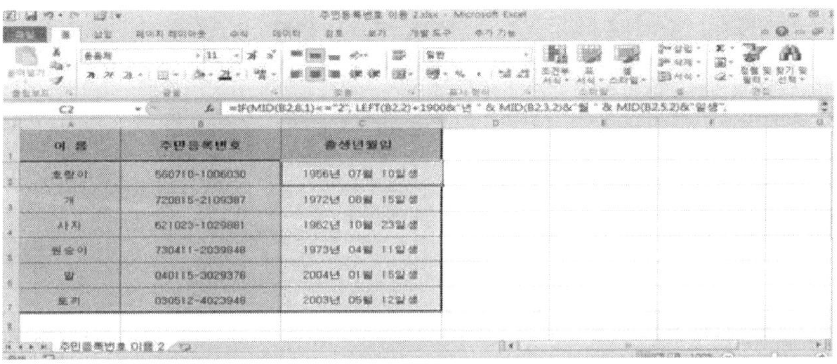

출생년월일이 표시 될 C2 셀에 =IF(MID(B2,8,1)<="2",LEFT(B2,2)+1900& “년”&MID(B2,3,2)&“월”&MID(B2,5,2)&“일생”,LEFT(B2,2)+2000& “년”&MID(B2,3,2)&“월”&MID(B2,5,2)&“일생”) 입력한 후 채우기 핸들 더블클릭.

2-89) 중복되지 않게 데이터 추출하는 방법

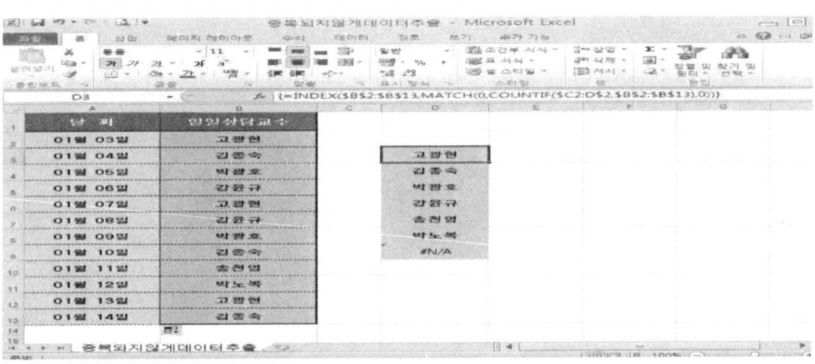

중복되지 않은 데이터가 표시 될
D3 셀에 =INDEX($B$2:$B$13,MATCH(0,COUNTIF($C$2:D2,$B$2:$B$13),0))
입력한 후 수식 줄에 커서를 놓고 Ctrl + Shift + 엔터키를 눌러 중괄호를 입력하고 C3 셀의 채우기 핸들을 잡고 #NA가 표시될 때까지 드래그.

2-90) 중복으로 입력된 데이터 추출 방법

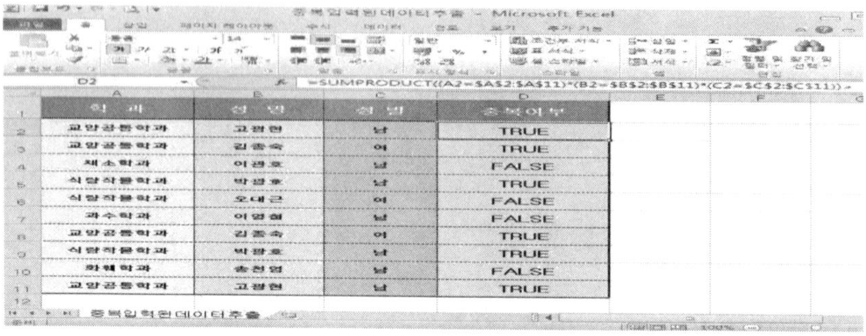

중복여부가 표시 될
D2 셀에 =SUMPRODUCT((A2=$A$2:$A$11)*(B2=$B$2:$B$11)*(C2=$C$2:$C$11))>1
입력한 후 채우기 핸들 더블클릭, 표시된 "TRUE"는 중복된 데이터를 의미한다.

2-91) 고유번호에 의한 지정양식작성

단위 데이터의 고유 번호로 지정 형태의 양식서류 만드는 방법.

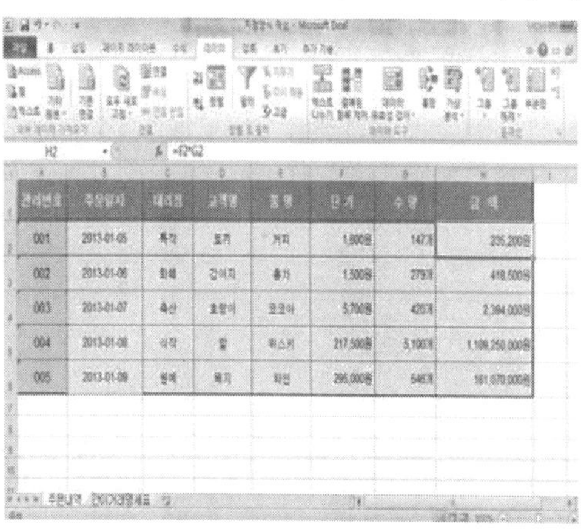

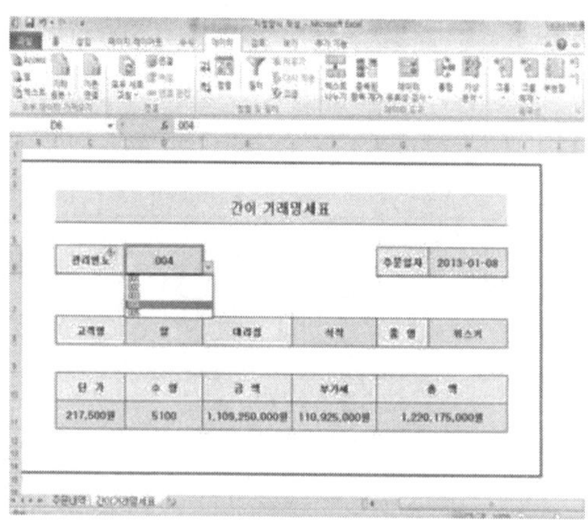

① 데이터시트를 "주문내역"으로 또 다른 시트는 "간이거래명세표"로 이름을 변경하고 "간이거래명세표" 시트를 선택한 후 [수식]→[정의된 이름]→[이름정의]를 클릭해 팝업창이 뜨면 [이름]에 "데이터", [참조대상]에 =OFFSET(주문내역!$A$1,1,0,COUNTA(주문내역!$A:$A)-1,COUNTA(주문내역!$1:$1)) 입력

한 뒤 [확인].

② [수식]→[정의된 이름]→[이름정의]를 클릭해 팝업창이 뜨면 [이름]에 "주문번호", [참조대상]에 =OFFSET(주문내역!$A$1,1,0,COUNTA(주문내역!$A:$A)-1,1) 입력한 뒤 [확인].

③ "간이거래명세표" 시트의 D6 셀에 커서를 놓고 [데이터]→[데이터도구]→[데이터유효성검사]를 클릭해 팝업창이 뜨면 [설정] 탭에 있는 [제한대상]에 "목록", [원본]에 "=주문번호"를 입력한 뒤 [확인].

④ 주문일자가 표시 될 H6 셀에 =VLOOKUP($D$6,데이터,2,0) 입력.

⑤ 고객명이 표시 될 D8 셀에 =VLOOKUP($D$6,데이터,4,0) 입력.

⑥ 대리점이 표시 될 F8 셀에 =VLOOKUP($D$6,데이터,3,0) 입력.

⑦ 품명이 표시 될 H8 셀에 =VLOOKUP($D$6,데이터,5,0) 입력.

⑧ 단가가 표시 될 C11 셀에 =VLOOKUP($D$6,데이터,6,0) 입력.

⑨ 수량이 표시 될 D11 셀에 =VLOOKUP($D$6,데이터,7,0) 입력.

⑩ 금액이 표시 될 E11 셀에 =VLOOKUP($D$6,데이터,8,0) 입력.

⑪ 부가세가 표시 될 F11 셀에 =E11*0.1 입력.

⑫ 총액이 표시 될 G11 셀에 =E11+F11 입력.

2-92) 회원/비회원 차등 혜택

회원과 비회원 및 상품 구매 총액에 따라 할인혜택을 차등 적용하는 방법.

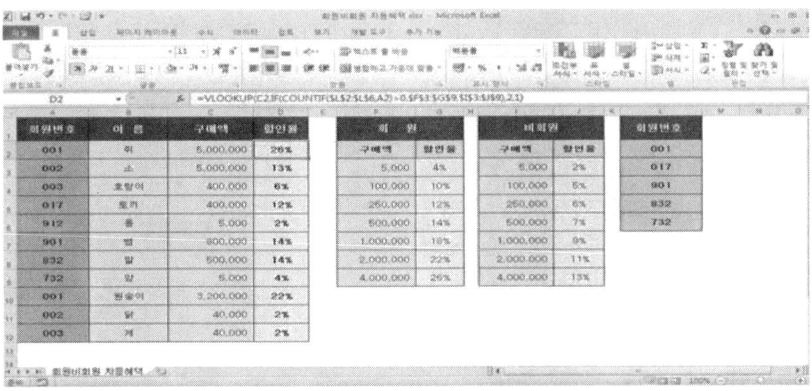

회원번호	이 름	구매액	할인율
001	쥐	5,000,000	26%
002	소	5,000,000	13%
003	호랑이	400,000	6%
017	토끼	400,000	12%
912	용	5,000	2%
901	뱀	800,000	14%
832	말	500,000	14%
732	양	5,000	4%
001	원숭이	3,200,000	22%
002	닭	40,000	2%
003	개	40,000	2%

회 원	
구매액	할인율
5,000	4%
100,000	10%
250,000	12%
500,000	14%
1,000,000	18%
2,000,000	22%
4,000,000	26%

비회원	
구매액	할인율
5,000	2%
100,000	5%
250,000	6%
500,000	7%
1,000,000	9%
2,000,000	11%
4,000,000	13%

회원번호
001
017
901
832
732

할인율이 표시 될

D2 셀에 =VLOOKUP(C2,IF(COUNTIF($L$2:$L$6,A2)>0,$F$3:$G$9,$I$3:$J$9),2,1) 입력한 후 채우기 핸들 더블클릭.

4. 한글문서

1) 각주/미주 입력

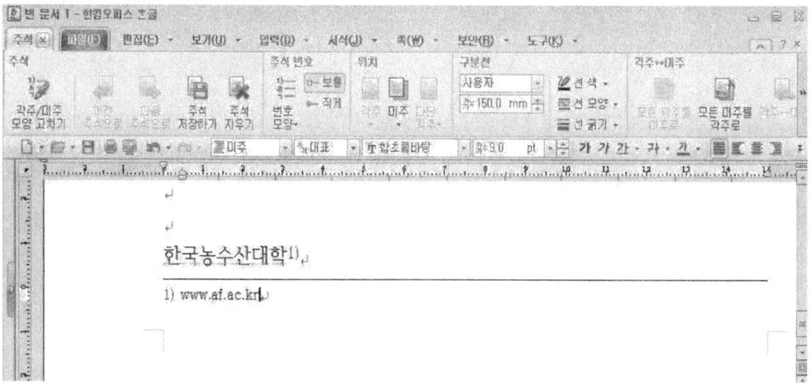

본문 내용에 대한 보충 자료를 구체적으로 제시하거나 인용한 자료의 출처 등을 밝힐 때 사용하는 것으로 각주를 넣을 단어 뒤에 커서를 놓고 [입력]→[참조]에서 [각주] 혹은 [미주] 선택.

2) 그리기 개체 및 글상자

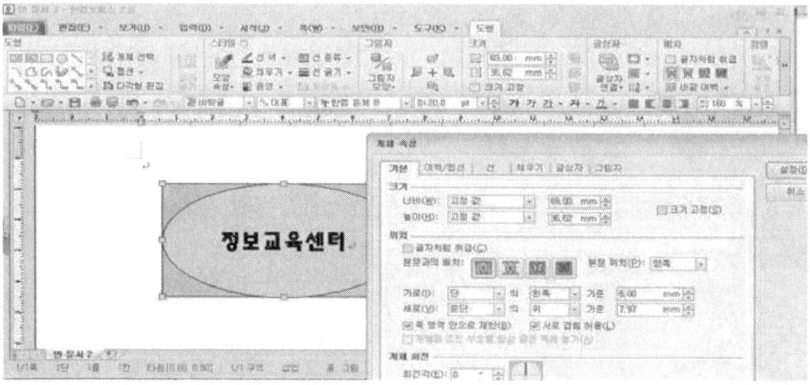

① 도형이나 선을 활용하는 방법으로 [편집]→[입력]→[도형]→[그리기 개체]에서 해당하는 개체를 선택한 후 드래그.

② 그리기 개체를 편집하는 방법은 개체를 선택한 후 오른쪽 마우스를 눌러 [개체 속성]을 통해 원하는 모양으로 편집.

③ 도형 안에 글자를 입력하는 방법은 개체를 선택한 후 오른쪽 마우스를 눌러 [도형 안에 글자 넣기]를 클릭한 후 도형 안에 커서가 놓이면 텍스트 입력.

④ 여러 개의 그리기 개체를 하나의 개체로 취급하기 위해서는 [편집]→[입력]→[개체선택]을 클릭해 묶고자 하는 개체들을 드래그 한 후 오른쪽 마우스를 눌러 [개체묶기] 클릭.

3) 그리기 마당

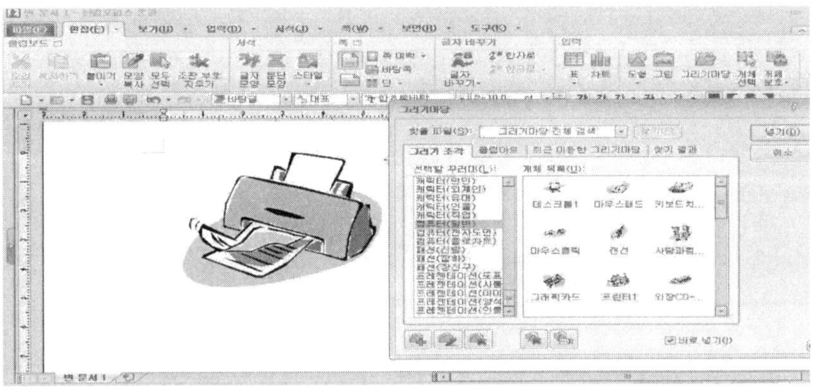

흔글에서 제공하는 [그리기 조각]이나 [클립아트]를 모아놓은 공간으로 [편집]→[입력]→[그리기마당]을 선택하면 [그리기마당] 창을 통해 원하는 [그리기조각]이나 [클립아트]를 지정한 후 [넣기].

4) 그림 삽입

① 문서에 그림을 삽입하는 방법으로 [입력]→[개체]→[그림]→[그림 넣기] 창이

뜨면 그림이 저장되어 있는 위치를 선택한 후 [넣기].

② 삽입한 그림을 편집하려면 오른쪽 마우스를 눌러 [개체 속성]을 통해 크기, 위치 등을 지정한 후 [설정].

5) 매크로

매크로는 사용자가 입력하는 일련의 키보드 또는 마우스 동작을 보관했다가 그대로 재생해 내는 기능으로 [키 매크로]와 [스크립트 매크로]가 있다.

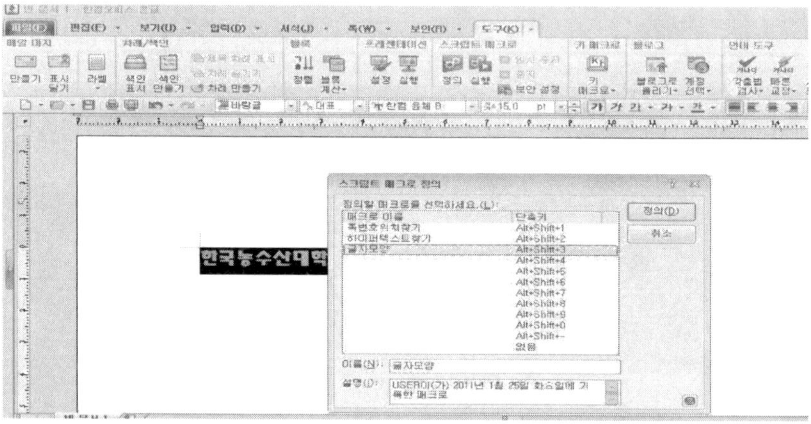

① [스크립트 매크로]는 [도구]→[스크립트매크로]에서 [보안설정]을 클릭해 보안 수준을 설정.

② 스크립트 매크로를 설정할 글자를 블록으로 잡은 후 [도구]→[스크립트매크로]→[정의]를 클릭해 팝업 창이 뜨면 Alt+Shift+3을 선택하고 [이름]에 글자모양이라고 입력한 후 [정의].

③ [서식]→[글자]에서 원하는 글꼴, 크기, 색 등을 지정.

④ [도구]→[스크립트 매크로]→[중지].

⑤ [스크립트 매크로] 실행은 스크립트매크로를 설정한 글자를 입력한 후 블록을 잡고 [도구]→[스크립트 매크로]→[실행]을 클릭해서 Alt+Shift+3을 선택하거나 블록을 잡은 상태에서 Alt+Shift+3을 바로 눌러도 실행이 된다.

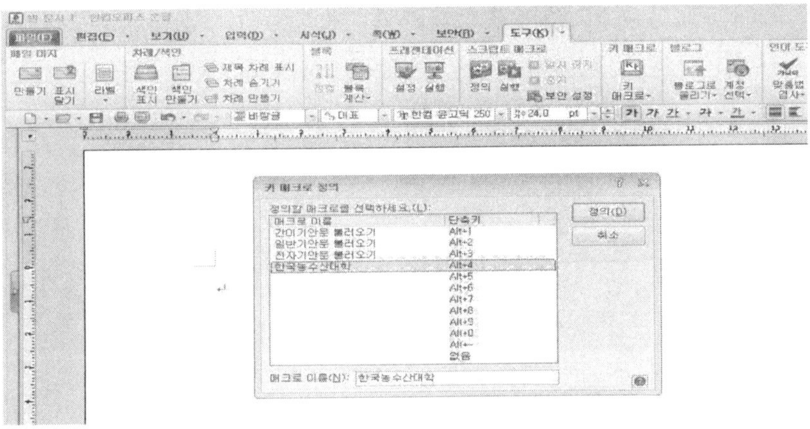

⑥ [키 매크로]는 [도구]→[키매크로]→[정의]를 클릭해 팝업 창이 뜨면 Alt+4를 선택한 후 [매크로 이름]에 매크로를 지정할 글자를 입력한 후 [정의].

⑦ 본문 편집 화면에 매크로를 지정한 글자를 입력한 후 [도구]→[키 매크로]→[중지].

⑧ Alt+4를 누르거나 [도구]→[키매크로]→[실행]에서 Alt+4를 선택하면 지정한 글자가 자동 입력된다.

6) 머리말/꼬리말

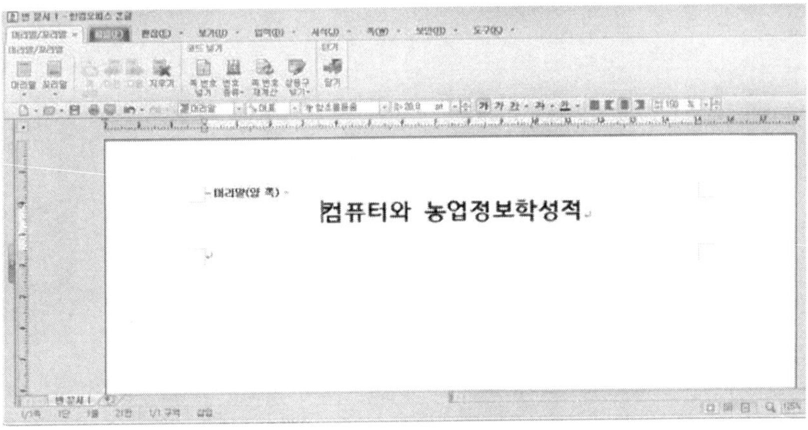

① [쪽]→[쪽 모양]→[머리말]→[머리말/꼬리말]을 클릭해 팝업 창이 뜨면 [종류-머리말], [위치-양쪽]을 선택한 다음 [만들기]

② 머리말 입력 화면으로 전환되면 머리말을 입력한 후 [머리말/꼬리말] 탭에서 [닫기].

7) 메모 삽입

① 특정 단어에 기억해야 할 내용을 간단히 적어 메모하는 기능으로 [입력]→[참조]→[메모].

② 메모가 들어있는 문서에서 메모 내용을 보이게 인쇄하려면 [인쇄]→[확장] 탭에서 [선택인쇄]→[메모]에 체크한 후 [인쇄].

8) 메일머지

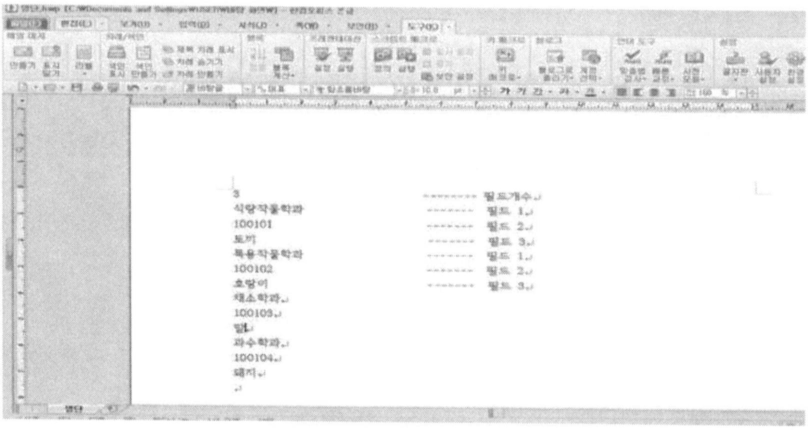

① 본문 내용은 같지만 학과, 학번 등의 내용만 다른 수십, 수백 장의 파일을 만들 경우 필요한 기능으로 우선 학과, 학번 등이 입력되어 있는 데이터파일을 만들어

야 하는데 한글 빈 페이지 맨 윗줄에 필드 개수를 입력한 후 각 줄마다 학과, 학번, 이름을 입력한 후 저장.

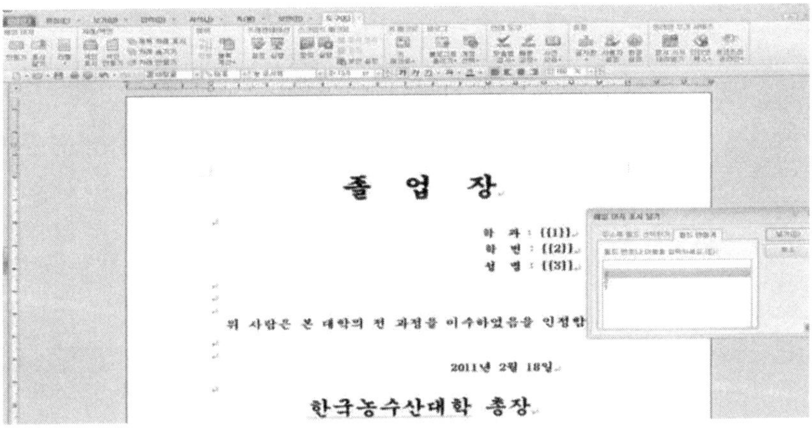

② 한글 빈 페이지에 본문 내용을 작성한 후 데이터 파일의 필드 내용을 삽입할 곳에 커서를 놓고 [도구]→[메일머지]→[표시달기]를 클릭해 팝업 창이 뜨면 [필드 만들기] 탭에서 해당 [필드번호]를 입력한 후 [넣기].

③ 각 필드번호가 입력된 서식파일 저장.

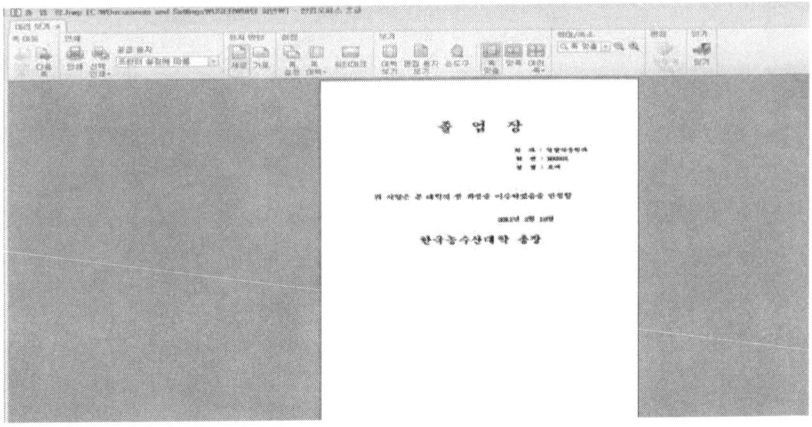

④ 서식파일을 연 상태에서 [도구]→[메일머지]→[만들기]를 클릭해 팝업 창이 뜨면 [자료종류]에 [한글파일]을 선택한 다음 이미 작업해 놓은 데이터 파일을 불러온 후 [출력 방향]은 화면에 체크하고 [확인].

⑤ 메일머지 결과가 미리보기 화면으로 나타나면 프린터 설정을 한 후 [인쇄].

9) 문서 끼워 넣기

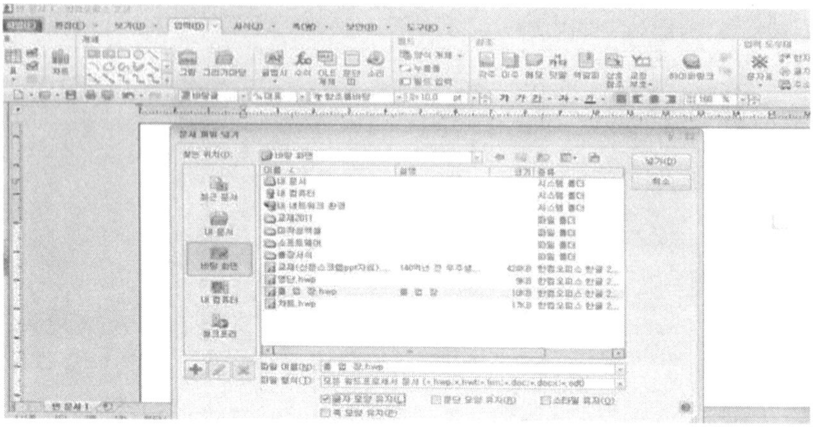

여러 개의 파일을 하나의 파일로 만들거나 작성 중인 문서에 기존의 파일을 연결하여 사용하고자 할 때 활용하는 기능으로 연결할 위치에 커서를 놓고 [입력]→[문서 끼워 넣기]를 선택한 후 팝업 창이 뜨면 [찾는 위치]에 연결할 파일을 선택하고 하단에 [글자모양유지], [문단모양유지] 등 해당사항에 체크한 후 [넣기].

10) 수식 입력

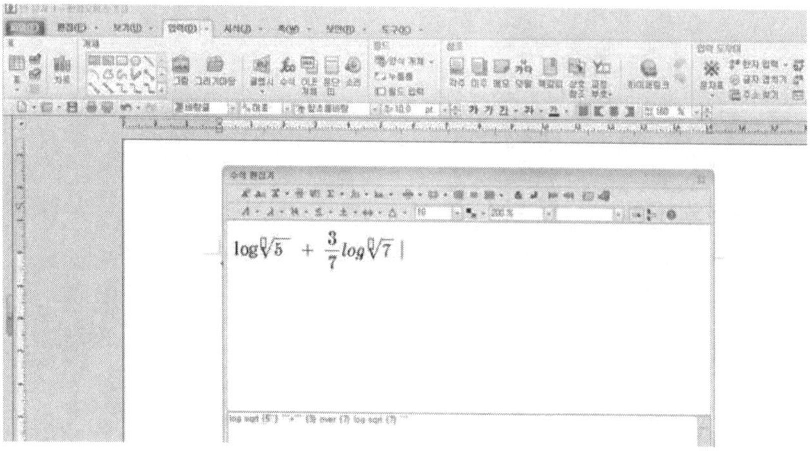

① [입력]→[개체]→[수식]→[수식편집기]를 통해 수식을 입력한 후 [넣기].
② 수정하는 방법은 수식을 더블클릭해서 [수식편집기] 팝업 창이 뜨면 수정한 후 [넣기].

11) 인쇄

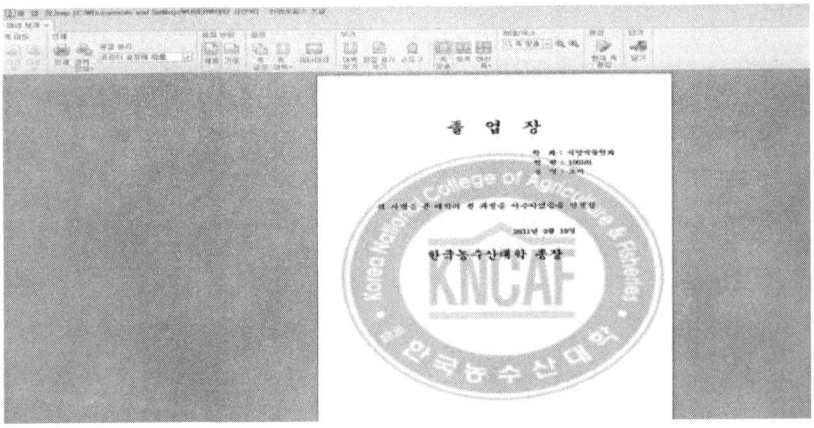

워터마크기능을 이용한 인쇄는 [파일]→[인쇄]를 클릭해 팝업 창이 뜨면 [워터마크] 탭에서 [그림워터마크]를 선택한 후 [그림파일]에 워터마크로 사용할 그림파일을 불러온 후 [배치]는 [글 뒤로]에 체크한 후 [인쇄].

12) 차트 만들기

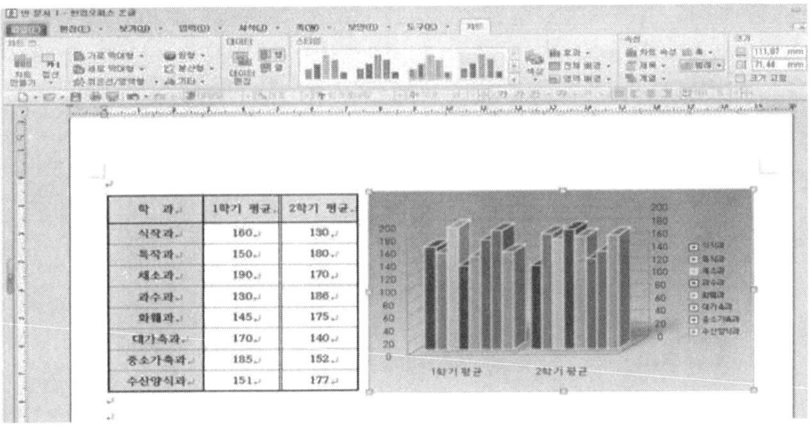

① 차트 만들 표 셀 범위를 잡은 후 [입력]→[표]→[차트].

② 차트 모양이나 내용 등을 편집할 경우 차트를 선택한 후 위의 차트 탭에서 편집하거나 차트를 선택한 후 더블클릭 후 오른쪽 마우스를 눌러 해당항목을 선택한 후 편집.

13) 찾기/바꾸기

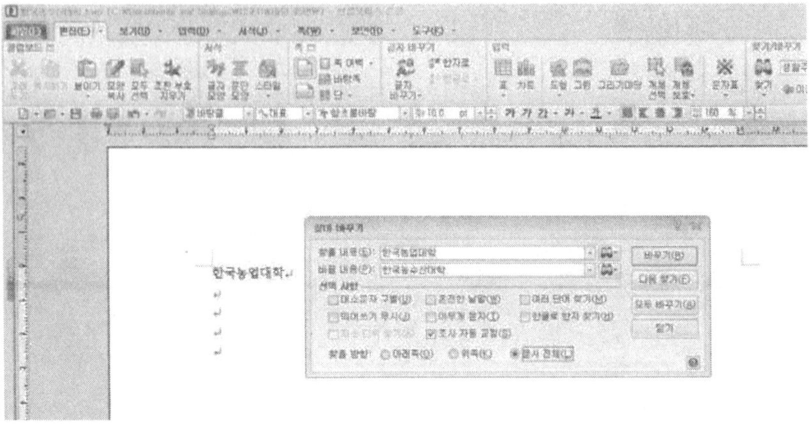

문서에서 바꾸고자 하는 낱말이 있을 경우 [편집]→[찾기/바꾸기]→[찾기]→[찾아 바꾸기]를 클릭해 팝업 창이 뜨면 [찾을 내용]과 [바꿀 내용]을 입력한 후 [바꾸기].

14) 표 만들기

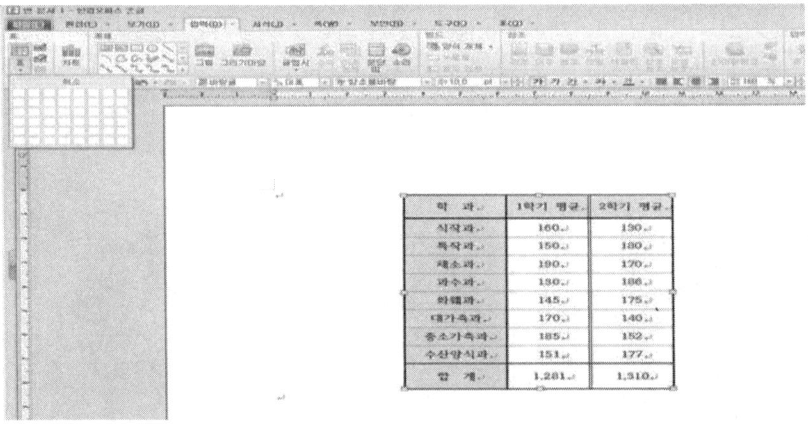

① [입력]→[표]를 클릭해 [줄/칸] 지정.

② 표 안에 있는 숫자를 계산하고자 할 때에는 반드시 빈 셀을 삽입한 후 계산할 표 범위를 설정한 후 [도구]→[블록]→[블록계산]이나 표를 선택해 생긴 [표] 탭에서 [표 편집]→[계산식].

15) 프레젠테이션

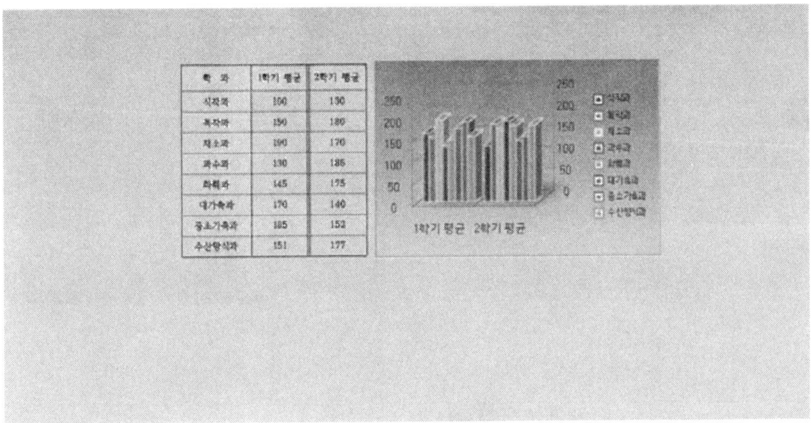

① 작성한 파일을 배경화면, 화면전환 효과, 효과음 등의 정보를 담아 보고나 발표 형식으로 만드는 [도구]→[프레젠테이션]→[설정]을 클릭해 팝업 창이 뜨면 [배경화면], [화면전환]을 통해 설정한 후 [확인].
② [도구]→[프레젠테이션]→[실행].

16) 하이퍼링크

① 현재 문서나 다른 문서, 웹 주소, 전자 우편 주소 등을 연결하여 쉽게 참조하거나 이동할 수 있게 해 주는 기능으로 하이퍼링크를 삽입할 글자에 커서를 놓고 [입력]→[하이퍼링크]를 선택해 팝업 창이 뜨면 [연결종류], [연결대상]을 지정한 후 [넣기].

② 하이퍼링크 수정방법은 연결된 문자열을 선택한 후 오른쪽 마우스를 누른 후 [하이퍼링크 고치기].

17) 한글/한자 변환

① 한자로 변환할 글자나 단어 뒤에 커서를 놓고 [입력]→[입력도우미]→[한자입력]→[한자로바꾸기]를 클릭해 팝업 창이 뜨면 해당 한자를 선택한 후 [바꾸기].
② 한자를 한글로 변환할 경우 바꾸고자 하는 한자 뒤에 커서를 놓고 F9를 누른다.

18) 개인정보 보호

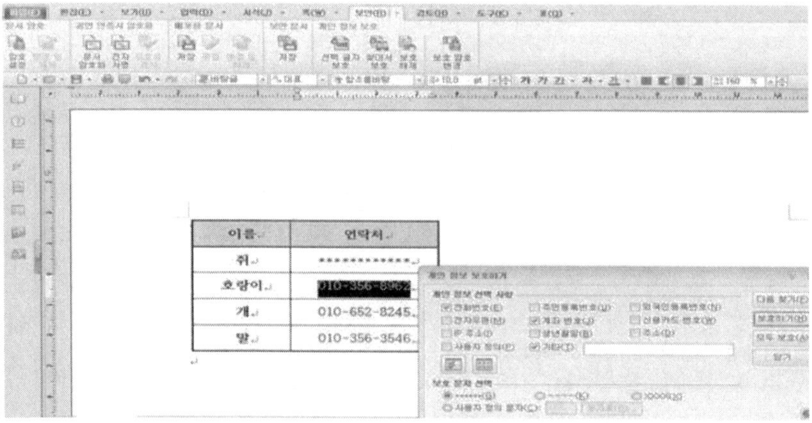

개인정보 보호를 위해 문서 일부분을 암호화 하는 방법으로 [보안]→[개인정보보호]→[찾아서 보호]를 클릭해 [개인정보보호하기] 팝업 창이 뜨면 [개인정보선택사

항]에서 암호화 하고자 하는 사항을 선택한 다음 [찾기]→[보호하기] 혹은 [모두보호] 클릭.

19) 파일 암호설정

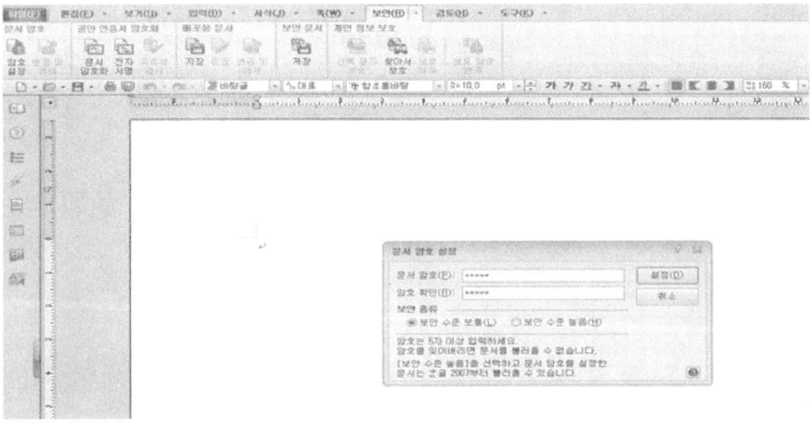

파일 암호설정은 [보안]→[문서암호]→[암호설정]을 클릭해 [문서암호설정] 팝업창이 뜨면 [문서암호]와 [암호확인]에 암호를 입력한 후 [설정].

참고문헌

- 고광현, 농업정보학, 명지사, 2012
- 고광현, 농업정보기술총론, 명지사, 2008
- 고광현, 농업과 정보기술, 대산연구소, 2001
- 고광현, 현장농업연구지, 한국농수산대학, 2009~2012
- 한국정보과학회, 정보과학회지, 1998~2011
- 한국농식품정보과학회, 학회지, 2009~2010
- Godfrey Boyle 외 4인/신재생에너지, 한티미디어, 2010
- Jeremy Rifkin/안진환, The Third Industrial Revolution, 민음사, 2012
- Jeremy Rifkin/이창희, Entropy, 세종연구원, 2012
- 이해욱, 풀어쓴 정보통신기초지식, 전자신문사, 2000
- Peter F. Drucker/이재규, 자본주의 이후 사회의 지식경영자, 한국경제신문, 2000
- Peter F. Drucker/이재규, Next Society, 한국경제신문, 2002
- 일본멀티미디어 연구회/강철희, 표준 LAN 上·下, 교보문고, 1997
- 환단고기/계연수/고동영/, 한뿌리, 2010
- Microsoft Office Excel Manual 2010
- 高倉 直, 伊藤 稔, 關口隆司 他著, 農業情報處理, 東京都港區赤坂, 社團法人 農山漁村文化協會, 1993
- OECD, Electronic Commerce Opportunities and Challenges for Government, 1998, http://www.oecd.org/dsti/sti/it/ec/index.htm
- OECD, Measuring Electronic Commerce, Paris, 1997
- OECD, Dismantling the Barriers to Gloval Electronic Commerce, Turku, 1997, http://www.oecd.org/dsti/iccp/e-comm/dismantl.htm
- Mano, M. Morris, Computer System Architecture, Englewood Cliffs, N.J. : Prentice-Hall, Inc., 1982
- ALFRED V. AHO, JOHN E. HOPCROFT, JEFFREY D. ULLMAN, Data Structures and Algorithms, 연합출판, 1986
- Thomas A. Standish, DATA STRUCTURE TECHNIQUES, 홍능기술서적, 1984
- Mark Minasi, Todd Iammle, Monica Lammle, Inside Secrets TCP/IP NT Server, 삼각형, 1998

著者 : 高 光 鉉 / 理學博士

現, 國立韓國農水産大學 教授
成均館大學校 生命資源科學大學 講師
中央大學校 工科大學 講師
明知大學校 工科大學 講師
水原科學大學 講師
東서울大學 講師
農林部 農業公務員 敎育院 講師
農村振興廳 電算處理官
明知電子計算硏究所 硏究員

著書 및 論文
농업과 정보기술(1999, 대산연구소) 외 다수

Tel : 031-229-5037
E-mail : ko@af.ac.kr
http://www.af.ac.kr

農業情報學(Agriculture Informatics)

2013년 3월 2일 초판 발행

저 자 · 고 광 현
발행인 · 최 병 문

발행소 · 명지사
주 소 · 서울 중구 장충동 2가 190-5 폴리빌딩
전 화 · 02-2271-3117
팩 스 · 02-2264-9029
등 록 · 1978년 6월 8일(제5-28호)
이메일 · myzisa@naver.com

ISBN 978-89-7125-190-4 93560

가격 : 45,000원